U0222893

国家出版基金项目
NATIONAL PUBLICATION FOUNDATION

 畜禽粪污微生物治理
及其资源化利用丛书

Microbiome Diversity of Fermentation Bed System for Livestock and Poultry Farming

畜禽养殖发酵床微生物组多样性

刘　波
王阶平
陈倩倩 　等 编著
阮传清

化学工业出版社

·北京·

内 容 简 介

本书是"畜禽粪污微生物治理及其资源化利用丛书"的一个分册，主要介绍了发酵床微生物组研究方法、养猪原位发酵床微生物组多样性、养猪饲料发酵床微生物组多样性、发酵床猪肠道与皮毛微生物组多样性、养牛原位发酵床微生物组多样性、养羊原位发酵床微生物组多样性、异位发酵床微生物组多样性等内容。

本书具有较强的系统性和应用性，可供从事畜禽养殖、环境保护、生物农药、生物肥料、微生物菌剂和微生物研究科研人员、技术人员和管理人员参考，也可供高等学校环境科学与工程、生物工程、农业工程、生态工程及相关专业师生参阅。

图书在版编目（CIP）数据

畜禽养殖发酵床微生物组多样性/刘波等编著. —北京：
化学工业出版社，2021. 11
（畜禽粪污微生物治理及其资源化利用丛书）
ISBN 978-7-122-40344-5

Ⅰ.①畜…　Ⅱ.①刘…　Ⅲ.①畜禽-生态养殖业
Ⅳ.①S815

中国版本图书馆CIP数据核字（2021）第245296号

责任编辑：刘兴春　卢萌萌　刘 婧　　文字编辑：向 东
责任校对：王 静　　　　　　　　　装帧设计：王晓宇
出版发行：化学工业出版社(北京市东城区青年湖南街13号 邮政编码100011)
印　　装：北京瑞禾彩色印刷有限公司
787mm×1092mm　1/16　印张60　字数1514千字　2022年2月北京第1版第1次印刷
购书咨询：010-64518888　　　　　　售后服务：010-64518899
网　　址：http://www.cip.com.cn
凡购买本书，如有缺损质量问题，本社销售中心负责调换
定　　价：498.00元　　　　　版权所有　违者必究

畜禽粪污微生物治理及其资源化利用丛书

———————————— 编 委 会 ————————————

《畜禽养殖发酵床微生物组多样性》

———————————— 编著者名单 ————————————

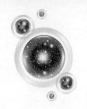

前言

PREFACE

畜禽粪污是畜禽养殖过程中产生的主要污染物。原农业部印发了《畜禽粪污资源化利用行动方案（2017—2020年)》，提供了资源化利用 7 种典型技术模式，包括粪污全量收集还田利用模式、粪污专业化能源利用模式、固体粪便堆肥利用模式、异位发酵床模式、粪便垫料回用模式、污水肥料化利用模式和污水达标排放模式。其中，异位发酵床模式、粪便垫料回用模式等均为农村粪污资源化关键技术。微生物发酵床是利用微生物建立起的一套生态养殖系统，具有绿色低碳、清洁环保、就近收集、实时处理、原位发酵、高质化利用等特点，可为建设美丽乡村提供技术保障。

在科技部 973 前期项目、863 项目、国际合作项目，国家自然科学基金、原农业部行业专项等的支持下，经过 20 多年的研究，作者所在团队结合污染治理、健康养殖、资源化利用的机理，围绕微生物发酵床组织编写了"畜禽粪污微生物治理及其资源化利用丛书"，包括了《畜禽养殖微生物发酵床理论与实践》《畜禽粪污治理微生物菌种研究与应用》《畜禽养殖废弃物资源化利用技术与装备》《畜禽养殖发酵床微生物组多样性》《发酵垫料整合微生物组菌剂研发与应用》5 个分册，系统介绍微生物发酵床理论和应用技术。本丛书主要从微生物发酵床畜禽粪污治理与健康养殖出发，研究畜禽粪污治理微生物菌种，设计畜禽养殖废弃物资源化利用技术与装备，分析畜禽养殖发酵床微生物组多样性，提出了畜禽粪污高质化利用的新方案，为解决我国畜禽养殖污染及畜禽粪污资源化利用、推动微生物农业特征模式之一的微生物发酵床的发展提供了切实可行的理论依据、技术参考和案例借鉴，有助于达到"零排放"养殖、无臭养殖、无抗养殖、有机质还田、智能轻简低成本运行，实现种养结合生态循环农业、资源高效利用，助力农业"双减（减肥减药)"绿色发展。

本丛书反映了作者及其团队在畜禽养殖微生物发酵床综合技术研发和产业应用实践方面所取得的原创性重大科研成果和创新技术。

（1）提出了原位发酵床和异位发酵床养殖污染微生物治理的新思路，研发了微生物发酵床养殖污染治理技术与装备体系，为我国养殖业污染治理提供技术支撑。

（2）创建了畜禽养殖污染治理微生物资源库，成功地筛选出一批粪污降解菌、饲用益生菌，揭示其作用机理，显著提升了微生物发酵床在畜禽养殖业中的应用和效果。

（3）探索了微生物发酵床的功能，研发了环境监控专家系统，阐明了发酵床调温机制，研究了微生物群落动态，揭示了猪病生防机理，建立了发酵床猪群健康指数，制定了微生物发酵床技术规范和地方标准，提升了发酵床养殖的现代化管理水平。

（4）创新了发酵床垫料资源化利用技术与装备，提出整合微生物组菌剂的研发思路，成功研制出机器人堆垛自发热隧道式固体发酵功能性生物基质（菌肥）自动化生产线，创制出一批整合微生物组菌剂和功能性生物基质新产品，实现了畜禽养殖粪污的资源化利用。

本丛书介绍的内容中，畜禽粪污微生物治理及其资源化利用的关键技术——原位发酵床在福建、山东、江苏、湖北、四川、安徽等 18 个省份的猪、羊、牛、兔、鸡、鸭等污染治理上得到大面积推广应用。据不完全统计结果显示，近年来家畜出栏累计达 1323 万头，禽类出栏累计达 5.6 亿羽，产生经济效益达 142.9 亿元，并实现了畜禽健康无臭养殖、粪污"零排放"。异位发酵床被农业农村部选为"2018 年十项重大引领性农业技术"，在全国推广超过 5000 套，成为养殖粪污资源化利用的重要技术。而且，使用后的发酵垫料等副产物被开发为功能性生物基质、整合微生物组菌剂、生物有机肥等资源化品超过 100 万吨，取得了良好的社会效益、经济效益和生态效益。发酵床利用微生物技术，转化畜禽粪污，发酵为益生菌，促进动物健康养殖，也能提高发酵产物菌肥的微生物组数量并保存丰富的营养物质，不仅实现污染治理，还提高资源化利用整合微生物组菌剂的肥效；成为生态循环农业的重要技术支撑，推进农业的绿色发展。

本书为"畜禽粪污微生物治理及其资源化利用丛书"的一个分册，以畜禽养殖发酵床垫料的微生物组为主线，共分八章：第一章主要介绍了微生物发酵床畜禽养殖原理、发酵床微生物群落研究进展、细菌群落宏基因组研究进展、真菌群落宏基因组研究进展；第二章主要介绍了发酵床微生物组的研究方法；第三章养猪原位发酵床微生物组多样性，分别介绍了微生物发酵床细菌的季节变化、不同发酵程度的垫料中细菌多样性、垫料不同深度的细菌多样性、猪粪降解过程中的细菌多样性；第四章养猪饲料发酵床微生物组多样性，主要介绍了饲料发酵床不同深度垫料的细菌分类阶元的群落分化、细菌属的垂直分布特征、芽孢杆菌垂直分布特征、饲料发酵床对猪重要细菌性病原的抑制作用；第五章发酵床猪肠道与皮毛微生物组多样性，主要介绍了不同养猪模式猪肠道微生物组异质性、猪皮毛菌群微生物组异质性；第六章养牛原位发酵床微生物组多样性，主要介绍了养牛原位发酵床细菌群落研究方法、不同牧场养牛发酵床细菌微生物组异质性、养牛发酵床细菌和芽孢杆菌垂直分布异质性、养牛发酵床垫料湿度对细菌微生物组的影响；第七章养羊原位发酵床微生物组多样性，主要介绍了养羊原位发酵床细菌种群宏基因组分析，养羊原位发酵床垫料细菌门、纲、目、科、属和种水平的菌群异质性；第八章异位发酵床微生物组多样性，主要介绍了异位发酵床微生物组多样性，以及异位发酵床细菌和真菌群落多样性。本书理论与实践有效结合，具有较强的技术应用性、可操作性和针对性，可供从事畜禽粪污处理处置及资源综合利用的工程技术人员、科研人员和管理人员参考，也供高等学校环境科学与工程、生物工程、农业工程及相关专业师生参阅。

本书主要由刘波、王阶平、陈倩倩、阮传清等编著，张海峰、朱育菁、蓝江林、车建美、肖荣凤、陈峥、郑雪芳、陈德局、刘国红、陈梅春、潘志针、林营志、葛慈斌、黄素芳、史怀、苏明星、刘芸、曹宜、陈燕萍、郑梅霞、刘欣、夏江平、戴文霄、张习勇等参与了部分内容的编著，在此表示感谢。本书内容涉及成果在研究过程中得到了农业种质资源圃（库）(XTCXGC2021019)、发酵床除臭复合菌种（2020R1034009、2018J01036）、饲料微生物发酵床（2021I0035）、整合微生物组菌剂（2020R1034007、2019R1034-2）、微生物研究与应用科技创新团队（CXTD0099）、农业农村部东南区域农业微生物资源利用科学观测实验站（农科教发〔2011〕8 号）、科技部海西农业微生物菌剂国际科技合作基地（国科外函〔2015〕275 号）、发改委微生物菌剂开发与应用国家地方联合工程研究中心（发改高技〔2016〕2203 号）等项目的支持；在图书编写和出版过程中得到了陈剑平院士、李玉院士、沈其荣院士、李玉院士、谢华安院士、赵春江院士、喻子牛教授、李季教授、姜瑞波研究员、张和平教授、李文均教授、朱昌雄研究员、王琦教授等精心指导，在此一并表示衷心的感谢。

限于编著者水平及编著时间，书中不足和疏漏之处在所难免，敬请读者斧正，共勉于发展微生物农业的征程中。

编著者

2021 年 3 月于福州

第四章 养猪饲料发酵床微生物组多样性 /100

第一章
绪　论

第一节
微生物发酵床畜禽养殖原理

微生物发酵床养猪是利用植物废弃物，如谷壳、秸秆、锯糠、椰糠等农业副产品制作发酵床垫料层，添加微生物发酵剂，经发酵后铺垫到猪舍，生猪（母猪、公猪、小猪、育肥猪）生活在垫料上，排泄物混入垫料发酵，利用生猪的拱翻习性和机械翻耕，使猪粪尿和垫料充分混合，通过发酵床的微生物分解猪粪，消除恶臭，发酵床形成的有益微生物群落为限制猪病源的蔓延创造了有利条件，不仅实现了猪场的"零排放"，而且猪粪和垫料经发酵转化还可以生产优质微生物菌肥（刘波和朱昌雄，2009）。同时，饲喂益生菌，替代抗生素，抑制猪病发生，解决猪肉药物残留问题。微生物发酵床养猪具有"五省、四提、三无、两增、一少、零排放"优点：五省，即省水、省工、省料、省药、省电；四提，即提高品质、提高猪抗病力、提高出栏率、提高肉料比；三无，即无臭味、无蝇蛆、无环境污染；两增，即增加经济效益、增加生态效益；一少，即减少猪肉药物残留；零排放，即猪粪尿由微生物在猪舍内降解消纳，而实现零排放（刘波等，2014c）。

第二节
发酵床微生物群落研究进展

微生物发酵床养猪技术是综合利用了微生物学、生态学、发酵工程学原理，以活性功能微生物作为物质能量"转换中枢"的一种生态养殖模式。该技术的核心在于利用活性强大的有益功能微生物复合菌群，持续和稳定地将动物粪尿废弃物进行降解（王远孝等，2011）。尽管以往的研究涉及发酵床的微生物群落，如刘波等（2008）研究了零排放猪场基质垫层微生物群落脂肪酸生物标记多样性，郑雪芳等（2009）利用磷脂脂肪酸生物标记分析猪舍基质垫层微生物亚群落的分化；李娟等（2014）进行了鸡发酵床不同垫料理化性质及微生物菌群变化规律研究；张学锋等（2013）研究了不同深度垫料对养猪土著微生物发酵床稳定期微生物菌群的影响；赵国华等（2015）进行了生物发酵床养猪垫料中营养成分和微生物群落研究；王震等（2015）研究了发酵床垫料中优势细菌的分离鉴定及生物学特性；但至今，发酵床微生物种类、数量、结构等方面的系统研究未见报道。其原因之一是通过传统的可培养方法分离鉴定发酵床微生物种类的工作量非常大，要完成丰富的微生物种类的调查难度很大。宏基因组测序技术为发酵微生物群落的调查提供了方法。

第三节
细菌群落宏基因组研究进展

宏基因组是特定环境全部生物遗传物质总和，决定生物群体生命现象。特定生物种基因组研究使人们的认识单元实现了从单一基因到基因集合的转变，宏基因组研究将使人们摆脱物种界限，揭示更高、更复杂层次上的生命运动规律。在目前的基因结构功能认识和基因操作技术背景下，环境细菌宏基因组成为研究和开发的主要对象。环境细菌宏基因组细菌人工染色体文库筛选和基因系统学分析使研究者能更有效地开发细菌基因资源，更深入地洞察环境细菌多样性（杨官品等，2001）。

氨氧化古菌（ammonia-oxidizing archaea，AOA）能够在一些氧含量极低的环境条件下进行氨氧化作用，并且在环境宏基因组中，其氨单加氧酶基因 amoA 的拷贝数远远高于氨氧化细菌（ammonia-oxidizing bacteria，AOB）的 amoA 基因，这引起了越来越多的关注。陈春宏（2011）应用分子生物学手段，结合生物信息分析软件，研究了东北平原地区冬季不同土壤环境下，氨氧化古菌和氨氧化细菌的 amoA 基因的多样性、群落结构及系统发育关系，比较了不同的环境因子影响下氨氧化微生物的丰富程度和分布规律，探索了影响 AOA 分布的生态因子条件。从湿地、旱土、河流沉积物样品中提取微生物全基因组，分别应用针对 AOA 和 AOB 的 amoA 基因特异性引物扩增目的基因，进而构建克隆文库。测序结果应用生物信息学软件 Mothur 和 MEGA 进行分类操作单元（operational taxonomic units，OTU）分析，计算不同环境样品内部克隆子之间和各分组间的物种丰度、分布差异、生物多样性差别，构建系统发生树。将统计结果与环境因子结合进行分析。研究结果表明，AOA 在平原陆生环境中广泛存在，对生态因子的改变具有良好的适应性。湿地环境和旱地环境中的 AOA 各有其不同的优势物种。由于一些在湿地环境中广泛存在的 AOA 在旱地土壤中也有分布，这些湿地环境中的 AOA 对环境因子的耐受性显然更强。在以后的研究中应针对应用目的的不同，采集不同的环境样品作为研究对象。不同生境中，AOA 的多样性截然不同，不同环境的 AOA 在系统发生分类上也大多分属不同类群（group）。在有人工施加肥料等营养物质的操作条件下，氨氧化微生物的物种多样性更为丰富。显示了氨氧化古菌对于氮元素添加的响应。AOB 在土壤中的丰度要低于 AOA，在系统发生分类上只分属于几个属。AOB 对于人工施肥的响应也与 AOA 不尽相同，似乎营养元素的加入改变了生态因子的多样性，使 AOB 群落向着形成几个优势物种的方向发展（陈春宏，2011）。

在过去的 100 年，全球平均气温上升了 0.74℃。温度升高的一个后果就是全球各地的山地冰川都发生了退缩，新暴露出来的土地为原生裸地，是研究动植物原生演替的理想环境。目前对于冰川前缘微生物演替研究还比较少，尤其是对亚洲地区高山冰川退缩地微生物的研究。陈伟（2012）对采自天山 1 号冰川前沿裸露地的年代序列土壤样品进行了分析，运用寡营养恢复培养技术、限制性酶切片段长度多态性（RFLP）分析技术等，对土壤样品理化性质和可培养细菌的数量、多样性及其相关性进行了分析，同时采用宏基因组测序技术全面了解了冰川退缩地微生物群落结构和演替规律。主要结果如下：①在土壤的理化性质变化方面，天山 1 号冰川前缘退缩地土样中总氮（N）和有机碳（C）含量都比较低，其中 N 的含量变化范围为 0.048% ～ 0.388%，C 的含量变化范围为 0.393% ～ 4.930%，且随演替呈上升趋势；pH 值随演替呈下降趋势；随着冰川退缩时间的累积，多酚氧化酶、脲酶、脱氢酶和蔗糖酶活性呈升高趋势。②在可培养细菌的数量及多样性变化方面，4℃培养条件下土壤中可培养微生物数量介于 1.39×10^5 ～ 1.14×10^6CFU/g 之间，在 25℃培养条件下土壤中可培养微生物数量介于 1.84×10^5 ～ 3.31×10^6CFU/g 之间，且微生物数量都随着演替年代的增加而升高；可培养细菌经 ARDRA（扩增核糖体 DNA 限制性分析）技术分析，共分为 35 株菌株，16S rDNA 测序结果显示其归类于：α- 变形菌纲（α-Proteobacteria）、β- 变形菌纲（β-Proteobacteria）、γ- 变形菌纲（γ-Proteobacteria）、放线菌门（Actinobacteria）、拟杆菌门（Bacteroidetes）和异常球菌 - 栖热菌门（Deinococcus-Thermus）六大类群；其中，放线菌门、拟杆菌门和 α- 变形菌纲都属于优势菌群。③可培养细菌的数量与土壤的理化性质间的关系，相关性分析表明，冰川前缘退缩地土壤中可培养细菌数量与 N 含量（$r=0.987$，$P < 0.01$）、C 含量（$r=0.992$，$P < 0.01$）、脲酶活性（$r=0.995$，$P < 0.01$）呈极显著正相关；与脱氢酶（$r=0.813$，$P < 0.05$）和蔗糖酶活性（$r=0.813$，$P < 0.05$）呈显著正相关，与 pH 值、蛋白酶、多酚氧化酶和过氧化氢酶活性的相关性不显著。④土壤细菌宏基因组测序分析结果表明，细菌丰度（OTU）按每 g 土壤在 1892 ～ 5159 个 /g 之间；在演替初期 Shannon-Wiener 指数变化较大，随着演替时间延长而逐渐放缓，在演替后期（100 年）达到一个最大值，显著性分析表明 Shannon-Wiener 指数随演替年代呈显著上升趋势；Simpson 多样性指数随演替时间呈现出一个下降的趋势，反映出了细菌群落结构的异质性随着演替时间逐渐增大；演替过程中细菌种群有一个非常高的演替指数，并且在演替初期演替指数达到了 19%，而在演替后期降到了 0.9%；所有序列可以归类为 31 个类群和一小部分不能归类的序列，酸杆菌门（Acidobacteria）、放线菌门（Actinobacteria）、拟杆菌门（Bacteroidetes）和变形菌门（Proteobacteria）为冰川前沿裸露地细菌演替过程中的优势菌落；且拟杆菌门（Bacteroidetes）和变形菌门（Proteobacteria）随演替呈下降趋势，酸杆菌门（Acidobacteria）随演替呈上升趋势。⑤宏基因组中的功能菌多样性和变化规律，宏基因组测序结果中也发现了所占比例非常少的功能菌，这些功能菌包括硝化细菌、固氮菌、甲烷氧化菌及硫和硫还原细菌；一些功能菌在整个演替过程中都存在，一些功能菌仅出现在演替的早期而在后期消失，一些功能菌在演替初期没有出现而在后期出现，另一些功能菌仅在演替中期出现而在演替初期和后期都没有出现。这说明了冰川前缘功能菌群落存在一个演替过程，但对于这些功能菌的演替变化原因目前还不清楚，还需要进一步的研究（陈伟，2012）。

为揭示纳帕海高原湿地生态环境变化，陈伟等（2015）运用 Illumina MiSeq 高通量测序平台，对纳帕海高原湿地不同生境类型土壤的细菌群落进行宏基因组测序，分析了纳帕海高原湿地淤泥、湿地和泥炭三种土壤样本细菌群落结构的变化。结果表明，通过与 Silva 119 数据库进行对比，共获得 475288 条序列，可由 91069 条非冗余序列代表。对细菌群落结构的分析结果表明，纳帕海湿地淤泥、湿地和泥炭三种土壤样本的优势菌群均为变形菌门、绿弯菌门（Chloroflexi）和放线菌门，但未分类细菌（unclassified bacteria）仍占有一定比例。

随着经济的不断发展，我国城镇化程度也日益升高，小城镇的建立凸显出诸多的环境问题，例如小城镇环境基础设施落后，污水集中处理设施缺乏，小城镇污染源数量较多且分散，污水水量变化大、成分复杂，所以寻求一个适应小城镇污水排放特点的水处理方式是实现我国小城镇经济不断发展、居民生活质量提高的必由之路。适合小城镇实际情况的多产业型城镇污水处理工艺——耕作层下厌氧好氧（anoxic/oxic，A/O）土地处理系统应运而生，该系统充分考虑了小城镇污水水质、水量的特点，且其较低的好氧单元处理负荷、较低的能耗以及较低的运行成本等，均为小城镇污水的有效处理找到了出路。虽然耕作层下 A/O 土地处理系统具有化学需氧量（chemical oxygen demand，COD）去除率高、运行状况稳定等一系列优点，但从已经建成的示范基地处理效果来看，该污水处理系统在脱氮方面仍然存在一定的潜力，系统存在进一步的优化空间。陈雅（2014）针对城镇污水脱氮处理的技术难题，提出了复合铁酶促生物膜技术这一新概念：通过铁离子参与微生物的生化反应与能量代谢过程，强化铁离子参与的电子传递作用与酶促反应激活剂作用，从而提高微生物的活性，进而提高生物脱氮的效率，该技术拟从根源上解决耕作层下 A/O 土地处理系统的硝化效率低等问题，以期对该系统进一步优化，在现有基础上继续降低运行成本、提高氮的排放指标。陈雅（2014）通过模拟耕作层下 A/O 土地处理系统生物膜处理段，以实际生活污水作为系统进水，对不同含铁量的生物膜小试系统进行研究。实验分别在春季与夏季考察了不同含铁量的生物膜系统与普通生物膜系统的脱氮效率、COD_{Cr} 的去除率、微生物活性、能量代谢以及电子传递体系活性的区别，确定不同季节的最佳投铁量，并通过宏基因组测序技术对传统生物膜以及最优复合铁酶促生物膜的微生物多样性进行重点研究，从宏观和微观两个角度明确复合铁酶促生物膜强化脱氮的作用机制，为这一新概念的实际推广、应用提供了理论依据。实验研究结果表明：①春季以及夏季，复合铁酶促生物膜的脱氮效率以及 COD_{Cr} 的去除率均高于传统生物膜，且铁对生物膜处理能力的促进作用随含铁量的增大而增强，且含铁量 6% 的生物膜促进效果最显著，但含铁量超过 6% 时，其促进作用会明显下降，但没有抑制作用；在春季，含铁量 6% 的生物膜 COD_{Cr} 的去除率提高了 13.3%，氨氮的去除率提高了 16.4%，总氮（TN）的去除率提高了 30.5%；在夏季，其 COD_{Cr} 的去除率提高了 8.5%，氨氮的去除率提高了 12.4%，TN 的去除率提高了 25.8%。②春季以及夏季，复合铁酶促生物膜的脱氢酶活性以及电子传递体系活性均高于传统生物膜活性，随着含铁量的增加铁对生物膜活性的促进作用也进一步增强，且当含铁量为 6% 时促进效果最显著，当投铁量超过 6% 时其促进作用会明显下降，但没有抑制作用；在春季，含铁量 6% 的生物膜，脱氢酶活性提高量为 40.5%，电子传递体系活性提高量为 43.8%；在夏季，其脱氢酶活性提高量为 37.3%，电子传递体系活性提高量为 38.2%。③通过宏基因组检测发现，处理效果最佳的 6% 复合铁酶促生物膜和传统生物膜的物种丰度、群落结构、优势菌等都具有极大的差异；6% 复合铁酶促生物膜物种分配较均匀、群落多样性较高，而且其中的某些具有硝化或反硝化功能的菌属无法或极少在传统生物膜样品中检测到，说明铁离子的加入改变了生物膜的微生物种群结构，促进了某些脱氮菌的生长，使得 6% 复合铁酶促生物膜系统获得了更高以及更稳定的脱氮效率（陈雅，2014）。

党秋玲等（2011）应用 PCR-DGGE（聚合酶链反应 - 变性梯度凝胶电泳）技术研究生活垃圾堆肥过程中的细菌群落演替规律。对堆肥不同时期的宏基因组 DNA 进行提取，扩增 16S rDNA 的 V3 区，分析生活垃圾堆肥过程中细菌群落的变化。DGGE 图谱表明，随着堆体温度的升高，DNA 条带表现出了明显的动态变化，降温期出现了新的优势条带并趋于稳定，说明堆肥不同时期的细菌群落发生了更替。对条带分布进行聚类分析，结果表明，以 55℃ 为界，将 14 个堆肥样品划分为 2 个族，族间的相似性仅为 13%，说明堆肥过程中常温期（＜55℃）和高温期（＞55℃）微生物群落结构差别较大。对优势条带回收测序的结果表明，在升温期，堆肥堆体中检测到钝全孢螺菌（*Holospora obtusa*）和人类排泄物中的细菌，但随着温度的升高，具有纤维素降解功能的嗜热微生物热纤梭菌（*Clostridium thermocellum*）成为堆肥高温期的优势细菌，当堆体温度低于55℃时出现了大量的未培养微生物。

生物冶金技术不仅能有效地处理低品位矿石和难处理的尾矿，而且对环境友好，矿区微生物甚至能很好地用于矿山污染环境的修复。邓伟（2012）采用分区多点的方法从云南省三个典型的有色金属矿山——兰坪铅锌矿区、北衙金矿区和文山铝土矿区采集样品，包含矿区矿石样和土样。首先通过构建细菌16S rRNA高变区基因文库的方法分析了三个矿区细菌的多样性。文库测序结果表明，矿区样品中细菌种类丰富；兰坪铅锌矿基因文库聚类为4个类群，分别是变形菌门（Proteobacteria）、厚壁菌门（Firmicutes）、拟杆菌门（Bacteroidetes）和放线菌门（Actinobacteria）。这4个类群又可以细分为27个属，分别为水栖菌属（*Enhydrobacter*）、伊丽莎白金菌属（*Elizabethkingia*）、丙酸杆菌属（*Propionibacterium*）等，优势菌群为变形菌门占克隆总数的51.7%，其次是厚壁菌门占克隆总数的25.8%；北衙金矿文库也聚类为拟杆菌门、变形菌门、放线菌门和厚壁菌门4个类群，可细分为23个属，分别为薄层杆菌属（*Hymenobacter*）、沙雷氏菌属（*Serratia*）、莫拉氏菌属（*Moraxella*）等，优势菌群为变形菌门占克隆总数的68.3%，其次为拟杆菌门占克隆总数的12.5%；文山铝土矿文库包含5个类群，分别是变形菌门、厚壁菌门、拟杆菌门、放线菌门和梭杆菌门，这5个类群可细分为25个属，分别为气单胞菌属（*Aeromonas*）、假单胞菌属（*Pseudomonas*）、志贺氏菌属（*Shigella*）等，变形菌门仍为优势菌群占克隆总数的69.2%，其次是厚壁菌门占克隆总数的20%。同时采用流式细胞术对文山铝土矿采集的6个样品进行了分析，结果发现除了3号样品不能在散点图中找到第二大优势菌群外，其余的都可以找到第二大优势菌群，散点图的分布间接证明了文山铝土矿样品中细菌多样性丰富，并显示了矿区样品中细菌群落的大致分布。通过研究表明，云南省三个典型有色金属矿山样品中的细菌种类丰富，主要以变形菌门为主；三个矿区有其独特的细菌类群，也有相同类群的细菌，其中某些类群与未培养细菌（uncultured bacteria）的相似度较高，说明三个矿区中可能都存在新的分类单元（邓伟，2012）。

蔗糖水解酶是蔗糖转化生成生物质能源的关键酶，且具有重要的转糖苷功能。针对蔗糖富集的土壤环境，杜丽琴等（2010）利用未培养的宏基因组技术对蔗糖水解相关的酶基因进行克隆。首先使用微生态分子技术对蔗糖富集的土壤样品进行分析，在可信区间为95%的情况下，样品覆盖率为20%（C指数为0.2），物种丰富度指数为235.0，香农指数为5.2889，说明这个蔗糖富集样品中的微生物来源具有广泛性。然后利用宏基因组技术构建这个土壤样品中微生物的DNA文库，成功构建一个包含约100000个克隆的大片段DNA Fosmid文库，对文库中的Fosmid质粒进行随机测序，发现质粒的外源DNA与已报道的DNA都没有同源性，文库所克隆的DNA都来源于未分类的微生物；使用蔗糖作为唯一碳源对文库进行筛选，获得了能水解蔗糖的克隆，在蔗糖水解能力最强的两个克隆中所包含的蔗糖水解酶与GenBank数据库中已知蔗糖酶的相似性分别为38%和68%。

微生物作为环境有机物的主要分解者和环境无机物的主要转化者，在环境污染物治理和生态修复中发挥关键作用。方蕾等（2014）通过宏基因组学手段研究受持久性有机物、石油、重金属和氮磷污染的滨海湿地沉积物中的细菌多样性，结合地表植被和土壤理化因子，了解植物和微生物修复污染土壤的机理。取滨海湿地距表层10cm处土壤，提取土壤总DNA，PCR扩增16S rDNA的V3区，对PCR产物进行高通量测序（每个样品不少于10000条序列），利用生物信息学方法对每条序列（read）赋予物种分类单元。在辽宁盘锦双台口滨海湿地沉积物中，鉴定出 24 门（phylum）、47 纲（class）、68 目（order）、144 科（family）和 347 属（genus）细菌。其中，优势门包括变形菌门（Proteobacteria，43.0%）、拟杆菌门（Bacteroidetes，25.7%）、放线菌门（Actinobacteria，8.1%）、绿弯菌门（Chloroflexi，6.3%）、酸杆菌门（Acidobacteria，3.5%）、厚壁菌门（Firmicutes，3.1%）、疣微菌门（Verrucomicrobia，2.2%）和浮霉菌门（Planctomycetes，1.1%）；优势属包括吉利斯氏菌属（Gillisia，13.2%）、深海硫菌属（Thioprofundum，4.7%）、美丽线菌属（Bellilinea，3.6%）、泥杆菌属（Lutibacter，3.5%）、长线菌属（Longilinea，1.9%）、硫盐单胞菌属（Thiohalomonas，1.7%）、沉积杆菌属（Ilumatobacter，1.4%）、鞘脂盒菌属（Sphingopyxis，1.4%）、脱硫叶菌属（Desulfobulbus，1.3%）、类固醇杆菌属（Steroidobacter，1.3%）和交替赤杆菌属（Altererythrobacter，1.1%）。鉴定出的优势属多为存在于河口、海水、海底沉积物、污染河流和活性淤泥中的环境细菌，参与再矿化作用、硫的氧化、氯苯酚的降解等环境物质代谢过程。

大连新港"7•16"输油管道爆炸溢油事故发生后，为探究石油污染与细菌群落结构变化之间的关系及在石油生物降解过程中起重要作用的细菌菌群，高小玉等（2014）对大连湾表层沉积物中石油烃含量和细菌宏基因组 16S rDNA 的 V3 区进行分析，结果表明，溢油初期 2010 年 8 月 DLW01 站位表层沉积物石油烃含量高达 1492mg/kg，符合第三类沉积物质量标准，随着时间推移，2011 年 4 月、7 月、12 月航次各站位沉积物中石油烃含量基本呈下降趋势，且均符合第一类沉积物质量标准；16S rDNA PCR-DGGE 方法分析表明，石油烃含量高的区域优势细菌种类少，反之则较丰富；海洋环境中同一地点的细菌群落能保持一定稳定性；大连湾石油污染沉积物中变形菌门 γ- 变形菌纲和拟杆菌门一直保持较高的优势度，是在石油生物降解过程中起重要作用的细菌菌群，而厚壁菌门只在石油烃含量低的区域出现；此外，出现的对污染物敏感的嗜冷杆菌可作为石油污染指示生物进行深入研究。

β- 葡萄糖苷酶是纤维素酶系中的一种，是纤维素降解的限速酶。因此，通过构建基因工程菌以促进 β- 葡萄糖苷酶的表达，是实现纤维素高效降解的有用途径。构建未培养细菌的宏基因组文库是新兴的筛选新型基因的有效方法。胡婷婷（2007）采用 β- 葡萄糖苷酶活性筛选策略，从未培养碱性污染物宏基因组 AL01 文库中筛选到 3 个编号分别为 pGXAG142、pGXAG313 和 pGXAG805 的阳性克隆。对它们进行 DNA 测序后进行了生物信息学分析。结果显示，这 3 个克隆的外源片段分别包含 783bp、510bp 和 1443bp 的 ORF（开放阅读框），分别编码 281 个、170 个、481 个氨基酸组成的蛋白质，等电点（pI）/ 分子量（M$_w$）分别为 4.88/29079250、6.28/18513320、5.16/57383400。BLAST 软件分析这 3 个基因与现有数据库中的 β- 葡萄糖苷酶基因没有任何 DNA 或者氨基酸的同源性，可能是新型的 β- 葡萄糖苷酶编码基因。PCR 扩增这 3 个基因的 ORF 后将它们分别亚克隆到表达载体 pETBlue-2 上，然后转化至大肠杆菌 Rosetta（DE3）plysS，平板酶活检测显示它们仍能降解底物，说明均携带了正确的 ORF。以大肠杆菌表达菌株 pGXAG142G/Rosetta（DE3）plysS 的表达蛋白 Bglg142 为主要研究对象，对其进行了酶学性质的初步研究，发现该酶的最适 pH 值为 5.5 ～ 8.0，最佳作用温度为 50℃，K_m 值为 0.238mmol/L，V_{max} 为 10.6U/min，最适条件下酶活为 24.8U/mL。K$^+$、Mg^{2+}、Zn^{2+} 对酶反应有激活作用，Ca^{2+}、Co^{2+}、Cu^{2+}、Ba^{2+} 则抑制酶活。HPLC 产物分析结果确证 Bglg142 编码蛋白为 β- 葡萄糖苷酶。

蒋建林等（2008）应用 PCR-RFLP 和 rRNA 分析法研究了户用沼气池厌氧活性污泥细菌的多样性。采用直接提取法提取了户用沼气池微生物宏基因组 DNA，构建了细菌的 16S rDNA 克隆文库。随机挑取了 144 个准确含有 16S rDNA 的阳性克隆进行 PCR-RFLP 分析，聚类得到 46 个 OTU，其中 3 个 OTU 是优势类群，分别占 14%、10% 和 9%，21 个 OTU 只含有单个克隆。随机挑取了 26 个克隆进行测序，并构建了系统发育进化树。结果表明，农村户用沼气池中细菌种类较为丰富，占优势的类群分别为厚壁菌门（Firmicutes，28%）、δ-变形菌纲（δ-Proteobacteria，18%）和拟杆菌门（Bacteroidetes，17%），大多数 16S rDNA 序列与 GenBank 数据库中未培养细菌相似性最高（91% ～ 99%）。

煤层气是一种重要的能源资源，有生物成因和热成因两种类型。生物成因煤层气是在煤层微生物的作用下形成的。刘建民等（2015）通过向煤层气井中注入培养基，采用宏基因组学技术对煤层水中细菌菌群的组成多样性进行分析。结果表明，在培养基注入前后，煤层水中微生物均具有较丰富的多样性，注入前丛毛单胞菌科、甲基球菌科、假单胞菌科、鞘氨醇单胞菌科和嗜甲基菌科的微生物为优势菌种；注入 3 个月后，优势菌种主要为链球菌科、丛毛单胞菌科、嗜甲基菌科和红环菌科；注入 6 个月后，红环菌科和甲基球菌科的丰度最高。主成分分析显示，红环菌科、甲基球菌科、弯曲杆菌科、鞘氨醇单胞菌科、假单胞菌科、丛毛单胞菌科、嗜甲基菌科和链球菌科 8 个科的微生物对生物成气过程有重要影响。

自然环境中大量微生物处于存活不可培养（viable but nonculturable，VBNC）状态，实验室中微生物的可培养性通常不足 1%。造成微生物可培养性低的原因很多，其中一个主要的原因是实验室条件下缺乏细胞间交流的信号因子。过低的可培养性已经成为筛选新型天然活性产物的瓶颈。革兰氏阴性菌通常采用小分子化合物作为细胞与细胞间交流的信号分子。在培养基中加入群体感应（quorum sensing，QS）信号系统中的 N- 酰基 - 高丝氨酸环内酯（N-acyl homoserine lactones，AHLs）和参与大多数革兰氏阴性菌基因调控的 cAMP 均能有效提高海水和淡水中浮游细菌的可培养性。但作为生物活性物质重要来源的放线菌属于革兰氏阳性菌，而革兰氏阳性菌通常使用寡肽作为信号分子。复苏促进因子（resuscitation promoting factor，Rpf）是第一个被发现的细菌的细胞因子，在皮摩尔含量下便能促进休眠期的细菌复苏和生长。Rpf 家族蛋白广泛分布于革兰氏阳性菌中，高度保守并具有种间活性。柳云帆（2007）通过在大肠杆菌中克隆表达结核分枝杆菌 H（37）Rv 基因 *rpfC*，经 IPTG 诱导，Ni^{2+} 柱纯化可溶性重组蛋白；同时制备藤黄微球菌在 LMM 培养基中对数生长中后期上清（含天然 Rpf）。纯化后的 rRpfC 及藤黄微球菌上清均能显著缩短休眠状态的藤黄微球菌低密度接种（100 CFU/mL）到基本培养基（LMM）中的延滞期。在重庆北碚缙云山黛湖采集水样，测定样品非生物因素：温度 15.8℃，pH 7.38，TOC 4.91mg/mL，COD_{Cr} 27.5mg/mL。部分水样 2% 戊二醛固定，PI 染色，荧光显微镜 535nm 激发波长下观察计算得出黛湖浮游细菌含量为 $1.29×10^6$CFU/mL。将样品做 10 倍梯度稀释，MPN 法（稀释培养测数法）测得添加 rRpfC 及藤黄微球菌上清后水样中浮游细菌可培养数量约占细菌总数的 0.2%，与对照相当。通过改良的试剂盒法抽提宏基因组 DNA 及 MPN 法培养后的细菌总 DNA，PCR 扩增 16S rDNA V3 ～ V5 区，DGGE 指纹图谱分析发现添加 Rpf 后细菌多样性增加，添加 rRpfC 及藤黄微球菌上清有一定差异。通过 Rpf 介导提高环境微生物的可培养性，有望筛选到之前未曾培养的新菌种，进而筛选新型天然活性产物。

为探明免耕土壤与普通耕作土壤环境中细菌群落的多样性，获取相关优势菌落信息，马振刚等（2011）利用宏基因组学方法获得免耕土和普通耕作土样品总 DNA，利用 PCR 获得 16S rDNA 的 V3 片段，并进行变性梯度凝胶电泳（denaturing gradient gel electrophoresis，

DGGE），通过微生物种群丰富度比较两样品中群落的丰富性，同时选取相关 DNA 条带进行克隆、测序和生物信息学分析。结果显示，免耕土壤中细菌群落多样性更加丰富；两类型土壤样品间细菌群落组成具有显著差异，证明耕作制度影响了土壤细菌群落结构。BLAST 分析与系统发育分析结果表明，免耕土壤中特异存在的细菌群落与具有固氮、降解甲苯和倍硫磷等特性的细菌序列相似性较高或进化关系较近，推测其在免耕土壤肥力、有毒物质降解及有机质转变等过程中起作用。

孟庆鹏（2007）利用 PCR 技术对分离自我国南海的细薄星芒海绵（*Stelletta tenui*）、皱皮软海绵（*Halichondria rugosa*）、贪婪倔海绵（*Dysidea avara*）和澳大利亚厚皮海绵（*Craniella australiensis*）的 85 株细菌及南海皱皮软海绵的宏基因组进行了聚酮合酶（PKS）基因和超氧化物歧化酶（SOD）基因的筛选研究。从芽胞杆菌 C89、B111 中获得了两条 670bp 的片段，BLAST 比对结果表明该基因对应的氨基酸序列和枯草芽胞杆菌 I 型 PKS 基因 KS 域的相似性达 93% 以上。通过系统发育分析推测芽胞杆菌 C89 和 B111 的 PKS 基因属于 *trans*-AT 型。接着从芽胞杆菌 C93、C123、B18、B19、B22 和 B27 菌株 DNA 及南海皱皮软海绵宏基因组中克隆到 7 条 480bp 的片段，BLAST 比对结果表明该基因对应的氨基酸序列和芽胞杆菌属 SOD 有较高的相似性，并且属于 Mn-SOD 型。通过系统发育分析结合 BLAST 结果推断 C123-SOD 是未被发现的新的 SOD。研究证明：①南海皱皮软海绵和贪婪倔海绵共附生微生物中存在 PKS 基因及 SOD 基因，也证明了皱皮软海绵宏基因组中存在 SOD 基因，并发现了新的 SOD 基因 C123-SOD；②海绵共附生微生物中芽胞杆菌属是富含 SOD 基因和 PKS 基因的菌种。16S rDNA 序列进化分析证明了带有 PKS 或 SOD 基因的 8 株芽胞杆菌属的菌株的基因多样性，发现的 PKS、SOD 功能基因同源性分析也显示较高的多样性。推测 Mn-SOD 可能在海绵共生菌芽胞杆菌与海绵的共生关系中尤其在侵入中扮演重要的角色，而 PKS 则在海绵共生菌芽胞杆菌与海绵的共生关系中起到帮助宿主防御外来侵害的作用，也为海绵活性物质的微生物来源假说提供了证据。

为了解茅台酒酒曲微生物的菌群组成结构，为其制曲工艺的稳定及质量评估提供理论依据，唐婧等（2014）利用宏基因组学方法分别提取 2011～2013 年的茅台酒酒曲微生物总基因组 DNA，经 PCR 扩增 16S rDNA 的 V4 区构建文库并测序，进行茅台酒酒曲细菌群落多样性的研究。结果表明，茅台酒酒曲微生物群落构成较稳定，主要分布于 γ- 变形菌纲（50%以上）和芽胞杆菌纲（30% 以上），分属于魏斯氏菌属、片球菌属、明串珠菌属、糖多胞菌属、欧文氏菌属、真丝菌属、短状杆菌属、鞘氨醇杆菌属、醋酸杆菌属、糖单胞菌属、盐单胞菌属和德库菌属；各年茅台酒酒曲细菌群落结构差异不大。

2013 年 1 月 8～14 日，北京出现了严重的霾污染，霾污染时高浓度的大气颗粒物增加了暴露人群的健康风险，而大气中的微生物也可能带来一些风险，但目前对霾污染时大气中的微生物组成了解较少。王步英等（2015）选取了 2013 年 1 月 8～14 日北京 7d 的 $PM_{2.5}$ 和 PM_{10} 样本，通过对细菌 16S rRNA 基因 V3 区扩增和 MiSeq 测序，得到 $PM_{2.5}$ 和 PM_{10} 中的细菌群落结构特征，并将结果与相同样本的宏基因组测序结果及三项国外基于 16S rRNA 基因测序方法的大气中细菌研究结果进行了比较。研究发现 7d 连续采样条件下，$PM_{2.5}$ 中细菌群落结构所在门和属均差别不大，在属水平上，节杆菌属（*Arthrobacter*）和弗兰克氏菌属（*Frankia*）是北京冬季大气中细菌群落的主要类群；16S rRNA 基因测序与宏基因组测序结果对比分析发现，在属水平上，两种分析方法中有 39 个相同的属类群（两种分析方法丰度前 50 的细菌类群合并所得），弗兰克氏菌属（*Frankia*）和副球菌属（*Paracoccus*）在 16S rRNA 基因测序分析结果中相对含量较多，而考克氏菌属（*Kocuria*）和地嗜皮菌属（*Geodermatophilus*）在宏基因组测序结果中相对含量较高。在门和属水平上，PM$_{2.5}$ 和 PM$_{10}$ 中细菌群落结构特征呈现出相似的规律，在门水平上，放线菌门（Actinobacteria）在 PM$_{2.5}$ 中的相对占比较大，而厚壁菌门（Firmicutes）在 PM$_{10}$ 中的相对占比较大；在属水平上，梭菌属（*Clostridium*）在 PM$_{10}$ 中的相对占比较大。与三项国外基于 16S rRNA 基因测序研究结果对比发现，尽管在采样地点和采样时间上有较大差异，大气中普遍存在一些相同的细菌类群，且近地面大气细菌群落结构特征相似度较高，区别于高空对流层中细菌群落结构特征。

氮素是影响杨树人工林生产力的最重要元素，研究杨树人工林连作和轮作氮素循环细菌类群演变动态及氮素代谢结构特征，有助于从养分循环角度揭示杨树人工林连作障碍机制。王文波等（2016）采用宏基因组测序技术，研究杨树人工林 Ⅰ 代林地、连作 Ⅱ 代林地、Ⅱ 代林地主伐后轮作花生地和轮荒地土壤中氮素循环细菌类群及氮素代谢随不同连作代数及不同轮作模式的演变规律。研究发现，参与氮素循环的细菌有 4 类 11 属，其中固氮细菌有拜叶林克氏菌属、慢生根瘤菌属、根瘤菌属和弗兰克氏菌属，硝化细菌有硝化杆菌属和亚硝化螺菌属，反硝化细菌有假单胞菌属、罗尔斯通菌属、伯克氏菌属、芽胞杆菌属和链霉菌属，氨化细菌有芽胞杆菌属和假单胞菌属；杨树人工林连作 1 代后，土壤中参与氮素循环细菌总数增加 4.73%，土壤中氮素细菌的种类没有增减，固氮细菌的相对丰度增加 53.44%，硝化细菌的相对丰度没有变化，反硝化细菌的相对丰度增加 0.14%，氨化细菌的相对丰度增加 1.33%；与 Ⅱ 代林地相比，花生地土壤中的氮素细菌种类没有增减，固氮细菌的相对丰度减少 71.14%，硝化细菌、反硝化细菌和氨化细菌的相对丰度分别增加 120%、15.63% 和 20.76%；轮荒地中的土壤氮素循环细菌缺少了硝化细菌，固氮细菌的相对丰度减少 79.10%，反硝化细菌和氨化细菌的相对丰度分别增大 17.39% 和 24.56%；杨树人工林连作 1 代后，土壤中的固氮细菌代谢活性增强，硝化细菌中的硝化杆菌属的代谢活性减弱、亚硝化螺菌属的代谢活性增强，氨化细菌代谢活性减弱；与 Ⅱ 代林地相比，轮作花生地中仅有硝化细菌的代谢活性增加，其他 3 种氮素代谢功能菌的活性都降低；轮荒地中，所有的氮素循环细菌的代谢活性均比杨树 Ⅱ 代林地低。杨树人工林连作 1 代后，土壤中参与氮素循环的细菌总数增加，但代谢活性降低；轮作花生后，大多数氮素代谢细菌的数量增加，但仅有硝化细菌的代谢活性明显增强；轮作可以改善连作对杨树人工林地土壤硝化细菌生长繁殖和代谢活动的影响。

根际细菌丰富多样，对植物的生长发育有重要影响。为更好地了解野生蒙桑和移植栽培蒙桑根际细菌的多样性组成和差异，杨金宏等（2015）提取了两样本的宏基因组 DNA，利用 Roche 454 GS FLX 测序技术对样本菌群的 16S rRNA 基因的 V1～V3 区域进行测序。结果表明，野生蒙桑根际细菌的主导类群为变形菌门（31.62%）和酸酐菌门（19.8%）；栽培蒙桑的主导类群为厚壁菌门（89.07%），两样本的香农指数分别为 5.8 和 1.33。栽培蒙桑样本 OTU s498 的基因序列数占总样本的 78.9%，其相似性最高的种为苏云金芽胞杆菌；野生蒙桑样本 OTU s656、OTU s556、OTU s568 和 OTU s665 占总样本的 8.17%，相似性最高的种是丝状共生菌。进化分析发现两样本菌群具有各自的特异性，大都来源于同一菌门的不同菌属，分别聚类。说明移栽后蒙桑根际细菌的多样性降低，优势类群也发生了变化，基于 16S rRNA 测序可以揭示根际细菌的组成结构。

为了研究南方根结线虫与伴生细菌的互作及其伴生细菌多样性，张玉等（2009）采用碘海醇介质离心技术、SDS 裂解法和酚 / 氯仿抽提法等构建了南方根结线虫（*Meloidogyne incognita*）伴生细菌宏基因组 Fosmid 文库，并进行文库特征分析。结果表明，该文库包含 3 万个克隆，插入片段大小分布在 30 ~ 45kb 之间，平均长度为 40kb 左右；共计包含 1171Mb 的 DNA；质粒在 Fosmid 传代中稳定遗传，没有发现插入片段的丢失或重排。末端测序结果显示，文库中南方根结线虫序列占 2.04%，细菌序列占 44.90%，无同源序列占 53.06%；南方根结线虫伴生细菌的优势种群为鞘氨醇盒菌属（*Sphingopyxis*）和代尔夫特菌属（*Delftia*）。

土壤细菌在温室土壤环境中具有十分重要的生态功能，与温室作物以及微生物内部存在互作关系。研究土壤细菌的群落结构组成，有助于了解土地利用变化与生态环境效应之间的关系。赵志祥等（2010）结合 16S rRNA 基因克隆文库和宏基因组末端测序对温室黄瓜根围土壤细菌的多样性进行了分析。在 16S rRNA 文库中，根据 97% 的序列相似性划分 OTU，共有 35 个 OTU，其中优势菌群是 γ- 变形菌纲，其次为厚壁菌门，芽胞杆菌属（*Bacillus*）为优势细菌。在纲水平上，16S rRNA 文库和宏基因组末端测序结果均包含 γ- 变形菌纲、α- 变形菌纲、δ- 变形菌纲、β- 变形菌纲、放线菌纲和芽胞杆菌纲，各纲比例有差别；在优势种群属，末端测序的结果包含的属（40 属）多于 16S rRNA 文库（35 属）；在优势细菌种类上，两者反映的结果一致，均为芽胞杆菌属。但是，宏基因组末端测序包含了大多数的弱势种群，更能反映真实的细菌多样性。与露地土壤细菌 16S rRNA 文库相比较，土壤细菌多样性降低，这可能与温室多年连作、种植蔬菜种类单一直接相关。

第四节
真菌群落宏基因组研究进展

利用微生物的基因组信息预测其合成特定天然产物的潜能，进而进行新化合物分离纯化和结构鉴定的基因组挖掘技术，已经成为国内外研究的热点，并在多种细菌和真菌的天然产物发现中得到成功应用。未来除了充分挖掘可培养微生物的基因组，对未培养微生物宏基因组的挖掘将进一步深入。此外，除了开发利用基因组中合成天然产物的结构基因和调节基因，还应该充分开发利用其他不同的遗传元件，包括不同转录活性和响应不同环境条件及信号的启动子，以及具有调节作用的 RNA 等（陈亮宇等，2013）。

高微微等（2016）以东北林业大学哈尔滨城市林业示范基地 8 种人工纯林（胡桃楸、水曲柳、黄檗、白桦、兴安落叶松、樟子松、黑皮油松、红皮云杉）为研究对象，在对不同纯林的土壤酸碱度、相对含水量和电导率等基本理化性质检测的基础上，进行了各样品的土壤真菌宏基因组间差异研究，结果显示：不同人工纯林的土壤酸碱度、相对含水量和电导率都存在着显著的差异，pH 值的变化范围为 4.597 ~ 7.393，相对含水量为 4.11% ~ 10.90%，土壤电导率为 953.000 ~ 3443.333μS/cm，其中胡桃楸林的土壤 pH 值和电导率最高，兴安落叶松林相反。土壤真菌宏基因组检测发现 9 个样品（包括对照）土壤真菌宏基因组间存在明显的差异，9 个样品中共检测到 8 门、24 纲、63 目、124 科、211 属、362 种。其中真菌门和真菌纲的变化最明显，主要涵盖了子囊菌门、担子菌门、壶菌门、接合菌门、球囊菌门。另外，在黑皮油松中检测到近年来新发现的子囊菌门古菌根菌纲真菌，在对照样品中检测到担子菌门柄锈菌亚门伞型束梗孢菌纲真菌，在胡桃楸和水曲柳样品中检测到球囊菌门真菌，而担子菌门黑粉菌亚门外担菌纲真菌仅在对照和红皮云杉样品中检测到。在真菌门分类水平上，胡桃楸、水曲柳、兴安落叶松、樟子松样品中以子囊菌门真菌为优势菌种；白桦、黑皮油松、红皮云杉样品以担子菌门真菌为优势菌种。在真菌纲分类水平上，主要以伞菌纲真菌为优势菌种。水曲柳土样样品中发现优势菌种为子囊菌门盘菌亚门下的粪壳菌纲真菌。

经济适用的木质纤维素水解工艺是实现纤维素乙醇商品化的关键环节。研究土壤中多样性的木质纤维素分解微生物及其酶基因资源，将为开发新型木质纤维素水解酶系奠定基础。黄钦耿（2009）通过对一系列不同环境、不同来源的森林土壤的理化及生物酶活性进行分析，筛选出一组具有良好木质纤维素分解能力的酸性森林土壤样品。提取样品总基因组 DNA 为模板，用特异的 16S rDNA 及 18S rDNA 引物进行 PCR 扩增，构建环境微生物的 16S rDNA 及 18S rDNA 基因文库，并对文库进行限制性酶切片段长度多态性（restriction fragment length polymorphism，RFLP）分析、测序、序列分析和构建系统进化树，对该土壤细菌和真菌的菌群结构及生态功能进行分析。结果表明，从挑取的 112 个克隆中一共鉴定出 66 个不同细菌类群，主要类群是酸杆菌门（Acidobacteria，包含 Gp1、Gp2、Gp3、Gp10 以及 Gp13 共 5 个簇）、变形菌门（Proteobacteria，包含 alpha、beta、delta 和 gamma 4 个纲）、疣微菌门（Verrucomicrobia）和未分类细菌（unclassified bacteria）。其中，酸杆菌门是最大的类群，含有 80 个克隆，占总克隆数的 71.4%；变形菌门次之，含有 27 个克隆，占总克隆数的 24.1%。相对细菌来说，真菌菌群具有更为丰富的多样性，鉴定出的 40 个不同的真菌带型包括五大类，即子囊菌门（Ascomycota，36.2%）、担子菌门（Basidiomycota，42.8%）、接合菌门（Zygomycota，13.8%）、壶菌门（Chytridiomycota，2.9%）和分类地位未定的真菌门（Fungi incertae sedis，4.3%）。其中担子菌门和子囊菌门是 18S rDNA 文库克隆中的主要菌型，占总菌群的 79%。分析表明土壤样品中包含丰富的木质纤维素分解微生物，细菌有鞘脂单胞菌属（Sphingomonas）和伯克氏菌属（Burkholderia）以及一些固氮细菌。真菌中含有更多的参与木质纤维素分解的微生物种类，主要包括担子菌门的口蘑科（Tricholomataceae）、球盖菇科（Strophariaceae）和伞菌科（Agaricaceae）；子囊菌门的圆盘菌属（Orbilia）、曲霉属（Aspergillus）、瓶头霉属（Phialocephala）、附球菌属（Epicoccum）、茎点霉属（Phoma）；以及接合菌门的毛霉目（Mucorales）等。为了开发这些土壤微生物所蕴含的丰富的木质纤维素分解酶基因资源，黄钦耿（2009）构建了森林土壤的宏基因组文库。通过对土壤样品总基因组 DNA 大量抽提、剪切、浓缩，首先获得适合文库构建的 DNA。纯化的基因组片段插入 Cosmid 黏粒，包装，转染大肠杆菌宿主，成功构建森林土壤宏基因组文库。文库包含约 230000 个克隆，随机酶切和测序分析显示，插入片段平均大小为 35kb，总库容为 8.03Gb。根据 NCBI（美国国家生物技术信息中心）数据库公布的木聚糖酶基因和漆酶基因的保守序列分别设计特异性引物，扩增获得包含有漆酶基因保守区域长 121bp 的 DNA 片段，利用该片段对宏基因组文库进行原位杂交筛选。同时通过高通量功能筛选方法对文库进行了木聚糖酶、纤维素酶、淀粉酶以及蛋白酶等工业用酶的初步筛选，得到了 35 个具有明显蛋白酶水解圈的阳性克隆。

我国冰川冻土资源非常丰富，但相对来说，低温微生物的开发研究还比较落后，国内对低温酵母菌的研究基本为零。随着全球气候变暖逐渐加剧，冰川逐年退化，因此对低温微生物的研究迫在眉睫，由于酵母与人类生活息息相关，低温酵母菌的研究就越发显得重要，世界范围内目前对低温酵母菌开发利用的深度和宽度的了解也存在严重的不足，因此从天山 1 号冰川中分离、纯化低温酵母菌对于特殊地域低温微生物的开发与利用意义重大。姜远丽（2014）从天山 1 号冰川底部沉积层空水及融水中分离筛选耐低温酵母菌菌株，采用分离培养基以及纯化培养基分离纯化菌株，对已分离菌株的最适生长温度、最适 pH 值及耐盐性进行测试，通过纯培养方法分离冰川低温酵母菌并测序研究其系统多样性，利用 ITS 和 26S rRNA 基因序列分析确定低温酵母菌种的系统进化地位，运用分子生物学方法揭示菌株的物种多样性、系统进化关系，了解其生态生理；采用宏基因组学技术对所采集的天山冰川水样建立天山冰川低温微生物基因文库，以期得到大量来源于未培养微生物的遗传信息；从纯培养分离的低温酵母菌中筛选、纯化产低温酶菌株，包括脂肪酶、酯酶、淀粉酶、蛋白酶、果胶酶以及几丁质酶，通过选择培养基分别测试了菌株的产胞外酶性状，并通过 MSP-PCR 指纹技术对 26S rRNA 基因高度同源性的菌株做进一步区分，研究了产胞外酶的菌株特征。相关研究结果如下：①通过稀释平板法共分离得到 66 株可培养物，在显微镜下鉴定其确为酵母菌，且分离菌多数能产色素（68.4%），菌落颜色呈大红、橘黄、乳黄、乳白等，分离得到的低温微生物最适生长温度为 18～24℃，绝大多数属于耐冷菌；经 26S rDNA 与 ITS 序列分析法测定后，进行系统发育分析，这些低温可培养菌株在发育树上分属于担子菌纲（Basidiomycetes）、子囊菌纲（Ascomycetes）、类酵母菌纲（Yeast-like organisms）3 个系统发育类群，其中担子菌纲为优势菌群。隐球酵母属（Cryptococcus）是优势菌属，占总菌数比重最大，对冰川中可培养低温微生物多样性贡献最大，产酶比重最大，其次是红酵母属（Rhodotorula）、掷孢酵母属（Sporobolomyces）和木拉克酵母属（Mrakia）。②采用宏基因组学技术构建天山冰川低温真菌基因克隆文库，阳性克隆经菌液 PCR 验证、双酶切检测基因测序后得到 94 条序列，其中担子菌门（Basidiomycota）共有 14 条、子囊菌门（Ascomycota）共有 47 条、壶菌门（Chytridiomycota）1 条、未培养真菌（uncultured fungus）32 条。文库中子囊菌门（Ascomycota）是最大的进化簇，且拟青霉属（Simplicillium）和曲霉属（Aspergillus）所占比重较大，分别为 17.02% 和 27.66%，未培养真菌（uncultured fungus）居其次，分为未培养假散囊菌属（uncultured Pseudeurotium）与未培养假担子菌属（uncultured Basidiomycotd）。③通过对已分离酵母菌的筛选，共获得 47 株产低温酶菌株，其中 15 株可产低温脂肪酶、21 株可产低温淀粉酶、12 株可产低温果胶酶、17 株可产低温蛋白酶、5 株可产低温几丁质酶。所得产酶菌株最适生长温度大多数为 20℃ 左右（室温下），生长温度范围基本处于 4～24℃，属耐冷菌范畴。最适生长 NaCl 浓度在 7% 左右，大多数属于微好盐菌，47 株产低温酶菌株分别属于担子菌纲、子囊菌纲、类酵母菌纲 3 个系统发育类群，其中担子菌纲为主要产酶菌群。结果表明，低温酵母菌的产低温酶的能力大而丰富，因此，天山冰川中蕴藏着极其丰富多样的产低温酶微生物资源，是理想的酶源。

红树林土壤处于"海洋-陆地"界面潮间带环境，其生境的独特性决定了其中微生物的多样性及基因资源的珍稀性，深入开展红树林土壤微生物的研究将加快新型功能基因、新颖天然产物的发现进程。完全不依赖于平板分离的现代宏基因组学技术为充分探索不同自然生境中的微生物资源提供了有力手段。然而，将该技术实施于红树林土壤微生物的研究时，尚存在若干困难：①红树林土壤为高黏质、高有机质含量类型土壤，提取 DNA 时存在大量腐殖酸及腐殖酸类等高分子量抑制性物质的共提取等问题，造成所得 DNA 品质低下，难以进行微生物多样性分析；② DNA 提取过程中，红树林土壤中高含量的黏质极易吸附刚从微生物细胞裂解释放的大片段 DNA，造成所得 DNA 提取物中大片段 DNA 所占比率低下，难以构建大片段宏基因组文库应用于特色微生物资源的"生物探矿"。

宁祎等（2016）利用高通量测序方法对青海野生桃儿七根部内生真菌宏基因组 ITS 1 区进行测序分析，并依据 RDP 中设置的分类阈值对处理后的序列进行物种分类，鉴定内生真菌的群落组成。研究结果显示，测序结果经过质量控制共获得有效条带 22565 条，依据 97% 的序列相似性做聚类相似性分析，获得全部样品的 OTU 共 517 个，RDP 分类依据 0.8 的分类阈值鉴定出的全部真菌可归类为 13 纲、35 目、44 科、55 属。3 个样品 LD1、LD2 和 LD3 中共同的优势属真菌为丝孢菌的四枝孢属（*Tetracladium*）（所占比例分别为 35.49%、68.55%、12.96%），样品的香农多样性指数和辛普森多样性指数分别在 1.75 ～ 2.92、0.11 ～ 0.32。结果表明，青海上北山林场野生桃儿七根部内生真菌具有较高的多样性和较复杂的群落组成，蕴含着丰富的内生真菌资源。

乔晓梅等（2015）利用高通量测序法分析了清香大曲真菌群落结构及大曲功能菌。结果表明，用不同的宏基因组 DNA 提供试剂盒，以及不同测序区域得到较为一致的结果，清香大曲在热季和冷季的主要真菌类群相同，主要的真菌类群有霉菌和酵母；霉菌有米根霉（*Rhizopus oryzae*）和伞枝犁头霉（*Lichtheimia corymbifera*），酵母有库德毕赤酵母（*Pichia kudriavzevii*）和扣囊复膜酵母（*Saccharomycopsis fibuligera*），2 种霉菌含量明显高于酵母，而且冷季酵母比例较热季明显减少。

木质纤维素是地球上储量最为丰富的可再生有机碳源，开发以木质纤维类原料替代粮食资源的燃料乙醇技术，是未来解决燃料乙醇原料成本高、原料有限的根本出路。王春香（2010）利用分子生态学技术研究土壤木质纤维素降解过程中微生物群落结构及其动态演化规律，挖掘不同阶段的优势菌群，探索未来木质纤维素商品化利用的新策略。以西双版纳地区热带雨林土壤为研究对象，以提取的土壤总基因组 DNA 为模板，分别 PCR 扩增细菌的 16S rRNA 基因和真菌的 18S rRNA 基因，构建 16S rRNA 及 18S rRNA 基因文库，并进行了 PCR-RFLP 分析。通过对 75 个不同 RFLP 带型所代表的细菌克隆和 26 个不同 RFLP 带型所代表的真菌克隆进行了测序、分析以及系统发育进化树构建，分别分析了该土壤中的细菌和真菌群落结构。结果表明，西双版纳地区热带雨林土壤主要的细菌菌群为酸杆菌门、变形菌门、放线菌门和一个未分类的细菌类群。其中酸杆菌门是细菌菌群的绝对优势菌群，占总克隆数的 89.4%，包含 Gp1、Gp2、Gp3 和 Gp5 四个大簇。而真菌菌落大致可以分为分类地位未定的真菌门（Fungi incertae sedis）、子囊菌门（Ascomycota）和担子菌门（Basidiomycota）三大菌群。分类地位未定的真菌门是第一大类群，占 63.0%，包括毛霉亚门（Mucoromycotina）和未分类的接合菌纲（unclassified Zgomycetes）两大亚类群。子囊菌门次之，占总克隆数的 32.4%，而担子菌门在此克隆文库中检出比例仅占克隆总数的 4.6%。从已鉴别的微生物类群中，大多数真菌类群，如担子菌门的隐球菌属（*Cryptococcus*）和花褶伞属（*Panaeolus*），子囊菌门的三枝孢属（*Tricladium*）、曲霉属（*Aspergillus*）、青霉属（*Penicillium*）和麦孢菌属（*Neurospora*）等都具有木质纤维素分解能力。参与土壤中木质纤维素生物降解的微生物类群不仅具有多样性，而且降解过程按一定的次序进行，参与的微生物类群显示出明显的演替规律。以天然木质纤维素为主要培养基质，分别选取培养 8d 和 15d 的土样再次构建真菌的 18S rRNA 基因文库。随机挑取克隆子进行 PCR-RFLP 带型分析，并与先前的带型结果进行对比，统计带型比例的变化，并对新的带型（培养 8d 出现 16 个新带型、15d 出现 11 个新带型）对应的克隆测序分析。结果表明，培养的不同阶段真菌群落结构不断变化，其优势菌群也随之变化。最初，以子囊菌类营腐生的污染性机会菌数量和种类为主，随着培养时间的延长，子囊菌类逐渐减少，而担子菌类木腐菌的数量和种类逐渐增多并最终占主要优势。微生物对木质纤维素的降解主要通过分泌一系列的酶系来完成。担子菌在整个降解过程中分布具有持续的连贯性，并且它是土壤中的主要木腐菌类。

袁小凤等（2014）利用 DGGE 和 454 焦磷酸测序技术检测不同种源浙贝在同一块地种植其根际真菌的多样性及组成。DGGE 结果表明，本地种源（宁波种）根际真菌香农指数高于南通和磐安种源。测序结果显示宁波产地的浙贝根际真菌主要由子囊菌、半知菌、接合菌以及一些未知真菌组成。其中，3 个种源根际大部分真菌种类相同，但每个种源均有特异性真菌。454 测序结果发现磐安本地种真菌多样性高于宁波和南通等外地种，与 DGGE 结果相同，这可能是本地种进化适应的结果。磐安实验地的根际土真菌包括分类地位未定的真菌门（Fungi incertae sedis）、子囊菌门（Ascomycota）、毛霉门（Mucoromycotina）、担子菌门（Basidiomycota）、壶菌门（Chytridiomycota）等 10 个门，其中前 5 门几乎占据了整个群落的 90%，其真菌的种类和数量均超过宁波实验地，充分显示出产地的差异以及宏基因组测序的优越性。磐安种根际真菌隶属于 10 门、29 科、28 属、159 种，宁波种隶属于 6 门、20 科、19 属、136 种，南通种隶属于 8 门、37 科、47 属、289 种，非根际土则隶属于 7 门、25 科、24 属、102 种。其中座腔菌属（Dothidea）、Capnobotryella 和耳霉属（Conidiobolus）等属仅存在于南通种，而棘壳孢属（Pyrenochaeta）、球囊霉属（Glomus）和假丛赤壳属（Pseudonectria）等属则只存在于磐安种，暗示这些真菌的存在与浙贝母相关。种源和产地实验发现本地种的真菌多样性高于外地种，每个种源根际均有特异性真菌，说明根际真菌多样性及组成是由浙贝母种源和产区的土壤类型共同决定的，而这些真菌等微生物通过与土壤 - 根际微生态系统的相互作用，反过来会进一步影响浙贝母的生长。

第二章

发酵床微生物组研究方法

第一节
概述

一、微生物宏基因组学

宏基因组学是研究直接来自环境的微生物基因材料的学科，被认为是微生物学发展中的一个里程碑。微生物组测序分析技术主要包括 16S rRNA 和宏基因组测序两大技术，它不仅使得对未培养或者不可培养的微生物的研究成为可能，也使得研究同一环境中的微生物在自然条件下的相互作用以及微生物和环境因子的相互作用成为可能（常秦，2012）。宏基因组学应用范围很广，如传统食醋发酵过程微生物多样性分析（聂志强等，2013）、牙菌斑微生物群落分析（陈林，2014）、牛胃菌群组成分析（彭帅，2015）、人和动物胃肠道微生物群落分析（许波等，2013）、深海样本宏基因组分析（江夏薇，2013）、温室黄瓜根结线虫发生地土壤微生物宏基因组分析（赵志祥等，2010）、铅锌尾矿酸性废水微生物宏基因组分析（韩玉姣，2013）、普洱茶渥堆发酵过程中微生物宏基因组分析（吕昌勇，2013）、红树林土壤微生物宏基因组分析（蒋云霞，2007）。

二、微生物宏基因组数据分析

主要包括序列处理、分类、注释及统计分析 4 个环节。随着测序技术的升级，测序成本已逐步降低，而大数据分析已成为核心内容。数据具备标准化、可积累性特点，通过数据建模是未来应用的基础，培养和基于培养的功能验证将是未来发展的重点之一。微生物组学可阐述并调控环境与微生物组之间的关系，此领域相关研究有巨大的发展空间（盛华芳等，2015）。

三、微生物宏基因组分析方法

宏基因组分析方法是理解环境中微生物组种类、数量、结构的工具。以养猪发酵床垫料微生物宏基因组为材料，阐明宏基因组测序的样本采集、样本处理、数据分析等的方法，为发酵床微生物群落的分析提供基础和参考。

研究方法

一、发酵床垫料样本采集及垫料理化性质测定

实验地点位于福清渔溪现代设施农业样本工程示范基地微生物发酵床大栏养猪舍，大栏发酵床养殖面积为 1617m²（33m×49m），深 80cm，发酵床垫料由 70% 椰糠和 30% 谷壳组成。发酵床饲养 1617 头育肥猪，饲养密度为 1 头 /m²。按图 2-1 将发酵床划分为 8×4 个方格，冬季（11 月）和春季（3 月）取样两次，空间取样在各个区域内随机挖取 10cm 深的垫料样本，深度取样分别取 0cm、20cm、40cm、60cm 深的发酵床样本。冬季采样空间平面样本 32 个点（图 2-1）和 3 个点各 4 个深度样本，春季采样空间平面样本 32 个点和 2 个点各 4 个深度样本，共 84 个样本。分别测定各垫料样本的温度、pH 值、含水量、含盐量、硝态氮和粗纤维含量等理化参数。

1-4	2-4	3-4	4-4	5-4	6-4	7-4	8-4
1-3	2-3	3-3	4-3	5-3	6-3	7-3	8-3
1-2	2-2	3-2	4-2	5-2	6-2	7-2	8-2
1-1	2-1	3-1	4-1	5-1	6-1	7-1	8-1

图2-1 采样空间平面样本32个点的分布示意

二、发酵床垫料的发酵程度等级划分

将垫料铺平，用色差计的出光口正对垫料，使其不漏光，测定垫料跟空白垫料的色差值（ΔE）。每份垫料重复 3 次，取平均值作为该份垫料的最终值。在大量分析数据的基础上，快速而准确地判定各样本的发酵程度，并进行发酵等级划分。其中 $0 < \Delta E \leqslant 30$ 为发酵等级一级；$30 < \Delta E \leqslant 50$ 为发酵等级二级；$50 < \Delta E \leqslant 65$ 为发酵等级三级；$65 < \Delta E \leqslant 80$ 为发酵等级四级。

三、宏基因组高通量测序

（1）总 DNA 的提取　按土壤 DNA 提取试剂盒 FastDNA® SPIN Kit for Soil 的操作指南，分别提取各垫料样本的总 DNA，于 –80℃ 冰箱冻存备用。

（2）16S rDNA 和 ITS 测序文库的构建　采用扩增原核生物 16S rDNA 的 V3 ～ V4 区通用引物 U341F 和 U785R 对各垫料样本的总 DNA 进行 PCR 扩增，并连接上测序接头，从而构建成各垫料样本的细菌和古菌 16S rDNA V3 ～ V4 区测序文库。采用扩增真菌 5.8S 和 28S rDNA 之间的转录区间的通用引物 ITS-F1-12 和 ITS-R1-12 对各垫料样本的总 DNA 进行 PCR 扩增，并连接上测序接头，从而构建成各垫料样本的真菌 ITS 测序文库。

（3）高通量测序 使用 Illumina MiSeq 测序平台，采用 PE300 测序策略，每个样本至少获得 10 万条序列。

四、宏基因组测序数据质控

通过 PADNAseq 软件利用重叠关系将双末端测序得到的成对短序列（reads）拼接成一条序列，得到高变区的长序列（Masella et al, 2012）。然后使用撰写的程序对拼接后的序列进行处理而获取短去杂序列（clean reads）：去除平均分子量值低于 20 的序列；去除序列含 N 的碱基数超过 3 个的序列；序列长度范围为 250 ~ 500nt。

五、分类操作单元聚类分析

为便于下游的物种多样性分析，将标签（tags）聚类成分类操作单元（operational tax-omic units，OTU）。首先把标签中的单例标签（singletons，即对应的序列只有一条）过滤掉，因为这些单例标签可能由测序错误造成，故将这部分序列去除，不加入聚类分析。然后，利用 usearch 软件，在 0.97 相似度下进行聚类，对聚类后的序列进行嵌合体过滤后，得到用于物种分类的 OTU，每个 OTU 被认为可代表一个物种（Edgar，2013）。

六、分类操作单元抽平处理

为避免因各样本数据大小不同而造成分析时的偏差，在样本达到足够测序深度的情况下，对每个样本进行随机抽平处理。测序深度用 α- 多样性（alpha diversity）指数来衡量。抽平的参数必须在保证测序深度足够的前提下去选取。

七、核心微生物组分析

根据样本的共有 OTU 以及 OTU 所代表的物种，可以找到核心微生物组（core microbiome，即覆盖 90% 样本的微生物组）进行 OTU 维恩（Venn）图分析。Venn 图可以很好地反映组间共有以及组内特有的 OTU 数目，可利用 R 语言编写的 VennDiagram 软件里的 venn.diagram 函数实现。OTU 的主坐标分析（PCoA）：可以初步反映出不同处理或不同环境间的样本可能表现出分散和聚集的分布情况，从而可以判断相同条件的样本组成是否具有相似性，可利用 R 语言编写的 ade4 软件里的 dudi.pca 函数实现。

八、物种分类和丰度分析

物种注释分析：首先，分别从各个 OTU 中挑选出一条序列作为该 OTU 的代表序列，将该代表序列与已知物种的 16S 数据库（网站 GreenGenes, http://greengenes.lbl.gov）进行比对，从而对每个OTU进行物种鉴定（McDonald et al, 2012）。然后，根据每个OTU中序列的条数，得到各个OTU的丰度值。物种丰度分析：在门、纲、目、科、属水平，将每个注释上的物种或OTU在不同样本中的序列数整理在一张表格，形成物种丰度的柱状图、星图及统计表等。物种热图分析：物种热图利用颜色梯度可以很好地反映出样本在不同物种下的丰度大小以及物种聚类、样本聚类信息，可利用R语言的gplots包的heatmap.2函数实现。

九、样本复杂度分析

（1）单个样本复杂度分析　α-多样性也称为生境内的多样性（within-habitat diversity），是对单个样本中物种多样性的分析，常用的度量指标有：测定物种指数（observed species）、Chao1指数、香农（Shannon）指数、辛普森（Simpson）指数以及谱系多样性指数（phylogenetic diversity，PD whole tree）等。利用QIIME软件计算样本的α-多样性指数值，并做出相应的稀释曲线（Paul et al, 2004）。稀释曲线是利用已测得16S rDNA序列中已知的各种OTU的相对比例，来计算抽取n个（n小于测得序列总数）序列时各α-多样性指数的期望值，然后根据一组n值（一般为一组小于总序列数的等差数列）与其相对应的α-多样性指数的期望值做出曲线，并做出α-多样性指数的统计表格。

（2）样本间复杂度比较分析　β-多样性也称为生境间的多样性（between-habitat diversity），反映了不同样本在物种多样性方面存在的差异大小。分析各类群在样本中的含量，进而计算出不同样本间的β-多样性值。可以通过QIIME软件，采用迭代算法，分别在加权物种分类丰度信息和非加权物种分类丰度信息的情况下进行差异计算，得到最终的统计分析结果表，并做出组间的距离箱线图（box plot）及主成分分析（principal component analysis，PCA）展示图。

十、显著性差异分析

（1）差异效应判别（LEfSe）分析　LEfSe分析即LDA effect size分析，LEfSe采用线性判别分析（linear discriminative analysis，LDA）来估算每个组分（物种）丰度对组分间差异效果影响的大小，可以实现多个分组之间的比较，还进行分组比较的内部亚组比较分析，从而找到组间在丰度上有显著差异的物种标记（biomaker），找出对组分划分产生显著性差异影响的群落或物种（Zhang et al, 2013）。本分析采用LEfSe Tools进行（Segata et al, 2011）。基本分析过程如下：首先，在多组样本中采用Kruskal-Wallis非参数多组检验法来检测不同分组间丰度差异显著的物种；然后，对在上一步中获得的显著差异物种，用成组的威尔科克森（Wilcoxon）秩和检验来进行组间差异分析；最后，用线性判别分析（LDA）对数据进行降维和评估差异显著的物种的影响力（即LDA score）。LEfSe分析可以进行本地分析也可以进行在线分析，在线分析的网址是：https://huttenhower.sph.harvard. edu/galaxy/。

（2）组间差异分析　使用秩和检验的方法对不同分组之间进行显著性差异分析，以找出对组间划分产生显著性差异影响的物种。对于两组间的差异分析采用R语言stats包的wilcox.test函数，对于两组以上的组间差异分析采用R语言stats包的kruskal.test函数。

（3）物种典型分析（canonical correspondence analusis，CCA）/冗余分析（redundancy analysis，RDA） RDA 是基于线性模型，CCA 是基于单峰模型。CCA/RDA 主要用来检测环境因子、样本、菌群三者之间的关系或者两两之间的关系。可以基于样本的所有 OTU，也可基于样本的优势物种或者差异物种。CCA 采用 R 语言编写的 vegan 软件的 cca 函数，RDA采用 vegan 软件的 rda 函数。

第三节
发酵床微生物高通量测序与统计工作流程

一、微生物组高通量测序

养猪发酵床微生物组高通量测序（图 2-2）归纳为：通过 Illumina 平台（HiSeq 或者 MiSeq）进行配对末端（paired-end）测序，通过序列之间的覆盖部分（overlap）关系拼接成长序列，并对拼接后的序列进行质控，除去平均分子量值低于 20 的序列；除去序列含 N 的碱基数超过 3 个的序列；序列长度范围为 250 ～ 500nt，得到短去杂序列。

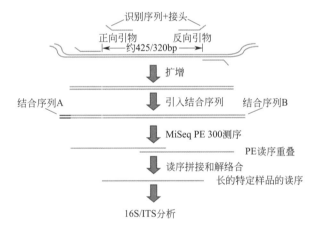

图2-2　发酵床微生物组高通量测序的原理及工作流程

（利用16S/ITS特定引物扩增特异区域，得到约425/320bp扩增片段。加接头，采用MiSeq平台，测序得到2×300 bp的配对末端数据，通过拼接，可以得到较长序列，从而进行16S/ITS分析）

二、短序列去杂

测序处理后得到短去杂序列（clean reads），然后进入生物信息学分析。通过拼接→去杂统计→ OTU 聚类→抽平处理→序列选择→分类比对→丰度统计等，得到发酵床微生物种类的分类操作单元，为微生物群落分析提供基础（图 2-3）。

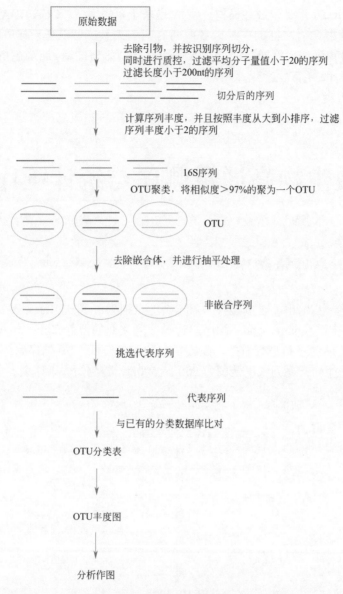

图2-3 发酵床微生物的生物信息分析流程

第四节
微生物发酵床细菌分类操作单元分析

一、发酵床细菌分类操作单元提取

将序列完全一样的短去杂序列（clean reads）归为一种标签，统计每条标签对应的丰度（即序列数目），然后将标签根据其丰度大小进行排序，将其中的单例标签（singletons）过滤掉，因为单例标签可能由测序错误造成，故将这部分序列去除，否则，不能进行后期OTU 聚类。利用 usearch7.0 软件，在 0.97 相似度下进行聚类，对聚类后的序列进行嵌合体过滤后，得到物种 OTU，最后将所有去低值序列比对到 OTU 序列上，将能比对上 OTU的序列提取出来，得到最终的比对序列（mapped reads）（表 2-1）。从表 2-1 可知，发酵床不同深度层次的垫料微生物测序标签（tags）、单例标签（singletons）、比对序列（mapped reads）、去杂标签（clean tags）、分类操作单元（OTU）数存在显著差异。用微生物发酵床夏季和冬季 2 个季节垫料进行微生物宏基因组测序，2 个季节共采集 84 个样本，分析结果表明，总体趋势是发酵床表层和底层的相应数值较小，中间层的相应数值较大。统计各个样本每个 16Sr RNA-OTU 中的丰度信息，一共产生 154556 个 16S rRNA-OTU，平均每个样本有 1862.12 个 ±505.96 个 OTU。分析结果表明养猪发酵床垫料中的微生物（OTU）种类非常丰富。

表2-1　养猪发酵床样本数据和16S rRNA部分OTU统计

发酵床空间样本样品名称	标签数量	单例标签		比对序列		去杂标签数量	OTU数量
		数量	比例/%	数量	比例/%		
S1.1.1（S1 0cm）	94647	54256	57.3246	3345	3.5342	61329	1647
S1.1.2（S1 20cm）	109136	60098	55.0671	3031	2.7773	74752	2196
S1.1.3（S1 40cm）	96491	49476	51.2753	1225	1.2695	76527	2428
S1.1.4（S1 60m）	112998	60340	53.3992	3015	2.6682	80082	2214
S1.2.1（S2 0cm）	124999	45227	36.1819	737	0.5896	113803	1825
S1.2.2（S2 20cm）	109998	63017	57.2892	2510	2.2819	80422	2398
S1.2.3（S2 40cm）	110447	56751	51.3830	3153	2.8548	79703	2126
S1.2.4（S2 60cm）	123999	59013	47.5915	3612	2.9129	92364	1494

注：第一列样本名称，S1.1.1 代表样点 S1，1 的表层，顺序下去为 20cm、40cm、60cm 层的样本。第二列标签是将测序数据经过拼接和质控后得到的长序列数量；第三列是单例标签的条数；第四列是单例标签占短去杂序列的比例；第五列是比对上 OTU 的短去杂序列的条数；第六列是比对上 OTU 的短去杂序列占短去杂序列的比例；第七列是过滤掉单拷贝和嵌合体后的去杂标签数量；第八列是样本所含有的 OTU 个数。

二、发酵床细菌分类操作单元比对

对原始数据进行质量检验（QC）后，用 usearch7.0 软件对数据进行去嵌合体和聚类的操作，usearch7.0 软件聚类时，先将序列按照丰度从大到小排序，通过 97% 相似度的标准聚类，得到 16S rRNA 的 OTU，每个 OTU 被认为可代表一个细菌物种。在聚类过程中利用从头测序（de novo）方法去除嵌合体（chimeras）。接下来对每个样本的标签（tags）进行随机抽平处理以保证数据质量，提取对应的 OTU 序列。然后使用微生物生态学数量评估（quantitative insights into microbial ecology，QIIME v 1.9.0）软件，做 α- 多样性指数稀释曲线。根据稀释曲线选择合理的抽平参数，利用 QIIME 软件对得到的抽平后的 OTU进行分析，首先从 OTU 中分别提取一条序列作为代表序列，将该代表序列与核苷酸数据库（ribosomal database project，RDP）的 16S rRNA 比对，从而对每个 OTU 进行细菌物种分类。归类后，根据每个 OTU 中序列的条数，从而得到 OTU 物种含量丰度，最后根据该OTU 丰度表进行后续分析（表 2-1）。

三、发酵床细菌分类操作单元抽平处理

由于不同样本对应的序列数量差距较大，为了保证后期分析结果合理，对每个样本的数据进行随机抽平处理，抽平参数根据 α- 多样性指数的稀释曲线来确定。α- 多样性反映的是单个样本内部的物种多样性，包括测定物种指数（observed species）、丰富度（Chao1）指数、香农多样性指数（Shannon 指数）以及辛普森优势度指数（Simpson 指数）、谱系多样性指数等。测定物种指数和 Chao1 指数反映样本中细菌群落的丰富度（species richness），即简单指细菌群落物种总的数量，而不考虑细菌群落每个物种的丰度情况。这 2 个指数对应的稀释曲线还可以反映样本测序量是否足以覆盖所有类群。为了对各样品进行定量比较分析，根据发酵床细菌群落 α- 多样性分析结果，结合测序饱和度和样本信息完整性，对各样本的测序数据进行随机抽平处理。根据分析结果，从发酵床部分样本的测序结果中随机抽取 60623 条序列，进行各样本的各 OTU 丰度计算，部分分析结果见表 2-2。可以看出发酵床表层（S1.1.1）垫料的细菌种类（OTU 数量）为1643，20cm 深度垫料细菌种类（OTU 数量）为 2055，等等，说明发酵床不同深度垫料的细菌种类（OTU 数量）差异显著。

表2-2　发酵床部分样本微生物群落OTU抽平统计

样本名称	短序列数量	OTU数量
S1.1.1（0cm深度）	60623	1643
S1.1.2（20cm深度）	60623	2055
S1.1.3（40cm深度）	60623	2266
S1.1.4（60cm深度）	60623	2041

四、发酵床细菌分类操作单元稀释曲线

微生物多样性分析中需要验证测序数据量是否足以反映样本中的物种多样性，稀释曲线（丰富度曲线）可以用来检验这一指标，评价测序量是否足以覆盖所有类群，并间接反映样本中物种的丰富程度。稀释曲线是利用已测得 16S rDNA 序列中已知的各种 OTU 的相对比例，来计算抽取 n 个（n 小于测得的序列总数）序列时出现 OTU 数量的期望值，然后根据一组 n 值（一般为一组小于总序列数的等差数列，如 0×10^4、2×10^4、4×10^4、6×10^4、8×10^4等）与其相对应的 OTU 数量的期望值做出曲线来。

当曲线趋于平缓或者达到平台期时，也就可以认为测序深度已经基本覆盖到样本中所有的物种；反之，则表示样本中物种多样性较高，还存在较多未被测序检测到的物种。图 2-4展示了发酵床垫料样本细菌丰富度（Chao1）指数和测定物种指数的稀释曲线。结果显示，各样本均具有较好的物种丰富度，且不同样本的物种丰富度存在明显差异；在测序达到一定深度后，各样本的 Chao1 指数和测定物种指数的稀释曲线趋于平缓或者达到平台期，表明测序深度已经基本覆盖到样本中所有的物种。同时，与其他样品相比，图 2-4 中最下方的 4 条曲线表示这 4 个样品中的物种多样性明显偏低。

五、发酵床细菌分类操作单元群落α-多样性

Shannon 指数以及 Simpson 指数反映群落的物种多样性（species diversity），受样本

细菌群落中物种丰富度（species richness）和物种均匀度（species evenness）的影响。相同物种丰富度的情况下，群落中各物种均匀度越大，则认为群落多样性越高，同样，Shannon 指数和 Simpson 指数值越大，说明个体分布越均匀。如果每一个体都属于不同的种，Shannon 指数和 Simpson 指数就大，如果每一个体都属于同一种，则 Shannon 指数和 Simpson 指数就小。图 2-5 展示了发酵床垫料部分样本的 Shannon 指数和 Simpson 指数稀释曲线。结果表明，绝大多数样本的 Shannon 指数和 Simpson 指数稀释曲线很快就达到了平台期，说明各个样本均具有较好的物种多样性，而且不同个体属于不同种的可能性大及物种均匀度大。

六、发酵床部分样本微生物物种谱系演化

谱系多样性指数（PD whole tree）反映了样本中细菌物种谱系演化的差异，该指数越大说明物种谱系演化差异越大。测序深度指数（Good's coverage）反映了测序的深度，指数越接近 1，说明测序深度已经基本覆盖到样本中所有的物种。谱系多样性指数和测序深度指数的稀释曲线见图 2-6。图中一条曲线代表一个样本，横坐标表示从某个样本中随机抽取的短去杂序列数目，纵坐标表示该序列数目对应的 α- 多样性指数的大小。在测序深度指数的稀释曲线中，随着测序深度的增加，当曲线趋于平缓时，表示此时测序深度已经基本覆盖到样本中所有的物种，测序数据量比较合理。从图 2-6 可以看出，每一个样品均获得了高质量的测序深度，能覆盖样品中的所有物种信息。

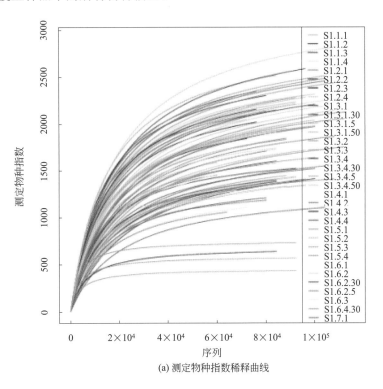

(a) 测定物种指数稀释曲线

图2-4

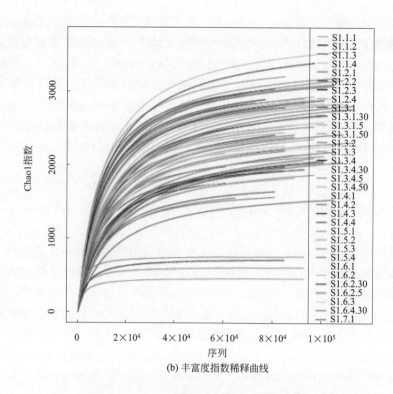

(b) 丰富度指数稀释曲线

图2-4　发酵床微生物的测定物种指数和丰富度指数稀释曲线

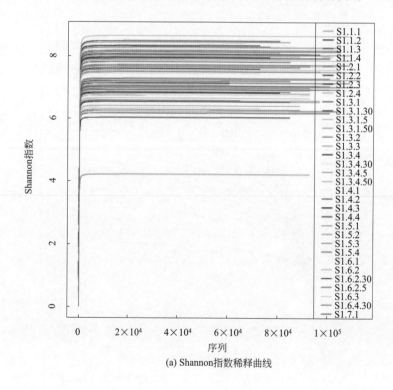

(a) Shannon指数稀释曲线

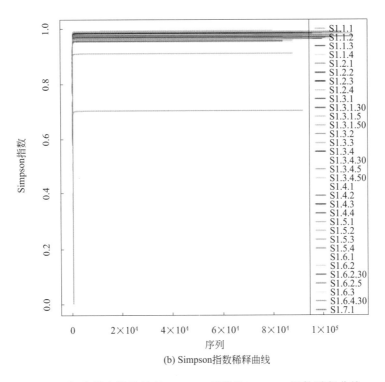

(b) Simpson指数稀释曲线

图2-5　部分样本微生物的Shannon指数和Simpson指数稀释曲线

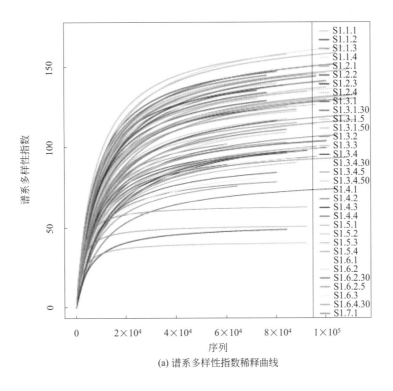

(a) 谱系多样性指数稀释曲线

图2-6

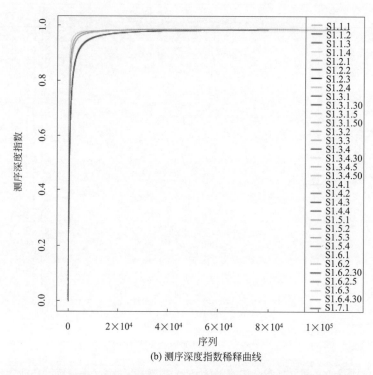

(b) 测序深度指数稀释曲线

图2-6　部分样本微生物的谱系多样性指数和测序深度指数稀释曲线

第五节
微生物发酵床核心微生物组分析

一、发酵床微生物组共有OTU数与覆盖样本数关系

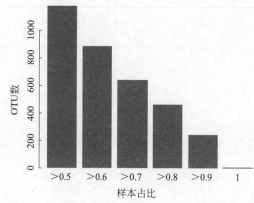

图2-7　发酵床微生物共有OTU数与覆盖样本数的关系

基于 16S rRNA 基因信息的系统分类结果与基于全基因组信息的分类结果很相似，并且消除了克隆问题，可以综合研究各个可变区，分析方法也相对成熟，广泛应用于核心微生物组（core microbiome）的研究。以微生物发酵床垫料样本为例，对采集的夏季和冬季的84个样本分别进行宏基因组分析，列出各样本的细菌种类OTU，对各样本共有的OTU进行统计。

分析结果见图 2-7，展示了微生物发酵床垫料各样本共有细菌种类（OTU）数与样本数的关系，图中横坐标表示的是覆盖一定比例以上（如＞ 0.5、＞ 0.6、＞ 0.7、＞ 0.8、＞ 0.9 等）样本的共有细菌种类（OTU）数目的比例，纵坐标是统计的覆盖大于此比例样本的共有细菌种类（OTU）数目。例如，若一个细菌种类（OTU）覆盖 50% 以上的样本，则在＞ 0.5 的横坐标所对应的纵坐标的细菌种类（OTU）数目为 1200 种；覆盖 60% 以上的样本细菌种类（OTU）数目为 880 种；以此类推，样本覆盖率越高，细菌种类（OTU）数量越少，覆盖 100% 样本的细菌种类（OTU）则非常少（图 2-7）。

二、微生物发酵床冬季和春季共有和特有微生物组OTU数分析

在 0.97 的相似度下，得到了发酵床垫料每个样本的 OTU 数，利用维恩（Venn）图展示多样本共有和各自特有细菌物种（OTU）数目，直观展示样本间物种重叠情况。结果表明，微生物发酵床冬季样本（S1）（40 个）和春季样本（S2）（44 个）鉴定到的细菌种类（OTU）数目分别为 5472 个和 6858 个，冬季和春季特有的 OTU 数目分别为 598 个和 1984 个，春季的 OTU 比冬季略丰富，而共有的 OTU 数目为 4874 个，说明垫料的微生物群落具有一定的稳定性（图 2-8）。

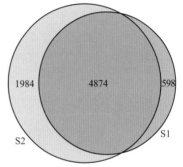

图2-8 微生物发酵床冬季样本（S1）和春季样本（S2）的细菌种类（OTU）维恩图分析

（不同颜色图形代表不同样本或者不同组别，不同颜色图形之间交叠部分数字为两个样本或两个组别之间共有的OTU数）

三、发酵床微生物组OTU丰度主成分分析

主成分分析（principal component analysis，PCA）是一种分析和简化数据集的技术。主成分分析经常用于减少数据集的维数，保持数据集中的对方差贡献最大的特征。保留的低阶主成分往往能够最大限度地保留数据的重要特征。PCA 运用降维的思想，分析不同样本 OTU（97% 相似性）的组成，可以反映样本的差异和距离，将多维数据的差异反映在二维坐标图上，坐标轴取值采用对方差贡献最大的前两个特征值。两个样本距离越近，则这两个样本的组成越相似。

不同处理方法或不同环境间的样本，可表现出分散和聚集的分布情况，从而可以判断相同条件的样本组成是否具有相似性。以微生物发酵床 2 个季节的部分样本进行分析，结果表明，微生物发酵床 2 个季节的部分样本的微生物组成具有一定的相似性（图 2-9）。2 个季节共有的种类主要集中在第 1 象限，种类较多，表明微生物群落具有稳定性；春季 S2 独有的种类主要分布在第 3 象限，分布较为分散，表明中间差异较大；冬季 S1 独有的种类主要分布在第 4 象限，分布较为集中，表明中间差异较小。

四、发酵床微生物组OTU秩-多度曲线

秩 - 多度曲线（rank-abundance curve）能同时解释样本所含物种的丰富度和均匀度。物种的丰富程度由曲线横坐标上的长度来反映，物种的相对丰度由纵坐标长度来反映；物种组成的均匀程度由曲线整体斜率来反映，曲线斜率越大则表示样本中各物种所占比例差异越大，分布越均匀。如图 2-10 所示，微生物发酵床冬季和春季 84 个样本的秩 - 多度曲线在横坐标上均在 10^3 左右，说明各样本具有较高的丰富度；各曲线的斜率相对较大，表明各样本的均匀度较好，且样本间的均匀度存在一定差异。

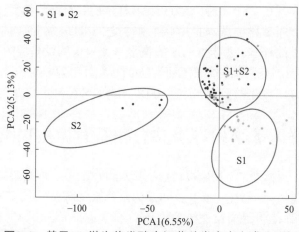

图2-9　基于OTU微生物发酵床细菌种类丰度主成分分析

（横坐标表示第一主成分，括号中的比例则表示第一主成分对样本差异的贡献率；纵坐标表示第二主成分，括号中的比例表示第二主成分对样本差异的贡献率。图中点分别表示各个样本。不同颜色代表样本属于不同的分组，冬季S1和春季S2）

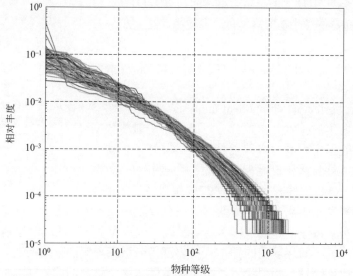

图2-10　微生物发酵床冬季和春季84个样本的秩-多度曲线

五、发酵床微生物组OTU物种累积曲线

物种累积曲线（species accumulation curves）用于描述随抽样量增加物种数量增加的状况，是理解和预测物种丰富度（species richness）的有效工具，利用物种累积曲线不仅可以判断抽样量充分性，在抽样量充分的前提下运用物种累积曲线可以对物种丰富度进行预测。对微生物发酵床冬季和春季84个垫料样本细菌物种的OTU测序结果进行抽样，分析结果如图2-11所示。随着抽样序列的增加，垫料样本的物种累积曲线迅速趋于平缓，最后达到平台期，说明样本测序深度符合要求，同时说明各样品具有较好的物种丰富度。

六、发酵床微生物组OTU分类阶元数量分布

统计结果见表2-3。从各个OTU中挑选出丰度最高的一条序列作为该OTU的代表序列。

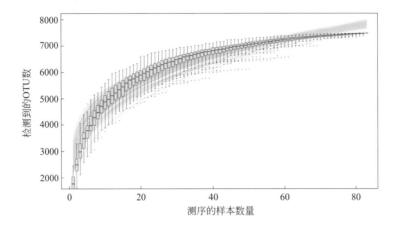

图2-11　微生物发酵床冬季和春季84个样本的物种累积曲线分析

使用核苷酸数据库（RDP）比对方法，将该代表序列与已知物种的 16S rRNA 数据库进行比对，从而对每个 OTU 进行物种归类。微生物发酵床样本共鉴定出细菌 OTU 总数为 7456，每个样本可鉴定的 OTU 范围为 1643 ~ 2467，其中可鉴定到科的 OTU 数有 4886，可鉴定到属的 OTU 数有 2351，叮鉴定到种的 OTU 数有 246。

表2-3　微生物发酵床选择样本细菌OTU的统计结果

项目	数量
细菌OTU总数	7456
细菌科OTU总数	4886
细菌属OTU总数	2351
细菌种OTU总数	246
每个样本最小OTU数	1643
每个样本最大OTU数	2467

七、发酵床微生物组OTU丰度柱状图分析

图 2-12 为微生物发酵床 84 个样本门分类阶元物种 OTU 含量前 20 位的物种的组成与丰度柱状图。结果表明，丰度在前 5 位的分别是放线菌门（Actinobacteria）＞厚壁菌门（Firmicutes）＞变形菌门（Proteobacteria）＞拟杆菌门（Bacteroidetes）＞绿弯菌门（Chloroflexi），与一般的土壤样本（变形菌门含量最高）存在明显差异，说明微生物发酵床具有独特的生境类型。

八、发酵床冬季和春季微生物组OTU丰度柱状图分析

将冬季和春季发酵床分别作为样本，两个样本细菌物种门分类阶元 OTU 的相对丰度在前 5 位的也是放线菌门（Actinobacteria）＞厚壁菌门（Firmicutes）＞变形菌门（Proteobacteria）＞拟杆菌门（Bacteroidetes）＞绿弯菌门（Chloroflexi）（图 2-13）。

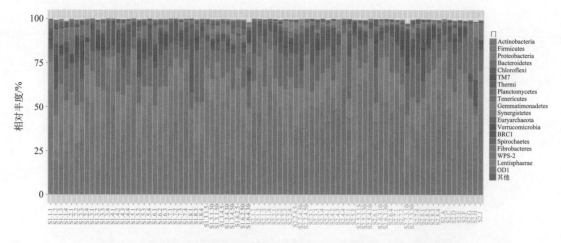

图2-12　微生物发酵床84个样本门水平前20位物种的组成丰度柱状图

（横坐标为样本名称，纵坐标为相对丰度；颜色对应不同物种名称，色块长度表示该色块所代表的物种的相对丰度的比例）

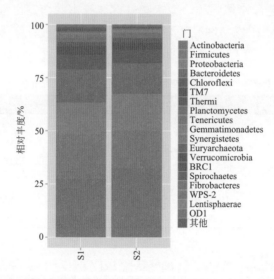

图2-13　微生物发酵床冬季和春季样本前20位门分类OTU组成与丰度柱状图

（横坐标为分组名称，纵坐标为相对丰度；颜色对应不同物种名称，色块长度表示该色块所代表的物种的相对丰度的比例）

九、发酵床微生物组OTU物种热图分析

分析结果见图2-14。物种热图（heatmap）是以颜色梯度来代表数据矩阵中数值的大小，并能根据物种或样本丰度相似性进行聚类的一种图形展示方式。从聚类结果加上样本的处理或取样环境分组信息，可以直观观察到相同处理或相似环境样本的聚类情况，并直接反映了样本的群落组成的相似性和差异性。微生物发酵床冬季和春季样本中的细菌种类分别在门、纲、目、科、属、种分类等级进行热图聚类分析。纵向聚类表示所有物种在不同样本间的相似情况，距离越近枝长越短，说明样本的物种组成及丰度越相似。横向聚类表示该物种在各样本丰度相似情况，与纵向聚类一样，距离越近枝长越短，说明两物种在各样本间的组成越相似。

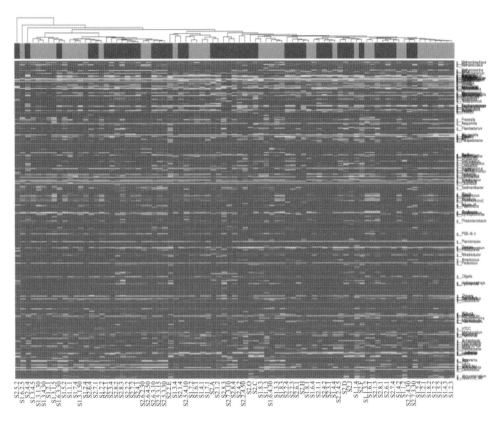

图2-14　微生物发酵床84个样本细菌物种OTU丰度热图

[如有样本分组信息，图中前两行为样本分组信息（如只有一种分组情况，则只有一行），颜色与图例对应]

十、发酵床微生物组OTU物种星图分析

图 2-15 为发酵床冬季和春季 84 个样本属丰度在前 10 位的细菌 OTU 整理的物种星图，每个星形图中的扇形代表一个物种，用不同颜色区分，用扇形的半径来代表物种相对丰度的大小，扇形半径越长代表此扇形所对应物种的相对丰度越高。结果表明，不同样本的属种组成存在明显差异性，而且，两个季节样本中的棒杆菌属（*Corynebacterium*）、葡萄球菌属（*Staphylococcus*）、梭菌属（*Clostridium*）是多数样本的优势属，这 3 个属主要来源于人和动物病原菌，凸显了养殖微生物发酵床中的微生物组成与区别于一般土壤样本微生物组成的差异。

| S1.1.1 | S1.1.2 | S1.1.3 | S1.1.4 | S1.2.1 | S1.2.2 |

| S1.2.3 | S1.2.4 | S1.3.1 | S1.3.2 | S1.3.3 | S1.3.4 |

图2-15

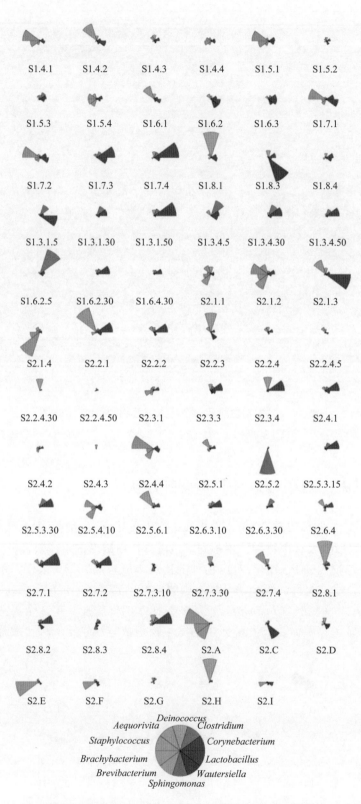

图2-15　微生物发酵床冬季和春季84个样本中属水平前10位物种组成丰度星图

发酵床微生物组OTU α-多样性种类复杂度分析

一、发酵床单个样本微生物组OTU种类复杂度分析

为了分析单个微生物发酵床样本的细菌种类复杂度，分别进行了衡量各个样本细菌种类组成和丰度复杂度的α-多样性指数常用度量指标（包括测定物种指数、Chao1 指数、香农指数、辛普森指数、测序深度指数以及谱系多样性指数）的计算。表 2-4 列出部分冬季和春季样本的α-多样性指数的统计结果，可以看出测序深度指数和辛普森指数均接近 100% 或 1，表明有较好的α-多样性。

表2-4　微生物发酵床单个样本细菌物种OTU α-多样性指数统计实例

样本	Chao1指数	测序深度指数	测定物种指数	谱系多样性指数	香农指数	辛普森指数
S1.6.4.30	3076.5200	0.9885	2227	140.2418	8.2013	0.9878
S2.8.2	3204.8370	0.9875	2322	127.0928	7.9744	0.9820
S1.3.4.50	2430.2340	0.9904	1728	115.2661	7.4462	0.9795
S2.3.3	2853.0090	0.9890	2194	133.8351	8.0937	0.9857

二、发酵床冬季和春季微生物组OTU箱线图分析

图 2-16 为发酵床冬季（S1）和春季（S2）样本α-多样性指数箱线图（box plot，又称盒形图、盒子图），更直观地展示了各样品的α-多样性指数差异。其中，中间的黑色横线是数据的中位数（median），即数据中占据中间位子的数，表示数据中有 1/2 大于中位数（在其之上），另 1/2 小于中位数（在其之下）。盒子的上下两边称为上下四分位数（hinges），其意义为：数据中有 1/4 的数目大于上四分位数，即在盒子之上；另外有 1/4 的数目小于下四分位数，也就是在盒子之下。也就是说有 1/2 的数目在中间封闭盒子的范围内，有 1/2 分布在盒子上下两边。在盒子上下两边分别有一条纵向的线段，叫触须线。上截止横线是变量值本体最大值，下截止横线是变量值本体最小值。本体指的是除异常值和极值以外的变量值，称为本体值。异常值标记为 "○"，极值标记为 "＊"。

高于触须线上截止横线的值的取值范围为：①异常值，$x >$ 上四分位数 +1.5IQR；②极值，$x >$ 上四分位数 +3.0IQR。低于触须线下截止横线的值的取值范围为：①异常值，$x <$ 下四分位数 –1.5IQR；②极值，$x <$ 下四分位数 –3.0IQR；从而表明盒子外面数值点的分布。IQR（interquartile range）= 上四分位数 – 下四分位数。

从图 2-16 可以看出：①春季的数量比冬季的分散得多；②冬季和春季的辛普森指数几乎没有差异，而且数值均较高，春季的测序深度指数略优于冬季，其他 4 个指数均为冬季优于春季（主要根据中位数和盒子的位置来判断）。

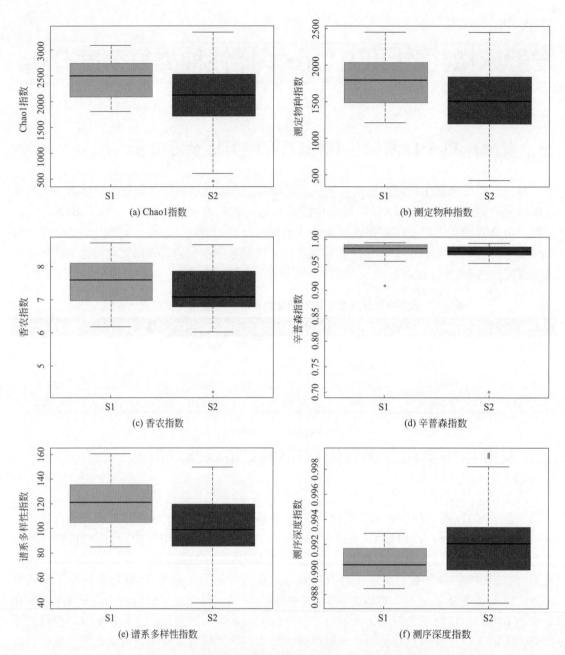

图2-16　微生物发酵床冬季和春季α-多样性箱线图

[箱线图可以显示5个统计量（最小值，第一个四分位数，中位数，第三个四分位数和最大值，即由下到上的5条线），异常值以"○"标出。横坐标是分组名称，纵坐标是不同分组下的α-多样性指数的值]

三、发酵床微生物组OTU α-多样性指数秩和检验

对细菌物种 OTU α- 多样性指数进行秩和检验（rank sum test），分析不同条件下显著差异的 α- 多样性指数。分析结果见表 2-5，表明冬季和春季的香农和辛普森指数均无显著差异，其 P 值分别为 0.1269 和 0.1036（远大于 0.05 或 0.01），说明在多样性上冬季和春季微生

物组无显著差异；冬季和春季微生物组的测定物种指数、测序深度指数、Chao1 指数差异显著（$P < 0.05$），谱系多样性指数差异极显著（$P < 0.01$）。

表2-5　微生物发酵床细菌物种OTU α-多样性指数秩和检验

α-多样性指数	冬季（S1）平均数	春季（S2）平均数	P值
Chao1指数	2423.5670	2105.2830	0.0169
测序深度指数	0.9906	0.9919	0.0139
测定物种指数	1767.9230	1522.6360	0.0185
谱系多样性指数	113.9643	96.0538	0.0006
香农指数	7.4513	7.1795	0.1269
辛普森指数	0.9773	0.9693	0.1036

第七节
发酵床微生物组OTU β-多样性种类复杂度分析

一、发酵床样本间微生物组OTU UniFrac距离

通过利用系统进化的信息来比较样本间的细菌群落差异，其计算结果可以作为一种衡量β-多样性的指数，它考虑了物种间的进化距离，该指数越大表示样本间的差异越大。微生物发酵床部分样品 β-多样性 UniFra 距离数据矩阵如表 2-6［加权（weighted）UniFrac］和表 2-7［非加权（unweighted）UniFrac］所列。

表2-6　加权物种丰度信息计算得到的样本β-多样性数据矩阵（加权UniFrac）

项目	S1.6.4.30	S2.8.2	S1.3.4.50	S2.3.3	S1.3.1.50
S1.6.4.30	0.0000	0.2773	0.2255	0.2954	0.2763
S2.8.2	0.2773	0.0000	0.2932	0.1686	0.2288
S1.3.4.50	0.2255	0.2932	0.0000	0.2577	0.2620
S2.3.3	0.2954	0.1686	0.2577	0.0000	0.2852
S1.3.1.50	0.2763	0.2288	0.2620	0.2852	0.0000

表2-7　非加权物种丰度信息计算得到的样本β-多样性数据矩阵（非加权UniFrac）

项目	S1.6.4.30	S2.8.2	S1.3.4.50	S2.3.3	S1.3.1.50
S1.6.4.30	0.0000	0.4368	0.3617	0.4483	0.3659
S2.8.2	0.4368	0.0000	0.4729	0.3529	0.4437
S1.3.4.50	0.3617	0.4729	0.0000	0.4669	0.3604
S2.3.3	0.4483	0.3529	0.4669	0.0000	0.4507
S1.3.1.50	0.3659	0.4437	0.3604	0.4507	0.0000

二、发酵床样本间微生物组OTU UniFrac距离聚类分析

图 2-17 展示了发酵床样本的 UniFrac 距离分布聚类分析的热图（heatmap），通过对 UniFrac 距离的聚类，具有相似的 β- 多样性的样本聚类在一起，反映了样本间的相似性。

三、发酵床样本间微生物组OTU主坐标分析

为了进一步展示样本间物种多样性差异，使用主坐标分析（PCoA）的方法展示各个样本间的差异大小。图 2-18 给出了样本间物种多样性的 PCoA 结果，如果两个样本距离较近，则表示这两个样本的物种组成较相近。从结果来看，与加权的相比，非加权的冬季和春季样本间物种多样性的差异更加显著。

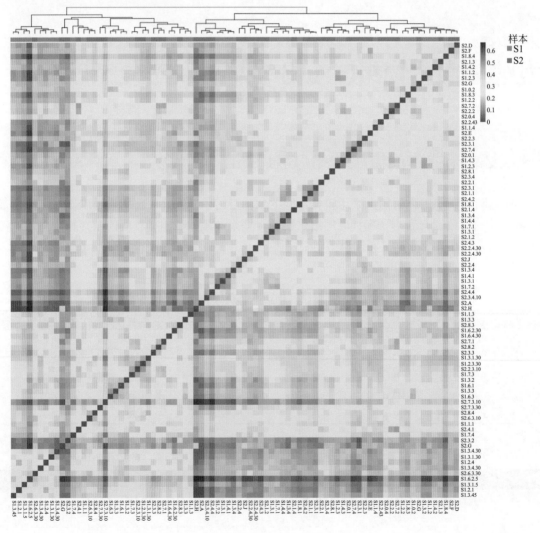

(a) 加权

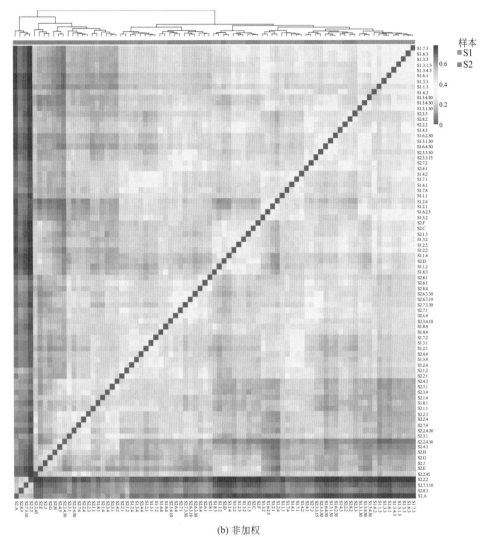

(b) 非加权

图2-17　冬季和春季84个样本的β-多样性聚类分析的热图

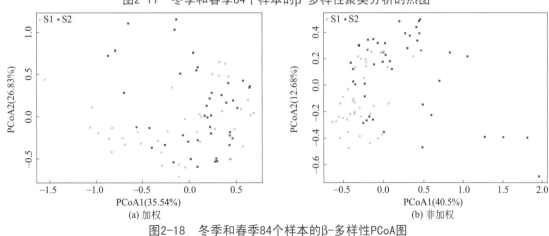

(a) 加权　　　　　　　　　　　　　　　　(b) 非加权

图2-18　冬季和春季84个样本的β-多样性PCoA图

（PCoA是一种研究数据相似性或者差异性的可视化方法，它没有改变样本点之间的项目位置关系，只改变了坐标系统。横坐标表示第一主坐标，括号中的数值则表示第一主坐标对样本差异的贡献率；纵坐标表示第二主坐标，括号中的数值表示第二主坐标对样本差异的贡献率。图中点分别表示各个样本，绿色代表冬季样本，蓝色代表春季样本）

发酵床微生物组OTU差异性分析

一、发酵床微生物组OTU差异效应判别分析

分析结果见图 2-19。LEfSe（LDA effect size，差异效应判别）分析结果可以用 LDA 值作分布柱状图 [图 2-19(a)] 和进化枝图 [图 2-19(b)]。在 LDA 值分布柱状图中，展现了发酵床不同组中（即红色代表春季；绿色代表冬季）微生物组 OTU 丰度有显著差异的物种，即具有统计学差异的微生物标记（biomaker），柱状图的长度代表差异物种的影响值大小。进化枝图中的着色原则：无显著差异的物种统一着色为黄色，差异物种（biomarker）跟随组别进行着色，红色节点表示在春季组别起到重要作用的微生物类群，绿色节点表示在冬季组别中起到重要作用的微生物类群，其他圈颜色意义类同。图中英文字母表示的物种名称在右侧图例中进行展示。由内至外辐射的圆圈代表了由门至属（或种）的分类级别。在不同分类级别上的每一个小圆圈代表该下的一个分类，小圆圈直径大小与相对丰度大小呈正比。从结果可以看出，不同季节各自对应不同的差异物种，而且春季的差异物种明显多于冬季。

二、发酵床不同分类阶元微生物组OTU差异分析

分别从门、纲、目、科、属阶元，通过秩和检验对冬季和春季样本筛选显著差异（$P < 0.05$，Kruskal-Wallis 检验）的物种，表 2-8 是在冬季和春季组间 20 个差异显著的不同分类 OTU（$P < 0.05$），共找到 317 个。

表2-8　发酵床冬季和春季不同分类阶元微生物组OTU差异分析

分类阶元	分类代码	春季均值	冬季均值	P值	分类阶元名称
纲	denovo1722	0.0000004	0.0000394	0.0010067	Gammaproteobacteria（γ-变形菌纲）
目	denovo1069	0.0000004	0.0000642	0.0009847	Clostridiales（梭菌目）
	denovo949	0.0000000	0.0002040	0.0055913	JG30-KF-CM45（未命名的1目）
科	denovo4232	0.0000089	0.0000004	0.0017846	Bacteriovoracaceae（噬菌弧菌科）
	denovo4046	0.0000085	0.0000030	0.0130353	Lachnospiraceae（毛螺菌科）
	denovo1208	0.0000000	0.0001230	0.0100337	Pseudomonadaceae（假单胞菌科）
	denovo3832	0.0000000	0.0000075	0.0179035	Ruminococcaceae（瘤胃球菌科）
	denovo5222	0.0000025	0.0000000	0.0314359	Verrucomicrobiaceae（疣微菌科）
	denovo5046	0.0000042	0.0000004	0.0323376	WCHD3-02（未命名的1科）
属	denovo5505	0.0000034	0.0000008	0.0372197	Anaeromusa（厌氧香蕉菌属）
	denovo6215	0.0009207	0.0005420	0.0177782	Clostridium（梭菌属）
	denovo1685	0.0000089	0.0000248	0.0122750	Clostridium（梭菌属）
	denovo3889	0.0000004	0.0000094	0.0219417	Dethiobacter（脱硫杆菌属）
	denovo227	0.0007231	0.0015780	0.0075986	Luteimonas（藤黄色单胞菌属）
	denovo6016	0.0000047	0.0000004	0.0038200	Methylophaga（噬甲基菌属）
	denovo251	0.0006977	0.0008080	0.0486668	Planctomyces（浮霉菌属）
	denovo650	0.0000000	0.0007470	0.0100353	Rhodococcus（红球菌属）
	denovo3279	0.0000343	0.0000041	0.0002054	Sphaerochaeta（球胞发菌属）
	denovo472	0.0000869	0.0004270	0.0062958	Syntrophomonas（互营单胞菌属）
	denovo976	0.0000000	0.0001790	0.0100337	Thermomonas（热单胞菌属）

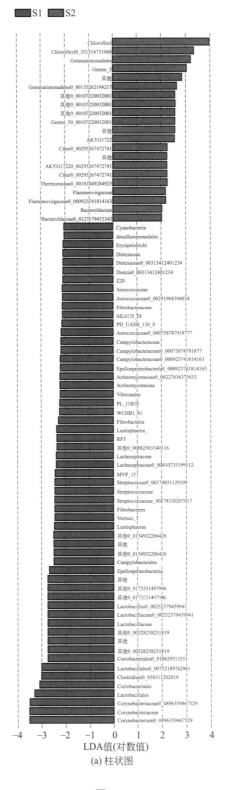

(a) 柱状图

图2-19

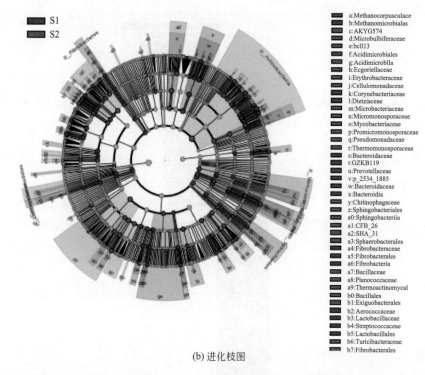

图2-19　发酵床冬季（S1）和春季（S2）微生物组OTU差异效应判别分析的柱状图和进化枝图

三、发酵床属分类阶元微生物组OTU差异分析

通过 Kruskal-Wallis 检验分析可以找出在冬季和春季组间有明显差异（$P < 0.05$）的属共有 136 个，表 2-9 展示了部分结果，可看到各属的基本信息。

表2-9　发酵床冬季和春季属分类阶元微生物组OTU差异分析

属名	春季均值	冬季均值	P值
Methanobrevibacter（甲烷短杆菌属）	0.00078	0.00053	0.02020
Methanomethylovorans（食甲烷甲基菌属）	0.00001	0.00000	0.00874
Iamia（应微所菌属）	0.00041	0.00072	0.02414
Georgenia（乔治菌属）	0.00111	0.00212	0.00487

四、发酵床冬季和春季微生物组OTU主成分分析

为了直观地展示这些具有显著差异的属，对它们进行主成分分析，结果可以看出冬季和春季的差异属可以分别聚类在一起（图 2-20）。

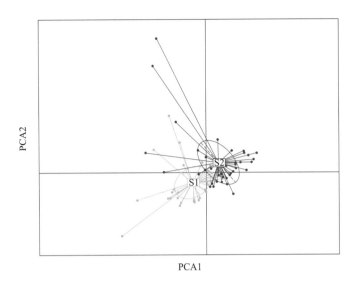

图2-20 发酵床冬季和春季微生物组OTU差异物种（属）的主成分分析

第九节
发酵床微生物组OTU种类冗余分析

一、梯度分析

梯度分析理论，如基于单峰模型的典型分析（canonical correspondence analysis，CCA）和基于线性模型的冗余分析（redundancy analysis，RDA），可用于多指标之间的对比，进行描述环境变迁的可信度（显著性）及解释的能力（重要性）等问题的统计学定量刻画。其中RDA是一种直接梯度分析方法，能从统计学的角度来评价一个或一组变量与另一个或另一组多变量数据之间的关系。

二、冗余分析结果

图2-21展示了微生物发酵床垫料中的微生物组与季节因子（即气温）RDA（即关联性分析）结果，为了保证图中字符不重叠，物种名取了前8个字符来代表，图中标出了丰度为前20位的物种。蓝色线条与红色线条成锐角，表示这些物种与季节因子（气温）呈正相关；与红色线条成钝角，表示这些物种与季节因子（气温）呈负相关。微生物组OTU落在第二象限的种类与季节呈正相关，如短芽胞杆菌属（*Brevibacillus*）、短杆菌属（*Brachybacterium*）、周氏杆菌属（*Zhouia*）、糖多孢菌属（*Saccharopolyspora*）、海杆菌属（*Marinobacter*），海面菌属（*Aequorivita*）等，它们与季节因子（气温）均具有显著的正相关性，其他种类为负相关性。

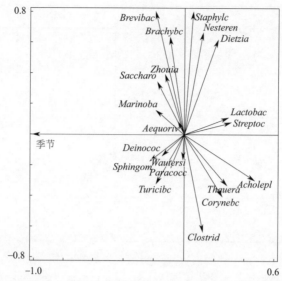

图2-21　微生物发酵床垫料中的微生物组与季节因子（气温）的关联性分析

第十节
讨论

一、我国畜禽粪便是农业面源污染的主要来源

我国畜禽粪便是农业面源污染的主要来源，由于处理不当对环境造成严重污染，已经成为经济发达地区或水环境敏感地区需优先控制的污染源。微生物发酵床能彻底地处理畜禽粪便污染，其作用机理在于发酵床垫料中的微生物（刘波和朱昌雄，2009）。尽管以往的研究有涉及发酵床微生物群落，如发酵床微生物群落脂肪酸标记多样性（刘波等，2008）、发酵床微生物脂肪酸亚群落分化（郑雪芳等，2009）、鸡发酵床微生物菌群变化（李娟等，2014）、稳定期发酵床微生物菌群特性（张雪峰等，2013）、发酵床微生物群落研究（赵国华等，2015）、发酵床优势细菌鉴定（王震等，2015）等，但至今发酵床与微生物的密切相关性仍知之甚少。鉴于此，本章利用高通量的宏基因组学分析方法，全面而系统地开展了微生物发酵床的微生物组研究，揭示不同空间、不同深度、不同发酵程度、不同垫料组成、不同季节、不同管理的发酵床中的微生物组成、区系演替规律，目的是为了搞清猪粪降解机理、资源化利用机制以及污染治理原理。宏基因组分析方法的出现，为发酵床微生物组分析提供了强有力的工具，为使这一技术尽快地应用到发酵床微生物组的分析上，笔者从样本采集、样本处理、测序原理、分析模型、数据统计、结果表述等方面系统地进行了介绍，以推进发酵床微生物组的研究。

二、微生物宏基因已广泛地应用在微生物生态学的研究上

姬洪飞和王颖（2016）综述了宏基因组学在环境微生物生态学中的应用研究，杨晓峰

等（2014）研究了植物根围微生物宏基因组分析，关琼和马占山（2014）研究了人类母乳微生物菌群宏基因组分析，夏乐乐等（2013）进行了云南蝙蝠轮状病毒宏基因分析，吴莎莎等（2012）介绍了利用宏基因组学研究胃肠道微生物，贺纪正和张丽梅（2009）利用宏基因组研究了氮循环氨氧化微生物，强慧妮等（2009）介绍了宏基因组在新基因发现方面的应用，张薇等（2008）介绍了宏基因在污染修复中的应用，李翔等（2007）综述了海洋微生物宏基因组工程进展。然而，利用宏基因组分析发酵床微生物组的研究未见报道。

三、养猪发酵床微生物宏基因组分析的一个重要问题

养猪发酵床微生物宏基因组分析研究是在不同环境/生物条件下，识别具有显著丰度差别的分类操作单元（OTU）。这里的OTU，通常是通过对微生物的标签基因序列按一定的相似度归类得到的，可以认为是比物种更细化的生物分类单元。针对这类问题的方法十分有限，主要包括应用两样本 t 检验或 Wilcoxon 秩和检验的方法，检验两种条件下给定 OTU 的平均差别。因为有些 OTU 非常稀疏，只在很少的样本中出现，因此可以用 Fisher 精确检验（Fisher exact test）方法来检验分类单元出现与否是否有显著差别。这些方法都是对每一个单元分别检验，而不考虑每一样本中各 OTU 组成成分数据的和为 1。寻找有显著丰度差别的 OTU，这个问题很类似于基因表达研究中，寻找异常表达基因的问题。然而作为微生物组成数据，数据的特点有所不同，因此需要新的统计方法。笔者利用宏基因组分析发酵床核心微生物组 OTU，举例说明了分析方法，包括发酵床微生物组共有 OTU 数与覆盖样本数关系、冬季和春季共有和特有微生物组 OTU 分析、丰度主成分分析、秩-多度曲线、物种累积曲线、分类阶元数量分布、丰度柱状图分析、冬季和春季微生物组 OTU 丰度柱状图分析、物种热图分析、物种星图分析，等等。

四、发酵床微生物组OTU α-多样性种类复杂度分析

α-多样性也称为生境内的多样性（within-habitat diversity），是对单个样本中物种多样性的分析，已经有很多度量指标［包括测定物种指数（observed species）、Chao1 指数、香农（Shannon）指数、辛普森（Simpson）指数以及谱系多样性指数（phylogenetic diversity, PD whole tree）等］来进行评价（Bassiouni et al, 2015）。β-多样性也称为生境间的多样性（between-habitat diversity），反映了不同样本在物种多样性方面存在的差异大小，可衡量群落之间的差别，在许多研究领域，尤其是生态学研究中，具有重要的意义（Laroche et al, 2016）。然而，目前 β-多样性的评价方法不多，在这些方法中，加权 UniFrac（weighted UniFrac）和非加权 UniFrac（unweighted UniFrac）的应用非常广泛（Chang et al, 2011）。其中加权 UniFrac 考虑了物种的丰度，非加权 UniFrac 则不考虑物种丰度。与 P 检验类似，UniFrac 分析的先决条件是一个包含所有物种的有根、各枝长已知的系统发生树。两个群落之间的 UniFrac 距离定义为：对于系统发育树所有分枝，考查其指向的叶节点是否只存在于同一个群落，那些叶节点只存在于同一群落的枝的枝长和占整个树的枝长总和的比例。直观来讲，就是计算了仅被一个群落占据的进化历史的相对大小，这个值越大，说明两个群落中独立的进化过程越多，也就说明这两个群落的差别越大。若两个群落完全相同，那么它们没有各自独立的进化过程，UniFrac 距离为 0；若两个群落在进化树中完全分开，即它们是完全独立的两个进化过程，那么 UniFrac 距离为 1（Lozupone et al, 2007）。

第三章

养猪原位发酵床微生物组多样性

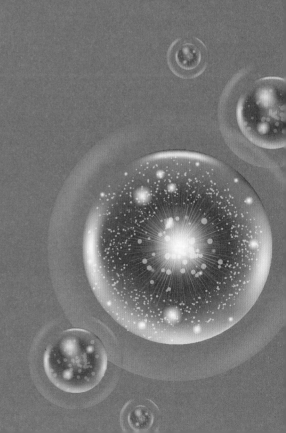

第一节
概述

　　我国是世界生猪养殖第一大国，具有悠久的养猪历史。自古以来，国人普遍认为"猪为六畜之首，粮猪安天下"，中国猪肉产量占世界产量50%以上。2017年，我国肉猪出栏量为68861万头，生猪存栏量为43325万头。养猪是我国农业生产的重要组成部分，关系到国民经济的发展，也是农民增收的重要手段之一。

　　我国的生猪养殖结构经历了散养到规模化养殖的变迁。传统的农户自养自销模式、投机式的小规模散养模式，逐渐被规模化养殖场替代。养殖环境包括卫生条件、空气质量、疾病防御和生物安全等都有了明显改善，提高了养猪效益和动物福利。合理的饲料配比提高了饲料消化利用率，减少了资源浪费。智能化饲喂技术代替传统的随意投喂，降低了养殖成本和发病率。但是，我国养猪业依然存在诸多问题和挑战，如种猪依赖进口，自主育种进展缓慢，疫病防控形势严峻，饲料原料紧缺，产品质量安全隐患多，市场监管难度大，环境污染问题严重，整体的产业素质偏低，与国外先进养殖模式还有一定差距，综合生产能力有待进一步提高。

一、养殖废弃物处理方式

　　畜牧业产生的粪污以及其副产物造成的环境污染问题日益突出，是制约我国禽畜养殖健康发展的一大障碍。据统计，我国畜牧业每年产生38亿吨粪便，仅有不到50%的粪便得到有效处理。以家庭为单位的传统散养方式可以实现禽畜粪便的消纳，粪便作为肥料还田，实现生态平衡。但在规模化养殖成为生产主体的今天，大量的粪便集中产生，未经处理，直接排放至环境，或简单堆存，病死动物无害化处理不彻底，造成水源、土壤和空气等的严重污染（苏扬，2006；Leconte et al，2011）。

1. 简单堆放后还田

　　禽畜粪便经简单露天堆沤发酵，腐熟后还田。这种处理方式下粪便简单堆放，占用大量土地；产生难闻臭气，污染环境；吸引蚊虫，传播病害；耗时长，堆沤发酵需300d左右。禽畜粪便中含有许多病原菌，主要包括大肠杆菌、金黄色葡萄球菌、沙门氏菌等，是重要的污染物之一。这种方法堆肥发酵效率低，病原菌残留严重，达不到完全腐熟的程度，有机物的腐殖质化程度低，肥力较低，还田效果不好。

2. 堆肥发酵生产有机肥

　　堆肥处理是较为传统的粪便处理方式。现代化的堆肥技术采用机械化的设备，根据不同原料选用不同的发酵条件，将禽畜粪便与作物秸秆混合，调节水分含量、碳氮比等堆肥条件，加入发酵菌种共发酵。通过微生物发酵降解粪便，过程中产生高温杀死病原菌和寄生虫卵，发酵微生物可将有机质转化成高质量的有机肥。传统堆肥耗时长，现代化堆肥技术可将堆肥时间缩短至 10 ～ 15d。但是此方法对技术人员要求高，有一定操作难度。

3. 沼气池处理

沼气池处理是一种厌氧处理方式，在密闭的设备中进行粪便发酵，无臭味扩散。发酵过程产生沼气作为能源，发酵残渣可作为肥料还田（Holm-Nielsen et al，2009）。该技术减少了废弃物的堆积和污染问题，然而铵态氮等其他污染物含量仍然很高，并未消除环境污染隐患（李长生和王应宽，2001）。另外，建立沼气设施前期投入大，有一定的应用推广难度。

4. 昆虫处理

利用昆虫处理养殖业产生的粪便是近年来新兴的处理方式。目前应用的主要有等翅目、鞘翅目、双翅目的昆虫，其中双翅目黑水虻的研究应用获得广泛关注。黑水虻生活习性良好，不易扩散病菌，并且容易规模化养殖，能够高效转化禽畜粪便，产生动物饲料（张传溪和胡萃，2000）。

5. 微生物处理

在饲料中添加微生物制剂，可从源头上减少粪便中有机质的排放（辛娜等，2011）。饲料中的微生物将饲料转化成食用蛋白，维护肠道健康，促进饲料吸收利用，减少粪便中有机质排放量。

采用微生物发酵的方式处理禽畜粪便，能将养殖废弃物变废为宝，转化生产有机肥，实现资源充分利用。无论在有氧发酵还是厌氧发酵条件下，微生物都能将粪污中的有机物降解为有机肥，产生能量（陈杰等，2014）。目前已经有多种微生物和微生物复合菌剂应用于养殖废弃物处理中。张全国等（2005）利用红假单胞菌处理禽畜粪便，光合生物降解粪便污水，并产生氢气，获得显著环境效益和经济效益。

微生物降解在改善养殖环境方面作用显著。恶臭是养殖过程产生的主要环境污染之一，主要来自禽畜粪便发酵。脂肪酸、醛类、酮类、胺类、硫醇以及含氮杂环化合物是猪粪中的主要臭味物质。其中，粪臭素属于含氮杂环类臭味物质，影响禽畜和养殖者健康，造成严重的养殖污染。生物除臭能够有效降低排泄物中的粪臭素含量。研究表明，光合细菌可以降解粪臭素，从而降低畜禽粪便及畜禽舍中的恶臭气味。此外，一些放线菌、固氮菌和霉菌有除臭作用，能够减少氮气和粪臭素等臭味气体的产生（郭军蕊等，2013）。薛纯良和吴健桦（2004）报道，猪粪经蝇蛆生态处理后粪臭素含量降低了 92.8 %，除臭效果显著。曾正清等（2004）的研究表明在猪粪中加入牛粪或蚯蚓粪并进行厌氧发酵也可降低猪粪中粪臭素的含量。

2015 年修订的《中华人民共和国环境保护法》对养猪业产生的猪粪尿及病死猪的处理提出了更高的要求，迫切需要环保型养殖系统来实现养猪收益与环境健康协同发展。

二、微生物发酵床技术

1. 发展历程

微生物发酵床亦称作 deep litter system (Morrison et al, 2007)、breeding pig on litter (Neumann et al，2015）、*in situ* decomposition of PM（Tam，1995），以谷壳、秸秆、锯糠、椰糠等农业副产品制作发酵床垫料层，接种发酵菌剂，控制发酵条件制作垫料。猪舍内部铺设一定厚度的发酵垫料，制成发酵床，猪养殖于发酵床上，直接与垫料接触，通过日常垫料管理和动物拱翻，混合垫料和猪粪尿等排泄物。微生物发酵床垫料中的微生物对混合物进行发酵，进而消纳粪便、去除异味，实现无害化养殖，是一种新型环保养猪技术。

微生物发酵床的应用可追溯至明朝崇祯年间。明朝的《沈氏农书》中描述了古代养殖者以碎草和土为垫圈材料，与粪尿充分混合成一种厩肥。这种方式有效处理了猪粪，减小了养殖者的劳动强度，并提供了有机肥，是我国劳动人民的智慧结晶。在 20 世纪 60 年代，瑞典养殖者采用了厚麦秆作为垫料的养猪方法。1970 年，日本建立了以木屑为垫料的微生物发酵床系统（Gadd，1993）。1985 年加拿大 Biotech 公司发明了以秸秆为垫料的微生物发酵床系统（Connor，1995）。20 世纪 90 年代末期，微生物发酵床在日本、中国、韩国及东南亚国家推广。

此后，研究者一直对发酵床系统进行改良和升级。Chan 等（1995）为了解决夏季高温的难题，进行了发酵床厚度的改良，将猪舍一部分铺设 5 ～ 6cm 垫料，作为猪排泄场所；其他部分铺设薄层垫料，作为猪休息和采食场所，提高动物福利。Deininger 等（2000）将破碎处理的秸秆作为发酵床垫料，研究发现其在处理粪便效果和提高动物福利方面优于未处理的秸秆。Kapuinen 等（2001）测定了不同有机垫料的铺填厚度、承载容量、透气能力、耐压程度等指标，发现将泥炭、木屑和稻秸按一定的比例混合后使用，其效果优于单纯的有机垫料。在国内，江苏省镇江市最早引进日本的发酵床技术，取得较好的应用效果。其他部分省份也陆续开展微生物发酵床养殖试验示范，降低养殖污染，将猪舍改善为物质循环利用的绿色工厂，实现资源循环利用。目前，发酵床技术也被广泛用于养殖鸡、肉牛、羊等。

2．优点

利用微生物发酵分解消纳禽畜粪便，从源头上控制养殖污染，改善猪舍环境，达到零污染、零排放的效果。此外，发酵床饲养技术可以提高养殖福利，促进禽畜生长，降低发病率，改善猪肉品质，提高养殖户收益（刘波等，2016b）。

（1）消纳粪污，环保养殖　传统养猪业中，猪粪尿得不到妥善处理，直接排入环境。猪粪尿中含多种病菌、寄生虫卵和抗菌药物残留，对环境和人体健康产生重大危害。Gibbard（1943）指出养殖场排放的污水中含有大量的大肠杆菌与伤寒沙门氏菌。陈欣等（2007）指出施用未腐熟畜禽粪便制成的肥料，对蔬菜和土壤的污染较严重，大肠杆菌含量高。发酵床微生物发酵产生的高温使垫料的温度升至 45℃时，多数病原菌如大肠杆菌、沙门氏杆菌、志贺杆菌能被杀死（许修宏等，2010）。在发酵状态良好的垫料中，魏氏杆菌、副猪嗜血杆菌和多杀性巴氏杆菌等条件致病菌含量低；而在老化和管理不善的垫料中，此类病原菌含量高，说明发酵垫料对致病菌有抑制作用，发酵床的良好运行对维护猪舍健康运行有积极作用（陈倩倩等，2016）。

空气微生物是规模化养猪场所造成的环境污染之一，也是导致养殖场大规模疫病发生的重要因素（羌宁，2003）。畜禽舍内，空气微生物与舍内粉尘粒子结合，形成微生物气溶胶，这种形式下的微生物，在空气中的滞留时间长、传播速度快，难以预防，是造成气源性禽畜疾病的主要诱因。60% 的人类传染病来源于动物，50% 的动物传染病可以传染给人（陈焕春，2005）。早在 18 世纪，人们就已经发现畜禽养殖从业者，尤其是直接接触禽畜的工人很容易感染呼吸道和肺部疾病。20 世纪 90 年代，Dutkiewicz 等（1994）发现在畜禽舍存在大量的微生物，这些微生物对工人健康具有潜在威胁。Masclaux 等（2013）调查了瑞士的 37 个猪场的空气微生物，明确了金黄色葡萄球菌等细菌以及真菌的分布情况，研究证实养猪业产生的空气微生物是从业者的潜在的职业风险，对公众健康也有很大影响。发酵床养猪无粪污排放，猪舍内没有臭味，达到生态环保养猪的目的。微生物发酵床可以减少臭气产生与扩散，养殖场周围无明显臭味，保障了畜禽养殖场周围的空气质量（刘波和朱昌雄，2009）。

（2）改善禽畜生长环境　微生物发酵床对禽畜排泄物具有消纳和分解作用，减少臭味物质产生和排放，改善养殖环境。猪场的排泄物中恶臭成分多达 230 种，包括氨气、硫化氢、粪臭素、挥发性脂肪酸和硫醇类等，这些成分易与粉尘结合，形成复杂的恶臭。猪粪中的气味是由细菌代谢产物所致。来源于饲料蛋白或肠道脱落上皮细胞中的色氨酸，经肠道中的微生物厌氧发酵，产生吲哚乙酸、吲哚及 3- 甲基吲哚（粪臭素）等挥发性物质（Jensen et al，1995）。西欧如荷兰等国家为了减少氨的挥发，多采用深层垫料养殖系统。Groenestein 和 Faassen（1996）研究了发酵床与水泥地面猪舍的 NH_3、NO 和 N_2O 的排放，发现发酵床可以减少 NH_3 的排放。Jeppsson（1999）研究了发酵床不同组成的垫料与 NH_3 排放的关系，采用 60% 泥炭和 40% 切碎秸秆组成的垫料发酵床，NH_3 排放率显著小于由长秸秆或切碎秸秆为垫料的发酵床。

林营志等（2015）检测了夏季高温微生物发酵床的环境参数，结果表明夏季猪舍内平均温度 29.3℃，氨气和二氧化碳的平均体积分数分别为 $14.4×10^{-6}$ 和 $955×10^{-6}$，均低于猪舍限定阈值，解决了发酵床养猪的度夏问题。

（3）提高动物福利，增强动物抵抗力　相比于传统猪舍，发酵床猪舍活动空间大，猪站立翻拱等活动时间多、抵抗力强，减少了抗生素的使用。Gentry（2002）研究了不同养殖系统下仔猪生长和猪肉质量。养殖系统包括室内漏缝地板（indoor slatted-floor buildings）、室内发酵床（indoor deep-bedded buildings）、户外泥地养殖（outdoor housing on dirt）和室外牧场养殖（outdoor housing on pasture）。在室外环境中仔猪日增重、胴体重量高于在室内漏缝地板，户外养殖和室内发酵床系统中的仔猪增重快、肉质佳。

Tuyttens（2005）综述了发酵床在提高动物福利方面的作用，发酵床提高禽畜舍的舒适度、能在一定限度上刺激猪探索、觅食和咀嚼行为，促进产后母猪的筑巢行为，也能作为食物供猪取食，提高猪舍卫生和猪只健康。郑雪芳等（2011）指出微生物发酵床对猪舍大肠杆菌具有防治作用。谢实勇等（2012）的研究表明，发酵床能够降低妊娠母猪在妊娠期间发生蹄病和魏氏梭菌病的概率，减少无损淘汰，保障养殖健康。秦枫等（2014）对比了发酵床和传统水冲圈饲养模式对猪生长、组织器官及血液指标的影响，发现发酵床养殖可以显著提高猪的生长性能，有利于猪的心脏发育，也可增强猪免疫力。郭玉光等（2014）记录了水泥地面猪舍和发酵床猪舍猪只的日增重、采食量及料肉比，发酵床养猪对猪的生产性能具有促进作用。李兆龙等（2014）调查了水泥地板猪舍和微生物发酵床猪舍对猪肉品质的影响，表明微生物发酵床养殖模式饲养的肉猪背膘厚度、肉色、大理石纹样、嫩度均优于水泥地面养殖模式的同批次猪。

（4）省工省料，降低养殖成本　传统的猪舍内猪粪清理方式包括：人工干清粪，劳动强度大，效率低；水冲粪，用水清洁猪舍，猪粪尿随水排放至粪池，简单易行，但耗水量大、污染扩大；水泡粪，粪尿经漏缝地板排放至猪舍下方建的储粪池，收集一段时间后集中排出，节水，但对猪舍通风要求高。微生物发酵床养殖，无粪便排放，无需人工清粪打扫，无需大量水冲洗猪舍，降低了工人的劳动强度和养殖成本。

猪粪尿与垫料混合发酵，产生热量，解决了猪舍冬季保温难题（蓝江林等，2012）。不需要额外设备供暖，节约电费。

部分未被消化吸收的饲料成分经垫料中微生物分解吸收形成菌体蛋白，再次被猪拱食，提高了饲料的利用率（颜培实，2009）。

3．种类

微生物发酵床是养殖污染物治理的有效方法，发展至今出现了原位微生物发酵床、异位微生物发酵床、低位微生物发酵床和饲料微生物发酵床四个类型的发酵床。

（1）原位微生物发酵床 由传统猪舍与微生物发酵床结合形成，猪舍地面铺设垫料代替水泥地板（图3-1）。刘波等（2014a、2014b）设计的微生物发酵床大栏养猪具6大核心技术：①大栏猪舍结构设计，微生物垫料消纳猪粪，大栏分区、防风、通风、保温、散热，机械化操作；②发酵床大栏养猪提供了宽敞的猪运动空间，生产的"运动猪"品牌猪肉品质优，肌间脂肪比传统养猪提高38%，血红素提高36%，猪血糖降低70%，猪血尿素氮降低68%；③微生物发酵床养殖生猪，利用微生物除臭、分解猪粪，提高了猪的健康指数，实现了"零排放"；④生猪舍环境光、温、水、湿、料自动检测控制，远程监控；⑤益生菌料水自动饲喂系统，用芽胞杆菌益生菌替代饲料中抗生素并添加到猪饮用水中，提高了猪的免疫力、抗病力、生长力；⑥优质猪粪有机肥原位发酵技术，利用微生物发酵床原位消纳猪粪尿，实现猪粪的无害化处理，生产人工腐殖质，实现资源的循环利用。

图3-1 原位微生物发酵床

与传统养猪相比，原位微生物发酵床具备"节本、环保、健康、智能、增效"五大优势。①节本——猪舍占地面积小，建造成本低，运行费用省；②环保——零排放，无臭味，用水省；③健康——减少病害，促进生长；④智能——标准化猪舍，自动化监控，机械化操作，智能化管理；⑤增效——猪肉品质优，人工投入少，垫料换基质，总体效应高。

（2）异位微生物发酵床　猪粪处理池与发酵床结合形成异位微生物发酵床（displaced fermentation bed），是集中处理养猪废弃物的场所，通常建在传统猪舍的周围。利用谷壳、椰糠等农业废弃物作原料，加入微生物发酵剂，混合发酵后铺设于发酵池内，将猪舍的排泄物引至异位微生物发酵床内，机械混合排泄物与发酵垫料，发酵猪舍废弃物，消纳粪污，消除臭味，并转化生产有机肥（图3-2）。其特点是无污染、无排放、无臭气，且具有成本低、耗料少、操作简单、效益高等优点，特别对于传统养殖集中区的养殖污染处理具有重要意义。异位发酵床在保持传统养殖方法的基础上，新建粪污处理场所，是养殖污染高效资源化处理和利用的环保装备。

(a)　　　　　　　　　　　　　　　　　　(b)

图3-2　异位微生物发酵床

与传统养猪场相比，异位微生物发酵环保系统具有明显优势：①绿色环保，粪污回收利用，实现循环农业；②占地面积小，仅为传统的沼气模式占地面积的1/10；③投资少，仅为传统沼气模式投资额的1/2；④不改变原有养殖模式，便于猪群管理；⑤操作简单，机械化程度高，省去烦琐劳作；⑥运行成本低，垫料可转化成有机肥，创造环保价值；⑦方便传统猪场改造，建设异位发酵床不影响现有传统猪场的生猪养殖，不造成生产损失，养殖户更容易接受；⑧养殖现代化，操控和监管智能化、数字化，便于猪场管理。

（3）低位微生物发酵床　低位微生物发酵床（separated fermentation bed）是由漏缝地板（slatted floor）与发酵床结合形成的。早在20世纪70年代，就有关于漏缝地板猪舍的报道，随着工业化进程的发展，育肥猪饲养管理逐渐实现机械化，漏缝地板应运而生。与传统猪舍相比，全漏缝地板猪舍内部无粪便积存，相比传统猪舍，饲养环境更为整洁卫生。美国内布拉斯加大学发现在漏缝面积为25%的猪舍里饲养育肥猪，日增重和料肉比都比较理想；当漏缝面积逐渐提高到100%时，猪的生长和饲料利用效率逐渐降低（朱尚雄，1990；顾宪红，1995）。漏缝地板猪舍对环境要求高，需要良好的通风条件，并且冲洗地板需要大量水源，造成资源浪费，并产生大量污水，没有解决粪污处理问题。

贾志伟（2013）结合漏缝地板和发酵床养猪的优点，设计了一种新型环保猪舍，提高了养猪环境舒适度，并能有效解决养殖粪污问题。刘波等（2016b）在传统的漏缝地板猪舍下方建造发酵床，猪群排泄粪污通过漏缝地板混入发酵床垫料中，混合后由垫料中的微生物发酵，达到养猪污染治理的目的（图3-3）。

（4）饲料微生物发酵床　近年来养殖业大规模发展，畜禽饲料短缺的问题引起广泛关

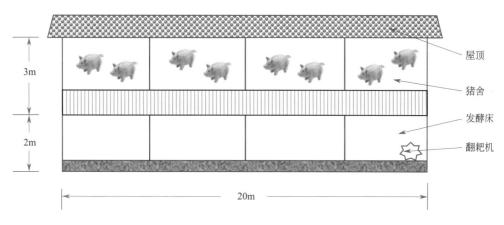

图3-3　低位微生物发酵床

注。因此，开发利用非常规饲料来添补常规饲料的不足是一个重要的发展方向。早在20世纪80年代，以鸡粪喂猪技术为代表的畜禽粪再利用技术被研究推广，通过分析鸡粪的理化性质、营养组成，筛选了鸡粪处理的最佳技术方法，再利用鸡粪作为养猪饲料。赵志龙等（1981）开展了猪粪发酵饲料喂猪的研究，形成了猪粪发酵料配方，发酵形成优质猪饲料。邓百万和陈文强（2006）采用滑菇菌种发酵猪粪，发酵时间短，生产的滑菇饲料营养丰富，实现了猪粪处理与综合利用。

饲料微生物发酵床（fodder fermentation bed）由发酵饲料与发酵床结合形成（图3-4），采用可饲性农业副产物为垫料，猪粪便经由发酵将垫料转化为高营养的饲料，环保养殖；提供粪菌移植的环境，建立猪群肠道微生物平衡，提高猪群抗病能力，实现资源的高效利用（刘波等，2017）。

图3-4　饲料微生物发酵床

三、发酵床垫料微生物群落

发酵床是一个发酵反应器，猪粪尿排泄至发酵床，垫料中复合微生物菌群对猪粪尿和垫料进行持续的分解与消纳，微生物的种类和数量对发酵床的运行至关重要。

张学锋等（2013）研究了不同深度垫料中微生物菌群的变化规律，采用分离培养的方法研究发酵床中的微生物群落，研究结果发现 30cm 以上的垫料是发酵床的核心发酵层，芽胞杆菌是发酵床的主要土著菌。赵国华等（2015）也采用常规的分离培养法研究了养猪发酵床垫料中微生物群落构成，芽胞杆菌为垫料中的优势菌，起着降解垫料有机质的作用，随着发酵床寿命的延长，其中的微生物群落多样性逐渐降低。王震等（2015）分离了发酵床垫料中的细菌，其中大部分细菌为芽胞杆菌，参与猪粪降解与发酵床病原生防过程。早期发酵床微生物研究主要依赖于培养的传统分离方法，依靠此技术，大量的除臭菌、猪粪降解菌得到更深入的研究与应用。

脂肪酸标记法无微生物分离培养过程，能够比较全面地揭示微生物多样性。刘波等（2008）采用微生物群落脂肪酸生物标记法分析了零排放猪场基质垫层多样性，共检测出 37 个垫料微生物生物标记。郑雪芳等（2009）同样利用磷脂脂肪酸生物标记分析猪舍基质垫层在使用过程中的微生物群落结构的动态变化，并分析了亚群落分化，发现不同使用寿命垫料中生物群落差异显著，不同微生物在不同等级垫料中分布规律不同。

宦海林等（2014）采用 PCR-DGGE 技术对发酵床垫料基质中的细菌群落多样性进行研究，结果表明垫料中的主要菌群是节杆菌属、放线菌属、芽胞杆菌属和梭菌属等，垫料的组成影响其中的微生物群落结构。肖佳华等（2013）利用 PCR-DGGE 技术对漏缝发酵床垫料中的微生物多样性进行研究，发现垫料中含有大量微生物，并且在垫料的使用过程中，优势微生物种群存在演替现象，微生物可对粪便等有机质进行较彻底的消解。但是采用这种方法无法全面揭示环境样本中的所有微生物。

宏基因组测序技术的发展为发酵微生物群落的调查提供了新的研究途径。宏基因组学绕过了传统的纯培养技术瓶颈，直接提取和克隆环境样品中所有微生物的 DNA，是认识环境中绝大多数未培养微生物的重要手段。现代测序技术的飞速发展，推动了宏基因组技术在环境样本微生物多样性研究中的应用。刘波等（2016b）综述了发酵床微生物多样性的研究方法，包括样本采集、处理和测序数据的处理、分类、注释及统计分析等，为发酵床微生物群落的分析提供基础和参考。管业坤等（2015）采用 16S rDNA 高通量测序技术分析发酵床垫料微生物区系结构，揭示了拟杆菌门、厚壁菌门、变形菌门和放线菌门是垫料微生物的主要组成，黄色杆菌属（Galbibacter）为发酵床垫料的优势属。宏基因组学主要研究环境中微生物的多样性、种群结构、进化关系、相互协作及与环境的关系，揭示复杂微生态系统中微生物种类和功能多样性，挖掘具有应用潜力的基因和代谢途径。现代测序技术的飞速发展，推动了宏基因组技术在环境微生物多样性研究方面的应用。目前，微生物多样性的研究已广泛涉及人体、土壤、海洋及大气等多种环境。

四、微生物发酵床中的芽胞杆菌

芽胞杆菌属于厚壁菌门、芽胞杆菌科，能够产生芽胞，是一类能在多种环境尤其是极端环境下生存的微生物。该菌具有很强的抗逆性，存在于土壤、水体、动植物体以及高温、高盐等不良环境中。芽胞杆菌具有许多特殊功能，在农业、工业、医学等领域具有广泛的应用。

发酵床中的芽胞杆菌具有降解粪污有机物的作用。刘涛等（2010）在垫料中分离了 1 株降解粪污的枯草芽胞杆菌，添加芽胞杆菌堆积，可以缩短垫料的发酵时间，提高粪污处理能力。张庆宁等（2009）分离了发酵床垫料中的芽胞杆菌，它们能够产生多种酶类降解猪粪，同时能够抑制病原菌。芽胞杆菌还具有除臭能力，李珊珊等（2012）自发酵床垫料中分离了 1 株解淀粉芽胞杆菌，能高效去除氨气。

发酵床中的芽胞杆菌具有抑制病原菌的作用。王震等（2015）分离自发酵床的芽胞杆菌对大肠杆菌、沙门氏菌及金黄色葡萄球菌具有抑制作用。秦瑶等（2014）发现枯草芽胞杆菌对大肠杆菌和沙门氏菌等发酵床病原菌具有抑制作用。

发酵床中的芽胞杆菌具有益生菌的作用。能够耐受酸性的胃环境抵达肠道，维持肠道微生态平衡，作为肠道益生菌广泛应用于畜牧业。徐小明等（2015）的研究证明添加地衣芽胞杆菌能促进仔猪的生长性能，提高消化道酶活，进而提高仔猪采食量、日增重，降低料肉比。

五、本章的研究目的和意义

养殖业规模化、集约化的发展，导致禽畜粪尿、污水等污染物日益增加并集中产生，导致严重环境问题。传统的养猪模式不能彻底解决养猪污染问题，会产生大量的猪粪、尿及污水。微生物发酵床是环保型的养殖模式，利用垫料中的微生物降解养殖过程中的各种废弃物，转化产生有机肥，变废为宝，是养猪业可持续发展的新途径。发酵床是微生物发酵养殖废弃物的场所，在这个生境中，微生物作为物质能量转化者，长期和持续稳定地将动物粪尿废弃物进行降解。揭示发酵床微生物构成、垫料与微生物组之间的关系，对于研究发酵微生物的功能、开发物种资源具有重大意义。鉴于此，本章利用宏基因组测序技术，开展原位微生物发酵床垫料微生物多样性的研究，主要研究不同季节、不同深度以及不同发酵等级垫料中的微生物群落，了解猪粪在发酵床降解过程中微生物群落的变化，挖掘垫料芽胞杆菌，了解其抑菌机制，为发酵床的健康运行提供理论指导。

第二节
微生物发酵床细菌季节变化多样性

一、概述

微生物发酵床垫料中的细菌在猪粪降解中起重要作用。早期对发酵床中微生物的研究多采用分离培养，但该方法操作周期长、过程烦琐，很难完全分离到垫料中的不可培养的厌氧菌及特殊营养类型微生物。随着测序技术的发展，宏基因组测序技术绕过传统纯培养技术的瓶颈，是研究环境微生物与微生物之间以及微生物与环境因子相互作用的有力工具。为了揭示不同季节发酵床垫料细菌多样性,本节采用 Illumina 二代测序技术,分析了原位微生物发酵床夏季和冬季微生物群落结构,研究细菌多样性与季节的关系,可为夏冬季节发酵床的维护和发酵床猪粪的生物降解提供理论依据。

二、研究方法

1. 发酵床夏冬季节样本采集

样本采集地点位于福清渔溪现代设施农业样本工程示范基地。垫料由 70% 椰糠和 30% 谷壳粉构成。夏季样本取自微生物发酵床 7 月表层垫料,采用五点取样法采集,同时进行三次重复采样,混合每次采集的垫料,分别取 10g 进行细菌多样性研究,样本为 s1、s2 和 s3。冬季样本取自同年 12 月微生物发酵床表层垫料,采样方法同 7 月,取 10g 进行细菌多样性分析,样本为 w1、w2 和 w3。

2. 宏基因组高通量测序

(1)总 DNA 的提取　按土壤 DNA 提取试剂盒(FastDNA SPIN Kit for Soil)的操作指南,分别提取各垫料样本的总 DNA,琼脂糖凝胶电泳检测 DNA 浓度,稀释至终浓度为 $1ng/\mu L$。

① 称取 500mg 土壤样品至裂解管 E(注意:可适当减少土壤样品量,使试管顶部留有 $250 \sim 500\mu L$ 空隙,便于土样的均质化);

② 向裂解管 E 中加入 $978\mu L$ 磷酸钠缓冲液,然后立即加入 $122 \mu L$ MT 缓冲液;

③ 在 FastPrep 快速核酸提取仪中以 6.0 挡的速度处理 40 s(注意:为了使土样充分均质化,处理 40s 后可将试管立即冰浴 2 min,再以 6.0 挡的速度处理 40 s);

④ $14000g$ 室温离心 $5 \sim 10$ min;

⑤ 将上清液转移至一个干净的 2 mL 离心管,向其中加入 $250 \mu L$ 磷酸盐缓冲液试剂并手动轻轻摇晃试管 10 次,使液体混匀;

⑥ $14000g$ 室温离心 5min;

⑦ 将上清液转移至一干净的 10mL 离心管中,再加入 1mL 结合基质悬浮液(注意:用前要摇匀);

⑧ 涡旋混匀,使 DNA 充分结合至结合基质上,静置 3min,使基质沉淀至管底;

⑨ 小心去除 $500\mu L$ 上清液,避免碰到沉淀的结合基质;

⑩ 用试管中剩下的液体重悬结合基质,吸取 $600\mu L$ 混合物至 SPIN™ Filter 管中,$14000g$ 室温离心 1 min,弃去捕获管中的收集液并将 SPIN™ Filter 放回捕获管;

⑪ 把剩下的混合物再加入原 SPIN™ Filter 管中,$14000g$ 室温离心 1min,弃去捕获管中的收集液并将 SPIN™ Filter 放回捕获管;

⑫ 向 SPIN™ Filter 管中加入 $500\mu L$ SEWS-M 试剂,用吸头轻轻吹打均匀(注意:SEWS-M 首次使用要加入规定量的无水乙醇,并做好标记);

⑬ $14000g$ 室温离心 1min,弃去捕获管中的收集液,并将 SPIN™ Filter 放回捕获管;

⑭ $14000g$ 离心 2min,将 SPIN™ Filter 柱放入干净的新的捕获管中,并敞口室温放置 5min,以彻底去除 SEWS-M 试剂及其中的乙醇;

⑮ 往 SPIN™ Filter 柱中央加入 55℃ 预热的 $60\mu L$($50 \sim 100\mu L$)DES 洗脱液,使

Binding Matrix 重悬其中；

⑯ 14000g 离心 1min，捕获管中的收集液即含有所需的土壤微生物总 DNA；

⑰ 用 1% 琼脂糖凝胶电泳检测 DNA 的质量，用 NanoDrop 2000c 分光光度计测量 DNA 浓度及 $OD_{260nm/280nm}$ 和 $OD_{260nm/230nm}$ 比值。

（2）16S rDNA 测序文库的构建　采用扩增原核生物 16S rDNA 的 V3 ~ V4 区的通用引物 U341F 和 U785R 对各垫料样本的总 DNA 进行 PCR 扩增。PCR 反应重复 3 次，取相同体积混合。采用 2% 琼脂糖凝胶进行电泳检测。电泳结束后，对目的片段进行胶回收，所用胶回收试剂盒为 AxyPrepDNA 凝胶回收试剂盒（Axygen 公司）；回收产物用 Tris-HCl 洗脱；采用 2% 琼脂糖电泳验证回收效果。采用 QuantiFluor™ -ST 蓝色荧光定量系统（Promega 公司）对 PCR 产物进行定量检测。使用 TruSeq™ DNA Sample Prep Kit 建库试剂盒进行文库的构建，构建插入片段为 350bp 的双端测序（paired-end，PE）文库，经过 Qubit 定量和文库检测，HiSeq 上机测序，PE 序列为 300bp。

（3）宏基因组测序数据质控　数据质控去除序列尾部分子量 20 以下的碱基，过滤质控长度在 50bp 以下的序列，去除未知的碱基序列；根据 PE 序列之间的重叠关系，进行序列拼接，最小重叠序列长度为 10bp；设置拼接序列的序列重叠区最大错配比率为 0.2；根据拼接序列两端的分子标记和引物区分样品，调整序列方向，重叠序列允许的错配数为 0，最大引物错配数为 2；序列长度范围为 250 ~ 500nt。使用软件：FLASH、Trimmomatic。

采用软件 UPARSE（UPARSE v7.0.1001, http://drive5.com/uparse/）对有效数据进行 OTU 聚类（≥ 97%）和物种分类分析，提取非重复序列，去除单序列，对聚类后的序列进行嵌合体过滤，得到用于物种分类的 OTU。采用 RDP classifier 贝叶斯算法对 97% 相似水平的 OTU 代表序列进行分类学分析（Wang et al，2007）。从各个 OTU 中挑选出一条序列作为该 OTU 的代表序列，将该代表序列与已知物种的 16S rRNA 数据库（Silva，http://www.arb-silva.de）进行物种注释分析；根据每个 OTU 中序列的条数，得到各个 OTU 的丰度值（Quast et al，2013）。物种丰度分析：在门、纲、目、科、属水平，将每个注释上的物种或 OTU 在不同样本中的序列数整理在一张表格，形成物种丰度的柱状图、星图及统计表等（Oberauner et al，2013）。

为避免因各样本数据大小不同而造成分析时的偏差，在样本达到足够测序深度的情况下，根据 α- 多样性（alpha diversity）指数分析结果对样本进行抽平处理。用 QIIME (Version 1.7.0) 和 R 软件 (Version 2.15.3) 进行 α- 多样性（样本内）和 β- 多样性（样本间）分析（Schloss et al，2011；Wang et al，2012；Amato et al，2013）。采用 QIIME 软件的迭代算法（Wang et al，2012）进行主成分分析（principal component analysis，PCA），计算 β- 多样性距离矩阵，R 语言 vegan 软件包作 NMDS 分析（Rivas et al，2013）。采用 VennDiagram 软件生成反映组间各样品之间的共有及特有 OTU 数目的 Venn 图（Fouts et al，2012）。物种热图利用颜色梯度可以很好地反映出样本在不同物种下的丰度大小以及物种聚类、样本聚类信息，可利用 R 语言 gplots 包的 heatmap.2 函数实现（Jami et al，2013）。R 语言 vegan 包中 rda 或者 cca 分析和作图软件进行 RDA 分析。利用 FastTree（version 2.1.3 http://www. microbesonline. org/fasttree/）软件，通过选择 OTU 或某一水平上分类信息对应的序列，根据最大似然法（approximately-maximum-likelihood phylogenetic trees）构建进化树，使用 R 语言作图绘制进化树，结果可以通过进化树与序列丰度组合图的形式呈现。

三、微生物发酵床夏冬垫料的高通量测序

1. 测序数据统计

经 454 焦磷酸测序法，6 个样本共获得 762923 条有效序列，有效碱基数 334477898bp，序列平均长度 438.4bp，各样本的分析结果见表 3-1。序列数和碱基数在不同季节和样本间差异显著，短序列数量最大值为夏季样本 s3（143174 条），最小值为夏季样本 s1（117103 条）。对两个季节样本平均值统计分析表明，夏季样本的总序列数高于冬季样本，是冬季样本的 1.06 倍，表明微生物发酵床夏季垫料样本的细菌含量高于冬季。

表3-1　夏冬垫料宏基因组测序结果统计分析

项目	样品编号	序列数/条	碱基数/bp	平均长度/bp	最小长度/bp	最大长度/bp
冬季样本	w1	117671	52063072	442.4460742	280	473
	w2	132579	58234941	439.247098	281	515
	w3	119463	52443824	438.9963754	283	454
	平均值	123238	54247279			
夏季样本	s1	117103	51055459	435.9876263	300	529
	s2	132933	58113284	437.1622095	269	485
	s3	143174	62567318	437.0019557	299	493
	平均值	131070	57245354			

2. 多样性指数分析

所有样本的稀释曲线接近平台（图 3-5，Sobs 指数表征实际观测到的物种数目），表明测序结果覆盖率高（95.9% ~ 99.0%），测序深度已经基本覆盖样本中的所有物种，数据量合理。夏冬垫料 6 个样本中共检测到 1843 个 OTU 类型，其中夏季样本包含 34 门、70 纲、139 目、258 科、566 属和 889 种细菌；冬季样本包含 28 门、59 纲、124 目、231 科、525 属和 832 种细菌。样本 OTU 范围在 1503（w2）~ 1198（s2），冬季样本平均 OTU 数目大于夏季样本。

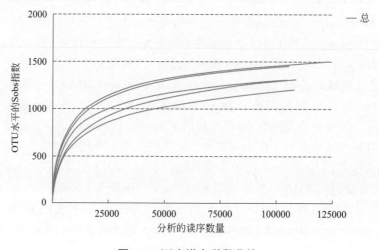

图3-5　测序样本稀释曲线

综合分析两个季节的样本，发现微生物发酵床冬季垫料的样本丰富度指数（Chao1 指数和 ACE）和多样性指数（香农指数和辛普森指数）高于夏季样本，尤其是香农指数，比后者高 11.5%（表3-2），说明冬季的微生物发酵床的各样本具有更丰富的微生物群落和细菌多样性。

表3-2　发酵床夏冬垫料微生物细菌群落宏基因组测序结果统计分析

季节	物种总数	样品编号	物种数	97% 相似性分析				
				ACE	Chao1指数	香农指数	辛普森指数	覆盖率
夏季	1843	s1	1312	1505.9	1440.9	4.73	0.966	0.998
		s2	1198	1374.9	1435.2	4.88	0.980	0.998
		s3	1497	1591.6	1626.9	5.03	0.959	0.999
		均值	1335.67	1490.8	1501.0	4.88	0.968	
冬季		w1	1314	1151.5	1121.3	5.23	0.985	0.998
		w2	1503	1622.5	1645.9	5.50	0.989	0.998
		w3	1449	1564.0	1600.2	5.60	0.990	0.998
		均值	1422.00	1446.0	1455.8	5.44	0.988	

3. 微生物发酵床夏冬季节垫料样本物种组成分析

选用相似水平为 97% 的 OTU，采用 Venn 图统计多组或多个样本中所共有和独有的物种数目。Venn 图显示（图 3-6），夏季样本包含 1741 个 OTU，冬季样本包含 1677 个 OTU，夏季样本的 OTU 比冬季多 64 个，是冬季样本的 1.04 倍。在夏季和冬季样本细菌多样性分析中，发酵床冬季各样本物种更丰富，而总体观测两个季节的样本发现夏季样本有更丰富的细菌种类，这也说明夏季各样本间物种差异性大，冬季各样本则具有相似的物种组成。

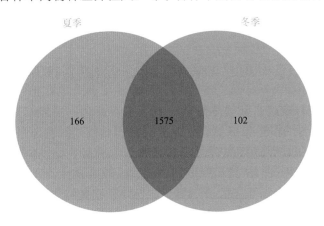

图3-6　样品Venn图

2 组样本共有的 OTU 有 1575 个，分别占夏冬样本的 90.5% 和 93.9%。夏季特有 OTU 有 166 个，夏季样本的特有物种更多，占夏季总 OTU 的 9.5%；冬季特有 OTU 有 102 个，占冬季总量的 6.1%。

（1）微生物发酵床夏冬季节垫料样本细菌门种类分布差异　对垫料样本中微生物群落进行分析，获得夏冬季节样本在各分类水平上（门、纲、目、科、属、种、OTU）微生物种类以及各微生物的相对丰度，但由于序列长度以及数据库限制，大部分 OUT 能注释到门、纲、目、科、属水平，无法明确至种的分类水平。

在细菌门水平上，共检测到 34 个细菌门。几乎所有序列都可明确至门水平。含量前 10 的细菌门分别为拟杆菌门（Bacteroidetes，189522）、厚壁菌门（Firmicutes，154377）、变形菌门（Proteobacteria，103626）、放线菌门（Actinobacteria，80183）、糖杆菌门（Saccharibacteria，43475）、异常球菌 - 栖热菌门（Deinococcus-Thermus，25541）、柔膜菌门（Tenericutes，12276）、绿弯菌门（Chloroflexi，8833）、螺旋体门（Spirochaetae，5108）和疣微菌门（Verrucomicrobia，1619）（表 3-3）。这些门的细菌占总量的 98% 以上。

夏季样本的放线菌门、异常球菌 - 栖热菌门、绿弯菌门、螺旋体门和疣微菌门分别是冬季样本的 3.6 倍、10.4 倍、11.7 倍、2.5 倍和 1.8 倍。发酵床冬季垫料中的拟杆菌门、厚壁菌门、变形菌门、糖杆菌门（糖杆菌科）和柔膜菌门高于夏季发酵床，尤其是变形菌门，是夏季样本的 2.1 倍。

表3-3　含量前10的细菌门

细菌门阶元	夏季垫料各门数量				冬季垫料各门数量			
	s1	s2	s3	均值	w1	w2	w3	均值
拟杆菌门	10839	37329	41451	29873	37935	30494	31474	33301
厚壁菌门	20259	17351	27921	21844	33366	20922	34558	29615
变形菌门	9281	12129	11546	10985	27075	23211	20384	23557
放线菌门	47936	11609	3090	20878	2284	10997	4267	5849
糖杆菌门	3111	10140	7534	6928	2858	13509	6323	7563
异常球菌-栖热菌门	6160	8136	9005	7767	259	1220	761	747
柔膜菌门	268	2486	869	1208	1117	2025	5511	2884
绿弯菌门	6402	1321	414	2712	31	511	154	232
螺旋体门	104	1496	2065	1222	201	616	626	481
疣微菌门	84	581	382	349	75	344	153	191

合并丰度小于 0.01% 的细菌门，建立细菌门水平柱形图，更直观地比较微生物发酵床夏冬样本的细菌群落构成及差异。微生物发酵床主要的细菌为拟杆菌门（30.0%）、厚壁菌门（24.4%）、变形菌门（16.4%）、放线菌门（12.7%）和糖杆菌门（6.9%）（图 3-7）。

夏季样本中，主要细菌为拟杆菌门（28.3%）、厚壁菌门（20.7%）、放线菌门（19.8%）和变形菌门（10.4%）。具有降解有机物作用的放线菌含量为冬季样本的 3.6 倍，其中 s1 中放线菌门的含量高达 29.5%。此外，异常球菌 - 栖热菌门（7.4%）和绿弯菌门（2.6%）的含量也高于冬季样本。异常球菌 - 栖热菌门细菌能够抵御严酷环境，如辐射和高热。

冬季发酵床垫料的主要细菌为拟杆菌门（31.6%）、厚壁菌门（28.1%）和变形菌门（22.3%）。拟杆菌门（31.6%）、变形菌门（22.3%）和柔膜菌门（2.7%）含量高于夏季样本。其中，变形菌门的含量是夏季样本的 2.1 倍。

微生物发酵床夏季 3 个样本细菌群落差异很大，s2 和 s3 具有相似的细菌组成，主要细菌为拟杆菌门和厚壁菌门。s1 中的放线菌门细菌的含量与其他样本具有显著性差异，主要细菌为放线菌门和厚壁菌门。冬季发酵床的 3 个样本具有相似的细菌群落结构。

（2）微生物发酵床夏冬季节垫料细菌属种类分布　在细菌属水平上，共检测到 581 属。含量前 10 的细菌属分别为糖杆菌门分类地位未定的 1 属（43267）、漠河杆菌属

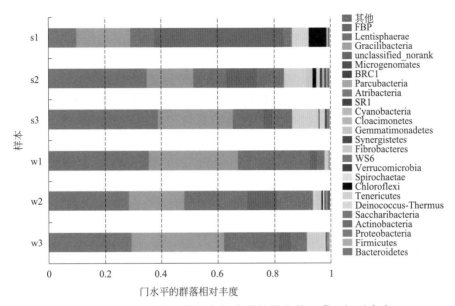

图3-7 微生物发酵床垫料在门水平的微生物组成及相对丰度

（*Moheibacter*，29925）、特吕珀菌属（*Truepera*，25541）、硫假单胞菌属（*Thiopseudomonas*，22291）、寡源杆菌属（*Oligella*，20054）、嗜蛋白菌属（*Proteiniphilum*，18189）、涅斯捷连科氏菌属（*Nesterenkonia*，14754）、腐螺旋菌科未培养的1属（uncultured_Saprospiraceae，12987）、棒杆菌属（*Corynebacterium*，12458）和黄杆菌科未分类的1属（unclassified_Flavobacteriaceae，11409）（表3-4）。

表3-4 含量前10的细菌属

细菌属阶元	夏季垫料各属数量				冬季垫料各属数量			
	s1	s2	s3	均值	w1	w2	w3	均值
糖杆菌门分类地位未定的1属	3107	10120	7503	6910	2765	13473	6299	7512
漠河杆菌属（*Moheibacter*）	1465	6854	19520	9280	497	949	640	695
特吕珀菌属（*Truepera*）	6160	8136	9005	7767	259	1220	761	747
硫假单胞菌属（*Thiopseudomonas*）	113	569	176	286	5515	7607	8311	7144
寡源杆菌属（*Oligella*）	806	3917	4298	3007	2457	3493	5083	3678
嗜蛋白菌属（*Proteiniphilum*）	256	5082	980	2106	1771	3764	6336	3957
涅斯捷连科氏菌属（*Nesterenkonia*）	14719	25	2	4915	1	6	1	3
腐螺旋菌科未培养的1属（uncultured_Saprospiraceae）	1399	3031	2440	2290	631	3035	2451	2039
棒杆菌属（*Corynebacterium*）	1706	3576	518	1933	294	4008	2383	2228
黄杆菌科未分类的1属（unclassified_Flavobacteriaceae）	1626	768	455	950	5355	2427	778	2853

在发酵床夏季垫料中，漠河杆菌属、特吕珀菌属和涅斯捷连科氏菌属高于冬季样本，分别是发酵床冬季样本的13.4倍、10.4倍和1638.3倍。其中涅斯捷连科氏菌属在夏季样本s1中具有明显的高含量优势，夏季样本间细菌群落差异大。

冬季样本具有高含量的硫假单胞菌属、嗜蛋白菌属和黄杆菌科未分类的1属，寡源杆菌属和嗜蛋白质菌属比夏季样本高22.3%和87.9%，硫假单胞菌属和黄杆菌科未分类的1属是夏季样本的 25.0 倍和 3.0 倍。

夏冬季样本共获得 581 属，合并丰度小于 1% 的细菌属，建立细菌属群落柱形图（图 3-8）。夏季样本中的主要细菌为糖杆菌门分类地位未定的 1 属（6.5%）、漠河杆菌属（8.8%）和特吕珀菌属（7.4%）。夏季样本中的漠河杆菌属和特吕珀菌属含量高于冬季样本，分别为后者的 13.3 倍和 10.4 倍。其中微球菌科的涅斯捷连科氏菌属在 s1 中具有高含量属性，此菌是嗜盐放线菌，具有抗生素合成基因，可能具有抑菌活性（李小俊等，2016）。这也说明发酵床垫料具有丰富的微生物多样性，是开发微生物资源的宝库。

冬季样本中含量较多的为糖杆菌门分类地位未定的 1 属（7.1%）、硫假单胞菌属（6.8%）、嗜蛋白菌属（3.8%）和寡源杆菌属（3.5%）的细菌。

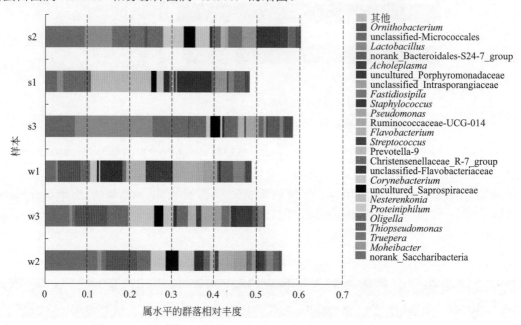

图3-8　微生物发酵床垫料在属水平的微生物组成及相对丰度

四、微生物发酵床夏冬季节垫料样本与物种关系

1. 夏冬季节垫料样本与物种关系

对不同分类水平的微生物进行多样性分析，选择含量前 50 的细菌属，根据它们在发酵床夏冬季节垫料样本中丰度比例结构建立热图（图 3-9）。按季节不同，样本聚成两类，说明相同季节的微生物发酵床垫料具有相似的微生物构成。冬季样本（w1、w2 和 w3）再聚成一小类；夏季样本（s1、s2 和 s3）聚成一小类，说明不同季节的发酵床样本存在着差异。

根据丰度差异，细菌可聚成三类。第一类为在微生物发酵床夏季和冬季样本中含量低的细菌，包含 7 个属，分别为 norank-JG30-KF-CM45、葡萄球菌属（*Staphylococcus*）、短杆菌属（*Brevibacterium*）、涅斯捷连科氏菌属（*Nesterenkonia*）、藤黄色杆菌属（*Luteibacter*）、鸟杆菌属（*Ornithobacterium*）和厌氧绳菌科未培养的 1 属（uncultured-Anaerolineaceae）。第二类为在夏季样本中含量较低的细菌，包括海洋杆菌属（*Oceanobacter*）、不动杆菌属

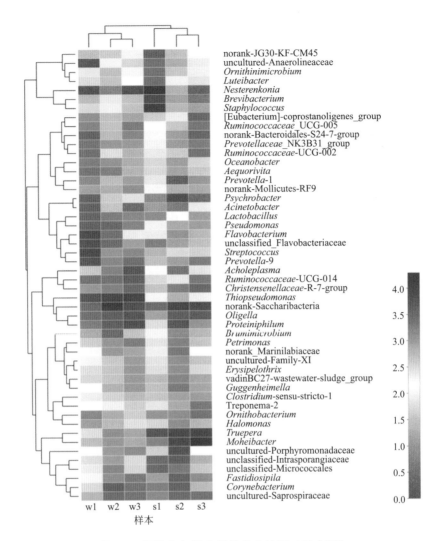

图3-9　细菌在各样本间的分布热图（属水平）

（*Acinetobacter*）和嗜冷杆菌属（*Psychrobacter*）等17个属的细菌。第三类为夏冬季节含量相似的菌群，包括糖杆菌门分类地位未定的1属、寡源杆菌、漠河杆菌属和特吕珀菌属等26个属的细菌。

夏冬季样本中不同微生物的相对含量差异很大。在夏季样本中，特吕珀菌属（7.4%）和漠河杆菌属（8.8%）含量高于冬季样本。冬季样本中乳杆菌属（1.8%）、假单胞菌属（2.5%）、黄杆菌属（*Flavobacterium*，2.6%）、链球菌属（*Streptococcus*，2.8%）、普雷沃氏菌属9（*Prevotella* 9，2.7%）、硫假单胞菌属（*Thiopseudomonas*，6.8%）和嗜冷杆菌属（*Psychrobacter*，1.1%）含量高于夏季样本。

2.夏冬季节垫料样本物种差异分析

采用 t 检测，比较夏冬季两组样本在门和属水平上物种的差异。在门水平，变形菌门、异常球菌-栖热菌门在两组样本中差异显著。变形菌门在冬季样本中的含量远高于夏季样本，为后者的2.1倍（图3-10）。此外，微生物发酵床冬季垫料中的拟杆菌门和厚壁菌门含量也明显高于夏季样本。异常球菌 - 栖热菌门在微生物发酵床夏季样本中的含量为冬季样本的 10.4 倍。发酵床夏季样本中的放线菌门、绿弯菌门和螺旋体门含量明显高于冬季样本。

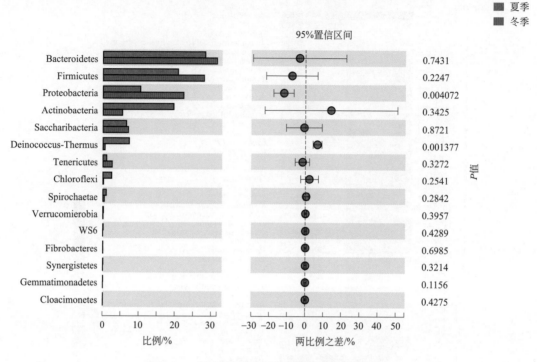

图3-10　夏冬季节垫料门水平上的 t 检测结果

在属水平，特吕珀菌属和硫假单胞菌属在两组样本中差异显著。异常球菌 - 栖热菌门的特吕珀菌属在夏季样本中的相对含量为冬季样本的 10.4 倍。微生物发酵床中拟杆菌门的漠河杆菌属是冬季样本的 13.4 倍。假胞菌科的硫假单胞菌属在冬季样本中的相对含量为夏季样本的 25.0 倍。发酵床冬季样本中的拟杆菌门的普雷沃氏菌属 9、链球菌属、黄杆菌属、瘤胃球菌科 -UCG-014 和嗜蛋白菌属高于发酵床夏季样本，分别是夏季样本的 3.7 倍、9.6 倍、5.2 倍、3.4 倍和 1.9 倍（图 3-11）。

3. 夏冬季节垫料样本比较分析

采用主成分分析（principal component analysis，PCA）法对微生物发酵床夏季和冬季样本进行聚类分析。PCA 采用降维方法，分析不同样本物种（97% 相似性）组成，并将样本的差异和距离的多维数据差异反映在二维坐标图上。样本距离越近，则表示这两个样本的组成越相似；反之，则表示两个样本的物种组成具有差异。

在属水平上对不同深度垫料样本进行 PCA 分析，在 PC1 轴上（37.26%），s2 和 s3 聚在左侧，s1、w1、w2 和 w3 聚在右侧。在 PC2 轴上（36.56%），s1 聚在上部，w1、w2 和 w3 聚在下部（图 3-12）。微生物发酵床冬季 3 个样本聚成一类，说明冬季垫料具有相似的细菌群落构成。而夏季 3 个样本之间的细菌群落差异较大，样本 s2 和 s3 具有相似的细菌群落结构，与 s1 差异较大。

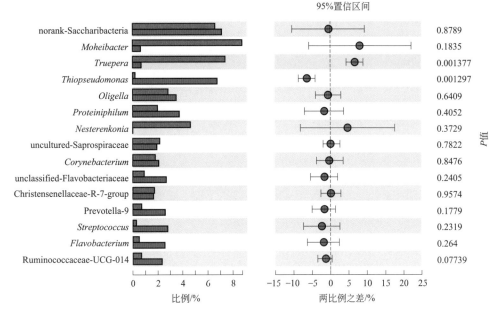

图3-11 夏冬季节垫料属水平上的t检测结果

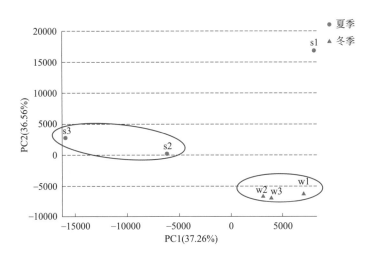

图3-12 夏冬季节垫料微生物属水平主成分分析

4. 垫料微生物与季节因子的关联性分析

冗余分析（redundancy analysis，RDA）是基于对应分析发展而来的一种排序方法，其结果反映了菌群与环境因子之间关系。在 RDA 图内，环境因子一般用箭头表示，箭头连线的长度代表某个环境因子与群落分布和种类分布间相关程度的大小，箭头越长，说明相关性越高；反之相关性越低。箭头连线和排序轴的夹角代表某个环境因子与排序轴的相关性大小，夹角越小，相关性越高；反之相关性越低。环境因子之间的夹角为锐角时表示两个环境因子之间呈正相关关系，钝角时呈负相关关系。

RDA 结果显示，季节影响垫料微生物多样性（图 3-13）。冬季样本受季节影响更大。厚壁菌门、变形菌门和拟杆菌门与季节因子呈正相关，在冬季样本中含量较高。放线菌门与季节因子呈负相关，在温度高的夏季垫料中含量高于冬季垫料。拟杆菌门在发酵床夏季和冬季样本中含量无明显差别。

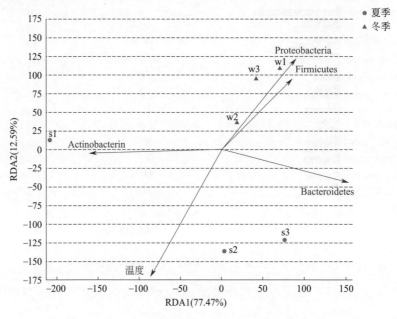

图3-13　垫料微生物与季节因子的RDA分析

五、讨论

微生物发酵床垫料中的微生物消纳处理畜禽粪便，生产有机肥，是一种环保型养猪设施。本节的研究分析了夏季和冬季微生物发酵床垫料细菌多样性，发现夏冬季节垫料有着不同的细菌群落结构。对微生物发酵床观测结果显示：夏季发酵床表面温度为 $(30.13\pm0.86)℃$，冬季为 $(19.67\pm1.09)℃$，夏季温度更适宜多数微生物生长。本节的研究发现微生物发酵床夏季样本的细菌数量和种类高于后者。温度影响环境微生物多样性（刘远等，2016），研究结果进一步证实了温度对微生物丰度及多样性的影响。

微生物发酵床的主要细菌为拟杆菌门、厚壁菌门、变形菌门和放线菌门。李志宇（2012）采用传统平板分离培养方法以及 PCR-DGGE 分子技术分析了发酵床垫料微生物的多样性，发现主要的菌群为厚壁菌门、拟杆菌门和变形菌门。朱双红（2012）采用 16S rRNA 克隆结合酶切分型的方式获得生物发酵床样本中的细菌组成，主要为厚壁菌门、变形菌门和拟杆菌门，这与笔者的研究结果一致。采用宏基因组方法研究微生物发酵床中的细菌组成发现拟杆菌门占主要优势，约为细菌总量的 30%，而在李志宇（2012）和朱双红（2012）的研究中厚壁菌门是主要细菌，占细菌总量的 55% 以上。由于分子克隆方式通量不够、分辨率低，不能全面地揭示获得环境微生物多样性，这是造成本研究结果与前人研究差异的主要原因，也说明宏基因组技术在环境微生物多样性研究方面具有明显优势。

热图分析表明冬季样本有相似的细菌群落，而夏季样本之间的细菌群落差异较大。微生物发酵床夏季和冬季细菌差异分析揭示变形菌门和异常球菌 - 栖热菌门具有显著性差异（$P < 0.05$）。变形菌门细菌在冬季发酵床中含量高，此门是最大的细菌门，包括 α- 亚纲、β- 亚纲、γ- 亚纲和 δ- 亚纲。微生物发酵床的该门细菌主要包括：β- 变形菌的寡源杆菌属和 γ- 变形菌的假单胞菌属、硫假单胞菌属、海洋杆菌属等。假单胞菌属和硫假单胞菌属的含量冬季高于夏季样本，其中硫假单胞菌在两组样本差异显著（$P < 0.05$）。分离自厌氧发酵的活性污泥中的硫假单胞菌是厌氧菌，可以硝酸盐为电子受体氧化还原活性污泥中的硫化物，参与氮循环过程（Tan et al，2015；Tan et al，2016），微生物发酵床中的硫假单胞菌细菌可能与猪粪中氮的利用相关。假单胞菌分布广泛，是重要的有机物降解菌。郝燕妮等（2016）发现假单胞菌属的细菌可以降解石油，李静等（2016）发现铜绿假单胞菌可降解三十六烷，参与环境修复。微生物发酵床中的假单胞菌属可降解猪粪中的有机物，参与猪粪降解。冬季样本中的嗜冷菌属含量远高于夏季样本，嗜冷菌属是变形菌门莫拉氏菌科好寒或耐寒的细菌，常分布于潮湿、冷盐的环境中，在温暖和低盐的环境中也有分布，在食品发酵中起重要作用（Juni and Heym, 1986）。发酵床垫料冬季较高含量的嗜冷菌与低温条件下垫料有机物降解相关。

此外，冬季样本中拟杆菌门也具有数量优势，是夏季样本的 2 倍多。拟杆菌门是猪肠道中的主要微生物，垫料中的拟杆菌门细菌主要来自猪粪细菌。拟杆菌门细菌可将发酵床垫料中的有机物分解为可溶的小分子物质，参与氮循环过程。拟杆菌门的嗜蛋白菌属（*Proteiniphilum*）、冬微菌属（*Brumimicrobium*）和黄杆菌属（*Flavobacterium*）在冬季发酵床中的含量分别为夏季样本的 1.9 倍、2.1 倍和 5.2 倍。嗜蛋白菌属可以将丙酮酸转化为乙酸，水解蛋白质（Chen and Dong，2005），发酵床猪粪中含有丰富的蛋白质，嗜蛋白菌属参与猪粪蛋白质降解。冬季微菌属是适冷性细菌，最适生长温度为 16～19℃（Bowman et al，2003），在冬季发酵床垫料表面温度是其最适生长温度，因此含量高于夏季样本。黄杆菌属的细菌能够降解多糖，如纤维素、木聚糖、几丁质和葡聚糖（Bernardet et al，1996；Lee et al，2006；Rasmussen et al，2008），发酵床中黄杆菌属细菌参与猪粪中多糖的降解。万博园黄杆菌（*Flavobacterium banpakuense*）还原硝酸盐，参与堆肥中的氮循环（Kim，2011）。

综上，冬季微生物发酵床嗜冷菌含量高，与较低温度下猪粪的降解相关。参与氮循环、碳循环以及硫素循环的细菌含量均较高，促进发酵床有机物的降解。

异常球菌 - 栖热菌门在夏季发酵床含量高，此门细菌包含异常球菌目和栖热菌目 2 个目，具有厚的细胞壁结构，能够抵抗严酷环境。在微生物发酵床中分离到的该门细菌仅有异常球菌目的特吕珀菌属。特吕珀菌属在夏季和冬季样本差异显著（$P < 0.05$）。特吕珀菌属能够适应高温环境，最佳生长温度为 50℃，可利用多种糖类、有机酸和氨基酸（Albuquerque et al，2005），在温度较高的夏季相对含量高。放线菌门在夏季微生物发酵床中的含量也明显高于冬季样本，为冬季的 3.6 倍。放线菌是自然界中重要的降解菌，可降解多种有机物。该门的微球菌科涅斯捷连科氏菌属在夏季样本 s1 中含量最高，涅斯捷连科氏菌属细菌可在高盐环境中生长，参与氮循环（Li et al，2005）。

夏季样本中拟杆菌门的漠河杆菌属（*Moheibacter*）含量也高于冬季样本。漠河杆菌属于拟杆菌门黄杆菌科，分离于粪便发酵物（Schauss et al，2016），参与粪便的生物降解。夏季样本中，较高含量的嗜热菌以及粪便降解菌与夏季高温环境中发酵床垫料中猪粪中有机质的生物降解相关。

本节的研究采用宏基因组技术对夏冬两个季节垫料样本的微生物多样性进行了分析，与传统分离培养及16S rRNA克隆方式相比，宏基因组方法更全面地反映了发酵床的细菌组成。研究揭示了夏冬季节细菌群落构成，微生物发酵床中有多种细菌参与有机物降解与碳、氮以及硫素循环，并且微生物发酵床细菌群落与季节紧密相关（环境温度）。随着环境温度升高，微生物发酵床中的放线菌和嗜热菌等有机质降解菌含量高，促进夏季高温条件下的猪粪降解。在冬季低温条件下，有机物降解菌，尤其是嗜冷菌含量升高，促进猪粪在较低温度下的降解。本研究揭示了夏冬季节发酵床细菌多样性及其在不同季节的分布特征，有助于研究细菌与环境的协同适应，发掘发酵床中蕴藏的耐热菌、嗜冷菌和嗜盐菌等嗜极细菌资源，具有良好的开发前景；同时为夏冬季节发酵床的维护提供参考，促进以发酵床设施处理养殖废弃物的发展。

第三节
微生物发酵床不同发酵程度细菌多样性

一、概述

发酵床垫料主要由谷壳、秸秆、锯末等农业废弃物按照一定的比例混合而成，铺设于猪舍内部，直接与动物接触，并对猪粪尿吸附消纳。垫料是微生物发酵床技术的核心，其中的微生物持续地对有机质分解。随着发酵时间的延长，发酵床垫料的理化性质发生着肉眼可见的变化：颜色逐渐加深，从黄色往灰色变化，最终变成黑色，含水量提高，腐烂程度变高。在此过程中，微生物群落的变化影响了垫料的性质，垫料的相关特性也对微生物活动造成影响。了解不同发酵等级垫料中细菌群落结构及多样性变化，对调控发酵床垫料，维护良好的猪舍的环境意义重大。

二、研究方法

1. 发酵床不同发酵等级样本采集

样本采集地点位于福清渔溪现代设施农业样本工程示范基地。垫料由70%椰糠和30%谷壳粉构成。五点取样法采集微生物发酵床3个发酵等级的垫料样本（图3-14）。轻度发酵垫料使用时间短，呈黄色，干燥，样本名称为i1、i2和i3；中度发酵垫料呈现棕黄色，略湿，样本名称为ii1、ii2和ii3；深度发酵垫料使用时间长，呈现深棕色，湿度大，名为iii1、iii2和iii3。

2. 宏基因组高通量测序和数据质控

同本章第二节二的"2.宏基因组高通量测序"。

(a) 轻度发酵垫料　　　　　　　　(b) 中度发酵垫料　　　　　　　　(c) 深度发酵垫料

图3-14　轻度、中度和深度发酵垫料图片

三、发酵床垫料微生物宏基因组测定

1. 测序数据统计

经 454 焦磷酸测序法，9 个样本共获得 1198467 条有效序列，有效碱基数 525997860bp，序列平均长度 438.8bp，各样本分析结果见表 3-5。序列数和碱基数在不同发酵等级样本间差异显著，短序列数量最大值为中度发酵垫料 ii3（149292 条），最小值为深度发酵垫料 iii 3（119463）。比较 3 个发酵等级的样本，中度发酵垫料的序列数最多，分别是轻度发酵和深度发酵垫料样本的 1.09 倍和 1.18 倍，说明发酵等级影响垫料细菌多样性。

表3-5　不同发酵等级垫料宏基因组测序结果统计分析

项目	样品编号	序列数/条	碱基数/nt	平均长度/bp	最小长度/bp	最大长度/bp
轻度发酵垫料	i1	133900	58568673	437.4060717	295	500
	i2	125150	54889404	438.5889253	279	473
	i3	139130	61141110	439.4531014	273	499
	平均值	132727	58199729			
中度发酵垫料	ii1	140990	62072194	440.2595503	282	494
	ii2	143145	63287601	442.1223305	268	483
	ii3	149292	65395785	438.0394462	342	475
	平均值	144476	63585193			
深度发酵垫料	iii1	122849	53514892	435.6152024	322	513
	iii2	124548	54684377	439.0626666	298	486
	iii3	119463	52443824	438.9963754	283	454
	平均值	122287	53547698			

2. 多样性指数分析

9 个样本共检测到 1839 个 OTU 类型，包含 33 门、73 纲、149 目、272 科、600 属和

976 种细菌。轻度发酵垫料包含 29 门、64 纲、137 目、256 科、567 属和 906 种细菌，中度发酵垫料包含 32 门、69 纲、142 目、259 科、563 属和 898 种细菌，深度发酵垫料包含 33 门、70 纲、141 目、256 科、559 属和 903 种细菌。所有样本的稀释曲线趋于平缓（图 3-15），测序结果覆盖率高（93.3% ～ 98.9%），测序深度基本覆盖样本中所有的物种。

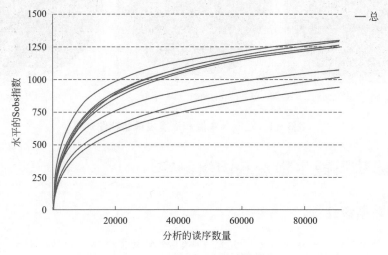

图3-15　测序样本稀释曲线

样本 OTU 范围在 1336(i3) ～ 974(ii2) 之间，深发酵垫料 OTU 数目较多；反映群落丰度的 ACE 和 Chao1 指数，范围分别在 1502(i3) ～ 1192(ii2) 和 1567(ii1) ～ 1213(ii2)，比较得出轻度发酵垫料的 ACE 和 Chao1 指数最高，说明微生物发酵床轻度发酵垫料细菌丰度最高。香农指数、辛普森指数反映了群落多样性，香农指数范围在 5.5(iii3) ～ 3.9(ii2)，深层发酵垫料的该指数最高，中度发酵垫料最低。结果说明微生物发酵床深度细菌种类最多，中度发酵垫料细菌种类最少（表 3-6）。

表3-6　发酵床垫料微生物细菌群落宏基因组测序结果统计分析

发酵等级	物种总数	样品编号	物种数	97% 相似性分析条件			
				ACE	Chao1指数	香农指数	辛普森指数
轻度发酵		i1	1315	1479.0	1501.4	4.935	0.980
		i2	1013	1314.8	1321.8	4.397	0.969
		i3	1336	1502.0	1537.7	4.940	0.982
		均值	1221	1431.9	1453.6	4.757	
中度发酵	1839	ii1	1299	1500.0	1566.5	4.951	0.980
		ii2	974	1191.5	1213.1	3.946	0.933
		ii3	1309	1462.1	1463.5	5.022	0.981
		均值	1194	1384.5	1414.4	4.640	
深度发酵		iii1	1314	1487.9	1509.1	5.163	0.985
		iii2	1084	1235.1	1262.0	4.610	0.962
		iii3	1313	1442.5	1498.0	5.545	0.989
		均值	1237	1388.5	1423.0	5.106	

四、微生物发酵床不同发酵等级垫料样本物种组成分析

1. 共有种类分析

选用相似水平为 97% 的 OTU，采用 Venn 图统计多组或多个样本中所共有和独有的物种（如 OTU）数目。Venn 图显示（图 3-16），轻度发酵垫料、中度发酵垫料和深度发酵垫料 OTU 数目分别为 1608 个、1616 个和 1655 个。深度发酵垫料 OTU 数目最多，物种最丰富。

3 个发酵等级样本共有的 OTU 有 1348 个，轻度发酵垫料特有 OTU 有 29 个，中度发酵垫料特有 OTU 有 26 个，深度发酵垫料特有 OTU 有 92 个。深度发酵垫料特有 OTU 最多，占总量的 5.6%。轻度与中度发酵垫料共有 OTU 有 1477 个，中度与深度发酵垫料共有 OTU 有 1461 个，轻度与深度发酵垫料共有 OTU 有 1450 个。轻度与中度发酵垫料共有 OTU 数大于中度与深度发

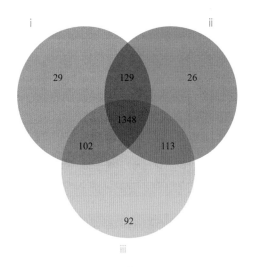

图3-16　样品Venn图

酵垫料共有 OTU 数，轻度与深度发酵垫料共有 OTU 数最少。结果表明相邻发酵阶段具有较多的共有物种。

2. 微生物发酵床不同等级垫料细菌门群落组成分析

对垫料样本中微生物群落的分析获得不同发酵等级在各分类水平上微生物种类以及各微生物的相对丰度。不同等级垫料样本在细菌门水平上，共检测到细菌 33 门。含量前 10 的细菌门分别为拟杆菌门（Bacteroidetes，252169）、变形菌门（Proteobacteria，166869）、放线菌门（Actinobacteria，117541）、厚壁菌门（Firmicutes，113404）、糖杆菌门（Saccharibacteria，88161）、异常球菌 - 栖热菌门（Deinococcus-Thermus，24214）、螺旋体门（Spirochaetae，13685）、绿弯菌门（Chloroflexi，12618）、柔膜菌门（Tenericutes，11261）和候选门 WS6（3213）（表 3-7）。

表3-7　含量前10的细菌门

细菌门阶元	轻度发酵垫料			中度发酵垫料			深度发酵垫料		
	i 1	i 2	i 3	ii 1	ii 2	ii 3	iii1	iii2	iii3
拟杆菌门	21608	28286	25142	27304	46611	31188	20805	24929	26296
变形菌门	20614	18108	15941	28202	24542	16538	13700	11594	17630
放线菌门	16532	32089	24155	9125	6634	10315	11357	3632	3702
厚壁菌门	8327	7080	14068	8772	8156	8693	21408	7149	29751
糖杆菌门	16126	1327	9643	12282	2230	9906	11684	19418	5545
异常球菌-栖热菌门	2377	515	354	2000	1559	10089	4870	1805	645
螺旋体门	53	10	58	64	48	68	107	12737	540
绿弯菌门	3137	2943	536	1093	532	1989	1903	358	127
柔膜菌门	309	88	341	611	112	482	1244	3289	4785
候选门WS6	528	40	182	487	8	3	1682	44	239

合并丰度小于 0.01% 的细菌门，建立细菌门群落柱形图（图 3-17）。在三种发酵程度的垫料中，主要的优势门为拟杆菌门、变形菌门、放线菌门和厚壁菌门。不同发酵等级的垫料在门水平上细菌种类差异显著。

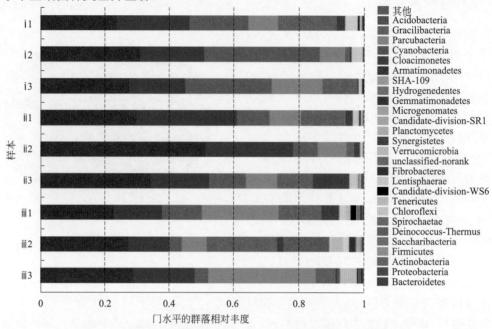

图3-17　微生物发酵床垫料在门水平的微生物组成及相对丰度

在轻度发酵垫料中，优势菌为拟杆菌门（27.6%）、变形菌门（20.1%）和放线菌门（26.7%），其中放线菌门的相对含量高于中度（9.6%）和深度发酵垫料（6.9%）。在中度发酵垫料中，优势菌为拟杆菌门（38.6%）和变形菌门（25.4%），含量均高于轻度和深度发酵垫料。在深度发酵垫料中，优势菌为拟杆菌门（26.5%）、变形菌门（15.8%）和厚壁菌门（21.4%），厚壁菌门和糖杆菌门（13.5%）含量高于轻度和中度发酵垫料。

3. 微生物发酵床不同等级垫料细菌科群落组成分析

微生物发酵床不同等级垫料样本共检测到 272 科。表 3-8 中列举了含量前 10 的细菌科，这些细菌占样本总细菌量的 40% 以上。分别为黄杆菌科（Flavobacteriaceae，133836）、糖杆菌门分类地位未定的 1 科（88066）、黄单胞菌科（Xanthomonadaceae，45703）、瘤胃球菌科（Ruminococcaceae，31572）、间孢囊菌科（Intrasporangiaceae，24705）、特吕珀菌科（Trueperaceae，24214）、假单胞菌科（Pseudomonadaceae，23209）、紫单胞菌科（Porphyromonadaceae，21766）、棒杆菌科（Corynebacteriaceae，21803）和冷形菌科（Cryomorphaceae，20911）。

表3-8　含量前10的细菌科

细菌科阶元	轻度发酵垫料			中度发酵垫料			深度发酵垫料		
	i1	i2	i3	ii1	ii2	ii3	iii1	iii2	iii3
黄杆菌科	13902	19382	15493	18743	37220	12632	10523	3866	2075
糖杆菌门分类地位未定的1科	16117	1322	9632	12271	2226	9899	11659	19415	5525
黄单胞菌科	15851	4787	7728	5950	3289	6295	679	659	465

续表

细菌科阶元	轻度发酵垫料			中度发酵垫料			深度发酵垫料		
	i1	i2	i3	ii1	ii2	ii3	iii1	iii2	iii3
瘤胃球菌科	2372	354	2164	2417	1983	1049	7819	2692	10722
间孢囊菌科	3821	6742	3964	2829	1601	2046	2699	629	374
特吕珀菌科	2377	515	354	2000	1559	10089	4870	1805	645
假单胞菌科	286	696	1251	4208	785	933	2927	3687	8436
紫单胞菌科	374	173	525	609	42	571	3158	7215	9099
棒杆菌科	1866	3209	2516	1540	998	1743	4733	2067	2411
冷形菌科	1545	409	1476	3793	4757	7507	453	669	382

合并丰度小于 0.1% 的细菌科，建立细菌科群落柱形图（图 3-18）。不同发酵等级的垫料在科水平上种类差异显著，并且细菌群落组成与垫料发酵程度相关。在轻度发酵垫料中，优势菌为黄杆菌科（17.0%）、糖杆菌门分类地位未定的 1 科（9.9%）、黄单胞菌科（8.6%）和间孢囊菌科（5.3%）。中度发酵垫料的优势菌为黄杆菌科（25.2%）、糖杆菌门分类地位未定的 1 科（8.9%）、黄单胞菌科（5.7%）和冷形菌科（5.8%）。深度发酵垫料优势菌为糖杆菌门分类地位未定的 1 科（13.5%）、黄杆菌科（6.0%）、瘤胃球菌科（7.8%）和假单胞菌科（5.5%）。

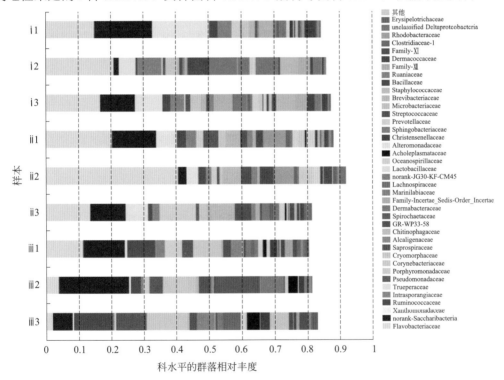

图3-18　微生物发酵床垫料在科水平的微生物组成及相对丰度

随着发酵的进行，黄杆菌科细菌呈现先增长后减少的曲线状态。在中度发酵垫料中黄杆菌科的含量增加至 25.2%，发酵至深度发酵垫料，黄杆菌科的数量减少至 6.0%。

4. 微生物发酵床不同等级垫料细菌属群落组成分析

在属水平上共检测到 600 属。表 3-9 中列举了含量前 10 的细菌属。在各个发酵等级的垫料中，主要的细菌为糖杆菌门分类地位未定的 1 属、厚壁菌门的居海面菌属（*Aequorivita*）、黄杆菌科未分类的 1 属（unclassified-Flavobacteriaceae）、藤黄色杆菌属（*Luteibacter*）、特吕珀菌属（*Truepera*）、漠河杆菌属（*Moheibacter*）、假单胞菌属（*Pseudomonas*）、腐螺旋菌科未培养的 1 属（uncultured Saprospiraceae）、冬微菌属（*Brumimicrobium*）和棒杆菌属（*Corynebacterium*）。多数不能明确至属的分类水平。

表3-9　含量前10的细菌属

细菌属阶元	轻度发酵垫料			中度发酵垫料			深度发酵垫料		
	i1	i2	i3	ii1	ii2	ii3	iii1	iii2	iii3
糖杆菌门分类地位未定的1属	16117	1322	9632	12271	2226	9899	11659	19415	5525
居海面菌属	387	2356	1048	9088	20126	1512	1508	647	466
黄杆菌科未分类的1属	11635	564	12341	4440	1322	2038	1988	102	502
藤黄色杆菌属	15172	1414	7195	5253	658	4278	19	40	144
特吕珀菌属	2377	515	354	2000	1559	10089	4870	1805	645
漠河杆菌属	766	470	448	1467	3143	8297	6133	2870	567
假单胞菌属	286	696	1251	4208	785	933	2927	3687	8436
腐螺旋菌科未培养的1属	604	895	868	1905	2948	4451	2152	3352	2122
冬微菌属	1415	119	1439	2977	2889	7038	175	248	307
棒杆菌属	1691	1135	1357	1367	454	1423	4569	1796	2062

　　合并丰度小于 0.1% 的细菌属，建立群落柱形图（图 3-19）。不同发酵等级垫料在属水平上细菌群落结构不同。在轻度发酵垫料中，不同样本差异很大。在 i1 和 i3 样本中优势菌为糖杆菌门分类地位未定的 1 属、黄杆菌科未分类 1 属和藤黄色杆菌属；在 i2 样本中，优势微生物为黄色杆菌属（*Galbibacter*）和短状杆菌属（*Brachybacterium*）。在中度发酵垫料中，不同样本差异也很大，ii1 和 ii3 的优势菌为糖杆菌门分类地位未定的 1 属，ii2 的优势菌为居海面菌属。同样的现象也在深发酵等级垫料中出现。从群落柱形图可看出，在属水平上，不同发酵等级的垫料样本不能由微生物群落区分，因此后续分析采用细菌科来对垫料和细菌群落相关性进行研究。

五、微生物发酵床不同发酵等级垫料样本与物种关系

1. 热图分析

　　对不同分类水平的微生物进行多样性分析，根据发酵床不同发酵等级样本细菌科丰度前 35 的比例结构，建立热图（图 3-20）。根据细菌丰度差异，可聚成 5 类。第 1 类在深发酵等级样本 iii2 和 iii3 中含量高于其他样本，包括螺旋体科（Spirochaetaceae）和海滑菌科（Marinilabiaceae）。第 2 类在所有样本中含量都很高，包括黄杆菌科、黄单胞菌科和糖杆菌门分类地位未定的 1 科。第 3 类为浅发酵垫料 i2 中高含量菌，包括候选科 GR-WP33-58、鞘脂杆菌科（Sphingobacteriaceae）、皮杆菌科（Dermabacteraceae）、阮氏菌科、微杆菌科（Microbacteriaceae）、短杆菌科（Brevibacteriaceae）和葡萄球菌科（Staphylococcaceae），其中皮杆菌科、阮氏菌科、微杆菌科、短杆菌科和葡萄球菌科在轻度发酵垫料样本 i3 中含量很高，轻度发酵垫料样本中，这 5 个科的细菌相对含量均高于中度和深度发酵垫料。第 4 类细菌在轻度发酵垫料 i2 含量低于其他样本，包括瘤胃球菌科、紫单胞菌科和假单胞菌科等 8 科细菌。这些菌在轻度发酵样本 i2、i3 和中度发酵样本 ii2、ii3 中的相对含量也很低。第 5 类在不同等级样本间分布差异低于前 4 类样本。

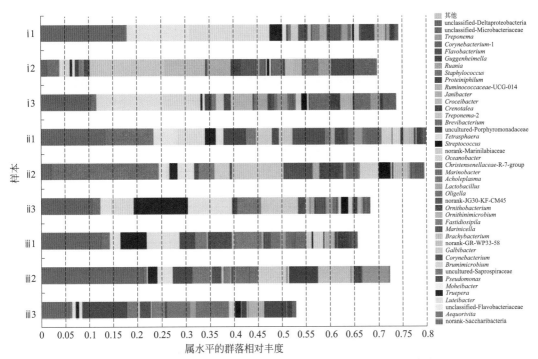

图3-19 微生物发酵床垫料在属水平的微生物组成及相对丰度

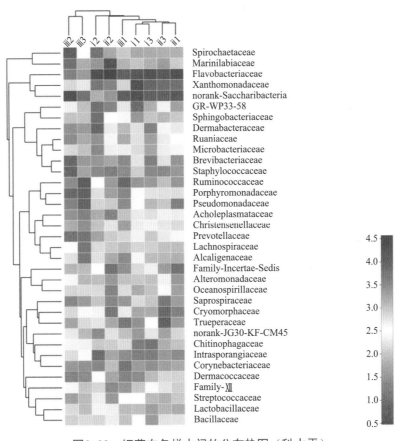

图3-20 细菌在各样本间的分布热图（科水平）

不同发酵等级的垫料样本可聚成 2 大类：第 1 类为深度发酵垫料；第 2 类为轻度和中度发酵垫料。第 2 类群又可细分为轻度发酵样本 i1 和 i3、中度发酵垫料 ii1 和 ii3、垫料 i2 和 ii2 3 小聚类。说明垫料的发酵等级与微生物群落结构相关，相同发酵等级的垫料在一定程度上有相似的细菌群落结构。但由于发酵是连续的过程，人为判别的发酵等级，在不同发酵程度间有样本的重叠，导致相同发酵等级垫料具有不同的细菌群落结构，相邻发酵等级的垫料具有相似的细菌群落结构。

2．不同发酵等级垫料样本物种差异分析

比较轻度、中度和深度发酵垫料在门和科水平上物种的差异。在门水平，未明确门分类的细菌差异显著，说明垫料中含有未被发掘的微生物资源。其次为放线菌门、变形菌门和柔膜菌门。放线菌门（26.7%）和绿弯菌门（2.4%）在轻度发酵垫料中含量最高，随着发酵的加深，在垫料中的含量逐级降低，在中度发酵垫料中的含量分别为 9.6%、1.3%，在深度发酵垫料中的含量为 6.9%、0.9%。变形菌门是中度发酵垫料的优势菌，在轻度发酵垫料中的含量为 20.1%，发酵至中等程度，含量升至 25.4%，随着发酵进行至深度发酵程度，含量降至 15.8%。糖杆菌门在三种发酵程度样本中含量差别不大（图 3-21）。

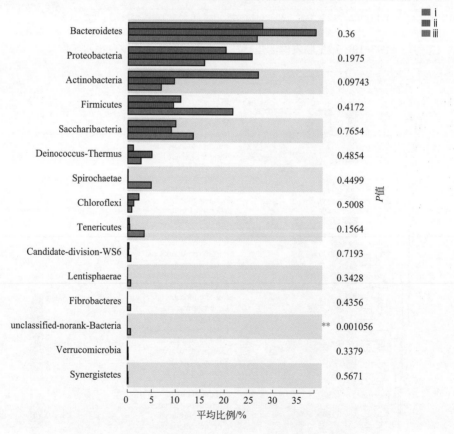

图3-21　不同发酵等级垫料细菌在门水平上差异显著性分析

在科水平，黄单胞菌科和腐螺旋菌科在不同发酵等级垫料中具有显著差异性（图 3-22）。黄单胞菌科在轻度发酵垫料中含量最高（8.6%），随着发酵进行而逐级降低。间孢囊菌科在

轻度发酵垫料中含量为 5.3%，随着发酵进行降至 2.4%（中度发酵垫料）和 1.4%（深度发酵垫料）。噬几丁质菌科（Chitinophagaceae）在轻度、中度和深度垫料中的含量分别为 3.7%、1.1% 和 0.4%。

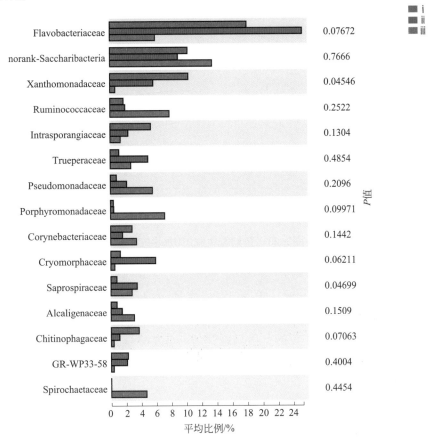

图3-22　不同发酵等级垫料细菌在科水平上差异显著性分析

腐螺旋菌科在中度发酵垫料中含量最高（3.4%），在轻度（0.9%）和深度（2.8%）发酵垫料中含量低。冷形菌科（Cryomorphaceae）在轻度发酵垫料中的含量为 1.3%，到中度发酵垫料升至 5.8%，后又降至 0.5%。黄杆菌科和特吕珀菌科具有同样的分布状态，在中度发酵垫料中含量高（25.2%、5.0%），在轻度（17.0%、1.2%）和深度发酵垫料（6.0%、2.7%）中含量低。

瘤胃球菌科（7.8%）、紫单胞菌科（7.1%）、假单胞菌科（5.5%）、产碱菌科（Alcaligenaceae，3.0%）和螺旋体科（Spirochaetaceae，4.7%）在深度发酵垫料中含量最高。尤其是瘤胃球菌科、紫单胞菌科和螺旋体科。瘤胃球菌科在深度发酵垫料中的含量是轻度发酵垫料的 4.3 倍。相比轻度发酵垫料，深发酵垫料中的紫单胞菌科和螺旋体科分别升高了 17.8 倍、78.3 倍。糖杆菌门分类地位未定的 1 科在 3 种垫料中差异不明显（图 3-22）。

3．不同发酵等级垫料样本比较分析

在 OTU 水平上对不同发酵等级样本进行 PCA，在 PC1 轴上（39.32%），深度发酵垫料、中度发酵垫料ⅱ3和轻度发酵垫料i1、i3聚在左边。在 PC2 轴上（21.16%），轻度发酵垫料聚在上部，中度和深度发酵垫料聚在下部（图3-23）。微生物发酵床垫料可以根据发酵等级聚成三类，表明相同发酵等级的垫料具有相似微生物群落，而相邻发酵等级的垫料倾向具有相似的细菌群落构成。

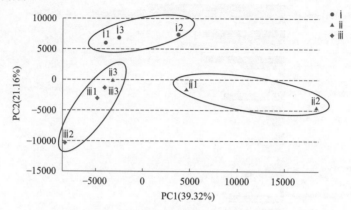

图3-23　垫料微生物OTU水平PCA

4. 垫料微生物与发酵等级的关联性分析

RDA 结果显示，厚壁菌门、糖杆菌门、异常球菌 - 栖热菌门与发酵等级呈锐角，与垫料发酵程度呈正相关（图3-24）。这些细菌在深度发酵垫料中含量高于低发酵程度的垫料。变形菌门、拟杆菌门和放线菌门与发酵程度呈现钝角，与发酵程度呈负相关。放线菌门在轻度发酵垫料中含量最高。变形菌门和拟杆菌门在中度发酵垫料中含量较高。这与前文分析结果相似。

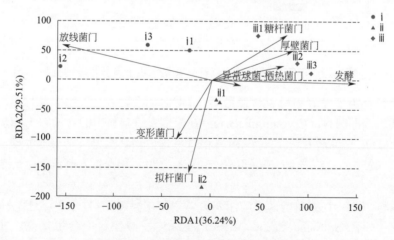

图3-24　垫料微生物与发酵等级的RDA

六、讨论

畜禽养殖业的迅猛发展导致大量养殖废弃物产生，微生物发酵床技术分解消纳粪便，是一种环保型的养殖方式。本节的研究采用宏基因组技术分析了微生物发酵床 3 个发酵等级垫料的细菌多样性，发现拟杆菌门、变形菌门、放线菌门和厚壁菌门是发酵床 3 个发酵等级垫料中的主要细菌。垫料的发酵等级与微生物群落相关，不同发酵等级的垫料具有不同的细菌多样性和群落构成，相同发酵等级如深度发酵垫料，轻度发酵样本 i1 和 i3，中度发酵垫料 ii1 和 ii3 具有相似的细菌群落。但由于垫料的发酵是连续的过程，不同发酵等级的垫料样本之间有重合，如浅（轻度和中度）发酵垫料 i2 和 ii2。

在微生物发酵床垫料与猪粪的混合发酵过程中，不同发酵起作用的降解菌不同，细菌含量呈现波动变化。在门水平，1 种未鉴定的细菌门，随着发酵进行含量逐步升高，在 3 种发酵等级垫料中差异显著（$P < 0.05$）。这种未知门的细菌可能是一种新的微生物，该菌在发酵床中的功能还有待进一步研究。此外，螺旋体门、柔膜菌门含量也随发酵进程而升高。而放线菌门和绿弯菌门含量随发酵进程而降低，含量分别降至发酵初期的 25.5% 和 37.5%。拟杆菌门、变形菌门和异常球菌 - 栖热菌门在发酵中期达到高峰。黄单胞菌科和腐螺旋菌科在 3 种发酵等级垫料具有显著差异性（$P < 0.05$）。黄单胞菌科含量随发酵进程降低，间孢囊菌科也具有同样的变化规律。腐螺旋菌科在发酵中期含量达到峰值。黄杆菌科、特吕珀菌科和棒杆菌科同样经历了含量升高然后降低的过程。而瘤胃球菌科、假单胞菌科、产碱菌科的含量随发酵进程升高。

在轻度发酵垫料中，皮杆菌科、微杆菌科、短杆菌科和葡萄球菌科含量均高于中度和深度发酵垫料。微杆菌科和短杆菌科的某些细菌属于有机物降解菌（王春明等，2009；赵章锁，2012）。黄红英等（2004）发现，接种微杆菌促进奶牛粪便堆肥升温，提高效率。垫料中微杆菌科细菌也可能参与猪粪的生物降解，提高发酵床降解效率。皮杆菌科的某些物种是条件致病菌，导致皮肤感染（Renvoise et al，2009），垫料中的皮杆菌科细菌可能引起猪皮肤病。在轻度、中度和深度发酵垫料中，皮杆菌科的平均序列数分别为 3933 条、222 条和 45 条。随着发酵的进行，含量大幅降低。葡萄球菌科的某些微生物也是条件致病菌，杨鼎等（2009）研究发现葡萄球菌能引起仔猪急性传染病，包括皮炎、腹泻等。随着发酵进行，葡萄球菌科细菌的含量降低至约 1/100。皮杆菌科和葡萄球菌科细菌数量的变化揭示了微生物发酵床对病原菌具有防治作用，可保护猪的健康。

轻度发酵垫料中的黄单胞菌科和间孢囊菌科在发酵初期含量高，是这一时期的主要降解菌。黄单胞菌科属于变形菌门，在蚯蚓堆肥系统中起降解作用（Jin et al，2007；Lin et al，2016）。间孢囊菌科属于放线菌门，此科的某些细菌可分泌碱性纤维素酶，降解纤维素（侯晓娟等，2007），表层垫料中的间孢囊菌科细菌可能参与猪粪以及垫料中的纤维素降解。

在中度发酵垫料中，变形菌门、拟杆菌门和异常球菌 - 栖热菌门的含量到达峰值。变形菌门的腐螺旋菌科、拟杆菌门黄杆菌科、放线菌门的棒杆菌科和异常球菌 - 栖热菌门的特吕珀菌科在此种垫料中含量最高。腐螺旋菌科可以降解活性污泥中的蛋白质（Xia et al，2008）。黄杆菌科属于拟杆菌门，该科细菌在堆肥中起着重要的作用，该科的很多细菌能够抵御抗生素胁迫，并能降解有机物，是堆肥中的常见菌（Bernardet，2002），许晓毅等（2015）的研究同样表明黄杆菌科具有降解有机物的作用，在环境修复中具有重要应用，因此微生物发酵床中的该科细菌可能参与发酵床猪粪的降解。特吕珀菌科属于异常球菌目，能在碱、盐以及高温的条件中生长，在堆肥过程中产生固氮酶，参与固氮过程（Li et al，2015），同时可利用多种糖类、有机酸和氨基酸（Ivanova et al，2011）。棒杆菌科细菌是高有机质含量堆肥系统中的主要细菌，参与粪便降解（Silva et al，2016）。

在深度发酵垫料中，瘤胃球菌科、紫单胞菌科、产碱菌科和假单胞菌科含量高于轻度发酵垫料。瘤胃球菌科是新鲜猪粪中最主要的细菌，在堆肥过程中含量会逐渐降低（Wang et al，2015）。随着垫料使用时间的延长，其降解能力逐渐下降，该科细菌数量增高，可作为更换垫料的指标。紫单胞菌科属于拟杆菌门，Hahnke 等（2016）自沼气反应器中分离了该科的细菌，参与粪便降解。假单胞菌科细菌含量随发酵升高，这一结果与 Wang 等（2015）的研究一致。假单胞菌科分布广泛，许多细菌具有很强的降解能力，包括降解油脂、烷烃、酚类和有机氮（秦华明等，2003；李军冲等，2010；赵鑫等，2012）。产碱菌科的粪产碱菌可抑制大肠杆菌和金黄色葡萄球菌等病原菌（丁友真和张书芳，1997），这可能是致病菌随发酵含量降低的原因。中度和深度发酵垫料中的蛋白质、多糖、有机酸等有机物降解菌含量增加，这与发酵床中猪粪的降解相关。

本节的研究探讨了微生物发酵床不同发酵等级垫料的细菌组成，揭示了细菌多样性与垫料发酵程度的关系。不同发酵等级发酵床垫料具有不同的细菌群落结构和多样性，发现拟杆菌门、变形菌门、放线菌门和厚壁菌门是主要的细菌。随着发酵等级的增加，垫料中的葡萄球菌科和皮杆菌科细菌含量减少，说明发酵床可以抑制致病菌，保护养殖健康。在 3 个发酵阶段，微生物发酵床中起主要降解作用的细菌不同。在轻度发酵时期，黄单胞菌科和间孢囊菌科细菌是主要的降解菌；在中度发酵时期，变形菌门的腐螺旋菌科、拟杆菌门的黄杆菌科、放线菌门的棒杆菌科和异常球菌 - 栖热菌门的特吕珀菌科起主要降解作用；在深度发酵时期，厚壁菌门梭菌目瘤胃球菌科、拟杆菌门的紫单胞菌科、变形菌门的产碱菌科和假单胞菌科起降解作用。随着垫料使用时间的延长，粪便中的指示菌——瘤胃菌含量增加，可以作为垫料更换的信号。此外，研究发现发酵床含有一种未鉴定门的细菌，说明发酵床中蕴藏着独特的细菌资源。同时，本节的研究为微生物发酵床垫料的管理以及推广应用奠定了基础。

第四节
微生物发酵床垫料不同深度细菌多样性

一、概述

原位微生物发酵床垫料深度一般为 60 ～ 100cm，不同深度有着不同的微生物群落构成。本节研究了位于福清渔溪现代设施农业样本工程示范基地的微生物发酵床大栏养猪舍，表层（10cm）、中层（30cm）和深层（50cm）垫料中的微生物群落结构，分析微生物分布与深度的关系。研究揭示了微生物发酵床微生物群落与深度关系，促进了发酵床微生物的利用。

二、研究方法

1. 发酵床不同深度垫料样本采集

样本采集地点位于福清渔溪现代设施农业样本工程示范基地，微生物发酵床大栏养猪舍养殖面积为 2000m²、深度为 80cm，发酵床垫料由 70% 椰糠和 30% 谷壳粉组成，2～3d 翻耕一次。深度取样采用五点取样法取 10 月、11 月和 12 月的不同深度垫料（表层 10cm、中层 30cm、深层 50cm），分别命名为 OCT10cm、OCT30cm、OCT50cm；NOV10cm、NOV30cm、NOV50cm；DEC10cm、DEC30cm、DEC50cm。

2. 宏基因组高通量测序与数据分析

同本章第二节二的"2. 宏基因组高通量测序"。

三、垫料微生物组分析

1. 测序数据统计

经 454 焦磷酸测序法，9 个样本共获得 1045225 条有效序列，有效碱基数 458650508bp，序列平均长度 438.8bp，各样本分析结果见表 3-10。不同样本宏基因组分析结果存在差异；序列数量最大值为 DEC10cm（149350 条），最小值为 NOV50cm（101537 条）。比较 50cm、30cm 和 10cm 三个深度的样本，深层垫料的短序列总数小于表层和中层垫料，表层垫料序列数最多，是深层垫料的 1.22 倍。

表3-10 不同深度垫料宏基因组测序结果统计分析

项目	样品编号	序列数/条	碱基数/bp	平均长度/bp	最小长度/bp	最大长度/bp
深层垫料	DEC50cm	103057	45340955	439.959974	283	498
	NOV50cm	101537	44577683	439.028955	270	488
	OCT50cm	105478	46245075	438.43337	280	485
	平均值	103357	45387904			
中层垫料	DEC30cm	128567	56474659	439.262478	283	497
	NOV30cm	100849	44117438	437.460342	309	496
	OCT30cm	128677	56523388	439.265665	256	473
	平均值	119364	52371828			
表层垫料	DEC10cm	149350	65719700	440.038165	283	484
	NOV10cm	100947	44126847	437.12886	275	492
	OCT10cm	126763	55524763	438.020266	283	482
	平均值	125687	55123770			

2. 多样性指数分析

9 个样本共检测到 1834 个 OTU 类型，包含 32 门、76 纲、156 目、303 科、609 属和 939 种细菌。稀释曲线显示测序完善（图 3-25）。

其中，表层垫料包含包含 31 门、71 纲、144 目、283 科、576 属和 891 种细菌，中层垫料包含包含 31 门、72 纲、146 目、283 科、580 属和 904 种细菌，深层垫料包含 30 门、69

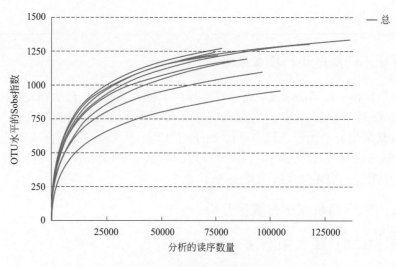

图3-25　测序样品稀释曲线

纲、140 目、268 科、546 属和 853 种细菌。中层垫料中的细菌种类高于表层和深层垫料。样本 OTU 范围在 1332(DEC10cm) ～ 956(OCT10cm) 之间，12 月的微生物发酵床表层垫料细菌种类最多。微生物发酵床深层垫料群落丰度（ACE 和 Chao1 指数）高于表层和中层垫料。表层垫料的香农指数最高，深层垫料最低，说明表层垫料的细菌多样性最高，深层垫料细菌种类最少（表 3-11）。

表3-11　发酵床垫料微生物细菌群落宏基因组测序结果统计分析

项目	物种总数	样品编号	物种	97% 相似性分析条件			
				ACE	Chao1指数	香农指数	辛普森指数
深层垫料		DEC50cm	1189	1403.6	1430.7	4.639	0.973
		NOV50cm	1216	1425.2	1471.0	4.894	0.975
		OCT50cm	1181	1316.7	1338.9	4.626	0.961
		平均值	1195.3	1381.8	1413.5	4.720	
中层垫料	1834	DEC30cm	1303	1431.7	1441.7	5.052	0.983
		NOV30cm	1240	1425.8	1493.2	5.098	0.984
		OCT30cm	1094	1276.0	1339.3	4.880	0.977
		平均值	1212.3	1377.8	1424.7	5.010	
表层垫料		DEC10cm	1332	1430.3	1442.1	5.302	0.987
		NOV10cm	1268	1418.3	1447.2	5.344	0.987
		OCT10cm	956	1155.3	1165.2	4.494	0.970
		平均值	1185.3	1334.6	1351.5	5.047	

四、微生物发酵床不同深度垫料样本物种分析

1.微生物发酵床不同深度垫料样本物种组成分析

选用相似水平为 97% 的 OTU，采用 Venn 图统计多组或多个样本中所共有和独有的物

种（如 OTU）数目。表层、中层和深层垫料 OTU 数分别为 1733 个、1763 个和 1598 个（图 3-26）。中层垫料 OTU 数最多，物种最为丰富；深层垫料种类最少，细菌种类少。

3 组样本共有的 OTU 有 1482 个，深度为 10cm 样本与 30cm 样本共有 OTU 为 1676 个，10cm 与 50cm 共有 1513 个 OTU，30cm 与 50cm 样本共有 1553 个 OTU。表层和中层样本共有 OTU 最多，而表层和深层共有 OTU 最少。表明相邻深度垫料趋向含有更多的共有 OTU。

表层 10cm 的样本，特有 OTU 为 26 个，占表层总 OTU 的 1.5%。中层 30cm 样本特有 OTU 为 16 个（0.9%），深层 50cm 样本特有 OTU 为

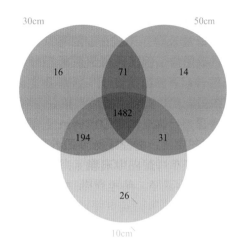

图3-26　不同深度垫料样本物种分布Venn图

14 个（0.9%）。综上分析，微生物发酵床表层垫料具有更多的细菌和特有细菌种类，随着垫料深度增加，细菌种类减少；微生物发酵床相邻深度垫料具有更多的共有细菌。

微生物发酵床垫料样本中微生物群落的分析获得不同深度样本（50cm、30cm、10cm）在细菌门水平上，共检测到细菌 32 门。不同深度组的垫料在门水平上种类差异显著（图 3-27）。在深度为 50cm 的垫料中，主要的细菌门为拟杆菌门（33.3%）、变形菌门（13.0%）、厚壁菌门（15.2%）和糖杆菌门（14.7%）。其中拟杆菌门深层含量高于表层和中层垫料。

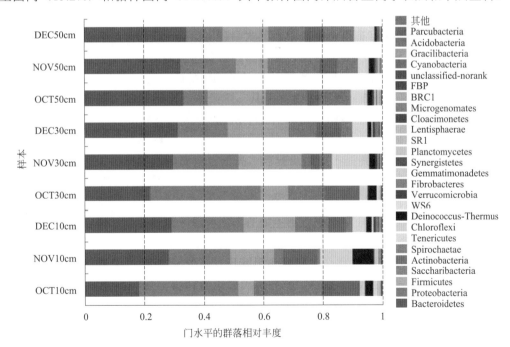

图3-27　微生物发酵床不同深度垫料在门水平的微生物组成及相对丰度

在深度为 30cm 的中层垫料中，含量高的细菌为拟杆菌门（27.8%）、变形菌门（25.1%）和厚壁菌门（17.0%）。相比于深层垫料，中层垫料细菌群落中的变形菌门的含量升高，拟杆菌门含量降低。尤其是在 10 月采集的发酵床垫料中，变形菌门的含量超过了拟杆菌门。变

形菌门是细菌中最大的一门，为革兰氏阴性菌，大多数种类兼性或专性厌氧。

在表层垫料中，占主要比例的细菌为拟杆菌门（25.3%）和变形菌门（25.9%）。拟杆菌门含量低于深层垫料同月份采集样本。放线菌门表层（10.2%）高于中层（7.6%）和深层垫料（5.4%）。放线菌门包含许多降解菌，参与有机物的降解。

微生物发酵床不同深度样本共获得细菌303科。不同深度组的垫料细菌在科水平上种类差异显著（图3-28）。在深度为50cm的垫料糖杆菌科含量最高（14.7%），其次为螺旋体科（9.0%）、卟啉单胞菌科（Prophyromonadaceae）（7.6%）和海滑菌科（7.1%）。在深度为30cm垫料中，黄单胞菌科（9.9%）、糖杆菌科（8.4%）和黄杆菌科（6.3%）为含量较高的细菌科。糖杆菌科含量低于深度为50cm的垫料，约为60%。黄杆菌科含量升高，是深层垫料的2倍多。10月中层垫料黄单胞菌科含量显著高于同深度的其他月份样本。在表层垫料中，糖杆菌科含量最低（12.4%）。其中在10月样本中，黄单胞菌科（27.7%）和糖杆菌科（23.1%）的相对含量最高。

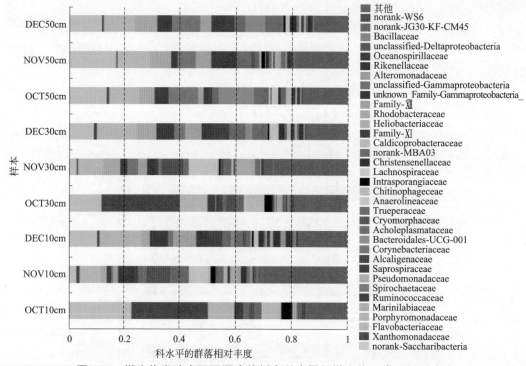

图3-28 微生物发酵床不同深度垫料在科水平的微生物组成及相对丰度

微生物发酵床深层垫料不同月份样本具有相似的细菌群落构成，而表层和中层垫料不同月份样本的细菌群落结构差异很大。尤其是采集于10月的微生物发酵床垫料，与相同深度的样本具有明显差异。10月的表层和中层垫料中的主要细菌为糖杆菌科（17.7%）和变形菌门的黄单胞菌科（30.0%）；11月的表层和中层垫料中则是拟杆菌门的冷形菌科（7.9%）和绿弯菌门的厌氧蝇菌科（8.7%）含量高于其他科细菌；12月的表层和中层垫料中糖杆菌科（10.3%）和拟杆菌门的紫单胞菌科（9.6%）含量较高。

9个样本共获得609属。其中，糖杆菌门分类地位未定的1属、藤黄色单胞菌属（Luteimonas）、腐螺旋菌科未培养的1属（uncultured-Saprospiraceae）、紫单胞杆菌科未培养的1属（uncultured-Porphyromonadaceae）、假单胞菌属在微生物发酵床各深度垫料中的含量较高（图3-29）。

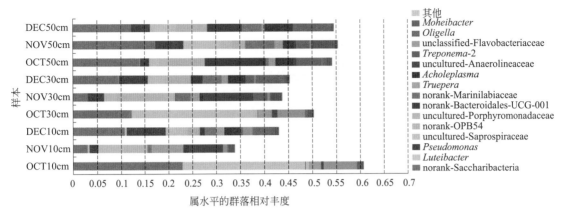

图3-29　微生物发酵床不同深度垫料在属水平的微生物组成及相对丰度

在深度为50cm的垫料中，糖杆菌门分类地位未定的1属（14.7%）、紫单胞菌科未培养的1属（0.3%）和腐螺旋菌科未培养的1属（4.6%）高于其他深度样本。在12月的表层和中层垫料中，假单胞菌属（8.3%、6.1%）和寡源杆菌属（4.7%、5.9%）含量较高；在11月的表层和中层垫料中，厌氧绳菌科未培养的1属（uncultured-Anaerolineaceae，7.1%、10.3%）和冬微菌属（3.6%、4.4%）含量较高；在10月表层和中层垫料中，藤黄色杆菌属（25.5%、24.8%）含量最高。

2．微生物发酵床不同深度垫料样本与物种关系

根据发酵床不同深度样本细菌门种类丰度比例结构，建立热图（图3-30）。根据丰度差异，细菌可聚成五类。第一类具有高含量属性，细菌门分别为放线菌门、糖杆菌门、厚壁菌门、拟杆菌门、变形菌门、绿弯菌门、异常球菌-栖热菌门、螺旋体门、柔膜菌门，在不同深度垫料中的分布丰度超过90%。其余四类皆为低含量属性，在不同处理组中的分布不超过1%。不同深度的垫料样本聚成四类：第一类为10月的表层和中层垫料；第二类为11月表层和中层垫料；第三类为12月表层和中层垫料；第四类为深度50cm的垫料。表层垫料相同月份样本微生物群落相似，微生物类群与月份相关，而与垫料深度关系不大；深层垫料不受月份影响，与深度相关。

在深层垫料中，拟杆菌门和螺旋体门相对丰度高于表层垫料，尤其是螺旋体门，在深层垫料中的相对含量为表层垫料的2倍以上。多数螺旋体门是厌氧菌，随着深度的增加，底层垫料中的溶氧量降低，为厌氧菌提供生长环境，导致厌氧菌丰度高于表层垫料。在表层垫料中，变形菌门和放线菌门相对含量高于深层垫料。这两类细菌与有机物降解相关，参与表层垫料中发酵床猪粪的降解，因此在此深度的含量高于深层垫料。

3．微生物发酵床不同深度垫料物种差异分析

比较表层、中层和深层垫料细菌差异。在门水平上，螺旋体门在不同深度垫料间具有显著差异性［图3-31(a)］。该门在深层垫料（9.2%）中含量远高于中层（2.7%）和表层垫料（0.9%）。拟杆菌门随着垫料深度的增大而增多，在深层、中层和表层垫料中的含量分别为33.3%、27.8%和25.3%。变形菌门则主要活跃在表层（25.9%）和中层垫料（25.1%）。放线菌门和异常球菌-栖热菌门在表层垫料中的含量大于中层和深层垫料，放线菌门在表层、中

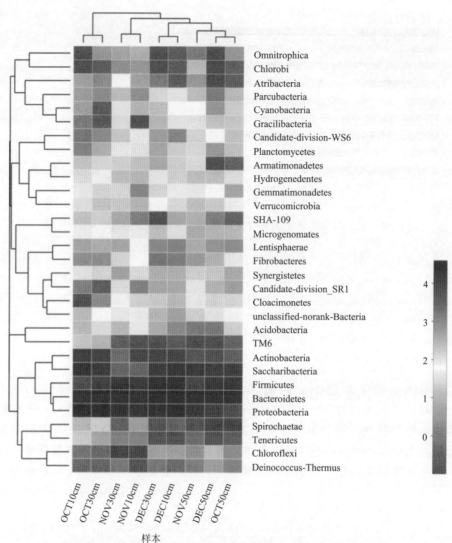

图3-30　不同深度垫料中细菌在各样本间的分布热图（门水平）

层和深层垫料中的含量分别为 10.2%、7.6% 和 5.4%，异常球菌 - 栖热菌门在表层垫料中的含量为 3.7%，是中层和深层垫料的 1.8 倍和 3.0 倍。

在科水平上，螺旋体门的螺旋体科在深层垫料中含量高于其他层垫料［图 3-31(b)］。该菌是厌氧的腐生菌，降解深层垫料中的有机质。拟杆菌门的海滑菌科和拟杆菌目的候选科 UCG-001（Bacteroidales-UCG-001）在深层垫料中的含量也高于表层垫料，分别是表层垫料的 4.0 倍和 19.3 倍。而特吕珀菌科在深层垫料（1.2%）中含量低，主要分布于表层（3.7%）和中层（1.4%）垫料中。拟杆菌门的冷形菌科在中层（3.7%）和表层（3.8%）垫料中含量高于深层垫料（0.5%）。

4. 微生物发酵床不同深度垫料样本比较分析

在属水平上对不同深度垫料样本进行 PCA（图 3-32），在 PC1 轴上（61.36%），DEC10cm、

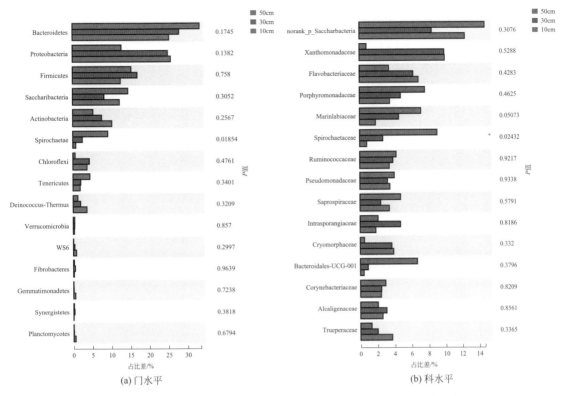

图3-31　不同深度垫料细菌在门水平上和科水平上差异显著性分析

DEC30cm、DEC50cm、OCT50cm、NOV50cm、NOV10cm 和 NOV30cm 聚在左边，OCT30cm 和 OCT10cm 聚在右边。在 PC2 轴上（21.12%），DEC10cm、DEC30cm、DEC50cm、OCT50cm、NOV50cm 聚在左上部，NOV10cm 和 NOV30cm 聚在下部。其中深层垫料聚在 PC2 轴中上部，DEC10cm 和 DEC30cm 聚在上部。结果表明深层垫料的微生物群落相似性高，而表层垫料，包括 30cm 和 10cm 垫料，则按月份相聚。

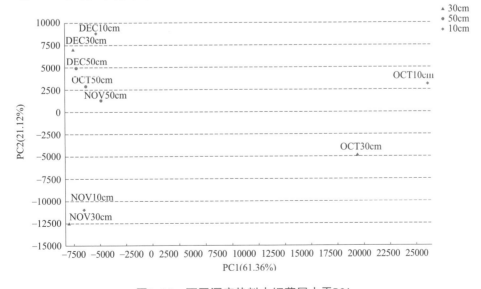

图3-32　不同深度垫料中细菌属水平PCA

5. 垫料微生物与深度的关联性分析

RDA 结果显示（图 3-33），深度对垫料微生物多样性的影响大于月份对微生物群落的影响。厚壁菌门和绿弯菌门随着垫料深度增加而增加，放线菌门、拟杆菌门和异常球菌-栖热菌门与垫料深度呈负相关。放线菌门在 10 月的表层垫料中含量最高，异常球菌-栖热菌门在 12 月的表层垫料中含量最高。厚壁菌门、变形菌门、拟杆菌门和绿弯菌门与月份呈正相关，在 11 月和 12 月垫料中的含量高于 10 月垫料。而放线菌门与月份呈负相关，在 10 月垫料中含量最高。

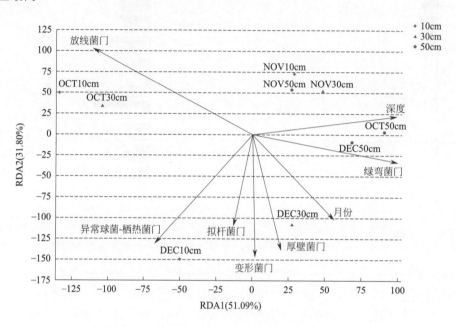

图3-33 垫料微生物与发酵床深度的RDA分析

五、讨论

微生物发酵床是一种环保型养猪设施，其中的微生物是禽畜粪便分解者。本节分析了不同深度的微生物发酵床垫料微生物多样性，拟杆菌门、变形菌门和厚壁菌门是发酵床的主要细菌。深层垫料与表层垫料有着不同的微生物群落结构，深层垫料（DEC50cm、NOV50cm 和 OCT50cm）有相似的微生物群落，主要细菌为拟杆菌门、变形菌门、厚壁菌门和糖杆菌门；表层垫料微生物群落分布与深度关系不大，而与月份相关，DEC30cm 和 DEC10cm（拟杆菌门、变形菌门和厚壁菌门），NOV30cm 和 NOV10cm（拟杆菌门、变形菌门、厚壁菌门和绿弯菌门），OCT30cm 和 OCT10cm（拟杆菌门和变形菌门）有相似的微生物群落结构。

螺旋体门在不同深度垫料间具有显著差异性（$P < 0.05$），该门在深层垫料（9.2%）中含量远高于中层（2.7%）和表层垫料（0.9%）。多数螺旋体门是厌氧菌，微生物发酵床深层垫料缺氧环境适合其生长。该门的螺旋体科在 3 种深度垫料中具有显著性差异（$P < 0.05$），在深层垫料中含量为 9.0%，为表层垫料的 3 倍以上。Jo 等（2015）研究发现螺旋体科的细菌可分解糖类化合物和氨基酸，在厌氧处理高有机物含量的废水中起重要作用。本节的研究

发现厌氧发酵的深层垫料中该菌含量高于表层和中层垫料，可能参与深层垫料有机物的厌氧发酵。拟杆菌门随着垫料深度的增加而增多，说明该门细菌也适合在深层垫料中生存。在目水平，拟杆菌门的拟杆菌目含量高。拟杆菌目的紫单胞菌科和腐螺旋菌科深层垫料含量高于其他深度样本，紫单胞菌科多分离自动物粪便（Shkoporov et al，2013，Sakamoto et al，2007）；腐螺旋菌科在污泥处理中起重要作用（Paster et al，1991；端正花等，2016；张居奎等，2015）。糖杆菌门的 1 个目在深层发酵垫料中含量最高，该门细菌分布于土壤、沉积物、废水以及动物中，许多细菌能够厌氧发酵，分泌多种酶，参与有机物降解（Kindaichi et al，2016；Nittami et al，2014）。厚壁菌门梭菌纲营厌氧生活梭菌目（Clostridiales）在该层垫料中的含量也比较高。

变形菌门、放线菌门和异常球菌 - 栖热菌门在表层垫料中的含量大于中层和深层垫料。变形菌门主要活跃在表层（25.9%）和中层垫料（25.1%）；放线菌门在表层、中层和深层垫料中的含量分别为 10.2%、7.6% 和 5.4%；异常球菌 - 栖热菌门在表层垫料中的含量为 3.7%，是中层和深层垫料的 1.8 倍和 3.0 倍。这类细菌与有机物降解相关，参与表层垫料中发酵床猪粪的降解。

异常球菌 - 栖热菌门的特吕珀菌科在深层垫料（1.2%）中含量低，主要分布于表层（3.7%）和中层垫料（1.4%）中。郝莘政（2014）采用 16S rDNA 克隆的方式检测到条垛式堆肥的原料中的特吕珀菌，但在升温期、高温期和附属期都没有检测到该菌。该菌的最佳生长温度为50℃，可以抵御堆肥的高温（Albuquerque et al，2005），造成这种差别的原因可能是低通量的克隆检测方法不能全面揭示堆肥系统中的微生物群落。特吕珀菌科可利用多种糖类、有机酸和氨基酸（Ivanova et al，2011）等有机质，表层垫料中高含量的该科细菌参与猪粪降解。变形菌门的黄单胞菌科，在蚯蚓堆肥系统中起降解作用（Jin et al，2007；Lin et al，2016）。此外，该科细菌能够降解糖类化合物，是木质材料堆肥过程中的优势菌群（Folman et al，2008；Hervé et al，2013）。黄单胞菌降解微生物发酵床垫料中的椰糠、谷壳以及猪粪中的糖类化合物。

拟杆菌门的冷形菌科和黄杆菌科在中层和表层垫料中含量高于深层垫料。黄杆菌目的冷形菌科细菌多分离自海洋生境，如海水、藻类等（Lee et al，2010；Muramatsu et al，2012），采样的微生物发酵床建造于围海造田后的农场，地处海边，推测冷形菌科经由海水和空气传播至猪场，这是首次在微生物发酵床中发现该类细菌，其功能及对发酵床的影响有待进一步研究。黄杆菌科属于拟杆菌门，能够抵御抗生素胁迫，并能降解有机物，是堆肥中的常见菌（Bernardet，2002）。黄杆菌能够降解多糖，如纤维素、木聚糖、几丁质和葡聚糖（Bernardet et al，1996；Lee et al，2006；Rasmussen et al，2008）。许晓毅等（2015）研究同样表明黄杆菌科具有降解有机物的作用。发酵床中黄杆菌属细菌参与猪粪中多糖的降解。万博园黄杆菌（*Flavobacterium banpakuense*）能还原硝酸盐，参与堆肥中的氮循环（Kim，2011）。

在深度为 30cm 垫料中，不同月份样本中细菌含量和组成不同，12 月样本中拟杆菌目含量最高，其次是 11 月和 10 月样本；梭菌目的分布趋势与拟杆菌目相似，12 月含量大于 11月、10 月样本。在表层垫料中，拟杆菌目和梭菌目含量低于深层垫料样本；10 月中层和表层垫料中的含量最高的为黄单胞菌目（Xanthomonadales）。在 12 月的表层和中层垫料中，硫假单胞菌属和寡源杆菌属含量较高，硫假单胞菌是厌氧菌，用硝酸盐氧化硫化物和乙酸盐，产生可利用的硫（Tan et al，2016；Tan et al，2015）。在 11 月的表层和中层垫料中，厌氧绳菌科含量较高，在降解糖类化合物的过程中起重要作用。Liang 等（2016）在长期发酵中发现厌氧绳菌科在长链正烷烃生物降解的初始活化中起关键作用。在 10 月表层和中层样本中，藤黄色杆菌属（*Luteibacter*）含量最高，此属的某些细菌可分泌脂肪酶，参与有机物降解（Bresciani et al，2014）；某些细菌可降解甲胺磷，参与环境修复（Wang et al，2011）。

本节的研究发现微生物分布与深度相关，微生物发酵床不同深度垫料中的细菌种类差异大，垫料深度影响其中的微生物群落结构。发酵床垫料表层细菌多为有机物降解菌，主要为异常球菌-栖热菌门的特吕珀菌科、变形菌门的黄单胞菌科和拟杆菌门的黄杆菌科细菌。深层垫料中厌氧菌含量高，如螺旋体门的螺旋体科、拟杆菌门的腐螺旋菌科；螺旋体门的螺旋体科、拟杆菌门的紫单胞杆菌科和腐螺旋菌科、糖杆菌门、厚壁菌门的梭菌目是深层垫料中的主要有机质降解菌。表层和中层垫料细菌的分布与月份相关，12月表层和中层样本的优势菌为拟杆菌目和梭菌目，10月的为黄单胞菌目。此外，本节的研究首次在陆地生境中发现海洋细菌冷形菌科，其功能有待于进一步研究。微生物发酵床细菌资源丰富，蕴藏着许多木质素、多糖、蛋白质降解菌和许多未知功能的细菌，本研究为微生物发酵床资源利用提供了基础。

第五节
微生物发酵床猪粪降解过程细菌多样性

一、概述

规模化的养殖业导致大量臭味排泄物及其他副产物的排放，造成严重的环境污染，引起广泛的社会关注。养猪造成的环境污染尤为严重。猪粪中的吲哚类物质是重要的臭味物质，这类化合物对生物健康具有负面影响，造成养殖业损失。对这类化合物的降解研究有利于养殖业健康发展。微生物发酵床以谷壳、秸秆、锯糠、椰糠等农业副产品制作发酵床垫料层，经发酵后铺垫到猪舍，生猪（母猪、公猪、小猪、育肥猪）生活在垫料上，排泄物混入垫料发酵，利用生猪的拱翻习性和机械翻耕，使猪粪尿和垫料充分混合，通过发酵床的微生物分解猪粪，消除恶臭，发酵床形成的有益微生物群落为限制猪病源的蔓延创造了有利条件，不仅实现了猪场的零排放，而且猪粪和垫料经发酵转化还可以生产优质微生物菌肥（刘波和朱昌雄，2009）。

随着测序技术的升级，测序成本逐步降低，而大数据分析成为核心内容。为了揭示微生物发酵床中微生物的组群结构，采用16S rRNA高通量测序技术研究微生物的结构及动态变化。本节以养猪发酵床垫料微生物宏基因组为材料，阐明宏基因组测序的样本采集、样本处理、数据分析等方法，为发酵床微生物群落的分析提供基础和参考。

二、研究方法

1. 发酵床猪粪垫料样本采集及垫料理化性质测定

样本采集地点位于福清渔溪现代设施农业样本工程示范基地，五点取样法采集发酵床垫料。采集新鲜猪粪，以及发酵 5d、10d、15d 和 20d 的猪粪垫料，分别取 10g 进行细菌多样性研究。同时测定各样本的理化性质，包括总碳、总氮、磷和钾的含量。

2．HPLC测定垫料和粪便中的粪臭素含量

采用 HPLC 测定粪便垫料中的粪臭素含量。样品处理：取 1.00g 样品移至 10mL 玻璃试管中，加入 3mL 甲醇，漩涡混匀；在 40℃条件下水浴 20min，期间每隔 5min 混匀一次；水浴结束后，以 12000g 离心 10min，取上清液置于 4℃保存，用于后续检测。粪臭素标准品配制：称取 0.1g 粪臭素到 50mL 甲醇中，配制浓度为 2mg/mL 的粪臭素标样；取 0.1mL 粪臭素标样溶液加入 0.9mL 甲醇中，作为标准品对照。取处理后的样品 0.9mL 加入 0.1mL 粪臭素标准品，漩涡混匀后，取 10μL 溶液分析。液相色谱仪器型号：Agilent 1100；色谱柱型号：Welch XB-C18(4.6mm×250mm，5μm)。色谱条件参考 Liu 等（2011）的方法：流动相 A，双蒸水；流动相 B，乙腈。流速为 1mL/min，柱温为 30℃，激发波长为 270nm，发射波长为 350nm。采用二元洗脱，乙腈洗脱浓度：0 ～ 3.5min，40%；4.5 ～ 9.0min，75%；11.0 ～ 15min，40%。进样量 10μL。

3．宏基因组高通量测序

（1）总 DNA 的提取　采用 CTAB 法提取各垫料样本的总 DNA（刘云浩等，2011），琼脂糖凝胶电泳检测 DNA 浓度，稀释至终浓度为 1ng/μL。

（2）16S rDNA 测序文库的构建　根据所扩增的 16S rDNA 区域特点，采用双末端测序（paired-end）的方法，构建小片段文库，利用 Illumina HiSeq 测序平台进行双末端测序。采用扩增原核生物 16S rDNA 的 V4 区的通用引物 515F 和 806R 对各垫料样本的总 DNA 进行 PCR 扩增，引物序列为 515F (5′-GTG CCA GCM GCC GCG GTA A-3′) 和 806R(5′-GGA CTA CHV GGG TWT CTA AT-3′)。PCR 反应总体积为 30μL：15μL Phusion® High-Fidelity PCR Master Mix(New England Biolabs, MA)，0.2μmol/L 引物，10ng DNA 模板，去离子水补足体积。PCR 程序为：98℃预变性 1min；98℃变性 10s，50℃退火 30s，72℃延伸 30s，进行 30 个循环；最后 72℃延伸 5min。PCR 反应重复 3 次，混合后加入 1× 上样缓冲液 (SYB green) 电泳。使用 2% 的琼脂糖凝胶对 PCR 产物进行电泳检测；根据 PCR 产物浓度对产物进行混合，然后采用 2% 的琼脂糖凝胶电泳对 PCR 产物进行检测；胶回收试剂盒（Qiagen）回收目的片段。采用 TruSeq® DNA PCR-Free Sample Preparation Kit 建库试剂盒构建文库；Qubit 和 Q-PCR 定量检测文库质量；合格后，使用 HiSeq2500 PE250 进行上机测序，PE 序列为 300bp。

（3）宏基因组测序数据质控　测序得到的原始数据（raw data），存在一定比例的干扰数据（dirty data），为了使信息分析的结果更加准确、可靠，首先对原始数据进行拼接、过滤，得到有效数据（clean data），然后基于有效数据进行 OTU 聚类和物种分类分析。根据 OTU 聚类结果，每个聚类挑选一条代表序列做物种注释，对 OTU 进行丰度分析，得到物种在各个分类阶元的分布情况。同时，对单个样本复杂度（α- 多样性）分析，获得样品内物种丰富度和均匀度信息；进行样本间复杂度（β- 多样性）比较，获得样品和分组间的共有与特有 OTU 信息。为了获得不同发酵等级猪粪垫料的细菌群落结构差异，采用 QIIME 软件迭代算法进行差异计算，得到主成分分析（PCA）展示图。基于线性模型，进行 RDA，确定环境

因子、样本、菌群三者之间的关系或者两两之间的关系，得到显著影响组间群落变化的环境影响因子。

相应的数据释放于 SRA（Sequence Read Archive）数据库，序列号分别为 SRR4473783、SRR4473830、SRR4473831、SRR4473832 和 SRR4473833。

三、发酵床垫料的理化性质

样本的理化性质分析结果见表 3-12，不同时期的样本中碳、氮、磷、钾含量有很大的差别。新鲜猪粪的总氮量最高（2.39%），发酵 20d 后降至 1.95%。C/N 值随着粪便发酵时间的延长而升高，新鲜猪粪的 C/N 值为 10.4，发酵 20d 后 C/N 值升至 15.9。发酵 5d(PM2) 的磷含量最高（3.10%），发酵 20d（PM5）的含量最低（1.69%）。发酵 10d(PM3) 的钾含量最高（2.20%），发酵 20d(PM5) 的含量最低（1.69%）。粪臭素含量随发酵时间延长而降低，新鲜猪粪经 20d 发酵含量从 4.2μg/g 降至 0.7μg/g（图 3-34）。

表3-12　微生物发酵床垫料理化性质

样本名称	发酵天数/d	总氮/%	总碳/%	C/N值	磷/%	钾/%	粪臭素/(μg/g)
PM1	0	2.39	24.8	10.4	2.17	1.89	4.2
PM2	5	2.15	24.0	11.2	3.10	1.63	2.7
PM3	10	2.09	24.8	11.9	2.51	2.20	1.6
PM4	15	2.15	24.9	11.6	2.23	1.90	1.0
PM5	20	1.95	31.1	15.9	1.69	1.60	0.7

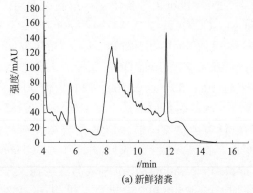

(a) 新鲜猪粪

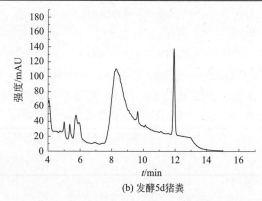

(b) 发酵5d猪粪

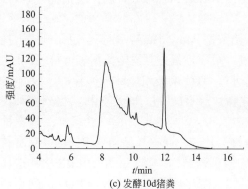

(c) 发酵10d猪粪

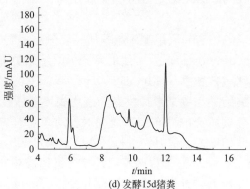

(d) 发酵15d猪粪

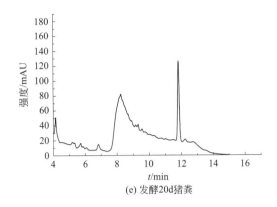

(e) 发酵20d猪粪

图3-34　粪便中粪臭素分布色谱图

四、发酵床垫料的高通量测序

经 454 焦磷酸测序法，5 个样本共获得 315761 条有效序列，分析结果见表 3-13。不同样品宏基因组分析结果存在差异：短序列数量最小值为 PM4（57239 条），最大值为 PM1（76417 条）；分类操作单元（OTU，物种）共 6246 个，范围在 2011(新鲜猪粪)～1599（发酵猪粪垫料组）之间，表明猪粪经过发酵床分解后细菌种类大幅度下降；ACE 为物种指数，范围在 353（深发酵组）～861（未发酵猪粪组）之间；Chao1 指数为物质指数，范围在 1533(PM5)～3507(PM4) 之间；香农指数为多样性指数，范围在 8.177（新鲜猪粪）～5.557（长期发酵）之间。所有样本的稀释曲线接近平台（图 3-35），测序结果覆盖率高，基本覆盖样本中所有物种，测序数据量比较合理。

表3-13　发酵床垫料发酵过程中细菌多样性测序结果统计分析

样本编号	序列/条	97%相似性分析条件				
		物种数	香农指数	辛普森指数	Chao1指数	覆盖率
PM1	76417	2011	8.177	0.987	1992.418	0.994
PM2	72754	1760	7.83	0.98	1714.149	0.995
PM3	69945	1758	7.761	0.987	1763.661	0.994
PM4	57239	1599	5.557	0.903	3506.913	0.989
PM5	75406	1599	6.311	0.952	1532.672	0.994

五、微生物发酵床细菌群落多样性

Venn 图显示（图 3-36），5 个样本共有的 OTU 有 666 个，占各样本总量的 41.75% 以上，特有 OTU 占总量的 3.7%～8.4%。其中 PM1 特有的 OTU 数目最多，有 169 个；PM3 特有的 OTU 数目最少，有 58 个。新鲜猪粪中 OTU 数目最多，即细菌种类最多。随着发酵的进行，细菌种类减少。

细菌多样性分析结果表明（图 3-37），微生物发酵床发酵猪粪和垫料样本，厚壁菌门（Firmicutes）、放线菌门（Actinobacteria）、变形菌门（Proteobacteria）和拟杆菌

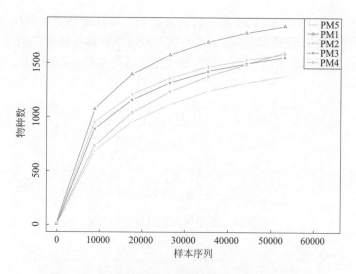

图3-35　发酵床垫料发酵过程测序样品稀释曲线

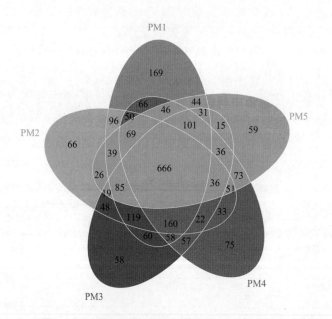

图3-36　不同发酵过程样品物种组成的Venn图

门（Bacteroidetes）所含序列数最多。在纲水平上，芽胞杆菌纲（Bacilli）、放线菌纲（Actinobacteria）、γ-变形菌纲（γ-Proteobacteria）、梭菌纲（Clostridia）和拟杆菌纲（Bacteroidia）是主要细菌来源。在目水平，芽胞杆菌目（Bacillales）、放线菌目（Actinomycetales）、梭菌目（Clostridiales）、乳杆菌目（Lactobacillales）、鞘脂杆菌目（Sphingobacteriales）和拟杆菌目（Bacteroidales）是优势菌。枝芽胞杆菌属（*Virgibacillus*）、棒杆菌属（*Corynebacterium*）、乳杆菌属（*Lactobacillus*）、假单胞菌属（*Pseudomonas*）和芽胞杆菌属（*Bacillus*）是主要的细菌属。

　　5个样本的门水平多样性分析结果见表3-14。分析结果表明，厚壁菌门、放线菌门、变形菌门和拟杆菌门所含序列占所有样本的98%。其中，厚壁菌门所含细菌最多。在门水平，

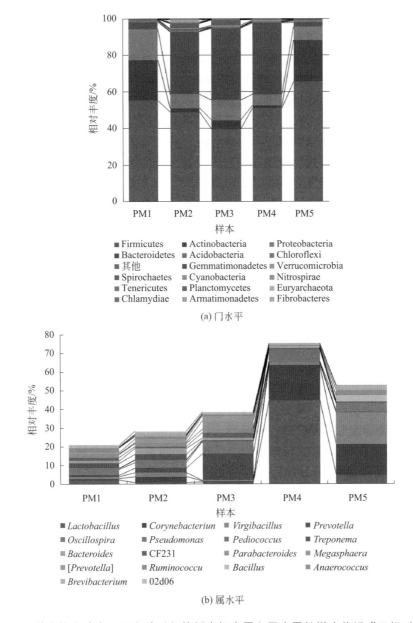

(a) 门水平

(b) 属水平

图3-37　微生物发酵床不同发酵过程垫料中门水平和属水平的微生物组成及相对丰度

5 个样本细菌群落结构差异很大。在新鲜猪粪中，厚壁菌门含量最高，其次为拟杆菌门和变形菌门；PM2 和 PM3 样本中厚壁菌门和拟杆菌门含量最高，PM4 样本中厚壁菌门和放线菌门含量最高；在长期发酵样本 PM5 中厚壁菌门、放线菌门和变形菌门含量高。在门水平，不同发酵水平垫料的微生物群落构成不同。

在属水平上，主要的细菌种类包括乳杆菌属（*Lactobacillus*）、棒杆菌属（*Corynebacterium*）和枝芽胞杆菌属（*Virgibacillus*）。乳杆菌属在 PM4 中含量最高，相对含量自 1.3%（PM3）升至 44.9%（PM4）。棒杆菌属在长期发酵样本中含量也很高，占 PM4 细菌总量的 18.9%，占 PM5 的 16.5%，但在新鲜猪粪和短时发酵垫料中含量很低。PM5 中芽胞杆菌属（3.1%）和枝芽胞杆菌属（16.9%）含量较高，假单胞菌属在 PM5 中的相对含量为 4.5%。

PCA 表明 5 个样本被分为两组，一组包括新鲜猪粪和短期发酵猪粪垫料，另一组为长期发酵猪粪垫料（图 3-38）。PM1、PM2 和 PM3 分布在 PC1（87.24%）轴的左侧，PM4 和 PM5 分布于 PC1 轴的右侧。在 PC2 轴（6.56%），PM1 和 PM2 与 PM3 分成明显的两组。这表明不同发酵时间垫料中的细菌群落有很大差异。

表3-14　不同发酵过程的垫料样品的不同分类水平物种组成

分类水平	名称	相对含量/%				
		PM1（0d）	PM2（5d）	PM3（10d）	PM4（15d）	PM5（20d）
门	厚壁菌门	48.7	39.5	51.1	65.5	55.3
	放线菌门	2.2	4.9	1.3	22.5	22.2
	变形菌门	7.7	11.1	6.1	7.4	16.8
	拟杆菌门	34.1	39.2	39.0	2.4	3.7
	螺旋体门	2.6	3.0	0.4	0.1	0.1
纲	芽胞杆菌纲	5.7	5.7	3.1	56.6	45.9
	放线菌纲	1.8	4.5	1.1	21.8	21.7
	γ-变形菌纲	4.3	5.8	3.5	3.5	10.3
	梭菌纲	42.3	32.4	47	8.6	9.1
	拟杆菌纲	32.7	30.9	38.1	1.7	1.4
	鞘脂杆菌纲	0.7	7.3	0.6	0.4	1.7
目	芽胞杆菌目	2.8	4.1	1.5	3.5	39.5
	放线菌目	1.7	4.5	0.9	21.8	21.7
	梭菌目	42.2	32.4	47	8.6	9
	乳杆菌目	2.8	1.6	1.5	52.9	6.4
	鞘脂杆菌目	0.7	7.3	0.6	0.4	1.7
	拟杆菌目	32.7	30.9	38.1	1.7	1.4
属	枝芽胞杆菌属	1.1	2.2	0.5	1.2	16.9
	棒杆菌属	0.7	3.1	0.5	18.9	16.5
	乳杆菌属	2.4	1.1	1.3	44.9	5
	假单胞菌属	0.5	1.5	0.4	0.4	4.5
	芽胞杆菌属	0.2	0.6	0.1	0.4	3.1
	片球菌属	0.1	0.2	0.1	6.5	0.2

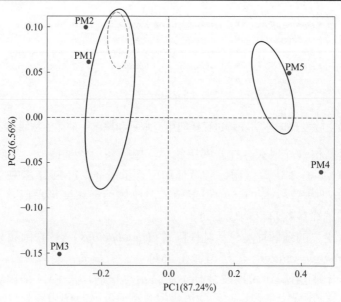

图3-38　微生物发酵不同发酵过程床垫料中细菌属水平的主成分分析

　　为了全面揭示不同发酵时间的垫料样本细菌群落结构，根据所有样品在属水平的物种注释及丰度信息，选取丰度排名前 35 的属，绘制成热图。热图从物种和样品两个层面进行聚类，揭示物种在样本中的分布情况。热图的 x 轴显示样本名称，y 轴显示细菌各属在各样本中的相对含量。如图 3-39 所示，5 个样本分成两组——短期（PM1、PM2 和 PM3）和长期发酵样本（PM4 和 PM5），与 PCA 结果一致。

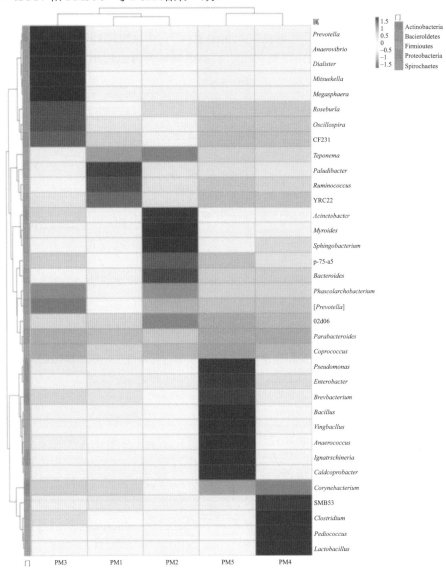

图3-39　微生物发酵床垫料中微生物在不同发酵过程各样本间的分布热图

　　在属水平上，短期发酵与长期发酵样本具有截然不同的细菌群落。PM1 中，湿地杆菌属（*Paludibacter*，1.3%）、瘤胃球菌属（2.5%）和 YRC22（1.7%）相对含量最高。在 PM2 中，不动杆菌属（8.7%）、香味菌属（6.4%）、鞘脂杆菌属（0.9%）和拟杆菌属（3.1%）含量最高。并且，PM1 和 PM2 相对含量高的属在长期发酵样本 PM4 和 PM5 中含量很低。PM3 与 PM1、PM2 有相似的细菌组成，但相对后两个样本，PM3 中相对含量高的属为普雷沃氏菌属（2.4%）、厌氧弧菌属（1.1%）、小杆菌属（0.8%）、光冈菌属（0.6%）和巨型球菌属（4.6%）。长期发酵垫料 PM4 中含量高的细菌为 SMB53、梭菌属、乳杆菌属、片球菌属和棒杆菌属，均高于其他样本。假单胞菌属（4.5%）、芽胞杆菌属（3.1%）、枝芽胞杆菌属（16.9%）、厌氧球菌属（*Anaerococcus*，3.1%）、热粪杆菌属（*Caldicoprobacter*，0.9%）和伊格纳茨席纳菌属（*Ignatzschineria*，0.9%）在 PM5 含量高于其他样本。

RDA 结果显示（图 3-40），厚壁菌门、放线菌门、酸杆菌门和变形菌门与粪臭素含量呈负相关，和 C/N 值呈正相关，与粪臭素含量降低和 C/N 值升高具有相关性。广古菌门和纤维杆菌门在新鲜猪粪中含量最高；厚壁菌门、放线菌门、变形菌门和酸杆菌门在长期发酵垫料中的含量高于短期发酵垫料。

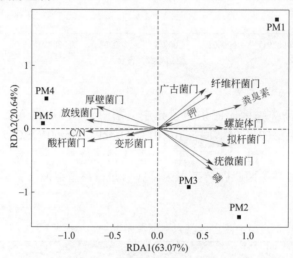

图3-40　微生物发酵床垫料理化性质与不同发酵过程的微生物组成的RDA分析

六、讨论

大规模养殖业的发展带来大量的环境污染源，其中猪粪是主要的污染源之一。微生物发酵床利用微生物的发酵降解猪粪，生产有机肥，变废为宝。微生物发酵床能彻底地处理畜禽粪便污染，其作用机理在于发酵床垫料中的微生物。尽管以往的研究有涉及发酵床微生物群落，如发酵床微生物群落脂肪酸标记多样性（刘波等，2008）和发酵床优势细菌鉴定（王震等，2015）等，但至今对发酵床与微生物的密切相关性知之甚少。微生物宏基因组学已广泛应用在微生物生态学研究上，包括胃肠道微生物宏基因组分析（吴莎莎等，2012）、氮循环氨氧化微生物多样性以及海洋微生物宏基因组分析（李翔等，2007）。然而，利用宏基因组分析发酵床微生物组的研究未见报道。本节研究探讨了发酵床中不同阶段的垫料理化性质和微生物群落变化。随着发酵进行，垫料的 C/N 值升高，粪臭素含量降低。短期发酵垫料与长期发酵垫料有着截然不同的微生物群落，在长期发酵样本中，有机物降解菌相对含量高。

Asano 等（2010）报道厚壁菌门是牛肠道的主要常驻微生物。对猪粪的研究发现，厚壁菌门是猪粪中的主要门，并随着发酵时间的延长，从 48.7%（新鲜猪粪）升至 65.5%（长期发酵垫料）。由于厚壁菌门是肠道中的主要微生物之一，猪粪中的厚壁菌门细菌可能来源于肠道微生物群落（Ley et al，2008）。拟杆菌门在不同的样本间的相对含量变化较大，占总

OTU 数量的 2.4% ～ 39.2%。新鲜猪粪和短期发酵垫料中，拟杆菌门是第二大门，相对含量分别为 34.1%（PM1）、39.2%（PM2）和 39.0%（PM3）。在长期发酵垫料中放线菌门是第二大门，相对含量分别为 22.5%（PM4）和 22.2%（PM5）。放线菌门具有降解有机物的能力，该门细菌含量的升高可能与猪粪的降解相关（Ventura et al，2007）。

在发酵的不同阶段，垫料中的优势微生物不同。在长期发酵垫料中，主要的细菌属多与有机物降解相关，如棒杆菌属、芽胞杆菌属、枝芽胞杆菌属、假单胞菌属、放线菌属、乳杆菌属和片球菌属。棒杆菌属广泛分布于环境中，在土壤、水体、植物和食品中都能找到该属。该属的某些种类可以降解芳香族的有机物（Shen et al，2012）。PM5 样本中芽胞杆菌属（3.1%）和枝芽胞杆菌属（16.9%）的相对含量较高，这两个属的细菌能够产生多种酶降解有机物（Nicholson，2002；Kothari et al，2013；Al-Kindi and Abed，2016）。放线菌属和假单胞菌属具有丰富的代谢产物，是有机物的高效降解菌。Liu 等（2011）研究发现放线菌是堆肥中的主要有机物降解菌。乳杆菌属和片球菌属是 5 个样本所含微生物中的主要的乳酸菌。乳酸菌广泛存在于粪便和青储饲料中，起主要的降解作用。在秸秆的发酵中，乳酸菌群加快了发酵过程，解决了秸秆造成的环境问题（Gao et al，2008）。片球菌属与乳杆菌属亲缘关系很近，该属微生物在养殖废水和牛粪生物降解中起重要作用（Ventura et al，2007）。植物乳杆菌（*Lactobacillus plantarum*）和乳酸片球菌（*Pediococcus acidolactici*）可将猪粪转化成可食用成分（Probst et al，2013）。这些有机物降解菌可能与猪粪降解相关。

猪粪中含有的吲哚基团化合物是畜禽粪的重要臭味物，粪臭素（skatole）是粪便中的吲哚类臭味物质。目前已知粪味梭菌（*Clostridium scatologenes*）、疾病梭菌（*Clostridium nauseum*）、假单胞菌（*Pseudomonas* sp.）、根瘤菌（*Rhizobium* sp.）、瑞士乳杆菌（*Lactobacillus helveticus*）、乳酸杆菌（*Lactobacillus* sp.）11201 6 种细菌与粪臭素产生相关（辛娜等，2011）；其中，粪味梭菌能将色氨酸直接降解为粪臭素。微生物代谢产生的粪臭素一部分随粪便排出体外，另一部分则由肠道吸收进入循环系统。目前已有物理除臭、饲料酸化、生物除臭等方法应用到养殖除臭中（石磊和边炳鑫，2005）。微生物发酵床养猪技术能够有效地解决猪粪污染问题，尤其是能够消除养殖过程中的臭味（蓝江林等，2012）。推测饲料发酵床对粪臭素有一定的降解作用。厚壁菌门的乳杆菌属和片球菌属可降解粪臭素，粪便中的乳酸菌可能参与粪臭素降解。Meng 等（2013）研究表明短乳杆菌（*Lactobacillus brevis*）1.12 可降解粪臭素。除了乳酸菌，变形菌门的假单胞菌也可降解粪臭素。假单胞菌存在于不同发酵时间的样本，其中长期发酵样本 PM5 中的含量最高（4.5%）。分离自红树林沉积物中的铜绿假单胞菌（*Pseudomona saeruginosa*）Gs 可仅以粪臭素作为碳源和能量来源（Yin et al，2006）。变形菌门的贪铜菌属（*Cupriavidus*）含量低，仅在长期发酵样本中检测到，在 PM4 中的相对含量为 0.004%，在 PM5 中的相对含量为 0.01%。分离自土壤中的贪铜菌（*Cupriavidus* sp.）KK10 可在厌氧环境中将粪臭素转化为环裂解产物（Fukuoka et al，2015），促进粪臭素降解。乳杆菌属、假单胞菌属和贪铜菌属的含量变化与粪臭素的降解呈正相关，可能参与该化合物的降解。本节研究发现发酵床垫料随着发酵持续，粪臭素含量降低，结合微生物多样性分析，后续可对饲料微生物发酵床进行粪臭素降解菌的筛选，进一步揭示微生物发酵床粪臭素的降解机制，提高禽畜福利。

第四章

养猪饲料发酵床微生物组多样性

第一节

饲料发酵床不同深度垫料细菌分类阶元群落分化

一、概述

福建省农业科学院刘波研究团队于 2017 年提出了"饲料微生物发酵床养猪场设计与应用"（刘波等，2017），将发酵饲料与发酵床结合，牧草粉碎作发酵饲料的原料，发酵床作为发酵饲料的发酵槽（图 4-1），发酵床的面积根据养猪的数量确定，出栏平均密度 1 头 /m²；发酵床深度为 80cm，粉碎的牧草作为垫料填满发酵床，接入芽胞杆菌菌种，调整相对湿度到 45% ～ 55%；铺平放入小猪，每日割牧草，整株放入饲料发酵床，猪取食牧草和发酵饲料，取食剩余的牧草进入饲料发酵；猪在饲料发酵床上排出粪便，在粪便未发酵前猪不会取食，粪便发酵后作为发酵饲料的氮素添加，促进牧草的发酵；猪在发酵床上嬉戏打闹，翻拱饲料垫料，协助发酵饲料的搅拌通气，提升发酵水平，为猪提供了充足的饲料，牧草经发酵成为发酵饲料可以替代 70% ～ 90% 的饲料，对于当地农民，利用种草替代购买猪饲料，用劳力换资金，因地制宜使得养猪致富成为现实。饲料发酵床整体运行过程中，猪粪通过微生物发酵降解，作为发酵饲料的氮素添加资源利用，整个猪场无排放、无臭味、无苍蝇、无蜱螨，解决了养猪环保和粪便资源化利用问题；饲料发酵床养猪过程不用抗生素，猪的发病率极低，猪肉品质（肌间脂肪为指标）大大改善，得到农民的选用和赞扬，该技术在贵州平坝等地普及推广（图 4-2）。为了解饲料发酵床微生物组的作用，笔者对饲料在贵州平坝的 3 个饲料发酵床，分别取样饲料发酵床的表层垫料（1 ～ 20cm，F1）、中层垫料（30 ～ 50cm，F2）、底层垫料（60 ～ 80cm，F3），每个垫料层取样 10 个点，混合后作为垫料层样本，同时取样粉碎的牧草 F4 和新鲜猪粪（F5），送宏基因组高通量检测；分析饲料发酵床不同深度垫料细菌分类阶元群落分化、细菌属微生物组垂直分布特征，芽胞杆菌垂直分布特征，试图

图4-1　饲料发酵床发酵牧草粉

图4-2　每日割青草喂猪

揭示微生物组的组成与作用。

二、不同深度垫料细菌微生物结构

细菌分类阶元种类数统计：饲料发酵床不同深度垫料共检测到细菌门（phylum）38 个、细菌纲（class）87 个、细菌目（order）244 个、细菌科（family）468 个、细菌属（genus）1024 个、细菌种（species）1766 个、OTU5342 个（图 4-3）。饲料发酵床细菌不同分类阶元数量不同，如细菌属在饲料垫料（F4）659 ＞表层垫料（F1）641 ＞新鲜猪粪（F5）617 ＞中层垫料（F2）600 ＞底层垫料（F3）585。细菌菌群的共有种类在高分类阶元占比较高，在低分类阶元占比较低，如细菌门占比 54.76%、细菌纲占比 46.60%、细菌目占比 41.34%、细菌科占比 35.88%、细菌属占比 22.88%、细菌种占比 14.28%。细菌菌群的独有种类在饲料垫料含量最多，垫料表层含量最少；如细菌属独有种类在饲料垫料有 112 个种类，在垫料表层仅有 21 个种类（图 4-4、表 4-1）。

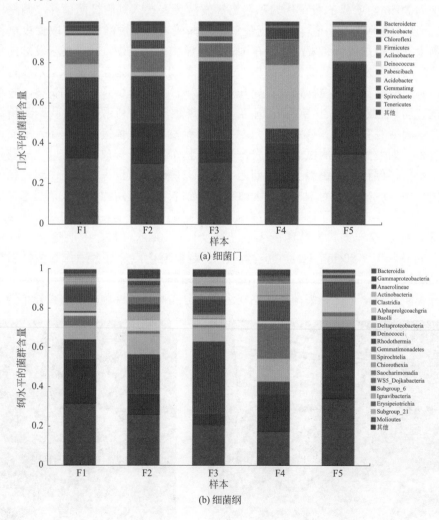

(a) 细菌门

(b) 细菌纲

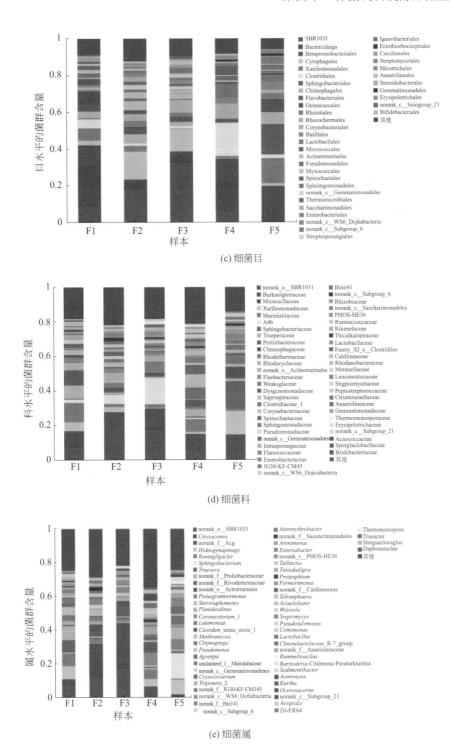

(c) 细菌目

(d) 细菌科

(e) 细菌属

图4-3

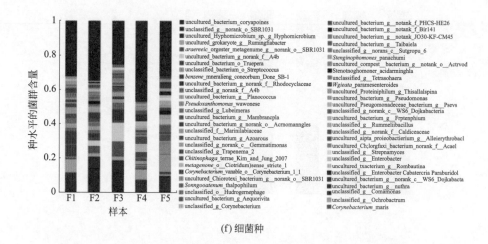

(f) 细菌种

图4-3　饲料发酵床不同深度垫料细菌不同阶元菌群数量结构

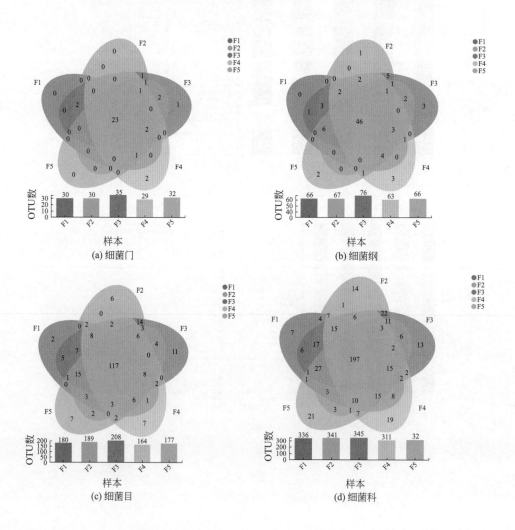

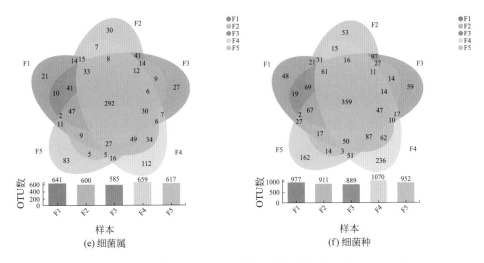

图4-4 饲料发酵床细菌共有种类和独有种类的统计（Venn图）

表4-1 饲料发酵床细菌共有种类和独有种类数量 单位：个

组合标签	细菌门	细菌纲	细菌目	细菌科	细菌属	细菌种
F1 & F2 & F3 & F5 & F4	23	46	117	197	292	359
F1 & F2 & F3 & F5	2	6	15	27	47	67
F1 & F2 & F3 & F4	0	2	8	15	33	61
F1 & F2 & F5 & F4	0	0	3	10	27	50
F1 & F3 & F5 & F4	2	3	8	15	30	47
F2 & F3 & F5 & F4	1	1	6	3	12	11
F1 & F2 & F3	2	3	7	17	41	69
F1 & F2 & F5	0	0	3	3	9	17
F1 & F2 & F4	0	0	2	7	15	31
F1 & F3 & F5	0	0	1	1	2	2
F1 & F3 & F4	0	1	2	2	6	10
F1 & F5 & F4	1	4	6	16	49	87
F2 & F3 & F5	1	1	3	11	14	27
F2 & F3 & F4	0	2	2	6	8	16
F2 & F5 & F4	0	0	0	1	5	3
F3 & F5 & F4	0	0	0	2	6	14
F1 & F2	0	0	0	4	14	21
F1 & F3	0	1	5	6	10	19

续表

组合标签	细菌门	细菌纲	细菌目	细菌科	细菌属	细菌种
F1 & F5	0	0	0	1	11	27
F1 & F4	0	0	1	8	34	62
F2 & F3	1	5	14	22	41	97
F2 & F5	0	0	2	3	5	14
F2 & F4	0	0	0	1	7	15
F3 & F5	2	2	4	6	9	14
F3 & F4	0	0	0	2	7	17
F5 & F4	0	1	2	7	16	51
F1	0	0	2	7	21	48
F2	0	1	6	14	30	53
F3	1	3	11	13	27	59
F5	0	2	7	21	83	162
F4	2	3	7	19	112	236

三、不同深度垫料细菌门菌群分化

（1）物种检测　饲料发酵床不同深度垫料细菌门菌群含量见表4-2。从细菌门菌群考察，垫料表层F1细菌门前3个高含量的优势菌群为拟杆菌门（32.8500%）、变形菌门（28.9200%）、绿弯菌门（11.1500%）；垫料中层F2细菌门前3个高含量的优势菌群为拟杆菌门（30.9700%）、变形菌门（21.1400%）、绿弯菌门（20.7400%）；垫料底层F3细菌门前3个高含量的优势菌群为绿弯菌门（37.1400%）、拟杆菌门（29.9500%）、变形菌门（12.4500%）；饲料垫料F4细菌门前3个高含量的优势菌群为厚壁菌门（27.7600%）、变形菌门（22.7100%）、拟杆菌门（19.0900%）；新鲜猪粪F5细菌门前3个高含量的优势菌群为变形菌门（47.0900%）、拟杆菌门（30.8900%）、厚壁菌门（9.7230%）。

表4-2　饲料发酵床不同深度垫料细菌门含量

物种名称		饲料发酵床不同深度垫料细菌门含量/%				
		表层垫料F1	中层垫料F2	底层垫料F3	饲料垫料F4	新鲜猪粪F5
【1】	变形菌门	28.9200	21.1400	12.4500	22.7100	47.0900
【2】	拟杆菌门	32.8500	30.9700	29.9500	19.0900	30.8900
【3】	厚壁菌门	6.0780	1.9900	2.1400	27.7600	9.7230
【4】	放线菌门	6.4970	11.0700	7.6340	10.5400	4.5270
【5】	异常球菌-栖热菌门	6.9800	1.1700	1.0240	0.1383	2.5540
【6】	绿弯菌门	11.1500	20.7400	37.1400	8.6990	1.5710
【7】	螺旋体门	2.1240	0.0287	0.5156	6.5820	0.7563
【8】	酸杆菌门	1.1940	2.6890	2.1320	0.2019	0.6487
【9】	芽单胞菌门	1.2680	3.9880	2.5280	0.1552	0.6451
【10】	候选（亚）门(Patescibacteria)	1.1600	4.5440	2.3820	0.9599	0.4147
【11】	柔膜菌门	0.2594	0.0148	0.0713	1.0620	0.2537
【12】	纤维杆菌门	0.8036	0.0504	0.0695	0.3703	0.1317

物种名称	饲料发酵床不同深度垫料细菌门含量/%				
	表层垫料F1	中层垫料F2	底层垫料F3	饲料垫料F4	新鲜猪粪F5
【13】 阴沟单胞菌门	0.0027	0.0000	0.0155	0.1412	0.1293
【14】 候选门BRC1	0.1663	0.5352	0.5077	0.0154	0.0841
【15】 圣诞岛菌门	0.0224	0.0019	0.0219	0.1438	0.0781
【16】 浮霉菌门	0.0754	0.3877	0.7407	0.0118	0.0742
【17】 互养菌门	0.1113	0.0032	0.0268	0.3807	0.0732
【18】 ε-杆菌门	0.0210	0.0000	0.0000	0.5070	0.0659
【19】 黏胶球形菌门	0.0449	0.0000	0.0014	0.0302	0.0659
【20】 疣微菌门	0.0546	0.0744	0.1069	0.0093	0.0610
【21】 未分类的细菌门	0.1162	0.1683	0.0659	0.0596	0.0464
【22】 候选门WPS-2	0.0541	0.0168	0.0598	0.1786	0.0342
【23】 衣原体门	0.0000	0.0336	0.0196	0.0050	0.0230
【24】 蓝细菌门	0.0266	0.0091	0.0353	0.1238	0.0182
【25】 盐厌氧菌门	0.0021	0.0020	0.0021	0.0000	0.0122
【26】 乳胶杆菌门	0.0021	0.2389	0.1957	0.0018	0.0073
【27】 装甲菌门	0.0031	0.0166	0.0327	0.0029	0.0059
【28】 依赖菌门(Dependentiae)	0.0082	0.1021	0.0460	0.0986	0.0049
【29】 产氢菌门	0.0010	0.0105	0.0380	0.0000	0.0024
【30】 热袍菌门(Thermotogae)	0.0000	0.0000	0.0099	0.0000	0.0024
【31】 候选门CK-2C2-2	0.0000	0.0000	0.0042	0.0000	0.0024
【32】 候选门FBP	0.0000	0.0050	0.0028	0.0000	0.0010
【33】 脱铁杆菌门(Deferribacteres)	0.0000	0.0000	0.0000	0.0259	0.0000
【34】 候选门WS4	0.0000	0.0000	0.0000	0.0014	0.0000
【35】 黑杆菌门	0.0006	0.0013	0.0165	0.0000	0.0000
【36】 海洋微菌SAR406进化枝的候选门	0.0000	0.0000	0.0057	0.0000	0.0000
【37】 硝化螺菌门	0.0011	0.0007	0.0031	0.0000	0.0000
【38】 迷踪菌门(Elusimicrobia)	0.0000	0.0067	0.0017	0.0000	0.0000

（2）亚群落分化　以表4-2为矩阵，细菌物种为样本，发酵床生境为指标，欧氏距离为尺度，可变类平均法进行系统聚类，结果见表4-3和图4-5。可将细菌门分为3组，第1组为高含量组，包括了变形菌门和拟杆菌门2个细菌门，全程分布在表层垫料F1、中层垫料F2、底层垫料F3、饲料垫料F4、新鲜猪粪F5生境中，其含量平均值分别为30.88%、26.05%、21.20%、20.90%、38.99%，在新鲜猪粪中分布量大于发酵床垫料，为饲料发酵床重要的细菌门菌群。第2类为中含量组，包括了10个细菌门，即厚壁菌门、放线菌门、异常球菌-栖热菌门、绿弯菌门、螺旋体门、酸杆菌门、芽单胞菌门、候选（亚）门（Patescibacteria）、柔膜菌门、纤维杆菌门，在表层垫料F1、中层垫料F2、底层垫料F3、饲料垫料F4、新鲜猪粪F5生境中其含量平均值分别为3.75%、4.63%、5.56%、5.65%、2.12%，在发酵床垫料中的分布高于新鲜猪粪，为饲料发酵床主要细菌门菌群。第3组为低含量组，包括了其余的26个细菌门，在表层垫料F1、中层垫料F2、底层垫料F3、饲料垫料F4、新鲜猪粪F5生境中其含量平均值分别为0.03%、0.06%、0.08%、0.07%、0.03%，属于发酵床的偶见种类，为饲料发酵床辅助细菌门菌群。

表4-3　饲料发酵床不同深度垫料细菌门聚类分析

组别	物种名称	饲料发酵床不同深度垫料细菌门含量/%				
		表层垫料F1	中层垫料F2	底层垫料F3	饲料垫料F4	新鲜猪粪F5
1	变形菌门	28.92	21.14	12.45	22.71	47.09
1	拟杆菌门	32.85	30.97	29.95	19.09	30.89
	第1组2个样本平均值	30.88	26.05	21.20	20.90	38.99
2	厚壁菌门	6.08	1.99	2.14	27.76	9.72
2	放线菌门	6.50	11.07	7.63	10.54	4.53
2	异常球菌-栖热菌门	6.98	1.17	1.02	0.14	2.55
2	绿弯菌门	11.15	20.74	37.14	8.70	1.57
2	螺旋体门	2.12	0.03	0.52	6.58	0.76
2	酸杆菌门	1.19	2.69	2.13	0.20	0.65
2	芽单胞菌门	1.27	3.99	2.53	0.16	0.65
2	候选（亚）门	1.16	4.54	2.38	0.96	0.41
2	柔膜菌门	0.26	0.01	0.07	1.06	0.25
2	纤维杆菌门	0.80	0.05	0.07	0.37	0.13
	第2组10个样本平均值	3.75	4.63	5.56	5.65	2.12
3	阴沟单胞菌门	0.00	0.00	0.02	0.14	0.13
3	候选门BRC1	0.17	0.54	0.51	0.02	0.08
3	圣诞岛菌门	0.02	0.00	0.02	0.14	0.08
3	浮霉菌门	0.08	0.39	0.74	0.01	0.07
3	互养菌门	0.11	0.00	0.03	0.38	0.07
3	ε-杆菌门	0.02	0.00	0.00	0.51	0.07
3	黏胶球形菌门	0.04	0.00	0.00	0.03	0.07
3	疣微菌门	0.05	0.07	0.11	0.01	0.06
3	未分类的细菌门	0.12	0.17	0.07	0.06	0.05
3	候选门WPS-2	0.05	0.02	0.06	0.18	0.03
3	衣原体门	0.00	0.03	0.02	0.01	0.02
3	蓝细菌门	0.03	0.01	0.04	0.12	0.02
3	盐厌氧菌门	0.00	0.00	0.00	0.00	0.01
3	乳胶杆菌门	0.00	0.24	0.20	0.00	0.01
3	装甲菌门	0.00	0.02	0.03	0.00	0.01
3	依赖菌门	0.01	0.10	0.05	0.10	0.00
3	产氢菌门	0.00	0.01	0.04	0.00	0.00
3	热袍菌门	0.00	0.00	0.01	0.00	0.00
3	候选门CK-2C2-2	0.00	0.00	0.00	0.00	0.00
3	候选门FBP	0.00	0.01	0.00	0.00	0.00
3	脱铁杆菌门	0.00	0.00	0.00	0.03	0.00
3	候选门WS4	0.00	0.00	0.00	0.00	0.00
3	黑杆菌门	0.00	0.00	0.02	0.00	0.00
3	海洋微菌SAR406进化枝的候选门	0.00	0.00	0.01	0.00	0.00
3	硝化螺菌门	0.00	0.00	0.00	0.00	0.00
3	迷踪菌门	0.00	0.01	0.00	0.00	0.00
	第3组26个样本平均值	0.03	0.06	0.08	0.07	0.03

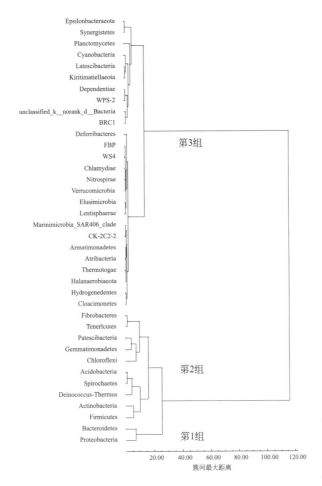

图4-5　饲料发酵床不同深度垫料细菌门聚类分析

四、不同深度垫料细菌纲菌群分化

（1）物种检测　饲料发酵床不同深度垫料细菌纲菌群含量见表4-4。从细菌纲菌群考察，垫料表层F1细菌纲前3个高含量的优势菌群为拟杆菌纲（32.21%）、γ-变形菌纲（23.39%）、厌氧绳菌纲（9.72%）；垫料中层F2细菌纲前3个高含量的优势菌群为拟杆菌纲（27.37%）、厌氧绳菌纲（17.89%）、γ-变形菌纲（11.74%）；垫料底层F3细菌纲前3个高含量的优势菌群为厌氧绳菌纲（34.84%）、拟杆菌纲（21.24%）、放线菌纲（7.63%）；饲料垫料F4细菌纲前3个高含量的优势菌群为拟杆菌纲（19.03%）、γ-变形菌纲（18.95%）、梭菌纲（16.29%）；新鲜猪粪F5细菌纲前3个高含量的优势菌群为γ-变形菌纲（39.11%）、拟杆菌纲（30.71%）、芽胞杆菌纲（6.07%）。

表4-4　饲料发酵床不同深度垫料中的细菌纲含量

物种名称	饲料发酵床不同深度垫料细菌纲含量/%				
	表层垫料F1	中层垫料F2	底层垫料F3	饲料垫料F4	新鲜猪粪F5
【1】　拟杆菌纲	32.21	27.37	21.24	19.03	30.71

物种名称		饲料发酵床不同深度垫料细菌纲含量/%				
		表层垫料F1	中层垫料F2	底层垫料F3	饲料垫料F4	新鲜猪粪F5
【2】	γ-变形菌纲	23.39	11.74	6.81	18.95	39.11
【3】	厌氧绳菌纲	9.72	17.89	34.84	8.02	1.21
【4】	放线菌纲	6.50	11.07	7.63	10.54	4.53
【5】	梭菌纲	4.60	1.57	1.52	16.29	3.49
【6】	α-变形菌纲	1.82	5.59	3.48	1.31	5.73
【7】	芽胞杆菌纲	1.35	0.28	0.38	9.13	6.07
【8】	δ-变形菌纲	3.72	3.81	2.15	2.45	2.25
【9】	异常球菌纲	6.98	1.17	1.02	0.14	2.55
【10】	热杆菌纲(Rhodothermia)	0.61	2.95	5.53	0.05	0.12
【11】	螺旋体纲	2.08	0.03	0.32	6.46	0.35
【12】	芽单胞菌纲	1.27	3.99	2.53	0.16	0.65
【13】	绿弯菌纲	1.23	1.77	1.61	0.62	0.26
【14】	糖单胞菌纲	0.85	2.68	0.58	0.81	0.19
【15】	懒惰杆菌纲	0.03	0.65	3.18	0.01	0.06
【16】	候选门WS6多伊卡菌纲	0.28	1.62	1.40	0.12	0.19
【17】	亚群6的1纲	0.73	1.65	0.91	0.12	0.09
【18】	丹毒丝菌纲	0.08	0.11	0.11	1.66	0.11
【19】	柔膜菌纲	0.26	0.01	0.07	1.06	0.25
【20】	纤维杆菌纲(Fibrobacteria)	0.80	0.05	0.07	0.37	0.13
【21】	嗜热厌氧杆菌纲	0.20	0.57	0.10	0.05	0.42
【22】	脱卤球菌纲	0.09	0.73	0.42	0.04	0.06
【23】	候选门BRC1分类地位未定的1纲	0.17	0.54	0.51	0.02	0.08
【24】	亚群21的1纲	0.06	0.19	0.91	0.01	0.00
【25】	钩端螺旋体纲(Leptospirae)	0.04	0.00	0.19	0.10	0.40
【26】	海草球形菌纲	0.04	0.21	0.36	0.01	0.07
【27】	阴壁菌纲	0.01	0.00	0.00	0.64	0.01
【28】	互养菌纲	0.11	0.00	0.03	0.38	0.07
【29】	弯曲杆菌纲(Campylobacteria)	0.02	0.00	0.00	0.51	0.07
【30】	未分类的细菌门的1纲	0.12	0.17	0.07	0.06	0.05
【31】	乳胶杆菌纲	0.00	0.24	0.20	0.00	0.01
【32】	酸杆菌纲	0.04	0.16	0.10	0.01	0.11
【33】	纲JG30-KF-CM66	0.08	0.17	0.10	0.02	0.02
【34】	候选门WPS-2分类地位未定的1纲	0.05	0.02	0.06	0.18	0.03
【35】	出芽小链菌纲亚群4	0.15	0.12	0.04	0.01	0.02
【36】	纲OM190	0.02	0.11	0.19	0.00	0.00
【37】	疣微菌纲	0.05	0.07	0.11	0.01	0.06
【38】	阴沟单胞菌纲	0.00	0.00	0.02	0.14	0.13
【39】	圣诞岛菌纲	0.02	0.00	0.02	0.14	0.08
【40】	候选纲Parcubacteria	0.01	0.13	0.10	0.01	0.01
【41】	候选纲Babeliae	0.01	0.10	0.05	0.10	0.00

物种名称	饲料发酵床不同深度垫料细菌纲含量/%				
	表层垫料F1	中层垫料F2	底层垫料F3	饲料垫料F4	新鲜猪粪F5
【42】 候选纲ABY1	0.00	0.04	0.19	0.00	0.01
【43】 湖绳菌纲	0.02	0.02	0.12	0.01	0.04
【44】 浮霉菌纲	0.02	0.05	0.11	0.00	0.01
【45】 候选纲Microgenomatia	0.01	0.06	0.07	0.00	0.00
【46】 寡养球形菌纲	0.04	0.00	0.00	0.03	0.07
【47】 候选纲OLB14	0.01	0.06	0.04	0.00	0.01
【48】 生氧光细菌纲	0.00	0.00	0.00	0.11	0.00
【49】 亚群18的1纲	0.01	0.01	0.07	0.01	0.00
【50】 候选纲TK10	0.01	0.04	0.04	0.00	0.01
【51】 绿弯菌门未分类的1纲	0.00	0.04	0.05	0.00	0.00
【52】 候选纲Pla3_lineage	0.00	0.01	0.07	0.00	0.00
【53】 衣原体门	0.00	0.03	0.02	0.00	0.02
【54】 候选纲Sericytochromatia	0.02	0.01	0.03	0.01	0.01
【55】 候选纲KD4-96	0.01	0.03	0.02	0.00	0.00
【56】 产氢菌纲(Hydrogenedentia)	0.00	0.01	0.04	0.00	0.00
【57】 装甲菌门分类地位未定的1纲	0.00	0.01	0.02	0.00	0.01
【58】 纤细杆菌纲	0.01	0.00	0.00	0.02	0.00
【59】 候选纲WWE3	0.00	0.01	0.02	0.00	0.00
【60】 脱铁杆菌门	0.00	0.00	0.00	0.03	0.00
【61】 黑暗杆菌纲	0.00	0.00	0.01	0.01	0.01
【62】 候选纲N9D0	0.00	0.01	0.01	0.00	0.00
【63】 候选纲BRH-c20a	0.01	0.00	0.00	0.00	0.01
【64】 贝克尔杆菌纲(Berkelbacteria)	0.00	0.01	0.00	0.00	0.00
【65】 候选纲MVP-15	0.00	0.00	0.00	0.01	0.00
【66】 厚壁菌门未分类的1纲	0.00	0.00	0.00	0.01	0.00
【67】 盐厌氧菌纲(Halanaerobiia)	0.00	0.00	0.00	0.00	0.01
【68】 候选纲Caldatribacteriia	0.00	0.00	0.01	0.00	0.00
【69】 候选纲Pla4_lineage	0.00	0.00	0.01	0.00	0.00
【70】 热袍菌纲	0.00	0.00	0.01	0.00	0.00
【71】 厚壁菌门分类地位未定的1纲	0.00	0.00	0.00	0.01	0.00
【72】 候选纲Gitt-GS-136	0.00	0.00	0.00	0.00	0.00
【73】 候选门FBP分类地位未定的1纲	0.00	0.01	0.00	0.00	0.00
【74】 迷踪菌纲	0.00	0.01	0.00	0.00	0.00
【75】 土单胞菌纲(Chthonomonadetes)	0.00	0.00	0.00	0.00	0.00
【76】 候选门CK-2C2-2分类地位未定的1纲	0.00	0.00	0.00	0.00	0.00
【77】 海洋微菌SAR406进化枝的候选门分类地位未定的1纲	0.00	0.00	0.01	0.00	0.00
【78】 候选纲V2072-189E03	0.00	0.00	0.00	0.01	0.00
【79】 变形菌门未分类的1纲	0.00	0.00	0.00	0.00	0.00
【80】 候选纲JS1	0.00	0.00	0.00	0.00	0.00
【81】 硝化螺菌纲(Nitrospira)	0.00	0.00	0.00	0.00	0.00

物种名称		饲料发酵床不同深度垫料细菌纲含量/%				
		表层垫料F1	中层垫料F2	底层垫料F3	饲料垫料F4	新鲜猪粪F5
【82】	亚群5的1纲	0.00	0.00	0.00	0.00	0.00
【83】	装甲菌门未分类的1纲	0.00	0.00	0.00	0.00	0.00
【84】	候选（亚）门Patescibacteria未分类的1纲	0.00	0.00	0.00	0.00	0.00
【85】	候选门WS4分类地位未定的1纲	0.00	0.00	0.00	0.00	0.00
【86】	装甲单胞菌纲(Armatimonadia)	0.00	0.00	0.00	0.00	0.00
【87】	候选纲BD7-11	0.00	0.00	0.00	0.00	0.00

（2）亚群落分化 以表4-4为矩阵，细菌物种为样本，发酵床生境为指标，欧氏距离为尺度，可变类平均法进行系统聚类，结果见表4-5。可将细菌纲分为3组，第1组为高含量组，包括了拟杆菌纲（Bacteroidia）、γ-变形菌纲、厌氧绳菌纲、放线菌纲、梭菌纲（Clostridia）、α-变形菌纲、芽胞杆菌纲、热杆菌纲8个细菌纲，全程分布在表层垫料F1、中层垫料F2、底层垫料F3、饲料垫料F4、新鲜猪粪F5生境中，其含量平均值分别为10.02%、9.81%、10.18%、10.41%、11.37%，在新鲜猪粪分布量略大于发酵床垫料，为饲料发酵床重要的细菌纲菌群。第2类为中含量组，包括了11个细菌纲，即δ-变形菌纲、异常球菌纲、螺旋体纲、芽单胞菌门、绿弯菌纲、糖单胞菌纲、懒惰杆菌纲（Ignavibacteria）、候选门WS6多伊卡菌纲（WS6-Dojkabacteria）、亚群6的1纲、丹毒丝菌纲、柔膜菌纲（Mollicutes），在表层垫料F1、中层垫料F2、垫料底层F3、饲料垫料F4、新鲜猪粪F5生境中其含量平均值分别为1.59%、1.59%、1.26%、1.24%、0.63%，在发酵床垫料中的分布高于新鲜猪粪，为饲料发酵床主要细菌纲菌群。第3组为低含量组，包括了其余的68个细菌纲，在表层垫料F1、中层垫料F2、底层垫料F3、饲料垫料F4、新鲜猪粪F5生境中其含量平均值分别为0.03%、0.06%、0.07%、0.05%、0.03%，属于发酵床的偶见种类，为饲料发酵床辅助细菌纲菌群。

表4-5 饲料发酵床不同深度垫料中的细菌纲聚类分析

组别	物种名称	饲料发酵床不同深度垫料细菌纲含量/%				
		表层垫料F1	中层垫料F2	底层垫料F3	饲料垫料F4	新鲜猪粪F5
1	拟杆菌纲	32.21	27.37	21.24	19.03	30.71
1	γ-变形菌纲	23.39	11.74	6.81	18.95	39.11
1	厌氧绳菌纲	9.72	17.89	34.84	8.02	1.21
1	放线菌纲	6.50	11.07	7.63	10.54	4.53
1	梭菌纲	4.60	1.57	1.52	16.29	3.49
1	α-变形菌纲	1.82	5.59	3.48	1.31	5.73
1	芽胞杆菌纲	1.35	0.28	0.38	9.13	6.07
1	热杆菌纲	0.61	2.95	5.53	0.05	0.12
	第1组8个样本平均值	10.02	9.81	10.18	10.41	11.37
2	δ-变形菌纲	3.72	3.81	2.15	2.45	2.25
2	异常球菌纲	6.98	1.17	1.02	0.14	2.55
2	螺旋体纲	2.08	0.03	0.32	6.46	0.35
2	芽单胞菌纲	1.27	3.99	2.53	0.16	0.65
2	绿弯菌纲	1.23	1.77	1.61	0.62	0.26

续表

组别	物种名称	饲料发酵床不同深度垫料细菌纲含量/%				
		表层垫料F1	中层垫料F2	底层垫料F3	饲料垫料F4	新鲜猪粪F5
2	糖单胞菌纲	0.85	2.68	0.58	0.81	0.19
2	懒惰杆菌纲	0.03	0.65	3.18	0.01	0.06
2	候选门WS6多伊卡菌纲	0.28	1.62	1.40	0.12	0.19
2	亚群6的1纲	0.73	1.65	0.91	0.12	0.09
2	丹毒丝菌纲	0.08	0.11	0.11	1.66	0.11
2	柔膜菌纲	0.26	0.01	0.07	1.06	0.25
	第2组11个样本平均值	1.59	1.59	1.26	1.24	0.63
3	纤维杆菌纲	0.80	0.05	0.07	0.37	0.13
3	嗜热厌氧杆菌纲	0.20	0.57	0.10	0.05	0.42
3	脱卤球菌纲	0.09	0.73	0.42	0.04	0.06
3	候选门BRC1分类地位未定的1纲	0.17	0.54	0.51	0.02	0.08
3	亚群21的1纲	0.06	0.19	0.91	0.01	0.00
3	钩端螺旋体纲	0.04	0.00	0.19	0.10	0.40
3	海草球形菌纲	0.04	0.21	0.36	0.01	0.07
3	阴壁菌纲	0.01	0.00	0.00	0.64	0.01
3	互养菌纲	0.11	0.00	0.03	0.38	0.07
3	弯曲杆菌纲	0.02	0.00	0.00	0.51	0.07
3	未分类的细菌门的1纲	0.12	0.17	0.07	0.06	0.05
3	乳胶杆菌纲	0.00	0.24	0.20	0.00	0.01
3	酸杆菌纲	0.04	0.16	0.10	0.01	0.11
3	候选纲JG30-KF-CM66	0.08	0.17	0.10	0.02	0.02
3	候选门WPS-2分类地位未定的1纲	0.05	0.02	0.06	0.18	0.03
3	出芽小链菌纲亚群4	0.15	0.12	0.04	0.01	0.00
3	候选纲OM190	0.02	0.11	0.19	0.00	0.00
3	疣微菌纲	0.05	0.07	0.11	0.01	0.06
3	阴沟单胞菌纲	0.00	0.00	0.02	0.14	0.13
3	圣诞岛菌纲	0.02	0.00	0.02	0.14	0.08
3	候选纲Parcubacteria	0.01	0.13	0.10	0.01	0.01
3	候选纲Babeliae	0.01	0.10	0.05	0.10	0.01
3	候选纲ABY1	0.00	0.04	0.19	0.00	0.01
3	湖绳菌纲	0.02	0.02	0.12	0.01	0.04
3	浮霉菌纲	0.02	0.05	0.11	0.00	0.01
3	候选纲Microgenomatia	0.01	0.06	0.07	0.00	0.00
3	寡养球形菌纲	0.04	0.00	0.00	0.03	0.07
3	候选纲OLB14	0.01	0.06	0.04	0.00	0.01
3	生氧光细菌纲	0.00	0.00	0.00	0.11	0.00
3	亚群18的1纲	0.01	0.01	0.07	0.01	0.00
3	候选纲TK10	0.01	0.04	0.04	0.00	0.01
3	绿弯菌门未分类的1纲	0.00	0.04	0.05	0.00	0.00
3	候选纲Pla3-lineage	0.00	0.01	0.07	0.00	0.00
3	衣原体纲	0.00	0.03	0.02	0.00	0.02

组别	物种名称	饲料发酵床不同深度垫料细菌纲含量/%				
		表层垫料F1	中层垫料F2	底层垫料F3	饲料垫料F4	新鲜猪粪F5
3	候选纲Sericytochromatia	0.02	0.01	0.03	0.01	0.01
3	候选纲KD4-96	0.01	0.03	0.02	0.00	0.00
3	产氢菌纲	0.00	0.01	0.04	0.00	0.00
3	装甲菌门分类地位未定的1纲	0.00	0.01	0.02	0.00	0.00
3	纤细杆菌纲	0.01	0.00	0.00	0.02	0.00
3	候选纲WWE3	0.00	0.01	0.02	0.00	0.00
3	脱铁杆菌纲	0.00	0.00	0.00	0.03	0.00
3	黑暗杆菌纲	0.00	0.00	0.01	0.01	0.01
3	候选纲N9D0	0.00	0.00	0.01	0.01	0.00
3	候选纲BRH-c20a	0.01	0.00	0.00	0.00	0.01
3	贝克尔杆菌纲	0.00	0.01	0.00	0.00	0.00
3	候选纲MVP-15	0.00	0.00	0.00	0.01	0.00
3	厚壁菌门未分类的1纲	0.00	0.00	0.00	0.01	0.00
3	盐厌氧菌纲	0.00	0.00	0.00	0.00	0.01
3	候选纲Caldatribacteriia	0.00	0.00	0.01	0.00	0.00
3	候选纲Pla4_lineage	0.00	0.00	0.01	0.00	0.00
3	热袍菌纲	0.00	0.00	0.01	0.00	0.00
3	厚壁菌门分类地位未定的1纲	0.00	0.00	0.00	0.01	0.00
3	候选纲Gitt-GS-136	0.00	0.00	0.00	0.00	0.00
3	候选门FBP分类地位未定的1纲	0.00	0.01	0.00	0.00	0.00
3	迷踪菌纲	0.00	0.01	0.00	0.00	0.00
3	土单胞菌纲	0.00	0.00	0.00	0.00	0.00
3	候选门CK-2C2-2分类地位未定的1纲	0.00	0.00	0.00	0.00	0.00
3	海洋微菌SAR406进化枝的候选门分类地位未定的1纲	0.00	0.00	0.01	0.00	0.00
3	V2072-189E03	0.00	0.00	0.00	0.01	0.00
3	变形菌门未分类的1纲	0.00	0.00	0.00	0.00	0.00
3	候选纲JS1	0.00	0.00	0.00	0.00	0.00
3	硝化螺菌纲	0.00	0.00	0.00	0.00	0.00
3	亚群5的1纲	0.00	0.00	0.00	0.00	0.00
3	装甲菌门未分类的1纲	0.00	0.00	0.00	0.00	0.00
3	候选（亚）门Patescibacteria未分类的1纲	0.00	0.00	0.00	0.00	0.00
3	候选门WS4分类地位未定的1纲	0.00	0.00	0.00	0.00	0.00
3	装甲单胞菌纲	0.00	0.00	0.00	0.00	0.00
3	候选纲BD7-11	0.00	0.00	0.00	0.00	0.00
	第3组68个样本平均值	0.03	0.06	0.07	0.05	0.03

五、不同深度垫料细菌目菌群分化

（1）物种检测　饲料发酵床不同深度垫料细菌目共检测到244个，取高含量前100个细菌目菌群含量见表4-6。从细菌目菌群考察，垫料表层F1细菌目180个，前3个高含量的优势菌群为拟杆菌目 (20.59%) > β- 变形菌目 (11.01%) > 目 SBR1031(9.51%)；垫料中层 F2 细菌目 188 个，前 3 个高含量的优势菌群为目 SBR1031(16.65%) > 噬纤维菌目 (15.00%) > 噬几丁质菌目 (4.83%)；垫料底层 F3 细菌目 203 个，前 3 个高含量的优势菌群为 SBR1031(31.49%) > 噬纤维菌目 (10.36%) > 红热菌目（5.52%)；饲料垫料 F4 细菌目 164 个，前 3 个高含量的优势菌群为拟杆菌目 (16.72%) > 梭菌目 (16.20%) > β- 变形菌目 (13.33%)；新鲜猪粪 F5 细菌目 177 个，前 3 个高含量的优势菌群为 β- 变形菌目 (21.32%) > 鞘氨醇杆菌目 (11.67%) > 黄单胞菌目（10.39%)。

表4-6 饲料发酵床不同深度垫料前100个高含量细菌目

物种名称	饲料发酵床不同深度垫料细菌目含量/%				
	表层垫料F1	中层垫料F2	底层垫料F3	饲料垫料F4	新鲜猪粪F5
【1】 候选目SBR1031	9.51	16.65	31.49	7.90	1.11
【2】 拟杆菌目	20.59	4.11	5.25	16.72	6.96
【3】 β-变形菌目	11.01	1.93	2.11	13.33	21.32
【4】 噬纤维菌目	2.62	15.00	10.36	0.23	2.17
【5】 梭菌目	4.56	1.56	1.48	16.20	3.45
【6】 黄单胞菌目	7.44	4.04	0.42	1.19	10.39
【7】 黄杆菌目	4.01	3.09	2.80	1.51	4.69
【8】 噬几丁质菌目	3.62	4.83	2.29	0.25	5.01
【9】 鞘脂杆菌目	0.56	0.25	0.28	0.21	11.67
【10】 异常球菌目	6.98	1.17	1.02	0.14	2.55
【11】 海洋放线菌目	0.57	4.76	3.54	0.82	0.16
【12】 棒杆菌目	0.86	0.73	0.26	6.57	1.20
【13】 螺旋体目	2.08	0.03	0.32	6.46	0.35
【14】 根瘤菌目	0.76	2.94	2.30	0.68	2.45
【15】 红热菌目	0.36	2.92	5.52	0.03	0.10
【16】 乳杆菌目	0.08	0.02	0.01	6.41	2.37
【17】 芽胞杆菌目	1.27	0.26	0.38	2.72	3.69
【18】 假单胞菌目	2.69	1.86	0.37	2.29	1.08
【19】 微球菌目	3.32	2.35	0.33	1.14	1.00
【20】 黏球菌目	1.83	3.24	1.22	0.35	0.28
【21】 芽单胞菌纲分类地位未定的1目	0.76	2.77	2.13	0.13	0.43
【22】 热微菌目	1.23	1.74	1.59	0.62	0.24
【23】 糖单胞菌目	0.85	2.68	0.58	0.81	0.19
【24】 鞘脂单胞菌目	0.67	1.77	0.33	0.12	2.05
【25】 外硫红螺旋菌目	0.11	0.07	0.17	1.22	2.70
【26】 懒惰杆菌目(Ignavibacteriales)	0.02	0.63	3.00	0.01	0.02
【27】 候选门WS6多伊卡菌纲分类地位未定的1目	0.28	1.62	1.40	0.12	0.19
【28】 亚群6的1纲分类地位未定的1目	0.70	1.61	0.89	0.10	0.08
【29】 链孢囊菌目	0.37	1.01	1.84	0.07	0.07
【30】 肠杆菌目	0.04	0.01	0.00	0.13	2.57
【31】 暖绳菌目(Caldilineales)	0.15	0.82	1.46	0.06	0.04
【32】 微丝菌目(Microtrichales)	0.56	1.05	0.53	0.20	0.11

物种名称	饲料发酵床不同深度垫料细菌目含量/%				
	表层垫料F1	中层垫料F2	底层垫料F3	饲料垫料F4	新鲜猪粪F5
【33】 脱硫弧菌目(Desulfovibrionales)	0.64	0.01	0.00	1.01	0.78
【34】 类固醇杆菌目(Steroidobacterales)	0.14	0.84	1.16	0.04	0.15
【35】 丹毒丝菌目	0.08	0.11	0.11	1.66	0.11
【36】 甲基球菌目	0.10	0.74	0.75	0.06	0.33
【37】 厌氧绳菌目	0.03	0.33	1.39	0.01	0.03
【38】 纤维弧菌目	0.83	0.61	0.15	0.07	0.11
【39】 芽单胞菌目	0.38	0.93	0.26	0.02	0.18
【40】 链霉菌目	0.04	0.16	0.06	0.03	1.44
【41】 候选目EPR3968-O8a-Bc78	0.17	0.48	0.76	0.09	0.11
【42】 丙酸杆菌目	0.48	0.20	0.08	0.46	0.31
【43】 纤维杆菌目	0.80	0.05	0.07	0.37	0.13
【44】 脱硫杆菌目(Desulfobacterales)	0.30	0.02	0.00	0.63	0.42
【45】 热厌氧菌目	0.20	0.57	0.10	0.05	0.42
【46】 候选门BRC1分类地位未定的1目	0.17	0.54	0.51	0.02	0.08
【47】 候选目S085	0.09	0.73	0.40	0.04	0.03
【48】 亚群21分类地位未定的1目	0.06	0.19	0.91	0.01	0.00
【49】 无胆甾原体目	0.20	0.01	0.03	0.76	0.15
【50】 红杆菌目	0.20	0.26	0.05	0.37	0.19
【51】 慢生单胞菌目	0.79	0.02	0.02	0.16	0.05
【52】 微单胞菌目	0.10	0.32	0.48	0.03	0.03
【53】 候选目CCD24	0.12	0.42	0.28	0.02	0.06
【54】 拟杆菌纲未分类的1目	0.32	0.04	0.24	0.09	0.17
【55】 双歧杆菌目	0.00	0.00	0.00	0.86	0.00
【56】 脱硫单胞菌目	0.01	0.11	0.10	0.26	0.36
【57】 α-变形菌纲未分类的1目	0.07	0.33	0.29	0.01	0.06
【58】 钩端螺旋体目(Leptospirales)	0.04	0.00	0.19	0.10	0.40
【59】 γ-变形菌纲未分类的1目	0.14	0.26	0.26	0.03	0.05
【60】 海洋螺菌目	0.39	0.06	0.05	0.18	0.02
【61】 海草球形菌目	0.04	0.21	0.36	0.01	0.06
【62】 月形单胞菌目	0.01	0.00	0.00	0.64	0.01
【63】 拟杆菌门VC2.1-Bac22的1目	0.49	0.05	0.01	0.03	0.04
【64】 长微菌目(Longimicrobiales)	0.13	0.30	0.14	0.01	0.03
【65】 互养菌目	0.11	0.00	0.03	0.38	0.07
【66】 蛭弧菌目	0.06	0.10	0.21	0.02	0.22
【67】 弯曲杆菌目	0.02	0.00	0.00	0.51	0.07
【68】 土壤红色杆菌目	0.07	0.19	0.15	0.04	0.05
【69】 未分类的细菌门的1目	0.12	0.17	0.07	0.06	0.05
【70】 候选目Izimaplasmatales	0.05	0.00	0.04	0.27	0.09
【71】 乳胶杆菌纲分类地位未定的1目	0.00	0.24	0.19	0.00	0.01
【72】 候选纲JG30-KF-CM66分类地位未定的1目	0.08	0.17	0.10	0.02	0.02

物种名称	饲料发酵床不同深度垫料细菌目含量/%				
	表层垫料F1	中层垫料F2	底层垫料F3	饲料垫料F4	新鲜猪粪F5
【73】柄杆菌目	0.01	0.02	0.04	0.04	0.27
【74】热链形菌目	0.01	0.07	0.23	0.03	0.00
【75】候选门WPS-2分类地位未定的1目	0.05	0.02	0.06	0.18	0.03
【76】土壤杆菌目(Solibacterales)	0.04	0.16	0.10	0.01	0.04
【77】出芽小链菌目	0.15	0.12	0.04	0.01	0.02
【78】班努斯菌目(Balneolales)	0.24	0.03	0.02	0.02	0.02
【79】醋酸杆菌目	0.01	0.00	0.00	0.05	0.26
【80】候选纲OM190分类地位未定的1目	0.02	0.11	0.19	0.00	0.00
【81】候选目R7C24	0.07	0.12	0.07	0.03	0.02
【82】候选目CCM19a	0.07	0.12	0.06	0.01	0.04
【83】寡养弯菌目	0.01	0.10	0.11	0.01	0.07
【84】阴沟单胞菌目	0.00	0.00	0.02	0.14	0.13
【85】候选目NB1-j	0.02	0.06	0.15	0.01	0.03
【86】候选目Babeliales	0.01	0.10	0.05	0.10	0.00
【87】候选目OPB56	0.01	0.02	0.18	0.00	0.03
【88】小棒菌目(Parvibaculales)	0.02	0.00	0.01	0.01	0.20
【89】SAR324分支海洋群B的1目	0.00	0.05	0.18	0.00	0.00
【90】候选凯泽菌门Kaiserbacteria的1目	0.01	0.11	0.10	0.01	0.00
【91】湖线菌目(Limnochordales)	0.02	0.02	0.12	0.01	0.04
【92】厌氧绳菌纲分类地位未定的1目	0.01	0.01	0.19	0.00	0.00
【93】尤泽比氏菌目	0.02	0.06	0.06	0.00	0.04
【94】红螺菌目	0.00	0.03	0.11	0.02	0.04
【95】假诺卡氏菌目	0.01	0.04	0.07	0.02	0.03
【96】候选目OPB41	0.04	0.01	0.02	0.10	0.00
【97】盖亚菌目	0.01	0.05	0.08	0.01	0.01
【98】候选目113B434	0.01	0.00	0.06	0.10	0.03
【99】浮霉菌纲分类的地位未定的1目	0.01	0.04	0.09	0.00	0.00
【100】小弧菌目(Micavibrionales)	0.00	0.06	0.09	0.00	0.00

（2）亚群落分化　以表 4-6 为矩阵，细菌物种为样本，发酵床生境为指标，欧氏距离为尺度，可变类平均法进行系统聚类，结果见表 4-7 和图 4-6。可将细菌目分为 3 组，第 1 组为高含量组，包括了 4 个细菌目，即候选目 SBR1031、拟杆菌目、β- 变形菌目、噬纤维菌目（Cytophagales），全程分布在表层垫料 F1、中层垫料 F2、底层垫料 F3、饲料垫料 F4、新鲜猪粪 F5 生境中，其含量平均值分别为 10.93%、9.42%、12.30%、9.54%、7.89%，底层垫料含量高于新鲜猪粪，为饲料发酵床重要的细菌目菌群，牧草饲料发酵过程起到重要作用。第 2 组为中含量组，包括了 17 个细菌目，即梭菌目（Clostridiales）、黄单胞菌目（Xanthomonadales）、黄杆菌目（Flavobacteriales）、噬几丁质菌目（Chitinophagales）、鞘脂杆菌目（Sphingobacteriales）、异常球菌目（Deinococcales）、海洋放线菌目（Actinomarinales）、棒杆菌目（Corynebacteriales）、螺旋体目（Spirochaetales）、根瘤菌目（Rhizobiales）、红热菌目（Rhodothermales）、乳杆菌目（Lactobacillales）、假单胞菌目（Pseudomonadales）、

微球菌目（Micrococcales）、黏球菌目（Myxococcales）、芽单胞菌纲的1目、糖单胞菌目（Saccharimonadales），在表层垫料F1、中层垫料F2、底层垫料F3、饲料垫料F4、新鲜猪粪F5生境中其含量平均值分别为2.43%、2.31%、1.46%、2.66%、2.79%；分布最高的是新鲜猪粪，最低的为底层垫料，为饲料发酵床主要细菌目菌群，牧草饲料发酵过程起到主要作用。第3组为低含量组，包括了其余的79个细菌目，在表层垫料F1、中层垫料F2、底层垫料F3、饲料垫料F4、新鲜猪粪F5生境中其含量平均值分别为0.18%、0.28%、0.30%、0.20%、0.25%，属于发酵床的偶见种类，为饲料发酵床辅助细菌目菌群；其中在新鲜猪粪中肠道微生物含量较高，如芽胞杆菌目（Bacillales，3.69%）、外硫红螺旋菌目（Ectothiorhodospirales，2.70%）肠杆菌目（Enterobacteriales，2.57%）、鞘脂单胞菌目（Sphingomonadales，2.05%）、链霉菌目（Streptomycetales，1.44%），在发酵垫料（表层）中纤维素降解菌含量较高，如芽胞杆菌目（1.27%）、热微菌目（Thermomicrobiales，1.23%）、纤维弧菌目（Cellvibrionales，0.83%）、纤维杆菌目（Fibrobacterales，0.80%）、慢生单胞菌目（Bradymonadales，0.79%）。

表4-7　饲料发酵床不同深度垫料中的细菌目聚类分析

组别	物种名称	饲料发酵床不同深度垫料细菌目含量/%				
		表层垫料F1	中层垫料F2	底层垫料F3	饲料垫料F4	新鲜猪粪F5
1	候选目SBR1031	9.51	16.65	31.49	7.90	1.11
1	拟杆菌目	20.59	4.11	5.25	16.72	6.96
1	β-变形菌目	11.01	1.93	2.11	13.33	21.32
1	噬纤维菌目	2.62	15.00	10.36	0.23	2.17
	第1组4个样本平均值	10.93	9.42	12.30	9.54	7.89
2	梭菌目	4.56	1.56	1.48	16.20	3.45
2	黄单胞菌目	7.44	4.04	0.42	1.19	10.39
2	黄杆菌目	4.01	3.09	2.80	1.51	4.69
2	噬几丁质菌目	3.62	4.83	2.29	0.25	5.01
2	鞘脂杆菌目	0.56	0.25	0.28	0.21	11.67
2	异常球菌目	6.98	1.17	1.02	0.14	2.55
2	海洋放线菌目	0.57	4.76	3.54	0.82	0.16
2	棒杆菌目	0.86	0.73	0.26	6.57	1.20
2	螺旋体目	2.08	0.03	0.32	6.46	0.35
2	根瘤菌目	0.76	2.94	2.30	0.68	2.45
2	红热菌目	0.36	2.92	5.52	0.03	0.10
2	乳杆菌目	0.08	0.02	0.01	6.41	2.37
2	假单胞菌目	2.69	1.86	0.37	2.29	1.08
2	微球菌目	3.32	2.35	0.33	1.14	1.00
2	黏球菌目	1.83	3.24	1.22	0.35	0.28
2	芽单胞菌纲分类地位未定的1目	0.76	2.77	2.13	0.13	0.43
2	糖单胞菌目	0.85	2.68	0.58	0.81	0.19
	第2组17个样本平均值	2.43	2.31	1.46	2.66	2.79
3	芽胞杆菌目	1.27	0.26	0.38	2.72	3.69
3	热微菌目	1.23	1.74	1.59	0.62	0.24

续表

组别	物种名称	饲料发酵床不同深度垫料细菌目含量/%				
		表层垫料F1	中层垫料F2	底层垫料F3	饲料垫料F4	新鲜猪粪F5
3	鞘脂单胞菌目	0.67	1.77	0.33	0.12	2.05
3	外硫红螺旋菌目	0.11	0.07	0.17	1.22	2.70
3	懒惰杆菌目	0.02	0.63	3.00	0.01	0.02
3	候选门WS6多伊卡菌纲分类地位未定的1目	0.28	1.62	1.40	0.12	0.19
3	亚群6的1纲分类地位未定的1目	0.70	1.61	0.89	0.10	0.08
3	链孢囊菌目	0.37	1.01	1.84	0.07	0.07
3	肠杆菌目	0.04	0.01	0.00	0.13	2.57
3	暖绳菌目	0.15	0.82	1.46	0.06	0.04
3	微丝菌目	0.56	1.05	0.53	0.20	0.11
3	脱硫弧菌目	0.64	0.01	0.00	1.01	0.78
3	类固醇杆菌目	0.14	0.84	1.16	0.04	0.15
3	丹毒丝菌目	0.08	0.11	0.11	1.66	0.11
3	甲基球菌目	0.10	0.74	0.75	0.06	0.33
3	厌氧绳菌目	0.03	0.33	1.39	0.01	0.03
3	纤维弧菌目	0.83	0.61	0.15	0.07	0.11
3	芽单胞菌目	0.38	0.93	0.26	0.02	0.18
3	链霉菌目	0.04	0.16	0.06	0.03	1.44
3	候选目EPR3968-O8a-Bc78	0.17	0.48	0.76	0.09	0.11
3	丙酸杆菌目	0.48	0.20	0.08	0.46	0.31
3	纤维杆菌目	0.80	0.05	0.07	0.37	0.13
3	脱硫杆菌目	0.30	0.02	0.00	0.63	0.42
3	热厌氧菌目	0.20	0.57	0.10	0.05	0.42
3	候选门BRC1分类地位未定的1纲	0.17	0.54	0.51	0.02	0.08
3	候选目S085	0.09	0.73	0.40	0.04	0.03
3	亚群21分类地位未定的1目	0.06	0.19	0.91	0.01	0.00
3	无胆甾原体目	0.20	0.01	0.03	0.76	0.15
3	红杆菌目	0.20	0.26	0.05	0.37	0.19
3	慢生单胞菌目	0.79	0.02	0.16	0.16	0.05
3	微单胞菌目	0.10	0.32	0.48	0.03	0.03
3	候选目CCD24	0.12	0.42	0.28	0.02	0.06
3	拟杆菌纲未分类的1目	0.32	0.04	0.24	0.09	0.17
3	双歧杆菌目	0.00	0.00	0.00	0.86	0.00
3	脱硫单胞菌目	0.01	0.11	0.10	0.26	0.36
3	α-变形菌纲未分类的1目	0.07	0.33	0.29	0.01	0.06
3	钩端螺旋体目	0.04	0.00	0.19	0.10	0.40
3	γ-变形菌纲未分类的1目	0.14	0.26	0.26	0.03	0.05
3	海洋螺菌目	0.39	0.06	0.05	0.18	0.02
3	海草球形菌目	0.04	0.21	0.36	0.01	0.06
3	月形单胞菌目	0.01	0.00	0.00	0.64	0.01

组别	物种名称	饲料发酵床不同深度垫料细菌目含量/%				
		表层垫料F1	中层垫料F2	底层垫料F3	饲料垫料F4	新鲜猪粪F5
3	拟杆菌门VC2.1_Bac22的1目	0.49	0.05	0.01	0.03	0.04
3	长微菌目	0.13	0.30	0.14	0.01	0.03
3	互养菌目	0.11	0.00	0.03	0.38	0.07
3	蛭弧菌目	0.06	0.10	0.21	0.02	0.22
3	弯曲杆菌目	0.02	0.00	0.00	0.51	0.07
3	土壤红色杆菌目	0.07	0.19	0.15	0.04	0.05
3	未分类的细菌门的1目	0.12	0.17	0.07	0.06	0.05
3	候选目Izimaplasmatales	0.05	0.00	0.04	0.27	0.09
3	乳胶杆菌纲分类地位未定的1目	0.00	0.24	0.19	0.00	0.01
3	候选纲JG30-KF-CM66分类地位未定的1目	0.08	0.17	0.10	0.02	0.02
3	柄杆菌目	0.01	0.02	0.04	0.04	0.27
3	热链形菌目	0.01	0.07	0.23	0.03	0.00
3	候选门WPS-2分类地位未定的1纲	0.05	0.02	0.06	0.18	0.03
3	土源杆菌目	0.04	0.16	0.10	0.01	0.04
3	出芽小链菌目	0.15	0.12	0.04	0.01	0.02
3	班努斯菌目	0.24	0.03	0.02	0.02	0.02
3	醋酸杆菌目	0.01	0.00	0.00	0.05	0.26
3	候选纲OM190分类地位未定的1目	0.02	0.11	0.19	0.00	0.00
3	候选目R7C24	0.07	0.12	0.07	0.03	0.02
3	候选目CCM19a	0.07	0.12	0.06	0.01	0.04
3	寡养弯菌目	0.01	0.10	0.11	0.01	0.07
3	阴沟单胞菌目	0.00	0.00	0.02	0.14	0.13
3	候选目NB1-j	0.02	0.06	0.15	0.01	0.03
3	候选目Babeliales	0.01	0.10	0.05	0.10	0.00
3	候选目OPB56	0.01	0.02	0.18	0.00	0.03
3	小棒菌目	0.02	0.00	0.01	0.01	0.20
3	SAR324分支海洋群B的1目	0.00	0.05	0.18	0.00	0.00
3	候选凯泽菌门的1目	0.01	0.11	0.10	0.01	0.00
3	湖线菌门	0.02	0.02	0.12	0.01	0.04
3	厌氧绳菌纲分类地位未定的1目	0.01	0.02	0.19	0.00	0.00
3	尤泽比氏菌目	0.02	0.06	0.09	0.01	0.02
3	红螺菌目	0.00	0.03	0.11	0.02	0.04
3	假诺卡氏菌目	0.01	0.04	0.07	0.02	0.03
3	候选目OPB41	0.04	0.01	0.02	0.10	0.00
3	盖亚菌目	0.01	0.05	0.08	0.01	0.01
3	候选目113B434	0.01	0.00	0.01	0.10	0.03
3	浮霉菌纲分类的地位未定的1目	0.01	0.04	0.09	0.00	0.00
3	小弧菌目	0.00	0.06	0.09	0.00	0.00
	第3组79个样本平均值	0.18	0.28	0.30	0.20	0.25

图4-6　饲料发酵床不同深度垫料细菌目亚群落分化聚类分析

六、不同深度垫料细菌科菌群分化

（1）物种检测　饲料发酵床不同深度垫料细菌科共检测到 468 个，取高含量前 100 个细菌科菌群含量见表 4-8。从细菌科菌群考察，垫料表层 F1 细菌科 337 个，前 3 个高含量的优势菌群为海滑菌科（12.27%）、目 SBR1031 分类地位未定的 1 科（7.55%）、伯克氏菌科（Burkholderiaceae，7.20%）；垫料中层 F2 细菌科 342 个，前 3 个高含量的优势菌群为微颤菌科（Microscillaceae，14.05%）、目 SBR1031 分类地位未定的 1 科（11.83%）、候选科 A4b（4.81%）；垫料底层 F3 细菌科 343 个，前 3 个高含量的优势菌群为目 SBR1031 分类地位未定的 1 科（20.41%）、候选科 A4b（11.06%）、微颤菌科（9.67%）；饲料垫料 F4 细菌科 312 个，前 3 个高含量的优势菌群为伯克氏菌科（9.36%）、海滑菌科（8.51%）、目 SBR1031 分类地位未定的 1 科（7.15%）；新鲜猪粪 F5 细菌科 324 个，前 3 个高含量的优势菌群为伯克氏菌科（18.33%）、鞘脂杆菌科（Sphingobacteriaceae，11.55%）、黄单胞菌科（Xanthomonadaceae，10.03%）。

表4-8　饲料发酵床不同深度垫料中的前100个高含量细菌科

物种名称		饲料发酵床不同深度垫料细菌科含量/%				
		表层垫料F1	中层垫料F2	底层垫料F3	饲料垫料F4	新鲜猪粪F5
【1】	目SBR1031分类地位未定的1科	7.55	11.83	20.41	7.15	0.98
【2】	伯克氏菌科	7.20	0.48	1.18	9.36	18.33
【3】	微颤菌科	1.71	14.05	9.67	0.11	1.98
【4】	海滑菌科	12.27	2.27	2.63	8.51	1.54
【5】	黄单胞菌科	5.53	3.69	0.28	1.13	10.03
【6】	候选科A4b	1.96	4.81	11.06	0.74	0.13
【7】	鞘脂杆菌科	0.55	0.22	0.03	0.11	11.55
【8】	特吕珀菌科	6.98	1.17	1.02	0.14	2.55
【9】	红环菌科	3.52	1.09	0.57	3.60	1.92
【10】	海洋放线菌目分类地位未定的1科	0.57	4.76	3.54	0.82	0.16
【11】	长杆菌科	6.35	0.88	0.74	0.71	1.07
【12】	螺旋体科	2.08	0.03	0.32	6.46	0.35
【13】	黄杆菌科	3.07	2.37	2.47	0.53	0.65
【14】	噬几丁质菌科	0.66	1.92	1.84	0.08	4.46
【15】	热杆菌科	0.36	2.92	5.52	0.03	0.10
【16】	劣生单胞菌科	1.67	0.88	0.67	4.26	1.24
【17】	梭菌科1	0.70	0.66	0.34	5.94	0.42
【18】	棒杆菌科	0.11	0.04	0.02	6.38	0.91
【19】	腐螺旋菌科	2.94	2.91	0.45	0.16	0.54
【20】	芽单胞菌纲分类地位未定的1纲	0.76	2.77	2.13	0.13	0.43
【21】	威克斯氏菌科	0.77	0.38	0.20	0.93	3.63
【22】	假单胞菌科	2.41	1.82	0.34	0.63	0.51
【23】	鞘脂单胞菌科	0.67	1.77	0.33	0.12	2.05
【24】	理研菌科	0.16	0.00	0.14	1.57	2.42
【25】	间孢囊菌科	1.93	1.51	0.22	0.39	0.15
【26】	候选科JG30-KF-CM45	1.09	1.30	1.03	0.53	0.20

续表

物种名称	饲料发酵床不同深度垫料细菌科含量/%				
	表层垫料F1	中层垫料F2	底层垫料F3	饲料垫料F4	新鲜猪粪F5
【27】 硫碱螺菌科(Thioalkalispiraceae)	0.11	0.07	0.16	1.13	2.67
【28】 瘤胃球菌科	0.55	0.06	0.19	2.52	0.53
【29】 候选科BIrii41	0.85	1.91	0.70	0.30	0.10
【30】 糖单胞菌目分类地位未定的1科	0.60	2.23	0.50	0.44	0.07
【31】 动球菌科	0.03	0.03	0.07	2.23	1.45
【32】 候选门WS6多伊卡菌纲分类地位未定的1目	0.28	1.62	1.40	0.12	0.19
【33】 梭菌目科XI	0.50	0.35	0.19	2.03	0.39
【34】 亚群6的1纲分类地位未定的1目	0.70	1.61	0.89	0.10	0.08
【35】 候选科PHOS-HE36	0.02	0.61	2.66	0.01	0.02
【36】 根瘤菌科	0.31	0.49	0.35	0.29	1.68
【37】 消化链球菌科	0.21	0.19	0.09	2.25	0.10
【38】 乳杆菌科	0.00	0.00	0.00	2.18	0.62
【39】 肠杆菌科	0.04	0.01	0.00	0.13	2.57
【40】 罗纳杆菌科	1 87	0.21	0.10	0.06	0.33
【41】 莫拉氏菌科	0.28	0.03	0.03	1.66	0.57
【42】 暖绳菌科	0.15	0.82	1.46	0.06	0.04
【43】 类芽胞杆菌科	1.18	0.11	0.10	0.15	0.72
【44】 克里斯滕森菌科	0.84	0.02	0.05	0.54	0.73
【45】 黄色杆菌科	0.09	0.90	0.66	0.08	0.41
【46】 丹毒丝菌科	0.08	0.11	0.11	1.66	0.11
【47】 明串珠菌科	0.01	0.00	0.00	0.82	1.18
【48】 类固醇杆菌科(Steroidobacteraceae)	0.11	0.75	0.92	0.04	0.07
【49】 气球菌科	0.03	0.00	0.00	1.82	0.01
【50】 脱硫微菌科	0.54	0.00	0.00	0.60	0.70
【51】 诺卡氏菌科	0.68	0.63	0.20	0.08	0.24
【52】 厌氧绳菌科	0.03	0.33	1.39	0.01	0.03
【53】 芽单胞菌科	0.38	0.93	0.26	0.02	0.18
【54】 链霉菌科	0.04	0.16	0.06	0.03	1.44
【55】 链孢囊菌科	0.30	0.73	0 60	0.03	0.02
【56】 目EPR3968-O8a-Bc78分类地位未定的1科	0.17	0.48	0.76	0.09	0.11
【57】 高温单胞菌科	0.06	0.27	1.10	0.04	0.05
【58】 甲基球菌科	0.06	0.66	0.64	0.02	0.08
【59】 生丝微菌科	0.08	0.41	0.76	0.10	0.07
【60】 螺状菌科	0.60	0.53	0.02	0.11	0.13
【61】 脱硫球茎菌科	0.30	0.02	0.00	0.62	0.42
【62】 热厌氧菌科	0.20	0.57	0.10	0.05	0.42
【63】 候选门BRC1分类地位未定的1科	0.17	0.54	0.51	0.02	0.08
【64】 目S085分类地位未定的1科	0.09	0.73	0.40	0.04	0.03
【65】 纤维弧菌科	0.63	0.57	0.03	0.04	0.00
【66】 候选科AKYG1722	0.14	0.43	0.54	0.09	0.04

物种名称		饲料发酵床不同深度垫料细菌科含量/%				
		表层垫料F1	中层垫料F2	底层垫料F3	饲料垫料F4	新鲜猪粪F5
【67】	亚群21分类地位未定的1科	0.06	0.19	0.91	0.01	0.00
【68】	候选科01	0.69	0.02	0.05	0.32	0.08
【69】	无胆甾原体科	0.20	0.01	0.03	0.76	0.15
【70】	太阳杆菌科	0.60	0.01	0.06	0.09	0.38
【71】	肠球菌科	0.00	0.01	0.00	0.77	0.36
【72】	红杆菌科	0.20	0.26	0.05	0.37	0.19
【73】	糖单胞菌科	0.17	0.41	0.08	0.27	0.11
【74】	毛螺菌科	0.04	0.06	0.04	0.80	0.09
【75】	慢生单胞菌目分类地位未定的1科	0.79	0.02	0.02	0.16	0.05
【76】	圆杆菌科	0.15	0.19	0.64	0.01	0.04
【77】	科XIII	0.14	0.02	0.03	0.61	0.16
【78】	微单胞菌科	0.10	0.32	0.48	0.03	0.03
【79】	侏囊菌科	0.44	0.43	0.07	0.00	0.00
【80】	目CCD24分类地位未定的1科	0.12	0.42	0.28	0.02	0.06
【81】	丙酸杆菌科	0.14	0.08	0.02	0.41	0.23
【82】	拟杆菌纲未分类的1科	0.32	0.04	0.24	0.09	0.17
【83】	双歧杆菌科	0.00	0.00	0.00	0.86	0.00
【84】	沉积杆菌科	0.17	0.44	0.12	0.09	0.02
【85】	梭菌目科XII	0.60	0.02	0.02	0.10	0.09
【86】	微球菌目未分类的1科	0.38	0.26	0.04	0.12	0.02
【87】	原小单胞菌科	0.18	0.12	0.01	0.09	0.41
【88】	应微所菌科	0.19	0.36	0.12	0.06	0.04
【89】	α-变形菌纲未分类的1科	0.07	0.33	0.29	0.01	0.06
【90】	钩端螺旋体科	0.04	0.00	0.19	0.10	0.40
【91】	γ-变形菌纲未分类的1科	0.14	0.26	0.26	0.03	0.05
【92】	芽胞乳杆菌科	0.00	0.00	0.00	0.00	0.73
【93】	肉杆菌科	0.04	0.00	0.00	0.68	0.00
【94】	微杆菌科	0.17	0.13	0.04	0.16	0.22
【95】	脱硫单胞菌科	0.01	0.10	0.03	0.25	0.33
【96】	海管菌科	0.12	0.30	0.25	0.01	0.04
【97】	嗜甲基菌科	0.05	0.03	0.02	0.07	0.50
【98】	海草球形菌科	0.04	0.21	0.35	0.01	0.06
【99】	纤维单胞菌科	0.29	0.18	0.01	0.10	0.06
【100】	β-变形菌目未分类的1科	0.14	0.01	0.01	0.15	0.32

（2）亚群落分化 以表4-8为矩阵，细菌物种为样本，发酵床生境为指标，马氏距离为尺度，可变类平均法进行系统聚类，结果见表4-9和图4-7。可将细菌科分为3组，第1组为高含量组，包括了15个细菌科，即目SBR1031分类地位未定的1科、黄单胞菌科（Xanthomonadaceae）、特吕珀菌科、螺旋体科（Spirochaetaceae）、鞘脂杆菌科（Sphingobacteriaceae）、热杆菌科（Rhodothermaceae）、红环菌科（Rhodocyclaceae）、长杆菌科

（Prolixibacteraceae）、海洋放线菌目分类地位未定的 1 科、微颤菌科（Microscillaceae）、海滑菌科（Marinilabiliaceae）、黄杆菌科（Flavobacteriaceae）、噬几丁质菌科（Chitinophagaceae）、伯克氏菌科（Burkholderiaceae）、候选科 A4b，全程分布在表层垫料 F1、中层垫料 F2、底层垫料 F3、饲料垫料 F4、新鲜猪粪 F5 生境中，其含量平均值分别为 4.02%、3.50%、4.09%、2.63%、3.72%，为饲料发酵床重要的细菌科菌群，其中表层、中层垫料优势科分别为海滑菌科（12.27%）和微颤菌科（14.05%），底层垫料优势科为 A4b（11.06%），垫料原料和新鲜牛粪优势科为伯克氏菌科（9.36%、18.33%）；牧草饲料发酵过程起到重要作用。第 2 组为中含量组，包括了 41 个细菌科，包含了一些主要的细菌科如消化链球菌科（Peptostreptococcaceae）、乳杆菌科（Lactobacillaceae）、肠杆菌科（Enterobacteriaceae）、罗纳杆菌科（Rhodanobacteraceae）、莫拉氏菌科（Moraxellaceae）、暖绳菌科（Caldilineaceae）、类芽胞杆菌科（Paenibacillaceae）、克里斯滕森菌科（Christensenellaceae）、黄色杆菌科（Xanthobacteraceae）、丹毒丝菌科（Erysipelotrichaceae）、明串珠菌科（Leuconostocaceae）、气球菌科（Aerococcaceae）、脱硫微菌科（Desulfomicrobiaceae）、诺卡氏菌科（Nocardiaceae）、芽单胞菌科（Gemmatimonadaceae）、链霉菌科（Streptomycetaceae）、链孢囊菌科（Streptosporangiaceae）、螺状菌科（Spirosomaceae）、热厌氧菌科（Thermoanaerobaculaceae）、纤维弧菌科（Cellvibrionaceae）等；在表层垫料 F1、中层垫料 F2、底层垫料 F3、饲料垫料 F4、新鲜猪粪 F5 生境中其含量平均值分别为 0.62%、0.72%、0.41%、1.04%、0.74%，为饲料发酵床主要细菌科菌群，牧草饲料发酵过程起到主要作用。第 3 组为低含量组，包括了其余的 44 个细菌科，属于发酵床的偶见种类，如无胆甾原体科（Acholeplasmataceae）、太阳杆菌科（Heliobacteriaceae）、肠球菌科（Enterococcaceae）、红杆菌科（Rhodobacteraceae）、糖单胞菌科（Saccharimonadaceae）、毛螺菌科（Lachnospiraceae）、芽胞乳杆菌科（Sporolactobacillaceae）、肉杆菌科（Carnobacteriaceae）、微杆菌科（Microbacteriaceae）、脱硫单胞菌科（Desulfuromonadaceae）、海管菌科（Haliangiaceae）、嗜甲基菌科（Methylophilaceae）、海草球形菌科（Phycisphaeraceae）、纤维单胞菌科（Cellulomonadaceae）等，在表层垫料 F1、中层垫料 F2、底层垫料 F3、饲料垫料 F4、新鲜猪粪 F5 生境中其含量平均值分别为 0.18%、0.22%、0.27%、0.20%、0.15%，为饲料发酵床辅助细菌科菌群。

表4-9　饲料发酵床不同深度垫料中的细菌科聚类分析

组别	物种名称	饲料发酵床不同深度垫料细菌科含量/%				
		表层垫料F1	中层垫料F2	底层垫料F3	饲料垫料F4	新鲜猪粪F5
1	目SBR1031分类地位未定的1科	7.55	11.83	20.41	7.15	0.98
1	伯克氏菌科	7.20	0.48	1.18	9.36	18.33
1	微颤菌科	1.71	14.05	9.67	0.11	1.98
1	海滑菌科	12.27	2.27	2.63	8.51	1.54
1	黄单胞菌科	5.53	3.69	0.28	1.13	10.03
1	候选科A4b	1.96	4.81	11.06	0.74	0.13
1	鞘脂杆菌科	0.55	0.22	0.03	0.11	11.55
1	特吕珀菌科	6.98	1.17	1.02	0.14	2.55
1	红环菌科	3.52	1.09	0.57	3.60	1.92
1	海洋放线菌目分类地位未定的1科	0.57	4.76	3.54	0.82	0.16
1	长杆菌科	6.35	0.88	0.74	0.71	1.07

续表

组别	物种名称	饲料发酵床不同深度垫料细菌科含量/%				
		表层垫料F1	中层垫料F2	底层垫料F3	饲料垫料F4	新鲜猪粪F5
1	螺旋体科	2.08	0.03	0.32	6.46	0.35
1	黄杆菌科	3.07	2.37	2.47	0.53	0.65
1	噬儿丁质菌科	0.66	1.92	1.84	0.08	4.46
1	热杆菌科	0.36	2.92	5.52	0.03	0.10
	第1组15个样本平均值	4.02	3.50	4.09	2.63	3.72
2	劣生单胞菌科	1.67	0.88	0.67	4.26	1.24
2	梭菌科1	0.70	0.66	0.34	5.94	0.42
2	棒杆菌科	0.11	0.04	0.02	6.38	0.91
2	腐螺旋菌科	2.94	2.91	0.45	0.16	0.54
2	芽单胞菌纲分类地位未定的1科	0.76	2.77	2.13	0.13	0.43
2	威克斯氏菌科	0.77	0.38	0.20	0.93	3.63
2	假单胞菌科	2.41	1.82	0.34	0.63	0.51
2	鞘脂单胞菌科	0.67	1.77	0.33	0.12	2.05
2	理研菌科	0.16	0.00	0.14	1.57	2.42
2	间孢囊菌科	1.93	1.51	0.22	0.39	0.15
2	候选科JG30-KF-CM45	1.09	1.30	1.03	0.53	0.20
2	硫碱螺菌科	0.11	0.07	0.16	1.13	2.67
2	瘤胃球菌科	0.55	0.06	0.19	2.52	0.53
2	候选科BIrii41	0.85	1.91	0.70	0.30	0.10
2	糖单胞菌目分类地位未定的1科	0.60	2.23	0.50	0.44	0.07
2	动球菌科	0.03	0.03	0.07	2.23	1.45
2	候选门WS6多伊卡菌纲分类地位未定的1科	0.28	1.62	1.40	0.12	0.19
2	梭菌目科XI	0.50	0.35	0.19	2.03	0.39
2	亚群6的1纲分类地位未定的1科	0.70	1.61	0.89	0.10	0.08
2	候选科PHOS-HE36	0.02	0.61	2.66	0.01	0.02
2	根瘤菌科	0.31	0.49	0.35	0.29	1.68
2	消化链球菌科	0.21	0.19	0.09	2.25	0.10
2	乳杆菌科	0.00	0.00	0.00	2.18	0.62
2	肠杆菌科	0.04	0.01	0.00	0.13	2.57
2	罗纳杆菌科	1.87	0.21	0.10	0.06	0.33
2	莫拉氏菌科	0.28	0.03	0.03	1.66	0.57
2	暖绳菌科	0.15	0.82	1.46	0.06	0.04
2	类芽胞杆菌科	1.18	0.11	0.10	0.15	0.72
2	克里斯滕森菌科	0.84	0.02	0.05	0.54	0.73
2	黄色杆菌科	0.09	0.90	0.66	0.08	0.41
2	丹毒丝菌科	0.08	0.11	0.11	1.66	0.11
2	明串珠菌科	0.01	0.00	0.00	0.82	1.18
2	气球菌科	0.03	0.00	0.00	1.82	0.01
2	脱硫微菌科	0.54	0.00	0.00	0.60	0.70
2	诺卡氏菌科	0.68	0.63	0.20	0.08	0.24
2	芽单胞菌科	0.38	0.93	0.26	0.02	0.18
2	链霉菌科	0.04	0.16	0.06	0.03	1.44
2	链孢囊菌科	0.30	0.73	0.60	0.03	0.02
2	螺状菌科	0.60	0.53	0.02	0.11	0.13
2	热厌氧菌科	0.20	0.57	0.10	0.05	0.42
2	纤维弧菌科	0.63	0.57	0.03	0.04	0.00

续表

组别	物种名称	饲料发酵床不同深度垫料细菌科含量/%				
		表层垫料F1	中层垫料F2	底层垫料F3	饲料垫料F4	新鲜猪粪F5
	第2组41个样本平均值	0.62	0.72	0.41	1.04	0.74
3	类固醇杆菌科	0.11	0.75	0.92	0.04	0.07
3	厌氧绳菌科	0.03	0.33	1.39	0.01	0.03
3	目EPR3968-O8a-Bc78分类地位未定的1科	0.17	0.48	0.76	0.09	0.11
3	高温单胞菌科	0.06	0.27	1.10	0.04	0.05
3	甲基球菌科	0.06	0.66	0.64	0.02	0.08
3	生丝微菌科	0.08	0.41	0.76	0.10	0.07
3	脱硫球茎菌科	0.30	0.02	0.00	0.62	0.42
3	候选门BRC1分类地位未定的1科	0.17	0.54	0.51	0.02	0.08
3	目S085分类地位未定的1科	0.09	0.73	0.40	0.04	0.03
3	候选科AKYG1722	0.14	0.43	0.54	0.09	0.04
3	亚群21分类地位未定的1科	0.06	0.19	0.91	0.01	0.00
3	候选科01	0.69	0.02	0.05	0.32	0.08
3	无胆甾原体科	0.20	0.01	0.03	0.76	0.15
3	太阳杆菌科	0.60	0.01	0.06	0.09	0.38
3	肠球菌科	0.00	0.01	0.00	0.77	0.36
3	红杆菌科	0.20	0.26	0.05	0.37	0.19
3	糖单胞菌科	0.17	0.41	0.08	0.27	0.11
3	毛螺菌科	0.04	0.06	0.04	0.80	0.09
3	慢生单胞菌目分类地位未定的1科	0.79	0.02	0.05	0.16	0.05
3	圆杆菌科	0.15	0.19	0.64	0.01	0.04
3	科XIII	0.14	0.02	0.03	0.61	0.16
3	微单胞菌科	0.10	0.32	0.48	0.03	0.03
3	侏囊菌科	0.44	0.43	0.07	0.00	0.00
3	目CCD24分类地位未定的1科	0.12	0.42	0.28	0.02	0.06
3	丙酸杆菌科	0.14	0.08	0.02	0.41	0.23
3	拟杆菌纲未分类的1科	0.32	0.04	0.24	0.09	0.17
3	双歧杆菌科	0.00	0.00	0.00	0.86	0.00
3	沉积杆菌科	0.17	0.44	0.12	0.09	0.02
3	梭菌目科XII	0.60	0.02	0.02	0.10	0.09
3	微球菌目未分类的1科	0.38	0.26	0.04	0.12	0.02
3	原小单胞菌科	0.18	0.12	0.01	0.09	0.41
3	应微所菌科	0.19	0.36	0.12	0.06	0.04
3	α-变形菌纲未分类的1科	0.07	0.33	0.29	0.01	0.06
3	钩端螺旋体科	0.04	0.00	0.19	0.10	0.40
3	γ-变形菌纲未分类的1科	0.14	0.26	0.26	0.03	0.05
3	芽胞乳杆菌科	0.00	0.00	0.00	0.00	0.73
3	肉杆菌科	0.04	0.00	0.00	0.68	0.00
3	微杆菌科	0.17	0.13	0.04	0.16	0.22
3	脱硫单胞菌科	0.01	0.10	0.03	0.25	0.33
3	海管菌科	0.12	0.30	0.25	0.01	0.04
3	嗜甲基菌科	0.05	0.03	0.02	0.07	0.50
3	海草球形菌科	0.04	0.21	0.35	0.01	0.06
3	纤维单胞菌科	0.29	0.18	0.01	0.10	0.06
3	β-变形菌目未分类的1科	0.14	0.01	0.01	0.15	0.32
	第3组44个样本平均值	0.18	0.22	0.27	0.20	0.15

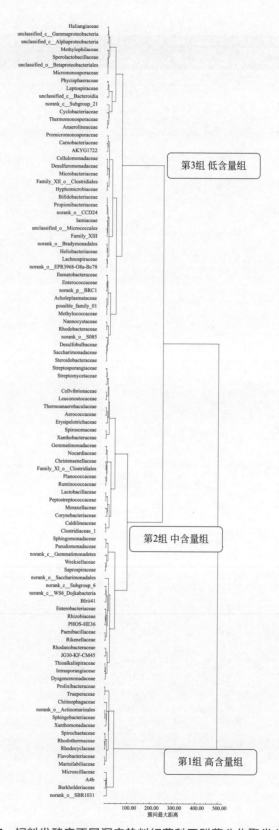

图4-7　饲料发酵床不同深度垫料细菌科亚群落分化聚类分析

七、不同深度垫料细菌属菌群分化

（1）物种检测 饲料发酵床不同深度垫料细菌属共检测到 1024 个，取高含量前 100 个细菌属菌群含量见表 4-10。从细菌属菌群考察，垫料表层 F1 细菌属 641 个，前 3 个高含量的优势菌群为瘤胃线杆菌属（9.15%）、目 SBR1031 分类地位未定的 1 科（7.55%）、特吕珀菌属（6.98%），在其他发酵床生境和新鲜猪粪中保持一定的数量 [图 4-8(a)]。垫料中层 F2 细菌属 600 个，前 3 个高含量的优势菌群为金色线菌属（*Chryseolinea*）（13.66%）、目 SBR1031 分类地位未定的 1 属（11.83%）、科 A4b 分类地位未定的 1 属（4.80%），在垫料原料中含量很低，来源于新鲜猪粪接种于发酵垫料 [图 4-8(b)]。垫料底层 F3 细菌属 585 个，前 3 个高含量的优势菌群为目 SBR1031 分类地位未定的 1 科（20.41%）、科 A4b 分类地位未定的 1 属（11.06%）、金色线菌属（9.61%），垫料底层厌氧条件好，厌氧生长优势菌群生长得较好 [图 4-8(c)]。饲料垫料 F4 细菌属 659 个，前 3 个高含量的优势菌群为目 SBR1031 分类地位未定的 1 科（7.15%）、瘤胃线杆菌属（6.63%）、棒杆菌属 1（6.29%）[图 4-8(d)]。新鲜猪粪 F5 细菌属 617 个，前 3 个高含量的优势菌群为噬氢菌属（14.88%）、鞘脂杆菌属（*Sphingobacterium*）（10.53%）、假黄单胞菌属（*Pseudoxanthomonas*）（4.47%），来源于新鲜猪粪，F5 中含量较高，其他发酵床生境中含量较低 [图 4-8(e)]。

表4-10 饲料发酵床不同深度垫料中的前100个高含量细菌属

物种名称		饲料发酵床不同深度垫料细菌属含量/%				
		表层垫料F1	中层垫料F2	底层垫料F3	饲料垫料F4	新鲜猪粪F5
【1】	目SBR1031分类地位未定的1属	7.55	11.83	20.41	7.15	0.98
【2】	噬氢菌属	6.76	0.26	0.59	4.63	14.88
【3】	金色线菌属	1.68	13.66	9.61	0.10	1.88
【4】	瘤胃线杆菌属	9.15	2.24	2.42	6.63	1.26
【5】	科A4b分类地位未定的1属	1.91	4.80	11.06	0.69	0.13
【6】	特吕珀菌属	6.98	1.17	1.02	0.14	2.55
【7】	鞘脂杆菌属	0.43	0.13	0.01	0.10	10.53
【8】	海洋放线菌目分类地位未定的1属	0.57	4.76	3.54	0.82	0.16
【9】	长杆菌科分类地位未定的1属	6.34	0.88	0.68	0.66	1.05
【10】	热杆菌科分类地位未定的1属	0.30	2.42	5.47	0.02	0.10
【11】	盐湖浮游菌属	2.54	2.06	2.24	0.32	0.37
【12】	狭义梭菌属1	0.45	0.53	0.30	5.58	0.36
【13】	棒杆菌属1	0.03	0.02	0.00	6.29	0.88
【14】	藤黄色单胞菌属	3.25	3.05	0.12	0.29	0.31
【15】	密螺旋体属2	1.79	0.00	0.01	4.64	0.26
【16】	固氮弓菌属	2.74	0.59	0.35	2.32	0.38
【17】	芽单胞菌纲分类地位未定的1属	0.76	2.77	2.13	0.13	0.43
【18】	居膜菌属	2.81	2.49	0.20	0.16	0.42
【19】	假单胞菌属	2.39	1.82	0.34	0.63	0.47
【20】	假黄单胞菌属	0.32	0.13	0.05	0.04	4.47
【21】	海滑菌科未分类的1属	3.06	0.03	0.02	1.71	0.17

续表

物种名称	饲料发酵床不同深度垫料细菌属含量/%				
	表层垫料F1	中层垫料F2	底层垫料F3	饲料垫料F4	新鲜猪粪F5
【22】寡养单胞菌属	0.01	0.01	0.01	0.34	4.46
【23】科JG30-KF-CM45分类地位未定的1属	1.09	1.30	1.03	0.53	0.20
【24】硫碱螺菌属	0.11	0.07	0.16	1.13	2.67
【25】科BIrii41分类地位未定的1属	0.85	1.91	0.70	0.30	0.10
【26】糖单胞菌目分类地位未定的1属	0.60	2.23	0.50	0.44	0.07
【27】噬几丁质菌属	0.00	0.00	0.00	0.00	3.83
【28】候选门WS6多伊卡菌纲分类地位未定的1属	0.28	1.62	1.40	0.12	0.19
【29】交替赤杆菌属	0.65	1.74	0.30	0.07	0.81
【30】沙单胞菌属	1.88	0.37	0.09	0.45	0.72
【31】亚群6的1纲分类地位未定的1属	0.70	1.61	0.89	0.10	0.08
【32】嗜蛋白菌属	0.84	0.47	0.15	1.74	0.17
【33】发酵单胞菌属	0.68	0.36	0.40	1.44	0.46
【34】金黄杆菌属	0.01	0.00	0.00	0.01	3.32
【35】科PHOS-HE36分类地位未定的1属	0.02	0.61	2.66	0.01	0.02
【36】太白山菌属	0.40	1.16	1.34	0.06	0.09
【37】陶厄氏菌属	0.71	0.49	0.12	0.17	1.27
【38】丛毛单胞菌属	0.09	0.01	0.00	1.99	0.50
【39】沉积杆菌属	0.34	0.31	0.16	1.39	0.33
【40】暖绳菌科分类地位未定的1属	0.14	0.80	1.45	0.06	0.04
【41】不动杆菌属	0.27	0.03	0.00	1.62	0.56
【42】乳杆菌属	0.00	0.00	0.00	2.17	0.24
【43】假深黄单胞菌属	1.82	0.20	0.10	0.05	0.21
【44】肠杆菌属	0.02	0.00	0.00	0.07	2.20
【45】龙包茨氏菌属	0.13	0.14	0.08	1.83	0.08
【46】候选属DMER64	0.06	0.00	0.11	0.24	1.84
【47】四球菌属	1.24	0.54	0.10	0.22	0.08
【48】陌生菌属	0.01	0.00	0.00	2.07	0.05
【49】克里斯滕森菌科R-7群的1属	0.82	0.02	0.01	0.51	0.65
【50】解硫胺素芽胞杆菌属	1.18	0.09	0.02	0.12	0.60
【51】魏斯氏菌属	0.01	0.00	0.00	0.82	1.18
【52】库特氏菌属	0.00	0.00	0.00	1.82	0.13
【53】类固醇杆菌属	0.11	0.75	0.92	0.04	0.07
【54】脱硫微菌属	0.54	0.00	0.00	0.60	0.70
【55】黄色杆菌科分类地位未定的1属	0.08	0.88	0.63	0.08	0.12
【56】红球菌属	0.66	0.60	0.18	0.08	0.23
【57】链霉菌属	0.04	0.16	0.06	0.03	1.44
【58】鸟氨酸球菌属	0.55	0.89	0.11	0.12	0.05
【59】厌氧绳菌科分类地位未定的1属	0.03	0.32	1.31	0.01	0.03
【60】漠河杆菌属	0.74	0.37	0.20	0.20	0.18
【61】苏黎世杆菌属	0.06	0.11	0.10	1.34	0.06

物种名称	饲料发酵床不同深度垫料细菌属含量/%				
	表层垫料F1	中层垫料F2	底层垫料F3	饲料垫料F4	新鲜猪粪F5
【62】 目EPR3968-O8a-Bc78分类地位未定的1属	0.17	0.48	0.76	0.09	0.11
【63】 甲基暖菌属	0.06	0.66	0.63	0.02	0.08
【64】 鲁梅尔芽胞杆菌属	0.00	0.01	0.02	0.02	1.32
【65】 伯克氏菌属-卡瓦列罗氏菌属-副伯克氏菌属	0.00	0.00	0.00	0.00	1.35
【66】 亚群10的1属	0.20	0.57	0.10	0.05	0.42
【67】 桃色杆菌属(Persicitalea)	0.58	0.53	0.01	0.09	0.10
【68】 候选门BRC1分类地位未定的1属	0.17	0.54	0.51	0.00	0.08
【69】 目S085分类地位未定的1属	0.09	0.73	0.40	0.04	0.03
【70】 科AKYG1722分类地位未定的1属	0.14	0.43	0.54	0.04	
【71】 噬几丁质菌科分类地位未定的1属	0.24	0.48	0.37	0.02	0.11
【72】 黄杆菌属	0.43	0.15	0.21	0.20	0.19
【73】 亚群21分类地位未定的1属	0.06	0.19	0.91	0.01	0.00
【74】 候选科01分类地位未定的1属	0.69	0.02	0.05	0.32	0.08
【75】 尢胆甾原体属	0.20	0.01	0.03	0.76	0.15
【76】 生孢产氢菌属	0.60	0.01	0.06	0.09	0.38
【77】 肠球菌属	0.00	0.01	0.00	0.74	0.36
【78】 球胞发菌属	0.03	0.00	0.01	1.02	0.04
【79】 苍白杆菌属	0.00	0.00	0.00	0.01	1.03
【80】 糖单胞菌科分类地位未定的1属	0.17	0.41	0.08	0.27	0.11
【81】 高温单胞菌属	0.01	0.05	0.97	0.01	0.00
【82】 慢生单胞菌目分类地位未定的1属	0.79	0.02	0.02	0.16	0.05
【83】 球孢囊菌属	0.26	0.52	0.19	0.02	0.01
【84】 芽单胞菌科分类地位未定的1属	0.14	0.65	0.06	0.01	0.08
【85】 劣生单胞菌科分类地位未定的1属	0.03	0.00	0.00	0.81	0.08
【86】 生丝微菌科未分类的1属	0.02	0.18	0.66	0.03	0.02
【87】 侏囊菌科分类地位未定的1属	0.43	0.41	0.05	0.00	0.00
【88】 密螺旋体属	0.09	0.00	0.00	0.78	0.03
【89】 目CCD24分类地位未定的1属	0.12	0.42	0.28	0.02	0.06
【90】 脱硫棒菌属	0.23	0.02	0.00	0.40	0.21
【91】 拟杆菌纲未分类的1属	0.32	0.04	0.24	0.09	0.17
【92】 副球菌属	0.15	0.20	0.03	0.30	0.16
【93】 腐螺旋菌科分类地位未定的1属	0.06	0.42	0.25	0.00	0.10
【94】 湖杆菌属	0.15	0.09	0.29	0.04	0.26
【95】 古根海姆氏菌属	0.59	0.02	0.02	0.10	0.09
【96】 微球菌目未分类的1属	0.38	0.26	0.04	0.12	0.02
【97】 厌氧胞菌属	0.03	0.00	0.00	0.56	0.22
【98】 帝国杆菌属	0.07	0.08	0.63	0.00	0.02
【99】 应微所菌属	0.19	0.36	0.12	0.06	0.04
【100】 α-变形菌纲未分类的1属	0.07	0.33	0.29	0.01	0.06

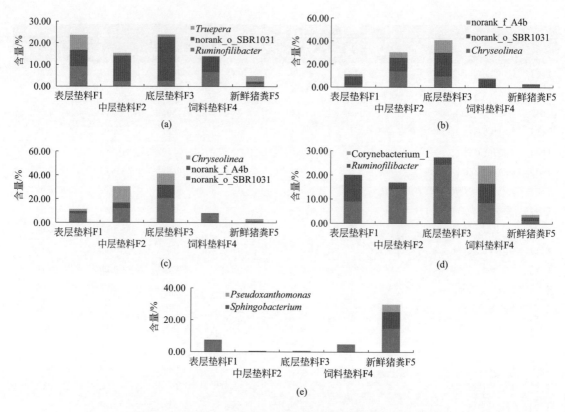

图4-8　饲料发酵床不同深度垫料优势属菌群的生境分布

（2）亚群落分化　以表4-10为矩阵，细菌物种为样本，发酵床生境为指标，马氏距离为尺度，可变类平均法进行系统聚类，结果见表4-11和图4-9。可将细菌属分为3组，第1组为高含量组，包括了12个细菌属，即目SBR1031分类地位未定的1属、噬氢菌属（*Hydrogenophaga*）、金色线菌属、瘤胃线杆菌属（*Ruminofilibacter*）、科A4b分类地位未定的1属、特吕珀菌属（*Truepera*）、鞘脂杆菌属（*Sphingobacterium*）、海洋放线菌目分类地位未定的1属、长杆菌科分类地位未定的1属、热杆菌科分类地位未定的1属、盐湖浮游菌属（*Planktosalinus*）、狭义梭菌属1（*Clostridium_sensu_stricto_1*），全程分布在表层垫料F1、中层垫料F2、底层垫料F3、饲料垫料F4、新鲜猪粪F5生境中，其含量平均值分别为3.72%、3.73%、4.78%、2.24%、2.86%，为饲料发酵床重要的细菌属菌群，在牧草饲料发酵过程中起到重要作用。第2组为中含量组，包括了48个细菌属，包含了一些主要的细菌属如太白山菌属（*Taibaiella*）、陶厄氏菌属（*Thauera*）、丛毛单胞菌属（*Comamonas*）、沉积杆菌属（*Sedimentibacter*）、不动杆菌属（*Acinetobacter*）、乳杆菌属（*Lactobacillus*）、假深黄单胞菌属（*Pseudofulvimonas*）、肠杆菌属（*Enterobacter*）、龙包茨氏菌属（*Romboutsia*）、候选属DMER64、四球菌属（*Tetrasphaera*）、陌生菌属（*Advenella*）等，在表层垫料F1、中层垫料F2、底层垫料F3、饲料垫料F4、新鲜猪粪F5生境中其含量平均值分别为0.74%、0.63%、0.31%、0.85%、0.80%，为饲料发酵床主要细菌属菌群，在牧草饲料发酵过程中起到主要作用。第3组为低含量组，包括了其余的40个细菌属，属于发酵床的偶见种类，如无胆甾原体属（*Acholeplasma*）、厌氧胞菌属（*Anaerocella*）、伯克氏菌属 - 卡瓦列罗氏菌属 - 副伯克氏菌属、脱硫棒菌属（*Desulfofustis*）、肠球菌属（*Enterococcus*）、黄杆菌属

（*Flavobacterium*）、古根海姆氏菌属（*Guggenheimella*）、生孢产氢菌属（*Hydrogenispora*）、应微所菌属（*Iamia*）、帝国杆菌属（*Imperialibacter*）、湖杆菌属（*Limnobacter*）、甲基暖菌属（*Methylocaldum*）、苍白杆菌属（*Ochrobactrum*）、副球菌属（*Paracoccus*）、鲁梅尔芽胞杆菌属（*Rummeliibacillus*）、球孢囊菌属（*Sphaerisporangium*）、球胞发菌属（*Sphaerochaeta*）、类固醇杆菌属（*Steroidobacter*）、高温单胞菌属（*Thermomonospora*）、密螺旋体属（*Treponema*）等，在表层垫料 F1、中层垫料 F2、底层垫料 F3、饲料垫料 F4、新鲜猪粪 F5 生境中其含量平均值分别为 0.19%、0.25%、0.31%、0.18%、0.18%，为饲料发酵床辅助细菌属菌群。

表4-11　饲料发酵床不同深度垫料细菌属聚类分析

组别	物种名称	饲料发酵床不同深度垫料细菌科含量/%				
		表层垫料F1	中层垫料F2	底层垫料F3	饲料垫料F4	新鲜猪粪F5
1	目SBR1031分类地位未定的1属	7.55	11.83	20.41	7.15	0.98
1	噬氢菌属	6.76	0.26	0.59	4.63	14.88
1	金色线菌属	1.68	13.66	9.61	0.10	1.88
1	瘤胃线杆菌属	9.15	2.24	2.42	6.63	1.26
1	科A4b分类地位未定的1属	1.91	4.80	11.06	0.69	0.13
1	特吕珀菌属	6.98	1.17	1.02	0.14	2.55
1	鞘脂杆菌属	0.43	0.13	0.01	0.10	10.53
1	海洋放线菌目分类地位未定的1属	0.57	4.76	3.54	0.82	0.16
1	长杆菌科分类地位未定的1属	6.34	0.88	0.68	0.66	1.05
1	热杆菌科分类地位未定的1属	0.30	2.42	5.47	0.02	0.10
1	盐湖浮游菌属	2.54	2.06	2.24	0.32	0.37
1	狭义梭菌属1	0.45	0.53	0.30	5.58	0.36
	第1组12个样本平均值	3.72	3.73	4.78	2.24	2.86
2	棒杆菌属1	0.03	0.02	0.00	6.29	0.88
2	藤黄色单胞菌属	3.25	3.05	0.12	0.29	0.31
2	密螺旋体属2	1.79	0.00	0.01	4.64	0.26
2	固氮弓菌属	2.74	0.59	0.35	2.32	0.38
2	芽单胞菌纲分类地位未定的1属	0.76	2.77	2.13	0.13	0.43
2	居膜菌属	2.81	2.49	0.20	0.16	0.42
2	假单胞菌属	2.39	1.82	0.34	0.63	0.47
2	假黄单胞菌属	0.32	0.13	0.05	0.04	4.47
2	海滑菌科未分类的1属	3.06	0.03	0.02	1.71	0.17
2	寡养单胞菌属	0.01	0.01	0.01	0.34	4.46
2	科JG30-KF-CM45分类地位未定的1属	1.09	1.30	1.03	0.53	0.20
2	硫碱螺菌属	0.11	0.07	0.16	1.13	2.67
2	科BIrii41分类地位未定的1属	0.85	1.91	0.70	0.30	0.10
2	糖单胞菌目分类地位未定的1属	0.60	2.23	0.50	0.44	0.07
2	噬几丁质菌属	0.00	0.00	0.00	0.00	3.83
2	候选门WS6多伊卡菌纲分类地位未定的1属	0.28	1.62	1.40	0.12	0.19

畜禽养殖发酵床微生物组多样性

组别	物种名称	饲料发酵床不同深度垫料细菌科含量/%				
		表层垫料F1	中层垫料F2	底层垫料F3	饲料垫料F4	新鲜猪粪F5
2	交替赤杆菌属	0.65	1.74	0.30	0.07	0.81
2	沙单胞菌属	1.88	0.37	0.09	0.45	0.72
2	亚群6的1纲分类地位未定的1属	0.70	1.61	0.89	0.10	0.08
2	嗜蛋白菌属	0.84	0.47	0.15	1.74	0.17
2	发酵单胞菌属	0.68	0.36	0.40	1.44	0.46
2	金黄杆菌属	0.01	0.00	0.00	0.01	3.32
2	科PHOS-HE36分类地位未定的1属	0.02	0.61	2.66	0.01	0.02
2	太白山菌属	0.40	1.16	1.34	0.06	0.09
2	陶厄氏菌属	0.71	0.49	0.12	0.17	1.27
2	丛毛单胞菌属	0.09	0.01	0.00	1.99	0.50
2	沉积杆菌属	0.34	0.31	0.16	1.39	0.33
2	不动杆菌属	0.27	0.03	0.00	1.62	0.56
2	乳杆菌属	0.00	0.00	0.00	2.17	0.24
2	假深黄单胞菌属	1.82	0.20	0.10	0.05	0.21
2	肠杆菌属	0.02	0.00	0.00	0.07	2.20
2	龙包茨氏菌属	0.13	0.14	0.08	1.83	0.08
2	候选属DMER64	0.06	0.00	0.11	0.24	1.84
2	四球菌属	1.24	0.54	0.10	0.22	0.08
2	陌生菌属	0.01	0.00	0.00	2.07	0.05
2	克里斯滕森菌科R-7群的1属	0.82	0.02	0.01	0.51	0.65
2	解硫胺素芽胞杆菌属	1.18	0.09	0.02	0.12	0.60
2	魏斯氏菌属	0.01	0.00	0.00	0.82	1.18
2	库特氏菌属	0.00	0.00	0.00	1.82	0.13
2	脱硫微菌属	0.54	0.00	0.00	0.60	0.70
2	黄色杆菌科分类地位未定的1属	0.08	0.88	0.63	0.08	0.12
2	红球菌属	0.66	0.60	0.18	0.08	0.23
2	链霉菌属	0.04	0.16	0.06	0.03	1.44
2	鸟氨酸球菌属	0.55	0.89	0.11	0.12	0.05
2	漠河杆菌属	0.74	0.37	0.20	0.20	0.18
2	苏黎世杆菌属	0.06	0.11	0.10	1.34	0.06
2	亚群10的1属	0.20	0.57	0.10	0.05	0.42
2	桃色杆菌属	0.58	0.53	0.01	0.09	0.10
	第2组48个样本平均值	0.74	0.63	0.31	0.85	0.80
3	暖绳菌科分类地位未定的1属	0.14	0.80	1.45	0.06	0.04
3	类固醇杆菌属	0.11	0.75	0.92	0.04	0.07
3	厌氧绳菌科分类地位未定的1属	0.03	0.32	1.31	0.01	0.03
3	目EPR3968-O8a-Bc78分类地位未定的1属	0.17	0.48	0.76	0.09	0.11

组别	物种名称	饲料发酵床不同深度垫料细菌科含量/%				
		表层垫料F1	中层垫料F2	底层垫料F3	饲料垫料F4	新鲜猪粪F5
3	甲基暖菌属	0.06	0.66	0.63	0.02	0.08
3	鲁梅尔芽胞杆菌属	0.00	0.01	0.02	0.02	1.32
3	伯克氏菌属-卡瓦列罗氏菌属-副伯克氏菌属	0.00	0.00	0.00	0.00	1.35
3	候选门BRC1分类地位未定的1属	0.17	0.54	0.51	0.02	0.08
3	目S085分类地位未定的1属	0.09	0.73	0.40	0.04	0.03
3	科AKYG1722分类地位未定的1属	0.14	0.43	0.54	0.09	0.04
3	噬几丁质菌科分类地位未定的1属	0.24	0.48	0.37	0.02	0.11
3	黄杆菌属	0.43	0.15	0.21	0.20	0.19
3	亚群21分类地位未定的1属	0.06	0.19	0.91	0.01	0.00
3	候选科01分类地位未定的1属	0.69	0.02	0.05	0.32	0.08
3	无胆甾原体属	0.20	0.01	0.03	0.76	0.15
3	生孢产氢菌属	0.60	0.01	0.06	0.09	0.38
3	肠球菌属	0.00	0.01	0.00	0.74	0.36
3	球胞发菌属	0.03	0.00	0.01	1.02	0.04
3	苍白杆菌属	0.00	0.00	0.00	0.01	1.03
3	糖单胞菌科分类地位未定的1属	0.17	0.41	0.08	0.27	0.11
3	高温单胞菌属	0.01	0.05	0.97	0.01	0.00
3	慢生单胞菌目分类地位未定的1属	0.79	0.02	0.02	0.16	0.05
3	球孢囊菌属	0.26	0.52	0.19	0.02	0.01
3	芽单胞菌科分类地位未定的1属	0.14	0.65	0.06	0.01	0.08
3	劣生单胞菌科分类地位未定的1属	0.03	0.00	0.00	0.81	0.08
3	生丝微菌科未分类的1属	0.02	0.18	0.66	0.03	0.02
3	侏囊菌科分类地位未定的1属	0.43	0.41	0.05	0.00	0.00
3	密螺旋体属	0.09	0.00	0.00	0.78	0.03
3	目CCD24分类地位未定的1属	0.12	0.42	0.28	0.02	0.06
3	脱硫棒菌属	0.23	0.02	0.00	0.40	0.21
3	拟杆菌纲未分类的1属	0.32	0.04	0.24	0.09	0.17
3	副球菌属	0.15	0.20	0.03	0.30	0.16
3	腐螺旋菌科分类地位未定的1属	0.06	0.42	0.25	0.00	0.10
3	湖杆菌属	0.15	0.09	0.29	0.04	0.26
3	古根海姆氏菌属	0.59	0.02	0.02	0.10	0.09
3	微球菌目未分类的1属	0.38	0.26	0.04	0.12	0.02
3	厌氧胞菌属	0.03	0.00	0.00	0.56	0.22
3	帝国杆菌属	0.07	0.08	0.63	0.00	0.02
3	应微所菌属	0.19	0.36	0.12	0.06	0.04
3	α-变形菌纲未分类的1属	0.07	0.33	0.29	0.01	0.06
	第3组40个样本平均值	0.19	0.25	0.31	0.18	0.18

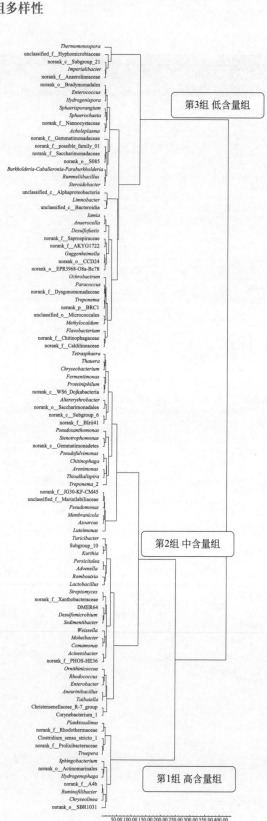

图4-9　饲料发酵床不同深度垫料细菌属亚群落分化聚类分析

八、不同深度垫料细菌种菌群分化

（1）物种检测　饲料发酵床不同深度垫料细菌种共检测到 1766 个，取高含量前 100 个细菌种菌群含量见表 4-12。从细菌种菌群考察，垫料表层 F1 细菌种 977 个，前 3 个高含量的优势菌群为瘤胃线杆菌属未培养的 1 种（9.11%）、特吕珀菌属未培养的 1 种（6.90%）、苯矿菌群 SB-1 的 1 种（5.64%）；垫料中层 F2 细菌种 911 个，前 3 个高含量的优势菌群为金色线菌属未培养的 1 种（13.59%）、目 SBR1031 分类地位未定属未分类的 1 种（6.68%）、目 SBR1031 分类地位未定属来自厌氧池宏基因组的 1 种（3.71%）；垫料底层 F3 细菌种 889 个，前 3 个高含量的优势菌群为金色线菌属未培养的 1 种（9.60%）、目 SBR1031 分类地位未定属来自厌氧池宏基因组的 1 种（9.47%）、目 SBR1031 分类地位未定属未分类的 1 种（9.08%）；饲料垫料 F4 细菌种 1070 个，前 3 个高含量的优势菌群为瘤胃线杆菌属未培养的 1 种（6.62%）、噬氢菌属未培养的 1 种（4.32%）、目 SBR1031 分类地位未定属未分类的 1 种（4.05%）；新鲜猪粪 F5 细菌种 952 个，前 3 个高含量的优势菌群为噬氢菌属未培养的 1 种（14.63%）、鞘脂杆菌属未分类的 1 种（7.14%）、水原假黄单胞菌（*Pseudoxanthomonas suwonensis*）（4.10%）。

表4-12　饲料发酵床不同深度垫料中的前100个高含量细菌种

| 物种名称 | 饲料发酵床不同深度垫料细菌种含量/% | | | | |
	表层垫料F1	中层垫料F2	底层垫料F3	饲料垫料F4	新鲜猪粪F5
【1】金色线菌属未培养的1种	1.67	13.59	9.60	0.10	1.79
【2】目SBR1031分类地位未定属未分类的1种	4.91	6.68	9.08	4.05	0.51
【3】噬氢菌属未培养的1种	4.50	0.15	0.41	4.32	14.63
【4】瘤胃线杆菌属未培养的1种	9.11	2.20	2.41	6.62	1.24
【5】目SBR1031分类地位未定属来自厌氧池宏基因组的1种	1.54	3.71	9.47	1.51	0.23
【6】特吕珀菌属未培养的1种	6.90	1.17	1.02	0.14	2.55
【7】科A4b分类地位未定属未培养的1种	0.21	2.98	7.92	0.16	0.06
【8】热杆菌科分类地位未定属未培养的1种	0.30	2.40	5.47	0.02	0.10
【9】苯矿菌群SB-1的1种	5.64	0.79	0.18	0.39	0.61
【10】盐湖浮游菌属未培养的1种	2.54	2.06	2.24	0.32	0.37
【11】鞘脂杆菌属未分类的1种	0.14	0.06	0.00	0.02	7.14
【12】藤黄色单胞菌属未分类的1种	3.19	3.00	0.12	0.29	0.30
【13】科A4b分类地位未定属未分类的1种	1.65	1.61	2.84	0.44	0.06
【14】海洋放线菌目分类地位未定属未培养的1种	0.41	3.41	1.93	0.60	0.11
【15】固氮弓菌属未培养的1种	2.73	0.59	0.35	2.31	0.38
【16】居膜菌属未培养的1种	2.81	2.49	0.20	0.16	0.42
【17】密螺旋体属2未分类的1种	1.77	0.00	0.01	4.03	0.21
【18】芽单胞菌纲分类地位未定属未分类的1种	0.73	2.55	1.96	0.13	0.41
【19】海滑菌科未分类的1种	3.06	0.03	0.02	1.71	0.17
【20】狭义梭菌属1来自宏基因组的1种	0.28	0.27	0.17	3.96	0.23
【21】水原假黄单胞菌	0.32	0.13	0.01	0.04	4.10
【22】目SBR1031分类地位未定属未培养的1种	0.96	0.97	1.07	1.25	0.20

续表

物种名称	饲料发酵床不同深度垫料细菌种含量/%				
	表层垫料F1	中层垫料F2	底层垫料F3	饲料垫料F4	新鲜猪粪F5
【23】 变异棒杆菌	0.00	0.00	0.00	3.46	0.83
【24】 硫碱螺菌属未培养的1种	0.05	0.02	0.02	1.08	2.58
【25】 科PHOS-HE36分类地位未定属未培养的1种	0.02	0.61	2.66	0.01	0.02
【26】 科JG30-KF-CM45分类地位未定属未培养的1种	0.64	1.14	0.98	0.41	0.15
【27】 沙单胞菌属未培养的1种	1.82	0.37	0.05	0.45	0.59
【28】 海洋放线菌目分类地位未定属来自堆肥未培养的1种	0.14	1.23	1.55	0.20	0.04
【29】 噬氢菌属未分类的1种	2.26	0.11	0.18	0.31	0.25
【30】 科BIrii41分类地位未定属未培养的1种	0.55	1.73	0.50	0.21	0.08
【31】 太白山菌属未培养的1种	0.40	1.16	1.34	0.06	0.09
【32】 土地噬几丁质菌(Chitinophaga terrae)	0.00	0.00	0.00	0.00	2.86
【33】 陶厄氏菌属未分类的1种	0.69	0.48	0.12	0.16	1.25
【34】 嗜蛋白菌属未培养的1种	0.67	0.18	0.07	1.59	0.14
【35】 嗜温鞘脂杆菌(Sphingobacterium thalpophilum)	0.00	0.00	0.00	0.00	2.57
【36】 亚群6分类地位未定属未分类的1种	0.27	1.21	0.79	0.06	0.06
【37】 假深黄单胞菌属未培养的1种	1.82	0.20	0.10	0.05	0.21
【38】 假单胞菌属未培养的1种	0.77	1.20	0.14	0.02	0.21
【39】 龙包茨氏菌属未培养的1种	0.13	0.14	0.08	1.83	0.08
【40】 属DMER64未培养的1种	0.06	0.00	0.11	0.24	1.84
【41】 四球菌属未分类的1种	1.24	0.54	0.10	0.22	0.08
【42】 交替赤杆菌属未培养的1种	0.38	1.51	0.13	0.03	0.12
【43】 金黄杆菌属未分类的1种	0.01	0.00	0.00	0.00	2.14
【44】 陌生菌属未培养的1种	0.01	0.00	0.00	2.07	0.05
【45】 丛毛单胞菌属未分类的1种	0.04	0.00	0.00	1.77	0.22
【46】 解硫胺素芽胞杆菌属未培养的1种	1.18	0.09	0.02	0.12	0.60
【47】 副肠膜魏斯氏菌	0.01	0.00	0.00	0.82	1.18
【48】 暖绳菌科分类地位未定属未分类的1种	0.12	0.63	1.17	0.03	0.04
【49】 库特氏菌属未培养的1种	0.00	0.00	0.00	1.82	0.13
【50】 糖单胞菌目分类地位未定属未分类的1种	0.41	0.98	0.21	0.32	0.04
【51】 干燥棒杆菌	0.01	0.00	0.00	1.91	0.01
【52】 嗜氨基酸寡养单胞菌	0.01	0.00	0.00	0.22	1.66
【53】 发酵单胞菌属未培养的1种	0.31	0.32	0.26	0.80	0.15
【54】 类固醇杆菌属未培养的1种	0.11	0.74	0.89	0.04	0.07
【55】 杆状脱硫微菌	0.54	0.00	0.00	0.60	0.70
【56】 门WS6多伊卡菌纲分类地位未定属未分类的1种	0.08	0.49	1.17	0.03	0.03
【57】 人参土寡养单胞菌(Stenotrophomonas panacihumi)	0.00	0.00	0.00	0.00	1.79
【58】 黄色杆菌科分类地位未定属未分类的1种	0.08	0.87	0.62	0.08	0.12
【59】 门WS6多伊卡菌纲分类地位未定属未培养的1种	0.19	1.12	0.18	0.09	0.16
【60】 玫瑰色红球菌	0.66	0.59	0.18	0.08	0.22
【61】 鸟氨酸球菌属来自堆肥未培养的1种	0.55	0.89	0.11	0.12	0.05
【62】 漠河杆菌属未培养的1种	0.74	0.37	0.20	0.20	0.18

续表

物种名称	饲料发酵床不同深度垫料细菌种含量/%				
	表层垫料F1	中层垫料F2	底层垫料F3	饲料垫料F4	新鲜猪粪F5
【63】苏黎世杆菌属未培养的1种	0.06	0.11	0.10	1.34	0.06
【64】厌氧绳菌科分类地位未定属未培养的1种	0.03	0.30	1.27	0.01	0.02
【65】门Terrabacteria厌氧菌MO-CFX2	0.13	0.43	0.74	0.26	0.03
【66】目EPR3968-O8a-Bc78分类地位未定属未培养的1种	0.16	0.45	0.73	0.09	0.11
【67】克里斯滕森菌科R-7群的1属未分类的1种	0.74	0.01	0.01	0.21	0.55
【68】链霉菌属未分类的1种	0.03	0.12	0.05	0.03	1.16
【69】鲁梅尔芽胞杆菌属未分类的1种	0.00	0.01	0.02	0.02	1.32
【70】丁酸梭菌	0.08	0.15	0.06	0.98	0.09
【71】桃色杆菌属未培养的1种	0.58	0.53	0.01	0.09	0.10
【72】肠杆菌属未分类的1种	0.02	0.00	0.00	0.06	1.23
【73】沉积杆菌属未培养的1种	0.13	0.25	0.13	0.58	0.15
【74】假单胞菌属来自堆肥未培养的1种	0.64	0.33	0.15	0.09	0.03
【75】台湾假单胞菌	0.65	0.21	0.04	0.25	0.09
【76】伯克氏菌属-卡瓦列罗氏菌属-副伯克氏菌属未分类的1种	0.00	0.00	0.00	0.00	1.23
【77】亚群21分类地位未定属未分类的1种	0.06	0.19	0.91	0.01	0.00
【78】目S085分类地位未定属未分类的1种	0.07	0.65	0.36	0.03	0.03
【79】鲍曼不动杆菌	0.03	0.00	0.00	0.55	0.50
【80】甲基暖菌属未分类的1种	0.02	0.45	0.53	0.02	0.05
【81】苍白杆菌属未分类的1种	0.00	0.00	0.00	0.01	1.03
【82】产色高温单胞菌(Thermomonospora chromogena)	0.01	0.05	0.97	0.00	0.00
【83】肠球菌属未分类的1种	0.00	0.01	0.00	0.71	0.31
【84】长杆菌科分类地位未定属未培养的1种	0.29	0.08	0.20	0.21	0.24
【85】发酵单胞菌属未培养的1种	0.28	0.04	0.10	0.39	0.20
【86】球胞发菌属未培养的1种	0.02	0.00	0.00	0.95	0.03
【87】球孢囊菌属未培养的1种	0.26	0.52	0.19	0.02	0.01
【88】弯曲假单胞菌(Pseudomonas geniculata)	0.00	0.00	0.00	0.00	1.00
【89】肠杆菌属未鉴定的1种海洋浮游细菌	0.00	0.00	0.00	0.01	0.98
【90】糖杆菌门未培养的1种	0.02	0.83	0.12	0.00	0.01
【91】芽单胞菌科分类地位未定属未分类的1种	0.14	0.64	0.06	0.01	0.07
【92】变异不动杆菌	0.19	0.02	0.00	0.66	0.03
【93】生丝微菌科未分类的1种	0.02	0.18	0.66	0.03	0.02
【94】狭义梭菌属1未分类的1种	0.09	0.12	0.06	0.59	0.04
【95】侏囊菌科分类地位未定属未培养的1种	0.43	0.41	0.05	0.00	0.00
【96】目CCD24分类地位未定属未培养的1种	0.12	0.42	0.28	0.02	0.06
【97】济州金黄杆菌(Chryseobacterium jejuense)	0.00	0.00	0.00	0.00	0.87
【98】脱硫棒菌属(Desulfotomaculum)未培养的1种	0.23	0.02	0.00	0.40	0.21
【99】糖单胞菌目分类地位未定属未培养的1种	0.18	0.40	0.15	0.12	0.02
【100】拟杆菌纲未分类的1种	0.32	0.04	0.24	0.09	0.17

（2）亚群落分化　以表4-12为矩阵，细菌物种为样本，发酵床生境为指标，欧氏距离为尺度，可变类平均法进行系统聚类，结果见表4-13和图4-10。可将细菌种分为3组，第1组为垫料发酵特征亚群落（高含量组），包括了5个细菌种，即金色线菌属未培养的1种、目SBR1031分类地位未定属未分类的1种、目SBR1031分类地位未定属来自厌氧池宏基因组的1种、科A4b分类地位未定地位属未培养的1种、热杆菌科分类地位未定属未培养的1种，全程分布在表层垫料F1、中层垫料F2、底层垫料F3、饲料垫料F4、新鲜猪粪F5生境中，其含量平均值分别为1.73%、5.87%、8.31%、1.17%、0.54%，主要分布在发酵垫料中，新鲜猪粪中分布较少，为饲料发酵床重要的细菌种菌群，在牧草饲料发酵过程中起到重要作用。第2组为猪粪发酵特征亚群落（中含量组），包括了3个细菌种，即噬氢菌属未培养的1种、瘤胃线杆菌属未培养的1种、鞘脂杆菌属未培养的1种，在表层垫料F1、中层垫料F2、底层垫料F3、饲料垫料F4、新鲜猪粪F5生境中其含量平均值分别为：4.58%、0.80%、0.94%、3.65%、7.67%，主要分布在新鲜猪粪中，发酵垫料中分布较少，为饲料发酵床主要细菌种菌群，在牧草饲料发酵过程中起到主要作用。第3组为混合发酵特征亚群落（低含量组），包括了其余的92个细菌种，属于发酵床的偶见种类，如鲍曼不动杆菌（*Acinetobacter baumannii*）、变异不动杆菌（*Acinetobacter variabilis*）、济州金黄杆菌（*Chryseobacterium jejuense*）、丁酸梭菌、干燥棒杆菌（*Corynebacterium xerosis*）、杆状脱硫微菌（*Desulfomicrobium baculatum*）、台湾假单胞菌（*Pseudomonas formosensis*）、水原假黄单胞菌、玫瑰色红球菌（*Rhodococcus rhodochrous*）、嗜温鞘脂杆菌（*Sphingobacterium thalpophilum*）、嗜氨基酸寡养单胞菌（*Stenotrophomonas acidaminiphila*）、人参土寡养单胞菌（*Stenotrophomonas panacihumi*）、产色高温单胞菌（*Thermomonospora chromogena*）、副肠膜魏斯氏菌（*Weissella paramesenteroides*）、金黄杆菌属未分类的1种、狭义梭菌属1来自宏基因组的1种、丛毛单胞菌属未分类的1种、肠杆菌属未分类的1种、肠球菌属未分类的1种、噬氢菌属未分类的1种、藤黄色单胞菌属未分类的1种、甲基暖菌属未分类的1种等，在表层垫料F1、中层垫料F2、底层垫料F3、饲料垫料F4、新鲜猪粪F5生境中其含量平均值分别为0.61%、0.50%、0.37%、0.50%、0.50%，为饲料发酵床辅助细菌种菌群。

表4-13　饲料发酵床不同深度垫料中的细菌种聚类分析

组别	物种名称	饲料发酵床不同深度垫料细菌种含量/%				
		表层垫料F1	中层垫料F2	底层垫料F3	饲料垫料F4	新鲜猪粪F5
1	金色线菌属未培养的1种	1.67	13.59	9.60	0.10	1.79
1	目SBR1031分类地位未定属未分类的1种	4.91	6.68	9.08	4.05	0.51
1	目SBR1031分类地位未定属来自厌氧池宏基因组的1种	1.54	3.71	9.47	1.51	0.23
1	科A4b分类地位未定属未培养的1种	0.21	2.98	7.92	0.16	0.06
1	热杆菌科分类地位未定属未培养的1种	0.30	2.40	5.47	0.02	0.10
	第1组5个样本平均值	1.73	5.87	8.31	1.17	0.54
2	噬氢菌属未培养的1种	4.50	0.15	0.41	4.32	14.63
2	瘤胃线杆菌属未培养的1种	9.11	2.20	2.41	6.62	1.24
2	鞘脂杆菌属未分类的1种	0.14	0.06	0.00	0.02	7.14
	第2组3个样本平均值	4.58	0.80	0.94	3.65	7.67
3	特吕珀菌属未培养的1种	6.90	1.17	1.02	0.14	2.55
3	苯矿菌群SB-1的1种	5.64	0.79	0.18	0.39	0.61
3	盐湖浮游菌属未培养的1种	2.54	2.06	2.24	0.32	0.37

组别	物种名称	饲料发酵床不同深度垫料细菌种含量/%				
		表层垫料F1	中层垫料F2	底层垫料F3	饲料垫料F4	新鲜猪粪F5
3	藤黄色单胞菌属未分类的1种	3.19	3.00	0.12	0.29	0.30
3	科A4b分类地位未定属未分类的1种	1.65	1.61	2.84	0.44	0.06
3	海洋放线菌目分类地位未定属未培养的1种	0.41	3.41	1.93	0.60	0.11
3	固氮弓菌属未培养的1种	2.73	0.59	0.35	2.31	0.38
3	居膜菌属未培养的1种	2.81	2.49	0.20	0.16	0.42
3	密螺旋体属2未分类的1种	1.77	0.00	0.01	4.03	0.21
3	芽单胞菌纲分类地位未定属未分类的1种	0.73	2.55	1.96	0.13	0.41
3	海滑菌科未分类属的1种	3.06	0.03	0.02	1.71	0.17
3	狭义梭菌属1来自宏基因组的1种	0.28	0.27	0.17	3.96	0.23
3	水原假黄单胞菌	0.32	0.13	0.01	0.04	4.10
3	目SBR1031分类地位未定属未培养的1种	0.96	0.97	1.07	1.25	0.20
3	变异棒杆菌	0.00	0.00	0.00	3.46	0.83
3	硫碱螺菌属未培养的1种	0.05	0.02	0.02	1.08	2.58
3	科PHOS-HE36分类地位未定属未培养的1种	0.02	0.61	2.66	0.01	0.02
3	科JG30-KF-CM45分类地位未定属未培养的1种	0.64	1.14	0.98	0.41	0.15
3	沙单胞菌属未培养的1种	1.82	0.37	0.05	0.45	0.59
3	海洋放线菌目分类地位未定属来自堆肥未培养的1种	0.14	1.23	1.55	0.20	0.04
3	噬氢菌属未分类的1种	2.26	0.11	0.18	0.31	0.25
3	科BIrii41分类地位未定属未培养的1种	0.55	1.73	0.50	0.21	0.08
3	太白山菌属未培养的1种	0.40	1.16	1.34	0.06	0.09
3	土地噬几丁质菌	0.00	0.00	0.00	0.00	2.86
3	陶厄氏菌属未分类的1种	0.69	0.48	0.12	0.16	1.25
3	嗜蛋白菌属未培养的1种	0.67	0.18	0.07	1.59	0.14
3	嗜温鞘脂杆菌	0.00	0.00	0.00	0.00	2.57
3	亚群6分类地位未定属未分类的1种	0.27	1.21	0.79	0.06	0.06
3	假深黄单胞菌属未培养的1种	1.82	0.20	0.10	0.05	0.21
3	假单胞菌属未培养的1种	0.77	1.20	0.14	0.02	0.21
3	龙包茨氏菌属未培养的1种	0.13	0.14	0.08	1.83	0.08
3	属DMER64未培养的1种	0.06	0.00	0.11	0.24	1.84
3	四球菌属未分类的1种	1.24	0.54	0.10	0.22	0.08
3	交替赤杆菌属未培养的1种	0.38	1.51	0.13	0.03	0.12
3	金黄杆菌属未分类的1种	0.01	0.00	0.00	0.00	2.14
3	陌生菌属未培养的1种	0.01	0.00	0.00	2.07	0.05
3	丛毛单胞菌属未分类的1种	0.04	0.00	0.00	1.77	0.22
3	解硫胺素芽胞杆菌属未培养的1种	1.18	0.09	0.02	0.12	0.60
3	副肠膜魏斯氏菌	0.01	0.00	0.00	0.82	1.18
3	暖绳菌科分类地位未定属未分类的1种	0.12	0.63	1.17	0.03	0.04
3	库特氏菌属未培养的1种	0.00	0.00	0.00	1.82	0.13
3	糖单胞菌目分类地位未定属未分类的1种	0.41	0.98	0.21	0.32	0.04
3	干燥棒杆菌	0.01	0.00	0.00	1.91	0.01
3	嗜氨基酸寡养单胞菌	0.01	0.00	0.00	0.22	1.66
3	发酵单胞菌属未培养的1种	0.31	0.32	0.26	0.80	0.15
3	类固醇杆菌属未培养的1种	0.11	0.74	0.89	0.04	0.07
3	杆状脱硫微菌	0.54	0.00	0.00	0.60	0.70
3	门WS6多伊卡菌纲分类地位未定属未分类的1种	0.08	0.49	1.17	0.03	0.03

组别	物种名称	饲料发酵床不同深度垫料细菌种含量/%				
		表层垫料F1	中层垫料F2	底层垫料F3	饲料垫料F4	新鲜猪粪F5
3	人参土寡养单胞菌	0.00	0.00	0.00	0.00	1.79
3	黄色杆菌科分类地位未定属未分类的1种	0.08	0.87	0.62	0.08	0.12
3	候选门WS6多伊卡菌纲分类地位未定属未培养的1种	0.19	1.12	0.18	0.09	0.16
3	玫瑰色红球菌	0.66	0.59	0.18	0.08	0.22
3	鸟氨酸球菌属来自堆肥未培养的1种	0.55	0.89	0.11	0.12	0.05
3	漠河杆菌属未培养的1种	0.74	0.37	0.20	0.20	0.18
3	苏黎世杆菌属未培养的1种	0.06	0.11	0.10	1.34	0.06
3	厌氧绳菌科分类地位未定属未培养的1种	0.03	0.30	1.27	0.01	0.02
3	门Terrabacteria厌氧菌MO-CFX2	0.13	0.43	0.74	0.26	0.03
3	目EPR3968-O8a-Bc78分类地位未定属未培养的1种	0.16	0.45	0.73	0.09	0.11
3	克里斯滕森科R-7群的1属未分类的1种	0.74	0.01	0.01	0.21	0.55
3	链霉菌属未分类的1种	0.03	0.12	0.05	0.03	1.16
3	鲁梅尔芽胞杆菌属未分类的1种	0.00	0.01	0.02	0.02	1.32
3	丁酸梭菌	0.08	0.15	0.06	0.98	0.09
3	桃色杆菌属未培养的1种	0.58	0.53	0.01	0.09	0.10
3	肠杆菌属未分类的1种	0.02	0.00	0.00	0.06	1.23
3	沉积杆菌属未培养的1种	0.13	0.25	0.13	0.58	0.15
3	假单胞菌属来自堆肥未培养的1种	0.64	0.33	0.15	0.09	0.03
3	台湾假单胞菌	0.65	0.21	0.04	0.25	0.09
3	伯克氏菌属-卡瓦列罗氏菌属-副伯克氏菌属未分类的1种	0.00	0.00	0.00	0.00	1.23
3	亚群21分类地位未定属未分类的1种	0.06	0.19	0.91	0.01	0.00
3	目S085分类地位未定属未分类的1种	0.07	0.65	0.36	0.03	0.03
3	鲍曼不动杆菌	0.03	0.00	0.00	0.55	0.50
3	甲基暖菌属未分类的1种	0.02	0.45	0.53	0.02	0.05
3	苍白杆菌属未分类的1种	0.00	0.00	0.00	0.01	1.03
3	产色高温单胞菌	0.01	0.05	0.97	0.01	0.00
3	肠球菌属未分类的1种	0.00	0.01	0.00	0.71	0.31
3	长杆菌科分类地位未定属未培养的1种	0.29	0.08	0.20	0.21	0.24
3	发酵单胞菌属未培养的1种	0.28	0.04	0.10	0.39	0.20
3	球胞发菌属未培养的1种	0.02	0.00	0.00	0.95	0.03
3	球孢囊菌属未培养的1种	0.26	0.52	0.19	0.02	0.01
3	弯曲假单胞菌	0.00	0.00	0.00	0.00	1.00
3	肠杆菌属未鉴定的1种海洋浮游细菌	0.00	0.00	0.00	0.01	0.98
3	糖杆菌门未培养的1种	0.02	0.83	0.12	0.00	0.01
3	芽单胞菌科分类地位未定属未分类的1种	0.14	0.64	0.06	0.01	0.07
3	变异不动杆菌	0.19	0.02	0.00	0.66	0.03
3	生丝微菌科未分类的1属	0.02	0.18	0.66	0.03	0.02
3	狭义梭菌属1未分类的1种	0.09	0.12	0.06	0.59	0.04
3	侏囊菌科分类地位未定属未培养的1种	0.43	0.41	0.05	0.00	0.00
3	目CCD24分类地位未定属未分类的1种	0.12	0.42	0.28	0.02	0.06
3	济州金黄杆菌	0.00	0.00	0.00	0.00	0.87
3	脱硫棒菌属未培养的1种	0.23	0.02	0.00	0.40	0.21
3	糖单胞菌目分类地位未定属未培养的1种	0.18	0.40	0.15	0.12	0.02
3	拟杆菌纲未分类的1种	0.32	0.04	0.24	0.09	0.17
	第3组92个样本平均值	0.61	0.50	0.37	0.50	0.50

图4-10 饲料发酵床不同深度垫料细菌种亚群落分化聚类分析

九、讨论

饲料发酵床与微生物发酵床垫料细菌菌群结构存在差异。陈倩倩等（2019）报道了微生物发酵床不同深度垫料的细菌群落有所差异，在表层垫料中，变形菌门(25.9%)和放线菌门(10.2%)相对含量高；中层垫料中拟杆菌门(27.8%)、变形菌门(25.1%)和厚壁菌门(17.0%)相对含量高。随着垫料深度增加，拟杆菌门(33.3%)和螺旋体门(9.2%)含量升高，厌氧菌如螺旋体门的螺旋体科、拟杆菌门的腐螺旋菌科在深层垫料中达到峰值。表层垫料中微生物含量最高，代谢最为活跃，是主要的有机质降解层；深层垫料厌氧菌含量高。饲料发酵床有所差别，从细菌门菌群考察，垫料表层 F1 细菌门前 3 个高含量的优势菌群为拟杆菌门（Bacteroidetes，32.8500%）、变形菌门（Proteobacteria，28.9200%）、绿弯菌门（Chloroflexi，11.1500%）；垫料中层 F2 细菌门前 3 个高含量的优势菌群为拟杆菌门（30.9700%）、变形菌门（21.1400%）、绿弯菌门（20.7400%）；垫料底层 F3 细菌门前 3 个高含量的优势菌群为绿弯菌门（37.1400%）、拟杆菌门（29.9500%）、变形菌门（12.4500%）；饲料发酵床与微生物发酵床菌群结构存在差异，饲料发酵床上层含量较高的拟杆菌门和绿弯菌门，在微生物发酵床中不为优势菌群，而微生物发酵床中放线菌门为优势菌群，在饲料发酵床中不为优势菌群。

饲料发酵床在转化牧草过程中，微生物起到关键作用；饲料发酵床含有丰富的微生物菌群，每克垫料含有细菌种（species）2514 个；发酵床不同生境细菌微生物组总含量差异不显著，前 100 个细菌种累计含量在表层垫料、中层垫料、底层垫料、饲料垫料、新鲜猪粪分别为 78.37%、77.73%、78.6%、62.93%、71.46%，饲料发酵床不同生境提供了多样化的微生物生长条件，满足细菌的生存，形成了环境条件和营养条件选择细菌菌群，如饲料垫料好氧状态，碳氮比高，这一生境选择了好氧生长且适应于高碳氮比的细菌菌群，生长量达到极限；而新鲜猪粪厌氧状态，碳氮比低，选择了厌氧生长且适应于低碳氮比的细菌菌群，生长量也能达到极限。生境差异反映在细菌菌群结构的差异上，饲料发酵床不同生境有其特定的优势菌群而相互区别，如垫料表层含量最高的细菌属优势菌群为瘤胃线杆菌属（9.15%），垫料中层含量最高的细菌属优势菌群为金色线菌属（13.66%），垫料底层含量最高的细菌属优势菌群为目 SBR1031 分类地位未定的 1 属（20.41%），饲料垫料含量最高的细菌属优势菌群为目 SBR1031 分类地位未定的 1 属（7.15%），新鲜猪粪含量最高的细菌属优势菌群为噬氢菌属（14.88%）；饲料发酵床不同生境选择的细菌菌群总量相近，不同的细菌菌群结构指示着垫料发酵的方向。

饲料发酵床的细菌微生物组主要来源于饲料垫料和新鲜猪粪，饲料垫料 + 新鲜猪粪发酵构成了不同深度垫料的微生物组，由于发酵原料的一致性，深度通气量和湿度存在一些差异，但这种差异对微生物组的影响不深刻，故不同深度垫料的细菌微生物组菌群存在着极显著的相关性；而发酵垫料（将不同深度垫料统称为发酵垫料）的微生物组与新鲜猪粪和饲料垫料的微生物组存在显著差异；饲料垫料微生物组来源于牧草 + 猪粪，没有添加猪粪时保持着牧草物料微生物组的特性；新鲜猪粪是由猪取食以牧草为主的饲料的消化过程形成的微生物组，保持着自身的特性；饲料发酵床不同生境因环境条件和营养条件的差异，形成了细菌菌群的独有种类的差异，如细菌菌群在饲料垫料中的独有种类含量最多，在垫料表层独有种类的含量最少；如细菌属独有种类在饲料垫料中为 112 个，在垫料表层仅有 21 个种类；这是发酵床生境条件选择微生物组的结果。独有种类多的生境指示着生境系统的微生物来源，这也从另一个角度说明了发酵垫料的微生物组主要来源于饲料垫料。

不同的生境选择不同的微生物优势种，从细菌属菌群考察，垫料表层细菌属优势菌群瘤胃线杆菌属与纤维素分解有关，要求高浓度氨氮营养，大量报道应用于粪污发酵、污水处理、发酵饲料等；垫料表层的另一个优势菌群特吕珀菌属有报道为植物内生菌，在此可能来源于牧草内生菌，在垫料原料中没有分布，发酵垫料分布来源于猪粪，猪粪中含有该菌可能是因为猪吃牧草饲料，其中内生菌存在于猪肠道，通过粪便排出接种；垫料中层优势菌群金色线菌属报道与畜禽粪便堆肥、污水脱氮解磷等有关，在垫料原料中含量很低，来源于新鲜猪粪接种于发酵垫料；垫料底层细菌属优势菌群金色线菌属（9.61%），营兼性厌氧生长，适应垫料底层兼性厌氧环境；饲料垫料细菌属优势菌群棒杆菌属 1（6.29%）属于植物内生菌，这些优势菌群为牧草饲料富含的内生细菌；新鲜猪粪细菌属优势菌群为噬氢菌属（14.88%），具有兼性厌氧生长特性，强大的分解有机质功能，用于有机肥发酵、秸秆微生物转化、污水处理等，来源于新鲜猪粪，含量较高，其他发酵床生境中含量较低。

在新鲜猪粪中发现噬氢菌属（Willams et al.，1989）含量很高，微生物学特性为细胞直或稍弯的杆状，大小为 $(0.3 \sim 0.6\mu m) \times (0.6 \sim 5.5\mu m)$，单个或成对存在。以一根极生鞭毛运动，罕见 2 根极生到亚极生鞭毛。细胞呈革兰氏阴性。氧化酶阳性，接触酶反应因种而异。产非水溶性黄色素。好氧。兼性嗜氢自养菌。以氧为末端电子受体的氧化型的糖代谢。已报道有 4 个种。有的种［假黄色噬氢菌（*Hydrogenophaga pseudoflava*）和螺纹噬氢菌（*Hydrogenophaga taeniospiralis*）］具有厌氧硝酸盐呼吸，具反硝化作用。能在含有机酸、氨基酸或蛋白胨的培养基上良好生长，但很少利用糖类化合物（纤维素等）。有环丙烷基脂肪酸 (17：环)；单独有 3- 羟基辛酸（3-OH-C$_{8:0}$）或与 3- 羟基癸酸（3-OH-C$_{10:0}$）一起存在。而无 2- 羟基结构的脂肪酸。萘醌 Q-8 为主要呼吸醌。DNA 的（G+C）含量（摩尔分数）为 65% $\sim$ 69%。模式种：黄色噬氢菌（*Hydrogenophaga flava*），是猪粪中含氮化合物的主要转化者。

新鲜猪粪中检测到鞘氨醇杆菌属（*Sphingobacterium*）（Yabuuchi et al.，1983），鞘脂杆菌属属于好氧或兼性厌氧非发酵革兰氏阴性杆菌。包括食醇鞘脂杆菌（*Sphingobacterium spiritivorum*，以前命名为食醇黄杆菌）、多食鞘脂杆菌（*Sphingobacterium multivorum*，以前命名为多食黄杆菌）及水氏鞘脂杆菌（*Sphingobacterium mizutae*）3 个种。属内的种为直杆菌，无芽胞。细菌染色为革兰氏阴性，无鞭毛。有些种在半固体培养基中可以滑动，接触酶阳性。有机化能营养，不需要特殊生长因子。在室温几天后菌落通常变黄色，不产生吲哚和乙酰甲基甲醇，不水解蛋白，也不水解明胶，由糖类化合物氧化产酸，但不能发酵产酸。细胞内脂质包括鞘氨醇磷脂、细胞脂肪酸为：*i*-2-OH-C$_{15:0}$。氧化酶阳性。pH4.5、温度低于 4℃或高于 41℃都不生长，McConkey 琼脂也不生长。不利用乙酸盐和丙酸盐。水解七叶灵。可从 D- 阿拉伯糖、纤维二糖、果糖、半乳糖、葡萄糖、乳糖、麦芽糖、蔗糖、海藻糖和木糖都产酸。但从阿东醇、卫矛醇、肌醇或山梨醇都不产酸。硝酸盐不还原到亚硝酸盐。产赖氨酸和鸟氨酸脱羧酶、精氨酸双水解酶。模式种为食醇鞘脂杆菌（*Sphingobacterium spiritivorum*），该菌是猪粪中糖类化合物的主要转化者。

第二节
饲料发酵床细菌属微生物组垂直分布特征

一、概述

　　饲料发酵床不同深度垫料、饲料垫料、新鲜猪粪形成的环境条件和营养条件差异，选择不同的微生物组生长。为了解饲料发酵床细菌微生物组垂直分布特征，以细菌属含量为依据，分析微生物组在饲料发酵床垫料中的垂直分布特征。

二、细菌属垫料垂直分布优势菌群

　　饲料发酵床不同深度垫料共鉴定出细菌属974个，不同深度垫料细菌属占比总和＞1%的有89个（表4-14❶）；中层垫料细菌属数量(790属)＞底层垫料(699属)＞表层垫料(570属)＞饲料垫料(532属)＞新鲜猪粪（402属）。不同深度垫料优势属分布差异显著，表层垫料前5个高含量优势为盐单胞菌属（*Halomonas*，13.040%）、黄单胞菌科未分类的1属（7.608%）、ML635J-40水生群的1属（6.929%）、消化链球菌科未分类的1属（3.165%）、特吕珀菌属（2.495%）、狭义梭菌属1（1.926%）；中层垫料优势属为腐螺旋菌科分类地位未定的1属（6.387%）、间孢囊菌科未分类的1属（6.222%）、黄单胞菌科未分类的1属（4.206%）、科TM146分类地位未定的1属（3.855%）、甲烷短杆菌属（3.784%）；底层垫料优势属为间孢囊菌科未分类的1属（7.560%）、黄单胞菌科未分类的1属（6.212%）、变形菌门未分类的1属（5.534%）、ML635J-40水生群的1属（4.907%）、甲烷短杆菌属（3.864%）；饲料垫料优势属为：红微菌属（11.300%）、根微菌属（10.630%）、鸟氨酸球菌属（*Ornithinicoccus*）(4.601%)、盐乳杆菌属（*Halolactibacillus*）（3.220%）、目C0119分类地位未定的1属（3.090%）；新鲜猪粪优势属为：葡萄球菌属（*Staphylococcus*）（10.570%）、红环菌科未分类的1属（8.418%）、黄杆菌属（8.071%）、红螺菌目未分类的1属（7.082%）、假深黄单胞菌属（5.961%）。

表4-14　饲料发酵床不同深度垫料中含量占比总和＞1%的细菌属

物种名称		不同深度垫料/%					合计/%
		表层垫料	中层垫料	底层垫料	饲料垫料	新鲜猪粪	
【1】	黄单胞菌科未分类的1属	7.6080	4.2060	6.2120	0.8835	0.2964	19.2059
【2】	盐单胞菌属	13.0400	0.8707	3.0010	1.2190	0.0576	18.1883
【3】	间孢囊菌科未分类的1属	1.4840	6.2220	7.5600	0.0666	0.5431	15.8757
【4】	葡萄球菌属	1.7470	1.0010	1.1750	0.3489	10.5700	14.8419
【5】	ML635J-40水生群的1属	6.9290	1.3890	4.9070	0.5818	0.0694	13.8762
【6】	红环菌科未分类的1属	1.1260	0.8045	1.1930	0.3212	8.4180	11.8627
【7】	鸟氨酸球菌属	0.6577	0.0091	2.0830	4.6010	4.4340	11.7848
【8】	红微菌属	0.0000	0.0019	0.0076	11.3000	0.0006	11.3101
【9】	黄杆菌属	1.0510	0.6601	0.7962	0.2045	8.0710	10.7828

❶　全书表格中"合计"和"差值"为实验室计算机自动运算所得，小数点后数字部分存在偏差，但在允许范围内。

物种名称	不同深度垫料/%					合计/%
	表层垫料	中层垫料	底层垫料	饲料垫料	新鲜猪粪	
【10】根微菌属	0.0436	0.0092	0.0048	10.6300	0.0053	10.6928
【11】甲烷短杆菌属	1.3600	3.7840	3.8640	1.3460	0.1739	10.5279
【12】理研菌科RC9肠道菌群的1属	0.9559	0.6485	0.9377	0.3040	5.7190	8.5651
【13】腐螺旋菌科分类地位未定的1属	1.6100	6.3870	0.1932	0.0202	0.0065	8.2169
【14】变形菌门未分类的1属	0.3581	1.7930	5.5340	0.0163	0.0183	7.7197
【15】伯克氏菌属-副伯克氏菌属	1.8350	1.9950	2.0070	1.2180	0.2016	7.2566
【16】红螺菌目未分类的1属	0.0808	0.0080	0.0082	0.0009	7.0820	7.1798
【17】vadinBC27污水淤泥群的1属	1.0150	3.1190	2.8300	0.1360	0.0112	7.1112
【18】假深黄单胞菌属	0.0973	0.1375	0.0752	0.0365	5.9610	6.3075
【19】消化链球菌科未分类的1属	3.1650	1.2450	0.9405	0.8657	0.0289	6.2451
【20】棒杆菌属	1.6660	2.5280	1.5060	0.0150	0.0725	5.7875
【21】酸杆菌属	0.1020	0.2732	0.1963	0.0154	4.9000	5.4869
【22】迪茨氏菌属	0.1320	1.9220	0.4868	0.0092	2.7580	5.3080
【23】厌氧绳菌科分类地位未定的1属	1.3750	1.6090	1.8600	0.0614	0.1420	5.0474
【24】微球菌目未分类的1属	0.8222	0.0660	1.5790	2.0710	0.1294	4.6676
【25】苏黎世杆菌属	1.6410	0.3546	0.7896	1.6430	0.1268	4.5550
【26】纲OPB35土壤菌群的1属	0.0505	1.8320	2.5980	0.0000	0.0313	4.5118
【27】中温球形菌科的1属	0.0617	0.0009	0.0009	0.0004	4.3950	4.4589
【28】脱硫叶菌属	0.0118	0.0000	0.0004	0.0000	4.4050	4.4172
【29】目C0119分类地位未定的1属	0.0000	0.5161	0.3530	3.0990	0.0000	3.9681
【30】科TM146分类地位未定的1属	0.0000	3.8550	0.0547	0.0000	0.0000	3.9097
【31】海底菌群JTB255分类地位未定的1属	0.0145	3.3490	0.5370	0.0056	0.0000	3.9061
【32】狭义梭菌属1	1.9260	0.5002	0.6348	0.4472	0.0823	3.5905
【33】目JG30-KF-CM45分类地位未定的1属	1.3530	1.1480	0.4465	0.5057	0.0331	3.4863
【34】不动杆菌属	1.8490	0.4769	0.4818	0.5231	0.0636	3.3944
【35】亚硝化单胞菌科分类地位未定的1属	0.0360	0.1658	0.0880	2.9390	0.0017	3.2304
【36】盐乳杆菌属	0.0000	0.0053	0.0021	3.2200	0.0012	3.2285
【37】假节杆菌属(Pseudarthrobacter)	0.1252	1.7960	1.0550	0.0777	0.0913	3.1453
【38】特吕珀菌属	2.4950	0.0635	0.1140	0.4369	0.0204	3.1298
【39】藤黄色单胞菌属	0.1518	0.2350	2.1010	0.4120	0.0310	2.9308
【40】泉古菌SCG群未分类的1属	0.0067	0.0680	2.8220	0.0209	0.0006	2.9181
【41】瘤胃球菌科UCG–005群的1属	1.4700	0.5728	0.1683	0.4889	0.1255	2.8255
【42】嗜蛋白菌属	0.4501	0.0726	0.6743	0.6750	0.8945	2.7665
【43】热泉细杆菌属	0.0118	0.0061	0.0028	0.0084	2.7200	2.7491
【44】毛螺菌科NK3A20群的1属	1.3080	0.2271	0.9154	0.2209	0.0347	2.7061
【45】草酸杆菌科Oxalobacteraceae未分类的1属	0.0091	0.0306	0.0226	2.5320	0.0006	2.5948
【46】红螺菌科未分类的1属	0.4349	0.0102	0.0522	2.0280	0.0062	2.5315
【47】根瘤菌目未分类的1属	0.3221	1.3740	0.1587	0.0000	0.6741	2.5289
【48】类梭菌属	1.7540	0.1957	0.4379	0.1064	0.0138	2.5078
【49】α-变形菌纲未分类的1属	0.0695	1.0750	1.1930	0.0066	0.0183	2.3624

续表

物种名称	不同深度垫料/%					合计/%
	表层垫料	中层垫料	底层垫料	饲料垫料	新鲜猪粪	
【50】黄单胞菌目未分类的1属	0.1654	0.4161	0.0353	1.7150	0.0029	2.3348
【51】海源菌属	0.0144	0.0069	0.0336	0.0022	2.2310	2.2881
【52】鞘脂单胞菌属	0.8914	0.0724	0.5567	0.5640	0.0035	2.0880
【53】拟诺卡氏菌属	0.3090	0.7022	0.8628	0.0762	0.0435	1.9937
【54】石单胞菌属	0.3868	0.0115	0.0273	1.3830	0.0062	1.8148
【55】解纤维素菌属(Cellulosilyticum)	0.1730	0.7504	0.8148	0.0356	0.0206	1.7945
【56】泥单胞菌属(Pelomonas)	0.0069	0.1602	0.0599	1.5580	0.0006	1.7856
【57】中温球形菌属(Tepidisphaera)	0.0000	0.0000	0.0009	1.7030	0.0000	1.7039
【58】未分类的细菌门的1属	0.7187	0.3776	0.4593	0.1002	0.0046	1.6604
【59】毛螺菌科AC2044群的1属	0.0000	0.9976	0.6415	0.0000	0.0000	1.6391
【60】棒杆菌属1	0.1510	0.5698	0.3279	0.5640	0.0006	1.6133
【61】龙杆菌科分类地位未定的1属	1.3410	0.0277	0.0418	0.1864	0.0056	1.6025
【62】纤维微菌属(Cellulosimicrobium)	0.0260	0.0200	0.0510	0.0031	1.4720	1.5720
【63】克里斯滕森菌科R-7群的1属	1.1360	0.0098	0.3929	0.0128	0.0085	1.5600
【64】生孢产氢菌属	0.0148	1.0740	0.4660	0.0004	0.0006	1.5558
【65】碱弯菌属	1.5050	0.0003	0.0055	0.0000	0.0011	1.5119
【66】假单胞菌属	1.0270	0.1201	0.3283	0.0313	0.0012	1.5079
【67】东氏菌属(Dongia)	0.0069	0.0603	0.0005	1.4200	0.0000	1.4877
【68】酸微菌科分类地位未定的1属	0.0118	0.0310	0.0391	0.0145	1.3210	1.4174
【69】中生根瘤菌属(Mesorhizobium)	0.1649	0.0752	0.0968	1.0440	0.0034	1.3843
【70】两面神杆菌属(Janibacter)	0.7253	0.0920	0.4552	0.0923	0.0082	1.3730
【71】拟杆菌目RF16群分类地位未定的1属	0.0142	0.2597	0.4708	0.0026	0.5739	1.3213
【72】盐水球菌属	0.0013	0.0031	0.0029	1.2860	0.0011	1.2944
【73】毛螺菌科未分类的1属	0.4450	0.2815	0.4912	0.0542	0.0106	1.2825
【74】盐湖浮游菌属	0.5804	0.2784	0.2531	0.1042	0.0205	1.2366
【75】运动杆菌属(Mobilitalea)	0.0127	0.0132	0.0405	0.0013	1.1640	1.2317
【76】芽胞杆菌属	0.6146	0.0003	0.0250	0.4514	0.1194	1.2107
【77】脱硫苏打菌属(Desulfonatronum)	0.0059	0.0725	0.0064	1.0980	0.0075	1.1904
【78】瘤胃球菌科UCG-014群的1属	0.2284	0.2754	0.5883	0.0302	0.0106	1.1329
【79】酸杆菌纲分类地位未定的1属	0.8361	0.0225	0.2576	0.0070	0.0017	1.1249
【80】拟杆菌目S24-7群的1属	0.8950	0.0441	0.0813	0.0774	0.0099	1.1077
【81】德沃斯氏菌属	0.0425	0.4370	0.3298	0.0022	0.2874	1.0989
【82】鞘脂单胞菌科未分类的1属	0.0593	0.0540	0.0586	0.0181	0.8728	1.0628
【83】柄杆菌科未分类的1属	0.0088	0.0136	0.0221	1.0170	0.0012	1.0627
【84】新鞘脂菌属	0.5584	0.3163	0.1468	0.0356	0.0023	1.0594
【85】泉古菌SCG群分类地位未定的1属	0.8440	0.1180	0.0524	0.0219	0.0017	1.0380
【86】I-10群分类地位未定的1属	0.0000	1.0300	0.0000	0.0000	0.0000	1.0300
【87】脱硫生孢弯菌属(Desulfosporosinus)	0.0000	0.0000	0.0000	0.0000	1.0200	1.0200
【88】肠杆菌科未分类的1属	0.6860	0.0012	0.0023	0.1531	0.1773	1.0200
【89】动球菌科未分类的1属	0.5761	0.2915	0.1312	0.0142	0.0034	1.0163

三、细菌属垫料垂直分布生境相关性

以饲料发酵床细菌属垂直分布为矩阵、细菌属为样本、垫料分布为指标，进行相关分析，结果见表 4-15。表层垫料、中层垫料、底层垫料之间的相关性极显著（$P < 0.01$），说明不同深度垫料之间细菌属的分布生境存在极显著相关。饲料垫料与中层垫料之间以及与新鲜猪粪之间细菌属分布生境相关性不显著（$P > 0.05$），说明饲料垫料与新鲜猪粪细菌属分布的生境差异显著，各自有自己的细菌菌群。

表4-15 以饲料发酵床垫料细菌属垂直分布生境相关系数

因子	表层垫料	中层垫料	底层垫料	饲料垫料	新鲜猪粪
表层垫料		0.0000	0.0000	0.0001	0.0005
中层垫料	0.3903		0.0000	0.0882	0.0008
底层垫料	0.5869	0.6817		0.0002	0.0000
饲料垫料	0.1275	0.0547	0.1199		0.0728
新鲜猪粪	0.1105	0.1076	0.1413	0.0575	

注：左下角是相关系数 r，右上角是 P 值。

四、细菌属垫料垂直分布生境多样性

以饲料发酵床细菌属占比总和 > 0.2581% 的 255 个细菌属垫料垂直分布为矩阵，以垫料分布为样本，细菌属为指标，进行多样性指数分析，结果见表 4-16。结果表明，占比总和 > 0.2581% 条件下，垫料生境细菌属数量在 185 ~ 234，占比总和在 87.55% ~ 94.49%，包含了细菌属的主要种类。从物种丰富度上看，中层垫料生境丰富度 (52.13) > 底层垫料 (50.38) > 饲料垫料 (46.78) > 表层垫料 (45.95) > 新鲜猪粪 (40.46)；从香农多样性指数上看，表层、中层、底层垫料生境香农指数在 4.04 ~ 4.25，高于饲料垫料（3.97）和新鲜猪粪（3.35），表明垫料不同深度生境，经过细菌属的发酵生境多样性指数高于饲料垫料和新鲜猪粪。

表4-16 饲料发酵床细菌属占比总和 > 0.2581% 的255个细菌属垫料垂直分布生境多样性指数

项目	物种数量	占比总和/%	丰富度	辛普森指数 (D)	香农指数 (H)	均匀度	Brillouin指数	McIntosh指数 (D_{mc})
表层垫料	210	94.49	45.95	0.97	4.04	0.75	4.56	0.89
中层垫料	234	87.33	52.13	0.99	4.25	0.78	4.64	0.94
底层垫料	228	90.54	50.38	0.98	4.19	0.77	4.59	0.93
饲料垫料	212	90.96	46.78	0.97	3.97	0.74	4.44	0.89
新鲜猪粪	185	94.41	40.46	0.96	3.35	0.64	4.02	0.86

五、细菌属垫料垂直分布生境生态位宽度

饲料发酵床不同深度垫料生境，分布着不同的细菌属，构成了不同生境的生态位宽度，生态位宽的生境，表明其细菌属利用生境资源的能力强；反之，利用生境资源的能力弱。以饲料发酵床细菌属占比总和 > 0.2581% 的 255 个细菌属垫料垂直分布为矩阵，以垫料分布为样本，细菌属为指标，以 Levins 生态位宽度指数为测度，进行垫料垂直分布生境生态位宽度

分析，结果见表 4-17。结果表明细菌属分布生境中层垫料的生态位宽度 (38.3071) ＞底层垫料 (34.3898) ＞表层垫料 (25.3190) ＞饲料垫料 (24.0698) ＞新鲜猪粪（18.4337）。中层垫料细菌属分布生境生态位宽度最宽，主要由 8 个细菌属种群构成，即 S1= 黄单胞菌科未分类的 1 属（占比 4.82%），S3= 间孢囊菌科未分类的 1 种（7.12%），S11= 甲烷短杆菌属（4.33%），S13= 腐螺旋菌科分类地位未定的 1 属（7.31%），S17=vadinBC27 污水淤泥群的 1 属（3.57%），S20= 棒杆菌属（*Corynebacterium*）（2.89%），S29= 科 TM146 分类地位未定的 1 属（4.41%），S30= 科 JTB255 海底菌群的 1 属（3.83%）；新鲜猪粪细菌属分布生境生态位宽度最窄，主要由 12 个细菌属种群构成，即 S4= 葡萄球菌属（11.20%），S6= 红环菌科未分类的 1 属（8.92%），S7= 鸟氨酸球菌属（4.70%），S9= 黄杆菌属（8.55%），S12= 理研菌科 RC9 肠道菌群的 1 属（6.06%），S16= 红螺菌目未分类的 1 属（7.50%），S18= 假深黄单胞菌属（6.31%），S21= 酸杆菌属（*Acidibacter*）（5.19%），S22= 迪茨氏菌属 Dietzia（2.92%），S27= 中温球形菌科的 1 属（4.66%），S28= 脱硫叶菌属（*Desulfobulbus*）（4.67%），S40= 热泉细杆菌属（2.88%）；垫料垂直分布的各个生境细菌属资源构成差异较大，每一种生境生态位宽度由不同的细菌属构成，几乎不重复，一种细菌属支撑一个生境的生态位宽度，另一种细菌属支撑着另一种生境生态位宽度。

表4-17　饲料发酵床细菌属垫料垂直分布生境生态位宽度（Levins测度）

分布生境	表层垫料	中层垫料	底层垫料	饲料垫料	新鲜猪粪
生态位宽度（Levins）	25.3190	38.3071	34.3898	24.0698	18.4337
频数	5	8	9	7	12
截断比例	0.03	0.02	0.02	0.03	0.03
常用资源种类	S1=8.05%	S1=4.82%	S1=6.86%	S7=5.06%	S4=11.20%
	S2=13.80%	S3=7.12%	S2=3.31%	S8=12.42%	S6=8.92%
	S5=7.33%	S11=4.33%	S3=8.35%	S10=11.69%	S7=4.70%
	S18=3.35%	S13=7.31%	S5=5.42%	S27=3.41%	S9=8.55%
	S34=2.64%	S17=3.57%	S11=4.27%	S32=3.23%	S12=6.06%
		S20=2.89%	S14=6.11%	S33=3.54%	S16=7.50%
		S29=4.41%	S17=3.13%	S42=2.78%	S18=6.31%
		S30=3.83%	S26=2.87%		S21=5.19%
			S40=3.12%		S22=2.92%
					S27=4.66%
					S28=4.67%
					S40=2.88%

六、细菌优势属垫料垂直分布生境生态位重叠

饲料发酵床不同深度垫料生境，分布着许多的细菌属，有的细菌属只选择特定的生境生存，有的细菌属可以在两个以上不同生境生存；同一个生境生存着不同的细菌属，形成生态位重叠；不同的生境生存着不同的细菌属，形成生态位不重叠（互补）；以饲料发酵床垫料细菌优势属占比总和＞10% 的 11 个细菌属垫料垂直分布为矩阵，以垫料垂直分布（表层垫料、中层垫料、底层垫料、饲料垫料、新鲜猪粪）为指标，11 个细菌优势属［黄单胞菌科未

分类的 1 属（19.2059%）、盐单胞菌属（18.1883%）、间孢囊菌科未分类的 1 属（15.8757%）、葡萄球菌属（14.8419%）、ML635J-40 水生群的 1 属（13.8762%）、红环菌科未分类的 1 属（11.8627%）、鸟氨酸球菌属（11.7848%）、红微菌属（11.3101%）、黄杆菌属（10.7828%）、根微菌属（10.6928%）、甲烷短杆菌属（10.5279%）] 为样本，以 Pianka 生态位重叠指数为测度，分析垫料垂直分布生境细菌优势属生态位重叠，结果见表4-18。

表4-18　垫料垂直分布生境细菌优势属生态位重叠（Pianka测度）

	物种名称	【1】	【2】	【3】	【4】	【5】	【6】	【7】	【8】	【9】	【10】	【11】
【1】	黄单胞菌科未分类的1属	1.00										
【2】	盐单胞菌属	0.85	1.00									
【3】	间孢囊菌科未分类的1属	0.80	0.36	1.00								
【4】	葡萄球菌属	0.24	0.19	0.22	1.00							
【5】	ML635J-40水生群的1属	0.97	0.92	0.66	0.22	1.00						
【6】	红环菌科未分类的1属	0.24	0.17	0.24	1.00	0.21	1.00					
【7】	鸟氨酸球菌属	0.32	0.23	0.29	0.71	0.31	0.72	1.00				
【8】	红微菌属	0.08	0.09	0.01	0.03	0.07	0.04	0.68	1.00			
【9】	黄杆菌属	0.21	0.16	0.20	1.00	0.18	1.00	0.71	0.03	1.00		
【10】	根微菌属	0.09	0.09	0.01	0.03	0.07	0.04	0.68	1.00	0.03	1.00	
【11】	甲烷短杆菌属	0.84	0.44	0.97	0.21	0.70	0.21	0.41	0.24	0.18	0.24	1.00

分析结果表明，可以将生态位重叠分为 3 组，第 1 组，生态位重叠值＞ 0.80，为高生态位重叠组，如黄单胞菌科未分类的 1 属与盐单胞菌属（0.85）、与 ML635J-40 水生群的 1 属（0.97）等；第 2 组，生态位重叠值 0.40 ~ 0.80 之间，为中生态位重叠组，如盐单胞菌属与甲烷短杆菌属（*Methanobrevibacter*）（0.44），间孢囊菌科未分类的 1 属与 ML635J-40 水生群的 1 属（0.66）等；第 3 组，生态位重叠值＜ 0.40，为低生态位重叠组，盐单胞菌属与红微菌属（*Rhodomicrobium*）（0.09），葡萄球菌属（*Staphylococcus*）与红微菌属（0.03）等。细菌属在生态位重叠高的生境可以共享资源，形成竞争；细菌属在生态位重叠低的生境互不干扰，形成互补。例如，红微菌属与根微菌属（*Rhizomicrobium*）（1.00）生态位完全重叠，它们同时能很好地生存在饲料垫料中，共享饲料垫料资源，形成竞争。葡萄球菌属与间孢囊菌科未分类的 1 属（0.01）几乎不重叠，葡萄球菌属能很好地生存在新鲜猪粪中，而间孢囊菌科未分类的 1 属则能很好地生存在饲料垫料中，互不干扰，对资源的利用形成互补。有的细菌属可以同多个其他细菌属之间有较高的生态位重叠，如黄单胞菌科未分类的 1 属可以和盐单胞菌属（0.85）、间孢囊菌科未分类的 1 属（0.80）、ML635J-40 水生群的 1 属（0.97）、甲烷短杆菌属（0.84），共存于相似的生态位；有的细菌属于大多数的其他细菌属生态位几乎不重叠，如红微菌属与黄单胞菌科未分类的 1 属（0.08）、盐单胞菌属（0.09）、间孢囊菌科未分类的 1 属（0.01）、葡萄球菌属（0.03）、ML635J-40 水生群的 1 属（0.07）、红环菌科未分类的 1 属（0.04），红微菌属能够在饲料垫料（占比 11.3%）中很好地生存，而在其他生境，如表层垫料（0.0%）、中层垫料（0.0019%）、底层垫料（0.0076%）、新鲜猪粪（0.0006%）不能很好地生存。

七、细菌属垫料垂直分布亚群落分化

以饲料发酵床细菌属占比总和＞ 0.2581% 的 255 个细菌属垫料垂直分布为矩阵，以垫料分布为指标、细菌属为样本、欧式距离为尺度，利用可变类平均法进行系统聚类，结果见表4-19、图4-11。分析结果可将细菌属微生物组聚为3组亚群落。

表4-19　饲料发酵床垫料垂直分布细菌属亚群落分化聚类分析　　　单位：%

组别	物种名称	表层垫料	中层垫料	底层垫料	饲料垫料	新鲜猪粪
1	黄单胞菌科未分类的1属	7.61	4.21	6.21	0.88	0.30
1	盐单胞菌属	13.04	0.87	3.00	1.22	0.06
1	间孢囊菌科未分类的1属	1.48	6.22	7.56	0.07	0.54
1	ML635J-40水生群分类地位未定的1属	6.93	1.39	4.91	0.58	0.07
1	红微菌属	0.00	0.00	0.01	11.30	0.00
1	根微菌属	0.04	0.01	0.00	10.63	0.01
	第1组6个样本平均值	4.85	2.12	3.62	4.11	0.16
2	葡萄球菌属	1.75	1.00	1.18	0.35	10.57
2	红环菌科未分类的1属	1.13	0.80	1.19	0.32	8.42
2	鸟氨酸球菌属	0.66	0.01	2.08	4.60	4.43
2	黄杆菌属	1.05	0.66	0.80	0.20	8.07
2	理研菌科RC9肠道菌群的1属	0.96	0.65	0.94	0.30	5.72
2	红螺菌目未分类的1属	0.08	0.01	0.01	0.00	7.08
2	假深黄单胞菌属	0.10	0.14	0.08	0.04	5.96
2	酸杆菌属	0.10	0.27	0.20	0.02	4.90
2	迪茨氏菌属	0.13	1.92	0.49	0.01	2.76
2	中温球形菌科分类地位未定的1属	0.06	0.00	0.00	0.00	4.40
2	脱硫叶菌属	0.01	0.00	0.00	0.00	4.41
2	热泉细杆菌属	0.01	0.01	0.00	0.01	2.72
2	海源菌属	0.01	0.01	0.03	0.00	2.23
	第2组13个样本平均值	0.47	0.42	0.54	0.45	5.51
3	甲烷短杆菌属	1.36	3.78	3.86	1.35	0.17
3	腐螺旋菌科分类地位未定的1属	1.61	6.39	0.19	0.02	0.01
3	变形菌门未分类的1属	0.36	1.79	5.53	0.02	0.02
3	伯克氏菌属-副伯克氏菌属	1.84	2.00	2.01	1.22	0.20
3	vadinBC27污水淤泥群的1属	1.02	3.12	2.83	0.14	0.01
3	消化链球菌科未分类的1属	3.17	1.25	0.94	0.87	0.03
3	棒杆菌属	1.67	2.53	1.51	0.01	0.07
3	厌氧绳菌科分类地位未定的1属	1.38	1.61	1.86	0.06	0.14
3	微球菌目未分类的1属	0.82	0.07	1.58	2.07	0.13
3	苏黎世杆菌属	1.64	0.35	0.79	1.64	0.13
3	纲OPB35土壤菌群的1属	0.05	1.83	2.60	0.00	0.03
3	目C0119分类地位未定的1属	0.00	0.52	0.35	3.10	0.00
3	科TM146分类地位未定的1属	0.00	3.86	0.05	0.00	0.00
3	科JTB255海底菌群分类地位未定的1属	0.01	3.35	0.54	0.01	0.00
3	狭义梭菌属1	1.93	0.50	0.63	0.45	0.08
3	目JG30-KF-CM45分类地位未定的1属	1.35	1.15	0.45	0.51	0.03
3	不动杆菌属	1.85	0.48	0.48	0.52	0.06
3	亚硝化单胞菌科分类地位未定的1属	0.04	0.17	0.09	2.94	0.00
3	盐乳杆菌属	0.00	0.01	0.00	3.22	0.00

续表

组别	物种名称	表层垫料	中层垫料	底层垫料	饲料垫料	新鲜猪粪
3	假节杆菌属	0.13	1.80	1.06	0.08	0.09
3	特吕珀菌属	2.50	0.06	0.11	0.44	0.02
3	藤黄色单胞菌属	0.15	0.24	2.10	0.41	0.03
3	泉古菌SCG群未分类的1属	0.01	0.07	2.82	0.02	0.00
3	瘤胃球菌科UCG–005群的1属	1.47	0.57	0.17	0.49	0.13
3	嗜蛋白菌属	0.45	0.07	0.67	0.68	0.89
3	毛螺菌科NK3A20群的1属	1.31	0.23	0.92	0.22	0.03
3	草酸杆菌科未分类的1属	0.01	0.03	0.02	2.53	0.00
3	红螺菌科未分类的1属	0.43	0.01	0.05	2.03	0.01
3	根瘤菌目未分类的1属	0.32	1.37	0.16	0.00	0.67
3	类梭菌属	1.75	0.20	0.44	0.11	0.01
3	α-变形菌纲未分类的1属	0.07	1.08	1.19	0.01	0.02
3	黄单胞菌目未分类的1属	0.17	0.42	0.04	1.72	0.00
3	鞘脂单胞菌属	0.89	0.07	0.56	0.56	0.00
3	拟诺卡氏菌属	0.31	0.70	0.86	0.08	0.04
3	石单胞菌属	0.39	0.01	0.03	1.38	0.01
3	解纤维素菌属	0.17	0.75	0.81	0.04	0.02
3	泥单胞菌属	0.01	0.16	0.06	1.56	0.00
3	中温球形菌属	0.00	0.00	0.00	1.70	0.00
3	未分类的细菌门	0.72	0.38	0.46	0.10	0.00
3	毛螺菌科AC2044群的1属	0.00	1.00	0.64	0.00	0.00
3	棒杆菌属1	0.15	0.57	0.33	0.56	0.00
3	龙杆菌科分类地位未定的1属	1.34	0.03	0.04	0.19	0.01
3	纤维微菌属	0.03	0.02	0.05	0.00	1.47
3	克里斯滕森菌科R-7群的1属	1.14	0.01	0.39	0.01	0.01
3	生孢产氢菌属	0.01	1.07	0.47	0.00	0.00
3	碱弯菌属	1.51	0.00	0.01	0.00	0.00
3	假单胞菌属	1.03	0.12	0.33	0.03	0.00
3	东氏菌属	0.01	0.06	0.00	1.42	0.00
3	酸微菌科分类地位未定的1属	0.01	0.03	0.04	0.01	1.32
3	中生根瘤菌属	0.16	0.08	0.10	1.04	0.00
3	两面神杆菌属	0.73	0.09	0.46	0.09	0.01
3	拟杆菌目RF16群分类地位未定的1属	0.01	0.26	0.47	0.00	0.57
3	盐水球菌属	0.00	0.00	0.00	1.29	0.00
3	毛螺菌科未分类的1属	0.45	0.28	0.49	0.05	0.01
3	盐湖浮游菌属	0.58	0.28	0.25	0.10	0.02
3	运动杆菌属	0.01	0.01	0.04	0.00	1.16
3	芽胞杆菌属	0.61	0.00	0.02	0.45	0.12
3	脱硫苏打菌属	0.01	0.07	0.01	1.10	0.00
3	瘤胃球菌科UCG–014群的1属	0.23	0.28	0.59	0.03	0.01
3	酸杆菌纲分类地位未定的1属	0.84	0.02	0.26	0.01	0.00
3	拟杆菌目S24-7群分类地位未定的1属	0.90	0.04	0.08	0.08	0.01
3	德沃斯氏菌属	0.04	0.44	0.33	0.00	0.29
3	鞘脂单胞菌科未分类的1属	0.06	0.05	0.06	0.02	0.87

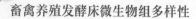
续表

组别	物种名称	表层垫料	中层垫料	底层垫料	饲料垫料	新鲜猪粪
3	柄杆菌科未分类的1属	0.01	0.01	0.02	1.02	0.00
3	新鞘脂菌属	0.56	0.32	0.15	0.04	0.00
3	泉古菌SCG群分类地位未定的1属	0.84	0.12	0.05	0.02	0.00
3	科I-10分类地位未定的1属	0.00	1.03	0.00	0.00	0.00
3	脱硫生孢弯菌属	0.00	0.00	0.00	0.00	1.02
3	肠杆菌科未分类的1属	0.69	0.00	0.00	0.15	0.18
3	动球菌科未分类的1属	0.58	0.29	0.13	0.01	0.00
3	慢生根瘤菌属	0.39	0.13	0.40	0.04	0.01
3	居白蚁菌属(Isoptericola)	0.09	0.25	0.15	0.41	0.05
3	土微菌属(Pedomicrobium)	0.02	0.91	0.00	0.00	0.00
3	噬几丁质菌属	0.00	0.91	0.00	0.00	0.00
3	长孢菌属	0.04	0.01	0.01	0.85	0.00
3	叶杆菌科未分类的1属	0.47	0.01	0.01	0.42	0.01
3	奥尔森氏菌属(Olsenella)	0.02	0.03	0.02	0.00	0.84
3	瘤胃球菌科未分类的1属	0.18	0.38	0.29	0.01	0.05
3	卡斯泰拉尼菌属	0.60	0.06	0.10	0.10	0.03
3	甲烷球形菌属	0.24	0.30	0.24	0.10	0.01
3	黄杆菌科未分类的1属	0.12	0.10	0.21	0.46	0.01
3	绿弯菌门未分类的1属	0.00	0.00	0.00	0.86	0.00
3	欧研会菌属(Ercella)	0.01	0.80	0.03	0.01	0.00
3	优杆菌科未分类的1属	0.00	0.00	0.00	0.00	0.85
3	海水杆菌属	0.18	0.15	0.40	0.11	0.00
3	农科所菌属(Niastella)	0.00	0.00	0.00	0.83	0.00
3	放线菌纲分类地位未定的1属	0.15	0.02	0.01	0.28	0.35
3	短杆菌属	0.40	0.06	0.10	0.23	0.00
3	红杆菌科未分类的1属	0.57	0.05	0.09	0.07	0.02
3	海杆菌属	0.73	0.00	0.05	0.00	0.00
3	盐胞菌属(Halocella)	0.08	0.08	0.49	0.12	0.00
3	丛毛单胞菌科未分类的1属	0.08	0.28	0.36	0.03	0.02
3	酸杆菌纲未分类的1属	0.00	0.01	0.00	0.76	0.00
3	红假单胞菌属(Rhodopseudomonas)	0.01	0.03	0.05	0.00	0.68
3	寡养单胞菌属	0.21	0.37	0.14	0.05	0.00
3	兼性芽胞杆菌属	0.00	0.00	0.00	0.76	0.00
3	中温无形菌属	0.00	0.72	0.04	0.00	0.00
3	鞘脂杆菌属	0.50	0.00	0.02	0.21	0.00
3	蓝细菌纲分类地位未定的1属	0.00	0.15	0.56	0.03	0.00
3	类诺卡氏菌属	0.45	0.17	0.08	0.03	0.00
3	多雷氏菌属(Dorea)	0.01	0.02	0.02	0.00	0.67
3	解腈菌科未分类的1属	0.30	0.13	0.26	0.02	0.02
3	糖霉菌科未分类的1属	0.28	0.00	0.02	0.41	0.00
3	糖杆菌门分类地位未定的1属	0.67	0.00	0.02	0.01	0.00
3	乳杆菌属	0.01	0.01	0.00	0.68	0.00
3	芽单胞菌科分类地位未定的1属	0.33	0.01	0.32	0.01	0.00
3	双歧杆菌属	0.58	0.06	0.03	0.01	0.00

组别	物种名称	表层垫料	中层垫料	底层垫料	饲料垫料	新鲜猪粪
3	海洋微菌属	0.01	0.13	0.52	0.00	0.00
3	微球菌科未分类的1属	0.12	0.19	0.22	0.13	0.00
3	赤杆菌科未分类的1属	0.27	0.09	0.24	0.05	0.01
3	长微菌科分类地位未定的1属	0.23	0.29	0.11	0.02	0.00
3	土壤红色杆菌目未分类的1属	0.04	0.04	0.00	0.00	0.56
3	线单胞菌属(Filimonas)	0.00	0.16	0.00	0.47	0.00
3	海小杆菌属(Marinobacterium)	0.01	0.01	0.08	0.54	0.00
3	戴氏菌属(Dyella)	0.01	0.01	0.01	0.01	0.61
3	瘤胃梭菌属6	0.00	0.38	0.25	0.00	0.00
3	刘志恒菌属	0.14	0.38	0.10	0.00	0.00
3	类芽胞杆菌属	0.00	0.60	0.00	0.00	0.00
3	气球菌属(Aerococcus)	0.11	0.01	0.45	0.03	0.00
3	微丝菌属(Microthrix)	0.00	0.14	0.02	0.43	0.00
3	黄色杆菌属(Galbibacter)	0.05	0.07	0.11	0.37	0.00
3	考拉杆菌属	0.00	0.00	0.00	0.00	0.60
3	微杆菌属(Mlcrobacterium)	0.23	0.18	0.14	0.03	0.00
3	沙单胞菌属	0.00	0.51	0.07	0.00	0.00
3	深古菌门分类地位未定的1属	0.00	0.00	0.00	0.00	0.58
3	科Elev-16S-1332分类地位未定的1属	0.08	0.21	0.06	0.22	0.00
3	属C1-B045	0.05	0.14	0.02	0.36	0.00
3	海管菌属(Haliangium)	0.01	0.01	0.08	0.47	0.00
3	甲基嗜酸菌属(Methylacidiphilum)	0.11	0.01	0.01	0.43	0.00
3	纲Gitt-GS-136分类地位未定的1属	0.02	0.51	0.03	0.00	0.00
3	密螺旋体属2	0.50	0.03	0.01	0.01	0.00
3	球链菌属	0.09	0.15	0.24	0.04	0.02
3	海洋玫瑰色菌属(Roseimaritima)	0.10	0.30	0.11	0.02	0.01
3	假黄单胞菌属	0.27	0.09	0.12	0.03	0.03
3	Urania-1B-19海洋沉积菌群的1属	0.00	0.20	0.00	0.32	0.00
3	赫希氏菌属(Hirschia)	0.00	0.11	0.00	0.42	0.00
3	放线杆菌属(Actinotalea)	0.04	0.32	0.15	0.01	0.00
3	柄杆菌属(Caulobacter)	0.00	0.17	0.34	0.00	0.00
3	解蛋白菌属(Proteiniclasticum)	0.05	0.01	0.43	0.02	0.00
3	不粘柄菌属(Asticcacaulis)	0.02	0.40	0.08	0.00	0.00
3	红色杆菌属(Rubrobacter)	0.01	0.00	0.00	0.00	0.49
3	硝酸矛形菌属(Nitrolancea)	0.01	0.07	0.33	0.09	0.00
3	海洋小杆菌属	0.16	0.02	0.15	0.17	0.00
3	湖杆菌属	0.21	0.09	0.15	0.04	0.01
3	宝石玫瑰菌属(Gemmatirosa)	0.00	0.00	0.11	0.38	0.00
3	丹毒丝菌科分类地位未定的1属	0.00	0.01	0.47	0.00	0.00
3	拟杆菌门vadinHA17的1属	0.04	0.26	0.16	0.01	0.00
3	贪铜菌属	0.01	0.40	0.05	0.00	0.00
3	肠杆状菌属(Enteorhabdus)	0.00	0.00	0.00	0.46	0.00
3	斯克尔曼氏菌属(Skermanella)	0.00	0.00	0.41	0.04	0.00
3	古根海姆氏菌属	0.40	0.00	0.03	0.02	0.00

续表

组别	物种名称	表层垫料	中层垫料	底层垫料	饲料垫料	新鲜猪粪
3	丛毛单胞菌属	0.12	0.17	0.15	0.01	0.00
3	目NB1-n分类地位未定的1属	0.00	0.13	0.32	0.00	0.00
3	瘤胃线杆菌属	0.03	0.32	0.09	0.01	0.00
3	芽胞杆菌目未分类的1属	0.11	0.05	0.12	0.18	0.00
3	密螺旋体属	0.08	0.15	0.01	0.17	0.05
3	紫单胞菌科未分类的1属	0.00	0.00	0.00	0.02	0.43
3	粒状胞菌属(Granulicella)	0.00	0.40	0.05	0.00	0.00
3	涅斯捷连科氏菌属	0.14	0.27	0.03	0.00	0.00
3	目EMP-G18分类地位未定的1属	0.00	0.41	0.02	0.00	0.00
3	分枝杆菌属	0.12	0.25	0.05	0.00	0.00
3	鸟氨酸微菌属(Ornithinimicrobium)	0.09	0.12	0.17	0.04	0.00
3	互养球菌属(Syntrophococcus)	0.00	0.00	0.00	0.42	0.00
3	阿克曼斯氏菌属(Akkermansia)	0.00	0.01	0.00	0.00	0.41
3	狭义梭菌属6	0.31	0.05	0.04	0.02	0.00
3	根瘤菌目分类地位未定的1属	0.00	0.01	0.11	0.30	0.00
3	链球菌属	0.00	0.14	0.27	0.00	0.00
3	科0319-6M6分类地位未定的1属	0.00	0.00	0.00	0.00	0.41
3	罗氏菌属(Roseburia)	0.00	0.06	0.35	0.00	0.00
3	毛螺菌科UCG–002群的1属	0.00	0.00	0.01	0.39	0.00
3	拟普雷沃氏菌属	0.04	0.10	0.22	0.05	0.00
3	产粪甾醇优杆菌群的1属	0.21	0.07	0.11	0.00	0.01
3	黄单胞菌目分类地位未定的1属	0.22	0.07	0.07	0.03	0.00
3	链霉菌属	0.35	0.01	0.04	0.00	0.00
3	甲基海洋杆菌属(Methyloceanibacter)	0.00	0.00	0.00	0.39	0.00
3	诺卡氏菌属	0.00	0.00	0.00	0.00	0.39
3	法氏菌属(Facklamia)	0.01	0.02	0.01	0.34	0.01
3	柔膜菌纲目RF9分类地位未定的1属	0.11	0.10	0.14	0.03	0.01
3	伯克氏菌目未分类的1属	0.02	0.09	0.01	0.28	0.00
3	慢食菌属(Tardiphaga)	0.00	0.00	0.00	0.00	0.38
3	贪食菌属	0.01	0.06	0.30	0.00	0.00
3	金色线菌属	0.00	0.01	0.03	0.35	0.00
3	纲LNR_A2-18分类地位未定的1属	0.29	0.01	0.01	0.07	0.00
3	科288-2分类地位未定的1属	0.00	0.01	0.02	0.00	0.34
3	噬几丁质菌科分类地位未定的1属	0.07	0.15	0.15	0.01	0.00
3	野野村菌属(Nonomuraea)	0.01	0.20	0.16	0.00	0.00
3	漩涡菌属	0.00	0.00	0.01	0.36	0.00
3	候选属RB41	0.16	0.03	0.17	0.00	0.00
3	极小单胞菌属	0.04	0.11	0.20	0.00	0.01
3	苛求球菌属(Fastidiosipila)	0.11	0.12	0.12	0.00	0.00
3	候选属(Alysiosphaera)	0.00	0.31	0.05	0.00	0.00
3	应微所菌属	0.22	0.02	0.03	0.09	0.00
3	拟杆菌属	0.08	0.00	0.24	0.03	0.00
3	魏斯氏菌属	0.23	0.07	0.04	0.01	0.00
3	鼠尾菌属(Muricauda)	0.00	0.00	0.00	0.34	0.00

续表

组别	物种名称	表层垫料	中层垫料	底层垫料	饲料垫料	新鲜猪粪
3	污水球菌属(Defluviicoccus)	0.00	0.34	0.00	0.00	0.00
3	地嗜皮菌属	0.00	0.12	0.00	0.22	0.00
3	糖发酵菌属(Saccharofermentans)	0.13	0.13	0.07	0.01	0.00
3	压缩杆菌属(Constrictibacter)	0.00	0.00	0.00	0.00	0.34
3	黏液杆菌属(Mucilaginibacter)	0.13	0.01	0.19	0.01	0.00
3	候选糖单胞菌属(Saccharimonas)	0.08	0.05	0.09	0.10	0.00
3	科SM2D12分类地位未定的1属	0.00	0.12	0.20	0.00	0.00
3	谷氨酸杆菌属	0.07	0.02	0.22	0.00	0.00
3	白单胞菌属(Candidimonas)	0.00	0.31	0.01	0.00	0.00
3	黏结杆菌属(Adhaeribacter)	0.00	0.00	0.00	0.31	0.00
3	肠球菌属	0.21	0.05	0.03	0.02	0.00
3	拟杆菌目UCG–001群分类地位未定的1属	0.01	0.02	0.00	0.00	0.29
3	莞岛菌属	0.00	0.00	0.31	0.00	0.00
3	瘤胃球菌科NK4A214群的1属	0.00	0.25	0.02	0.03	0.00
3	副球菌属	0.08	0.08	0.13	0.01	0.01
3	热粪杆菌属	0.09	0.01	0.20	0.00	0.01
3	四联球菌属	0.00	0.05	0.25	0.00	0.00
3	碱杆菌属(Alkalibacter)	0.00	0.00	0.00	0.30	0.00
3	明串珠菌属(Trichococcus)	0.00	0.03	0.27	0.00	0.00
3	植物内生放线菌属(Actinophytocola)	0.00	0.00	0.00	0.30	0.00
3	短芽胞杆菌属	0.00	0.00	0.03	0.26	0.00
3	毛螺菌科NK4A136群的1属	0.00	0.02	0.01	0.00	0.26
3	CL500-29海洋菌群的1属	0.00	0.13	0.00	0.15	0.00
3	硫杆菌属(Thiobacillus)	0.00	0.25	0.04	0.00	0.00
3	普雷沃氏菌科Ga6A1群的1属	0.00	0.00	0.29	0.00	0.00
3	食烃菌属(Hydrocarboniphaga)	0.00	0.00	0.00	0.00	0.29
3	消化球菌科分类地位未定的1属	0.00	0.11	0.17	0.00	0.00
3	科XIV分类地位未定的1属	0.00	0.01	0.00	0.27	0.00
3	乔治菌属(Georgenia)	0.02	0.13	0.12	0.00	0.01
3	普雷沃氏菌属1	0.07	0.02	0.19	0.00	0.00
3	科KF-JG30-B3分类地位未定的1属	0.00	0.28	0.00	0.00	0.00
3	硫碱弧菌属	0.03	0.00	0.00	0.24	0.00
3	交替单胞菌目未分类的1属	0.01	0.00	0.00	0.00	0.27
3	德库菌属(Desemzia)	0.01	0.01	0.01	0.00	0.24
3	丹毒丝菌科未分类的1属	0.00	0.00	0.00	0.00	0.27
3	拟杆菌门目III分类地位未定的1属	0.11	0.01	0.06	0.05	0.03
3	奥德赛菌属(Odyssella)	0.01	0.00	0.00	0.00	0.26
3	亚硝酸球形菌(Nitrososphaera)	0.00	0.00	0.00	0.00	0.26
3	瘤胃梭菌属5	0.00	0.03	0.00	0.24	0.00
3	绿弯菌门目AKYG1722分类地位未定的1属	0.08	0.03	0.03	0.12	0.00
3	候选纲OM190分类地位未定的1属	0.00	0.04	0.00	0.22	0.00
	第3组236个样本平均值	0.25	0.29	0.26	0.26	0.09

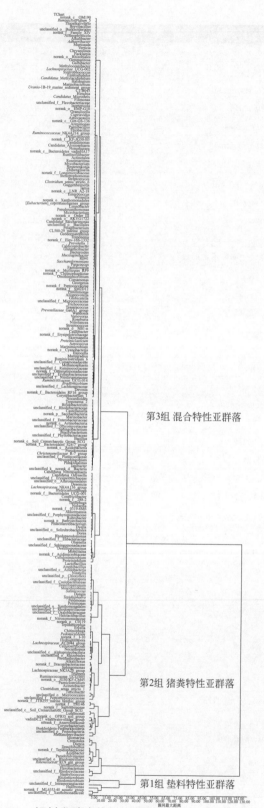

图4-11　饲料发酵床垫料细菌属垂直分布亚群落分化

第 1 组为垫料特性亚群落，细菌属含量较高，包含了 6 个细菌属，即黄单胞菌科未分类的 1 属、盐单胞菌属、间孢囊菌科未分类的 1 属、ML635J-40 水生群分类地位未定的 1 属、红微菌属、根微菌属，主要分布在饲料垫料及其垂直分布垫料中，在表层垫料、中层垫料、底层垫料、饲料垫料、新鲜猪粪中的占比平均值分别为 4.85%、2.12%、3.62%、4.11%、0.16%。第 2 组为猪粪特性亚群落，细菌属含量中等，包含了 13 个细菌属，即葡萄球菌属、红环菌科未分类的 1 属、鸟氨酸球菌属、黄杆菌属、理研菌科 RC9 肠道菌群的 1 属、红螺菌目未分类的 1 属、假深黄单胞菌属、酸杆菌属、迪茨氏菌属、中温球形菌科分类地位未定的 1 属、脱硫叶菌属、热泉细杆菌属、海源菌属（Idiomarina），含有较多的病原菌和猪肠道微生物，主要分布在新鲜猪粪中，在表层垫料、中层垫料、底层垫料、饲料垫料、新鲜猪粪中的占比平均值分别为 0.47%、0.42%、0.54%、0.45%、5.51%。第 3 组为混合特性亚群落，细菌属含量较低，包含了其余的 236 个细菌属，如刘志恒菌属、硫杆菌属、类芽胞杆菌属（Paenibacillus）、乳杆菌属、盐乳杆菌属、短芽胞杆菌属、芽胞杆菌属、兼性芽胞杆菌属（Amphibacillus）、狭义梭菌属 6、狭义梭菌属 1、伯克氏菌属 - 副伯克氏菌属、慢生根瘤菌属（Bradyrhizobium）、短杆菌属、双歧杆菌属、拟杆菌属（Bacteroides）、魏斯氏菌属、莞岛菌属、漩涡菌属、贪食菌属等，主要分布在饲料垫料 + 新鲜猪粪混合发酵过程的物料中，在表层垫料、中层垫料、底层垫料、饲料垫料、新鲜猪粪中的占比平均值分别为 0.25%、0.29%、0.26%、0.26%、0.09%。

八、讨论

尽管饲料发酵床不同深度垫料细菌群落多样性研究未见报道，但动物养殖微生物发酵床不同深度垫料的细菌群落多样性有过研究，潘麒嫣等（2019）报道了发酵床微生物群落构成及其对圈养绿狒狒的影响，结果显示，从发酵床上共检测到 41 个门的细菌。表层的细菌群落结构最为复杂，OTU 数量、Chao1 指数和香农指数都高于其他 3 个深度。在绿狒狒挖掘最大深度范围内，共检测到 13 个属的有益菌，总相对丰度为 42.26%；潜在致病菌有 4 个属，总相对丰度为 11.08%。宦海琳等（2018）报道了养猪发酵床垫料不同时期碳氮和微生物群落结构变化，结果表明，微生物发酵床优势菌为拟杆菌门、厚壁菌门、变形菌门和放线菌门。漠河杆菌属和梭菌属是垫料中相对丰度最高的物种。随着养殖时间的延长，在门水平上，放线菌门、绿弯菌门的细菌相对丰度显著增加，由 21.3%、1.64% 分别提高到 28.4% 和 4.34%；在属水平上，甲基暖菌属、甲基杆菌属、马杜拉放线菌属、分枝杆菌属、红球菌属、副球菌属等 11 个物种相对丰度显著增加，甲基暖菌属、马杜拉放线菌属的相对丰度由 0.405%、0.570% 分别提高到 2.862%、2.190%，假单胞菌属、嗜冷杆菌属、鞘脂杆菌属、黄杆菌属等 7 个物种显著降低，假单胞菌属、嗜冷杆菌属的相对丰度由 2.51%、2.13% 分别下降到 0.93%、0.18%。垫料纤维素是影响微生物发酵床细菌群落的重要因素。陈倩倩等（2018a）报道了养猪微生物发酵床垫料细菌多样性，结果表明，发酵床垫料细菌多样性与发酵等级相关。其中度发酵垫料细菌数量最多，深度发酵垫料细菌种类最多。拟杆菌门、变形菌门、放线菌门和厚壁菌门是优势菌类群。随着发酵等级的增加，垫料中的葡萄球菌科和皮杆菌科细菌含量减少，说明发酵床可以抑制致病菌，保护养殖健康。在 3 个发酵阶段，微生物发酵床中起主要降解作用的细菌不同：在轻度发酵时期，黄单胞杆菌科和间孢囊菌科细菌是主要的降解菌群；在中度发酵时期，变形菌门的腐螺旋菌科、拟杆菌门的黄杆菌科、放线菌门的棒杆菌科和异常球菌 - 栖热菌门的特吕珀菌科起主要降解作用；在深度发酵时期，厚壁菌门梭菌目瘤胃球菌科、拟杆菌门的紫单胞杆菌科、变形菌门的产碱菌科和假单胞菌科起降解作用。随着垫料等级的增加，粪便中的指示菌——瘤胃菌含量增加，可作为垫料更换的信号。

饲料发酵床垂直分布生境构建出不同特性的环境条件，引起发酵条件的变化导致营养条件差异，吸引着不同的细菌属菌群成为生态优势菌群。表层垫料好氧状态和较高碳氮比，最高含量优势属为盐单胞菌属（13.040%）；中层垫料兼性好氧状态和稍低的碳氮比，最高含量优势属为腐螺旋菌科分类地位未定的 1 属（6.387%）；底层垫料兼性厌氧和较高碳氮比，最高含量优势属为间孢囊菌科未分类的 1 属（7.560%）；饲料垫料好氧状态和高碳氮比（无猪粪），最高含量优势属为红微菌属（11.300%）；新鲜猪粪厌氧状态和低碳氮比，最高含量优势属为葡萄球菌属（10.570%），这些细菌属的微生物学特征指示着不同生境的差异。

饲料发酵床垫料垂直生境由饲料垫料加新鲜猪粪在不同发酵条件下形成的，表层、中层、底层垫料发酵原料来源类似，所在不同层次的环境条件（主要是通气量和湿度）造就了细菌属菌群的差异，而这种差异尚未达到隔离不同层次垫料细菌群落，因而，垫料垂直分布生境（表层、中层、底层）的相关性极显著（$P < 0.01$），即垂直分布生境中的细菌属菌群相互依赖、互相衔接，形成了发酵垫料特有的特征，区别于饲料垫料和新鲜猪粪。垫料不同深度生境，经过细菌属的发酵生境多样性指数高于饲料垫料和新鲜猪粪。生境多样性构建了生态位宽度，较宽的生态位宽度的生境，能让更多的细菌属利用生境资源；反之，较窄的生态位宽度的生境，限制了细菌属生境资源的利用。垫料垂直分布的各个生境细菌属利用资源构成差异较大，形成宽生态位生境、中等生态位生境、窄生态位生境，如饲料发酵床细菌分布生境中层垫料的生态位宽度 (38.3071) ＞底层垫料 (34.3898) ＞表层垫料 (25.3190) ＞饲料垫料 (24.0698) ＞新鲜猪粪（18.4337）；宽生态位生境能让更多的细菌属种类和数量利用生境资源，窄生态位生境限制细菌属种类和数量利用生境资源；每一种生境生态位宽度有不同的细菌属构成，几乎不重复，一种细菌属支撑一个生境的生态位宽度，另一种细菌属支撑着另一个生境生态位宽度。在特定的生境中，两种细菌属生态位重叠高的，利用同种资源的概率高，形成种群竞争的可能性就大；反之，生态位重叠小的两种细菌属，不能生存在同一生态位，互补地利用生境资源的概率大。

饲料发酵床垫料生境因发酵条件而分化，形成特定的生境适应于特定的细菌属菌群生长，形成了微生物组亚群落分化，可将其分为 3 组亚群落：第 1 组为垫料特性亚群落，细菌属含量较高，主要分布在饲料垫料及其垂直分布发酵垫料中，属于好氧发酵的纤维素分解的菌群；第 2 组为猪粪特性亚群落，细菌属含量中等，主要分布在新鲜猪粪中，属于厌氧发酵的猪粪有机质分解的菌群；第 3 组为混合特性亚群落，可以分布在发酵床垫料的各种生境中，如表层垫料、中层垫料、底层垫料、饲料垫料、新鲜猪粪，这类菌群具有较广的生态适应性，可以好氧、兼性好氧、厌氧、兼性厌氧生长，适应于高、中、低碳氮比的营养条件。

第三节
饲料发酵床芽胞杆菌垂直分布特征

一、概述

芽胞杆菌环境适应性强，能够在许多极端环境（高温、高盐、强酸、强碱等）下生长，芽胞杆菌在微生物发酵床中并非优势菌群，但它具有抗菌、防病、益生、除臭、降污等多种生物学活性，被广泛应用于微生物发酵床养殖污染降解的菌种（刘波等，2016a）。郭鹏等（2016）综述了芽胞杆菌在畜禽废弃物污染治理中的研究进展，孙碧玉等（2014）从猪场生物发酵床中分离出一株蜡状芽胞杆菌，能使养猪污水中 COD 和氨氮分别降低 47.1% 和54.4%，王晓静等（2013）筛选了芽胞杆菌作为养猪微生物发酵床的菌种，刘国红等（2017）分析了养猪微生物发酵床芽胞杆菌空间分布特征。然而，在饲料发酵床垫料垂直分布特征的研究未见报道，本节通过对饲料发酵床不同深度垫料采样，经宏基因组高通量测序，鉴定芽胞杆菌种类，分析芽胞杆菌在饲料发酵床垫料中的垂直分布特征（包括组成结构、分布比例、多样性指数、生态位特征等），为饲料发酵床养猪的应用提供科学依据。

二、芽胞杆菌种类鉴定

1. 芽胞杆菌属检测

从饲料发酵床不同生境检测到名称中具有 bacillus 词尾的属 20 个，属于芽胞杆菌的有16 个属（表 4-20），即解硫胺素芽胞杆菌属（*Aneurinibacillus*）、芽胞杆菌属（*Bacillus*）、短芽胞杆菌属（*Brevibacillus*）、热碱芽胞杆菌属（*Caldalkalibacillus*）、脱硫芽胞杆菌属、地芽胞杆菌属（*Geobacillus*）、赖氨酸芽胞杆菌属（*Lysinibacillus*）、大洋芽胞杆菌属（*Oceanobacillus*）、类芽胞杆菌属（*Paenibacillus*）、鲁梅尔芽胞杆菌属、中华芽胞杆菌属（*Sinibacillus*）、土壤芽胞杆菌属（*Solibacillus*）、芽胞乳杆菌属、热芽胞杆菌属（*Thermobacillus*）、肿块芽胞杆菌属（*Tuberibacillus*）、尿素芽胞杆菌属（*Ureibacillus*）。在饲料发酵床生境中含量最高的芽胞杆菌属为解硫胺素芽胞杆菌属（2.014%），最低的为中华芽胞杆菌属（0.0007%）。不同生境中的分布差异显著，表层垫料、中层垫料、底层垫料、饲料垫料、新鲜猪粪含量分布分别为 1.2567%、0.2189%、0.2687%、0.7116%、2.7702%，新鲜猪粪中含量最高，中层垫料中含量最低。

表4-20　饲料发酵床不同生境芽胞杆菌属含量检测

物种名称		发酵垫料/%			发酵原料/%		合计/%
		表层垫料	中层垫料	底层垫料	饲料垫料	新鲜猪粪	
【1】	解硫胺素芽胞杆菌属	1.1750	0.0879	0.0231	0.1244	0.6036	2.0140
【2】	鲁梅尔芽胞杆菌属	0.0023	0.0126	0.0220	0.0245	1.3230	1.3843

续表

物种名称		发酵垫料/%			发酵原料/%		合计/%
		表层垫料	中层垫料	底层垫料	饲料垫料	新鲜猪粪	
【3】	芽胞乳杆菌属	0.0000	0.0000	0.0000	0.0000	0.7249	0.7249
【4】	赖氨酸芽胞杆菌属	0.0253	0.0051	0.0331	0.3113	0.0010	0.3758
【5】	芽胞杆菌属	0.0320	0.0664	0.0869	0.1571	0.0160	0.3584
【6】	类芽胞杆菌属	0.0011	0.0057	0.0169	0.0041	0.0973	0.1250
【7】	土壤芽胞杆菌属	0.0000	0.0086	0.0092	0.0684	0.0000	0.0862
【8】	热芽胞杆菌属	0.0000	0.0133	0.0271	0.0000	0.0020	0.0423
【9】	尿素芽胞杆菌属	0.0011	0.0050	0.0280	0.0014	0.0000	0.0355
【10】	大洋芽胞杆菌属	0.0105	0.0087	0.0134	0.0000	0.0000	0.0326
【11】	短芽胞杆菌属	0.0023	0.0024	0.0049	0.0103	0.0000	0.0200
【12】	脱硫芽胞杆菌属	0.0041	0.0000	0.0000	0.0101	0.0000	0.0142
【13】	地芽胞杆菌属	0.0031	0.0012	0.0021	0.0000	0.0000	0.0064
【14】	肿块芽胞杆菌属	0.0000	0.0000	0.0007	0.0000	0.0024	0.0031
【15】	热碱芽胞杆菌属	0.0000	0.0012	0.0014	0.0000	0.0000	0.0026
【16】	中华芽胞杆菌属	0.0000	0.0007	0.0000	0.0000	0.0000	0.0007
	合计	1.2567	0.2189	0.2687	0.7116	2.7702	

2. 芽胞杆菌种检测

基于芽胞杆菌含量分析（表4-21），从饲料发酵床生境中检测到芽胞杆菌37个种，其中类芽胞杆菌属种类最多，达15种；芽胞杆菌属次之，达12种；热芽胞杆菌属第三，达10种。饲料发酵床生境分布含量最高的前3种芽胞杆菌为解硫胺素芽胞杆菌属的1种（2.014%）、鲁梅尔芽胞杆菌属的1种（1.3843%）、赖氨酸芽胞杆菌属种1（0.3160%）；从饲料发酵床生境分布看，新鲜猪粪（2.0648%）、表层垫料（1.2773%）、饲料垫料（0.7729%）、底层垫料（0.2913%）、中层垫料（0.2332%）（图4-12）。

表4-21 基于细菌含量分析的饲料发酵床不同生境芽胞杆菌种类检测

物种名称		发酵垫料/%			发酵原料/%		合计/%
		表层垫料	中层垫料	底层垫料	饲料垫料	新鲜猪粪	
【1】	解硫胺素芽胞杆菌属的1种	1.1750	0.0879	0.0231	0.1244	0.6036	2.0140
【2】	地下芽胞杆菌	0.0000	0.0031	0.0035	0.0000	0.0000	0.0066
【3】	迟缓芽胞杆菌	0.0000	0.0012	0.0000	0.0000	0.0000	0.0012
【4】	史氏芽胞杆菌	0.0000	0.0032	0.0049	0.0000	0.0010	0.0092
【5】	芽胞杆菌属的1种	0.0293	0.0507	0.0345	0.1466	0.0020	0.2631
【6】	枯草芽胞杆菌	0.0006	0.0038	0.0073	0.0087	0.0040	0.0243
【7】	热噬淀粉芽胞杆菌	0.0000	0.0000	0.0028	0.0000	0.0090	0.0118
【8】	热乳芽胞杆菌	0.0021	0.0043	0.0339	0.0018	0.0000	0.0421
【9】	短芽胞杆菌属的1种	0.0023	0.0024	0.0049	0.0103	0.0000	0.0200
【10】	热碱芽胞杆菌属的1种	0.0000	0.0012	0.0014	0.0000	0.0000	0.0026
【11】	脱硫芽胞杆菌属的1种	0.0041	0.0000	0.0000	0.0101	0.0000	0.0142
【12】	热脱氮地芽胞杆菌	0.0031	0.0012	0.0021	0.0000	0.0000	0.0064

续表

物种名称	发酵垫料/%			发酵原料/%		合计/%
	表层垫料	中层垫料	底层垫料	饲料垫料	新鲜猪粪	
【13】 赖氨酸芽胞杆菌属种1	0.0000	0.0012	0.0035	0.3113	0.0000	0.3160
【14】 赖氨酸芽胞杆菌属种2	0.0253	0.0039	0.0296	0.0000	0.0010	0.0598
【15】 大洋芽胞杆菌属种1	0.0105	0.0087	0.0120	0.0000	0.0000	0.0312
【16】 大洋芽胞杆菌GD-1	0.0000	0.0000	0.0014	0.0000	0.0000	0.0014
【17】 巴伦氏类芽胞杆菌	0.0011	0.0020	0.0056	0.0000	0.0379	0.0466
【18】 人参土类芽胞杆菌	0.0000	0.0012	0.0000	0.0000	0.0000	0.0012
【19】 多黏类芽胞杆菌	0.0000	0.0012	0.0014	0.0000	0.0080	0.0106
【20】 类芽胞杆菌属种1	0.0000	0.0000	0.0007	0.0000	0.0000	0.0007
【21】 类芽胞杆菌属种2	0.0000	0.0012	0.0000	0.0000	0.0000	0.0012
【22】 类芽胞杆菌属种3	0.0000	0.0000	0.0000	0.0014	0.0439	0.0454
【23】 类芽胞杆菌属种4	0.0000	0.0000	0.0085	0.0027	0.0044	0.0156
【24】 类芽胞杆菌属种5	0.0000	0.0000	0.0007	0.0000	0.0000	0.0007
【25】 类芽胞杆菌R196	0.0000	0.0000	0.0000	0.0000	0.0010	0.0010
【26】 类芽胞杆菌YN15	0.0000	0.0000	0.0000	0.0000	0.0020	0.0020
【27】 鲁梅尔芽胞杆菌属的1种	0.0023	0.0126	0.0220	0.0245	1.3230	1.3843
【28】 中华芽胞杆菌属的1种	0.0000	0.0007	0.0000	0.0000	0.0000	0.0007
【29】 土壤芽胞杆菌属的1种	0.0000	0.0086	0.0092	0.0684	0.0000	0.0862
【30】 堆肥热芽胞杆菌	0.0000	0.0020	0.0078	0.0000	0.0000	0.0098
【31】 热芽胞杆菌属种1	0.0000	0.0088	0.0122	0.0000	0.0000	0.0210
【32】 热芽胞杆菌属种2	0.0000	0.0025	0.0057	0.0000	0.0000	0.0081
【33】 热芽胞杆菌属种3	0.0000	0.0000	0.0014	0.0000	0.0020	0.0034
【34】 热芽胞杆菌属种4	0.0200	0.0143	0.0226	0.0428	0.0049	0.1045
【35】 热肿块芽胞杆菌	0.0000	0.0000	0.0007	0.0000	0.0024	0.0031
【36】 尿素芽胞杆菌属种1	0.0011	0.0038	0.0209	0.0014	0.0000	0.0272
【37】 尿素芽胞杆菌属种2	0.0000	0.0012	0.0070	0.0000	0.0000	0.0083
合计	1.2773	0.2332	0.2913	0.7729	2.0648	

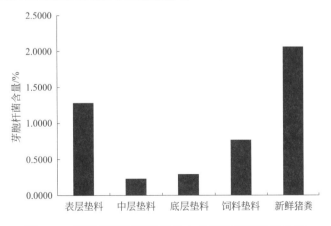

图4-12 饲料发酵床不同样品中的芽胞杆菌种群分布

3．乳杆菌属种类检测

基于OTU含量分析（表4-22），从饲料发酵床生境中检测到乳杆菌属17个种，饲料发酵床生境分布含量最高的前3种乳杆菌为夏普氏乳杆菌（0.5814%）、醋鱼乳杆菌（0.5293%）、植物乳杆菌（0.3793%）。从饲料发酵床生境分布看，饲料垫料（2.1661%）＞新鲜猪粪(0.2427%)＞表层垫料(0.0021%)＞中层垫料(0.0007%)＞底层垫料（0.0000%）（图4-13）。

表4-22　饲料发酵床不同生境乳杆菌种类检测

物种名称	发酵原料/%			发酵原料/%		合计/%
	表层垫料	中层垫料	底层垫料	饲料垫料	新鲜猪粪	
乳杆菌属的1种	0.0010	0.0000	0.0000	0.2244	0.0000	0.2254
醋鱼乳杆菌(Lactobacillus acidipiscis)	0.0000	0.0000	0.0000	0.5293	0.0000	0.5293
淀粉生乳杆菌(Lactobacillus amylotrophicus)	0.0000	0.0000	0.0000	0.0967	0.0000	0.0967
溶淀粉乳杆菌(Lactobacillus amylovorus)	0.0000	0.0007	0.0000	0.1158	0.0000	0.1165
短乳杆菌(Lactobacillus brevis)	0.0000	0.0000	0.0000	0.0409	0.0270	0.0679
棒状乳杆菌(Lactobacillus coryniformis)	0.0000	0.0000	0.0000	0.0223	0.0000	0.0223
香肠乳杆菌(Lactobacillus farciminis)	0.0000	0.0000	0.0000	0.0347	0.0000	0.0347
发酵乳杆菌(Lactobacillus fermentum)	0.0000	0.0000	0.0000	0.0112	0.0000	0.0112
皂苷转化乳杆菌(Lactobacillus ginsenosidimutans)	0.0000	0.0000	0.0000	0.0149	0.0000	0.0149
食木薯乳杆菌(Lactobacillus manihotivorans)	0.0000	0.0000	0.0000	0.2405	0.0000	0.2405
黏膜乳杆菌(Lactobacillus mucosae)	0.0000	0.0000	0.0000	0.0012	0.0000	0.0012
那慕尔乳杆菌(Lactobacillus namurensis)	0.0000	0.0000	0.0000	0.0260	0.0000	0.0260
植物乳杆菌(Lactobacillus plantarum)	0.0000	0.0000	0.0000	0.1636	0.2157	0.3793
路氏乳杆菌(Lactobacillus reuteri)	0.0000	0.0000	0.0000	0.0037	0.0000	0.0037
瘤胃乳杆菌(Lactobacillus ruminis)	0.0010	0.0000	0.0000	0.0285	0.0000	0.0295
健男乳杆菌(Lactobacillus saniviri)	0.0000	0.0000	0.0000	0.0310	0.0000	0.0310
夏普氏乳杆菌(Lactobacillus sharpeae)	0.0000	0.0000	0.0000	0.5814	0.0000	0.5814
合计	0.0021	0.0007	0.0000	2.1661	0.2427	

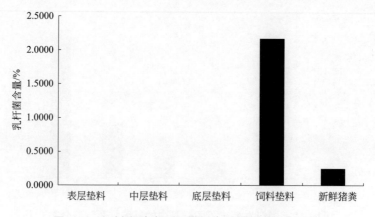

图4-13　饲料发酵床不同样品中的乳杆菌种群分布

三、芽胞杆菌种群结构

1．芽胞杆菌种群结构

从表 4-21 可知，饲料发酵床表层垫料芽胞杆菌种类有 13 种，即解硫胺素芽胞杆菌属的 1 种 (1.175%) ＞芽胞杆菌属的 1 种 (0.0293%) ＞赖氨酸芽胞杆菌属种 2(0.0253%) ＞热芽胞杆菌属种 4(0.02%) ＞大洋芽胞杆菌属的 1 种 (0.0105%) ＞脱硫芽胞杆菌属的 1 种 (0.0041%) ＞热脱氮地芽胞杆菌 (*Geobacillus thermodenitrificans*，0.0031%) ＞短芽胞杆菌属的 1 种 (0.0023%) ＞鲁梅尔芽胞杆菌属的 1 种 (0.0023%) ＞热乳芽胞杆菌（*Bacillus thermolactis*，0.0021%) ＞巴伦氏类芽胞杆菌（*Paenibacillus barengoltzii*，0.0011%) ＞尿素芽胞杆菌属种 1(0.0011%) ＞枯草芽胞杆菌（*Bacillus subtilis*，0.0006%)；含量最高的为解硫胺素芽胞杆菌属的 1 种，占了表层垫料芽胞杆菌总量的 91.99%，最低的为枯草芽胞杆菌。13 种芽胞杆菌在饲料发酵床相应生境的分布见图 4-14。表层垫料中的芽胞杆菌在中层垫料、底层垫料和饲料垫料分布较少，其中的解硫胺素芽胞杆菌属的 1 种和鲁梅尔芽胞杆菌属的 1 种在新鲜猪粪中含量较高（图 4-14)。

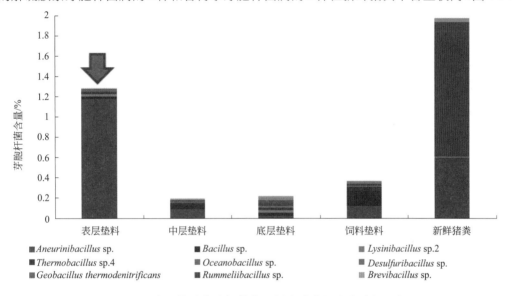

■ *Aneurinibacillus* sp.　　■ *Bacillus* sp.　　■ *Lysinibacillus* sp.2
■ *Thermobacillus* sp.4　　■ *Oceanobacillus* sp.　　■ *Desulfuribacillus* sp.
■ *Geobacillus thermodenitrificans*　　■ *Rummeliibacillus* sp.　　■ *Brevibacillus* sp.

图4-14　表层垫料芽胞杆菌在饲料发酵床相应生境的分布

中层垫料芽胞杆菌 26 种，即解硫胺素芽胞杆菌属的 1 种 (0.0879%) ＞芽胞杆菌属的 1 种 (0.0507%) ＞热芽胞杆菌属种 4(0.0143%) ＞鲁梅尔芽胞杆菌属的 1 种 (0.0126%) ＞热芽胞杆菌属种 1(0.0088%) ＞大洋芽胞杆菌属的 1 种 (0.0087%) ＞土壤芽胞杆菌属的 1 种 (0.0086%) ＞热乳芽胞杆菌 (0.0043%) ＞赖氨酸芽胞杆菌属种 2(0.0039%) ＞尿素芽胞杆菌属种 1(0.0038%) ＞枯草芽胞杆菌 (0.0038%) ＞史氏芽胞杆菌 (*Bacillus smithii*，0.0032%) ＞地下芽胞杆菌 (*Bacillus infernus*，0.0031%) ＞热芽胞杆菌属种 2(0.0025%) ＞短芽胞杆菌属的 1 种 (0.0024%) ＞巴伦氏类芽胞杆菌 (0.0020%) ＞堆肥热芽胞杆菌 (*Thermobacillus composti*，0.0020%) ＞热脱氮地芽胞杆菌 (0.0012%) ＞迟缓芽胞杆菌 (*Bacillus lentus*，0.0012%) ＞热碱芽胞杆菌属的 1 种 (0.0012%) ＞赖氨酸芽胞杆菌属种 1(0.0012%) ＞人参土类芽胞杆菌 (*Paenibacillus ginsengihumi*，0.0012%) ＞多黏类芽胞杆菌 (*Paenibacillus polymyxa*，0.0012%) ＞类芽胞杆菌属种 2(0.0012%) ＞尿素芽胞杆菌属种 2(0.0012%) ＞中华芽胞杆菌属的 1 种（0.0007%)；中层垫

畜禽养殖发酵床微生物组多样性

料芽胞杆菌种类多、含量低，含量最高的为解硫胺素芽胞杆菌属的 1 种，最低的为中华芽胞杆菌属的 1 种。26 种芽胞杆菌在饲料发酵床相应生境的分布见图 4-15。中层垫料中的芽胞杆菌在表层垫料、底层垫料和饲料垫料中分布较高，其中的解硫胺素芽胞杆菌属的 1 种和鲁梅尔芽胞杆菌属的 1 种在新鲜猪粪中含量较高（图 4-15）。

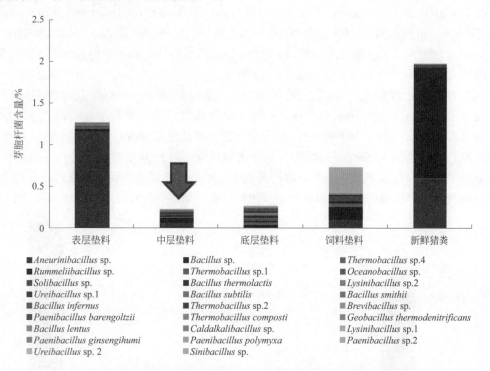

图4-15　中层垫料芽胞杆菌在饲料发酵床相应生境的分布

底层垫料芽胞杆菌 29 种，即芽胞杆菌属的 1 种 (0.0345%) ＞热乳芽胞杆菌 (0.0339%) ＞赖氨酸芽胞杆菌属种 2(0.0296%) ＞解硫胺素芽胞杆菌属的 1 种 (0.0231%) ＞热芽胞杆菌属种 4(0.0226%) ＞鲁梅尔芽胞杆菌属种 1(0.0220%) ＞尿素芽胞杆菌属种 1(0.0209%) ＞热芽胞杆菌属种 1(0.0122%) ＞大洋芽胞杆菌属种 1(0.0120%) ＞土壤芽胞杆菌属的 1 种 (0.0092%) ＞类芽胞杆菌属种 4(0.0085%) ＞堆肥热芽胞杆菌 (0.0078%) ＞枯草芽胞杆菌 (0.0073%) ＞尿素芽胞杆菌属种 2(0.0070%) ＞热芽胞杆菌属种 2(0.0057%) ＞巴伦氏类芽胞杆菌 (0.0056%) ＞史氏芽胞杆菌 (0.0049%) ＞短芽胞杆菌属的 1 种 (0.0049%) ＞地下芽胞杆菌 (0.0035%) ＞赖氨酸芽胞杆菌属种 1(0.0035%) ＞热噬淀粉芽胞杆菌 (*Bacillus thermoamylovorans*，0.0028%) ＞热脱氮地芽胞杆菌 (0.0021%) ＞热碱芽胞杆菌属的 1 种 (0.0014%) ＞多黏类芽胞杆菌 (0.0014%) ＞大洋芽胞杆菌 GD-1(0.0014%) ＞热芽胞杆菌属种 3（0.0014%）＞类芽胞杆菌属种 1（0.0007%）＞类芽胞杆菌属种 5（0.0007%）＞热肿块芽胞杆菌（*Tuberibacillus calidus*，0.0007%）；底层垫料芽胞杆菌种类多、含量低，含量最高的为芽胞杆菌属的 1 种，最低的为热肿块芽胞杆菌。29 种芽胞杆菌在饲料发酵床相应生境的分布见图 4-16。芽胞杆菌在表层垫料、底层垫料和饲料垫料中分布较高，其中的解硫胺素芽胞杆菌属的 1 种和鲁梅尔芽胞杆菌属的 1 种在新鲜猪粪中含量较高（图 4-16）。

饲料垫料芽胞杆菌 13 种，即赖氨酸芽胞杆菌属种 1(0.3113%) ＞芽胞杆菌属的 1 种 (0.1466%) ＞解硫胺素芽胞杆菌属的 1 种 (0.1244%) ＞土壤芽胞杆菌属的 1 种 (0.0684%) ＞热芽胞杆菌属种 4(0.0428%) ＞鲁梅尔芽胞杆菌属的 1 种 (0.0245%) ＞短芽胞杆菌属的 1 种

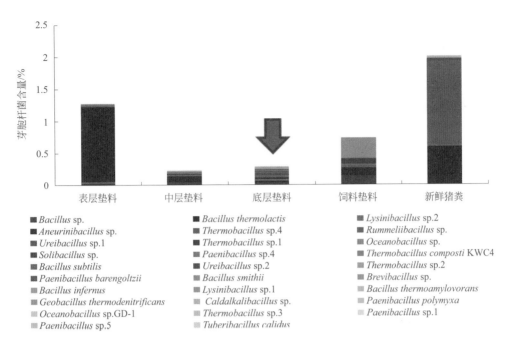

图4-16　底层垫料芽胞杆菌在饲料发酵床相应生境的分布

(0.0103%) ＞脱硫芽胞杆菌属的 1 种 (0.0101%) ＞枯草芽胞杆菌 (0.0087%) ＞类芽胞杆菌属种 4(0.0027%) ＞热乳芽胞杆菌 (0.0018%) ＞尿素芽胞杆菌属种 1(0.0014%) ＞类芽胞杆菌属种 3(0.0014%); 饲料垫料芽胞杆菌种类少、含量中等,含量最高的为赖氨酸芽胞杆菌属种 1,最低的为类芽胞杆菌属种 3。13 种芽胞杆菌在饲料发酵床相应生境的分布见图 4-17。饲料垫料芽胞杆菌在表层垫料和新鲜猪粪分布较高,在中层垫料、底层垫料分布较低,其中的解硫胺素芽胞杆菌属的 1 种和鲁梅尔芽胞杆菌属的 1 种在新鲜猪粪中含量较高(图 4-17)。

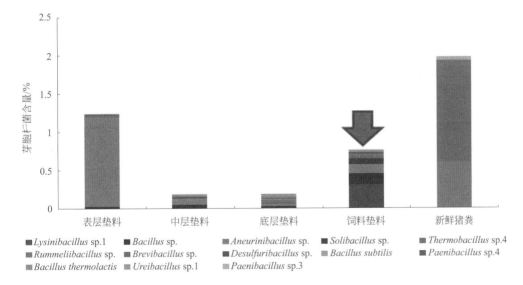

图4-17　饲料垫料芽胞杆菌在饲料发酵床相应生境的分布

新鲜猪粪芽胞杆菌 16 种,即鲁梅尔芽胞杆菌属的 1 种 (1.323%) ＞解硫胺素芽胞杆菌属的 1 种 (0.6036%) ＞类芽胞杆菌属种 3(0.0439%) ＞巴伦氏类芽胞杆菌 (0.0379%) ＞热噬淀粉

芽胞杆菌 (0.0090%) ＞多黏类芽胞杆菌 (0.0080%) ＞热芽胞杆菌属种 4(0.0049%) ＞类芽胞杆菌属种 4(0.0044%) ＞枯草芽胞杆菌 (0.0040%) ＞热肿块芽胞杆菌 (0.0024%) ＞芽胞杆菌属的 1 种 (0.0020%) ＞热芽胞杆菌属种 3(0.0020%) ＞类芽胞杆菌 YN15(0.002%) ＞赖氨酸芽胞杆菌属种 2(0.0010%) ＞史氏芽胞杆菌 (0.0010%) ＞类芽胞杆菌 R196（0.0010%）；新鲜猪粪芽胞杆菌种类少、含量较高，含量最高的为鲁梅尔芽胞杆菌属的 1 种（赖氨酸芽胞杆菌 1），最低的为类芽胞杆菌 R196。16 种芽胞杆菌在饲料发酵床相应生境的分布见图 4-18。新鲜猪粪芽胞杆菌在表层垫料、中层垫料、底层垫料、饲料垫料分布较低，其中的解硫胺素芽胞杆菌属的 1 种在表层垫料中含量较高（图 4-18）。

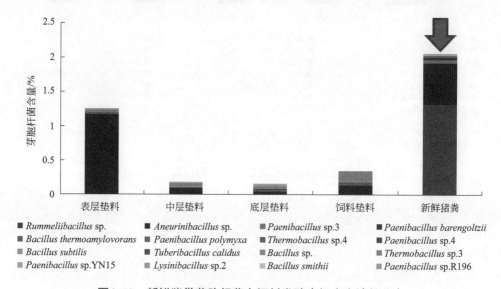

图4-18　新鲜猪粪芽胞杆菌在饲料发酵床相应生境的分布

2. 乳杆菌种群结构

从表 4-22 可知，饲料发酵床生境共检测到 17 种乳杆菌，其中表层垫料 2 种，乳杆菌属的 1 种 (0.0010%) ＞瘤胃乳杆菌（0.0010%）；中层垫料 1 种，溶淀粉乳杆菌（0.0007%）；底层垫料无分布；饲料垫料 17 种，即夏普氏乳杆菌 (0.5814%) ＞醋鱼乳杆菌 (0.5293%) ＞食木薯乳杆菌 (0.2405%) ＞乳杆菌属的 1 种 (0.2244%) ＞植物乳杆菌 (0.1636%) ＞溶淀粉乳杆菌 (0.1158%) ＞淀粉生乳杆菌 (0.0967%) ＞短乳杆菌 (0.0409%) ＞香肠乳杆菌 (0.0347%) ＞健男乳杆菌 (0.0310%) ＞瘤胃乳杆菌 (0.0285%) ＞那慕尔乳杆菌 (0.0260%) ＞棒状乳杆菌 (0.0223%) ＞皂苷转化乳杆菌 (0.0149%) ＞发酵乳杆菌 (0.0112%) ＞路氏乳杆菌 (0.0037%) ＞黏膜乳杆菌（0.0012%）；新鲜猪粪 2 种，植物乳杆菌 (0.2157%) ＞短乳杆菌 (0.0270%)。乳杆菌主要来源于饲料垫料（图 4-19）。

四、饲料发酵床生境相关性

1. 基于芽胞杆菌饲料发酵床生境相关性

基于芽胞杆菌种群分布的饲料发酵床生境相关性分析结果见表 4-23。结果显示，表层垫

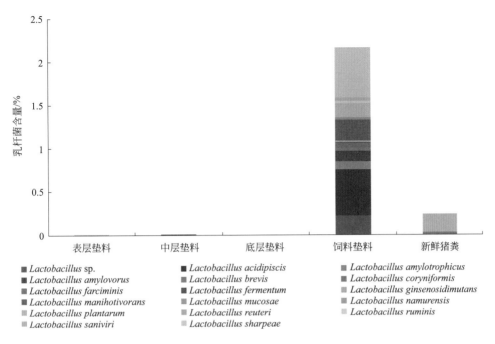

图4-19　饲料发酵床生境乳杆菌的分布

料与中层垫料生境表相关系数为0.8609，表现出极显著的相关性（$P < 0.01$），其余生境间相关性都不显著（$P > 0.05$）。发酵初期饲料垫料＋新鲜猪粪进行发酵，尽管原料来源相似，垫料不同深度生境发酵条件的变化，导致芽胞杆菌菌群分化，形成生境特征芽胞杆菌菌群而相互区别，也指示这生境环境条件的异化，表层垫料好氧状态、碳氮比高，中层垫料兼性好氧、碳氮比适中，底层垫料兼性厌氧、碳氮比低，饲料垫料好氧状态、碳氮比高，新鲜猪粪厌氧状态、碳氮比低。

表4-23　基于芽胞杆菌种群分布饲料发酵床生境相关系数

因子	表层垫料	中层垫料	底层垫料	饲料垫料	新鲜猪粪
表层垫料		0.0000	0.0931	0.0659	0.0165
中层垫料	0.8609		0.0003	0.0053	0.0111
底层垫料	0.2801	0.5593		0.1298	0.0531
饲料垫料	0.3055	0.4494	0.2537		0.4361
新鲜猪粪	0.3918	0.4130	0.3205	0.1320	

注：左下角是相关系数 r，右上角是 P 值。

2．基于乳杆菌饲料发酵床生境相关性

基于乳杆菌种群分布的饲料发酵床生境相关性分析结果见表4-24。结果显示，饲料发酵床所有生境包括表层垫料、中层垫料、底层垫料、饲料垫料、新鲜猪粪之间几乎呈负相关，表明在一个生境分布的乳杆菌，不在另一个生境分布，但相关性不显著（$P > 0.05$）。乳酸菌属厌氧或兼性厌氧菌，根据生境的特征，能自己选择适合生长的生境。

表4-24　基于乳杆菌种群分布饲料发酵床生境相关系数

因子	表层垫料	中层垫料	底层垫料	饲料垫料	新鲜猪粪
表层垫料		0.7275	0.6099	0.9938	0.6949
中层垫料	−0.0913		0.7275	0.9489	0.7886
底层垫料	−0.1333	−0.0913		0.5614	0.6949
饲料垫料	−0.0020	−0.0168	−0.1516		0.8887
新鲜猪粪	−0.1027	−0.0703	−0.1027	0.0367	

注：左下角是相关系数 r，右上角是 P 值。

五、饲料发酵床生境生态位宽度与重叠

1. 基于芽胞杆菌饲料发酵床生境生态位宽度与重叠

基于芽胞杆菌种群分布的饲料发酵床不同生境（表层垫料、中层垫料、底层垫料、饲料垫料、新鲜猪粪）生态位宽度分析结果见表 4-25。生境生态位宽度表明了芽胞杆菌种群利用发酵床环境资源的能力，生态位宽度越大，越多的芽胞杆菌种类可以利用相应资源，也即生境能容纳的芽胞杆菌的能力越强，反之能力弱。饲料发酵床生境中，生态位宽度底层垫料(14.2576)＞中层垫料(4.9304)＞饲料垫料(4.0282)＞新鲜猪粪(1.9841)＞表层垫料（1.1790）；最宽的生态位生境底层垫料常用资源种类达 7 种，即 S1=7.55%、S2=7.93%、S6=7.76%、S10=11.84%、S12=10.16%、S17=11.64%、S18=7.17%，最窄的生态位生境表层垫料常用资源仅 1 种，S2=92.03%。饲料发酵床底层是最能容纳微生物的场所，成为饲料发酵床保护微生物的"菌种库"。

表4-25　基于芽胞杆菌种群的饲料发酵床不同生境生态位宽度（Levins测度）

分布生境	生态位宽度	频数	截断比例	常用资源种类						
表层垫料	1.1790	1	0.1	S2=92.03%						
中层垫料	4.9304	2	0.07	S2=37.74%	S7=21.77%					
底层垫料	14.2576	7	0.07	S1=7.55%	S2=7.93%	S6=7.76%	S10=11.84%	S12=10.16%	S17=11.64%	S18=7.17%
饲料垫料	4.0282	3	0.1	S2=16.49%	S7=19.43%	S8=41.26%				
新鲜猪粪	1.9841	2	0.09	S1=64.53%	S2=29.44%					

基于芽胞杆菌种群，利用 Pianka 测度，计算饲料发酵床不同生境间的生态位重叠，分析结果见表 4-26。生态位重叠大的两个生境，选择同类芽胞杆菌的概率就大；反之，生态位不重叠的两个生境，各自的芽胞杆菌种群存在着较大差异。高生态位重叠值范围 0.8～1，中重叠范围 0.5～0.8，低重叠范围 0～0.5；表层垫料与中层垫料生境生态位重叠值达 0.8538，属于高生态位重叠生境，两者生存的芽胞杆菌种群同质性概率较大，产生竞争可能性较高；中层垫料和底层垫料生态位重叠值为 0.6348，中层垫料与饲料垫料生态位重叠值为 0.5154，属于中等水平生态位重叠，它们之间接纳同类芽胞杆菌的能力下降；其余生境之间生态位重叠值小于 0.5，属于低重叠生态位，不同的生境选择不同的芽胞杆菌种群。

表4-26　基于芽胞杆菌种群饲料发酵床不同生境生态位重叠

分布生境	表层垫料	中层垫料	底层垫料	饲料垫料	新鲜猪粪
表层垫料	1	0.8538	0.3269	0.3427	0.4163
中层垫料	0.8538	1	0.6348	0.5154	0.4586
底层垫料	0.3269	0.6348	1	0.3926	0.3882
饲料垫料	0.3427	0.5154	0.3926	1	0.1976
新鲜猪粪	0.4163	0.4586	0.3882	0.1976	1

2. 基于乳杆菌饲料发酵床生境生态位宽度与重叠

基于乳杆菌种群分布的饲料发酵床不同生境（表层垫料、中层垫料、底层垫料、饲料垫料、新鲜猪粪）生态位宽度分析结果见表 4-27。生境生态位宽度表明了乳杆菌种群利用发酵床环境资源的能力，生态位宽度越大，越多的乳杆菌种类可以利用相应资源，也即生境能容纳的乳杆菌的能力越强，反之也能力弱。饲料发酵床生境中，饲料垫料生态位宽度(5.9993) ＞底层垫料 (2.0000) ＝表层垫料 (2.0000) ＞新鲜猪粪 (1.2465) ＞中层垫料 (1.0000)；最宽的生态位生境饲料垫料常用资源种类达 4 种，即 S1=26.84%、S2=24.44%、S3=11.10%、S4=10.36%，最窄的生态位生境新鲜猪粪常用资源仅 1 种，S1=88.88%。饲料发酵床饲料垫料是乳杆菌补充的重要来源，乳杆菌在饲料发酵床系统中的生长保存能力较差。

表4-27　基于乳杆菌种群的饲料发酵床不同生境生态位宽度（Levins测度）

分布生境	生态位宽度	频数	截断比例	常用资源种类			
表层垫料	2.0000	2	0.2	S1=50.00%	S2=50.00%		
中层垫料	1.0000	1	0.2	S1=100.00%			
底层垫料	2.0000	2	0.2	S1=50.00%	S2=50.00%		
饲料垫料	5.9993	4	0.09	S1=26.84%	S2=24.44%	S3=11.10%	S4=10.36%
新鲜猪粪	1.2465	1	0.2	S1=88.88%			

基于乳杆菌种群，利用 Pianka 测度，计算饲料发酵床不同生境间的生态位重叠，分析结果见表 4-28。两个生境生态位重叠大，选择同类乳杆菌的概率就大；反之，生态位不重叠的两个生境，各自的乳杆菌种群存在着较大差异。高生态位重叠值范围 0.8 ～ 1，中重叠范围0.5 ～ 0.8，低重叠范围 0.5 ～ 0；饲料发酵床生境表层垫料、中层垫料、底层垫料、饲料垫料、新鲜猪粪等，之间的生境生态位重叠值范围为 0 ～ 0.22，属于低重叠生态位，表明一个生境的乳杆菌与另一个生境的乳杆菌种群差异显著，表明饲料发酵床构建的生境，对乳杆菌种群的选择差异很大，特定的生境选择特定的乳杆菌而区别于其他生境；乳杆菌种群适应生境的能力较差。

表4-28　基于乳杆菌种群的饲料发酵床不同生境生态位重叠

分布生境	表层垫料	中层垫料	底层垫料	饲料垫料	新鲜猪粪
表层垫料	1	0	0	0.2022	0
中层垫料	0	1	0	0.1309	0
底层垫料	0	0	1	0.2171	0
饲料垫料	0.2022	0.1309	0.2171	1	0.1893
新鲜猪粪	0	0	0	0.1893	1

六、芽胞杆菌种群饲料发酵床生境垂直分布生态学特征

1．芽胞杆菌种群的数量分布

高通量测序饲料发酵床生境（表层垫料、中层垫料、底层垫料、饲料垫料、新鲜猪粪）中芽胞杆菌种类分布的OTU值，结果见表4-29。含量最高的前3个种为解硫胺素芽胞杆菌属的1种(701.6667) ＞鲁梅尔芽胞杆菌属的1种(461.6667) ＞芽胞乳杆菌属的1种（242.0000）；含量最低的后3个种为地下芽胞杆菌(2.5000) ＞热脱氮地芽胞杆菌(2.3333) ＞芽胞杆菌属种7 (2.1667)。不同属种的芽胞杆菌分布特性差异显著，同一个属不同种的芽胞杆菌分布特性差异显著。

表4-29　饲料发酵床生境中芽胞杆菌种类分布的OTU值

	物种名称	发酵垫料（OTU）			原料垫料（OTU）		合计（OTU）
		表层垫料	中层垫料	底层垫料	饲料垫料	新鲜猪粪	
【1】	解硫胺素芽胞杆菌属的1种	21.6667	85.3333	28.6667	5.0000	561.0000	701.6667
【2】	地下芽胞杆菌	0.3333	0.3333	0.0000	1.3333	0.5000	2.5000
【3】	史氏芽胞杆菌	0.0000	0.6667	0.0000	1.3333	1.5000	3.5000
【4】	芽胞杆菌属种1	1.3333	0.3333	19.3333	1.6667	10.0000	32.6667
【5】	芽胞杆菌属种2	0.6667	0.6667	17.0000	0.3333	0.0000	18.6667
【6】	芽胞杆菌属种3	1.6667	4.3333	0.0000	8.3333	1.0000	15.3333
【7】	芽胞杆菌属种4	0.3333	2.3333	0.0000	2.6667	1.0000	6.3333
【8】	芽胞杆菌属种6	0.6667	0.6667	0.0000	2.3333	1.5000	5.1667
【9】	芽胞杆菌属种7	0.6667	0.0000	0.0000	1.0000	0.5000	2.1667
【10】	枯草芽胞杆菌	1.0000	1.3333	2.3333	2.3333	1.0000	8.0000
【11】	热噬淀粉芽胞杆菌	0.0000	3.0000	0.0000	0.0000	1.0000	4.0000
【12】	热乳芽胞杆菌	0.6667	0.6667	0.3333	1.6667	11.5000	14.8333
【13】	短芽胞杆菌属种1	0.3333	0.3333	2.6667	0.6667	1.0000	5.0000
【14】	脱硫芽胞杆菌属的1种	1.3333	0.0000	2.3333	0.0000	0.0000	3.6667
【15】	热脱氮地芽胞杆菌	1.0000	0.0000	0.0000	0.3333	1.0000	2.3333
【16】	赖氨酸芽胞杆菌属种1	0.3333	0.0000	83.6667	0.3333	1.0000	85.3333
【17】	赖氨酸芽胞杆菌属种2	8.0000	0.6667	0.0000	5.0000	8.0000	21.6667
【18】	大洋芽胞杆菌属种1	0.0000	0.6667	0.0000	2.3333	3.0000	6.0000
【19】	大洋芽胞杆菌属种2	3.0000	1.3333	0.0000	0.6667	0.0000	5.0000
【20】	巴伦氏类芽胞杆菌	0.0000	12.6667	0.0000	1.6667	2.0000	16.3333
【21】	多黏类芽胞杆菌	0.0000	3.0000	0.0000	0.0000	0.5000	3.5000
【22】	类芽胞杆菌属种1	0.0000	6.0000	0.3333	0.0000	0.0000	6.3333
【23】	鲁梅尔芽胞杆菌属的1种	1.0000	443.6667	5.6667	8.3333	3.0000	461.6667
【24】	土壤芽胞杆菌属的1种	1.0000	2.3333	18.3333	0.0000	1.5000	23.1667
【25】	芽胞乳杆菌属的1种	0.0000	242.0000	0.0000	0.0000	0.0000	242.0000
【26】	堆肥热芽胞杆菌	0.0000	0.0000	0.0000	1.3333	2.5000	3.8333

物种名称	发酵垫料（OTU）			原料垫料（OTU）		合计（OTU）
	表层垫料	中层垫料	底层垫料	饲料垫料	新鲜猪粪	
【27】 热芽胞杆菌属种1	0.3333	1.6667	0.0000	1.0000	0.5000	3.5000
【28】 尿素芽胞杆菌属种1	0.6667	0.6667	0.3333	1.6667	6.0000	9.3333
【29】 尿素芽胞杆菌属种2	0.0000	0.3333	0.0000	0.6667	2.0000	3.0000
芽胞杆菌总和（OTU）	46.0000	815.0000	181.0000	52.0000	622.5000	
微生物组总和（OTU）	26630.33	32579.66	32579.66	32579.66	38622.50	
芽胞杆菌占比/%	0.1727	2.5015	0.5555	0.1596	1.6117	

2．芽胞杆菌种群生境相关性

基于表 4-29 统计芽胞杆菌分布于饲料发酵床不同生境的相关系数见表 4-30。两种芽胞杆菌在饲料发酵床生境（表层垫料、中层垫料、底层垫料、饲料垫料、新鲜猪粪）中的分布趋近相同，相关系数大于 0.8 即相关性显著，表明这两个种类选择相同生境的概率较大；反之，两种芽胞杆菌相关系数为 0，则这两个种选择不同生境的概率较大。对于一个芽胞杆菌如解硫胺素芽胞杆菌属的 1 种与其他芽胞杆菌可以是正相关，如与热乳芽胞杆菌（0.98029）；可以是负相关，如与枯草芽胞杆菌（–0.5366）；可以是无相关，如与芽胞杆菌属种 7（–0.01）。正相关表明两个菌株选择相似的生境，负相关表明两个菌株选择相反的生境，无相关编码两个菌株形成生境隔离。两个芽胞杆菌菌株的相关性可以从表 4-30 中查到，有利于了解菌株生态特征。

3．芽胞杆菌种群多样性指数

以表 4-29 为矩阵、物种为样本、生境为指标，计算芽胞杆菌多样性指数，结果见表 4-31。分析结果表明，不同芽胞杆菌能分布生境的数目不同，有的可以分布在饲料发酵床（表层垫料、中层垫料、底层垫料、饲料垫料、新鲜猪粪）全部生境，如解硫胺素芽胞杆菌属的 1 种、枯草芽胞杆菌、热乳芽胞杆菌；有的只能分布在其中 1 个生境，如芽胞乳杆菌属的 1 种仅分布在表层垫料中。芽胞杆菌在饲料发酵床数量分布差异显著，分布范围（OTU）2.17 ～ 701.67，高含量前 3 个菌株为解硫胺素芽胞杆菌属的 1 种（701.67）、鲁梅尔芽胞杆菌属的 1 种（461.67）、芽胞乳杆菌属的 1 种（242.00）。从丰富度考察，丰富度代表着菌株生境分布的数量和均匀度，数量高分布不均匀的丰富度低，数量低分布均匀的反而丰富度高，最高丰富度的前 3 个菌株为地下芽胞杆菌（3.27）、芽胞杆菌属种 7（2.59）、短芽胞杆菌属种 1（2.49），而数量最高的解硫胺素芽胞杆菌属的 1 种（701.67）丰富度仅为 0.61。从多样性指数考察，Simpson 优势度指数（d）代表着菌株分布的集中度，优势度指数越高，菌株分布的集中度越低，最高优势度前 3 个菌株为芽胞杆菌属种 7（1.19）、热脱氮地芽胞杆菌（1.07）、地下芽胞杆菌（1.07）；Shannon 指数（h）与丰富度类似受到数量和分布的影响，前 3 个较高 Shannon 指数的菌株为枯草芽胞杆菌（1.54）、短芽胞杆菌属种 1（1.29）、芽胞杆菌属种 6（1.25）；Peolou 均匀度指数与优势度指数相反，均匀度指数越大，分布均匀度越高，前 3 个高指数的菌株为芽胞杆菌属种 7（0.96）、枯草芽胞杆菌（0.96）、史氏芽胞杆菌（0.95）。

表4-30 饲料发酵床生境芽胞

物种名称		[1]	[2]	[3]	[4]	[5]	[6]	[7]	[8]	[9]	[10]	[11]	[12]	[13]
[1]	解硫胺素芽胞杆菌属的1种		0.92489	0.27079	0.73064	0.63287	0.55234	0.878	0.70541	0.98729	0.35112	0.73863	0.00331	0.96516
[2]	地下芽胞杆菌	-0.059		0.18521	0.36311	0.31687	0.0452	0.14574	0.01095	0.08135	0.64253	0.75736	0.86748	0.43875
[3]	史氏芽胞杆菌	0.6138	0.70321		0.70453	0.30848	0.39123	0.24031	0.06512	0.4375	0.93447	0.76105	0.18916	0.59771
[4]	芽胞杆菌属种1	0.21318	-0.5255	-0.2342		0.06001	0.22053	0.22092	0.4254	0.42844	0.52494	0.55592	0.76956	0.0076
[5]	芽胞杆菌属种2	-0.2926	-0.5689	-0.577	0.86237		0.38332	0.28999	0.22627	0.31922	0.28648	0.58261	0.5768	0.01435
[6]	芽胞杆菌属种3	-0.3595	0.88635	0.4998	-0.6652	-0.507		0.03306	0.14151	0.31985	0.54438	0.87402	0.68473	0.36916
[7]	芽胞杆菌属种4	-0.096	0.74829	0.64461	-0.6648	-0.5949	0.90795		0.19666	0.60923	0.79174	0.42052	0.94044	0.30796
[8]	芽胞杆菌属种6	0.23351	0.95614	0.85454	-0.4691	-0.6592	0.75331	0.69067		0.08684	0.87948	0.82886	0.51895	0.41761
[9]	芽胞杆菌属种7	-0.01	0.83086	0.45839	-0.4664	-0.5667	0.56608	0.31205	0.8232		0.96428	0.34309	0.78223	0.43527
[10]	枯草芽胞杆菌	-0.5366	0.28465	-0.0515	0.38267	0.59831	0.36621	0.16431	0.0948	0.02806		0.51285	0.43721	0.29932
[11]	热噬淀粉芽胞杆菌	0.20676	-0.1918	0.1888	-0.3565	-0.3341	0.09911	0.47346	-0.1348	-0.5441	-0.393		0.91692	0.51093
[12]	热乳芽胞杆菌	0.98029	0.10427	0.69886	0.182	-0.339	-0.2503	-0.0468	0.38776	0.17189	-0.4586	0.0653		0.93932
[13]	短芽胞杆菌属种1	-0.0274	-0.4573	-0.3216	0.96567	0.94745	-0.5199	-0.5775	-0.4761	-0.4604	0.5858	-0.3946	-0.0477	
[14]	脱硫芽胞杆菌属的1种	-0.4148	-0.6523	-0.8477	0.66163	0.85014	-0.6318	-0.8303	-0.7562	-0.3782	0.31321	-0.5283	-0.451	0.72492
[15]	热脱氮地芽胞杆菌	0.53583	0.10987	0.21636	-0.2039	-0.5286	-0.2524	-0.3053	0.29284	0.55628	-0.6918	-0.3287	0.59801	-0.3958
[16]	赖氨酸芽胞杆菌属种1	-0.2551	-0.5588	-0.5457	0.88352	0.99893	-0.5153	-0.5997	-0.6388	-0.555	0.59762	-0.3464	-0.2982	0.96115
[17]	赖氨酸芽胞杆菌属种2	0.46529	0.35275	0.35942	-0.337	-0.6412	-0.0107	-0.103	0.50758	0.7371	-0.5796	-0.3644	0.56509	-0.4963
[18]	大洋芽胞杆菌属种1	0.69176	0.66118	0.97778	-0.1127	-0.5146	0.37282	0.48238	0.83867	0.51167	-0.0704	0.02767	0.79074	-0.2268
[19]	大洋芽胞杆菌属种2	-0.4393	-0.0668	-0.4855	-0.6676	-0.4201	0.05979	-0.075	-0.1607	0.23065	-0.489	-2E-05	-0.4527	-0.6417
[20]	巴伦氏类芽胞杆菌	-0.016	-0.0677	0.1472	-0.4589	-0.3282	0.28909	0.60393	-0.0803	-0.4756	-0.2302	0.96791	-0.139	-0.4339
[21]	多黏类芽胞杆菌	0.03666	-0.1918	0.08093	-0.3973	-0.2859	0.1582	0.49498	-0.1845	-0.5588	-0.3088	0.98529	-0.1053	-0.3946
[22]	类芽胞杆菌属种1	-0.1461	-0.2201	-0.0575	-0.3817	-0.1777	0.18506	0.47473	-0.2665	-0.5957	-0.1872	0.93581	-0.2887	-0.3344
[23]	鲁梅尔芽胞杆菌属的1种	-0.1343	-0.1782	-0.0211	-0.4243	-0.2278	0.22048	0.50999	-0.2214	-0.5551	-0.2058	0.94168	-0.2714	-0.3795
[24]	土壤芽胞杆菌属的1种	-0.2276	-0.6309	-0.5664	0.87776	0.99419	-0.559	-0.6027	-0.7013	-0.6437	0.53777	-0.2497	-0.2919	0.94597
[25]	芽胞乳杆菌属的1种	-0.1297	-0.1864	-0.0262	-0.4258	-0.231	0.21116	0.50195	-0.2276	-0.5574	-0.2182	0.94324	-0.2681	-0.3835
[26]	堆肥热芽胞杆菌	0.81447	0.49256	0.88668	0.05931	-0.4141	0.12264	0.22391	0.71369	0.47029	-0.1694	-0.0963	0.90574	-0.1014
[27]	热芽胞杆菌种1	-0.0912	0.38472	0.40284	-0.7184	-0.591	0.67438	0.88527	0.34176	-0.0394	-0.1189	0.79673	-0.131	-0.6598
[28]	尿素芽胞杆菌属种1	0.95692	0.21153	0.76348	0.12153	-0.3952	-0.1493	0.03562	0.48534	0.25953	-0.4197	0.04326	0.9941	-0.0967
[29]	尿素芽胞杆菌属种2	0.93093	0.30125	0.85197	0.06003	-0.4365	-0.018	0.19159	0.56114	0.25412	-0.3527	0.13859	0.96919	-0.1377

注：左下角是相关系数 r，右上角是 P 值。

杆菌种类相关系数

| 株相关系数 | | | | | | | | | | | | | | | |
【14】	【15】	【16】	【17】	【18】	【19】	【20】	【21】	【22】	【23】	【24】	【25】	【26】	【27】	【28】	【29】
0.48744	0.35198	0.67878	0.42971	0.19566	0.45927	0.97965	0.95333	0.81462	0.82951	0.71271	0.83535	0.09322	0.88401	0.01066	0.02156
0.23284	0.86039	0.32752	0.56036	0.22433	0.91497	0.91387	0.75735	0.72198	0.77431	0.25376	0.7641	0.39923	0.52253	0.7327	0.62232
0.06969	0.72668	0.34137	0.55243	0.00396	0.40706	0.81325	0.89707	0.92687	0.97319	0.31954	0.96667	0.045	0.50132	0.13308	0.06683
0.22389	0.74225	0.04688	0.57923	0.85677	0.21819	0.43696	0.50777	0.52607	0.47643	0.05035	0.47471	0.92453	0.17157	0.84564	0.92361
0.06806	0.35974	4.2E-05	0.24365	0.37503	0.48124	0.58979	0.64098	0.77496	0.71255	0.00053	0.70853	0.48819	0.29398	0.51025	0.46239
0.25283	0.68211	0.37418	0.98634	0.53654	0.92392	0.63711	0.79942	0.76573	0.72157	0.32734	0.73315	0.84425	0.21181	0.81066	0.97714
0.08176	0.61739	0.28511	0.86906	0.41054	0.90459	0.28076	0.39655	0.41909	0.38002	0.28198	0.38886	0.71731	0.04584	0.95465	0.75756
0.13912	0.63254	0.24599	0.38266	0.07587	0.79626	0.89782	0.76643	0.66472	0.72043	0.1869	0.71276	0.17579	0.57348	0.40725	0.32503
0.53018	0.33016	0.33154	0.15527	0.37819	0.70896	0.41815	0.32748	0.28911	0.33139	0.24119	0.32901	0.42408	0.94988	0.6733	0.67996
0.60782	0.19566	0.28719	0.30574	0.91045	0.40314	0.70954	0.61321	0.76302	0.73984	0.3499	0.72436	0.7853	0.84897	0.48177	0.5604
0.36008	0.58914	0.56792	0.54651	0.96477	0.99998	0.00687	0.00214	0.01933	0.01676	0.68543	0.01609	0.87754	0.10659	0.94494	0.82411
0.4459	0.28678	0.62606	0.32088	0.11123	0.44391	0.82353	0.86622	0.63759	0.65869	0.63373	0.66283	0.03425	0.83367	0.00054	0.00646
0.16586	0.50956	0.00914	0.39508	0.71377	0.24314	0.46535	0.51093	0.58231	0.52864	0.01495	0.52397	0.87118	0.22564	0.87703	0.82518
	0.77772	0.07535	0.60225	0.14829	0.92015	0.3613	0.4331	0.57241	0.51942	0.08436	0.52211	0.29987	0.13021	0.37527	0.26213
−0.1755		0.3803	0.00673	0.56513	0.5607	0.42483	0.47005	0.33518	0.36328	0.35457	0.37341	0.38369	0.55746	0.28509	0.40217
0.83943	−0.5097		0.26257	0.41584	0.4438	0.56651	0.61772	0.74304	0.68143	0.00059	0.67735	0.5376	0.27716	0.55891	0.50904
−0.3178	0.96834	−0.622		0.4216	0.57492	0.43404	0.44076	0.31239	0.34962	0.22268	0.35696	0.3078	0.69959	0.29109	0.3781
−0.7453	0.34875	−0.4776	0.4725		0.37559	0.94553	0.87695	0.69127	0.73344	0.38124	0.72834	0.0092	0.73884	0.06869	0.03322
0.06276	0.35246	−0.4528	0.34056	−0.514		0.92035	0.90224	0.83993	0.82073	0.45418	0.8105	0.36556	0.84766	0.44452	0.38019
−0.5272	−0.4696	−0.3476	−0.4614	−0.0428	0.0626		0.00108	0.0039	0.00207	0.66997	0.00223	0.72195	0.04296	0.81726	0.96643
−0.4623	−0.4299	−0.305	−0.4555	−0.0968	0.07685	0.99068		0.00298	0.00214	0.73373	0.00196	0.69287	0.08464	0.84207	0.97056
−0.3427	−0.5516	−0.2032	−0.5732	−0.2449	0.12606	0.97802	0.98164		6.3E-05	0.85635	6.9E-05	0.4975	0.09786	0.61448	0.7413
−0.3874	−0.5254	−0.2529	−0.538	−0.2109	0.14127	0.98559	0.98529	0.9986		0.79179	1.2E-06	0.52997	0.07822	0.64067	0.7717
0.82664	−0.5334	0.99377	−0.6629	−0.5089	−0.4437	−0.2622	−0.2107	−0.1131	−0.1643		0.78852	0.50108	0.32469	0.55693	0.50965
−0.3851	−0.516	−0.2562	−0.5312	−0.215	0.14939	0.98488	0.98612	0.99852	0.9999	−0.1669		0.52812	0.0808	0.64363	0.77253
−0.5853	0.50664	−0.3719	0.57761	0.96097	−0.5233	−0.2202	−0.2437	−0.4061	−0.3784	−0.403	−0.38		0.95657	0.01585	0.01012
−0.767	−0.3552	−0.6075	−0.2382	0.20659	0.11994	0.89018	0.82624	0.80823	0.83531	−0.5615	0.83164	−0.0341		0.88964	0.92791
−0.5143	0.59967	−0.354	0.5938	0.84919	−0.4522	−0.144	−0.1244	−0.3077	−0.2862	−0.3556	−0.2838	0.94381	−0.0868		0.00213
−0.6225	0.48991	−0.3962	0.51174	0.90764	−0.5098	−0.0264	−0.0231	−0.2046	−0.1803	−0.3957	−0.1796	0.9584	0.05665	0.9853	

表4-31　饲料发酵床生境芽胞杆菌种类多样性指数

物种名称	生境数	菌数（OTU）	丰富度	Simpson优势度指数(d)	Shannon指数(h)	Peolou均匀度指数	Brillouin指数	Mcintosh(d_{mc})指数
解硫胺素芽胞杆菌属的1种	5	701.67	0.61	0.34	0.71	0.44	1.00	0.20
地下芽胞杆菌	4	2.50	3.27	1.07	1.19	0.86	0.60	1.09
史氏芽胞杆菌	3	3.50	1.60	0.89	1.05	0.95	0.94	0.85
芽胞杆菌属种1	5	32.67	1.15	0.57	1.00	0.62	1.22	0.40
芽胞杆菌属种2	4	18.67	1.03	0.18	0.40	0.28	0.41	0.11
芽胞杆菌属种3	4	15.33	1.10	0.65	1.11	0.80	1.28	0.50
芽胞杆菌属种4	4	6.33	1.63	0.78	1.18	0.85	1.16	0.69
芽胞杆菌属种6	4	5.17	1.83	0.84	1.25	0.90	1.43	0.77
芽胞杆菌属种7	3	2.17	2.59	1.19	1.06	0.96	0.89	1.25
枯草芽胞杆菌	5	8.00	1.92	0.88	1.54	0.96	1.45	0.81
热嗜淀粉芽胞杆菌	2	4.00	0.72	0.50	0.56	0.81	0.50	0.42
热乳芽胞杆菌	5	14.83	1.48	0.41	0.81	0.50	0.96	0.29
短芽胞杆菌属种1	5	5.00	2.49	0.81	1.29	0.80	1.18	0.74
脱硫芽胞杆菌属的1种	2	3.67	0.77	0.64	0.66	0.95	0.38	0.56
热脱氮地芽胞杆菌	3	2.33	2.36	1.07	1.00	0.91	0.70	1.09
赖氨酸芽胞杆菌属种1	4	85.33	0.67	0.04	0.11	0.08	0.13	0.02
赖氨酸芽胞杆菌属种2	4	21.67	0.98	0.71	1.18	0.85	1.43	0.55
大洋芽胞杆菌属种1	3	6.00	1.12	0.70	0.96	0.87	0.98	0.60
大洋芽胞杆菌属种2	3	5.00	1.24	0.69	0.93	0.84	0.90	0.60
巴伦氏类芽胞杆菌	3	16.33	0.72	0.40	0.69	0.63	0.84	0.28
多黏类芽胞杆菌	2	3.50	0.80	0.34	0.41	0.59	0.04	0.28
类芽胞杆菌属种1	2	6.33	0.54	0.12	0.21	0.30	0.17	0.08
鲁梅尔芽胞杆菌属的1种	5	461.67	0.65	0.08	0.21	0.13	0.29	0.04
土壤芽胞杆菌属的1种	4	23.17	0.95	0.37	0.73	0.53	0.86	0.25
芽胞乳杆菌属的1种	1	242.00	0.00	0.00	0.00	0.00	0.00	0.00
堆肥热芽胞杆菌	2	3.83	0.74	0.61	0.65	0.93	0.45	0.53
热芽胞杆菌属种1	4	3.50	2.39	0.93	1.21	0.88	0.73	0.90
尿素芽胞杆菌属种1	5	9.33	1.79	0.61	1.09	0.68	1.21	0.48
尿素芽胞杆菌属种2	3	3.00	1.82	0.74	0.85	0.77	0.72	0.68

4．芽胞杆菌种群生态位宽度

基于表4-29，以物种为样本、生境为指标、Levins为测度，计算芽胞杆菌生态位宽度（表4-32）。生态位宽度预示着芽胞杆菌能够利用生境资源的能力，也即菌株能更多地进入到饲料发酵床的生境（表层垫料、中层垫料、底层垫料、饲料垫料、新鲜猪粪）中，前3个高生态位宽度的菌株为枯草芽胞杆菌（4.36）、芽胞杆菌属种6（3.11）、赖氨酸芽胞杆菌属种2（3.06），表明这些菌株能很好地生存于饲料发酵床的生境，如枯草芽胞杆菌（4.36）常用资源有S2=16.67%、S3=29.17%、S4=29.17%；生态位宽度窄的后3个菌株为鲁梅尔芽胞杆菌属的1种（1.08）、赖氨酸芽胞杆菌属种1（1.04）、芽胞乳杆菌属的1种（1.00），表明这些菌株只能生存于特定的生境，如鲁梅尔芽胞杆菌属的1种（1.08）常用资源为S2=96.10%。

表4-32　饲料发酵床生境芽胞杆菌种类生态位宽度

物种名称	生态位宽度	频数	截断比例	常用资源种类		
解硫胺素芽胞杆菌属的1种	1.52	1	0.16	S5=79.95%		
地下芽胞杆菌	2.78	2	0.18	S3=53.33%	S4=20.00%	
史氏芽胞杆菌	2.74	2	0.2	S2=38.09%	S3=42.86%	
芽胞杆菌属种1	2.23	2	0.16	S3=59.18%	S5=30.61%	
芽胞杆菌属种2	1.20	1	0.18	S3=91.07%		
芽胞杆菌属种3	2.56	2	0.18	S2=28.26%	S3=54.35%	
芽胞杆菌属种4	2.93	2	0.18	S2=36.84%	S3=42.11%	
芽胞杆菌属种6	3.11	2	0.18	S3=45.16%	S4=29.03%	
芽胞杆菌属种7	2.77	3	0.2	S1=30.77%	S2=46.15%	S3=23.08%
枯草芽胞杆菌	4.36	3	0.16	S2=16.67%	S3=29.17%	S4=29.17%
热噬淀粉芽胞杆菌	1.60	2	0.2	S1=75.00%	S2=25.00%	
热乳芽胞杆菌	1.62	1	0.16	S5=77.53%		
短芽胞杆菌属种1	2.85	2	0.16	S3=53.33%	S5=20.00%	
脱硫芽胞杆菌属的1种	1.86	2	0.2	S1=36.36%	S2=63.64%	
热脱氮地芽胞杆菌	2.58	2	0.2	S1=42.86%	S3=42.86%	
赖氨酸芽胞杆菌属种1	1.04	1	0.18	S2=98.05%		
赖氨酸芽胞杆菌属种2	3.06	3	0.18	S1=36.92%	S3=23.08%	S4=36.92%
大洋芽胞杆菌属种1	2.42	2	0.2	S2=38.89%	S3=50.00%	
大洋芽胞杆菌属种2	2.23	2	0.2	S1=60.00%	S2=26.67%	
巴伦氏类芽胞杆菌	1.60	1	0.2	S1=77.55%		
多黏类芽胞杆菌	1.32	1	0.2	S1=85.71%		
类芽胞杆菌属种1	1.11	1	0.2	S1=94.74%		
鲁梅尔芽胞杆菌属的1种	1.08	1	0.16	S2=96.10%		
土壤芽胞杆菌属的1种	1.56	1	0.18	S3=79.14%		
芽胞乳杆菌属的1种	1.00	1	0.2	S1=100.00%		
堆肥热芽胞杆菌	1.83	2	0.2	S1=34.78%	S2=65.22%	
热芽胞杆菌属种1	2.96	2	0.18	S2=47.62%	S3=28.57%	
尿素芽胞杆菌属种1	2.19	2	0.16	S4=17.86%	S5=64.29%	
尿素芽胞杆菌属种2	1.98	2	0.2	S2=22.22%	S3=66.67%	

5. 芽胞杆菌种群生态位重叠

基于表4-29，以物种为样本、生境为指标、Levins为测度，计算芽胞杆菌生态位重叠（表4-33）。生态位重叠指示着两个菌株的生物小生境的关系，生态位重叠值为1时，两个菌株同时生存于一个小生境；生态位重叠值为0时，两个菌株互不干扰。一种芽胞杆菌和另一种芽胞杆菌可以是高生态位重叠（0.8～1），如解硫胺素芽胞杆菌属的1种与热乳芽胞杆菌生态位重叠值为0.9863；与另一种菌株可以是中等生态位重叠（0.5～0.8），如解硫胺素芽胞杆菌属的1种与史氏芽胞杆菌生态位重叠值为0.7527；与其他种类可以是低生态位重叠（0～0.5），如解硫胺素芽胞杆菌属的1种与芽胞杆菌属种2生态位重叠值为0.0579。高生态位重叠的两个菌株可共享同一生境，产生竞争作用和协同作用的概率就大；低生态位重叠的两个菌株，分享不同的小生境，产生生态互补的概率就大；饲料发酵床生境中芽胞杆菌生态位重叠值可从表4-33中查询，以评估生态功能。

表4-33　饲料发酵床生境芽

物种名称	【1】	【2】	【3】	【4】	【5】	【6】	【7】	【8】	【9】	【10】	【11】	【12】	【13】
【1】 解硫胺素芽胞杆菌属的1种	1	0.3785	0.7527	0.5009	0.0579	0.1849	0.3714	0.555	0.4052	0.3559	0.4544	0.9863	0.4015
【2】 地下芽胞杆菌	0.3785	1	0.8669	0.2371	0.0348	0.946	0.8916	0.9797	0.9247	0.764	0.3162	0.4811	0.3625
【3】 史氏芽胞杆菌	0.7527	0.8669	1	0.3771	0.0247	0.7641	0.8456	0.937	0.7568	0.6791	0.5234	0.8075	0.4167
【4】 芽胞杆菌属种1	0.5009	0.2371	0.3771	1	0.8868	0.1313	0.1937	0.3121	0.2654	0.7255	0.159	0.4913	0.9756
【5】 芽胞杆菌属种2	0.0579	0.0348	0.0247	0.8868	1	0.0415	0.0424	0.0334	0.0351	0.644	0.0371	0.0358	0.9117
【6】 芽胞杆菌属种3	0.1849	0.946	0.7641	0.1313	0.0415	1	0.9557	0.8877	0.7965	0.7592	0.4616	0.2627	0.3011
【7】 芽胞杆菌属种4	0.3714	0.8916	0.8456	0.1937	0.0424	0.9557	1	0.8771	0.7042	0.7534	0.6843	0.411	0.3348
【8】 芽胞杆菌属种6	0.5550	0.9797	0.937	0.3121	0.0334	0.8877	0.8771	1	0.925	0.7576	0.3778	0.6447	0.4032
【9】 芽胞杆菌属种7	0.4052	0.9247	0.7568	0.2654	0.0351	0.7965	0.7042	0.925	1	0.7021	0.1215	0.5178	0.3601
【10】 枯草芽胞杆菌	0.3559	0.764	0.6791	0.7255	0.644	0.7592	0.7534	0.7576	0.7021	1	0.4129	0.3968	0.8422
【11】 热噬淀粉芽胞杆菌	0.4544	0.3162	0.5234	0.159	0.0371	0.4616	0.6843	0.3778	0.1215	0.4129	1	0.366	0.2135
【12】 热乳芽胞杆菌	0.9863	0.4811	0.8075	0.4913	0.0358	0.2627	0.411	0.6447	0.5178	0.3968	0.366	1	0.4035
【13】 短芽胞杆菌属种1	0.4015	0.3625	0.4167	0.9756	0.9117	0.3011	0.3348	0.4032	0.3601	0.8422	0.2135	0.4035	1
【14】 脱硫芽胞杆菌属的1种	0.0627	0.1102	0	0.7977	0.8862	0.0862	0.0447	0.1129	0.2541	0.6585	0	0.0532	0.8373
【15】 热脱氮地芽胞杆菌	0.7073	0.5863	0.6328	0.3741	0.0314	0.3906	0.4137	0.6917	0.7931	0.4992	0.2176	0.7507	0.3613
【16】 赖氨酸芽胞杆菌属种1	0.0624	0.0084	0.011	0.8898	0.9984	0.0054	0.0065	0.0102	0.0097	0.6158	0.0038	0.0412	0.9054
【17】 赖氨酸芽胞杆菌属种2	0.6734	0.7295	0.7295	0.3662	0.0353	0.5546	0.5581	0.8113	0.8889	0.6019	0.2553	0.7345	0.3875
【18】 大洋芽胞杆菌属种1	0.7983	0.8351	0.9872	0.4042	0.0186	0.6845	0.7556	0.919	0.7632	0.6316	0.4098	0.8629	0.4179
【19】 大洋芽胞杆菌属种2	0.0956	0.4643	0.251	0.0758	0.0545	0.5083	0.4755	0.4529	0.6116	0.4937	0.3776	0.1024	0.1903
【20】 巴伦氏类芽胞杆菌	0.3007	0.3838	0.4998	0.0955	0.0409	0.5706	0.753	0.4047	0.1584	0.4599	0.9782	0.2269	0.1914
【21】 多黏类芽胞杆菌	0.3102	0.274	0.4276	0.0902	0.0386	0.4628	0.667	0.3086	0.0631	0.3863	0.9878	0.2185	0.1665
【22】 类芽胞杆菌属种1	0.1526	0.2219	0.3148	0.0642	0.0945	0.4511	0.6302	0.2272	0	0.3814	0.9472	0.0587	0.1622
【23】 鲁梅尔芽胞杆菌属的1种	0.1576	0.2416	0.3318	0.0312	0.0523	0.4691	0.6466	0.2464	0.0182	0.3696	0.9506	0.067	0.1307
【24】 土壤芽胞杆菌属的1种	0.1504	0.0668	0.0969	0.9148	0.9926	0.0745	0.106	0.0822	0.0586	0.6804	0.1448	0.1181	0.9361
【25】 芽胞乳杆菌属的1种	0.1501	0.2222	0.3153	0.0152	0.0391	0.4518	0.6312	0.2276	0	0.3482	0.9487	0.0572	0.1125
【26】 堆肥热芽胞杆菌	0.8747	0.7124	0.9225	0.4393	0.0092	0.5008	0.5781	0.8265	0.7004	0.5171	0.279	0.9373	0.4037
【27】 热芽胞杆菌属种1	0.3760	0.7373	0.7425	0.1723	0.0481	0.8513	0.9529	0.741	0.5559	0.6917	0.8549	0.3688	0.3042
【28】 尿素芽胞杆菌属种1	0.9635	0.599	0.8747	0.5098	0.0662	0.3949	0.5242	0.7457	0.6226	0.506	0.4011	0.9894	0.4519
【29】 尿素芽胞杆菌属种2	0.9507	0.6247	0.9108	0.4546	0.0122	0.4396	0.5774	0.7641	0.5999	0.4894	0.4445	0.9775	0.4041

胞杆菌种类生态位重叠

【14】	【15】	【16】	【17】	【18】	【19】	【20】	【21】	【22】	【23】	【24】	【25】	【26】	【27】	【28】	【29】
0.0627	0.7073	0.0624	0.6734	0.7983	0.0956	0.3007	0.3102	0.1526	0.1576	0.1504	0.1501	0.8747	0.376	0.9635	0.9507
0.1102	0.5863	0.0084	0.7295	0.8351	0.4643	0.3838	0.274	0.2219	0.2416	0.0668	0.2222	0.7124	0.7373	0.599	0.6247
0	0.6328	0.011	0.7295	0.9872	0.251	0.4998	0.4276	0.3148	0.3318	0.0969	0.3153	0.9225	0.7425	0.8747	0.9108
0.7977	0.3741	0.8898	0.3662	0.4042	0.0758	0.0955	0.0902	0.0642	0.0312	0.9148	0.0152	0.4393	0.1723	0.5098	0.4546
0.8862	0.0314	0.9984	0.0353	0.0186	0.0545	0.0409	0.0386	0.0945	0.0523	0.9926	0.0391	0.0092	0.0481	0.0662	0.0122
0.0862	0.3906	0.0054	0.5546	0.6845	0.5083	0.5706	0.4628	0.4511	0.4691	0.0745	0.4518	0.5008	0.8513	0.3949	0.4396
0.0447	0.4137	0.0065	0.5581	0.7556	0.4755	0.753	0.667	0.6302	0.6466	0.106	0.6312	0.5781	0.9529	0.5242	0.5774
0.1129	0.6917	0.0102	0.8113	0.919	0.4529	0.4047	0.3086	0.2272	0.2464	0.0822	0.2276	0.8265	0.741	0.7457	0.7641
0.2541	0.7931	0.0097	0.8889	0.7632	0.6116	0.1584	0.0631	0	0.0182	0.0586	0	0.7004	0.5559	0.6226	0.5999
0.6585	0.4992	0.6158	0.6019	0.6316	0.4937	0.4599	0.3863	0.3814	0.3696	0.6804	0.3482	0.5171	0.6917	0.506	0.4894
0	0.2176	0.0038	0.2553	0.4098	0.3776	0.9782	0.9878	0.9472	0.9506	0.1448	0.9487	0.279	0.8549	0.4011	0.4445
0.0532	0.7507	0.0412	0.7345	0.8629	0.1024	0.2269	0.2185	0.0587	0.067	0.1181	0.0572	0.9373	0.3688	0.9894	0.9775
0.8373	0.3613	0.9054	0.3875	0.4179	0.1903	0.1914	0.1665	0.1622	0.1307	0.9361	0.1125	0.4037	0.3042	0.4519	0.4041
1	0.3415	0.8701	0.3204	0	0.4443	0	0	0.0482	0.0122	0.8839	0	0	0.0813	0.0983	0
0.3415	1	0.0119	0.9816	0.6738	0.662	0.136	0.1131	0	0.0105	0.0927	0	0.7152	0.3947	0.7881	0.7166
0.8701	0.0119	1	0.0119	0.0117	0.0044	0.0024	0.002	0.0555	0.0129	0.9884	0	0.0124	0.0055	0.0657	0.0124
0.3204	0.9816	0.0119	1	0.7555	0.6801	0.2046	0.1593	0.0537	0.0672	0.0937	0.0538	0.7598	0.507	0.795	0.7396
0	0.6738	0.0117	0.7555	1	0.1891	0.3674	0.2982	0.1725	0.1893	0.0845	0.1728	0.9706	0.6299	0.9177	0.9444
0.4443	0.662	0.0044	0.6801	0.1891	1	0.4155	0.3926	0.3974	0.4036	0.0982	0.398	0.0937	0.5706	0.1893	0.1243
0	0.136	0.0024	0.2046	0.3674	0.4155	1	0.9916	0.978	0.9827	0.1356	0.9795	0.1971	0.9038	0.2847	0.3381
0	0.1131	0.002	0.1593	0.2982	0.3926	0.9916	1	0.9849	0.9872	0.1372	0.9864	0.1451	0.8485	0.2607	0.3081
0.0482	0	0.0555	0.0537	0.1725	0.3974	0.978	0.9849	1	0.9989	0.1802	0.9985	0	0.818	0.1085	0.1559
0.0122	0.0105	0.0129	0.0672	0.1893	0.4036	0.9827	0.9872	0.9989	1	0.1389	0.9997	0.0148	0.8303	0.118	0.1683
0.8839	0.0927	0.9884	0.0937	0.0845	0.0982	0.1356	0.1372	0.1802	0.1389	1	0.1257	0.0713	0.1316	0.148	0.0953
0	0	0	0.0538	0.1728	0.398	0.9795	0.9864	0.9985	0.9997	0.1257	1	0	0.8192	0.1057	0.1562
0	0.7152	0.0124	0.7598	0.9706	0.0937	0.1971	0.1451	0	0.0148	0.0713	0	1	0.4482	0.9638	0.9738
0.0813	0.3947	0.0055	0.507	0.6299	0.5706	0.9038	0.8485	0.818	0.8303	0.1316	0.8192	0.4482	1	0.4676	0.5118
0.0983	0.7881	0.0657	0.795	0.9177	0.1893	0.2847	0.2607	0.1085	0.118	0.148	0.1057	0.9638	0.4676	1	0.9905
0	0.7166	0.0124	0.7396	0.9444	0.1243	0.3381	0.3081	0.1559	0.1683	0.0953	0.1562	0.9738	0.5118	0.9905	1

6. 芽胞杆菌种群主成分分析

基于表4-29，以物种为样本、生境为指标，进行芽胞杆菌种群生境相关主成分分析。

（1）相关系数计算 饲料发酵床生境中层垫料芽胞杆菌含量（OTU）最高（28.1034）＞新鲜猪粪（21.4655）＞底层垫料（6.24138）＞饲料垫料（1.7931）＞表层垫料（1.58621）。表层垫料与饲料垫料和新鲜猪粪生境相关系数分别为0.39211、0.93373存在显著相关性，表层垫料由饲料垫料加新鲜猪粪发酵而成，形成微生物群落的生长惯性。中层垫料与饲料垫料相关系数为0.4745，显著相关；其余生境间不相关，表明经过发酵相应的饲料发酵床的生境形成了独特的生境特征而相互区别（表4-34）。

表4-34 基于芽胞杆菌种群的饲料发酵床生境相关系数

变量	平均值（OTU）	标准差	表层垫料	中层垫料	底层垫料	饲料垫料	新鲜猪粪
表层垫料	1.58621	4.15156	1	0.09512	0.22235	0.39211	0.93373
中层垫料	28.1034	92.5889	0.09512	1	−0.0014	0.4745	0.11807
底层垫料	6.24138	16.6278	0.22235	−0.0014	1	−0.0577	0.25923
饲料垫料	1.7931	2.22969	0.39211	0.4745	−0.0577	1	0.28336
新鲜猪粪	21.4655	103.809	0.93373	0.11807	0.25923	0.28336	1
相关系数临界值	a=0.05时，r=0.3673				a=0.01时，r=0.4705		

（2）规格化特征向量分析 特征向量分析表明，不同主成分影响因子差异显著，主成分1最大值为0.61239，影响的主要因子为表层垫料，中层垫料、底层垫料、饲料垫料、新鲜猪粪与之呈正效应。主成分2最大值为0.63554，影响的主要因子为中层垫料，与表层垫料、底层垫料、新鲜猪粪呈负效应，与饲料垫料呈正效应。主成分3最大值为0.83803，影响的主要因子为底层垫料，与表层垫料、饲料垫料、新鲜猪粪呈负效应，与中层垫料呈正效应。主成分4最大值为0.73002，影响的主要因子为饲料垫料，与表层垫料、中层垫料、新鲜猪粪呈负效应，与底层垫料呈正效应。主成分5最大值为0.68030，影响的主要因子为新鲜猪粪，与表层、中层、底层垫料呈负效应，与饲料垫料呈正效应（表4-35）。

表4-35 基于芽胞杆菌种群的饲料发酵床生境分布规格化特征向量

项目	主成分				
	1	2	3	4	5
表层垫料	0.61239	−0.2077	−0.2551	−0.05980	−0.71640
中层垫料	0.24852	0.63554	0.43768	−0.58010	−0.07930
底层垫料	0.20857	−0.4466	0.83803	0.23373	−0.01010
饲料垫料	0.40151	0.53674	−0.0159	0.73002	0.13230
新鲜猪粪	0.59875	−0.2557	−0.202	−0.26910	0.68030

（3）特征值分析 分析结果表明第一主成分特征值为2.28434，占比45.6868%；第二主成分特征值为1.32311，占比26.4623%；第三主成分特征值为0.8702，占比17.4039%；前3个主成分累计特征值达89.5530%，能包含生境的全部信息（表4-36）。

表4-36　基于芽胞杆菌种群的饲料发酵床生境分布特征值

主成分	特征值	占比/%	累计占比/%	Chi-Square	df	P值
1	2.28434	45.6868	45.6868	68.9466	14	6×10^{-7}
2	1.32311	26.4623	72.1490	50.5112	9	7.6×10^{-7}
3	0.8702	17.4039	89.5530	38.4393	5	8.9×10^{-7}
4	0.46795	9.35909	98.9120	25.1352	2	3.9×10^{-6}
5	0.0544	1.08796	100.0000	0	0	1

（4）主成分得分分析　主成分分析结果表明，第一主成分为厌氧高氮发酵主成分，影响主成分的主要因子有解硫胺素芽胞杆菌属的1种（7.08636），分布在表层垫料，营好氧生长，分解高碳氮比物料，与之产生较大负效应的菌株有类芽胞杆菌属种1（−0.8141）、热噬淀粉芽胞杆菌（−0.8206）、多黏类芽胞杆菌（−0.8235）。第二主成分为好氧高碳发酵主成分，影响主成分的主要因子有鲁梅尔芽胞杆菌属的1种（4.51713），主要分布在新鲜猪粪，与之产生较大负效应的菌株有土壤芽胞杆菌属的1种（−0.8548）、解硫胺素芽胞杆菌属的1种（−1.7711）、赖氨酸芽胞杆菌属种1（−2.5109）；第三主成分为兼性厌氧适中碳氮比发酵主成分，影响主成分的主要因子有赖氨酸芽胞杆菌属种1（3.89655），与之产生较大负效应的菌株有大洋芽胞杆菌属种2（−0.4782）、赖氨酸芽胞杆菌属种2（−0.835）、解硫胺素芽胞杆菌属的1种（−0.906）（表4-37，图4-20）。

表4-37　基于芽胞杆菌种群的饲料发酵床生境分布主成分分析得分

物种名称	主成分分析得分				
	$Y(i, 1)$	$Y(i, 2)$	$Y(i, 3)$	$Y(i, 4)$	$Y(i, 5)$
解硫胺素芽胞杆菌属的1种	7.08636	−1.7711	−0.906	−0.6809	0.19894
赖氨酸芽胞杆菌属种1	0.33004	−2.5109	3.89655	0.85755	−0.0276
鲁梅尔芽胞杆菌属的1种	2.09295	4.51713	1.96081	−0.4139	0.01267
赖氨酸芽胞杆菌属种2	1.29398	0.46353	−0.835	1.07669	−0.9773
地下芽胞杆菌	−0.5414	−0.0193	−0.3248	0.00808	0.07908
史氏芽胞杆菌	−0.5839	−0.0028	−0.3047	0.0082	0.14286
芽胞杆菌属种1	−0.0365	−0.5318	0.5673	0.34998	−0.0232
芽胞杆菌属种2	−0.461	−0.7298	0.52121	−0.086	−0.0517
芽胞杆菌属种3	0.92947	1.62525	−0.4387	2.25439	0.26434
芽胞杆菌属种4	−0.293	0.31415	−0.3258	0.43082	0.15979
芽胞杆菌属种6	−0.3054	0.20454	−0.3528	0.32601	0.08717
芽胞杆菌属种7	−0.5531	−0.1185	−0.3445	−0.1038	0.00205
枯草芽胞杆菌	−0.2281	0.13099	−0.2515	0.35113	0.02439
热噬淀粉芽胞杆菌	−0.8206	−0.3065	−0.2832	−0.4417	0.05844
热乳芽胞杆菌	−0.3636	0.01049	−0.3507	0.08652	0.11294
短芽胞杆菌属种1	−0.6251	−0.2527	−0.1866	−0.174	0.04116
脱硫芽胞杆菌属的1种	−0.6085	−0.4541	−0.2597	−0.4067	−0.177
热脱氮地芽胞杆菌	−0.6211	−0.2969	−0.3612	−0.3281	−0.0918
大洋芽胞杆菌属种1	−0.3951	0.2342	−0.3147	0.33172	0.21204
大洋芽胞杆菌属种2	−0.2682	−0.3051	−0.4782	−0.2535	−0.4248

物种名称	主成分分析得分				
	$Y(i, 1)$	$Y(i, 2)$	$Y(i, 3)$	$Y(i, 4)$	$Y(i, 5)$
巴伦氏类芽胞杆菌	−0.4887	0.15857	−0.2513	0.04088	0.15564
多黏类芽胞杆菌	−0.8235	−0.3053	−0.2822	−0.4404	0.05516
类芽胞杆菌属种1	−0.8141	−0.2924	−0.2502	−0.4532	0.04911
土壤芽胞杆菌属的1种	−0.442	−0.8548	0.57526	−0.1955	−0.1214
芽胞乳杆菌属的1种	−0.1849	1.33645	0.84858	−1.9364	−0.1529
堆肥热芽胞杆菌	−0.5799	−0.0099	−0.3098	0.00978	0.14998
热芽胞杆菌属种1	−0.5978	−0.0904	−0.3161	−0.1094	0.05815
尿素芽胞杆菌属种1	−0.3954	0.02403	−0.34	0.10078	0.0769
尿素芽胞杆菌属种2	−0.7019	−0.1668	−0.3025	−0.2093	0.10685

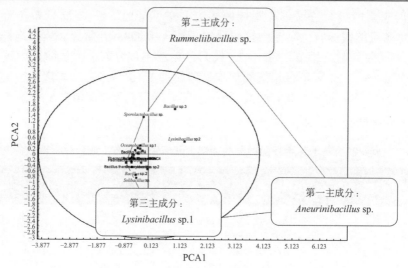

图4-20 基于芽胞杆菌种群的饲料发酵床芽胞杆菌主成分分析

7. 芽胞杆菌种群亚群落分化

以表4-29为矩阵、芽胞杆菌为样本、发酵床生境为指标、马氏距离为尺度，可变类平均法进行系统聚类，结果见表4-38和图4-21。可将芽胞杆菌分为3组，第1组为猪粪发酵亚群落（高含量组），包括了1种芽胞杆菌，即解硫胺素芽胞杆菌属的1种，在表层垫料、中层垫料、底层垫料、垫料饲料、新鲜猪粪生境分布平均值分别为21.67%、85.33%、28.67%、5.00%、561.00%，主要分布在新鲜猪粪，具有厌氧高氮发酵特征，对猪粪的转化起到重要作用。第2组为垫料发酵亚群落（中含量组），包括了3种芽孢杆菌，即赖氨酸芽胞杆菌属种2、鲁梅尔芽胞杆菌属的1种、芽胞乳杆菌属的1种，在表层垫料、中层垫料、底层垫料、饲料垫料、新鲜猪粪生境中分布平均值分别为3.00%、228.78%、1.89%、4.44%、3.67，主要分布在中层垫料，具有好氧高碳发酵特征，对垫料＋猪粪的发酵起到重要作用。第3组为混合发酵亚群落（低含量组），包括了25种芽胞杆菌，即地下芽胞杆菌、史氏芽胞杆菌、芽胞杆菌属种1、芽胞杆菌属种2、芽胞杆菌属种3、芽胞杆菌属种4、芽胞杆菌属种6、芽胞杆菌属种7、枯草芽胞杆菌、热噬淀粉芽胞杆菌、热乳芽胞杆菌、短芽胞杆菌属种1、脱硫芽胞杆菌属的 1 种、热脱氮地芽胞杆菌、赖氨酸芽胞杆菌属种 1、大洋芽胞杆菌属种 1、大洋芽胞杆菌属种 2、巴伦氏类芽胞杆菌、多黏类芽胞杆菌、类芽胞杆菌属种 1、土壤芽胞杆菌属的 1 种、堆肥热芽胞杆菌、热芽胞杆菌属种 1、尿素芽胞杆菌属种 1、尿素芽胞杆菌属种 2，在表层垫料、中层垫料、底层垫料、饲料垫料、新鲜猪粪生境中分布平均值分别为 0.61%、1.73%、5.87%、1.35%、2.02%，为饲料发酵床辅助芽胞杆菌菌群。

表4-38　饲料发酵床芽胞杆菌种群亚群落分化

单位：%

组别	物种名称	表层垫料	中层垫料	底层垫料	饲料垫料	新鲜猪粪
1	解硫胺素芽胞杆菌属的1种	21.67	85.33	28.67	5.00	561.00
	第1组1个样本平均值	21.67	85.33	28.67	5.00	561.00
2	赖氨酸芽胞杆菌种2	8.00	0.67	0.00	5.00	8.00
2	鲁梅尔芽胞杆菌属的1种	1.00	443.67	5.67	8.33	3.00
2	芽胞乳杆菌属的1种	0.00	242.00	0.00	0.00	0.00
	第2组3个样本平均值	3.00	228.78	1.89	4.44	3.67
3	地下芽胞杆菌	0.33	0.33	0.00	1.33	0.50
3	史氏芽胞杆菌	0.00	0.67	0.00	1.33	1.50
3	芽胞杆菌属种1	1.33	0.33	19.33	1.67	10.00
3	芽胞杆菌属种2	0.67	0.67	17.00	0.33	0.00
3	芽胞杆菌属种3	1.67	4.33	0.00	8.33	1.00
3	芽胞杆菌属种4	0.33	2.33	0.00	2.67	1.00
3	芽胞杆菌属种6	0.67	0.67	0.00	2.33	1.50
3	芽胞杆菌属种7	0.67	0.00	0.00	1.00	0.50
3	枯草芽胞杆菌	1.00	1.33	2.33	2.33	1.00
3	热嗜淀粉芽胞杆菌	0.00	3.00	0.00	0.00	1.00
3	热乳芽胞杆菌	0.67	0.67	0.33	1.67	11.50
3	短芽胞杆菌属种1	0.33	0.33	2.67	0.67	1.00
3	脱硫芽胞杆菌属的1种	1.33	0.00	2.33	0.00	0.00
3	热脱氮地芽胞杆菌	1.00	0.00	0.00	0.33	1.00
3	赖氨酸芽胞杆菌种1	0.33	0.00	83.67	0.33	1.00
3	大洋芽胞杆菌属种1	0.00	0.67	0.00	2.33	3.00
3	大洋芽胞杆菌属种2	3.00	1.33	0.00	0.67	0.00
3	巴伦氏类芽胞杆菌	0.00	12.67	0.00	1.67	2.00
3	多黏类芽胞杆菌	0.00	3.00	0.00	0.00	0.50
3	类芽胞杆菌属种1	0.00	6.00	0.33	0.00	0.00
3	土壤芽胞杆菌属的1种	1.00	2.33	18.33	0.00	1.50
3	堆肥热芽胞杆菌	0.00	0.00	0.00	1.33	2.50
3	热芽胞杆菌属种1	0.33	1.67	0.00	1.00	0.50
3	尿素芽胞杆菌属种1	0.67	0.67	0.33	1.67	6.00
3	尿素芽胞杆菌属种2	0.00	0.33	0.00	0.67	2.00
	第3组25个样本平均值	0.61	1.73	5.87	1.35	2.02

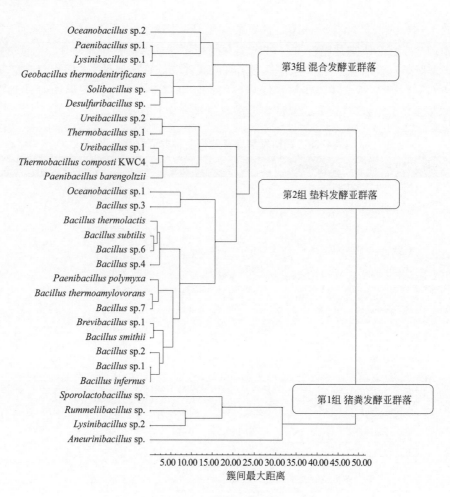

图4-21　饲料发酵床芽胞杆菌种群亚群落分化

七、讨论

饲料发酵床芽胞杆菌种群垂直分布特征研究未见报道，芽胞杆菌种群在饲料发酵床生境占整个微生物组的比例很小，表层垫料、中层垫料、底层垫料、饲料垫料、新鲜猪粪中芽胞杆菌占比分别为0.1727%、2.5015%、0.5555%、0.1596%、1.6117%，占比不超过2.6%，虽然含量很小，但是芽胞杆菌功能强大。养猪微生物发酵床芽胞杆菌种群研究有过报道，刘波等（2019）报道了养猪微生物发酵床芽胞杆菌空间生态位特性，结果表明，从空间生态位样本中共鉴定出芽胞杆菌目8个科中的6个科24个属种类（其中2个属具有芽胞杆菌种名形式不属于芽胞杆菌），发现微生物发酵床垫料空间生态位中氨芽胞杆菌属（Ammoniibacillus，类芽胞杆菌科）、脱硫芽胞杆菌属（Desulfuribacillus，芽胞杆菌待建立新科）、肿块芽胞杆菌属（Tuberibacillus，芽胞乳杆菌科），国内未见报道，为中国新记录属。在被测生态位中相对含量（reads）最高的前3个属为芽胞杆菌属（8020）、乳杆菌属（4565）、肿块芽胞杆菌属；发酵床上层垫料生态位芽胞杆菌属总量与下层相比无显著差异（$P > 0.05$），但属种类和数量结构、亚群落分化差异显著，上层生态位前5位高含量芽胞杆菌优势属（OTU数量平均值）分别为芽胞杆菌属（532.86）、乳杆菌属（480.43）、地芽胞杆菌属（88.86）、纤细芽胞杆菌属

（*Gracilibacillus*，70.00）、类芽胞杆菌属（40.86），而下层为芽胞杆菌属（612.86）、肿块芽胞杆菌属（188.57）、乳杆菌属（171.71）、少盐芽胞杆菌属（*Paucisalibacillus*，60.00）、尿素芽胞杆菌属（46.71）。分析表明 5 个生态位最宽的芽胞杆菌属分别为芽胞杆菌属（10.5159）、鸟氨酸芽胞杆菌（*Ornithinibacillus*，8.6094）、类芽胞杆菌属（7.8463）、大洋芽胞杆菌属（6.9927）、鲁梅尔芽胞杆菌属（5.7417），对发酵床环境条件适应范围较宽、对营养条件要求较低的芽胞杆菌，空间生态位宽度较宽，可利用的资源数较多，反之亦然。分析表明芽胞杆菌各属之间空间生态位重叠 Pianka 测度范围为 0.00 ～ 0.99，有些属之间生态位重叠很高，如纤细芽胞杆菌属和氨芽胞杆菌属；有些几乎不重叠，如脱硫芽胞杆菌属和解硫胺素芽胞杆菌属。芽胞杆菌空间生态位宽度与生态位重叠存在着相互关系，生态位较宽的属，如芽胞杆菌属，与其他属之间的空间生态位重叠集中在 0.20 ～ 0.80 之间，空间生态位较窄的属，如地芽胞杆菌属，与其他属之间的空间生态位重叠主要分布在 < 0.20 或 > 0.80。

刘国红等（2017）报道了养猪微生物发酵床芽胞杆菌空间分布多样性，结果表明从 32 份样品中共获得芽胞杆菌 452 株，16S rRNA 基因鉴定分别隶属于芽胞杆菌纲的 2 科、8 属、48 种。其中，种类最多的为芽胞杆菌属，30 种；赖氨酸芽胞杆菌属，6 种；类芽胞杆菌属，5 种；短芽胞杆菌属，3 种；鸟氨酸芽胞杆菌属、大洋芽胞杆菌属、少盐芽胞杆菌属和纤细芽胞杆菌属各 1 种。芽胞杆菌种类在发酵床空间分布差异很大，根据其空间出现频次，可分为广分布种类，如地衣芽胞杆菌（*Bacillus licheniformis*）；寡分布种类，如根际芽胞杆菌（*Bacillus rhizosphaerae*）；少分布种类，如弯曲芽胞杆菌（*Bacillus flexus*）。依据其数量，可分为高含量组优势种群，如地衣芽胞杆菌；中含量组常见种群，耐盐赖氨酸芽胞杆菌（*Lysinibacillus halotolerans*）；寡含量组寡见种群，如根际芽胞杆菌；低含量组偶见种群，如土地芽胞杆菌（*Bacillus humi*）。空间分布型聚集度和回归分析测定表明，芽胞杆菌在微生物发酵床的分布类型为聚集分布。微生物发酵床垫料中芽胞杆菌种类总含量高达 4.41×10^8 CFU/g，其种类含量范围为 $(0.01 \sim 94.1) \times 10^6$ CFU/g（均值为 8.96×10^6 CFU/g），丰富度指数（D）、优势度指数（λ）、Shannon-Wiener 指数（H'）和均匀度指数（J'）分别为 0.4928、0.2634、1.3589 和 0.9803，其中香农指数最大的单个芽胞杆菌种类为地衣芽胞杆菌。根据芽胞杆菌种类多样性指数聚类分析，当欧式距离 $\lambda=17$ 时，可分为高丰富度高含量和低丰富度低含量类型。微生物发酵床的芽胞杆菌种类丰富、数量高，是一个天然的菌剂"发酵罐"，有望直接作为微生物菌剂，应用于土壤改良、作物病害防控、污染治理等领域。

陈倩倩（2017）报道了基于宏基因组分析的微生物发酵床细菌群落多样性研究，结果包括：①揭示了微生物发酵床夏冬季节垫料细菌多样性。共获得 762923 条序列，包括 34 门、70 纲、260 科、1843 类 OTU，共有 OTU 占 90% 以上。微生物发酵床优势菌为拟杆菌门、厚壁菌门、变形菌门和放线菌门。夏冬季节垫料细菌群落结构不同，前者有更为丰富的细菌类群。夏季样本中的放线菌门（19.8%）和异常球菌 - 栖热菌门（7.4%）的含量高于冬季样本；异常球菌 - 栖热菌门的特吕珀菌属含量高于冬季样本，高含量的嗜热菌与夏季高温环境中发酵床垫料中猪粪的生物降解相关。冬季样本中的拟杆菌门（31.6%）和变形菌门（22.3%）含量高于夏季样本；拟杆菌门的嗜蛋白菌属、冬季微菌属和黄杆菌属在冬季发酵床中的含量分别为夏季样本的 1.8 倍、2.1 倍和 5.2 倍。变形菌门的假单胞菌属、硫假单胞菌属和嗜冷菌属含量冬季高于夏季的垫料，与较低温度下猪粪的降解相关。②明确了微生物发酵床不同发酵等级垫料细菌多样性。共获得 1198467 条序列，包含 33 门、272 科、600 属和 1839 类 OTU，3 个等级垫料共有 1348 类 OTU。拟杆菌门、变形菌门、放线菌门和厚壁菌门是优势菌。发酵床垫料细菌多样性与发酵等级相关。随着发酵等级的增加，垫料中的葡萄球菌科和皮杆菌科细菌含量减少，说明发酵床可以抑制致病菌，保护养殖健康。在 3 个发酵阶段，微生物发酵床中起主要降解作用的细菌不同。在轻度发酵时期，黄单胞杆菌科和间孢囊菌科细菌是主要的降解菌；在中度发酵时期，变形菌门的腐螺旋菌科、拟杆菌门的黄杆菌科、放线菌门的棒杆菌科和异常球菌 - 栖热菌门的特吕珀菌科起主要降解作用；在深度发酵时期，厚壁菌门梭菌目瘤胃球菌科、拟杆菌门的紫单胞杆菌科、变形菌门的产碱菌科和假单胞菌科起降解作用。随着垫料使用时间的延长，粪便中的指示菌——瘤胃菌含量增加，可作为垫料更换的信号。③分析了微生物发酵床不同深度垫料细菌多样性。1045225 条序列共包含 32 门、303 科、609 属和 1834 类 OTU，共有 OTU 1482 类。拟杆菌门、变形菌门和厚壁菌门是优势菌。表层垫料细菌数量最多，中层垫料细菌种类最多。微生物发酵床细菌群落分布与垫料深度相关，在表层垫料中，变形菌门（25.9%）和拟杆菌门（25.3%）相对含量高；中层垫料中拟杆菌门（27.8%）、变形菌门（25.1%）和厚壁菌门（17.0%）相对含量高。发酵床垫料表层和中层细菌多为有机物降解菌，主要为异常球菌 - 栖热菌门的特吕珀菌科、变形菌门的黄单胞菌科和拟杆菌门的黄杆菌科细菌。随着垫料深度增加，厌氧菌含量升高。深层垫料拟杆菌门（33.3%）和螺旋体门（9.2%）相对丰度较高。厌氧菌如螺旋体门的螺旋体科、拟杆菌门的腐螺旋菌科含量高；螺旋体门的螺旋体科、拟杆菌门的紫单胞杆菌科和腐螺旋菌科、糖杆菌门、厚壁菌门的梭菌目是深层垫料中的主要有机质降解菌。此外，首次在陆地生境中发现海洋细菌冷形菌科（Cryomorphaceae），其功能有待于进一步研究。④解析微生物发酵床中参与猪粪降解的细菌多样性。5 个样本共获得 315761 条有效序列。发酵猪粪中的主要细菌门为厚壁菌门、放线菌门、拟杆菌门和变形菌门。猪粪按发酵时间聚成新鲜猪粪、发酵 5d 和 10d 的短期发酵猪粪、发酵 15d 和 20d 的长期发酵猪粪三类。猪粪经过发酵床分解后细菌种类大幅度下降。在长期发酵猪粪中，含量高的细菌为厚壁菌门、放线菌门和拟杆菌门，而在短期发酵猪粪中，厚壁菌门、拟杆菌门和变形菌门是丰度高的细菌种类。在属水平上，有机物降解菌，包括棒杆菌属、芽胞杆菌属、枝芽胞杆菌属、假单胞菌属、放线菌属、乳杆菌属和片球菌属在长期发酵猪粪中含量高于短期发酵垫料。结果还显示，厚壁菌门、放线菌门、酸杆菌门和变形菌门与猪粪 C/N 值升高和粪臭素含量降低相关。

饲料发酵床芽胞杆菌种群垂直分布特征研究结果表明，饲料发酵床不同生境检测大量的芽胞杆菌，名称中具有 bacillus 词尾的属达 20 个，属于芽胞杆菌的有 16 个属，含量最高的为解硫胺素芽胞杆菌属的 1 种，占了表层垫料芽胞杆菌总量的 92.01%，最低的为枯草芽胞杆菌；枯草芽胞杆菌经常作为发酵床菌种添加，从生境适应性看，枯草芽胞杆菌不适合在饲料发酵床的生长，其含量最低。

基于芽胞杆菌的饲料发酵床生境相关性研究表明，表层垫料与中层垫料生境表现出相关性，其余生境间相关性都不显著；说明发酵初期饲料垫料 + 新鲜猪粪进行发酵，尽管原料来源相似，垫料不同深度生境发酵条件的变化，导致芽胞杆菌菌群分化，形成生境特征芽胞杆菌菌群而相互区别，也指示这生境环境条件的异化。基于芽胞杆菌种群分布的饲料发酵床不同生境（表层垫料、中层垫料、底层垫料、饲料垫料、新鲜猪粪）生态位宽度分析结果表明，饲料发酵床生境中，生态位宽度底层垫料 (14.2576) ＞中层垫料 (4.9304) ＞饲料垫料 (4.0282) ＞新鲜猪粪 (1.9841) ＞表层垫料 (1.179)，饲料发酵床底层是最能容纳微生物的场所，成为饲料发酵床保护微生物的"菌种库"。芽胞杆菌在饲料发酵床生境中，有的菌株生态位重叠大，有的菌株生态位重叠小，高生态位重叠的两个菌株共享于同一生境，产生竞争作用和协同作用的概率就大；低生态位重叠的两个菌株，分享不同的小生境，产生生态互补的概率就大。

　　饲料发酵床生境中的芽胞杆菌可以分为3组亚群落，第1组为猪粪发酵亚群落（高含量组），包括了1种芽胞杆菌，即解硫胺素芽胞杆菌属的1种，主要分布在新鲜猪粪中，具有厌氧高氮发酵特征，对猪粪的转化起到重要作用。第2组为垫料发酵亚群落（中含量组），包括了3种芽胞杆菌，即赖氨酸芽胞杆菌属种2、鲁梅尔芽胞杆菌属的1种、芽胞乳杆菌属的1种，主要分布在中层垫料中，具有好氧高碳发酵特征，对垫料＋猪粪的发酵起到重要作用。第3组为混合发酵亚群落（低含量组），包括了25种芽胞杆菌，即地下芽胞杆菌、史氏芽胞杆菌、芽胞杆菌属种1、芽胞杆菌属种2、芽胞杆菌属种3、芽胞杆菌属种4、芽胞杆菌属种6、芽胞杆菌属种7、枯草芽胞杆菌、热噬淀粉芽胞杆菌、热乳芽胞杆菌、短芽胞杆菌属种1、脱硫芽胞杆菌属的1种、热脱氮地芽胞杆菌、赖氨酸芽胞杆菌属种1、大洋芽胞杆菌属种1、大洋芽胞杆菌属种2、巴伦氏类芽胞杆菌、多黏类芽胞杆菌、类芽胞杆菌属种1、土壤芽胞杆菌属的1种、堆肥热芽胞杆菌、热芽胞杆菌属种1、尿素芽胞杆菌属种1、尿素芽胞杆菌属种2，为饲料发酵床辅助芽胞杆菌菌群。芽胞杆菌亚群落分化有助于进一步了解芽胞杆菌在饲料发酵床生境的生态功能。

第四节
饲料发酵床对猪重要细菌性病原的抑制作用

一、概述

　　在饲料发酵床养猪的实践中，观察到猪的病害大幅度下降，这与饲料发酵床构建的微生物生境关系密切，饲料发酵床利用牧草做垫料，进行好氧发酵，形成了一个以好氧和兼性好氧为主要菌群的微生物生态环境，防控猪的病害。为阐明猪细菌性病原在发酵床中的动态，笔者分析了饲料发酵床表层垫料、中层垫料、底层垫料、饲料垫料、新鲜猪粪中猪细菌性病原的动态，揭示发酵床抑制病害的作用，阐明发酵床中猪病原发生的动态，揭示发酵床的防病、抗病作用。

　　我国猪病呈现种类多而复杂的特点，大体可分为病毒病、寄生虫病以及营养代谢病等。危害我国养猪生产的病毒病主要有猪繁殖与呼吸障碍综合征（蓝耳病）、猪瘟（非洲猪瘟）、猪口蹄疫、猪圆环病毒病、伪狂犬病、猪流感、传染性胃肠炎、流行性腹泻；细菌病主要有副猪嗜血杆菌病、猪链球菌病、猪支原体肺炎（猪气喘病）、猪传染性胸膜炎、猪附红细胞体病、大肠杆菌病等；寄生虫病主要有猪弓形虫病。其中，以猪繁殖与呼吸障碍综合征为主的呼吸道疾病和繁殖障碍疾病是目前我国养猪生产中最突出的问题。

　　猪细菌性病原体有丹毒杆菌、巴氏杆菌、沙门杆菌、大肠杆菌、链球菌、波氏杆菌、魏氏梭菌、短螺旋体、钩端螺旋体、布氏杆菌等。支原体性病原体有猪肺炎支原体、猪鼻支原体、嗜血支原体（附红细胞体）。衣原体性病原体有鹦鹉热衣原体、沙眼衣原体等。随着生猪养殖的集约化、规模化程度的不断加大，猪群疾病问题也越来越复杂。因此，疾病的诊断和防治越发显示出它的重要性，但是在这个过程中，有相当一部分兽医工作者，在疾病的诊断中重视病毒性疾病，而往往忽视细菌性疾病。这就导致在使用了大量的抗病毒药物后，猪的疾病仍然没见好转。

目前，动物疫病的病情复杂，混合感染增多，在生产中大约50％以上的疾病都是混合感染或继发感染。混合感染的类型有病毒性混合感染、病毒性和细菌性混合感染、细菌性混合感染等。在这些混合感染中细菌性因素起了一定的作用。此外，由于抗生素、疫苗等的应用，细菌性疾病的症状呈现非典型化，如果仅仅依靠临床症状进行诊断，是很困难的，所以要加强实验室诊断。只有将二者有机结合，才能更准确地对疾病进行诊断。猪细菌性病害的防控，必须从改善生态环境和健康饲料入手，营养调理和病原的微生态调控是猪细菌性病害防控理想方法。营养调理就是降低蛋白质含量，进行低蛋白饲养，利用牧草，增加饲料的纤维素，同时提供牧草内生菌群，调理猪肠道微生物的健康，达到防病效果。另外，构建发酵床，提供一个好氧发酵的微生态环境，扶持好氧菌（益生菌）的生长，分解猪粪，消除臭味，改善环境，限制大部分为厌氧菌的猪细菌性病原的发生，从根本上扼制病原菌的生存。饲料发酵床的发明，为猪细菌性病害的防控提供了条件。现将结果小结如下。

二、主要猪细菌性病原的特性

猪细菌性病原体有丹毒杆菌、巴氏杆菌、沙门杆菌、大肠杆菌、链球菌、波氏杆菌、魏氏梭菌、短螺旋体、钩端螺旋体、布氏杆菌等。支原体性病原体有猪肺炎支原体、猪鼻支原体、嗜血支原体（附红细胞体）。衣原体病原体有鹦鹉热衣原体、沙眼衣原体等。随着生猪养殖的集约化、规模化程度的不断加大，猪群疾病问题也越来越复杂（表4-39）。我们关注猪细菌病害在饲料发酵床上的变化动态，试图解析发酵床防治猪细菌性病害的机制。

表4-39　猪重大疫病细菌性病原

猪细菌性病原	病原学名	病害特性
【1】　胸膜肺炎放线杆菌(APP)	*Actinobacillus pleuropneumoniae*	猪传染性胸膜肺炎又称为猪胸膜肺炎放线杆菌病，本病在1957年由Pattison等首次报道，现已在全世界很多国家广泛流行，已成为国际公认的危害现代养猪业的重要传染病之一。我国自1990年正式确认APP的存在，猪传染性胸膜肺炎在我国规模化猪场的发病率日益升高，广东省最早在1985~1986年从广州口岸入境的PIC种猪中检出APP阳性猪，近几年来，该病给养猪业带来了较大的经济损失
【2】　支气管败血波氏杆菌	*Brodetella bronchiseptica*	是猪传染性萎缩性鼻炎（AR）的主要病原菌，单独或与产毒素多杀性巴氏杆菌混合感染可引起猪的非进行性及进行性萎缩性鼻炎。该病在世界范围内存在，给养猪业造成巨大的经济损失
【3】　猪布氏杆菌	*Brucella suis*	是人兽共患的一种慢性传染病。其特征是侵害生殖系统，母畜发生流产和不孕，公畜可引起睾丸炎。对人则表现为发热、多汗、关节痛、神经痛及肝、脾肿大。本病分布广泛，可严重地损害人兽的健康

续表

猪细菌性病原		病原学名	病害特性
【4】	肉毒梭菌	*Clostridium botulinum*	猪肉毒梭菌可出现在人畜粪便、土壤、水和尘埃中，该菌群属典型的条件性致病菌，它可引发地区性流行病，对畜牧业的生产具有重要影响。每年都有大量的动物因不同类型猪肉毒梭菌感染而死亡，如牛肠炎、仔猪坏死性肠炎、兔子肠炎等。尤其是近年来我国发生家畜猝死症与该菌有关，发病急、病程短、无任何前期症状而突然死亡，而且死亡率极高
【5】	产气荚膜梭菌	*Clostridium perfringens*	猪产气荚膜梭菌曾被称为猪魏氏梭菌或产气荚膜梭菌，是造成仔猪、育肥猪以及种猪"猝死"的主要原因，以胃肠道弥漫性出血而引起的肠毒血症和坏死性肠炎为特征，发病急、病程短，常无先兆症状而突然死亡
【6】	红斑丹毒丝菌	*Erysipelothrix rhusiopathiae*	猪丹毒病又称"打火印"，是由红斑丹毒丝菌引起的一种急性、热性人畜共患传染病，属于原农业部公布的二类动物疫病。该病广泛存在于世界各地，主要发生于猪，最易侵害母猪和架子猪，发病初期多为急性败血型或亚急性的疹块型，随后转为慢性型，患猪多发生关节炎、心内膜炎。猪丹毒病多呈散发或者地方流行，一年四季均可发生，但炎热多雨季节及气候温和的季节（5~9月）多发，近年也见有冬春暴发流行
【7】	大肠杆菌	*Escherichia coli*	猪大肠杆菌病是由病原性大肠杆菌引起的仔猪肠道传染性疾病。常见的有仔猪黄痢、仔猪白痢和仔猪水肿病三种，以发生肠炎、肠毒血症为特征
【8】	血球链菌	*Globicatella sanguinis*	血球链菌是一种罕见的病原体，可能被误诊为绿球菌群链球菌。为革兰氏阳性球菌，类似草绿色链球菌，引起猪败血症，为人畜共患病
【9】	副溶血嗜血杆菌	*Haemophilus parahaemoelyticus*	副溶血嗜血杆菌曾被命名为胸膜肺炎嗜血杆菌（*Haemophilus pleuropneumoniae*）。后来因该菌在形态、生化特性及DNA同源性方面与李氏放线杆菌（*Actinobacillus lignieresii*）关系密切，于1983年被归入放线杆菌，正式命名为胸膜肺炎放线杆菌。该病又称为猪副溶血嗜血杆菌病，在临床诊断上主要是以出现胸膜肺炎或者肺炎典型症状以及病理变化为特征，该病的急性型死亡率比较高，一旦出现亚临床型或者慢性型感染的情况，可以致使病猪增重缓慢以及药物治疗费用大大增加
【10】	副猪嗜血杆菌	*Haemophilus parasuis*	副猪嗜血杆菌病又称多发性纤维素性浆膜炎和关节炎，也称格拉泽氏病。是由副猪嗜血杆菌引起的。这种细菌在环境中普遍存在，世界各地都有，甚至在健康的猪群当中也能发现。对于采用无特定病原或用药物早期断奶技术而没有副猪嗜血杆菌污染的猪群，初次感染到这种细菌时后果会相当严重
【11】	胞内劳森氏菌	*Lawsonia intracellularis*	猪增生性肠炎又称猪回肠炎，是由胞内劳森氏菌引起的以回肠和结肠隐窝内未成熟的肠上皮细胞发生瘤样增生为特征的猪接触性肠道疾病。自1931年首次报道该病以来，全世界主要养猪国家如澳大利亚、比利时、美国、日本、丹麦、泰国以及中国都有其感染和流行的报道，给养猪业造成了严重损失。猪回肠炎主要分为三种类型：急性型、慢性型和亚临床型；其中急性回肠炎也称出血性肠炎，主要发生于3~12月龄的育肥猪或后备猪
【12】	肺炎支原体	*Mycoplasma hyopneumoniae*	猪支原体肺炎，又叫猪地方流行性肺炎、猪气喘病，是由猪肺炎支原体引起猪的一种慢性接触性传染病。临床表现以干咳、喘、腹式呼吸为主，病变特征是肺呈融合性支气管肺炎。其病原最早由Mare、Switzer（1965）和Goodwin等（1965）从患肺炎猪的肺组织中分离出，并试验复制出本病，报道后该病原被命名为*Mycoplasma hyopneumoniae*

猪细菌性病原	病原学名	病害特性
【13】 多杀巴氏杆菌	*Pasteurella multocida*	流行性或散发性和继发性传染病。又叫猪肺疫，俗称"锁喉风"或"肿脖子瘟"。急性病例为出血性败血病、咽喉炎和肺炎的病状，慢性病例主要为慢性肺炎症状，散发性发生
【14】 铜绿假单胞菌	*Pseudomonas aeruginosa*	铜绿假单胞菌曾被称为绿脓杆菌，是一种致病力较低但耐药性强的杆菌。广泛存在于自然界，是伤口感染较常见的一种细菌。能引起化脓性病变。感染后因脓汁和渗出液等病料呈绿色，故名。绿脓杆菌广泛分布于自然界及动物皮肤、肠道和呼吸道，是临床上较常见的条件致病菌之一，人畜共患
【15】 猪霍乱沙门氏菌	*Salmonella cholerae*	猪霍乱沙门氏菌是非伤寒沙门氏菌的一种，是引起仔猪副伤寒的主要病原菌，给养猪业造成重大危害。沙门氏菌生命力顽强，对外界的抵抗力较强，对干燥、腐败等因素有一定的抵抗力，在7~45℃都能繁殖，冷冻或冻干后仍存活，在冻土中可过冬，在猪粪中可存活1~8个月，在粪便氧化池中可存活47d，在垫草上可存活2~5个月，在10%~19%食盐腌肉中能存活75d以上
【16】 肠炎沙门氏菌	*Salmonella enteritidis*	肠炎沙门氏菌是引起急性胃肠炎的主要病原菌，感染后的典型症状包括发热、腹泻和呕吐等。肠炎沙门氏菌属于无宿主特异性而有侵害性的病原菌之一，宿主包括人和各种动物。该菌不仅能引起家禽发病死亡造成严重的经济损失，而且被污染的家禽产品作为肠炎沙门氏菌的携带者，还严重危害人类健康
【17】 鼠伤寒沙门氏菌	*Salmonella typhimurium*	鼠伤寒沙门氏菌引起肠炎（简称鼠伤寒）急性传染病。家禽、家畜、鼠类、病人和带菌者是主要的传染源，苍蝇、跳蚤是传播媒介。感染主要通过受污染的食物传播。鼠伤寒的病程一般为5周
【18】 金黄色葡萄球菌	*Staphylococcus aureus*	金黄色葡萄球菌感染可造成猪的急性、亚急性或慢性乳腺炎，坏死性葡萄球菌皮炎及乳房的脓疱病；猪葡萄球菌主要引起猪的渗出性皮炎，又称仔猪油皮病，是最常见的葡萄球菌感染。此外，感染猪还可能出现败血性多发性关节炎
【19】 猪链球菌	*Streptococcus suis*	猪链球菌是具有荚膜的一种革兰氏阳性球菌，根据其细胞壁抗原成分将其大致归类为兰氏分群D群（Lancefield group D）链球菌。根据荚膜抗原（CPS）的不同，猪链球菌被分为35种（1~34型，1/2型）血清型，其中1型、2型、7型、9型是猪的致病菌，可引起猪的急性败血症、脑膜炎、心内膜炎等疾病。病菌可经飞沫或伤口触碰而感染人类，造成细菌性脑炎或引起中毒样休克综合征
【20】 痢疾密螺旋体	*Treponema hyodysenteriae*	以大肠黏膜发生黏液性、渗出性、出血性及坏死性炎症为特征。急性病例死亡率高，死亡原因为水和酸中毒；亚急性和慢性病例虽不死，但生长发育不良。康复猪带菌率高、带菌期长
【21】 化脓特吕佩尔氏菌	*Trueperella pyogenes*	化脓特吕佩尔氏菌又被称为化脓隐秘杆菌，常引起牛、羊、猪等动物的化脓性感染，主要表现为肺炎、关节炎、心内膜炎、乳腺炎、皮下脓肿等，给养殖业带来较大的经济损失

三、饲料发酵床猪细菌性病原菌检测

进行饲料发酵床表层垫料、中层垫料、底层垫料、饲料垫料、新鲜猪粪细菌微生物组的高通量测序，结果表明，发酵床中（表层垫料、中层垫料、底层垫料、饲料垫料、新鲜猪粪）细菌种共检测到1766种，对分属于17个细菌属的21种猪细菌性病原的存在与否查询结果见表4-40。结果表明，21种细菌性病原在发酵床中发现4种相应的病原菌，占比19%，猪病原菌为红斑丹毒丝菌（*Erysipelothrix rhusiopathiae*）、大肠杆菌（*Escherichia coli*)、副猪嗜血杆菌（*Haemophilus parasuis*）、猪链球菌（*Streptococcus suis*）；发现9个猪病原菌所在的7个细菌属，占比42.85%，但未检测到相应的猪病原菌种类，细菌属为放线杆菌属（*Actinobacillus*）、梭菌属（*Clostridium*）、球链菌属（*Globicatella*）、假单胞菌属、葡萄球菌属、密螺旋体属、特吕佩尔氏菌属（*Trueperella*）；饲料发酵床中未检测到属和种的重要猪细菌性病原有6个属8个种，占比38.09%，即支气管败血波氏杆菌（*Brodetella bronchiseptica*）、猪布氏杆菌（*Brucella suis*）、细胞内劳森氏菌（*Lawsonia intracellularis*）、肺炎支原体（*Mycoplasma hyopneumoniae*）、多杀巴斯德氏菌（*Pasteurella multocida*）、霍乱沙门氏菌（*Salmonella cholerae*）、肠炎沙门氏菌（*Salmonella enteritidis*）、鼠伤寒沙门氏菌（*Salmonella typhimurium*）。

表4-40 猪重要细菌性病原在饲料发酵床检测结果

猪细菌性病原	病原学名	属分离（是√，否⊙）	种分离（是√，否⊙）
红斑丹毒丝菌	*Erysipelothrix rhusiopathiae*	√	√
大肠杆菌	*Escherichia coli*	√	√
副猪嗜血杆菌	*Haemophilus parasuis*	√	√
副溶血嗜血杆菌	*Haemophilus parahaemoelyticus*	√	⊙
胸膜肺炎放线杆菌	*Actinobacillus pleuropneumoniae*	√	⊙
猪链球菌	*Streptococcus suis*	√	√
肉毒梭菌	*Clostridium botulinum*	√	⊙
产气荚膜梭菌	*Clostridium perfringens*	√	⊙
血球链菌	*Globicatella sanguinis*	√	⊙
铜绿假单胞菌	*Pseudomonas aeruginosa*	√	⊙
金黄色葡萄球菌	*Staphylococcus aureus*	√	⊙
痢疾密螺旋体	*Treponema hyodysenteriae*	√	⊙
化脓特吕佩尔氏菌	*Trueperella pyogenes*	√	⊙
支气管败血波氏杆菌	*Brodetella bronchiseptica*	⊙	⊙
猪布氏杆菌	*Brucella suis*	⊙	⊙
细胞内劳森氏菌	*Lawsonia intracellularis*	⊙	⊙
肺炎支原体	*Mycoplasma hyopneumoniae*	⊙	⊙
多杀巴斯德氏菌	*Pasteurella multocida*	⊙	⊙
霍乱沙门氏菌	*Salmonella cholerae*	⊙	⊙
肠炎沙门氏菌	*Salmonella enteritidis*	⊙	⊙
鼠伤寒沙门氏菌	*Salmonella typhimurium*	⊙	⊙

四、饲料发酵床检出的猪细菌性病原种类分布动态

1. 红斑丹毒丝菌（*Erysipelothrix rhusiopathiae*）

（1）概述 红斑丹毒丝菌属于厚壁菌门（Firmicutes）、丹毒丝菌纲（Erysipelotrichia）、丹毒丝菌目（Erysipelotrichales）、丹毒丝菌科（Erysipelotrichaceae）、丹毒丝菌属（*Erysipelothrix*）。丹毒丝菌属由Rosenbach（1909）确立。微生物特征为：直或微弯的细杆

菌，(0.2～0.4μm)×(0.8～2.5μm)。有形成长丝的倾向，常有 60μm 以上的长丝，革兰氏阳性，不运动，不生孢，无荚膜，不抗酸。化能异养菌，好氧或兼性厌氧，接触酶阴性，无过氧化氢酶；最适生长温度为 30～37℃。发酵作用弱，从葡萄糖和少数其他碳水化合物产酸不产气，在血琼脂上呈甲型溶血，含 5%～10% 二氧化碳的环境可促进生长。广泛分布于自然界，通常寄生于哺乳动物、鸟类和鱼，为肠道微生物；有的菌对哺乳动物和鸟类致病。模式种：红斑丹毒丝菌（*Erysipelothrix rhusiopathiae*）。

猪丹毒是由红斑丹毒丝菌引起的一种急性人畜共患传染病，主要发生在 3 个月以上的架子猪，5～8 月多发，其他季节呈散发。猪丹毒杆菌对外界环境的抵抗力很强，但对消毒药的抵抗力较弱。该病临床症状分为急性型、亚急性型和慢性型三种。潜伏期短的为 1～7d。

① 急性型：此型常见，以突然爆发、急性经过和高死亡为特征。病猪精神不振、高烧不退；不食、呕吐；结膜充血；粪便干硬，附有黏液。小猪后期下痢。耳、颈、背皮肤潮红、发紫。临死前腋下、股内、腹内有不规则鲜红色斑块，指压褪色后而融合一起。常于 3～4d 内死亡。病死率 80% 左右，不死者转为疹块型或慢性型。哺乳仔猪和刚断乳的小猪发生猪丹毒时，一般突然发病，表现神经症状、抽搐、倒地而死，病程多不超过 1d。

② 亚急性型（疹块型）：病较轻，开始 1～2d 在身体不同部位，尤其胸侧、背部、颈部至全身出现界限明显，圆形、四边形，有热感的疹块，俗称"打火印"，指压退色。疹块突出皮肤 2～3mm，大小约 1cm 至数厘米，从几个到几十个不等，干枯后形成棕色痂皮。病猪口渴、便秘、呕吐、体温高。疹块发生后，体温开始下降，病势减轻，经数日以至旬余，病猪自行康复。也有不少病猪在发病过程中，症状恶化而转变为败血型而死。病程约 1～2 周。

③ 慢性型：由急性型或亚急性型转变而来，也有原发性，常见的有慢性关节炎、慢性心内膜炎和皮肤坏死等几种。慢性关节炎型主要表现为四肢关节（腕、跗关节较膝、髋关节为常见）的炎性肿胀，病腿僵硬、疼痛。以后急性症状消失，而以关节变形为主，呈现一肢或两肢的跛行或卧地不起。病猪食欲正常，但生长缓慢，体质虚弱，消瘦。病程数周或数月。

（2）饲料发酵床丹毒菌分布动态 饲料发酵床中检出 5 种丹毒丝菌属的种类（表 4-41），包括红斑丹毒丝菌、幼虫丹毒丝菌（*Erysipelothrix larvae*）、丹毒丝菌属种 1、丹毒丝菌属种 2、丹毒丝菌属种 3，后 3 种丹毒丝菌属未鉴定到具体种。

表4-41　饲料发酵床猪丹毒病原检出

物种名称	饲料发酵床猪细菌性病原含量/%				
	表层垫料F1	中层垫料F2	底层垫料F3	饲料垫料F4	新鲜猪粪F5
红斑丹毒丝菌	0	0	0	0.032230	0
幼虫丹毒丝菌	0	0	0	0.001792	0
丹毒丝菌属种1	0.001028	0	0	0.017350	0.002440
丹毒丝菌属种2	0.002055	0	0	0.017260	0
丹毒丝菌属种3	0	0	0.002825	0.001438	0

红斑丹毒丝菌的菌群分布见图 4-22(a)，仅存在于饲料垫料中，含量达 0.032230%，经过饲料垫料与猪粪混合发酵后，在表层、中层、底层垫料都为发现，表明经过发酵，在饲料发酵床中消除了红斑丹毒丝菌病原，对防治猪丹毒病具有重要意义。丹毒丝菌属种 1 作为侵染源在饲料垫料和新鲜猪粪中的分布为 0.017350%、0.002440%，经发酵床的发酵，表层垫料含量为 0.001028%，下降至 1/10，中层和底层垫料中完全消失，表明发酵床对该菌具有很好

的抑制作用［图 4-22(b)］。丹毒丝菌属种 2 作为侵染源在饲料垫料中的分布为 0.017260%，不存在于新鲜猪粪中，经发酵床的发酵，表层垫料含量为 0.002055%，下降了 90%，中层和底层垫料中完全消失，表明该菌好氧性较强，发酵床对该菌具有很好的抑制作用［图4-22(c)］。丹毒丝菌属种 3 作为侵染源在饲料垫料中的分布为 0.001438%，不存在于新鲜猪粪中，经发酵床的发酵，在表层和中层垫料中完全消失，底层垫料该菌含量达 0.002825%，上升了 50%，表明该菌具有较强的厌氧生长能力，发酵床能有效地消除表层和底层垫料的菌源，保障生猪养殖的安全；底层菌源即使蔓延到中层和表层，也会被垫料发酵所抑制［图4-22(d)］。幼虫丹毒丝菌（*Erysipelothrix larvae*）为 2015 年发现的新种，从甲虫幼虫的肠道中分离出的（Bang et al., 2015），其病原特性未被了解。作为侵染源在饲料垫料中分布为0.001792%，新鲜猪粪中未发现有该菌，经发酵床的发酵，该菌在表层、中层、底层垫料中完全消失，表明发酵床对该菌具有很好抑制作用［图 4-22(e)］。

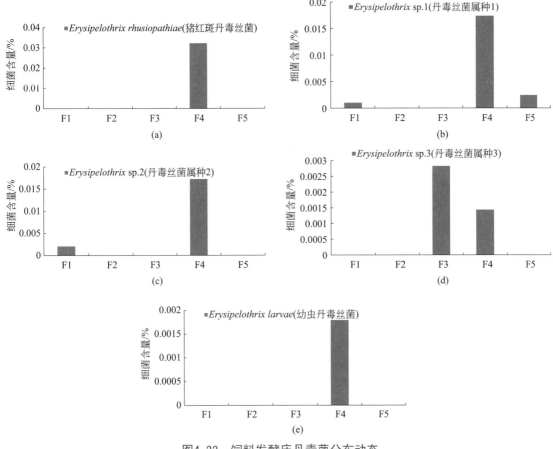

图4-22　饲料发酵床丹毒菌分布动态

（3）饲料发酵床红斑丹毒丝菌与细菌微生物组的相关性　红斑丹毒丝菌与其他高含量前 89 种细菌在饲料发酵床表层垫料、中层垫料、底层垫料、饲料垫料、新鲜猪粪中分布含量构建矩阵，进行相关系数分析，结果见表 4-42。分析结果表明，与猪丹毒菌正相关系数大于 0.5 的细菌种类有 18 种，即干燥棒杆菌（*Corynebacterium xerosis*）（1.0000）、狭义梭菌属1 来自宏基因组的 1 种（0.9997）、陌生菌属未培养的 1 种（0.9997）、球胞发菌属未培养的 1种（0.9995）、龙包茨氏菌属未培养的 1 种（0.9994）、苏黎世杆菌属未培养的 1 种（0.9991）、库特氏菌属未培养的 1 种（0.9977）、丁酸梭菌（*Clostridium butyricum*）（0.9967）、丛毛单胞菌属未分类的 1 种（0.9928）、变异棒杆菌（0.9711）、沉积杆菌属未培养的 1 种（0.9690）、发酵单胞菌属未培养的 1 种（0.9654）、嗜蛋白菌属未培养的 1 种（0.9292）、肠球菌属未分类的 1 种（0.9061）、密螺旋体属 2 未分类的 1 种（0.9052）、发酵单胞菌属未培养的 1 种（0.7541）、鲍曼不动杆菌（*Acinetobacter baumanii*）（0.6578）、固氮弓菌属未培养的 1 种（0.5043），表明猪丹毒菌在饲料发酵床生境中含量高，这些细菌含量也高，反之亦然。与猪丹毒菌负相关系数大于 0.5 的细菌种类有 10 种，即假单胞菌属未培养的 1 种（−0.5011）、太白山菌属未培养的 1 种（−0.5077）、芽单胞菌纲分类地位未定的 1 属未分类的 1 种（−0.5478）、玫瑰色红球菌（*Rhodococcus rhodochrous*）（−0.5726）、盐湖浮游菌属未培养的 1 种（−0.6172），表明猪丹毒菌在饲料发酵床生境中含量高，这些细菌含量低，反之亦然。

表4-42　饲料发酵床红斑丹毒丝菌与细菌微生物组的相关系数

有相关性的细菌种类	相关系数	有相关性的细菌种类	相关系数
干燥棒杆菌	1.0000	属DMER64未培养的1种	−0.1518
狭义梭菌属1来自宏基因组的1种	0.9997	克里斯滕森菌科R-7群的1属未分类的1种	−0.1608
陌生菌属未培养的1种	0.9997	沙单胞菌属未培养的1种	−0.1715
球胞发菌属未培养的1种	0.9995	目SBR1031分类地位未定属未分类的1种	−0.1749
龙包茨氏菌属未培养的1种	0.9994	噬氢菌属未分类的1种	−0.1899
苏黎世杆菌属未培养的1种	0.9991	肠杆菌属未分类的1种	−0.2074
库特氏菌属未培养的1种	0.9977	肠杆菌属未鉴定的1种海洋浮游细菌	−0.2393
丁酸梭菌	0.9967	鲁梅尔芽胞杆菌属未分类的1种	−0.2413
丛毛单胞菌属未分类的1种	0.9928	苍白杆菌属未分类的1种	−0.2423
变异棒杆菌	0.9711	四球菌属未分类的1种	−0.2468
沉积杆菌属未培养的1种	0.9690	金黄杆菌属未分类的1种	−0.2494
发酵单胞菌属未培养的1种	0.9654	弯曲假单胞菌	−0.2500
嗜蛋白菌属未培养的1种	0.9292	土地噬几丁质菌	−0.2500
肠球菌属未分类的1种	0.9061	人参土寡养单胞菌	−0.2500
密螺旋体属2未分类的1种	0.9052	伯克氏菌属-卡瓦列罗氏菌属-副伯克氏菌属未分类的1种	−0.2500
发酵单胞菌属未培养的1种	0.7541	嗜温鞘脂杆菌	−0.2501
鲍曼不动杆菌	0.6578	鞘脂杆菌属未分类的1种	−0.2568
固氮弓菌属未培养的1种	0.5043	产色高温单胞菌	−0.2655
绿弯菌门目SBR1031分类地位未定属未培养的1种	0.4976	目SBR1031分类地位未定来自厌氧池的1种	−0.2706
副肠膜魏斯氏菌	0.4150	苯矿菌群SB-1的1种	−0.2741
杆状脱硫微菌	0.3885	水原假黄单胞菌	−0.2766
瘤胃线杆菌属未培养的1种	0.3811	海洋放线菌目分类地位未定的1属未培养的1种	−0.2801
海滑菌科未分类属的1种	0.2941	链霉菌属未分类的1种	−0.2871
硫碱螺菌属未培养的1种	0.1629	解硫胺素芽胞杆菌属未培养的1种	−0.3181
长杆菌科分类地位未定未培养的1种	0.0123	假深黄单胞菌属未培养的1种	−0.3192
台湾假单胞菌	−0.0049	科PHOS-HE36分类地位未定的1属未分类的1种	−0.3200
噬氢菌属未培养的1种	−0.0463	漠河杆菌属未培养的1种	−0.3239
糖单胞菌目分类地位未定属未分类的1种	−0.1159	厌氧绳菌科分类地位未定未培养的1种	−0.3267
门Terrabacteria厌氧菌MO-CFX2	−0.1228	亚群21分类地位未定属未分类的1种	−0.3314
嗜氨基酸寡养单胞菌	−0.1252	候选门WS6多伊卡菌纲分类地位未定属未培养的1种	−0.3323

续表

有相关性的细菌种类	相关系数	有相关性的细菌种类	相关系数
鸟氨酸球菌属来自堆肥未培养的1种	−0.3378	目EPR3968-O8a-Bc78分类地位未定属未培养的1种	−0.4453
海洋放线菌目分类地位未定属来自堆肥未培养的1种	−0.3401	居膜菌属未培养的1种	−0.4481
科BIrii41分类地位未定的1属未培养的1种	−0.3413	科A4b分类地位未定的1属未分类的1种	−0.4488
科A4b分类地位未定的1属未培养的1种	−0.3473	类固醇杆菌属未培养的1种	−0.4507
科JG30-KF-CM45分类地位未定的1属未培养的1种	−0.3500	特吕珀菌属未培养的1种	−0.4618
桃色杆菌属未培养的1种	−0.3564	亚群6分类地位未定的1属未分类的1种	−0.4619
假单胞菌属来自堆肥未培养的1种	−0.3606	陶厄氏菌属未分类的1种	−0.4622
交替赤杆菌属未培养的1种	−0.3640	球孢囊菌属未培养的1种	−0.4896
门WS6多伊卡菌纲分类地位未定属未分类的1种	−0.3761	金色线菌属未培养的1种	−0.4964
藤黄色单胞菌属未分类的1种	−0.3897	假单胞菌属未培养的1种	−0.5011
热杆菌科分类地位未定的1属未培养的1种	−0.3900	太白山菌属未培养的1种	−0.5077
目S085分类地位未定属未分类的1种	−0.4013	芽单胞菌纲分类地位未定的1属未分类的1种	−0.5478
暖绳菌科分类地位未定属未分类的1种	−0.4141	玫瑰色红球菌	−0.5726
黄色杆菌科分类地位未定属未分类的1种	−0.4213	盐湖浮游菌属未培养的1种	−0.6172
甲基暖菌属未分类的1种	−0.4372		

（4）饲料发酵床猪丹毒菌种群模型　以猪丹毒菌为因变量（Y），89种细菌为自变量（X_i），在饲料发酵床表层垫料、中层垫料、底层垫料、饲料垫料、新鲜猪粪中分布含量构建矩阵，用逐步回归方法，从89种细菌中寻找相关性最高的变量，构建猪丹毒菌种群模型，分析结果如下。

猪丹毒菌种群模型：

$$Y= -0.00002656+0.00003586X_1 +0.01688X_2 -0.0002061X_3 \quad (r=0.9999)$$

式中　Y——猪丹毒丝菌；

　　　X_1——嗜蛋白菌属未培养的1种；

　　　X_2——干燥棒杆菌；

　　　X_3——杆状脱硫微菌。

从89种细菌中寻找相关性最高的变量，表明X_1（嗜蛋白菌属未培养的1种）、X_2（干燥棒杆菌）、X_3（杆状脱硫微菌）相关性最高，组建的猪丹毒菌种群模型相关系数0.9999。种群模型方差分析表明回归变异差异极显著（$P < 0.01$）（表4-43），回归系数检验表明，X_1和X_2与Y呈正相关，相关系数接近1；X_3与Y呈负相关，相关系数为1（表4-44）；表明X_1、X_2增加，Y增加；X_3增加，Y减少。将饲料发酵床的X_1、X_2、X_3在饲料发酵床生境的含量代入方程，进行拟合值计算（表4-45），结果非常吻合。

表4-43　饲料发酵床猪丹毒丝菌种群模型方差检验

变异来源	平方和	自由度	均方	F值	P值
回归	0.00083	3	0.00028	$1.2×10^{10}$	$6.7×10^{-6}$
残差	$2.2×10^{-14}$	1	$2.2×10^{-14}$		
总变异	0.00083	4			

表4-44　饲料发酵床猪丹毒丝菌种群模型回归系数方差检验

变量	回归系数	标准回归系数	偏相关系数	t值	P值
X_1（嗜蛋白菌属未培养的1种）	$3.6×10^{-5}$	0.00159	0.99995	103.232	0.00617
X_2（干燥棒杆菌）	0.01689	1.00041	1	69497.4	$9.2×10^{-6}$
X_3（杆状脱硫微菌）	-0.0002	-0.0048	-1	785.992	0.00081

表4-45　饲料发酵床猪丹毒丝菌种群模型拟合值

样本	观察值	拟合值	拟合误差
表层垫料F1	0	$-2×10^{-8}$	$2×10^{-8}$
中层垫料F2	0	$1.1×10^{-7}$	$-1×10^{-7}$
底层垫料F3	0	$-1×10^{-7}$	$1×10^{-7}$
饲料垫料F4	0.03223	0.03223	$6.7×10^{-13}$
新鲜猪粪F5	0	$1.5×10^{-8}$	$-2×10^{-8}$

通径分析见表4-46。变量X_i对Y的影响，X_2最大，通径系数为1.000415，表现为正效应；X_3次之，通径系数为-0.004849，表现为负效应；X_1第三，通径系数为0.001591，表现为正效应。在3个变量中，X_1通过X_2对Y的间接影响通径系数为0.930112，最大；通过X_3对Y的影响较小，呈负效应，通径系数为-0.002481。X_2通过X_1对Y的间接影响为正效应，通径系数为0.001479，小于通过X_3对Y的间接影响（通径系数为-0.001903，为负效应）。X_3通过X_1对Y的间接影响通径系数为0.000814，正效应，小于通过X_2对Y的间接影响（通径系数为0.392543，为正效应）。

表4-46　饲料发酵床猪丹毒丝菌种群模型通径分析

变量	X_i对Y直接影响	通过X_1间接影响	通过X_2间接影响	通过X_3间接影响
X_1（嗜蛋白菌属未培养的1种）	0.001591		0.930112	-0.002481
X_2（干燥棒杆菌）	1.000415	0.001479		-0.001903
X_3（杆状脱硫微菌）	-0.004849	0.000814	0.392543	

2．大肠杆菌（*Escherichia coli*）

（1）概述　猪大肠杆菌病是由原性大肠杆菌引起的仔猪肠道传染性疾病。常见的有仔猪黄痢、仔猪白痢和仔猪水肿病三种，以发生肠炎、肠毒血症为特征。猪场环境是猪大肠杆菌滋生的地方，本病在世界各地流行。一般没有季节性，寒冬和炎夏潮湿多雨季节发病多。猪场集约化饲养发病严重，分散饲养的发病少。主要是带菌母猪由粪便排出病原体菌，散布于外界，污染母猪的乳头和皮肤，仔猪吮乳或舔母猪时感染。下痢的仔猪随粪便排出的病菌随水、饲料和用具污染其他母猪，形成新的传染源。头胎母猪所产仔猪发病最为严重，随着胎次增加，仔猪发病逐渐减轻。这是由于母猪长期感染大肠杆菌而逐渐产生了对该菌的免疫力，新建的猪场，本病危害严重，之后发病逐渐减轻也是这个原因。笔者采用了饲料发酵养猪，增强了猪群的体质，很少见到生猪受到猪大肠杆菌的侵染，为了解饲料发酵床防病机制，进行了发酵床生境微生物组的分析，试图找到防病原因。

（2）饲料发酵床猪大肠杆菌分布动态　猪大肠杆菌作为侵染源在饲料垫料和新鲜猪粪中

的分布为 0.04502%、0.1272%，后者含量高于前者；经发酵床的发酵，在表层、中层、底层垫料中含量分别为 0.001053%、0.001227%、0，下降了 99% 到完全消除，表明大肠杆菌具有较强的厌氧生长能力，发酵床好氧发酵能有效地消除大肠杆菌菌源，保障生猪养殖的安全（图 4-23）。

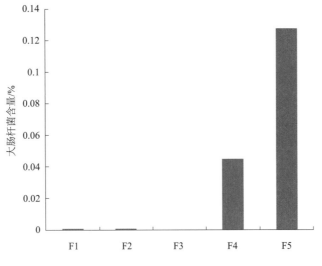

图4-23　饲料发酵床猪大肠杆菌病原分布动态

（3）饲料发酵床猪大肠杆菌与细菌微生物组的相关性　猪大肠杆菌与其他高含量前 89 种细菌在饲料发酵床表层垫料、中层垫料、底层垫料、饲料垫料、新鲜猪粪中分布含量构建矩阵，进行相关系数分析，结果见表 4-47。分析结果表明，与猪大肠杆菌正相关系数大于 0.5 的细菌种类有 22 种，即硫碱螺菌属未培养的 1 种（0.9981）、嗜氨基酸寡养单胞菌（*Stenotrophomonas acidaminiphila*）（0.9740）、属 DMER64 未培养的 1 种（0.9659）、肠杆菌属未分类的 1 种（0.9517）、副肠膜魏斯氏菌（*Weissella paramesenteroides*）（0.9476）、噬氢菌属未培养的 1 种（0.9457）、肠杆菌属未鉴定的 1 种海洋浮游细菌（0.9412）、鲁梅尔芽胞杆菌属未分类的 1 种（0.9403）、苍白杆菌属未分类的 1 种（0.9401）、金黄杆菌属未分类的 1 种（0.9376）、土地噬几丁质菌（*Chitinophaga terrae*）（0.9374）、人参土寡养单胞菌（0.9374）、伯克氏菌属 - 副伯克氏菌属未分类的 1 种（0.9374）、黏结假单胞菌（*Pseudomonas geniculata*）（0.9374）、嗜温鞘脂杆菌（*Sphingobacterium thalpophilum*）（0.9373）、鞘脂杆菌属未分类的 1 种（0.9349）、水原假黄单胞菌（*Pseudoxanthomonas suwonensis*）（0.9258）、链霉菌属未分类的 1 种（0.9211）、鲍曼不动杆菌（0.8157）、陶厄氏菌属未分类的 1 种（0.7195）、杆状脱硫微菌（*Desulfomicrobium baculatum*）（0.6981）、肠球菌属未分类的 1 种（0.5138）；表明猪大肠杆菌在饲料发酵床生境中含量高，这些细菌含量也高，反之亦然，形成了与猪大肠杆菌协同生长菌群。与猪大肠杆菌负相关系数大于 0.5 的细菌种类有 23 种，即居膜菌属未培养的 1 种（−0.5021）、科 A4b 分类地位未定属未培养的 1 种（−0.5052）、目 S085 分类地位未定属未分类的 1 种（−0.5656）、暖绳菌科分类地位未定属未分类的 1 种（−0.5674）、目 EPR3968-O8a-Bc78 分类地位未定属未培养的 1 种（−0.5739）、类固醇杆菌属未培养的 1 种（−0.5803）、鸟氨酸球菌属来自堆肥未培养的 1 种（−0.5813）、目 SBR1031 分类地位未定属来自厌氧池的 1 种（−0.5823）、科 BIrii41 分类地位未定属未培养的 1 种（−0.5916）、海洋放线菌目分类地位未定属未培养的 1 种（−0.5929）、糖单胞菌目分类地位未定属未分类的 1

种（–0.6015）、芽单胞菌纲分类地位未定属未分类的 1 种（–0.6063）、海洋放线菌目分类地位未定属来自堆肥未培养的 1 种（–0.6088）、假单胞菌属来自堆肥未培养的 1 种（–0.6343）、亚群 6 的 1 纲分类地位未定属未分类的 1 种（–0.6391）、门 Terrabacteria 厌氧菌 MO-CFX2（–0.6428）、太白山菌属未培养的 1 种（–0.6821）、球孢囊菌属未培养的 1 种（–0.6968）、绿弯菌门目 SBR1031 分类地位未定属未培养的 1 种（–0.8061）、科 A4b 分类地位未定属未分类的 1 种（–0.8206）、盐湖浮游菌属未培养的 1 种（–0.8293）、科 JG30-KF-CM45 分类地位未定属未培养的 1 种（–0.8581）、目 SBR1031 分类地位未定属未分类的 1 种（–0.8845）等；表明猪大肠杆菌在饲料发酵床生境中含量高，这些细菌含量就低，反之亦然，形成了与猪大肠杆菌相互制约和促生长的作用。

表4-47　饲料发酵床猪大肠杆菌与细菌微生物组的相关系数

有相关性的细菌种类	相关系数	有相关性的细菌种类	相关系数
大肠杆菌	1.0000	球孢囊菌属的1种	0.1249
硫碱螺菌属未培养的1种	0.9981	解硫胺素芽胞杆菌属未培养的1种	0.1247
嗜氨基酸寡养单胞菌	0.9740	干燥棒杆菌	0.1061
属DMER64未培养的1种	0.9659	狭义梭菌属1来自宏基因组的1种	0.0998
肠杆菌属未分类的1种	0.9517	丁酸梭菌	0.0968
副肠膜魏斯氏菌	0.9476	龙包茨氏菌属未培养的1种	0.0796
噬氢菌属未培养的1种	0.9457	苏黎世杆菌属未培养的1种	0.0788
肠杆菌属未鉴定的1种海洋浮游细菌	0.9412	沉积杆菌属未培养的1种	0.0487
鲁梅尔芽胞杆菌属未分类的1种	0.9403	密螺旋体属2未分类的1种	–0.0006
苍白杆菌属未分类的1种	0.9401	嗜蛋白菌属未培养的1种	–0.0135
金黄杆菌属未分类的1种	0.9376	沙单胞菌属未培养的1种	–0.1100
土地噬几丁质菌	0.9374	特吕珀菌属未培养的1种	–0.1209
人参土寡养单胞菌	0.9374	发酵单胞菌属未培养的1种	–0.1437
伯克氏菌属-副伯克氏菌属未分类的1种	0.9374	海滑菌科未分类属的1种	–0.2412
黏结假单胞菌	0.9374	固氮弓菌属未培养的1种	–0.2595
嗜温鞘脂杆菌	0.9373	噬氢菌属未分类的1种	–0.2978
鞘脂杆菌属未分类的1种	0.9349	假深黄单胞菌属未培养的1种	–0.3114
水原假黄单胞菌	0.9258	苯矿菌群SB-1的1种	–0.3200
链霉菌属未分类的1种	0.9211	候选门WS6多伊卡纲分类地位未定属未培养的1种	–0.3669
鲍曼不动杆菌	0.8157	台湾假单胞菌	–0.3712
陶厄氏菌属未分类的1种	0.7195	产色高温单胞菌	–0.3759
杆状脱硫微菌	0.6981	瘤胃线杆菌属未培养的1种	–0.3822
肠球菌属未分类的1种	0.5138	交替赤杆菌属未培养的1种	–0.4196
克里斯滕森菌科R-7群的1属未分类的1种	0.3715	厌氧绳菌科分类地位未定属未培养的1种	–0.4450
变异棒杆菌	0.3371	科PHOS-HE36分类地位未定的1属未培养的1种	–0.4460
长杆菌科分类地位未定属未培养的1种	0.2566	桃色杆菌属未培养的1种	–0.4653
发酵单胞菌属未培养的1种	0.2495	玫瑰色红球菌	–0.4655
丛毛单胞菌属未培养的1种	0.2199	亚群21分类地位未定属未分类的1种	–0.4694
库特氏菌属未培养的1种	0.1694	假单胞菌属未培养的1种	–0.4695
陌生菌属未培养的1种	0.1267	漠河杆菌属未培养的1种	–0.4932

续表

有相关性的细菌种类	相关系数	有相关性的细菌种类	相关系数
居膜菌属未培养的1种	−0.5021	科BIrii41分类地位未定属未培养的1种	−0.5916
科A4b分类地位未定属未培养的1种	−0.5052	海洋放线菌目分类地位未定属未培养的1种	−0.5929
四球菌属未分类的1种	−0.5061	糖单胞菌目分类地位未定属未分类的1种	−0.6015
黄色杆菌科分类地位未定属未分类的1种	−0.5155	芽单胞菌纲分类地位未定属未分类的1种	−0.6063
金色线菌属未培养的1种	−0.5252	海洋放线菌目分类地位未定属来自堆肥未培养的1种	−0.6088
甲基暖菌属未分类的1种	−0.5262	假单胞菌属来自堆肥未培养的1种	−0.6343
热杆菌科分类地位未定的1属未培养的1种	−0.5276	亚群6的1纲分类地位未定属未分类的1种	−0.6391
门WS6多伊卡菌纲分类地位未定属未分类的1种	−0.5276	门Terrabacteria厌氧菌MO-CFX2	−0.6428
藤黄色单胞菌属未分类的1种	−0.5284	太白山菌属未培养的1种	−0.6821
目S085分类地位未定属未分类的1种	−0.5656	球孢囊菌属未培养的1种	−0.6968
暖绳菌科分类地位未定属未分类的1种	−0.5674	绿弯菌门目SBR1031分类地位未定属未培养的1种	−0.8061
目EPR3968-O8a-Bc78分类地位未定属未培养的1种	−0.5739	科A4b分类地位未定属未分类的1种	−0.8206
类固醇杆菌属未培养的1种	−0.5803	盐湖浮游菌属未培养的1种	−0.8293
鸟氨酸球菌属来自堆肥未培养的1种	−0.5813	科JG30-KF-CM45分类地位未定属未培养的1种	−0.8581
目SBR1031分类地位未定属来自厌氧池的1种	−0.5823	目SBR1031分类地位未定属未分类的1种	−0.8845

（4）饲料发酵床猪大肠杆菌种群模型 猪大肠杆菌为因变量（Y），89种细菌为自变量（X_i），在饲料发酵床表层垫料、中层垫料、底层垫料、饲料垫料、新鲜猪粪中分布含量构建矩阵，用逐步回归方法，从89种细菌中寻找相关性最高的变量，构建猪大肠杆菌种群模型，分析结果如下。

猪大肠杆菌种群模型：

$$Y=-0.002043+0.04328X_1+0.01501X_2+0.001094X_3 \quad (r=0.9999)$$

式中 Y——大肠杆菌；

　　X_1——硫碱螺菌属未培养的1种；

　　X_2——链霉菌属未分类的1种；

　　X_3——球孢囊菌属的1种。

从89种细菌中寻找相关性最高的变量，表明X_1（硫碱螺菌属未培养的1种）、X_2（链霉菌属未分类的1种）、X_3（球孢囊菌属的1种）相关性最高，组建的猪大肠杆菌种群模型相关系数为0.9999。种群模型方差分析表明回归变异差异极显著（$P < 0.01$）（表4-48），回归系数检验表明，X_1、X_2与Y呈正相关，相关系数接近1，显著相关（$P < 0.05$）（表4-49）；表明X_1、X_2增加，Y增加；反之亦然。

表4-48 饲料发酵床猪大肠杆菌种群模型方差检验

变异来源	平方和	自由度	均方	F值	P值
回归	0.01212	3	0.00404	8879151	0.00025
残差	4.5×10^{-10}	1	4.5×10^{-10}		
总变异	0.01212	4			

表4-49　饲料发酵床猪大肠杆菌种群模型回归系数方差检验

变量	回归系数	标准回归系数	偏相关系数	t值	P值
X_1（硫碱螺菌属未培养的1种）	0.04328	0.880692237	1	1164.01	0.00055
X_2（链霉菌属未分类的1种）	0.01501	0.134491549	0.99999	231.505	0.00275
X_3（球孢囊菌属的1种）	0.00109	0.004148327	0.99589	11.0007	0.05771

将饲料发酵床的 X_1、X_2、X_3 在饲料发酵床生境的含量代入方程，进行拟合值计算（表4-50），结果非常吻合。

表4-50　饲料发酵床猪大肠杆菌种群模型拟合值

样本	观察值	拟合值	拟合误差	相对误差/%
表层垫料F1	0.0011	0.0010	0.0000	1.6420
中层垫料F2	0.0012	0.0012	0.0000	0.3640
底层垫料F3	0.0000	0.0000	0.0000	
饲料垫料F4	0.0450	0.0450	0.0000	0.0043
新鲜猪粪F5	0.1272	0.1272	0.0000	0.0005

通径分析见表4-51。变量 X_i 对 Y 的影响，X_1 最大，通径系数为0.8807；X_2 次之，通径系数为0.1345；X_3 第三，通径系数为0.0041；3个变量都表现为正效应。在3个变量中，X_1 通过 X_2 对 Y 的间接影响最大，通径系数为0.1204，表现为正效应；通过 X_3 对 Y 的影响较小，呈负效应，通径系数为 -0.0030。X_2 通过 X_1 对 Y 的间接影响为正效应，通径系数为0.7885，大于通过 X_3 对 Y 的间接影响（通径系数为 -0.0019，为负效应）。X_3 通过 X_1 对 Y 的间接影响通径系数为 -0.6406，负效应，大于通过 X_2 对 Y 的间接影响（通径系数为 -0.0603，为负效应）。

表4-51　饲料发酵床猪大肠杆菌种群模型通径分析

变量	X对Y直接影响	通过X_1间接影响	通过X_2间接影响	通过X_3间接影响
X_1（硫碱螺菌未培养属的1种）	0.8807		0.1204	-0.0030
X_2（链霉菌属未分类的1种）	0.1345	0.7885		-0.0019
X_3（球孢囊菌属的1种）	0.0041	-0.6406	-0.0603	

3. 副猪嗜血杆菌（*Haemophilus parasuis*）

（1）概述　副猪嗜血杆菌（*Haemophilus parasuis*）是猪上呼吸道的一种常在细菌。这种细菌在环境中普遍存在，世界各地都有，甚至在健康的猪群当中也能发现。在特定的条件下可引起严重的全身性疾病，其主要特征是以纤维素性多发性浆膜炎、关节炎和脑膜炎为主，该病原引起的疾病又被称为格拉泽氏病（Glasser's disease）。随着世界养猪业，规模化、区域化、集中化的发展及高度密集饲养模式技术的应用，以及突发新的呼吸道综合征等因素存在，使得该病日趋流行，危害日渐严重，已逐渐演变为一种世界范围内流行的重要疾病。

1910年，德国科学家K.Glasser首次报道了猪的浆液性纤维素性胸膜炎、心包炎以及脑膜炎患猪的浆液性分泌物中存在一种革兰氏阴性杆菌，并发现了这种革兰氏阴性菌和猪多发性浆膜炎、多发性关节炎之间存在一定联系。1922年，Schermer和Ehrlic首次分离得到这种革兰氏阴性细小杆菌，在显微镜下观察呈多形态，非溶血，不运动。1931 年，Lewis 在研究猪流感时发现了这一细菌与猪流感的发生联系紧密，并对革拉氏病的病原菌进行了早期生化鉴定，结果表明该菌与猪嗜血杆菌非常相似，在生长中都需要 X（铁卟啉）和 V（烟酰胺腺嘌呤二核苷酸）两种因子，所以在当时建议将该菌命名为流感嗜血杆菌。1943 年，Hjarre 和 Wramby 经过研究将此菌命名为猪嗜血杆菌。1969 年，Biberstein 和 White 的研究表明副猪嗜血杆菌的生长只需要 V 因子。根据国际公认的使用"para-"作为前缀为生长不需要 X 因子参与的微生物命名的原则，提出以"副猪嗜血杆菌"（*Haemophilus parasuis*）命名这一种新的细菌。

作为猪上呼吸道的一种常在细菌副猪嗜血杆菌，能否通过饲料发酵床的构建，抑制病原的发展？笔者对副猪嗜血杆菌等病原在饲料发酵床的分布进行分析，试图找到利用饲料发酵床控制病原的生态方式。

（2）饲料发酵床副猪嗜血杆菌分布动态　在饲料发酵床中分离到副猪嗜血杆菌（*Haemophilus parasuis*），未分离到副猪溶血嗜血杆菌（*Haemophilus parahaemoelyticus*）。作为侵染源在饲料垫料中副猪嗜血杆菌的含量分布为 0.007438%，新鲜猪粪不含该菌，表明病原来源可能由作为垫料的牧草粉碎物带来；经发酵床的发酵，在表层、中层、底层垫料中含量完全消失。生境的病原分布证明该菌为好氧或兼性厌氧特性，在饲料垫料上生长很好，而在新鲜猪粪中，由于湿度大厌氧环境，限制了该菌发展。分布研究的结果表明副猪嗜血杆菌具有较强的好氧或兼性厌氧生长能力，发酵床好氧发酵能有效地消除副猪嗜血杆菌菌源，保障生猪养殖的安全（图 4-24）。

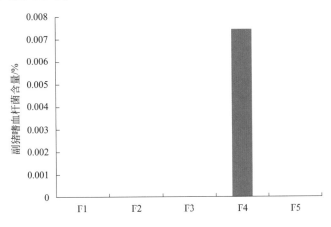

图4-24　饲料发酵床副猪嗜血杆菌病原分布动态

（3）饲料发酵床副猪嗜血杆菌与细菌微生物组的相关性　副猪嗜血杆菌与其他高含量前89 种细菌在饲料发酵床表层垫料、中层垫料、底层垫料、饲料垫料、新鲜猪粪中分布含量构建矩阵，进行相关系数分析，结果见表 4-52。分析结果表明，与副猪嗜血杆菌正相关系数大于 0.5 的细菌种类有 18 种，即干燥棒杆菌（1.0000）、狭义梭菌属 1 来自宏基因组的 1 种（0.9997）、陌生菌属未培养的 1 种（0.9997）、球胞发菌属未培养的 1 种（0.9995）、龙包茨氏菌属未培养的 1 种（0.9994）、苏黎世杆菌属未培养的 1 种（0.9991）、库特氏菌属未培养的 1 种（0.9977）、丁酸梭菌（0.9967）、丛毛单胞菌属未分类的 1 种（0.9928）、变异棒杆菌（0.9711）、沉积杆菌属未培养的 1 种（0.9690）、发酵单胞菌属未培养的 1 种（0.9654）、嗜蛋白菌属未培养的 1 种（0.9292）、肠球菌属未分类的 1 种（0.9061）、密螺旋体属 2 未分类的1种（0.9052）、发酵单胞菌属未培养的1种（0.7541）、鲍曼不动杆菌（0.6578）、固氮弓菌属未培养的1种（0.5043）；表明副猪嗜血杆菌在饲料发酵床生境中含量高，这些细菌含量也高，反之亦然，形成了与副猪嗜血杆菌协同生长菌群。与副猪嗜血杆菌负相关系数大于0.5的细菌种类有5种，即假单胞菌属未培养的1种（-0.5011）、太白山菌属未培养的1种（-0.5077）、芽单胞菌纲分类地位未定属未分类的1种（-0.5478）、玫瑰色红球菌（-0.5726）、盐湖浮游菌属未培养的1种（-0.6172）；表明副猪嗜血杆菌在饲料发酵床生境中含量高，这些细菌含量就低，反之亦然，形成了与副猪嗜血杆菌相互制约和促生长的作用。

表4-52　饲料发酵床副猪嗜血杆菌与细菌微生物组的相关系数

有相关性的细菌种类	相关系数	有相关性的细菌种类	相关系数
副猪嗜血杆菌	1.0000	属DMER64未培养的1种	-0.1518
干燥棒杆菌	1.0000	克里斯滕森菌科R-7群的1属未分类的1种	-0.1608
狭义梭菌属1来自宏基因组的1种	0.9997	沙单胞菌属未培养的1种	-0.1715
陌生菌属未培养的1种	0.9997	目SBR1031分类地位未定属未分类的1种	-0.1749
球胞发菌属未培养的1种	0.9995	噬氢菌属未分类的1种	-0.1899
龙包茨氏菌属未培养的1种	0.9994	肠杆菌属未分类的1种	-0.2074
苏黎世杆菌属未培养的1种	0.9991	肠杆菌属未鉴定的1种海洋浮游细菌	-0.2393
库特氏菌属未培养的1种	0.9977	鲁梅尔芽胞杆菌属未分类的1种	-0.2413
丁酸梭菌	0.9967	苍白杆菌属未分类的1种	-0.2423
丛毛单胞菌属未分类的1种	0.9928	四球菌属未分类的1种	-0.2468
变异棒杆菌	0.9711	金黄杆菌属未分类的1种	-0.2494
沉积杆菌属未培养的1种	0.9690	土地噬几丁质菌	-0.2500
发酵单胞菌属未培养的1种	0.9654	人参土寡养单胞菌	-0.2500
嗜蛋白菌属未培养的1种	0.9292	伯克氏菌属-卡瓦列罗氏菌属-副伯克氏菌属未分类的1种	-0.2500
肠球菌属未分类的1种	0.9061	弯曲假单胞菌	-0.2500
密螺旋体属2未分类的1种	0.9052	嗜温鞘脂杆菌	-0.2501
发酵单胞菌属未培养的1种	0.7541	鞘脂杆菌属未分类的1种	-0.2568
鲍曼不动杆菌	0.6578	产色高温单胞菌	-0.2655
固氮弓菌属未培养的1种	0.5043	目SBR1031分类地位未定属来自厌氧池的1种	-0.2706
绿弯菌门目SBR1031分类地位未定属未培养的1种	0.4976	苯矿菌群SB-1的1种	-0.2741
副肠膜魏斯氏菌	0.4150	水原假黄单胞菌	-0.2766
杆状脱硫微菌	0.3885	海洋放线菌目分类地位未定属未培养的1种	-0.2801
瘤胃线杆菌属未培养的1种	0.3811	链霉菌属未分类的1种	-0.2871
海滑菌科未分类的1种	0.2941	解硫胺素芽胞杆菌属未培养的1种	-0.3181
硫碱螺菌属未培养的1种	0.1629	假深黄单胞菌属未培养的1种	-0.3192
长杆菌科分类地位未定属未培养的1种	0.0123	科PHOS-HE36分类地位未定属未培养的1种	-0.3200
台湾假单胞菌	-0.0049	漠河杆菌属未培养的1种	-0.3239
噬氢菌属未培养的1种	-0.0463	厌氧绳菌科分类地位未定属未培养的1种	-0.3267
糖单胞菌目分类地位未定属未分类的1种	-0.1159	亚群21分类地位未定属未分类的1种	-0.3314
门Terrabacteria厌氧菌MO-CFX2	-0.1228	候选门WS6多伊卡菌纲分类地位未定属未培养的1种	-0.3323
嗜氨基酸寡养单胞菌	-0.1252	鸟氨酸球菌属来自堆肥未培养的1种	-0.3378

有相关性的细菌种类	相关系数	有相关性的细菌种类	相关系数
海洋放线菌目分类地位未定属来自堆肥未培养的1种	−0.3401	目EPR3968-O8a-Bc78分类地位未定属未培养的1种	−0.4453
科BIrii41分类地位未定属未培养的1种	−0.3413	居膜菌属未培养的1种	−0.4481
科A4b分类地位未定属未培养的1种	−0.3473	科A4b分类地位未定属未分类的1种	−0.4488
科JG30-KF-CM45分类地位未定属未培养的1种	−0.3500	类固醇杆菌属未培养的1种	−0.4507
桃色杆菌属未培养的1种	−0.3564	特吕珀菌属未培养的1种	−0.4618
假单胞菌属来自堆肥未培养的1种	−0.3606	亚群6分类地位未定属未分类的1种	−0.4619
交替赤杆菌属未培养的1种	−0.3640	陶厄氏菌属未分类的1种	−0.4622
门WS6多伊卡菌纲分类地位未定属未分类的1种	−0.3761	球孢囊菌属未分类的1种	−0.4896
藤黄色单胞菌属未分类的1种	−0.3897	金色线菌属未培养的1种	−0.4964
热杆菌科分类地位未定属未培养的1种	−0.3900	假单胞菌属未培养的1种	−0.5011
目S085分类地位未定属未分类的1种	−0.4013	太白山菌属未培养的1种	−0.5077
暖绳菌科分类地位未定属未分类的1种	−0.4141	芽单胞菌纲分类地位未定属未分类的1种	−0.5478
黄色杆菌科分类地位未定属未分类的1种	−0.4213	玫瑰色红球菌	−0.5726
甲基暖菌属未分类的1种	−0.4372	盐湖浮游菌属未培养的1种	−0.6172

（4）饲料发酵床副猪嗜血杆菌种群模型　副猪嗜血杆菌为因变量（Y），89种细菌为自变量（X_i），在饲料发酵床表层垫料、中层垫料、底层垫料、饲料垫料、新鲜猪粪中分布含量构建矩阵，用逐步回归方法，从89种细菌中寻找相关性最高的变量，构建副猪嗜血杆菌种群模型，分析结果如下。

副猪嗜血杆菌种群模型：

$$Y = -0.000006130 + 0.000008276X_1 + 0.003897X_2 - 0.00004756X_3 \quad (r = 0.9999)$$

式中　Y——副猪嗜血杆菌；

　　　X_1——嗜蛋白菌属未培养的1种；

　　　X_2——干燥棒杆菌；

　　　X_3——杆状脱硫微菌。

从89种细菌中寻找相关性最高的变量，表明X_1（嗜蛋白菌属未培养的1种）、X_2（干燥棒杆菌）、X_3（杆状脱硫微菌）相关性最高，组建的副猪嗜血杆菌种群模型相关系数为0.9999。种群模型方差分析表明回归变异差异极显著（$P < 0.01$）（表4-53），回归系数检验表明，X_1和X_2与Y呈正相关，相关系数接近1，极显著相关（$P < 0.01$），表明X_1、X_2增加，Y增加；反之亦然。X_3与Y呈负相关，相关系数接近−1，极显著相关（$P < 0.01$），表明X_3增加；Y减少；反之亦然（表4-54）。

表4-53　饲料发酵床副猪嗜血杆菌种群模型方差检验

变异来源	平方和	自由度	均方	F值	P值
回归	0.0000442590751988	3.0000000000000000	0.0000147530250663	6837607317.1659300000000000	0.0000088899116857
残差	0.0000000000000012	1.0000000000000000	0.0000000000000012		
总变异	0.0000442590752000	4.0000000000000000			

表4-54　饲料发酵床副猪嗜血杆菌种群模型回归系数方差检验

变量	回归系数	标准回归系数	偏相关系数	t值	P值
X_1(嗜蛋白菌属未培养的1种)	0.00000828	0.00159076	0.99995309	103.23221808	0.00616668
X_2(干燥棒杆菌)	0.00389739	1.00041471	1.00000000	69497.44816720	0.00000916
X_3(杆状脱硫微菌)	−0.00004757	−0.00484905	−0.99999919	785.99215614	0.00080996

将饲料发酵床的 X_1、X_2、X_3 在饲料发酵床生境的含量代入方程，进行拟合值计算（表4-55），结果非常吻合。

表4-55　饲料发酵床副猪嗜血杆菌种群模型拟合值

样本	观察值	拟合值	拟合误差	相对误差/%
F1	0.000000000000	−0.000000004560	0.000000004560	
F2	0.000000000000	0.000000024256	−0.000000024256	
F3	0.000000000000	−0.000000023162	0.000000023162	
F4	0.007438000000	0.007438000000	0.000000000000	0.000000002092
F5	0.000000000000	0.000000003467	−0.000000003467	

通径分析见表4-56。变量 X_i 对 Y 的影响，X_2 最大，通径系数为1.000414715，表现为正效应；X_1 次之，通径系数为0.001590761，表现为正效应；X_3 第三，通径系数为 −0.004849055，表现为负效应。在3个变量中，X_1 通过 X_2 对 Y 的间接影响最大，通径系数为0.930111938，表现为正效应；通过 X_3 对 Y 的影响较小，呈负效应，通径系数为 −0.002480613。X_2 通过 X_1 对 Y 的间接影响为正效应，通径系数为0.001478973；通过 X_3 对 Y 的间接影响，通径系数为 −0.001902673，为负效应。X_3 通过 X_1 对 Y 的间接影响通径系数为0.00081378，正效应；通过 X_2 对 Y 的间接影响通径系数为0.392542961，为正效应。

表4-56　饲料发酵床副猪嗜血杆菌种群模型通径分析

变量	X_i对Y直接影响	通过X_1间接影响	通过X_2间接影响	通过X_3间接影响
X_1(嗜蛋白菌属未培养的1种)	0.001590761		0.930111938	−0.002480613
X_2(干燥棒杆菌)	1.000414715	0.001478973		−0.001902673
X_3(杆状脱硫微菌)	−0.004849055	0.00081378	0.392542961	

4. 猪链球菌（*Streptococcus suis*）

（1）概述　猪链球菌是具有荚膜的一种革兰氏阳性球菌。可根据其细胞壁抗原成分将其大致归类为兰氏分群D群（Lancefield group D）链球菌。根据其荚膜抗原（CPS）的不同，猪链球菌被分为35种（1～34型,1/2型）血清型,其中1型、2型、7型、9型是猪的致病菌。猪链球菌的定植部位为猪的上呼吸道，尤其是扁桃体和鼻腔。部分血清型的猪链球菌具有致病性，主要通过伤口感染。可引起猪的急性败血症（septicemia with sudden death）、脑膜炎（meningitis）、关节炎（arthritis）、心内膜炎（endocarditis）、肺炎（pneumonia）等疾病。部分菌株可引起人类感染，造成细菌性脑炎（bacterial meningitis）或引起中毒样休克综合征（toxic shock-like syndrome）。

（2）饲料发酵床猪链球菌分布动态　在饲料发酵床生境中分离到了6种链球菌

（*Streptococcus* spp.），含量排次为链球菌属的 1 种＞消化链球菌属的 1 种＞猪链球菌＞亨利链球菌（*Streptococcus henryi*）＞副结核链球菌（*Streptococcus parauberis*）＞多发性链球菌（*Streptococcus pluranimalium*），作为侵染源主要分布在饲料垫料中，含量在 0.002479%～0.08305% 之间，仅有链球菌属的 1 种少量分布在新鲜猪粪中（0.000998%）；表明病原来源可能主要由作为垫料的牧草粉碎物带来；经发酵床的发酵，链球菌属的 1 种在表层垫料、中层垫料、底层垫料中含量降低了 99%，其余种类几乎消除（表 4-57）。生境的病原分布证明该菌为好氧或兼性厌氧特性，在饲料垫料上生长很好，而在新鲜猪粪中，由于湿度大厌氧环境，限制了该菌发展。分布研究的结果表明 6 种链球菌具有较强的好氧或兼性厌氧生长能力，发酵床好氧发酵能有效地消除 6 种链球菌菌源，保障生猪养殖的安全。

表4-57　饲料发酵床猪链球菌病原检出　　　　　　　　　　单位：%

物种名称	表层垫料F1	中层垫料F2	底层垫料F3	饲料垫料F4	新鲜猪粪F5
链球菌属的1种	0.001677	0.001222	0	0.08305	0.000998
消化链球菌属的1种	0	0	0	0.01879	0
猪链球菌	0	0	0	0.008677	0
亨利链球菌	0	0.001222	0	0.006461	0
副结核链球菌	0	0	0	0.004958	0
多发性链球菌	0	0	0	0.002479	0

（3）链球菌讨论　猪链球菌病是由不同群的链球菌引起的一种急性高热性传染病。猪链球菌分 α 型和 β 型，α 型为草绿色链球菌，致病力较弱；β 型为溶血性链球菌，致病力较强，常引起人和动物多种疾病。人类感染虽少，但是严重。人感染链球菌的直接因素为屠宰和加工病死猪，本菌对热和普通消毒药抵抗力不强。链球菌属的细菌种类繁多，在自然界中分布广泛，可引起人、猪、牛、马、羊和禽等多种动物感染。猪链球菌病主要表现为猪的败血性和局灶性淋巴结化脓性病症。猪链球菌的自然感染部位是猪的上呼吸道（特别是扁桃体和鼻腔）、生殖道和消化道。猪在各种动物中易感性较高。各种年龄的猪均可发病，但败血症型和脑膜脑炎型多见于仔猪，化脓性淋巴结炎型多见于中猪。病猪、临床康复猪和健康猪均可带菌，当健康猪群引入带菌猪后，由于互相接触，病菌可通过口、鼻、皮肤伤口而传染。该病一年四季均可发生，但以 5～11 月发病较多，多发于养猪密集地区，呈地方性流行。有皮肤损伤、蹄底磨损、去势、脐带感染等外伤病史的猪易发生该病，潜伏期 1～3d 或稍长，哺乳仔猪发病率和病死率较高，中猪次之，大猪较少。在人的感染中，猪链球菌常导致化脓性脑炎，除此之外，心内膜炎、蜂窝组织炎、腹膜炎、横纹肌溶解、关节炎、肺炎、葡萄膜炎和眼内炎等病例也见报道。

（4）饲料发酵床抑菌特性　猪链球菌是人畜共患病原菌，对养猪业和人类健康威胁非常大。从饲料发酵床生境分离看，分离到猪链球菌和其他 5 种链球菌属的种类，包括了链球菌属的 1 种、消化链球菌属的 1 种、亨利链球菌、副结核链球菌、多发性链球菌。有的虽然不是猪病原，但也是其他动物病原。从饲料发酵床生境分布看，主要分布在饲料垫料，少部分来自新猪粪，饲料垫料是饲料发酵床猪链球菌菌群的主要来源，而链球菌大量地分布在饲料垫料中，在新鲜猪粪中极少分布，表明链球菌类好氧或兼性厌氧生长，饲料垫料的透气性、高碳氮比和适宜的含水量适合于该菌群的生长，新鲜猪粪高湿度、厌氧性、低碳氮比不适合菌群的生长。饲料发酵床通过饲料垫料加新鲜猪粪混合好氧发酵后，以猪链球菌为主的

6种链球菌在垫料表层、中层、底层几乎消失，表明发酵床具有很好的抑制猪链球菌病原的作用。

五、饲料发酵床检测出的猪病细菌属分布动态

1．猪病原细菌属检测

饲料发酵床中分离到了一些猪病原细菌属，它们与猪的病原菌同属不同种，包括了8种（表4-58）；未分离到相应的猪病原菌种类。

表4-58　饲料发酵床分离的与猪病原同属不同种的细菌

猪病名称	病原学名	属分离（是√，否⊙）	种分离（是√，否⊙）
【1】胸膜肺炎放线杆菌	*Actinobacillus pleuropneumoniae*	√	⊙
【2】肉毒梭菌	*Clostridium botulinum*	√	⊙
【3】产气荚膜梭菌	*Clostridium perfringens*	√	⊙
【4】血球链菌菌	*Globicatella sanguinis*	√	⊙
【5】铜绿假单胞菌	*Pseudomonas aeruginosa*	√	⊙
【6】金黄色葡萄球菌	*Staphylococcus aureus*	√	⊙
【7】痢疾密螺旋体	*Treponema hyodysenteriae*	√	⊙
【8】化脓特吕佩尔氏菌	*Trueperella pyogenes*	√	⊙

2．放线菌属

猪胸膜肺炎是由胸膜肺炎放线杆菌（*Actinobacillus pleuropeumoniae*）引起的呼吸道传染病，该菌是一种呼吸道寄生菌，主要存在于患病动物的肺部和扁桃体，病猪和带菌猪是本病的主要传染源。本病的发生受外界因素影响很大，气温剧变、潮湿、通风不良、饲养密集、管理不善等条件下多发，一般无明显季节性。研究表明，胸膜肺炎放线杆菌在4周龄便可定居在猪的上呼吸道，而发病一般在6～12周龄之后的生长育肥猪，尤其是在应激因素存在的条件下，同一猪群可同时感染几种血清型。猪胸膜肺炎的感染途径是呼吸道，即通过咳嗽、喷嚏喷出的分泌物和渗出物而传播，而接触传播可能是其主要的传播途径。国内外的研究及临床实践表明，猪患呼吸系统疾病时，容易发生继发感染或混合感染。如本病与猪伪狂犬、蓝耳病、多杀性巴氏杆菌、肺炎霉形体、嗜血杆菌等病原混合感染，应引起高度重视。发病率视各地的管理和所采取的预防措施不同，但一般较高（8.5%～100%），死亡率根据环境和菌株毒力不同，可在0.4%～100%之间。据近几年全国各地的发病情况分析，哺乳仔猪发病率与死亡率均高，而生长育肥猪死亡率并不高，仅略高于正常死亡率。该菌在外界环境生存时间较短，一般常用的化学消毒剂均能达到消毒的目的。

在饲料发酵床生境中没有分离到该病原，分离到了同属不同种的细菌种类小放线杆菌（*Actinobacillus minor*）。当从猪呼吸道分离细菌时，可能会分离到其他不溶血、脲酶阴性、依赖NAD的类似细菌。过去，把这类细菌用嗜血杆菌"小群（minor group）"一词来统纳，并有C、D、E、F之别。如果进行深入详细的生化分析，即可将它们与副猪嗜血杆菌区分开。D、E、F群为上呼吸道中常在的菌群，但也可以从肺或脑组织中分离到。1993年，在DNA同

源性分析的基础上指出，D 和 E 群属于同一种，故将这两个群合并。随着研究的深入，1996年提出了 3 个新种，对应于"minor group"、D+E 群和 F 群，这 3 个新种分别是小放线杆菌（*Actinobacillus minor*）、猪放线杆菌（*Actinobacillus porcinus*）和吲哚放线杆菌（*Actinobacillus indolicus*）。对所有来自呼吸道的 V 因子依赖的细菌进行 16S rRNA 序列比较分析后发现，副猪嗜血杆菌与吲哚放线杆菌（F 群）关系最为密切，同源性达到 97.4% ~ 97.7%。两者的差别是吲哚放线杆菌可以产生吲哚和发酵棉子糖。小放线杆菌作为猪放线杆菌的共生菌，同时出现在相同的生态位中，其共生特性有待于进一步研究（Chiers et al.，2001）。

在饲料发酵床生境的饲料垫料中分离到小放线杆菌（*Actinobacillus minor*），在新鲜猪粪中未分离到该菌，表明该菌具有较强的好氧或兼性厌氧特性，饲料垫料与新鲜猪粪的混合好氧发酵，完全消除了该菌的生存，这类菌与猪放线杆菌（*Actinobacillus porcinus*）具有相同的生态位，可以推测，饲料发酵床对猪放线杆菌也具有较好的消除作用。

3．梭菌属

猪梭菌病害包括了猪肉毒梭菌（*Clostridium botulinum*）和猪产气荚膜梭菌（*Clostridium perfringens*）。可出现在人畜粪便、土壤、水和尘埃中，该菌群属典型的条件性致病菌，它可引发地区性流行病，对畜牧业的生产具有重要意义。每年都有大量的动物因不同类型魏氏梭菌感染而死亡，如牛肠炎、仔猪坏死性肠炎、兔子肠炎等。尤其是近年来我国发生的家畜猝死症与该菌有关，发病急、病程短、无任何前期症状而突然死亡，而且死亡率极高。

在饲料发酵床中未分离到猪肉毒梭菌（*Clostridium botulinum*）和猪产气荚膜梭菌（*Clostridium perfringens*），分离到同属（梭菌属）和近缘属（瘤胃梭菌属 *Ruminiclostridium*）等 29 个种类（表 4-59）。在饲料发酵床的表层垫料 F1、中层垫料 F2、底层垫料 F3、饲料垫料 F4、新鲜猪粪 F5 分离到的梭菌和瘤胃梭菌属等种类的总和分布为 0.5644%、0.6013%、0.3811%、6.5127%、0.5649%，其中饲料垫料中的含量总和高于发酵床其他生境，梭菌属种 7 含量最高达 3.964%，说明梭菌属和瘤胃梭菌属等的细菌种类营好氧或兼性厌氧生长，在饲料垫料中能很好地生长。饲料垫料与新鲜猪粪混合好氧发酵后，在发酵床的不同层次中数量下降了 90% 以上（图 4-25），表明饲料发酵床具有较强的梭菌属和瘤胃梭菌属等的细菌种类的消除能力，猪肉毒梭菌和猪产气荚膜梭菌属于同生态位的细菌，在发酵床中生存将受到限制。

表4-59　饲料发酵床梭菌属及其近缘属瘤胃梭菌属等菌株分布　　单位：%

	物种名称	表层垫料F1	中层垫料F2	底层垫料F3	饲料垫料F4	新鲜猪粪F5
【1】	博尼姆梭菌	0.0207	0.0414	0.0136	0.0905	0.0073
【2】	丁酸梭菌	0.0765	0.1463	0.06	0.9803	0.0886
【3】	丙酸梭菌	0	0	0	0.0012	0
【4】	粪味梭菌	0	0	0	0	0.002
【5】	梭菌属种 Bc-iso-3	0.001	0	0	0.0014	0
【6】	梭菌属种10	0	0.0012	0	0	0.007
【7】	梭菌属种11	0	0.0025	0.0024	0.0014	0
【8】	梭菌属种12	0	0.0038	0.0031	0.0533	0.0024
【9】	梭菌属种13	0	0	0	0.0012	0
【10】	梭菌属种4	0.0017	0.0012	0.0042	0.0124	0.0073
【11】	梭菌属种5	0.0025	0.0052	0	0.0056	0.0073

续表

物种名称		表层垫料F1	中层垫料F2	底层垫料F3	饲料垫料F4	新鲜猪粪F5
【12】	梭菌属种6	0.0052	0	0	0	0.0024
【13】	梭菌属种7	0.2777	0.2656	0.174	3.964	0.2269
【14】	梭菌属种8	0.0949	0.1182	0.06	0.5871	0.0439
【15】	梭菌属种9	0.0087	0.0031	0.0042	0	0
【16】	梭菌属种1	0	0.0012	0	0	0.0024
【17】	梭菌属种2	0.0006	0	0	0.0014	0
【18】	梭菌属种3	0	0	0	0.0018	0
【19】	球孢梭菌	0	0.0012	0	0	0.004
【20】	瘤胃梭菌属1种1	0.0263	0.0037	0.0207	0.4003	0.0488
【21】	瘤胃梭菌属1种2	0.0012	0.0024	0.013	0	0.0024
【22】	瘤胃梭菌属1种3	0.0132	0.0012	0.0087	0.2581	0.0537
【23】	瘤胃梭菌属1种4	0.0074	0.0012	0.0052	0.0453	0.0268
【24】	瘤胃梭菌属1种5	0.0198	0.0019	0.0106	0.0349	0.0171
【25】	瘤胃梭菌属1种6	0.0052	0	0.0014	0.0564	0.0122
【26】	瘤胃梭菌属5种7	0	0	0	0.0025	0
【27】	瘤胃梭菌属5种8	0.0006	0	0	0.0012	0
【28】	瘤胃梭菌属6种9	0	0	0	0.0124	0
【29】	瘤胃梭菌属9种10	0.0012	0	0	0	0.0024
合计		0.5644	0.6013	0.3811	6.5127	0.5649

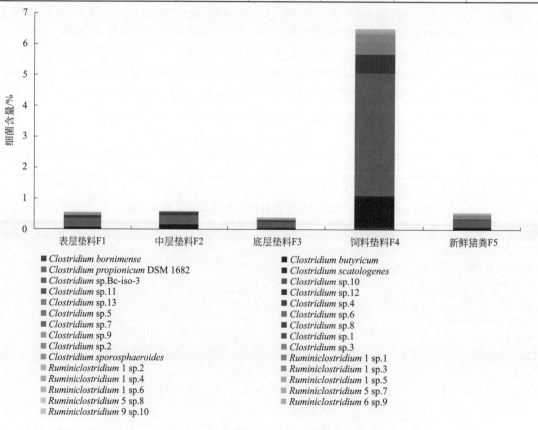

图4-25 饲料发酵床梭菌属和瘤胃梭菌属等的细菌种类的分布

有报道瘤胃梭菌属与肠道内丁酸和戊酸的含量成正相关，且对保持肠道稳态具有重要的作用。尽管化疗与结肠细菌的变化高度相关，但细菌的单个分类群与脑内小胶质细胞免疫反应性之间只有一种联系：在紫杉醇治疗的小鼠中较高的瘤胃梭菌属与小胶质细胞染色增加显著相关。瘤胃梭菌属是一种严格的厌氧菌，以其对纤维素的分解活性而闻名。虽然它们对宿主生理学的影响尚未被广泛研究，但研究表明，瘤胃梭菌属可能在肠 - 脑轴中起作用。

博尼姆梭菌（*Clostridium bornimense*）属于一个新种，是从连续投喂玉米青贮和5% 麦秸的中温两相沼气池中分离出的一株新型厌氧、中温产氢菌 M2/40^T。16S rRNA 基因序列比较表明，该菌株隶属于狭义梭菌属，与食纤维梭菌（*Clostridium cellulovorans*）最接近，类型菌株的序列相似性为 93.8%。菌株 M2/40T 细胞呈杆状至细长丝状，革兰氏染色变化。生长最适温度为 35℃，pH 值为 7。发酵产物主要为 H$_2$、CO$_2$、甲酸、乳酸和丙酸。DNA(G+C) 含量（摩尔分数）为 29.6%。主要脂肪酸为 C$_{16:0}$（含量＞10%），特征脂肪酸 10（C$_{18:1}\omega11c/$ $\omega9t/\omega6t$ 和 / 或未知 ECL 17.834）和 C$_{18:1}\omega11c$ 二甲基缩醛。基于表型、化学分类学和系统发育差异，菌株 M2/40^T 是梭菌属中的一个新物种，建议命名 *Clostridium bornimense* sp. nov.，模式菌株为 M2/40^T（=DSM 25664^T=CECT 8097^T）（Hahnke et al.，2014）。

Chai 等（2019）报道了与粪味梭菌相近的新种，首次从泸州老窖百年窖泥中分离出来 1 个细菌新种，命名为老窖梭菌（*Clostridium fermenticellae*）。该物种模式菌株 JN500901^T 能够在 pH4.5 ～ 8.0（最适 pH 5.0），20 ～ 40℃（37℃），0 ～ 2% 氯化钠浓度和 0 ～ 10% 乙醇的条件下生长。在厌氧条件下，JN500901^T 能够利用 D- 果糖、D- 岩藻糖、异麦芽糖和 L- 鼠李糖等碳源，具有产生窖泥异臭化合物对甲基苯酚的能力。菌株 JN500901^T 的全基因组大小为 2.812 MB（基因数量为 2611，(G+C) 摩尔分数为 31.0%），其 16S rRNA 基因序列与食一氧化碳梭菌（*Clostridium carboxidivorans*）DSM15243^T（94.2%）和粪味梭菌 DSM 757^T（94.1%）最接近。

4. 假单胞菌属

（1）概述　铜绿假单胞菌（*Pseudomonas aeruginosa*）能引起化脓性病变。脓汁呈绿色，故又名绿脓杆菌，广泛分布于自然界及正常人、动物的皮肤、肠道和呼吸道，是临床上较常见的条件致病菌之一。

（2）饲料发酵床假单胞菌的分布　饲料发酵床中未分离到猪绿脓杆菌。分离到假单胞菌属的 13 种细菌，见表 4-60。这些种类都不属于动物病原细菌，分布在饲料发酵床不同生境中，起到不同的生态作用。

表4-60　饲料发酵床生境分离的假单胞菌种类　　　　　　　　　　　　单位：%

物种名称	表层垫料F1	中层垫料F2	底层垫料F3	饲料垫料F4	新鲜猪粪F5
北方假单胞菌	0	0	0	0	0.04593
淤泥假单胞菌	0.01725	0	0	0.007636	0.00244
台湾假单胞菌	0.6532	0.2096	0.04025	0.2457	0.09027
黏结假单胞菌	0	0	0	0	0.9984
副黄假单胞菌	0.002081	0.003123	0	0	0.02796
穿孔素假单胞菌	0.01321	0	0	0.00124	0.0122
耐冷假单胞菌	0	0	0	0	0.000998

物种名称	表层垫料F1	中层垫料F2	底层垫料F3	饲料垫料F4	新鲜猪粪F5
施氏假单胞菌	0.04162	0.0117	0.001652	0.03734	0.01841
假单胞菌属种1	0.7671	1.198	0.1409	0.01974	0.2104
假单胞菌属种2	0.6393	0.3278	0.1523	0.08943	0.03028
假单胞菌属种3	0.2597	0.07303	0.004936	0.2252	0.08129
硫假单胞菌种1	0.01013	0	0.002825	0.006595	0.03172
硫假单胞菌种2	0.004734	0	0	0	0

（3）饲料发酵床生境假单胞菌聚类分析　以表4-60为矩阵，假单胞菌为样本，饲料发酵床生境为指标，欧氏距离为尺度，可变类平均法进行系统聚类，结果见表4-61、图4-26。可将假单胞菌分为3组，第1组高含量组，包括1个种，黏结假单胞菌（*Pseudomonas geniculate*），具有猪粪发酵特征，主要分布在新鲜猪粪中。第2组中含量组，包括4个种，即台湾假单胞菌（*Pseudomonas formosensis*）、假单胞菌属种1、假单胞菌属种2（堆肥菌）、假单胞菌属种3，具有垫料发酵特征，主要分布在表层垫料和中层垫料。第3组低含量组，包括8个种，即北方假单胞菌（*Pseudomonas boreopolis*）、淤泥假单胞菌（*Pseudomonas caeni*）、副黄色假单胞菌（*Pseudomonas parafulva*）、穿孔素假单胞菌（*Pseudomonas pertucinogena*）、耐冷假单胞菌（*Pseudomonas psychrotolerans*）、施氏假单胞菌（*Pseudomonas stutzeri*）、硫假单胞菌种1、硫假单胞菌种2，具有混合发酵特征，分布在饲料发酵床的所有生境。

表4-61　饲料发酵床生境假单胞菌聚类分析

组别	物种名称	假单胞菌含量/%				
		表层垫料F1	中层垫料F2	底层垫料F3	饲料垫料F4	新鲜猪粪F5
1	黏结假单胞菌	0.0000	0.0000	0.0000	0.0000	0.9984
第1组1个样本平均值		0.0000	0.0000	0.0000	0.0000	0.9984
2	台湾假单胞菌	0.6532	0.2096	0.0403	0.2457	0.0903
2	假单胞菌属种1	0.7671	1.1980	0.1409	0.0197	0.2104
2	假单胞菌属种2	0.6393	0.3278	0.1523	0.0894	0.0303
2	假单胞菌属种3	0.2597	0.0730	0.0049	0.2252	0.0813
第2组4个样本平均值		0.5798	0.4521	0.0846	0.1450	0.1031
3	北方假单胞菌	0.0000	0.0000	0.0000	0.0000	0.0459
3	淤泥假单胞菌	0.0173	0.0000	0.0000	0.0076	0.0024
3	副黄色假单胞菌	0.0021	0.0031	0.0000	0.0000	0.0280
3	穿孔素假单胞菌	0.0132	0.0000	0.0000	0.0012	0.0122
3	耐冷假单胞菌	0.0000	0.0000	0.0000	0.0000	0.0010
3	施氏假单胞菌	0.0416	0.0117	0.0017	0.0373	0.0184
3	硫假单胞菌种1	0.0101	0.0000	0.0028	0.0066	0.0317
3	硫假单胞菌种2	0.0047	0.0000	0.0000	0.0000	0.0000
第3组8个样本平均值		0.0111	0.0019	0.0006	0.0066	0.0175

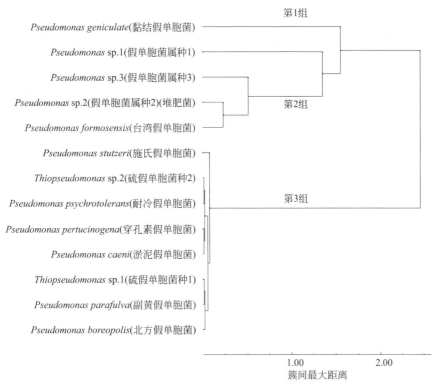

图4-26　饲料发酵床生境假单胞菌聚类分析

5．葡萄球菌属

（1）概述　饲料发酵床中未分离到金黄色葡萄球菌（*Staphylococcus aureus*），分离到了松鼠葡萄球菌（*Staphylococcus sciuri*）和马葡萄球菌（*Staphylococcus equorum*）。

（2）饲料发酵床葡萄球菌分布　从饲料发酵床中分离到马葡萄球菌，主要分布在饲料垫料和新鲜猪粪中，作为侵染来源含量分别为0.1103%和0.2756%，且在新鲜猪粪中含量高于饲料垫料；经过饲料垫料与新鲜猪粪混合发酵，在饲料发酵床的表层、中层、下层分离不到，完全消除。饲料发酵床中分离到的松鼠葡萄球菌，主要分布在新鲜猪粪中，含量达0.1492%，饲料垫料含量很低（0.001792%），经过饲料垫料与新鲜猪粪混合发酵，在饲料发酵床的表层、中层、下层分离到的含量下降至1/10；从这两种细菌的分布生境看，它们属于好氧或兼性厌氧生长特性，在饲料垫料和新鲜猪粪中能很好地生长。饲料垫料与新鲜猪粪混合好氧发酵后，在发酵床的不同层次中数量下降了95%以上或完全消除（图4-27），表明饲料发酵床对这两种细菌具有较强的抑制作用和消除能力，猪金黄色葡萄球菌属于同生态位的细菌，在发酵床中生存将受到限制。

6．密螺旋体属

（1）概述　密螺旋体属（*Treponema*）广义细菌的1属。本属细菌具有8～14个细密螺旋。菌体长5～15μm，宽0.09～0.5μm。运动活泼，不易着色，一般用镀银法或暗视野显微镜检查。DNA中的(G+C)摩尔分数为32%～50%。对人致病的有苍白密螺旋体、细弱密螺旋体和斑点病密螺旋体3种。人工培养均未成功。在厌氧条件下能生长的所谓Reiter株是

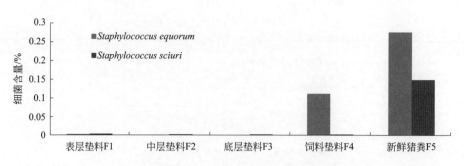

图4-27　饲料发酵床松鼠葡萄球菌和马葡萄球菌的分布

本属中的腐生菌。此外，还有由猪痢疾密螺旋体（*Treponema hyodysenteriae*）引起的猪血痢；Nordhoff 等（2005）报道了猪粪便中的猪密螺旋体（*Treponema porcinum*），与猪痢疾密螺旋体属于不同种类，未见猪感染症状的报道，属潜在病原菌。

（2）饲料发酵床密螺旋体的分布　从饲料发酵床生境中检测出 12 种密螺旋体，即猪密螺旋体、朱氏密螺旋体（*Treponema zuelzerae*）、狭窄密螺旋体（*Treponema stenostreptum*）、嗜糖密螺旋体、产琥珀酸密螺旋体（*Treponema succinifaciens*）、密螺旋体属种 1、密螺旋体属种 2、密螺旋体属种 3、密螺旋体属 2 种 1、密螺旋体属 2 种 2、密螺旋体属 2 种 3、密螺旋体属 2 种 4；饲料发酵床表层垫料、中层垫料、底层垫料、饲料垫料、新鲜猪粪总量分布为 1.87081%、0.00323%、0.007062%、5.014707%、0.280559%，饲料垫料内含量最高，中层垫料含量最低（表 4-62）。

表4-62　饲料发酵床密螺旋体的分布

物种名称	密螺旋体含量/%				
	表层垫料F1	中层垫料F2	底层垫料F3	饲料垫料F4	新鲜猪粪F5
猪密螺旋体	0	0	0	0.004958	0.00244
朱氏密螺旋体	0.00546	0	0	0.1789	0.00244
狭窄密螺旋体	0	0	0	0.1255	0
嗜糖密螺旋体	0	0	0	0	0.00244
产琥珀酸密螺旋体	0	0	0	0.00124	0
密螺旋体属种1	0.04092	0	0	0.4741	0.009759
密螺旋体属种2	0.04411	0	0	0.06134	0.0244
密螺旋体属种3	0.005265	0	0	0.1147	0
密螺旋体属2种1	1.773	0.002008	0.007062	4.026	0.2098
密螺旋体属2种2	0	0	0	0.02301	0.02928
密螺旋体属2种3	0.002055	0.001222	0	0.003719	0
密螺旋体属2种4	0	0	0	0.00124	0
合计	1.87081	0.00323	0.007062	5.014707	0.280559

（3）饲料发酵床密螺旋体聚类分析　以表 4-62 为矩阵，密螺旋体为样本，饲料发酵床生境为指标，欧氏距离为尺度，可变类平均法进行系统聚类，结果见表 4-63、图 4-28。可将密螺旋体分为 3 组，第 1 组低含量组，包含了 7 个种，即猪密螺旋体、朱氏密螺旋体、狭窄密螺旋体、嗜糖密螺旋体、产琥珀酸密螺旋体、密螺旋体属种 3、密螺旋体属 2 种 4，分布在饲料发酵床的全部生境。第 2 组中含量组，包括了 2 个种，即密螺旋体属种 1、密螺旋

体属种 2，主要分布在饲料垫料中。第 3 组高含量组，包含了 3 个种，即密螺旋体属 2 种 1、密螺旋体属 2 种 2、密螺旋体属 2 种 3，主要分布在饲料垫料中。

表4-63　饲料发酵床密螺旋体聚类分析

组别	物种名称	密螺旋体含量/%				
		表层垫料	中层垫料	底层垫料	饲料垫料	新鲜猪粪
1	猪密螺旋体	0.0000	0.0000	0.0000	0.0050	0.0024
1	朱氏密螺旋体	0.0055	0.0000	0.0000	0.1789	0.0024
1	狭窄密螺旋体	0.0000	0.0000	0.0000	0.1255	0.0000
1	嗜糖密螺旋体	0.0000	0.0000	0.0000	0.0000	0.0024
1	产琥珀酸密螺旋体	0.0000	0.0000	0.0000	0.0012	0.0000
1	密螺旋体属种3	0.0053	0.0000	0.0000	0.1147	0.0000
1	密螺旋体属2种4	0.0000	0.0000	0.0000	0.0012	0.0000
	第1组7个样本平均值	0.0015	0.0000	0.0000	0.0609	0.0010
2	密螺旋体属种1	0.0409	0.0000	0.0000	0.4741	0.0098
2	密螺旋体属种2	0.0441	0.0000	0.0000	0.0613	0.0244
	第2组2个样本平均值	0.0425	0.0000	0.0000	0.2677	0.0171
3	密螺旋体属2种1	1.7730	0.0020	0.0071	4.0260	0.2098
3	密螺旋体属2种2	0.0000	0.0000	0.0000	0.0230	0.0293
3	密螺旋体属2种3	0.0021	0.0012	0.0000	0.0037	0.0000
	第3组3个样本平均值	0.5917	0.0011	0.0024	1.3509	0.0797

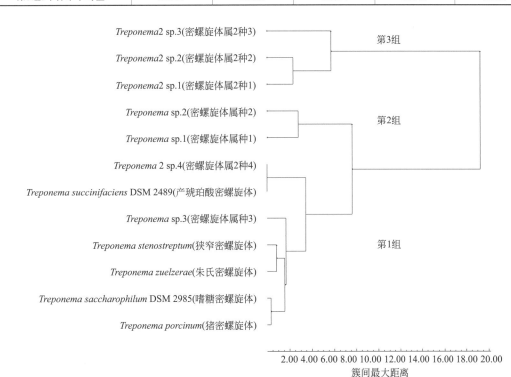

图4-28　饲料发酵床密螺旋体聚类分析

六、讨论

1. 关于未检测到猪重要细菌性病害的讨论

饲料发酵床中未检测到的猪重要细菌性病害见表4-64。这些病害是猪场常见的病，饲料发酵床环境不利于所列的猪重要细菌性病害生存，不仅病害种类检测不到，病害所在的细菌属都检测不到。饲料发酵床是否对这些细菌性病原有抑制作用，有待于进一步观察。

表4-64　饲料发酵床中未检测到的猪重要细菌性病害

猪细菌性病原	病原属名	病原学名	属分离（是√，否⊙）	种分离（是√，否⊙）
【1】猪支气管败血波氏杆菌	1. Brodetella	*Brodetella bronchiseptica*	⊙	⊙
【2】猪布氏杆菌	2. Brucella	*Brucella suis*	⊙	⊙
【3】猪细胞内劳森氏菌	3. Lawsonia	*Lawsonia intracellularis*	⊙	⊙
【4】猪支原体肺炎	4. Mycoplasma	*Mycoplasma hyopneumoniae*	⊙	⊙
【5】猪多杀巴斯德氏菌	5. 巴斯德氏菌属	*Pasteurella multocida*	⊙	⊙
【6】猪霍乱沙门氏菌		*Salmonella cholerae*	⊙	⊙
【7】猪肠炎沙门氏菌	6. Salmonella	*Salmonella enteritidis*	⊙	⊙
【8】猪鼠伤寒沙门氏菌		*Salmonella typhimurium*	⊙	⊙

2. 关于猪丹毒丝菌的讨论

猪丹毒丝菌是引起猪丹毒的病原菌，也能感染其他畜、禽和野生动物以及鱼类，人被感染后发生"类丹毒"。在饲料发酵床生境中分离到猪丹毒丝菌病原及其该属的其他细菌种类。猪丹毒丝菌菌体大小 $(0.2 \sim 0.4)\mu m \times (0.8 \sim 2.5)\mu m$，形直或微弯，小杆状。在感染动物组织或血液涂片中，常为单个，成对或丛状排列；从慢性病灶如心瓣膜疣状物中分离的则多呈短链或长丝状。在普通培养基上生长差，加入少量血液或血清，或在肉肝胃酶消化培养基中生长良好。适温 $33 \sim 35℃$，最适 pH 值为 $7.6 \sim 7.8$。在含有血清的琼脂培养基上，菌落形成光滑（S）、中间（I）与粗糙（R）3 个型，S 型毒力最强，其次是 I 型；R 型最弱。糖发酵能力较弱，不分解尿素，不产生吲哚，产生硫化氢。强毒菌株的明胶穿刺呈典型试管刷状，平板上菌落灰白如云雾状；弱毒菌株的明胶穿刺无试管刷状，平板上菌落呈分支状结构。DNA 中的（G＋C）摩尔分数为 $38\% \sim 40\%$。有 22 个血清型。从病猪中分离出的以 S、I 两型较多。对盐腌、烟熏、干燥、腐败和日光等环境影响的抵抗力较强。对一般消毒药品的耐受性不高。青霉素对本菌有高度抑制作用，其次为四环素和呋喃妥因。断奶仔猪接种灭活氢氧化铝吸附菌苗或减毒活菌苗，免疫效果较好。在饲料发酵床中，猪红斑丹毒丝菌存在于饲料垫料中，饲料垫料所构成的生境特点，湿度适中（30%），主要含有牧草的粉碎物，不含猪粪，碳氮比较高，同时是一个好氧的环境，适合于丹毒丝菌的生存，饲料垫料中带上了猪丹毒丝菌，细菌能很好地保存在饲料垫料中，所以在饲料发酵床生境中含菌量最高的环境是饲料垫料。饲料垫料加上新鲜猪粪发酵，整个过程尽管是好氧发酵，也适合猪丹毒丝菌的生存，但是，好氧发酵过程培养出的其他细菌，含量远远超过猪丹毒丝菌，形成了强烈的竞争，限制了猪丹毒丝菌的生存，表现出饲料发酵床对猪丹毒丝菌的抑制。相关研究未见报道。

在饲料发酵床中存在着其他种类的丹毒丝菌属的种类，丹毒丝菌属无荚膜、无芽胞、无鞭毛的革兰氏染色阳性杆菌。微需氧，葡萄糖发酵产酸不产气，无过氧化氢酶；在血琼脂上呈甲型溶血，环境中含 5%～10% 二氧化碳可促进生长。除了作为动物病原菌外，丹毒丝菌属还具有分解农业面源污染物、降解亚硝酸盐等作用，也是动物肠道微生物常见的组成种类。丹毒丝菌属种 1、丹毒丝菌属种 2、丹毒丝菌属种 3 尽管未鉴定到种的类别，从饲料发酵床生境的分布特性，可以看出它们的差异，作为侵染源三种丹毒丝菌属的种类都分布在饲料垫料中，丹毒丝菌属种 1 可以同时分布在新鲜猪粪中，而区别于其他两个种；经过饲料发酵床的发酵，丹毒丝菌属种 1、丹毒丝菌属种 2 在表层垫料分布较多，丹毒丝菌属种 3 在底层垫料得到较大的生长，区别于丹毒丝菌属种 1、丹毒丝菌属种 2。这 3 种丹毒丝菌是否是病原菌、在饲料发酵床的作用及其功能将有待于进一步研究。

3. 关于猪大肠杆菌的讨论

大肠杆菌感染在动物中普遍存在。大肠杆菌有多种类型，一些是肠道的正常栖居菌，而其他菌株则可引起各种公认的大肠杆菌病。这些致病性大肠杆菌通常具有用于黏附的纤毛（菌毛），产肠毒素外毒素、内毒素和菌膜。有多种方法可对猪的大肠杆菌感染进行分类；猪大肠杆菌引起的主要临床病症包括：新生仔猪大肠杆菌病、断奶后大肠杆菌腹泻和水肿病，以及大肠杆菌性败血病、大肠杆菌性乳腺炎和尿路感染。

猪大肠杆菌对外界因素抵抗力不强，60℃ 处理 15min 即可死亡，一般消毒药均易将其杀死。大肠杆菌有菌体（O）抗原、表面（荚膜或包膜）（K）抗原和鞭毛（H）抗原三种。O 抗原在菌体胞壁中，属多糖、磷脂与蛋白质的复合物，即菌体内毒素，耐热。抗 O 血清与菌体抗原可出现高滴度凝集。K 抗原存在于菌体表面，多数为包膜物质，有些为菌毛，如 K88 等。有 K 抗原的菌体不能被抗 O 血清凝集，且有抵抗吞噬细胞的能力。可用活菌制备抗血清，以试管或玻片凝集作鉴定。在菌毛抗原中已知有 4 种对小肠黏膜上皮细胞有固着力，不耐热、有血凝性，称为吸着因子。引起仔猪黄痢的大肠杆菌的菌毛，以 K88 为最常见。H 抗原为不耐热的蛋白质，存在于有鞭毛的菌株，与致病性无关。病原性大肠杆菌与肠道内寄居和大量存在的非致病性大肠杆菌，在形态、染色、培养特性和生化反应等方面无任何差别，但在抗原构造上有所不同。

猪大肠杆菌感染是一种人畜共患病。凡是体内有肠出血性大肠杆菌感染的病人、带菌者和家畜、家禽等都可传播本病。动物作为传染源的作用尤其重要，较常见的可传播本病的动物有牛、鸡、羊、狗、猪等，也有从鹅、马、鹿、白鸽的粪便中分离出 O157H7 大肠杆菌的报道。其中以牛的带菌率最高，可达 16%，而且牛一旦感染这种细菌，排菌时间至少为一年。人类可通过饮用受污染的水或进食未熟透的食物（特别是免治牛肉、汉堡扒及烤牛肉）而感染，饮用或进食未经消毒的奶类、芝士、蔬菜、果汁及乳酪而染病的个案亦有发现。此外，若个人卫生欠佳，亦可能会通过人传人的途径，或经进食受粪便污染的食物而感染该种病菌。患病或带菌动物往往是动物来源食品污染的根源。如牛肉、奶制品的污染大多来自带菌牛。带菌鸡所产的鸡蛋、鸡肉制品也可造成传播。带菌动物在其活动范围内也可通过排泄的粪便污染当地的食物、草场、水源或其他水体及场所，造成交叉污染和感染，危害极大；

控制感染源是控制该病的重要手段。

饲料发酵床利用饲料垫料加新鲜猪粪进行发酵，猪大肠杆菌侵染源主要来源于饲料垫料和新鲜猪粪，新鲜猪粪中的含量高于饲料垫料中的含量，经过发酵，在饲料发酵床表层、中层、底层垫料中猪大肠杆菌含量大幅度下降，甚至清除；如此体量的饲料发酵床垫料几乎不含猪大肠杆菌，在生猪饲养环境中排除或抑制了猪大肠杆菌的生存，通过垫料发酵建立了可持续的微生物生物安全防控机制，限制了猪大肠杆菌的侵染源发生，使得生猪免招病原菌侵染；饲料发酵床对猪大肠杆菌具有强烈的抑制作用。

对饲料发酵床不同生境，如表层垫料、中层垫料、底层垫料、饲料垫料、新鲜猪粪中猪大肠杆菌与细菌微生物组的相关分析表明，生境中有些细菌含量与猪大肠杆菌呈正相关，如硫碱螺菌属未培养的 1 种（0.9981）、嗜氨基酸寡养单胞菌（0.9740）、肠杆菌属的 1 种（0.9517）、副肠膜魏斯氏菌（0.9476）等 22 种细菌，它们与猪大肠杆菌具有相同的生态位，形成了生长竞争的态势，挤压着猪大肠杆菌的生存空间；有些细菌含量与猪大肠杆菌呈负相关，如假单胞菌属来自堆肥未培养的 1 种（−0.6343）、太白山菌属未培养的 1 种（−0.6821）、球孢囊菌属未培养的 1 种（−0.6968）、盐湖浮游菌属未培养的 1 种（−0.8293）等 23 种细菌，在同一个生境这些细菌数量增加、猪大肠杆菌数量下降，这些细菌与猪大肠杆菌具有不同的生态位，在同一个生境抑制着猪大肠杆菌的生长。细菌种群间的竞争与抑制限制了猪大肠杆菌的发生。

对饲料发酵床猪大肠杆菌种群模型分析表明，从 89 种细菌中筛选出相关性最高的 3 种细菌（X_1——硫碱螺菌属未培养的 1 种，属于 γ- 变形菌纲细菌；X_2——链霉菌属未分类的 1 种，属于放线菌纲细菌；X_3——球孢囊菌属的 1 种，属于放线菌纲细菌），建立了猪大肠杆菌种群模型 $Y= -0.002043+0.04328X_1+0.01501X_2+0.001094X_3$（$r=0.9999$），通过这 3 种细菌在饲料发酵床的含量代入方程可以精确估计出猪大肠杆菌的含量。

通径分析表明，变量 X_i 对 Y 的影响，X_1 最大，X_2 次之，X_3 第三。在 3 个变量中，X_1 通过 X_2 对 Y 的间接影响最大，表现为正效应；通过 X_3 对 Y 的影响较小，呈负效应。X_2 通过 X_1 对 Y 的间接影响为正效应，大于通过 X_3 对 Y 的间接影响（为负效应）。X_3 通过 X_1 对 Y 的间接影响呈负效应，大于通过 X_2 对 Y 的间接影响（为负效应）。也就是 X_1 和 X_2 协同作用，对猪大肠杆菌，呈正效应；X_3 能降低 X_1 的作用影响猪大肠杆菌，呈负效应。在饲料发酵床生境中，硫碱螺菌属未培养的 1 种与猪大肠杆菌成为协生菌，能有效降低饲料发酵床垫料的盐含量并改善 C/N 值，增加微生物群落结构多样性。链霉菌属未分类的 1 种和球孢囊菌属的 1 种是微生物种群的抑制菌，有较强的碳源代谢能力，改善 C/N 值；这两种与猪大肠杆菌呈负效应的细菌存在，一方面抑制着对抗菌肽敏感的种群如猪大肠杆菌，另一方面增加微生物群落结构多样性，对猪大肠杆菌形成生长竞争，可以推断在饲料发酵床生境中产生抑菌物质和增加微生物多样性形成生长竞争，是抑制大肠杆菌的作用机制之一。

李志杰等（2017）报道了硫碱螺菌属等为嗜盐碱或耐盐碱微生物，经常作为 PAH 污染盐碱土壤中的优势菌属，能有效降低根际土壤盐含量并改善 C/N 值，增加微生物群落结构多样性，有助于促进嗜盐碱 PAH 降解微生物在 PAH 污染盐碱土壤的生物修复中发挥作用。链霉菌属的 1 种能分泌抑菌物质，促进碳源代谢；徐杰和许修宏（2018）报道了灰略红链霉菌（*Streptomyces griseorubens*）C-5 对堆肥中木质纤维素降解及微生物群落代谢能力的影响。结果显示：堆肥结束时，接菌处理的堆肥中木质素、纤维素和半纤维素的降解率分别比对照组

（自然堆肥）提高 29.94%、18.78%、12.77%；平均色度变化（AWCD）分析表明，接种处理可增加堆肥微生物的细胞代谢能力，尤其能提高堆肥中后期微生物群落对酯类和多聚物类碳源的代谢能力；主成分分析（PCA）结果显示，接种可提高微生物对氨基化合物、氨基酸和双亲化合物等碳源的代谢能力。球孢囊菌属的 1 种能分泌抗菌肽抑菌物质，Kawahara 等（2015）报道了从球孢囊菌属 33226 菌株中分离到一种新的抗菌肽（bicyclic depsipeptides）。

4. 关于副猪嗜血杆菌的讨论

副猪嗜血杆菌（HPS）隶属于巴斯德菌科嗜血杆菌属（*Haemophilus*），是一种非溶血性、无运动性、依赖 NAD、细小的革兰氏阴性杆菌。具有多形性，呈逗点状、棒状、丝状及不同形态的杆状。另报道在鸡胚绒毛尿囊膜上生长时，副猪嗜血杆菌可形成丝状形态，并产生菌毛样结构。HPS 无芽胞，部分菌株通常具有荚膜。在 1986 年 Mororumi 和 Nicolet 报道了具有荚膜的 HPS 大多分离自健康猪上呼吸道，而无荚膜的 HPS 则多数从其他部位分离到。2006 年，国内 Jin 等研究了 15 个不同血清型的参考株和 80 个临床分离株副猪嗜血杆菌的生物被膜，结果表明大约 43% 的菌株在聚苯乙烯平板上有不同程度的生物被膜形成能力，没有生物被膜形成能力的副猪嗜血杆菌通过体内传代也不能形成生物膜。无毒力菌株比有毒力菌株表现出更高程度的生物被膜形成能力，且在培养基上培养时生物被膜不会受影响。人工感染猪鼻腔中的分离株仍有生物被膜存在，而肺脏和大脑的分离株没有形成生物被膜的能力。

饲料发酵床营养的变化影响着细菌微生物组生长，不同的微生物有不同的营养要求。HPS 对营养要求严格，该菌生长时严格需要烟酰胺腺嘌呤二核苷酸（NAD 或 V 因子），而不需要血红素和其他卟啉类物质（X 因子）。V 因子存在于血液及某些植物组织中，在细菌的呼吸中起递氢作用。实验室使用的含羊红细胞的血琼脂中含有 X 因子及 V 因子，但血液中的 V 因子通常处于被抑制状态，V 因子依赖性的嗜血杆菌通常不能在含有完整红细胞的羊血琼脂上生长。当血液加热后，细胞膜上的抑制物被破坏，V 因子释放后的新鲜血液才能生长。所以在实验室分离 HPS 时通常使用巧克力琼脂培养基，即鲜血琼脂加热 80 ~ 90℃、5 ~ 15min。但 HPS 在巧克力培养基上生长困难。HPS 在适宜的培养基上生长的菌落呈圆形、隆起、表面光滑、边缘整齐、灰白色半透明的针尖大小的菌落。菌落的大小可因菌株和培养基的营养程度不同而异。如果与金黄色葡萄球菌划线共培养，可见到靠近葡萄球菌菌落的 HPS，生长良好、菌落较大，菌落直径可达 1 ~ 2mm，而远离葡萄球菌菌落的 HPS 菌落较小，这种现象称为"卫星现象"。因为葡萄球菌周围琼脂中溶解的红细胞可提供 X 因子，而葡萄球菌本身在生长时分泌 V 因子，释放到培养基中，从而促进 HPS 的生长。HPS 的生化反应较弱，对糖类发酵多不稳定，发酵葡萄糖、蔗糖，不发酵甘露糖、木糖、L- 阿拉伯糖、蜜三糖，少数菌株发酵乳糖。鸟氨酸脱羧酶、精氨酸双水解酶及吲哚试验为阴性；氧化酶阳性和接触酶试验呈阳性。HPS 对环境敏感，在外界环境中的死亡速度非常快。其无芽胞、无鞭毛，为需氧或兼性厌氧菌；最适生长温度 35 ~ 37℃，pH7.6 ~ 7.8。HPS 在试验中接种用的培养基和稀释介质可能对 HPS 的活力产生影响。Morozumi 和 Hiramune 等研究了不同温度条件下副猪嗜血杆菌在生理盐水和 PBS 中的存活能力。当 HPS 存在于生理盐水中 42℃ 1h、37℃ 2h 及 25℃ 8h，即不能检测到 HPS 活菌；5℃ 8h，HPS 的浓度轻微下降；当 HPS 置于 PBS 中时，也观察到相似的结果。Reilly 和 Niven 等研究了胰蛋白胨 - 酵母提取物肉汤作为攻毒接种用的培养介质，发现处于生长稳定期的 HPS 继续培养后，活性显著降低。另有研究报道，HPS 培养大约 10h 后向培养基中补充外源性神经氨酸可使细菌的终浓度高于没有补充外源性神经氨酸的细菌的终浓度，这表明在细菌的培养过程中需外源性神经氨酸。

副猪嗜血杆菌存在着许多血清型，血清型分型方法在传统上主要是基于热稳定可溶性抗原和琼脂凝胶沉淀试验。目前为止通过血清分型方法可以将副猪嗜血杆菌鉴定划分为至少 15 种血清型，各血清型菌株在毒力方面有着较大的差异。但是大约还有 20% 的菌株到目前为止用此方法还不能分型。研究报道表明，在日本、德国、美国以血清 4 型和 5 型是主要流行的优势血清型，而在澳大利亚副猪嗜血杆菌的优势血清型主要是 5 型和 13 型，在巴西的主要流行血清型是 4 型、5 型、14 型，在加拿大副猪嗜血杆菌的优势血清型也是 4 型和 5 型，在中国副猪嗜血杆菌的优势血清型为 4 型、5 型、13 型。国内有研究者证实目前副猪嗜血杆菌流行毒株为血清 5 型和 4 型为优势血清型，其他型占的比例较小。饲料发酵床生境对不同血清型的副猪嗜血杆菌的影响有待于进一步研究。

副猪嗜血杆菌病是由副猪嗜血杆菌（*Haemophilus parasuis*）单独感染或与链球菌混合感染所引起，主要的病理变化包括多发性浆膜炎、多发性关节炎、肺炎、脑炎，因此该病又称为猪的多发性浆膜炎和关节炎。过去主要零星发生于仔猪，但随着养猪业的发展，特别是影响猪免疫功能引起免疫抑制的 PRRS 和 PCV2 感染的出现和发生，使该病的发生率逐渐升高，成为养猪生产中的常见病和多发病。该病的难于预防以及与其他细菌、病毒混合感染导致猪死亡的数目增加。流行特点：副猪嗜血杆菌是一种常在菌，存在于猪的上呼吸道，从鼻腔、扁桃体、气管中均可分离到此菌。该菌仅感染猪，而且分布广，世界各地均有报道。当环境发生变化时或引起免疫抑制的因素存在时，会导致该病的发生。过去只是在猪群中散发，但近十年来，世界各地发病猪群增多。发病率为 15% ~ 90%，死亡率有时可高达 90%。副猪嗜血杆菌易与其他的细菌和病毒混合感染，所以要控制副猪嗜血杆菌，同时也要控制混合感染的其他病原。与副猪嗜血杆菌混合感染的其他细菌在生态位上具有同质性，饲料发酵床对一种病原如副猪嗜血杆菌的控制，同时也会对同生态位混合感染细菌产生抑制作用；如饲料发酵床对副猪嗜血杆菌产生抑制，同时也会对混合感染菌猪链球菌产生抑制。

5．关于假单胞杆菌的讨论

饲料发酵床检测出了假单胞杆菌，但是没有病原猪铜绿假单胞菌的检出。分离出的假单胞菌，如北方假单胞菌用于油性污染降解（Kao et al.,2010）和西瓜根腐病的生物防治（Chung et al.，2003）。淤泥假单胞菌动物条件致病菌，未见引起猪群病害的报道，有报道可引起人术后伤口感染、褥疮、脓肿、化脓性中耳炎等。此菌引发菌血症和败血症，具有很强的抗药性（徐爱玲等，2018）。台湾假单胞菌是厨余垃圾废弃物发酵菌（Lin et al.，2013）。黏结假单胞菌具有固氮作用（付思远等，2020）。副黄色假单胞菌分解全氟辛烷磺酰基化合物（PFOS）和全氟辛酸（PFOA），它们是重要的全氟化表面活性剂，具有疏水疏油的特性，广泛应用于工业用品和消费产品，包括防火薄膜、地板上光剂、香波，同时在地毯、制革、造纸和纺织等领域作为表面保护材料（Cerro-Gálvez et al.，2020）。穿孔素假单胞菌用于污水处理和土壤病害防治（Bollinger et al.，2020）；耐冷假单胞菌作为作物增产菌使用（Kang et al.,2020）。硫假单胞菌属（*Thiopseudomonas*）2 个种和施氏假单胞菌，有报道该种类作为异氧硝化好氧反硝化菌株，施氏假单胞菌还具有固氮作用。在有氧条件下进行反硝化反应，促进硝化反应和反硝化反应同步进行，使用后快速转化硝酸盐、亚硝酸盐和氨氮等有害物质；增强海洋观赏鱼的免疫力和抗病力，降低发病率；净化鱼缸水质，减少换水的频率。反硝化反应在自然界具有重要意义，是氮循环的关键一环，它和厌氧氨氧化（anammox）一起，组成自然界被固定的氮元素重新回到大气中的途径。在环境保护方面，反硝化反应和硝化反应一起可以构成不同工艺流程，是生物除氮的主要方法，在全球范围内的污水处理厂中被广泛应用。污水处理中所利用的反硝化菌为异养菌，其生长速度很快，但是需要外部的有机碳源，在实际运行中有时会添加少量甲醇等有机物以保证反硝化过程顺利进行。

6. 关于葡萄球菌的讨论

饲料发酵床未检测到猪金黄色葡萄球菌（*Staphylococcus aureus*），而检测到松鼠葡萄球菌作为动物病原，是獐场哺乳幼獐发病死亡的病原，无菌采集 2 头发病哺乳幼獐的肺脏和肝脏组织，涂擦接种于胰大豆蛋白胨琼脂平板，37℃培养一定时间后共分离到 2 种疑似病原菌，经革兰氏染色镜检、培养特性观察和全自动微生物分析仪检测，鉴定为大肠杆菌和松鼠葡萄球菌。对分离菌进行药敏试验，并根据结果对病獐选择头孢曲松钠（按体重 20mg/kg，每日 2 次）连续肌注 4d，同时每日灌服白龙散煎剂（主要成分为白头翁、龙胆、黄连，每日 2 次），4d 后病獐康复。对同窝其他未发病幼獐采用头孢曲松钠（按体重 20mg/kg，每日 2 次）连续肌注 3d 进行预防，同时在母獐饲料中添加白龙散，并加强消毒和卫生管理，最终治愈该养獐场的发病幼獐并有效控制本病的进一步发生（徐海军等，2018）。在饲料发酵床中，松鼠葡萄球菌主要分布在新鲜猪粪中，饲料垫料中含量很低（0.001792%），经过饲料垫料与新鲜猪粪混合发酵，在饲料发酵床的表层、中层、下层分离到的含量大幅度下降，几乎消亡；饲料发酵床对松鼠葡萄球菌也有较强的抑制作用。

7. 关于密螺旋体的讨论

饲料发酵床密螺旋体分布研究未见报道。在饲料发酵床中未发现猪痢疾密螺旋体（*Treponema hyodysenteriae*）。检出猪密螺旋体，未见在猪上分布的报道；在饲料垫料和新鲜猪粪中少量分布，经过饲料发酵床发酵，该病原完全消除。O'Donnell 等（2013）报道了从爱尔兰种马肠道中分离得到。密螺旋体其他种类在饲料垫料中较多，主要分布在饲料垫料和新鲜猪粪中，饲料发酵床将饲料垫料和新鲜猪粪一同发酵后，密螺旋体数量急剧下降，表明饲料发酵床能有效地抑制密螺旋休。

有过报道朱氏密螺旋体是从泥浆中分离出的一种厌氧、自由生存的螺旋体。该生物可以在普通的营养培养基中培养，如酵母提取液-葡萄糖。葡萄糖发酵的最终产物是乳酸、乙酸、琥珀酸、CO_2 和 H_2。这种生物在培养过程中形成球状体，特别是在固定生长阶段。玻片培养的研究表明，当在新鲜培养基中接种时，这些细胞不产生螺旋细胞，而正常细胞的快速增殖，也存在于接种物中。由于该生物血清学上与苍白密螺旋体相关，它被分配给密螺旋体属（*Treponema*），描述为朱氏密螺旋体（*Treponema zuelzerae*）。文献报道的朱氏密螺旋体是营厌氧生长的，但是在饲料发酵床中在较为好氧条件的饲料垫料中发现最多，这可能与该菌是牧草内生菌有关。

第五章

发酵床猪肠道与皮毛微生物组多样性

☑ 不同养猪模式猪肠道微生物组异质性

☑ 不同养猪模式猪皮毛菌群微生物组异质性

第一节
不同养猪模式猪肠道微生物组异质性

一、概述

1. 猪肠道微生物菌群的功能

猪肠道内栖居着复杂多样、种类繁多的微生物，随着宿主细胞的进化而变化，从而形成动态的微生态平衡。肠道微生物在畜禽的健康中发挥着重要作用，既影响营养物质的消化吸收和能量供给，又调控着动物体的生理机能，并且防止疾病的发生。猪在出生前胃肠道没有细菌，出生24h内肠道内定植了双歧杆菌、乳酸杆菌、大肠杆菌、肠球菌等细菌。随着日龄的增长，微生物的多样性与丰富度随之提高。育肥猪肠道内以厌氧菌（双歧杆菌、乳酸菌等）为主，约占99%，少量为需氧菌或兼性厌氧菌。定植在宿主肠道内的微生物及其代谢产物能够不同程度地影响营养物质的消化、吸收、利用。同样，不同的膳食水平也会制约着微生物的生长与增殖。营养物质与微生物之间存在着互作机制，相互影响，共同进化，维持着肠道微生态平衡。

2. 猪肠道微生物菌群的多样性

研究报道，动物肠道中栖居着多达100万亿的细菌类微生物，为宿主细胞数量的10倍。以猪为例，猪肠道内容物中的微生物数量达到$10^{12} \sim 10^{13}$CFU/g，微生物种类异常丰富，多达$400 \sim 500$种，其优势菌群主要是拟杆菌属（$8.5\% \sim 27.7\%$）和厚壁菌门的梭菌XIV群（$10.8\% \sim 29.0\%$）、梭菌IV群（25.2%）。张冬杰等（2018）研究表明，民猪肠道内菌群共涉及25门、47纲、79目、121科、207属和390种。在25门中涉及拟杆菌门、厚壁菌门、螺旋体门、变形菌门、软壁菌门、黏胶球形菌门、蓝菌门等，以拟杆菌门、厚壁菌门和螺旋体门为主（$91\% \sim 92\%$），随着猪只年龄的增加，猪只肠道内的菌落也始终以这3种菌群为主。

3. 营养对猪肠道微生物的调控

（1）日粮碳水化合物对猪肠道微生物的影响　日粮纤维来源于植物细胞壁，包括纤维素、半纤维素、木质素、果胶和β-葡聚糖等。植物细胞壁角质成分含量与其消化难易程度呈正相关关系，即细胞壁角质成分越高越难以消化。因此，日粮纤维一方面能够降低营养物质的消化吸收率；另一方面可以增加动物饱腹感、调节肠道微生物菌群结构，从而改善肠道微生态环境，维持机体健康。猪肠道中存在利用不同来源或类型纤维的特定菌群，微生物菌群结构的改变导致肠道发酵方式发生改变。日粮纤维在肠道发酵的主要产物是短链脂肪酸（shortchain fatty acids，SCFA），SCFA能够通过刺激肠上皮细胞的增殖来促进肠道的发育；同时，SCFA产生的酸性环境能够有效抑制肠道中大肠杆菌、沙门氏菌等病原菌的生长。

（2）日粮蛋白质对猪肠道菌群的影响　近年来，低蛋白平衡氨基酸日粮在解决我国优质蛋白质饲料短缺、抗生素耐药性问题严重、污染问题加剧等方面表现出来的优势凸显，归结于低蛋白平衡氨基酸日粮能够提高猪只氮的利用率，降低尿液中氮的排放，影响猪肠道黏膜抗菌肽的表达水平和食糜微生物菌体氨基酸组成，影响猪肠道微生物菌群结构和多样性，提高有益菌群和降低有害菌群的相对丰度。张桂杰等研究发现，与正常蛋白质日粮（CP：18%，回肠可消化赖氨酸为0.93%）相比，低蛋白日粮（CP：16%，回肠可消化赖氨酸为1.03%）有提高空肠绒毛高度和隐窝深度的趋势，能够维持生长猪正常生长性能并改善其肠道健康。

（3）益生菌对猪肠道菌群的影响　大量研究表明，日粮中添加益生菌能够调节猪肠道微生态平衡，具体就是通过调控猪肠道菌群的结构和丰度、产生生物活性物质和降低肠道pH值等方式，有效地改善肠道微生态环境，增加猪体免疫力，促进猪肠道对营养物质的吸收，提高猪只生产性能以及改善猪胴体品质。

4. 肠道微生物菌群对猪病发生的影响

微生物群落被定义为分享生物体身体空间的共栖的、共生的和致病性的微生物的生态群落。大多数的微生物生存于动物体的胃肠道，这些微生物包括成千上万的细菌、病毒、真菌和原生生物。健康动物体内的微生物群落和患病动物体内的微生物群落之间的关系和平衡十分复杂且有待研究。然而，越来越多的证据表明肠道菌群的多样性和组成在传染性疾病的调控、消除和发展中发挥着重要的作用。猪呼吸道疾病是全球范围内猪场主要发生的疾病，严重影响猪养殖业的生产力。目前越来越多的研究表明，猪呼吸道疾病的发生与肠道菌群密切相关，如流感病毒、伯克霍尔德菌、肺炎链球菌、金黄色葡萄球菌、烟曲霉菌和肺炎克雷伯菌引起的呼吸道感染都与肠道微生物群落的组成有关。

猪正常的胃肠道微生物菌群对猪的营养健康，防病能力以及免疫能力等发挥着重要的作用。在正常情况下猪的胃肠道微生物菌群保持着相对的平衡和稳定，以利于维持或促进胃肠道的正常消化与吸收，正常的有益菌定殖于胃肠道黏膜上保护胃肠黏膜、阻止其他病原菌的危害。如外界环境或内环境的变化超出了机体所承受的能力就会破坏这种平衡使有害细菌增多，导致疾病的发生和流行。因此，只有清楚猪胃肠道菌群的作用，掌握影响猪胃肠道平衡调节的因素，才能有效地利用好猪胃肠道的有益菌群的作用，防止有害菌群的滋生。猪胃肠道内菌群组成、生长、分布相关的研究资料表明，在出生前动物胃肠道内是没有细菌的，出生3～4h肠道内才检测得出细菌。胃肠道内的微生物菌群有一定的定殖顺序：需氧菌→兼性厌氧菌→专性厌氧菌。哺乳前期仔猪胃中有数量较少的细菌，哺乳后期的仔猪胃和小肠有较多数量的乳酸杆菌和链球菌。断奶仔猪由于断奶应激和日粮变化等因素的影响使消化道的内环境发生了变化，菌群也就发生了明显变化，其数量和定殖位点也相应地发生了改变。

猪胃肠道菌群的作用，有助于提高机体营养。①可以拮抗病原微生物，抑制外源菌生长与定殖。猪胃肠道内定殖的菌群可以有效地抑制外源菌生长与定殖，可以预防猪的疾病和促进生长。专性厌氧菌代谢产生的挥发性脂肪酸和乳酸，能降低胃肠道pH值和氧化还原电势，对外源菌的生长和繁殖有一定的抑制作用，特别是使肠内容物变酸，促进了肠蠕动，使外源菌未能定殖便已被排出；肠道菌与上皮细胞的紧密结合，对宿主细胞形成了占位性保护。②产生抗菌活性物质。另外，由于体内微生物的代谢能产生一定数量的抗菌活性物质，例如乳酸球菌会分泌一定数量的类细菌素物质，具有广谱抗菌作用，能抑制大肠杆菌等革兰氏阴性菌的生长与繁殖。③有利于机体免疫力的提高。猪胃肠道内的菌群和宿主具有相互影响、相互作用的复杂性。此类细菌便是宿主自身免疫中的一部分，通常情况下不会引起免疫反应。④加强肠道免疫系统发育。有学者认为，当肠道的菌群缺乏时对肠道免疫系统的发育影响较大，不同程度地破坏肠道正常形态的生长，同时免疫球蛋白的水平也会明显降低。⑤预防动物感染。因此，有学者认为，动物胃肠道菌群结构的稳定对动物感染有很好的预防作用，特别是对胃肠道疾病防治效果更为突出。定殖于胃肠道中的乳酸菌对致病菌有很好的对抗作用，有利于抗感染能力的增强，并增加肠黏膜的免疫调节活性。

5．不同养殖模式对猪肠道微生物的影响

有报道认为仔猪腹泻组主要富集厚壁菌门（Firmicutes）和变形菌门（Proteobacteria）的菌属，健康组主要富集拟杆菌门（Bacteroidetes）和互养菌门（Synergistetes）的菌属。与健康组仔猪相比，在门水平上，腹泻组仔猪的梭杆菌门和变形菌门的相对丰度显著（$P < 0.05$）增加，而厚壁菌门的相对丰度显著（$P < 0.05$）下降。腹泻组中梭杆菌属（Fusobacterium）、普雷沃菌属（Prevotella）、埃希菌属（Escherichia）、乳杆菌属（Lactobacillus）、厌氧弧菌属（Anaerovibrio）、拟普雷沃菌属（Alloprevotella）和梭杆菌科未分类的1属（Fusobacteriaceae unclassified）的相对丰度显著（$P < 0.05$）高于健康组，而大部分厚壁菌门菌属显著（$P < 0.05$）低于健康组。

饲料发酵床是利用发酵床与发酵饲料的结合，用牧草作为垫料，发酵床作为发酵槽，猪粪作为氮素添加促进发酵饲料的发酵，猪在发酵床上取食牧草发酵饲料，不用抗生素，猪健康生长。为比较饲料发酵床养猪与传统养猪肠道微生物菌群的差异，笔者取样饲料发酵床上养殖的猪的粪便与传统猪舍养殖的猪的粪便，进行高通量测序，分析不同养殖方式猪肠道微生物菌群的差异，揭示饲料发酵床健康养猪的机制。

二、饲料发酵床与传统养猪肠道微生物组比较

1．细菌门水平

（1）共有细菌种类比较　由饲料发酵床（mfsp）与传统养殖（trop）的育肥猪粪分析的肠道微生物菌群细菌门水平存在较大差异（图5-1）。在细菌门水平上，共检测到35个细菌门（表5-1），饲料发酵床猪肠道微生物菌群31个门，比传统养猪的26个细菌门

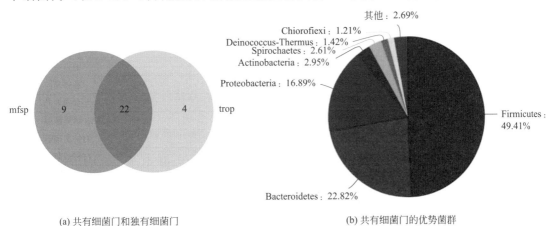

(a) 共有细菌门和独有细菌门　　　　　　　(b) 共有细菌门的优势菌群

图5-1　饲料发酵床与传统养殖猪肠道细菌门菌群比较

高 19.237%［图 5-1(a)］；两者共有细菌门 22 种［图 5-1(b)］，前 3 个高含量的细菌门分别为
Firmicutes（厚壁菌门）（49.41%）、Bacteroidetes（拟杆菌门）（22.82%）、Proteobacteria（变形菌门）
（16.89%）；饲料发酵床猪肠道微生物菌群独有细菌门 9 个，比传统养猪的 4 个细菌门多 5 个。

表5-1　饲料发酵床与传统养殖猪肠道细菌门菌群含量

物种名称	细菌门含量/%	
	发酵床猪肠道	传统养殖猪肠道
【1】 厚壁菌门	32.5400	58.7000
【2】 拟杆菌门	34.2600	16.1200
【3】 变形菌门	16.6300	16.9100
【4】 放线菌门	3.0670	2.8620
【5】 螺旋体门	2.6680	2.5580
【6】 异常球菌-栖热菌门	3.5960	0.1596
【7】 绿弯菌门	2.8540	0.2623
【8】 柔膜菌门	0.5921	0.6709
【9】 疣微菌门	0.0299	0.8894
【10】 互养菌门	0.7251	0.0019
【11】 候选（亚）门Patescibacteria	0.4524	0.2300
【12】 纤维杆菌门	0.5621	0.0000
【13】 阴沟单胞菌门	0.5089	0.0000
【14】 圣诞岛菌门	0.3626	0.0950
【15】 酸杆菌门	0.3160	0.1083
【16】 芽单胞菌纲	0.3060	0.0532
【17】 蓝细菌门	0.1031	0.2148
【18】 黏胶球形菌门	0.1497	0.0019
【19】 ε-杆菌门	0.0466	0.0380
【20】 未分类的细菌门	0.0599	0.0228
【21】 候选门BRC1	0.0499	0.0171
【22】 衣原体门	0.0000	0.0475
【23】 浮霉菌门	0.0333	0.0038
【24】 产氢菌门	0.0200	0.0019
【25】 装甲菌门	0.0200	0.0000
【26】 候选门WPS-2	0.0166	0.0019
【27】 乳胶杆菌门	0.0133	0.0000
【28】 迷踪菌门	0.0000	0.0114
【29】 脱铁杆菌门	0.0000	0.0057
【30】 候选门FBP	0.0000	0.0038
【31】 依赖菌门	0.0033	0.0000
【32】 黑杆菌门	0.0033	0.0000
【33】 WS4	0.0033	0.0000
【34】 热袍菌门	0.0033	0.0000
【35】 候选门CK-2C2-2	0.0033	0.0000

（2）细菌群落差异性比较　在细菌门水平上，饲料发酵床猪肠道（简称发酵床）优势菌
群为厚壁菌门（32.5400%）＞拟杆菌门（34.2600%）＞变形菌门（16.6300%）；传统养殖猪
肠道（简称传统养殖）优势菌群为厚壁菌门（58.7000%）＞变形菌门（16.9100%）＞拟杆菌
门（16.1200%）［图 5-2(a)］。传统养殖的厚壁菌门比发酵床高出 26.16%，含有大量的梭菌类
的病原菌；发酵床的拟杆菌门比传统养殖高出 18.14%，含有大量的有机质分解菌。异常球
菌 - 栖热菌门在发酵床含量为 3.5960%，高于传统养殖的 0.1596%；绿弯菌门在发酵床含量
为 2.8540%，高于传统养殖的 0.2623%［图 5-2(b)］。饲料发酵床猪肠道含有大量的有机质分
解菌，传统养殖猪肠道含有大量的病原菌。

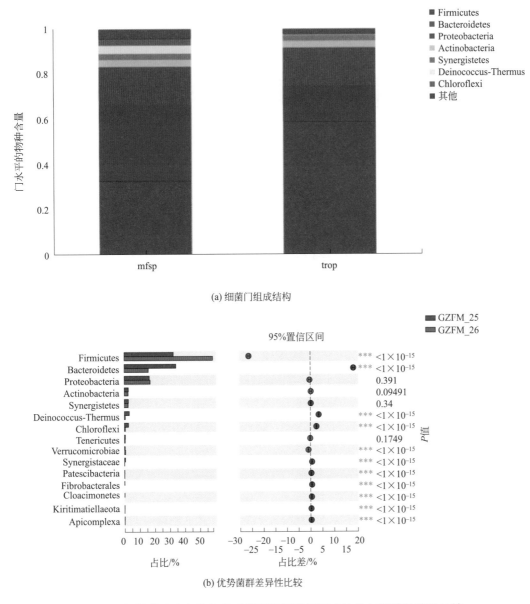

(a) 细菌门组成结构

(b) 优势菌群差异性比较

图5-2　饲料发酵床与传统养殖猪肠道细菌门组成结构与优势种差异比较

（3）细菌门组成热图分析　在细菌门水平上，典型差异特征表现在图 5-3 上的双箭头区域，包括了黏胶球形菌门（Lentisphaerae，肠道微生物）、互养菌门（Synergistetes，氨基酸降解菌）、纤维杆菌门（Fibrobacteres，纤维素降解菌）、阴沟单胞菌门（Cloacimonetes，厌氧有机物降解菌），在饲料发酵床中含量低于传统养殖的。

（4）细菌门系统发育亚群落分化　饲料发酵床（mfsp）与传统养殖（trop）猪肠道优势细菌门系统发育见图 5-4。厚壁菌门、拟杆菌门、变形菌门为优势菌群，厚壁菌门包含着许多猪病原菌，在饲料发酵床猪肠道含量低于传统养猪；拟杆菌门包含着许多有机质分解菌，发酵床猪肠道含量高于传统养猪；变形菌门包含许多猪病原，发酵床猪肠道含量低于传统养猪。

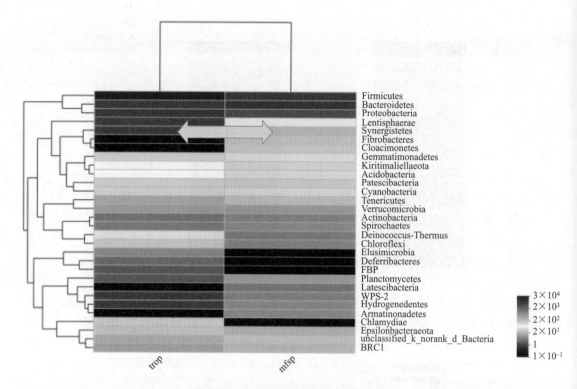

图5-3 饲料发酵床与传统养殖猪肠道优势细菌门热图分析

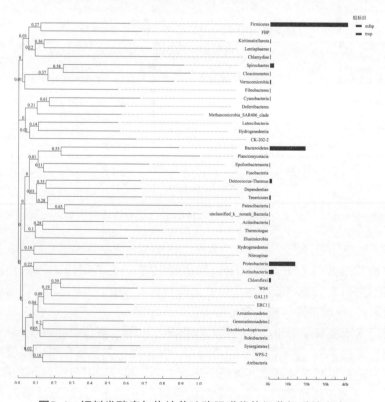

图5-4 饲料发酵床与传统养殖猪肠道优势细菌门系统发育

根据表 5-1 构建矩阵，以细菌门为样本、养殖方式为指标、马氏距离为尺度，用可变类平均法进行系统聚类，分析结果见表 5-2、图 5-5。可将饲料发酵床与传统养殖猪肠道细菌门亚群落分化聚类为 3 组，第 1 组高含量组，包括了 3 个细菌门，即厚壁菌门、拟杆菌门、变形菌门；在发酵床猪肠道的细菌门平均值为 27.8100%，低于传统养殖猪肠道的 30.5767%，厚壁菌门包含着多病原菌，传统养殖猪肠道含量 58.7000%，高于发酵床猪肠道；拟杆菌门包含着许多有机质分解菌，发酵床猪肠道含量 34.2600%，高于传统养殖猪肠道。第 2 组中含量组，包括了 12 个细菌门，即放线菌门、螺旋体门（Spirochaetes）、异常球菌 - 栖热菌门、绿弯菌门、柔膜菌门（Tenericutes）、互养菌门、候选（亚）门 Patescibacteria、纤维杆菌门、阴沟单胞菌门、圣诞岛菌门、酸杆菌门、芽单胞菌门（Gemmatimonadetes）；这组菌群在发酵床猪肠道平均值（1.3342%）较传统养殖猪肠道（0.5834%）高 1.28 倍。第 3 组低含量组，包括了其余的 20 个细菌门，其平均值在传统养殖猪肠道为 0.0630%，较发酵床猪肠道（0.0279%）高 1.25 倍。

表5-2　饲料发酵床与传统养殖猪肠道细菌门亚群落分化聚类分析

组别	物种名称	细菌门含量/%	
		发酵床猪肠道	传统养殖猪肠道
1	厚壁菌门	32.5400	58.7000
1	拟杆菌门	34.2600	16.1200
1	变形菌门	16.6300	16.9100
第1组3个样本平均值		27.8100	30.5767
2	放线菌门	3.0670	2.8620
2	螺旋体门	2.6680	2.5580
2	异常球菌-栖热菌门	3.5960	0.1596
2	绿弯菌门	2.8540	0.2623
2	柔膜菌门	0.5921	0.6709
2	互养菌门	0.7251	0.0019
2	候选（亚）门Patescibacteria	0.4524	0.2300
2	纤维杆菌门	0.5621	0.0000
2	阴沟单胞菌门	0.5089	0.0000
2	圣诞岛菌门	0.3626	0.0950
2	酸杆菌门	0.3160	0.1083
2	芽单胞菌门	0.3060	0.0532
第2组12个样本平均值		1.3342	0.5834
3	疣微菌门	0.0299	0.8894
3	蓝细菌门	0.1031	0.2148
3	黏胶球形菌门	0.1497	0.0019
3	ε-杆菌门	0.0466	0.0380
3	未分类的细菌门	0.0599	0.0228
3	候选门BRC1	0.0499	0.0171
3	衣原体门	0.0000	0.0475
3	浮霉菌门	0.0333	0.0038
3	产氢菌门	0.0200	0.0019
3	装甲菌门	0.0200	0.0000
3	候选门WPS-2	0.0166	0.0019
3	乳胶杆菌门	0.0133	0.0000
3	迷踪菌门	0.0000	0.0114
3	脱铁杆菌门	0.0000	0.0057
3	候选门FBP	0.0000	0.0038
3	依赖菌门	0.0033	0.0000

续表

组别	物种名称	细菌门含量/%	
		发酵床猪肠道	传统养殖猪肠道
3	黑杆菌门	0.0033	0.0000
3	候选门WS4	0.0033	0.0000
3	热袍菌门	0.0033	0.0000
3	候选门CK-2C2-2	0.0033	0.0000
第3组20个样本平均值		0.0279	0.0630

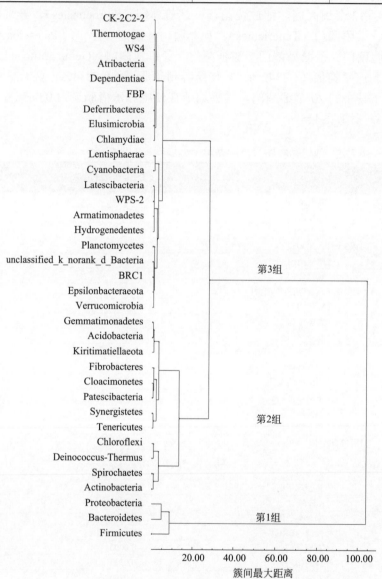

图5-5　饲料发酵床与传统养殖猪肠道细菌门亚群落分化聚类分析

2.　细菌纲水平

（1）共有细菌种类比较　由饲料发酵床（mfsp）与传统养殖（trop）的育肥猪粪分析的

肠道微生物菌群细菌纲存在较大差异（图5-6）。在细菌纲水平上，共检测到68个细菌纲（表5-3），饲料发酵床猪肠道微生物菌群61个纲，比传统养猪的43个细菌纲高41.87%；两者共有细菌纲36种，前3个高含量的细菌纲分别为梭菌纲（Clostridia）（32.12%）、拟杆菌纲（Bacteroidia）（22.81%）、γ-变形菌纲（Gammaproteobacteria）（14.78%）；饲料发酵床猪肠道微生物菌群独有细菌纲25个，比传统养猪的7个细菌纲多18个。饲料发酵床猪肠道微生物菌群细菌纲数量高于传统养猪。

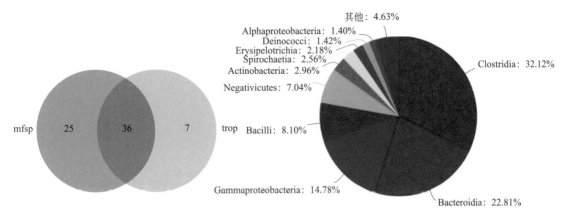

(a) 共有细菌纲和独有细菌纲　　　　　　　　(b) 共有细菌纲的优势菌群

图5-6　饲料发酵床与传统养殖猪肠道细菌纲微生物菌群比较

表5-3　饲料发酵床与传统养殖猪肠道细菌纲菌群含量

物种名称		细菌纲含量/%	
		发酵床猪肠道	传统养殖猪肠道
【1】	梭菌纲	28.7000	33.7600
【2】	拟杆菌纲	34.1200	16.1200
【3】	γ-变形菌纲	14.7800	14.6300
【4】	芽胞杆菌纲	2.6810	11.1100
【5】	阴壁菌纲	0.0732	10.9500
【6】	放线菌纲	3.0670	2.8620
【7】	螺旋体纲	2.5180	2.5580
【8】	丹毒丝菌纲	0.9679	2.8530
【9】	异常球菌纲	3.5960	0.1596
【10】	α-变形菌纲	1.0810	1.5720
【11】	厌氧绳菌纲	2.4220	0.0437
【12】	δ-变形菌纲	0.7750	0.7089
【13】	柔膜菌纲	0.5921	0.6709
【14】	疣微菌纲	0.0299	0.8894
【15】	互养菌纲	0.7251	0.0019
【16】	纤维杆菌纲	0.5621	0.0000
【17】	绿弯菌纲	0.3459	0.2129
【18】	阴沟单胞菌纲	0.5089	0.0000
【19】	圣诞岛菌纲	0.3626	0.0950
【20】	糖单胞菌纲	0.1597	0.2281
【21】	芽单胞菌纲	0.3060	0.0532
【22】	黑暗杆菌纲	0.1031	0.2090
【23】	寡养球形菌纲	0.1497	0.0019

续表

物种名称	细菌纲含量/%	
	发酵床猪肠道	传统养殖猪肠道
【24】 亚群6的1纲	0.1164	0.0342
【25】 嗜热厌氧杆菌纲	0.1264	0.0095
【26】 候选门WS6多伊卡菌纲	0.1297	0.0019
【27】 钩端螺旋体纲	0.1231	0.0000
【28】 热杆菌纲	0.1098	0.0057
【29】 弯曲杆菌纲	0.0466	0.0380
【30】 纤细杆菌纲	0.0832	0.0000
【31】 未分类的细菌纲	0.0599	0.0228
【32】 湖绳菌纲	0.0765	0.0019
【33】 出芽小链菌纲亚群4	0.0133	0.0646
【34】 候选门BRC1分类地位未定的1纲	0.0499	0.0171
【35】 脱卤球菌纲	0.0599	0.0019
【36】 候选纲ABY1	0.0566	0.0000
【37】 衣原体纲	0.0000	0.0475
【38】 厚壁菌门未分类的1纲	0.0133	0.0266
【39】 亚群18的1纲	0.0399	0.0000
【40】 候选纲BRH-c20a	0.0333	0.0000
【41】 海草球形菌纲	0.0266	0.0000
【42】 候选纲MVP-15	0.0266	0.0000
【43】 懒惰杆菌纲	0.0266	0.0000
【44】 产氢菌纲	0.0200	0.0019
【45】 装甲菌门分类地位未定的1纲	0.0200	0.0000
【46】 候选门WPS-2分类地位未定的1纲	0.0166	0.0019
【47】 酸杆菌纲	0.0166	0.0000
【48】 候选纲JG30-KF-CM66	0.0166	0.0000
【49】 乳胶杆菌纲	0.0133	0.0000
【50】 迷踪菌纲	0.0000	0.0114
【51】 贝克尔杆菌纲	0.0100	0.0000
【52】 候选纲OM190	0.0067	0.0019
【53】 候选纲WWE3	0.0067	0.0000
【54】 候选纲OLB14	0.0067	0.0000
【55】 候选纲Sericytochromatia	0.0000	0.0057
【56】 脱铁杆菌纲	0.0000	0.0057
【57】 候选纲KD4-96	0.0033	0.0019
【58】 候选门FBP分类地位未定的1纲	0.0000	0.0038
【59】 候选纲Parcubacteria	0.0033	0.0000
【60】 候选纲Microgenomatia	0.0033	0.0000
【61】 亚群21的1纲	0.0033	0.0000
【62】 候选门CK-2C2-2分类地位未定的1纲	0.0033	0.0000
【63】 候选门WS4分类地位未定的1纲	0.0033	0.0000
【64】 候选纲Babeliae	0.0033	0.0000
【65】 候选纲Caldatribacteriia	0.0033	0.0000
【66】 热袍菌纲	0.0033	0.0000
【67】 候选纲TK10	0.0000	0.0019
【68】 浮霉菌纲	0.0000	0.0019

（2）细菌群落差异性比较　在细菌纲水平上，梭菌纲在发酵床含量为 28.7000%，低于传统养殖的 33.7600%，差异极显著（$P < 0.01$）；拟杆菌纲在发酵床含量为 34.1200%，高于传统养殖的 16.1200%，差异极显著（$P < 0.01$）；γ- 变形菌纲在发酵床含量为 14.7800%，与传统养殖的 14.6300% 相当，差异不显著［图 5-7(a)］。

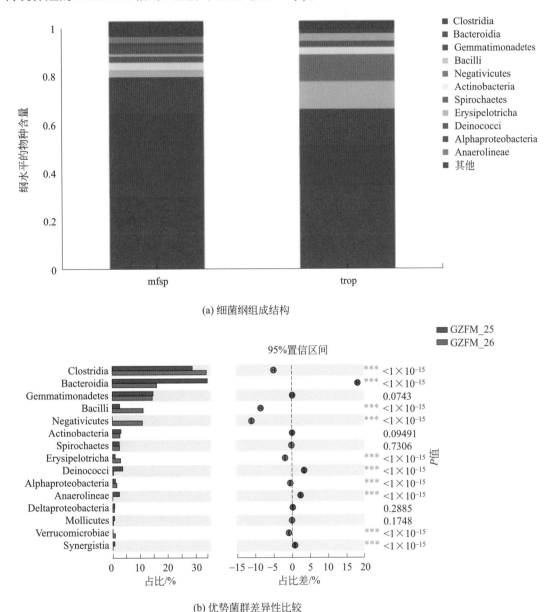

(a) 细菌纲组成结构

(b) 优势菌群差异性比较

图5-7　饲料发酵床与传统养殖猪肠道细菌纲组成结构与优势种差异比较

在发酵床猪肠道微生物高于传统养殖猪肠道微生物的前 3 个细菌纲中，发酵床猪肠道拟杆菌纲含量为 34.1200%，比传统养殖猪肠提高 0.89 倍；异常球菌纲（Deinococci）含量为 3.5960%，比传统养殖猪肠道提高 21.53 倍；厌氧绳菌纲（Anaerolineae）含量为 2.4220%，比传统养殖猪肠道提高 54.4 倍。在传统养殖猪肠道微生物高于发酵床猪肠道微生物的前 3 个细菌纲中，传统养殖猪肠道梭菌纲含量为 33.7600%，比发酵床猪肠道提高 0.17 倍；芽孢杆

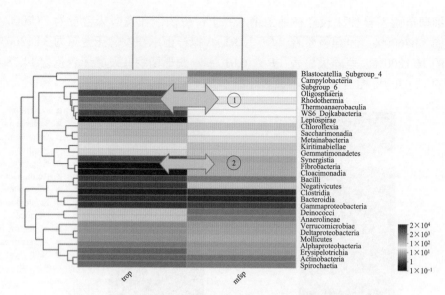

图5-8　饲料发酵床与传统养殖猪肠道优势细菌纲热图分析

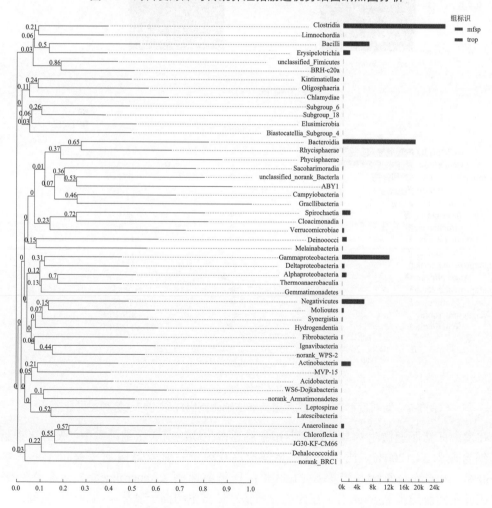

图5-9　饲料发酵床与传统养殖猪肠道优势细菌纲系统发育

菌纲（Bacilli）含量为 11.1100%，比发酵床猪肠道提高 3.14 倍；阴壁菌纲（Negativicutes）含量为 10.9500%，比发酵床猪肠道提高 148.9 倍［图 5-7（b）］。

（3）细菌纲组成热图分析　在细菌纲水平上，典型差异特征表现在图 5-8 上的双箭头两个区域，发酵床猪肠道微生物低于传统养殖肠道微生物，区域①包括了寡养球形菌纲（Oligosphaeria）、热杆菌纲、嗜热厌氧杆菌纲、候选门 WS6 多伊卡菌纲、钩端螺旋体纲；区域②包括了互养菌纲（Synergista）、纤维杆菌纲（Fibrobacteria）、阴沟单胞菌纲（Cloacimonadia）。

（4）细菌纲系统发育与亚群落分化　饲料发酵床（mfsp）与传统养殖（trop）猪肠道优势细菌纲系统发育见图 5-9。优势菌群梭菌纲在传统养殖猪肠道含量高于发酵床，拟杆菌纲在发酵床猪肠道含量高于传统养殖，γ- 变形菌纲在两者猪肠道含量相近。

根据表 5-3 构建矩阵，以细菌纲为样本、养殖方式为指标、马氏距离为尺度，用可变类平均法进行系统聚类，分析结果见表 5-4、图 5-10。可将饲料发酵床与传统养殖猪肠道细菌纲亚群落分化聚类为 3 组，第 1 组高含量组，包括了 8 个细菌纲，即梭菌纲、拟杆菌纲、γ- 变形菌纲、芽胞杆菌纲、阴壁菌纲、放线菌纲（Actinobacteria）、螺旋体纲（Spirochaetia）、丹毒丝菌纲（Erysipelotrichia），在发酵床猪肠道和传统养殖猪肠道含量平均值分别为 10.8634%、11.8554%，其中病原菌所在的细菌纲如梭菌纲、丹毒丝菌纲等，在传统养殖猪肠道含量远高于发酵床猪肠道。第 2 组中含量组，包括了 10 个细菌纲，即异常球菌纲、α- 变形菌纲（Alphaproteobacteria）、厌氧绳菌纲（Anaerolineae）、δ- 变形菌纲（Deltaproteobacteria）、柔膜菌纲（Mollicutes）、疣微菌纲（Verrucomicrobiae）、绿弯菌纲（Chloroflexia）、圣诞岛菌纲（Kiritimatiellae）、糖单胞菌纲（Saccharimonadia）、黑暗杆菌纲（Melainabacteria），在发酵床猪肠道平均含量（0.9467%）高于传统养殖猪肠道（0.4789%）。第 3 组低含组，包括了其余的 50 个细菌纲，其平均值在发酵床猪肠道和传统养殖猪肠道分布为 0.0726%、0.0073。

表5-4　饲料发酵床与传统养殖猪肠道细菌纲亚群落分化聚类分析

组别	物种名称	细菌纲含量/%	
		发酵床猪肠道	传统养殖猪肠道
1	梭菌纲	28.7000	33.7600
1	拟杆菌纲	34.1200	16.1200
1	γ-变形菌纲	14.7800	14.6300
1	芽胞杆菌纲	2.6810	11.1100
1	阴壁菌纲	0.0732	10.9500
1	放线菌纲	3.0670	2.8620
1	螺旋体纲	2.5180	2.5580
1	丹毒丝菌纲	0.9679	2.8530
	第1组8个样本平均值	10.8634	11.8554
2	异常球菌纲	3.5960	0.1596
2	α-变形菌纲	1.0810	1.5720
2	厌氧绳菌纲	2.4220	0.0437
2	δ-变形菌纲	0.7750	0.7089
2	柔膜菌纲	0.5921	0.6709
2	疣微菌纲	0.0299	0.8894
2	绿弯菌纲	0.3459	0.2129
2	圣诞岛菌纲	0.3626	0.0950
2	糖单胞菌纲	0.1597	0.2281
2	黑暗杆菌纲	0.1031	0.2090
	第2组10个样本平均值	0.9467	0.4789

续表

组别	物种名称	细菌纲含量/%	
		发酵床猪肠道	传统养殖猪肠道
3	互养菌纲	0.7251	0.0019
3	纤维杆菌纲	0.5621	0.0000
3	阴沟单胞菌纲	0.5089	0.0000
3	芽单胞菌纲	0.3060	0.0532
3	寡养球形菌纲	0.1497	0.0019
3	亚群6的1纲	0.1164	0.0342
3	嗜热厌氧杆菌纲	0.1264	0.0095
3	候选门WS6多伊卡菌纲	0.1297	0.0019
3	钩端螺旋体纲	0.1231	0.0000
3	热杆菌纲	0.1098	0.0057
3	弯曲杆菌纲	0.0466	0.0380
3	纤细杆菌纲	0.0832	0.0000
3	未分类的细菌门	0.0599	0.0228
3	湖绳菌纲	0.0765	0.0019
3	出芽小链菌纲亚群4纲	0.0133	0.0646
3	候选门BRC1分类地位未定的1纲	0.0499	0.0171
3	脱卤球菌纲	0.0599	0.0019
3	候选纲ABY1	0.0566	0.0000
3	衣原体纲	0.0000	0.0475
3	厚壁菌门未分类的1纲	0.0133	0.0266
3	亚群18的1个	0.0399	0.0000
3	候选纲BRH-c20a	0.0333	0.0000
3	海草球形菌纲	0.0266	0.0000
3	候选纲MVP-15	0.0266	0.0000
3	懒惰杆菌纲	0.0266	0.0000
3	产氢菌纲	0.0200	0.0019
3	装甲菌门分类地位未定的1纲	0.0200	0.0000
3	候选门WPS-2分类地位未定的1纲	0.0166	0.0019
3	酸杆菌纲	0.0166	0.0000
3	候选纲JG30-KF-CM66	0.0166	0.0000
3	乳胶杆菌纲	0.0133	0.0000
3	迷踪菌纲	0.0000	0.0114
3	贝克尔杆菌纲	0.0100	0.0000
3	候选纲OM190	0.0067	0.0019
3	候选纲WWE3	0.0067	0.0000
3	候选纲OLB14	0.0067	0.0000
3	候选纲Sericytochromatia	0.0000	0.0057
3	脱铁杆菌纲	0.0000	0.0057
3	候选纲KD4-96	0.0033	0.0019
3	候选门FBP分类地位未定的1纲	0.0000	0.0038
3	候选纲Parcubacteria	0.0033	0.0000
3	候选纲Microgenomatia	0.0033	0.0000
3	亚群21的1个	0.0033	0.0000
3	候选门CK-2C2-2分类地位未定的1纲	0.0033	0.0000
3	候选门WS4分类地位未定的1纲	0.0033	0.0000
3	候选纲Babeliae	0.0033	0.0000
3	候选纲Caldatribacteriia	0.0033	0.0000
3	热袍菌纲	0.0033	0.0000
3	候选纲TK10	0.0000	0.0019
3	浮霉菌纲	0.0000	0.0019
	第3组50个样本平均值	0.0726	0.0073

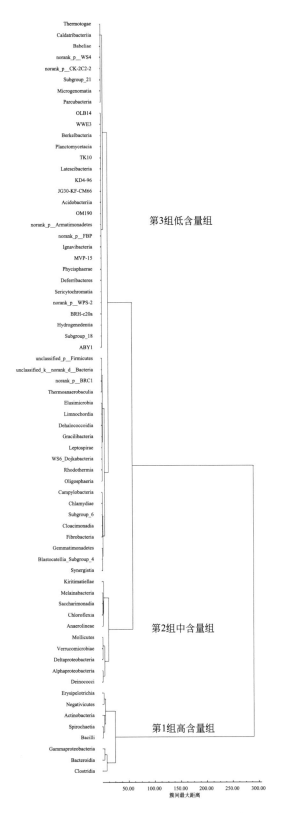

图5-10　饲料发酵床与传统养殖猪肠道细菌纲亚群落分化聚类分析

3．细菌目水平

（1）共有细菌种类比较 由饲料发酵床（mfsp）与传统养殖（trop）的育肥猪粪分析的肠道微生物菌群细菌目存在较大差异（图 5-11）。在细菌目水平上，共检测到 172 个细菌目（表 5-5），饲料发酵床猪肠道微生物菌群 151 个目，比传统养殖的 111 个细菌目高 36.03%；两者共有细菌目 90 个，前 3 个高含量的细菌目分别为梭菌目（32.48%）、拟杆菌目（19.80%）、月形单胞菌目（Selenomonadales）（7.15%）；饲料发酵床猪肠道微生物菌群独有细菌目 61 个，比传统养殖的 21 个细菌目多 40 个，饲料发酵床猪肠道微生物菌群细菌目丰富度高于传统养殖的。

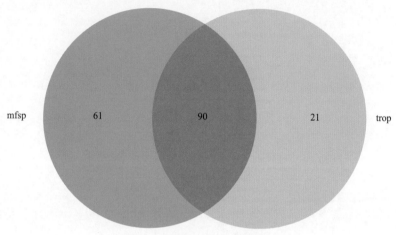

(a) 共有细菌目和独有细菌目

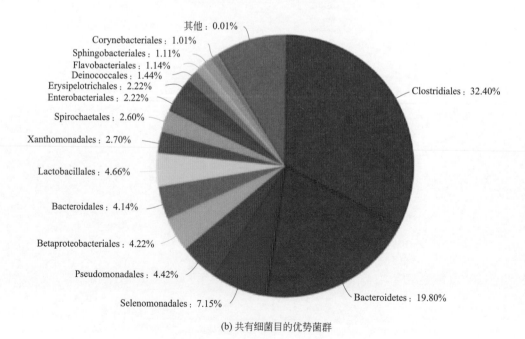

(b) 共有细菌目的优势菌群

图5-11　饲料发酵床与传统养殖猪肠道细菌目微生物菌群比较

表5-5　饲料发酵床与传统养殖猪肠道细菌目菌群含量

物种名称	细菌目含量/%	
	发酵床猪肠道	传统养殖猪肠道
【1】梭菌目	28.2400	33.7600
【2】拟杆菌目	30.3100	13.1200
【3】月形单胞菌目	0.0732	10.9500
【4】假单胞菌目	5.7140	3.8390
【5】β-变形菌目	5.1220	3.5540
【6】芽胞杆菌目	2.6440	4.8520
【7】乳杆菌目	0.0366	6.2560
【8】黄单胞菌目	3.3430	2.2390
【9】螺旋体目	2.5180	2.5580
【10】丹毒丝菌目	0.9679	2.8530
【11】异常球菌目	3.5960	0.1596
【12】肠杆菌目	0.0133	3.5630
【13】目SBR1031	2.2950	0.0266
【14】黄杆菌目	1.1480	1.1040
【15】棒杆菌目	1.2140	0.9768
【16】鞘脂杆菌目	0.1996	1.5930
【17】微球菌目	0.8349	0.7203
【18】噬纤维菌目	1.2310	0.2052
【19】根瘤菌目	0.4989	0.8210
【20】气单胞菌目	0.0000	1.1840
【21】噬几丁质菌目	0.9047	0.0912
【22】疣微菌目	0.0067	0.8837
【23】脱硫弧菌目	0.0865	0.6614
【24】互养菌目	0.7251	0.0019
【25】红杆菌目	0.3759	0.3307
【26】红蝽菌目(Coriobacteriales)	0.0699	0.5454
【27】纤维杆菌目	0.5621	0.0000
【28】柔膜菌纲RF39的1目	0.0366	0.5074
【29】热微菌目	0.3459	0.1824
【30】阴沟单胞菌目	0.5089	0.0000
【31】糖单胞菌目	0.1597	0.2281
【32】无胆甾原体目	0.3127	0.0418
【33】目WCHB1-41	0.2594	0.0950
【34】候选目Izimaplasmatales	0.2295	0.1140
【35】鞘脂单胞菌目	0.1098	0.2071
【36】胃嗜气菌目(Gastranaerophilales)	0.1031	0.2090
【37】目MBA03	0.2994	0.0019
【38】微丝菌目	0.2461	0.0456
【39】丙酸杆菌目	0.1929	0.0608
【40】脱硫杆菌目	0.2328	0.0000
【41】海洋放线菌目	0.2195	0.0057
【42】慢生单胞菌目	0.2229	0.0000
【43】芽单胞菌纲分类地位未定的1目	0.1763	0.0323
【44】拟杆菌纲未分类的1目	0.1962	0.0057
【45】双歧杆菌目	0.0000	0.1995
【46】纤维弧菌目	0.1597	0.0285
【47】放线菌目	0.0000	0.1672
【48】寡养球形菌目	0.1497	0.0019
【49】链孢囊菌目	0.1131	0.0380
【50】目R7C24	0.0133	0.1311

续表

物种名称	细菌目含量/%	
	发酵床猪肠道	传统养殖猪肠道
【51】 柄杆菌目	0.0033	0.1387
【52】 类固醇杆菌目	0.0965	0.0399
【53】 热厌氧菌门	0.1264	0.0095
【54】 拟杆菌门VC2.1_Bac22的1目	0.1330	0.0000
【55】 候选门WS6多伊卡菌纲分类地位未定的1目	0.1297	0.0019
【56】 亚群6的1纲分类地位未定的1目	0.1031	0.0247
【57】 钩端螺旋体目	0.1231	0.0000
【58】 芽单胞菌目	0.0998	0.0190
【59】 目113B434	0.1031	0.0000
【60】 链霉菌目	0.0366	0.0589
【61】 目EPR3968-O8a-Bc78	0.0931	0.0000
【62】 弯曲杆菌目	0.0466	0.0380
【63】 棘手萤杆菌目SR1(Absconditabacteriales_SR1)	0.0832	0.0000
【64】 未分类的细菌门的1目	0.0599	0.0228
【65】 红热菌目	0.0765	0.0057
【66】 黏球菌目	0.0665	0.0133
【67】 湖线菌门	0.0765	0.0019
【68】 海洋螺菌目	0.0699	0.0076
【69】 出芽小链菌目	0.0133	0.0608
【70】 厌氧绳菌目	0.0699	0.0000
【71】 候选门BRC1分类地位未定的1目	0.0499	0.0171
【72】 微单胞菌目	0.0665	0.0000
【73】 热厌氧杆菌目(Thermoanaerobacterales)	0.0632	0.0000
【74】 脱硫单胞菌目	0.0599	0.0000
【75】 甲基球菌目	0.0599	0.0000
【76】 候选法尔科夫菌门的1目	0.0566	0.0000
【77】 土壤红色杆菌目	0.0266	0.0266
【78】 衣原体目	0.0000	0.0475
【79】 暖绳菌目	0.0233	0.0171
【80】 目DTU014	0.0399	0.0000
【81】 梭菌纲未分类的1目	0.0399	0.0000
【82】 厚壁菌门未分类的1目	0.0133	0.0266
【83】 亚群18分类地位未定的1目	0.0399	0.0000
【84】 α-变形菌纲未分类的1目	0.0333	0.0057
【85】 蛭弧菌目	0.0333	0.0057
【86】 假诺卡氏菌目	0.0233	0.0114
【87】 目NB1-j	0.0299	0.0038
【88】 纲BRH-c20a分类地位未定的1目	0.0333	0.0000
【89】 班努斯菌目	0.0333	0.0000
【90】 目vadinBA26	0.0333	0.0000
【91】 长微菌目	0.0299	0.0019
【92】 目CCM19a	0.0233	0.0076
【93】 绿弯菌目(Chloroflexales)	0.0000	0.0304
【94】 目S085	0.0266	0.0019
【95】 立克次氏体目	0.0133	0.0152
【96】 目RBG-13-54-9	0.0266	0.0000

续表

物种名称	细菌目含量/%	
	发酵床猪肠道	传统养殖猪肠道
【97】 海草球形菌目	0.0266	0.0000
【98】 纲MVP-15分类地位未定的1目	0.0266	0.0000
【99】 醋酸杆菌目	0.0033	0.0228
【100】 目MBNT15	0.0100	0.0152
【101】 未分类的1目	0.0133	0.0095
【102】 产氢菌目(Hydrogenedentiales)	0.0200	0.0019
【103】 目CCD24	0.0200	0.0019
【104】 目OPB56	0.0200	0.0000
【105】 装甲菌门分类地位未定的1目	0.0200	0.0000
【106】 候选门WPS-2分类地位未定的1目	0.0166	0.0019
【107】 目PB19	0.0166	0.0019
【108】 斯尼思氏菌目	0.0133	0.0038
【109】 土源杆菌目	0.0166	0.0000
【110】 候选纲JG30-KF-CM66分类地位未定的1目	0.0166	0.0000
【111】 军团菌目	0.0067	0.0095
【112】 α-变形菌纲分类地位未定的1目	0.0100	0.0038
【113】 KI89A进化枝的1目	0.0133	0.0000
【114】 目OPB41	0.0133	0.0000
【115】 土球形菌目(Pedosphaerales)	0.0133	0.0000
【116】 红弧菌目(Rhodovibrionales)	0.0000	0.0133
【117】 目D8A-2	0.0133	0.0000
【118】 迷踪菌目(Elusimicrobiales)	0.0000	0.0114
【119】 γ-变形菌纲分类地位未定的1目	0.0033	0.0076
【120】 丰佑菌目	0.0067	0.0038
【121】 贝克尔杆菌纲分类地位未定的1目	0.0100	0.0000
【122】 紫螺菌目(Puniceispirillales)	0.0100	0.0000
【123】 外硫红螺旋菌目	0.0100	0.0000
【124】 心杆菌目(Cardiobacteriales)	0.0000	0.0095
【125】 交替单胞菌目	0.0033	0.0057
【126】 SAR324分支海洋群B的1目	0.0067	0.0019
【127】 候选纲OM190分类地位未定的1目	0.0067	0.0019
【128】 泰科院菌目(Tistrellales)	0.0033	0.0038
【129】 候选目(Latescibacterales)	0.0067	0.0000
【130】 纲WWE3分类地位未定的1目	0.0067	0.0000
【131】 互营杆菌目(Syntrophobacterales)	0.0067	0.0000
【132】 纲OLB14分类地位未定的1目	0.0067	0.0000
【133】 乳胶杆菌纲分类地位未定的1目	0.0067	0.0000
【134】 盐原体目(Haloplasmatales)	0.0067	0.0000
【135】 纲Sericytochromatia分类地位未定的1目	0.0000	0.0057
【136】 脱硫盒菌目(Desulfarculales)	0.0000	0.0057
【137】 脱铁杆菌目(Deferribacterales)	0.0000	0.0057
【138】 厌氧原体目(Anaeroplasmatales)	0.0000	0.0057
【139】 土源杆菌目	0.0033	0.0019
【140】 纲KD4-96分类地位未定的1目	0.0033	0.0019
【141】 盖亚菌目	0.0033	0.0019
【142】 γ-变形菌纲未分类的1目	0.0033	0.0019
【143】 红螺菌目	0.0033	0.0019
【144】 候选门FBP分类地位未定的1目	0.0000	0.0038

续表

物种名称	细菌目含量/%	
	发酵床猪肠道	传统养殖猪肠道
【145】芽胞杆菌纲分类地位未定的1目	0.0000	0.0038
【146】目11-24	0.0000	0.0038
【147】东氏菌目(Dongiales)	0.0000	0.0038
【148】放线菌纲未分类的1目	0.0000	0.0038
【149】目1013-28-CG33	0.0033	0.0000
【150】柔膜菌纲未分类的1目	0.0033	0.0000
【151】世袍菌目(Kosmotogales)	0.0033	0.0000
【152】黑杆菌目(Caldatribacteriales)	0.0033	0.0000
【153】热链形菌目	0.0033	0.0000
【154】厌氧绳菌纲未分类的1目	0.0033	0.0000
【155】懒惰杆菌目	0.0033	0.0000
【156】小弧菌目	0.0033	0.0000
【157】动孢菌目	0.0033	0.0000
【158】尤泽比氏菌目	0.0033	0.0000
【159】目PLTA13	0.0033	0.0000
【160】候选门CK-2C2-2分类地位未定的1目	0.0033	0.0000
【161】候选门WS4分类地位未定的1目	0.0033	0.0000
【162】候选目Babeliales	0.0033	0.0000
【163】隐秘菌目(Kryptoniales)	0.0033	0.0000
【164】δ-变形菌纲未分类的1目	0.0033	0.0000
【165】纲Microgenomatia分类地位未定的1目	0.0033	0.0000
【166】亚群21分类地位未定的1目	0.0033	0.0000
【167】目EUB33-2	0.0033	0.0000
【168】候选莫兰杆菌门(Moranbacteria)的1目	0.0033	0.0000
【169】目T2WK15B57	0.0000	0.0019
【170】纲TK10分类地位未定的1目	0.0000	0.0019
【171】γ-变形菌纲分类地位未定的1目	0.0000	0.0019
【172】等球形菌目(Isosphaerales)	0.0000	0.0019

（2）细菌群落差异性比较　在细菌目水平上，发酵床猪肠道优势菌群拟杆菌目（Bacteroidales）（30.3100%）＞梭菌目（Clostridiales）（28.2400%）＞假单胞菌目（5.7140%）；传统养殖猪肠道优势菌群梭菌目（33.7600%）＞拟杆菌目（13.1200%）＞月形单胞菌目（10.9500%）；在目水平上两者优势菌群出现分化［图5-12(a)］。传统养殖猪肠道的梭菌目含量为33.7600%，比发酵床高出19.55%，表明传统养殖猪肠道含有大量的梭菌类的梭菌目病原菌。发酵床猪肠道的拟杆菌目含量30.3100%，比传统养殖的高131.01%，拟杆菌目含有大量的有机质分解有益菌，表明发酵床猪肠道有益菌远远高于传统养殖。月形单胞菌目为常见肠道微生物，具有较强的分解蛋白质的功能，在发酵床猪肠道中含量很低，为0.0732%；在传统养殖猪肠道中含量很高，为10.95%，高出前者148.90%，反映了发酵床猪肠道低蛋白养殖水平和传统养殖猪肠道高蛋白养殖水平［图5-12(b)］。

（3）细菌目组成热图分析　细菌目水平热图分析见图5-13。典型差异特征表现在图5-13上的双箭头两个区域，区域①包括了2个细菌目菌群互养菌目和纤维杆菌目，在传统养殖猪肠道含量低于发酵床养殖猪肠道；区域②包括了5个细菌目菌群，即气单胞菌目（Aeromonadales，本目细菌有的种可引起人类、动物和水产动物肠炎、败血症等多种疾病）、疣微菌目（Verrucomicrobiales，有的种类为条件病原菌）、月形单胞菌目（主要发现于人口腔龋齿、食草动物的瘤胃和猪及几种啮齿动物的盲肠，用于厌氧消化）、乳杆菌目和肠杆菌目（动物条件病原菌），在传统养殖猪肠道含量高于发酵床养殖猪肠道。

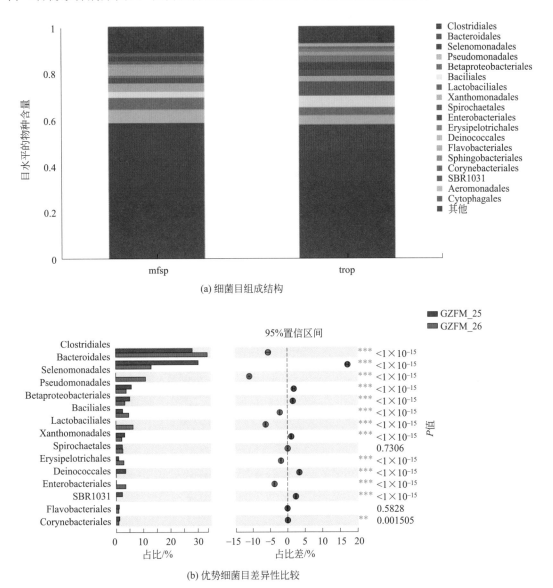

(a) 细菌目组成结构

(b) 优势细菌目差异性比较

图5-12　饲料发酵床与传统养殖猪肠道细菌目组成结构与优势细菌目差异比较

（4）细菌目系统发育与亚群落分化　饲料发酵床（mfsp）与传统养殖（trop）猪肠道优势细菌目系统发育见图 5-14。优势菌群梭菌目在传统养殖猪肠道含量高于发酵床，拟杆菌目在发酵床猪肠道含量高于传统养殖，丹毒丝菌目含量在传统养殖猪肠道远高于发酵床养殖。

根据表 5-5 构建矩阵，以细菌目为样本、养殖方式为指标、马氏距离为尺度，用可变类平均法进行系统聚类，分析结果见表 5-6、图 5-15。可将饲料发酵床与传统养殖猪肠道细菌目亚群落分化聚类为 3 组，第 1 组高含量组，包括了 2 个细菌目，即梭菌目和拟杆菌目，发

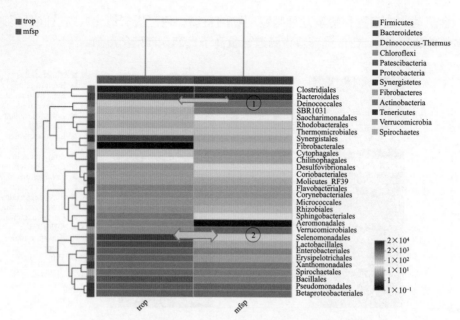

图5-13　饲料发酵床与传统养殖猪肠道优势细菌目热图分析

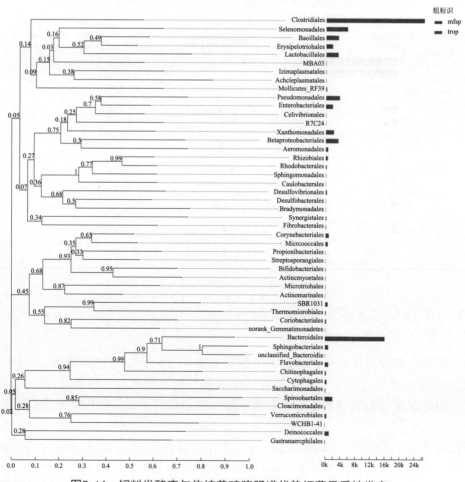

图5-14　饲料发酵床与传统养殖猪肠道优势细菌目系统发育

酵床猪肠道和传统养殖猪肠道含量平均值分别为 29.2750%、23.4400%，其中病原菌所在的细菌目如梭菌目，传统养殖猪肠道含量远高于发酵床猪肠道。第 2 组中含量组，包括了 11个细菌目，即月形单胞菌目、假单胞菌目、β- 变形菌目、芽胞杆菌目、乳杆菌目、黄单胞菌目、螺旋体目、丹毒丝菌目、异常球菌目、肠杆菌目、目 SBR1031，在发酵床猪肠道平均含量（2.3930%）低于传统养殖猪肠道（3.7137%），条件病原菌所在的目如异常球菌目在传统养殖猪肠道中含量远低于发酵床猪肠道中含量。第 3 组低含量组，包括了其余的 159 个细菌目，其含量平均值在发酵床猪肠道和传统养殖猪肠道分别为 0.0951%、0.0772%。

表5-6　饲料发酵床与传统养殖猪肠道细菌目亚群落分化聚类分析

组别	物种名称	细菌目含量/%	
		发酵床猪肠道	传统养殖猪肠道
1	梭菌目	28.2400	33.7600
1	拟杆菌目	30.3100	13.1200
	第1组2个样本平均值	29.2750	23.4400
2	月形单胞菌目	0.0732	10.9500
2	假单胞菌目	5.7140	3.8390
2	β-变形菌目	5.1220	3.5540
2	芽胞杆菌目	2.6440	4.8520
2	乳杆菌目	0.0366	6.2560
2	黄单胞菌目	3.3430	2.2390
2	螺旋体目	2.5180	2.5580
2	丹毒丝菌目	0.9679	2.8530
2	异常球菌目	3.5960	0.1596
2	肠杆菌目	0.0133	3.5630
2	目SBR1031	2.2950	0.0266
	第2组11个样本平均值	2.3930	3.7137
3	黄杆菌目	1.1480	1.1040
3	棒杆菌目	1.2140	0.9768
3	鞘脂杆菌目	0.1996	1.5930
3	微球菌目	0.8349	0.7203
3	噬纤维菌目	1.2310	0.2052
3	根瘤菌目	0.4989	0.8210
3	气单胞菌目	0.0000	1.1840
3	噬几丁质菌目	0.9047	0.0912
3	疣微菌目	0.0067	0.8837
3	脱硫弧菌目	0.0865	0.6614
3	互养菌目	0.7251	0.0019
3	红杆菌目	0.3759	0.3307
3	红螺菌目	0.0699	0.5454
3	纤维杆菌目	0.5621	0.0000
3	柔膜菌纲RF39的1目	0.0366	0.5074
3	热微菌目	0.3459	0.1824
3	阴沟单胞菌目	0.5089	0.0000
3	糖单胞菌目	0.1597	0.2281
3	无胆甾原体目	0.3127	0.0418
3	目WCHB1-41	0.2594	0.0950
3	候选目Izimaplasmatales	0.2295	0.1140
3	鞘脂单胞菌目	0.1098	0.2071
3	胃嗜气菌目(Gastranaerophilales)	0.1031	0.2090
3	目MBA03	0.2994	0.0019
3	微丝菌目	0.2461	0.0456

续表

组别	物种名称	细菌目含量/%	
		发酵床猪肠道	传统养殖猪肠道
3	丙酸杆菌目	0.1929	0.0608
3	脱硫杆菌目	0.2328	0.0000
3	海洋放线菌目	0.2195	0.0057
3	慢生单胞菌目	0.2229	0.0000
3	芽单胞菌纲分类地位未定的1目	0.1763	0.0323
3	拟杆菌纲未分类的1目	0.1962	0.0057
3	双歧杆菌目	0.0000	0.1995
3	纤维弧菌目	0.1597	0.0285
3	放线菌目	0.0000	0.1672
3	寡养球形菌目	0.1497	0.0019
3	链孢囊菌目	0.1131	0.0380
3	目R7C24	0.0133	0.1311
3	柄杆菌目	0.0033	0.1387
3	类固醇杆菌目	0.0965	0.0399
3	热厌氧菌目	0.1264	0.0095
3	拟杆菌门VC2.1_Bac22的1目	0.1330	0.0000
3	候选门WS6多伊卡菌纲分类地位未定的1目	0.1297	0.0019
3	亚群6的1纲分类地位未定的1目	0.1031	0.0247
3	钩端螺旋体目	0.1231	0.0000
3	芽单胞菌目	0.0998	0.0190
3	目113B434	0.1031	0.0000
3	链霉菌目	0.0366	0.0589
3	目EPR3968-O8a-Bc78	0.0931	0.0000
3	弯曲杆菌目	0.0466	0.0380
3	棘手萤杆菌目SR1	0.0832	0.0000
3	未分类的细菌门的1目	0.0599	0.0228
3	红热菌目	0.0765	0.0057
3	黏球菌目	0.0665	0.0133
3	湖线菌目	0.0765	0.0019
3	海洋螺菌目	0.0699	0.0076
3	出芽小链菌目	0.0133	0.0608
3	厌氧绳菌目	0.0699	0.0000
3	候选门BRC1分类地位未定的1目	0.0499	0.0171
3	微单胞菌目	0.0665	0.0000
3	热厌氧杆菌目	0.0632	0.0000
3	脱硫单胞菌目	0.0599	0.0000
3	甲基球菌目	0.0599	0.0000
3	候选法尔科夫菌门的1目	0.0566	0.0000
3	土壤红色杆菌目	0.0266	0.0266
3	衣原体目	0.0000	0.0475
3	暖绳菌目	0.0233	0.0171
3	目DTU014	0.0399	0.0000
3	梭菌纲未分类的1目	0.0399	0.0000
3	厚壁菌门未分类的1纲	0.0133	0.0266
3	亚群18分类地位未定的1目	0.0399	0.0000
3	α-变形菌纲未分类的1目	0.0333	0.0057
3	蛭弧菌目	0.0333	0.0057
3	假诺卡氏菌目	0.0233	0.0114
3	目NB1-j	0.0299	0.0038
3	纲BRH-c20a分类地位未定的1目	0.0333	0.0000
3	班努斯菌目	0.0333	0.0000

续表

组别	物种名称	细菌目含量/%	
		发酵床猪肠道	传统养殖猪肠道
3	目vadinBA26	0.0333	0.0000
3	长微菌目	0.0299	0.0019
3	目CCM19a	0.0233	0.0076
3	绿弯菌目	0.0000	0.0304
3	目S085	0.0266	0.0019
3	立克次氏体目	0.0133	0.0152
3	目RBG-13-54-9	0.0266	0.0000
3	海草球形菌目	0.0266	0.0000
3	纲MVP-15分类地位未定的1目	0.0266	0.0000
3	醋酸杆菌目	0.0033	0.0228
3	目MBNT15	0.0100	0.0152
3	未分类的1目	0.0133	0.0095
3	产氢菌目	0.0200	0.0019
3	目CCD24	0.0200	0.0019
3	目OPB56	0.0200	0.0000
3	装甲菌门分类地位未定的1目	0.0200	0.0000
3	候选门WPS-2分类地位未定的1目	0.0166	0.0019
3	目PB19	0.0166	0.0019
3	斯尼思氏菌目	0.0133	0.0038
3	土源杆菌目	0.0166	0.0000
3	候选纲JG30-KF-CM66分类地位未定的1目	0.0166	0.0000
3	军团菌目	0.0067	0.0095
3	α-变形菌纲分类地位未定的1目	0.0100	0.0038
3	KI89A进化枝的1目	0.0133	0.0000
3	目OPB41	0.0133	0.0000
3	土球形菌目	0.0133	0.0000
3	红弧菌目	0.0000	0.0133
3	目D8A-2	0.0133	0.0000
3	迷踪菌目	0.0000	0.0114
3	γ-变形菌纲分类地位未定的1目	0.0033	0.0076
3	丰佑菌目	0.0067	0.0038
3	贝克尔杆菌纲分类地位未定的1目	0.0100	0.0000
3	紫螺菌目	0.0100	0.0000
3	外硫红螺旋菌目	0.0100	0.0000
3	心杆菌目	0.0000	0.0095
3	交替单胞菌目	0.0033	0.0057
3	SAR324分支海洋群B的1目	0.0067	0.0019
3	候选纲OM190分类地位未定的1目	0.0067	0.0019
3	泰科院菌目	0.0033	0.0038
3	候选目Latescibacterales	0.0067	0.0000
3	纲WWE3分类地位未定的1目	0.0067	0.0000
3	互营杆菌目	0.0067	0.0000

组别	物种名称	细菌目含量/%	
		发酵床猪肠道	传统养殖猪肠道
3	纲OLB14分类地位未定的1目	0.0067	0.0000
3	乳胶杆菌纲分类地位未定的1目	0.0067	0.0000
3	盐原体目	0.0067	0.0000
3	纲Sericytochromatia分类地位未定的1目	0.0000	0.0057
3	脱硫盒菌目	0.0000	0.0057
3	脱铁杆菌目	0.0000	0.0057
3	厌氧原体目	0.0000	0.0057
3	土源杆菌目	0.0033	0.0019
3	纲KD4-96分类地位未定的1目	0.0033	0.0019
3	盖亚菌目	0.0033	0.0019
3	γ-变形菌纲未分类的1目	0.0033	0.0019
3	红螺菌目	0.0033	0.0019
3	候选门FBP分类地位未定的1目	0.0000	0.0038
3	芽胞杆菌纲分类地位未定的1目	0.0000	0.0038
3	目11-24	0.0000	0.0038
3	东氏菌目	0.0000	0.0038
3	放线菌纲未分类的1目	0.0000	0.0038
3	目1013-28-CG33	0.0033	0.0000
3	柔膜菌纲未分类的1目	0.0033	0.0000
3	世袍菌目	0.0033	0.0000
3	黑杆菌目	0.0033	0.0000
3	热链形菌目	0.0033	0.0000
3	厌氧绳菌纲未分类的1目	0.0033	0.0000
3	懒惰杆菌目	0.0033	0.0000
3	小弧菌目	0.0033	0.0000
3	动孢菌目	0.0033	0.0000
3	尤泽比氏菌目	0.0033	0.0000
3	目PLTA13	0.0033	0.0000
3	候选门CK-2C2-2分类地位未定的1目	0.0033	0.0000
3	候选门WS4分类地位未定的1目	0.0033	0.0000
3	候选目Babeliales	0.0033	0.0000
3	隐秘菌目	0.0033	0.0000
3	δ-变形菌纲未分类的1目	0.0033	0.0000
3	纲Microgenomatia分类地位未定的1目	0.0033	0.0000
3	亚群21分类地位未定的1目	0.0033	0.0000
3	目EUB33-2	0.0033	0.0000
3	候选莫兰杆菌门的1目	0.0033	0.0000
3	目T2WK15B57	0.0000	0.0019
3	纲TK10分类地位未定的1目	0.0000	0.0019
3	γ-变形菌纲分类地位未定的1目	0.0000	0.0019
3	等球形菌目	0.0000	0.0019
	第3组159个样本平均值	0.0951	0.0772

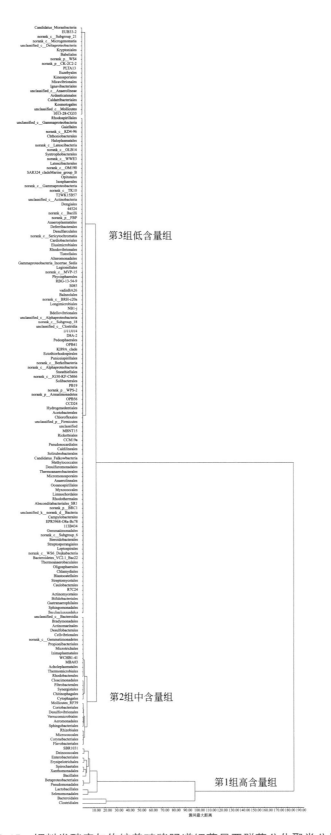

图5-15　饲料发酵床与传统养殖猪肠道细菌目亚群落分化聚类分析

4. 细菌科水平

（1）共有细菌种类比较　由饲料发酵床（mfsp）与传统养殖（trop）的育肥猪粪分析的肠道微生物菌群细菌科存在较大差异（表5-7，图5-16）。在细菌科水平上，共检测到325个细菌科，饲料发酵床猪肠道微生物菌群272个科，比传统养猪的212个细菌科高28.30%；两者共有细菌科158个，前3个高含量的细菌科分别为瘤胃球菌科（Ruminococcaceae）（16.72%）、海滑菌科（Marinilabiliaceae）（7.78%）、普雷沃氏菌科（Prevotellaceae）（7.28%）；饲料发酵床猪肠道微生物菌群独有细菌科114个，比传统养猪的54个细菌科多60个；饲料发酵床猪肠道微生物菌群细菌科数量高于传统养殖的。

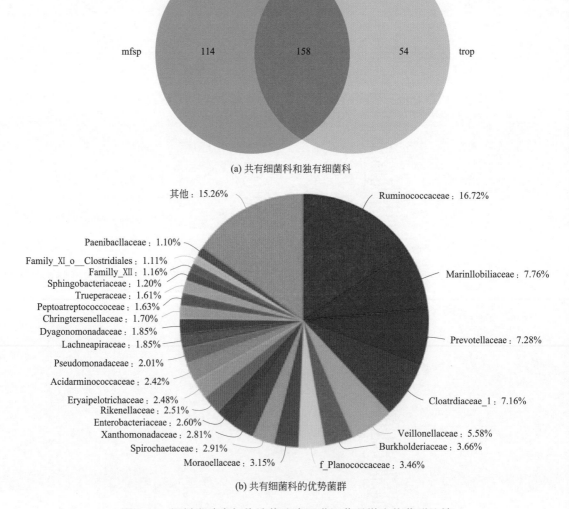

(a) 共有细菌科和独有细菌科

(b) 共有细菌科的优势菌群

图5-16　饲料发酵床与传统养殖猪肠道细菌科微生物菌群比较

表5-7 饲料发酵床（mfsp）与传统养殖猪肠道细菌科菌群含量

物种名称	细菌科含量/%	
	发酵床猪肠道	传统养殖猪肠道
【1】 瘤胃球菌科	4.9730	18.7700
【2】 海滑菌科	18.7100	0.0114
【3】 梭菌科1	3.2330	8.0010
【4】 普雷沃氏菌科	0.0299	9.9870
【5】 韦荣氏菌科	0.0033	7.6630
【6】 伯克氏菌科	3.3230	3.1280
【7】 乳杆菌科	0.0000	5.9480
【8】 黄单胞菌科	3.0240	2.1360
【9】 理研菌科	3.8050	1.2730
【10】 螺旋体科	2.5180	2.5580
【11】 莫拉氏菌科	1.1870	3.6580
【12】 科XIV	4.8200	0.0000
【13】 动球菌科	0.0233	4.7400
【14】 假单胞菌科	4.5270	0.1805
【15】 劣生单胞菌科	3.7750	0.3877
【16】 互营单胞菌科	3.8980	0.0000
【17】 丹毒丝菌科	0.9679	2.8530
【18】 特吕珀菌科	3.5960	0.1596
【19】 肠杆菌科	0.0133	3.5630
【20】 氨基酸球菌科	0.0699	3.2840
【21】 克里斯滕森菌科	1.5670	1.4440
【22】 毛螺菌科	0.6320	2.1870
【23】 消化链球菌科	1.0740	1.6290
【24】 类芽胞杆菌科	2.5480	0.0532
【25】 梭菌目科XI	2.1250	0.3136
【26】 长杆菌科	2.3550	0.0000
【27】 目SBR1031分类地位未定的1科	2.1720	0.0019
【28】 太阳杆菌科	2.1550	0.0000
【29】 红环菌科	1.6760	0.3896
【30】 科XIII	0.7551	1.1610
【31】 鞘脂杆菌科	0.0965	1.5930
【32】 诺卡氏菌科	0.9014	0.6424
【33】 琥珀酸弧菌科	0.0000	1.1760
【34】 消化球菌科	1.1310	0.0152
【35】 黄杆菌科	0.6386	0.5074
【36】 纤细杆菌科	1.1080	0.0000
【37】 威克斯氏菌科	0.4357	0.5872
【38】 阿克曼斯氏菌科	0.0033	0.8723
【39】 根瘤菌科	0.1663	0.6766
【40】 腐螺旋菌科	0.7817	0.0171
【41】 互养菌科	0.7251	0.0019
【42】 红杆菌科	0.3759	0.3307
【43】 脱硫弧菌科	0.0133	0.6576
【44】 微颤菌科	0.5189	0.1159
【45】 坦纳氏菌科	0.0798	0.5511
【46】 螺状菌科	0.5289	0.0551
【47】 柔膜菌纲RF39分类地位未定的1科	0.0366	0.5074
【48】 候选科01	0.5089	0.0000
【49】 科JG30-KF-CM45	0.3027	0.1786
【50】 间孢囊菌科	0.4357	0.0380

物种名称	细菌科含量/%	
	发酵床猪肠道	传统养殖猪肠道
【51】 棒杆菌科	0.2328	0.2300
【52】 微杆菌科	0.1197	0.3155
【53】 阴沟单胞菌科(Cloacimonadaceae)	0.4258	0.0000
【54】 罗纳杆菌科	0.3093	0.0893
【55】 拟杆菌目未分类的1科	0.3692	0.0209
【56】 无胆甾原体科	0.3127	0.0418
【57】 目WCHB1-41分类地位未定的1科	0.2594	0.0950
【58】 拟杆菌科	0.0033	0.3421
【59】 目Izimaplasmatales分类地位未定的1科	0.2129	0.1140
【60】 ML635J-40水生群的1科	0.3226	0.0000
【61】 湿地杆菌科(Paludibacteraceae)	0.3160	0.0019
【62】 鞘脂单胞菌科	0.1098	0.2071
【63】 胃嗜气菌目分类地位未定的1科	0.1031	0.2090
【64】 目MBA03分类地位未定的1科	0.2994	0.0019
【65】 梭菌目vadinBB60群的1科	0.1763	0.1197
【66】 糖单胞菌科	0.0898	0.1919
【67】 链球菌科	0.0000	0.2699
【68】 原小单胞菌科	0.0798	0.1824
【69】 热粪杆菌科	0.2594	0.0000
【70】 p-候选门2534-18B5肠道菌群的1科	0.0033	0.2452
【71】 拟杆菌门vadinHA17的1科	0.2461	0.0000
【72】 陌生菌科	0.0000	0.2452
【73】 脱硫球茎菌科	0.2328	0.0000
【74】 梭菌目科XII	0.2262	0.0000
【75】 海洋放线菌目分类地位未定的1科	0.2195	0.0057
【76】 慢生单胞菌目分类地位未定的1科	0.2229	0.0000
【77】 埃格特氏菌科(Eggerthellaceae)	0.0599	0.1577
【78】 芽单胞菌纲分类地位未定的1科	0.1763	0.0323
【79】 拟杆菌纲未分类的1科	0.1962	0.0057
【80】 双歧杆菌科	0.0000	0.1995
【81】 噬几丁质菌科	0.1231	0.0741
【82】 圆杆菌科	0.1663	0.0304
【83】 放线菌科	0.0000	0.1672
【84】 寡养球形菌科	0.1497	0.0019
【85】 类诺卡氏菌科	0.1064	0.0437
【86】 科A4b	0.1231	0.0247
【87】 目R7C24分类地位未定的1科	0.0133	0.1311
【88】 迪茨氏菌科	0.0599	0.0817
【89】 鼠杆形菌科	0.0033	0.1368
【90】 门251-o5的1科	0.0000	0.1387
【91】 热厌氧菌科	0.1264	0.0095
【92】 柄杆菌科	0.0033	0.1311
【93】 纤维单胞菌科	0.0100	0.1235
【94】 拟杆菌门VC2.1_Bac22的1科	0.1330	0.0000
【95】 斯旦泼氏菌科	0.1330	0.0000
【96】 候选门WS6多伊卡菌纲分类地位未定的1科	0.1297	0.0019
【97】 德沃斯氏菌科(Devosiaceae)	0.0399	0.0893
【98】 亚群6的1纲分类地位未定的1科	0.1031	0.0247
【99】 红蝽菌目未分类的1科	0.0000	0.1273
【100】 芽胞杆菌科	0.0665	0.0570

物种名称	细菌科含量/%	
	发酵床猪肠道	传统养殖猪肠道
【101】钩端螺旋体科	0.1231	0.0000
【102】类固醇杆菌科	0.0832	0.0399
【103】梭菌目未分类的1科	0.0798	0.0418
【104】芽单胞菌科	0.0998	0.0190
【105】拟杆菌目UCG–001的1科	0.1098	0.0000
【106】微球菌目未分类的1科	0.0865	0.0171
【107】丙酸杆菌科	0.0865	0.0171
【108】目113B434分类地位未定的1科	0.1031	0.0000
【109】微球菌科	0.0865	0.0133
【110】链霉菌科	0.0366	0.0589
【111】沉积杆菌科	0.0665	0.0285
【112】目EPR3968-O8a-Bc78分类地位未定的1科	0.0931	0.0000
【113】应微所菌科	0.0832	0.0076
【114】糖单胞菌目分类地位未定的1科	0.0566	0.0342
【115】生丝微菌科	0.0765	0.0133
【116】链孢囊菌科	0.0599	0.0266
【117】棘手萤杆菌目SR1分类地位未定的1科	0.0832	0.0000
【118】未分类的细菌门的1科	0.0599	0.0228
【119】热杆菌科	0.0765	0.0057
【120】科GZKB75	0.0798	0.0000
【121】湖线菌科	0.0765	0.0019
【122】脱硫微菌科	0.0732	0.0038
【123】出芽小链菌科	0.0133	0.0608
【124】慢生微菌科	0.0699	0.0000
【125】厌氧绳菌科	0.0699	0.0000
【126】亚硝化单胞菌科	0.0665	0.0019
【127】候选门BRC1分类地位未定的1科	0.0499	0.0171
【128】优杆菌科	0.0100	0.0570
【129】弯曲杆菌科(Arcobacteraceae)	0.0399	0.0266
【130】白蚁菌群M2PB4-65的1科	0.0665	0.0000
【131】微单胞菌科	0.0665	0.0000
【132】科SRB2	0.0632	0.0000
【133】纤维弧菌科	0.0399	0.0228
【134】黄色杆菌科	0.0432	0.0171
【135】海妖菌科	0.0566	0.0000
【136】候选法尔科夫菌门分类地位未定的1科	0.0566	0.0000
【137】微丝菌目分类地位未定的1科	0.0466	0.0076
【138】纤维杆菌科	0.0532	0.0000
【139】高温单胞菌科	0.0466	0.0038
【140】科FTLpost3	0.0499	0.0000
【141】科AKYG1722	0.0432	0.0038
【142】候选科Microtrichaceae	0.0432	0.0019
【143】衣原体科(Chlamydiaceae)	0.0000	0.0437
【144】假洪氏菌科(Pseudohongiellaceae)	0.0432	0.0000
【145】分枝杆菌科	0.0200	0.0228
【146】科67-14	0.0266	0.0152
【147】暖绳菌科	0.0233	0.0171
【148】目DTU014分类地位未定的1科	0.0399	0.0000
【149】厚壁菌门未分类的1科	0.0133	0.0266
【150】梭菌纲未分类的1科	0.0399	0.0000

续表

物种名称	细菌科含量/%	
	发酵床猪肠道	传统养殖猪肠道
【151】亚群18分类地位未定的1科	0.0399	0.0000
【152】α-变形菌纲未分类的1科	0.0333	0.0057
【153】甲基球菌科	0.0366	0.0000
【154】港口球菌科	0.0299	0.0057
【155】假诺卡氏菌科	0.0233	0.0114
【156】目NB1-j分类地位未定的1科	0.0299	0.0038
【157】纲BRH-c20a分类地位未定的1科	0.0333	0.0000
【158】海绵杆菌科	0.0333	0.0000
【159】目vadinBA26分类地位未定的1科	0.0333	0.0000
【160】拟杆菌门BD2-2的1科	0.0333	0.0000
【161】脱硫单胞菌目未分类的1科	0.0333	0.0000
【162】班努斯菌科(Balneolaceae)	0.0333	0.0000
【163】长微菌科	0.0299	0.0019
【164】目CCM19a分类地位未定的1科	0.0233	0.0076
【165】科BIrii41	0.0299	0.0000
【166】β-变形菌目未分类的1科	0.0299	0.0000
【167】目S085分类地位未定的1科	0.0266	0.0019
【168】NS9海洋菌群的1科	0.0233	0.0038
【169】目RBG-13-54-9分类地位未定的1科	0.0266	0.0000
【170】纲MVP-15分类地位未定的1科	0.0266	0.0000
【171】海草球形菌科	0.0266	0.0000
【172】醋酸杆菌科(Acetobacteraceae)	0.0033	0.0228
【173】目MBNT15分类地位未定的1科	0.0100	0.0152
【174】肠球菌科	0.0000	0.0247
【175】蛭弧菌科	0.0200	0.0038
【176】热石杆菌科	0.0233	0.0000
【177】橘黄色线菌科(Crocinitomicaceae)	0.0233	0.0000
【178】甲基单胞菌科(Methylomonaceae)	0.0233	0.0000
【179】黄单胞菌目未分类的1科	0.0100	0.0133
【180】拟杆菌目RF16群的1科	0.0100	0.0133
【181】绿弯菌科(Chloroflexaceae)	0.0000	0.0228
【182】奈瑟氏菌科	0.0000	0.0228
【183】亚群6未分类的1科	0.0133	0.0095
【184】目CCD24分类地位未定的1科	0.0200	0.0019
【185】产氢菌科(Hydrogenedensaceae)	0.0200	0.0019
【186】盐单胞菌科	0.0133	0.0076
【187】拜叶林克氏菌科	0.0000	0.0209
【188】科MWH-CFBk5	0.0166	0.0038
【189】科SB-5	0.0200	0.0000
【190】肉杆菌科	0.0200	0.0000

续表

物种名称	细菌科含量/%	
	发酵床猪肠道	传统养殖猪肠道
【191】装甲菌门分类地位未定的1科	0.0200	0.0000
【192】目OPB56分类地位未定的1科	0.0200	0.0000
【193】地杆菌科(Geobacteraceae)	0.0200	0.0000
【194】冷形菌科	0.0200	0.0000
【195】候选门WPS-2分类地位未定的1科	0.0166	0.0019
【196】目PB19分类地位未定的1科	0.0166	0.0019
【197】红蝽菌目分类地位未定的1科	0.0033	0.0152
【198】皮杆菌科	0.0100	0.0076
【199】斯尼思氏菌科	0.0133	0.0038
【200】气球菌科	0.0166	0.0000
【201】黏球菌目未分类的1科	0.0166	0.0000
【202】候选科Izimaplasmataceae	0.0166	0.0000
【203】土杆菌科亚群3	0.0166	0.0000
【204】候选纲JG30-KF-CM66分类地位未定的1科	0.0166	0.0000
【205】军团菌科	0.0067	0.0095
【206】糖单胞菌目未分类的1科	0.0133	0.0019
【207】噬菌弧菌科	0.0133	0.0019
【208】嗜甲基菌科	0.0133	0.0019
【209】拟诺卡氏菌科	0.0067	0.0076
【210】α-变形菌纲分类地位未定的1科	0.0100	0.0038
【211】橙色胞菌科	0.0100	0.0038
【212】沃斯氏菌科(Woeseiaceae)	0.0133	0.0000
【213】KI89A进化枝的1目分类地位未定的1科	0.0133	0.0000
【214】明串珠菌科	0.0000	0.0133
【215】土球形菌科(Pedosphaeraceae)	0.0133	0.0000
【216】梭菌目分类地位未定的1科	0.0133	0.0000
【217】科CMW-169	0.0133	0.0000
【218】目D8A-2分类地位未定的1科	0.0133	0.0000
【219】目OPB41分类地位未定的1科	0.0133	0.0000
【220】短杆菌科	0.0000	0.0133
【221】黄杆菌目未分类的1科	0.0067	0.0057
【222】基尔菌科(Kiloniellaceae)	0.0000	0.0114
【223】弯曲杆菌科	0.0000	0.0114
【224】迷踪菌科(Elusimicrobiaceae)	0.0000	0.0114
【225】γ-变形菌纲分类地位未定目未分类的1科	0.0033	0.0076
【226】紫红球菌科	0.0067	0.0038
【227】科ST-12K33	0.0100	0.0000
【228】硫碱螺菌科	0.0100	0.0000
【229】紫螺菌目分类地位未定的1科	0.0100	0.0000
【230】贝克尔杆菌纲分类地位未定的1科	0.0100	0.0000

续表

物种名称	细菌科含量/%	
	发酵床猪肠道	传统养殖猪肠道
【231】 污蝇单胞菌科(Wohlfahrtiimonadaceae)	0.0000	0.0095
【232】 土壤红色杆菌科(Solirubrobacteraceae)	0.0000	0.0095
【233】 科DEV007	0.0033	0.0057
【234】 科SC-I-84	0.0033	0.0057
【235】 海管菌科	0.0033	0.0057
【236】 候选纲OM190分类地位未定的1科	0.0067	0.0019
【237】 SAR324分支海洋群B的1目分类地位未定的1科	0.0067	0.0019
【238】 科TRA3-20	0.0067	0.0019
【239】 气单胞菌科	0.0000	0.0076
【240】 生丝单胞菌科(Hyphomonadaceae)	0.0000	0.0076
【241】 玫瑰色弯菌科(Roseiflexaceae)	0.0000	0.0076
【242】 去甲基甲萘醌菌科	0.0000	0.0076
【243】 拟杆菌目分类地位未定的1科	0.0000	0.0076
【244】 科XⅧ	0.0000	0.0076
【245】 海源菌科	0.0033	0.0038
【246】 双球菌科(Geminicoccaceae)	0.0033	0.0038
【247】 纲WWE3分类地位未定的1科	0.0067	0.0000
【248】 脱硫单胞菌科	0.0067	0.0000
【249】 候选科Latescibacteraceae	0.0067	0.0000
【250】 Rs-M59白蚁菌群的1科	0.0067	0.0000
【251】 糖螺菌科	0.0067	0.0000
【252】 科Amb-16S-1323	0.0067	0.0000
【253】 嗜盐原体科	0.0067	0.0000
【254】 黏球菌目分类地位未定的1科	0.0067	0.0000
【255】 居苏打菌科(Nitrincolaceae)	0.0067	0.0000
【256】 微丝菌目未分类的1科	0.0067	0.0000
【257】 红蜡菌目分类地位未定的1科	0.0067	0.0000
【258】 根瘤菌目未分类的1科	0.0067	0.0000
【259】 乳胶杆菌纲分类地位未定的1科	0.0067	0.0000
【260】 纲OLB14分类地位未定的1科	0.0067	0.0000
【261】 鞘氨醇杆菌目未分类的1科	0.0067	0.0000
【262】 互养菌科(Syntrophaceae)	0.0067	0.0000
【263】 厌氧支原体科	0.0000	0.0057
【264】 脱铁杆菌科	0.0000	0.0057
【265】 脱硫盒菌科(Desulfarculaceae)	0.0000	0.0057
【266】 纲Sericytochromatia分类地位未定的1科	0.0000	0.0057
【267】 梭菌科2	0.0033	0.0019
【268】 嗜热放线菌科	0.0033	0.0019
【269】 盖亚菌目分类地位未定的1科	0.0033	0.0019
【270】 纲KD4-96分类地位未定的1科	0.0033	0.0019

续表

物种名称	细菌科含量/%	
	发酵床猪肠道	传统养殖猪肠道
【271】 γ-变形菌纲未分类的1科	0.0033	0.0019
【272】 海线菌科(Marinifilaceae)	0.0033	0.0019
【273】 根瘤菌目分类地位未定的1科	0.0033	0.0019
【274】 科B1-7BS	0.0033	0.0019
【275】 候选门FBP分类地位未定的1科	0.0000	0.0038
【276】 目11-24分类地位未定的1科	0.0000	0.0038
【277】 疣微菌科	0.0000	0.0038
【278】 科cvE6	0.0000	0.0038
【279】 东氏菌科(Dongiaceae)	0.0000	0.0038
【280】 放线菌纲未分类的1科	0.0000	0.0038
【281】 梭菌目分类地位未定的1科	0.0000	0.0038
【282】 芽胞杆菌纲分类地位未定的1科	0.0000	0.0038
【283】 污水杆菌科	0.0000	0.0038
【284】 科SM2D12	0.0000	0.0038
【285】 柔膜菌纲未分类的1科	0.0033	0.0000
【286】 葡萄球菌科	0.0033	0.0000
【287】 NS11-12海洋菌群的1科	0.0033	0.0000
【288】 候选莫兰杆菌门的1目分类地位未定的1科	0.0033	0.0000
【289】 厌氧绳菌纲未分类的1科	0.0033	0.0000
【290】 目1013-28-CG33分类地位未定的1科	0.0033	0.0000
【291】 δ-变形菌纲未分类的1科	0.0033	0.0000
【292】 黑杆菌科(Caldatribacteriaceae)	0.0033	0.0000
【293】 动孢菌科(Kineosporiaceae)	0.0033	0.0000
【294】 热链菌科	0.0033	0.0000
【295】 科MSB-3C8	0.0033	0.0000
【296】 目PLTA13分类地位未定的1科	0.0033	0.0000
【297】 微球菌目分类地位未定的1科	0.0033	0.0000
【298】 纲Microgenomatia分类地位未定的1科	0.0033	0.0000
【299】 目EUB33-2分类地位未定的1科	0.0033	0.0000
【300】 科PHOS-HE36	0.0033	0.0000
【301】 阴沟单胞菌目未分类的1科	0.0033	0.0000
【302】 剑线虫杆菌科	0.0033	0.0000
【303】 小弧菌目分类地位未定的1科	0.0033	0.0000
【304】 候选门CK-2C2-2分类地位未定的1科	0.0033	0.0000
【305】 嗜蠕虫菌科(Vermiphilaceae)	0.0033	0.0000
【306】 尤泽比氏菌科	0.0033	0.0000
【307】 候选门WS4分类地位未定的1科	0.0033	0.0000
【308】 磁螺菌科(Magnetospirillaceae)	0.0033	0.0000
【309】 亚群21分类地位未定的1科	0.0033	0.0000
【310】 世袍菌科	0.0033	0.0000

物种名称	细菌科含量/%	
	发酵床猪肠道	传统养殖猪肠道
【311】琼斯氏菌科	0.0033	0.0000
【312】多囊菌科(Polyangiaceae)	0.0000	0.0019
【313】土微菌科(Terrimicrobiaceae)	0.0000	0.0019
【314】科D05-2	0.0000	0.0019
【315】侏囊菌科	0.0000	0.0019
【316】矿弯曲菌科(Fodinicurvataceae)	0.0000	0.0019
【317】土壤红色杆菌目未分类的1科	0.0000	0.0019
【318】等球菌科(Isosphaeraceae)	0.0000	0.0019
【319】红螺菌目分类地位未定的1科	0.0000	0.0019
【320】红色杆形菌科(Rubritaleaceae)	0.0000	0.0019
【321】博戈里亚湖菌科	0.0000	0.0019
【322】交替单胞菌科	0.0000	0.0019
【323】目T2WK15B57分类地位未定的1科	0.0000	0.0019
【324】γ-变形菌纲分类地位未定的1科	0.0000	0.0019
【325】纲TK10分类地位未定的1科	0.0000	0.0019

（2）细菌群落差异性比较　在细菌科水平上，发酵床猪肠道优势菌群海滑菌科（18.7100%）＞瘤胃球菌科（4.9730%）＞科ⅩⅣ（4.8200%）；传统养殖猪肠道优势菌群瘤胃球菌科（18.7700%）＞普雷沃氏菌科（Prevotellaceae）（9.9870%）＞梭菌科1（8.0010%）；瘤胃球菌科在两种养殖模式猪肠道中都为优势菌群，传统养殖猪肠道优势菌群含有较高的条件病原菌所在的细菌科，如普雷沃氏菌科和梭菌科1，在科水平上两者优势菌群结构组成差异拉大［图5-17(a)]。

优势菌群瘤胃球菌科在传统养殖猪肠道的含量远高于发酵床养殖，比发酵床高出277.44%；发酵床猪肠道的海滑菌科含量18.7100%，比传统养殖高出1640.23%，这些菌具有强大的有机质分解功能；梭菌科在传统养殖猪肠道的含量为8.0010%，比发酵床的高147.48%［图5-17(b)]。发酵床猪肠道含有大量的有机质分解菌，传统养殖猪肠道含有大量的病原菌。

（3）细菌科组成热图分析　在细菌科水平热图分析见图5-18。典型差异特征表现在图5-18上的双箭头3个区域，区域①包括了3个细菌科菌群，乳杆菌科、动球菌科（Planococcaceae）、普雷沃氏菌科，在传统养殖猪肠道含量高于发酵床养殖猪肠道，其中含有较多的条件病原菌；区域②包括了4个细菌科菌群，即海滑菌科、类芽胞杆菌科、长杆菌科、目SBR1031分类地位未定的1科，在发酵床猪肠道含量高于传统养殖猪肠道；区域③包括了2个细菌科菌群，科ⅩⅣ和互营单胞菌科（Syntrophomonadaceae），在发酵床猪肠道含量高于传统养殖猪肠道。

（4）细菌科系统发育与亚群落分化　饲料发酵床（mfsp）与传统养殖（trop）猪肠道前50个优势菌群细菌科系统发育见图5-19。传统养殖猪肠道微生物含量高的有瘤胃球菌科、普雷沃氏菌科、梭菌科1、氨基酸球菌科（Acidaminococcaceae）、动球菌科、丹毒丝菌科等，这些菌群中含有大量的条件病原菌；发酵床猪肠道微生物含量高的有科ⅩⅣ、海滑菌科、互营

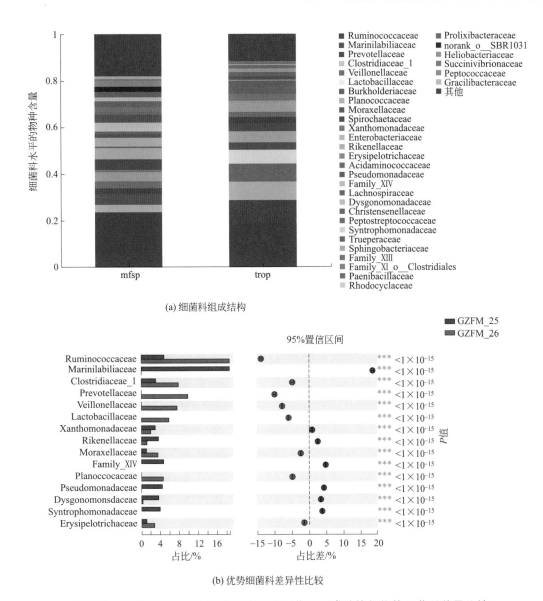

(a) 细菌科组成结构

(b) 优势细菌科差异性比较

图5-17 饲料发酵床与传统养殖猪肠道细菌科组成结构与优势细菌科差异比较

单胞菌科等，这些菌群与有机质分解有关；亚群落分化反映了饲料发酵床低蛋白饲养和传统养殖高蛋白饲养的菌群特征。

根据表 5-7 构建矩阵，以细菌科为样本、养殖方式为指标、欧氏距离为尺度，用可变类平均法进行系统聚类，分析结果见表 5-8、图 5-20。可将饲料发酵床与传统养殖猪肠道细菌科亚群落分化聚类为 3 组，第 1 组高含量组，包括了 5 个细菌科，即瘤胃球菌科、海滑菌科、梭菌科 1、普雷沃氏菌科、韦荣氏菌科（Veillonellaceae），发酵床猪肠道和传统养殖猪肠道含量平均值分别为 5.3898%、8.8865%，其中病原菌所在的细菌科，如梭菌科 1、普雷沃氏菌科等，传统养殖猪肠道含量远高于发酵床猪肠道。第 2 组中含量组，包括了 39 个细菌科，即伯克氏菌科（植物内生菌）、乳杆菌科、黄单胞菌科、理研菌科（Rikenellaceae）、螺旋体科（Spirochaetaceae）、莫拉氏菌科（Moraxellaceae）、科 XIV、动球菌科、假单胞菌科、劣生

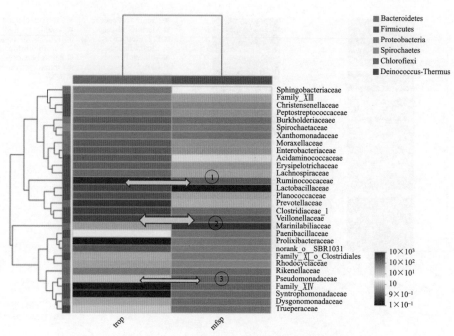

图5-18 饲料发酵床与传统养殖猪肠道优势细菌科热图分析

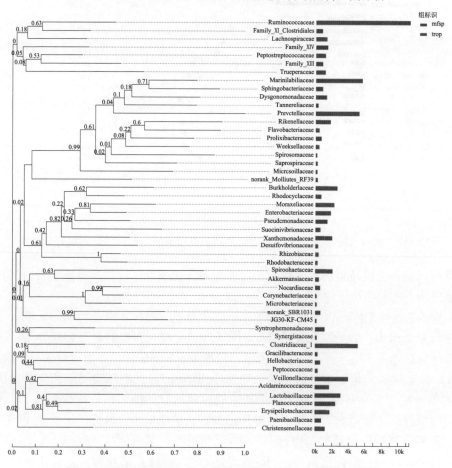

图5-19 饲料发酵床与传统养殖猪肠道优势细菌科系统发育

单胞菌科（Dysgonomonadaceae）、互营单胞菌科、丹毒丝菌科、特吕珀菌科（Trueperaceae）、肠杆菌科（Enterobacteriaceae）、氨基酸球菌科、克里斯滕森菌科（Christensenellaceae）、毛螺菌科（Lachnospiraceae）、消化链球菌科（Peptostreptococcaceae）、类芽胞杆菌科、梭菌目科XI、长杆菌科、目SBR1031分类地位未定的1科、太阳杆菌科（Heliobacteriaceae）、红环菌科（Rhodocyclaceae）、科XIII、鞘氨醇杆菌科（Sphingobacteriaceae）、诺卡氏菌科（Nocardiaceae）、琥珀酸弧菌科（Succinivibrionaceae）、消化球菌科（Peptococcaceae）、黄杆菌科（Flavobacteriaceae）、纤细杆菌科（Gracilibacteraceae）、威克斯氏菌科（Weeksellaceae）、阿克曼斯氏菌科（Akkermansiaceae）、根瘤菌科（Rhizobiaceae）、腐螺旋菌科（Saprospiraceae）、互养菌科（Synergistaceae）、脱硫弧菌科（Desulfovibrionaceae）、坦纳氏菌科（Tannerellaceae）、柔膜菌纲RF39分类地位未定的1科，发酵床猪肠道平均含量（1.5057%）高于传统养殖猪肠道（1.2526%）。第3组低含量组，包括了其余的281个细菌科，其含量平均值在发酵床猪肠道和传统养殖猪肠道分别为0.0508%、0.0238%。

表5-8　饲料发酵床与传统养殖猪肠道细菌科亚群落分化聚类分析

组别	物种名称	细菌科含量/%	
		发酵床猪肠道	传统养殖猪肠道
1	瘤胃球菌科	4.9730	18.7700
1	海滑菌科	18.7100	0.0114
1	梭菌科1	3.2330	8.0010
1	普雷沃氏菌科	0.0299	9.9870
1	韦荣氏菌科	0.0033	7.6630
	第1组5个样本平均值	5.3898	8.8865
2	伯克氏菌科	3.3230	3.1280
2	乳杆菌科	0.0000	5.9480
2	黄单胞菌科	3.0240	2.1360
2	理研菌科	3.8050	1.2730
2	螺旋体科	2.5180	2.5580
2	莫拉氏菌科	1.1870	3.6580
2	科XIV	4.8200	0.0000
2	动球菌科	0.0233	4.7400
2	假单胞菌科	4.5270	0.1805
2	劣生单胞菌科	3.7750	0.3877
2	互营单胞菌科	3.8980	0.0000
2	丹毒丝菌科	0.9679	2.8530
2	特吕珀菌科	3.5960	0.1596
2	肠杆菌科	0.0133	3.5630
2	氨基酸球菌科	0.0699	3.2840
2	克里斯滕森菌科	1.5670	1.4440
2	毛螺菌科	0.6320	2.1870
2	消化球菌科	1.0740	1.6290
2	类芽胞杆菌科	2.5480	0.0532
2	梭菌目科XI	2.1250	0.3136

续表

组别	物种名称	细菌科含量/%	
		发酵床猪肠道	传统养殖猪肠道
2	长杆菌科	2.3550	0.0000
2	目SBR1031分类地位未定的1科	2.1720	0.0019
2	太阳杆菌科	2.1550	0.0000
2	红环菌科	1.6760	0.3896
2	科XIII	0.7551	1.1610
2	鞘脂杆菌科	0.0965	1.5930
2	诺卡氏菌科	0.9014	0.6424
2	琥珀酸弧菌科	0.0000	1.1760
2	消化球菌科	1.1310	0.0152
2	黄杆菌科	0.6386	0.5074
2	纤细杆菌科	1.1080	0.0000
2	威克斯氏菌科	0.4357	0.5872
2	阿克曼斯氏菌科	0.0033	0.8723
2	根瘤菌科	0.1663	0.6766
2	腐螺旋菌科	0.7817	0.0171
2	互养菌科	0.7251	0.0019
2	脱硫弧菌科	0.0133	0.6576
2	坦纳氏菌科	0.0798	0.5511
2	柔膜菌纲RF39分类地位未定的1科	0.0366	0.5074
	第2组39个样本平均值	1.5057	1.2526
3	红杆菌科	0.3759	0.3307
3	微颤菌科	0.5189	0.1159
3	螺状菌科	0.5289	0.0551
3	候选科01	0.5089	0.0000
3	科JG30-KF-CM45	0.3027	0.1786
3	间孢囊菌科	0.4357	0.0380
3	棒杆菌科	0.2328	0.2300
3	微杆菌科	0.1197	0.3155
3	阴沟单胞菌科	0.4258	0.0000
3	罗纳杆菌科	0.3093	0.0893
3	拟杆菌目未分类的1科	0.3692	0.0209
3	无胆甾原体科	0.3127	0.0418
3	目WCHB1-41分类地位未定的1科	0.2594	0.0950
3	拟杆菌科	0.0033	0.3421
3	目Izimaplasmatales分类地位未定的1科	0.2129	0.1140
3	ML635J-40水生群的1科	0.3226	0.0000
3	湿地杆菌科	0.3160	0.0019
3	鞘脂单胞菌科	0.1098	0.2071
3	胃嗜气菌目分类地位未定的1科	0.1031	0.2090
3	目MBA03分类地位未定的1科	0.2994	0.0019
3	梭菌目vadinBB60群的1科	0.1763	0.1197
3	糖单胞菌科	0.0898	0.1919
3	链球菌科	0.0000	0.2699
3	原小单胞菌科	0.0798	0.1824
3	热粪杆菌科	0.2594	0.0000

续表

组别	物种名称	细菌科含量/%	
		发酵床猪肠道	传统养殖猪肠道
3	p-候选门2534-18B5肠道菌群的1科	0.0033	0.2452
3	拟杆菌门vadinHA17的1科	0.2461	0.0000
3	陌生菌科	0.0000	0.2452
3	脱硫球茎菌科	0.2328	0.0000
3	梭菌目科XII	0.2262	0.0000
3	海洋放线菌目分类地位未定的1科	0.2195	0.0057
3	慢生单胞菌目分类地位未定的1科	0.2229	0.0000
3	埃格特氏菌科	0.0599	0.1577
3	芽单胞菌纲分类地位未定的1科	0.1763	0.0323
3	拟杆菌纲未分类的1科	0.1962	0.0057
3	双歧杆菌科	0.0000	0.1995
3	噬几丁质菌科	0.1231	0.0741
3	圆杆菌科	0.1663	0.0304
3	放线菌科	0.0000	0.1672
3	寡养球形菌科	0.1497	0.0019
3	类诺卡氏菌科	0.1064	0.0437
3	科A4b	0.1231	0.0247
3	目R7C24分类地位未定的1科	0.0133	0.1311
3	迪茨氏菌科	0.0599	0.0817
3	鼠杆形菌科	0.0033	0.1368
3	门251-o5的1科	0.0000	0.1387
3	热厌氧菌科	0.1264	0.0095
3	柄杆菌科	0.0033	0.1311
3	纤维单胞菌科	0.0100	0.1235
3	拟杆菌门VC2.1_Bac22的1科	0.1330	0.0000
3	斯旦泼氏菌科	0.1330	0.0000
3	候选门WS6多伊卡菌纲分类地位未定的1科	0.1297	0.0019
3	德沃斯氏菌科	0.0399	0.0893
3	亚群6的1纲分类地位未定的1科	0.1031	0.0247
3	红蜡菌目未分类的1科	0.0000	0.1273
3	芽胞杆菌科	0.0665	0.0570
3	钩端螺旋体科	0.1231	0.0000
3	类固醇杆菌科	0.0832	0.0399
3	梭菌目未分类的1科	0.0798	0.0418
3	芽单胞菌科	0.0998	0.0190
3	拟杆菌目UCG-001的1科	0.1098	0.0000
3	微球菌目未分类的1科	0.0865	0.0171
3	丙酸杆菌科	0.0865	0.0171
3	目113B434分类地位未定的1科	0.1031	0.0000
3	微球菌科	0.0865	0.0133
3	链霉菌科	0.0366	0.0589
3	沉积杆菌科	0.0665	0.0285
3	目EPR3968-O8a-Bc78分类地位未定的1科	0.0931	0.0000
3	应微所菌科	0.0832	0.0076
3	糖单胞菌目分类地位未定的1科	0.0566	0.0342
3	生丝微菌科	0.0765	0.0133
3	链孢囊菌科	0.0599	0.0266
3	棘手萤杆菌目SR1分类地位未定的1科	0.0832	0.0000
3	未分类的细菌门的1科	0.0599	0.0228
3	热杆菌科	0.0765	0.0057
3	科GZKB75	0.0798	0.0000

组别	物种名称	细菌科含量/%	
		发酵床猪肠道	传统养殖猪肠道
3	湖线菌科	0.0765	0.0019
3	脱硫微菌科	0.0732	0.0038
3	出芽小链菌科	0.0133	0.0608
3	慢生微菌科	0.0699	0.0000
3	厌氧绳菌科	0.0699	0.0000
3	亚硝化单胞菌科	0.0665	0.0019
3	候选门BRC1分类地位未定的1科	0.0499	0.0171
3	优杆菌科	0.0100	0.0570
3	弯曲杆菌科	0.0399	0.0266
3	白蚁菌群M2PB4-65的1科	0.0665	0.0000
3	微单胞菌科	0.0665	0.0000
3	科SRB2	0.0632	0.0000
3	纤维弧菌科	0.0399	0.0228
3	黄色杆菌科	0.0432	0.0171
3	海妖菌科	0.0566	0.0000
3	候选法尔科夫菌门分类地位未定的1科	0.0566	0.0000
3	微丝菌目分类地位未定的1科	0.0466	0.0076
3	纤维杆菌科	0.0532	0.0000
3	高温单胞菌科	0.0466	0.0038
3	科FTLpost3	0.0499	0.0000
3	科AKYG1722	0.0432	0.0038
3	候选科Microtrichaceae	0.0432	0.0019
3	衣原体科	0.0000	0.0437
3	假洪氏菌科	0.0432	0.0000
3	分枝杆菌科	0.0200	0.0228
3	科67-14	0.0266	0.0152
3	暖绳菌科	0.0233	0.0171
3	目DTU014分类地位未定的1科	0.0399	0.0000
3	厚壁菌门未分类的1科	0.0133	0.0266
3	梭菌纲未分类的1科	0.0399	0.0000
3	亚群18分类地位未定的1科	0.0399	0.0000
3	α-变形菌纲未分类的1科	0.0333	0.0057
3	甲基球菌科	0.0366	0.0000
3	港口球菌科	0.0299	0.0057
3	假诺卡氏菌科	0.0233	0.0114
3	目NB1-j分类地位未定的1科	0.0299	0.0038
3	纲BRH-c20a分类地位未定的1科	0.0333	0.0000
3	海绵杆菌科	0.0333	0.0000
3	目vadinBA26分类地位未定的1科	0.0333	0.0000
3	拟杆菌门BD2-2的1科	0.0333	0.0000
3	脱硫单胞菌目未分类的1科	0.0333	0.0000

续表

组别	物种名称	细菌科含量/%	
		发酵床猪肠道	传统养殖猪肠道
3	班努斯菌科	0.0333	0.0000
3	长微菌科	0.0299	0.0019
3	目CCM19a分类地位未定的1科	0.0233	0.0076
3	科BIrii41	0.0299	0.0000
3	β-变形菌目未分类的1科	0.0299	0.0000
3	目S085分类地位未定的1科	0.0266	0.0019
3	NS9海洋菌群的1科	0.0233	0.0038
3	目RBG-13-54-9分类地位未定的1科	0.0266	0.0000
3	纲MVP-15分类地位未定的1科	0.0266	0.0000
3	海草球形菌科	0.0266	0.0000
3	醋酸杆菌科	0.0033	0.0228
3	目MBNT15分类地位未定的1科	0.0100	0.0152
3	肠球菌科	0.0000	0.0247
3	蛭弧菌科	0.0200	0.0038
3	热石杆菌科	0.0233	0.0000
3	橘黄色线菌科	0.0233	0.0000
3	甲基单胞菌科	0.0233	0.0000
3	黄单胞菌目未分类的1科	0.0100	0.0133
3	拟杆菌目RF16群的1科	0.0100	0.0133
3	绿弯菌科	0.0000	0.0228
3	奈瑟氏菌科	0.0000	0.0228
3	亚群6未分类的1科	0.0133	0.0095
3	目CCD24分类地位未定的1科	0.0200	0.0019
3	产氢菌科	0.0200	0.0019
3	盐单胞菌科	0.0133	0.0076
3	拜叶林克氏菌科	0.0000	0.0209
3	科MWH-CFBk5	0.0166	0.0038
3	科SB-5	0.0200	0.0000
3	肉杆菌科	0.0200	0.0000
3	装甲菌门分类地位未定的1科	0.0200	0.0000
3	目OPB56分类地位未定的1科	0.0200	0.0000
3	地杆菌科	0.0200	0.0000
3	冷形菌科	0.0200	0.0000
3	候选门WPS-2分类地位未定的1科	0.0166	0.0019
3	目PB19分类地位未定的1科	0.0166	0.0019
3	红蝽菌目分类地位未定的1科	0.0033	0.0152
3	皮杆菌科	0.0100	0.0076
3	斯尼思氏菌科	0.0133	0.0038
3	气球菌科	0.0166	0.0000
3	黏球菌目未分类的1科	0.0166	0.0000
3	候选科Izimaplasmataceae	0.0166	0.0000

组别	物种名称	细菌科含量/%	
		发酵床猪肠道	传统养殖猪肠道
3	土杆菌科亚群3	0.0166	0.0000
3	候选纲JG30-KF-CM66分类地位未定的1科	0.0166	0.0000
3	军团菌科	0.0067	0.0095
3	糖单胞菌目未分类的1科	0.0133	0.0019
3	噬菌弧菌科	0.0133	0.0019
3	嗜甲基菌科	0.0133	0.0019
3	拟诺卡氏菌科	0.0067	0.0076
3	α-变形菌纲分类地位未定的1科	0.0100	0.0038
3	橙色胞菌科	0.0100	0.0038
3	沃斯氏菌科	0.0133	0.0000
3	KI89A进化枝的1目分类地位未定的1科	0.0133	0.0000
3	明串珠菌科	0.0000	0.0133
3	土球形菌科	0.0133	0.0000
3	梭菌目分类地位未定的1科	0.0133	0.0000
3	科CMW-169	0.0133	0.0000
3	目D8A-2分类地位未定的1科	0.0133	0.0000
3	目OPB41分类地位未定的1科	0.0133	0.0000
3	短杆菌科	0.0000	0.0133
3	黄杆菌目未分类的1科	0.0067	0.0057
3	基尔菌科	0.0000	0.0114
3	弯曲杆菌科	0.0000	0.0114
3	迷踪菌科	0.0000	0.0114
3	γ-变形菌纲分类地位未定目未分类的1科	0.0033	0.0076
3	紫红球菌科	0.0067	0.0038
3	科ST-12K33	0.0100	0.0000
3	硫碱螺菌科	0.0100	0.0000
3	紫螺菌目分类地位未定的1科	0.0100	0.0000
3	贝克尔杆菌纲分类地位未定的1科	0.0100	0.0000
3	污蝇单胞菌科	0.0000	0.0095
3	土壤红色杆菌科	0.0000	0.0095
3	科DEV007	0.0033	0.0057
3	科SC-I-84	0.0033	0.0057
3	海管菌科	0.0033	0.0057
3	候选纲OM190分类地位未定的1科	0.0067	0.0019
3	SAR324分支海洋群B的1目分类地位未定的1科	0.0067	0.0019
3	科TRA3-20	0.0067	0.0019
3	气单胞菌科	0.0000	0.0076
3	生丝单胞菌科	0.0000	0.0076
3	玫瑰色弯菌科	0.0000	0.0076
3	去甲基甲萘醌菌科	0.0000	0.0076
3	拟杆菌目分类地位未定的1科	0.0000	0.0076

续表

组别	物种名称	细菌科含量/%	
		发酵床猪肠道	传统养殖猪肠道
3	科ⅩⅧ	0.0000	0.0076
3	海源菌科	0.0033	0.0038
3	双球菌科	0.0033	0.0038
3	纲WWE3分类地位未定的1科	0.0067	0.0000
3	脱硫单胞菌科	0.0067	0.0000
3	候选科Latescibacteraceae	0.0067	0.0000
3	Rs-M59白蚁菌群的1科	0.0067	0.0000
3	糖螺菌科	0.0067	0.0000
3	科Amb-16S-1323	0.0067	0.0000
3	嗜盐原体科	0.0067	0.0000
3	黏球菌目分类地位未定的1科	0.0067	0.0000
3	居苏打菌科	0.0067	0.0000
3	微丝菌目未分类的1科	0.0067	0.0000
3	红蝽菌目分类地位未定的1科	0.0067	0.0000
3	根瘤菌目未分类的1科	0.0067	0.0000
3	乳胶杆菌纲分类地位未定的1科	0.0067	0.0000
3	纲OLB14分类地位未定的1科	0.0067	0.0000
3	鞘脂杆菌目未分类的1科	0.0067	0.0000
3	互养菌科	0.0067	0.0000
3	厌氧支原体科	0.0000	0.0057
3	脱铁杆菌科	0.0000	0.0057
3	脱硫盒菌科	0.0000	0.0057
3	纲Sericytochromatia分类地位未定的1科	0.0000	0.0057
3	梭菌科2	0.0033	0.0019
3	嗜热放线菌科	0.0033	0.0019
3	盖亚菌目分类地位未定的1科	0.0033	0.0019
3	纲KD4-96分类地位未定的1科	0.0033	0.0019
3	γ-变形菌纲未分类的1科	0.0033	0.0019
3	海线菌科	0.0033	0.0019
3	根瘤菌目分类地位未定的1科	0.0033	0.0019
3	科B1-7BS	0.0033	0.0019
3	候选门FBP分类地位未定的1科	0.0000	0.0038
3	目11-24分类地位未定的1科	0.0000	0.0038
3	疣微菌科	0.0000	0.0038
3	科cvE6	0.0000	0.0038
3	东氏菌科	0.0000	0.0038
3	放线菌纲未分类的1科	0.0000	0.0038
3	梭菌目分类地位未定的1科	0.0000	0.0038
3	芽胞杆菌纲分类地位未定的1科	0.0000	0.0038
3	污水杆菌科	0.0000	0.0038
3	科SM2D12	0.0000	0.0038

续表

组别	物种名称	细菌科含量/%	
		发酵床猪肠道	传统养殖猪肠道
3	柔膜菌纲未分类的1科	0.0033	0.0000
3	葡萄球菌科	0.0033	0.0000
3	NS11-12海洋菌群的1科	0.0033	0.0000
3	候选莫兰杆菌门的1目分类地位未定的1科	0.0033	0.0000
3	厌氧绳菌纲未分类的1科	0.0033	0.0000
3	目1013-28-CG33分类地位未定的1科	0.0033	0.0000
3	δ-变形菌纲未分类的1科	0.0033	0.0000
3	黑杆菌科	0.0033	0.0000
3	动孢菌科	0.0033	0.0000
3	热链菌科	0.0033	0.0000
3	科MSB-3C8	0.0033	0.0000
3	目PLTA13分类地位未定的1科	0.0033	0.0000
3	微球菌目分类地位未定的1科	0.0033	0.0000
3	纲Microgenomatia分类地位未定的1科	0.0033	0.0000
3	目EUB33-2分类地位未定的1科	0.0033	0.0000
3	科PHOS-HE36	0.0033	0.0000
3	阴沟单胞菌目未分类的1科	0.0033	0.0000
3	剑线虫杆菌科	0.0033	0.0000
3	小弧菌目分类地位未定的1科	0.0033	0.0000
3	候选门CK-2C2-2分类地位未定的1科	0.0033	0.0000
3	嗜螨虫菌科	0.0033	0.0000
3	尤泽比氏菌科	0.0033	0.0000
3	候选门WS4分类地位未定的1科	0.0033	0.0000
3	磁螺菌科	0.0033	0.0000
3	亚群21分类地位未定的1科	0.0033	0.0000
3	世袍菌科	0.0033	0.0000
3	琼斯氏菌科	0.0033	0.0000
3	多囊菌科	0.0000	0.0019
3	土微菌科	0.0000	0.0019
3	科D05-2	0.0000	0.0019
3	侏囊菌科	0.0000	0.0019
3	矿弯曲菌科	0.0000	0.0019
3	土壤红色杆菌目未分类的1科	0.0000	0.0019
3	等球菌科	0.0000	0.0019
3	红螺菌目分类地位未定的1科	0.0000	0.0019
3	红色杆形菌科	0.0000	0.0019
3	博戈里亚湖菌科	0.0000	0.0019
3	交替单胞菌科	0.0000	0.0019
3	目T2WK15B57分类地位未定的1科	0.0000	0.0019
3	γ-变形菌纲分类地位未定的1科	0.0000	0.0019
3	纲TK10分类地位未定的1科	0.0000	0.0019
第3组281个样本平均值		0.0508	0.0238

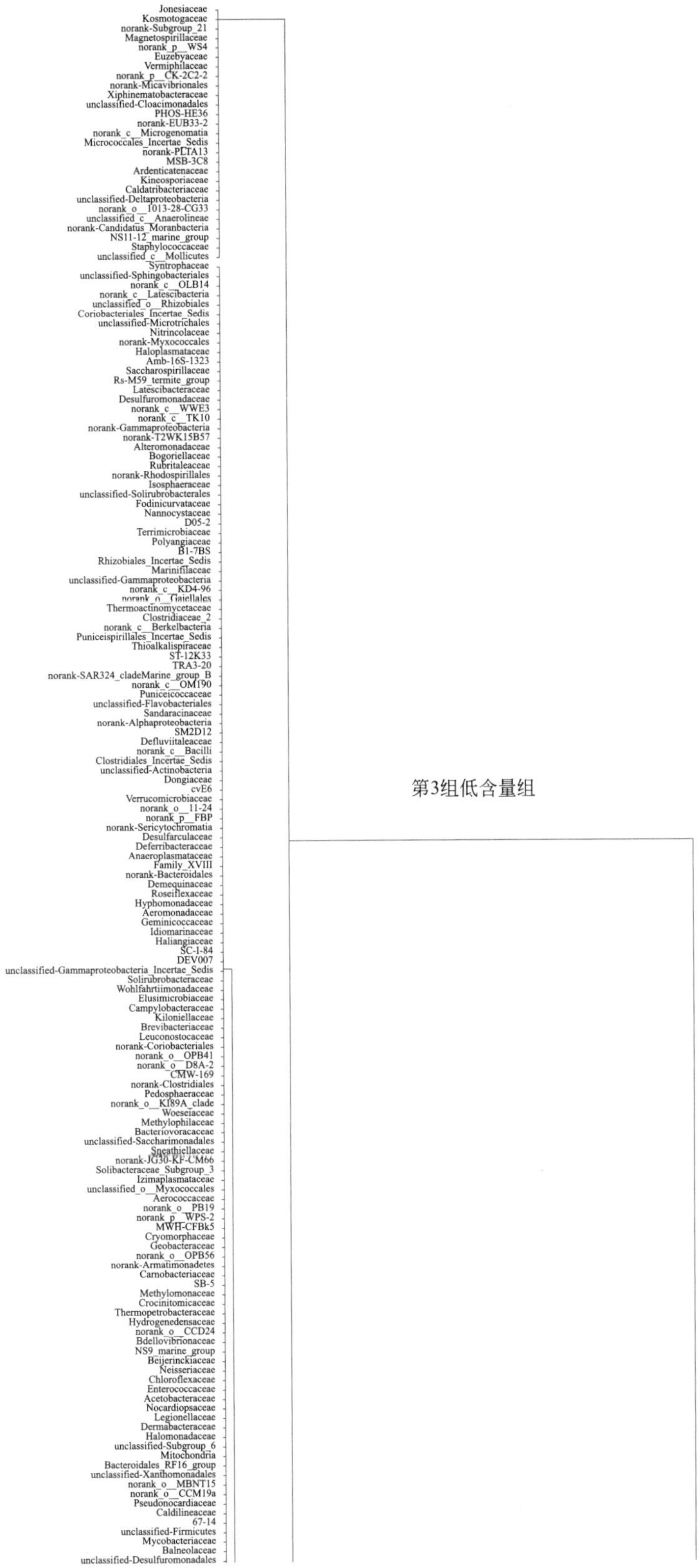
Jonesiaceae
Kosmotogaceae
norank-Subgroup_21
Magnetospirillaceae
norank_p__WS4
Euzebyaceae
Vermiphilaceae
norank_p__CK-2C2-2
norank-Micavibrionales
Xiphinematobacteraceae
unclassified-Cloacimonadales
PHOS-HE36
norank-EUB33-2
norank_c__Microgenomatia
Micrococcales_Incertae_Sedis
norank-PLTA13
MSB-3C8
Ardenticatenaceae
Kineosporiaceae
Caldatribacteriaceae
unclassified-Deltaproteobacteria
norank_o__1013-28-CG33
unclassified_c__Anaerolineae
norank-Candidatus_Moranbacteria
NS11-12_marine_group
Staphylococcaceae
unclassified_c__Mollicutes
Syntrophaceae
unclassified-Sphingobacteriales
norank_c__OLB14
norank_c__Latescibacteria
unclassified_o__Rhizobiales
Coriobacteriales_Incertae_Sedis
unclassified-Microtrichales
Nitrincolaceae
norank-Myxococcales
Haloplasmataceae
Amb-16S-1323
Saccharospirillaceae
Rs-M59_termite_group
Latescibacteraceae
Desulfuromonadaceae
norank_c__WWE3
norank_c__TK10
norank-Gammaproteobacteria
norank-T2WK15B57
Alteromonadaceae
Bogoriellaceae
Rubritaleaceae
norank-Rhodospirillales
Isosphaeraceae
unclassified-Solirubrobacterales
Fodinicurvataceae
Nannocystaceae
D05-2
Terrimicrobiaceae
Polyangiaceae
B1-7BS
Rhizobiales_Incertae_Sedis
Marinifilaceae
unclassified-Gammaproteobacteria
norank_c__KD4-96
norank_o__Gaiellales
Thermoactinomycetaceae
Clostridiaceae_2
norank_c__Berkelbacteria
Puniceispirillales_Incertae_Sedis
Thioalkalispiraceae
ST-12K33
TRA3-20
norank-SAR324_cladeMarine_group_B
norank_c__OM190
Puniceicoccaceae
unclassified-Flavobacteriales
Sandaracinaceae
norank-Alphaproteobacteria
SM2D12
Defluviitaleaceae
norank_c__Bacilli
Clostridiales_Incertae_Sedis
unclassified-Actinobacteria
Dongiaceae
cvE6
Verrucomicrobiaceae
norank_o__11-24
norank_p__FBP
norank-Sericytochromatia
Desulfarculaceae
Deferribacteraceae
Anaeroplasmataceae
Family_XVIII
norank-Bacteroidales
Demequinaceae
Roseiflexaceae
Hyphomonadaceae
Aeromonadaceae
Geminicoccaceae
Idiomarinaceae
Haliangiaceae
SC-I-84
DEV007
unclassified-Gammaproteobacteria_Incertae_Sedis
Solirubrobacteraceae
Wohlfahrtiimonadaceae
Elusimicrobiaceae
Campylobacteraceae
Kiloniellaceae
Brevibacteriaceae
Leuconostocaceae
norank-Coriobacteriales
norank_o__OPB41
norank_o__D8A-2
CMW-169
norank-Clostridiales
Pedosphaeraceae
norank_o__KI89A_clade
Woeseiaceae
Methylophilaceae
Bacteriovoracaceae
unclassified-Saccharimonadales
Sneathiellaceae
norank-JG30-KF-CM66
Solibacteraceae_Subgroup_3
Izimaplasmataceae
unclassified_o__Myxococcales
Aerococcaceae
norank_o__PB19
norank_p__WPS-2
MWH-CFBk5
Cryomorphaceae
Geobacteraceae
norank_o__OPB56
norank-Armatimonadetes
Carnobacteriaceae
SB-5
Methylomonaceae
Crocinitomicaceae
Thermopetrobacteraceae
Hydrogenedensaceae
norank_o__CCD24
Bdellovibrionaceae
NS9_marine_group
Beijerinckiaceae
Neisseriaceae
Chloroflexaceae
Enterococcaceae
Acetobacteraceae
Nocardiopsaceae
Legionellaceae
Dermabacteraceae
Halomonadaceae
unclassified-Subgroup_6
Mitochondria
Bacteroidales_RF16_group
unclassified-Xanthomonadales
norank_o__MBNT15
norank_o__CCM19a
Pseudonocardiaceae
Caldilineaceae
67-14
unclassified-Firmicutes
Mycobacteriaceae
Balneolaceae
unclassified-Desulfuromonadales
第3组低含量组

图5-20

图5-20　饲料发酵床与传统养殖猪肠道细菌科亚群落分化聚类分析

5. 细菌属水平

（1）共有细菌种类比较　由饲料发酵床（mfsp）与传统养殖（trop）的育肥猪粪分析的肠道微生物菌群细菌属存在较大差异（图5-21）。在细菌属水平上，共检测到698个细菌属（表5-9），饲料发酵床猪肠道微生物菌群501个细菌属，比传统养猪的482个细菌属高3.94%；饲料发酵床猪肠道微生物菌群独有细菌属217个，比传统养猪的198个细菌属多19个。饲料发酵床猪肠道微生物菌群细菌属数量高于传统养猪；两者共有细菌属284个，前3个高含量的细菌属分别为瘤胃线杆菌属（8.91%）、狭义梭菌属1（8.39%）、瘤胃球菌科的1属（4.64%），瘤胃线杆菌属主要分布在发酵床猪肠道，狭义梭菌属1和瘤胃球菌科的1属主要分布在传统养殖猪肠道。

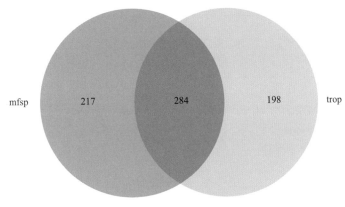

(a) 共有细菌属和独有细菌属

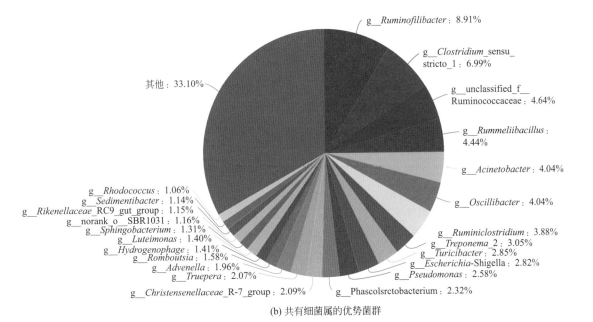

(b) 共有细菌属的优势菌群

图5-21　饲料发酵床与传统养殖猪肠道细菌属微生物菌群比较

表5-9 饲料发酵床与传统养殖猪肠道细菌属菌群含量

物种名称	细菌属含量/%	
	发酵床猪肠道	传统养殖猪肠道
【1】 瘤胃线杆菌属	16.6300	0.0114
【2】 狭义梭菌属1	2.7310	5.9090
【3】 乳杆菌属	0.0000	5.9480
【4】 巨球形菌属	0.0000	5.7220
【5】 普雷沃氏菌属7	0.0000	5.5780
【6】 瘤胃球菌科未分类的1属	0.9580	4.4110
【7】 不动杆菌属	1.1740	3.6510
【8】 科XIV分类地位未定的1属	4.8200	0.0000
【9】 鲁梅尔芽胞杆菌属	0.0133	4.7360
【10】 假单胞菌属	4.5070	0.1786
【11】 瘤胃梭菌属	1.2470	3.4280
【12】 产己酸菌属	0.0000	4.5970
【13】 颤杆菌属	0.0033	4.3120
【14】 密螺旋体属2	2.1850	2.0050
【15】 特吕珀菌属	3.5960	0.1596
【16】 苏黎世杆菌属	0.8083	2.5810
【17】 互营单胞菌属	3.1100	0.0000
【18】 埃希氏菌-志贺氏菌属	0.0067	3.0140
【19】 克里斯滕森菌科R-7群的1属	1.3970	1.4370
【20】 噬氢菌属	2.4280	0.1197
【21】 解硫胺素芽胞杆菌属	2.5310	0.0000
【22】 考拉杆菌属	0.0499	2.4550
【23】 普雷沃氏菌属	0.0000	2.3300
【24】 陌生菌属	0.4191	1.8590
【25】 目SBR1031分类地位未定的1属	2.1720	0.0019
【26】 生孢产氢菌属	2.1550	0.0000
【27】 长杆菌科分类地位未定的1属	2.1290	0.0000
【28】 沉积杆菌属	1.9590	0.1007
【29】 藤黄色单胞菌属	1.2710	0.7697
【30】 龙包茨氏菌属	0.7983	1.2310
【31】 属DMER64	1.7900	0.0000
【32】 嗜蛋白菌属	1.6430	0.0570
【33】 沙单胞菌属	1.6300	0.0608
【34】 红球菌属	0.8881	0.6271
【35】 陶厄氏菌属	1.4800	0.0019
【36】 鞘脂杆菌属	0.0832	1.3530
【37】 发酵单胞菌属	1.2070	0.1995
【38】 理研菌科RC9肠道菌群的1属	0.1397	1.1500
【39】 琥珀酸弧菌属	0.0000	1.1610
【40】 海滑菌未分类的1属	1.1580	0.0000
【41】 纤细杆菌属	1.1040	0.0000
【42】 厌氧胞菌属	1.0480	0.0133
【43】 普雷沃氏菌科UCG–004群的1属	0.0000	1.0590
【44】 毛螺菌科未分类的1属	0.2362	0.8115
【45】 假黄单胞菌属	0.0632	0.9654
【46】 狭义梭菌属6	0.1829	0.7773
【47】 消化球菌科分类地位未定的1属	0.9347	0.0019
【48】 海滑菌科分类地位未定的1属	0.9180	0.0000
【49】 阿克曼斯氏菌属	0.0033	0.8723

续表

物种名称	细菌属含量/%	
	发酵床猪肠道	传统养殖猪肠道
【50】科XⅢAD3011群的1属	0.0366	0.8115
【51】泉胞菌属(*Fonticella*)	0.0000	0.8457
【52】瘤胃梭菌属1	0.8083	0.0019
【53】黄杆菌属	0.3326	0.4713
【54】漠河杆菌属	0.3626	0.4010
【55】理研菌科分类地位未定的1属	0.7284	0.0190
【56】球胞发菌属	0.1796	0.5530
【57】瘤胃球菌科分类地位未定的1属	0.3626	0.3516
【58】互营单胞菌科未分类的1属	0.6819	0.0000
【59】丛毛单胞菌属	0.0865	0.5891
【60】普雷沃氏菌属9	0.0000	0.6709
【61】脱硫弧菌属(*Desulfovibrio*)	0.0133	0.6405
【62】劣生单胞菌科分类地位未定的1属	0.6453	0.0057
【63】金色线菌属	0.5089	0.1064
【64】氨基酸球菌科分类地位未定的1属	0.0200	0.5891
【65】居膜菌属	0.5854	0.0095
【66】副球菌属	0.2994	0.2908
【67】桃色杆菌属	0.5255	0.0551
【68】科XⅢ分类地位未定的1属	0.5721	0.0000
【69】互养菌科分类地位未定的1属	0.5522	0.0000
【70】副拟杆菌属(*Parabacteroides*)	0.0599	0.4903
【71】柔膜菌纲RF39分类地位未定的1属	0.0366	0.5074
【72】土生孢杆菌属(*Terrisporobacter*)	0.2096	0.3326
【73】肠杆菌属	0.0033	0.5245
【74】候选科01分类地位未定的1属	0.5089	0.0000
【75】科JG30-KF-CM45分类地位未定的1属	0.3027	0.1786
【76】瘤胃球菌科UCG–005群的1属	0.1696	0.3079
【77】瘤胃球菌科NK4A214群的1属	0.1164	0.3535
【78】艾莉森氏菌属(*Allisonella*)	0.0000	0.4580
【79】戴阿利斯特杆菌属(*Dialister*)	0.0000	0.4504
【80】属LNR_A2-18	0.4258	0.0000
【81】脱氯杆菌属(*Dechlorobacter*)	0.0299	0.3839
【82】光冈菌属(*Mitsuokella*)	0.0000	0.4086
【83】拟杆菌目未分类的1属	0.3692	0.0209
【84】产粪甾醇优杆菌群的1属	0.2162	0.1520
【85】四球菌属	0.3592	0.0019
【86】水微菌属(*Aquamicrobium*)	0.0699	0.2870
【87】无胆甾原体属	0.3127	0.0418
【88】目WCHB1-41分类地位未定的1属	0.2594	0.0950
【89】拟杆菌属	0.0033	0.3421
【90】寡养单胞菌属	0.0599	0.2756
【91】石单胞菌属	0.2794	0.0551
【92】目Izimaplasmatales分类地位未定的1属	0.2129	0.1140
【93】假深黄单胞菌属	0.2395	0.0836
【94】科ML635J-40水生群分类地位未定的1属	0.3226	0.0000
【95】胃嗜气菌目分类地位未定的1属	0.1031	0.2090
【96】目MBA03分类地位未定的1属	0.2994	0.0019
【97】盐湖浮游菌属	0.2861	0.0114

续表

物种名称	细菌属含量/%	
	发酵床猪肠道	传统养殖猪肠道
【98】 梭菌目vadinBB60群的1科分类地位未定的1属	0.1763	0.1197
【99】 解蛋白菌属	0.2827	0.0133
【100】 植物雪状菌属(Herbinix)	0.1663	0.1178
【101】 棒杆菌属1	0.0532	0.2205
【102】 韦荣氏菌科分类地位未定的1属	0.0000	0.2680
【103】 链球菌属	0.0000	0.2680
【104】 瘤胃球菌科UCG-010群的1属	0.1663	0.0988
【105】 热粪杆菌属	0.2594	0.0000
【106】 解纤维素菌属	0.1031	0.1558
【107】 门2534-18B5肠道菌群分类地位未定的1属	0.0033	0.2452
【108】 拟杆菌门vadinHA17的1属	0.2461	0.0000
【109】 狭义梭菌属7	0.0033	0.2376
【110】 极小单胞菌属	0.0965	0.1330
【111】 罗氏菌属	0.0033	0.2224
【112】 海洋放线菌目分类地位未定的1属	0.2195	0.0057
【113】 难养小杆菌属(Mogibacterium)	0.0033	0.2205
【114】 慢生单胞菌目分类地位未定的1属	0.2229	0.0000
【115】 古根海姆氏菌属	0.2229	0.0000
【116】 氨基酸球菌属(Acidaminococcus)	0.0000	0.2205
【117】 交替赤杆菌属	0.0832	0.1349
【118】 苛求球菌属	0.1996	0.0152
【119】 脱硫叶菌属	0.2129	0.0000
【120】 芽单胞菌纲分类地位未定的1属	0.1763	0.0323
【121】 湿地杆菌科未分类的1属	0.2029	0.0019
【122】 拟杆菌纲未分类的1属	0.1962	0.0057
【123】 候选糖单胞菌属	0.0233	0.1767
【124】 瘤胃球菌科UCG-014群的1属	0.0798	0.1159
【125】 鞘脂杆菌科分类地位未定的1属	0.0100	0.1843
【126】 纤维微菌属	0.0466	0.1444
【127】 圆杆菌科未分类的1属	0.1597	0.0304
【128】 棒杆菌属	0.1796	0.0095
【129】 湖杆菌属	0.1663	0.0209
【130】 蒂西耶氏菌属	0.0998	0.0817
【131】 双歧杆菌属	0.0000	0.1729
【132】 施瓦茨氏菌属(Schwartzia)	0.0000	0.1729
【133】 克里斯滕森菌科分类地位未定的1属	0.1597	0.0076
【134】 微杆菌属	0.0532	0.1140
【135】 苍白杆菌属	0.0100	0.1539
【136】 动弯杆菌属(Mobiluncus)	0.0000	0.1634
【137】 埃格特氏菌科分类地位未定的1属	0.0299	0.1330

续表

物种名称	细菌属含量/%	
	发酵床猪肠道	传统养殖猪肠道
【138】伯克氏菌科未分类的1属	0.0266	0.1349
【139】狭义梭菌属12	0.0000	0.1577
【140】属OLB8	0.1563	0.0000
【141】科A4b分类地位未定的1属	0.1231	0.0247
【142】丹毒丝菌科UCG–004群的1属	0.0965	0.0513
【143】普雷沃氏菌科UCG–003群的1属	0.0266	0.1178
【144】目R7C24分类地位未定的1属	0.0133	0.1311
【145】互养球菌属	0.0000	0.1444
【146】毛螺菌科UCG–007群的1属	0.0299	0.1140
【147】迪茨氏菌属	0.0599	0.0817
【148】假棒形杆菌属(Pseudoclavibacter)	0.0000	0.1406
【149】密螺旋体属	0.1397	0.0000
【150】门251-o5的1科分类地位未定的1属	0.0000	0.1387
【151】鼠杆形菌科分类地位未定的1属	0.0033	0.1349
【152】陌生菌科分类地位未定的1属	0.0000	0.1368
【153】亚群10的1属	0.1264	0.0095
【154】匈牙利杆菌属(Pannonibacter)	0.1330	0.0000
【155】拟杆菌门VC2.1_Bac22的1属	0.1330	0.0000
【156】候选门WS6多伊卡菌纲分类地位未定的1属	0.1297	0.0019
【157】普雷沃氏菌科NK3B31群的1属	0.0033	0.1273
【158】粉色海生菌属(Roseimarinus)	0.1297	0.0000
【159】亚群6的1纲分类地位未定的1属	0.1031	0.0247
【160】红蝽菌目未分类的1属	0.0000	0.1273
【161】类固醇杆菌属	0.0832	0.0399
【162】丹毒丝菌科分类地位未定的1属	0.0100	0.1121
【163】梭菌目未分类的1属	0.0798	0.0418
【164】假氨基杆菌属(Pseudaminobacter)	0.0133	0.1083
【165】科ⅩⅢ未分类的1属	0.0333	0.0855
【166】生孢杆菌属(Sporobacter)	0.1164	0.0019
【167】科ⅩⅠ分类地位未定的1属	0.0000	0.1178
【168】毛螺菌科NK4A136群的1属	0.0000	0.1159
【169】短波单胞菌属	0.0000	0.1140
【170】厌氧弧菌属	0.0033	0.1083
【171】属RBG-16-49-21	0.1098	0.0000
【172】拟杆菌目UCG–001群分类地位未定的1属	0.1098	0.0000
【173】厌氧贪食菌属(Anaerovorax)	0.0931	0.0152
【174】分叉棍状厌氧菌群的1属	0.0399	0.0684
【175】奥尔森氏菌属	0.0000	0.1083
【176】湿地杆菌科分类地位未定的1属	0.1064	0.0000
【177】厌氧线菌属(Anaerofilum)	0.0000	0.1064

续表

物种名称	细菌属含量/%	
	发酵床猪肠道	传统养殖猪肠道
【178】威克斯氏菌科分类地位未定的1属	0.0033	0.1026
【179】微球菌目未分类的1属	0.0865	0.0171
【180】目113B434分类地位未定的1属	0.1031	0.0000
【181】异-新-副-根瘤菌属	0.0200	0.0798
【182】假放线杆菌属(Pseudactinotalea)	0.0100	0.0893
【183】链霉菌属	0.0366	0.0589
【184】谷氨酸杆菌属	0.0865	0.0076
【185】瘤胃球菌科UCG–012群的1属	0.0931	0.0000
【186】目EPR3968-O8a-Bc78分类地位未定的1属	0.0931	0.0000
【187】互养菌科未分类的1属	0.0931	0.0000
【188】固氮弓菌属	0.0931	0.0000
【189】类诺卡氏菌属	0.0798	0.0114
【190】应微所菌属	0.0832	0.0076
【191】糖单胞菌目分类地位未定的1属	0.0566	0.0342
【192】欧研会菌属	0.0898	0.0000
【193】别样杆状菌属(Alistipes)	0.0532	0.0361
【194】德沃斯氏菌属	0.0133	0.0741
【195】戈氏瘤胃球菌群的1属	0.0000	0.0855
【196】博德特氏菌属	0.0033	0.0817
【197】厌氧香肠形菌属(Pelotomaculum)	0.0832	0.0000
【198】棘手萤杆菌目SR1分类地位未定的1属	0.0832	0.0000
【199】未分类的细菌门的1属	0.0599	0.0228
【200】糖单胞菌科分类地位未定的1属	0.0665	0.0152
【201】劳氏菌属(Lautropia)	0.0632	0.0171
【202】科GZKB75分类地位未定的1属	0.0798	0.0000
【203】毛螺菌科UCG–001群的1属	0.0033	0.0760
【204】瘤胃梭菌属5	0.0067	0.0722
【205】毛螺菌科分类地位未定的1属	0.0599	0.0190
【206】瘤胃球菌科UCG–013群的1属	0.0765	0.0019
【207】湖线菌科分类地位未定的1属	0.0765	0.0019
【208】红环菌科分类地位未定的1属	0.0732	0.0038
【209】脱硫微菌属	0.0732	0.0038
【210】属Syner–01	0.0765	0.0000
【211】丙酸棒菌属	0.0765	0.0000
【212】金黄杆菌属	0.0665	0.0095
【213】属GCA-900066225	0.0000	0.0760
【214】芽单胞菌科未分类的1属	0.0699	0.0057
【215】隐杆菌属(Empedobacter)	0.0033	0.0722
【216】噬儿丁质菌科分类地位未定的1属	0.0566	0.0171
【217】坦纳氏菌科分类地位未定的1属	0.0200	0.0532

续表

物种名称	细菌属含量/%	
	发酵床猪肠道	传统养殖猪肠道
【218】瘤胃球菌科UCG–004群的1属	0.0000	0.0722
【219】原小单胞菌属	0.0333	0.0380
【220】劣生单胞菌属(Dysgonomonas)	0.0000	0.0703
【221】厌氧绳菌科分类地位未定的1属	0.0699	0.0000
【222】醋弧菌属(Acetivibrio)	0.0699	0.0000
【223】乳突杆菌属(Papillibacter)	0.0699	0.0000
【224】赖氏菌属(Leifsonia)	0.0200	0.0494
【225】芽胞杆菌属	0.0366	0.0323
【226】瘤胃球菌科UCG–002群的1属	0.0233	0.0456
【227】热杆菌科分类地位未定的1属	0.0632	0.0038
【228】候选门BRC1分类地位未定的1属	0.0499	0.0171
【229】互营单胞菌科分类地位未定的1属	0.0665	0.0000
【230】弓形杆菌属(Arcobacter)	0.0399	0.0266
【231】白蚁菌群M2PB4-65的1科分类地位未定的1属	0.0665	0.0000
【232】出芽小链菌属(Blastocatella)	0.0067	0.0589
【233】亚硝化单胞菌属(Nitrosomonas)	0.0632	0.0000
【234】科SRB2分类地位未定的1属	0.0632	0.0000
【235】鸟氨酸球菌属	0.0532	0.0095
【236】沉积杆菌科分类地位未定的1属	0.0399	0.0228
【237】肠道杆菌属(Intestinibacter)	0.0033	0.0589
【238】属ADurb.Bin063-2	0.0599	0.0000
【239】罗纳杆菌科分类地位未定的1属	0.0599	0.0000
【240】厌氧醋菌属(Acetoanaerobium)	0.0599	0.0000
【241】根瘤菌科分类地位未定的1属	0.0333	0.0266
【242】副极小单胞菌属(Parapusillimonas)	0.0200	0.0399
【243】富尼耶氏菌属(Fournierella)	0.0000	0.0589
【244】有益杆菌属(Agathobacter)	0.0100	0.0475
【245】假分支杆菌属(Pseudoramibacter)	0.0000	0.0570
【246】候选法尔科夫菌门的1属	0.0566	0.0000
【247】海妖菌属(Haliea)	0.0566	0.0000
【248】瘤胃球菌属1	0.0067	0.0494
【249】厌氧产氢杆菌属(Hydrogenoanaerobacterium)	0.0366	0.0190
【250】寡养球形菌属(Oligosphaera)	0.0532	0.0019
【251】微丝菌目分类地位未定的1属	0.0466	0.0076
【252】纤维弧菌属	0.0333	0.0209
【253】噬几丁质菌科未分类的1属	0.0499	0.0038
【254】脱硫线杆菌属(Desulfitibacter)	0.0532	0.0000
【255】慢生微菌科分类地位未定的1属	0.0532	0.0000
【256】球孢囊菌属	0.0399	0.0133
【257】厌氧生孢杆菌属(Anaerosporobacter)	0.0067	0.0456

续表

物种名称	细菌属含量/%	
	发酵床猪肠道	传统养殖猪肠道
【258】月形单胞菌属(Selenomonas)	0.0000	0.0513
【259】纤维杆菌属(Fibrobacter)	0.0499	0.0000
【260】泽恩根氏菌属(Soehngenia)	0.0499	0.0000
【261】科FTLpost3分类地位未定的1属	0.0499	0.0000
【262】热单胞菌属(Thermomonas)	0.0000	0.0494
【263】黄色杆菌科分类地位未定的1属	0.0432	0.0057
【264】腐螺旋菌科分类地位未定的1属	0.0399	0.0076
【265】科AKYG1722分类地位未定的1属	0.0432	0.0038
【266】毛螺菌科XPB1014群的1属	0.0033	0.0437
【267】海洋吞噬菌属(Mariniphaga)	0.0466	0.0000
【268】狭义梭菌属3	0.0333	0.0114
【269】衣原体属(Chlamydia)	0.0000	0.0437
【270】分枝杆菌属	0.0200	0.0228
【271】生丝微菌属	0.0333	0.0095
【272】普雷沃氏菌科未分类的1属	0.0000	0.0418
【273】科67-14分类地位未定的1属	0.0266	0.0152
【274】副地杆菌属	0.0033	0.0380
【275】Blvii28污水淤泥群的1属	0.0399	0.0000
【276】脱硫杆菌属	0.0399	0.0000
【277】鸟氨酸微菌属	0.0133	0.0266
【278】梭菌纲未分类的1属	0.0399	0.0000
【279】厚壁菌门未分类的1属	0.0133	0.0266
【280】目DTU014分类地位未定的1属	0.0399	0.0000
【281】芽单胞菌科分类地位未定的1属	0.0266	0.0133
【282】亚群18分类地位未定的1属	0.0399	0.0000
【283】新月菌属(Meniscus)	0.0399	0.0000
【284】α-变形菌纲未分类的1属	0.0333	0.0057
【285】马杜拉放线菌属(Actinomadura)	0.0366	0.0019
【286】鞘脂菌属	0.0133	0.0247
【287】属Z20	0.0366	0.0000
【288】甲基暖菌属	0.0366	0.0000
【289】埃格特氏菌科未分类的1属	0.0233	0.0133
【290】白色杆菌属(Leucobacter)	0.0266	0.0095
【291】属C1-B045	0.0299	0.0057
【292】产碱菌属	0.0000	0.0342
【293】纤维单胞菌属(Cellulomonas)	0.0000	0.0342
【294】厌氧柱形菌属(Anaerocolumna)	0.0000	0.0342
【295】dgA-11肠道菌群的1属	0.0000	0.0342
【296】目NB1-j分类地位未定的1属	0.0299	0.0038
【297】卡斯泰拉尼菌属	0.0033	0.0304

续表

物种名称	细菌属含量/%	
	发酵床猪肠道	传统养殖猪肠道
【298】太白山菌属	0.0166	0.0171
【299】纲BRH-c20a分类地位未定的1属	0.0333	0.0000
【300】班努斯菌科分类地位未定的1属	0.0333	0.0000
【301】脱硫单胞菌目未分类的1属	0.0333	0.0000
【302】拟杆菌门BD2-2的1科分类地位未定的1属	0.0333	0.0000
【303】目vadinBA26分类地位未定的1属	0.0333	0.0000
【304】居黄海菌属(Seohaeicola)	0.0333	0.0000
【305】长孢菌属	0.0333	0.0000
【306】属IMCC26207	0.0333	0.0000
【307】BD1-7进化枝的1属	0.0333	0.0000
【308】候选属Soleaferrea	0.0233	0.0095
【309】长微菌科分类地位未定的1属	0.0299	0.0019
【310】芽殖杆菌属(Gemmobacter)	0.0033	0.0285
【311】居大理石菌属(Marmoricola)	0.0200	0.0114
【312】目CCM19a分类地位未定的1属	0.0233	0.0076
【313】粪杆菌属(Faecalibacterium)	0.0000	0.0304
【314】属UBA1819	0.0000	0.0304
【315】拟普雷沃氏菌属	0.0000	0.0304
【316】科BIrii41分类地位未定的1属	0.0299	0.0000
【317】β-变形菌目未分类的1属	0.0299	0.0000
【318】隐厌氧杆菌属(Cryptanaerobacter)	0.0299	0.0000
【319】属BIyi10	0.0299	0.0000
【320】沉积杆菌科未分类的1属	0.0233	0.0057
【321】瘤胃球菌科UCG–009群的1属	0.0233	0.0057
【322】目S085分类地位未定的1属	0.0266	0.0019
【323】布劳特氏菌属(Blautia)	0.0000	0.0285
【324】诺卡氏菌属	0.0133	0.0152
【325】红杆菌科未分类的1属	0.0166	0.0114
【326】生丝微菌科未分类的1属	0.0233	0.0038
【327】NS9海洋菌群的1科分类地位未定的1属	0.0233	0.0038
【328】目RBG-13-54-9分类地位未定的1属	0.0266	0.0000
【329】新斯氏菌属(Neoscardovia)	0.0000	0.0266
【330】纲MVP-15分类地位未定的1属	0.0266	0.0000
【331】海洋小杆菌属	0.0166	0.0095
【332】目MBNT15分类地位未定的1属	0.0100	0.0152
【333】肠球菌属	0.0000	0.0247
【334】丁酸弧菌属2	0.0000	0.0247
【335】鞘脂盒菌属	0.0033	0.0209
【336】科XIII UCG–001群的1属	0.0067	0.0171
【337】热石杆菌属(Thermopetrobacter)	0.0233	0.0000

物种名称	细菌属含量/%	
	发酵床猪肠道	传统养殖猪肠道
【338】 居河菌属	0.0233	0.0000
【339】 暖绳菌科分类地位未定的1属	0.0233	0.0000
【340】 拟杆菌目RF16群分类地位未定的1属	0.0100	0.0133
【341】 黄单胞菌目未分类的1属	0.0100	0.0133
【342】 透明颤菌属(Vitreoscilla)	0.0000	0.0228
【343】 短芽胞杆菌属	0.0000	0.0228
【344】 金黄杆状菌属(Luteitalea)	0.0133	0.0095
【345】 根瘤菌科未分类的1属	0.0033	0.0190
【346】 瘤胃梭菌属6	0.0033	0.0190
【347】 气微菌属	0.0033	0.0190
【348】 产氢菌科分类地位未定的1属	0.0200	0.0019
【349】 微杆菌科未分类的1属	0.0200	0.0019
【350】 目CCD24分类地位未定的1属	0.0200	0.0019
【351】 硫假单胞菌属	0.0200	0.0019
【352】 盐单胞菌属	0.0133	0.0076
【353】 口腔小杆菌属(Oribacterium)	0.0000	0.0209
【354】 不耐盐菌属(Haloimpatiens)	0.0000	0.0209
【355】 普雷沃氏菌属1	0.0000	0.0209
【356】 食黏蛋白菌属(Mucinivorans)	0.0000	0.0209
【357】 科MWH-CFBk5分类地位未定的1属	0.0166	0.0038
【358】 蛭弧菌属	0.0166	0.0038
【359】 假诺卡氏菌属	0.0166	0.0038
【360】 尿素芽胞杆菌属	0.0033	0.0171
【361】 微单胞菌科未分类的1属	0.0200	0.0000
【362】 脱硫棒菌属	0.0200	0.0000
【363】 地杆菌属(Geobacter)	0.0200	0.0000
【364】 科SB-5分类地位未定的1属	0.0200	0.0000
【365】 目OPB56分类地位未定的1属	0.0200	0.0000
【366】 装甲菌门分类地位未定的1属	0.0200	0.0000
【367】 甲基杆菌属(Methylobacter)	0.0200	0.0000
【368】 土微菌属	0.0200	0.0000
【369】 肉杆菌科分类地位未定的1属	0.0200	0.0000
【370】 鞘脂单胞菌属	0.0067	0.0133
【371】 产醋杆菌属(Oxobacter)	0.0000	0.0190
【372】 解琥珀酸菌属(Succiniclasticum)	0.0000	0.0190
【373】 候选门WPS-2分类地位未定的1属	0.0166	0.0019
【374】 野野村菌属	0.0166	0.0019
【375】 目PB19分类地位未定的1属	0.0166	0.0019
【376】 粉色单胞菌属	0.0033	0.0152
【377】 可用杆菌属(Diaphorobacter)	0.0033	0.0152

物种名称	细菌属含量/%	
	发酵床猪肠道	传统养殖猪肠道
【378】红蜦菌目分类地位未定的1属	0.0033	0.0152
【379】类芽胞杆菌属	0.0100	0.0076
【380】短杆菌属	0.0100	0.0076
【381】莫拉氏菌科分类地位未定的1属	0.0133	0.0038
【382】海滨线菌属(Litorilinea)	0.0000	0.0171
【383】香味菌属	0.0000	0.0171
【384】挑剔优杆菌群的1属	0.0000	0.0171
【385】生孢香肠形菌属(Sporotomaculum)	0.0166	0.0000
【386】海草球形菌科分类地位未定的1属	0.0166	0.0000
【387】科Izimaplasmataceae分类地位未定的1属	0.0166	0.0000
【388】属W5053	0.0166	0.0000
【389】红杆菌属(Rhodobacter)	0.0166	0.0000
【390】芽胞杆菌科未分类的1属	0.0166	0.0000
【391】候选纲JG30-KF-CM66分类地位未定的1属	0.0166	0.0000
【392】黏球菌目未分类的1属	0.0166	0.0000
【393】慢生微菌属(Lentimicrobium)	0.0166	0.0000
【394】冷形菌属(Cryomorpha)	0.0166	0.0000
【395】热芽胞杆菌属	0.0033	0.0133
【396】军团菌属(Legionella)	0.0067	0.0095
【397】短优杆菌群的1属	0.0100	0.0057
【398】微颤菌科分类地位未定的1属	0.0100	0.0057
【399】德沃斯氏菌科未分类的1属	0.0100	0.0057
【400】小迫氏菌属(Kosakonia)	0.0000	0.0152
【401】糖单胞菌目未分类的1科	0.0133	0.0019
【402】交汇杆菌属(Confluentibacter)	0.0133	0.0019
【403】琥珀酸弧菌科UCG–001群的1属	0.0000	0.0152
【404】劳森氏菌属	0.0000	0.0152
【405】单杆菌属(Solobacterium)	0.0000	0.0152
【406】热杆菌科未分类的1属	0.0133	0.0019
【407】不粘柄菌属	0.0000	0.0152
【408】丹毒丝菌属	0.0133	0.0019
【409】副埃格特氏菌属(Paraeggerthella)	0.0067	0.0076
【410】α-变形菌纲分类地位未定的1属	0.0100	0.0038
【411】奎因氏菌属(Quinella)	0.0000	0.0133
【412】候选属Chloroploca	0.0000	0.0133
【413】假洪氏菌属(Pseudohongiella)	0.0133	0.0000
【414】梭菌目分类地位未定的1属	0.0133	0.0000
【415】魏斯氏菌属	0.0000	0.0133
【416】目OPB41分类地位未定的1属	0.0133	0.0000
【417】土球形菌科分类地位未定的1属	0.0133	0.0000

物种名称	细菌属含量/%	
	发酵床猪肠道	传统养殖猪肠道
【418】毛螺菌科UCG–010群的1属	0.0000	0.0133
【419】苔藓杆菌属(Bryobacter)	0.0133	0.0000
【420】丙酸小杆菌属(Acidipropionibacterium)	0.0000	0.0133
【421】目D8A-2分类地位未定的1属	0.0133	0.0000
【422】海底菌群JTB255的1属	0.0133	0.0000
【423】KI89A进化枝的1目分类地位未定的1属	0.0133	0.0000
【424】短杆菌属	0.0000	0.0133
【425】毛螺菌科NK4B4群的1属	0.0000	0.0133
【426】纤线菌属(Leptonema)	0.0133	0.0000
【427】颤螺菌属(Oscillospira)	0.0000	0.0133
【428】科CMW-169分类地位未定的1属	0.0133	0.0000
【429】嗜外源物菌属(Xenophilus)	0.0033	0.0095
【430】黄杆菌目未分类的1属	0.0067	0.0057
【431】反刍优杆菌群的1属	0.0067	0.0057
【432】罗纳杆菌科未分类的1属	0.0067	0.0057
【433】中生根瘤菌属	0.0100	0.0019
【434】斯尼思氏菌属(Sneathiella)	0.0100	0.0019
【435】贪食杆菌属(Peredibacter)	0.0100	0.0019
【436】黄单胞菌科分类地位未定的1属	0.0000	0.0114
【437】难觅微菌属(Elusimicrobium)	0.0000	0.0114
【438】小双孢菌属(Microbispora)	0.0000	0.0114
【439】弯曲杆菌属(Campylobacter)	0.0000	0.0114
【440】塔加菌属(Tagaea)	0.0000	0.0114
【441】脱硫小杆菌属(Desulfitobacterium)	0.0000	0.0114
【442】普雷沃氏菌科UCG–001群的1属	0.0000	0.0114
【443】新鞘脂菌属	0.0033	0.0076
【444】瘤胃梭菌属9	0.0033	0.0076
【445】贝克尔杆菌纲分类地位未定的1属	0.0100	0.0000
【446】硫碱螺菌属	0.0100	0.0000
【447】法氏菌属	0.0100	0.0000
【448】克里斯滕森菌科未分类的1属	0.0100	0.0000
【449】高温单胞菌属	0.0100	0.0000
【450】长杆菌科未分类的1属	0.0100	0.0000
【451】属CL500-3	0.0100	0.0000
【452】属UBA6140	0.0100	0.0000
【453】脱盐杆菌属(Dehalobacter)	0.0100	0.0000
【454】压缩杆菌属	0.0100	0.0000
【455】科ST-12K33分类地位未定的1属	0.0100	0.0000
【456】土壤单胞菌属(Terrimonas)	0.0000	0.0095
【457】鞘脂杆菌科未分类的1属	0.0000	0.0095

续表

物种名称	细菌属含量/%	
	发酵床猪肠道	传统养殖猪肠道
【458】狭义梭菌属14	0.0000	0.0095
【459】韦荣氏菌科未分类的1属	0.0000	0.0095
【460】默多克氏菌属(Murdochiella)	0.0000	0.0095
【461】毛螺菌属(Lachnospira)	0.0000	0.0095
【462】萨特氏菌属(Sutterella)	0.0000	0.0095
【463】属FFCH7168	0.0000	0.0095
【464】副产碱菌属(Paenalcaligenes)	0.0000	0.0095
【465】海管菌属	0.0033	0.0057
【466】科DEV007分类地位未定的1属	0.0033	0.0057
【467】候选属Berkiella	0.0033	0.0057
【468】科SC-I-84分类地位未定的1属	0.0033	0.0057
【469】SAR324分支海洋群B的1目分类地位未定的1属	0.0067	0.0019
【470】出芽小链菌科未分类的1属	0.0067	0.0019
【471】糖多孢菌属	0.0067	0.0019
【472】橙色胞菌科分类地位未定的1属	0.0067	0.0019
【473】科TRA3-20分类地位未定的1属	0.0067	0.0019
【474】候选纲OM190分类地位未定的1属	0.0067	0.0019
【475】屠宰场拟杆菌属(Macellibacteroides)	0.0000	0.0076
【476】去甲基甲萘醌菌属	0.0000	0.0076
【477】气单胞菌属	0.0000	0.0076
【478】拟杆菌目分类地位未定的1属	0.0000	0.0076
【479】链球形菌属(Catenisphaera)	0.0000	0.0076
【480】慢生根瘤菌属	0.0000	0.0076
【481】属SWB02	0.0000	0.0076
【482】噬几丁质菌属	0.0000	0.0076
【483】副线单胞菌属(Parafilimonas)	0.0000	0.0076
【484】GKS98淡水菌群的1属	0.0000	0.0076
【485】寡源杆菌属	0.0000	0.0076
【486】骆驼单胞菌属(Camelimonas)	0.0000	0.0076
【487】共生小杆菌属(Symbiobacterium)	0.0000	0.0076
【488】螯合球菌属(Chelatococcus)	0.0000	0.0076
【489】玫瑰色弯菌科分类地位未定的1属	0.0000	0.0076
【490】土壤芽胞杆菌属	0.0033	0.0038
【491】热双歧菌属(Thermobifida)	0.0033	0.0038
【492】海源菌属	0.0033	0.0038
【493】拟诺卡氏菌属	0.0033	0.0038
【494】醋香肠菌属(Acetitomaculum)	0.0033	0.0038
【495】芽胞杆菌科分类地位未定的1属	0.0033	0.0038
【496】气球形菌属(Aerosphaera)	0.0067	0.0000
【497】鞘脂杆菌目未分类的1属	0.0067	0.0000

续表

物种名称	细菌属含量/%	
	发酵床猪肠道	传统养殖猪肠道
【498】 间孢囊菌科未分类的1属	0.0067	0.0000
【499】 纲WWE3分类地位未定的1属	0.0067	0.0000
【500】 微丝菌目未分类的1属	0.0067	0.0000
【501】 帝国杆菌属	0.0067	0.0000
【502】 黏球菌目分类地位未定的1属	0.0067	0.0000
【503】 理研菌科未分类的1属	0.0067	0.0000
【504】 库特氏菌属	0.0067	0.0000
【505】 科Amb-16S-1323分类地位未定的1属	0.0067	0.0000
【506】 Rs-M59白蚁菌群的1科分类地位未定的1属	0.0067	0.0000
【507】 紫红球菌属(Puniceicoccus)	0.0067	0.0000
【508】 螺旋体属2(Spirochaeta_2)	0.0067	0.0000
【509】 海小杆菌属	0.0067	0.0000
【510】 海洋杆菌属	0.0067	0.0000
【511】 食螯合剂菌属(Chelativorans)	0.0067	0.0000
【512】 斯塔克布兰特氏菌属	0.0067	0.0000
【513】 脱硫单胞菌属(Desulfuromonas)	0.0067	0.0000
【514】 Sva0996海洋菌群的1属	0.0067	0.0000
【515】 根瘤菌目未分类的1属	0.0067	0.0000
【516】 湿地杆菌属	0.0067	0.0000
【517】 盐原体属(Haloplasma)	0.0067	0.0000
【518】 乳胶杆菌纲分类地位未定的1属	0.0067	0.0000
【519】 候选属Latescibacter	0.0067	0.0000
【520】 纲OLB14分类地位未定的1属	0.0067	0.0000
【521】 霍佩氏菌属(Hoppeia)	0.0067	0.0000
【522】 厌氧原体属(Anaeroplasma)	0.0000	0.0057
【523】 博赛氏菌属	0.0000	0.0057
【524】 海面菌属	0.0000	0.0057
【525】 沙雷氏菌属	0.0000	0.0057
【526】 糖单胞菌属	0.0000	0.0057
【527】 布谷菌属(Koukoulia)	0.0000	0.0057
【528】 脱硫盒菌科分类地位未定的1属	0.0000	0.0057
【529】 地弧菌属(Geovibrio)	0.0000	0.0057
【530】 丹毒丝菌科未分类的1属	0.0000	0.0057
【531】 毛螺菌科NK3A20群的1属	0.0000	0.0057
【532】 噬染料菌属(Pigmentiphaga)	0.0000	0.0057
【533】 纲Sericytochromatia分类地位未定的1属	0.0000	0.0057
【534】 粪球菌属3(Coprococcus_3)	0.0000	0.0057
【535】 缠结优杆菌群的1属	0.0000	0.0057
【536】 嗜氨菌属(Ammoniphilus)	0.0000	0.0057
【537】 夏普氏菌属(Sharpea)	0.0000	0.0057

续表

物种名称	细菌属含量/%	
	发酵床猪肠道	传统养殖猪肠道
【538】消化链球菌属(Peptostreptococcus)	0.0000	0.0057
【539】食甲基菌属(Methylovorus)	0.0033	0.0019
【540】纲KD4-96分类地位未定的1属	0.0033	0.0019
【541】铁弧菌属(Ferrovibrio)	0.0033	0.0019
【542】类芽胞杆菌科未分类的1属	0.0033	0.0019
【543】盖亚菌目分类地位未定的1属	0.0033	0.0019
【544】属MND1	0.0033	0.0019
【545】科B1-7BS分类地位未定的1属	0.0033	0.0019
【546】橙色胞菌属(Sandaracinus)	0.0033	0.0019
【547】γ-变形菌纲未分类的1属	0.0033	0.0019
【548】科Microtrichaceae分类地位未定的1属	0.0033	0.0019
【549】丙酸杆菌科未分类的1属	0.0033	0.0019
【550】大洋芽胞杆菌属	0.0033	0.0019
【551】纤维弧菌科分类地位未定的1属	0.0033	0.0019
【552】梭菌科2未分类的1属	0.0033	0.0019
【553】诺德菌属(Nordella)	0.0033	0.0019
【554】丁酸单胞菌属(Butyricimonas)	0.0033	0.0019
【555】放线菌纲未分类的1属	0.0000	0.0038
【556】脆弱球菌属(Craurococcus)	0.0000	0.0038
【557】东氏菌属	0.0000	0.0038
【558】食蛋白菌属(Proteiniborus)	0.0000	0.0038
【559】科cvE6分类地位未定的1属	0.0000	0.0038
【560】属JCM_18997	0.0000	0.0038
【561】浅粉色球菌属(Cerasicoccus)	0.0000	0.0038
【562】黄土杆菌属(Flavihumibacter)	0.0000	0.0038
【563】斯塔基氏菌属(Starkeya)	0.0000	0.0038
【564】属DSSF69	0.0000	0.0038
【565】变形杆菌属(Proteus)	0.0000	0.0038
【566】橄榄杆菌属	0.0000	0.0038
【567】粉色球菌属(Roseococcus)	0.0000	0.0038
【568】瘤胃球菌属2	0.0000	0.0038
【569】伊格纳茨席纳菌属	0.0000	0.0038
【570】科SM2D12分类地位未定的1属	0.0000	0.0038
【571】土杆菌属	0.0000	0.0038
【572】莫拉氏菌属	0.0000	0.0038
【573】暖微菌属(Tepidimicrobium)	0.0000	0.0038
【574】农科所菌属	0.0000	0.0038
【575】丹毒丝菌科UCG–009群的1属	0.0000	0.0038
【576】木杆菌属(Xylella)	0.0000	0.0038
【577】吴泰光菌属(Ohtaekwangia)	0.0000	0.0038

续表

物种名称	细菌属含量/%	
	发酵床猪肠道	传统养殖猪肠道
【578】 污水杆菌科UCG-011群的1属	0.0000	0.0038
【579】 目11-24分类地位未定的1属	0.0000	0.0038
【580】 肠放线球菌属(Enteractinococcus)	0.0000	0.0038
【581】 候选门FBP分类地位未定的1属	0.0000	0.0038
【582】 芽胞杆菌纲分类地位未定的1属	0.0000	0.0038
【583】 毛杆菌属(Lachnotalea)	0.0000	0.0038
【584】 双球菌属(Geminicoccus)	0.0000	0.0038
【585】 醋厌氧小杆菌属(Acetanaerobacterium)	0.0000	0.0038
【586】 居植物菌属(Phytohabitans)	0.0033	0.0000
【587】 史密斯氏菌属(Smithella)	0.0033	0.0000
【588】 属AKIW659	0.0033	0.0000
【589】 目EUB33-2分类地位未定的1属	0.0033	0.0000
【590】 互养菌属(Syntrophus)	0.0033	0.0000
【591】 科PHOS-HE36分类地位未定的1属	0.0033	0.0000
【592】 尤泽比氏菌科分类地位未定的1属	0.0033	0.0000
【593】 红螺菌目分类地位未定科分类地位未定的1属	0.0033	0.0000
【594】 小单胞菌属(Micromonospora)	0.0033	0.0000
【595】 葡萄球菌属	0.0033	0.0000
【596】 沉积密螺旋体属(Sediminispirochaeta)	0.0033	0.0000
【597】 嗜热放线菌属(Thermoactinomyces)	0.0033	0.0000
【598】 肠单胞菌属(Intestinimonas)	0.0033	0.0000
【599】 厌氧绳菌纲未分类的1属	0.0033	0.0000
【600】 冷形菌科分类地位未定的1属	0.0033	0.0000
【601】 碱杆菌属	0.0033	0.0000
【602】 热多孢菌属(Thermopolyspora)	0.0033	0.0000
【603】 纺锤杆菌属(Fusibacter)	0.0033	0.0000
【604】 NS11-12海洋菌群的1科分类地位未定的1属	0.0033	0.0000
【605】 δ-变形菌纲未分类的1属	0.0033	0.0000
【606】 嗜蠕虫菌科分类地位未定的1属	0.0033	0.0000
【607】 淤泥生孢菌属(Lutispora)	0.0033	0.0000
【608】 泰门菌属	0.0033	0.0000
【609】 动孢菌科未分类的1属	0.0033	0.0000
【610】 柄杆菌科分类地位未定的1属	0.0033	0.0000
【611】 两面神杆菌属	0.0033	0.0000
【612】 拉乌尔杆菌属(Raoultibacter)	0.0033	0.0000
【613】 小弧菌目分类地位未定的1属	0.0033	0.0000
【614】 加西亚氏菌属	0.0033	0.0000
【615】 纤维杆菌科分类地位未定的1属	0.0033	0.0000
【616】 OM27进化枝的1属	0.0033	0.0000
【617】 热链菌科分类地位未定的1属	0.0033	0.0000
【618】 热碱芽胞杆菌属	0.0033	0.0000
【619】 肠杆菌科未分类的1属	0.0033	0.0000
【620】 亚群21分类地位未定的1属	0.0033	0.0000
【621】 独岛菌属(Dokdonella)	0.0033	0.0000
【622】 阴沟杆菌属(Cloacibacillus)	0.0033	0.0000
【623】 红杆菌科分类地位未定的1属	0.0033	0.0000
【624】 甲基微菌属(Methylomicrobium)	0.0033	0.0000
【625】 芽单胞菌属(Gemmatimonas)	0.0033	0.0000
【626】 盐螺菌属(Salinispira)	0.0033	0.0000
【627】 候选莫兰杆菌门的1目分类地位未定的1属	0.0033	0.0000

续表

物种名称	细菌属含量/%	
	发酵床猪肠道	传统养殖猪肠道
【628】 弗林德斯菌属(*Flindersiella*)	0.0033	0.0000
【629】 科MSB-3C8分类地位未定的1属	0.0033	0.0000
【630】 潮滩胞菌属(*Aestuariicella*)	0.0033	0.0000
【631】 二氯甲烷单胞菌属(*Dichloromethanomonas*)	0.0033	0.0000
【632】 优杆菌科未分类的1属	0.0033	0.0000
【633】 利德贝特氏菌属	0.0033	0.0000
【634】 沉积杆菌属	0.0033	0.0000
【635】 候选门CK-2C2-2分类地位未定的1属	0.0033	0.0000
【636】 柔膜菌纲未分类的1属	0.0033	0.0000
【637】 双球菌科分类地位未定的1属	0.0033	0.0000
【638】 琼斯氏菌属(*Jonesia*)	0.0033	0.0000
【639】 雷尼氏菌属(*Raineyella*)	0.0033	0.0000
【640】 黄球菌属(*Luteococcus*)	0.0033	0.0000
【641】 候选属*Caldatribacterium*	0.0033	0.0000
【642】 噬菌弧菌属(*Bacteriovorax*)	0.0033	0.0000
【643】 目1013-28-CG33分类地位未定的1属	0.0033	0.0000
【644】 中温袍菌属(*Mesotoga*)	0.0033	0.0000
【645】 纲Microgenomatia分类地位未定的1属	0.0033	0.0000
【646】 伯克氏菌科分类地位未定的1属	0.0033	0.0000
【647】 淡红微菌属(*Rubellimicrobium*)	0.0033	0.0000
【648】 磁螺菌科分类地位未定的1属	0.0033	0.0000
【649】 蛋白小链菌属(*Proteocatella*)	0.0033	0.0000
【650】 阴沟单胞菌目未分类的1属	0.0033	0.0000
【651】 剑线虫杆菌属(*Xiphinematobacter*)	0.0033	0.0000
【652】 目PLTA13分类地位未定的1属	0.0033	0.0000
【653】 候选门WS4分类地位未定的1属	0.0033	0.0000
【654】 乔治菌属	0.0000	0.0019
【655】 红螺菌目分类地位未定的1属	0.0000	0.0019
【656】 科D05-2分类地位未定的1属	0.0000	0.0019
【657】 疣微菌科分类地位未定的1属	0.0000	0.0019
【658】 塞内加尔菌属(*Senegalimassilia*)	0.0000	0.0019
【659】 珊瑚放线菌属(*Actinocorallia*)	0.0000	0.0019
【660】 副萨特氏菌属(*Parasutterella*)	0.0000	0.0019
【661】 乳球菌属	0.0000	0.0019
【662】 矿弯曲菌科分类地位未定的1属	0.0000	0.0019
【663】 属CAG-873	0.0000	0.0019
【664】 黄色杆状菌属(*Flavitalea*)	0.0000	0.0019
【665】 侏囊菌属(*Nannocystis*)	0.0000	0.0019
【666】 苯基杆菌属(*Phenylobacterium*)	0.0000	0.0019
【667】 土微菌属(*Terrimicrobium*)	0.0000	0.0019
【668】 迈莱菌属(*Mailhella*)	0.0000	0.0019
【669】 肠杆状菌属	0.0000	0.0019
【670】 放线菌科分类地位未定的1属	0.0000	0.0019
【671】 伊丽莎白金菌属	0.0000	0.0019
【672】 束缚杆菌属(*Conexibacter*)	0.0000	0.0019
【673】 扁平丝菌属(*Planifilum*)	0.0000	0.0019
【674】 酸杆菌属	0.0000	0.0019
【675】 铁锈色杆菌属(*Ferruginibacter*)	0.0000	0.0019
【676】 钻石杆菌属(*Pyramidobacter*)	0.0000	0.0019
【677】 小溪杆菌属(*Rivibacter*)	0.0000	0.0019
【678】 泰泽氏菌属3(*Tyzzerella_3*)	0.0000	0.0019

续表

物种名称	细菌属含量/%	
	发酵床猪肠道	传统养殖猪肠道
【679】肾杆菌属(*Renibacterium*)	0.0000	0.0019
【680】γ-变形菌纲分类地位未定的1属	0.0000	0.0019
【681】土壤红色杆菌科分类地位未定的1属	0.0000	0.0019
【682】科恩氏菌属(*Cohnella*)	0.0000	0.0019
【683】硝化球菌属(*Peptococcus*)	0.0000	0.0019
【684】浅黄色杆菌属(*Luteolibacter*)	0.0000	0.0019
【685】目T2WK15B57分类地位未定的1属	0.0000	0.0019
【686】纲TK10分类地位未定的1属	0.0000	0.0019
【687】鞘脂单胞菌科未分类的1属	0.0000	0.0019
【688】土壤红色杆菌目未分类的1属	0.0000	0.0019
【689】瘤胃球菌科UCG–008群的1属	0.0000	0.0019
【690】放线菌属(*Actinomyces*)	0.0000	0.0019
【691】湿地球形菌属(*Paludisphaera*)	0.0000	0.0019
【692】多囊菌科分类地位未定的1属	0.0000	0.0019
【693】四联球菌属	0.0000	0.0019
【694】地芽胞杆菌属	0.0000	0.0019
【695】韩国生工菌属	0.0000	0.0019
【696】土壤红色杆菌科未分类的1属	0.0000	0.0019
【697】拟希瓦氏菌属(*Alishewanella*)	0.0000	0.0019
【698】疣微菌属(*Verrucomicrobium*)	0.0000	0.0019

（2）细菌群落差异性比较　在细菌属水平上，发酵床猪肠道优势菌群瘤胃线杆菌属（16.6300%）＞科ⅩⅣ分类地位未定的1属（4.8200%）＞假单胞菌属（4.5070%）；传统养殖猪肠道优势菌群乳杆菌属（5.9480%）＞狭义梭菌属1（5.9090%）＞巨球形菌属（*Megasphaera*）（5.7220%）；两者的优势菌群完全不同［图5-22(a)］。发酵床猪肠道的优势菌群瘤胃线杆菌属、科ⅩⅣ分类地位未定的1属、假单胞菌属含量比传统养殖猪肠道的分别高16.6186%、4.8200%、4.3284%；传统养殖猪肠道的优势菌群乳杆菌属、狭义梭菌属1、巨球形菌属含量比发酵床猪肠道的分别高5.9480%、3.178%、5.7220%［图5-22(b)］。

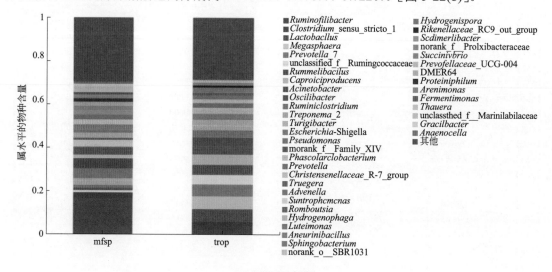

(a) 细菌属组成结构

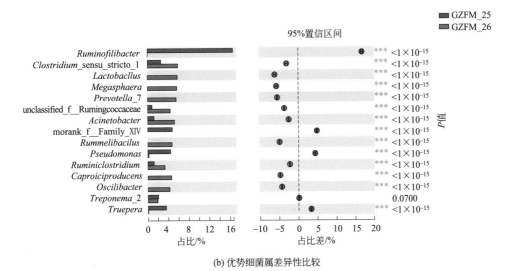

(b) 优势细菌属差异性比较

图5-22　饲料发酵床与传统养殖猪肠道细菌属组成结构与优势细菌属差异比较

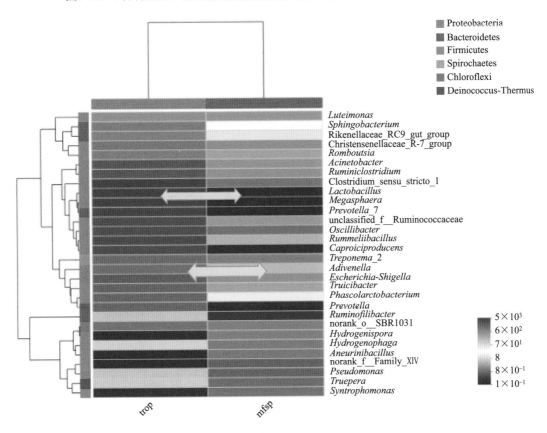

图5-23　饲料发酵床与传统养殖猪肠道优势细菌属热图分析

（3）细菌属组成热图分析　在细菌属水平热图分析见图5-23。典型差异特征表现在图5-22上的双箭头两个区域，区域①包括了13个细菌属菌群，乳杆菌属、巨球形菌属、普雷沃氏菌属7、瘤胃球菌科未分类的1属、颤杆菌属（Oscillibacter）、鲁梅尔芽胞杆菌属、产己酸菌属（*Caproiciproducens*）、密螺旋体属2、陌生菌属、埃希氏菌-志贺氏菌属（*Escherichia-Shigella*）、苏黎世杆菌属、考拉杆菌属（*Phascolarctobacterium*）、普雷沃氏菌属（*Prevotella*），传统养殖猪肠道含量远远高于发酵床。区域②包括了9个细菌属菌群，包括了瘤胃线杆菌属、目SBR1031分类地位未定的1属、噬氢菌属、生孢产氢菌属、解硫胺素芽胞杆菌属、科XIV分类地位未定的1属、假单胞菌属、特吕珀菌属、互营单胞菌属（*Syntrophomonas*），发酵床猪肠道含量远远高于传统养殖。

（4）细菌属系统发育与亚群落分化　饲料发酵床（mfsp）与传统养殖（trop）猪肠道优势细菌属系统发育见图5-24。前50个优势细菌属中，发酵床猪肠道优势菌群包含了瘤胃线杆菌属（16.63%）、科XIV分类地位未定的1属（4.82%）、假单胞菌属（4.507%）、特吕珀菌属（3.596%）、互营单胞菌属（3.11%），含有较多的有机质分解菌群；传统养殖猪肠道优势

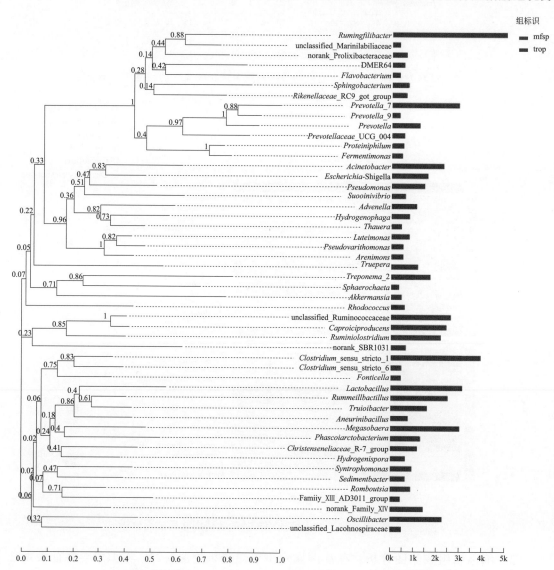

图5-24　饲料发酵床与传统养殖猪肠道优势细菌属系统发育

菌群包含了乳杆菌属（5.948%）、狭义梭菌属1（5.909%）、巨球形菌属（5.722%）、普雷沃氏菌属7（5.578%）、鲁梅尔芽胞杆菌属（4.736%）、产己酸菌属（4.597%）、瘤胃球菌科未分类的1属（4.411%）、颤杆菌属（4.312%），含有较多的猪病原菌群。

根据表5-9构建矩阵，取含量高的前400个细菌属，以菌群为样本、养殖方式为指标、欧氏距离为尺度，用可变类平均法进行系统聚类，分析结果见表5-10、图5-25。可将饲料发酵床与传统养殖猪肠道细菌属亚群落分化聚类为3组，第1组高含量组，包括了1个细菌属瘤胃线杆菌属，主要分布在发酵床猪肠道。第2组中含量组，包括了29个细菌属，即狭义梭菌属1、乳杆菌属、巨球形菌属、普雷沃氏菌属7、瘤胃球菌科未分类的1属、不动杆菌属、科ⅩⅣ分类地位未定的1属、鲁梅尔芽胞杆菌属、假单胞菌属、瘤胃梭菌属、产己酸菌属、颤杆菌属、特吕珀菌属、苏黎世杆菌属、互营单胞菌属、埃希氏菌-志贺氏菌属、噬氢菌属、解硫胺素芽胞杆菌属、考拉杆菌属、普雷沃氏菌属、陌生菌属、目SBR1031分类地位未定的1属、生孢产氢菌属、长杆菌科分类地位未定的1属、沉积杆菌属、属DMER64、嗜蛋白菌属、沙单胞菌属（Arenimonas）、陶厄氏菌属，发酵床猪肠道平均含量（1.4952%）低于传统养殖猪肠道（2.1107%）。第3组低含量组，包括了其余的370个细菌属，其含量平均值在发酵床猪肠道和传统养殖猪肠道分别为0.1057%、0.1023%。

表5-10　饲料发酵床与传统养殖猪肠道细菌属亚群落分化聚类分析

组别	物种名称	细菌属含量/%	
		发酵床猪肠道	传统养殖猪肠道
1	瘤胃线杆菌属	16.6300	0.0114
	第1组1个样本平均值	16.6300	0.0114
2	狭义梭菌属1	2.7310	5.9090
2	乳杆菌属	0.0000	5.9480
2	巨球形菌属	0.0000	5.7220
2	普雷沃氏菌属7	0.0000	5.5780
2	瘤胃球菌科未分类的1属	0.9580	4.4110
2	不动杆菌属	1.1740	3.6510
2	科ⅩⅣ分类地位未定的1属	4.8200	0.0000
2	鲁梅尔芽胞杆菌属	0.0133	4.7360
2	假单胞菌属	4.5070	0.1786
2	瘤胃梭菌属	1.2470	3.4280
2	产己酸菌属	0.0000	4.5970
2	颤杆菌属	0.0033	4.3120
2	特吕珀菌属	3.5960	0.1596
2	苏黎世杆菌属	0.8083	2.5810
2	互营单胞菌属	3.1100	0.0000
2	埃希氏菌-志贺氏菌属	0.0067	3.0140
2	噬氢菌属	2.4280	0.1197
2	解硫胺素芽胞杆菌属	2.5310	0.0000
2	考拉杆菌属	0.0499	2.4550
2	普雷沃氏菌属	0.0000	2.3300
2	陌生菌属	0.4191	1.8590
2	目SBR1031分类地位未定的1属	2.1720	0.0019
2	生孢产氢菌属	2.1550	0.0000
2	长杆菌科分类地位未定的1属	2.1290	0.0000
2	沉积杆菌属	1.9590	0.1007
2	属DMER64	1.7900	0.0000
2	嗜蛋白菌属	1.6430	0.0570

组别	物种名称	细菌属含量/%	
		发酵床猪肠道	传统养殖猪肠道
2	沙单胞菌属	1.6300	0.0608
2	陶厄氏菌属	1.4800	0.0019
	第2组29个样本平均值	1.4952	2.1107
3	密螺旋体属2	2.1850	2.0050
3	克里斯滕森菌科R-7群的1属	1.3970	1.4370
3	藤黄色单胞菌属	1.2710	0.7697
3	龙包茨氏菌属	0.7983	1.2310
3	红球菌属	0.8881	0.6271
3	鞘氨醇杆菌属	0.0832	1.3530
3	发酵单胞菌属	1.2070	0.1995
3	理研菌科RC9肠道菌群的1属	0.1397	1.1500
3	琥珀酸弧菌属	0.0000	1.1610
3	海滑菌科未分类的1属	1.1580	0.0000
3	纤细杆菌属	1.1040	0.0000
3	厌氧胞菌属	1.0480	0.0133
3	普雷沃氏菌科UCG–004群的1属	0.0000	1.0590
3	毛螺菌科未分类的1属	0.2362	0.8115
3	假黄单胞菌属	0.0632	0.9654
3	狭义梭菌属6	0.1829	0.7773
3	消化球菌科分类地位未定的1属	0.9347	0.0019
3	海滑菌科分类地位未定的1属	0.9180	0.0000
3	阿克曼斯氏菌属	0.0033	0.8723
3	科ⅩⅢAD3011群的1属	0.0366	0.8115
3	泉胞菌属	0.0000	0.8457
3	瘤胃梭菌属1	0.8083	0.0019
3	黄杆菌属	0.3326	0.4713
3	漠河杆菌属	0.3626	0.4010
3	理研菌科分类地位未定的1属	0.7284	0.0190
3	球胞发菌属	0.1796	0.5530
3	瘤胃球菌科分类地位未定的1属	0.3626	0.3516
3	互营单胞菌科未分类的1属	0.6819	0.0000
3	丛毛单胞菌属	0.0865	0.5891
3	普雷沃氏菌属9	0.0000	0.6709
3	脱硫弧菌属	0.0133	0.6405
3	劣生单胞菌科分类地位未定的1属	0.6453	0.0057
3	金色线菌属	0.5089	0.1064
3	氨基酸球菌科分类地位未定的1属	0.0200	0.5891
3	居膜菌属	0.5854	0.0095
3	副球菌属	0.2994	0.2908
3	桃色杆菌属	0.5255	0.0551
3	科ⅩⅢ分类地位未定的1属	0.5721	0.0000
3	互养菌科分类地位未定的1属	0.5522	0.0000
3	副拟杆菌属	0.0599	0.4903
3	柔膜菌纲RF39分类地位未定的1属	0.0366	0.5074
3	土生孢杆菌属	0.2096	0.3326
3	肠杆菌属	0.0033	0.5245
3	候选科01分类地位未定的1属	0.5089	0.0000
3	科JG30-KF-CM45分类地位未定的1属	0.3027	0.1786
3	瘤胃球菌科UCG–005群的1属	0.1696	0.3079

组别	物种名称	细菌属含量/%	
		发酵床猪肠道	传统养殖猪肠道
3	瘤胃球菌科NK4A214群的1属	0.1164	0.3535
3	艾莉森氏菌属	0.0000	0.4580
3	戴阿利斯特杆菌属	0.0000	0.4504
3	属LNR_A2-18	0.4258	0.0000
3	脱氯杆菌属	0.0299	0.3839
3	光冈菌属	0.0000	0.4086
3	拟杆菌目未分类的1属	0.3692	0.0209
3	产粪甾醇优杆菌群的1属	0.2162	0.1520
3	四球菌属	0.3592	0.0019
3	水微菌属	0.0699	0.2870
3	无胆甾原体属	0.3127	0.0418
3	目WCHB1-41分类地位未定的1属	0.2594	0.0950
3	拟杆菌属	0.0033	0.3421
3	寡养单胞菌属	0.0599	0.2756
3	石单胞菌属	0.2794	0.0551
3	目Izimaplasmatales分类地位未定的1属	0.2129	0.1140
3	假深黄单胞菌属	0.2395	0.0836
3	科ML635J-40水生群分类地位未定的1属	0.3226	0.0000
3	胃嗜气菌目分类地位未定的1属	0.1031	0.2090
3	目MBA03分类地位未定的1属	0.2994	0.0019
3	盐湖浮游菌属	0.2861	0.0114
3	梭菌目vadinBB60群的1科分类地位未定的1属	0.1763	0.1197
3	解蛋白菌属	0.2827	0.0133
3	植物雪状菌属	0.1663	0.1178
3	棒杆菌属1	0.0532	0.2205
3	韦荣氏菌科分类地位未定的1属	0.0000	0.2680
3	链球菌属	0.0000	0.2680
3	瘤胃球菌科UCG–010群的1属	0.1663	0.0988
3	热粪杆菌属	0.2594	0.0000
3	解纤维素菌属	0.1031	0.1558
3	门2534-18B5肠道菌群分类地位未定的1属	0.0033	0.2452
3	拟杆菌门vadinHA17的1属	0.2461	0.0000
3	狭义梭菌属7	0.0033	0.2376
3	极小单胞菌属	0.0965	0.1330
3	罗氏菌属	0.0033	0.2224
3	海洋放线菌目分类地位未定的1属	0.2195	0.0057
3	难养小杆菌属	0.0033	0.2205
3	慢生单胞菌目分类地位未定的1属	0.2229	0.0000
3	古根海姆氏菌属	0.2229	0.0000
3	氨基酸球菌属	0.0000	0.2205
3	交替赤杆菌属	0.0832	0.1349

续表

组别	物种名称	细菌属含量/%	
		发酵床猪肠道	传统养殖猪肠道
3	苛求球菌属	0.1996	0.0152
3	脱硫叶菌属	0.2129	0.0000
3	芽单胞菌纲分类地位未定的1目	0.1763	0.0323
3	湿地杆菌科未分类的1属	0.2029	0.0019
3	拟杆菌纲未分类的1种	0.1962	0.0057
3	候选糖单胞菌属	0.0233	0.1767
3	瘤胃球菌科UCG–014群的1属	0.0798	0.1159
3	鞘脂杆菌科分类地位未定的1属	0.0100	0.1843
3	纤维微菌属	0.0466	0.1444
3	圆杆菌科未分类的1属	0.1597	0.0304
3	棒杆菌属	0.1796	0.0095
3	湖杆菌属	0.1663	0.0209
3	蒂西耶氏菌属	0.0998	0.0817
3	双歧杆菌属	0.0000	0.1729
3	施瓦茨氏菌属	0.0000	0.1729
3	克里斯滕森菌科分类地位未定的1属	0.1597	0.0076
3	微杆菌属	0.0532	0.1140
3	苍白杆菌属	0.0100	0.1539
3	动弯杆菌属	0.0000	0.1634
3	埃格特氏菌科分类地位未定的1属	0.0299	0.1330
3	伯克氏菌科未分类的1属	0.0266	0.1349
3	狭义梭菌属12	0.0000	0.1577
3	属OLB8	0.1563	0.0000
3	科A4b分类地位未定地位1属	0.1231	0.0247
3	丹毒丝菌科UCG–004群的1属	0.0965	0.0513
3	普雷沃氏菌科UCG–003群的1属	0.0266	0.1178
3	目R7C24分类地位未定的1属	0.0133	0.1311
3	互养球菌属	0.0000	0.1444
3	毛螺菌科UCG–007群的1属	0.0299	0.1140
3	迪茨氏菌属	0.0599	0.0817
3	假棒形杆菌属	0.0000	0.1406
3	密螺旋体属	0.1397	0.0000
3	门251-o5的1科分类地位未定的1属	0.0000	0.1387
3	鼠杆形菌科分类地位未定的1属	0.0033	0.1349
3	陌生菌科分类地位未定的1属	0.0000	0.1368
3	亚群10的1属	0.1264	0.0095
3	匈牙利杆菌属	0.1330	0.0000
3	拟杆菌门VC2.1_Bac22的1属	0.1330	0.0000
3	候选门WS6多伊卡菌纲分类地位未定的1属	0.1297	0.0019
3	普雷沃氏菌科NK3B31群的1属	0.0033	0.1273
3	粉色海生菌属	0.1297	0.0000

续表

组别	物种名称	细菌属含量/%	
		发酵床猪肠道	传统养殖猪肠道
3	亚群6的1纲分类地位未定的1属	0.1031	0.0247
3	红蜡菌目未分类的1属	0.0000	0.1273
3	类固醇杆菌属	0.0832	0.0399
3	丹毒丝菌科分类地位未定的1属	0.0100	0.1121
3	梭菌目未分类的1属	0.0798	0.0418
3	假氨基杆菌属	0.0133	0.1083
3	科XIII未分类的1属	0.0333	0.0855
3	生孢杆菌属	0.1164	0.0019
3	科XI分类地位未定的1属	0.0000	0.1178
3	毛螺菌科NK4A136群的1属	0.0000	0.1159
3	短波单胞菌属	0.0000	0.1140
3	厌氧弧菌属	0.0033	0.1083
3	属RBG-16-49-21	0.1098	0.0000
3	拟杆菌目UCG–001群分类地位未定的1属	0.1098	0.0000
3	厌氧贪食菌属	0.0931	0.0152
3	分叉棍状厌氧菌群的1属	0.0399	0.0684
3	奥尔森氏菌属	0.0000	0.1083
3	湿地杆菌科分类地位未定的1属	0.1064	0.0000
3	厌氧线菌属	0.0000	0.1064
3	威克斯氏菌科分类地位未定的1属	0.0033	0.1026
3	微球菌目未分类的1属	0.0865	0.0171
3	目113B434分类地位未定的1属	0.1031	0.0000
3	异-新-副-根瘤菌属	0.0200	0.0798
3	假放线杆菌属	0.0100	0.0893
3	链霉菌属	0.0366	0.0589
3	谷氨酸杆菌属	0.0865	0.0076
3	瘤胃球菌科UCG–012群的1属	0.0931	0.0000
3	目EPR3968-O8a-Bc78分类地位未定的1属	0.0931	0.0000
3	互养菌科未分类的1属	0.0931	0.0000
3	固氮弓菌属	0.0931	0.0000
3	类诺卡氏菌属	0.0798	0.0114
3	应微所菌属	0.0832	0.0076
3	糖单胞菌目分类地位未定的1属	0.0566	0.0342
3	欧研会菌属	0.0898	0.0000
3	别样杆状菌属	0.0532	0.0361
3	德沃斯氏菌属	0.0133	0.0741
3	戈氏瘤胃球菌群的1属	0.0000	0.0855
3	博德特氏菌属	0.0033	0.0817
3	厌氧香肠形菌属	0.0832	0.0000
3	棘手萤杆菌目SR1分类地位未定的1属	0.0832	0.0000
3	未分类的细菌门的1属	0.0599	0.0228

续表

组别	物种名称	细菌属含量/%	
		发酵床猪肠道	传统养殖猪肠道
3	糖单胞菌科分类地位未定的1属	0.0665	0.0152
3	劳氏菌属	0.0632	0.0171
3	科GZKB75分类地位未定的1属	0.0798	0.0000
3	毛螺菌科UCG–001群的1属	0.0033	0.0760
3	瘤胃梭菌属5	0.0067	0.0722
3	毛螺菌科分类地位未定的1属	0.0599	0.0190
3	瘤胃球菌科UCG–013群的1属	0.0765	0.0019
3	湖线菌科分类地位未定的1属	0.0765	0.0019
3	红环菌科分类地位未定的1属	0.0732	0.0038
3	脱硫微菌属	0.0732	0.0038
3	属Syner–01	0.0765	0.0000
3	丙酸棒菌属	0.0765	0.0000
3	金黄杆菌属	0.0665	0.0095
3	属GCA-900066225	0.0000	0.0760
3	芽单胞菌科未分类的1属	0.0699	0.0057
3	隐杆菌属	0.0033	0.0722
3	噬几丁质菌科分类地位未定的1属	0.0566	0.0171
3	坦纳氏菌科分类地位未定的1属	0.0200	0.0532
3	瘤胃球菌科UCG–004群的1属	0.0000	0.0722
3	原小单胞菌属	0.0333	0.0380
3	劣生单胞菌属	0.0000	0.0703
3	厌氧绳菌科分类地位未定的1属	0.0699	0.0000
3	醋弧菌属	0.0699	0.0000
3	乳突杆菌属	0.0699	0.0000
3	赖氏菌属	0.0200	0.0494
3	芽胞杆菌属	0.0366	0.0323
3	瘤胃球菌科UCG–002群的1属	0.0233	0.0456
3	热杆菌科分类地位未定的1属	0.0632	0.0038
3	候选门BRC1分类地位未定的1属	0.0499	0.0171
3	互营单胞菌科分类地位未定的1属	0.0665	0.0000
3	弓形杆菌属	0.0399	0.0266
3	白蚁菌群M2PB4-65的1科分类地位未定的1属	0.0665	0.0000
3	出芽小链菌属	0.0067	0.0589
3	亚硝化单胞菌属	0.0632	0.0000
3	科SRB2分类地位未定的1属	0.0632	0.0000
3	鸟氨酸球菌属	0.0532	0.0095
3	沉积杆菌科分类地位未定的1属	0.0399	0.0228
3	肠道杆菌属	0.0033	0.0589
3	属ADurb.Bin063-2	0.0599	0.0000
3	罗纳杆菌科分类地位未定的1属	0.0599	0.0000
3	厌氧醋菌属	0.0599	0.0000
3	根瘤菌科分类地位未定的1属	0.0333	0.0266
3	副极小单胞菌属	0.0200	0.0399
3	富尼耶氏菌属	0.0000	0.0589
3	有益杆菌属	0.0100	0.0475
3	假分支杆菌属	0.0000	0.0570
3	候选法尔科夫菌门的1科分类地位未定的1属	0.0566	0.0000
3	海妖菌属	0.0566	0.0000
3	瘤胃球菌属1	0.0067	0.0494
3	厌氧产氢杆菌属	0.0366	0.0190

续表

组别	物种名称	细菌属含量/%	
		发酵床猪肠道	传统养殖猪肠道
3	寡养球形菌属	0.0532	0.0019
3	微丝菌目分类地位未定的1属	0.0466	0.0076
3	纤维弧菌属	0.0333	0.0209
3	噬几丁质菌科未分类的1属	0.0499	0.0038
3	脱硫线杆菌属	0.0532	0.0000
3	慢生微菌科分类地位未定的1属	0.0532	0.0000
3	球孢囊菌属	0.0399	0.0133
3	厌氧生孢杆菌属	0.0067	0.0456
3	月形单胞菌属	0.0000	0.0513
3	纤维杆菌属	0.0499	0.0000
3	泽恩根氏菌属	0.0499	0.0000
3	科FTLpost3分类地位未定的1属	0.0499	0.0000
3	热单胞菌属	0.0000	0.0494
3	黄色杆菌科分类地位未定的1属	0.0432	0.0057
3	腐螺旋菌科分类地位未定的1属	0.0399	0.0076
3	科AKYG1722分类地位未定的1属	0.0432	0.0038
3	毛螺菌科XPB1014群的1属	0.0033	0.0437
3	海洋吞噬菌属	0.0466	0.0000
3	狭义梭菌属3	0.0333	0.0114
3	衣原体属	0.0000	0.0437
3	分枝杆菌属	0.0200	0.0228
3	生丝微菌属	0.0333	0.0095
3	普雷沃氏菌科未分类的1属	0.0000	0.0418
3	科67-14分类地位未定的1属	0.0266	0.0152
3	副地杆菌属	0.0033	0.0380
3	Blvii28污水淤泥群的1属	0.0399	0.0000
3	脱硫杆菌属	0.0399	0.0000
3	鸟氨酸微菌属	0.0133	0.0266
3	梭菌纲未分类的1属	0.0399	0.0000
3	厚壁菌门未分类的1属	0.0133	0.0266
3	目DTU014分类地位未定的1属	0.0399	0.0000
3	芽单胞菌科分类地位未定的1属	0.0266	0.0133
3	亚群18分类地位未定的1属	0.0399	0.0000
3	新月菌属	0.0399	0.0000
3	α-变形菌纲未分类的1属	0.0333	0.0057
3	马杜拉放线菌属	0.0366	0.0019
3	鞘脂菌属	0.0133	0.0247
3	属Z20	0.0366	0.0000
3	甲基暖菌属	0.0366	0.0000
3	埃格特氏菌科未分类的1属	0.0233	0.0133
3	白色杆菌属	0.0266	0.0095
3	属C1-B045	0.0299	0.0057
3	产碱菌属	0.0000	0.0342
3	纤维单胞菌属	0.0000	0.0342
3	厌氧柱形菌属	0.0000	0.0342
3	dgA-11肠道菌群的1属	0.0000	0.0342
3	目NB1-j分类地位未定的1属	0.0299	0.0038
3	卡斯泰拉尼菌属	0.0033	0.0304
3	太白山菌属	0.0166	0.0171
3	纲BRH-c20a分类地位未定的1属	0.0333	0.0000

续表

组别	物种名称	细菌属含量/%	
		发酵床猪肠道	传统养殖猪肠道
3	班努斯菌科分类地位未定的1属	0.0333	0.0000
3	脱硫单胞菌目未分类的1属	0.0333	0.0000
3	拟杆菌门BD2-2的1科分类地位未定的1属	0.0333	0.0000
3	目vadinBA26分类地位未定的1属	0.0333	0.0000
3	居黄海菌属	0.0333	0.0000
3	长孢菌属	0.0333	0.0000
3	属IMCC26207	0.0333	0.0000
3	BD1-7进化枝的1属	0.0333	0.0000
3	候选属Soleaferrea	0.0233	0.0095
3	长微菌科分类地位未定的1属	0.0299	0.0019
3	芽殖杆菌属	0.0033	0.0285
3	居大理石菌属	0.0200	0.0114
3	目CCM19a分类地位未定的1属	0.0233	0.0076
3	粪杆菌属	0.0000	0.0304
3	属UBA1819	0.0000	0.0304
3	拟普雷沃氏菌属	0.0000	0.0304
3	科BIrii41分类地位未定的1属	0.0299	0.0000
3	β-变形菌目未分类的1属	0.0299	0.0000
3	隐厌氧杆菌属	0.0299	0.0000
3	属BIyi10	0.0299	0.0000
3	沉积杆菌科未分类的1属	0.0233	0.0057
3	瘤胃球菌科UCG–009群的1属	0.0233	0.0057
3	目S085分类地位未定的1属	0.0266	0.0019
3	布劳特氏菌属	0.0000	0.0285
3	诺卡氏菌属	0.0133	0.0152
3	红杆菌科未分类的1属	0.0166	0.0114
3	生丝微菌科未分类的1属	0.0233	0.0038
3	NS9海洋菌群的1科分类地位未定的1属	0.0233	0.0038
3	目RBG-13-54-9分类地位未定的1属	0.0266	0.0000
3	新斯氏菌属	0.0000	0.0266
3	纲MVP-15分类地位未定的1属	0.0266	0.0000
3	海洋小杆菌属	0.0166	0.0095
3	目MBNT15分类地位未定的1属	0.0100	0.0152
3	肠球菌属	0.0000	0.0247
3	丁酸弧菌属2	0.0000	0.0247
3	鞘脂盒菌属	0.0033	0.0209
3	科ⅩⅢ UCG–001群的1属	0.0067	0.0171
3	热石菌属	0.0233	0.0000
3	居河菌属	0.0233	0.0000
3	暖绳菌科分类地位未定的1属	0.0233	0.0000
3	拟杆菌目RF16群分类地位未定的1属	0.0100	0.0133
3	黄单胞菌目未分类的1属	0.0100	0.0133
3	透明颤菌属	0.0000	0.0228
3	短芽胞杆菌属	0.0000	0.0228
3	金黄杆状菌属	0.0133	0.0095
3	根瘤菌科未分类的1属	0.0033	0.0190
3	瘤胃梭菌属6	0.0033	0.0190
3	气微菌属	0.0033	0.0190
3	产氢菌科分类地位未定的1属	0.0200	0.0019
3	微杆菌科未分类的1属	0.0200	0.0019

续表

组别	物种名称	细菌属含量/%	
		发酵床猪肠道	传统养殖猪肠道
3	目CCD24分类地位未定的1属	0.0200	0.0019
3	硫假单胞菌属	0.0200	0.0019
3	盐单胞菌属	0.0133	0.0076
3	口腔小杆菌属	0.0000	0.0209
3	不耐盐菌属	0.0000	0.0209
3	普雷沃氏菌属1	0.0000	0.0209
3	食黏蛋白菌属	0.0000	0.0209
3	科MWH-CFBk5分类地位未定的1属	0.0166	0.0038
3	蛭弧菌属	0.0166	0.0038
3	假诺卡氏菌属	0.0166	0.0038
3	尿素芽胞杆菌属	0.0033	0.0171
3	微单胞菌科未分类的1属	0.0200	0.0000
3	脱硫棒菌属	0.0200	0.0000
3	地杆菌属	0.0200	0.0000
3	科SB-5分类地位未定的1属	0.0200	0.0000
3	目OPB56分类地位未定的1属	0.0200	0.0000
3	装甲菌门分类地位未定的1属	0.0200	0.0000
3	甲基杆菌属	0.0200	0.0000
3	土微菌属	0.0200	0.0000
3	肉杆菌科分类地位未定的1属	0.0200	0.0000
3	鞘脂单胞菌属	0.0067	0.0133
3	产醋杆菌属	0.0000	0.0190
3	解琥珀酸菌属	0.0000	0.0190
3	候选门WPS-2分类地位未定的1属	0.0166	0.0019
3	野野村菌属	0.0166	0.0019
3	目PB19分类地位未定的1属	0.0166	0.0019
3	玫瑰单胞菌属	0.0033	0.0152
3	可用杆菌属	0.0033	0.0152
3	红蝽菌目分类地位未定的1属	0.0033	0.0152
3	类芽胞杆菌属	0.0100	0.0076
3	短杆菌属	0.0100	0.0076
3	莫拉氏菌科分类地位未定的1属	0.0133	0.0038
3	海滨线菌属	0.0000	0.0171
3	香味菌属	0.0000	0.0171
3	挑剔优杆菌群的1属	0.0000	0.0171
3	生孢香肠形菌属	0.0166	0.0000
3	海草球形菌科分类地位未定的1属	0.0166	0.0000
3	科Izimaplasmataceae分类地位未定的1属	0.0166	0.0000
3	属W5053	0.0166	0.0000
3	红杆菌属	0.0166	0.0000
3	芽胞杆菌科未分类的1属	0.0166	0.0000
3	候选纲JG30-KF-CM66分类地位未定的1属	0.0166	0.0000
3	黏球菌目未分类的1属	0.0166	0.0000
3	慢生微菌属	0.0166	0.0000
3	冷形菌属	0.0166	0.0000
3	热芽胞杆菌属	0.0033	0.0133
3	军团菌属	0.0067	0.0095
3	短优杆菌群的1属	0.0100	0.0057
3	微颤菌科分类地位未定的1属	0.0100	0.0057
3	德沃斯氏菌科未分类的1属	0.0100	0.0057
3	小迫氏菌属(Kosakonia)	0.0000	0.0152
	第3组370个样本平均值	0.1057	0.1023

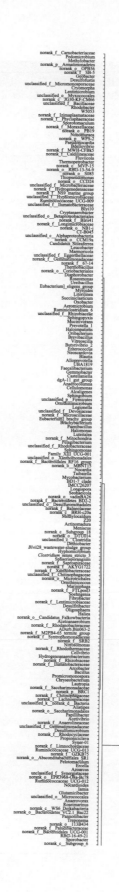

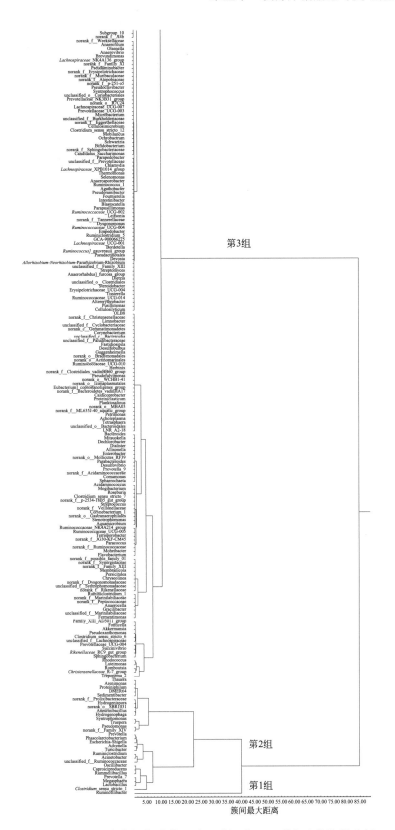

图5-25　饲料发酵床与传统养殖猪肠道细菌属亚群落分化聚类分析

6．细菌种水平

（1）共有细菌种类比较　由饲料发酵床（mfsp）与传统养殖（trop）的育肥猪粪分析的肠道微生物菌群细菌种存在较大差异（图5-26）。在细菌种水平上，共检测到1156个细菌种，饲料发酵床猪肠道微生物菌群792个细菌种，比传统养猪的733个细菌种高8.05%；饲料发酵床猪肠道微生物菌群独有细菌种423个，比传统养猪的364个细菌种多59个。饲料发酵床猪肠道细菌种数量高于传统养殖；两者共有细菌种369个，前3个高含量的细菌种分别为瘤胃线杆菌属未培养的1种（9.84%）、狭义梭菌属1来自宏基因组的1种（5.82%）、瘤胃球菌科未分类属的1种（5.18%）。

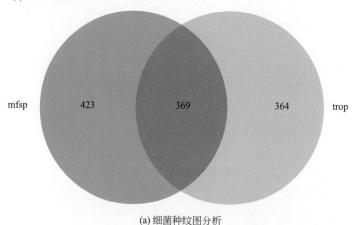

(a) 细菌种纹图分析

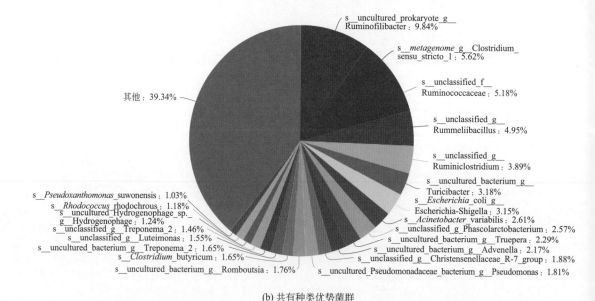

(b) 共有种类优势菌群

图5-26　饲料发酵床与传统养殖猪肠道细菌种微生物菌群比较

（2）细菌群落差异性比较　在细菌种水平上，发酵床猪肠道优势菌群为瘤胃线杆菌属未培养的1种（16.4800%）＞科XIV分类地位未定属未分类的1种（4.8200%）＞特吕珀菌属未培养的1种（3.5890%）；传统养殖猪肠道优势菌群普雷沃氏菌属7未培养的1种（5.5780%）＞

食淀粉乳杆菌（5.0460%）＞鲁梅尔芽胞杆菌属未分类的 1 种（4.7360%）［图 5-27(a)］。发酵床猪肠道的优势菌群瘤胃线杆菌属未培养的 1 种、科ⅩⅣ分类地位未定属未分类的 1 种、特吕珀菌属未培养的 1 种含量极显著高于传统养殖，传统养殖猪肠道的优势菌群普雷沃氏菌属 7 未培养的 1 种、食淀粉乳杆菌、鲁梅尔芽胞杆菌属未分类的 1 种含量极显著地高于发酵床［图 5-27(b)］。

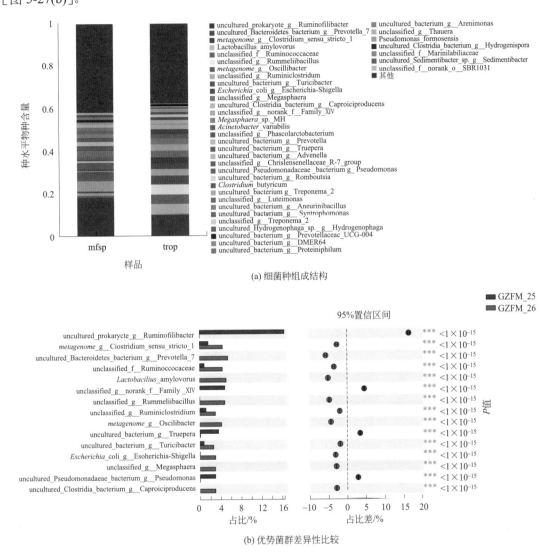

(a) 细菌种组成结构

(b) 优势菌群差异性比较

图5-27 饲料发酵床与传统养殖猪肠道细菌属组成结构与优势种差异比较

（3）细菌种组成热图分析 在细菌种水平热图分析见图 5-28。从细菌种菌群上可以分为 2 组，第①组以厌氧生存为特征，包括了 22 个细菌种，传统养殖猪肠道含量远远高于发酵床。第②组以好氧以及兼性厌氧生存为特征，包括了 8 个细菌种，发酵床猪肠道含量远远高于传统养殖。

（4）细菌种系统发育亚群落分化 饲料发酵床（mfsp）与传统养殖（trop）猪肠道优势细菌种系统发育见图 5-29。前 50 个优势细菌种中，发酵床猪肠道优势菌群包含了瘤胃线杆

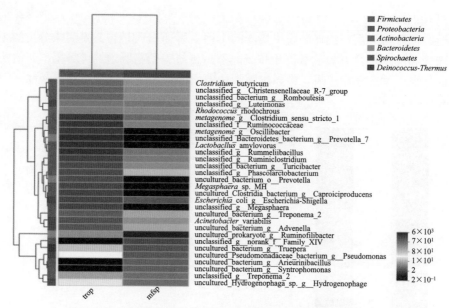

图5-28　饲料发酵床与传统养殖猪肠道优势细菌种热图分析

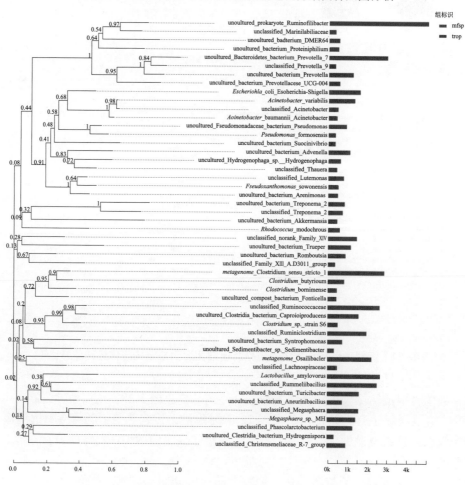

图5-29　饲料发酵床与传统养殖猪肠道优势细菌种系统发育

菌属未培养的 1 种（16.4800%）、科XIV分类地位未定属未分类的 1 种（4.8200%）、特吕珀菌属未培养的 1 种（3.5890%）、假单胞菌属未培养的 1 种（2.9340%）、解硫胺素芽胞杆菌属未培养的 1 种（2.5310%）、互营单胞菌属未培养的 1 种（2.5110%），含有较多的有机质分解菌群；传统养殖猪肠道优势菌群包含了普雷沃氏菌属 7 未培养的 1 种（5.5780%）、食淀粉乳杆菌（5.0460%）、鲁梅尔芽胞杆菌属未分类的 1 种（4.7360%）、狭义梭菌属 1 来自宏基因组的 1 种（4.4320%）、瘤胃球菌科未分类属的 1 种（4.4110%）、颤杆菌属来自宏基因组的 1 种（4.2060%）、瘤胃梭菌属未分类的 1 种（3.0560%）、大肠杆菌（3.0140%）、巨球形菌属未分类的 1 种（3.0030%）、产己酸菌属未培养的 1 种（2.9720%）、巨球形菌 MH（2.7160%）、苏黎世杆菌属未培养的 1 种（2.5810%）、考拉杆菌属未分类的 1 种（2.4330%）、普雷沃氏菌属未培养的 1 种（2.3300%）、变异不动杆菌（2.0640%），含有较多的猪病原菌群。

　　构建矩阵，取含量高的前 400 个细菌种，以菌群为样本、养殖方式为指标、欧氏距离为尺度，用可变类平均法进行系统聚类，分析结果见表 5-11、图 5-30。可将饲料发酵床与传统养殖猪肠道细菌属亚群落分化聚为 3 组，第 1 组高含量组，包括了 1 个细菌种，即瘤胃线杆菌属的 1 种，主要分布在发酵床猪肠道。第 2 组中含量组，包括了 58 个细菌种，如陌生菌属的 1 种、厌氧胞菌属的 1 种、解硫胺素芽胞杆菌属的 1 种、沙单胞菌属的 1 种、丁酸梭菌、狭义梭菌属 1 的 1 种、大肠杆菌、溶淀粉乳杆菌、嗜蛋白菌属的 1 种、台湾假单胞菌属、紫红球菌属、密螺旋体属 2 种 1、密螺旋体属 2 种 2、在发酵床猪肠道平均含量（0.9462%）低于传统养殖猪肠道（1.0743%）。第 3 组低含组，包括了其余的 341 细菌种，其平均值在发酵床猪肠道和传统养殖猪肠道分布为 0.07%、0.1003%。

表5-11　饲料发酵床与传统养殖猪肠道细菌种亚群落分化聚类分析

组别	物种名称	细菌种含量/%	
		发酵床猪肠道	传统养殖猪肠道
1	瘤胃线杆菌属的1种	16.4800	0.0114
	第1组1个样本平均值	16.4800	0.0114
2	变异不动杆菌	0.7650	2.0640
2	陌生菌属的1种	0.3925	1.8570
2	厌氧胞菌属的1种	0.7817	0.0076
2	解硫胺素芽胞杆菌属的1种	2.5310	0.0000
2	沙单胞菌属的1种	1.5530	0.0380
2	富集培养LDC-12群的1种	0.5788	0.0019
2	苯矿菌群SB-1的1种	0.7817	0.0000
2	产己酸菌属的1种	0.0000	2.9720
2	绿弯菌门目SBR1031的1种	0.4723	0.0000
2	克里斯滕森菌科R-7的1种	0.9214	1.2730
2	金色线菌属的1种	0.5089	0.1064
2	丁酸梭菌	0.7750	1.1380
2	狭义梭菌属1的1种	1.6660	4.4320
2	属DMER64的1种	1.7900	0.0000
2	大肠杆菌	0.0067	3.0140
2	海滑菌科未分类属的1种	1.1580	0.0000
2	海滑菌科分类地位未定属未培养的1种	0.4956	0.0000

续表

组别	物种名称	细菌种含量/%	
		发酵床猪肠道	传统养殖猪肠道
2	长杆菌科的1种	0.9147	0.0000
2	互营单胞菌科未分类属的1种	0.6819	0.0000
2	科ⅩⅣ的1种	4.8200	0.0000
2	发酵单胞菌属的1种	0.6420	0.0475
2	纤细杆菌属的1种	0.7584	0.0000
2	生孢产氢菌属种1	1.1770	0.0000
2	生孢产氢菌属种2	0.8282	0.0000
2	噬氢菌属种3	1.9360	0.0779
2	噬氢菌属种4	0.4923	0.0418
2	溶淀粉乳杆菌	0.0000	5.0460
2	属LNR A2-18的1种	0.4258	0.0000
2	藤黄色单胞菌属的1种	1.2610	0.7678
2	巨球形菌属的1种	0.0000	3.0030
2	巨球形菌MH	0.0000	2.7160
2	居膜菌属的1种	0.5854	0.0095
2	目SBR1031种1	0.5987	0.0000
2	目SBR1031种2	1.0540	0.0019
2	颤杆菌属的1种	0.0000	4.2060
2	桃色杆菌属的1种	0.5255	0.0532
2	考拉杆菌属的1种	0.0499	2.4330
2	普雷沃氏菌属的1种	0.0000	2.3300
2	普雷沃氏菌属7的1种	0.0000	5.5780
2	嗜蛋白菌属的1种	1.5630	0.0494
2	台湾假单胞菌	1.0180	0.1045
2	假单胞菌属的1种	2.9340	0.0589
2	紫红球菌	0.8881	0.6233
2	龙包茨氏菌属的1种	0.7983	1.2310
2	瘤胃梭菌属的1种	1.1810	3.0560
2	瘤胃梭菌属1的1种	0.4790	0.0019
2	瘤胃球菌科的1种	0.9580	4.4110
2	鲁梅尔芽胞杆菌属的1种	0.0133	4.7360
2	沉积杆菌属种1	1.1140	0.0038
2	沉积杆菌属种2	0.7584	0.0798
2	互营单胞菌属的1种	2.5110	0.0000
2	陶厄氏菌属的1种	1.4600	0.0019
2	密螺旋体属2种1	1.8730	0.3250
2	密螺旋体属2种2	0.0333	1.5620
2	特吕珀菌属的1种	3.5890	0.1406
2	苏黎世杆菌属的1种	0.8083	2.5810
2	厌氧贪食菌属的1种	0.5488	0.0000
2	发酵单胞菌属的1种	0.4224	0.1273
	第2组58个样本平均值	0.9462	1.0743

续表

组别	物种名称	细菌种含量/%	
		发酵床猪肠道	传统养殖猪肠道
3	醋弧菌属种1	0.0699	0.0000
3	醋弧菌属种2	0.0466	0.0000
3	厌氧醋菌属的1种	0.0599	0.0000
3	无胆甾原体属的1种	0.1863	0.0228
3	无胆甾原体科的1种	0.0499	0.0114
3	发酵氨基酸球菌	0.0000	0.2090
3	酸杆菌门SCN 69-37的1种	0.0399	0.0000
3	鲍曼不动杆菌	0.0965	0.7792
3	不动杆菌属种1	0.3093	0.7374
3	不动杆菌属种2	0.0033	0.0513
3	属ADurb.Bin063-2的1种	0.0599	0.0000
3	属ADurb.Bin160的1种	0.0665	0.0000
3	有益杆菌属的1种	0.0100	0.0475
3	拉里摩尔农杆菌	0.0033	0.0551
3	阿克曼斯氏菌属的1种	0.0033	0.8723
3	别样杆状菌属的1种	0.0399	0.0285
3	艾莉森氏菌属的1种	0.0000	0.4580
3	交替赤杆菌属的1种	0.0333	0.0931
3	交替赤杆菌属的1种	0.0399	0.0304
3	门Terrabacteria厌氧菌MO-CFX2的1种	0.0466	0.0000
3	厌氧胞菌属种1	0.1829	0.0057
3	厌氧胞菌属种2	0.0832	0.0000
3	厌氧线菌属的1种	0.0000	0.1064
3	叉状棍状厌氧菌(Anaerorhabdus furcosa)	0.0399	0.0684
3	厌氧弧菌属的1种	0.0000	0.0627
3	厌氧贪食菌属的1种	0.0499	0.0152
3	水微菌属的1种	0.0632	0.2794
3	布氏弓形杆菌	0.0333	0.0266
3	沙单胞菌属的1种	0.0765	0.0000
3	固氮弓菌属的1种	0.0832	0.0000
3	芽胞杆菌属的1种	0.0366	0.0190
3	富集培养BBMC-1菌群的1种	0.3792	0.0000
3	富集培养BBMC-1菌群的1种2	0.1730	0.0000
3	富集培养BBMC-4菌群的1种	0.1197	0.0000
3	富集培养Ecwsrb046菌群的1种	0.2694	0.0000
3	拟杆菌属种1	0.0033	0.1843
3	拟杆菌属种2	0.0000	0.1140
3	双歧杆菌属的1种	0.0000	0.1178
3	嗜热双歧杆菌	0.0000	0.0551
3	出芽小链菌的1种	0.0067	0.0589
3	博德特氏菌属的1种	0.0000	0.0589
3	土壤短波单胞菌	0.0000	0.1140

续表

组别	物种名称	细菌种含量/%	
		发酵床猪肠道	传统养殖猪肠道
3	拟杆菌纲的1种	0.1962	0.0057
3	芽单胞菌纲的1种	0.1663	0.0285
3	纲6亚群的1种	0.0566	0.0209
3	候选门WS6多伊卡菌纲种1	0.0865	0.0000
3	候选门WS6多伊卡菌纲种2	0.0399	0.0019
3	热粪杆菌属种1	0.1330	0.0000
3	热粪杆菌属种2	0.0632	0.0000
3	热粪杆菌属种3	0.0599	0.0000
3	糖单胞菌属的1种	0.0133	0.1767
3	产己酸菌属种1	0.0000	0.4523
3	产己酸菌属种2	0.0000	0.1881
3	解纤维素菌属种1	0.0599	0.0855
3	解纤维素菌属种2	0.0399	0.0665
3	纤维化纤维微菌	0.0466	0.1444
3	赤水菌YIM 102668	0.0033	0.1007
3	猪衣原体	0.0000	0.0437
3	克里斯滕森菌科R-7种1	0.2461	0.1444
3	克里斯滕森菌科R-7种2	0.1231	0.0000
3	克里斯滕森菌科R-7种3	0.0466	0.0000
3	金黄杆菌属的1种	0.0665	0.0095
3	梭菌纲DTU014的1种	0.0399	0.0000
3	梭菌目CAT 12a的1种	0.0832	0.0019
3	博尼姆梭菌	0.1829	0.7773
3	梭菌S6	0.0000	0.9844
3	球孢梭菌	0.0000	0.3706
3	狭义梭菌属1种1	0.2827	0.2965
3	狭义梭菌属1种2	0.0067	0.0418
3	狭义梭菌属12的1种	0.0000	0.1216
3	狭义梭菌属7的1种	0.0033	0.2376
3	水生丛毛单胞菌	0.0366	0.2205
3	丛毛单胞菌属的1种	0.0499	0.3687
3	谷氨酸棒杆菌	0.0100	0.1387
3	还原腐殖质棒杆菌	0.1796	0.0095
3	干燥棒杆菌	0.0366	0.0361
3	棒杆菌属1的1种	0.0033	0.0399
3	细菌域的1种	0.0599	0.0228
3	脱氯杆菌属种1	0.0299	0.3839
3	脱硫线杆菌属种2	0.0532	0.0000
3	脱硫叶菌属种3	0.2129	0.0000
3	杆状脱硫微菌	0.0732	0.0038
3	脱硫脱硫弧菌	0.0033	0.0532
3	脱硫弧菌属的1种	0.0033	0.5454

续表

组别	物种名称	细菌种含量/%	
		发酵床猪肠道	传统养殖猪肠道
3	德沃斯氏菌属的1种	0.0033	0.0475
3	戴阿利斯特杆菌属的1种	0.0000	0.4504
3	海迪茨氏菌	0.0599	0.0817
3	劣生单胞菌属的1种	0.0000	0.0418
3	隐杆菌属的1种	0.0033	0.0722
3	肠杆菌属种1	0.0033	0.4713
3	肠杆菌属种2	0.0000	0.0532
3	欧研会菌属的1种	0.0798	0.0000
3	丹毒丝菌科UCG–004群种1	0.0432	0.0323
3	丹毒丝菌科UCG–004群种2	0.0532	0.0171
3	产粪甾醇优杆菌1	0.0665	0.0931
3	产粪甾醇优杆菌2	0.1131	0.0000
3	属WCHB1-25的1种	0.0998	0.0057
3	科A4b种1	0.0566	0.0057
3	科A4b种2	0.0466	0.0133
3	厌氧绳菌科的1种	0.0466	0.0000
3	拟杆菌目UCG–001群的1科的1种	0.1064	0.0000
3	噬几丁质菌科种1	0.0499	0.0038
3	噬几丁质菌科种2	0.0399	0.0133
3	克里斯滕森菌科种1	0.1264	0.0000
3	克里斯滕森菌科种2	0.0333	0.0076
3	梭菌目vadinBB60群的1科种1	0.0200	0.0532
3	梭菌目vadinBB60群的1科种2	0.0399	0.0095
3	劣生单胞菌科的1种	0.2661	0.0000
3	科XIII的1种	0.0333	0.0855
3	科FTLpost3的1种	0.0499	0.0000
3	芽单胞菌科的1种	0.0699	0.0057
3	科GZKB75的1种	0.0798	0.0000
3	沉积杆菌科的1种	0.0399	0.0152
3	毛螺菌科的1种	0.0233	0.0190
3	慢生微菌科的1种	0.0532	0.0000
3	湖线菌科的1种	0.0532	0.0000
3	湿地杆菌科的1种	0.2029	0.0019
3	消化球菌科的1种	0.0765	0.0019
3	候选科01的1种	0.3725	0.0000
3	普雷沃氏菌科的1种	0.0000	0.0418
3	长杆菌科的1种	0.3792	0.0000
3	红环菌科的1种	0.0732	0.0038
3	热杆菌科的1种	0.0632	0.0000
3	瘤胃球菌科的1种	0.0898	0.0000
3	糖单胞菌科的1种	0.0499	0.0152
3	科SRB2的1种	0.0632	0.0000

组别	物种名称	细菌种含量/%	
		发酵床猪肠道	传统养殖猪肠道
3	互养菌科的1种	0.0931	0.0000
3	坦纳氏菌科的1种	0.0200	0.0532
3	黄色杆菌科的1种	0.0432	0.0057
3	氨基酸球菌科的1种	0.0200	0.5891
3	陌生菌科的1种	0.0000	0.1368
3	科vadinHA17的1种	0.2295	0.0000
3	伯克氏菌科的1种	0.0266	0.1349
3	梭菌目vadinBB60群的1科的1种	0.0765	0.0342
3	圆杆菌科的1种	0.1597	0.0304
3	劣生单胞菌科的1种	0.1430	0.0000
3	劣生单胞菌科种1	0.1231	0.0000
3	劣生单胞菌科种2	0.1131	0.0057
3	埃格特氏菌科的1种	0.0299	0.1311
3	丹毒丝菌科的1种	0.0100	0.1045
3	科G30-KF-CM45种1	0.2096	0.0684
3	科G30-KF-CM45种2	0.0699	0.1083
3	毛螺菌科的1种	0.2362	0.8115
3	毛螺菌科UCG–007群的1种	0.0299	0.1140
3	海滑菌科种1	0.2129	0.0000
3	海滑菌科种2	0.2096	0.0000
3	科ML635J-40的1种	0.0599	0.0000
3	鼠杆形菌科的1种	0.0033	0.1102
3	门251-o5的1科的1种	0.0000	0.1387
3	门2534-18B5的1科的1种	0.0033	0.2452
3	湿地杆菌科的1种	0.1064	0.0000
3	消化球菌科种1	0.2761	0.0000
3	消化球菌科种2	0.0865	0.0000
3	消化球菌科种3	0.0599	0.0000
3	普雷沃氏菌科UCG–003群的1种	0.0266	0.1178
3	根瘤菌科的1种	0.0333	0.0266
3	罗纳杆菌科的1种	0.0599	0.0000
3	理研菌科种1	0.0931	0.0171
3	理研菌科种2	0.0566	0.0000
3	瘤胃球菌科的1种	0.0000	0.3079
3	瘤胃球菌科的1种	0.1962	0.0361
3	瘤胃球菌科NK4A214群的1种	0.0000	0.1520
3	互养菌科的1种	0.2561	0.0000
3	韦荣氏菌科的1种	0.0000	0.2585
3	科ⅩⅢ AD3011种1	0.0033	0.7013
3	科ⅩⅢ AD3011种2	0.0233	0.1083
3	苛求球菌属的1种	0.0765	0.0000
3	发酵单胞菌属的1种	0.1430	0.0247

续表

组别	物种名称	细菌种含量/%	
		发酵床猪肠道	传统养殖猪肠道
3	纤维杆菌属的1种	0.0499	0.0000
3	黄杆菌属种1	0.1464	0.0798
3	黄杆菌属种2	0.0499	0.0076
3	黄杆菌M1 I3	0.0532	0.3060
3	黄杆菌SA NR2_1	0.0699	0.0095
3	泉胞菌属的1种	0.0000	0.8457
3	富尼耶氏菌属的1种	0.0000	0.0589
3	属OLB8的1种	0.1563	0.0000
3	属GCA-900066225的1种	0.0000	0.0570
3	谷氨酸杆菌属的1种	0.0865	0.0076
3	纤细杆菌的1种	0.3459	0.0000
3	古根海姆氏菌属的1种	0.2229	0.0000
3	海妖菌属的1种	0.0566	0.0000
3	植物雪状菌属种1	0.0699	0.1121
3	植物雪状菌属种2	0.0965	0.0057
3	生孢产氢菌属的1种	0.1297	0.0000
3	厌氧产氢杆菌属的1种	0.0366	0.0190
3	生丝微菌的1种	0.0333	0.0095
3	应微所菌属的1种	0.0699	0.0057
3	肠道杆菌属的1种	0.0033	0.0589
3	富集培养铁还原HN-HFO6菌群的1种	0.0765	0.0057
3	毛螺菌科NK4A136群的1种	0.0000	0.1159
3	毛螺菌科UCG–001群的1种	0.0033	0.0760
3	毛螺菌科XPB1014群的1种	0.0033	0.0437
3	黏膜乳杆菌	0.0000	0.5701
3	路氏乳杆菌	0.0000	0.1121
3	瘤胃乳杆菌	0.0000	0.1653
3	乳杆菌属的1种	0.0000	0.0494
3	劳氏菌属的1种	0.0632	0.0171
3	赖氏菌属的1种	0.0200	0.0494
3	湖杆菌属的1种	0.1663	0.0209
3	海洋吞噬菌属的1种	0.0466	0.0000
3	新月菌属的1种	0.0399	0.0000
3	微杆菌属的1种	0.0399	0.1140
3	贾氏光冈	0.0000	0.4086
3	克氏动弯杆菌	0.0000	0.1634
3	难养小杆菌属的1种	0.0033	0.1577
3	难养小杆菌属的1种	0.0000	0.0627
3	漠河杆菌属的1种	0.3626	0.3915
3	亚硝化单胞菌属的1种	0.0632	0.0000
3	类诺卡氏菌属的1种	0.0798	0.0114
3	目113B434的1种	0.1031	0.0000

续表

组别	物种名称	细菌种含量/%	
		发酵床猪肠道	传统养殖猪肠道
3	慢生单胞菌目的1种	0.0998	0.0000
3	慢生单胞菌目的1种	0.0466	0.0000
3	法尔科夫菌门的1目的1种	0.0399	0.0000
3	梭菌目的1种	0.0798	0.0418
3	红蝽菌目的1种	0.0000	0.1273
3	目EPR3968-O8a-Bc78的1种	0.0931	0.0000
3	目Izimaplasmatales的1种	0.0399	0.0000
3	微球菌目的1种	0.0865	0.0171
3	目R7C24种1	0.0033	0.0475
3	目R7C24种2	0.0100	0.0399
3	目R7C24种3	0.0000	0.0437
3	糖单胞菌目的1种	0.0266	0.0209
3	目WCHB1-41的1种	0.0665	0.0627
3	海洋放线菌目种1	0.1530	0.0057
3	海洋放线菌目种2	0.0632	0.0000
3	拟杆菌目的1种	0.3692	0.0209
3	拟杆菌门VC2.1 Bac22的1目的1种	0.1330	0.0000
3	慢生单胞菌目的1种	0.0765	0.0000
3	胃嗜气菌目的1种	0.0699	0.1691
3	目Izimaplasmatales的1种	0.1730	0.0779
3	目MBA03的1种	0.2628	0.0019
3	柔膜菌纲RF39的1目种1	0.0100	0.3706
3	柔膜菌纲RF39的1目种2	0.0233	0.1216
3	苍白杆菌属的1种	0.0100	0.1539
3	寡养球形菌属的1种	0.0532	0.0019
3	奥尔森氏菌属的1种	0.0000	0.1026
3	鸟氨酸球菌属的1种	0.0532	0.0095
3	嗜土鸟氨酸微菌	0.0133	0.0266
3	颤杆菌属的1种	0.0033	0.1064
3	门BRC1的1种	0.0399	0.0000
3	厚壁菌门的1种	0.0133	0.0266
3	匈牙利杆菌属的1种	0.1330	0.0000
3	乳突杆菌属的1种	0.0499	0.0000
3	副拟杆菌属的1种	0.0000	0.0570
3	杂食副球菌	0.2694	0.2281
3	副球菌属的1种	0.0299	0.0627
3	副极小单胞菌属的1种	0.0166	0.0361
3	厌氧香肠形菌属的1种	0.0699	0.0000
3	黏膜石单胞菌	0.1563	0.0247
3	石单胞菌属的1种	0.1231	0.0304
3	盐湖浮游菌属的1种	0.2861	0.0114
3	紫单胞菌科DJF B175的1种	0.0599	0.4238
3	普雷沃氏菌属9的1种	0.0000	0.6595

续表

组别	物种名称	细菌种含量/%	
		发酵床猪肠道	传统养殖猪肠道
3	普雷沃氏菌科NK3B31的1种	0.0033	0.1140
3	普雷沃氏菌科UCG-004的1种	0.0000	1.0590
3	原小单孢菌属的1种	0.0333	0.0380
3	丙酸棒菌属的1种	0.0765	0.0000
3	解蛋白菌属的1种	0.2827	0.0133
3	糖发酵嗜蛋白菌	0.0399	0.0038
3	嗜蛋白菌属的1种	0.0399	0.0038
3	假放线杆菌属的1种	0.0100	0.0893
3	假氨基杆菌属	0.0133	0.1083
3	淤泥假棒形杆菌	0.0000	0.1406
3	假深黄单胞菌属的1种	0.2395	0.0836
3	假单胞菌属种1	0.2495	0.0000
3	假单胞菌属种2	0.2229	0.0076
3	施氏假单胞菌	0.0366	0.0076
3	假分支杆菌属的1种	0.0000	0.0570
3	水原假黄单胞菌	0.0566	0.9578
3	极小单胞菌属的1种	0.0632	0.0836
3	属RBG-16-49-21的1种	0.1098	0.0000
3	理研菌科C9的1种	0.0000	0.5036
3	理研菌科RC9的1种	0.1264	0.4998
3	理研菌科RC9肠道菌群的1属的1种	0.0000	0.1425
3	罗氏菌属的1种	0.0000	0.2014
3	粉色海生菌属的1种	0.1098	0.0000
3	瘤胃梭菌属的1种	0.0632	0.0000
3	瘤胃梭菌属1的1种	0.1863	0.0000
3	瘤胃梭菌属1的1种	0.0865	0.0000
3	瘤胃梭菌属1的1种	0.0566	0.0000
3	瘤胃梭菌属5的1种	0.0067	0.0722
3	瘤胃球菌科UCG-014群的1种	0.0299	0.0608
3	瘤胃球菌科NK4A214群的1种	0.0366	0.0494
3	瘤胃球菌科NK4A214群的1种	0.0266	0.0304
3	瘤胃球菌科NK4A214群的1种	0.0399	0.0114
3	瘤胃球菌科NK4A214群的1种	0.0133	0.0817
3	瘤胃球菌科UCG-002群的1种	0.0233	0.0437
3	瘤胃球菌科UCG-004群的1种	0.0000	0.0722
3	瘤胃球菌科UCG-005群的1种	0.1064	0.1748
3	瘤胃球菌科UCG-005群的1种	0.0466	0.0950
3	瘤胃球菌科UCG-005群的1种	0.0166	0.0380
3	瘤胃球菌科UCG-010群的1种	0.0665	0.0608
3	瘤胃球菌科UCG-010群的1种	0.0665	0.0171
3	瘤胃球菌科UCG-012群的1种	0.0798	0.0000
3	瘤胃球菌科UCG-014群的1种	0.0399	0.0114
3	高凡诺氏瘤胃球菌(*Ruminococcus gauvreauii*)	0.0000	0.0855

续表

组别	物种名称	细菌种含量/%	
		发酵床猪肠道	传统养殖猪肠道
3	瘤胃球菌属1的1种	0.0067	0.0399
3	瘤胃线杆菌属的1种	0.1297	0.0000
3	施瓦茨氏菌属的1种	0.0000	0.1729
3	牛月形单胞菌	0.0000	0.0513
3	泽恩根氏菌属的1种	0.0499	0.0000
3	球孢囊菌属的1种	0.0399	0.0133
3	球胞发菌属的1种	0.0399	0.3725
3	球胞发菌属的1种	0.0000	0.1653
3	球胞发菌属的1种	0.1197	0.0019
3	鞘脂杆菌纲的1种	0.2628	0.0000
3	和田鞘脂杆菌	0.0000	0.1501
3	济州鞘脂杆菌	0.0067	0.1824
3	水田氏鞘脂杆菌	0.0033	0.4542
3	鞘脂杆菌属的1种773B2 12ER2A	0.0233	0.2984
3	鞘脂杆菌属种1	0.0432	0.3288
3	鞘脂杆菌属种2	0.0100	0.0456
3	厌氧生孢菌属的1种	0.0000	0.1178
3	生孢杆菌属的1种	0.0699	0.0019
3	生孢杆菌属的1种	0.0466	0.0000
3	嗜氨基酸寡养单胞菌	0.0200	0.0684
3	寡养单胞菌属的1种	0.0399	0.1824
3	类固醇杆菌属的1种	0.0798	0.0266
3	链球菌属的1种	0.0000	0.2680
3	链霉菌属的1种	0.0299	0.0570
3	亚群10的1属的1种	0.1131	0.0000
3	琥珀酸弧菌属种1	0.0000	0.6671
3	琥珀酸弧菌属种2	0.0000	0.2490
3	琥珀酸弧菌属种3	0.0000	0.2452
3	属Syner–01的1种	0.0632	0.0000
3	互养球菌属的1种	0.0000	0.1444
3	互营单胞菌属种1	0.2628	0.0000
3	互营单胞菌属种2	0.1929	0.0000
3	互营单胞菌属种3	0.0732	0.0000
3	互营单胞菌属种4	0.0699	0.0000
3	互营单胞菌属种5	0.0532	0.0000
3	土生孢杆菌属的1种	0.2096	0.3326
3	四球菌属的1种	0.3592	0.0019
3	热芽胞杆菌属的1种	0.0299	0.0342
3	热单胞菌属的1种	0.0000	0.0494
3	肌酐蒂西耶氏菌	0.0898	0.0038
3	蒂西耶氏菌属的1种	0.0000	0.0760
3	猪密螺旋体	0.0532	0.0950
3	密螺旋体属种1	0.0931	0.0000
3	密螺旋体属种2	0.0466	0.0000
3	属ADurb.Bin070的1种	0.0632	0.0000
	第3组341个样本平均值	0.0700	0.1003

第3组低高含量组

图5-30

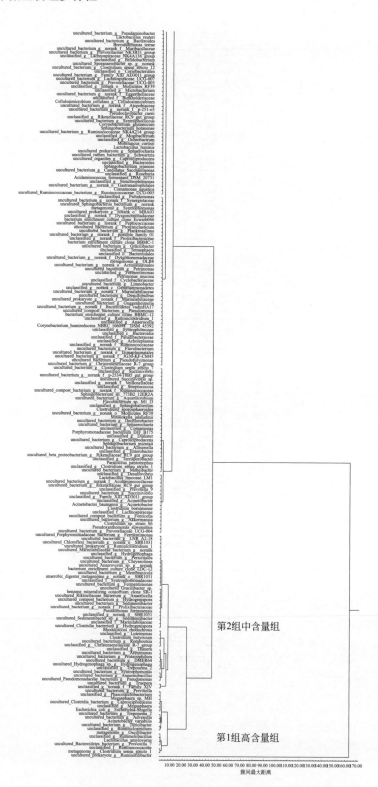

图5-30 饲料发酵床与传统养殖猪肠道细菌种亚群落分化聚类分析

三、饲料发酵床与传统养殖猪肠道菌群生态学特性

1. 肠道菌群优势种比较

以饲料发酵床和传统养殖的猪肠道细菌种类含量为依据，比较肠道菌群优势种。按发酵床猪肠道细菌种类含量排序，前 10 个高含量的细菌种类及其在传统养殖猪肠道中的分布见表 5-12。发酵床猪肠道菌群包含了瘤胃线杆菌属的 1 种（与纤维素降解有关）、科 XIV 分类地位未定属的 1 种（属于梭菌纲的种类、厌氧生长、分解有机质）、特吕珀菌属的 1 种［厌氧生长、耐高温（50℃）、耐盐（6%NaCl）、利用糖类化合物］、假单胞菌属的 1 种（与分解有机质有关）、解硫胺素芽胞杆菌属的 1 种（严格好氧、分解氨基酸蛋白质）、互营单胞菌属的 1 种（厌氧生长、分解纤维素）、噬氢菌属的 1 种（好氧、兼性嗜氢自养菌、分解有机物）、密螺旋体属 2 的 1 种（密螺旋体，条件病原体）、属 DMER64 的 1 种、狭义梭菌属 1 的 1 种（病原梭菌），含量最高的为瘤胃线杆菌属的 1 种（16.4800%），最低的为狭义梭菌属 1 的 1 种（1.6660%）。发酵床猪肠道优势种有机物分解菌多，好氧菌多，病原菌少（图 5-31）。

表5-12　发酵床猪肠道菌群及其与传统养殖猪肠道菌群的比较

物种名称	细菌优势种含量/%	
	发酵床猪肠道	传统养殖猪肠道
瘤胃线杆菌属的1种	16.4800	0.0114
科XIV分类地位未定属的1种	4.8200	0.0000
特吕珀菌属的1种	3.5890	0.1406
假单胞菌属的1种	2.9340	0.0589
解硫胺素芽胞杆菌属的1种	2.5310	0.0000
互营单胞菌属的1种	2.5110	0.0000
噬氢菌属的1种	1.9360	0.0779
密螺旋体属2的1种	1.8730	0.3250
属DMER64的1种	1.7900	0.0000
狭义梭菌属1的1种	1.6660	4.4320

按传统养殖猪肠道细菌种类含量排序，前 10 个高含量的细菌种类及其在发酵床猪肠道中的分布见表 5-13。传统养殖猪肠道优势菌群包含了普雷沃氏菌属 7 的 1 种（肠道微生物、有机物降解菌）、食淀粉乳杆菌、鲁梅尔芽胞杆菌属的 1 种、狭义梭菌属 1（梭菌、条件病原菌）、瘤胃球菌科的 1 种（肠道微生物）、颤杆菌属的 1 种（肠道微生物）、瘤胃梭菌属的 1 种（肠道微生物、严格厌氧菌、分解纤维素）、大肠杆菌（条件病原原菌）、巨球形菌属的 1 种（肠道微生物、厌氧发酵代谢、发酵果糖和乳酸）、产己酸菌属的 1 种（肠道微生物，厌氧，分解有机物）；含量最高的为普雷沃氏菌属 7 的 1 种（5.5780%），最低的为产己酸菌属的 1 种（2.9720%）。传统养殖猪肠道优势种病原菌较多、厌氧菌多（图 5-32）。

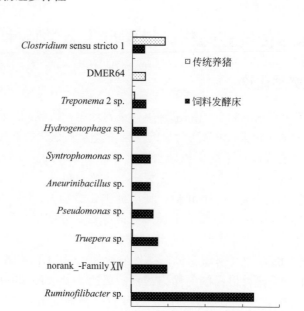

图5-31 发酵床猪肠道菌群及其与传统养殖猪肠道菌群的比较

表5-13 传统养殖猪肠道菌群及其与发酵床猪肠道菌群的比较

物种名称	细菌优势种含量/%	
	发酵床猪肠道	传统养殖猪肠道
普雷沃氏菌属7的1种	0.0000	5.5780
食淀粉乳杆菌	0.0000	5.0460
鲁梅尔芽胞杆菌属的1种	0.0133	4.7360
狭义梭菌属的1种	1.6660	4.4320
瘤胃球菌科的1种	0.9580	4.4110
颤杆菌属的1种	0.0000	4.2060
瘤胃梭菌属的1种	1.1810	3.0560
大肠杆菌	0.0067	3.0140
巨球形菌属的1种	0.0000	3.0030
产己酸菌属的1种	0.0000	2.9720

讨论：发酵床猪肠道前10个高含量优势种总量达40.13%，8倍于相应种类在传统养殖猪肠道的分布（5.04%），条件病原密螺旋体属2的1种、狭义梭菌属1的1种总量3.539%；传统养殖猪肠道前10个高含量优势种总量达40.45%，10倍于相应种类在发酵床猪肠道的分布（3.82%），条件病原菌狭义梭菌属1、大肠杆菌总量7.446%。不同饲养模式的猪肠道能容纳的细菌总量是相近的，发酵床猪肠道优势种总量40.13%，与传统养殖猪肠道优势种相近（40.45%），差异表现在菌群结构上，不同饲料模式猪肠道的环境选择不同的细菌优势种，如低蛋白饲喂的发酵床猪肠道好氧菌多，高蛋白饲喂的传统饲养猪肠道厌氧菌多；发酵床猪肠道条件病原含量达3.539%，仅为传统养殖（7.446%）的47.52%。结论：发酵床养殖和传统养殖猪肠道优势种总量相近，前者好氧菌多、病原菌少，后者厌氧菌多、病原菌多。

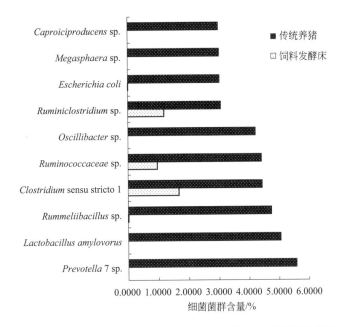

图5-32 传统养殖猪肠道菌群及其与发酵床猪肠道菌群的比较

2. 微生物组多样性分析

以不同养殖模式共有细菌1156种分别在发酵床和传统养殖的猪肠道中分布数据，分析相关性，结果表明发酵床和传统养殖的猪肠道细菌分布的相关系数为0.06902，统计检验 $P=0.01893$，两者分布显著相关（$P < 0.05$），表明猪肠道细菌进化具有特定的同源性，不同养殖方式影响菌群结构。利用前255个高含量细菌种分析猪肠道细菌菌群多样性指数，结果见表5-14；可以看出，发酵床猪肠道细菌种类数（206种）高于传统养殖（194种），菌群总量发酵床养殖的（89.5202%）低于传统养殖（93.6144%），菌群丰富度发酵床（45.6117）高于传统养殖（42.5186），尽管传统养殖猪肠道细菌总量较多，但发酵床猪肠道细菌丰富度较高。猪肠道细菌的多样性指数两种养殖模式差异不显著。

表5-14 发酵床与传统养殖猪肠道细菌菌群多样性指数的比较

项目		发酵床猪肠道	传统养殖猪肠道
肠道菌群种类数/种		206	194
肠道菌群含量总和/%		89.5202	93.6144
丰富度		45.6117	42.5186
辛普森指数（D）	值	0.9640	0.9846
	95%置信区间	0.9341	0.9802
		0.9938	0.9889
香农指数（H）	值	4.1192	4.1765
	95%置信区间	3.6827	4.0442
		4.5556	4.3087
均匀度指数	值	0.7731	0.7928
	95%置信区间	0.6916	0.7700
		0.8547	0.8157

项目		发酵床猪肠道	传统养殖猪肠道
Brillouin指数	值	4.4817	4.6308
	95%置信区间	4.0323	4.4962
		4.9312	4.7653
McIntosh指数（D_{mc}）	值	0.8763	0.9356
	95%置信区间	0.7896	0.9207
		0.9629	0.9505

3. 猪肠道菌群生态位分析

（1）猪肠道生境生态位分析

① 生态位宽度。不同养殖模式猪肠道生态位宽度指示着特定生境下细菌生长的容量，生态位越宽的猪肠道，能够提供细菌生长容量越大，反之亦然。利用不同养殖模式猪肠道高含量前255个细菌种，分析发酵床猪肠道和传统养殖猪肠道细菌生长生境生态位宽度，结果见表5-15。分析结果表明，传统养殖猪肠道细菌生长生境生态位宽度38.5234（Levins），比发酵床猪肠道的21.3657（Levins）加宽了80.31%；饲料发酵床采用牧场发酵饲料饲喂猪，属于低蛋白饲喂，其肠道的营养含量低于用饲料的传统养殖高蛋白饲喂，传统养殖猪肠道的生境能提供更多细菌生长的营养条件，故其生态位宽度较宽。

表5-15　基于猪肠道细菌组成的发酵床与传统养殖生境生态位宽度的比较

项目	发酵床猪肠道	传统养殖猪肠道
生态位宽度(Levins测定)	21.3657	38.5234
频数	6	12
截断比例	0.03	0.03
常用资源种类	S1=18.41%（瘤胃线杆菌属的1种）	S2=4.73%（瘤胃线杆菌属的1种）
	S4=5.38%（科XIV分类地位未定属的1种）	S3=5.96%（食淀粉乳杆菌）
	S7=4.01%（特吕珀菌属的1种）	S4=4.71%（鲁梅尔芽胞杆菌属的1种）
	S10=3.28%（假单胞菌属的1种）	S5=5.39%（狭义梭菌属1的1种）
	S12=2.83%（解硫胺素芽胞杆菌属的1种）	S6=5.06%（瘤胃球菌科的1种）
	S13=2.80%（互营单胞菌属的1种）	S7=3.26%（颤杆菌属的1种）
		S8=4.49%（瘤胃梭菌属的1种）
		S10=2.76%（大肠杆菌）
		S11=3.22%（巨球形菌属的1种）
		S12=3.21%（产己酸菌属的1种）
		S14=3.17%（巨球形MH）
		S16=2.90%（苏黎世杆菌属的1种）

发酵床猪肠道常用资源包括了S1=18.41%（瘤胃线杆菌属的1种）、S4=5.38%（科XIV分类地位未定的1种）、S7=4.01%（特吕珀菌属的1种）、S10=3.28%（假单胞菌属的1种）、S12=2.83%（解硫胺素芽胞杆菌属的1种）、S13=2.80%（互营单胞菌属的1种），大量的种类属于有机物分解菌，猪病原菌种类很少。传统养殖猪肠道常用资源包括了S2=4.73%（瘤胃线杆菌属的1种）、S3=5.96%（食淀粉乳杆菌）、S4=4.71%（鲁梅尔芽胞杆菌属的1种）、

S5=5.39%（狭义梭菌属的1种）、S6=5.06%（瘤胃球菌科的1种）、S7=3.26%（颤杆菌属的1种）、S8=4.49%（瘤胃梭菌属的1种）、S10=2.76%（大肠杆菌）、S11=3.22%（巨球形菌属的1种）、S12=3.21%（产己酸菌属的1种）、S14=3.17%（巨球形菌MH）等，猪病原菌种类较多。

②生态位重叠。利用不同养殖模式猪肠道高含量前255个细菌种，分析发酵床猪肠道和传统养殖猪肠道细菌生长生境生态位重叠，结果表明，发酵床猪肠道生境和传统养殖猪肠道生境的生态位重叠值为0.0964，重叠度很低，表明细菌的种类和含量在不同养殖模式的肠道内的生存利用不同的生态位，选择不同的养殖模式影响着肠道细菌菌群结构。

（2）猪肠道菌群生态位分析 选择不同养殖模式猪肠道细菌合计≥0.5949%的65个细菌种（表5-16），用马氏距离可变类平均法对菌群进行聚类分析，结果可将菌群分为3组，第1组高含量组20个细菌种，第2组中含量组20个细菌种，第3组低含量组25个细菌种（表5-17、图5-33）；根据不同组细菌组成，分析猪肠道菌群生态位。

表5-16 不同养殖模式猪肠道细菌合计≥0.5949%的65个细菌种

物种名称	细菌种类含量/%		
	发酵床猪肠道	传统养殖猪肠道	合计
【1】瘤胃线杆菌属未培养的1种	16.4800	0.0114	16.4914
【2】狭义梭菌属1来自宏基因组的1种	1.6660	4.4320	6.0980
【3】普雷沃氏菌属7未培养的1种	0	5.5780	5.5780
【4】瘤胃球菌科未分类属的1种	0.9580	4.4110	5.3690
【5】食淀粉乳杆菌	0	5.0460	5.0460
【6】科XIV分类地位未定属的1种	4.8200	0	4.8200
【7】鲁梅尔芽胞杆菌属未分类的1种	0.01330	4.7360	4.7493
【8】瘤胃梭菌属未分类的1种	1.1810	3.0560	4.2370
【9】颤杆菌属来自宏基因组的1种	0	4.2060	4.2060
【10】特吕珀菌属未培养的1种	3.5890	0.1406	3.7296
【11】苏黎世杆菌属未培养的1种	0.8083	2.5810	3.3893
【12】大肠杆菌	0.0067	3.0140	3.0207
【13】巨球形菌属未分类的1种	0	3.0030	3.0030
【14】假单胞菌属未培养的1种	2.9340	0.0589	2.9929
【15】产己酸菌属未培养的1种	0	2.9720	2.9720
【16】变异不动杆菌	0.7650	2.0640	2.8290
【17】巨球形菌MH	0	2.7160	2.7160
【18】解硫胺素芽胞杆菌属未培养的1种	2.5310	0	2.5310
【19】互营单胞菌属未培养的1种	2.5110	0	2.5110
【20】考拉杆菌属未分类的1种	0.0499	2.4330	2.4829
【21】普雷沃氏菌属未培养的1种	0	2.3300	2.3300
【22】陌生菌属未培养的1种	0.3925	1.8570	2.2495
【23】密螺旋体属2未分类的1种	1.8730	0.3250	2.1980
【24】克里斯滕森菌科R-7群的1属未分类的1种	0.9214	1.2730	2.1944
【25】龙包茨氏菌属未培养的1种	0.7983	1.2310	2.0293
【26】藤黄色单胞菌属未分类的1种	1.2610	0.7678	2.0288

续表

物种名称	细菌种类含量/%		
	发酵床猪肠道	传统养殖猪肠道	合计
【27】噬氢菌属未培养的1种	1.9360	0.0779	2.0139
【28】丁酸梭菌	0.7750	1.1380	1.9130
【29】属DMER64未培养的1种	1.7900	0	1.7900
【30】嗜蛋白菌属未培养的1种	1.5630	0.0494	1.6124
【31】密螺旋体属2未培养的1种	0.0333	1.5620	1.5953
【32】沙单胞菌属未培养的1种	1.5530	0.0380	1.5910
【33】玫瑰色红球菌	0.8881	0.6233	1.5114
【34】陶厄氏菌属未分类的1种	1.4600	0.0019	1.4619
【35】生孢产氢菌属未培养的1种	1.1770	0	1.1770
【36】海滑菌科未分类属的1种	1.1580	0	1.1580
【37】台湾假单胞菌	1.0180	0.1045	1.1225
【38】沉积杆菌属未培养的1种	1.1140	0.0038	1.1178
【39】普雷沃氏菌科UCG–004群的1属未培养的1种	0	1.0590	1.0590
【40】目SBR1031分类地位未定属未分类的1种	1.0540	0.0019	1.0559
【41】毛螺菌科未分类属的1种	0.2362	0.8115	1.0477
【42】不动杆菌属未分类的1种	0.3093	0.7374	1.0467
【43】水原假黄单胞菌	0.0566	0.9578	1.0144
【44】梭菌S6	0	0.9844	0.9844
【45】巴尼姆梭菌	0.1829	0.7773	0.9602
【46】长杆菌科分类地位未定属未培养的1种	0.9147	0	0.9147
【47】鲍曼不动杆菌	0.0965	0.7792	0.8757
【48】阿克曼斯氏菌属未培养的1种	0.0033	0.8723	0.8756
【49】泉胞菌属来自堆肥未培养的1种	0	0.8457	0.8457
【50】沉积杆菌属未培养的1种	0.7584	0.0798	0.8382
【51】生孢产氢菌属自堆肥未培养的1种	0.8282	0	0.8282
【52】厌氧胞菌属未培养的1种	0.7817	0.0076	0.7893
【53】苯矿菌群SB-1的1种	0.7817	0	0.7817
【54】纤细杆菌属未培养的1种	0.7584	0	0.7584
【55】漠河杆菌属未培养的1种	0.3626	0.3915	0.7541
【56】科XIII AD3011群的1属未分类的1种	0.0033	0.7013	0.7046
【57】发酵单胞菌属未培养的1种	0.6420	0.0475	0.6895
【58】互营单胞菌科未分类属的1种	0.6819	0	0.6819
【59】琥珀酸弧菌属未培养的1种	0	0.6671	0.6671
【60】普雷沃氏菌属9未分类的1种	0	0.6595	0.6595
【61】理研菌科RC9肠道菌群的1属未培养的1种	0.1264	0.4998	0.6262
【62】金色线菌属未培养的1种	0.5089	0.1064	0.6153
【63】氨基酸球菌科分类地位未定属未培养的1种	0.0200	0.5891	0.6091
【64】目SBR1031分类地位未定属来自厌氧池的1种	0.5987	0	0.5987
【65】居膜菌属未培养的1种	0.5854	0.0095	0.5949

表5-17　不同养殖模式猪肠道细菌合计≥0.5949%的65个细菌种聚类分析

组别	物种名称	细菌种类含量/%	
		发酵床猪肠道	传统养殖猪肠道
1	瘤胃线杆菌属的1种	16.48	0.01
1	狭义梭菌属的1种	1.67	4.43
1	普雷沃氏菌属7的1种	0.00	5.58
1	瘤胃球菌科的1种	0.96	4.41
1	食淀粉乳杆菌	0.00	5.05
1	科XIV的1种	4.82	0.00
1	鲁梅尔芽胞杆菌属的1种	0.01	4.74
1	瘤胃梭菌属的1种	1.18	3.06
1	颤杆菌属的1种	0.00	4.21
1	特吕珀菌属的1种	3.59	0.14
1	苏黎世杆菌属的1种	0.81	2.58
1	大肠杆菌	0.01	3.01
1	巨球形菌属的1种	0.00	3.00
1	假单胞菌属的1种	2.93	0.06
1	产己酸菌属的1种	0.00	2.97
1	变异不动杆菌	0.77	2.06
1	巨球形菌MH	0.00	2.72
1	考拉杆菌属的1种	0.05	2.43
1	普雷沃氏菌属的1种	0.00	2.33
1	陌生菌属的1种	0.39	1.86
	第1组20个样本平均值	1.68	2.73
2	解硫胺素芽胞杆菌属的1种	2.53	0.00
2	互营单胞菌属的1种	2.51	0.00
2	密螺旋体属2的1种	1.87	0.33
2	克里斯滕森菌科R-7的1种	0.92	1.27
2	龙包茨氏菌属的1种	0.80	1.23
2	藤黄色单胞菌属的1种	1.26	0.77
2	噬氢菌属的1种	1.94	0.08
2	丁酸梭菌	0.78	1.14
2	属DMER64的1种	1.79	0.00
2	密螺旋体属2的1种	0.03	1.56
2	玫瑰色红球菌	0.89	0.62
2	普雷沃氏菌科UCG–004群的1种	0.00	1.06
2	毛螺菌科的1种	0.24	0.81

续表

组别	物种名称	细菌种类含量/%	
		发酵床猪肠道	传统养殖猪肠道
2	不动杆菌属的1种	0.31	0.74
2	水原假黄单胞菌	0.06	0.96
2	梭菌S6	0.00	0.98
2	巴尼姆梭菌	0.18	0.78
2	鲍曼不动杆菌	0.10	0.78
2	阿克曼斯氏菌属的1种	0.00	0.87
2	泉胞菌属的1种	0.00	0.85
	第2组20个样本平均值	0.81	0.74
3	嗜蛋白菌属的1种	1.56	0.05
3	沙单胞菌属的1种	1.55	0.04
3	陶厄氏菌属的1种	1.46	0.00
3	生孢产氢菌属的1种	1.18	0.00
3	海滑菌科的1种	1.16	0.00
3	台湾假单胞菌	1.02	0.10
3	沉积杆菌属的1种	1.11	0.00
3	目SBR1031的1种	1.05	0.00
3	长杆菌科的1种	0.91	0.00
3	沉积杆菌属的1种	0.76	0.08
3	生孢产氢菌属的1种	0.83	0.00
3	厌氧胞菌属的1种	0.78	0.01
3	苯矿菌群SB-1的1种	0.78	0.00
3	纤细杆菌属的1种	0.76	0.00
3	漠河杆菌属的1种	0.36	0.39
3	科XIII AD3011的1属的1未分类的1种	0.00	0.70
3	发酵单胞菌属的1种	0.64	0.05
3	互营单胞菌科的1种	0.68	0.00
3	琥珀酸弧菌属的1种	0.00	0.67
3	普雷沃氏菌属9的1种	0.00	0.66
3	理研菌科RC9的1种	0.13	0.50
3	金色线菌属的1种	0.51	0.11
3	氨基酸球菌科的1种	0.02	0.59
3	目SBR1031的1种	0.60	0.00
3	居膜菌属的1种	0.59	0.01
	第3组25个样本平均值	0.74	0.16

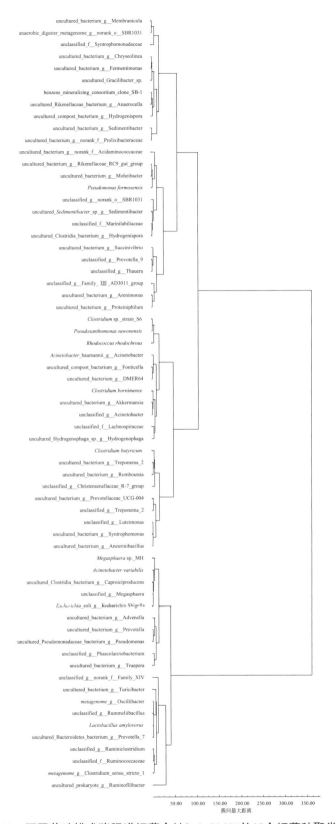

图5-33 不同养殖模式猪肠道细菌合计≥0.5949%的65个细菌种聚类分析

① 高含量组生态位分析。高含量组包含了 20 个细菌种，其生态位宽度范围为 2.00～2.50，不同的细菌种类之间生态位重叠差异显著，如瘤胃线杆菌属的 1 种与科 XIV 的 1 种（1.00）、特吕珀菌属的 1 种（1.00）、假单胞菌属的 1 种（1.00）细菌间生态位完全重叠，表明它们之间享有共同的生态位；瘤胃线杆菌属的 1 种与瘤胃梭菌属的 1 种（0.72）、狭义梭菌属 1 的 1 种（0.71）、变异不动杆菌（0.71）、苏黎世杆菌属的 1 种（0.68）、瘤胃球菌科的 1 种（0.64）、陌生菌属的 1 种（0.64）之间生态位重叠范围为 0.64～0.72，属于中等程度生态位重叠，表明它们之间利用的生态位资源较为相似；瘤胃线杆菌属的 1 种与考拉杆菌属的 1 种（0.52）、普雷沃氏菌属 7 的 1 种（0.50）、食淀粉乳杆菌（0.50）、鲁梅尔芽胞杆菌属的 1 种（0.50）、颤杆菌属的 1 种（0.50）、大肠杆菌（0.50）、巨球形菌属的 1 种（0.50）、产己酸菌属的 1 种（0.50）、巨球形菌 MH（0.50）、普雷沃氏菌属的 1 种（0.50）等之间生态位重叠范围小于 0.52，重叠值较小，表明它们之间利用资源的能力存在互补；其余细菌之间的生态位重叠见表 5-18。

② 中含量组生态位分析。中含量组包含了 20 个细菌种，其生态位宽度范围为 2.00～2.64，不同的细菌种类之间生态位重叠差异显著，如解硫胺素芽胞杆菌属的 1 种与互营单胞菌属的 1 种（1.00）、噬氢菌属的 1 种（1.00）、属 DMER64 的 1 种（1.00）细菌间生态位完全重叠，表明它们之间享有共同的生态位；解硫胺素芽胞杆菌属的 1 种与密螺旋体属 2 的 1 种（0.99）、藤黄色单胞菌属的 1 种（0.93）、玫瑰色红球菌（0.91）、克里斯滕森菌科 R-7 的 1 种（0.82）、丁酸梭菌（0.81）、龙包茨氏菌属的 1 种（0.80）、不动杆菌属的 1 种（0.73）、毛螺菌科的 1 种（0.67）、巴尼姆梭菌（*Clostridium bornimense*）（0.65）生态位重叠范围为 0.65～0.99，有较高的重叠，表明它们之间利用的生态位资源较为相似；解硫胺素芽胞杆菌属的 1 种与鲍曼不动杆菌 [2.22（0.58）]、水原假黄单胞菌 [2.11（0.54）]、密螺旋体属 2 的 1 种 [2.04（0.52）]、普雷沃氏菌科 UCG–004 群的 1 种 [2.00（0.50）]、梭菌 S6 [2.00（0.50）]、阿克曼斯氏菌属的 1 种 [2.01（0.50）]、泉胞菌属的 1 种 [2.00（0.50）] 之间生态位重叠值范围为 0.50～0.58，重叠值较小，表明它们之间利用资源的能力存在互补；其余细菌之间的生态位重叠见表 5-19。

③ 低含量组生态位分析。低含量组包含了 25 个细菌种，其生态位宽度范围为 2.00～2.67，不同的细菌种类之间生态位重叠差异显著，如嗜蛋白菌属的 1 种与沙单胞菌属的 1 种（1.00）、陶厄氏菌属的 1 种（1.00）、生孢产氢菌属的 1 种（1.00）、海滑菌科的 1 种（1.00）、台湾假单胞菌（1.00）、沉积杆菌属的 1 种（1.00）、目 SBR1.00031 的 1 种（1.00）、长杆菌科的 1 种（1.00）、沉积杆菌属的 1 种（1.00）、生孢产氢菌属的 1 种（1.00）、厌氧胞菌属的 1 种（1.00）、苯矿菌群 SB-1 的 1 种（1.00）、纤细杆菌属的 1 种（1.00）、发酵单胞菌属的 1 种（1.00）、互营单胞菌科的 1 种互营单胞菌科（1.00）、目 SBR1.00031 的 1 种（1.00）、居膜菌属的 1 种（1.00）细菌间生态位完全重叠，表明它们之间享有共同的生态位；嗜蛋白菌属的 1 种与金色线菌属的 1 种（0.99）、漠河杆菌属的 1 种（0.87）、理研菌科 RC9 的 1 种（0.68）之间生态位重叠范围为 0.68～0.99，有较高的重叠，表明它们之间利用的生态位资源较为相似；嗜蛋白菌属的 1 种与氨基酸球菌科的 1 种氨基酸球菌科（0.55）、科 XIII AD3011 的 1 属的 1 种（0.53）、琥珀酸弧菌属的 1 种（0.52）、普雷沃氏菌属 9 的 1 种（0.52）之间生态位重叠值范围为 0.52～0.53，重叠值较小，表明它们之间利用资源的能力存在互补；其余细菌之间的生态位重叠见表 5-20。

表5-18 饲料发酵床与传统养殖高含量组猪肠道群生态位分析

物种名称	生态位宽度（Levins）	生态位重叠（Pianka测度）																			
		[1]	[2]	[3]	[4]	[5]	[6]	[7]	[8]	[9]	[10]	[11]	[12]	[13]	[14]	[15]	[16]	[17]	[18]	[19]	[20]
[1] 瘤胃线杆菌属的1种	2.00	1.00	0.71	0.50	0.64	0.50	1.00	0.50	0.72	0.50	1.00	0.68	0.50	0.50	1.00	0.50	0.71	0.50	0.52	0.50	0.64
[2] 狭义梭菌属1的1种	2.50	0.71	1.00	0.96	1.00	0.96	0.71	0.97	1.00	0.96	0.73	1.00	0.96	0.96	0.72	0.96	1.00	0.96	0.97	0.96	0.99
[3] 普雷沃氏菌属7的1种	2.00	0.50	0.96	1.00	0.99	1.00	0.50	1.00	0.96	1.00	0.53	0.97	1.00	1.00	0.51	1.00	0.97	1.00	1.00	1.00	0.99
[4] 瘤胃球菌科的1种	2.34	0.64	1.00	0.59	1.00	0.99	0.64	0.99	0.99	0.99	0.66	1.00	0.99	0.99	0.65	0.99	1.00	0.99	0.99	0.99	1.00
[5] 食淀粉乳杆菌	2.00	0.50	0.96	1.00	0.99	1.00	0.50	1.00	0.96	1.00	0.53	0.97	1.00	1.00	0.51	1.00	0.97	1.00	1.00	1.00	0.99
[6] 科XIV的1种	2.00	1.00	0.71	0.50	0.64	0.50	1.00	0.50	0.72	0.50	1.00	0.68	0.50	0.50	1.00	0.50	0.71	0.50	0.52	0.50	0.63
[7] 鲁梅尔芽胞杆菌属的1种	2.01	0.50	0.97	1.00	0.99	1.00	0.50	1.00	0.96	1.00	0.53	0.97	1.00	1.00	0.52	1.00	0.97	1.00	1.00	1.00	0.99
[8] 瘤胃梭菌属的1种	2.50	0.72	1.00	0.96	0.99	0.96	0.72	0.96	1.00	0.96	0.74	1.00	0.96	0.96	0.73	0.96	1.00	0.96	0.97	0.96	0.99
[9] 颤杆菌属的1种	2.00	0.50	0.96	1.00	0.99	1.00	0.50	1.00	0.96	1.00	0.53	0.97	1.00	1.00	0.51	1.00	0.97	1.00	1.00	1.00	0.99
[10] 特日珀菌属的1种	2.08	1.00	0.73	0.53	0.66	0.53	1.00	0.53	0.74	0.53	1.00	0.71	0.53	0.53	1.00	0.53	0.73	0.53	0.54	0.53	0.66
[11] 苏黎世杆菌属的1种	2.44	0.68	1.00	0.97	1.00	0.97	0.68	0.97	1.00	0.97	0.71	1.00	0.97	0.97	0.70	0.97	1.00	0.97	0.98	0.97	1.00
[12] 大肠杆菌	2.00	0.50	0.96	1.00	0.99	1.00	0.50	1.00	0.96	1.00	0.53	0.97	1.00	1.00	0.52	1.00	0.97	1.00	1.00	1.00	0.99
[13] 巨球形菌属的1种	2.00	0.50	0.96	1.00	0.99	1.00	0.50	1.00	0.96	1.00	0.53	0.97	1.00	1.00	0.51	1.00	0.97	1.00	1.00	1.00	0.99
[14] 假单胞菌属的1种	2.04	1.00	0.72	0.51	0.65	0.51	1.00	0.52	0.73	0.51	1.00	0.70	0.52	0.51	1.00	0.51	0.72	0.51	0.53	0.51	0.65
[15] 产己酸菌属的1种	2.00	0.50	0.96	1.00	0.99	1.00	0.50	1.00	0.96	1.00	0.53	0.97	1.00	1.00	0.51	1.00	0.97	1.00	1.00	1.00	0.99
[16] 变异不动杆菌	2.49	0.71	1.00	0.97	1.00	0.97	0.71	0.97	1.00	0.97	0.73	1.00	0.97	0.97	0.72	0.97	1.00	0.97	0.97	0.97	1.00
[17] 巨球形菌MH	2.00	0.50	0.96	1.00	0.99	1.00	0.50	1.00	0.96	1.00	0.53	0.97	1.00	1.00	0.51	1.00	0.97	1.00	1.00	1.00	0.99
[18] 考拉杆菌属的1种	2.04	0.52	0.97	1.00	0.99	1.00	0.52	1.00	0.97	1.00	0.54	0.98	1.00	1.00	0.53	1.00	0.97	1.00	1.00	1.00	0.99
[19] 普雷沃氏菌属的1种	2.00	0.50	0.96	1.00	0.99	1.00	0.50	1.00	0.96	1.00	0.53	0.97	1.00	1.00	0.51	1.00	0.97	1.00	1.00	1.00	0.99
[20] 陌生菌属的1种	2.34	0.64	0.99	0.99	1.00	0.99	0.63	0.99	0.99	0.99	0.66	1.00	0.99	0.99	0.65	0.99	1.00	0.99	0.99	0.99	1.00

表5-19　饲料发酵床与传统养殖中含量组猪肠道菌群生态位分析

物种名称	生态位宽度（Levins）	生态位重叠（Pianka测度）																			
		[1]	[2]	[3]	[4]	[5]	[6]	[7]	[8]	[9]	[10]	[11]	[12]	[13]	[14]	[15]	[16]	[17]	[18]	[19]	[20]
【1】解硫胺素芽胞杆菌属的1种	2.00	1.00	1.00	0.99	0.82	0.80	0.93	1.00	0.81	1.00	0.52	0.91	0.50	0.67	0.73	0.54	0.50	0.65	0.58	0.50	0.50
【2】互营单胞菌属的1种	2.00	1.00	1.00	0.99	0.82	0.80	0.93	1.00	0.81	1.00	0.52	0.91	0.50	0.67	0.73	0.54	0.50	0.65	0.58	0.50	0.50
【3】密螺旋体属2的1种	2.29	0.99	0.99	1.00	0.89	0.87	0.97	0.99	0.88	0.99	0.63	0.96	0.61	0.77	0.82	0.65	0.61	0.75	0.69	0.62	0.61
【4】克里斯滕森菌科R-7的1种	2.64	0.82	0.82	0.89	1.00	1.00	0.97	0.84	1.00	0.82	0.92	0.98	0.91	0.98	0.99	0.93	0.91	0.97	0.95	0.91	0.91
【5】龙包茨氏菌属的1种	2.63	0.80	0.80	0.87	1.00	1.00	0.97	0.82	1.00	0.80	0.93	0.98	0.92	0.98	0.99	0.94	0.92	0.98	0.96	0.92	0.92
【6】藤黄色单胞菌属的1种	2.62	0.93	0.93	0.97	0.97	0.97	1.00	0.94	0.97	0.93	0.80	1.00	0.79	0.90	0.93	0.82	0.79	0.89	0.85	0.79	0.79
【7】噬氢菌属的1种	2.08	1.00	1.00	0.99	0.84	0.82	0.94	1.00	0.83	1.00	0.54	0.93	0.53	0.70	0.75	0.57	0.53	0.67	0.61	0.53	0.53
【8】丁酸梭菌	2.64	0.81	0.81	0.88	1.00	1.00	0.97	0.83	1.00	0.81	0.92	0.98	0.92	0.98	0.99	0.93	0.92	0.97	0.95	0.92	0.92
【9】属DMER64的1种	2.00	1.00	1.00	0.99	0.82	0.80	0.93	1.00	0.81	1.00	0.52	0.91	0.50	0.67	0.73	0.54	0.50	0.65	0.58	0.50	0.50
【10】密螺旋体属2的1种	2.04	0.52	0.52	0.63	0.92	0.93	0.80	0.54	0.92	0.52	1.00	0.82	1.00	0.98	0.96	1.00	1.00	0.99	1.00	1.00	1.00
【11】玫瑰色红球菌	2.64	0.91	0.91	0.96	0.98	0.98	1.00	0.93	0.98	0.91	0.82	1.00	0.81	0.92	0.95	0.84	0.81	0.90	0.87	0.81	0.81
【12】普雷沃氏菌科UCG-004群的1种	2.00	0.50	0.50	0.61	0.91	0.92	0.79	0.53	0.92	0.50	1.00	0.81	1.00	0.98	0.96	1.00	1.00	0.98	0.99	1.00	1.00
【13】毛螺菌科的1种	2.42	0.67	0.67	0.77	0.98	0.98	0.90	0.70	0.98	0.67	0.98	0.92	0.98	1.00	1.00	0.99	0.98	1.00	0.99	0.98	0.98
【14】不动杆菌属的1种	2.53	0.73	0.73	0.82	0.99	0.99	0.93	0.75	0.99	0.73	0.96	0.95	0.96	1.00	1.00	0.97	0.96	0.99	0.98	0.96	0.96
【15】水原假黄单胞菌	2.11	0.54	0.54	0.65	0.93	0.94	0.82	0.57	0.93	0.54	1.00	0.84	1.00	0.99	0.97	1.00	1.00	0.99	1.00	1.00	1.00
【16】梭菌S6	2.00	0.50	0.50	0.61	0.91	0.92	0.79	0.53	0.92	0.50	1.00	0.81	1.00	0.98	0.96	1.00	1.00	0.98	0.99	1.00	1.00
【17】巴尼姆梭菌	2.36	0.65	0.65	0.75	0.97	0.98	0.89	0.67	0.97	0.65	0.99	0.90	0.98	1.00	0.99	0.99	0.98	1.00	1.00	0.98	0.98
【18】鲍曼不动杆菌	2.22	0.58	0.58	0.69	0.95	0.96	0.85	0.61	0.95	0.58	1.00	0.87	0.99	0.99	0.98	1.00	0.99	1.00	1.00	0.99	0.99
【19】阿克曼斯氏菌属的1种	2.01	0.50	0.50	0.62	0.91	0.92	0.79	0.53	0.92	0.50	1.00	0.81	1.00	0.98	0.96	1.00	1.00	0.98	1.00	1.00	1.00
【20】泉孢菌属的1种	2.00	0.50	0.50	0.61	0.91	0.92	0.79	0.53	0.92	0.50	1.00	0.81	1.00	0.98	0.96	1.00	1.00	0.98	0.99	1.00	1.00

表5-20 饲料发酵床与传统养殖低含量组猪肠道菌群生态位分析

物种名称	生态位宽度（Levins）	[1]	[2]	[3]	[4]	[5]	[6]	[7]	[8]	[9]	[10]	[11]	[12]	[13]	[14]	[15]	[16]	[17]	[18]	[19]	[20]	[21]	[22]	[23]	[24]	[25]
[1] 嗜蛋白菌属的1种	2.06	1.00	1.00	1.00	1.00	1.00	1.00	1.00	1.00	1.00	1.00	1.00	1.00	1.00	1.00	0.87	0.53	1.00	1.00	0.52	0.52	0.68	0.99	0.55	1.00	1.00
[2] 沙单胞菌属的1种	2.05	1.00	1.00	1.00	1.00	1.00	1.00	1.00	1.00	1.00	1.00	1.00	1.00	1.00	1.00	0.87	0.52	1.00	1.00	0.52	0.52	0.67	0.99	0.54	1.00	1.00
[3] 陶厄氏菌属的1种	2.00	1.00	1.00	1.00	1.00	1.00	1.00	1.00	1.00	1.00	1.00	1.00	1.00	1.00	1.00	0.86	0.50	1.00	1.00	0.50	0.50	0.66	0.99	0.53	1.00	1.00
[4] 生孢产氢菌属的1种	2.00	1.00	1.00	1.00	1.00	1.00	1.00	1.00	1.00	1.00	1.00	1.00	1.00	1.00	1.00	0.85	0.50	1.00	1.00	0.50	0.50	0.66	0.99	0.52	1.00	1.00
[5] 海滑菌科的1种	2.00	1.00	1.00	1.00	1.00	1.00	1.00	1.00	1.00	1.00	1.00	1.00	1.00	1.00	1.00	0.85	0.50	1.00	1.00	0.50	0.50	0.66	0.99	0.52	1.00	1.00
[6] 台湾假单胞菌	2.18	1.00	1.00	1.00	1.00	1.00	1.00	1.00	1.00	1.00	1.00	1.00	1.00	1.00	1.00	0.90	0.57	1.00	1.00	0.57	0.57	0.72	1.00	0.59	1.00	1.00
[7] 沉积杆菌属的1种	2.01	1.00	1.00	1.00	1.00	1.00	1.00	1.00	1.00	1.00	1.00	1.00	1.00	1.00	1.00	0.86	0.51	1.00	1.00	0.50	0.50	0.66	0.99	0.53	1.00	1.00
[8] 目SBR1031的1种	2.00	1.00	1.00	1.00	1.00	1.00	1.00	1.00	1.00	1.00	1.00	1.00	1.00	1.00	1.00	0.86	0.50	1.00	1.00	0.50	0.50	0.66	0.99	0.53	1.00	1.00
[9] 长杆菌科的1种	2.00	1.00	1.00	1.00	1.00	1.00	1.00	1.00	1.00	1.00	1.00	1.00	1.00	1.00	1.00	0.85	0.50	1.00	1.00	0.50	0.50	0.66	0.99	0.52	1.00	1.00
[10] 沉积杆菌属的1种	2.19	1.00	1.00	1.00	1.00	1.00	1.00	1.00	1.00	1.00	1.00	1.00	1.00	1.00	1.00	0.90	0.58	1.00	1.00	0.57	0.57	0.72	1.00	0.60	1.00	1.00
[11] 生孢产氢菌属的1种	2.00	1.00	1.00	1.00	1.00	1.00	1.00	1.00	1.00	1.00	1.00	1.00	1.00	1.00	1.00	0.85	0.50	1.00	1.00	0.50	0.50	0.66	0.99	0.52	1.00	1.00
[12] 厌氧胞菌属的1种	2.02	1.00	1.00	1.00	1.00	1.00	1.00	1.00	1.00	1.00	1.00	1.00	1.00	1.00	1.00	0.86	0.51	1.00	1.00	0.51	0.51	0.66	0.99	0.53	1.00	1.00
[13] 未矿菌群SB-1的1种	2.00	1.00	1.00	1.00	1.00	1.00	1.00	1.00	1.00	1.00	1.00	1.00	1.00	1.00	1.00	0.85	0.50	1.00	1.00	0.50	0.50	0.66	0.99	0.52	1.00	1.00
[14] 纤细杆菌属的1种	2.00	1.00	1.00	1.00	1.00	1.00	1.00	1.00	1.00	1.00	1.00	1.00	1.00	1.00	1.00	0.85	0.50	1.00	1.00	0.50	0.50	0.66	0.99	0.52	1.00	1.00
[15] 漠河杆菌属的1种	2.67	0.87	0.87	0.86	0.85	0.85	0.90	0.86	0.86	0.85	0.90	0.85	0.86	0.85	0.85	1.00	0.88	0.89	0.85	0.88	0.88	0.95	0.93	0.89	0.85	0.86
[16] 科XIII AD 3011的1属1种	2.01	0.53	0.52	0.50	0.50	0.50	0.57	0.51	0.50	0.50	0.58	0.50	0.51	0.50	0.50	0.88	1.00	0.56	0.50	1.00	1.00	0.98	0.64	1.00	0.50	0.52
[17] 发酵单胞菌属的1种	2.14	1.00	1.00	1.00	1.00	1.00	1.00	1.00	1.00	1.00	1.00	1.00	1.00	1.00	1.00	0.89	0.56	1.00	1.00	0.55	0.55	0.70	0.99	0.58	1.00	1.00
[18] 互营单胞菌科的1种	2.00	1.00	1.00	1.00	1.00	1.00	1.00	1.00	1.00	1.00	1.00	1.00	1.00	1.00	1.00	0.85	0.50	1.00	1.00	0.50	0.50	0.66	0.99	0.52	1.00	1.00
[19] 琥珀酸弧菌属的1种	2.00	0.52	0.52	0.50	0.50	0.50	0.57	0.50	0.50	0.50	0.57	0.50	0.51	0.50	0.50	0.88	1.00	0.55	0.50	1.00	1.00	0.98	0.63	1.00	0.50	0.51
[20] 普雷沃氏菌9的1种	2.00	0.52	0.52	0.50	0.50	0.50	0.57	0.50	0.50	0.50	0.57	0.50	0.51	0.50	0.50	0.88	1.00	0.55	0.50	1.00	1.00	0.98	0.63	1.00	0.50	0.51
[21] 理研菌科RC9的1种	2.38	0.68	0.67	0.66	0.66	0.66	0.72	0.66	0.66	0.66	0.72	0.66	0.66	0.66	0.66	0.95	0.98	0.70	0.66	0.98	0.98	1.00	0.77	0.99	0.66	0.67
[22] 金色线菌属的1种	2.33	0.99	0.99	0.99	0.99	0.99	1.00	0.99	0.99	0.99	1.00	0.99	0.99	0.99	0.99	0.93	0.64	0.99	0.99	0.63	0.63	0.77	1.00	0.66	0.99	0.99
[23] 氨基酸球菌科的1种	2.07	0.55	0.54	0.53	0.52	0.52	0.59	0.53	0.53	0.52	0.60	0.52	0.53	0.52	0.52	0.89	1.00	0.58	0.52	1.00	1.00	0.99	0.66	1.00	0.52	0.54
[24] 目SBR1031的1种	2.00	1.00	1.00	1.00	1.00	1.00	1.00	1.00	1.00	1.00	1.00	1.00	1.00	1.00	1.00	0.85	0.50	1.00	1.00	0.50	0.50	0.66	0.99	0.52	1.00	1.00
[25] 居膜菌属的1种	2.03	1.00	1.00	1.00	1.00	1.00	1.00	1.00	1.00	1.00	1.00	1.00	1.00	1.00	1.00	0.86	0.52	1.00	1.00	0.51	0.51	0.67	0.99	0.54	1.00	1.00

生态位重叠（Pianka测度）

四、饲料发酵床与传统养猪肠道病原菌组成结构

1. 肠道病原检测

针对 17 个属、24 个种猪病原（表 5-21），通过测序分析，不同养殖模式的猪肠道内检测到 8 个属的疑似病原属，即，①埃希氏菌属（Escherichia）、②丹毒丝菌属（Erysipelothrix）、③劳森氏菌属（Lawsonia）、④链球菌属、⑤梭菌属、⑥假单胞菌属、⑦葡萄球菌属、⑧密螺旋体属，在疑似病原细菌属中许多种类不属于病原；检测到种类的有 5 种，即大肠杆菌、胞内劳森氏菌、松鼠葡萄球菌、猪密螺旋体和朱氏密螺旋体，其中后面 3 种此次检测发现在猪肠道中。猪重要病原 9 个属，即特吕佩尔氏菌属、嗜血杆菌属、波氏杆菌属、放线杆菌属、球链菌属、布氏杆菌属、支原体属、沙门氏菌属、巴斯德氏菌属，在不同养殖模式的猪肠道中未检测到。

表5-21 肠道中猪重要细菌性病原的检测

猪细菌性病原	病原属名	病原学名	属分离（是√，否 ⊙）	种分离（是√，否 ⊙）
【1】猪大肠杆菌	①埃希氏菌属	*Escherichia coli*	√	√
【2】猪红斑丹毒丝菌	②丹毒丝菌属	*Erysipelothrix rhusiopathiae*	√	⊙
【3】猪细胞内劳森氏菌	③劳森氏菌属	*Lawsonia intracellularis*	√	√
【4】猪链球菌	④链球菌属	*Streptococcus suis*	√	⊙
【5】猪魏氏梭菌	⑤梭菌属	*Clostridium botulinum*	√	⊙
【6】猪产气荚膜梭菌		*Clostridium perfringens*	√	⊙
【7】猪铜绿假单胞菌	⑥假单胞菌属	*Pseudomonsa aeruginosa*	√	⊙
【8】猪金黄色葡萄球菌	⑦葡萄球菌属	*Staphylococcus aureus*	√	⊙
【9】松鼠葡萄球菌		*Staphylococcus sciuri*	√	√
【10】猪痢疾密螺旋体	⑧密螺旋体属	*Treponema hyodysenteriae*	√	⊙
【11】猪密螺旋体		*Treponema porcinum*	√	√
【12】朱氏密螺旋体		*Treponema zuelzerae*	√	√
【13】副猪嗜血杆菌	⑨嗜血杆菌属	*Haemophilus parasuis*	⊙	⊙
【14】猪副溶血嗜血杆菌		*Haemophilus parahaemoelyticus*	⊙	⊙
【15】猪胸膜肺炎放线杆菌	⑩放线杆菌属	*Actinobacillus pleuropneumoniae*	⊙	⊙
【16】猪血格鲁比卡菌	⑪球链菌属	*Globicatella sanguinis*	⊙	⊙
【17】猪化脓特吕佩尔氏菌	⑫特吕佩尔氏菌属	*Trueperella pyogenes*	⊙	⊙
【18】猪支气管败血波氏杆菌	⑬波氏杆菌属	*Brodetella bronchiseptica*	⊙	⊙
【19】猪布氏杆菌	⑭布氏杆菌属	*Brucella suis*	⊙	⊙
【20】猪支原体肺炎	⑮支原体属	*Mycoplasma hyopneumoniae*	⊙	⊙
【21】猪多杀巴斯德氏菌	⑯巴斯德氏菌属	*Pasteurella multocida*	⊙	⊙
【22】猪霍乱沙门氏菌	⑰沙门氏菌属	*Salmonella cholerae*	⊙	⊙
【23】猪肠炎沙门氏菌		*Salmonella enteritidis*	⊙	⊙
【24】猪鼠伤寒沙门氏菌		*Salmonella typhimurium*	⊙	⊙

2. 猪病原菌细菌种类在肠道中的分布

检测到的种类有 5 种（表 5-22），即大肠杆菌、胞内劳森氏菌、松鼠葡萄球菌、猪密螺旋体和朱氏密螺旋体，在饲料发酵床和传统养殖的猪肠道中分布差异显著。大肠杆菌在传统养殖猪肠道中的含量达 3.0140%，是发酵床猪肠道分布（0.0067%）的 449.85 倍；胞内劳森氏菌在传统养殖猪肠道中的分布为 0.0152%，在发酵床猪肠道未发现；猪密螺旋体在传统养殖猪肠道分布（0.0950%）高于发酵床（0.0532%），朱氏密螺旋体则在传统养殖猪肠道中未发现，而在发酵床猪肠道中分布达 0.0266%。

表5-22　猪病原在不同养殖模式猪肠道中的分布

物种名称	猪病原菌含量/%		
	饲料发酵床	传统养殖	差值
大肠杆菌	0.0067	3.0140	−3.0070
胞内劳森氏菌	0.0000	0.0152	−0.0152
猪密螺旋体	0.0532	0.0950	−0.0418
朱氏密螺旋体	0.0266	0.0000	0.0266
松鼠葡萄球菌	0.0033	0.0000	0.0033
合计	0.0898	3.1242	

3. 猪病原细菌属在肠道中的分布

（1）梭菌种类在猪肠道中的分布　从不同养殖模式的猪肠道中检测到病原梭菌（狭义梭菌属）9种，发酵床猪肠道的总含量为1.9919%，低于传统养殖猪肠道的5.1827%，总体说来，发酵床养殖保持着比传统养殖较少的梭菌病原；对于14种非病原梭菌，其分布特征类似，发酵床猪肠道含量低于传统养殖（表5-23）；这种差异来源于发酵床养殖采用低蛋白饲喂，传统养殖采用高蛋白饲喂。

表5-23　猪病原梭菌和非病原梭菌在不同养殖模式猪肠道中的分布

物种名称	猪肠道梭菌含量%		
	饲料发酵床	传统养殖	差值
【1】狭义梭菌属1种1	1.6660	4.4320	−2.7650
【2】狭义梭菌属1种3	0.2827	0.2965	−0.0137
【3】狭义梭菌属1种7	0.0067	0.0418	−0.0352
【4】狭义梭菌属3种8	0.0299	0.0095	0.0204
【5】狭义梭菌属3种13	0.0033	0.0019	0.0014
【6】狭义梭菌属7种4	0.0033	0.2376	−0.2342
【7】狭义梭菌属12种5	0.0000	0.1216	−0.1216
【8】狭义梭菌属12种9	0.0000	0.0323	−0.0323
【9】狭义梭菌属14种12	0.0000	0.0095	−0.0095
猪病原梭菌合计	1.9919	5.1827	
【1】球孢梭菌	0.0000	0.3706	−0.3706
【2】博尼姆梭菌（沼气分离新种）	0.1829	0.7773	−0.5943
【3】丁酸梭菌	0.7750	1.1380	−0.3634
【4】纤维素梭菌	0.0033	0.0000	0.0033
【5】粪味梭菌	0.0000	0.0038	−0.0038
【6】梭菌属种6	0.0765	0.0000	0.0765
【7】梭菌属种10	0.0200	0.0057	0.0143
【8】梭菌属种11	0.0000	0.0190	−0.0190
【9】梭菌属种2	0.0000	0.9844	−0.9844
【10】梭菌属种15	0.0033	0.0000	0.0033
【11】梭菌属种16	0.0000	0.0019	−0.0019
【12】梭菌属种17	0.0000	0.0019	−0.0019
【13】梭菌属种18	0.0133	0.0171	−0.0038
【14】梭菌属种14	0.0033	0.0000	0.0033
非病原梭菌合计	1.0776	3.3197	

（2）密螺旋体种类在猪肠道中的分布　从不同养殖模式的猪肠道中检测到密螺旋体10种（表5-24），有些种类密螺旋体属于病原，有些不属于病原，其中属于猪病原密螺旋体的为6种，在发酵床猪肠道中的分布总和（2.0127%）相近于传统养殖（1.9896%）；非病原密螺旋体4种，在发酵床猪肠道中的分布（0.1397%）高于传统养殖（0.0152%）；表明不同养殖模式猪肠道对病原密螺旋体影响不大，对非病原密螺旋体的影响较大，在发酵床猪肠道中

参与代谢的非病原密螺旋体含量高于传统养殖，对于促进猪的消化机能有帮助。

表5-24　猪病原密螺旋体和非病原密螺旋体在不同养殖模式猪肠道中的分布

物种名称	猪肠道密螺旋体含量/%		
	饲料发酵床	传统养殖	差值
【1】猪密螺旋体	0.0532	0.0950	−0.0418
【2】朱氏密螺旋体	0.0266	0.0000	0.0266
【3】密螺旋体菌属2群种类1	1.8730	0.3250	1.5480
【4】密螺旋体菌属2群种类2	0.0333	1.5620	−1.5290
【5】密螺旋体菌属2群种类3	0.0266	0.0000	0.0266
【6】密螺旋体菌属2群种类4	0.0000	0.0076	−0.0076
猪病原密螺旋体合计	2.0127	1.9896	
【1】嗜糖密螺旋体	0.0000	0.0095	−0.0095
【2】柏林密螺旋体	0.0000	0.0057	−0.0057
【3】密螺旋体菌属种5	0.0931	0.0000	0.0931
【4】密螺旋体菌属种6	0.0466	0.0000	0.0466
猪非病原密螺旋体合计	0.1397	0.0152	

五、讨论

由饲料发酵床（mfsp）与传统养殖（trop）的育肥猪粪分析的肠道微生物细菌菌群可以看出，饲料发酵床猪肠道不同分类阶元的微生物菌群种类数高于传统养殖，菌群总量低于传统养殖，菌群丰富度高于传统养殖。发酵床猪肠道的病原菌群低于传统养殖，从不同养殖模式猪肠道准确鉴定的猪病原菌不多，几种常见重要的猪病原菌属，即特吕佩尔氏菌属、嗜血杆菌属、波氏杆菌属、放线杆菌属、球链菌属、布氏杆菌属、支原体属、沙门氏菌属、巴斯德氏菌属，在不同养殖模式的猪肠道中未检测到，这与猪的养殖管理和采样的时间差异相关。检测到的病原松鼠葡萄球菌属动物病原之一，未见在猪上的报道；猪密螺旋体为猪病原，研究报道较少，朱氏密螺旋体与梅毒螺旋体靠近，在猪上的报道较少。从检测到的病原看，发酵床养殖的猪肠道病原含量远低于传统养殖，特别大肠杆菌在传统养殖猪肠道中的含量达3.0140%，是发酵床猪肠道分布（0.0067%）的449.85倍；发酵床养殖有助于猪肠道病原菌的较少侵染。不同养殖模式引起的猪肠道微生物发生明显的亚群落分化，各自养殖模式拥有各自的亚群落。

第二节
不同养猪模式猪皮毛菌群微生物组异质性

一、概述

1. 动物皮肤物理屏障

皮肤是脊椎动物与外界环境之间的主要物理屏障。皮肤微生物的特征对于了解宿主如何与其微生物共生进化、免疫系统发育、诊断疾病以及探索可能影响人类得人畜共患病的起源至关重要。尽管目前对人类微生物群进行了较多的研究，但对于其他哺乳动物、两栖动物、鸟类、鱼类和爬行动物的皮肤微生物群我们却知之甚少。利用高通量测序更好地了解与脊椎动物类成员相关的皮肤微生物，探讨皮肤微生物类群与脊椎动物之间的联系，包括地理位置、生物性别、动物互作、饮食、圈养、母性转移和疾病。关于宿主进化史与它们的皮肤微生物群落或系统共生的平行模式的最新文献也将被分析。在设计未来的微生物组研究时，如益生菌研究和濒危动物的保护策略研究，必须考虑这些因素，以确保基础研究得出的结论能转化为有用的应用。

2．皮肤微生物组研究

皮肤微生物组研究旨在通过提供宿主生物与其多种真菌、细菌、古细菌和病毒的进化过程的信息来更好地了解人体最大的器官，描述免疫系统和诊断疾病的特征，并探索疾病的病因。高通量测序的出现极大地扩展了对皮肤微生物群及其对健康的影响的认识。例如，现在已经认识到，人类的独特皮肤微生物群落与饮食、年龄以及特定的身体区域采样相关。这些数据对于理解皮肤微生物群如何促进皮肤健康和疾病很重要。现在，大多数皮肤微生物组的研究都集中在人类、宠物、家畜及两栖动物。鱼类和鸟类受到的关注较低，并且现有许多研究都是以养殖为基础的。探讨爬行动物的皮肤微生物群的研究很少。本节综述的目的是总结利用高通量测序的研究，以更好地了解与脊椎动物相关的皮肤微生物。具体来说，将探讨皮肤微生物群和脊椎动物特征之间的联系，包括地理位置、生物性别、饮食、圈养、母性转移和系统共生。

3．动物皮肤生理学研究

哺乳动物皮肤的最外层是表皮，由于表皮与周围环境的直接接触，所以表皮微生物的研究最多。在表皮上共生微生物群通过产生抑制性化合物或竞争资源来保护身体免受可能引起疾病微生物的侵害。与肠道或口腔相比，表皮不断脱落，并且其温度、酸碱度和湿度较低，加之盐和抗菌剂浓度相对较高，是一个不利于微生物生活的环境。据估计，人类皮肤表面约有微生物 $10^6 \sim 10^9$ 个 /cm²。不同的身体部位取样存在几个数量级的差异。尽管更容易采用侵入性的技术取样，如皮肤活检或手术刀刀片刮取，收集到的微生物数量比浅表皮拭子方法更多，但在检测到的微生物群落中没有显著的差异。哺乳类包含人类进化中最接近的近亲。非人类哺乳动物通常拥有更密集的皮毛。哺乳动物有两种皮肤腺，即皮脂腺和汗腺，这两种汗腺都可能具有不同的微生物群。

鸟类爬行动物（以下称"鸟类"）的皮肤具有不同于哺乳动物的生理特征。尽管鸟类和哺乳动物之间最显著的区别在于羽毛，但鸟类的表皮也较薄，没有皮脂腺，而且表皮过渡层的脂质比例较高。鸟类与爬行动物，尤其是现代鳄鱼的亲缘关系，比哺乳动物更近。它们的羽毛被认为是经过修饰的鳞片和表皮的组成，表皮是包括脊椎动物的皮肤、腺体、毛发和指甲层。此外，鸟类脚上有鸟鳞，只有一个腺型。尿脓腺（preen 腺）位于大多数鸟类背部，分泌出一种油性分泌物，用于包裹羽毛。

非鸟类爬行动物（以下称"爬行动物"）包括鳄鱼、海龟、蛇和蜥蜴。这类羊膜（胎儿周围的膜）动物代表了第一批向陆地过渡的动物，这导致了它们的表皮也随之转移。爬行动物也是最早进化出多层角质层的动物，再加上额外的脂质以防止陆地失水。陆地生活方式也导致了气体交换和黏液的损失，这发生在大约 3.4 亿年前。褶片状 β- 角蛋白多肽参与形成蜥脚类的羽毛、鳞片和爪，与形成毛发的螺旋状 α- 角蛋白多肽不同。

两栖动物，如青蛙和蝾螈，拥有一层薄而持久湿润的皮肤，这层皮肤具有透水性，能够进行气体交换。与其他脊椎动物不同，它们的皮肤有助于呼吸和渗透调节，同时起到先天免疫器官的作用。简言之，这些四足动物是第一批进化出角质细胞的脊椎动物，角质细胞在生物体周围形成一个保护性的外包膜，有助于陆地生存。此外，它们的皮肤覆盖着一层富含糖的黏膜层，这层黏膜可作为致病细菌和真菌的生长基质。因此，许多两栖动物微生物群的研究都集中在阐明受感染动物和未受感染动物之间的差异上，试图创建保护策略来防止物种灭绝。特别是针对壶菌的研究，最近宣布壶菌造成了有记录以来最具破坏性的生物多样性丧失。因此，两栖动物皮肤微生物群比其他几种脊椎动物更具特征。

鱼类是由六种脊椎动物进化而来的一个多样化的分支。它们的鳞片形成于中胚层，不具有角蛋白和角质层，这与在表皮中形成的角化爬行动物鳞片形成对比。和两栖动物一样，鱼类也有一层黏液，包裹在表皮周围，是动物与其水生环境之间的另一个重要屏障。黏液是免疫原性化合物的复杂黏性混合物，如黏液素、免疫球蛋白、溶菌酶、抗菌肽和防御素，它们对先天免疫和适应性免疫都有贡献。除了这些杀菌化合物，黏膜层还含有大量适合细菌生长的糖和氨基酸。

4．动物皮肤的微生物多样性与组成

尽管哺乳动物皮肤的微生物群很重要，但在非人类哺乳动物身上只进行了很少的皮肤微生物组研究。对猫狗的初步培养研究表明，猫狗的皮肤细菌多样性最低。其他研究表明，松鼠、浣熊、牛、猪、羊和狗以微球菌和葡萄球菌为主，其中 100% 的猪和牛、90% 的人和马、77% 的实验室小鼠和 40% 的狗中检测到葡萄球菌。与人类皮肤微生物组研究相似，使用高通量测序的能力扩大了我们对脊椎动物皮肤微生物多样性的理解。与人类皮肤微生物组研究相似，利用高通量测序扩大了我们对脊椎动物皮肤微生物多样性的理解。一项大型研究使用皮肤拭子评估野生、农场、动物园和家庭动物的皮肤微生物群落，发现与人类样本相比，大多数动物具有更高的多样性和不同的皮肤微生物群落。该研究评估了背部、躯干和大腿内侧的皮肤样本，发现覆盖毛发的身体部位之间没有显著差异。

人和动物皮肤的差异很大程度上是由于哺乳动物皮肤上放线菌相对丰度的降低，而拟杆菌门细菌的丰度相应增加。一项比较人类和灵长类腋窝的研究还发现，人类的皮肤群落与包括大猩猩、黑猩猩、恒河猴和狒狒在内的非人类灵长类动物相比是特异的。对健康和过敏的狗和猫的 16S rRNA 基因研究也发现，动物皮肤上的物种丰富度和多样性高于人类的，其中变形杆菌门和拟杆菌门中的细菌相对丰富。与毛发皮肤相比，同伴动物的黏膜表面的细菌群落较少。然而，在马的不同毛发解剖区域中也观察到群落结构的显著变化，这表明其他因素影响动物的微生物群落，如与其他脊椎动物的接触和环境。根据人类皮肤宏基因组分析，真菌比细菌丰度低。狗和猫也被不同的真菌群落所寄生，这些真菌群落通常在毛发和黏膜表面以及疾病状态上有所不同。除了脚的部位，狗和猫的真菌生物群比人类表皮的真菌生物群更为多样，主要包括枝孢菌属、交链孢菌属和表生菌属，而马拉色菌属在人类皮肤中的相对丰度为 90%。

人体微生物群落的总体组成受性别、年龄、饮食、卫生产品的使用、种族、同居、栖息地和地理位置的影响。就生物学性别而言，只有少数研究发现雄性和雌性哺乳动物之间存在显著差异，如加拿大的圈养红袋鼠和乌克兰的野生河岸田鼠。尽管饮食与皮肤微生物群之间的联系尚未确定，但饮食与健康哺乳动物（包括食肉动物、杂食动物和食草动物）肠道微生物群的组成有关。因此，饮食也被认为会影响皮肤微生物群和皮肤疾病。犬臭味是与微生物群落变化相关的另一个因素，臭味猎犬的多样性低于对照犬，主要是由于嗜冷杆菌属和假单胞菌属的丰度较高。

与人类相似，非人类脊椎动物皮肤微生物也从母体上转移到胎儿上。袋鼠（有袋类，保护并养育后代）皮肤样本与其袋相似，而与其口腔和肠道样本不同。地理位置是影响哺乳动物皮肤微生物群的重要因素。对北美蝙蝠的两项研究得出结论，地理位置是微生物群落组成的重要预测因子。有研究发现在高海拔地区的个体中，节杆菌、肉芽杆菌、纤维单胞菌科、拟杆菌科和黄单胞菌科的分类群显著增加。一项研究还描述了季节性对狗的皮肤微生物群有影响；另一项研究描述了同居个体共享他们的微生物群，正如之前在人类微生物研究中所证实的那样。有证据表明，伴生动物和它们的宿主相互转移微生物，进而影响检测到的人类皮肤微生物组。这些证据表明，皮肤微生物组的脱落既影响无生命物体的微生物群落组成，也影响有生命的微生物群落组成。事实上，与室外的仓鼠相比，室内猫科动物与它们的主人有着相似的微生物群落。居住在同一封闭栖息地的动物，如人类及其宠物在一所房子里、仕谷仓里的同伴动物或在笼子里的动物园动物，可能会改变彼此各自的微生物组。建筑环境研究表明，家庭环境表面很快被其中居民的微生物组所占据。因此，动物之间的皮肤微生物组转移可能发生在直接皮肤与皮肤接触或通过与共享表面的间接接触。虽然在不受控制和复杂的环境中很难确定转移方向，但这些传播途径对传染病和人畜共患病的传播具有重要意义。反过来，环境也可能是新的微生物栖息在皮肤上的一个重要来源，这可能是由于与水、土壤或家庭环境表面的直接接触而产生的。

许多微生物疾病是复杂的，可能涉及许多微生物的相互作用。许多致病微生物直接竞争人体皮肤上的物理空间和食物来源，包括糖、氨和氨基酸，但与共生体相比它们具有危害宿主的毒力因子。共生皮肤细菌，如表皮葡萄球菌，产生抗菌化合物，以限制暂时性微生物的殖民和占用资源。然而，具有致病岛的病原体能够在资源上超过丰度高的共生体，避开宿主免疫系统，随后降低典型健康皮肤种群的丰度。此外，皮肤屏障的缺陷可能导致病原微生物的渗透和随后的皮肤炎症，如特应性皮炎患者。丝胶蛋白是皮肤屏障的重要组成部分。编码 flg 基因的突变导致角质层增厚、脱水和更严重的临床症状。脂质双层、紧密连接和蛋白酶的缺陷也与特应性皮炎的严重程度增加有关。

健康皮肤上的微生物群落通常更为多样，有证据表明，微生物群落的组成会影响特应性皮炎和过敏性皮肤疾病、牛蹄炎、兽疥癣、蝙蝠白鼻综合征。患有皮肤过敏和特应性皮炎的狗比健康的狗表现出较低的细菌丰富度和皮肤多样性，因为它们的中间层葡萄球菌比例增加。虽然特应性皮炎猫的多样性没有变化，但它们的皮肤中也有较高比例的葡萄球菌。马有一个稳定的皮肤微生物群，一旦伤口愈合，它就能够恢复到最初的成分。在实验性诱导伤口实验中，伤口形成后早期梭杆菌和放线杆菌数量增加。研究记录了约 80d 伤口愈合过程中哺乳动物皮肤群落随时间变化的关键信息，并提供了治疗伤口的指导数据。上述研究侧重于报告健康个体的多样性，动态变化的群落仍然能够维持稳定的生态系统功能。随后的人类微生物组研究表明，随着时间的推移，健康的人类皮肤微生物组相对稳定，具有固定的丰富微生物物种，而多样性的降低可能导致疾病。提高微生物多样性的特应性皮炎治疗可以改善病情。蹄炎影响牛蹄，导致跛足，对农业造成重大经济损失。患有蹄炎的动物具有更高的细菌多样性，并增加了与拟杆菌、变形杆菌和螺旋体相关的细菌的患病率。尤其是，螺旋体在深部病变中含量丰富，可能来源于肠道储存器。羊蹄疫是一种类似的传染病，导致整个羊群跛足。节瘤拟杆菌可能引发该病，而坏死梭杆菌在感染中起次要作用。蹄炎和羊蹄疫都是多微生物疾病的例子，在临床症状出现之前，多个皮肤微生物群分类发生了变化。生态失调还影响脊椎动物皮肤的真菌微生物群，对于患有过敏性皮肤病的狗和猫，它们的真菌在不同的身体部位变得非常相似。

5．动物皮肤微生物组异质性

发现与人类样本相比，大多数动物具有更高的多样性和不同的皮肤微生物群落：动物背部、躯干和大腿内侧的皮肤样本，发现覆盖毛发的身体部位之间微生物没有显著差异；除了脚部位，狗和猫的真菌生物群比人类表皮的真菌生物群更为多样，主要是真菌属，包括枝孢菌属、交链孢菌属和表生菌属；除了脚的部位，狗和猫的真菌生物群比人类表皮的真菌生物群更为多样，主要是真菌属，包括枝孢菌属、交链孢菌属和表生菌属；地理位置是微生物群落组成的重要预测因子；季节性对狗的皮肤微生物群有影响，同居个体共享它们的微生物组。

6．饲料发酵床养猪对猪皮毛微生物组的影响

饲料发酵床养猪通过垫料改变饲养环境的微生物组，影响到猪皮毛的微生物组。研究发现发酵床垫料存在着丰富的微生物菌群，减少了病原菌的菌群，通过猪的活动黏附到猪的皮毛，形成独特的微生物菌群，对猪群拮抗病原菌的入侵、消除猪表面病原具有特定的作用，构建出养猪场的微生物生物防控体系。为深入了解猪皮毛微生物组的结构变化，笔者设计了发酵床养殖和传统养殖实验，采取不同养殖模式下的猪皮毛样品，分析微生物组变化，以揭示猪皮毛微生物组的作用。

二、饲料发酵床与传统养殖猪皮毛微生物组比较

1．发酵床猪皮毛、猪肠道、垫料环境微生物组测序比较

饲料发酵床猪皮毛、肠道、垫料环境微生物组测序结果见表 5-25。分析表明饲料发酵床养猪其皮毛、肠道、垫料生境的序列数量排序为猪皮毛（45172.00）＜猪肠道（52939.00）＜垫料环境（60005.89），猪皮毛微生物组最少，垫料环境微生物组最多。

表5-25　饲料发酵床猪皮毛、肠道、垫料微生物组测序结果

项目	序列数量	基础数量	平均长度/bp	最小长度/bp	最大长度/bp
猪皮毛微生物组平均值	45172.00	18819459.00	416.62	232.00	453.00
猪肠道微生物组平均值	52939.00	22112198.00	417.69	208.00	465.00
垫料环境微生物组平均值	60005.89	25016089.11	417.11	244.89	482.89

从分离阶元看饲料发酵床猪皮毛的细菌门（phylum）32 个，细菌纲（class）72 个，细

菌目（order）200 个，细菌科（family）372 个，细菌属（genus）812，细菌种（species）1310 个，分离单元（OTU）2080 个；与猪肠道微生物组比较，细菌门（phylum:35）少 3 个，细菌纲（class:68）多 4 个，细菌目（order:172）多 28 个，细菌科（family:326）多 46 个，细菌属（genus:699）多 113 个，细菌种（species:1156）多 154，分离单元（OTU:1837）多 243 个；与垫料环境微生物组比较，细菌门（phylum: 36）少 4 个，细菌纲（class:81）少 9 个，细菌目（order: 228）少 28 个，细菌科（family: 420）少 48 个，细菌属（genus:1023）少 211 个，细菌种（species: 1317）少 7 个，分离单元（OTU:2279）少 199 个。

2. 发酵床与传统养殖猪皮毛共有细菌菌群比较

（1）细菌门水平　饲料发酵床（mfsh）与传统养殖（troh）猪皮毛细菌门菌群存在较大差异（图 5-34）。在细菌门水平上，共检测到细菌门 32 个，饲料发酵床猪皮毛细菌门 14 个，比传统养殖猪皮毛的 32 个细菌门减少 56.25%；两者共有细菌门 14 个，前 3 个高含量的细菌门分别为厚壁菌门（33.79%）、拟杆菌门（23.98%）、放线菌门（22.94%）；饲料发酵床猪皮毛微生物菌群独有细菌门 0 个，而传统养殖猪的独有细菌门 18 个。饲料发酵床猪皮毛微生物菌群比传统养殖猪的少得多，说明前者皮毛较为干净。

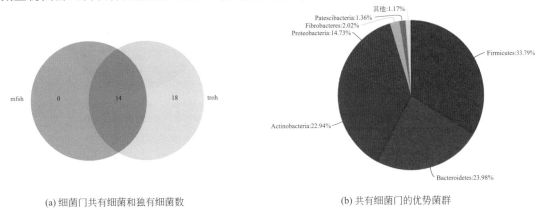

(a) 细菌门共有细菌和独有细菌数　　　　(b) 共有细菌门的优势菌群

图5-34　饲料发酵床（mfsh）与传统养殖（troh）猪皮毛细菌门微生物菌群比较

（2）细菌纲水平　饲料发酵床（mfsh）与传统养殖（troh）猪皮毛细菌纲菌群存在较大差异（图 5-35）。在细菌纲水平上，共检测到细菌纲 72 个，饲料发酵床猪皮毛细菌纲 19 个，比传统养殖的 72 个细菌纲少 73.61%；两者共有细菌纲 19 个，前 3 个高含量的细菌纲分别为拟杆菌纲（23.87%）、放线菌纲（23.06%）、梭菌纲（22.74%）；饲料发酵床猪皮毛微生物菌群独有细菌纲 0 个，传统养殖猪独有细菌纲 53 个。饲料发酵床猪皮毛细菌纲菌群比传统养殖的少得多，说明前者皮毛较为干净。

（3）细菌目水平　饲料发酵床（mfsh）与传统养殖（troh）猪皮毛微生物菌群细菌目水平存在较大差异（图 5-36）。在细菌目水平上，共检测到细菌目 200 个，饲料发酵床猪皮毛微生物细菌目 39 个，比传统养殖猪的 198 个细菌目低 80.30%；两者共有细菌目 37 个，前 3 个高含量的细菌目分别为梭菌目（27.58%）、拟杆菌目（23.78%）、芽胞杆菌目（9.63%）；饲料发酵床猪皮毛微生物菌群独有细菌目 2 个，传统养殖猪独有细菌目 161 个。饲料发酵床猪皮毛微生物菌群细菌目数量与传统养殖的差异显著。

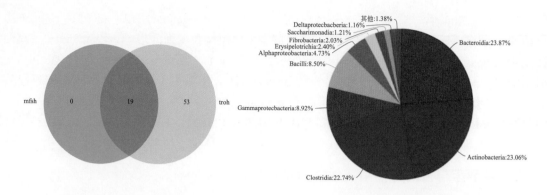

(a) 细菌纲共有细菌和独有细菌数　　　　(b) 共有细菌纲的优势菌群

图5-35　饲料发酵床（mfsh）与传统养殖猪（troh）猪皮毛细菌纲微生物菌群比较

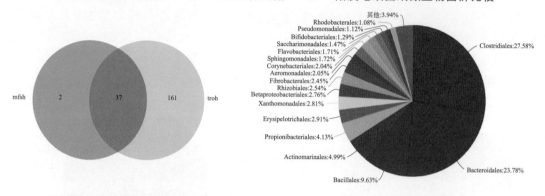

(a) 细菌目共有细菌和独有细菌数　　　　(b) 共有细菌目的优势菌群

图5-36　饲料发酵床（mfsh）与传统养殖（troh）猪皮毛细菌目微生物菌群比较

（4）细菌科水平　饲料发酵床（mfsh）与传统养殖（troh）猪皮毛微生物菌群细菌科水平存在较大差异（图 5-37）。在细菌科水平上，共检测到细菌科 372 个，饲料发酵床猪皮毛微生物细菌科 78 个，比传统养殖猪的 365 个细菌科低 78.63%；两者共有细菌科 71 个，前 3 个高含量的细菌科分别为拟杆菌科（21.34%）、梭菌科 1（11.24%）、海洋放线菌科（5.77%）；饲料发酵床猪皮毛微生物菌群独有细菌科 7 个，传统养殖独有 294 个。饲料发酵床猪皮毛微生物菌群细菌科数量远远低于传统养殖的。

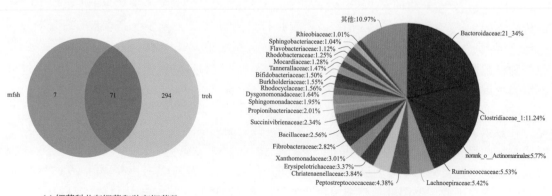

(a) 细菌科共有细菌和独有细菌数　　　　(b) 共有细菌科的优势菌群

图5-37　饲料发酵床（mfsh）与传统养殖猪（troh）猪皮毛细菌科微生物菌群比较

（5）细菌属水平　饲料发酵床（mfsh）与传统养殖（troh）猪皮毛微生物菌群细菌属水平存在较大差异（图 5-38）。在细菌属水平上，共检测到细菌属 812 个，饲料发酵床猪皮毛微生物细菌属 213 个，比传统养殖猪的 748 个细菌属低 71.52%；两者共有细菌属 149 个，前 3 个高含量的细菌属分别为拟杆菌属（24.24%）、狭义梭菌属 1（11.91%）、海洋放线菌目的 1 属（5.85%）；饲料发酵床猪皮毛微生物菌群独有细菌属 64 个，传统养殖独有 599 个。饲料发酵床猪皮毛微生物菌群细菌属数量低于传统养殖的。

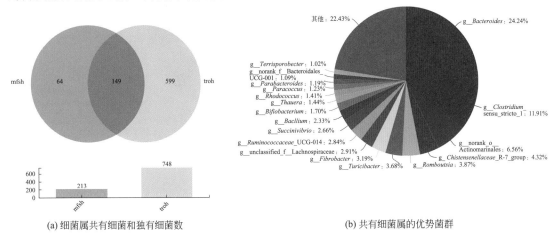

(a) 细菌属共有细菌和独有细菌数　　　　　(b) 共有细菌属的优势菌群

图5-38　饲料发酵床（mfsh）与传统养殖猪（troh）猪皮毛细菌属微生物菌群比较

（6）细菌种水平　饲料发酵床（mfsh）与传统养殖（troh）猪皮毛微生物菌群细菌种水平存在较大差异（图 5-39）。在细菌种水平上，共检测到细菌种 1310 个，饲料发酵床猪皮毛微生物细菌种 337 个，比传统养殖猪的 1170 个细菌种低 71.20%；两者共有细菌种 197 个，前 3 个高含量的细菌种分别为拟杆菌属的 1 种（10.90%）、狭义梭菌属 1（10.00%）、龙包茨氏菌属的 1 种（病原菌类）（5.14%）；饲料发酵床猪皮毛微生物菌群独有细菌种 140 个，传统养殖猪独有 973 个。饲料发酵床猪皮毛微生物菌群细菌种数量低于传统养殖的。

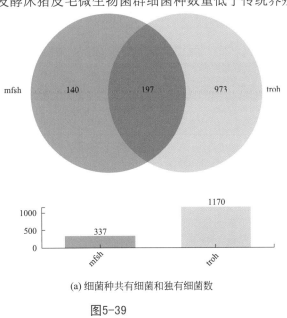

(a) 细菌种共有细菌和独有细菌数

图5-39

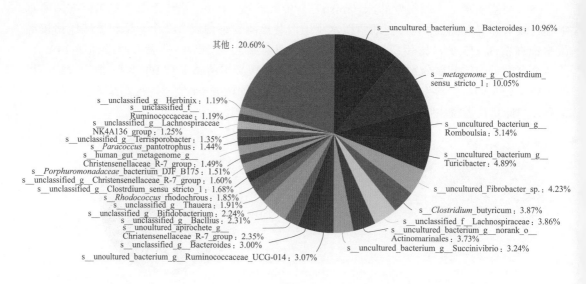

(b) 共有细菌种的优势菌群

图5-39　饲料发酵床（mfsh）与传统养殖猪（troh）猪皮毛细菌种微生物菌群比较

3. 发酵床与传统养殖猪皮毛细菌门群落分布比较

细菌门群落组成见表5-26。饲料发酵床与传统养殖猪皮毛细菌门优势菌群比较见图5-40。在细菌门水平上，饲料发酵床猪皮毛前5个细菌门含量达95.1420%，优势菌群为厚壁菌门（43.3400%）＞放线菌门（25.3600%）＞变形菌门（17.6500%）＞拟杆菌门（6.6800%）＞绿弯菌门（2.1120%）；传统养殖猪皮毛前5个细菌门含量达91.2680%，优势菌群为放线菌门（30.0600%）＞厚壁菌门（27.1000%）＞变形菌门（16.6600%）＞绿弯菌门（10.3600%）＞拟杆菌门（7.0880%）；两者皮毛细菌门优势菌群种类、排序和含量存在显著差异［图5-40(a)］。

表5-26　饲料发酵床与传统养殖猪皮毛细菌门群落组成

物种名称	猪皮毛细菌门含量/%			物种名称	猪皮毛细菌门含量/%		
	发酵床	传统养殖	差值		发酵床	传统养殖	差值
厚壁菌门	43.3400	27.1000	16.2400	圣诞岛菌门	0.0446	0.0234	0.0212
放线菌门	25.3600	30.0600	-4.7000	依赖菌门	0.0403	0.0409	-0.0006
变形菌门	17.6500	16.6600	0.9900	装甲菌门	0.0382	0.0234	0.0148
拟杆菌门	6.6800	7.0880	-0.4080	纤维杆菌门	0.0212	0.0584	-0.0372
绿弯菌门	2.1120	10.3600	-8.2480	黏胶球形菌门	0.0191	0.0117	0.0074
候选（亚）门Patescibacteria	1.8080	1.8760	-0.0680	硝化螺菌门	0.0085	0.0000	0.0085
酸杆菌门	0.8406	2.4150	-1.5740	候选门FBP	0.0042	0.0019	0.0023
异常球菌-栖热菌门	0.4224	1.0680	-0.6456	衣原体门	0.0021	0.0175	-0.0154
疣微菌门	0.3269	0.1265	0.2004	乳胶杆菌门	0.0000	0.0019	-0.0019
蓝细菌门	0.2759	0.0759	0.2000	阴沟单胞菌门	0.0000	0.0019	-0.0019
芽单胞菌门	0.2653	2.1490	-1.8830	脱铁杆菌门	0.0000	0.0019	-0.0019

续表

物种名称	猪皮毛细菌门含量/%			物种名称	猪皮毛细菌门含量/%		
	发酵床	传统养殖	差值		发酵床	传统养殖	差值
柔膜菌门	0.2632	0.0506	0.2126	产氢菌门	0.0000	0.0039	−0.0039
候选门WPS-2	0.1550	0.2550	−0.1000	梭杆菌门	0.0000	0.0058	−0.0058
螺旋体门	0.1040	0.0564	0.0476	盐厌氧菌门	0.0000	0.0078	−0.0078
浮霉菌门	0.1019	0.0993	0.0026	互养菌门	0.0000	0.0331	−0.0331
候选门BRC1	0.0658	0.2160	−0.1502	分类地位未定的1门	0.0000	0.0915	−0.0915
ε-杆菌门	0.0488	0.0156	0.0332				

统计检验结果表明，发酵床猪皮毛的厚壁菌门极显著高于传统养殖（$P < 0.01$），放线菌门极显著低于传统养殖（$P < 0.01$），变形菌门极显著高于传统养殖（$P < 0.01$），拟杆菌门显著低于传统养殖（$P < 0.05$），绿弯菌门极显著低于传统养殖（$P < 0.01$）[图5-40(b)]。

热图分析表明，前30个高含量的细菌门分为2组，组①包含了9个含量较高的细菌门，即厚壁菌门、放线菌门、变形菌门、拟杆菌门、绿弯菌门、候选（亚）门 Patescibacteria、酸杆菌门、芽单胞菌门、异常球菌-栖热菌门，在发酵床和传统养殖猪皮毛中分布数量相近，含量较高；组②包含了21个含量较低的细菌门，即疣微菌门、候选门 WPS-2、蓝细菌门、柔膜菌门、候选门 BRC1、浮霉菌门、螺旋体门、分类地位未定的1门、依赖菌门（Dependentiae）、纤维杆菌门、圣诞岛菌门、ε-杆菌门、装甲菌门、互养菌门、黏胶球形菌门、衣原体门、硝化螺菌门（Nitrospirae）、盐厌氧菌门、候选门 FBP、梭杆菌门（Fusobacteria）、产氢菌门（Hydrogenedentes），在发酵床和传统养殖猪皮毛中分布数量相近，含量较高[图5-40(c)]。

系统发育分析表明，5个细菌门菌群处于绝对优势，其中厚壁菌门在发酵床猪皮毛分布（43.3400%）高于传统养殖（27.1000%）、变形菌门在发酵床猪皮毛分布（17.6500%）高于传统养殖（16.6600%），放线菌门在发酵床猪皮毛分布（25.3600%）低于传统养殖（30.0600%），

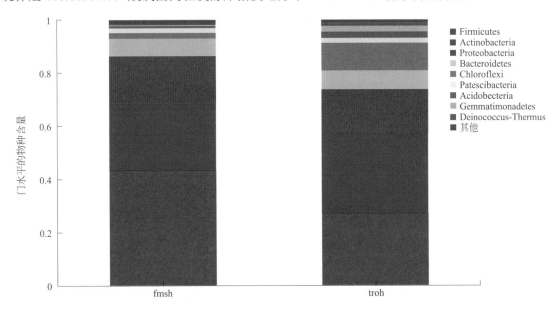

(a) 细菌门优势菌群组成结构

图5-40

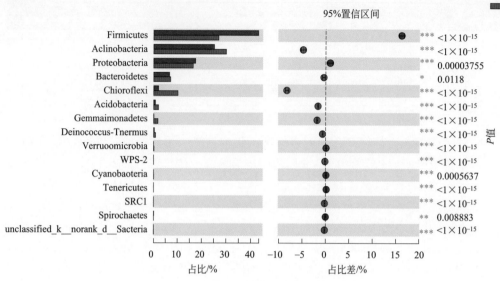

(b) 细菌门优势菌群差异比较

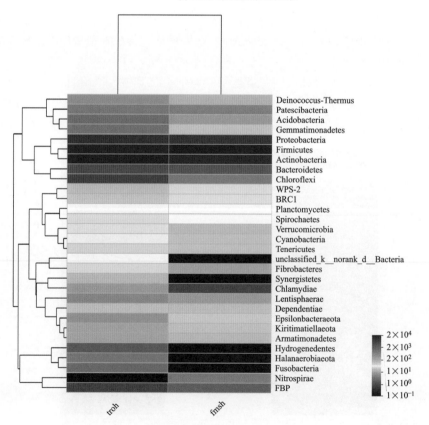

(c) 细菌门优势菌群热图分析

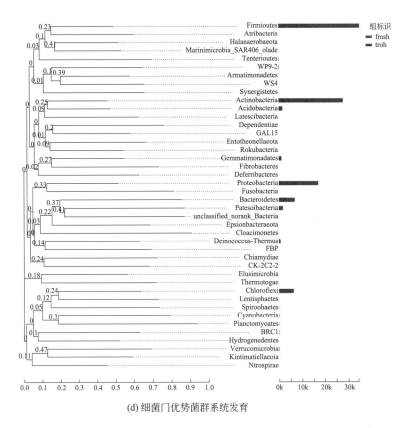

(d) 细菌门优势菌群系统发育

图5-40　饲料发酵床与传统养殖猪皮毛细菌门优势菌群比较

拟杆菌门在发酵床猪皮毛分布（6.6800%）低于传统养殖（7.0880%），绿弯菌门在发酵床猪皮毛分布（2.1120%）低于传统养殖（10.3600%）[图 5-40(d)]。

亚群落分化。根据表 5-26 构建矩阵，以细菌门为样本、养殖方式为指标、欧氏距离为尺度，用可变类平均法进行系统聚类，分析结果见表 5-27、图 5-41。可将饲料发酵床（mfsp）与传统养殖猪皮毛细菌门亚群落分化聚为 3 组，第 1 组高含量组，包括了 3 个细菌门，即厚壁菌门、放线菌门、变形菌门，在发酵床猪皮毛中的细菌门平均值为 28.7833%，高于传统养殖的 24.6067%；第 2 组中含量组，包括了 2 个细菌门，即拟杆菌门和绿弯菌门，在发酵床和传统养殖猪皮毛中分布的平均值分别为 4.3960%、8.7240%，主要分布在传统养殖猪皮毛中；第 3 组低含组，包括了其余的 28 个细菌门，如螺旋体门（Spirochaetes）、异常球菌 - 栖热菌门、柔膜菌门（Tenericutes）、互养菌门、候选（亚）门 Patescibacteria、纤维杆菌门（Fibrobacteres）、阴沟单胞菌门（Cloacimonetes）、圣诞岛菌门、酸杆菌门、芽单胞菌门等，其平均值在发酵床和传统养殖猪皮毛中分别为 0.1734%、0.3117%。

表5-27　饲料发酵床与传统养殖猪皮毛细菌门亚群落分化聚类分析

组别	物种名称	猪皮毛细菌门含量/%		组别	物种名称	猪皮毛细菌门含量/%	
		发酵床养殖	传统养殖			发酵床养殖	传统养殖
1	厚壁菌门	43.3400	27.1000	2	拟杆菌门	6.6800	7.0880
1	放线菌门	25.3600	30.0600	2	绿弯菌门	2.1120	10.3600
1	变形菌门	17.6500	16.6600		第2组2个样本平均值	4.3960	8.7240
	第1组3个样本平均值	28.7833	24.6067	3	候选（亚）门Patescibacteria	1.8080	1.8760

续表

组别	物种名称	猪皮毛细菌门含量/%		组别	物种名称	猪皮毛细菌门含量/%	
		发酵床养殖	传统养殖			发酵床养殖	传统养殖
3	酸杆菌门	0.8406	2.4150	3	纤维杆菌门	0.0212	0.0584
3	异常球菌-栖热菌门	0.4224	1.0680	3	黏胶球形菌门	0.0191	0.0117
3	疣微菌门	0.3269	0.1265	3	硝化螺菌门	0.0085	0.0000
3	蓝细菌门	0.2759	0.0759	3	候选门FBP	0.0042	0.0019
3	芽单胞菌门	0.2653	2.1490	3	衣原体门	0.0021	0.0175
3	柔膜菌门	0.2632	0.0506	3	分类地位未定的1门	0.0000	0.0915
3	候选门WPS-2	0.1550	0.2550	3	互养菌门	0.0000	0.0331
3	螺旋体门	0.1040	0.0564	3	盐厌氧菌门	0.0000	0.0078
3	浮霉菌门	0.1019	0.0993	3	梭杆菌门	0.0000	0.0058
3	候选门BRC1	0.0658	0.2160	3	产氢菌门	0.0000	0.0039
3	ε-杆菌门	0.0488	0.0156	3	乳胶杆菌门	0.0000	0.0019
3	圣诞岛菌门	0.0446	0.0234	3	阴沟单胞菌门	0.0000	0.0019
3	依赖菌门	0.0403	0.0409	3	脱铁杆菌门	0.0000	0.0019
3	装甲菌门	0.0382	0.0234		第3组28个样本平均值	0.1734	0.3117

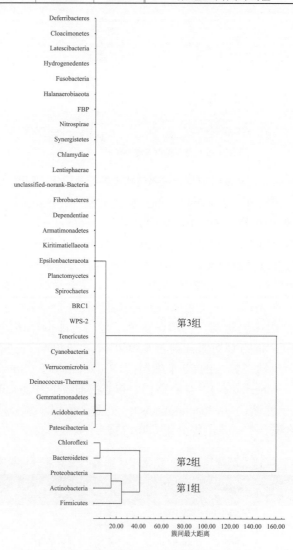

图5-41　饲料发酵床与传统养殖猪皮毛细菌门亚群落分化聚类分析

4．发酵床与传统养殖猪皮毛细菌纲群落分布比较

细菌纲群落组成见表 5-28。饲料发酵床与传统养殖猪皮毛细菌纲优势菌群比较见图 5-42。在细菌纲水平上，饲料发酵床猪皮毛前 5 个细菌纲含量达 82.0530%，优势菌群为芽胞杆菌纲（27.2900%）＞放线菌纲（25.3600%）＞γ- 变形菌纲（12.1800%）＞梭菌纲（10.5600%）＞拟杆菌纲（6.6630%）；传统养殖猪皮毛前 5 个细菌纲含量达 70.1250%，优势菌群为放线菌纲（30.0600%）＞梭菌纲（13.7100%）＞芽胞杆菌纲（10.6000%）＞γ- 变形菌纲（8.8280%）＞绿弯菌纲（6.9270%）；两者皮毛细菌纲优势菌群种类排序和含量存在显著差异［图 5-42(a)］。

统计检验结果表明，发酵床猪皮毛的放线菌纲含有部分病原菌，极显著低于传统养殖（$P < 0.01$），表明发酵床猪皮毛含有病原的概率小；芽胞杆菌纲含有大量的抑病生防菌，发酵床的极显著高于传统养殖（$P < 0.01$），表明发酵床提供微生物防护的概率高；梭菌纲含有大量的病原菌，发酵床的极显著低于传统养殖（$P < 0.01$），表明传统养殖皮毛携带病原菌的概率较大；发酵床的 γ- 变形菌纲极显著高于传统养殖（$P < 0.01$）；发酵床的拟杆菌纲与传统养殖比较差异不显著（$P > 0.05$）［图 5-42(b)］。

表5-28 饲料发酵床与传统养殖猪皮毛细菌纲群落组成

物种名称	猪皮毛细菌纲含量/%			物种名称	猪皮毛细菌纲含量/%	
	发酵床	传统养殖	差值		发酵床	传统养殖
放线菌纲	25.3600	30.0600	-4.7070	浮霉菌纲	0.0149	0.0370
芽胞杆菌纲	27.2900	10.6000	16.6900	厚壁菌门未分类的1纲	0.0191	0.0234
梭菌纲	10.5600	13.7100	-3.1490	装甲菌门分类地位未定的1纲	0.0234	0.0175
γ- 变形菌纲	12.1800	8.8280	3.3560	候选纲Sericytochromatia	0.0085	0.0311
拟杆菌纲	6.6630	6.7610	-0.0983	纲亚群21	0.0000	0.0350
α-变形菌纲	4.9310	6.5000	-1.5700	候选纲KD4-96	0.0064	0.0273
绿弯菌纲	1.5160	6.9270	-5.4110	互养菌纲	0.0000	0.0331
丹毒丝菌纲	3.8020	2.6550	1.1470	绿弯菌门未分类的1纲	0.0127	0.0195
厌氧绳菌纲	0.4627	3.1960	-2.7330	候选纲OM190	0.0000	0.0311
糖单胞菌纲	1.7470	1.6540	0.0926	寡养球形菌纲	0.0191	0.0117
芽单胞菌纲	0.2653	2.1490	-1.8830	候选纲OLB14	0.0000	0.0273
δ-变形菌纲	0.5392	1.3330	-0.7940	候选纲Parcubacteria	0.0170	0.0097
阴壁菌纲	1.6220	0.0545	1.5670	候选纲TK10	0.0064	0.0136
嗜热厌氧杆菌纲	0.1528	1.4500	-1.2970	衣原体纲	0.0021	0.0175
异常球菌纲	0.4224	1.0680	-0.6461	懒惰杆菌纲	0.0000	0.0175
纲亚群6	0.2483	0.7551	-0.5068	菌毛单胞菌纲(Fimbriimonadia)	0.0149	0.0000
出芽小链菌纲亚群4	0.4033	0.1051	0.2982	纤细杆菌纲	0.0000	0.0136
疣微菌纲	0.3269	0.1265	0.2004	候选纲Gitt-GS-136	0.0000	0.0097
候选门WPS-2分类地位未定的1纲	0.1550	0.2550	-0.1000	热脱硫弧菌纲(Thermodesulfovibrionia)	0.0085	0.0000
热杆菌纲	0.0170	0.3095	-0.2925	门Patescibacteria未分类的1纲	0.0064	0.0019
柔膜菌纲	0.2632	0.0506	0.2126	盐厌氧菌纲	0.0000	0.0078
候选门BRC1分类地位未定的1纲	0.0658	0.2160	-0.1502	纲亚群18	0.0000	0.0078
生氧光细菌纲	0.2165	0.0428	0.1737	门FBP分类地位未定的1纲	0.0042	0.0019

续表

物种名称	猪皮毛细菌纲含量/%			物种名称	猪皮毛细菌纲含量/%	
	发酵床	传统养殖	差值		发酵床	传统养殖
候选门WS6多伊卡菌纲	0.0170	0.1538	−0.1368	梭杆菌纲	0.0000	0.0058
螺旋体纲	0.1040	0.0545	0.0495	候选纲Pla3 lineage	0.0000	0.0039
纲JG30-KF-CM66	0.0828	0.0487	0.0341	候选纲N9D0	0.0000	0.0039
脱卤球菌纲	0.0255	0.0895	−0.0641	装甲单胞菌纲	0.0000	0.0039
海草球形菌纲	0.0870	0.0273	0.0598	候选纲WWE3	0.0000	0.0039
湖绳菌纲	0.0446	0.0526	−0.0080	产氢菌纲	0.0000	0.0039
酸杆菌纲	0.0361	0.0603	−0.0243	脱铁杆菌纲	0.0000	0.0019
未分类的细菌纲	0.0000	0.0915	−0.0915	乳胶杆菌纲	0.0000	0.0019
候选纲Babeliae	0.0403	0.0409	−0.0005	土单胞菌纲	0.0000	0.0019
纤维杆菌纲	0.0212	0.0584	−0.0372	候选纲MVP-15	0.0000	0.0019
圣诞岛菌纲	0.0446	0.0234	0.0212	贝克尔杆菌纲	0.0000	0.0019
弯曲杆菌纲	0.0488	0.0156	0.0333	候选纲ABY1	0.0000	0.0019
候选纲Microgenomatia	0.0212	0.0350	−0.0138	阴沟单胞菌纲	0.0000	0.0019
黑暗杆菌纲	0.0509	0.0019	0.0490	纲亚群11	0.0000	0.0019

热图分析表明，前30个高含量的细菌纲分为2组，组①包含了14个含量较低的细菌纲，即出芽小链菌纲亚群4、疣微菌纲、候选门WPS-2分类地位未定的1纲、热杆菌纲、柔膜菌纲、候选门BRC1分类地位未定的1纲、生氧光细菌纲（Oxyphotobacteria）、候选门WS6多伊卡菌纲、螺旋体纲、纲JG30-KF-CM66、脱卤球菌纲（Dehalococcoidia）、海草球形菌纲（Phycisphaerae）、湖绳菌纲（Limnochordia）、酸杆菌纲（Acidobacteriia），在发酵床和传统养殖猪皮毛中分布数量相近，含量较低；组②包含了16个含量较低的细菌纲放线菌纲、芽胞杆菌纲、梭菌纲、γ-变形菌纲、拟杆菌纲、α-变形菌纲、绿弯菌纲、丹毒丝菌纲、厌氧绳菌纲、糖单胞菌纲、芽单胞菌纲、δ-变形菌纲、阴壁菌纲、嗜热厌氧杆菌纲、异常球菌纲、纲亚群6，在发酵床和传统养殖猪皮毛分布数量相近，含量较高 [图 5-42(c)]。

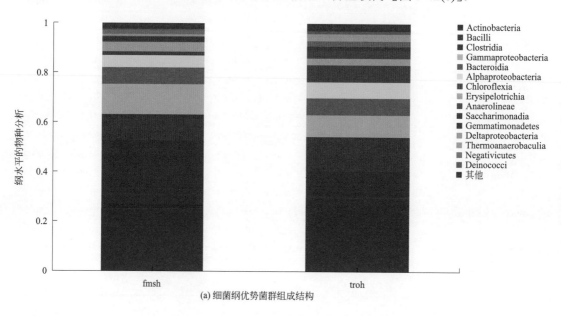

(a) 细菌纲优势菌群组成结构

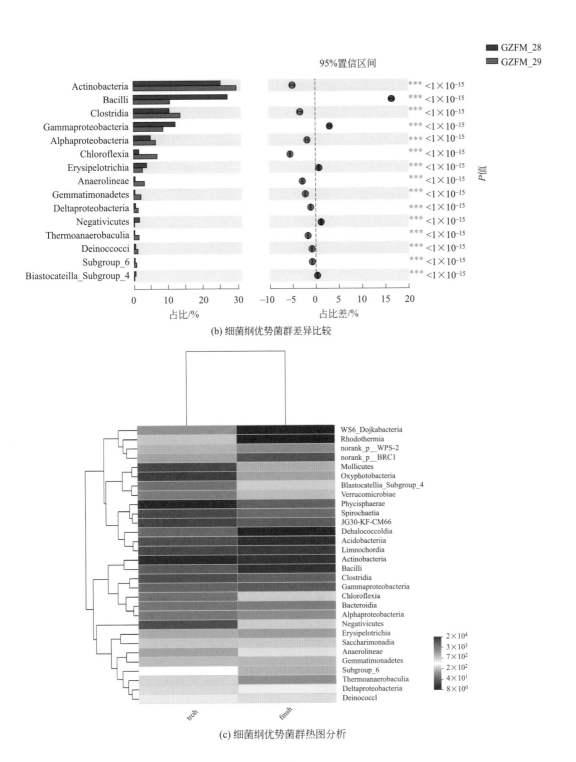

(b) 细菌纲优势菌群差异比较

(c) 细菌纲优势菌群热图分析

图5-42

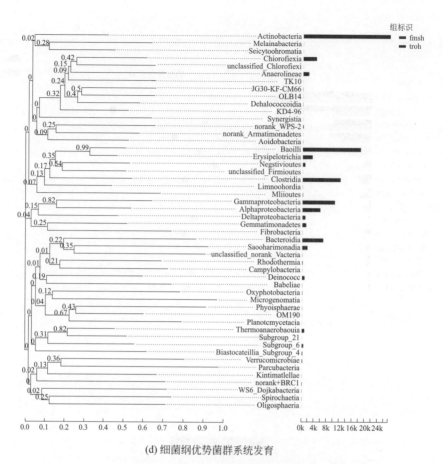

(d) 细菌纲优势菌群系统发育

图5-42　饲料发酵床与传统养殖猪皮毛细菌纲优势菌群比较

　　系统发育分析表明，8个细菌纲菌群处于绝对优势，其中在发酵床猪皮毛中分布低于传统养殖的细菌纲种类有：放线菌纲、梭菌纲、α-变形菌纲、绿弯菌纲、拟杆菌纲；发酵床猪皮毛分布高于传统养殖的细菌纲有：芽胞杆菌纲、γ-变形菌纲、丹毒丝菌纲［图5-42(d)］。

　　亚群落分化。根据表5-28构建矩阵，以细菌纲为样本、养殖方式为指标、欧氏距离为尺度，用可变类平均法进行系统聚类，分析结果见表5-29、图5-43。可将饲料发酵床与传统养殖猪皮毛细菌纲亚群落分化聚为3组，第1组高含量组，包括了2个细菌纲，放线菌纲在发酵床猪皮毛上的含量低于传统养殖；芽胞杆菌纲，在发酵床猪皮毛上的含量高于传统养殖；高含量组细菌纲平均值在发酵床上为26.3250%，高于传统养殖的20.3300%；主要分布在发酵床猪皮毛中。第2组中含量组，包括了6个细菌纲，即梭菌纲、γ-变形菌纲、拟杆菌纲、α-变形菌纲、绿弯菌门纲、丹毒丝菌纲，其平均值在发酵床和传统养殖猪皮毛上的分布分别为6.6087%、7.5635%，后者高于前者。第3组低含量组，包括了其余的66个细菌纲，如厌氧绳菌纲、糖单胞菌纲、芽单胞菌纲、δ-变形菌纲、阴壁菌纲、嗜热厌氧杆菌纲、异常球菌纲、脱卤球菌纲、海草球形菌纲、湖绳菌纲、酸杆菌纲，其平均值在发酵床和传统养殖猪皮毛中分布为0.1166%、0.2114%。

表5-29 饲料发酵床与传统养殖猪皮毛细菌纲亚群落分化聚类分析

组别	物种名称	猪皮毛细菌纲含量/% 发酵床	猪皮毛细菌纲含量/% 传统养殖	组别	物种名称	猪皮毛细菌纲含量/% 发酵床	猪皮毛细菌纲含量/% 传统养殖
1	放线菌纲	25.3600	30.0600	3	浮霉菌纲	0.0149	0.0370
1	芽胞杆菌纲	27.2900	10.6000	3	厚壁菌门未分类的1纲	0.0191	0.0234
	第1组2个样本平均值	26.3250	20.3300	3	装甲菌门分类地位未定的1纲	0.0234	0.0175
2	梭菌纲	10.5600	13.7100	3	候选纲Sericytochromatia	0.0085	0.0311
2	γ-变形菌纲	12.1800	8.8280	3	纲亚群21	0.0000	0.0350
2	拟杆菌纲	6.6630	6.7610	3	候选纲KD4-96	0.0064	0.0273
2	α-变形菌纲	4.9310	6.5000	3	互养菌纲	0.0000	0.0331
2	绿弯菌门纲	1.5160	6.9270	3	绿弯菌门未分类的1纲	0.0127	0.0195
2	丹毒丝菌纲	3.8020	2.6550	3	候选纲OM190	0.0000	0.0311
	第2组6个样本平均值	6.6087	7.5635	3	寡养球形菌纲	0.0191	0.0117
3	厌氧绳菌纲	0.4627	3.1960	3	候选纲OLB14	0.0000	0.0273
3	糖单胞菌纲	1.7470	1.6540	3	候选纲Parcubacteria	0.0170	0.0097
3	芽单胞菌纲	0.2653	2.1490	3	候选纲TK10	0.0064	0.0136
3	δ-变形菌纲	0.5392	1.3330	3	衣原体纲	0.0021	0.0175
3	阴壁菌纲	1.6220	0.0545	3	懒惰杆菌纲	0.0000	0.0175
3	嗜热厌氧杆菌纲	0.1528	1.4500	3	菌毛单胞菌纲	0.0149	0.0000
3	异常球菌纲	0.4224	1.0680	3	纤细杆菌纲	0.0000	0.0136
3	纲亚群6	0.2483	0.7551	3	候选纲Gitt-GS-136	0.0000	0.0097
3	出芽小链菌纲亚群4	0.4033	0.1051	3	热脱硫弧菌纲	0.0085	0.0000
3	疣微菌纲	0.3269	0.1265	3	门Patescibacteria未分类的1纲	0.0064	0.0019
3	候选门WPS-2分类地位未定的1纲	0.1550	0.2550	3	盐厌氧菌纲	0.0000	0.0078
3	热杆菌纲	0.0170	0.3095	3	纲亚群18	0.0000	0.0078
3	柔膜菌纲	0.2632	0.0506	3	门FBP分类地位未定的1纲	0.0042	0.0019
3	候选门BRC1分类地位未定的1纲	0.0658	0.2160	3	梭杆菌纲	0.0000	0.0058
3	生氧光细菌纲	0.2165	0.0428	3	候选纲Pla3 lineage	0.0000	0.0039
3	候选门WS6多伊卡菌纲	0.0170	0.1538	3	候选纲N9D0	0.0000	0.0039
3	螺旋体纲	0.1040	0.0545	3	装甲单胞菌纲	0.0000	0.0039
3	纲JG30-KF-CM66	0.0828	0.0487	3	候选纲WWE3	0.0000	0.0039
3	脱卤球菌纲	0.0255	0.0895	3	产氢菌纲	0.0000	0.0039
3	海草球形菌纲	0.0870	0.0273	3	脱铁杆菌纲	0.0000	0.0019
3	湖绳菌纲	0.0446	0.0526	3	乳胶杆菌纲	0.0000	0.0019
3	酸杆菌纲	0.0361	0.0603	3	土单胞菌纲	0.0000	0.0019
3	未分类的细菌纲	0.0000	0.0915	3	候选纲MVP-15	0.0000	0.0019
3	候选纲Babeliae	0.0403	0.0409	3	贝克尔杆菌纲	0.0000	0.0019
3	纤维杆菌纲	0.0212	0.0584	3	候选纲ABY1	0.0000	0.0019
3	圣诞岛菌纲	0.0446	0.0234	3	阴沟单胞菌纲	0.0000	0.0019
3	弯曲杆菌纲	0.0488	0.0156	3	纲亚群11	0.0000	0.0019
3	候选纲Microgenomatia	0.0212	0.0350		第3组66个样本平均值	0.1166	0.2114
3	黑暗杆菌纲	0.0509	0.0019				

5. 发酵床与传统养殖猪皮毛细菌目群落分布比较

细菌目群落组成见表5-30。饲料发酵床与传统养殖猪皮毛细菌目优势菌群比较见图5-44。在细菌目水平上，饲料发酵床猪皮毛前5位细菌目含量达56.5040%，优势菌群为芽胞杆菌目（23.8500%）＞微球菌目（10.7100%）＞梭菌目（10.5300%）＞棒杆菌目（6.9050%）＞假单胞菌目（4.5090%）；传统养殖猪皮毛前5位细菌目含量达46.2210%，优势菌群为梭菌目（13.6800%）＞芽胞杆菌目（9.9820%）＞微球菌目（9.9780%）＞热微菌目（6.9150%）＞海洋放线菌目（5.6660%）；两者皮毛细菌目优势菌群种类、排序和含量存在显著差异［图5-44(a)］。

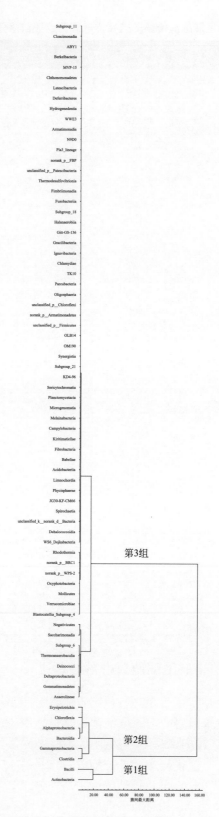

图5-43　饲料发酵床与传统养殖猪皮毛细菌纲亚群落分化聚类分析

表5-30　饲料发酵床与传统养殖猪皮毛细菌目群落组成

物种名称	猪皮毛细菌目含量/%		物种名称	猪皮毛细菌目含量/%	
	发酵床	传统养殖		发酵床	传统养殖
芽胞杆菌目	23.8500	9.9820	双歧杆菌目	0.5498	0.0039
梭菌目	10.5300	13.6800	出芽小链菌目	0.4033	0.1051
微球菌目	10.7100	9.9780	气单胞菌目	0.4139	0.0331
棒杆菌目	6.9050	2.1530	类固醇杆菌目	0.0892	0.3348
热微菌目	1.1930	6.9150	肠杆菌目	0.2483	0.1752
黄单胞菌目	3.3540	3.1490	门WPS-2分类地位未定纲的1目	0.1550	0.2550
丹毒丝菌目	3.8020	2.6550	拟杆菌纲的1目	0.1443	0.2005
丙酸杆菌目	1.5500	4.6690	绿弯菌目	0.3226	0.0117
海洋放线菌目	0.2929	5.6660	红蝽菌目	0.2823	0.0234
假单胞菌目	4.5090	1.1170	目R7C24	0.2823	0.0175
根瘤菌目	1.6300	2.8780	门BRC1分类地位未定纲的1目	0.0658	0.2160
鞘脂单胞菌目	2.3840	1.9540	γ-变形菌纲的1目	0.0488	0.2219
乳杆菌目	3.4000	0.6170	红热菌目	0.0170	0.2530
黄杆菌目	2.0990	1.9070	疣微菌目	0.1677	0.0973
β-变形菌目	1.8080	2.1740	甲基球菌目	0.0000	0.2647
糖单胞菌目	1.7470	1.6540	热链形菌目	0.0000	0.2413
微丝菌目	0.5519	2.5940	交替单胞菌目	0.1528	0.0701
噬纤维菌目	1.3900	1.5670	未分类的1目	0.0509	0.1713
目SBR1031	0.3163	2.3000	蛭弧菌目	0.1146	0.1070
假诺卡氏菌目	2.0480	0.3348	长微菌目	0.0616	0.1576
拟杆菌目	1.4030	0.9050	无胆甾原体目	0.1932	0.0234
链孢囊菌目	0.9573	1.1480	放线菌目	0.1910	0.0097
鞘脂杆菌目	1.0340	1.0160	芽单胞菌目	0.0000	0.1849
芽单胞菌纲的1目	0.2038	1.8060	放线菌纲的1目	0.0234	0.1538
红杆菌目	0.6347	1.2180	门WS6多伊卡菌纲的1目	0.0170	0.1538
月形单胞菌目	1.6220	0.0545	螺旋体目	0.1040	0.0545
噬几丁质菌目	0.5731	1.0390	拟杆菌门VC2.1 Bac22的1目	0.0191	0.1265
热厌氧菌目	0.1528	1.4500	α-变形菌纲的1目	0.0042	0.1343
异常球菌目	0.4224	1.0680	盖亚菌目	0.0616	0.0759
微单胞菌目	0.1677	1.2650	纲JG30-KF-CM66的1目	0.0828	0.0487
土壤红色杆菌目	0.3184	1.0670	厌氧绳菌目	0.0042	0.1207
链霉菌目	0.7068	0.6617	柄杆菌目	0.0361	0.0779
黏球菌目	0.3035	1.0020	海草球形菌目	0.0870	0.0253
海洋螺菌目	0.7429	0.1226	丰佑菌目	0.0998	0.0097
纤维弧菌目	0.3524	0.4866	尤泽比氏菌目	0.0021	0.1070
纲亚群6的1目	0.1974	0.5819	目S085	0.0255	0.0798
暖绳菌目	0.1422	0.5119	湖线菌目	0.0446	0.0526
目EPR3968-O8a-Bc78	0.0594	0.5196	慢生单胞菌目	0.0318	0.0642
固氮螺菌目(Azospirillales)	0.0297	0.0642	衣原体目	0.0021	0.0175
分类地位未定门的1目	0.0000	0.0915	目113B434	0.0000	0.0195
候选目Babeliales	0.0403	0.0409	γ-变形菌纲分类地位未定的1目	0.0085	0.0097
纤维杆菌目	0.0212	0.0584	懒惰杆菌目	0.0000	0.0175
土源杆菌目	0.0149	0.0584	出芽菌目(Gemmatales)	0.0085	0.0078
斯尼思氏菌目	0.0701	0.0019	土球形菌目	0.0000	0.0156
柔膜菌纲RF39的1目	0.0573	0.0136	沃斯氏杆菌纲的1目	0.0149	0.0000
弯曲杆菌目	0.0488	0.0156	芽胞杆菌纲的1目	0.0149	0.0000
土源杆菌目	0.0594	0.0039	菌毛单胞菌目(Fimbriimonadales)	0.0149	0.0000
军团菌目	0.0255	0.0350	支原体目(Mycoplasmatales)	0.0127	0.0000
目CCD24	0.0276	0.0311	莱朗菌目(Reyranellales)	0.0127	0.0000

物种名称	猪皮毛细菌目含量/%		物种名称	猪皮毛细菌目含量/%	
	发酵床	传统养殖		发酵床	传统养殖
目IMCC26256	0.0085	0.0487	动孢菌目	0.0042	0.0078
班努斯菌目	0.0000	0.0564	弧菌目(Vibrionales)	0.0000	0.0117
胃嗜气菌目	0.0509	0.0019	考克斯氏体目(Coxiellales)	0.0000	0.0117
立克次氏体目	0.0509	0.0019	紫螺菌目	0.0000	0.0117
巴斯德氏菌目(Pasteurellales)	0.0488	0.0039	外硫红螺旋菌目	0.0000	0.0117
目NB1-j	0.0000	0.0506	埃尔斯特氏菌目(Elsterales)	0.0000	0.0117
泰科院菌目	0.0191	0.0311	异域菌门的1目	0.0000	0.0117
目WCHB1-41	0.0446	0.0039	等球形菌目	0.0042	0.0058
红螺菌目	0.0425	0.0039	目RBG-13-54-9	0.0000	0.0097
醋酸杆菌目	0.0021	0.0428	解腈菌目(Nitriliruptorales)	0.0000	0.0097
α-变形菌纲的1目	0.0149	0.0292	SAR202进化枝的1目	0.0000	0.0097
目OPB41	0.0000	0.0428	纲Gitt-GS-136分类地位未定的1目	0.0000	0.0097
厚壁菌门的1目	0.0191	0.0234	脱硫杆菌目	0.0000	0.0097
装甲菌门的目	0.0234	0.0175	盐原体目	0.0000	0.0097
纲Sericytochromatia的1目	0.0085	0.0311	热脱硫弧菌纲的1目	0.0085	0.0000
寡养弯菌目	0.0127	0.0253	门Patescibacteria的1目	0.0064	0.0019
弗兰克氏菌目(Frankiales)	0.0297	0.0058	咸水球形菌目(Salinisphaerales)	0.0064	0.0019
纲亚群21的1目	0.0000	0.0350	目CCM19a	0.0064	0.0019
纲KD4-96分类地位未定的1目	0.0064	0.0273	盐厌氧菌目(Halanaerobiales)	0.0000	0.0078
糖霉菌目(Glycomycetales)	0.0000	0.0331	δ-变形菌纲的1目	0.0000	0.0078
互养菌目	0.0000	0.0331	硝酸球菌目(Nitrococcales)	0.0000	0.0078
绿弯菌门的1目	0.0127	0.0195	纲亚群18的1目	0.0000	0.0078
目PB19	0.0106	0.0214	门FBP分类地位未定的1目	0.0042	0.0019
纲OM190分类地位未定的1目	0.0000	0.0311	念珠藻目(Nostocales)	0.0000	0.0058
寡养球形菌目	0.0191	0.0117	KI89A进化枝的1目	0.0000	0.0058
SAR324分支海洋群B的1目	0.0085	0.0214	小弧菌目	0.0000	0.0058
门Pacebacteria的1目	0.0064	0.0234	纲Microgenomatia的1目	0.0000	0.0058
脱硫盒菌目	0.0255	0.0039	放线菌纲的1目	0.0000	0.0058
纲OLB14分类地位未定的1目	0.0000	0.0273	梭杆菌目(Fusobacteriales)	0.0000	0.0058
梭菌纲的1目	0.0234	0.0039	纲Parcubacteria的1目	0.0042	0.0000
浮霉菌纲的1目	0.0021	0.0234	纲Microgenomatia的1目	0.0000	0.0039
目MBNT15	0.0191	0.0058	海杆形菌目(Thalassobaculales)	0.0000	0.0039
芽胞杆菌纲的1目	0.0234	0.0000	双生立克次氏体目(Diplorickettsiales)	0.0000	0.0039
红弧菌目	0.0000	0.0234	纲WWE3分类地位未定的1目	0.0000	0.0039
酸杆菌目(Acidobacteriales)	0.0212	0.0019	候选目Izimaplasmatales	0.0000	0.0039
目MBA03	0.0085	0.0136	产氢菌目	0.0000	0.0039
脱硫弧菌目	0.0127	0.0078	纲Pla3 lineage的1目	0.0000	0.0039
凯泽菌门的1目	0.0127	0.0078	目MSB-5E12	0.0000	0.0039
纲TK10的1目	0.0064	0.0136	脱硫单胞菌目	0.0000	0.0039
装甲单胞菌目(Armatimonadales)	0.0000	0.0039	杀手杆菌目(Caedibacterales)	0.0000	0.0019
目SJA-15	0.0000	0.0039	目M55-D21	0.0000	0.0019
纲N9D0分类地位未定的1目	0.0000	0.0039	小棒菌目	0.0000	0.0019
贝日阿托氏菌目(Beggiatoales)	0.0000	0.0039	脱铁杆菌目	0.0000	0.0019
中温球形菌目(Tepidisphaerales)	0.0000	0.0019	梭菌纲的1目	0.0000	0.0019
厌氧绳菌纲的1目	0.0000	0.0019	厌氧绳菌纲的1目	0.0000	0.0019
贝克尔杆菌纲的1目	0.0000	0.0019	目B55-F-B-G02	0.0000	0.0019
阴沟单胞菌目	0.0000	0.0019	棘手萤杆菌目SR1	0.0000	0.0019
坎贝尔杆菌门的1目	0.0000	0.0019	马加萨尼克杆菌门(Magasanikbacteria)的1目	0.0000	0.0019
目DTU014	0.0000	0.0019	纲MVP-15分类地位未定的1目	0.0000	0.0019
副杀手杆菌目(Paracaedibacterales)	0.0000	0.0019	土单胞菌目(Chthonomonadales)	0.0000	0.0019

续表

物种名称	猪皮毛细菌目含量/%		物种名称	猪皮毛细菌目含量/%	
	发酵床	传统养殖		发酵床	传统养殖
门Chisholmbacteria的1目	0.0000	0.0019	目D8A-2	0.0000	0.0019
纲亚群6的1目	0.0000	0.0019	嗜酸铁杆菌目(Acidiferrobacterales)	0.0000	0.0019
纲亚群11的1目	0.0000	0.0019	乳胶杆菌门的1目	0.0000	0.0019
互营杆菌目	0.0000	0.0019			

　　统计检验结果表明，发酵床猪皮毛的芽胞杆菌目，含有许多益生菌，极显著高于传统养殖（$P < 0.01$），表明发酵床猪皮毛含有益生菌的概率高；梭菌目含有大量的病原菌，发酵床猪皮毛中极显著低于传统养殖（$P < 0.01$），表明发酵床猪皮毛含有病原的概率较低；发酵床猪皮毛中，微球菌目极显著高于传统养殖（$P < 0.01$）、棒杆菌目极显著高于传统养殖（$P < 0.01$）、热微菌目极显著低于传统养殖（$P < 0.01$）[图5-44(b)]。

　　热图分析表明，前30个高含量的细菌目分为3组，组①包含了3个细菌目，芽胞杆菌目、梭菌目、微球菌目，在发酵床和传统养殖皮毛中的含量较高；组②包含了3个细菌目，热微菌目、海洋放线菌目，在发酵床猪皮毛中含量极显著低于传统养殖；组③包含了24个细菌目，在发酵床和传统养殖皮毛中的含量较低[图5-44(c)]。

　　系统发育分析表明，4个细菌目菌群处于绝对优势，其中在发酵床猪皮毛中分布低于传统养殖的细菌目种类有：梭菌目（发酵床10.5300% <传统养殖13.6800%），为猪病原菌所在的细菌目；发酵床猪皮毛中分布高于传统养殖的细菌目有：芽胞杆菌目（发酵床23.8500% >传统养殖9.9820%）、微球菌目（发酵床10.7100% >传统养殖9.9780%）、棒杆菌目（发酵床6.9050% >传统养殖2.1530%），为益生菌所在的细菌目[图5-44(d)]。

　　亚群落分化。根据表5-30构建矩阵，以细菌科为样本、养殖方式为指标、欧氏距离为尺度，用可变类平均法进行系统聚类，分析结果见表5-31、图5-45。可将饲料发酵床与传统养殖猪皮毛细菌目亚群落分化聚为3组。

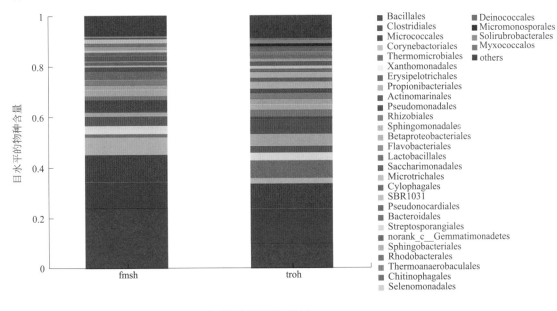

(a) 细菌目优势菌群组成结构

图5-44

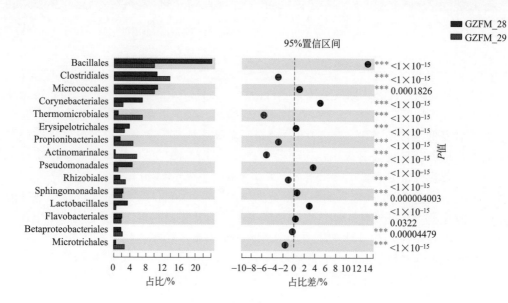

(b) 细菌目优势菌群差异比较

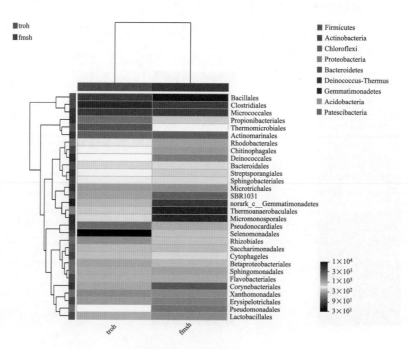

(c) 细菌目优势菌群热图分析

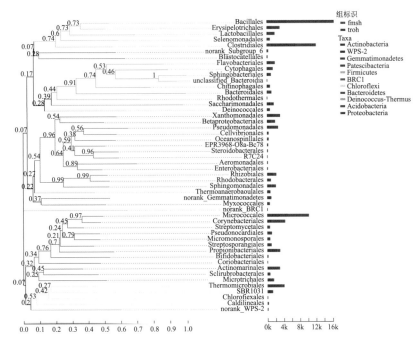

(d) 细菌目优势菌群系统发育

图5-44　饲料发酵床与传统养殖猪皮毛细菌目优势菌群比较

表5-31　饲料发酵床与传统养殖猪皮毛细菌目亚群落分化聚类分析

组别	物种名称	猪皮毛细菌目含量/%		组别	物种名称	猪皮毛细菌目含量/%	
		发酵床	传统养殖			发酵床	传统养殖
1	芽胞杆菌目	23.8500	9.9820	2	土壤红色杆菌目	0.3184	1.0670
1	梭菌目	10.5300	13.6800	2	鞘脂杆菌目	1.0340	1.0160
1	微球菌目	10.7100	9.9780	2	鞘脂单胞菌目	2.3840	1.9540
	第1组3个样本平均值	15.0300	11.2133	2	链霉菌目	0.7068	0.6617
2	海洋放线菌目	0.2929	5.6660	2	链孢囊菌目	0.9573	1.1480
2	拟杆菌目	1.4030	0.9050	2	热厌氧菌目	0.1528	1.4500
2	β-变形菌目	1.8080	2.1740	2	热微菌目	1.1930	6.9150
2	芽单胞菌纲的1目	0.2038	1.8060	2	黄单胞菌目	3.3540	3.1490
2	噬几丁质菌目	0.5731	1.0390		第2组30个样本平均值	1.5827	1.9335
2	棒杆菌目	6.9050	2.1530	3	目113B434	0.0000	0.0195
2	噬纤维菌目	1.3900	1.5670	3	棘手萤杆菌目SR1	0.0000	0.0019
2	异常球菌目	0.4224	1.0680	3	醋酸杆菌目	0.0021	0.0428
2	丹毒丝菌目	3.8020	2.6550	3	无胆甾原体目	0.1932	0.0234
2	黄杆菌目	2.0990	1.9070	3	嗜酸铁杆菌目	0.0000	0.0019
2	乳杆菌目	3.4000	0.6170	3	酸杆菌目	0.0212	0.0019
2	小单胞菌目	0.1677	1.2650	3	放线菌目	0.1910	0.0097
2	微丝菌目	0.5519	2.5940	3	气单胞菌目	0.4139	0.0331
2	黏球菌目	0.3035	1.0020	3	交替单胞菌目	0.1528	0.0701
2	丙酸杆菌目	1.5500	4.6690	3	厌氧绳菌目	0.0042	0.1207
2	假单胞菌目	4.5090	1.1170	3	热链形菌目	0.0000	0.2413
2	假诺卡氏菌目	2.0480	0.3348	3	装甲单胞菌目	0.0000	0.0039
2	根瘤菌目	1.6300	2.8780	3	固氮螺菌目	0.0297	0.0642
2	红杆菌目	0.6347	1.2180	3	目B55-F-B-G02	0.0000	0.0019
2	糖单胞菌目	1.7470	1.6540	3	候选目Babeliales	0.0403	0.0409
2	目SBR1031	0.3163	2.3000	3	拟杆菌门VC2.1 Bac22的1目	0.0191	0.1265
2	月形单胞菌目	1.6220	0.0545	3	班努斯菌目	0.0000	0.0564

续表

组别	物种名称	猪皮毛细菌目含量/%		组别	物种名称	猪皮毛细菌目含量/%	
		发酵床	传统养殖			发酵床	传统养殖
3	蛭弧菌目	0.1146	0.1070	3	门WS6多伊卡菌纲的1目	0.0170	0.1538
3	贝日阿托氏菌目	0.0000	0.0039	3	纲WWE3的1目	0.0000	0.0039
3	双歧杆菌目	0.5498	0.0039	3	杀手杆菌目	0.0000	0.0019
3	出芽小链菌目	0.4033	0.1051	3	暖绳菌目	0.1422	0.5119
3	慢生单胞菌目	0.0318	0.0642	3	弯曲杆菌目	0.0488	0.0156
3	放线菌纲的1目	0.0234	0.1538	3	坎贝尔杆菌门的1目	0.0000	0.0019
3	放线菌纲的1目	0.0000	0.0058	3	纲Chisholmbacteria的1目	0.0000	0.0019
3	α-变形菌纲的1目	0.0042	0.1343	3	候选凯泽菌门的1目	0.0127	0.0078
3	α-变形菌纲的1目	0.0149	0.0292	3	马加萨尼克杆菌门的1目	0.0000	0.0019
3	厌氧绳菌纲的1目	0.0000	0.0019	3	纲Pacebacteria的1目	0.0064	0.0234
3	厌氧绳菌纲的1目	0.0000	0.0019	3	异域菌门的1目	0.0000	0.0117
3	芽胞杆菌纲的1目	0.0234	0.0000	3	沃斯氏杆菌纲的1目	0.0149	0.0000
3	芽胞杆菌纲的1目	0.0149	0.0000	3	柄杆菌目	0.0361	0.0779
3	拟杆菌纲的1目	0.1443	0.2005	3	目CCD24	0.0276	0.0311
3	贝克尔杆菌纲的1目	0.0000	0.0019	3	目CCM19a	0.0064	0.0019
3	梭菌纲的1目	0.0234	0.0039	3	纤维弧菌目	0.3524	0.4866
3	梭菌纲的1目	0.0000	0.0019	3	衣原体目	0.0021	0.0175
3	δ-变形菌纲的1目	0.0000	0.0078	3	绿弯菌目	0.3226	0.0117
3	γ-变形菌纲的1目	0.0488	0.2219	3	土源杆菌目	0.0594	0.0039
3	纲Gitt-GS-136的1目	0.0000	0.0097	3	土单胞菌目	0.0000	0.0019
3	纲JG30-KF-CM66的1目	0.0828	0.0487	3	阴沟单胞菌目	0.0000	0.0019
3	纲KD4-96的1目	0.0064	0.0273	3	红蝽菌目	0.2823	0.0234
3	乳胶杆菌纲的1目	0.0000	0.0019	3	考克斯氏体目	0.0000	0.0117
3	纲Microgenomatia的1目	0.0000	0.0039	3	目D8A-2	0.0000	0.0019
3	纲Microgenomatia的1目	0.0000	0.0058	3	脱铁杆菌目	0.0000	0.0019
3	纲MVP-15的1目	0.0000	0.0019	3	脱硫盒菌目	0.0255	0.0039
3	纲N9D0的1目	0.0000	0.0039	3	脱硫杆菌目	0.0000	0.0097
3	纲OLB14的1目	0.0000	0.0273	3	脱硫弧菌目	0.0127	0.0078
3	纲OM190的1目	0.0000	0.0311	3	脱硫单胞菌目	0.0000	0.0039
3	纲Parcubacteria的1目	0.0042	0.0000	3	双生立克次氏体目	0.0000	0.0039
3	纲Pla3 lineage的1目	0.0000	0.0039	3	目DTU014	0.0000	0.0019
3	浮霉菌纲的1目	0.0021	0.0234	3	外硫红螺旋菌目	0.0000	0.0117
3	纲Sericytochromatia的1目	0.0085	0.0311	3	埃尔斯特氏菌目	0.0000	0.0117
3	纲亚群11的1目	0.0000	0.0019	3	肠杆菌目	0.2483	0.1752
3	纲亚群18的1目	0.0000	0.0078	3	目EPR3968-O8a-Bc78	0.0594	0.5196
3	纲亚群21的1目	0.0000	0.0350	3	尤泽比氏菌目	0.0021	0.1070
3	纲亚群6的1目	0.0000	0.0019	3	纤维杆菌目	0.0212	0.0584
3	纲亚群6的1目	0.1974	0.5819	3	菌毛单胞菌目	0.0149	0.0000
3	热脱硫弧菌纲的1目	0.0085	0.0000	3	弗兰克氏菌目	0.0297	0.0058
3	纲TK10的1目	0.0064	0.0136	3	梭杆菌目	0.0000	0.0058

续表

组别	物种名称	猪皮毛细菌目含量/% 发酵床	猪皮毛细菌目含量/% 传统养殖	组别	物种名称	猪皮毛细菌目含量/% 发酵床	猪皮毛细菌目含量/% 传统养殖
3	盖亚菌目	0.0616	0.0759	3	绿弯菌门的1目	0.0127	0.0195
3	γ-变形菌纲分类地位未定的1目	0.0085	0.0097	3	门FBP的1目	0.0042	0.0019
3	胃嗜气菌目	0.0509	0.0019	3	厚壁菌门的1目	0.0191	0.0234
3	出芽菌目	0.0085	0.0078	3	门Patescibacteria的1目	0.0064	0.0019
3	芽单胞菌目	0.0000	0.1849	3	门WPS-2的1目	0.1550	0.2550
3	糖霉菌目	0.0000	0.0331	3	副杀手杆菌目	0.0000	0.0019
3	盐厌氧菌目	0.0000	0.0078	3	小棒菌目	0.0000	0.0019
3	盐原体目	0.0000	0.0097	3	巴斯德氏菌目	0.0488	0.0039
3	产氢菌目	0.0000	0.0039	3	目PB19	0.0106	0.0214
3	懒惰杆菌目	0.0000	0.0175	3	土球形菌目	0.0000	0.0156
3	IMCC26256	0.0085	0.0487	3	海草球形菌目	0.0870	0.0253
3	等球形菌目	0.0042	0.0058	3	紫螺菌目	0.0000	0.0117
3	候选目Izimaplasmatales	0.0000	0.0039	3	目R7C24	0.2823	0.0175
3	分类地位未定门的1目	0.0000	0.0915	3	目RBG-13-54-9	0.0000	0.0097
3	KI89A进化枝的1目	0.0000	0.0058	3	莱朗菌目	0.0127	0.0000
3	动孢菌目	0.0042	0.0078	3	红螺菌目	0.0425	0.0039
3	军团菌目	0.0255	0.0350	3	红热菌目	0.0170	0.2530
3	湖线菌目	0.0446	0.0526	3	红弧菌目	0.0000	0.0234
3	长微菌目	0.0616	0.1576	3	立克次氏体目	0.0509	0.0019
3	目M55-D21	0.0000	0.0019	3	目S085	0.0255	0.0798
3	目MBA03	0.0085	0.0136	3	咸水球形菌目	0.0064	0.0019
3	目MBNT15	0.0191	0.0058	3	SAR202进化枝的1目	0.0000	0.0097
3	甲基球菌目	0.0000	0.2647	3	SAR324分支海洋群B的1目	0.0085	0.0214
3	小弧菌目	0.0000	0.0058	3	目SJA-15	0.0000	0.0039
3	柔膜菌纲 RF39的1目	0.0573	0.0136	3	斯尼思氏菌目	0.0701	0.0019
3	目MSB-5E12	0.0000	0.0039	3	土源杆菌目	0.0149	0.0584
3	支原体目	0.0127	0.0000	3	螺旋体目	0.1040	0.0545
3	目NB1-j	0.0000	0.0506	3	类固醇杆菌目	0.0892	0.3348
3	解腈菌目	0.0000	0.0097	3	互养菌目	0.0000	0.0331
3	硝酸球菌目	0.0000	0.0078	3	互营杆菌目	0.0000	0.0019
3	念珠藻目	0.0000	0.0058	3	中温球形菌目	0.0000	0.0019
3	海洋螺菌目	0.7429	0.1226	3	海杆形菌目	0.0000	0.0039
3	寡养弯菌目	0.0127	0.0253	3	泰科院菌目	0.0191	0.0311
3	寡养球形菌目	0.0191	0.0117	3	未分类的1目	0.0509	0.1713
3	目OPB41	0.0000	0.0428	3	疣微菌目	0.1677	0.0973
3	丰佑菌目	0.0998	0.0097	3	弧菌目	0.0000	0.0117
3	装甲菌门的1目	0.0234	0.0175	3	目WCHB1-41	0.0446	0.0039
3	目BRC1的1目	0.0658	0.2160		第3组173个样本平均值	0.0430	0.0483

第 1 组高含量组，包括了 3 个细菌目，芽胞杆菌目、梭菌目、微球菌目，该组平均值在发酵床和传统养殖猪皮毛中分布分别为 15.0300%、11.21337%，在发酵床猪皮毛中的含量高

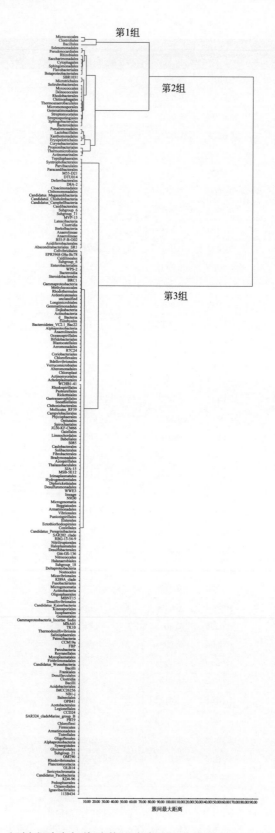

图5-45　饲料发酵床与传统养殖猪皮毛细菌目亚群落分化聚类分析

于传统养殖的；第 2 组中含量组，包括了 30 个细菌目，即海洋放线菌目、拟杆菌目、β- 变形菌目、芽单胞菌纲的 1 目、噬几丁质菌目、棒杆菌目、噬纤维菌目、异常球菌目、丹毒丝菌目、黄杆菌目、乳杆菌目、小单胞菌目、微丝菌目、黏球菌目、丙酸杆菌目、假单胞菌目、假诺卡氏菌目、根瘤菌目、红杆菌目、糖单胞菌目、目 SBR1031、月形单胞菌目、土壤红色杆菌目、鞘氨醇杆菌目、鞘氨醇单胞菌目、链霉菌目、链孢囊菌目、热厌氧菌目、热微菌目、黄单胞菌目，该组平均值在发酵床和传统养殖猪皮毛中分布分别为 1.5827%、1.9335%，在传统养殖猪皮毛上的含量高于发酵床；第 3 组低含量组，包括了 173 个细菌目，如醋酸杆菌目、无胆甾原体目、嗜酸铁杆菌目、酸杆菌目、放线菌目、气单胞菌目、交替单胞菌目、厌氧绳菌目、热链形菌目、装甲单胞菌目、固氮螺菌目等，该组平均值在发酵床和传统养殖猪皮毛上的含量分别为 0.0430%、0.0483%。

6. 发酵床与传统养殖猪皮毛细菌科群落分布比较

含量前 100 个细菌科群落组成见表 5-32，发酵床皮毛细菌科含量总和达 96.0767% 高于传统养殖皮毛细菌科含量总和（86.3820%）。

表5-32　饲料发酵床与传统养殖猪皮毛细菌科群落组成

物种名称	猪皮毛细菌科含量/%		物种名称	猪皮毛细菌科含量/%	
	发酵床	传统养殖		发酵床	传统养殖
葡萄球菌科	19.7500	6.1310	科JG30-KF-CM45	1.0800	6.3410
棒杆菌科	5.8950	0.5917	威克斯氏菌科	1.0510	0.7221
梭菌科1	4.0750	8.2420	乳杆菌科	1.0400	0.0720
微球菌科	3.8970	1.4070	鞘脂杆菌科	1.0170	1.0080
丹毒丝菌科	3.8020	2.6550	微杆菌科	0.9637	0.8972
黄单胞菌科	2.9720	2.9120	链球菌科	0.9318	0.1518
莫拉氏菌科	2.8780	0.5352	糖单胞菌目的1科	0.9064	0.9537
鞘脂单胞菌科	2.3840	1.9540	类芽胞杆菌科	0.8639	0.7221
毛螺菌科	2.2650	0.8019	黄杆菌科	0.8469	1.0740
假诺卡氏菌科	2.0480	0.3348	气球菌科	0.8215	0.2297
皮杆菌科	1.8380	0.8680	糖单胞菌科	0.7514	0.6014
伯克氏菌科	1.6320	0.7045	普雷沃氏菌科	0.7366	0.1401
假单胞菌科	1.6300	0.5819	链霉菌科	0.7068	0.6617
芽胞杆菌科	1.5730	1.5610	红杆菌科	0.6347	1.2180
消化链球菌科	1.5180	3.1100	糖螺菌科	0.5774	0.0195
瘤胃球菌科	1.4180	0.5352	链孢囊菌科	0.5731	0.4671
类诺卡氏菌科	1.3670	2.7130	双歧杆菌科	0.5498	0.0039
螺状菌科	1.3200	0.3931	诺卡氏菌科	0.5052	1.2460
韦荣氏菌科	1.3050	0.0331	嗜热放线菌科	0.4585	0.7843
间孢囊菌科	1.2010	5.0840	克里斯滕森菌科	0.4564	0.3231
根瘤菌科	1.1650	0.9829	纤维单胞菌科	0.4458	0.3776
动球菌科	1.1610	0.6500	原小单孢菌科	0.4458	0.5333
短杆菌科	1.1290	0.2686	迪茨氏菌科	0.4373	0.0681

物种名称	猪皮毛细菌科含量/%		物种名称	猪皮毛细菌科含量/%	
	发酵床	传统养殖		发酵床	传统养殖
特吕珀菌科	0.4224	0.9965	放线菌科	0.1910	0.0097
出芽小链菌科	0.4033	0.1051	拟诺卡氏菌科	0.1889	0.0895
罗纳杆菌科	0.3757	0.2297	丙酸杆菌科	0.1825	1.9560
鼠杆形菌科	0.3566	0.0195	微单胞菌科	0.1677	1.2650
纤维弧菌科	0.3524	0.4710	科XIII	0.1550	0.0214
噬几丁质菌科	0.3439	0.4165	门WPS-2的1科	0.1550	0.2550
梭菌目科XI	0.3248	0.2044	热厌氧菌科	0.1528	1.4500
氨基酸球菌科	0.3163	0.0214	拟杆菌纲的1科	0.1443	0.2005
微球菌目的1科	0.3057	0.3036	暖绳菌科	0.1422	0.5119
肉杆菌科	0.2993	0.0195	腐螺旋菌科	0.1422	0.5956
微球菌目分类地位未定的1科	0.2929	0.0876	气单胞菌科	0.1337	0.0292
海洋放线菌目的1科	0.2929	5.6660	黄色杆菌科	0.1274	0.2297
应微所菌科	0.2866	0.8272	海源菌科	0.1252	0.0058
目R7C24的1科	0.2823	0.0175	科AKYG1722	0.1125	0.5547
琥珀酸弧菌科	0.2802	0.0039	橘黄色线菌科	0.1083	0.0779
科A4b	0.2568	0.3036	螺旋体科	0.1040	0.0545
肠杆菌科	0.2483	0.1752	劣生单胞菌科	0.1019	0.2744
肠球菌科	0.2462	0.0973	玫瑰色弯菌科	0.0955	0.0019
科67-14	0.2356	0.9906	疣微菌科	0.0913	0.0409
拜叶林克氏菌科	0.2335	0.1051	类固醇杆菌科	0.0892	0.2355
陌生菌科	0.2314	0.0000	糖单胞菌目的1科	0.0892	0.0993
绿弯菌科	0.2208	0.0097	海草球形菌科	0.0870	0.0253
沉积杆菌科	0.2208	1.0820	纲JG30-KF-CM66的1科	0.0828	0.0487
芽单胞菌纲的1科	0.2038	1.8060	多囊菌科	0.0828	0.0253
纲亚群6的1科	0.1974	0.5819	红环菌科	0.0828	1.3920
高温单孢菌科	0.1953	0.5917	土壤红色杆菌科	0.0828	0.0740
无胆甾原体科	0.1932	0.0234	合计	96.0767	86.3820

　　饲料发酵床与传统养殖猪皮毛细菌科优势菌群比较见图 5-46。在细菌科水平上，饲料发酵床猪皮毛前 5 个细菌科含量达 37.4190%，优势菌群为葡萄球菌科（19.7500%）＞棒杆菌科（5.8950%）＞梭菌科 1（4.0750%）＞微球菌科（3.8970%）＞丹毒丝菌科（3.8020%）；传统养殖猪皮毛前 5 个细菌科含量达 31.4640%，优势菌群为梭菌科 1（8.2420%）＞科 JG30-KF-CM45（6.3410%）＞葡萄球菌科（6.1310%）＞海洋放线菌目的 1 科（5.6660%）＞间孢囊菌科（5.0840%）；两者皮毛细菌目优势菌群种类、排序和含量存在显著差异 [图 5-46(a)]。

　　统计检验结果表明，发酵床猪皮毛的葡萄球菌科极显著高于传统养殖（$P < 0.01$），葡萄球菌科为好氧菌，表明发酵床养殖过程好氧条件充分，传统养殖环境好氧条件较差；发酵床猪皮毛梭菌科 1 极显著的低于传统养殖（$P < 0.01$），梭菌科为厌氧菌，发酵床环境好氧条件充分，其含量低于好氧条件差的传统养殖环境；发酵床猪皮毛的丹毒丝菌科极显著地高于传统养殖（$P < 0.01$），丹毒丝菌科为好氧菌，含量高于好氧条件较差的传统养殖环境 [图5-46(b)]；葡萄球菌科、梭菌科、丹毒丝菌科许多的种类为非病原菌。

　　热图分析表明，前 30 个高含量的细菌科，在发酵床皮毛中的分布含量总体仅葡萄球菌科高于传统养殖，其余细菌科分布含量低于传统养殖［图 5-46(c)］；典型差异表现在芽单胞菌纲的 1 科，发酵床猪皮毛含量（0.2038%）＜传统养殖的（1.8060%），两者差值 -1.6022%；丙酸杆菌科，发酵床猪皮毛含量（0.1825%）＜传统养殖的（1.9560%），两者差值 -1.7735%；海洋放线菌目的 1 科，发酵床猪皮毛含量（0.2929%）＜传统养殖的（5.6660%），两者差值 -5.3731%；目 SBR1031 的 1 科，发酵床猪皮毛含量（0.0594%）＜传统养殖的（1.9970%），两者差值 -1.9376%。

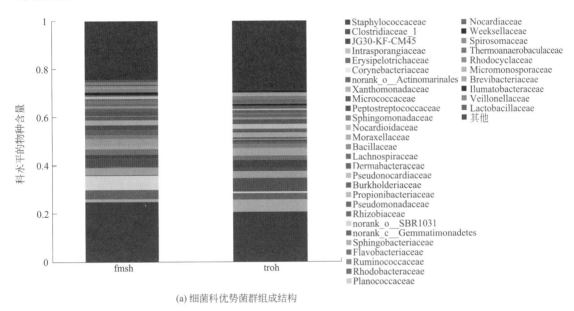

(a) 细菌科优势菌群组成结构

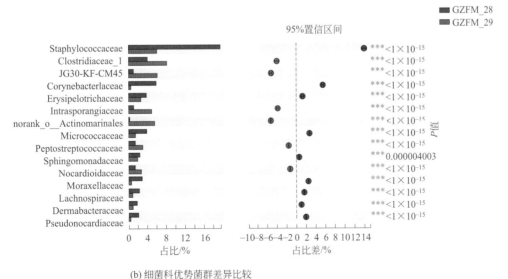

(b) 细菌科优势菌群差异比较

图5-46

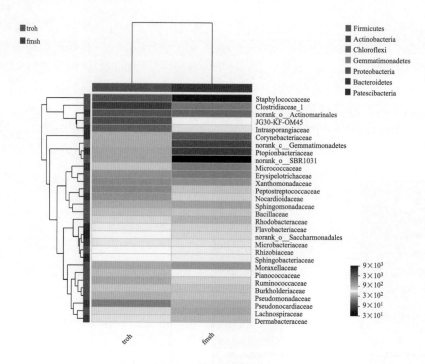

(c) 细菌科优势菌群热图分析

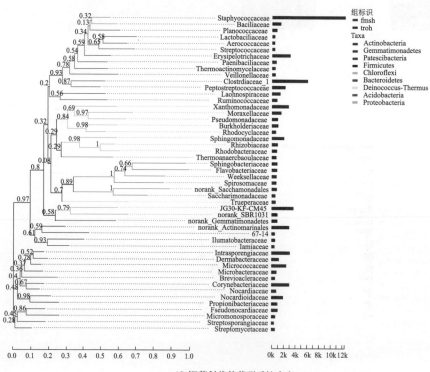

(d) 细菌科优势菌群系统发育

图5-46　饲料发酵床与传统养殖猪皮毛细菌科优势菌群比较

系统发育分析表明，2 个细菌科菌群处于绝对优势，其中葡萄球菌科在发酵床猪皮毛中分布高于传统养殖，梭菌科 1 在发酵床猪皮毛中分布低于传统养殖；在传统养殖猪皮毛上没有分布陌生菌科（Atopobiaceae），而在发酵床猪皮毛上分布为 0.2314%；4 个细菌科斯旦泼氏菌科（Stappiaceae）、热链菌科（Ardenticatenaceae）、热石杆菌科（Thermopetrobacteraceae）、芽单胞菌科在发酵床猪皮毛上没有分布，而在传统养殖猪皮毛分布含量达 0.4457%、0.2394%、0.2005%、0.1849%［图 5-43(d)］。

亚群落分化。根据表 5-32 构建矩阵，以细菌科为样本、养殖方式为指标、欧氏距离为尺度，用可变类平均法进行系统聚类，分析结果见表 5-33、图 5-47。可将饲料发酵床与传统养殖猪皮毛细菌科亚群落分化聚为 3 组。第 1 组高含量组，包括了 1 个细菌科，即葡萄球菌科，在发酵床和传统养殖猪皮毛中的含量分别为 19.7500%、6.1310%；第 2 组中含量组，包括了 13 个细菌科，即棒杆菌科、梭菌科 1、微球菌科、丹毒丝菌科、黄单胞菌科、莫拉氏菌科、鞘氨醇单胞菌科、芽胞杆菌科、消化链球菌科、类诺卡氏菌科、间孢囊菌科、科 JG30-KF-CM45、海洋放线菌目的 1 科，该组平均值在发酵床和传统养殖猪皮毛上的含量分别为 2.5335%、3.2901%，在传统养殖猪皮毛上的含量高于发酵床；第 3 组低含量组，包括了分析的 100 个科中的 86 个科，如红杆菌科、糖螺菌科（Saccharospirillaceae）、链孢囊菌科（Streptosporangiaceae）、双歧杆菌科（Bifidobacteriaceae）、诺卡氏菌科（Nocardiaceae）、嗜热放线菌科（Thermoactinomycetaceae）、克里斯滕森菌科（Christensenellaceae）、纤维单胞菌科（Cellulomonadaceae）、原小单胞菌科（Promicromonosporaceae）、迪茨氏菌科（Dietziaceae）、特吕珀菌科（Trueperaceae）、出芽小链菌科（Blastocatellaceae）、罗纳杆菌科、鼠杆形菌科（Muribaculaceae）、纤维弧菌科（Cellvibrionaceae）、噬几丁质菌科（Chitinophagaceae）；该组平均值在发酵床和传统养殖猪皮毛上的含量分别为 0.5046%、0.4358%，在发酵床猪皮毛上的含量高于传统养殖。

表5-33　饲料发酵床与传统养殖猪皮毛细菌科亚群落分化聚类分析

组别	物种名称	猪皮毛细菌科含量/%		组别	物种名称	猪皮毛细菌科含量/%	
		发酵床	传统养殖			发酵床	传统养殖
1	葡萄球菌科	19.7500	6.1310	3	毛螺菌科	2.2650	0.8019
	第1组1个样本平均值	19.7500	6.1310	3	假诺卡氏菌科	2.0480	0.3348
2	棒杆菌科	5.8950	0.5917	3	皮杆菌科	1.8380	0.8680
2	梭菌科1	4.0750	8.2420	3	伯克氏菌科	1.6320	0.7045
2	微球菌科	3.8970	1.4070	3	假单胞菌科	1.6300	0.5819
2	丹毒丝菌科	3.8020	2.6550	3	瘤胃球菌科	1.4180	0.5352
2	黄单胞菌科	2.9720	2.9120	3	螺状菌科	1.3200	0.3931
2	莫拉氏菌科	2.8780	0.5352	3	韦荣氏菌科	1.3050	0.0331
2	鞘脂单胞菌科	2.3840	1.9540	3	根瘤菌科	1.1650	0.9829
2	芽胞杆菌科	1.5730	1.5610	3	动球菌科	1.1610	0.6500
2	消化链球菌科	1.5180	3.1100	3	短杆菌科	1.1290	0.2686
2	类诺卡氏菌科	1.3670	2.7130	3	威克斯氏菌科	1.0510	0.7221
2	间孢囊菌科	1.2010	5.0840	3	乳杆菌科	1.0400	0.0720
2	科JG30-KF-CM45	1.0800	6.3410	3	鞘脂杆菌科	1.0170	1.0080
2	海洋放线菌目的1科	0.2929	5.6660	3	微杆菌科	0.9637	0.8972
	第2组13个样本平均值	2.5335	3.2901	3	链球菌科	0.9318	0.1518

组别	物种名称	猪皮毛细菌科含量/%		组别	物种名称	猪皮毛细菌科含量/%	
		发酵床	传统养殖			发酵床	传统养殖
3	糖单胞菌目的1科	0.9064	0.9537	3	拜叶林克氏菌科	0.2335	0.1051
3	类芽胞杆菌科	0.8639	0.7221	3	陌生菌科	0.2314	0.0000
3	黄杆菌科	0.8469	1.0740	3	绿弯菌科	0.2208	0.0097
3	气球菌科	0.8215	0.2297	3	沉积杆菌科	0.2208	1.0820
3	糖单胞菌科	0.7514	0.6014	3	芽单胞菌纲的1科	0.2038	1.8060
3	普雷沃氏菌科	0.7366	0.1401	3	纲亚群6的1科	0.1974	0.5819
3	链霉菌科	0.7068	0.6617	3	高温单孢菌科	0.1953	0.5917
3	红杆菌科	0.6347	1.2180	3	无胆甾原体科	0.1932	0.0234
3	糖螺菌科	0.5774	0.0195	3	放线菌科	0.1910	0.0097
3	链孢囊菌科	0.5731	0.4671	3	拟诺卡氏菌科	0.1889	0.0895
3	双歧杆菌科	0.5498	0.0039	3	丙酸杆菌科	0.1825	1.9560
3	诺卡氏菌科	0.5052	1.2460	3	微单胞菌科	0.1677	1.2650
3	嗜热放线菌科	0.4585	0.7843	3	科XIII	0.1550	0.0214
3	克里斯滕森菌科	0.4564	0.3231	3	门WPS-2的1科	0.1550	0.2550
3	纤维单胞菌科	0.4458	0.3776	3	热厌氧菌科	0.1528	1.4500
3	原小单胞菌科	0.4458	0.5333	3	拟杆菌纲的1科	0.1443	0.2005
3	迪茨氏菌科	0.4373	0.0681	3	暖绳菌科	0.1422	0.5119
3	特吕珀菌科	0.4224	0.9965	3	腐螺旋菌科	0.1422	0.5956
3	出芽小链菌科	0.4033	0.1051	3	气单胞菌科	0.1337	0.0292
3	罗纳杆菌科	0.3757	0.2297	3	黄色杆菌科	0.1274	0.2297
3	鼠杆形菌科	0.3566	0.0195	3	海源菌科	0.1252	0.0058
3	纤维弧菌科	0.3524	0.4710	3	科AKYG1722	0.1125	0.5547
3	噬几丁质菌科	0.3439	0.4165	3	橘黄色线菌科	0.1083	0.0779
3	梭菌目科XI	0.3248	0.2044	3	螺旋体科	0.1040	0.0545
3	氨基酸球菌科	0.3163	0.0214	3	劣生单胞菌科	0.1019	0.2744
3	微球菌目的1科	0.3057	0.3036	3	玫瑰色弯菌科	0.0955	0.0019
3	肉杆菌科	0.2993	0.0195	3	疣微菌科	0.0913	0.0409
3	微球菌目分类地位未定的1科	0.2929	0.0876	3	类固醇杆菌科	0.0892	0.2355
3	应微所菌科	0.2866	0.8272	3	糖单胞菌目的1科	0.0892	0.0993
3	目R7C24的1科	0.2823	0.0175	3	海草球形菌科	0.0870	0.0253
3	琥珀酸弧菌科	0.2802	0.0039	3	纲JG30-KF-CM66的1科	0.0828	0.0487
3	科A4b	0.2568	0.3036	3	多囊菌科	0.0828	0.0253
3	肠杆菌科	0.2483	0.1752	3	红环菌科	0.0828	1.3920
3	肠球菌科	0.2462	0.0973	3	土壤红色杆菌科	0.0828	0.0740
3	科67-14	0.2356	0.9906		第3组86个样本平均值	0.5046	0.4358

7. 发酵床与传统养殖猪皮毛细菌属群落分布比较

共检测到猪皮毛细菌属860个，前199个细菌属群落组成见表5-34，发酵床皮毛细菌属含量合计达90.2984%低于传统养殖皮毛细菌属含量合计（91.1165%）。

图5-47　饲料发酵床与传统养殖猪皮毛细菌科亚群落分化聚类分析

表5-34　饲料发酵床与传统养殖猪皮毛细菌属群落组成

物种名称	猪皮毛细菌属含量/%		物种名称	猪皮毛细菌属含量/%	
	发酵床	传统养殖		发酵床	传统养殖
葡萄球菌属	19.7100	5.1260	间孢囊菌科的1属	0.0934	0.9576
狭义梭菌属1	3.5450	7.5440	长孢菌属	0.1061	0.9186
科JG30-KF-CM45的1属	1.0800	6.3410	狭义梭菌属6	0.4797	0.5274
苏黎世杆菌属	3.5980	2.6470	微杆菌属	0.3672	0.6014
海洋放线菌目的1属	0.2929	5.6660	链球菌属	0.8236	0.1207
棒杆菌属1	4.9460	0.4165	土生孢杆菌属	0.2229	0.7104
龙包茨氏菌属	1.2570	2.3610	弯杆菌属(Flectobacillus)	0.7408	0.1226
不动杆菌属	2.8210	0.5294	金色线菌属	0.0340	0.8194
罗氏菌属(Rothia)	2.7790	0.2472	醋香肠菌属	0.8384	0.0039
藤黄色单胞菌属	0.9785	1.6990	水微菌属	0.5540	0.2842
鞘脂菌属	1.9440	0.5800	盐水球菌属	0.0000	0.8213
类诺卡氏菌属	0.8087	1.7130	沉积杆菌科的1属	0.0616	0.7571
短杆菌属	1.5030	0.8680	鸟氨酸微菌属	0.3715	0.4243
四球菌属	0.2993	1.8140	纲亚群6的1属	0.1974	0.5819
目SBR1031的1属	0.0594	1.9970	里斯滕森菌科R-7群的1属	0.4500	0.3153
芽单胞菌纲的1属	0.2038	1.8060	热密卷菌属(Thermocrispum)	0.7005	0.0117
谷氨酸杆菌属	0.8002	1.1050	漠河杆菌属	0.3502	0.3386
糖单胞菌目的1属	0.9064	0.9537	大洋芽胞杆菌属	0.5880	0.0798
红球菌属	0.4967	1.2090	科AKYG1722的1属	0.1125	0.5547
鸟氨酸球菌属	0.1656	1.4660	纤维微菌属	0.4245	0.2413
假单胞菌属	1.0380	0.5780	两面神杆菌属	0.2696	0.3854
亚群10的1属	0.1528	1.4500	寡养单胞菌属	0.5264	0.1168
假黄单胞菌属	0.7790	0.7980	沙单胞菌属	0.3630	0.2744
鞘脂杆菌属	0.8109	0.7493	马杜拉放线菌属	0.1804	0.4515
芽胞杆菌属	0.4309	1.0650	土壤芽胞杆菌属	0.5667	0.0623
副球菌属	0.4330	1.0610	暖绳菌科的1属	0.1146	0.5080
黄杆菌属	0.7175	0.7551	解纤维素菌属	0.3736	0.2472
丙酸棒菌属	0.0000	1.4300	微球菌目的1属	0.3057	0.3036
特吕珀菌属	0.4224	0.9965	居膜菌属	0.0679	0.5333
短杆菌属	1.1290	0.2686	海洋杆菌属	0.5774	0.0195
链霉菌属	0.7068	0.6617	硫假单胞菌属	0.5922	0.0039
糖单胞菌科的1属	0.7472	0.6014	解硫胺素芽胞杆菌属	0.1804	0.4048
交替赤杆菌属	0.2080	1.1040	目EPR3968-O8a-Bc78的1属	0.0594	0.5196
陶厄氏菌属	0.0297	1.2360	毛螺菌科的1属	0.4415	0.1285
糖多孢菌属	1.1990	0.0311	丛毛单胞菌属	0.4925	0.0740
科67-14的1属	0.2356	0.9906	科A4b的1属	0.2568	0.2978
棒杆菌属	0.9488	0.1752	桃色杆菌属	0.3587	0.1927
应微所菌属	0.2866	0.8272	假深黄单胞菌属	0.3226	0.2277
乳杆菌属	1.0400	0.0701	双歧杆菌属	0.5392	0.0039
居大理石菌属	0.2462	0.8174	假氨基杆菌属	0.2802	0.2297

物种名称	猪皮毛细菌属含量/%		物种名称	猪皮毛细菌属含量/%	
	发酵床	传统养殖		发酵床	传统养殖
金黄杆菌属	0.2972	0.2102	韦荣氏科的1属	0.2929	0.0117
迪茨氏菌属	0.4373	0.0681	鼠杆形菌科的1属	0.2823	0.0195
赖氏菌属	0.3078	0.1966	肠杆菌属	0.1634	0.1382
嗜热放线菌属	0.1783	0.3017	目R7C24的1属	0.2823	0.0175
鲁梅尔芽胞杆菌属	0.1677	0.2958	门BRC1的1属	0.0658	0.2160
纤维单胞菌属	0.2823	0.1752	蒂西耶菌属	0.2462	0.0350
赖氨酸芽胞杆菌属	0.2844	0.1693	法氏菌属	0.2441	0.0311
尿素芽胞杆菌属	0.2441	0.2024	热黄微菌属(Thermoflavimicrobium)	0.1995	0.0740
匈牙利杆菌属	0.0000	0.4457	γ-变形菌纲的1属	0.0488	0.2219
微丝菌目的1属	0.0106	0.4282	利德贝特氏菌属	0.2017	0.0662
出芽小链菌属	0.4033	0.0331	假诺卡氏菌属	0.0382	0.2238
科BIrii41的1属	0.0616	0.3659	黄单胞菌科的1属	0.2526	0.0058
巨球形菌属	0.4203	0.0058	原小单胞菌属	0.0212	0.2316
威克斯氏菌科的1属	0.2759	0.1499	球链菌属	0.2420	0.0097
纤维弧菌科的1属	0.0870	0.3250	海管菌属	0.0106	0.2335
门WPS-2的1属	0.1550	0.2550	咸海鲜球菌属(Jeotgalibaca)	0.2356	0.0078
纤维弧菌属	0.2653	0.1440	热链菌科的1属	0.0000	0.2394
沉积杆菌科的1属	0.0998	0.3075	盐湖浮游菌属	0.0021	0.2355
噬氢菌属	0.1210	0.2764	普雷沃菌科NK3B31群1属	0.1847	0.0526
球孢囊菌属	0.1571	0.2374	考拉杆菌属	0.2165	0.0195
类芽胞杆菌属	0.2759	0.1148	小双孢菌属	0.1995	0.0292
普雷沃氏菌属7	0.3863	0.0019	候选属Chloroploca	0.2186	0.0097
泰门菌属	0.2929	0.0876	热双歧菌属	0.1634	0.0642
假放线杆菌属	0.1634	0.2024	琥珀酸弧菌属	0.2229	0.0039
热芽胞杆菌属	0.2314	0.1285	金黄杆状菌属	0.0509	0.1713
气微菌属	0.3078	0.0487	嗜蛋白菌属	0.0531	0.1674
白色杆菌属	0.2611	0.0876	长微菌科的1属	0.0616	0.1576
拟杆菌纲的1属	0.1443	0.2005	无胆甾原体属	0.1932	0.0234
肠球菌属	0.2462	0.0954	毛螺菌科UCG-007群的1属	0.0276	0.1888
皮杆菌属(Dermabacter)	0.3354	0.0000	生丝微菌科的1属	0.0064	0.2063
瘤胃球菌科UCG-005群的1属	0.2653	0.0681	产粪甾醇优杆菌群的1属	0.1847	0.0273
野野村菌属	0.1847	0.1479	属IMCC26207	0.0000	0.2102
扁平丝菌属	0.0085	0.3192	气球形菌属	0.1571	0.0526
鞘脂单胞菌属	0.1040	0.2219	小单胞菌科的1属	0.0509	0.1576
类固醇杆菌属	0.0892	0.2355	气球菌属	0.0658	0.1362
黄色杆菌科的1属	0.1231	0.1985	热石杆菌属	0.0000	0.2005
太白山菌属	0.1189	0.1966	雷尼氏菌属	0.0000	0.1966
分枝杆菌属	0.0679	0.2472	德沃斯氏菌属	0.0488	0.1421
极小单胞菌属	0.2844	0.0273	根瘤菌科的1属	0.0594	0.1304
异根瘤菌属(Allorhizobium)	0.1507	0.1576	糖单胞菌目的1属	0.0892	0.0993
热杆菌科的1属	0.0170	0.1693	拟杆菌目VC2.1 Bac22的1属	0.0191	0.1265
巨型球菌属(Macrococcus)	0.0425	0.1401	高温单胞菌属	0.0149	0.1285
橙色胞菌科的1属	0.0531	0.1246	红微菌属	0.0000	0.1421
瘤胃球菌属1	0.1189	0.0584	黄色弯曲菌属(Flaviflexus)	0.1401	0.0019
放线菌纲的1属	0.0234	0.1538	古根海姆氏菌属	0.0000	0.1401
奥尔森氏菌属	0.1741	0.0000	乳球菌属	0.1083	0.0311
月形单胞菌属	0.1719	0.0000	α-变形菌纲的1属	0.0042	0.1343

物种名称	猪皮毛细菌属含量/%		物种名称	猪皮毛细菌属含量/%	
	发酵床	传统养殖		发酵床	传统养殖
门WS6多伊卡菌纲的1属	0.0170	0.1538	盖亚菌目的1属	0.0616	0.0759
戴阿利斯特杆菌属	0.1613	0.0000	食螯合剂菌属	0.0042	0.1323
解蛋白菌属	0.0509	0.1070	噬几丁质菌科的1属	0.0722	0.0642
芽单胞菌科的1属	0.0000	0.1557	芽胞杆菌科的1属	0.0403	0.0954
湖杆菌属	0.0212	0.1343	兼性芽胞杆菌属	0.1337	0.0019
厌氧弧菌属	0.1465	0.0078	植物雪状菌属	0.0764	0.0584
固氮弓菌属	0.0276	0.1265	博赛氏菌属	0.0998	0.0350
甲基暖菌属	0.0000	0.1538	鞘脂杆菌科的1属	0.1061	0.0273
圆杆菌科的1属	0.0085	0.1440	生丝微菌属	0.0106	0.1226
气单胞菌属	0.1231	0.0292	纲JG30-KF-CM66的1属	0.0828	0.0487
副地杆菌属	0.0382	0.1129	海源菌属	0.1252	0.0058
琼斯氏菌属	0.0701	0.0779	微球菌科的1属	0.1231	0.0078
沉积杆菌属	0.0722	0.0740	合计	90.2984	91.1165

饲料发酵床与传统养殖猪皮毛细菌属优势菌群比较见图 5-48。在细菌属水平上，饲料发酵床猪皮毛前 5 个细菌属含量达 34.6200%，优势菌群为葡萄球菌属（19.7100%）＞棒杆菌属 1（4.9460%）＞苏黎世杆菌属（3.5980%）＞狭义梭菌属 1（3.5450%）＞不动杆菌属（2.8210%）；传统养殖猪皮毛前 5 个细菌属含量达 27.3240%，优势菌群为狭义梭菌属 1（7.5440%）＞科 JG30-KF-CM45 的 1 属（6.3410%）＞海洋放线菌目的 1 属）（5.6660%）＞葡萄球菌属（5.1260%）＞苏黎世杆菌属（2.6470%）；两者皮毛细菌目优势菌群种类、排序和含量存在显著差异［图 5-48(a)］。

统计检验结果表明，发酵床猪皮毛的葡萄球菌属含量极显著高于传统养殖（$P < 0.01$），葡萄球菌属为好氧菌，表明发酵床养殖过程好氧条件充分，传统养殖环境好氧条件较差；发酵床猪皮的毛狭义梭菌属 1 含量极显著地低于传统养殖（$P < 0.01$），梭菌属为厌氧菌，发酵床环境好氧条件充分，其含量低于好氧条件差的传统养殖环境；发酵床猪皮毛的科 JG30-KF-CM45 的 1 属（热微菌目的属）含量极显著地低于传统养殖（$P < 0.01$）；发酵床猪皮毛的苏黎世杆菌属含量极显著地高于传统养殖（$P < 0.01$）［图 5-48(b)］。

热图分析表明，前 30 个高含量的细菌属，在发酵床皮毛中的总体含量分布仅葡萄球菌属高于传统养殖，其余细菌属含量低于传统养殖［图 5-48(c)］；典型差异表现在亚群 10 的 1 属，发酵床猪皮毛含量（0.1528%）＜传统养殖的（1.4500%）；鸟氨酸球菌属，发酵床猪皮毛含量（0.1656%）＜传统养殖的（1.4660%）；丙酸棒菌属，发酵床猪皮毛上无分布，传统养殖的含量为 1.4300%；四球菌属，发酵床猪皮毛含量（0.2993%）＜传统养殖的（1.8140%）；芽单胞菌纲的 1 属，发酵床猪皮毛含量（0.2038%）＜传统养殖的（1.8060%）；目 SBR1031 的 1 属，发酵床猪皮毛含量（0.0594%）＜传统养殖的（1.9970%）［图 5-48(c)］。

系统发育分析表明，2 个细菌属菌群处于绝对优势，其中葡萄球菌属在发酵床猪皮毛中分布高于传统养殖，狭义梭菌属 1 在发酵床猪皮毛中分布低于传统养殖［图 5-48(d)］。

亚群落分化。根据表 5-34 构建矩阵，以细菌属为样本、养殖方式为指标、欧氏距离为尺度，用可变类平均法进行系统聚类，分析结果见表 5-35、图 5-49。可将饲料发酵床与传统养殖猪皮毛细菌科亚群落分化聚为 3 组。第 1 组中含量组，包括了 9 个细菌属，即狭义梭菌属 1、科 JG30-KF-CM45 的 1 属、海洋放线菌目的 1 属、苏黎世杆菌属、短杆菌属（*Brachybacterium*）、鞘脂菌属（*Sphingobium*）、不动杆菌属、棒杆菌属 1、罗氏菌属，在发酵床和传统养殖猪皮毛上的含量平均值分别为 2.5010%、2.7599%，两者分布相近；第 2 组高含量组，包括了 1 个细菌属，即葡萄球菌属，在发酵床和传统养殖猪皮毛上的含量分别为19.7100%、5.1260%，在传统养殖猪皮毛上的含量低于发酵床；第 3 组低含量组，包括了其余的 189 个细菌属，如类诺卡氏菌属（*Nocardioides*）、藤黄色单胞菌属、鸟氨酸球菌属、亚群 10 的 1 属、丙酸棒菌属、陶厄氏菌属、红球菌属、谷氨酸杆菌属（*Glutamicibacter*）、交替赤杆菌属（*Altererythrobacter*）、芽胞杆菌属、副球菌属、特吕珀菌属等，该组在发酵床和传统养殖猪皮毛上分布的平均含量分别为 0.2530%、0.3218%，在发酵床猪皮毛上的含量低于传统养殖。

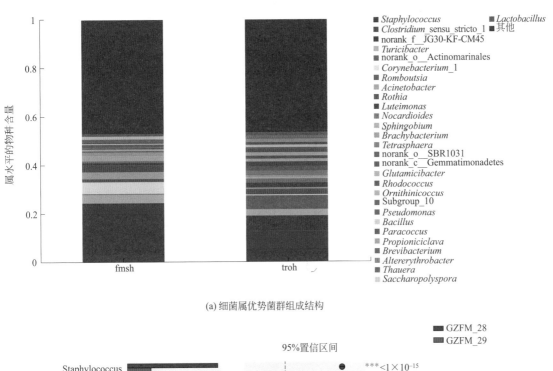

(a) 细菌属优势菌群组成结构

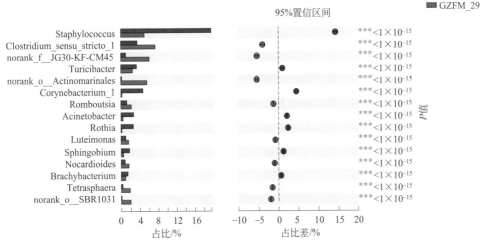

(b) 细菌属优势菌群差异比较

图5-48

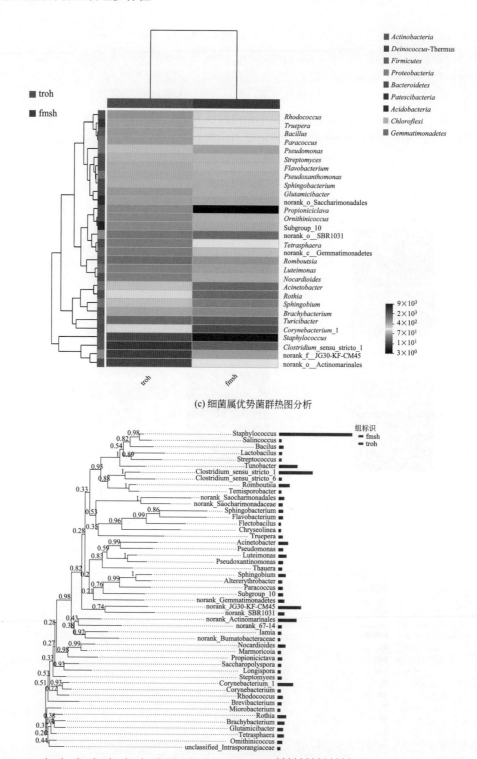

(c) 细菌属优势菌群热图分析

(d) 细菌属优势菌群系统发育

图5-48 饲料发酵床与传统养殖猪皮毛细菌属优势菌群比较

表5-35　饲料发酵床与传统养殖猪皮毛细菌属亚群落分化聚类分析

组别	物质名称	猪皮毛细菌属含量/%		组别	物质名称	猪皮毛细菌属含量/%	
		发酵床	传统养殖			发酵床	传统养殖
1	狭义梭菌属1	3.5450	7.5440	3	盐水球菌属	0.0000	0.8213
1	科JG30-KF-CM45的1属	1.0800	6.3410	3	金色线菌属	0.0340	0.8194
1	海洋放线菌目的1属	0.2929	5.6660	3	居大理石菌属	0.2462	0.8174
1	苏黎世杆菌属	3.5980	2.6470	3	假黄单胞菌属	0.7790	0.7980
1	短杆菌属	1.5030	0.8680	3	沉积杆菌科的1属	0.0616	0.7571
1	鞘脂菌属	1.9440	0.5800	3	黄杆菌属	0.7175	0.7551
1	不动杆菌属	2.8210	0.5294	3	鞘脂杆菌属	0.8109	0.7493
1	棒杆菌属1	4.9460	0.4165	3	土生孢杆菌属	0.2229	0.7104
1	罗氏菌属	2.7790	0.2472	3	链霉菌属	0.7068	0.6617
	第1组9个样本平均值	2.5010	2.7599	3	糖单胞菌科的1属	0.7472	0.6014
2	葡萄球菌属	19.7100	5.1260	3	微杆菌属	0.3672	0.6014
	第2组1个样本平均值	19.7100	5.1260	3	纲亚群6的1属	0.1974	0.5819
3	龙包茨氏菌属	1.2570	2.3610	3	假单胞菌属	1.0380	0.5780
3	目SBR1031的1属	0.0594	1.9970	3	科AKYG1722的1属	0.1125	0.5547
3	四球菌属	0.2993	1.8140	3	居膜菌属	0.0679	0.5333
3	芽单胞菌纲的1属	0.2038	1.8060	3	狭义梭菌属6	0.4797	0.5274
3	类诺卡氏菌属	0.8087	1.7130	3	目EPR3968-O8a-Bc78的1属	0.0594	0.5196
3	藤黄色单胞菌属	0.9785	1.6990	3	暖绳菌科的1属	0.1146	0.5080
3	鸟氨酸球菌属	0.1656	1.4660	3	马杜拉放线菌属	0.1804	0.4515
3	亚群10的1属	0.1528	1.4500	3	匈牙利杆菌属	0.0000	0.4457
3	丙酸棒菌属	0.0000	1.4300	3	微丝菌目的1属	0.0106	0.4282
3	陶厄氏菌属	0.0297	1.2360	3	鸟氨酸微菌属	0.3715	0.4243
3	红球菌属	0.4967	1.2090	3	解硫胺素芽胞杆菌属	0.1804	0.4048
3	谷氨酸杆菌属	0.8002	1.1050	3	两面神杆菌属	0.2696	0.3854
3	交替赤杆菌属	0.2080	1.1040	3	科BIrii41的1属	0.0616	0.3659
3	芽胞杆菌属	0.4309	1.0650	3	漠河杆菌属	0.3502	0.3386
3	副球菌属	0.4330	1.0610	3	纤维弧菌科的1属	0.0870	0.3250
3	特吕珀菌属	0.4224	0.9965	3	扁平丝菌属	0.0085	0.3192
3	科67-14的1属	0.2356	0.9906	3	里斯滕森菌科R-7群的1属	0.4500	0.3153
3	间孢囊菌科的1属	0.0934	0.9576	3	沉积杆菌科的1属	0.0998	0.3075
3	糖单胞菌目的1属	0.9064	0.9537	3	微球菌目的1属	0.3057	0.3036
3	长孢菌属	0.1061	0.9186	3	嗜热放线菌属	0.1783	0.3017
3	应微所菌属	0.2866	0.8272	3	科A4b的1属	0.2568	0.2978

续表

组别	物质名称	猪皮毛细菌属含量/%		组别	物质名称	猪皮毛细菌属含量/%	
		发酵床	传统养殖			发酵床	传统养殖
3	鲁梅尔芽胞杆菌属	0.1677	0.2958	3	棒杆菌属	0.9488	0.1752
3	水微菌属	0.5540	0.2842	3	纤维单胞菌属	0.2823	0.1752
3	噬氢菌属	0.1210	0.2764	3	金黄杆状菌属	0.0509	0.1713
3	沙单胞菌属	0.3630	0.2744	3	赖氨酸芽胞杆菌属	0.2844	0.1693
3	短杆菌属	1.1290	0.2686	3	热杆菌科的1属	0.0170	0.1693
3	门WPS-2的1属	0.1550	0.2550	3	嗜蛋白菌属	0.0531	0.1674
3	解纤维素菌属	0.3736	0.2472	3	异根瘤菌属	0.1507	0.1576
3	分枝杆菌属	0.0679	0.2472	3	长微菌科的1属	0.0616	0.1576
3	纤维微菌属	0.4245	0.2413	3	小单胞菌科的1属	0.0509	0.1576
3	热链菌科的1属	0.0000	0.2394	3	芽单胞菌科的1属	0.0000	0.1557
3	球孢囊菌属	0.1571	0.2374	3	放线菌纲的1属	0.0234	0.1538
3	类固醇杆菌属	0.0892	0.2355	3	门WS6多伊卡菌纲的1属	0.0170	0.1538
3	盐湖浮游菌属	0.0021	0.2355	3	甲基暖菌属	0.0000	0.1538
3	海管菌属	0.0106	0.2335	3	威克斯氏菌科的1属	0.2759	0.1499
3	原小单胞菌属	0.0212	0.2316	3	野野村菌属	0.1847	0.1479
3	假氨基杆菌属	0.2802	0.2297	3	纤维弧菌属	0.2653	0.1440
3	假深黄单胞菌属	0.3226	0.2277	3	圆杆菌科的1属	0.0085	0.1440
3	假诺卡氏菌属	0.0382	0.2238	3	德沃斯氏菌属	0.0488	0.1421
3	鞘脂单胞菌属	0.1040	0.2219	3	红微菌属	0.0000	0.1421
3	γ-变形菌纲的1属	0.0488	0.2219	3	巨型球菌属	0.0425	0.1401
3	门BRC1的1属	0.0658	0.2160	3	古根海姆氏菌属	0.0000	0.1401
3	金黄杆菌属	0.2972	0.2102	3	肠杆菌属	0.1634	0.1382
3	属IMCC26207	0.0000	0.2102	3	气球菌属	0.0658	0.1362
3	生丝微菌科的1属	0.0064	0.2063	3	湖杆菌属	0.0212	0.1343
3	尿素芽胞杆菌属	0.2441	0.2024	3	α-变形菌纲的1属	0.0042	0.1343
3	假放线杆菌属	0.1634	0.2024	3	食螯合剂菌属	0.0042	0.1323
3	拟杆菌纲的1属	0.1443	0.2005	3	根瘤菌科的1属	0.0594	0.1304
3	热石杆菌属	0.0000	0.2005	3	毛螺菌科的1属	0.4415	0.1285
3	黄色杆菌科的1属	0.1231	0.1985	3	热芽胞杆菌属	0.2314	0.1285
3	赖氏菌属	0.3078	0.1966	3	高温单孢菌属	0.0149	0.1285
3	太白山菌属	0.1189	0.1966	3	固氮弓菌属	0.0276	0.1265
3	雷尼氏菌属	0.0000	0.1966	3	拟杆菌门VC2.1 Bac22的1属	0.0191	0.1265
3	桃色杆菌属	0.3587	0.1927	3	橙色胞菌科的1属	0.0531	0.1246
3	毛螺菌科UCG–007群的1属	0.0276	0.1888	3	弯杆菌属	0.7408	0.1226

续表

组别	物质名称	猪皮毛细菌属含量/%		组别	物质名称	猪皮毛细菌属含量/%	
		发酵床	传统养殖			发酵床	传统养殖
3	生丝微菌属	0.0106	0.1226	3	法氏菌属	0.2441	0.0311
3	链球菌属	0.8236	0.1207	3	乳球菌属	0.1083	0.0311
3	寡养单胞菌属	0.5264	0.1168	3	小双孢菌属	0.1995	0.0292
3	类芽胞杆菌属	0.2759	0.1148	3	气单胞菌属	0.1231	0.0292
3	副地杆菌属	0.0382	0.1129	3	极小单胞菌属	0.2844	0.0273
3	解蛋白菌属	0.0509	0.1070	3	产粪甾醇优杆菌群的1属	0.1847	0.0273
3	糖单胞菌目的1属	0.0892	0.0993	3	鞘脂杆菌科的1属	0.1061	0.0273
3	肠球菌属	0.2462	0.0954	3	无胆甾原体属	0.1932	0.0234
3	芽胞杆菌科的1属	0.0403	0.0954	3	海洋杆菌属	0.5774	0.0195
3	泰门菌属	0.2929	0.0876	3	鼠杆形菌科的1属	0.2823	0.0195
3	白色杆菌属	0.2611	0.0876	3	考拉杆菌属	0.2165	0.0195
3	大洋芽胞杆菌属	0.5880	0.0798	3	目R7C24的1属	0.2823	0.0175
3	琼斯氏菌属	0.0701	0.0779	3	热密卷菌属	0.7005	0.0117
3	盖亚菌目的1属	0.0616	0.0759	3	韦荣氏菌科的1属	0.2929	0.0117
3	丛毛单胞菌属	0.4925	0.0740	3	球链菌属	0.2420	0.0097
3	热黄微菌属	0.1995	0.0740	3	候选属Chloroploca	0.2186	0.0097
3	沉积杆菌属	0.0722	0.0740	3	咸海鲜球菌属	0.2356	0.0078
3	乳杆菌属	1.0400	0.0701	3	厌氧弧菌属	0.1465	0.0078
3	迪茨氏菌属	0.4373	0.0681	3	微球菌科的1属	0.1231	0.0078
3	瘤胃球菌科UCG–005群的1属	0.2653	0.0681	3	巨球形菌属	0.4203	0.0058
3	利德贝特氏菌属	0.2017	0.0662	3	黄单胞菌科的1属	0.2526	0.0058
3	热双歧菌属	0.1634	0.0642	3	海源菌属	0.1252	0.0058
3	噬几丁质菌科的1属	0.0722	0.0642	3	醋香肠菌属	0.8384	0.0039
3	土壤芽胞杆菌属	0.5667	0.0623	3	硫假单胞菌属	0.5922	0.0039
3	瘤胃球菌属1	0.1189	0.0584	3	双歧杆菌属	0.5392	0.0039
3	植物雪状菌属	0.0764	0.0584	3	琥珀酸弧菌属	0.2229	0.0039
3	普雷沃氏菌科NK3B31群的1属	0.1847	0.0526	3	普雷沃氏菌属7	0.3863	0.0019
3	气球形菌属	0.1571	0.0526	3	黄色弯曲菌属	0.1401	0.0019
3	气微菌属	0.3078	0.0487	3	兼性芽胞杆菌属	0.1337	0.0019
3	纲JG30-KF-CM66的1属	0.0828	0.0487	3	皮杆菌属	0.3354	0.0000
3	蒂西耶氏菌属	0.2462	0.0350	3	奥尔森氏菌属	0.1741	0.0000
3	博赛氏菌属	0.0998	0.0350	3	月形单胞菌属	0.1719	0.0000
3	出芽小链菌属	0.4033	0.0331	3	戴阿利斯特杆菌属	0.1613	0.0000
3	糖多孢菌属	1.1990	0.0311		第3组189个样本平均值	0.2530	0.3218

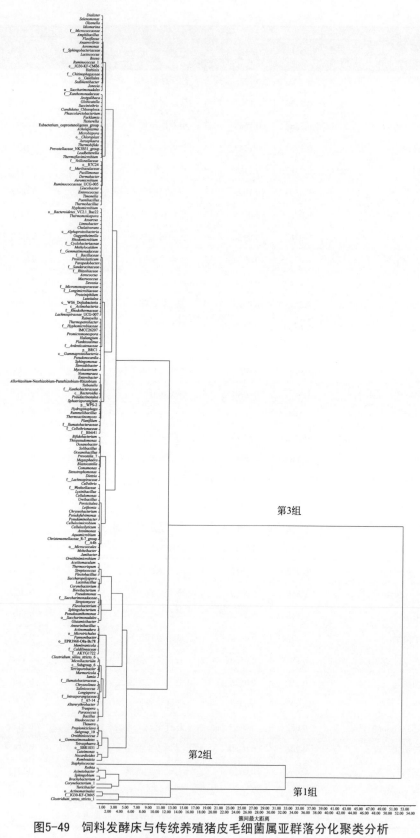

图5-49 饲料发酵床与传统养殖猪皮毛细菌属亚群落分化聚类分析

8．发酵床与传统养殖猪皮毛细菌种群落分布比较

共检测到猪皮毛细菌种 1393 个，前 199 个细菌种群落组成见表 5-36，发酵床皮毛细菌种含量合计达 82.3005% 略低于传统养殖皮毛细菌种含量合计（83.6726%）。前 200 个细菌种类总量大于 80%，后 1173 个细菌种类总量小于 20%。

表5-36　饲料发酵床与传统养殖猪皮毛细菌种群落组成

物种名称	猪皮毛细菌种含量/%		物种名称	猪皮毛细菌种含量/%	
	发酵床	传统养殖		发酵床	传统养殖
松鼠葡萄球菌	12.3100	0.5138	抗性棒杆菌属的1种	1.0830	0.0000
马葡萄球菌	7.3970	4.6130	居大理石菌属的1种	0.2462	0.8174
狭义梭菌属1的1种	2.5960	4.5210	间孢囊菌科的1种	0.0934	0.9576
苏黎世杆菌属的1种	3.5980	2.6470	目SBR1031的1种	0.0255	1.0140
科JG30-KF-CM45的1种	0.7387	5.0350	大麦糖多孢菌	1.0170	0.0058
龙包茨氏菌属的1种	1.2570	2.3610	交替赤杆菌属的1种	0.1443	0.8719
海洋放线菌目的1种	0.1083	3.0890	巴尼姆梭菌	0.4797	0.5274
气生罗氏菌	2.5640	0.1207	谷氨酸棒杆菌属(Coryneglutamicum)的1种	0.8639	0.1129
藤黄色单胞菌属的1种	0.9467	1.6970	短表皮菌属(Breviepidermidis)的1种	0.7578	0.1946
海洋放线菌目的1种	0.1847	2.4250	微杆菌属的1种	0.3630	0.5839
类诺卡氏菌属的1种	0.7981	1.7090	土生孢杆菌属的1种	0.2229	0.7104
鞘脂菌属的1种	1.9270	0.5722	应微所菌属的1种	0.2080	0.7162
丁酸梭菌	0.5816	1.8610	粉色弯杆菌	0.7408	0.1226
短杆菌属的1种	1.5030	0.8680	金色线菌属的1种	0.0340	0.8038
四球菌属的1种	0.2993	1.8140	盐水球菌属的1种	0.0000	0.8213
谷氨酸杆菌属的1种	0.7748	1.1040	醋香肠菌属的1种	0.8151	0.0000
芽单胞菌纲的1种	0.1486	1.7170	嗜土鸟氨酸微菌	0.3715	0.4243
玫瑰色红球菌	0.4755	1.1950	沉积杆菌科的1种	0.0552	0.7376
变异不动杆菌	1.3920	0.2647	食淀粉乳杆菌	0.7790	0.0039
鸟氨酸球菌属的1种	0.1656	1.4660	链球菌属的1种	0.6856	0.0837
棒杆菌属1的1种	1.4500	0.1109	水微菌属的1种	0.5116	0.2335
水原假黄单胞菌	0.7748	0.7785	芽胞杆菌属的1种	0.1634	0.5508
科JG30-KF-CM45的1种	0.3057	1.2440	市政热密卷菌(Thermocrispum municipale)	0.7005	0.0117
杂食副球菌	0.4203	0.9323	目SBR1031的1种	0.0064	0.6812
狭义梭菌属1的1种	0.3057	1.0450	纤维化纤维微菌	0.4245	0.2413
亚群10的1属的1种	0.0000	1.3180	漠河杆菌属的1种	0.3248	0.3386
丙酸棒菌属的1种	0.0000	1.2900	鞘脂杆菌属的1种	0.3269	0.3309
糖单胞菌目的1种	0.6601	0.6092	瓜两面神菌	0.2696	0.3854
陶厄氏菌属的1种	0.0297	1.2340	坎波雷亚尔棒杆菌属(Corynecamporealensis)的1种	0.6113	0.0389
特吕珀菌属的1种	0.3120	0.9108	土壤芽胞杆菌属的1种	0.5667	0.0623
糖单胞菌科的1种	0.7323	0.4496	不动杆菌属的1种	0.4054	0.2102
链霉菌属的1种	0.6347	0.5080	大洋芽胞杆菌属的1种	0.5392	0.0759
还原腐殖质棍菌属的1种	0.9425	0.1752	微球菌目的1种	0.3057	0.3036
科67-14的1种	0.1741	0.9206	居膜菌属的1种	0.0679	0.5333
海洋杆菌属的1种	0.5774	0.0175	嗜热双歧菌(Bifidothermophilum)RBL67	0.3672	0.0019
不动杆菌属的1种	0.5752	0.0156	假放线杆菌属的1种	0.1634	0.2024
解硫胺素芽胞杆菌属的1种	0.1804	0.4048	寡养单胞菌属的1种	0.3439	0.0156
目EPR3968-O8a-Bc78的1种	0.0594	0.5158	气微菌属的1种	0.3078	0.0487
长孢菌属的1种	0.0106	0.5605	拟杆菌纲的1种	0.1443	0.2005
毛螺菌科的1种	0.4415	0.1285	肠球菌属的1种	0.2462	0.0954
变异棒杆菌属(Corynevariabile)的1种	0.5222	0.0409	罗氏菌属的1种	0.2144	0.1265
鞘脂杆菌属的1种	0.2908	0.2686	人皮杆菌(Dermabacterhominis)	0.3354	0.0000

续表

物种名称	猪皮毛细菌种含量/%		物种名称	猪皮毛细菌种含量/%	
	发酵床	传统养殖		发酵床	传统养殖
假深黄单胞菌属的1种	0.3226	0.2277	野野村菌属的1种	0.1847	0.1479
桃色杆菌属的1种	0.3481	0.1927	赖氨酸芽胞杆菌属的1种	0.1868	0.1362
台湾假单胞菌	0.4160	0.1187	黄色杆菌科的1种	0.1231	0.1927
糖单胞菌目的1种	0.2038	0.3153	太白山菌属的1种	0.1189	0.1966
假氨基杆菌属的1种	0.2802	0.2297	短塞内加尔菌属(Brevisenegalense)的1种	0.2356	0.0662
海迪茨氏菌	0.4373	0.0681	热乳芽胞杆菌	0.1274	0.1654
赖氏菌属的1种	0.3078	0.1966	金黄杆菌属的1种	0.1889	0.1032
里斯滕森菌科R-7群的1种	0.2356	0.2666	丛毛单胞菌属的1种	0.2717	0.0175
纲6亚群的1种	0.1974	0.3036	普通嗜热放线菌	0.1486	0.1401
鲍曼不动杆菌	0.4458	0.0234	目SBR1031的1种	0.0276	0.2608
鲁梅尔芽胞杆菌属的1种	0.1677	0.2958	亚群10的1属的1种	0.1528	0.1323
沙单胞菌属的1种	0.2590	0.2005	水生丛毛单胞菌	0.2208	0.0564
纤维单胞菌属的1种	0.2823	0.1752	法氏菌属的1种	0.2441	0.0311
黄杆菌属的1种	0.3120	0.1440	交替赤杆菌属的1种	0.0616	0.2121
匈牙利杆菌属的1种	0.0000	0.4457	热黄微菌属的1种	0.1995	0.0720
出芽小链菌属的1种	0.4033	0.0331	γ-变形菌纲的1种	0.0488	0.2219
赤水菌YIM 102668	0.2759	0.1499	类固醇杆菌属的1种	0.0446	0.2238
长孢菌属的1种	0.0785	0.3309	科A4b的1种	0.1316	0.1362
沉积杆菌科的1种	0.0998	0.3075	普雷沃氏菌属7的1种	0.2675	0.0000
巨球形菌属的1种	0.3906	0.0058	尿素芽胞杆菌属的1种	0.0998	0.1635
球孢囊菌属的1种	0.1571	0.2374	假诺卡氏菌属的1种	0.0361	0.2238
解纤维素菌属的1种	0.2632	0.1304	藤黄色单胞菌属的1种	0.2526	0.0058
科AKYG1722的1种	0.0000	0.3931	马杜拉放线菌属的1种	0.0149	0.2433
纤维弧菌科的1种	0.0764	0.3095	韦荣氏菌科的1种	0.2505	0.0058
暖绳菌科的1种	0.0403	0.3445	酸杆菌门的1种SCN 69-37	0.0000	0.2530
门WPS-2的1种	0.1337	0.2511	原小单胞菌属的1种	0.0212	0.2316
干燥棒杆菌属(Corynexerosis)的1种	0.2844	0.0973	球链菌属的1种	0.2420	0.0097
泰门菌属的1种	0.2929	0.0876	瘤胃球菌科UCG-005群的1种	0.1953	0.0526
目微丝菌目的1种	0.0085	0.3698	施氏假单胞菌	0.1252	0.1187
硫假单胞菌属的1种	0.3757	0.0019	咸海鲜球菌属的1种	0.2356	0.0078
黄杆菌SA_NR2_1	0.0127	0.3639	黄杆菌属的1种	0.1125	0.1285
假单胞菌属的1种	0.2993	0.0740	盐湖浮游菌属的1种	0.0021	0.2355
鞘脂单胞菌属的1种	0.1040	0.1323	嗜热放线菌属的1种	0.0297	0.1615
考拉杆菌属的1种	0.2165	0.0195	噬氢菌属的1种	0.0234	0.1674
普雷沃氏菌科NK3B31的1种	0.1847	0.0487	热链菌科的1种	0.0000	0.1907
纤维弧菌属的1种	0.1125	0.1187	根瘤菌科的1种	0.0594	0.1304
玫瑰小双孢菌	0.1995	0.0292	糖单胞菌目的1种	0.0892	0.0993
肠杆菌属的1种	0.1465	0.0817	尿素芽胞杆菌属的1种	0.1443	0.0389
褐色嗜热裂孢菌	0.1634	0.0642	暖绳菌科的1种	0.0658	0.1168
科AKYG1722的1种	0.1125	0.1109	草分枝杆菌属(Mycophlei)的1种	0.0658	0.1168
金黄杆状菌属的1种	0.0509	0.1713	巨型球菌属的1种	0.0425	0.1401
暗黑微绿链霉菌	0.0722	0.1499	拉里摩尔拟杆菌属(Agrolarrymoorei)的1种	0.1061	0.0759
科BIrii41的1种	0.0064	0.2141	海管菌属的1种	0.0000	0.1810
硫假单胞菌属的1种	0.2165	0.0019	候选属Chloroploca	0.1762	0.0039
毛螺菌科UCG-007群的1种	0.0276	0.1888	梭菌属的1种	0.0616	0.1168
马杜拉放线菌属的1种	0.0976	0.1187	纤维弧菌属的1种	0.1528	0.0253
生丝微菌科的1种	0.0064	0.2063	史氏芽胞杆菌	0.0234	0.1538
嗜棉利德贝伊特氏菌(Leadbetterella byssophila)	0.2017	0.0097	放线菌纲的1种	0.0234	0.1538
气球形菌属的1种	0.1571	0.0526	极小单胞菌属的1种	0.1592	0.0175
小单胞菌科的1种	0.0509	0.1576	白色杆菌属的1种	0.1422	0.0331

续表

物种名称	猪皮毛细菌种含量/%		物种名称	猪皮毛细菌种含量/%	
	发酵床	传统养殖		发酵床	传统养殖
噬氢菌属的1种	0.0976	0.1090	双歧杆菌属的1种	0.1719	0.0019
属IMCC26207的1种	0.0000	0.2063	假单胞菌属的1种	0.1210	0.0526
产绿气球菌(Aerococcusviridans)	0.0658	0.1362	白色杆菌属的1种	0.1189	0.0545
热石杆菌属的1种	0.0000	0.2005	牛月形单胞菌	0.1719	0.0000
解纤维素菌属的1种	0.0807	0.1168	长微菌科的1种	0.0573	0.1129
嗜蛋白菌属的1种	0.0467	0.1499	热杆菌科的1种	0.0000	0.1693
雷尼氏菌属的1种	0.0000	0.1966	假单胞菌属的1种	0.0085	0.1596
鼠杆形菌科的1种	0.1741	0.0175	合计	82.3005	83.6726

饲料发酵床与传统养殖猪皮毛细菌种优势菌群比较见图 5-50。在细菌种水平上，饲料发酵床猪皮毛中含量前 5 个细菌种达 28.4650%，优势菌群为松鼠葡萄球菌（12.3100%）＞马葡萄球菌（7.3970%）＞苏黎世杆菌属的 1 种（3.5980%）＞狭义梭菌属 1 的 1 种（2.5960%）＞气生罗氏菌（2.5640%）；传统养殖猪皮毛中含量前 5 个细菌种达 19.9050%，优势菌群为科 JG30-KF-CM45 的 1 种（5.0350%）＞马葡萄球菌（4.6130%）＞狭义梭菌属 1 的 1 种（4.5210%）＞海洋放线菌目的 1 种（3.0890%）＞苏黎世杆菌属的 1 种（2.647%）；两者皮毛细菌种优势菌群种类、排序和含量存在显著差异［图 5-50(a)］。

统计检验结果表明，发酵床猪皮毛的松鼠葡萄球菌、马葡萄球菌和苏黎世杆菌属 1 的 1 种含量极显著高于传统养殖（$P < 0.01$），这些菌为好氧菌，表明发酵床养殖过程好氧条件充分、传统养殖环境好氧条件较差；发酵床猪皮毛中狭义梭菌属 1 的 1 种、科 JG30-KF-CM45 的 1 种（热微菌目的种）含量极显著地低于传统养殖（$P < 0.01$），这些菌为厌氧菌，表明发酵床环境好氧条件充分、传统养殖环境好氧条件差［图 5-50(b)］。

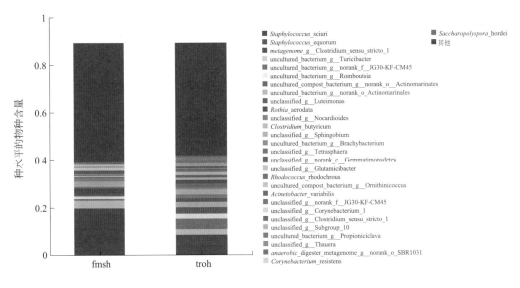

(a) 细菌种优势群组成结构

图5-50

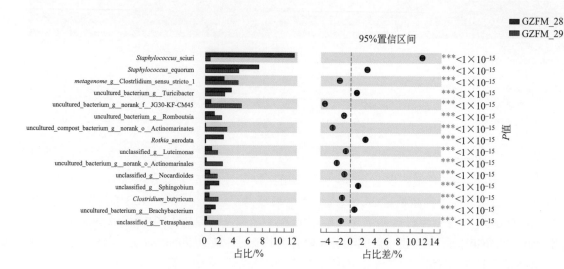

(b) 细菌种优势菌群差异比较

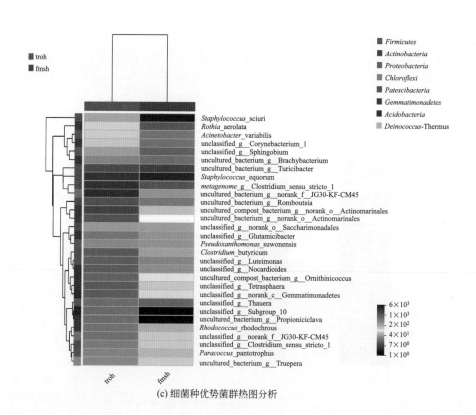

(c) 细菌种优势菌群热图分析

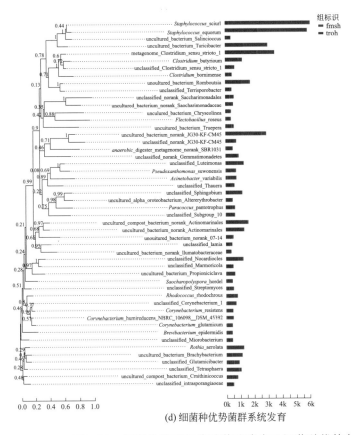

(d) 细菌种优势菌群系统发育

图5-50 饲料发酵床与传统养殖猪皮毛细菌种优势菌群比较

热图分析表明，前 30 个高含量的细菌种，在发酵床皮毛中的含量仅松鼠葡萄球菌高于传统养殖的，其余细菌种含量低于或接近传统养殖的；典型差异表现在陶厄氏菌属的 1 种、亚群 10 的 1 属的 1 种、丙酸棒菌属的 1 种在发酵床猪皮毛上的含量极显著低于传统养殖；松鼠葡萄球菌、气生罗氏菌、抗性棒杆菌属的 1 种、变异不动杆菌、鞘脂菌属的 1 种（鞘脂菌）在发酵床猪皮毛上的含量极显著地高于传统养殖 [图 5-50(c)]。

系统发育分析表明，5 个细菌种菌群处于绝对优势，其中松鼠葡萄球菌、马葡萄球菌、苏黎世杆菌属的 1 种在发酵床猪皮毛上的含量高于传统养殖；狭义梭菌属 1 的 1 种、科 JG30-KF-CM45 的 1 种（热微菌目的种）在发酵床猪皮毛上的含量低于传统养殖 [图 5-50(d)]。

亚群落分化。根据表 5-36 构建矩阵，以细菌种类为样本、养殖方式为指标、欧氏距离为尺度，用可变类平均法进行系统聚类，分析结果见表 5-37、图 5-51。可将饲料发酵床与传统养殖猪皮毛细菌种亚群落分化聚类为 3 组。第 1 组高含量组，包括了 5 个细菌种，即松鼠葡萄球菌、马葡萄球菌、狭义梭菌属 1 的 1 种、苏黎世杆菌属的 1 种、科 JG30-KF-CM45 的 1 种，在发酵床和传统养殖猪皮毛中的含量平均值分别为 5.3279%、3.4660%，发酵床猪皮毛中分布高于传统养殖；第 2 组中含量组，包括了 30 个细菌种，即龙包茨氏菌属的 1 种、海洋放线菌目的 1 种、藤黄色单胞菌属的 1 种、海洋放线菌目的 1 种、类诺卡氏菌属的 1 种、丁酸梭菌、四球菌属的 1 种、谷氨酸杆菌属的 1 种、芽单胞菌纲的 1 种、玫瑰色红球菌、鸟氨酸球菌属的 1 种、水原假黄单胞菌、科 JG30-KF-CM45 的 1 种、杂食副球菌、狭义梭菌属

1的1种、亚群10的1属的1种、丙酸棒菌属的1种、陶厄氏菌属的1种、特吕珀菌属的1种、科67-14的1种、居大理石菌属的1种、间孢囊菌科的1种、目SBR1031的1种、交替赤杆菌属的1种、土生孢杆菌属的1种、应微所菌属的1种、金色线菌属的1种、盐水球菌属的1种、沉积杆菌科的1种、目SBR1031的1种，该组在发酵床和传统养殖猪皮毛上的含量平均值分别为0.3033%、1.2748%，在传统养殖猪皮毛上的含量高于发酵床；第3组低含量组，包括了其余的164个细菌种，如气生罗氏菌（*Rothia aerolata*）、鞘脂菌属的1种、短杆菌属的1种、变异不动杆菌（*Acinetobacter variabilis*）、棒杆菌属1的1种、糖单胞菌目的1种、糖单胞菌科的1种、链霉菌属的1种、还原腐殖质棍菌属的1种、抗性棒杆菌属的1种、大麦糖多孢菌（*Saccharopolyspora hordei*）、巴尼姆梭菌等，该组在发酵床和传统养殖猪皮毛上的含量平均值分别为0.2822%、0.1703%，在发酵床猪皮毛上的含量高于传统养殖。

表5-37　饲料发酵床与传统养殖猪皮毛细菌种亚群落分化聚类分析

组别	物种名称	猪皮毛细菌种含量/%		组别	物种名称	猪皮毛细菌种含量/%	
		发酵床	传统养殖			发酵床	传统养殖
1	松鼠葡萄球菌	12.3100	0.5138	2	科67-14的1种	0.1741	0.9206
1	马葡萄球菌	7.3970	4.6130	2	居大理石菌属的1种	0.2462	0.8174
1	狭义梭菌属1的1种	2.5960	4.5210	2	间孢囊菌科的1种	0.0934	0.9576
1	苏黎世杆菌属的1种	3.5980	2.6470	2	目SBR1031的1种	0.0255	1.0140
1	科JG30-KF-CM45的1种.	0.7387	5.0350	2	交替赤杆菌属的1种	0.1443	0.8719
	第1组5个样本平均值	5.3279	3.4660	2	土生孢杆菌属的1种	0.2229	0.7104
2	龙包茨氏菌的1种	1.2570	2.3610	2	应微所菌属的1种	0.2080	0.7162
2	海洋放线菌目的1种	0.1083	3.0890	2	金色线菌属的1种	0.0340	0.8038
2	藤黄色单胞菌属的1种	0.9467	1.6970	2	盐水球菌属的1种	0.0000	0.8213
2	海洋放线菌目的1种	0.1847	2.4250	2	沉积杆菌科的1种	0.0552	0.7376
2	类诺卡氏菌属的1种	0.7981	1.7090	2	目SBR1031的1种	0.0064	0.6812
2	丁酸梭菌	0.5816	1.8610		第2组30个样本平均值	0.3033	1.2748
2	四球菌属的1种	0.2993	1.8140	3	气生罗氏菌	2.5640	0.1207
2	谷氨酸杆菌属的1种	0.7748	1.1040	3	鞘脂菌属的1种	1.9270	0.5722
2	芽单胞菌纲的1种	0.1486	1.7170	3	短杆菌属的1种	1.5030	0.8680
2	玫瑰色红球菌	0.4755	1.1950	3	变异不动杆菌	1.3920	0.2647
2	鸟氨酸球菌属的1种	0.1656	1.4660	3	棒杆菌属1的1种	1.4500	0.1109
2	水原假黄单胞菌	0.7748	0.7785	3	糖单胞菌目的1种	0.6601	0.6092
2	科JG30-KF-CM45的1种	0.3057	1.2440	3	糖单胞菌科的1种	0.7323	0.4496
2	杂食副球菌	0.4203	0.9323	3	链霉菌属的1种	0.6347	0.5080
2	狭义梭菌属1的1种	0.3057	1.0450	3	还原腐殖质棍菌属的1种	0.9425	0.1752
2	亚群10的1属的1种	0.0000	1.3180	3	抗性棒杆菌属的1种	1.0830	0.0000
2	丙酸棒菌属的1种	0.0000	1.2900	3	大麦糖多孢菌	1.0170	0.0058
2	陶厄氏菌属的1种	0.0297	1.2340	3	巴尼姆梭菌	0.4797	0.5274
2	特吕珀菌属的1种	0.3120	0.9108	3	谷氨酸棒杆菌属的1种	0.8639	0.1129

组别	物种名称	猪皮毛细菌种含量/%		组别	物种名称	猪皮毛细菌种含量/%	
		发酵床	传统养殖			发酵床	传统养殖
3	短表皮菌属的1种	0.7578	0.1946	3	纲6亚群的1种	0.1974	0.3036
3	微杆菌属的1种	0.3630	0.5839	3	鲍曼不动杆菌	0.4458	0.0234
3	粉色弯杆菌	0.7408	0.1226	3	鲁梅尔芽胞杆菌属的1种	0.1677	0.2958
3	醋香肠菌属的1种	0.8151	0.0000	3	沙单胞菌属的1种	0.2590	0.2005
3	嗜土鸟氨酸微菌	0.3715	0.4243	3	纤维单胞菌属的1种	0.2823	0.1752
3	食淀粉乳杆菌	0.7790	0.0039	3	黄杆菌属的1种	0.3120	0.1440
3	链球菌属的1种	0.6856	0.0837	3	匈牙利杆菌属的1种	0.0000	0.4457
3	水微菌属的1种	0.5116	0.2335	3	出芽小链菌属的1种	0.4033	0.0331
3	芽胞杆菌属的1种	0.1634	0.5508	3	赤水菌YIM102668	0.2759	0.1499
3	市政热密卷菌	0.7005	0.0117	3	长孢菌属的1种	0.0785	0.3309
3	纤维化纤维微菌	0.4245	0.2413	3	沉积杆菌科的1种	0.0998	0.3075
3	漠河杆菌属的1种	0.3248	0.3386	3	巨球形菌属的1种	0.3906	0.0058
3	鞘脂杆菌属的1种	0.3269	0.3309	3	球孢囊菌属的1种	0.1571	0.2374
3	瓜两面神菌	0.2696	0.3854	3	解纤维素菌属的1种	0.2632	0.1304
3	坎波雷亚尔棒杆菌属的1种	0.6113	0.0389	3	科AKYG1722的1种	0.0000	0.3931
3	土壤芽胞杆菌属的1种	0.5667	0.0623	3	纤维弧菌科的1种	0.0764	0.3095
3	不动杆菌属的1种	0.4054	0.2102	3	暖绳菌科的1种	0.0403	0.3445
3	大洋芽胞杆菌属的1种	0.5392	0.0759	3	门WPS-2的1种	0.1337	0.2511
3	微球菌目的1种	0.3057	0.3036	3	干燥棒杆菌属的1种	0.2844	0.0973
3	居膜菌属的1种	0.0679	0.5333	3	泰门菌属的1种	0.2929	0.0876
3	海洋杆菌属的1种	0.5774	0.0175	3	目微丝菌目的1种	0.0085	0.3698
3	不动杆菌属的1种	0.5752	0.0156	3	硫假单胞菌属的1种	0.3757	0.0019
3	解硫胺素芽胞杆菌属的1种	0.1804	0.4048	3	黄杆菌SA-NR2-1	0.0127	0.3639
3	目EPR3968-O8a-Bc78的1种	0.0594	0.5158	3	假单胞菌属的1种	0.2993	0.0740
3	长孢菌属的1种	0.0106	0.5605	3	嗜热双歧菌RBL67	0.3672	0.0019
3	毛螺菌科的1种	0.4415	0.1285	3	假放线杆菌属的1种	0.1634	0.2024
3	变异棒杆菌属的1种	0.5222	0.0409	3	寡养单胞菌属的1种	0.3439	0.0156
3	鞘脂杆菌属的1种	0.2908	0.2686	3	气微菌属的1种	0.3078	0.0487
3	假深黄单胞菌属的1种	0.3226	0.2277	3	拟杆菌纲的1种	0.1443	0.2005
3	桃色杆菌属的1种	0.3481	0.1927	3	肠球菌属的1种	0.2462	0.0954
3	台湾假单胞菌	0.4160	0.1187	3	罗氏菌属的1种	0.2144	0.1265
3	糖单胞菌目的1种	0.2038	0.3153	3	人皮杆菌	0.3354	0.0000
3	假氨基杆菌属的1种	0.2802	0.2297	3	野野村菌属的1种	0.1847	0.1479
3	海迪茨氏菌	0.4373	0.0681	3	赖氨酸芽胞杆菌属的1种	0.1868	0.1362
3	赖氏菌属的1种	0.3078	0.1966	3	黄色杆菌科的1种	0.1231	0.1927
3	里斯滕森菌科R-7群的1种	0.2356	0.2666	3	太白山菌属的1种	0.1189	0.1966

续表

组别	物种名称	猪皮毛细菌种含量/%		组别	物种名称	猪皮毛细菌种含量/%	
		发酵床	传统养殖			发酵床	传统养殖
3	短塞内加尔菌属的1种	0.2356	0.0662	3	毛螺菌科UCG–007群的1种	0.0276	0.1888
3	热乳芽胞杆菌	0.1274	0.1654	3	马杜拉放线菌属的1种	0.0976	0.1187
3	金黄杆菌属的1种	0.1889	0.1032	3	生丝微菌科的1种	0.0064	0.2063
3	丛毛单胞菌属的1种	0.2717	0.0175	3	嗜棉利德贝特氏菌	0.2017	0.0097
3	普通嗜热放线菌属	0.1486	0.1401	3	气球形菌属的1种	0.1571	0.0526
3	目SBR1031的1种	0.0276	0.2608	3	小单胞菌科的1种	0.0509	0.1576
3	亚群10的1属的1种	0.1528	0.1323	3	噬氢菌属的1种	0.0976	0.1090
3	水生丛毛单胞菌	0.2208	0.0564	3	属IMCC26207的1种	0.0000	0.2063
3	法氏菌属的1种	0.2441	0.0311	3	产绿气球菌	0.0658	0.1362
3	交替赤杆菌的1种	0.0616	0.2121	3	热石杆菌的1种	0.0000	0.2005
3	热黄微菌属的1种	0.1995	0.0720	3	解纤维素菌属的1种	0.0807	0.1168
3	γ-变形菌纲的1种	0.0488	0.2219	3	嗜蛋白菌属的1种	0.0467	0.1499
3	类固醇杆菌的1种	0.0446	0.2238	3	雷尼氏菌的1种	0.0000	0.1966
3	科A4b的1种	0.1316	0.1362	3	鼠杆形菌科的1种	0.1741	0.0175
3	普雷沃氏菌属7的1种	0.2675	0.0000	3	嗜热放线菌属的1种	0.0297	0.1615
3	尿素芽胞杆菌属的1种	0.0998	0.1635	3	噬氢菌属的1种	0.0234	0.1674
3	假诺卡氏菌属的1种	0.0361	0.2238	3	热链菌科的1种	0.0000	0.1907
3	藤黄色单胞菌属的1种	0.2526	0.0058	3	根瘤菌科的1种	0.0594	0.1304
3	马杜拉放线菌属的1种	0.0149	0.2433	3	糖单胞菌目的1种	0.0892	0.0993
3	韦荣氏菌科的1种	0.2505	0.0058	3	尿素芽胞杆菌属的1种	0.1443	0.0389
3	酸杆菌门的1种SCN 69-37	0.0000	0.2530	3	暖绳菌科的1种	0.0658	0.1168
3	原小单胞菌的1种	0.0212	0.2316	3	草分枝杆菌属的1种	0.0658	0.1168
3	球链菌属的1种	0.2420	0.0097	3	巨型球菌属的1种	0.0425	0.1401
3	瘤胃球菌科UCG–005群的1种	0.1953	0.0526	3	拉里摩尔拟杆菌的1种	0.1061	0.0759
3	施氏假单胞菌	0.1252	0.1187	3	海管菌属的1种	0.0000	0.1810
3	咸海鲜球菌属的1种	0.2356	0.0078	3	候选属*Chloroploca*的1种	0.1762	0.0039
3	黄杆菌属的1种	0.1125	0.1285	3	梭菌属的1种	0.0616	0.1168
3	盐湖浮游菌的1种	0.0021	0.2355	3	纤维弧菌属的1种	0.1528	0.0253
3	鞘脂单胞菌属的1种	0.1040	0.1323	3	史氏芽胞杆菌	0.0234	0.1538
3	考拉杆菌属的1种	0.2165	0.0195	3	放线菌纲的1种	0.0234	0.1538
3	普雷沃氏菌科NK3B31的1种	0.1847	0.0487	3	极小单胞菌属的1种	0.1592	0.0175
3	纤维弧菌属的1种	0.1125	0.1187	3	白色杆菌属的1种	0.1422	0.0331
3	玫瑰小双孢菌	0.1995	0.0292	3	双歧杆菌属的1种	0.1719	0.0019
3	肠杆菌属的1种	0.1465	0.0817	3	假单胞菌属的1种	0.1210	0.0526
3	褐色嗜热裂孢菌	0.1634	0.0642	3	白色杆菌属的1种	0.1189	0.0545
3	科AKYG1722的1种	0.1125	0.1109	3	牛月形单胞菌	0.1719	0.0000
3	金黄杆状菌的1种	0.0509	0.1713	3	长微菌科的1种	0.0573	0.1129
3	暗黑微绿链霉菌	0.0722	0.1499	3	热杆菌科的1种	0.0000	0.1693
3	科BIrii41的1种	0.0064	0.2141	3	假单胞菌属的1种	0.0085	0.1596
3	硫假单胞菌属的1种	0.2165	0.0019		第3组164个样本平均值	0.2822	0.1703

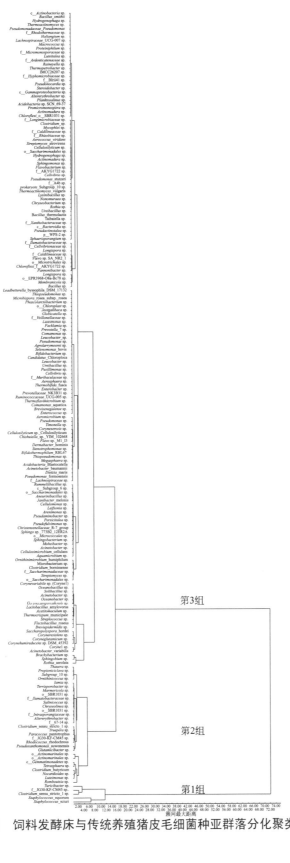

图5-51　饲料发酵床与传统养殖猪皮毛细菌种亚群落分化聚类分析

三、饲料发酵床与传统养殖猪皮毛菌群生态学特性比较

1. 猪皮毛菌群优势种比较

按发酵床猪皮毛细菌种含量排序，前10个高含量的细菌种在发酵床猪皮毛分布含量总和达35.9940%，同样的种类在传统养殖猪皮毛中分布总量仅为16.5923%（表5-38）；发酵床猪皮毛优势菌群包含了松鼠葡萄球菌（非猪病原菌）、马葡萄球菌（肠道菌）、苏黎世杆菌属的1种（胆汁酸代谢菌）、狭义梭菌属1的1种（病原菌）、气生罗氏菌（碳素代谢菌）、鞘脂菌属的1种（苯环降解菌）、短杆菌属的1种（有机物代谢菌）、棒杆菌属1的1种（纤维素降解菌）、变异不动杆菌、龙包茨氏菌属的1种（有机物降解菌）；除了猪病原菌狭义梭菌属1的1种和龙包茨氏菌属的1种在传统养殖猪皮毛中含量高于发酵床外，其余细菌优势种在发酵床猪皮毛中含量高于传统养殖，可以看出，发酵床猪皮毛的细菌优势种中有机物分解菌多、好氧菌多、病原菌少（图5-52）。

表5-38　发酵床猪皮毛菌群及其与传统养殖猪皮毛菌群优势种的比较

物种名称	猪皮毛细菌优势种含量/%	
	发酵床	传统养殖
松鼠葡萄球菌	12.3100	0.5138
马葡萄球菌	7.3970	4.6130
苏黎世杆菌属的1种	3.5980	2.6470
狭义梭菌属1的1种	2.5960	4.5210
气生罗氏菌	2.5640	0.1207
鞘脂菌属的1种	1.9270	0.5722
短杆菌属的1种	1.5030	0.8680
棒杆菌属1的1种	1.4500	0.1109
变异不动杆菌	1.3920	0.2647
龙包茨氏菌属的1种	1.2570	2.3610

按传统养殖猪皮毛细菌种含量排序，前10个高含量的细菌种在传统养殖猪皮毛分布含量总和达30.0830%，同样的种类在发酵床猪皮毛中分布总量仅为16.9092%（表5-39）；传统养殖猪皮毛优势菌群包含了科JG30-KF-CM45的1种、马葡萄球菌、狭义梭菌属1的1种、海洋放线菌目种1、苏黎世杆菌属的1种海洋放线菌目种2、龙包茨氏菌属的1种、丁酸梭菌、四球菌属的1种、芽单胞菌纲的1种；除了马葡萄球菌和苏黎世杆菌属的1种在传统养殖猪皮毛中含量低于发酵床外，其余细菌优势种在传统养殖猪皮毛中含量高于发酵床，可以看出，传统养殖猪皮毛优势种病原菌较多、厌氧菌多、好养菌较少（图5-53）。

表5-39　传统养殖猪皮毛菌群及其与发酵床猪皮毛菌群的比较

物种名称	猪皮毛细菌优势种含量/%	
	发酵床	传统养殖
科JG30-KF-CM45的1种	0.7387	5.0350
马葡萄球菌	7.3970	4.6130

物种名称	猪皮毛细菌优势种含量/%	
	发酵床	传统养殖
狭义梭菌属1的1种	2.5960	4.5210
海洋放线菌目种1	0.1083	3.0890
苏黎世杆菌属的1种	3.5980	2.6470
海洋放线菌目种2	0.1847	2.4250
龙包茨氏菌属的1种	1.2570	2.3610
丁酸梭菌	0.5816	1.8610
四球菌属的1种	0.2993	1.8140
芽单胞菌纲的1种	0.1486	1.7170

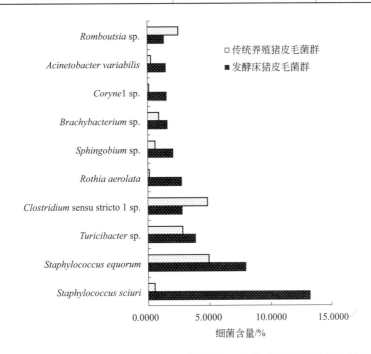

图5-52　发酵床猪皮毛菌群及其与传统养殖猪皮毛菌群优势种的比较

2. 微生物组多样性分析

以共有的1393个细菌种在不同养殖模式中的分布为依据，分析发酵床和传统养殖的猪皮毛中细菌种分布相关性，结果表明发酵床和传统养殖的猪皮毛细菌分布的相关系数为0.4290，统计检验 $P=0.00001$，发酵床和传统养殖的猪皮毛中细菌种分布相关性极显著（$P < 0.01$），表明猪皮毛细菌进化具有特定的同源性，不同养殖方式影响菌群组成结构的分布。

利用高含量前200个细菌种分析猪皮毛细菌菌群多样性指数，结果见表5-40；可以看出，发酵床猪皮毛细菌种类数（188种）低于传统养殖（195种），猪皮毛菌群总量发酵床的（82.3005%）低于传统养殖（83.6726%），菌群丰富度发酵床（42.4000）略低于传统养殖（43.8229），传统养殖猪皮毛细菌种类多样性指数［优势度指数、香农指数、均匀度指数、BRILLOUIN指数、McIntosh（Dmc）指数］高于发酵床。

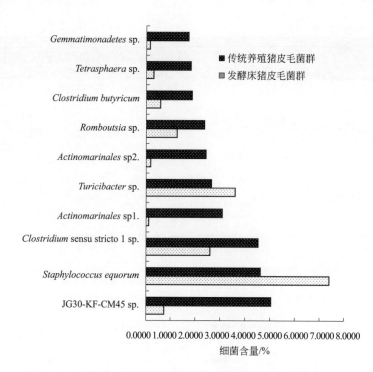

图5-53　传统养殖猪皮毛菌群及其与发酵床猪皮毛菌群的比较

表5-40　发酵床与传统养殖猪皮毛细菌菌群多样性指数的比较

项目		发酵床	传统养殖
猪皮毛细菌种类数		188	195
猪皮毛细菌含量/%		82.3005	83.6726
丰富度		42.4000	43.8229
辛普森指数（D）	值	0.9726	0.9916
	95%置信区间	0.9524	0.9876
		0.9928	0.9957
香农指数（H）	值	4.2587	4.4543
	95%置信区间	3.8804	4.3188
		4.6371	4.5898
均匀度指数	值	0.8133	0.8447
	95%置信区间	0.7413	0.8193
		0.8853	0.8702
Brillouin指数	值	4.5090	4.7904
	95%置信区间	4.1258	4.6578
		4.8921	4.9230
McIntosh指数（D_{mc}）	值	0.9013	0.9631
	95%置信区间	0.8374	0.9469
		0.9653	0.9792

3．猪皮毛菌群生态位分析

（1）猪皮毛生境生态位分析

① 生态位宽度。不同养殖模式猪皮毛生态位宽度指示着特定生境下细菌生长的容量，生态位越宽的猪皮毛，能够提供细菌生长容量越大；反之亦然。利用不同养殖模式猪皮毛高含量前 200 个细菌种，分析发酵床猪皮毛和传统养殖猪皮毛细菌生长生境生态位宽度，结果见表 5-41。分析结果表明，传统养殖猪皮毛细菌生长生境生态位宽度为 49.4436（Levins），比发酵床猪皮毛的 25.4997（Levins）加宽了 93.89%；传统养殖猪皮毛的生境能提供更多细菌生长，故其生态位宽度较宽。

表5-41　基于猪皮毛细菌组成的发酵床与传统养殖生境生态位宽度的比较

项目	发酵床	传统养殖
生态位宽度（Levins）	25.4997	49.4436
频数	5	7
截断比例	0.03	0.03
常用资源种类	S1=14.96%	S2=5.51%
	S2=8.99%	S3=5.40%
	S3=3.15%	S4=3.16%
	S4=4.37%	S5=6.02%
	S8=3.12%	S6=2.82%
		S7=3.69%
		S10=2.90%

发酵床猪皮毛常用资源包括了 S1=14.96%（松鼠葡萄球菌）、S2=8.99%（马葡萄球菌）、S3=3.15%（苏黎世杆菌属的 1 种）、S4=4.37%（狭义梭菌属 1 的 1 种）、S8=3.12%（气生罗氏菌）；传统养殖猪皮毛常用资源包括了 S2=5.51%（科 JG30-KF-CM45 的 1 种）、S3=5.40%（马葡萄球菌）、S4=3.16%（狭义梭菌属 1 的 1 种）、S5=6.02%（海洋放线菌目种 1）、S6=2.82%（苏黎世杆菌属的 1 种）、S7=3.69%（海洋放线菌目种 2）、S10=2.90%（龙包茨氏菌属的 1 种）。

② 生态位重叠。利用不同养殖模式猪皮毛高含量前 200 个细菌种，分析发酵床猪皮毛和传统养殖猪皮毛细菌生长生境生态位重叠，结果表明，发酵床猪皮毛生境和传统养殖猪皮毛生境的生态位重叠值为 0.4502（Pianka 测度），重叠度较低，表明细菌的种类和含量在不同养殖模式的猪皮毛中生存利用不同的生态位，选择不同的养殖模式通过影响猪皮毛细菌菌群结构影响生境生态位重叠。

（2）猪皮毛菌群生态位分析　选择不同养殖模式猪皮毛细菌总和大于 0.5% 的 85 个细菌种（表 5-42），用马氏距离可变类平均法对菌群进行聚类分析，结果可将菌群分为 3 组，第 1 组高含量组 16 个细菌种，第 2 组中含量组 29 个细菌种，第 3 组低含量组 40 个细菌种（表 5-43、图 5-54）；根据不同组细菌组成，分析猪皮毛菌群生态位。生态位分析包括了生态位宽度与生态位重叠，生态位宽度表达了细菌种群对资源的利用能力，宽度越大对资源利用能力越强，反之亦然。生态位重叠表达了两个细菌种群在生境资源相遇的概率，生态位重叠越大，选择同类生境资源的概率就越大，种群间的竞争越激烈；反之，生态位不重叠的两个细菌种群，各自种群选择不同的生境，利用资源错开，种群生存互补能力强。高生态位重叠值范围 0.7 ~ 1.0（前

30%），中生态位重叠范围值 0.3 ～ 0.7（中间 40%），低生态位重叠范围 0.0 ～ 0.3（后 30%）。

表5-42　不同养殖模式猪皮毛细菌总和大于0.5%的85个细菌种类

物种名称	猪皮毛细菌种含量/%			物种名称	猪皮毛细菌种含量/%		
	发酵床	传统养殖	合计		发酵床	传统养殖	合计
【1】松鼠葡萄球菌	12.31	0.5138	12.8238	【44】微杆菌属的1种	0.363	0.5839	0.9469
【2】马葡萄球菌	7.397	4.613	12.01	【45】土生孢杆菌属的1种	0.2229	0.7104	0.9333
【3】狭义梭菌属1的1种	2.596	4.521	7.117	【46】应微所菌属的1种	0.208	0.7162	0.9242
【4】苏黎世杆菌属的1种	3.598	2.647	6.245	【47】粉色弯杆菌	0.7408	0.1226	0.8634
【5】科JG30-KF-CM45的1种	0.7387	5.035	5.7737	【48】金色线菌属的1种	0.034	0.8038	0.8378
【6】龙包茨氏菌属的1种	1.257	2.361	3.618	【49】盐水球菌属的1种	0	0.8213	0.8213
【7】海洋放线菌目的1种	0.1083	3.089	3.1973	【50】醋香肠菌属的1种	0.8151	0	0.8151
【8】气生罗氏菌	2.564	0.1207	2.6847	【51】嗜土鸟氨酸菌	0.3715	0.4243	0.7958
【9】藤黄色单胞菌属的1种	0.9467	1.697	2.6437	【52】沉积杆菌科的1种	0.0552	0.7376	0.7928
【10】海洋放线菌目的1种	0.1847	2.425	2.6097	【53】食淀粉乳杆菌	0.779	0.0039	0.7829
【11】类诺卡氏菌属的1种	0.7981	1.709	2.5071	【54】链球菌属的1种	0.6856	0.0837	0.7693
【12】鞘脂菌属的1种	1.927	0.5722	2.4992	【55】水微菌属的1种	0.5116	0.2335	0.7451
【13】丁酸梭菌	0.5816	1.861	2.4426	【56】芽胞杆菌属的1种	0.1634	0.5508	0.7142
【14】短杆菌属的1种	1.503	0.868	2.371	【57】市政热密卷菌	0.7005	0.0117	0.7122
【15】四球菌属的1种	0.2993	1.814	2.1133	【58】目SBR1031的1种	0.0064	0.6812	0.6876
【16】谷氨酸杆菌属的1种	0.7748	1.104	1.8788	【59】纤维化纤维微菌	0.4245	0.2413	0.6658
【17】芽单胞菌纲的1种	0.1486	1.717	1.8656	【60】漠河杆菌属的1种	0.3248	0.3386	0.6634
【18】玫瑰色红球菌	0.4755	1.195	1.6705	【61】鞘脂杆菌属的1种	0.3269	0.3309	0.6578
【19】变异不动杆菌	1.392	0.2647	1.6567	【62】瓜两面神菌	0.2696	0.3854	0.655
【20】鸟氨酸球菌属的1种	0.1656	1.466	1.6316	【63】坎波雷亚尔棒杆菌属种	0.6113	0.0389	0.6502
【21】棒杆菌属1的1种	1.45	0.1109	1.5609	【64】土壤芽胞杆菌属的1种	0.5667	0.0623	0.629
【22】水原假黄单胞菌	0.7748	0.7785	1.5533	【65】不动杆菌属的1种	0.4054	0.2102	0.6156
【23】科JG30-KF-CM45的种	0.3057	1.244	1.5497	【66】大洋芽胞杆菌属的1种	0.5392	0.0759	0.6151
【24】杂食副球菌	0.4203	0.9323	1.3526	【67】微球菌目的1种	0.3057	0.3036	0.6093
【25】狭义梭菌属1的1种	0.3057	1.045	1.3507	【68】居膜菌属的1种	0.0679	0.5333	0.6012
【26】亚群10的1属的1种	0	1.318	1.318	【69】海洋杆菌属的1种	0.5774	0.0175	0.5949
【27】丙酸棒菌属的1种	0	1.29	1.29	【70】不动杆菌属的1种	0.5752	0.0156	0.5908
【28】糖单胞菌目的1种	0.6601	0.6092	1.2693	【71】解硫胺素芽胞杆菌属的种	0.1804	0.4048	0.5852
【29】陶厄氏菌属的1种	0.0297	1.234	1.2637	【72】目EPR3968-O8a-Bc78的1种	0.0594	0.5158	0.5752
【30】特吕珀菌属的1种	0.312	0.9108	1.2228	【73】长孢菌属的1种	0.0106	0.5605	0.5711
【31】糖单胞菌科的1种	0.7323	0.4496	1.1819	【74】毛螺菌科的1种	0.4415	0.1285	0.57
【32】链霉菌属的1种	0.6347	0.508	1.1427	【75】变异棒杆菌属的1种	0.5222	0.0409	0.5631
【33】还原腐殖质棍菌属的种	0.9425	0.1752	1.1177	【76】鞘脂杆菌属的1种	0.2908	0.2686	0.5594
【34】科67-14的1种	0.1741	0.9206	1.0947	【77】假深黄单胞菌属的1种	0.3226	0.2277	0.5503
【35】抗性棒杆菌属的1种	1.083	0	1.083	【78】桃色杆菌属的1种	0.3481	0.1927	0.5408
【36】居大理石菌属的1种	0.2462	0.8174	1.0636	【79】台湾假单胞菌	0.416	0.1187	0.5347
【37】间孢囊菌科的1种	0.0934	0.9576	1.051	【80】糖单胞菌目的1种	0.2038	0.3153	0.5191
【38】目SBR1031的1种	0.0255	1.014	1.0395	【81】假氨基杆菌属的1种	0.2802	0.2297	0.5099
【39】大麦糖多孢菌	1.017	0.0058	1.0228	【82】海迪茨氏菌	0.4373	0.0681	0.5054
【40】交替赤杆菌属的1种	0.1443	0.8719	1.0162	【83】赖氏菌属的1种	0.3078	0.1966	0.5044
【41】巴尼姆梭菌	0.4797	0.5274	1.0071	【84】里斯滕森菌科R-7群的1种	0.2356	0.2666	0.5022
【42】谷氨酸棒杆菌属的1种	0.8639	0.1129	0.9768	【85】纲6亚群的1种	0.1974	0.3036	0.501
【43】短表皮菌属的1种	0.7578	0.1946	0.9524				

表5-43　不同养殖模式猪皮毛细菌总和大于0.5%的85个细菌种类聚类分析

组别	样本号	猪皮毛细菌种含量/%			组别	样本号	猪皮毛细菌种含量/%		
		发酵床	传统养殖	总和			发酵床	传统养殖	总和
1	松鼠葡萄球菌	12.31	0.5138	12.8238	2	沉积杆菌科的1种	0.0552	0.7376	0.7928
1	马葡萄球菌	7.397	4.613	12.01	2	目SBR1031的1种	0.0064	0.6812	0.6876
1	狭义梭菌属1的1种	2.596	4.521	7.117		第2组29个样本平均值	0.34	0.8702	1.2102
1	苏黎世杆菌属的1种	3.598	2.647	6.245	3	还原腐殖质棍菌属的1种	0.9425	0.1752	1.1177
1	科JG30-KF-CM45的1种	0.7387	5.035	5.7737	3	抗性棒杆菌属的1种	1.083	0	1.083
1	龙包茨氏菌属的1种	1.257	2.361	3.618	3	大麦糖多孢菌	1.017	0.0058	1.0228
1	海洋放线菌目的1种	0.1083	3.089	3.1973	3	谷氨酸棒杆菌属的1种	0.8639	0.1129	0.9768
1	气生罗氏菌	2.564	0.1207	2.6847	3	短表皮菌属的1种	0.7578	0.1946	0.9524
1	藤黄色单胞菌属的1种	0.9467	1.697	2.6437	3	粉色弯杆菌	0.7408	0.1226	0.8634
1	海洋放线菌目的1种	0.1847	2.425	2.6097	3	醋香肠菌属的1种	0.8151	0	0.8151
1	类诺卡氏菌属的1种	0.7981	1.709	2.5071	3	嗜土鸟氨酸微菌	0.3715	0.4243	0.7958
1	鞘脂属的1种	1.927	0.5722	2.4992	3	食淀粉乳杆菌	0.779	0.0039	0.7829
1	丁酸梭菌	0.5816	1.861	2.4426	3	链球菌属的1种	0.6856	0.0837	0.7693
1	短杆菌属的1种	1.503	0.868	2.371	3	水微菌属的1种	0.5116	0.2335	0.7451
1	四球菌属的1种	0.2993	1.814	2.1133	3	芽胞杆菌属的1种	0.1634	0.5508	0.7142
1	谷氨酸杆菌属的1种	0.7748	1.104	1.8788	3	市政热密卷菌	0.7005	0.0117	0.7122
	第1组16个样本平均值	2.349	2.1844	4.5334	3	纤维化纤维微菌	0.4245	0.2413	0.6658
2	芽单胞菌纲的1种	0.1486	1.717	1.8656	3	漠河杆菌属的1种	0.3248	0.3386	0.6634
2	玫瑰色红球菌	0.4755	1.195	1.6705	3	鞘脂杆菌属的1种	0.3269	0.3309	0.6578
2	变异不动杆菌	1.392	0.2647	1.6567	3	瓜两面神菌	0.2696	0.3854	0.655
2	鸟氨酸球菌属的1种	0.1656	1.466	1.6316	3	坎波雷亚尔棒杆菌属的1种	0.6113	0.0389	0.6502
2	棒杆菌属1的1种	1.45	0.1109	1.5609	3	土壤芽胞杆菌属的1种	0.5667	0.0623	0.629
2	水原假黄单胞菌	0.7748	0.7785	1.5533	3	不动杆菌属的1种	0.4054	0.2102	0.6156
2	科JG30-KF-CM45的1种	0.3057	1.244	1.5497	3	大洋芽胞杆菌属的1种	0.5392	0.0759	0.6151
2	杂食副球菌	0.4203	0.9323	1.3526	3	微球菌目的1种	0.3057	0.3036	0.6093
2	狭义梭菌属1的1种	0.3057	1.045	1.3507	3	居膜菌属的1种	0.0679	0.5333	0.6012
2	亚群10的1属的1种	0	1.318	1.318	3	海洋杆菌属的1种	0.5774	0.0175	0.5949
2	丙酸棒菌属的1种	0	1.29	1.29	3	不动杆菌属的1种	0.5752	0.0156	0.5908
2	糖单胞菌目的1种	0.6601	0.6092	1.2693	3	解硫胺素芽胞杆菌属的1种	0.1804	0.4048	0.5852
2	陶厄氏菌属的1种	0.0297	1.234	1.2637	3	目EPR3968-O8a-Bc78的1种	0.0594	0.5158	0.5752
2	特吕珀菌属的1种	0.312	0.9108	1.2228	3	长孢菌属的1种	0.0106	0.5605	0.5711
2	糖单胞菌科的1种	0.7323	0.4496	1.1819	3	毛螺菌科的1种	0.4415	0.1285	0.57
2	链霉菌属的1种	0.6347	0.508	1.1427	3	变异棒杆菌属的1种	0.5222	0.0409	0.5631
2	科67-14的1种	0.1741	0.9206	1.0947	3	鞘脂杆菌属的1种	0.2908	0.2686	0.5594
2	居大理石菌属的1种	0.2462	0.8174	1.0636	3	假深黄单胞菌属的1种	0.3226	0.2277	0.5503
2	间孢囊菌科的1种	0.0934	0.9576	1.051	3	桃色杆菌属的1种	0.3481	0.1927	0.5408
2	目SBR1031的1种	0.0255	1.014	1.0395	3	台湾假单胞菌	0.416	0.1187	0.5347
2	交替赤杆菌属的1种	0.1443	0.8719	1.0162	3	糖单胞菌目的1种	0.2038	0.3153	0.5191
2	巴尼姆梭菌	0.4797	0.5274	1.0071	3	假氨基杆菌属的1种	0.2802	0.2297	0.5099
2	微杆菌属的1种	0.363	0.5839	0.9469	3	海迪茨氏菌	0.4373	0.0681	0.5054
2	土生孢杆菌属的1种	0.2229	0.7104	0.9333	3	赖氏菌属的1种	0.3078	0.1966	0.5044
2	应微所菌属的1种	0.208	0.7162	0.9242	3	里斯滕森菌科R-7群的1种	0.2356	0.2666	0.5022
2	金色线菌属的1种	0.034	0.8038	0.8378	3	纲6亚群的1种	0.1974	0.3036	0.501
2	盐水球菌属的1种	0	0.8213	0.8213		第3组40个样本平均值	0.467	0.2078	0.6748

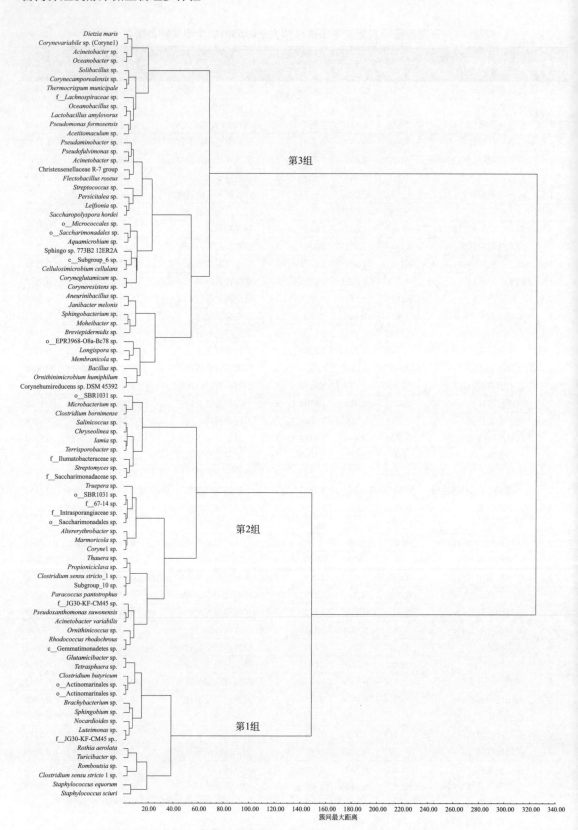

图5-54　不同养殖模式猪皮毛细菌总和大于0.5%的85个细菌种聚类分析

① 高含量组生态位分析。高含量组包含了 16 个细菌种，其生态位宽度差异显著，范围为 2.14 ～ 3.88；不同的细菌种之间生态位重叠差异显著，生态位重叠值范围 0.08 ～ 1.00 之间。如松鼠葡萄球菌与气生罗氏菌生态位重叠值为 1.00，为高重叠种群，这两个种选择同一类型的生境，享有共同的生态位，存在着较大的生存竞争；松鼠葡萄球菌与谷氨酸杆菌属的1 种生态位重叠值为 0.61，为中等生态位重叠，表明它们之间利用的生态位资源较为相似，存在着资源利用互补性；松鼠葡萄球菌与四球菌属的 1 种生态位重叠值为 0.20，属于低重叠种群，两个细菌种各自选择不同的生态位，种群生存互补能力强（表 5-44）。

表5-44　饲料发酵床与传统养殖高含量组猪皮毛菌群生态位分析

物种名称	生态位宽度(Levins)	生态位重叠（Pianka测度）														
		【1】	【2】	【3】	【4】	【5】	【6】	【7】	【8】	【9】	【10】	【11】	【12】	【13】	【14】	【15】	【16】
【1】松鼠葡萄球菌	2.17	1.00	0.87	0.53	0.83	0.19	0.51	0.08	1.00	0.52	0.12	0.46	0.97	0.34	0.89	0.20	0.61
【2】马葡萄球菌	3.80	0.87	1.00	0.88	1.00	0.65	0.87	0.56	0.87	0.88	0.59	0.84	0.96	0.76	1.00	0.66	0.92
【3】狭义梭菌属1的1种	3.73	0.53	0.88	1.00	0.92	0.93	1.00	0.88	0.54	1.00	0.90	1.00	0.72	0.98	0.86	0.94	1.00
【4】苏黎世杆菌属的1种	3.91	0.83	1.00	0.92	1.00	0.70	0.90	0.62	0.83	0.91	0.65	0.88	0.94	0.81	0.99	0.72	0.95
【5】科JG30-KF-CM45的1种	2.57	0.19	0.65	0.93	0.70	1.00	0.94	0.92	0.19	0.93	1.00	0.96	0.42	0.99	0.62	1.00	0.89
【6】龙包茨氏菌属的1种	3.66	0.51	0.87	1.00	0.90	0.94	1.00	0.90	0.51	1.00	0.92	1.00	0.70	0.98	0.85	0.95	0.99
【7】海洋放线菌目的1种	2.14	0.08	0.56	0.88	0.62	0.92	0.90	1.00	0.08	0.89	0.92	0.92	0.32	0.96	0.53	0.99	0.84
【8】气生罗氏菌	2.19	1.00	0.87	0.54	0.83	0.19	0.51	0.08	1.00	0.53	0.12	0.47	0.97	0.34	0.89	0.21	0.61
【9】藤黄色单胞菌属的1种	3.70	0.52	0.88	1.00	0.91	0.93	1.00	0.89	0.53	1.00	0.91	1.00	0.72	0.98	0.86	0.94	0.99
【10】海洋放线菌目的1种	2.30	0.12	0.59	0.90	0.65	1.00	0.92	0.92	0.12	0.91	1.00	0.94	0.36	0.97	0.56	1.00	0.86
【11】类诺卡氏菌属的1种	3.53	0.46	0.84	1.00	0.88	0.96	1.00	0.92	0.47	1.00	0.94	1.00	0.66	0.99	0.82	0.96	0.98
【12】鞘脂菌属的1种	3.09	0.97	0.96	0.72	0.94	0.42	0.70	0.32	0.97	0.72	0.36	0.66	1.00	0.56	0.97	0.44	0.78
【13】丁酸梭菌	3.14	0.34	0.76	0.98	0.81	0.99	0.98	0.96	0.34	0.98	0.97	0.99	0.56	1.00	0.74	0.99	0.95
【14】短杆菌属的1种	3.73	0.89	1.00	0.86	0.99	0.62	0.85	0.53	0.89	0.86	0.56	0.82	0.97	0.74	1.00	0.63	0.91
【15】四球菌属的1种	2.64	0.20	0.66	0.94	0.72	1.00	0.95	0.99	0.21	0.94	1.00	0.96	0.44	0.99	0.63	1.00	0.90
【16】谷氨酸杆菌属的1种	3.88	0.61	0.92	1.00	0.95	0.89	0.99	0.84	0.61	0.99	0.86	0.98	0.78	0.95	0.91	0.90	1.00

② 中含量组生态位分析。中含量组包含了 29 个细菌，其生态位宽度范围为 2.00 ～ 4.00；不同的细菌种类之间生态位重叠差异显著，重叠值范围 0.08 ～ 1.00。如变异不动杆菌与棒杆菌属 1 的 1 种生态位重叠值为 0.99，这两个种选择同一类型的生境，享有共同的生态位，存在着较大的生存竞争；变异不动杆菌与杂食副球菌生态位重叠值为 0.57，为中等生态位重叠，表明它们之间利用的生态位资源较为相似，存在着资源利用互补性；变异不动杆菌与丙酸棒菌属的 1 种生态位重叠值为 0.19，属于低重叠种群，两个细菌种各自选择不同的生态位，种群生存互补能力强（表 5-45）。

③ 低含量组生态位分析。低含量组包含了 40 个细菌，其生态位宽度范围为 2.00 ～ 4.00；不同的细菌种之间生态位重叠差异显著，重叠值范围 0.02 ～ 1.00。如食淀粉乳杆菌与粉色弯杆菌（Flectobacillus roseus）生态位重叠值为 0.99，这两个种选择同一类型的生境，享有共同的生态位，存在着较大的生存竞争；食淀粉乳杆菌与嗜土鸟氨酸微菌（Ornithinimicrobium humiphilum）生态位重叠值为 0.66，为中等生态位重叠，表明它们之间利用的生态位资源较为相似，存在着资源利用互补性；食淀粉乳杆菌与长孢菌属的 1 种生态位重叠值为 0.02，属于低重叠种群，两个细菌种各自选择不同的生态位，种群生存互补能力强（表 5-46）。

表5-45　饲料发酵床与传统养殖中含

物种名称	生态位宽度（Levins）	生态位重叠												
		【1】	【2】	【3】	【4】	【5】	【6】	【7】	【8】	【9】	【10】	【11】	【12】	【13】
【1】 芽单胞菌纲的1种	2.34	1.00	0.96	0.27	1.00	0.16	0.77	0.99	0.94	0.98	1.00	1.00	0.74	1.00
【2】 玫瑰色红球菌	3.37	0.96	1.00	0.54	0.96	0.44	0.92	0.99	1.00	1.00	0.93	0.93	0.90	0.94
【3】 变异不动杆菌	2.73	0.27	0.54	1.00	0.30	0.99	0.83	0.42	0.57	0.46	0.19	0.19	0.85	0.21
【4】 鸟氨酸球菌属的1种	2.45	1.00	0.96	0.30	1.00	0.19	0.78	0.99	0.95	0.99	0.99	0.99	0.76	1.00
【5】 棒杆菌属1的1种	2.30	0.16	0.44	0.99	0.19	1.00	0.76	0.31	0.48	0.35	0.08	0.08	0.78	0.10
【6】 水原假黄单胞菌	4.00	0.77	0.92	0.83	0.78	0.76	1.00	0.86	0.94	0.88	0.71	0.71	1.00	0.73
【7】 科JG30-KF-CM45的1种	2.93	0.99	0.99	0.42	0.99	0.31	0.86	1.00	0.98	1.00	0.97	0.97	0.83	0.98
【8】 杂食副球菌	3.50	0.94	1.00	0.57	0.95	0.48	0.94	0.98	1.00	0.99	0.91	0.91	0.92	0.92
【9】 狭义梭菌属1的1种	3.08	0.98	1.00	0.46	0.99	0.35	0.88	1.00	0.99	1.00	0.96	0.96	0.86	0.97
【10】 亚群10的1属的1种	2.00	1.00	0.93	0.19	0.99	0.08	0.71	0.97	0.91	0.96	1.00	1.00	0.68	1.00
【11】 丙酸棒菌属的1种	2.00	1.00	0.93	0.19	0.99	0.08	0.71	0.97	0.91	0.96	1.00	1.00	0.68	1.00
【12】 糖单胞菌目的1种	3.99	0.74	0.90	0.85	0.76	0.78	1.00	0.83	0.92	0.86	0.68	0.68	1.00	0.70
【13】 陶厄氏菌属的1种	2.10	1.00	0.94	0.21	1.00	0.10	0.73	0.98	0.92	0.97	1.00	1.00	0.70	1.00
【14】 特吕珀菌属的1种	3.23	0.97	1.00	0.50	0.98	0.40	0.90	1.00	1.00	1.00	0.95	0.95	0.88	0.95
【15】 糖单胞菌科的1种	3.78	0.59	0.80	0.93	0.62	0.89	0.97	0.71	0.83	0.74	0.52	0.52	0.98	0.54
【16】 链霉菌属的1种	3.95	0.69	0.87	0.88	0.71	0.83	0.99	0.79	0.89	0.82	0.62	0.62	1.00	0.64
【17】 科67-14的1种	2.73	0.99	0.98	0.37	1.00	0.26	0.83	1.00	0.99	0.97	0.98	0.98	0.80	0.99
【18】 居大理石菌属的1种	3.10	0.98	1.00	0.46	0.99	0.36	0.88	1.00	0.99	1.00	0.96	0.96	0.86	0.96
【19】 间孢囊菌科的1种	2.39	1.00	0.96	0.28	1.00	0.17	0.77	0.99	0.95	0.98	1.00	1.00	0.75	1.00
【20】 目SBR1031的1种	2.10	1.00	0.94	0.21	1.00	0.10	0.73	0.98	0.92	0.97	1.00	1.00	0.70	1.00
【21】 交替赤杆菌属的1种	2.64	1.00	0.98	0.34	1.00	0.24	0.81	1.00	0.97	0.99	0.99	0.99	0.79	0.99
【22】 巴尼姆梭菌	3.99	0.80	0.94	0.80	0.81	0.73	1.00	0.88	0.95	0.90	0.74	0.74	1.00	0.76
【23】 微杆菌属的1种	3.79	0.89	0.98	0.68	0.90	0.59	0.97	0.95	0.99	0.96	0.85	0.85	0.96	0.86
【24】 土生孢杆菌属的1种	3.14	0.98	1.00	0.47	0.98	0.37	0.89	1.00	0.99	1.00	0.95	0.95	0.87	0.96
【25】 应微所菌属的1种	3.07	0.98	1.00	0.45	0.99	0.35	0.88	1.00	0.99	1.00	0.96	0.96	0.86	0.97
【26】 金色线菌属的1种	2.17	1.00	0.94	0.23	1.00	0.12	0.74	0.98	0.93	0.97	1.00	1.00	0.71	1.00
【27】 盐水球菌属的1种	2.00	1.00	0.93	0.19	0.99	0.08	0.71	0.97	0.91	0.96	1.00	1.00	0.68	1.00
【28】 沉积杆菌科的1种	2.30	1.00	0.95	0.26	1.00	0.15	0.76	0.99	0.94	0.98	1.00	1.00	0.73	1.00
【29】 目SBR1031的1种	2.04	1.00	0.93	0.20	0.99	0.09	0.72	0.97	0.92	0.96	1.00	1.00	0.69	1.00

量组猪皮毛菌群生态位分析

（Pianka测度）															
【14】	【15】	【16】	【17】	【18】	【19】	【20】	【21】	【22】	【23】	【24】	【25】	【26】	【27】	【28】	【29】
0.97	0.59	0.69	0.99	0.98	1.00	1.00	1.00	0.80	0.89	0.98	0.98	1.00	1.00	1.00	1.00
1.00	0.80	0.87	0.98	1.00	0.96	0.94	0.98	0.94	0.98	1.00	1.00	0.94	0.93	0.95	0.93
0.50	0.93	0.88	0.37	0.46	0.28	0.21	0.34	0.80	0.68	0.47	0.45	0.23	0.19	0.26	0.20
0.98	0.62	0.71	1.00	0.98	1.00	1.00	1.00	0.81	0.90	0.98	0.99	1.00	0.99	1.00	0.99
0.40	0.89	0.83	0.26	0.36	0.17	0.10	0.24	0.73	0.59	0.37	0.35	0.12	0.08	0.15	0.09
0.90	0.97	0.99	0.83	0.88	0.77	0.73	0.81	1.00	0.97	0.89	0.88	0.74	0.71	0.76	0.72
1.00	0.71	0.79	1.00	1.00	0.99	0.98	1.00	0.88	0.95	1.00	1.00	0.98	0.97	0.99	0.97
1.00	0.83	0.89	0.97	0.99	0.95	0.92	0.97	0.95	0.99	0.99	0.99	0.93	0.91	0.94	0.92
1.00	0.74	0.82	1.00	1.00	0.98	0.97	0.99	0.90	0.96	1.00	1.00	0.97	0.96	0.98	0.96
0.95	0.52	0.62	0.98	0.96	1.00	1.00	0.99	0.74	0.85	0.95	0.96	1.00	1.00	1.00	1.00
0.95	0.52	0.62	0.98	0.96	1.00	1.00	0.99	0.74	0.85	0.95	0.96	1.00	1.00	1.00	1.00
0.88	0.98	1.00	0.80	0.86	0.75	0.70	0.79	1.00	0.96	0.87	0.86	0.71	0.68	0.73	0.69
0.95	0.54	0.64	0.99	0.96	1.00	1.00	0.99	0.76	0.86	0.96	0.97	1.00	1.00	1.00	1.00
1.00	0.77	0.84	0.99	1.00	0.97	0.95	0.99	0.92	0.97	1.00	1.00	0.96	0.95	0.97	0.95
0.77	1.00	0.99	0.67	0.75	0.60	0.54	0.66	0.96	0.89	0.75	0.74	0.56	0.52	0.59	0.53
0.84	0.99	1.00	0.76	0.82	0.70	0.64	0.74	0.99	0.94	0.83	0.82	0.66	0.62	0.68	0.63
0.99	0.67	0.76	1.00	0.99	1.00	0.99	1.00	0.85	0.93	0.99	1.00	0.99	0.98	0.99	0.98
1.00	0.75	0.82	0.99	1.00	0.98	0.96	0.99	0.90	0.97	1.00	1.00	0.97	0.96	0.98	0.96
0.97	0.60	0.70	1.00	0.98	1.00	1.00	1.00	0.80	0.90	0.98	0.98	1.00	1.00	1.00	1.00
0.95	0.54	0.64	0.99	0.96	1.00	1.00	0.99	0.76	0.86	0.96	0.97	1.00	1.00	1.00	1.00
0.99	0.66	0.74	1.00	0.99	1.00	0.99	1.00	0.84	0.92	0.99	0.99	0.99	0.99	1.00	0.99
0.92	0.96	0.99	0.85	0.90	0.80	0.76	0.84	1.00	0.98	0.91	0.90	0.77	0.74	0.79	0.75
0.97	0.89	0.94	0.93	0.97	0.90	0.86	0.92	0.98	1.00	0.97	0.96	0.87	0.85	0.89	0.85
1.00	0.75	0.83	0.99	1.00	0.98	0.96	0.99	0.91	0.97	1.00	1.00	0.97	0.95	0.97	0.96
1.00	0.74	0.82	1.00	1.00	0.98	0.97	0.99	0.90	0.96	1.00	1.00	0.97	0.96	0.98	0.96
0.96	0.56	0.66	0.99	0.97	1.00	1.00	0.99	0.77	0.87	0.97	0.97	1.00	1.00	1.00	1.00
0.95	0.52	0.62	0.98	0.96	1.00	1.00	0.99	0.74	0.85	0.95	0.96	1.00	1.00	1.00	1.00
0.97	0.59	0.68	0.99	0.98	1.00	1.00	1.00	0.79	0.89	0.97	0.98	1.00	1.00	1.00	1.00
0.95	0.53	0.63	0.98	0.96	1.00	1.00	0.99	0.75	0.85	0.96	0.96	1.00	1.00	1.00	1.00

表5-46　饲料发酵床与传统养殖低含

物种名称	生态位宽度（Levins）	生态位重叠															
		【1】	【2】	【3】	【4】	【5】	【6】	【7】	【8】	【9】	【10】	【11】	【12】	【13】	【14】	【15】	【16】
【1】还原腐殖质棍菌属的1种	2.72	1.00	0.98	0.98	1.00	1.00	1.00	0.98	0.79	0.98	1.00	0.97	0.45	0.99	0.95	0.81	0.82
【2】抗性棒杆菌属的1种	2.00	0.98	1.00	1.00	0.99	0.97	0.99	1.00	0.66	1.00	0.99	0.91	0.28	1.00	0.87	0.69	0.70
【3】大麦糖多孢菌	2.02	0.98	1.00	1.00	0.99	0.97	0.99	1.00	0.66	1.00	0.99	0.91	0.29	1.00	0.87	0.70	0.71
【4】谷氨酸棒杆菌属的1种	2.51	1.00	0.99	0.99	1.00	0.99	1.00	0.99	0.75	0.99	1.00	0.96	0.41	0.99	0.93	0.78	0.79
【5】短表皮菌属的1种	2.96	1.00	0.97	0.97	0.99	1.00	1.00	0.97	0.83	0.97	0.99	0.98	0.51	0.97	0.97	0.85	0.86
【6】粉色弯杆菌	2.64	1.00	0.99	0.99	1.00	1.00	1.00	0.99	0.77	0.99	1.00	0.97	0.44	0.99	0.94	0.80	0.81
【7】醋香肠菌属的1种	2.00	0.98	1.00	1.00	0.99	0.97	0.99	1.00	0.66	1.00	0.99	0.91	0.28	1.00	0.87	0.69	0.70
【8】嗜土鸟氨酸微菌	3.98	0.79	0.66	0.66	0.75	0.83	0.77	0.66	1.00	0.66	0.75	0.91	0.91	0.67	0.94	1.00	1.00
【9】食淀粉乳杆菌	2.02	0.98	1.00	1.00	0.99	0.97	0.99	1.00	0.66	1.00	0.99	0.91	0.29	1.00	0.87	0.70	0.71
【10】链球菌属的1种	2.48	1.00	0.99	0.99	1.00	0.99	1.00	0.99	0.75	0.99	1.00	0.95	0.40	0.99	0.92	0.77	0.78
【11】水微菌属的1种	3.51	0.97	0.91	0.91	0.96	0.98	0.97	0.91	0.91	0.91	0.95	1.00	0.66	0.92	1.00	0.93	0.93
【12】芽胞杆菌属的1种	3.09	0.45	0.28	0.29	0.41	0.51	0.44	0.28	0.91	0.29	0.40	0.66	1.00	0.30	0.72	0.89	0.88
【13】市政热密卷菌	2.07	0.99	1.00	1.00	0.99	0.97	0.99	1.00	0.67	1.00	0.99	0.92	0.30	1.00	0.88	0.70	0.71
【14】纤维化纤维微菌	3.72	0.95	0.87	0.87	0.93	0.97	0.94	0.87	0.94	0.87	0.92	1.00	0.72	0.88	1.00	0.96	0.96
【15】漠河杆菌属的1种	4.00	0.81	0.69	0.70	0.78	0.85	0.80	0.69	1.00	0.70	0.77	0.93	0.89	0.70	0.96	1.00	1.00
【16】鞘脂杆菌属的1种	4.00	0.82	0.70	0.71	0.79	0.86	0.81	0.70	1.00	0.71	0.78	0.93	0.88	0.71	0.96	1.00	1.00
【17】瓜两面神菌	3.88	0.71	0.57	0.58	0.67	0.76	0.70	0.57	0.99	0.58	0.67	0.86	0.95	0.59	0.90	0.99	0.99
【18】坎波雷亚尔棒杆菌属的1种	2.25	0.99	1.00	1.00	1.00	0.98	1.00	1.00	0.71	1.00	1.00	0.93	0.34	1.00	0.90	0.74	0.75
【19】土壤芽胞杆菌属的1种	2.43	1.00	0.99	0.99	1.00	0.99	1.00	0.99	0.74	0.99	1.00	0.95	0.39	1.00	0.92	0.77	0.78
【20】不动杆菌属的1种	3.63	0.96	0.89	0.89	0.94	0.97	0.95	0.89	0.93	0.89	0.94	1.00	0.69	0.90	1.00	0.95	0.95
【21】大洋芽胞杆菌属的1种	2.55	1.00	0.99	0.99	1.00	0.99	1.00	0.99	0.76	0.99	1.00	0.96	0.42	0.99	0.93	0.79	0.80
【22】微球菌目的1种	4.00	0.83	0.71	0.71	0.79	0.86	0.82	0.71	1.00	0.71	0.79	0.94	0.88	0.72	0.97	1.00	1.00
【23】居膜菌目的1种	2.50	0.31	0.13	0.13	0.25	0.37	0.29	0.13	0.83	0.13	0.25	0.53	0.99	0.14	0.60	0.80	0.79
【24】海洋杆菌属的1种	2.12	0.99	1.00	1.00	1.00	0.98	0.99	1.00	0.68	1.00	0.99	0.92	0.31	1.00	0.88	0.71	0.72
【25】不动杆菌属的1种	2.11	0.99	1.00	1.00	0.99	0.98	0.99	1.00	0.68	1.00	0.99	0.92	0.31	1.00	0.88	0.71	0.72
【26】解硫胺素芽胞杆菌属的1种	3.49	0.57	0.41	0.41	0.52	0.62	0.55	0.41	0.96	0.41	0.51	0.75	0.99	0.42	0.81	0.94	0.94
【27】目EPR3968-O8a-Bc78的1种	2.45	0.29	0.11	0.12	0.24	0.36	0.28	0.11	0.82	0.12	0.23	0.52	0.98	0.13	0.59	0.80	0.79
【28】长孢菌属的1种	2.08	0.20	0.02	0.02	0.15	0.27	0.18	0.02	0.76	0.02	0.14	0.43	0.96	0.04	0.51	0.73	0.72
【29】毛螺菌科的1种	3.07	1.00	0.96	0.96	0.99	1.00	0.99	0.96	0.84	0.96	0.99	0.99	0.54	0.96	0.97	0.87	0.87
【30】变异棒杆菌属的1种	2.31	0.99	1.00	1.00	1.00	0.99	1.00	1.00	0.72	1.00	1.00	0.94	0.36	1.00	0.91	0.75	0.76
【31】鞘脂杆菌属的1种	3.99	0.85	0.73	0.74	0.82	0.88	0.84	0.73	0.99	0.74	0.81	0.95	0.86	0.75	0.97	1.00	1.00
【32】假深黄单胞菌属的1种	3.88	0.91	0.82	0.82	0.88	0.93	0.90	0.82	0.97	0.82	0.88	0.98	0.79	0.83	1.00	0.98	0.98
【33】桃色杆菌属的1种	3.69	0.95	0.87	0.88	0.93	0.97	0.94	0.87	0.94	0.88	0.93	1.00	0.71	0.88	1.00	0.96	0.96
【34】台湾假单胞菌	3.06	1.00	0.96	0.96	0.99	1.00	0.99	0.96	0.84	0.96	0.99	0.99	0.54	0.97	0.97	0.86	0.87
【35】糖单胞菌目的1种	3.82	0.69	0.54	0.55	0.65	0.73	0.67	0.54	0.99	0.55	0.64	0.84	0.96	0.56	0.89	0.98	0.98
【36】假氨基杆菌属的1种	3.96	0.88	0.77	0.78	0.85	0.91	0.87	0.77	0.99	0.78	0.84	0.97	0.83	0.78	0.99	0.99	0.99
【37】海迪茨氏菌	2.61	1.00	0.99	0.99	1.00	1.00	1.00	0.99	0.77	0.99	1.00	0.96	0.43	0.99	0.94	0.80	0.80
【38】赖氏菌属的1种	3.81	0.93	0.84	0.85	0.91	0.95	0.92	0.84	0.96	0.85	0.90	0.99	0.76	0.85	1.00	0.97	0.98
【39】里斯滕森菌科R-7群的1属	3.98	0.79	0.66	0.67	0.75	0.83	0.78	0.66	1.00	0.67	0.75	0.91	0.91	0.67	0.95	1.00	1.00
【40】纲6亚群的1种	3.83	0.69	0.55	0.55	0.65	0.74	0.67	0.55	0.99	0.55	0.64	0.84	0.96	0.56	0.89	0.98	0.98

量组猪皮毛菌群生态位分析

（Pianka测度）

【17】	【18】	【19】	【20】	【21】	【22】	【23】	【24】	【25】	【26】	【27】	【28】	【29】	【30】	【31】	【32】	【33】	【34】	【35】	【36】	【37】	【38】	【39】	【40】
0.71	0.99	1.00	0.96	1.00	0.83	0.31	0.99	0.99	0.57	0.29	0.20	1.00	0.99	0.85	0.91	0.95	1.00	0.69	0.88	1.00	0.93	0.79	0.69
0.57	1.00	0.99	0.89	0.99	0.71	0.13	1.00	1.00	0.41	0.11	0.02	0.96	1.00	0.73	0.82	0.87	0.96	0.54	0.77	0.99	0.84	0.66	0.55
0.58	1.00	0.99	0.89	0.99	0.71	0.13	1.00	1.00	0.41	0.12	0.02	0.96	1.00	0.74	0.82	0.88	0.96	0.55	0.78	0.99	0.85	0.67	0.55
0.67	1.00	1.00	0.94	1.00	0.79	0.25	1.00	0.99	0.52	0.24	0.15	0.99	1.00	0.82	0.88	0.93	0.99	0.65	0.85	1.00	0.91	0.75	0.65
0.76	0.98	0.99	0.97	0.99	0.86	0.37	0.98	0.98	0.62	0.36	0.27	1.00	0.99	0.88	0.93	0.97	1.00	0.73	0.91	1.00	0.95	0.83	0.74
0.70	1.00	1.00	0.95	1.00	0.82	0.29	0.99	0.99	0.55	0.28	0.18	0.99	1.00	0.84	0.90	0.94	0.99	0.67	0.87	1.00	0.92	0.78	0.67
0.57	1.00	0.99	0.89	0.99	0.71	0.13	1.00	1.00	0.41	0.12	0.02	0.96	1.00	0.73	0.82	0.87	0.99	0.54	0.77	0.99	0.84	0.66	0.55
0.99	0.71	0.74	0.93	0.76	1.00	0.83	0.68	0.68	0.96	0.82	0.76	0.84	0.72	0.99	0.97	0.94	0.84	0.99	0.96	0.77	0.96	1.00	0.99
0.58	1.00	0.99	0.89	0.99	0.71	0.13	1.00	1.00	0.41	0.12	0.02	0.96	1.00	0.74	0.82	0.88	0.96	0.55	0.78	0.99	0.85	0.67	0.55
0.67	1.00	1.00	0.94	1.00	0.79	0.25	1.00	1.00	0.51	0.23	0.14	0.99	1.00	0.81	0.88	0.93	0.99	0.64	0.84	1.00	0.90	0.75	0.64
0.86	0.93	0.95	1.00	0.96	0.94	0.53	0.92	0.92	0.75	0.52	0.43	0.99	0.94	0.95	0.98	1.00	0.99	0.84	0.97	0.96	0.99	0.91	0.84
0.95	0.34	0.39	0.69	0.42	0.88	0.99	0.31	0.31	0.99	0.98	0.96	0.54	0.36	0.86	0.79	0.71	0.54	0.96	0.83	0.43	0.76	0.91	0.96
0.59	1.00	1.00	0.90	0.99	0.72	0.14	1.00	1.00	0.42	0.13	0.04	0.96	1.00	0.75	0.83	0.88	0.97	0.56	0.78	0.99	0.85	0.67	0.56
0.90	0.90	0.92	1.00	0.93	0.97	0.60	0.88	0.88	0.81	0.59	0.51	0.97	0.91	0.97	1.00	1.00	0.97	0.89	0.99	0.94	1.00	0.95	0.89
0.99	0.74	0.77	0.95	0.79	1.00	0.80	0.71	0.71	0.94	0.80	0.73	0.87	0.75	1.00	0.98	0.96	0.86	0.98	0.98	0.80	0.97	1.00	0.98
0.99	0.75	0.78	0.95	0.80	1.00	0.79	0.72	0.72	0.94	0.79	0.72	0.87	0.76	1.00	0.98	0.96	0.87	0.98	0.98	0.80	0.98	1.00	0.98
1.00	0.62	0.66	0.89	0.68	0.98	0.89	0.60	0.60	0.98	0.88	0.83	0.78	0.64	0.98	0.94	0.90	0.78	1.00	0.96	0.69	0.92	0.99	1.00
0.62	1.00	1.00	0.92	1.00	0.75	0.19	1.00	1.00	0.46	0.18	0.08	0.98	1.00	0.78	0.85	0.90	0.98	0.60	0.81	1.00	0.88	0.71	0.60
0.66	1.00	1.00	0.93	1.00	0.78	0.23	1.00	1.00	0.50	0.22	0.13	0.98	1.00	0.80	0.88	0.92	0.99	0.63	0.84	1.00	0.90	0.74	0.63
0.89	0.92	0.93	1.00	0.94	0.95	0.57	0.90	0.90	0.78	0.56	0.48	0.98	0.92	0.96	0.99	1.00	0.98	0.87	0.98	0.95	1.00	0.93	0.87
0.68	1.00	1.00	0.94	1.00	0.80	0.26	0.99	0.99	0.53	0.25	0.16	0.99	1.00	0.82	0.89	0.93	0.99	0.65	0.85	1.00	0.91	0.76	0.66
0.98	0.75	0.78	0.95	0.80	1.00	0.79	0.73	0.73	0.93	0.78	0.72	0.88	0.76	1.00	0.99	0.96	0.88	0.98	1.00	0.81	0.98	1.00	0.98
0.89	0.19	0.23	0.57	0.26	0.79	1.00	0.16	0.15	0.96	1.00	0.99	0.40	0.20	0.77	0.68	0.59	0.39	0.90	0.73	0.28	0.64	0.83	0.90
0.60	1.00	1.00	0.90	0.99	0.73	0.16	1.00	1.00	0.43	0.14	0.05	0.97	1.00	0.75	0.83	0.89	0.97	0.57	0.79	0.99	0.86	0.68	0.57
0.60	1.00	1.00	0.90	0.99	0.73	0.15	1.00	1.00	0.43	0.14	0.05	0.97	1.00	0.75	0.83	0.89	0.97	0.57	0.79	0.99	0.86	0.68	0.57
0.98	0.46	0.50	0.78	0.53	0.93	0.96	0.43	0.43	1.00	0.95	0.92	0.65	0.48	0.92	0.86	0.80	0.64	0.98	0.89	0.56	0.83	0.96	0.98
0.88	0.18	0.22	0.56	0.25	0.78	1.00	0.14	0.14	0.95	1.00	1.00	0.39	0.19	0.76	0.67	0.58	0.38	0.90	0.72	0.27	0.63	0.82	0.90
0.83	0.08	0.13	0.48	0.16	0.72	0.99	0.05	0.05	0.92	1.00	1.00	0.30	0.10	0.69	0.59	0.50	0.29	0.85	0.65	0.17	0.55	0.76	0.85
0.78	0.98	0.98	0.98	0.99	0.88	0.40	0.97	0.97	0.65	0.39	0.30	1.00	0.98	0.89	0.95	0.98	1.00	0.76	0.92	0.99	0.96	0.85	0.76
0.64	1.00	1.00	0.92	1.00	0.76	0.20	1.00	1.00	0.48	0.19	0.10	0.98	1.00	0.79	0.86	0.91	0.98	0.61	0.82	1.00	0.88	0.72	0.61
0.98	0.78	0.80	0.96	0.82	1.00	0.77	0.75	0.75	0.92	0.76	0.69	0.89	0.79	1.00	0.99	0.97	0.89	0.97	1.00	0.83	0.98	0.99	0.97
0.94	0.85	0.88	0.99	0.89	0.99	0.68	0.83	0.83	0.86	0.67	0.59	0.95	0.86	0.99	1.00	0.99	0.94	0.93	0.99	1.00	0.97	0.93	0.93
0.90	0.90	0.92	1.00	0.93	0.96	0.59	0.89	0.89	0.80	0.58	0.50	0.98	0.91	0.97	0.99	1.00	0.97	0.88	0.98	0.94	1.00	0.94	0.88
0.78	0.98	0.99	0.98	0.99	0.88	0.39	0.97	0.97	0.64	0.38	0.29	1.00	0.98	0.89	0.94	0.97	1.00	0.75	0.92	0.99	0.96	0.84	0.75
1.00	0.60	0.63	0.87	0.65	0.98	0.90	0.57	0.57	0.99	0.90	0.85	0.76	0.61	0.97	0.93	0.88	0.75	1.00	0.95	0.67	0.91	0.99	1.00
0.96	0.81	0.84	0.98	0.85	1.00	0.73	0.79	0.79	0.89	0.72	0.65	0.92	0.82	1.00	1.00	0.98	0.92	0.95	1.00	0.86	0.99	0.99	0.95
0.69	1.00	1.00	0.95	1.00	0.81	0.28	0.99	0.99	0.54	0.27	0.17	0.99	1.00	0.83	0.90	0.94	0.99	0.67	0.86	1.00	0.92	0.77	0.67
0.92	0.88	0.90	1.00	0.91	0.98	0.64	0.86	0.86	0.83	0.63	0.55	0.96	0.88	0.98	1.00	1.00	0.96	0.91	0.99	0.92	1.00	0.96	0.91
0.99	0.71	0.74	0.93	0.76	1.00	0.83	0.68	0.68	0.95	0.82	0.76	0.85	0.72	0.99	0.97	0.94	0.84	0.99	0.99	0.77	0.96	1.00	0.99
1.00	0.60	0.63	0.87	0.66	0.98	0.90	0.57	0.57	0.99	0.90	0.85	0.76	0.61	0.97	0.93	0.88	0.75	1.00	0.95	0.67	0.91	0.99	1.00

四、饲料发酵床与传统养殖猪皮毛病原菌组成结构

1. 猪皮肤携带猪病原菌的检测

针对猪重要的细菌性病害的 17 属、21 种猪病原菌，对饲料发酵床与传统养殖的皮毛病原菌进行宏基因组检测，检测结果见表 5-47。通过测序分析，不同养殖模式的猪皮毛检测确认到病原种类的有 3 种，即大肠杆菌、猪链球菌、副猪嗜血杆菌；检测到猪病原所在的属 11 个，未检测到种，即埃希氏菌属、链球菌属、嗜血杆菌属、丹毒丝菌属、梭菌属、假单胞菌属、葡萄球菌属、密螺旋体属、放线杆菌属、球链菌属、支原体属；有 6 种猪病原未检测到属种，即劳森氏菌属、特吕佩尔氏菌属、波氏杆菌属、布氏杆菌属、巴斯德氏菌属（*Pasteurella*）、沙门氏菌属。

表5-47　发酵床和传统养殖猪皮毛携带猪病原菌的调查

猪细菌性病原菌	病原属名	病原学名	细菌病害发现（是√，否⊙）	
			属	种
【1】猪大肠杆菌	①埃希氏菌属	*Escherichia coli*	√	√
【2】猪链球菌	②链球菌属	*Streptococcus suis*	√	√
【3】副猪嗜血杆菌	③嗜血杆菌属	*Haemophilus parasuis*	√	√
【4】副猪溶血嗜血杆菌		*Haemophilus parahaemoelyticus*	√	⊙
【5】猪丹毒菌	④丹毒丝菌属	*Erysipelothrix rhusiopathiae*	√	⊙
【6】猪魏氏梭菌	⑤梭菌属	*Clostridium botulinum*	√	⊙
【7】猪产气荚膜梭菌		*Clostridium perfringens*	√	⊙
【8】猪铜绿假单胞菌	⑥假单胞菌属	假单胞菌属 *aeruginosa*	√	⊙
【9】猪金黄色葡萄球菌	⑦葡萄球菌属	*Staphylococcus aureus*	√	⊙
【10】猪痢疾密螺旋体	⑧密螺旋体属	*Treponema hyodysenteriae*	√	⊙
【11】猪胸膜肺炎放线杆菌	⑨放线杆菌属	*Actinobacillus pleuropneumoniae*	√	⊙
【12】猪血格鲁比卡菌	⑩球链菌属	*Globicatella sanguinis*	√	⊙
【13】猪支原体肺炎	⑪支原体属	*Mycoplasma hyopneumoniae*	√	⊙
【14】猪细胞内劳森氏菌	⑫劳森氏菌属	*Lawsonia intracellularis*	⊙	⊙
【15】猪化脓特吕佩尔氏菌	⑬特吕佩尔氏菌属	*Trueperella pyogenes*	⊙	⊙
【16】猪支气管败血波氏杆菌	⑭波氏杆菌属	*Brodetella bronchiseptica*	⊙	⊙
【17】猪布氏杆菌	⑮布氏杆菌属	*Brucella suis*	⊙	⊙
【18】猪多杀巴斯德氏菌	⑯巴斯德氏菌属	*Pasteurella multocida*	⊙	⊙
【19】猪霍乱沙门氏菌	⑰沙门氏菌属	*Salmonella cholerae*	⊙	⊙
【20】猪肠炎沙门氏菌		*Salmonella enteritidis*	⊙	⊙
【21】猪鼠伤寒沙门氏菌		*Salmonella typhimurium*	⊙	⊙

2. 发酵床与传统养殖猪皮毛携带猪病原菌的分布

发酵床与传统养殖猪皮毛携带猪病原菌的分布检测结果见表 5-48。发酵床和传统养殖猪皮毛上分离到的 3 种病原菌总体含量较低，范围为 0.0039% ～ 0.0849%，诱发病害的概率较低；发酵床猪皮中含量高于传统养殖的，发酵床猪皮毛上分离的病原菌为大肠杆菌含量

0.0849%、猪链球菌含量 0.0297%、副猪嗜血杆菌 0.0467%；传统养殖猪皮毛上分离的病原菌为大肠杆菌含量 0.0117%、猪链球菌含量 0.0039%、副猪嗜血杆菌含量 0.0039%。

表5-48　发酵床和传统养殖猪皮毛携带猪病原菌的分布

病原名称	猪皮毛病原菌含量/%		
	发酵床	传统养殖	差值
大肠杆菌	0.0849	0.0117	0.0732
猪链球菌	0.0297	0.0039	0.0258
副猪嗜血杆菌	0.0467	0.0039	0.0428

3. 发酵床与传统养殖猪皮毛梭菌的分布

在发酵床与传统养殖猪皮毛中未检测到猪病原菌猪肉毒梭菌和猪产气荚膜梭菌，但是，检测到 18 种与病原菌同属的梭菌（表 5-49）不属于猪病原，表现出不同的功能，如纤维素降解、丙酸代谢、沼气发生、吲哚代谢、耐高温、丁酸代谢等，在发酵床猪皮毛上的分布总量为 4.0755%，低于传统养殖猪皮毛上的分布量（8.1568%）。发酵床猪皮毛分布量高于传统养殖的梭菌种类有粪堆梭菌含量 0.0212%、球形孢梭菌含量 0.0149%、丙酸梭菌含量 0.0127%、梭菌属种 2 含量 0.0021%；传统养殖猪皮毛分布量高于发酵床的梭菌种类有狭义梭菌属 1 种 1 含量 4.5210%、丁酸梭菌含量 1.8610%、狭义梭菌属 1 种 2 含量 1.0450%、博尼姆梭菌含量 0.5274%、狭义梭菌属 1 种 3 含量 0.1168%、狭义梭菌属 3 种 1 含量 0.0253%、狭义梭菌属 7 的 1 种含量 0.0195%、梭菌属种 1 含量 0.0117%、粪味梭菌 0.0058%、纤维素梭菌 0.0039%、狭义梭菌属 3 种 2 含量 0.0039%、狭义梭菌属 11 的 1 种含量 0.0039%、梭菌属种 3 含量 0.0039%、梭菌属种 4 含量 0.0019%。

表5-49　发酵床和传统养殖猪皮毛携带梭菌的分布

病原菌名称		猪皮毛梭菌含量/%		
学名	功能作用	发酵床	传统养殖	差值
【1】　纤维素梭菌	纤维素降解	0.0000	0.0039	−0.0039
【2】　丙酸梭菌	丙酸代谢	0.0127	0.0039	0.0088
【3】　球形孢梭菌		0.0149	0.0000	0.0149
【4】　博尼姆梭菌	沼气发生	0.4797	0.5274	−0.0477
【5】　粪味梭菌	吲哚代谢	0.0000	0.0058	−0.0058
【6】　粪堆梭菌	耐高温	0.0212	0.0000	0.0212
【7】　丁酸梭菌	丁酸代谢	0.5816	1.8610	−1.2790
【8】　狭义梭菌属1种1		2.5960	4.5210	−1.9250
【9】　狭义梭菌属1种2		0.3057	1.0450	−0.7395
【10】　狭义梭菌属1种3		0.0616	0.1168	−0.0552
【11】　狭义梭菌属3种1		0.0000	0.0253	−0.0253
【12】　狭义梭菌属3种2		0.0000	0.0039	−0.0039
【13】　狭义梭菌属7的1种		0.0000	0.0195	−0.0195
【14】　狭义梭菌属11的1种		0.0000	0.0039	−0.0039
【15】　梭菌属种1		0.0000	0.0117	−0.0117

续表

病原菌名称		猪皮毛梭菌含量/%		
学名	功能作用	发酵床	传统养殖	差值
【16】梭菌属种2		0.0021	0.0019	0.0002
【17】梭菌属种3		0.0000	0.0039	−0.0039
【18】梭菌属种4		0.0000	0.0019	−0.0019
合计		4.0755	8.1568	

注：由于计算机精确位数的不同，表中差值与前两项实际差值最后1位数字可能不同，但在精度误差范围内；下同。

4．发酵床与传统养殖猪皮毛假单胞菌的分布

在发酵床与传统养殖猪皮毛中未检测到猪病原菌猪铜绿假单胞菌，但是检测到11种与病原菌同属的假单胞菌（表5-50）不属于猪病原，表现出不同的功能，如废水处理、污泥分解、生防作用、植物促长、脂代谢、药敏试验、二苯并噻吩的降解等，在发酵床猪皮毛上的分布总量为1.1249%，高于传统养殖猪皮毛上的分布量（0.6169%）。发酵床猪皮毛分布量高于传统养殖的假单胞菌种类有台湾假单胞菌（0.4160%）、假单胞菌属种1（0.2993%）、假单胞菌属种2（0.1210%）、穿孔素假单胞菌（0.0637%）、黏结假单胞菌（0.0870%）、施氏假单胞菌（0.1252%）；传统养殖猪皮毛分布量高于发酵床的假单胞菌种类有淤泥假单胞菌（0.0019%）、北方假单胞菌（0.0039%）、耐冷假单胞菌（0.0117%）、副黄色假单胞菌（0.035%）、假单胞菌属种3（0.1596%）。

表5-50　发酵床和传统养殖猪皮毛携带假单胞菌的分布

物种名称	功能作用	猪皮毛假单胞菌含量/%		
		发酵床	传统养殖	差值
【1】北方假单胞菌	废水处理	0.0000	0.0039	−0.0039
【2】淤泥假单胞菌	污泥分解	0.0000	0.0019	−0.0019
【3】台湾假单胞菌	生防作用	0.4160	0.1187	0.2973
【4】黏结假单胞菌	植物促长	0.0870	0.0350	0.0520
【5】副黄色假单胞菌	脂代谢	0.0042	0.0350	−0.0308
【6】穿孔素假单胞菌	药敏试验	0.0637	0.0058	0.0578
【7】耐冷假单胞菌	植物促长	0.0000	0.0117	−0.0117
【8】施氏假单胞菌	二苯并噻吩的降解	0.1252	0.1187	0.0065
【9】假单胞菌属种1		0.2993	0.0740	0.2253
【10】假单胞菌属种2		0.1210	0.0526	0.0684
【11】假单胞菌属种3		0.0085	0.1596	−0.1511
合计		1.1249	0.6169	

5．发酵床与传统养殖猪皮毛病原同属细菌的分布

在发酵床与传统养殖猪皮毛中未检测到表5-47列出的一些猪病原菌，但是，检测到15种与病原菌同属的细菌（表5-51），不属于猪病原，表现出不同的功能，如降解菌、代谢菌、肠道菌、致病菌等，在发酵床猪皮毛上的病原同属细菌分布总量为20.8467%，高于传统养殖猪皮毛上的分布量（5.2844%）。

表5-51　发酵床和传统养殖猪皮毛携带病原同属细菌的分布

属名	种名	功能类别	猪皮毛病原同属细菌含量/%		
			发酵床	传统养殖	差值
放线杆菌属	①小放线杆菌	致病菌	0.0021	0.0000	0.0021
丹毒丝菌属	②丹毒丝菌属种1	降解菌	0.0276	0.0000	0.0276
	③丹毒丝菌属种2	降解菌	0.0085	0.0000	0.0085
球链菌属	④球链菌属的1种	致病菌	0.2420	0.0097	0.2323
支原体属	⑤猪鼻支原体	致病菌	0.0127	0.0000	0.0127
葡萄球菌属	⑥马葡萄球菌	肠道菌	7.3970	4.6130	2.7850
	⑦松鼠葡萄球菌	致病菌	12.3100	0.5138	11.8000
链球菌属	⑧亨利链球菌	致病菌	0.0764	0.0214	0.0550
	⑨副结核链球菌	致病菌	0.0000	0.0117	−0.0117
	⑩多动物链球菌	致病菌	0.0318	0.0000	0.0318
	⑪链球菌属的1种	代谢菌	0.6856	0.0837	0.6019
密螺旋体属	⑫嗜糖密螺旋体	代谢菌	0.0000	0.0156	−0.0156
	⑬朱氏密螺旋体	代谢菌	0.0000	0.0019	−0.0019
	⑭密螺旋体属2种1	代谢菌	0.0488	0.0058	0.0430
	⑮密螺旋体属2种2	代谢菌	0.0042	0.0078	−0.0035
合计			20.8467	5.2844	

　　发酵床猪皮毛分布量高于传统养殖的细菌种类有松鼠葡萄球菌（12.3100%）、马葡萄球菌（7.3970%）、链球菌属的1种（0.6856%）、球链菌属的1种（0.2420%）、亨利链球菌（0.0764%）、密螺旋体属2种1（0.0488%）、多动物链球菌（0.0318%）、丹毒丝菌属种1（0.0276%）、猪鼻支原体（0.0127%）、丹毒丝菌属种2（0.0085%）、小放线杆菌（0.0021%）；传统养殖猪皮毛分布量高于发酵床的细菌种类有朱氏密螺旋体（0.0019%）、密螺旋体属2种2（0.0078%）、副结核链球菌（0.0117%）、嗜糖密螺旋体（0.0156%）。

五、讨论

　　猪皮毛具有不同的皮肤微生物群落，受到养殖环境、地理环境、季节气候、养殖管理的影响，猪皮毛微生物群落发生变化；在猪皮毛微生物群落中，携带着不同的病原菌，也是诱发猪病害的病原来源。韦森文（2019）报道了猪常见皮肤性疾病的分析，在生猪养殖生产中，引起猪皮肤疾病的原因有细菌、病毒和寄生虫等很多方面。卫秀余和何水林（2014）报道了猪常见皮肤疾病的鉴别诊断，引起猪皮肤疾病的原因有很多，细菌、病毒和寄生虫感染及蚊虫叮咬、过敏反应等都会在猪的皮肤上出现病变。皮肤病变为主要特征的猪皮肤疾病病原是猪葡萄球菌，这种菌可以产生热敏感性表皮脱落毒素，同时猪圆环病毒2型的感染会促使渗出性皮炎的发生。唐丹丹等（2013）报道了引起猪皮肤炎症的常见疾病，猪体皮肤的颜色是否正常或皮肤是否有弹性等可以作为诊断猪病的一个依据。临床上许多疾病都能引起猪的皮肤炎症，常见于一些热性的病毒性或细菌的传染病、体外寄生虫病、营养代谢病，如猪痘、猪丹毒、猪疥螨病、猪锌缺乏症等。这四种疾病均会出现皮肤红斑、疹块、增厚、缺少弹性、瘙痒等皮肤炎症的临床症状。单广东等（2013）报道了夏季猪皮肤性疾病的防控，夏季湿热多雨，猪易患皮肤病，该病在猪只各生长阶段均可发生，尤以保育猪、育肥猪居多，散养猪及圈养猪多发，主要表现为背部出现少许斑疹，严重者背部、耳朵及四肢外侧皮肤均有圆形丘疹，发病率为 10% ～ 100%，可影响猪的生长发育，同时易引起细菌的继发性感染，最后甚至全场猪只都会发病。肖仁普（2008）应用 DGGE 技术分析常用消毒液对猪皮肤微生物区系的影响，结果表明，用不同消毒剂在不同时间对猪皮肤消毒处理，有效碘含量 5% 聚维酮碘 5min 消毒对猪皮肤细菌种类和多样性的影响最为显著，即对猪皮肤细菌种类的减少最有效。消毒液及庆大霉素连续消毒的皮肤细菌区系 16S rDNA 序列分析表明，三种消毒液和庆大霉素连续消毒猪皮肤后，猪皮肤细菌区系存在的优势菌株为葡萄球菌属、苏芸金芽胞杆菌、鹑鸡肠球菌、撒丁岛梭菌，还有少量的猪粪细菌、大肠杆菌、琼氏不动杆菌。

采用高通量测序分析饲料发酵床与传统养殖猪皮毛微生物组差异的研究未见报道，饲料发酵床养猪通过垫料改变饲养环境的微生物组，影响到猪皮毛的微生物组。研究发现发酵床垫料存在着丰富的微生物菌群，减少了病原菌的菌群，通过猪的活动，黏附在猪的皮毛上，形成独特的微生物菌群，对猪群拮抗病原菌的入侵、消除猪表面病原具有特定的作用，构建出养猪场的微生物生物防控体系。研究结果表明，发酵床和传统养殖猪皮毛细菌菌群组成结构差异显著，发酵床猪皮毛的细菌优势菌群大部分不是传统养殖猪皮毛的优势菌群，反之亦然；如马葡萄球菌和狭义梭菌属 1 的 1 种是同时存在于发酵床和传统养殖猪皮毛上的细菌优势菌群，其差异表现在马葡萄球菌在发酵床猪皮毛中含量高，狭义梭菌属 1 的 1 种在传统养殖猪皮毛中含量高，表明传统养殖猪皮毛含有病原菌的概率较高；发酵床养殖和传统养殖猪皮毛优势种总量相近，前者好氧菌多、病原菌少，后者厌氧菌多、病原菌多。

生境生态位研究表明，发酵床养殖环境形成垫料好氧发酵条件，垫料原料碳氮比较高，细菌营养较为单一，吸引那些好氧菌的生存，排除厌氧菌生存；传统养殖环境形成较为厌氧的生存环境，由于猪粪的排放，原料的碳氮比较低，细菌适合的营养成分对多，吸引厌氧菌或兼性好养菌的生存。环境中微生物吸附到猪皮毛上，形成了不同的生境生态位宽度；不同养殖模式猪皮毛生态位宽度指示着特定生境下细菌生长的容量，生态位越宽的猪皮毛，能够提供细菌生长容量越大；反之亦然。利用不同养殖模式猪皮毛细菌多样性分析结果表明，发酵床猪皮毛和传统养殖猪皮毛细菌生长生境生态位宽度存在差异，传统养殖猪皮毛细菌生长生境生态位宽度为 49.4436（Levins），比发酵床猪皮毛的 25.4997（Levins）加宽了 93.89%；传统养殖猪皮毛的生境能提供更多细菌生长，故其生态位宽度较宽。分析发酵床猪皮毛和传统养殖猪皮毛细菌生长生境生态位重叠结果表明，发酵床猪皮毛生境和传统养殖猪皮毛生境的生态位重叠值为 0.4502（Pianka 测度），重叠度较低，表明细菌的种类和含量在不同养殖模式的猪皮毛中生存利用不同的生态位，选择不同的养殖模式通过影响猪皮毛细菌菌群结构影响生境生态位重叠。

猪皮毛上的细菌分布因不同的养殖环境形成不同的生态位宽度和重叠，同一种细菌能够分布在发酵床猪皮毛和传统养殖猪皮毛上的能力存在差别，这种差别指示着细菌生态位宽度的差异，有的细菌可以同时分布在不同养殖模式猪皮毛上，具有较宽的生态位宽度；有的细菌主要分布在发酵床猪皮毛而较少地分布于传统养殖猪皮毛，具有较窄的生态位宽度。两种不同细菌种群可以同时高比例地存在于一种生境，形成较高的生态位重叠，有的细菌则相反，不能和另一种细菌同时存在于同一个生境，形成较低的生态位重叠。不同生态位重叠特性是细菌间相互关系的一种生态适应。

第六章
养牛原位发酵床微生物组
多样性

第一节
概述

一、牛发酵床的制作与应用

1．发酵床养牛牛舍的建造

在我们所生活的这个大自然里，充满了各式各样的细菌，这些细菌既有对人类和动物有益的，也有对人和动物有害的，我们把其中对人类和动物有益的细菌称为益生菌。牛排出来的粪尿很多，如果不能及时清理则很快会在圈舍里面堆积成山，并且伴随着变质腐臭。利用发酵床养牛，就是利用微生物垫料中的益生菌分解和发酵牛的粪尿，粪尿分解之后转化为可供动物食用的菌体蛋白，同时也没有臭味、氨气味了，牛还可以吃这些菌体蛋白，不但节省饲料还能补充个体营养。考虑到光照和通风透气的需求，发酵床牛舍一般要求东西走向、坐北朝南。发酵床牛舍长度没有限制，宽度一般为 10～15m。利用卷帘框架式的结构南北可以敞开，使南北通透。发酵床牛舍内部要留有 1m 左右的过道，食槽和水槽分开在发酵床两边。发酵床内部的垫料池一般厚度为 60～100cm，为了能够渗水保持通透性，垫料池下面不用水泥地面、直接用土地面。

2．养牛发酵床垫料的制作

（1）发酵床垫料的厚度：牛的个体很大，垫料不足很容易影响作用效果，最佳垫料厚度为 80～100 cm，最低不应低于 60cm。

（2）发酵床垫料的选择：下面可以铺一层稻草，上面使用锯末、稻糠、豆秸秆、花生壳、花生秸秆、玉米秸秆、小麦秸秆等其中的一种或者几种，具体垫料选择可以因地制宜，选择当地比较多又比较便宜的材料。

（3）发酵床垫料的铺设：建议在发酵床垫料池下面铺一层稻草树枝之类的材料然后才在上面铺垫料。

3．养牛发酵床的维护管理

养牛发酵床维护管理需要达到的目的是：维护发酵床垫料里面有益菌的含量始终处于一个较高的数量，使有益菌始终占据环境主导的优势，能及时分解转化垫料上面的粪尿物质、有效抑制病菌的滋生和环境的恶化。对养牛发酵床的维护管理主要有以下几个方面。

（1）垫料的通透性 长期保持发酵床垫料的通透性可以使垫料中含氧量始终控制在一个正常的范围。垫料通透性的保持：一是依靠垫料的种类选择，例如稻糠、谷壳、花生壳等，这些材料能保障良好的垫料通透性；二是及时翻动发酵床垫料，特别是在刚做好发酵床垫料的前几天更需要翻得勤一点。

（2）水分的控制 40%～50% 的水分是一个正常的范围，水分过低，垫料上面过分干燥，会引起粉尘飞扬，对动物的呼吸道功能造成一定的影响，并且降低有益菌的活性，微生物菌种是离不开水分的；水分过高，也会影响牛的个体健康。

（3）疏粪操作　跟猪一样，牛也有定点排泄粪尿的习惯，粪尿过分集中会造成局部湿度过大、分解缓慢。而没有粪尿的菌床部分没有补给，有益菌也会慢慢消退，初期应该及时打散牛粪、分散掩埋（一般 2～3d）。

（4）补充发酵床菌液和新鲜的发酵床垫料　一般一个月补充一次发酵床菌液，按照 $100m^2$ 为例，一个月需要补充一袋菌种（也就是 10kg 的发酵床菌液）。补充菌液的时候，需要深翻垫料，一边翻动垫料一边喷洒新鲜发酵床菌液，越均匀越好。如果垫料表面有极其糟粕的部分要及时清理掉，同时补充一些新鲜垫料进去，这样在平时细心的维护下发酵床使用 3～4 年是没有问题的。

4．发酵床养牛的好处

（1）粪尿零排放、无臭味和氨气味、无环境污染　利用发酵床养牛，牛粪尿可以长期存留在发酵床垫料上，不需要对外排放，不需要天天清理牛舍，依靠微生物菌剂的分解作用直接发酵、分解、转化。只要平时做好牛舍的通风透气，每个月及时补充少许发酵床菌液，发酵床养牛舍里面就会一直保持最佳状态。因为牛粪分解的同时会产生一定的热量，垫料上面会有一定的温度，所以尤其是在寒冷的冬天，利用发酵床养牛非常实用。

（2）节省牛饲料成本、降低人工劳力费用、提高经济效益　牛吃得多、粪便量也大，传统养牛每头牛一天的排便量是 50～60kg，约等于 20 头猪的粪便量，所以发酵床养牛要有一定的饲养密度。根据牛的体重来定，一般 100kg 左右的牛，$2m^2$ 1 头；成年小牛体重在 400kg 左右，4～5 m^2/ 头；成年大牛 6～7 m^2/ 头。合理的饲养密度是发酵床养牛成功因素之一。传统养牛需要天天清理牛舍、经常冲刷地面，既费时又费力。利用微生物菌剂发酵床养牛，牛粪在发酵床上分解之后转化为菌体蛋白可供牛食用，同时发酵床垫料中的木质纤维和半纤维也能被降解转化成易发酵的糖类，给牛补充蛋白类的营养。也许你会有这样的疑问，这么大的粪便量，微生物菌能及时分解吗？答案当然是肯定的，牛的粪便量虽大，但是含氮量低、易分解，相比鸡粪容易分解。同时粪便也是给微生物菌种提供营养的，牛粪越多，微生物菌群的数量就会越来越多。用发酵床养牛，牛饲料成本降低了，人工费用也降低了，经济效益显著提高。

（3）预防疾病、增强牛的免疫力、提高牛肉品质　发酵床垫料上面负载着大量的有益微生物，牛常年生活在益生环境中，接触不到有害菌（或者可以说有害菌数量极低）就不会得病。发酵床养牛垫料里面最常见的是秸秆类材料，微生物菌种可以降解这些粗饲料，牛可以食用这些含有益生菌的秸秆饲料，益生菌进入动物的肠道，可以调理肠道、促进吸收、增强个体免疫力。传统养牛发病率较高，不但要经常喂药，甚至滥用抗生素类药物，牛肉的品质很差。跟药物不同，益生菌属于纯生物制剂，例如人喝的酸奶等是用益生菌发酵的，利用益生菌养殖出来的牛肉品质高，在市场上也能卖出好价钱。

5．发酵床养牛技术的缺点

现在很多地方都讲究绿色养殖，所以近几年发酵床养牛技术相对流行，但是用过这种方式的养殖户很多都选择了退出，宁愿自行费力地处理排泄方面的问题也不愿意用这个技术，那么发酵床养牛技术有哪些缺点呢？

（1）适应范围小　我国散养的养牛户众多，规模基本在十几头，发酵床养牛不太适于这些养牛户。毕竟前期投资较多，而成本收益完全不成比例，对于散养户而言是多余的事情。就目前的情况来看，发酵床技术还需要更进一步改进，最好可以适应散养户的需求，其适应范围自然就宽阔了起来，用的人自然也会多起来。

（2）技术不成熟　发酵床养牛这个技术兴起不久，很多人对技术不是很了解，其技术含量相对较高，垫料的选择、比例配置、如何管理等方面都是很多养牛户不了解的。这个技术目前的难点还较多，很多养牛户短时间内也搞不懂，只有一些新加入且偏向于科技养殖的人会多钻研。如果这个技术越来越成熟，养殖户一看就懂，则愿意采用的自然就会多起来。

（3）生产效益低　这里的生产效益不是指肉牛的产出，而是指牛粪方面的收益。很多人都说这个技术发酵后的垫料是优质的肥料，但实际养牛户却无法享受这个收益，一是这种垫料销售困难，二是这种垫料运输困难。

（4）季节性局限　气候温度对于这个方式的影响也是比较大的，发酵床主要靠垫料里面的微生物进行生物发酵，而温度高的时候微生物相对活跃，所以夏季会发酵得比较快，垫料更换就要频繁一些；温度低则会慢一些，所以冬季有时可能会出现牛粪的分解速度赶不上产生的速度，最后造成粪便堆积的情况。而要平衡这方面的问题，则需要采取一定的发酵措施。

二、养牛发酵床垫料二次发酵回用技术

张秋萍 (2017) 报道了大温差地区牛粪高温发酵回用牛床垫料研究。随着我国经济的快速发展和人民生活水平的日益提高，动物性食品占饮食结构的比重越来越大，养殖业朝着规模化发展。畜禽养殖业在为人民生活水平提高作出贡献的同时，大量的畜禽养殖废物也给环境带来了严重的污染。畜禽粪便的无害化、资源化、能源化的处理与处置势在必行。牛粪发酵回用垫料技术不仅可以实现养殖粪便就地资源化，同时也不会对环境造成二次污染，可为企业较大幅度节约养殖成本，成为养殖业与环境保护协调发展的有效途径之一。但在较为寒冷的大温差地区牛粪高温发酵面临着升温慢、周期长以及发酵难以进行等问题。本研究以发酵温度、发酵含水率、pH 值、微生物群落结构以及致病菌等指标作为牛粪高温发酵无害化的标准，研究一年中不同季节的发酵情况。结果表明，春季与夏季发酵过程可在自然条件下顺利经历升温期、高温期，结束时含水率接近 50%，发酵周期分别为 16d 和 12d，高温期持续时间分别为 9d 和 10d；秋天与冬天未达到高温期，表明低环境温度 (-20 ～ 15℃) 对发酵升温影响较大。考察 -10 ～ 15℃的亚低温条件下牛粪高温发酵工艺参数的调控过程，优化不同的秸秆添加比例、不同翻抛频率以及不同微生物菌剂原液添加量，结果表明，只有牛粪：秸秆为 2：1(体积比) 时，发酵体达到高温期且持续 7d，其他添加比例则未进入高温期完成发酵过程；翻抛频率 4d/ 次为最适，不仅升温速度快、高温期持续时间长，发酵结束含水率亦最低；添加微生物菌剂原液能明显提高发酵效率完成高温发酵，其中添加量为 1.3L/t 时，进入高温期时间早且持续时间长，发酵完成更彻底。获得了亚低温条件最优发酵工艺，有效加快升温并缩短发酵周期。通过 PCR-DGGE 研究发酵不同周期微生物群落变化规律，发现夏季快速发酵的微生物群落丰富，尤其在升温和高温阶段，微生物多样性指数

高，优势菌群为梭菌属、芽胞杆菌属以及黄杆菌属。对整个发酵周期进行 PCR 荧光定量检测致病菌，结果发现，沙门氏菌和志贺氏菌存在于发酵初期和升温期，高温期和结束时未检出；金黄色葡萄球菌全程未检出；致病性大肠杆菌直至高温期仍然存在，但发酵结束时未检出。由此得出牛粪高温发酵回用牛床垫料工艺满足无害化以及卫生标准，发酵产品可回用于牛床垫料。

三、养牛发酵床防病效果研究

张晓慧等 (2017) 报道了发酵床技术在泌乳牛群的临床应用。使用专用的菌种和锯末混合制成发酵床，通过检测温度、水分变化了解发酵床的使用状态，通过检测发酵床牛舍和普通牛舍内的氨气含量、牛奶产量、疾病记录、乳汁体细胞数等方面评估发酵床临床应用效果，并从员工工作效率、粪污清理和使用成本等方面综合分析发酵床应用的可行性。结果表明，试验期间，发酵床含水量逐渐升高，由 55% 左右上升至 70% 左右；发酵床温度先逐渐上升，40d 后基本稳定在 34℃左右；与普通牛舍相比，发酵床牛舍氨气含量稍低，牛肢蹄病有明显好转，但乳房健康状况不稳定，平均日产奶量无显著影响；本试验中，发酵床牛舍员工工作效率与普通牛舍基本接近，但发酵床牛舍有 25% 的粪尿无法通过发酵床处理，发酵床使用前期投入成本为 3727 元 / 头，后续运行成本为 2681.45 元 /(头·年)。

四、养牛发酵床微生物菌群研究

1．发酵床犊牛养殖的意义

邓兵 (2017) 报道了常温秸秆复合菌系的筛选及其在犊牛生物菌床养殖中的应用。近些年我国奶业在快速地发展，规模化奶牛场数量不断增长，随之而来的粪尿污染问题也成为奶业发展的瓶颈，如何减轻和处理粪污成为奶业发展的热点之一，本研究试图研发一种新型的生物菌床犊牛养殖技术来解决上述问题。采用模拟试验和现场试验结合的方法，对生物菌床的垫料成分和饲养密度进行了选择和优化；筛选出一组在常温条件下能够快速分解木质纤维素的复合菌系，对复合菌系进行细菌多样性分析；以复合菌系为接菌剂接种于生物菌床；运用高通量测序技术分析了垫料中细菌组成的多样性，对菌群结构进行了分析。

2．以纤维素降解率为主要指标

富集和筛选得到了一组高效降解纤维素的复合菌系。复合菌系的最适纤维素分解温度为 30℃，最适 pH 值为 8.0，此时滤纸和玉米秸秆的降解率分别为 66.5% 和 66.1%，玉米秸秆中的纤维素、半纤维素、木质素的降解率分别为 32.0%、85.2%、17.2%。通过高通量测序的技术手段分析了复合菌系的细菌组成多样性，结果表明，在属的水平上，复合菌系主要由假单胞菌属 33.9%、拟杆菌属 11.8%、食酸菌属 6.9%、产碱菌属 3.9%、丁酸弧菌属 1.0% 等组成。在种的水平上，菌系主要由粪产碱菌 2.0%、空气除氮微枝杆菌 (*Microvirgula aerodenitrificans*)1.5% 等组成。邓兵 (2017) 富集和筛选得到了一组高效降解纤维素的复合菌系。

3．发酵床养牛饲养密度模拟试验

三个模拟密度 (T1：1 头 /2m², T2：1 头 /1.8m², T3：1 头 /1.5m²) 处理间温度差异不显著，模拟饲养密度为 T1 和 T2 的氨气排放量较低，在饲养密度上更优先选择这两组进行饲养。稻壳和锯末为垫料的模拟试验结果表明，以锯末为垫料效果好，因为锯末处理 T1 的温度高于其他成分最高温度达到 39℃，并且锯末处理 T1 的氨气排放量低于其他组，最低可达 1.456mg/L，因此在垫料成分上优先选择锯末作为垫料的主要成分。现场饲养密度试验结果表明，试验设置的三个密度梯度 (T1：1 头 /1.6m²，T2：1 头 /1.5m²，T3：1 头 /2m²，对照组 CK：1 头 /1.8m²)，试验过程中 T3 的表层 pH 值最高，深层 pH 值间没有显著差异，各区域的含水率变化趋势一致，T3 的含水率最低，T3 的温度也高于其他各组；在第 60 天时表层最高温度达到 32℃，深层温度达到 37℃；T3 的氨气排放量在 45d 以前高于其他各组，45d 之后氨气排放量低于其他各组，CK 的深层氨气排放量远远高于处理组。处理组的总氮含量要高于对照组，总有机碳的含量变化趋向一致，但 T3 深层的总有机碳高于其他各组，呈现出了一定的优势，因此 T3 的饲养密度最为适宜。

4．垫料细菌多样性分析

对现场试验垫料细菌多样性分析表明，从门的水平上看，变形菌门为优势菌群，各测试点的变形菌门含量均在 35% 以上；其次是拟杆菌门，除了处理初始阶段，其他各测试点的拟杆菌门含量在 27% 以上，最高达到 41.7%。垫料中属的种类较多，不同处理的不同时间段会出现不同的优势菌属，垫料内部微生物会针对菌群的变化繁殖出可以降解粪便的菌属，像类芽胞杆菌属和陶厄氏菌属、纤维弧菌属、假单胞菌属等。通过上述试验，明确了常温秸秆复合菌系的降解能力及细菌组成多样性，并将其运用到了生物菌床中，同时也选择出将锯末作为垫料成分试验效果良好，确定了每头犊牛占地 2m²，为生物菌床技术的完善及广泛应用打下了基础。

五、发酵床对养牛污染治理的作用

1．肉牛发酵床污染治理

马建明等 (2020) 报道了肉牛牛舍铺设垫料的实施利用与推广，肉牛产业在促进农民增收、脱贫攻坚中发挥了重要作用。但随之而来农村养殖环境污染问题日趋严重，农村生态环境整治迫在眉睫。为全面加强农业生态环境保护，坚决做好农业生产污染防治工作，切实改善农村人居环境，促进农业资源可持续利用和绿色发展，泾源县率先试验示范牛床垫料健康养殖，就地解决牛粪便产生的臭气污染、氮磷污染、有害病原微生物污染及重金属元素污染等问题，效果明显。

2．异位发酵床技术在青海牛羊屠宰企业粪污处理方面的应用

李进春等 (2019) 报道垫料异位发酵床技术在青海牛羊屠宰企业粪污处理上的探索与实

践，近年来，异位微生物发酵床技术发展迅速，在畜禽养殖的粪污处理方面具有诸多优点，得到了广泛应用，但运用异位发酵床技术处理畜禽屠宰企业固体粪污的报道很少。他们详细介绍了青海裕泰畜产品有限公司建设的异位微生物发酵床，从原理、工艺、床体建设、垫料制作、使用维护等方面进行了分析，开发了一种牛羊屠宰企业建设异位微生物发酵床的新模式，建成占地面积 260m² 的异位微生物发酵床，用于对牛羊屠宰产生的肠粪和废水中的固体残渣等污染物进行环保处理。该发酵床正常运行后垫料上层温度稳定在 62～74℃，中层温度稳定在 53～63℃，使用过程中无臭气排放，实现了牛羊屠宰企业粪污的无害化排放，对推动青海屠宰行业的健康发展具有指导意义。

3．发酵床养牛环境指标检测

甄永康等 (2018) 报道了夏季发酵床牛舍与拴系式牛舍环境指标的差异性比较。试验主要研究了夏季发酵床养殖模式奶牛舍与拴系式养殖模式奶牛舍内环境指标的差异。测定了牛舍的温度、噪声、相对湿度、氨气浓度和细菌密度等环境指标，并分析了其相关性。结果表明，发酵床牛舍的细菌密度为 $0.10×10^4$ 个 /m³，极显著低于拴系式牛舍的 $2.33×10^4$ 个 /m³($P < 0.01$)；氨气浓度为 3.92mg/m³，也极显著低于拴系式牛舍的 9.68mg/m³($P < 0.01$)；噪声强度为 57.6dB，极显著低于拴系式牛舍的 65.3dB($P < 0.01$)；但温湿度、温湿度指数以及其他指标在两种牛舍间没有显著的差异。另外，拴系式牛舍内的温度和噪声存在显著相关关系。综上，发酵床牛舍的环境细菌浓度、噪声强度与氨气浓度较低，能够在一定程度上改善奶牛的舒适度。

六、发酵床养牛生长性能比较

1．发酵床对牛泌乳性能的影响

张强等 (2020) 报道了发酵床牛舍与散放式牛舍对荷斯坦牛泌乳性能的影响，为比较发酵床牛舍与散放式牛舍对荷斯坦牛日产奶量、乳脂率、蛋白率和体细胞数的影响，该研究利用最小二乘法对江苏省 A 牧场散放式牛舍 1111 头荷斯坦牛和 B 牧场发酵床牛舍 886 头荷斯坦牛的奶牛群体改良 (dairy herd improvement, DHI) 数据进行分析。结果表明，发酵床牛舍和散放式牛舍对荷斯坦牛日产奶量、乳脂率、蛋白率和体细胞数均有一定的影响。其中，发酵床牛舍荷斯坦牛日均产奶量极显著高于散放式牛舍 ($P < 0.01$)；散放式牛舍荷斯坦牛乳脂率极显著高于发酵床牛舍 ($P < 0.01$)；发酵床牛舍荷斯坦牛第 1 胎乳蛋白率极显著高于散放式牛舍 ($P < 0.05$)，泌乳后期乳蛋白率极显著高于散放式牛舍 ($P < 0.01$)；发酵床牛舍荷斯坦牛 3 胎体细胞数 (somatic cell count, SCC) 显著低于散放式牛舍 ($P < 0.05$)。研究表明，使用发酵床牛舍可以提高荷斯坦牛日产奶量和乳蛋白率，降低牛奶中体细胞数和乳脂率。

2．发酵牛床健康养殖技术集成及应用

唐式校等 (2014) 报道了发酵牛床健康养殖技术。利用微生物菌剂与敷料 (木屑) 制备生物发酵牛床，发酵床中的放线菌、丝状菌、油脂分解菌、木质素降解菌等多种益生菌与牛粪

尿混合后可使粪尿发酵分解，去除恶臭，并转化为无害的水汽、二氧化碳、氮气回归大自然，实现了无污染排放，有利于生态环境的保护。针对现有牛病防治技术的不足，发明了一种药材资源丰富、配伍合理、制备方法简单、治疗效果显著的防治牛瘤胃鼓气的中药方剂。根据当地实际，发明了就地取材、来源广泛、成本低廉、调制方法简单、添加果蔬副产品、适宜体重400～550kg育肥阶段牛的肉牛饲料组合物及其投喂方法，不仅使苹果皮、苹果核、西兰花根这些丢弃的副产品得到充分再利用，节省饲料开支、变废为宝，而且使牛肉风味更好、品质更佳。利用奶牛生产中的副产品——公犊生产牛肉。将荷斯坦公牛科学分为六个阶段，根据不同阶段生长发育需要，科学配制日粮，进行精细化管理，确保荷斯坦育肥公牛 15 月龄出栏达到 535 ～ 575kg 的目标体重范围。以日本和牛为父本、荷斯坦牛为母本，利用杂种一代生产高档牛肉。综上所述，在生物发酵牛床养殖、优质肉牛生产、犊牛培育、荷斯坦公牛肥育、疾病防治等技术方面有一定创新。

江宇等 (2012) 报道了发酵床养殖技术在犊牛上的应用，为了研究发酵床在犊牛上的应用，充分利用当地秸秆，用秸秆代替部分稻壳和锯末制作发酵床。罗良俊等 (2011) 报道了发酵床养殖技术在冬季犊牛培育上的应用效果初探，发酵床养殖技术是一种新型养殖模式，该技术能较好地解决环境问题，实现"零排放"，节省劳动成本，提高管理效率，节省饲料，减少疾病的发生。发酵床养殖技术具有一定的可操作性和推广价值。

3. 发酵床养猪垫料饲喂育肥牛效果

郭德义等 (2013) 报道了发酵床养猪垫料饲喂育肥牛。利用发酵床进行生态养猪，经过一个饲养周期，生猪出栏后发酵床垫料和粪便在微生物的作用下降解，外形松软、醇香味浓厚、质地优良、无发霉变质现象。根据反刍动物消化特点，将发酵床垫料利用转化为牛的粗饲料，进行育肥牛喂饲试验，收到良好的效果。

第二节
养牛原位发酵床细菌群落研究方法

一、养牛发酵床垫料细菌多样性的研究方法

1. 采集地点

福建长富乳业集团股份有限公司第九牧场，位于福建省南平市延平区夏道镇徐洋村，样本编号 JM；福建长富乳业集团股份有限公司第三牧场，位于福建省南平市延平区炉下镇瓦口村，样本编号 SM；福建长富乳业集团股份有限公司第十四牧场，位于南平市延平区南山镇村尾村，样本编号 SSM。三个奶牛发酵床都是锯糠＋谷壳 1：1 配比作为垫料，奶牛场发酵床深度 60cm，取样时的使用时间 3 个月。作为养牛微生物发酵床不同牧场、不同垫料深

度、不同垫料湿度的研究场所。

2. 宏基因组测序

宏基因组 (Metagenome) 是由 Handelsman 等在 1998 年提出的概念，其定义为 "the genomes of the total microbiota found in nature"，即环境中所有微生物基因组的总和。和 16S 或 ITS 测序不同的是，宏基因组不包含对某个特定微生物种群的靶向，即不会对微生物特定种群进行单一性测序（真菌、细菌或者病毒），而是所有微生物基因组的总和。

微生物群落测序是指对微生物群体进行高通量测序，通过分析测序序列的构成分析特定环境中微生物群体的构成情况或基因的组成以及功能。借助不同环境下微生物群落的构成差异可以分析微生物与环境因素或宿主之间的关系，寻找标志性菌群或特定功能的基因。对微生物群落进行测序，通过 16S rDNA 或 ITS 区域进行扩增测序分析微生物的群体构成和多样性；以 16S rDNA 扩增进行测序分析，主要用于微生物群落多样性和构成的分析，目前的生物信息学分析也可以基于 16S rDNA 的测序对微生物群落的基因构成和代谢途径进行预测分析，大大拓展了我们对于环境微生物的微生态认知。目前根据 16S 的测序数据可以将微生物群落分类到种 (species)（一般只能对部分菌进行种的鉴定），甚至对亚种级别进行分析。

16S rDNA（或 16S rRNA）：是编码原核生物核糖体小亚基的基因，长度约为 1542bp，其分子大小适中、突变率小，是细菌系统分类学研究中最常用和最有用的标志。16S rRNA 基因序列包括 9 个可变区和 10 个保守区，保守区序列反映了物种间的亲缘关系，而可变区序列则能体现物种间的差异。16S rRNA 基因测序以细菌 16S rRNA 基因测序为主，核心是研究样品中的物种分类、物种丰度以及系统进化。OTU：在微生物的免培养分析中经常用到，通过提取样品的总基因组 DNA，利用 16S rRNA 的通用引物进行 PCR 扩增，通过测序以后就可以分析样品中的微生物多样性，那怎么区分这些不同的序列呢，这个时候就需要引入 OTU。一般情况下，如果序列之间，例如不同的 16S rRNA 序列的相似性高于 97% 就可以把它定义为一个 OTU，每个 OTU 对应于一个不同的 16S rRNA 序列，也就是每个 OTU 对应于一个不同的细菌（微生物）种。通过 OTU 分析，就可以知道样品中的微生物多样性和不同微生物的丰度。测序区段：由于 16S rDNA 较长 (1.5kb)，只能对其中经常变化的区域也就是可变区进行测序。16S rDNA 包含有 9 个可变区，分别是 V1 ～ V9。一般对 V3 ～ V4 双可变区域进行扩增和测序，也有对 V1 ～ V3 区进行扩增测序。

3. 养牛发酵床垫料微生物群落测序

养牛微生物发酵床垫料总 DNA 的提取：按土壤 DNA 提取试剂盒 FastDNA SPIN Kit for Soil 的操作指南，称取 500mg 垫料样本分别进行总 DNA 的提取。采用琼脂糖凝胶电泳检测总 DNA 浓度，稀释至终浓度为 1ng/μL 开展后续试验。微生物组 16S rDNA V3 ～ V4 区测序：采用原核生物 16S rDNA 基因 V3 ～ V4 区通用引物 U341F 和 U785R 对各垫料样本总 DNA 进行 PCR 扩增，PCR 反应重复 3 次。取相同体积混合后进行目的片段回收，所用胶回收试剂盒为 AxyPrepDNA 凝胶回收试剂盒 (Axygen 公司)。采用 QuantiFluor™ -ST 蓝色荧光定量系统 (Promega 公司) 对回收产物进行定量检测。然后构建插入片段为 350bp 的 paired-end(PE) 文库 (TruSeq™ DNA Sample Prep Kit 建库试剂盒，Illumina 公司)，经过 Qubit 定量和文库检测，HiSeq 上机测序，测序分析由上海美吉公司完成。

二、养牛发酵床不同牧场细菌微生物组异质性的研究方法

1．样本采集方法

选择三个养牛发酵床，每个养牛发酵床牧场的取样方法为：分别取表层垫料(1～10cm)、中层垫料(20～30cm)、底层垫料(40～50cm)，各层取样不同空间分布的10个样本混合形成表层、中层、底层样本；取样结果如表6-1所列。

表6-1　养牛发酵床不同牧场细菌微生物组比较样本构成

分析编号	样本含义	样本编号	描　　述
A	第九牧场	JM-1	垫料表层(1～10cm)10个样本混合
		JM-2	垫料中层(20～30cm)10个样本混合
		JM-3	垫料底层(40～50cm)10个样本混合
B	第三牧场	SM-1	垫料表层(1～10cm)10个样本混合
		SM-2	垫料中层(20～30cm)10个样本混合
		SM-3	垫料底层(40～50cm)10个样本混合
C	第十四牧场	SSM-1	垫料表层(1～10cm)10个样本混合
		SSM-2	垫料中层(20～30cm)10个样本混合
		SSM-4	垫料底层(40～50cm)10个样本混合
D	垫料原料	SM-8	垫料原料锯糠+谷壳=50%+50%
		SSM-6	
E	新鲜牛粪	SM-7	未发酵的牛粪
		SSM-5	

2．细菌微生物组分析

养牛发酵床不同牧场细菌微生物组比较样本构成微生物群落测序结果见表6-2，统计各牧场表层、中层、底层及垫料原料、新鲜牛粪的细菌门、纲、目、科、属、种短序列的平均值，相互比较。

表6-2　养牛发酵床不同牧场细菌微生物组比较样本构成微生物群落测序结果

分析编号	样本含义	样本编号	序列数/条	碱基数/nt	平均读长/bp	最小读长/bp	最大读长/bp
A	九牧表层	JM-1	77470	21144510	272.9380	201	288
	九牧中层	JM-2	65178	17795895	273.0353	203	292
	九牧底层	JM-3	105206	28723839	273.0247	214	305
B	三牧表层	SM-1	96890	26452691	273.0177	200	330
	三牧中层	SM-2	122163	33368286	273.1456	225	360
	三牧底层	SM-3	80066	21860733	273.0339	203	342
C	十四牧表层	SSM-1	69855	19069557	272.9877	201	308
	十四牧中层	SSM-2	119359	32599151	273.1184	203	338
	十四牧底层	SSM-4	71524	19531974	273.0827	214	346
D	垫料原料	SM-8	121934	33290142	273.0177	229	279
		SSM-6	55430	15107914	272.5584	224	337
E	新鲜牛粪	SM-7	94511	25787338	272.8501	268	277
		SSM-5	95113	25943605	272.7661	225	345

3．测序数据量合理性检验

稀释曲线 (rarefaction curve) 主要利用各样本在不同测序深度时的微生物 Alpha 多样性指数构建曲线，以此反映各样本在不同测序数量时的微生物多样性。它可以用来比较测序数据量不同的样本中物种的丰富度、均一性或多样性，也可以用来说明样本的测序数据量是否合理。稀释曲线采用对序列进行随机抽样的方法，以抽到的序列数与它们对应的物种 (如 OTU) 数目或多样性指数，构建稀释曲线。若多样性指数为 Sobs(表征实际观测到的物种数目)，当曲线趋向平坦时，说明测序数据量合理，更多的数据量只会产生少量新的物种 (如 OTU)，反之则表明继续测序还可能产生较多新的物种 (如 OTU)。若是其他多样性指数 (如 Shannon-Wiener 曲线)，曲线趋向平坦时，说明测序数据量足够大，可以反映样本中绝大多数的微生物多样性信息。软件：选择 97% 相似度的 OTU 或其他分类学水平，利用 mothur 计算不同随机抽样下的 Alpha 多样性指数，利用 R 语言工具制作曲线图。

养牛发酵床不同牧场细菌微生物组比较样本构成微生物群落测序结果稀释曲线，见图 6-1。养牛微生物发酵床生境微生物群落测序多样性指数为 Sobs(表征实际观测到的物种数目)，当曲线趋向平坦时，说明测序数据量合理，更多的数据量只会产生少量新的物种 (如 OTU)，数据符合分析条件。

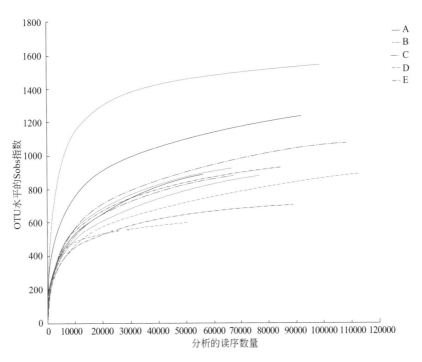

图6-1　养牛发酵床不同牧场细菌微生物组比较样本构成微生物群落测序结果稀释曲线

三、养牛发酵床垫料细菌微生物组垂直分布异质性的研究方法

1. 样本采集方法

选择三个养牛发酵床，每个养牛发酵床牧场的取样方法为：分别取表层垫料 (1 ~ 10cm)、中层垫料 (20 ~ 30cm)、底层层垫料 (40 ~ 50cm)，各层取不同空间分布的 10 个样本混合形成表层、中层、底层样本，同时取垫料原料和未发酵牛粪，组成分析样本奶牛发酵床表层垫料、中层垫料、底层垫料、垫料原料、新鲜牛粪 5 个样本，分析不同深度垫料发酵前后细菌微生物组的差异。取样结果如表 6-3 所列。

表6-3　养牛发酵床垫料不同深度细菌微生物组比较样本构成

分析编号	样本含义	样本编号	描述
F	发酵床表层垫料	JM-1	垫料表层(1~10cm)10个样本混合
		SM-1	
		SSM-1	
G	发酵床中层垫料	JM-2	垫料中层(20~30cm)10个样本混合
		SM-2	
		SSM-2	
H	发酵床底层垫料	JM-3	垫料底层(40~50cm)10个样本混合
		SM-3	
		SSM-4	
I	垫料原料	SM-8	垫料原料锯糠+谷壳=50%+50%
		SSM-6	
J	新鲜牛粪	SM-7	未发酵的牛粪
		SSM-5	

2. 细菌微生物组分析

养牛发酵床垫料不同深度细菌微生物组比较样本构成微生物群落测序结果见表 6-4。统计各牧场表层、中层、底层及垫料原料、新鲜牛粪的细菌门、纲、目、科、属、种短序列的平均值，相互比较。

表6-4　养牛发酵床垫料不同深度细菌微生物组比较样本构成微生物群落测序结果

分析编号	样本含义	样本编号	序列数/条	碱基数/nt	平均读长/bp	最小读长/bp	最大读长/bp
F	九牧表层	JM-1	77470	21144510	272.9380	201	288
	三牧表层	SM-1	96890	26452691	273.0177	200	330
	十四牧表层	SSM-1	69855	19069557	272.9877	201	308
G	九牧中层	JM-2	65178	17795895	273.0353	203	292
	三牧中层	SM-2	122163	33368286	273.1456	225	360
	十四牧中层	SSM-2	119359	32599151	273.1184	203	338
H	九牧底层	JM-3	105206	28723839	273.0247	214	305
	三牧底层	SM-3	80066	21860733	273.0339	203	342
	十四牧底层	SSM-4	71524	19531974	273.0827	214	346

分析编号	样本含义	样本编号	序列数/条	碱基数/nt	平均读长/bp	最小读长/bp	最大读长/bp
I	三牧垫料原料	SM-8	55430	15107914	272.5584	224	337
	十四牧垫料原料	SSM-6	121934	33290142	273.0177	229	279
J	三牧新鲜牛粪	SM-7	94511	25787338	272.8501	268	277
	十四牧新鲜牛粪	SSM-5	95113	25943605	272.7661	225	345

3．测序数据量合理性检验

养牛发酵床垫料不同深度细菌微生物组比较样本构成微生物群落测序结果稀释曲线，见图 6-2。养牛微生物发酵床生境微生物群落测序多样性指数为 Sobs(表征实际观测到的物种数目)，当曲线趋向平坦时，说明测序数据量合理，更多的数据量只会产生少量新的物种(如 OTU)，数据符合分析条件。

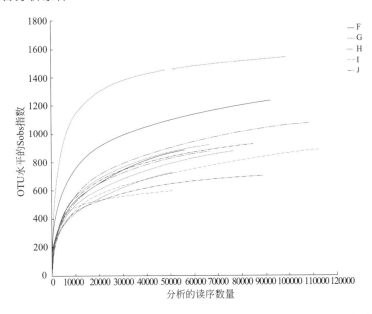

图6-2　养牛发酵床垫料不同深度细菌微生物组比较样本构成微生物群落测序结果稀释曲线

4．芽胞杆菌垂直分布特征

（1）样本采集　养牛发酵床样本采集于三个奶牛牧场发酵床，即福建长富乳业集团股份有限公司第九牧场，位于福建省南平市延平区夏道镇徐洋村；福建长富乳业集团股份有限公司第三牧场，位于福建省南平市延平区炉下镇瓦口村；福建长富乳业集团股份有限公司第十四牧场，位于南平市延平区南山镇村尾村。三个奶牛养殖微生物发酵床垫料配方为锯糠 + 谷壳 1∶1 配比，垫料深度 60cm；每个牧场发酵床面积 1000m² 左右，养殖 300 头奶牛，每 10d 发酵床翻耕一次，取样时发酵床使用时间 90d。垫料样本采集：每个奶牛场，取样表层 (10cm)、中层 (30cm)、底层 (50cm) 深的垫料 200g，每个牧场各个深度取样 10 个点，而后，同一深度垫料混合，形成三个牧场不同深度 9 个样本 + 垫料原料和新鲜牛粪各 2 个样本共 13 个样本，送宏基因组检测；根据宏基因组检测 OTU 结果，搜索整理出表层 10cm、中层

30cm、底层50cm、垫料原料、新鲜牛粪的芽胞杆菌数据集，进行分析。

（2）芽胞杆菌数量 (reads) 分析　从宏基因组分析结果中提取芽胞杆菌属及其近缘属数量 (reads) 构建矩阵，分析比较垫料样本表层 (10cm)、中层 (30cm)、底层 (50cm)、垫料原料、新鲜牛粪芽胞杆菌数量分布、菌群结构，垫料样本芽胞杆菌种群相关性和多样性。

（3）芽胞杆菌生态位宽度与重叠　以芽胞杆菌的属种类为样本，以发酵垫料样本为指标，构建数据矩阵，用 Levins 生态位宽度公式和 Pianka 生态位重叠公式分别计算生态位宽度和生态位重叠值。计算公式如下：

① Levins 生态位宽度公式

$$B = 1 / \sum (P_i^2)$$

式中，P_i 为利用资源 i 的个体比例。

② Pianka 生态位重叠公式 (O_{ik})

$$O_{ik} = \sum_{j=1}^{r} (n_{ij} \times n_{kj}) \bigg/ \sqrt{\sum_{j=1}^{r} (n_{ij})^2 \sum_{j=1}^{r} (n_{kj})^2}$$

式中，O_{ik} 为芽胞杆菌属种类 i 和种类 k 的生态位重叠值；n_{ij} 和 n_{kj} 分别为芽胞杆菌属种类 i 和种类 k 在资源单位 j 中所占的个体比例；r 为芽胞杆菌属种类个体总数。分析软件采用 DPS v16.05 数据处理系统。

（4）芽胞杆菌亚群落分化　利用宏基因组分析结果，提取芽胞杆菌种类数量 (reads)，按表层 (10cm)、中层 (30cm)、底层 (50cm)、垫料原料、新鲜牛粪构建矩阵，以种类为样本、采样点为指标、马氏距离为尺度，可变类平均法进行系统聚类，分析芽胞杆菌亚群落分化特征。

四、养牛发酵床垫料湿度对细菌微生物组影响的研究方法

1．样本采集方法

选择第三牧场为实验场 (SM)，不同湿度养牛发酵床样本：中央选择垫料相对湿度为40%～50%的正常发酵床，靠近排尿槽垫料湿度为60%～70%的高湿发酵床；垫料取样方法为：分别取表层垫料 (1～10cm)、中层垫料 (20～30cm)、底层垫料 (40～50cm)，各层取不同空间分布的10个样本混合形成表层、中层、底层样本；同时取垫料原料和未发酵牛粪，组成正常发酵床垫料、高湿发酵床垫料、垫料原料、新鲜牛粪4个分析样本，分析不同湿度发酵床垫料与垫料原料、新鲜牛粪的细菌微生物组的差异；取样结果如表6-5所列。

表6-5　养牛发酵床垫料不同湿度细菌微生物组比较样本构成

分析编号	不同湿度垫料	样本编号	描述
K	正常发酵床垫料	SM-1	垫料湿度40%～50%
		SM-2	
		SM-3	
L	高湿发酵床垫料	SM-4	垫料湿度60%～70%
		SM-5	
		SM-6	
M	垫料原料	SM-8	垫料原料(锯糠+谷壳=50%+50%)
N	新鲜牛粪	SM-7	未发酵牛粪

2．细菌微生物组分析

养牛发酵床垫料不同湿度细菌微生物组比较样本构成微生物群落测序结果，见表6-6。分别统计正常发酵床、高湿发酵床、垫料原料、新鲜牛粪4个样本的细菌门、纲、目、科、属、种短序列的平均值，相互比较。

表6-6　养牛发酵床垫料不同湿度细菌微生物组比较样本构成微生物群落测序结果

分析编号	样本含义	样本编号	序列/条	碱基数/nt	平均读长/bp	最小读长/bp	最大读长/bp
K	三牧垫料相对湿度40%(表层)	SM-1	96890	26452691	273.0177624	200	330
	三牧垫料相对湿度40%(中层)	SM-2	122163	33368286	273.1456006	225	360
	三牧垫料相对湿度40%(底层)	SM-3	80066	21860733	273.0339095	203	342
L	三牧垫料相对湿度70%(表层)	SM-4	70544	19260354	273.0261114	201	293
	三牧垫料相对湿度70%(中层)	SM-5	56212	15349745	273.0688287	251	333
	三牧垫料相对湿度70%(底层)	SM-6	119034	32499909	273.0304703	200	338
N	三牧牛粪	SM-7	94511	25787338	272.8501233	268	277
M	三牧未发酵垫料	SM-8	55430	15107914	272.5584341	224	337

3．测序数据量合理性检验

养牛发酵床垫料不同湿度细菌微生物组比较样本构成微生物群落测序结果稀释曲线，见图6-3。养牛微生物发酵床生境微生物群落测序多样性指数为Sobs(表征实际观测到的物种数目)，当曲线趋向平坦时，说明测序数据量合理，更多的数据量只会产生少量新的物种(如OTU)，数据符合分析条件。

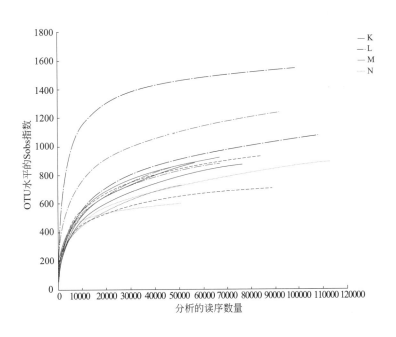

图6-3　养牛发酵床垫料不同湿度细菌微生物组比较样本构成微生物群落测序结果稀释曲线

第三节
不同牧场养牛发酵床细菌微生物组异质性

一、养牛发酵床细菌门菌群异质性

1．不同牧场细菌门组成

（1）细菌门组成　从三个牧场养牛发酵床中共检测到44个细菌门，九牧发酵床检测到29个细菌门，三牧发酵床检测到35个细菌门，十四牧发酵床检测到33个细菌门，垫料原料检测到24个细菌门，新鲜牛粪检测到20个细菌门；总体含量最高的10个细菌门为（表6-7）：变形菌门（199383）＞厚壁菌门（136866）＞拟杆菌门（121421）＞放线菌门（99974）＞绿弯菌门（24543）＞异常球菌-栖热菌门（21093）＞酸杆菌门（9793）＞广古菌门（9365）＞浮霉菌门（7378）＞芽单胞菌门（6548）。三个牧场的发酵垫料细菌门数量多于垫料原料和新鲜牛粪。

表6-7　不同牧场养牛发酵床总体含量最高的10个细菌门

物种名称	不同牧场养牛发酵床细菌门含量（OTU）												
	九牧发酵床			三牧发酵床			十四牧发酵床			垫料原料		新鲜牛粪		合计
	JM-1	JM-2	JM-3	SM-1	SM-2	SM-3	SSM-1	SSM-2	SSM-4	SM-8	SSM-6	SM-7	SSM-5	
【1】变形菌门	19951	8195	21518	20823	11882	15555	20708	10616	10237	5476	1248	40685	12489	199383
【2】厚壁菌门	6113	6173	8039	3060	735	5315	2982	9268	10867	32719	32015	150	19430	136866
【3】拟杆菌门	8169	26215	9297	3652	1552	14144	9185	11212	12960	5626	11241	2280	5888	121421
【4】放线菌门	11581	922	6956	16646	12373	2776	6842	12367	11453	793	3531	2355	11379	99974
【5】绿弯菌门	2763	4347	876	2074	3940	4402	2294	1265	1351	4	49	5	1173	24543
【6】异常球菌-栖热菌门	1975	837	71	2573	1	6666	6144	1312	873	5	66	1	569	21093
【7】酸杆菌门	1	34	926	7	8277	2	13	27	20	0	0	483	3	9793
【8】广古菌门	64	23	82	65	143	74	56	439	737	5204	2416	0	62	9365
【9】浮霉菌门	323	72	900	1824	1622	267	1115	491	162	4	5	480	113	7378
【10】芽单胞菌门	287	144	1873	522	1972	781	637	125	83	2	10	0	112	6548

按牧场统计发酵床垫料、垫料原料、新鲜牛粪的细菌门平均值占比见表6-8。可以看出三个牧场细菌门含量最高的菌群为变形菌门，九牧发酵床、三牧发酵床、十四牧发酵床分别为32.19%、31.25%、26.94%；垫料原料细菌门含量最高的菌群为变形菌门，占比51.77%；新鲜牛粪细菌门含量最高的菌群为厚壁菌门，占比63.12%。

表6-8　不同牧场养牛发酵床细菌门菌群占比

| 物种名称 | 不同牧场养牛发酵床细菌门含量/% | | | | |
	九牧A	三牧B	十四牧C	垫料原料D	新鲜牛粪E
【1】 变形菌门	32.19	31.25	26.94	51.77	6.51
【2】 厚壁菌门	13.24	5.87	14.95	19.21	63.12
【3】 拟杆菌门	28.34	12.58	21.64	7.94	16.37
【4】 放线菌门	12.65	20.57	19.91	13.24	4.24
【5】 绿弯菌门	5.18	6.82	3.20	1.11	0.05
【6】 异常球菌-栖热菌门	1.87	5.98	5.39	0.58	0.07
【7】 广古菌门	0.11	0.20	0.81	0.06	7.41
【8】 酸杆菌门	0.62	5.41	0.04	0.47	0.00
【9】 浮霉菌门	0.85	2.42	1.15	0.58	0.01
【10】 芽单胞菌门	1.48	2.13	0.55	0.11	0.01
【11】 奇古菌门	0.06	4.17	0.00	0.00	0.00
【12】 糖杆菌门	0.36	0.09	2.60	0.08	0.70
【13】 螺旋体门	1.49	0.12	1.19	0.00	0.68
【14】 未分类的1门	0.08	0.18	0.03	2.94	0.00
【15】 疣微菌门	0.05	0.71	0.39	1.64	0.08
【16】 阴沟单胞菌门	1.04	0.42	0.11	0.00	0.00
【17】 柔膜菌门	0.09	0.24	0.22	0.00	0.74
【18】 硝化螺菌门	0.00	0.60	0.00	0.00	0.00
【19】 纤维杆菌门	0.19	0.03	0.23	0.00	0.00
【20】 互养菌门	0.06	0.01	0.26	0.00	0.00
【21】 蓝细菌门	0.00	0.04	0.01	0.09	0.01
【22】 黑杆菌门	0.00	0.01	0.09	0.00	0.00
【23】 装甲菌门	0.00	0.10	0.00	0.01	0.00
【24】 衣原体门	0.00	0.00	0.00	0.10	0.00
【25】 产氢菌门	0.01	0.02	0.07	0.00	0.00
【26】 候选门Parcubacteria	0.00	0.00	0.08	0.00	0.00
【27】 候选门BRC1	0.01	0.01	0.05	0.01	0.00
【28】 未分类的1门	0.00	0.00	0.00	0.04	0.00
【29】 深古菌门	0.02	0.00	0.02	0.00	0.00
【30】 乳胶杆菌门	0.00	0.03	0.00	0.00	0.00
【31】 候选门WS1	0.01	0.00	0.01	0.00	0.00
【32】 候选门SAR406	0.00	0.00	0.02	0.00	0.00
【33】 TM6依赖菌门	0.00	0.00	0.00	0.01	0.00
【34】 黏胶球形菌门	0.01	0.00	0.00	0.00	0.00
【35】 绿菌门	0.00	0.01	0.00	0.00	0.00
【36】 候选门WS2	0.00	0.01	0.00	0.00	0.00
【37】 候选门Microgenomates	0.00	0.00	0.00	0.00	0.00
【38】 候选门WSA2	0.00	0.00	0.00	0.00	0.00
【39】 候选门GAL15	0.00	0.00	0.00	0.00	0.00
【40】 纤细杆菌门	0.00	0.00	0.00	0.00	0.00

续表

物种名称	不同牧场养牛发酵床细菌门含量/%				
	九牧A	三牧B	十四牧C	垫料原料D	新鲜牛粪E
【41】 候选门FL0428B-PF49	0.00	0.00	0.00	0.00	0.00
【42】 候选门Tectomicrobia	0.00	0.00	0.00	0.00	0.00
【43】 懒惰菌门	0.00	0.00	0.00	0.00	0.00
【44】 候选门SR1	0.00	0.00	0.00	0.00	0.00

（2）细菌门菌群结构　不同牧场发酵床菌群结构差异显著（图6-4），九牧发酵床细菌门前 3 个高含量菌群为变形菌门 (32.19%) ＞拟杆菌门 (28.34%) ＞厚壁菌门 (13.24%)；三牧发酵床细菌门前 3 个高含量菌群为变形菌门 (31.25%) ＞放线菌门 (20.57%) ＞拟杆菌门 (12.58%)；十四牧发酵床细菌门前 3 个高含量菌群为变形菌门 (26.94%) ＞拟杆菌门 (21.64%) ＞放线菌门 (19.91%)；垫料原料细菌门前 3 个高含量菌群为变形菌门 (51.77%) ＞厚壁菌门 (19.21%) ＞放线菌门 (13.24%)；新鲜牛粪细菌门前 3 个高含量菌群为厚壁菌门 (63.12%) ＞拟杆菌门 (16.37%) ＞变形菌门 (6.51%)。

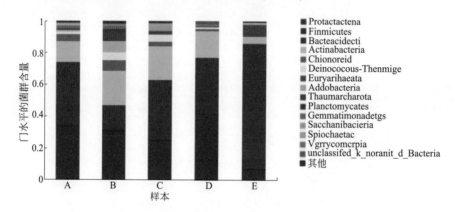

图6-4　不同牧场养牛发酵床细菌门菌群结构

（3）细菌门热图分析　不同牧场发酵床细菌门热图分析见图 6-5。从不同牧场聚类看，三个牧场聚为一类，垫料原料、新鲜牛粪各自独立成为一类，表明从细菌门菌群分布可见发酵床、垫料原料、新鲜牛粪分离开。从细菌门菌群聚类看，这 20 门细菌分为 3 类，第 1 类高含量分布菌群，包括了变形菌门、厚壁菌门、拟杆菌门、放线菌门，在三个牧场发酵床、垫料原料和新鲜牛粪中高含量分布；第 2 类中含量分布菌群，包含了绿弯菌门、异常球菌 - 栖热菌门、酸杆菌门、浮霉菌门、芽单胞菌门、奇古菌门、未分类的 1 门、疣微菌门、阴沟单胞菌门、硝化螺菌门，在发酵床中分布含量中等，在垫料原料和新鲜牛粪中分布量较低；第 3 类低含量分布菌群，包括了广古菌门、柔膜菌门、糖杆菌门、螺旋体门、纤维杆菌门、互养菌门，在发酵床中分布高于在垫料原料和新鲜牛粪中的分布。

（4）细菌门共有种类和独有种类　不同牧场发酵床细菌门纹图分析结果见图 6-6。九牧、三牧、十四牧、垫料原料、新鲜牛粪的细菌门个数分别为 29、35、33、24、20，共有菌群占比较高，独有菌群占比较小。发酵床发酵垫料菌群种类多于垫料原料和新鲜牛粪。它们共有细菌门种类为 18 个；九牧发酵床独有细菌门 1 个为黏胶球形菌门，三牧独有 4 个为硝化螺菌门、乳胶杆菌门、绿菌门 (Chlorobi)、候选门 WS2，十四牧独有 6

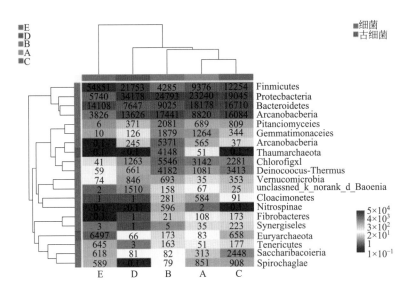

图6-5　不同牧场发酵床细菌门热图分析

个为候选门 Parcubacteria、纤细菌门、候选门 Microgenomates、候选门 SAR406、候选门 WSA2、候选门 FL0428B-PF49，垫料原料独有 1 个为 TM6 依赖菌门，新鲜牛粪独有 0 个。

2. 不同牧场细菌门相关性与多样性

（1）细菌门菌群相关性　利用表 6-8 构建矩阵，以细菌门为样本、牧场发酵床为指标，进行相关系数分析，统计结果见表 6-9。分析结果表明，除了三牧发酵床与新鲜牛粪细菌门菌群之间相关性不显著外 (P=0.0918 ＞ 0.05)，其余因子间相关性极显著 (P ＜ 0.01)，三个不同牧场发酵床细菌门菌群高度相关，牧场发酵床通过垫料＋牛粪进行发酵，发酵床菌群主要来源于垫料原料和新鲜牛粪。

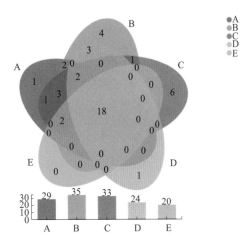

图6-6　不同牧场发酵床细菌门纹图分析

表6-9　不同牧场发酵床、垫料原料、新鲜牛粪相关系数

因子	基于细菌门含量的不同牧场养牛发酵床相关系数				
	九牧A	三牧B	十四牧C	垫料原料D	新鲜牛粪E
九牧A		0.0000	0.0000	0.0000	0.0014
三牧B	0.8847		0.0000	0.0000	0.0918
十四牧C	0.9624	0.9194		0.0000	0.0004
垫料原料D	0.8479	0.8798	0.8464		0.0042
新鲜牛粪E	0.4667	0.2573	0.5146	0.4230	

注：左下角是相关系数 r，右上角是 P 值。

（2）细菌门菌群多样性　利用表6-8构建矩阵，以养牛发酵床为样本、细菌门菌群为指标，计算多样性指数，分析结果见表6-10。从物种丰富度看，九牧 A 细菌门丰富度为 6.08、三牧 B 为 7.38、十四牧 C 为 6.95、垫料原料 D 为 4.99、新鲜牛粪 E 为 4.13，三个牧场发酵床丰富度在同一水平，高于垫料原料和新鲜牛粪，后者在同一水平。从多样性指数看，三个牧场发酵床的辛普森指数 (D)、香农指数 (H)、均匀度指数、Brillouin 指数、McIntosh(D_{mc})多样性指数，高于垫料原料和新鲜牛粪，表明垫料＋牛粪发酵，提升了细菌的多样性指数。

表6-10　三个牧场发酵床、垫料原料、新鲜牛粪细菌门多样性指数

项　　目		不同牧场养牛发酵床细菌门多样性指数				
		九牧A	三牧B	十四牧C	垫料原料D	新鲜牛粪E
物种数(n)		29	35	33	24	20
含量/%		100	100	100	100	100
丰富度		6.08	7.38	6.95	4.99	4.13
辛普森指数(D)	值	0.79	0.84	0.82	0.68	0.57
	95%置信区间	0.65	0.74	0.69	0.47	0.32
		0.93	0.93	0.96	0.88	0.82
香农指数(H)	值	1.79	2.09	1.93	1.47	1.21
	95%置信区间	1.33	1.66	1.49	0.91	0.59
		2.26	2.52	2.38	2.03	1.83
均匀度指数	值	0.53	0.59	0.55	0.46	0.41
	95%置信区间	0.40	0.47	0.43	0.29	0.21
		0.66	0.70	0.67	0.63	0.60
Brillouin指数	值	2.34	2.72	2.52	1.93	1.61
	95%置信区间	1.71	2.17	1.92	1.19	0.78
		2.96	3.28	3.12	2.67	2.43
McIntosh指数(D_{mc})	值	0.59	0.65	0.63	0.47	0.38
	95%置信区间	0.44	0.53	0.48	0.28	0.16
		0.74	0.77	0.78	0.67	0.60

3．不同牧场细菌门优势菌群差异性

（1）细菌门优势菌群差异性　三个牧场发酵床前15个高含量细菌门之间总体差异不显著 $(P > 0.05)$；变形菌门、厚壁菌门、拟杆菌门、放线菌门 4 个细菌门为优势菌群，不同的环境下，菌群分布特征不同（图 6-7）。变形菌门分布：垫料原料 D(51.77%) ＞九牧 A(32.19%) ＞三牧 B(31.25%) ＞十四牧 C(26.94%) ＞新鲜牛粪 E(6.51%)，三个牧场发酵床差异不显著，新鲜牛粪分布最少，垫料原料分布最多。厚壁菌门分布：新鲜牛粪 E(63.12%) ＞垫料原料 D(19.21%) ＞十四牧 C(14.95%) ＞九牧 A(13.24%) ＞三牧 B(5.87%)，三个牧场发酵床差异不显著，新鲜牛粪分布最多，其次是垫料原料，牧场发酵床相对较少。拟杆菌门分布：九牧 A(28.34%) ＞十四牧 C(21.64%) ＞新鲜牛粪 E(16.37%) ＞三牧 B(12.58%) ＞垫料原料 D(7.94%)，在牧场发酵床上分布较高，在垫料原料和新鲜牛粪分布较少。放线菌门分

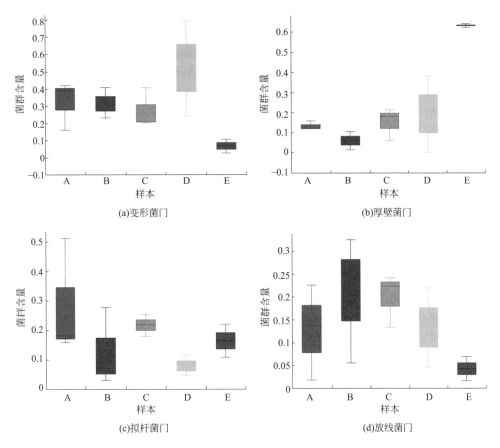

(a)变形菌门　　　　　　　　　　(b)厚壁菌门

(c)拟杆菌门　　　　　　　　　　(d)放线菌门

图6-7　不同牧场发酵床细菌门优势菌群差异性分析

布：三牧 B(20.57%) ＞十四牧 C(19.91%) ＞垫料原料 D(13.24%) ＞九牧 A(12.65%) ＞ 新鲜牛粪 E(4.24%)，三个牧场发酵床差异不显著，新鲜牛粪分布较少，在发酵床和垫料原料中分布较多。

（2）细菌门样本相似性与偏最小二乘法判别分析　不同牧场细菌门相似性分析 (ANOSIM) 见表 6-11、图 6-8，以欧式距离为统计，结果表明不同牧场细菌门组间的相似性值为 0.5985，$P < 0.05$，相似性差异显著；三个牧场发酵床细菌门菌群含量差异不显著，而与垫料原料和新鲜牛粪差异显著 (图 6-8)。偏最小二乘法判别分析 (partial least squares discriminant analysis，PLS-DA) 结果表明 (图 6-9)，可将采集样本的不同区域判别区分，三个牧场发酵床细菌门菌群有点交错，但总体仍可区分；垫料原料和新鲜牛粪形成自身独立区域，牧场发酵床、垫料原料、新鲜牛粪细菌门菌群间存在显著差异。

表6-11　三个牧场发酵床细菌门菌群相似性分析(ANOSIM)

项目	自由度(D_f)	平方和	均方	F值	相似性R^2	P值
组间	4	5.32×10^9	1.33×10^9	2.982486	0.5985	0.024
残差	8	3.57×10^9	4.46×10^8	—	0.4014	—
总体	12	8.9×10^9	—	—	1	—

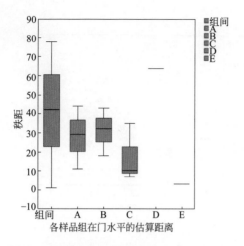

图6-8　不同牧场细菌门相似性分析(ANOSIM)

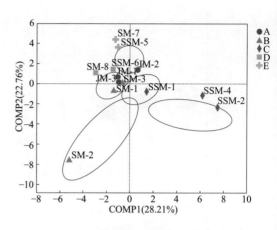

图6-9　不同牧场细菌门偏最小二乘法判别分析
(PLS-DA)

4．不同牧场细菌门聚类分析

（1）细菌门菌群聚类分析　根据表6-8，以菌群为样本、垫料为指标、马氏距离为尺度，可变类平均法进行系统聚类，分析结果见表6-12、图6-10。结果表明，可将细菌门菌群分为3组。第1组为高含量组，包括了11个菌群，即变形菌门、厚壁菌门、拟杆菌门、放线菌门、绿弯菌门、异常球菌-栖热菌门、广古菌门、酸杆菌门、浮霉菌门、芽单胞菌门、奇古菌门，在九牧A、三牧B、十四牧C、垫料原料D、新鲜牛粪E中占比平均值分别为8.78%、8.85%、8.60%、8.64%、8.89%；在整个牛发酵床的发酵过程起到重要作用。第2组为中含量组，包括了6个菌群，即糖杆菌门、螺旋体门、未分类的1门、阴沟单胞菌门、柔膜菌门、硝化螺菌门，在九牧A、三牧B、十四牧C、垫料原料D、新鲜牛粪E中占比平均值分别为0.51%、0.27%、0.69%、0.50%、0.35%；表明这几个菌群在牛发酵床的发酵中起到主要作用。第3组为低含量组，包括了其余的27个细菌门，如疣微菌门、纤维杆菌门、互养菌门、蓝细菌门、黑杆菌门、装甲菌门、衣原体门、产氢菌门、候选门Parcubacteria等，占比平均含量不大于0.1%，属于弱势菌群。

表6-12　不同牧场养牛发酵床细菌门菌群聚类分析

组别	物　种　名　称	不同牧场养牛发酵床细菌门含量／%				
		九牧A	三牧B	十四牧C	垫料原料D	新鲜牛粪E
1	变形菌门	32.19	31.25	26.94	51.77	6.51
1	厚壁菌门	13.24	5.87	14.95	19.21	63.12
1	拟杆菌门	28.34	12.58	21.64	7.94	16.37
1	放线菌门	12.65	20.57	19.91	13.24	4.24
1	绿弯菌门	5.18	6.82	3.20	1.11	0.05
1	异常球菌-栖热菌门	1.87	5.98	5.39	0.58	0.07
1	广古菌门	0.11	0.20	0.81	0.06	7.41
1	酸杆菌门	0.62	5.41	0.04	0.47	0.00
1	浮霉菌门	0.85	2.42	1.15	0.58	0.01
1	芽单胞菌门	1.48	2.13	0.55	0.11	0.01

续表

组别	物 种 名 称	不同牧场养牛发酵床细菌门含量 / %				
		九牧A	三牧B	十四牧C	垫料原料D	新鲜牛粪E
1	奇古菌门	0.06	4.17	0.00	0.00	0.00
	第1组11个样本平均值	8.78	8.85	8.60	8.64	8.89
2	糖杆菌门	0.36	0.09	2.60	0.08	0.70
2	螺旋体门	1.49	0.12	1.19	0.00	0.68
2	未分类的1门	0.08	0.18	0.03	2.94	0.00
2	阴沟单胞菌门	1.04	0.42	0.11	0.00	0.00
2	柔膜菌门	0.09	0.24	0.22	0.00	0.74
2	硝化螺菌门	0.00	0.60	0.00	0.00	0.00
	第2组6个样本平均值	0.51	0.27	0.69	0.50	0.35
3	疣微菌门	0.05	0.71	0.39	1.64	0.08
3	纤维杆菌门	0.19	0.03	0.23	0.00	0.00
3	互养菌门	0.06	0.01	0.26	0.00	0.00
3	蓝细菌门	0.00	0.04	0.01	0.09	0.01
3	黑杆菌门	0.00	0.01	0.09	0.00	0.00
3	装甲菌门	0.00	0.10	0.00	0.01	0.00
3	衣原体门	0.00	0.00	0.00	0.10	0.00
3	产氢菌门	0.01	0.02	0.07	0.00	0.00
3	候选门Parcubacteria	0.00	0.00	0.08	0.00	0.00
3	候选门BRC1	0.01	0.01	0.05	0.01	0.00
3	未分类的1门	0.00	0.00	0.00	0.04	0.00
3	深古菌门	0.02	0.00	0.02	0.00	0.00
3	乳胶杆菌门	0.00	0.03	0.00	0.00	0.00
3	候选门WS1	0.01	0.00	0.01	0.00	0.00
3	候选门SAR406	0.00	0.00	0.02	0.00	0.00
3	依赖菌门	0.00	0.00	0.00	0.01	0.00
3	黏胶球形菌门	0.01	0.00	0.00	0.00	0.00
3	绿菌门	0.00	0.01	0.00	0.00	0.00
3	候选门WS2	0.00	0.01	0.00	0.00	0.00
3	候选门Microgenomates	0.00	0.00	0.00	0.00	0.00
3	候选门WSA2	0.00	0.00	0.00	0.00	0.00
3	候选门GAL15	0.00	0.00	0.00	0.00	0.00
3	纤细杆菌门	0.00	0.00	0.00	0.00	0.00
3	候选门FL0428B-PF49	0.00	0.00	0.00	0.00	0.00
3	候选门Tectomicrobia	0.00	0.00	0.00	0.00	0.00
3	懒惰菌门	0.00	0.00	0.00	0.00	0.00
3	候选门Absconditabacteria	0.00	0.00	0.00	0.00	0.00
	第3组27个样本平均值	0.01	0.04	0.05	0.07	0.00

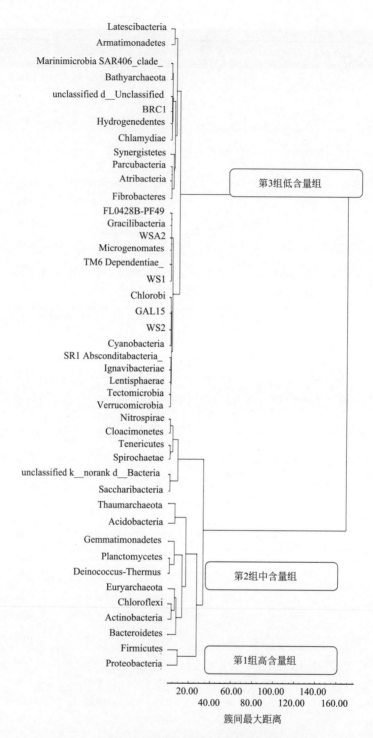

图6-10 不同牧场养牛发酵床细菌门菌群聚类分析

（2）细菌门系统发育　从系统发育分析可以看到不同牧场发酵床细菌门菌群分类与数量分布（图6-11），变形菌门、厚壁菌门、拟杆菌门、放线菌门四个细菌门在不同牧场、垫料原料、新鲜牛粪中为优势菌群，另一些细菌如异常球菌-栖热菌门、芽单胞菌门、糖杆菌门、绿弯菌门、柔膜菌门等含量很低，在养牛发酵床垫料发酵过程中起到辅助作用。

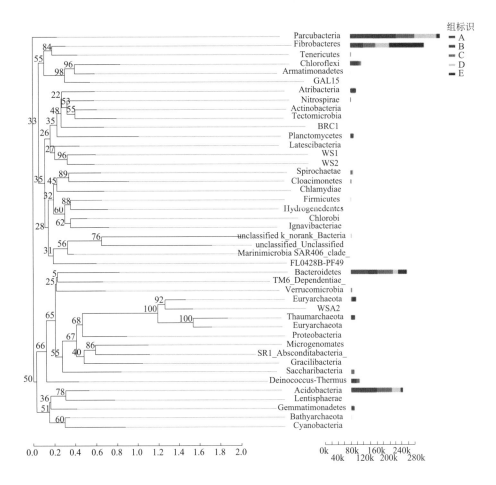

图6-11　不同牧场发酵床细菌门系统发育

二、养牛发酵床细菌纲菌群异质性

1. 不同牧场细菌纲组成

（1）细菌纲组成　从三个牧场养牛发酵床中共检测到105个细菌纲，九牧发酵床检测到68个细菌纲，三牧发酵床检测到84个细菌纲，十四牧发酵床检测到68个细菌纲，垫料原料检测到49个细菌纲，新鲜牛粪检测到40个细菌纲；总体含量（OTU）最高的10个细菌纲（表

6-13) 为：γ 变形菌纲 (109482) ＞放线菌纲 (99974) ＞梭菌纲 (96437) ＞拟杆菌纲 (76934) ＞ α- 变形菌纲 (49328) ＞ β- 变形菌纲 (34022) ＞芽胞杆菌纲 (29255) ＞鞘脂杆菌纲 (21959) ＞异常球菌纲 (21093) ＞黄杆菌纲 (15415)。

表6-13　不同牧场养牛发酵床总体含量最高的10个细菌纲

物　种　名　称	不同牧场养牛发酵床细菌纲含量(OTU)													合计(OTU)
	九牧发酵床			三牧发酵床			十四牧发酵床（OTU)			垫料原料(OTU)		新鲜牛粪(OTU)		
	JM-1	JM-2	JM-3	SM-1	SM-2	SM-3	SSM-1	SSM-2	SSM-4	SM-7	SSM-5	SM-8	SM-6	
【1】γ-变形菌纲	11803	3981	7830	16267	1772	10138	17279	8086	7769	5072	778	7884	10823	109482
【2】放线菌纲	11581	922	6956	16646	12373	2776	6842	12367	11453	793	3531	2355	11379	99974
【3】梭菌纲	4394	5933	1647	2007	53	4742	2378	7707	9483	28416	28538	10	1129	96437
【4】拟杆菌纲	774	13045	5452	266	0	12936	5176	10054	12546	5531	10993	21	140	76934
【5】α-变形菌纲	5894	2468	7144	4110	6262	3206	1710	524	401	58	61	16378	1112	49328
【6】β-变形菌纲	2047	1566	5880	273	2435	1960	1192	1646	1590	342	369	14212	510	34022
【7】芽胞杆菌纲	1019	60	6150	593	664	161	240	626	428	991	223	135	17965	29255
【8】鞘脂杆菌纲	2758	10355	641	171	914	310	1729	139	104	10	18	2211	2599	21959
【9】异常球菌纲	1975	837	71	2573	1	6666	6144	1312	873	5	66	1	569	21093
【10】黄杆菌纲	4067	2178	2693	473	26	278	1319	896	169	78	214	45	2979	15415

按牧场统计发酵床垫料、垫料原料、新鲜牛粪的细菌门平均值占比见表 6-14。可以看出三个牧场细菌纲含量最高的菌群为变形菌纲，九牧、三牧、十四牧分别为32.19%、31.25%、26.94%；垫料原料细菌纲含量最高的菌群为变形菌纲，占比51.77%；新鲜牛粪细菌门含量最高的菌群为梭菌纲，占比63.12%。

表6-14　不同牧场养牛发酵床细菌纲菌群占比

物 种 名 称	不同牧场养牛发酵床细菌纲含量 / %				
	九牧A	三牧B	十四牧C	垫料原料D	新鲜牛粪E
【1】梭菌纲	7.81	4.40	12.68	1.12	55.57
【2】γ-变形菌纲	15.31	18.25	21.43	18.24	5.64
【3】放线菌纲	12.65	20.57	19.91	13.24	4.24
【4】拟杆菌纲	12.51	8.56	18.01	0.16	16.05
【5】α-变形菌纲	10.08	8.78	1.73	16.99	0.12
【6】β-变形菌纲	6.11	3.00	2.89	14.34	0.71
【7】芽胞杆菌纲	4.71	0.90	0.81	17.76	1.19
【8】鞘脂杆菌纲	8.94	0.91	1.29	4.65	0.02
【9】异常球菌纲	1.87	5.98	5.39	0.58	0.07
【10】黄杆菌纲	5.77	0.52	1.54	2.94	0.28
【11】丹毒丝菌纲	0.69	0.57	1.45	0.32	6.13
【12】甲烷杆菌纲	0.05	0.05	0.41	0.05	7.29
【13】厌氧绳菌纲	2.80	2.64	1.56	0.14	0.01
【14】热微菌纲	2.24	2.37	1.54	0.91	0.04
【15】酸杆菌纲	0.62	5.41	0.04	0.47	0.00
【16】芽单胞菌纲	1.48	2.13	0.55	0.11	0.01

物 种 名 称	不同牧场养牛发酵床细菌纲含量 / %				
	九牧A	三牧B	十四牧C	垫料原料D	新鲜牛粪E
【17】 纲SCG	0.06	4.17	0.00	0.00	0.00
【18】 浮霉菌纲	0.71	1.93	1.04	0.25	0.01
【19】 螺旋体纲	1.49	0.12	1.19	0.00	0.68
【20】 未分类的细菌纲	0.08	0.18	0.03	2.94	0.00
【21】 δ-变形菌纲	0.61	1.18	0.88	0.49	0.04
【22】 糖杆菌门分类地位未定的1纲	0.34	0.09	2.54	0.08	0.09
【23】 纤维粘网菌纲	0.65	0.94	0.47	0.17	0.02
【24】 拟杆菌门分类地位未定的1纲	0.08	1.64	0.23	0.01	0.00
【25】 变形菌门未分类的1纲	0.00	0.00	0.00	1.70	0.00
【26】 纲LNR A2-18	1.04	0.41	0.11	0.00	0.00
【27】 柔膜菌纲	0.09	0.24	0.22	0.00	0.74
【28】 海草球形菌纲	0.14	0.44	0.12	0.33	0.00
【29】 疣微菌门分类地位未定的1纲	0.00	0.00	0.00	0.76	0.00
【30】 纲KD4-96	0.04	0.72	0.00	0.00	0.00
【31】 播撒菌纲	0.01	0.30	0.02	0.41	0.00
【32】 甲烷微菌纲	0.06	0.05	0.40	0.00	0.12
【33】 糖杆菌门的1纲	0.02	0.00	0.01	0.00	0.61
【34】 硝化螺菌纲	0.00	0.60	0.00	0.00	0.00
【35】 OPB35土壤菌群的1纲	0.00	0.21	0.00	0.32	0.00
【36】 拟杆菌门vadinHA17的1纲	0.39	0.00	0.07	0.00	0.00
【37】 纤维杆菌纲	0.19	0.03	0.23	0.00	0.00
【38】 丰佑菌纲	0.01	0.10	0.19	0.12	0.00
【39】 互养菌纲	0.06	0.01	0.26	0.00	0.00
【40】 纲Gitt-GS-136	0.01	0.31	0.00	0.00	0.00
【41】 阴壁菌纲	0.00	0.00	0.01	0.00	0.23
【42】 纲S085	0.02	0.20	0.00	0.00	0.00
【43】 疣微菌纲	0.01	0.10	0.00	0.02	0.08
【44】 纲TK10	0.02	0.13	0.00	0.00	0.00
【45】 蓝细菌纲	0.00	0.04	0.01	0.09	0.01
【46】 绿弯菌纲	0.00	0.14	0.00	0.00	0.00
【47】 暖绳菌纲	0.00	0.07	0.05	0.01	0.00
【48】 纲JG30-KF-CM66	0.02	0.08	0.02	0.01	0.00
【49】 疣微菌门分类地位未定的1纲	0.02	0.00	0.10	0.00	0.00
【50】 热链菌纲	0.00	0.07	0.00	0.04	0.00
【51】 黑杆菌门分类地位未定的1纲	0.00	0.01	0.09	0.00	0.00
【52】 衣原体纲	0.00	0.00	0.00	0.10	0.00
【53】 热原体纲	0.00	0.10	0.00	0.00	0.00
【54】 产氢菌门分类地位未定的1纲	0.01	0.02	0.07	0.00	0.00
【55】 ε-变形菌纲	0.08	0.00	0.01	0.00	0.00

续表

物 种 名 称	不同牧场养牛发酵床细菌纲含量 / %				
	九牧A	三牧B	十四牧C	垫料原料D	新鲜牛粪E
【56】 纲WCHB1-41	0.01	0.01	0.07	0.00	0.00
【57】 候选法尔科夫菌门的1纲	0.00	0.00	0.08	0.00	0.00
【58】 装甲菌门分类地位未定的1纲	0.00	0.08	0.00	0.00	0.00
【59】 候选门BRC1分类地位未定的1纲	0.01	0.01	0.05	0.01	0.00
【60】 糖杆菌门未分类的1纲	0.00	0.00	0.05	0.00	0.00
【61】 未分类的1纲	0.00	0.00	0.00	0.04	0.00
【62】 纤线杆菌纲	0.00	0.04	0.00	0.00	0.00
【63】 绿弯菌门未分类的1纲	0.00	0.04	0.00	0.00	0.00
【64】 深古菌门分类地位未定的1纲	0.02	0.00	0.02	0.00	0.00
【65】 纲OM190	0.00	0.03	0.00	0.00	0.00
【66】 纲SBR2076	0.00	0.01	0.01	0.00	0.00
【67】 乳胶杆菌门分类地位未定的1纲	0.00	0.03	0.00	0.00	0.00
【68】 纲SB-5	0.01	0.00	0.01	0.00	0.00
【69】 门WS1分类地位未定的1纲	0.01	0.00	0.01	0.00	0.00
【70】 纲ARKICE-90	0.00	0.02	0.00	0.00	0.00
【71】 拟杆菌门未分类的1纲	0.00	0.00	0.00	0.01	0.00
【72】 拟杆菌门BD2-2的1纲	0.00	0.00	0.02	0.00	0.00
【73】 脱卤球菌纲	0.01	0.01	0.00	0.00	0.00
【74】 海微菌门SAR406分类地位未定的1纲	0.00	0.00	0.02	0.00	0.00
【75】 厚壁菌门未分类的1纲	0.02	0.00	0.00	0.00	0.00
【76】 TM6依赖菌门分类地位未定的1纲	0.00	0.00	0.00	0.01	0.00
【77】 阴沟单胞菌门未分类的1纲	0.00	0.01	0.00	0.00	0.00
【78】 寡养球形菌纲	0.01	0.00	0.00	0.00	0.00
【79】 纲MACA-EFT26	0.00	0.01	0.00	0.00	0.00
【80】 菌毛单胞菌纲	0.00	0.01	0.00	0.00	0.00
【81】 绿菌纲	0.00	0.01	0.00	0.00	0.00
【82】 SAR202进化枝的1纲	0.01	0.00	0.00	0.00	0.00
【83】 纲MSB-5E12	0.00	0.00	0.00	0.00	0.00
【84】 纲Pla3_lineage	0.00	0.01	0.00	0.00	0.00
【85】 装甲单胞菌纲	0.00	0.00	0.00	0.01	0.00
【86】 土单胞菌纲	0.00	0.01	0.00	0.00	0.00
【87】 湖绳菌纲	0.01	0.00	0.00	0.00	0.00
【88】 门WS2分类地位未定的1纲	0.00	0.01	0.00	0.00	0.00
【89】 沃斯氏杆菌纲	0.00	0.00	0.00	0.00	0.00
【90】 纲A55-D21-H-B-C01	0.00	0.00	0.00	0.00	0.00
【91】 纲Kazan-3A-21	0.00	0.00	0.00	0.00	0.00
【92】 门GAL15分类地位未定的1纲	0.00	0.00	0.00	0.00	0.00
【93】 纲LD1-PB3	0.00	0.00	0.00	0.00	0.00

续表

物 种 名 称	不同牧场养牛发酵床细菌纲含量 / %				
	九牧A	三牧B	十四牧C	垫料原料D	新鲜牛粪E
【94】纲UA11	0.00	0.00	0.00	0.00	0.00
【95】纲P2-11E	0.00	0.00	0.00	0.00	0.00
【96】纤细杆菌门分类地位未定的1纲	0.00	0.00	0.00	0.00	0.00
【97】门FL0428B-PF49分类地位未定的1纲	0.00	0.00	0.00	0.00	0.00
【98】纲Elev-16S-509	0.00	0.00	0.00	0.00	0.00
【99】门Tectomicrobia分类地位未定的1纲	0.00	0.00	0.00	0.00	0.00
【100】懒惰杆菌纲	0.00	0.00	0.00	0.00	0.00
【101】纲S-BQ2-57 soil group	0.00	0.00	0.00	0.00	0.00
【102】纲SJA-15	0.00	0.00	0.00	0.00	0.00
【103】门Parcubacteria未分类的1纲	0.00	0.00	0.00	0.00	0.00
【104】门SR1分类地位未定的1纲	0.00	0.00	0.00	0.00	0.00
【105】纲BD7-11	0.00	0.00	0.00	0.00	0.00

（2）细菌纲菌群结构　不同牧场发酵床菌群结构差异显著 (图 6-12)，九牧发酵床细菌纲前 3 个高含量菌群为 γ- 变形菌纲 (15.31%) ＞放线菌纲 (12.65%) ＞拟杆菌纲 (12.51%)；三牧发酵床细菌纲前 3 个高含量菌群为放线菌纲 (20.57%) ＞ γ- 变形菌纲 (18.25%) ＞ α- 变形菌纲 (8.78%)；十四牧发酵床细菌纲前 3 个高含量菌群为 γ- 变形菌纲 (21.43%) ＞放线菌纲 (19.91%) ＞拟杆菌纲 (18.01%)；垫料原料细菌纲前 3 个高含量菌群为 γ- 变形菌纲 (18.24%) ＞芽胞杆菌纲 (17.76%) ＞ α- 变形菌纲 (16.99%)；新鲜牛粪细菌纲前 3 个高含量菌群为梭菌纲 (55.57%) ＞拟杆菌纲 (16.05%) ＞甲烷杆菌纲 (7.29%)。

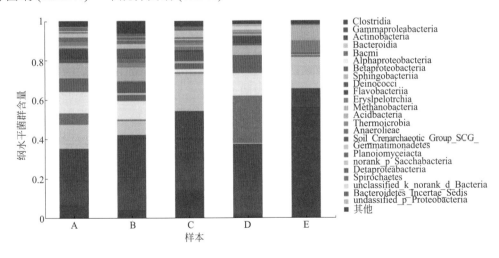

图6-12　不同牧场养牛发酵床细菌纲菌群结构

（3）细菌纲热图分析　不同牧场发酵床细菌纲热图分析见图 6-13。从不同牧场聚类看，可将样本分为两大类，第 1 类为三牧、十四牧、垫料原料、九牧，第 2 类为新鲜牛粪独立成为一类，表明从细菌纲菌群分布可以将发酵床与垫料原料、新鲜牛粪分离开。从细菌纲菌群聚类看，高含量前 20 个细菌纲分为 2 类。第 1 类高含量分布菌群，包括了 11 个细菌纲，即梭菌纲、拟杆菌纲、甲烷杆菌纲、丹毒丝菌纲、γ-变形菌纲、放线菌纲、芽胞杆菌纲、柔膜菌纲、β-变形菌纲、螺旋体门、甲烷微菌纲，在三个牧场发酵床 (垫料原料) 和新鲜牛粪中高含量分布，前者含量略高于后者。第 2 类中低含量分布菌群，包括了 9 个细菌纲，即黄杆菌纲、阴壁菌纲、α-变形菌纲、糖杆菌门的 1 纲、糖杆菌门分类地位未定的 1 纲、疣微菌纲、异常球菌纲、δ-变形菌纲、热微菌纲，在新鲜牛粪中含量较低，在三个牧场发酵床 (垫料原料) 中含量较高。

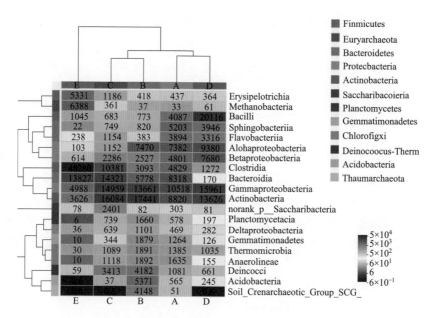

图6-13　不同牧场发酵床细菌纲热图分析

（4）细菌纲共有种类和独有种类　不同牧场发酵床细菌纲纹图分析结果见图 6-14。九牧、三牧、十四牧、垫料原料、新鲜牛粪的细菌纲数分别为 68 个、84 个、68 个、49 个、40 个，三个牧场的发酵床菌群种类多于垫料原料和新鲜牛粪。它们共有细菌纲种类为 34 个；九牧、三牧、十四牧、垫料原料、新鲜牛粪的细菌纲个独有细菌纲分别为 5 个、19 个、8 个、3 个、0 个，发酵床和垫料原料独有细菌纲较多，新鲜牛粪没有独有的细菌纲，表明新鲜牛粪的菌群全部进入垫料发酵。

2．不同牧场细菌纲相关性与多样性

（1）细菌纲菌群相关性　利用不同牧场养牛发酵床细菌纲组成构建矩阵，以细菌纲为样本、牧场发酵床为指标，进行相关系数分析，统计结果见表 6-15。分析结果表明，除了垫料原料与新鲜牛粪细菌纲菌群之间相关性不显著外 ($P=0.6408 > 0.05$)，其余因子间相关性显著或极显著 ($P < 0.01$)；垫料原料与新鲜牛粪细菌纲菌群不相关，牧场发酵床通过垫料 + 牛粪进行发酵，将两者菌群混合培养，产生的结果在三个不同牧场发酵床细菌纲菌群高度相关，表明发酵床菌群主要来源于垫料原料和新鲜牛粪。

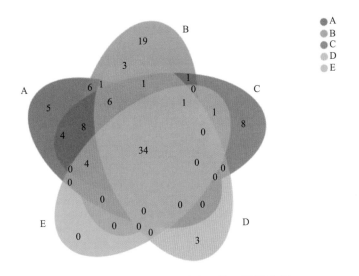

图6-14　不同牧场发酵床细菌纲纹图分析

表6-15　不同牧场发酵床、垫料原料、新鲜牛粪细菌纲相关系数

因子	不同牧场养牛发酵床细菌纲相关系数				
	九牧A	三牧B	十四牧C	垫料原料D	新鲜牛粪E
九牧A		0.0000	0.0000	0.0000	0.0000
三牧B	0.7832		0.0000	0.0000	0.0051
十四牧C	0.8128	0.8321		0.0003	0.0000
垫料原料D	0.6758	0.5544	0.3473		0.6408
新鲜牛粪E	0.4408	0.2729	0.5928	0.0463	

注：左下角是相关系数 r，右上角是 P 值。

（2）细菌纲菌群多样性　以养牛发酵床为样本、细菌纲菌群为指标，计算多样性指数，分析结果见表 6-16。从物种丰富度看，发酵床细菌纲丰富度 (14.55 ～ 18.02) 高于垫料原料和新鲜牛粪 (8.47 ～ 10.42)；牧场发酵床和垫料原料的各多样性指数差异不大，高于新鲜牛粪的多样性指数，表明垫料＋牛粪发酵，提升了细菌的多样性指数。

表6-16　二个牧场发酵床、垫料原料、新鲜牛粪细菌纲多样性指数

项　　目		不同牧场养牛发酵床细菌纲多样性指数				
		九牧A	三牧B	十四牧C	垫料原料D	新鲜牛粪E
物种数		68	84	68	49	40
菌群占比/%		100.00	100.00	100.01	99.99	100.00
丰富度		14.55	18.02	14.55	10.42	8.47
辛普森指数(D)	值	0.92	0.90	0.87	0.87	0.66
	95%置信区间	0.88	0.86	0.80	0.79	0.45
		0.96	0.95	0.93	0.95	0.86
香农指数(H)	值	2.66	2.72	2.39	2.27	1.55
	95%置信区间	2.34	2.40	2.05	1.89	0.94
		2.98	3.05	2.74	2.65	2.15

续表

项　目		不同牧场养牛发酵床细菌纲多样性指数				
		九牧A	三牧B	十四牧C	垫料原料D	新鲜牛粪E
均匀度指数	值	0.63	0.61	0.57	0.58	0.42
	95%置信区间	0.56	0.54	0.49	0.50	0.26
		0.70	0.69	0.65	0.67	0.58
Brillouin指数	值	3.41	3.41	3.02	2.91	2.00
	95%置信区间	3.02	3.02	2.59	2.42	1.21
		3.80	3.80	3.45	3.39	2.79
McIntosh指数(D_{mc})	值	0.78	0.75	0.69	0.70	0.45
	95%置信区间	0.71	0.68	0.60	0.59	0.25
		0.84	0.82	0.79	0.81	0.66

3．不同牧场细菌纲优势菌群差异性

（1）细菌纲优势菌群差异性　不同牧场发酵床细菌纲的差异性分析见图6-15。三个牧场发酵床前15个高含量细菌纲之间总体差异不显著($P > 0.05$)；梭菌纲、γ- 变形菌纲、放线菌纲、拟杆菌纲、α- 变形菌纲、β- 变形菌纲6个细菌纲为优势菌群，不同的环境下，菌群分布特征不同。

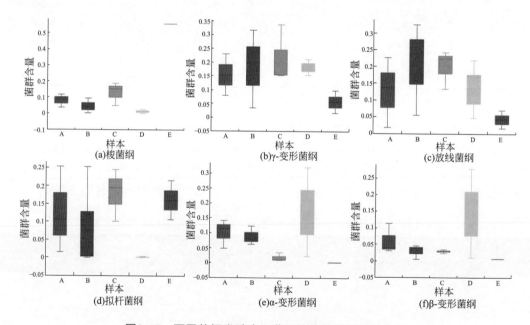

图6-15　不同牧场发酵床细菌纲优势菌群差异性分析

梭菌纲分布：新鲜牛粪 E(55.57%) ＞十四牧 C(12.68%) ＞九牧 A(7.81%) ＞三牧 B(4.40%) ＞垫料原料 D(1.12%)，梭菌纲为动物病原菌，在新鲜牛粪中含量很高，经过发酵在发酵床含量大幅度下降 [图 6-15(a)]；γ- 变形菌纲分布：十四牧 C(21.43%) ＞三牧 B(18.25%) ＞垫料原料 D(18.24%) ＞九牧 A(15.31%) ＞新鲜牛粪 E(5.64%)，该菌在发酵床上含量远高于新鲜牛粪 [图 6-15(b)]；放线菌纲分布：三牧 B(20.57%) ＞十四牧 C(19.91%) ＞

垫料原料 D(13.24%) >九牧 A(12.65%) >新鲜牛粪 E(4.24%)，该菌在新鲜牛粪中含量低，在发酵床含量高 [图 6-15(c)]；拟杆菌纲分布：十四牧 C(18.01%) >新鲜牛粪 E(16.05%) >九牧 A(12.51%) >三牧 B(8.56%) >垫料原料 D(0.16%)，该菌在垫料原料中含量很低，在新鲜牛粪中含量很高 [图 6-15(d)]；α- 变形菌纲分布：垫料原料 D(16.99%) >九牧 A(10.08%) >三牧 B(8.78%) >十四牧 C(1.73%) >新鲜牛粪 E(0.12%)，该菌在新鲜牛粪中含量低，在发酵床中含量高 [图 6-15(e)]；β- 变形菌纲分布：垫料原料 D(14.34%) >九牧 A(6.11%) >三牧 B(3.00%) >十四牧 C(2.89%) >新鲜牛粪 E(0.71%)，该菌在新鲜牛粪中含量低，在垫料原料中含量高 [图 6-15(f)]。

（2）细菌纲样本相似性与偏最小二乘法判别分析　不同牧场细菌纲相似性分析 (ANOSIM) 见表 6-17，以欧式距离为统计，结果表明不同牧场细菌纲组间的相似性值为 0.59323，$P < 0.05$，显著相似；三个牧场发酵床细菌纲菌群含量差异不显著，而与垫料原料和新鲜牛粪差异显著 (图 6-16)。偏最小二乘法判别分析 (PLS-DA) 结果表明 (图 6-17)，可将采集样本的不同区域判别区分，三个牧场发酵床细菌纲菌群有点交错，但总体仍可区分；垫料原料和新鲜牛粪形成自身独立区域，牧场发酵床、垫料原料、新鲜牛粪细菌纲菌群间存在显著差异。

表6-17　三个牧场发酵床细菌纲菌群相似性分析（ANOSIM）

项目	自由度D_f	平方和	均方	F值	相似性R^2	P值
组间	4	5.27×10^9	1.32×10^9	2.916789	0.59323	0.015
残差	8	3.61×10^9	4.52×10^8	—	0.40677	—
总体	12	8.88×10^9	—	—	1	—

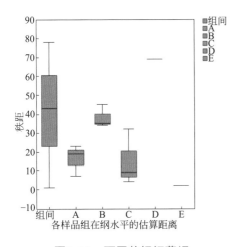

图6-16　不同牧场细菌纲
相似性(ANOSIM)分析

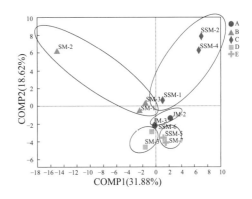

图6-17　不同牧场细菌纲偏最小二
乘法判别分析(PLS-DA)

4. 不同牧场细菌纲聚类分析

（1）细菌纲菌群聚类分析　以菌群为样本、垫料为指标、马氏距离为尺度，可变类平均法进行系统聚类，分析结果见表 6-18、图 6-18。结果表明，可将细菌纲菌群分为 3 组。第 1 组为高含量组，包括了 22 个细菌纲，如 γ- 变形菌纲、放线菌纲、拟杆菌纲、α- 变形菌纲、鞘脂杆菌纲、梭菌纲、β-变形菌纲、黄杆菌纲、芽胞杆菌纲、厌氧绳菌纲、热微菌纲、异常球菌纲、螺旋体纲等，在九牧 A、三牧 B、十四牧 C、垫料原料 D、新鲜牛粪 E 中占比平均值分别为 4.48%、4.26%、4.30%、4.22%、4.13%，为主要菌群，在整个牛发酵床的发酵过程起到重要作用。第 2 组为中含量组，包括了 36 个细菌纲，如纤维杆菌纲、海草球形菌纲、柔膜菌纲、ε-变形菌纲、甲烷微菌纲、互养菌纲、甲烷杆菌纲等，在九牧 A、三牧 B、十四牧 C、垫料原料 D、新鲜牛粪 E 中占比平均值分别为 0.04%、0.16%、0.15%、0.19%、0.25%，为次要菌群，在牛发酵床的发酵中起到辅助作用。第 3 组为低含量组，包括了其余的 47 个细菌纲，如寡养球形菌纲、脱卤球菌纲、湖绳菌纲、懒惰杆菌纲、蓝细菌门、纤线杆菌纲、阴壁菌纲、衣原体纲、热链菌纲等，占比平均含量不大于 0.01%，为偶见菌群，属于弱势菌群。

表6-18　不同牧场养牛发酵床细菌纲菌群聚类分析

组别	物种名称	不同牧场养牛发酵床细菌纲含量 / %				
		九牧A	三牧B	十四牧C	垫料原料D	新鲜牛粪E
1	γ-变形菌纲	15.31	18.25	21.43	18.24	5.64
1	放线菌纲	12.65	20.57	19.91	13.24	4.24
1	拟杆菌纲	12.51	8.56	18.01	0.16	16.05
1	α-变形菌纲	10.08	8.78	1.73	16.99	0.12
1	鞘脂杆菌纲	8.94	0.91	1.29	4.65	0.02
1	梭菌纲	7.81	4.40	12.68	1.12	55.57
1	β-变形菌纲	6.11	3.00	2.89	14.34	0.71
1	黄杆菌纲	5.77	0.52	1.54	2.94	0.28
1	芽胞杆菌纲	4.71	0.90	0.81	17.76	1.19
1	厌氧绳菌纲	2.80	2.64	1.56	0.14	0.01
1	热微菌纲	2.24	2.37	1.54	0.91	0.04
1	异常球菌纲	1.87	5.98	5.39	0.58	0.07
1	螺旋体纲	1.49	0.12	1.19	0.00	0.68
1	芽单胞菌纲	1.48	2.13	0.55	0.11	0.01
1	纲LNR A2-18	1.04	0.41	0.11	0.00	0.00
1	浮霉菌纲	0.71	1.93	1.04	0.25	0.01
1	丹毒丝菌纲	0.69	0.57	1.45	0.32	6.13
1	纤维粘网菌纲	0.65	0.94	0.47	0.17	0.02
1	酸杆菌纲	0.62	5.41	0.04	0.47	0.00
1	δ-变形菌纲	0.61	1.18	0.88	0.49	0.04
1	拟杆菌门vadinHA17的1纲	0.39	0.00	0.07	0.00	0.00
1	纲SCG	0.06	4.17	0.00	0.00	0.00
	第1组22个样本平均值	4.48	4.26	4.30	4.22	4.13
2	糖杆菌门分类地位未定的1纲	0.34	0.09	2.54	0.08	0.09
2	纤维杆菌纲	0.19	0.03	0.23	0.00	0.00
2	海草球形菌纲	0.14	0.44	0.12	0.33	0.00
2	柔膜菌纲	0.09	0.24	0.22	0.00	0.74
2	ε-变形菌纲	0.08	0.00	0.01	0.00	0.00
2	甲烷微菌纲	0.06	0.05	0.40	0.00	0.12

续表

组别	物种名称	不同牧场养牛发酵床细菌纲含量 / %				
		九牧A	三牧B	十四牧C	垫料原料D	新鲜牛粪E
2	互养菌纲	0.06	0.01	0.26	0.00	0.00
2	甲烷杆菌纲	0.05	0.05	0.41	0.05	7.29
2	未分类的1纲	0.08	0.18	0.03	2.94	0.00
2	拟杆菌门分类地位未定的1纲	0.08	1.64	0.23	0.01	0.00
2	纲KD4-96	0.04	0.72	0.00	0.00	0.00
2	纲JG30-KF-CM66	0.02	0.08	0.02	0.01	0.00
2	纲S085	0.02	0.20	0.00	0.00	0.00
2	纲TK10	0.02	0.13	0.00	0.00	0.00
2	疣微菌门分类地位未定的1纲	0.02	0.00	0.10	0.00	0.00
2	糖杆菌门的1纲	0.02	0.00	0.01	0.00	0.61
2	深古菌门分类地位未定的1纲	0.02	0.00	0.02	0.00	0.00
2	厚壁菌门未分类的1纲	0.02	0.00	0.00	0.00	0.00
2	丰佑菌纲	0.01	0.10	0.19	0.12	0.00
2	纲SB-5	0.01	0.00	0.01	0.00	0.00
2	纲Gitt-GS-136	0.01	0.31	0.00	0.00	0.00
2	播撒菌纲	0.01	0.30	0.02	0.41	0.00
2	候选门BRC1分类地位未定的1纲	0.01	0.01	0.05	0.01	0.00
2	纲WCHB1-41	0.01	0.01	0.07	0.00	0.00
2	产氢菌门分类地位未定的1纲	0.01	0.02	0.07	0.00	0.00
2	疣微菌纲	0.01	0.10	0.00	0.02	0.08
2	黑杆菌门分类地位未定的1纲	0.00	0.01	0.09	0.00	0.00
2	硝化螺菌纲	0.00	0.60	0.00	0.00	0.00
2	变形菌门未分类的1纲	0.00	0.00	0.00	1.70	0.00
2	糖杆菌门未分类的1纲	0.00	0.00	0.05	0.00	0.00
2	疣微菌门分类地位未定的1纲	0.00	0.00	0.00	0.76	0.00
2	OPB35土壤菌群的1纲	0.00	0.21	0.00	0.32	0.00
2	候选法尔科夫菌门的1纲	0.00	0.00	0.08	0.00	0.00
2	绿弯菌纲	0.00	0.14	0.00	0.00	0.00
2	热原体纲	0.00	0.10	0.00	0.00	0.00
2	装甲菌门分类地位未定的1纲	0.00	0.08	0.00	0.00	0.00
	第2组36个样本平均值	0.04	0.16	0.15	0.19	0.25
3	寡养球形菌纲	0.01	0.00	0.00	0.00	0.00
3	脱卤球菌纲	0.01	0.01	0.00	0.00	0.00
3	湖绳菌纲	0.01	0.00	0.00	0.00	0.00
3	懒惰杆菌纲	0.00	0.00	0.00	0.00	0.00
3	蓝细菌纲	0.00	0.04	0.01	0.09	0.01
3	纤线杆菌纲	0.00	0.04	0.00	0.00	0.00
3	阴壁菌纲	0.00	0.00	0.01	0.00	0.23
3	衣原体纲	0.00	0.00	0.00	0.10	0.00

组别	物种名称	不同牧场养牛发酵床细菌纲含量 / %				
		九牧A	三牧B	十四牧C	垫料原料D	新鲜牛粪E
3	热链菌纲	0.00	0.07	0.00	0.04	0.00
3	SAR202进化枝的1纲	0.01	0.00	0.00	0.00	0.00
3	门WS1分类地位未定的1纲	0.01	0.00	0.01	0.00	0.00
3	纲A55-D21-H-B-C01	0.00	0.00	0.00	0.00	0.00
3	拟杆菌门未分类的1纲	0.00	0.00	0.00	0.01	0.00
3	纲MSB-5E12	0.00	0.00	0.00	0.00	0.00
3	纲Elev-16S-509	0.00	0.00	0.00	0.00	0.00
3	暖绳菌纲	0.00	0.07	0.05	0.01	0.00
3	纲SJA-15	0.00	0.00	0.00	0.00	0.00
3	拟杆菌门BD2-2的1纲	0.00	0.00	0.02	0.00	0.00
3	纲SBR2076	0.00	0.01	0.01	0.00	0.00
3	绿菌纲	0.00	0.01	0.00	0.00	0.00
3	未分类的1纲	0.00	0.00	0.00	0.04	0.00
3	TM6依赖菌门分类地位未定的1纲	0.00	0.00	0.00	0.01	0.00
3	装甲单胞菌纲	0.00	0.00	0.00	0.01	0.00
3	海微菌门SAR406分类地位未定的1纲	0.00	0.00	0.02	0.00	0.00
3	沃斯氏杆菌纲	0.00	0.00	0.00	0.00	0.00
3	纲Kazan-3A-21	0.00	0.00	0.00	0.00	0.00
3	纲LD1-PB3	0.00	0.00	0.00	0.00	0.00
3	纤细杆菌门分类地位未定的1纲	0.00	0.00	0.00	0.00	0.00
3	门FL0428B-PF49分类地位未定的1纲	0.00	0.00	0.00	0.00	0.00
3	阴沟单胞菌门未分类的1纲	0.00	0.01	0.00	0.00	0.00
3	门SR1分类地位未定的1纲	0.00	0.00	0.00	0.00	0.00
3	绿弯菌门未分类的1纲	0.00	0.04	0.00	0.00	0.00
3	纲OM190	0.00	0.03	0.00	0.00	0.00
3	乳胶杆菌门分类地位未定的1纲	0.00	0.03	0.00	0.00	0.00
3	纲ARKICE-90	0.00	0.02	0.00	0.00	0.00
3	纲MACA-EFT26	0.00	0.01	0.00	0.00	0.00
3	菌毛单胞菌纲	0.00	0.01	0.00	0.00	0.00
3	纲Pla3_lineage	0.00	0.01	0.00	0.00	0.00
3	土单胞菌纲	0.00	0.01	0.00	0.00	0.00
3	门WS2分类地位未定的1纲	0.00	0.01	0.00	0.00	0.00
3	门GAL15分类地位未定的1纲	0.00	0.00	0.00	0.00	0.00
3	纲UA11	0.00	0.00	0.00	0.00	0.00
3	纲P2-11E	0.00	0.00	0.00	0.00	0.00
3	门Tectomicrobia分类地位未定的1纲	0.00	0.00	0.00	0.00	0.00
3	纲S-BQ2-57 soil group	0.00	0.00	0.00	0.00	0.00
3	门Parcubacteria未分类的1纲	0.00	0.00	0.00	0.00	0.00
3	纲BD7-11	0.00	0.00	0.00	0.00	0.00
	第3组47个样本平均值	0.00	0.01	0.00	0.01	0.01

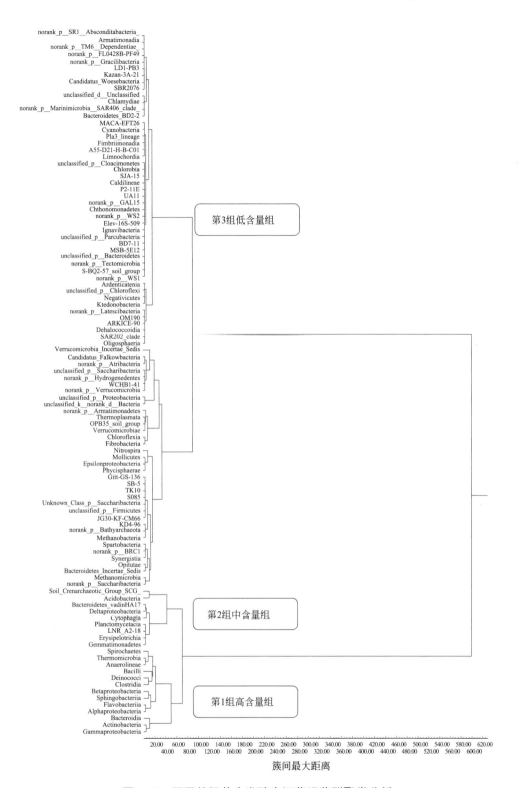

图6-18　不同牧场养牛发酵床细菌纲菌群聚类分析

多样性指数分析。基于细菌纲聚类结果的 22 个主要菌群，分析不同牧场多样性指数，结果见表 6-19。结果表明不同牧场 22 个主要菌群占了各自全部菌群的 90% 以上，从丰富度看，九牧 A、三牧 B、十四牧 C 物种丰富度超过 4%，高于垫料原料 D(3.75%) 和新鲜牛粪 E(3.77%)；从多样性指数看，在九牧 A、三牧 B、十四牧 C 三个牧场发酵床差异不显著，都高于垫料原料 D 和新鲜牛粪 E，垫料原料 D 多样性指数显著地高于新鲜牛粪 E；表明牧场发酵床细菌纲物种多样性较高，而新鲜牛粪较低。

表6-19　基于细菌纲聚类结果的22个主要菌群的不同牧场多样性指数

项　　目		牛发酵床细菌纲主要菌群多样性指数				
		九牧A	三牧B	十四牧C	垫料原料D	新鲜牛粪E
细菌纲数量(n)		22	21	21	18	18
累计占比/%		98.54	93.74	94.58	92.88	90.83
丰富度		4.57	4.40	4.40	3.75	3.77
辛普森指数(D)	值	0.92	0.89	0.85	0.85	0.59
	95%置信区间	0.89	0.85	0.79	0.77	0.36
		0.94	0.93	0.91	0.94	0.82
香农指数(H)	值	2.58	2.47	2.18	2.03	1.28
	95%置信区间	2.42	2.25	1.94	1.67	0.71
		2.75	2.69	2.42	2.39	1.85
均匀度指数	值	0.83	0.81	0.72	0.70	0.44
	95%置信区间	0.78	0.74	0.64	0.59	0.25
		0.89	0.88	0.79	0.82	0.64
Brillouin指数	值	3.35	3.18	2.82	2.65	1.67
	95%置信区间	3.14	2.90	2.51	2.17	0.91
		3.57	3.47	3.14	3.12	2.43
McIntosh指数(D_{mc})	值	0.77	0.73	0.67	0.67	0.40
	95%置信区间	0.73	0.67	0.59	0.56	0.19
		0.81	0.79	0.75	0.78	0.60

相关系数分析。基于细菌纲聚类结果的 22 个主要菌群，分析不同牧场发酵床细菌纲相关系数，结果见表 6-20。三个牧场养牛发酵床细菌纲主要菌群表现出极显著的相关性 ($P < 0.01$)，表明不同牧场发酵床的菌群相似度较高，物种组成基本相似；垫料原料细菌纲主要菌群与九牧和三牧牧场发酵床的菌群基本相关 ($P < 0.05$)；新鲜牛粪主要菌群除了与十四牧养牛发酵床存在相关性外 ($P < 0.05$)，与其他的牧场和垫料原料无相关 ($P > 0.05$)，表明十四牧场积累了较多的牛粪发酵，趋近于新鲜牛粪的菌群结构。

表6-20　基于细菌纲聚类结果的22个主要菌群的不同牧场相关系数

项目	牛发酵床细菌纲主要菌群相关系数				
	九牧A	三牧B	十四牧C	垫料原料D	新鲜牛粪E
九牧A		0.0000	0.0000	0.0007	0.1432
三牧B	0.7604		0.0000	0.0067	0.5402
十四牧C	0.8265	0.8521		0.0777	0.0264
垫料原料D	0.6670	0.5600	0.3839		0.7502
新鲜牛粪E	0.3225	0.1380	0.4725	−0.0720	

注：左下角是相关系数 r，右上角是 P 值。

　　牧场聚类分析。基于细菌纲聚类结果的 22 个主要菌群,以欧氏距离为尺度、可变类平均法进行不同牧场发酵床的聚类分析,结果见表 6-21、图 6-19。结果表明,可以将不同牧场聚为 3 组。第 1 组为牧场发酵床,高含量前 3 个细菌纲菌群为 γ- 变形菌纲 (18.33%)、放线菌纲 (17.71%)、拟杆菌纲 (13.03%);第 2 组为发酵垫料,高含量前 3 个细菌纲菌群为 γ- 变形菌纲 (18.24%)、芽胞杆菌纲 (17.76%)、α- 变形菌纲 (16.99%);第 3 组为新鲜牛粪,高含量前 3 个细菌纲菌群为梭菌纲 (55.57%)、拟杆菌纲 (16.05%)、丹毒丝菌纲 (6.13%);表现出发酵床、垫料原料、新鲜牛粪细菌纲菌群结构的差异,新鲜牛粪中病原所属的梭菌纲和丹毒丝菌纲含量较高,经过发酵含量大幅度下降,发酵床对病原的作用给予体现。

表6-21　基于细菌纲22个主要菌群的不同牧场聚类分析

组　　别	不同牧场养牛发酵床细菌纲含量/%							
	第1组				第2组		第3组	
	九牧A	三牧B	十四牧C	平均值	垫料原料D	平均值	新鲜牛粪E	平均值
γ-变形菌纲	15.31	18.25	21.43	18.33	18.24	18.24	5.64	5.64
放线菌纲	12.65	20.57	19.91	17.71	13.24	13.24	4.24	4.24
拟杆菌纲	12.51	8.56	18.01	13.03	0.16	0.16	16.05	16.05
α-变形菌纲	10.08	8.78	1.73	6.86	16.99	16.99	0.12	0.12
鞘脂杆菌纲	8.94	0.91	1.29	3.71	4.65	4.65	0.02	0.02
梭菌纲	7.81	4.4	12.68	8.30	1.12	1.12	55.57	55.57
β-变形菌纲	6.11	3	2.89	4.00	14.34	14.34	0.71	0.71
黄杆菌纲	5.77	0.52	1.54	2.61	2.94	2.94	0.28	0.28
芽胞杆菌纲	4.71	0.9	0.81	2.14	17.76	17.76	1.19	1.19
厌氧绳菌纲	2.8	2.64	1.56	2.33	0.14	0.14	0.01	0.01
热微菌纲	2.24	2.37	1.54	2.05	0.91	0.91	0.04	0.04
异常球菌纲	1.87	5.98	5.39	4.41	0.58	0.58	0.07	0.07
螺旋体纲	1.49	0.12	1.19	0.93	0	0	0.68	0.68
芽单胞菌纲	1.48	2.13	0.55	1.39	0.11	0.11	0.01	0.01
纲LNR A2-18	1.04	0.41	0.11	0.52	0	0	0	0
浮霉菌纲	0.71	1.93	1.04	1.23	0.25	0.25	0.01	0.01
丹毒丝菌纲	0.69	0.57	1.45	0.90	0.32	0.32	6.13	6.13
纤维粘网菌纲	0.65	0.94	0.47	0.69	0.17	0.17	0.02	0.02
酸杆菌纲	0.62	5.41	0.04	2.02	0.47	0.47	0.04	0.04
δ-变形菌纲	0.61	1.18	0.88	0.89	0.49	0.49	0.04	0.04
拟杆菌门vadinHA17的1纲	0.39	0	0.07	0.15	0	0	0	0
纲SCG	0.06	4.17	0	1.41	0	0	0	0
累计占比	98.54	93.74	94.58	95.62	92.88	92.88	90.83	90.83

　　(2)细菌纲系统发育　从系统发育分析可以看到不同牧场发酵床细菌纲菌群分类与数量分布 (图 6-20),放线菌纲、拟杆菌纲、γ- 变形菌纲、梭菌纲、α- 变形菌纲、鞘脂杆菌纲、β- 变形菌纲、黄杆菌纲、芽胞杆菌纲、厌氧绳菌纲、热微菌纲、异常球菌纲、螺旋体纲、芽单胞菌纲 14 个细菌纲菌群,在不同牧场、垫料原料、新鲜牛粪中为优势菌群。

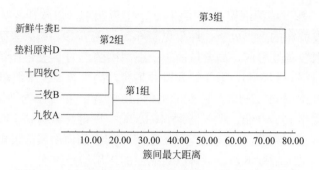

图6-19　基于细菌纲22个主要菌群的不同牧场聚类分析

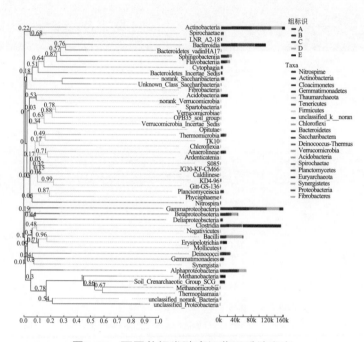

图6-20　不同牧场发酵床细菌纲系统发育

三、养牛发酵床细菌目菌群异质性

1．不同牧场细菌目组成

（1）细菌目组成　从三个牧场养牛发酵床中共检测到219个细菌目（含量最高前10见表6-22），九牧发酵床检测到158个细菌目，三牧发酵床检测到189个细菌目，十四牧发酵床检测到145个细菌目，垫料原料检测到122个细菌目，新鲜牛粪检测到100个细菌目；总体含量最高的10个细菌目为：梭菌目（95069）＞拟杆菌目（67694）＞微球菌目（42914）＞黄单胞菌目（41374）＞海洋螺菌目（30030）＞伯克氏菌目（23427）＞＋芽胞杆菌目（22922）＞鞘脂杆菌目（21959）＞异常球菌目（21093）＞假单胞菌目（20132）。

表6-22　不同牧场养牛发酵床总体含量最高的10个细菌目

物 种 名 称	养牛发酵床细菌目菌群占比/%				
	九牧A	三牧B	十四牧C	垫料原料D	新鲜牛粪E
【1】　梭菌目	7.3430	4.1090	12.5600	1.1220	55.5600
【2】　拟杆菌目	10.3000	7.5310	15.3500	0.1453	15.9700
【3】　微球菌目	6.4090	6.0040	9.8080	7.9290	0.4949
【4】　黄单胞菌目	7.2870	11.4100	4.1800	5.6970	0.2139
【5】　伯克氏菌目	3.9350	1.2810	0.3358	13.8700	0.5425
【6】　海洋螺菌目	0.9525	4.0080	13.5900	0.9233	0.3159
【7】　芽胞杆菌目	4.6420	0.8181	0.1904	12.9200	1.0390
【8】　假单胞菌目	4.1190	1.0150	0.5555	6.4040	4.5610
【9】　鞘脂杆菌目	8.9360	0.9131	1.2880	4.6500	0.0249
【10】　根瘤菌目	4.4660	4.6080	0.4712	4.9360	0.0247

（2）细菌目菌群结构　不同牧场发酵床菌群结构差异显著（图6-21），九牧发酵床细菌目前3个高含量菌群为拟杆菌目(10.3000%)＞鞘脂杆菌目(8.9360%)＞梭菌目(7.3430%)；三牧发酵床细菌目前3个高含量菌群为黄单胞菌目(11.4100%)＞拟杆菌目(7.5310%)＞微球菌目(6.0040%)；十四牧发酵床细菌目前3个高含量菌群为拟杆菌目(15.3500%)＞海洋螺菌目(13.5900%)＞梭菌目(12.5600%)；垫料原料细菌目前3个高含量菌群为伯克氏菌目(13.8700%)＞芽胞杆菌目(12.9200%)＞微球菌目(7.9290%)；新鲜牛粪细菌目前3个高含量菌群为梭菌目(55.5600%)＞拟杆菌目(15.9700%)＞甲烷杆菌目(7.2890%)。

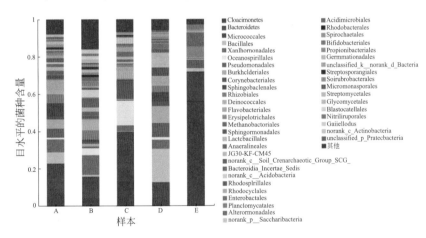

图6-21　不同牧场养牛发酵床细菌目菌群结构

（3）细菌目热图分析　不同牧场发酵床细菌目热图分析见图6-22。从不同牧场聚类看，可将样本分为两大类，第一类为三牧、十四牧、垫料原料、九牧；第二类新鲜牛粪独立成为一类，表明从细菌目菌群分布可以将发酵床与垫料原料、新鲜牛粪分离开。从细菌目菌群聚类看，高含量前20个细菌目分为2类，第1类高含量分布菌群，包括了4个细菌目，即丹毒丝菌目、甲烷杆菌目、梭菌目、拟杆菌目；在三个牧场发酵床（垫料原料）和新鲜牛粪中高含量分布，前者含量略高于后者。第2类中低含量分布菌群，包括了16个细菌目，即泉古菌SCG群分类地位未定的1目、乳杆菌目、微球菌目、黄单胞菌目、芽胞杆菌目、假单胞菌目、伯克氏菌目、根瘤菌目、鞘脂单胞菌目、鞘脂杆菌目、黄杆菌目、海洋螺菌目、棒杆菌目、异常球菌目、厌氧绳菌目、目 JG30-KF-CM45，在新鲜牛粪中含量较低，在三个牧场发酵床（垫料原料）中含量较高。

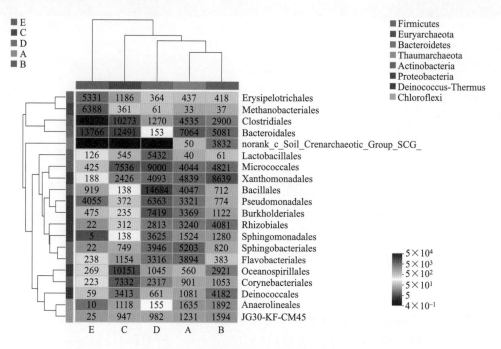

图6-22　不同牧场发酵床细菌目热图分析

（4）细菌目共有种类和独有种类　不同牧场发酵床细菌目纹图分析结果见图 6-23。九牧、三牧、十四牧、垫料原料、新鲜牛粪的细菌目数分别为 158 个、189 个、145 个、122 个、100 个，三个牧场的发酵床菌群种类多于垫料原料和新鲜牛粪。它们共有细菌目种类为 84个；九牧、三牧、十四牧、垫料原料、新鲜牛粪的细菌目个独有细菌目分别 7 个、29 个、2 个、4 个、2 个，三牧发酵床独有细菌目最多，新鲜牛粪独有细菌目较少。

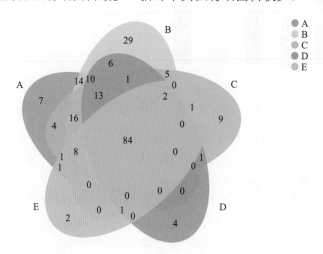

图6-23　不同牧场发酵床细菌目纹图分析

2．不同牧场细菌目相关性与多样性

（1）细菌目菌群相关性　利用表 6-22 构建矩阵，以细菌目为样本、牧场发酵床为指标，进行相关系数分析，统计结果见表 6-23。分析结果表明，除了垫料原料与新鲜牛粪细菌目菌群之间相关性不显著外 ($P=0.4181 > 0.05$)，其余因子间相关性显著或极显著 ($P < 0.05$)；垫料原料与新鲜牛粪细菌目菌群不相关，牧场发酵床通过垫料＋牛粪进行发酵，将两者菌群混合培养，产生的结果在三个不同牧场发酵床细菌目菌群高度相关，表明发酵床菌群主要来源于垫料原料和新鲜牛粪。

表6-23　不同牧场发酵床、垫料原料、新鲜牛粪细菌目相关系数

因子	不同牧场养牛发酵床细菌目相关系数				
	九牧A	三牧B	十四牧C	垫料原料D	新鲜牛粪E
九牧A		0.0000	0.0000	0.0000	0.0000
三牧B	0.7115		0.0000	0.0000	0.0000
十四牧C	0.6526	0.6751		0.0030	0.0000
垫料原料D	0.5916	0.3606	0.1994		0.4181
新鲜牛粪E	0.4597	0.2951	0.5658	0.0550	

注：左下角是相关系数 r，右上角是 P 值。

（2）细菌目菌群多样性　利用表 6-22 构建矩阵，以养牛发酵床为样本、细菌目菌群为指标，计算多样性指数，分析结果见表 6-24。从物种丰富度看，发酵床细菌目丰富度 (31.27 ～ 40.82) 高于垫料原料和新鲜牛粪 (21.50 ～ 26.27)；牧场发酵床和垫料原料的多样性指数差异不大，高于新鲜牛粪的多样性指数，表明垫料＋牛粪发酵，提升了细菌的多样性指数。

表6-24　三个牧场发酵床、垫料原料、新鲜牛粪细菌目多样性指数

项　目		不同牧场养牛发酵床细菌目多样性指数				
		九牧A	三牧B	十四牧C	垫料原料D	新鲜牛粪E
物种数(n)		158	189	145	122	100
累计占比/%		100.00	100.00	100.00	100.00	99.99
丰富度		34.09	40.82	31.27	26.27	21.50
辛普森指数(D)	值	0.96	0.97	0.93	0.94	0.66
	95%置信区间	0.95	0.96	0.90	0.92	0.45
		0.97	0.98	0.96	0.97	0.87
香农指数(H)	值	3.43	3.79	3.03	3.14	1.66
	95%置信区间	3.21	3.58	2.75	2.87	0.96
		3.65	4.00	3.30	3.40	2.36
均匀度指数	值	0.68	0.72	0.61	0.65	0.36
	95%置信区间	0.64	0.68	0.55	0.60	0.21
		0.72	0.76	0.66	0.71	0.51

续表

项目		不同牧场养牛发酵床细菌目多样性指数				
		九牧A	三牧B	十四牧C	垫料原料D	新鲜牛粪E
Brillou指数	值	4.13	4.44	3.67	3.82	2.08
	95%置信区间	3.87	4.22	3.35	3.51	1.20
		4.38	4.67	3.98	4.14	2.97
McIntosh指数(D_{mc})	值	0.87	0.89	0.79	0.82	0.46
	95%置信区间	0.83	0.86	0.74	0.77	0.24
		0.90	0.92	0.85	0.87	0.67

3．不同牧场细菌目优势菌群差异性

（1）细菌目优势菌群差异性　三个牧场发酵床前15个高含量细菌目之间总体差异不显著 ($P > 0.05$)；梭菌目、拟杆菌目、微球菌目、黄单胞菌目、伯克氏菌目、海洋螺菌目6个细菌目为优势菌群，不同的环境下，菌群分布特征不同 (图6-24)。梭菌目分布：新鲜牛粪 E(55.5600%) ＞十四牧 C(12.5600%) ＞九牧 A(7.3430%) ＞三牧 B(4.1090%) ＞垫料原料 D(1.1220%)，梭菌目为动物病原菌，在新鲜牛粪中含量很高，经过发酵在发酵床含量大幅度下降 [图6-24(a)]；拟杆菌目分布：新鲜牛粪 E(15.9700%) ＞十四牧 C(15.3500%) ＞九牧 A(10.3000%) ＞三牧 B(7.5310%) ＞垫料原料 D (0.1453%)，该菌在垫料原料中含量很低，在新鲜牛粪中含量很高 [图6-24(b)]；微球菌目分布：十四牧 C (9.8080%) ＞垫料原料 D (7.9290%) ＞九牧 A(6.4090%) ＞三 牧 B(6.0040%) ＞新鲜牛粪 E(0.4949%)，在新鲜牛粪中分布最低 [图6-24(c)]；黄单胞菌目分布：三牧 B(11.4100%) ＞九牧 A(7.2870%) ＞垫料原料 D(5.6970%) ＞十四牧 C(4.1800%) ＞新鲜牛粪 E(0.2139%)，在发酵床中分布较高，在新鲜牛粪中分布较低 [图6-24(d)]；伯克氏菌目分布：垫料原料 D (13.8700%) ＞九牧 A (3.9350%) ＞三牧 B(1.2810%) ＞新鲜牛粪 E(0.525%) ＞十四牧 C(0.3358%)，在新鲜牛粪中分布较低，在垫料原料中分布较高 [图6-24(e)]；海洋螺菌目分布：十四牧 C(13.5900%) ＞三牧 B(4.0080%) ＞九牧 A(0.9525%) ＞垫料原料 D(0.9233%) ＞新鲜牛粪 E(0.3159%)，在新鲜牛粪中分布最低，在十四牧场发酵床中分布较高 [图6-24(f)]。

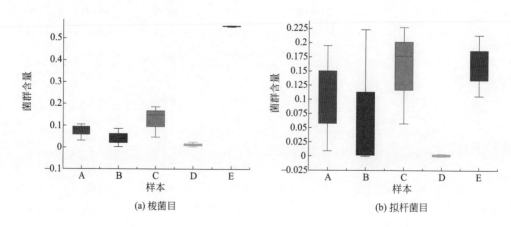

(a) 梭菌目　　　　　　　　　　　　　　(b) 拟杆菌目

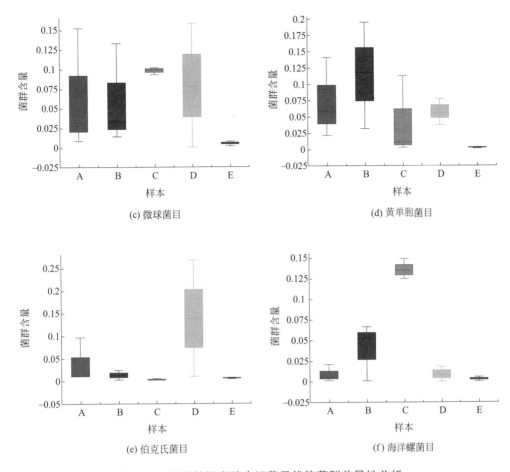

(c) 微球菌目　　(d) 黄单胞菌目

(e) 伯克氏菌目　　(f) 海洋螺菌目

图6-24　不同牧场发酵床细菌目优势菌群差异性分析

（2）细菌目样本相似性与偏最小二乘法判别分析　不同牧场细菌目相似性分析 (ANOSIM) 见表 6-25，以欧式距离为统计，结果表明不同牧场细菌目组间的相似性值为 0.676338(P < 0.05)，相似性差异显著；三个牧场发酵床细菌目菌群含量差异不显著，而与垫料原料和新鲜牛粪差异显著 (图 6-25)。偏最小二乘法判别分析 (PLS-DA) 结果表明 (图 6-26)，可将采集样本的不同区域判别区分，三个牧场发酵床细菌目菌群有点交错，但总体仍可区分；垫料原料和新鲜牛粪形成自身独立区域，牧场发酵床、垫料原料、新鲜牛粪细菌目菌群间存在显著差异。

表6-25　三个牧场发酵床细菌目菌群相似性分析 (ANOSIM)

项目	自由度 D_f	平方和	均方	F值	相似性 R^2	P值
组间	4	5.01×10^9	1.25×10^9	4.179283	0.676338	0.002
残差	8	2.4×10^9	3×10^8	—	0.323662	—
总体	12	7.4×10^9	—	—	1	—

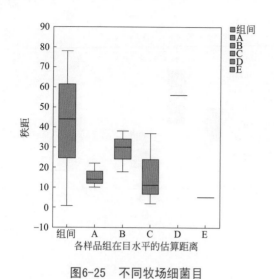

图6-25 不同牧场细菌目
相似性分析(ANOSIM)

图6-26 不同牧场细菌目偏最
小二乘法判别分析(PLS-DA)

4. 不同牧场细菌目聚类分析

（1）细菌目菌群聚类分析　根据表 6-22，以菌群为样本、垫料为指标、马氏距离为尺度，可变类平均法进行系统聚类，分析结果见表 6-26、图 6-27。结果表明，可将细菌目菌群分为 3 组，第 1 组为高含量组，包括了 44 个细菌目，如梭菌目、拟杆菌目、微球菌目、黄单胞菌目、伯克氏菌目、海洋螺菌目、芽胞杆菌目、假单胞菌目、鞘脂杆菌目、根瘤菌目、异常球菌目、棒杆菌目、黄杆菌目、鞘脂单胞菌目、丹毒丝菌目、甲烷杆菌目、厌氧绳菌目等，在九牧 A、三牧 B、十四牧 C、垫料原料 D、新鲜牛粪 E 中占比平均值分别为 2.16%、1.66%、2.14%、2.16%、2.15%，作为垫料的主要菌群在整个牛发酵床的发酵过程起到重要作用；第 2 组为中含量组，包括了 48 个细菌目，如亚硝化单胞菌目、解腈菌目、黏球菌目、柔膜菌纲 RF9 的 1 目、甲烷八叠球菌目、军团菌目、盐厌氧菌目、糖霉菌目、γ- 变形菌纲分类地位未定的 1 目、盖亚菌目、纤维杆菌目、硫还原菌目、脱硫杆菌目、土源杆菌目、着色菌目、出芽小链菌目、双歧杆菌目、蛭弧菌目、酸杆菌目、无胆甾原体目等，在九牧 A、三牧 B、十四牧 C、垫料原料 D、新鲜牛粪 E 中占比平均值分别为 0.09%、0.52%、0.08%、0.08%、0.07%，作为垫料的次要菌群在牛发酵床的发酵中起到辅助作用；第 3 组为低含量组，包括了其余的 127 个细菌目；占比平均含量为 0.01%~0.02%，为偶见菌群，属于弱势菌群。

表6-26 不同牧场养牛发酵床细菌目菌群聚类分析

组别	物 种 名 称	养牛发酵床细菌目含量/%				
		九牧A	三牧B	十四牧C	垫料原料D	新鲜牛粪E
1	梭菌目	7.34	4.11	12.56	1.12	55.56
1	拟杆菌目	10.30	7.53	15.35	0.15	15.97
1	微球菌目	6.41	6.00	9.81	7.93	0.49
1	黄单胞菌目	7.29	11.41	4.18	5.70	0.21
1	伯克氏菌目	3.94	1.28	0.34	13.87	0.54
1	海洋螺菌目	0.95	4.01	13.59	0.92	0.32

组别	物 种 名 称	养牛发酵床细菌目含量/%				
		九牧A	三牧B	十四牧C	垫料原料D	新鲜牛粪E
1	芽胞杆菌目	4.64	0.82	0.19	12.92	1.04
1	假单胞菌目	4.12	1.02	0.56	6.40	4.56
1	鞘脂杆菌目	8.94	0.91	1.29	4.65	0.02
1	根瘤菌目	4.47	4.61	0.47	4.94	0.02
1	异常球菌目	1.87	5.98	5.39	0.58	0.07
1	棒杆菌目	1.26	1.36	8.52	2.10	0.26
1	黄杆菌目	5.77	0.52	1.54	2.94	0.28
1	鞘脂单胞菌目	2.19	1.46	0.22	6.94	0.01
1	丹毒丝菌目	0.69	0.57	1.45	0.32	6.13
1	甲烷杆菌目	0.05	0.05	0.41	0.05	7.29
1	厌氧绳菌目	2.80	2.64	1.56	0.14	0.01
1	目JG30-KF-CM45	2.04	1.97	1.34	0.87	0.03
1	拟杆菌纲分类地位未定的1目	2.21	1.03	2.66	0.01	0.07
1	乳杆菌目	0.06	0.08	0.62	4.84	0.15
1	红螺菌目	1.78	1.02	0.18	2.54	0.01
1	红环菌目	1.84	0.76	2.24	0.06	0.14
1	肠杆菌目	0.61	0.08	0.01	3.45	0.18
1	交替单胞菌目	1.24	0.57	1.56	0.80	0.04
1	浮霉菌目	0.71	1.93	1.04	0.25	0.01
1	红杆菌目	0.99	1.47	0.82	0.29	0.07
1	酸微菌目	0.62	2.04	0.59	0.23	0.04
1	螺旋体目	1.49	0.12	1.19	0.00	0.68
1	丙酸杆菌目	0.40	0.90	0.17	1.83	0.01
1	未分类的1目	0.08	0.18	0.03	2.94	0.00
1	糖杆菌门分类地位未定的1目	0.34	0.09	2.54	0.08	0.09
1	芽单胞菌目	1.21	1.20	0.03	0.00	0.00
1	噬纤维菌目	0.65	0.94	0.47	0.17	0.02
1	土壤红色杆菌目	0.62	1.06	0.03	0.33	0.00
1	微单孢菌目	0.91	0.80	0.02	0.03	0.00
1	变形菌门未分类的1目	0.00	0.00	0.00	1.70	0.00
1	链霉菌目	1.14	0.40	0.02	0.10	0.00
1	纲LNR A2-18分类地位未定的1目	1.04	0.41	0.11	0.00	0.00
1	纤维弧菌目	0.42	0.42	0.54	0.08	0.04
1	长微菌目	0.19	0.66	0.42	0.09	0.01
1	柄杆菌目	0.43	0.09	0.00	0.72	0.00
1	立克次氏体目	0.05	0.04	0.02	1.14	0.00
1	弗兰克氏菌目	0.75	0.29	0.02	0.02	0.01
1	疣微菌门分类地位未定的1目	0.00	0.00	0.00	0.76	0.00
	第1组44个样本平均值	2.16	1.66	2.14	2.16	2.15
2	泉古菌SCG群分类地位未定的1目	0.05	3.86	0.00	0.00	0.00
2	酸杆菌纲分类地位未定的1目	0.54	3.31	0.04	0.01	0.00
2	双歧杆菌目	0.00	0.01	0.01	0.01	2.74
2	链孢囊菌目	0.31	1.52	0.13	0.21	0.01

组别	物 种 名 称	养牛发酵床细菌目含量/%				
		九牧A	三牧B	十四牧C	垫料原料D	新鲜牛粪E
2	糖霉菌目	0.01	1.62	0.01	0.03	0.00
2	解腈菌目	0.00	1.47	0.09	0.02	0.01
2	出芽小链菌目	0.01	1.28	0.00	0.00	0.00
2	盖亚菌目	0.10	1.06	0.03	0.00	0.00
2	目Ⅱ	0.01	0.98	0.13	0.01	0.00
2	γ-变形菌纲分类地位未定的1目	0.29	0.47	0.17	0.01	0.00
2	黏球菌目	0.26	0.53	0.07	0.10	0.00
2	放线菌纲分类地位未定的1目	0.00	0.91	0.01	0.00	0.00
2	放线菌纲未分类的1目	0.01	0.40	0.36	0.10	0.01
2	目Ⅲ	0.07	0.66	0.11	0.00	0.00
2	着色菌目	0.18	0.16	0.43	0.05	0.02
2	亚硝化单胞菌目	0.05	0.58	0.16	0.00	0.00
2	柔膜菌纲RF9的1目	0.01	0.02	0.07	0.00	0.68
2	纲KD4-96分类地位未定的1目	0.04	0.72	0.00	0.00	0.00
2	假诺卡氏菌目	0.07	0.38	0.02	0.27	0.00
2	土源杆菌目	0.01	0.30	0.02	0.41	0.00
2	盐厌氧菌目	0.45	0.24	0.04	0.00	0.00
2	目AKYG1722	0.14	0.27	0.19	0.05	0.01
2	中温球形菌目	0.07	0.27	0.02	0.26	0.00
2	硝化螺菌纲分类地位未定的1目	0.00	0.60	0.00	0.00	0.00
2	α-变形菌纲未分类的1目	0.15	0.07	0.01	0.37	0.00
2	弧菌目	0.01	0.00	0.20	0.36	0.00
2	纲OPB35土壤菌群的1目	0.00	0.20	0.00	0.32	0.00
2	酸杆菌目	0.04	0.01	0.00	0.44	0.00
2	脱硫杆菌目	0.02	0.02	0.42	0.00	0.01
2	硫还原菌目	0.05	0.43	0.00	0.00	0.00
2	拟杆菌门vadinHA17的1目	0.39	0.00	0.07	0.00	0.00
2	芽单胞菌纲分类地位未定的1目	0.08	0.27	0.09	0.01	0.00
2	纤维杆菌目	0.19	0.03	0.23	0.00	0.00
2	甲烷八叠球菌目	0.04	0.05	0.32	0.00	0.00
2	目TRA3-20	0.16	0.20	0.00	0.00	0.00
2	蛭弧菌目	0.06	0.04	0.05	0.21	0.00
2	无胆甾原体目	0.06	0.16	0.13	0.00	0.01
2	纲亚群7的1目	0.00	0.34	0.00	0.00	0.00
2	互养菌目	0.06	0.01	0.26	0.00	0.00
2	纲Gitt-GS-136分类地位未定的1目	0.01	0.31	0.00	0.00	0.00
2	海草球形菌目	0.05	0.15	0.09	0.03	0.00
2	军团菌目	0.05	0.04	0.01	0.19	0.00
2	红色杆菌目	0.00	0.28	0.00	0.00	0.00
2	γ-变形菌纲未分类的1目	0.06	0.03	0.05	0.12	0.00
2	β-变形菌纲未分类的1目	0.00	0.03	0.00	0.22	0.00
2	土源杆菌目	0.03	0.18	0.00	0.03	0.00
2	纲S085分类地位未定的1目	0.02	0.20	0.00	0.00	0.00

续表

组别	物　种　名　称	养牛发酵床细菌目含量/%				
		九牧A	三牧B	十四牧C	垫料原料D	新鲜牛粪E
2	丰佑菌目	0.01	0.08	0.00	0.12	0.00
	第2组48个样本平均值	0.09	0.52	0.08	0.08	0.07
3	红蟳菌目	0.01	0.00	0.06	0.00	0.65
3	糖杆菌门的1目	0.02	0.00	0.01	0.00	0.61
3	气单胞菌目	0.00	0.00	0.02	0.05	0.27
3	脱硫弧菌目	0.01	0.01	0.20	0.00	0.02
3	月形单胞菌目	0.00	0.00	0.01	0.00	0.23
3	甲烷微菌目	0.02	0.00	0.08	0.00	0.12
3	目B1-7BS	0.01	0.04	0.15	0.00	0.02
3	疣微菌目	0.01	0.10	0.00	0.02	0.08
3	紫红球菌目	0.00	0.01	0.19	0.00	0.00
3	球形杆菌目	0.05	0.13	0.01	0.00	0.00
3	目NB1-j	0.14	0.05	0.00	0.00	0.00
3	泉古菌SCG群未分类的1目	0.00	0.17	0.00	0.00	0.00
3	寡养弯菌目	0.01	0.01	0.00	0.16	0.00
3	纲TK10分类地位未定的1目	0.02	0.13	0.00	0.00	0.00
3	纲SCG的1目	0.00	0.15	0.00	0.00	0.00
3	嗜甲基菌目	0.07	0.01	0.00	0.07	0.00
3	亚群10的1目	0.00	0.14	0.00	0.00	0.00
3	甲基球菌目	0.08	0.02	0.04	0.00	0.00
3	暖绳菌目	0.00	0.07	0.05	0.01	0.00
3	绿弯菌目	0.00	0.13	0.00	0.00	0.00
3	候选纲JG30-KF-CM66分类地位未定的1目	0.02	0.08	0.02	0.01	0.00
3	疣微菌门分类地位未定的1目	0.02	0.00	0.10	0.00	0.00
3	奈瑟菌目	0.00	0.00	0.00	0.11	0.00
3	热链菌纲分类地位未定的1目	0.00	0.07	0.00	0.04	0.00
3	目HTA4	0.00	0.01	0.00	0.09	0.00
3	黑杆菌门分类地位未定的1目	0.00	0.09	0.00	0.00	0.00
3	δ-变形菌纲未分类的1目	0.02	0.02	0.04	0.02	0.01
3	衣原体目	0.00	0.00	0.00	0.10	0.00
3	热原体目	0.00	0.10	0.00	0.00	0.00
3	脱硫单胞菌目	0.00	0.03	0.07	0.00	0.00
3	目MBA03	0.00	0.01	0.08	0.00	0.00
3	目SC-I-84	0.01	0.09	0.00	0.00	0.00
3	产氢菌门分类地位未定的1目	0.01	0.02	0.07	0.00	0.00
3	弯曲杆菌目	0.08	0.00	0.01	0.00	0.00
3	纲WCHB1-41分类地位未定的1目	0.01	0.01	0.07	0.00	0.00
3	法尔科夫菌门的1目	0.00	0.00	0.08	0.00	0.00
3	装甲菌门分类地位未定的1目	0.00	0.08	0.00	0.00	0.00
3	候选门BRC1分类地位未定的1目	0.01	0.01	0.05	0.01	0.00
3	酸杆菌纲的1目	0.00	0.08	0.00	0.00	0.00
3	硫发菌目	0.01	0.01	0.06	0.00	0.00
3	慢生单胞菌目	0.02	0.04	0.01	0.00	0.00

续表

组别	物 种 名 称	养牛发酵床细菌目含量/%				
		九牧A	三牧B	十四牧C	垫料原料D	新鲜牛粪E
3	模糊杆菌目	0.00	0.00	0.00	0.07	0.00
3	酸杆菌纲未分类的1目	0.00	0.06	0.00	0.00	0.00
3	α-变形菌纲分类地位未定的1目	0.00	0.00	0.00	0.05	0.00
3	尤泽比氏菌目	0.00	0.05	0.00	0.00	0.00
3	目NB1-n	0.02	0.02	0.01	0.00	0.00
3	柔膜菌纲未分类的1目	0.00	0.04	0.01	0.00	0.00
3	糖杆菌门未分类的1目	0.00	0.00	0.05	0.00	0.00
3	脱硫盒菌目	0.03	0.00	0.01	0.00	0.00
3	目CPla-3白蚁菌群	0.00	0.00	0.00	0.04	0.00
3	未分类的1目	0.00	0.00	0.00	0.04	0.00
3	目C0119	0.00	0.04	0.00	0.00	0.00
3	动孢菌目	0.01	0.02	0.00	0.01	0.00
3	绿弯菌门未分类的1目	0.00	0.04	0.00	0.00	0.00
3	蓝细菌纲分类地位未定的1目	0.00	0.01	0.01	0.02	0.00
3	深古菌门分类地位未定的1目	0.02	0.00	0.02	0.00	0.00
3	目EMP-G18	0.00	0.00	0.00	0.00	0.04
3	嗜氢菌目	0.03	0.00	0.00	0.00	0.00
3	候选纲OM190分类地位未定的1目	0.00	0.03	0.00	0.00	0.00
3	放线菌目	0.00	0.00	0.01	0.01	0.00
3	目ODP1230B30.09	0.02	0.00	0.00	0.00	0.00
3	纲SBR2076分类地位未定的1目	0.00	0.01	0.01	0.00	0.00
3	乳胶杆菌门分类地位未定的1目	0.00	0.03	0.00	0.00	0.00
3	纲SB-5分类地位未定的1目	0.01	0.00	0.01	0.00	0.00
3	门WS1分类地位未定的1目	0.01	0.00	0.01	0.00	0.00
3	KI89A进化枝的1目	0.00	0.01	0.01	0.00	0.00
3	纲ARKICE-90分类地位未定的1目	0.00	0.02	0.00	0.00	0.00
3	目Subsection Ⅲ	0.00	0.02	0.00	0.00	0.00
3	目ML-A-10	0.00	0.01	0.01	0.00	0.00
3	热厌氧杆菌目	0.01	0.01	0.00	0.00	0.00
3	目M55-D21	0.01	0.01	0.00	0.00	0.00
3	拟杆菌门未分类的1目	0.00	0.00	0.00	0.01	0.00
3	多孢放线菌目	0.00	0.00	0.00	0.02	0.00
3	拟杆菌门BD2-2的1目	0.00	0.00	0.02	0.00	0.00
3	梭菌纲未分类的1目	0.00	0.00	0.01	0.00	0.01
3	海微菌门SAR406分类地位未定的1目	0.00	0.00	0.02	0.00	0.00
3	目KCLunmb-38-53	0.00	0.01	0.00	0.00	0.00
3	厚壁菌门未分类的1目	0.02	0.00	0.00	0.00	0.00
3	TM6依赖菌门分类地位未定的1目	0.00	0.00	0.00	0.01	0.00
3	短小盒菌目	0.00	0.01	0.00	0.00	0.00
3	目4-Org1-14	0.01	0.00	0.00	0.00	0.00
3	阴沟单胞菌门未分类的1目	0.00	0.01	0.00	0.00	0.00
3	厌氧原体目	0.00	0.00	0.00	0.00	0.01
3	目vadinBA26	0.01	0.00	0.00	0.00	0.00

续表

组别	物 种 名 称	养牛发酵床细菌目含量/%				
		九牧A	三牧B	十四牧C	垫料原料D	新鲜牛粪E
3	寡养球形菌目	0.01	0.00	0.00	0.00	0.00
3	β-变形菌纲分类地位未定的1目	0.00	0.01	0.00	0.00	0.00
3	斯尼思氏菌目	0.01	0.00	0.00	0.00	0.00
3	爬管菌目	0.00	0.01	0.00	0.00	0.00
3	纲MACA-EFT26分类地位未定的1目	0.00	0.01	0.00	0.00	0.00
3	菌毛单胞菌目	0.00	0.01	0.00	0.00	0.00
3	蝙蝠弧菌目	0.00	0.00	0.00	0.01	0.00
3	绿菌目	0.00	0.01	0.00	0.00	0.00
3	SAR202进化枝的1目	0.01	0.00	0.00	0.00	0.00
3	梭菌纲分类地位未定的1目	0.00	0.01	0.00	0.00	0.00
3	纲MSB-5E12分类地位未定的1目	0.00	0.00	0.00	0.00	0.00
3	纲Pla3 lineage分类地位未定的1目	0.00	0.01	0.00	0.00	0.00
3	目BC-COM435	0.00	0.01	0.00	0.00	0.00
3	丰佑菌纲未分类的1目	0.00	0.00	0.00	0.00	0.00
3	胃嗜气菌目	0.00	0.00	0.00	0.00	0.01
3	装甲单胞菌目	0.00	0.00	0.00	0.01	0.00
3	土单胞菌目	0.00	0.01	0.00	0.00	0.00
3	湖线菌目	0.01	0.00	0.00	0.00	0.00
3	门WS2分类地位未定的1目	0.00	0.01	0.00	0.00	0.00
3	SAR324进化枝的1目	0.00	0.00	0.00	0.00	0.00
3	沃斯氏杆菌纲分类地位未定的1目	0.00	0.00	0.00	0.00	0.00
3	互营杆菌目	0.00	0.00	0.00	0.00	0.00
3	纲A55-D21-H-B-C01分类地位未定的1目	0.00	0.00	0.00	0.00	0.00
3	目GIF3	0.00	0.00	0.00	0.00	0.00
3	纲Kazan-3A-21分类地位未定的1目	0.00	0.00	0.00	0.00	0.00
3	门GAL15分类地位未定的1目	0.00	0.00	0.00	0.00	0.00
3	纲LD1-PB3分类地位未定的1目	0.00	0.00	0.00	0.00	0.00
3	纲UA11分类地位未定的1目	0.00	0.00	0.00	0.00	0.00
3	纲P2-11E分类地位未定的1目	0.00	0.00	0.00	0.00	0.00
3	咸水球形菌目	0.00	0.00	0.00	0.00	0.00
3	纤细杆菌门分类地位未定的1目	0.00	0.00	0.00	0.00	0.00
3	门FL0428B-PF49分类地位未定的1目	0.00	0.00	0.00	0.00	0.00
3	OPB35土壤菌群的1纲的1目	0.00	0.00	0.00	0.00	0.00
3	纲Elev-16S-509分类地位未定的1目	0.00	0.00	0.00	0.00	0.00
3	门Tectomicrobia分类地位未定的1目	0.00	0.00	0.00	0.00	0.00
3	懒惰杆菌目	0.00	0.00	0.00	0.00	0.00
3	热链形菌目	0.00	0.00	0.00	0.00	0.00
3	纲S-BQ2-57土壤菌群分类地位未定的1目	0.00	0.00	0.00	0.00	0.00
3	目D8A-2	0.00	0.00	0.00	0.00	0.00
3	纲SJA-15分类地位未定的1目	0.00	0.00	0.00	0.00	0.00
3	门Parcubacteria未分类的1目	0.00	0.00	0.00	0.00	0.00
3	门SR1分类地位未定的1目	0.00	0.00	0.00	0.00	0.00
3	纲BD7-11分类地位未定的1目	0.00	0.00	0.00	0.00	0.00
	第3组127个样本平均值	0.01	0.02	0.01	0.01	0.02

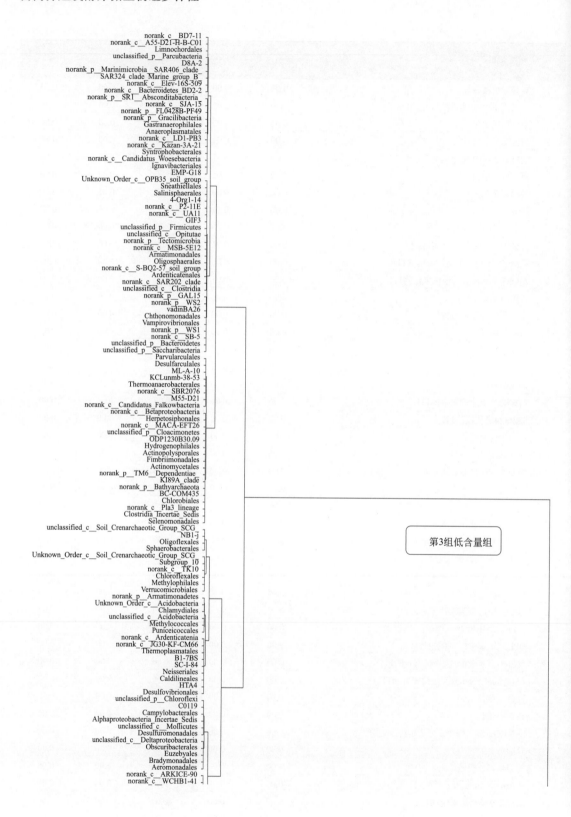

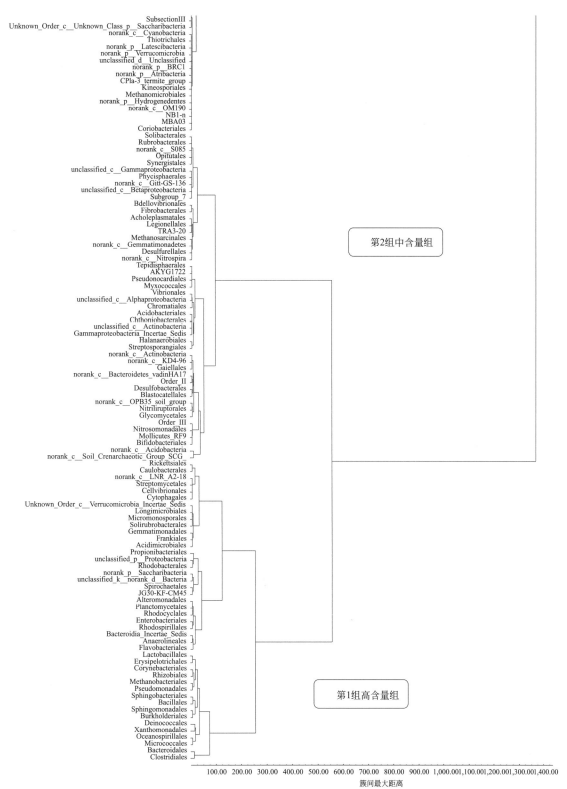

图6-27　不同牧场养牛发酵床细菌目菌群聚类分析

（2）细菌目系统发育 从系统发育分析可以看到不同牧场发酵床细菌目菌群分类与数量分布（图6-28），梭菌目、拟杆菌目、微球菌目、黄单胞菌目、伯克氏菌目、海洋螺菌目、芽胞杆菌目、假单胞菌目、鞘脂杆菌目、根瘤菌目、异常球菌目、棒杆菌目、黄杆菌目、鞘脂单胞菌目、丹毒丝菌目、甲烷杆菌目、厌氧绳菌目、目JG30-KF-CM45、拟杆菌纲分类地位未定的1目、乳杆菌目等20个细菌目，在不同牧场发酵床、垫料原料、新鲜牛粪中为优势菌群。

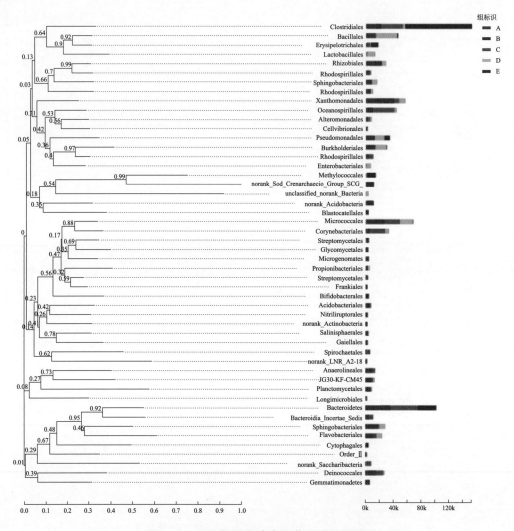

图6-28 不同牧场发酵床细菌目系统发育

四、养牛发酵床细菌科菌群异质性

1. 不同牧场细菌科组成

（1）细菌科组成 从三个牧场养牛发酵床中共检测到443个细菌科，九牧发酵床检测到328个细菌科，三牧发酵床检测到376个细菌科，十四牧发酵床检测到282个细菌科，垫料原料检测到 258 个细菌科，新鲜牛粪检测到 194 个细菌科。总体含量最高的 10 个细菌科 (表 6-27) 为：消化链球菌科 (25.7876%) ＞黄单胞菌科 (24.0015%) ＞盐单胞菌科 (19.2087%) ＞ ML635J-40 水生菌群的 1 科 (15.8757%) ＞瘤胃球菌科 (15.3256%) ＞间孢囊菌科 (14.4548%) ＞梭菌科 1(13.9756%) ＞特吕珀菌科 (13.8772%) ＞伯克氏菌科 (12.7570%) ＞毛螺菌科 (12.6316%)。

表6-27　不同牧场养牛发酵床总体含量最高的10个细菌科

物 种 名 称	不同牧场发酵床细菌科含量/%				
	九牧A	三牧B	十四牧C	垫料原料D	新鲜牛粪E
【1】 消化链球菌科	2.0580	1.3170	3.1060	0.5566	18.7500
【2】 黄单胞菌科	6.3040	10.0300	3.8610	3.6050	0.2015
【3】 盐单胞菌科	0.7538	3.9150	13.3600	0.8835	0.2964
【4】 ML635J-40水生菌群的1科	3.0100	3.7450	8.5110	0.0666	0.5431
【5】 瘤胃球菌科	0.9790	0.3269	3.0390	0.0507	10.9300
【6】 间孢囊菌科	3.4890	1.8050	6.6840	2.1890	0.2878
【7】 梭菌科1	0.7358	0.8465	2.1170	0.3643	9.9120
【8】 特吕珀菌科	1.8660	5.9750	5.3850	0.5818	0.0694
【9】 伯克氏菌科	0.5956	0.3997	0.2576	11.4900	0.0141
【10】 毛螺菌科	0.4157	0.0968	0.6594	0.0397	11.4200

（2）细菌科菌群结构　不同牧场发酵床细菌科菌群结构差异显著 (图 6-29)，九牧发酵床细菌科前 3 个高含量菌群为腐螺旋菌科 (6.7650%) ＞黄单胞菌科 (6.3040%) ＞黄杆菌科 (5.7310%)；三牧发酵床细菌科前 3 个高含量菌群为黄单胞菌科 (10.0300%) ＞特吕珀菌科 (5.9750%) ＞盐单胞菌科 (3.9150%)；十四牧发酵床细菌科前 3 个高含量菌群为盐单胞菌科 (13.3600%) ＞ ML635J-40 水生群的 1 科 (8.5110%) ＞棒杆菌科 (8.3160%)；垫料原料细菌科前 3 个高含量菌群为伯克氏菌科 (11.4900%) ＞葡萄球菌科 (10.7200%) ＞鞘脂单胞菌科 (6.4750%)；新鲜牛粪细菌科前 3 个高含量菌群为消化链球菌科 (18.7500%) ＞毛螺菌科

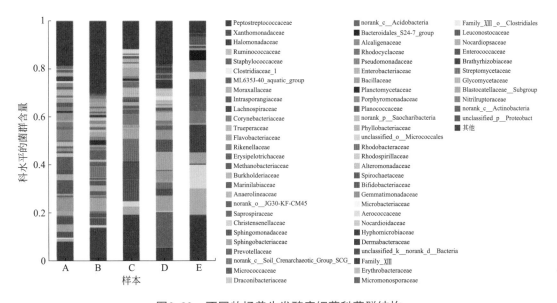

图6-29　不同牧场养牛发酵床细菌科菌群结构

(11.4200%) ＞瘤胃球菌科 (10.9300%)。

（3）细菌科热图分析　不同牧场发酵床细菌科热图分析见图 6-30。从不同牧场聚类看，可将样本分为 2 大类，第 1 类为九牧、三牧、十四牧、垫料原料聚为一类；第 2 类新鲜牛粪独立成为一类，表明从细菌科菌群分布可以将发酵床与垫料原料、新鲜牛粪分离开。从细菌科菌群聚类看，高含量前 20 个细菌科分为 2 类，第 1 类细菌科在新鲜牛粪中高含量，而在发酵垫料中含量，即消化链球菌科、理研菌科、毛螺菌科、瘤胃球菌科、梭菌科 1、丹毒丝菌科、甲烷杆菌科 7 个细菌科；第 2 类细菌科在新鲜牛粪中含量低，在发酵垫料中含量高，即葡萄球菌科、莫拉氏菌科、伯克氏菌科、厌氧绳菌科、目 JG30-KF-CM45 分类地位未定的 1 科、黄杆菌科、海滑菌科、盐单胞菌科、ML635J-40 水生菌群的 1 科、间孢囊菌科、棒杆菌科、黄单胞菌科、特吕珀菌科 13 个细菌科。

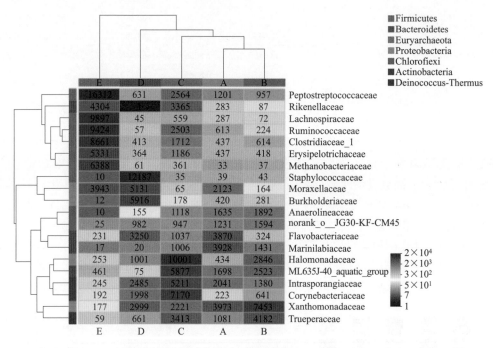

图6-30　不同牧场发酵床细菌科热图分析

（4）细菌科共有种类和独有种类　不同牧场发酵床细菌科纹图分析结果见图 6-31。九牧、三牧、十四牧、垫料原料、新鲜牛粪的细菌目数分别为 328 个、376 个、282 个、258 个、194 个，三个牧场的发酵床菌群种类多于垫料原料和新鲜牛粪。它们共有细菌科种类为 154 个；九牧、三牧、十四牧、垫料原料、新鲜牛粪的细菌科个独有细菌科分别 13 个、48 个、15 个、14 个、3 个，三牧发酵床独有细菌科最多，新鲜牛粪独有细菌科最少。

2．不同牧场细菌科相关性与多样性

（1）细菌科菌群相关性　利用表 6-27 构建矩阵，以细菌科为样本、牧场发酵床为指标，进行相关系数分析，统计结果见表 6-28。分析结果表明，垫料原料与新鲜牛粪细菌科菌群之间相关性不显著 (P= 0.4394 ＞ 0.05)，九牧发酵床与新鲜牛粪细菌科之间相关性不显著 (P=0.1690 ＞ 0.05)，其余因子间相关性极显著 (P ＜ 0.01)；垫料原料与新鲜牛粪细菌科菌群

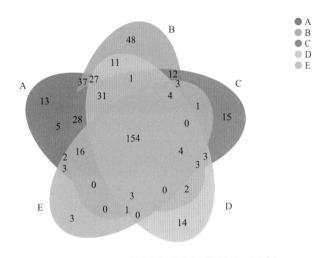

图6-31　不同牧场发酵床细菌科纹图分析

不相关，牧场发酵床通过垫料 + 牛粪进行发酵，将两者菌群混合培养，产生的结果在三个不同牧场发酵床细菌科菌群高度相关，表明发酵床菌群主要来源于垫料原料和新鲜牛粪。

表6-28　不同牧场发酵床、垫料原料、新鲜牛粪细菌科相关系数

因子	不同牧场养牛发酵床细菌科相关系数				
	三牧A	九牧B	十四牧C	垫料原料	新鲜牛粪
三牧A		0.0000	0.0000	0.0000	0.0007
九牧B	0.5747		0.0000	0.0001	0.1690
十四牧C	0.4279	0.5627		0.0070	0.0000
垫料原料	0.2556	0.1825	0.1277		0.4394
新鲜牛粪	0.1607	0.0654	0.2328	0.0368	

注：左下角是相关系数 r，右上角是 P 值。

（2）细菌科菌群多样性　利用表 6-27 构建矩阵，以养牛发酵床为样本、细菌科菌群为指标，计算多样性指数，分析结果见表 6-29。从物种丰富度看，发酵床细菌科丰富度 (42.62 ～ 51.87) 高于垫料原料 (45.22) 和新鲜牛粪 (36.28)；牧场发酵床和垫料原料的多样性指数差异不大，高于新鲜牛粪的多样性指数，表明垫料 + 牛粪发酵，提升了细菌的多样性指数。

表6-29　三个牧场发酵床、垫料原料、新鲜牛粪细菌科多样性指数

项　　目		不同牧场养牛发酵床细菌科多样性指数				
		三牧A	九牧B	十四牧C	垫料原料	新鲜牛粪
物种数		231	239	197	209	168
累计占比/%		99.06	98.35	99.31	99.48	99.85
丰富度		50.05	51.87	42.62	45.22	36.28
辛普森指数(D)	值	0.98	0.98	0.96	0.97	0.92
	95%置信区间	0.98	0.97	0.94	0.95	0.88
		0.99	0.99	0.98	0.98	0.96
香农指数(H)	值	4.15	4.33	3.63	3.87	2.81
	95%置信区间	4.00	4.12	3.40	3.62	2.50
		4.31	4.55	3.87	4.12	3.11

项 目		不同牧场养牛发酵床细菌科多样性指数				
		三牧A	九牧B	十四牧C	垫料原料	新鲜牛粪
均匀度指数	值	0.76	0.79	0.69	0.72	0.55
	95%置信区间	0.74	0.75	0.64	0.68	0.49
		0.79	0.83	0.73	0.77	0.61
Brillouin指数	值	4.72	4.81	4.15	4.46	3.49
	95%置信区间	4.56	4.58	3.89	4.18	3.10
		4.89	5.04	4.41	4.73	3.87
McIntosh指数 (D_{mc})	值	0.93	0.93	0.86	0.88	0.78
	95%置信区间	0.91	0.90	0.82	0.85	0.71
		0.95	0.96	0.90	0.92	0.84

3．不同牧场细菌科优势菌群差异性

（1）细菌科优势菌群差异性　不同牧场发酵床细菌科的差异性分析见图 6-32。三个牧场发酵床前 15 个高含量细菌科之间总体差异不显著 ($P > 0.05$)。消化链球菌科、黄单胞菌科、盐单胞菌科、ML635J-40 水生群的 1 科、瘤胃球菌科、间孢囊菌科 6 个细菌科为优势菌群，不同的环境下，优势菌群分布特征不同 (图 6-32)。消化链球菌科分布：新鲜牛粪 (18.7500%) ＞十四牧 C(3.1060%) ＞三牧 A(2.0580%) ＞九牧 B(1.3170%) ＞垫料原料 (0.5566%)[图 6-32(a)]；黄单胞菌科分布：九牧 B(10.0300%) ＞三牧 A(6.3040%) ＞十四牧 C(3.8610%) ＞垫料原料 (3.6050%) ＞新鲜牛粪 (0.2015%)[图 6-32(b)]；盐单胞菌科分布：十四牧 C(13.3600%) ＞九牧 B(3.9150%) ＞垫料原料 (0.8835%) ＞三牧 A(0.7538%) ＞新鲜牛粪 (0.2964%)[图 6-32(c)]；ML635J-40 水生群的 1 科分布：十四牧 C(8.5110%) ＞九牧 B(3.7450%) ＞三牧 A(3.0100%) ＞新鲜牛粪 (0.5431%) ＞垫料原料 (0.0666%)[图 6-32(d)]；瘤胃球菌科分布：新鲜牛粪 (10.9300%) ＞十四牧 C(3.0390%) ＞三牧 A(0.9790%) ＞九牧 B(0.3269%) ＞垫料原料 (0.0507%)[图 6-32(e)]；间孢囊菌科分布：十四牧 C(6.6840%) ＞三牧 A(3.4890%) ＞垫料原料 (2.1890%) ＞九牧 B(1.8050%) ＞新鲜牛粪 (0.2878%)[图 6-32(f)]。

（2）细菌科牧场样本相似性与偏最小二乘法判别分析　不同牧场细菌科相似性分析 (ANOSIM) 见表 6-30，以欧式距离为统计，结果表明不同牧场细菌科组间的相似性值为 0.565996($P < 0.05$)，相似性差异显著；三个牧场发酵床细菌科菌群含量差异不显著，而与垫料原料和新鲜牛粪差异显著 (图 6-33)。偏最小二乘法判别分析 (PLS-DA) 结果表明 (图 6-34)，可将采集样本的不同区域判别区分，三个牧场发酵床细菌科菌群有点交错，但总体仍可区分；垫料原料和新鲜牛粪形成自身独立区域，牧场发酵床、垫料原料、新鲜牛粪细菌科菌群间存在显著差异。

表6-30　三个牧场发酵床细菌科菌群相似性分析 (ANOSIM)

项目	自由度D_f	平方和	均方s	F值	相似性R^2	P值
组间	4	2.23×10^9	5.56×10^8	2.608256	0.565996	0.002
残差	8	1.71×10^9	2.13×10^8	—	0.434004	—
总体	12	3.93×10^9	—	—	1	—

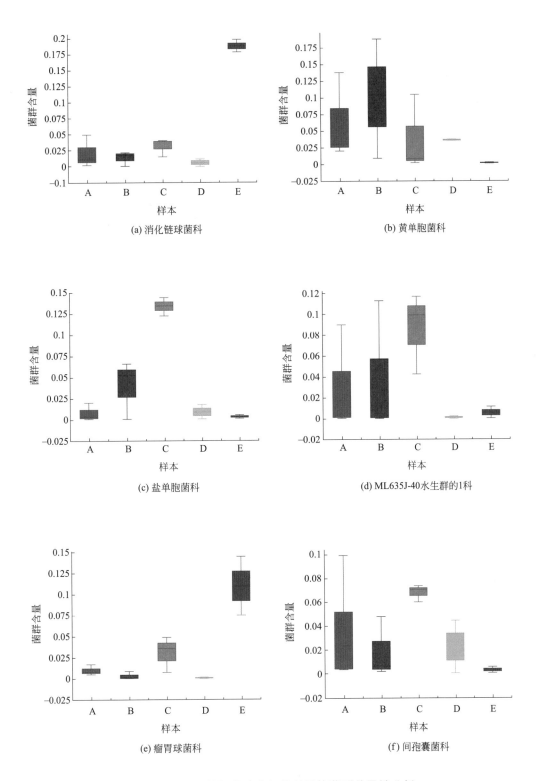

图6-32　不同牧场发酵床细菌科优势菌群差异性分析

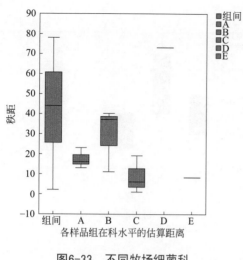

图6-33　不同牧场细菌科
相似性分析(ANOSIM)

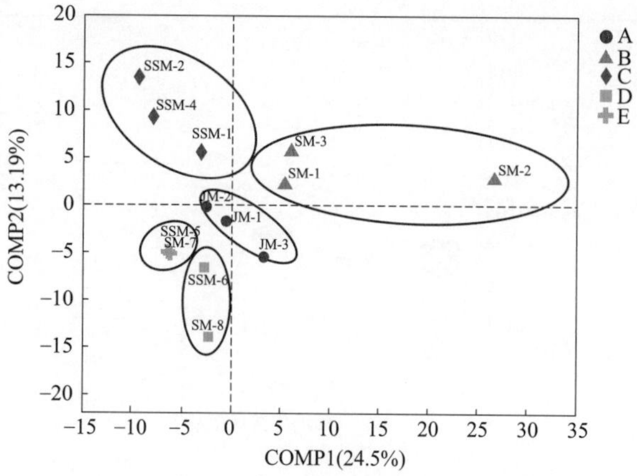

图6-34　不同牧场细菌科偏最小
二乘法判别分析(PLS-DA)

4．不同牧场细菌科聚类分析

（1）细菌科菌群聚类分析　根据表6-27，以菌群为样本、垫料为指标、欧氏距离为尺度，可变类平均法进行系统聚类，分析结果见表6-31、图6-35。结果表明，可将细菌科菌群分为3组。第1组为高含量组，包括了12个菌群，即消化链球菌科、黄单胞菌科、盐单胞菌科、ML635J-40水生菌群的1科、瘤胃球菌科、间孢囊菌科、梭菌科1、特吕珀菌科、伯克氏菌科、毛螺菌科、棒杆菌科、葡萄球菌科等，在九牧A、三牧B、十四牧C、垫料原料D、新鲜牛粪E中占比平均值分别为1.72%、2.45%、4.61%、2.69%、4.39%；作为垫料的主要菌群在整个牛发酵床的发酵过程起到重要作用。第2组为中含量组，包括了61个菌群，如莫拉氏菌科、黄杆菌科、理研菌科、丹毒丝菌科、海滑菌科、腐螺旋菌科、甲烷杆菌科、鞘脂单胞菌科、厌氧绳菌科等，在九牧A、三牧B、十四牧C、垫料原料D、新鲜牛粪E中占比平均值分别为1.08%、0.64%、0.54%、0.87%、0.70%；作为垫料的次要菌群在牛发酵床的发酵中起到辅助作用。第3组为低含量组，包括了其余的371个细菌科；占比平均含量为0.01%～0.08%，为偶见菌群，属于弱势菌群。

表6-31　不同牧场养牛发酵床细菌科菌群聚类分析

组别	物　种　名　称	不同牧场养牛发酵床细菌科含量/%				
		三牧A	九牧B	十四牧C	垫料原料D	新鲜牛粪E
1	消化链球菌科	2.06	1.32	3.11	0.56	18.75
1	黄单胞菌科	6.30	10.03	3.86	3.61	0.20
1	盐单胞菌科	0.75	3.92	13.36	0.88	0.30
1	ML635J-40水生菌群的1科	3.01	3.75	8.51	0.07	0.54
1	瘤胃球菌科	0.98	0.33	3.04	0.05	10.93
1	间孢囊菌科	3.49	1.81	6.68	2.19	0.29
1	梭菌科1	0.74	0.85	2.12	0.36	9.91
1	特吕珀菌科	1.87	5.98	5.39	0.58	0.07
1	伯克氏菌科	0.60	0.40	0.26	11.49	0.01
1	毛螺菌科	0.42	0.10	0.66	0.04	11.42

续表

组别	物 种 名 称	不同牧场养牛发酵床细菌科含量/%				
		三牧A	九牧B	十四牧C	垫料原料D	新鲜牛粪E
1	棒杆菌科	0.33	0.85	8.32	1.76	0.22
1	葡萄球菌科	0.06	0.06	0.05	10.72	0.01
	第1组12个样本平均值	1.72	2.45	4.61	2.69	4.39
2	莫拉氏菌科	2.44	0.21	0.12	4.73	4.43
2	黄杆菌科	5.73	0.43	1.36	2.88	0.27
2	理研菌科	0.50	0.13	4.11	0.00	4.93
2	丹毒丝菌科	0.69	0.57	1.45	0.32	6.13
2	海滑菌科	4.86	2.12	1.25	0.02	0.02
2	腐螺旋菌科	6.77	0.24	1.19	0.02	0.01
2	甲烷杆菌科	0.05	0.05	0.41	0.05	7.29
2	鞘脂单胞菌科	0.62	0.57	0.02	6.48	0.00
2	厌氧绳菌科	2.80	2.64	1.56	0.14	0.01
2	目JG30-KF-CM45分类地位未定的1科	2.04	1.97	1.34	0.87	0.03
2	龙杆菌科	2.21	1.03	2.66	0.01	0.07
2	克里斯滕森菌科	1.77	0.27	1.01	0.01	2.76
2	红环菌科	1.84	0.76	2.24	0.06	0.14
2	鞘脂杆菌科	1.45	0.11	0.06	3.34	0.01
2	普雷沃氏菌科	0.01	0.00	0.00	0.02	4.78
2	假单胞菌科	1.68	0.80	0.44	1.67	0.13
2	紫单胞菌科	1.84	1.52	0.94	0.04	0.18
2	拟杆菌目S24-7群的1科	0.01	0.00	0.00	0.00	4.41
2	肠杆菌科	0.61	0.08	0.01	3.45	0.18
2	产碱菌科	3.19	0.25	0.07	0.52	0.16
2	微球菌科	0.70	1.82	0.16	1.38	0.03
2	浮霉菌科	0.71	1.93	1.04	0.25	0.01
2	泉古菌SCG群分类地位未定的1科	0.05	3.86	0.00	0.00	0.00
2	酸杆菌纲分类地位未定的1科	0.54	3.31	0.04	0.01	0.00
2	叶杆菌科	1.38	1.86	0.39	0.25	0.02
2	红杆菌科	0.99	1.47	0.82	0.29	0.07
2	微球菌目未分类的1科	0.39	0.96	1.71	0.45	0.08
2	红螺菌科	1.32	0.78	0.16	1.32	0.01
2	交替单胞菌科	1.14	0.36	1.46	0.52	0.03
2	芽胞杆菌科	2.42	0.40	0.07	0.56	0.03
2	螺旋体科	1.49	0.12	1.15	0.00	0.68
2	动球菌科	1.51	0.17	0.04	0.71	0.96
2	未分类的1科	0.08	0.18	0.03	2.94	0.00
2	糖杆菌门分类地位未定的1科	0.34	0.09	2.54	0.08	0.09
2	类诺卡氏菌科	0.27	0.78	0.03	1.77	0.00
2	双歧杆菌科	0.00	0.01	0.01	0.01	2.74
2	芽单胞菌科	1.21	1.20	0.03	0.00	0.00
2	生丝微菌科	1.61	0.65	0.04	0.13	0.00
2	赤杆菌科	1.52	0.64	0.20	0.07	0.00
2	慢生根瘤菌科	0.06	0.19	0.00	2.07	0.00
2	微杆菌科	0.52	0.24	0.26	1.14	0.02

组别	物 种 名 称	不同牧场养牛发酵床细菌科含量/%				
		三牧A	九牧B	十四牧C	垫料原料D	新鲜牛粪E
2	原小单胞菌科	0.86	0.69	0.14	0.30	0.00
2	梭菌目科XII	0.31	0.11	1.45	0.08	0.04
2	科XIII	0.12	0.02	0.23	0.00	1.57
2	噬几丁质菌科	0.31	0.41	0.01	1.20	0.01
2	丛毛单胞菌科	0.14	0.43	0.01	0.97	0.36
2	皮杆菌科	0.19	0.12	0.12	1.38	0.01
2	微单胞菌科	0.91	0.80	0.02	0.03	0.00
2	气球菌科	0.00	0.01	0.17	1.56	0.01
2	变形菌门未分类的1科	0.00	0.00	0.00	1.70	0.00
2	链霉菌科	1.14	0.40	0.02	0.10	0.00
2	根瘤菌目未分类的1科	0.59	0.45	0.02	0.56	0.00
2	纲LNR A2-18分类地位未定的1科	1.04	0.41	0.11	0.00	0.00
2	明串珠菌科	0.00	0.00	0.01	1.40	0.00
2	柄杆菌科	0.40	0.07	0.00	0.72	0.00
2	肠球菌科	0.01	0.00	0.08	1.10	0.01
2	黄单胞菌目分类地位未定的1科	0.63	0.51	0.00	0.03	0.00
2	黄单胞菌目未分类的1科	0.00	0.02	0.02	1.02	0.00
2	根瘤菌科	0.08	0.09	0.00	0.89	0.00
2	疣微菌门分类地位未定的1科	0.00	0.00	0.00	0.76	0.00
	第2组61个样本平均值	1.08	0.64	0.54	0.87	0.70
3	拟诺卡氏菌科	0.03	1.34	0.13	0.20	0.01
3	糖霉菌科	0.01	1.62	0.01	0.03	0.00
3	解腈菌科	0.00	1.47	0.09	0.02	0.01
3	圆杆菌科	0.31	0.51	0.45	0.17	0.02
3	长微菌科	0.19	0.66	0.42	0.09	0.01
3	出芽小链菌科亚群4	0.01	1.28	0.00	0.00	0.00
3	黄单胞菌目分类地位未定的1科	0.20	0.72	0.30	0.05	0.01
3	应微所菌科	0.30	0.48	0.33	0.10	0.02
3	热杆菌科	0.01	0.98	0.13	0.01	0.00
3	红菌科	0.28	0.38	0.02	0.32	0.00
3	γ-变形菌纲分类地位未定的1科	0.29	0.47	0.17	0.01	0.00
3	肉杆菌科	0.05	0.07	0.36	0.43	0.01
3	放线菌纲分类地位未定的1科	0.00	0.91	0.01	0.10	0.01
3	迪茨氏菌科	0.41	0.23	0.12	0.10	0.03
3	放线菌纲未分类的1科	0.01	0.40	0.36	0.10	0.01
3	分枝杆菌科	0.50	0.19	0.04	0.11	0.00
3	亚硝化单胞菌科	0.05	0.58	0.16	0.00	0.00
3	目III分类地位未定的1科	0.07	0.63	0.09	0.00	0.00
3	纤维弧菌科	0.33	0.28	0.12	0.04	0.00
3	草酸杆菌科	0.00	0.19	0.00	0.59	0.00
3	芽胞杆菌目未分类的1科	0.52	0.12	0.02	0.12	0.00
3	柔膜菌纲目RF9分类地位未定的1科	0.01	0.02	0.07	0.00	0.68
3	OM1进化枝的1科	0.02	0.64	0.06	0.05	0.00
3	纲KD4-96分类地位未定的1科	0.04	0.72	0.00	0.00	0.00

组别	物 种 名 称	不同牧场养牛发酵床细菌科含量/%				
		三牧A	九牧B	十四牧C	垫料原料D	新鲜牛粪E
3	假诺卡氏菌科	0.07	0.38	0.02	0.27	0.00
3	红蝽杆菌科	0.01	0.00	0.06	0.00	0.65
3	外硫红螺旋菌科	0.16	0.11	0.42	0.01	0.02
3	根瘤菌目分类地位未定的1科	0.13	0.20	0.00	0.38	0.00
3	热粪杆菌科	0.17	0.44	0.05	0.00	0.00
3	科Elev-16S-1332	0.34	0.17	0.02	0.13	0.00
3	目AKYG1722分类地位未定的1科	0.14	0.27	0.19	0.05	0.01
3	醋酸杆菌科	0.04	0.00	0.00	0.60	0.00
3	拟杆菌科	0.03	0.00	0.05	0.00	0.56
3	红螺菌目未分类的1科	0.08	0.02	0.01	0.54	0.00
3	糖杆菌门的1科	0.02	0.00	0.01	0.00	0.61
3	盐厌氧菌科	0.39	0.23	0.00	0.00	0.00
3	中温球形菌科	0.07	0.27	0.02	0.26	0.00
3	硝化螺菌纲分类地位未定的1科	0.00	0.60	0.00	0.00	0.00
3	α-变形菌纲未分类的1科	0.15	0.07	0.01	0.37	0.00
3	盖亚菌科	0.07	0.51	0.00	0.00	0.00
3	梭菌目科XI	0.14	0.08	0.33	0.02	0.01
3	弧菌科	0.01	0.00	0.20	0.36	0.00
3	短杆菌科	0.10	0.01	0.02	0.43	0.00
3	盖亚菌目分类地位未定的1科	0.03	0.50	0.03	0.00	0.00
3	港口球菌科	0.03	0.10	0.36	0.03	0.03
3	纤维单胞菌科	0.08	0.11	0.28	0.05	0.00
3	酸微菌目分类地位未定的1科	0.09	0.36	0.06	0.02	0.01
3	纲OPB35土壤菌群的1科	0.00	0.20	0.00	0.32	0.00
3	涅瓦菌科	0.00	0.00	0.00	0.53	0.00
3	海洋螺菌科	0.17	0.08	0.22	0.03	0.02
3	海源菌科	0.03	0.16	0.05	0.27	0.00
3	慢生微菌科	0.41	0.06	0.03	0.00	0.00
3	土壤红色杆菌目未分类的1科	0.12	0.20	0.00	0.17	0.00
3	酸杆菌科亚群1	0.04	0.01	0.00	0.44	0.00
3	硫还原菌科	0.05	0.43	0.00	0.00	0.00
3	中村氏菌科	0.47	0.00	0.00	0.00	0.00
3	酸微菌科	0.09	0.36	0.01	0.01	0.00
3	丙酸杆菌科	0.13	0.12	0.14	0.06	0.01
3	黄色杆菌科	0.20	0.15	0.00	0.12	0.00
3	拟杆菌门vadinHA17的1科	0.39	0.00	0.07	0.00	0.00
3	土单胞菌科	0.00	0.00	0.00	0.46	0.00
3	芽单胞菌纲分类地位未定的1科	0.08	0.27	0.09	0.01	0.00
3	琼斯氏菌科	0.00	0.01	0.22	0.17	0.05
3	候选科01	0.19	0.02	0.23	0.00	0.00
3	甲基杆菌科	0.05	0.27	0.00	0.10	0.00
3	噬纤维菌科	0.02	0.39	0.01	0.00	0.00
3	芽胞杆菌目科XII	0.00	0.00	0.00	0.39	0.00
3	酸微菌目未分类的1科	0.11	0.15	0.08	0.03	0.01

组别	物 种 名 称	不同牧场养牛发酵床细菌科含量/%				
		三牧A	九牧B	十四牧C	垫料原料D	新鲜牛粪E
3	甲烷八叠球菌科	0.04	0.05	0.29	0.00	0.00
3	鞘脂单胞菌目未分类的1科	0.03	0.00	0.00	0.35	0.00
3	目TRA3-20分类地位未定的1科	0.16	0.20	0.00	0.00	0.00
3	无胆甾原体科	0.06	0.16	0.13	0.00	0.01
3	冷形菌科	0.04	0.07	0.18	0.06	0.01
3	博戈里亚湖菌科	0.03	0.20	0.03	0.09	0.00
3	李斯特氏菌科	0.00	0.00	0.00	0.34	0.00
3	乳杆菌科	0.00	0.00	0.00	0.30	0.04
3	纲亚群7的1科	0.00	0.34	0.00	0.00	0.00
3	互营单胞菌科	0.05	0.02	0.27	0.00	0.00
3	土源杆菌科	0.00	0.12	0.00	0.22	0.00
3	目BIrii41	0.10	0.21	0.03	0.01	0.00
3	互养菌科	0.06	0.01	0.26	0.00	0.00
3	立克次氏体目分类地位未定的1科	0.03	0.03	0.02	0.24	0.00
3	纲Gitt-GS-136分类地位未定的1科	0.01	0.31	0.00	0.00	0.00
3	梭菌科2	0.01	0.26	0.05	0.00	0.00
3	科JG34-KF-161	0.02	0.25	0.00	0.03	0.00
3	脱硫球茎菌科	0.01	0.01	0.27	0.00	0.01
3	消化球菌科	0.15	0.03	0.11	0.00	0.01
3	海草球形菌科	0.04	0.14	0.09	0.03	0.00
3	伯克氏菌目未分类的1科	0.00	0.00	0.00	0.30	0.00
3	土壤红色杆菌科	0.04	0.25	0.00	0.00	0.00
3	火色杆菌科	0.29	0.00	0.00	0.00	0.00
3	拟杆菌目未分类的1科	0.00	0.00	0.00	0.00	0.29
3	诺卡氏菌科	0.02	0.09	0.04	0.13	0.01
3	太阳杆菌科	0.15	0.12	0.01	0.00	0.00
3	海底菌群JTB255的1科	0.15	0.12	0.00	0.00	0.00
3	红色杆菌科	0.00	0.28	0.00	0.00	0.00
3	蛭弧菌科	0.02	0.02	0.02	0.21	0.00
3	拟杆菌目RF16群的1科	0.01	0.00	0.00	0.00	0.27
3	琥珀酸弧菌科	0.00	0.00	0.00	0.00	0.27
3	高温单孢菌科	0.23	0.03	0.00	0.00	0.00
3	类芽胞杆菌科	0.11	0.05	0.00	0.07	0.02
3	γ-变形菌纲未分类的1科	0.06	0.03	0.05	0.12	0.00
3	地嗜皮菌科	0.04	0.18	0.02	0.01	0.01
3	β-变形菌纲未分类的1科	0.00	0.03	0.00	0.22	0.00
3	土壤杆菌科亚群3	0.03	0.18	0.00	0.03	0.00
3	优杆菌科	0.08	0.09	0.03	0.00	0.04
3	长杆菌科	0.02	0.00	0.22	0.00	0.00
3	纲S085分类地位未定的1科	0.02	0.20	0.00	0.00	0.00
3	微球菌目分类地位未定的1科	0.00	0.00	0.03	0.19	0.00
3	红螺菌目分类地位未定的1科	0.04	0.09	0.02	0.07	0.00
3	军团菌科	0.04	0.03	0.01	0.13	0.00
3	目B1-7BS分类地位未定的1科	0.01	0.04	0.15	0.00	0.02

组别	物　种　名　称	不同牧场养牛发酵床细菌科含量/%				
		三牧A	九牧B	十四牧C	垫料原料D	新鲜牛粪E
3	血杆菌科	0.01	0.00	0.09	0.10	0.00
3	丰佑菌科	0.01	0.08	0.00	0.12	0.00
3	紫红球菌科	0.00	0.01	0.19	0.00	0.00
3	链孢囊菌科	0.06	0.15	0.00	0.00	0.00
3	甲烷粒菌科	0.00	0.00	0.08	0.00	0.12
3	韦荣氏菌科	0.00	0.00	0.00	0.00	0.19
3	球形杆菌科	0.05	0.13	0.01	0.00	0.00
3	梭菌目未分类的1科	0.10	0.02	0.06	0.00	0.02
3	目NB1-j分类地位未定的1科	0.14	0.05	0.00	0.00	0.00
3	疣微菌科	0.00	0.09	0.00	0.02	0.08
3	交替单胞菌目未分类的1科	0.07	0.06	0.05	0.00	0.00
3	去甲基甲萘醌菌科	0.04	0.03	0.07	0.04	0.00
3	目JG34-KF-361	0.00	0.17	0.00	0.00	0.00
3	海管菌科	0.04	0.12	0.01	0.00	0.00
3	泉古菌SCG群未分类的1科	0.00	0.17	0.00	0.00	0.00
3	脱硫杆菌科	0.00	0.01	0.15	0.00	0.00
3	弗兰克氏菌科	0.15	0.00	0.00	0.01	0.00
3	目0319-6G20	0.00	0.00	0.00	0.16	0.00
3	橙色胞菌科	0.01	0.07	0.01	0.06	0.00
3	脱硫苏打菌科	0.00	0.00	0.15	0.00	0.01
3	拟杆菌目UCG-001的1科	0.00	0.00	0.15	0.00	0.00
3	纲TK10分类地位未定的1科	0.02	0.13	0.00	0.00	0.00
3	科288-2	0.00	0.15	0.00	0.00	0.00
3	纲SCG的1科	0.00	0.15	0.00	0.00	0.00
3	DA101土壤菌群的1科	0.00	0.14	0.00	0.00	0.00
3	嗜甲基菌科	0.07	0.01	0.00	0.07	0.00
3	科0319-6M6	0.00	0.14	0.00	0.00	0.00
3	链球菌科	0.00	0.00	0.00	0.05	0.08
3	甲基球菌科	0.08	0.02	0.04	0.00	0.00
3	土源杆菌目未分类的1科	0.01	0.01	0.02	0.10	0.00
3	暖绳菌科	0.00	0.07	0.05	0.01	0.00
3	着色菌科	0.02	0.05	0.01	0.05	0.00
3	玫瑰色弯菌科	0.00	0.13	0.00	0.00	0.00
3	候选纲JG30-KF-CM66分类地位未定的1科	0.02	0.08	0.02	0.01	0.00
3	海妖菌科	0.05	0.01	0.05	0.00	0.00
3	拜叶林克氏菌科	0.06	0.00	0.00	0.06	0.00
3	疣微菌门分类地位未定的1科	0.02	0.00	0.10	0.00	0.00
3	酸微菌目分类地位未定的1科	0.01	0.05	0.05	0.01	0.00
3	奈瑟氏菌科	0.00	0.00	0.00	0.11	0.00
3	科DA111	0.08	0.03	0.00	0.00	0.00
3	热链菌纲分类地位未定的1科	0.00	0.07	0.00	0.04	0.00
3	梭菌目vadinBB60群的1科	0.01	0.01	0.01	0.00	0.09
3	目HTA4分类地位未定的1科	0.00	0.01	0.00	0.09	0.00
3	黑杆菌门分类地位未定的1科	0.00	0.01	0.09	0.00	0.00

组别	物 种 名 称	不同牧场养牛发酵床细菌科含量/%				
		三牧A	九牧B	十四牧C	垫料原料D	新鲜牛粪E
3	科ABS-19	0.00	0.11	0.00	0.00	0.00
3	δ-变形菌纲未分类的1科	0.02	0.02	0.04	0.02	0.01
3	科KCM-B-15	0.10	0.00	0.00	0.00	0.00
3	土源杆菌目分类地位未定的1科	0.00	0.00	0.00	0.09	0.00
3	目MBA03分类地位未定的1科	0.00	0.01	0.08	0.00	0.00
3	鞘脂杆菌目分类地位未定的1科	0.00	0.00	0.00	0.09	0.00
3	目SC-I-84分类地位未定的1科	0.01	0.09	0.00	0.00	0.00
3	产氢菌门分类地位未定的1科	0.01	0.02	0.07	0.00	0.00
3	噬菌弧菌科	0.04	0.02	0.03	0.00	0.00
3	科env.OPS_17	0.00	0.09	0.00	0.00	0.00
3	科MSB-1E8	0.02	0.07	0.00	0.00	0.00
3	白蚁菌群M2PB4-65的1科	0.00	0.00	0.09	0.00	0.00
3	纲WCHB1-41分类地位未定的1科	0.01	0.01	0.07	0.00	0.00
3	多囊菌科	0.03	0.03	0.00	0.02	0.00
3	弗兰克氏菌目未分类的1科	0.06	0.02	0.00	0.00	0.00
3	法尔科夫菌门的1科	0.00	0.00	0.08	0.00	0.00
3	装甲菌门分类地位未定的1科	0.00	0.08	0.00	0.00	0.00
3	候选门BRC1分类地位未定的1科	0.01	0.01	0.05	0.01	0.00
3	科FFCH13075	0.00	0.08	0.00	0.00	0.00
3	科克斯体科	0.01	0.01	0.00	0.06	0.00
3	酸杆菌纲的1科	0.00	0.08	0.00	0.00	0.00
3	散生杆菌科	0.06	0.00	0.00	0.02	0.00
3	鱼立克次氏体科	0.01	0.01	0.06	0.00	0.00
3	弯曲杆菌科	0.07	0.00	0.00	0.00	0.00
3	气单胞菌科	0.00	0.00	0.02	0.05	0.00
3	布鲁氏菌科	0.00	0.00	0.00	0.07	0.00
3	科海洋菌群Ⅱ	0.00	0.07	0.00	0.00	0.00
3	副衣原体科	0.00	0.00	0.00	0.07	0.00
3	脱硫微菌科	0.01	0.01	0.05	0.00	0.00
3	科CAP-aah99b04	0.03	0.01	0.03	0.00	0.00
3	模糊杆菌目分类地位未定的1科	0.00	0.00	0.00	0.07	0.00
3	科MWH-CFBk5	0.01	0.03	0.01	0.00	0.00
3	科JG37-AG-20	0.06	0.00	0.00	0.00	0.00
3	酸杆菌纲未分类的1科	0.00	0.06	0.00	0.00	0.00
3	根瘤菌目分类地位未定的1科	0.02	0.04	0.00	0.00	0.00
3	科ⅩⅣ	0.01	0.05	0.01	0.00	0.00
3	科DUNssu044	0.00	0.06	0.00	0.00	0.00
3	科MNG7	0.00	0.06	0.00	0.00	0.00
3	尤泽比氏菌科	0.00	0.05	0.00	0.00	0.00
3	隐孢囊菌科	0.00	0.05	0.01	0.00	0.00
3	目NB1-n分类地位未定的1科	0.02	0.02	0.01	0.00	0.00
3	柔膜菌纲未分类的1科	0.00	0.04	0.01	0.00	0.00
3	生丝单胞菌科	0.03	0.02	0.00	0.00	0.00
3	盐拟杆菌科	0.05	0.00	0.00	0.00	0.00

组别	物　种　名　称	不同牧场养牛发酵床细菌科含量/%				
		三牧A	九牧B	十四牧C	垫料原料D	新鲜牛粪E
3	黏球菌目未分类的1科	0.02	0.03	0.00	0.00	0.00
3	科ODP1230B8.23	0.01	0.01	0.03	0.00	0.00
3	食烷菌科	0.03	0.01	0.01	0.01	0.00
3	糖杆菌门未分类的1科	0.00	0.00	0.05	0.00	0.00
3	盖亚菌目未分类的1科	0.00	0.05	0.00	0.00	0.00
3	梭菌科3	0.05	0.00	0.00	0.00	0.00
3	脱硫盒菌科	0.03	0.00	0.01	0.00	0.00
3	慢生单胞菌目分类地位未定的1科	0.00	0.04	0.01	0.00	0.00
3	目Ⅲ的1科	0.00	0.03	0.01	0.00	0.00
3	科V2072-189E03	0.00	0.00	0.04	0.00	0.00
3	广布杆菌科	0.04	0.00	0.00	0.00	0.00
3	目CPla-3白蚁菌群的1科	0.00	0.00	0.00	0.04	0.00
3	未分类的1科	0.00	0.00	0.00	0.04	0.00
3	嗜热放线菌科	0.01	0.02	0.00	0.00	0.00
3	目C0119分类地位未定的1科	0.00	0.04	0.00	0.00	0.00
3	科TM146	0.02	0.01	0.00	0.00	0.00
3	动孢菌科	0.01	0.02	0.00	0.01	0.00
3	科I-10	0.02	0.02	0.00	0.00	0.00
3	绿弯菌门未分类的1科	0.00	0.04	0.00	0.00	0.00
3	蓝细菌纲分类地位未定的1科	0.00	0.01	0.01	0.02	0.00
3	氨基酸球菌科	0.00	0.00	0.00	0.00	0.04
3	深古菌门分类地位未定的1科	0.02	0.00	0.02	0.00	0.00
3	纤细杆菌科	0.04	0.00	0.00	0.00	0.00
3	地杆菌科	0.00	0.02	0.01	0.00	0.00
3	目EMP-G18分类地位未定的1科	0.00	0.00	0.00	0.00	0.04
3	侏囊菌科	0.01	0.02	0.01	0.00	0.00
3	科SM2D12	0.00	0.00	0.00	0.03	0.00
3	嗜氢菌科	0.03	0.00	0.00	0.00	0.00
3	科KF-JG30-B3	0.00	0.03	0.00	0.00	0.00
3	候选纲OM190分类地位未定的1科	0.00	0.03	0.00	0.00	0.00
3	甲烷毛菌科	0.00	0.00	0.03	0.00	0.00
3	酸热菌科	0.03	0.00	0.00	0.00	0.00
3	脱硫单胞菌科	0.00	0.00	0.03	0.00	0.00
3	科p35j06ok	0.02	0.00	0.00	0.01	0.00
3	微球茎菌科	0.00	0.02	0.00	0.00	0.00
3	科Q3-6C1	0.00	0.03	0.00	0.00	0.00
3	热原体目未分类的1科	0.00	0.03	0.00	0.00	0.00
3	α-变形菌纲分类地位未定的1科	0.00	0.00	0.00	0.03	0.00
3	放线菌科	0.00	0.00	0.01	0.01	0.00
3	目ODP1230B30.09分类地位未定的1科	0.02	0.00	0.00	0.00	0.00
3	α-变形菌纲分类地位未定的1科	0.00	0.00	0.00	0.03	0.00
3	纲SBR2076分类地位未定的1科	0.00	0.01	0.01	0.00	0.00
3	豆形囊菌科	0.00	0.03	0.00	0.00	0.00
3	乳胶杆菌门分类地位未定的1科	0.00	0.03	0.00	0.00	0.00

续表

组别	物 种 名 称	不同牧场养牛发酵床细菌科含量/%				
		三牧A	九牧B	十四牧C	垫料原料D	新鲜牛粪E
3	科Sva0725	0.00	0.03	0.00	0.00	0.00
3	束缚杆菌科	0.01	0.01	0.00	0.00	0.00
3	弗兰克氏菌目分类地位未定的1科	0.00	0.02	0.00	0.00	0.00
3	纲SB-5分类地位未定的1科	0.01	0.00	0.01	0.00	0.00
3	脱硫单胞菌目未分类的1科	0.00	0.00	0.02	0.00	0.00
3	门WS1分类地位未定的1科	0.01	0.00	0.01	0.00	0.00
3	KI89A进化枝的1目分类地位未定的1科	0.00	0.01	0.01	0.00	0.00
3	纲ARKICE-90分类地位未定的1科	0.00	0.02	0.00	0.00	0.00
3	科ARC26	0.02	0.00	0.00	0.00	0.00
3	目SubsectionⅢ科Ⅰ	0.00	0.02	0.00	0.00	0.00
3	目ML-A-10分类地位未定的1科	0.00	0.01	0.01	0.00	0.00
3	科MAT-CR-H4-C10	0.00	0.00	0.02	0.00	0.00
3	目M55-D21分类地位未定的1科	0.01	0.01	0.00	0.00	0.00
3	拟杆菌门未分类的1科	0.00	0.00	0.00	0.01	0.00
3	多孢放线菌科	0.00	0.00	0.00	0.02	0.00
3	纤维杆菌科	0.00	0.01	0.01	0.00	0.00
3	拟杆菌门BD2-2的1科	0.00	0.00	0.02	0.00	0.00
3	立克次氏体科	0.00	0.00	0.00	0.02	0.00
3	梭菌纲未分类的1科	0.00	0.00	0.01	0.00	0.01
3	科DEV007	0.00	0.01	0.00	0.00	0.00
3	海微菌门SAR406分类地位未定的1科	0.00	0.00	0.02	0.00	0.00
3	螺杆菌科	0.00	0.00	0.01	0.00	0.00
3	科DSSF69	0.00	0.00	0.00	0.01	0.00
3	慢生单胞菌科	0.02	0.00	0.00	0.00	0.00
3	目KCLunmb-38-53的1科	0.00	0.01	0.00	0.00	0.00
3	剑线虫杆菌科	0.00	0.02	0.00	0.00	0.00
3	污水杆菌科	0.00	0.00	0.00	0.00	0.01
3	厚壁菌门未分类的1科	0.02	0.00	0.00	0.00	0.00
3	TM6依赖菌门分类地位未定的1科	0.00	0.00	0.00	0.01	0.00
3	短小盒菌科	0.00	0.01	0.00	0.00	0.00
3	科SRB2	0.01	0.00	0.00	0.00	0.00
3	目4-Org1-14分类地位未定的1科	0.01	0.00	0.00	0.00	0.00
3	阴沟单胞菌门未分类的1科	0.00	0.01	0.00	0.00	0.00
3	脱硫弧菌科	0.00	0.00	0.01	0.00	0.01
3	科T9d	0.01	0.00	0.00	0.00	0.00
3	厌氧支原体科	0.00	0.00	0.00	0.00	0.01
3	目vadinBA26分类地位未定的1科	0.01	0.00	0.00	0.00	0.00
3	寡养球形菌科	0.01	0.00	0.00	0.00	0.00
3	科08D2Z94	0.01	0.00	0.00	0.00	0.00
3	噬纤维菌目未分类的1科	0.01	0.00	0.00	0.00	0.00
3	β-变形菌纲分类地位未定的1科	0.00	0.01	0.00	0.00	0.00
3	立克次氏体目未分类的1科	0.00	0.01	0.00	0.00	0.00
3	芯卡体科	0.00	0.00	0.00	0.01	0.00
3	斯尼思氏菌科	0.01	0.00	0.00	0.00	0.00

续表

组别	物 种 名 称	不同牧场养牛发酵床细菌科含量/%				
		三牧A	九牧B	十四牧C	垫料原料D	新鲜牛粪E
3	爬管菌科	0.00	0.01	0.00	0.00	0.00
3	纲MACA-EFT26分类地位未定的1科	0.00	0.01	0.00	0.00	0.00
3	科MidBa8	0.00	0.00	0.01	0.00	0.00
3	慢生单胞菌目未分类的1科	0.01	0.00	0.00	0.00	0.00
3	孢鱼菌科	0.00	0.01	0.00	0.00	0.00
3	科cvE6	0.00	0.00	0.00	0.01	0.00
3	土壤红色杆菌目分类地位未定的1科	0.00	0.01	0.00	0.00	0.00
3	科P3OB-42	0.00	0.01	0.00	0.00	0.00
3	科BIgi5	0.00	0.00	0.01	0.00	0.00
3	菌毛单胞菌科	0.00	0.01	0.00	0.00	0.00
3	蝙蝠弧菌目分类地位未定的1科	0.00	0.00	0.00	0.01	0.00
3	科NS72	0.00	0.01	0.00	0.00	0.00
3	NS9海洋菌群的1科	0.00	0.01	0.00	0.00	0.00
3	科OPB56	0.00	0.01	0.00	0.00	0.00
3	SAR202进化枝的1科	0.01	0.00	0.00	0.00	0.00
3	梭菌纲分类地位未定的1科	0.00	0.01	0.00	0.00	0.00
3	纲MSB-5E12分类地位未定的1科	0.00	0.00	0.00	0.00	0.00
3	科LWSR-14	0.00	0.00	0.00	0.01	0.00
3	纲Pla3 lineage分类地位未定的1科	0.00	0.01	0.00	0.00	0.00
3	衣原体目未分类的1科	0.00	0.00	0.00	0.01	0.00
3	目BC-COM435分类地位未定的1科	0.00	0.01	0.00	0.00	0.00
3	小土杆菌科	0.00	0.01	0.00	0.00	0.00
3	科AKYH478	0.01	0.00	0.00	0.00	0.00
3	科Eel-36e1D6	0.00	0.00	0.00	0.00	0.00
3	丰佑菌纲未分类的1科	0.00	0.00	0.00	0.00	0.00
3	科CCU22	0.00	0.00	0.00	0.00	0.00
3	寡养弯菌科	0.01	0.00	0.00	0.00	0.00
3	嗜皮菌科	0.00	0.00	0.00	0.01	0.00
3	胃嗜气菌目分类地位未定的1科	0.00	0.00	0.00	0.00	0.01
3	海洋螺菌目未分类的1科	0.00	0.00	0.00	0.00	0.00
3	科D05-2	0.00	0.01	0.00	0.00	0.00
3	装甲单胞菌目分类地位未定的1科	0.00	0.00	0.00	0.01	0.00
3	科M113	0.00	0.00	0.01	0.00	0.00
3	土单胞菌目分类地位未定的1科	0.00	0.01	0.00	0.00	0.00
3	湖线菌科	0.01	0.00	0.00	0.00	0.00
3	糖螺菌科	0.00	0.00	0.00	0.00	0.00
3	门WS2分类地位未定的1科	0.00	0.01	0.00	0.00	0.00
3	SAR324进化枝的1科	0.00	0.00	0.00	0.00	0.00
3	沃斯氏杆菌纲分类地位未定的1科	0.00	0.00	0.00	0.00	0.00
3	互养菌科	0.00	0.00	0.00	0.00	0.00
3	纲A55-D21-H-B-C01分类地位未定的1科	0.00	0.00	0.00	0.00	0.00
3	全孢菌科	0.00	0.00	0.00	0.00	0.00
3	目GIF3分类地位未定的1科	0.00	0.00	0.00	0.00	0.00
3	科CMW-169	0.00	0.00	0.00	0.00	0.00

续表

组别	物 种 名 称	不同牧场养牛发酵床细菌科含量/%				
		三牧A	九牧B	十四牧C	垫料原料D	新鲜牛粪E
3	纲Kazan-3A-21分类地位未定的1科	0.00	0.00	0.00	0.00	0.00
3	鞘脂杆菌目未分类的1科	0.00	0.00	0.00	0.00	0.00
3	门GAL15分类地位未定的1科	0.00	0.00	0.00	0.00	0.00
3	科PL-11B10	0.00	0.00	0.00	0.00	0.00
3	梭菌目分类地位未定的1科	0.00	0.00	0.00	0.00	0.00
3	原囊黏菌科	0.00	0.00	0.00	0.00	0.00
3	纲LD1-PB3分类地位未定的1科	0.00	0.00	0.00	0.00	0.00
3	科MNC12	0.00	0.00	0.00	0.00	0.00
3	纲P2-11E分类地位未定的1科	0.00	0.00	0.00	0.00	0.00
3	纲UA11分类地位未定的1科	0.00	0.00	0.00	0.00	0.00
3	热厌氧杆菌科	0.00	0.00	0.00	0.00	0.00
3	海绵杆菌科	0.00	0.00	0.00	0.00	0.00
3	梭菌科4	0.00	0.00	0.00	0.00	0.00
3	α-变形菌纲分类地位未定的1科	0.00	0.00	0.00	0.00	0.00
3	咸水球形菌科	0.00	0.00	0.00	0.00	0.00
3	科LD29	0.00	0.00	0.00	0.00	0.00
3	纤细杆菌门分类地位未定的1科	0.00	0.00	0.00	0.00	0.00
3	门FL0428B-PF49分类地位未定的1科	0.00	0.00	0.00	0.00	0.00
3	OPB35土壤菌群的1纲的1科	0.00	0.00	0.00	0.00	0.00
3	纲Elev-16S-509分类地位未定的1科	0.00	0.00	0.00	0.00	0.00
3	门Tectomicrobia分类地位未定的1科	0.00	0.00	0.00	0.00	0.00
3	军团菌目未分类的1科	0.00	0.00	0.00	0.00	0.00
3	嗜藻菌科	0.00	0.00	0.00	0.00	0.00
3	门palm C-A 51的1科	0.00	0.00	0.00	0.00	0.00
3	亚群10的1目未分类的1科	0.00	0.00	0.00	0.00	0.00
3	科BSV26	0.00	0.00	0.00	0.00	0.00
3	纤维弧菌目未分类的1科	0.00	0.00	0.00	0.00	0.00
3	热链形菌目分类地位未定的1科	0.00	0.00	0.00	0.00	0.00
3	纲S-BQ2-57土壤菌群分类地位未定的1科	0.00	0.00	0.00	0.00	0.00
3	拟杆菌目肠道菌群BS11的1科	0.00	0.00	0.00	0.00	0.00
3	脂环酸芽胞杆菌科	0.00	0.00	0.00	0.00	0.00
3	绿弯菌科	0.00	0.00	0.00	0.00	0.00
3	目D8A-2分类地位未定的1科	0.00	0.00	0.00	0.00	0.00
3	科CK06-06-Mud-MAS4B-21	0.00	0.00	0.00	0.00	0.00
3	纲SJA-15分类地位未定的1科	0.00	0.00	0.00	0.00	0.00
3	嘉利翁氏菌科	0.00	0.00	0.00	0.00	0.00
3	门Parcubacteria未分类的1科	0.00	0.00	0.00	0.00	0.00
3	门SR1分类地位未定的1科	0.00	0.00	0.00	0.00	0.00
3	纲BD7-11分类地位未定的1科	0.00	0.00	0.00	0.00	0.00
	第3组371个样本平均值	0.04	0.08	0.03	0.04	0.01

图6-35

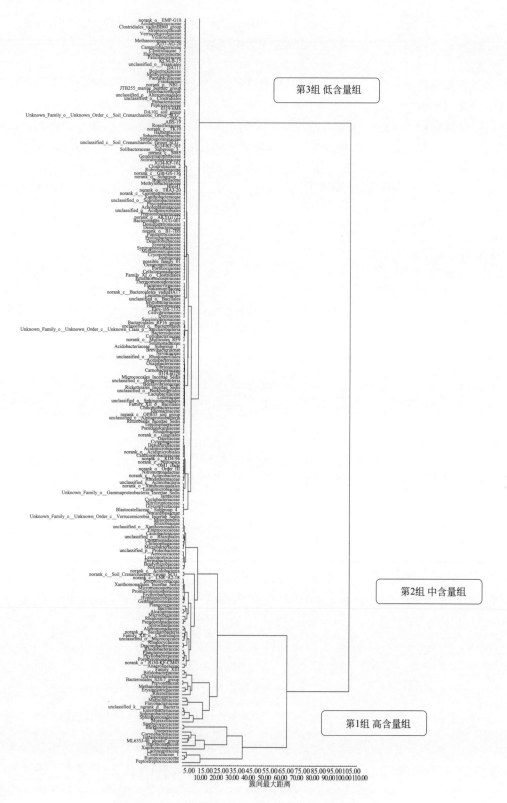

图6-35 不同牧场养牛发酵床细菌科菌群聚类分析

（2）细菌科系统发育 从系统发育分析可以看到不同牧场发酵床细菌科菌群分类与数量分布（图6-36），在新鲜牛粪中分布较多是厚壁菌门厌氧菌的细菌科，如消化链球菌科、瘤胃球菌科、葡萄球菌科、丹毒丝菌科、梭菌科1、伯克氏菌科、毛螺菌科；在发酵垫料中分布较多的是变形菌门、糖杆菌门、拟杆菌门等的好氧菌的细菌科，如黄单胞菌科、盐单胞菌科、ML635J-40水生群的1科、间孢囊菌科、特吕珀菌科、莫拉氏菌科、棒杆菌科、黄杆菌科、理研菌科、海滑菌科、腐螺旋菌科、甲烷杆菌科。

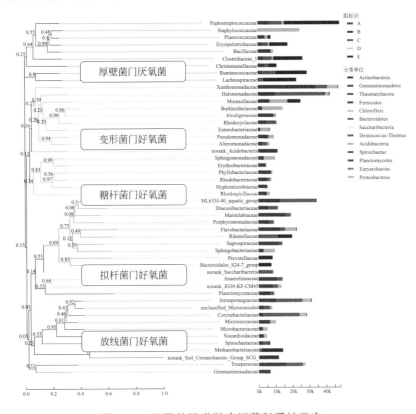

图6-36 不同牧场发酵床细菌科系统发育

五、养牛发酵床细菌属菌群异质性

1. 不同牧场细菌属组成

（1）细菌属组成 从三个牧场养牛发酵床中共检测到973个细菌属，九牧发酵床检测到759个细菌属，三牧发酵床检测到677个细菌属，十四牧发酵床检测到546个细菌属，垫料原料检测到532个细菌属，新鲜牛粪检测到402个细菌属；总体含量最高的10个细菌属（表6-32）为：盐单胞菌属（19.2087%）＞黄单胞菌科未分类的1属（18.1856%）＞科ML635J-40水生菌群的1属（15.8757%）＞消化链球菌科未分类的1属（14.8415%）＞特吕珀菌属（13.8772%）＞狭义梭菌属1（11.8620%）＞不动杆菌属（11.7848%）＞伯克氏菌属-副伯克氏菌属（11.3101%）＞类梭菌属（10.7824%）＞葡萄球菌属（10.6928%）。

表6-32　不同牧场养牛发酵床总体含量最高的10个细菌属

物 种 名 称	不同牧场养牛发酵细菌属含量/%				
	三牧A	九牧B	十四牧C	垫料原料D	新鲜牛粪E
【1】盐单胞菌属	0.7538	3.9150	13.3600	0.8835	0.2964
【2】黄单胞菌科未分类的1属	4.3930	9.0400	3.4760	1.2190	0.0576
【3】科ML635J-40水生群分类地位未定的1属	3.0100	3.7450	8.5110	0.0666	0.5431
【4】消化链球菌科未分类的1属	1.2820	0.7896	1.8510	0.3489	10.5700
【5】特吕珀菌属	1.8660	5.9750	5.3850	0.5818	0.0694
【6】狭义梭菌属1	0.6009	0.7739	1.7480	0.3212	8.4180
【7】不动杆菌属	2.4330	0.2014	0.1154	4.6010	4.4340
【8】伯克氏菌属-副伯克氏菌属	0.0082	0.0007	0.0006	11.3000	0.0006
【9】类梭菌属	0.7496	0.5203	1.2370	0.2045	8.0710
【10】葡萄球菌属	0.0117	0.0009	0.0449	10.6300	0.0053

（2）细菌属菌群结构　不同牧场发酵床细菌属菌群结构差异显著（图6-37），三牧发酵床细菌属前3个高含量菌群为腐螺旋菌科分类地位未定的1属(6.7650%)＞碱弯菌属(Alkaliflexus)(4.8470%)＞黄单胞菌科未分类的1属(4.3930%)；九牧发酵床细菌属前3个高含量菌群为黄单胞菌科未分类的1属(9.0400%)＞特吕珀菌属(5.9750%)＞盐单胞菌属(3.9150%)；十四牧发酵床细菌属前3个高含量菌群为盐单胞菌属(13.3600%)＞科ML635J-40水生群分类地位未定的1属(8.5110%)＞棒杆菌属(7.9240%)；垫料原料细菌属前3个高含量菌群为伯克氏菌属-副伯克氏菌属(11.3000%)＞葡萄球菌属(10.6300%)＞不动杆菌属(4.6010%)；新鲜牛粪细菌属前3个高含量菌群为消化链球菌科未分类的1属(10.5700%)＞狭义梭菌属1(8.4180%)＞类梭菌属(8.0710%)。

图6-37　不同牧场养牛发酵床细菌属菌群结构

（3）细菌属共有种类和独有种类　不同牧场发酵床细菌属纹图分析结果见图6-38。三牧、九牧、十四牧、垫料原料、新鲜牛粪的细菌目个数分别为677个、759个、546个、532个、402个，三个牧场的发酵床菌群种类多于垫料原料和新鲜牛粪。它们共有细菌属种类为241个；三牧、九牧、十四牧、垫料原料、新鲜牛粪的细菌属个独有细菌属分别29个、98个、24个、36个、33个，九牧发酵床独有细菌属最多，新鲜牛粪独有细菌属较少。

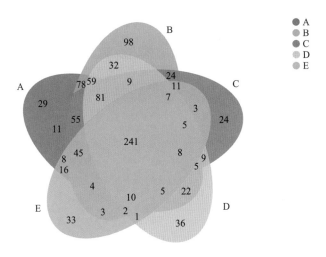

图6-38　不同牧场发酵床细菌属纹图分析

2. 不同牧场细菌属相关性与多样性

（1）细菌属菌群相关性　利用表6-32构建矩阵，以细菌属为样本、牧场发酵床为指标，进行相关系数分析，统计结果见表6-33。分析结果表明，垫料原料与新鲜牛粪细菌属菌群之间相关性不显著（$P=0.0728>0.05$），九牧发酵床与新鲜牛粪细菌属之间相关性不显著（$P=0.0629>0.05$），其余因子间相关性极显著（$P<0.01$）；垫料原料与新鲜牛粪细菌属菌群不相关，牧场发酵床通过垫料＋牛粪进行发酵，将两者菌群混合培养，产生的结果在三个不同牧场发酵床细菌属菌群高度相关，表明发酵床菌群主要来源于垫料原料和新鲜牛粪。

表6-33　不同牧场发酵床、垫料原料、新鲜牛粪细菌属相关系数

因子	不同牧场养牛发酵床细菌属相关系数				
	三牧A	九牧B	十四牧C	垫料原料D	新鲜牛粪E
三牧A		0.0000	0.0000	0.0001	0.0000
九牧B	0.5299		0.0000	0.0072	0.0629
十四牧C	0.3813	0.5607		0.0029	0.0000
垫料原料D	0.1284	0.0861	0.0954		0.0728
新鲜牛粪E	0.1462	0.0596	0.1378	0.0575	

注：左下角是相关系数r，右上角是P值。

（2）细菌属菌群多样性　利用表6-32构建矩阵，以养牛发酵床为样本、细菌属菌群为指标，计算多样性指数，分析结果见表6-34。从物种丰富度看，发酵床细菌属丰富度（45.2356～51.1499）高于垫料原料（46.7803）和新鲜牛粪（40.4603）；牧场发酵床和垫料原料的多样性指数差异不大，高于新鲜牛粪的多样性指数，表明垫料＋牛粪发酵，提升了细菌的多样性指数。

表6-34　三个牧场发酵床、垫料原料、新鲜牛粪细菌属多样性指数

项　目		不同牧场养牛发酵床细菌属多样性指数				
		三牧A	九牧B	十四牧C	垫料原料D	新鲜牛粪E
物种数		232	232	206	212	185
累计含量/%		91.4814	87.9578	92.9286	90.9626	94.4121
丰富度		51.1499	51.5987	45.2356	46.7803	40.4603
辛普森指数(D)	值	0.9893	0.9826	0.9583	0.9691	0.9559
	95%置信区间	0.9840	0.9732	0.9409	0.9529	0.9406
		0.9945	0.9921	0.9757	0.9853	0.9712
香农指数(H)	值	4.3911	4.2809	3.6414	3.9732	3.3535
	95%置信区间	4.2346	4.0586	3.3822	3.6752	3.1466
		4.5476	4.5032	3.9007	4.2712	3.5603
均匀度指数	值	0.8062	0.7859	0.6835	0.7417	0.6424
	95%置信区间	0.7780	0.7455	0.6353	0.6867	0.6042
		0.8343	0.8264	0.7316	0.7968	0.6806
Brillouin指数	值	4.8389	4.6699	4.1557	4.4365	4.0208
	95%置信区间	4.6744	4.4336	3.8714	4.0804	3.7914
		5.0034	4.9062	4.4400	4.7926	4.2502
McIntosh指数(D_{mc})	值	0.9529	0.9303	0.8613	0.8894	0.8551
	95%置信区间	0.9330	0.8982	0.8186	0.8419	0.8196
		0.9729	0.9623	0.9039	0.9370	0.8906

3．不同牧场细菌属优势菌群差异性

（1）细菌属优势菌群差异性　三个牧场发酵床前15个高含量细菌属之间总体差异不显著（$P > 0.05$）。盐单胞菌属、黄单胞菌科未分类的1属、科ML635J-40水生群分类地位未定的1属、消化链球菌科未分类的1属、特吕珀菌属、狭义梭菌属1等6个细菌属为优势菌群，不同的环境下，优势菌群分布特征不同（图6-39）。盐单胞菌属分布：十四牧C(13.3600%)＞九牧B(3.9150%)＞垫料原料D(0.8835%)＞三牧A(0.7538%)＞新鲜牛粪E(0.2964%)，好氧发酵，适当碳氮比[图6-39(a)]；黄单胞菌科未分类的1属分布：九牧B(9.0400%)＞三牧A(4.3930%)＞十四牧C(3.4760%)＞垫料原料D(1.2190%)＞新鲜牛粪E(0.0576%)，好氧发酵，适当碳氮比[图6-39(b)]；科ML635J-40水生群分类地位未定的1属分布：十四牧C(8.5110%)＞九牧B(3.7450%)＞三牧A(3.0100%)＞新鲜牛粪E(0.5431%)＞垫料原料D(0.0666%)，好氧发酵，适当碳氮比[图6-39(c)]；消化链球菌科未分类的1属分布：新鲜牛粪E(10.5700%)＞三牧A(1.8510%)＞十四牧C(1.2820%)＞九牧B(0.7896%)＞垫料原料D(0.3489%)，动物病原，好氧发酵，高碳氮比[图6-39(d)]；特吕珀菌属分布：九牧B(5.9750%)＞十四牧C(5.3850%)＞三牧A(1.8660%)＞垫料原料D(0.5818%)＞新鲜牛粪E(0.0694%)，好氧发酵，适当碳氮比[图6-39(e)]；狭义梭菌属1分布：新鲜牛粪E(8.4180%)＞十四牧C(1.7480%)＞九牧B(0.7739%)＞三牧A(0.6009%)＞垫料原料D(0.3212%)，动物病原，厌氧发酵，低碳氮比[图6-39(f)]。

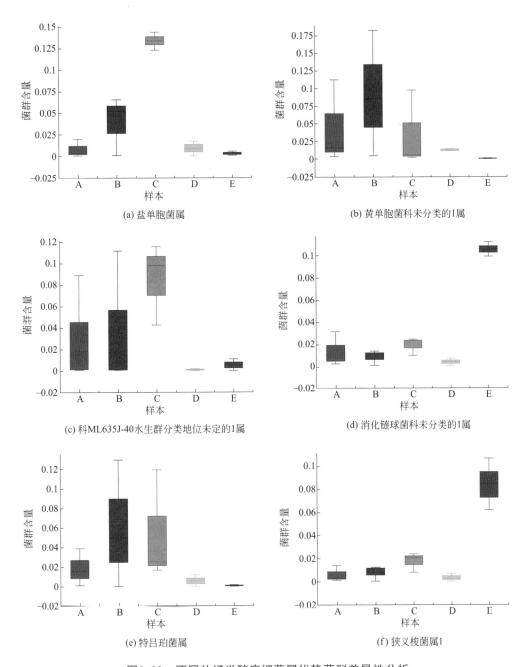

(a) 盐单胞菌属

(b) 黄单胞菌科未分类的1属

(c) 科ML635J-40水生群分类地位未定的1属

(d) 消化链球菌科未分类的1属

(e) 特吕珀菌属

(f) 狭义梭菌属1

图6-39　不同牧场发酵床细菌属优势菌群差异性分析

（2）细菌属牧场样本相似性与偏最小二乘法判别分析　不同牧场细菌属相似性分析 (ANOSIM) 见表 6-35，以欧式距离为统计，结果表明不同牧场细菌属组间的相似性值为 0.521657($P < 0.05$)，相似性差异显著；三个牧场发酵床细菌属菌群含量差异不显著，而与垫料原料和新鲜牛粪差异显著 (图 6-40)。偏最小二乘法判别分析 (PLS-DA) 结果表明 (图 6-41)，可将采集样本的不同区域判别区分，三个牧场发酵床细菌属菌群有点交错，但总体仍可区分；垫料原料和新鲜牛粪形成自身独立区域，牧场发酵床、垫料原料、新鲜牛粪细菌属菌群间存在显著差异。

表6-35　三个牧场发酵床细菌属菌群相似性分析（ANOSIM）

项目	自由度D_f	平方和	均方	F值	相似性R^2	P值
组间	4	1.71×10^9	4.28×10^8	2.181096	0.521657	0.001
残差	8	1.57×10^9	1.96×10^8	—	0.478343	—
总体	12	3.28×10^9	—	—	1	—

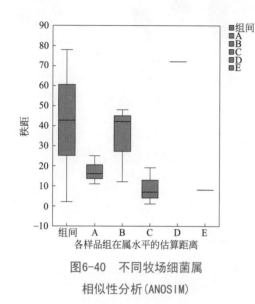

图6-40　不同牧场细菌属
相似性分析（ANOSIM）

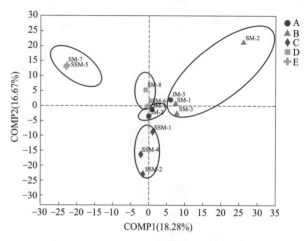

图6-41　不同牧场细菌属偏最小二乘法
判别分析（PLS-DA）

4．不同牧场细菌属聚类分析

（1）细菌属菌群聚类分析　根据表6-32将养牛发酵床生境细菌属占比总和＞1%的89个菌群构建矩阵，以菌群为样本、垫料为指标、欧氏距离为尺度，可变类平均法进行系统聚类，分析结果见表6-36、图6-42。聚类结果可将细菌属菌群分为3组，第1组为垫料分布特性组（高含量组），包括了14个菌群，即盐单胞菌属、黄单胞菌科未分类的1属、科ML635J-40水生群分类地位未定的1属、特吕珀菌属、不动杆菌属、伯克氏菌属-副伯克氏菌属、葡萄球菌属、棒杆菌属、腐螺旋菌科分类地位未定的1属、碱弯菌属、间孢囊菌科未分类的1属、vadinBC27污水淤泥群的1属、泉古菌SCG群分类地位未定的1属、酸杆菌纲分类地位未定的1属等，在三牧A、九牧B、十四牧C、垫料原料D、新鲜牛粪E中占比平均值分别为1.8424%、2.3873%、3.5745%、2.2777%、0.4170%；该组菌群具有好氧特性，主要分布于发酵垫料和垫料原料，在新鲜牛粪中分布较少；作为垫料的主要菌群在整个牛发酵床的发酵过程起到重要作用。第2组为牛粪分布特性组（中含量组），包括了9个菌群，即消化链球菌科未分类的1属、狭义梭菌属1、类梭菌属、苏黎世杆菌属、瘤胃球菌科UCG-005群的1属、甲烷短杆菌属、毛螺菌科NK3A20群的1属、理研菌科RC9肠道菌群的1属、拟杆菌目S24-7群的1科分类地位未定的1属，在三牧A、九牧B、十四牧C、垫料原料D、新鲜牛粪E中占比平均值分别为0.4058%、0.3021%、0.7531%、0.1369%、6.6134%，该组菌群大多为动物病原菌，营厌氧生长，主要分布在新鲜牛粪中，在发酵垫料和垫料原料中分布较少，作为垫料的次要菌群在牛发酵床的发酵中起到辅助作用。第3组为混合分布特性组

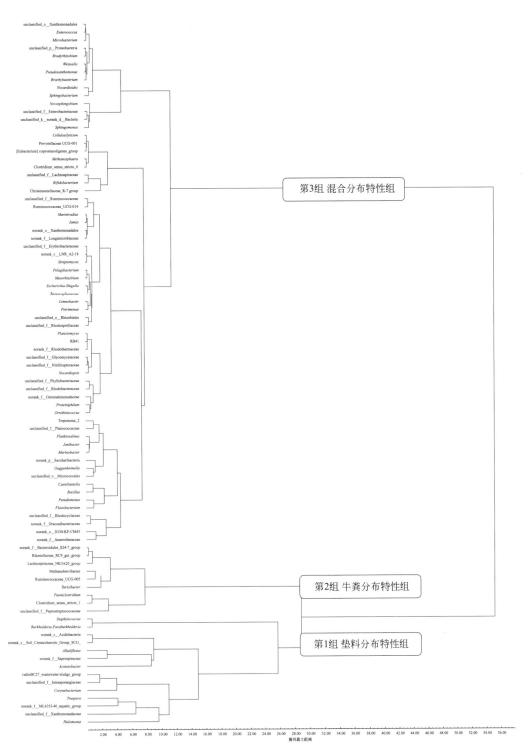

图6-42　不同牧场养牛发酵床细菌属菌群聚类分析

（低含量组），包括了其余的 66 个细菌属，如链霉菌属、寡养单胞菌属、鞘氨醇单胞菌属、鞘氨醇杆菌属、瘤胃球菌科 UCG-014 群的 1 属、假黄单胞菌属、假单胞菌属、嗜蛋白菌属、普雷沃氏菌科 UCG-001 群的 1 属、盐湖浮游菌属、浮霉菌属、石单胞菌属 (*Petrimonas*)、海洋小杆菌属 (*Pelagibacterium*)、鸟氨酸球菌属、新鞘氨醇菌属 (*Novosphingobium*) 等，在发酵垫料和新鲜牛粪中都有分布，菌群占比平均含量为 0.2% ～ 0.6%，为偶见菌群，属于弱势菌群。

表6-36 不同牧场养牛发酵床细菌属菌群聚类分析

组别	物 种 名 称	不同牧场养牛发酵床细菌属含量/%				
		三牧A	九牧B	十四牧C	垫料原料D	新鲜牛粪E
1	盐单胞菌属	0.7538	3.9150	13.3600	0.8835	0.2964
1	黄单胞菌科未分类的1属	4.3930	9.0400	3.4760	1.2190	0.0576
1	科ML635J-40水生群分类地位未定的1属	3.0100	3.7450	8.5110	0.0666	0.5431
1	特吕珀菌属	1.8660	5.9750	5.3850	0.5818	0.0694
1	不动杆菌属	2.4330	0.2014	0.1154	4.6010	4.4340
1	伯克氏菌属-副伯克氏菌属	0.0082	0.0007	0.0006	11.3000	0.0006
1	葡萄球菌属	0.0117	0.0009	0.0449	10.6300	0.0053
1	棒杆菌属	0.2798	0.8047	7.9240	1.3460	0.1739
1	腐螺旋菌科分类地位未定的1属	6.7650	0.2415	1.1850	0.0202	0.0065
1	碱弯菌属	4.8470	2.0760	0.7618	0.0163	0.0183
1	间孢囊菌科未分类的1属	0.4375	0.2115	5.1890	1.2180	0.2016
1	vadinBC27污水淤泥群的1属	0.3911	0.0419	4.0470	0.0000	0.0313
1	泉古菌SCG群分类地位未定的1属	0.0547	3.8550	0.0000	0.0000	0.0000
1	酸杆菌纲分类地位未定的1属	0.5430	3.3140	0.0436	0.0056	0.0000
	第1组14个样本平均值	1.8424	2.3873	3.5745	2.2777	0.4170
2	消化链球菌科未分类的1属	1.2820	0.7896	1.8510	0.3489	10.5700
2	狭义梭菌属1	0.6009	0.7739	1.7480	0.3212	8.4180
2	类梭菌属	0.7496	0.5203	1.2370	0.2045	8.0710
2	苏黎世杆菌属	0.6735	0.5511	1.3180	0.3040	5.7190
2	瘤胃球菌科UCG-005群的1属	0.0704	0.0117	0.0148	0.0009	7.0820
2	甲烷短杆菌属	0.0448	0.0398	0.2253	0.0365	5.9610
2	毛螺菌科NK3A20群的1属	0.1651	0.0288	0.3776	0.0154	4.9000
2	理研菌科RC9肠道菌群的1属	0.0555	0.0027	0.0053	0.0004	4.3950
2	拟杆菌目S24-7群分类地位未定的1属	0.0102	0.0013	0.0006	0.0000	4.4050
	第2组9个样本平均值	0.4058	0.3021	0.7531	0.1369	6.6134
3	厌氧绳菌科分类地位未定的1属	2.7860	2.6240	1.5540	0.1360	0.0112
3	目JG30-KF-CM45分类地位未定的1属	2.0430	1.9710	1.3370	0.8657	0.0289
3	龙杆菌科分类地位未定的1属	2.1490	0.9180	2.6340	0.0150	0.0725
3	里斯滕森菌科R-7群的1属	1.5670	0.0201	0.9527	0.0092	2.7580
3	红环菌科未分类的1属	1.8400	0.7613	2.2430	0.0614	0.1420
3	黄杆菌属	2.2320	0.0981	0.1373	2.0710	0.1294
3	假单胞菌属	1.6700	0.7856	0.3301	1.6430	0.1268
3	鞘氨醇单胞菌属	0.3554	0.5134	0.0003	3.0990	0.0000
3	微球菌目未分类的1属	0.3948	0.9604	1.7060	0.4472	0.0823
3	海杆菌属	1.1350	0.3564	1.4560	0.5057	0.0331
3	两面神杆菌属	1.3810	0.2614	1.1660	0.5231	0.0636

组别	物　种　名　称	不同牧场养牛发酵床细菌属含量/%				
		三牧A	九牧B	十四牧C	垫料原料D	新鲜牛粪E
3	未分类的1属	0.0817	0.1754	0.0327	2.9390	0.0017
3	肠杆菌科未分类的1属	0.0011	0.0003	0.0059	3.2200	0.0012
3	糖杆菌门分类地位未定的1属	0.3410	0.0927	2.5420	0.0777	0.0913
3	鸟氨酸球菌属	1.1200	1.2440	0.3095	0.4369	0.0204
3	芽胞杆菌属	2.1480	0.3075	0.0322	0.4120	0.0310
3	卡斯泰拉尼菌属	2.8840	0.0095	0.0033	0.0209	0.0006
3	盐湖浮游菌属	1.0370	0.1506	1.0240	0.4889	0.1255
3	动球菌科未分类的1属	1.0400	0.1351	0.0216	0.6750	0.8945
3	双歧杆菌属	0.0010	0.0092	0.0107	0.0084	2.7200
3	红杆菌科未分类的1属	0.4733	1.2320	0.7455	0.2209	0.0347
3	新鞘氨醇菌属	0.0224	0.0320	0.0078	2.5320	0.0006
3	鞘氨醇杆菌属	0.4308	0.0360	0.0305	2.0280	0.0062
3	密螺旋体属2	1.1330	0.0103	0.7121	0.0000	0.6741
3	叶杆菌科未分类的1属	0.4824	1.5350	0.3698	0.1064	0.0138
3	嗜蛋白菌属	1.0730	0.9080	0.3565	0.0066	0.0183
3	类诺卡氏菌属	0.1721	0.4313	0.0134	1.7150	0.0029
3	毛螺菌科未分类的1属	0.0362	0.0094	0.0093	0.0022	2.2310
3	红螺菌科未分类的1属	0.9986	0.3973	0.1245	0.5640	0.0035
3	古根海姆氏菌属	0.3148	0.1125	1.4470	0.0762	0.0435
3	短杆菌属	0.1860	0.1214	0.1183	1.3830	0.0062
3	石单胞菌属	0.7502	0.5288	0.4593	0.0356	0.0206
3	慢生根瘤菌属	0.0598	0.1634	0.0038	1.5580	0.0006
3	变形菌门未分类的1属	0.0004	0.0005	0.0000	1.7030	0.0000
3	链霉菌属	1.1360	0.4024	0.0174	0.1002	0.0046
3	芽单胞菌科分类地位未定的1属	0.6468	0.9923	0.0000	0.0000	0.0000
3	根瘤菌目未分类的1属	0.5871	0.4455	0.0161	0.5640	0.0006
3	拟诺卡氏菌属	0.0245	1.2640	0.1214	0.1864	0.0056
3	狭义梭菌属6	0.0110	0.0344	0.0515	0.0031	1.4720
3	解腈菌科未分类的1属	0.0012	1.4500	0.0874	0.0128	0.0085
3	纲LNR A2-18分类地位未定的1属	1.0370	0.4072	0.1114	0.0004	0.0006
3	糖霉菌科未分类的1属	0.0000	1.5100	0.0003	0.0000	0.0011
3	赤杆菌科未分类的1属	1.0470	0.2946	0.1332	0.0313	0.0012
3	假黄单胞菌属	0.0000	0.0602	0.0075	1.4200	0.0000
3	甲烷球形菌属	0.0012	0.0092	0.0716	0.0145	1.3210
3	微杆菌属	0.2261	0.0938	0.0170	1.0440	0.0034
3	长微菌科分类地位未定的1属	0.1872	0.6619	0.4233	0.0923	0.0082
3	瘤胃球菌科UCG-014群的1属	0.0035	0.0028	0.7385	0.0026	0.5739
3	魏斯氏菌属	0.0015	0.0000	0.0058	1.2860	0.0011
3	黄单胞菌目分类地位未定的1属	0.1995	0.7207	0.2975	0.0542	0.0106
3	应微所属	0.2969	0.4830	0.3321	0.1042	0.0205
3	产粪甾醇优杆菌群的1属	0.0114	0.0054	0.0496	0.0013	1.1640
3	寡养单胞菌属	0.5600	0.0614	0.0185	0.4514	0.1194
3	肠球菌属	0.0084	0.0004	0.0761	1.0980	0.0075
3	湖杆菌属	0.5191	0.3438	0.2291	0.0302	0.0106

续表

组别	物 种 名 称	不同牧场养牛发酵床细菌属含量/%				
		三牧A	九牧B	十四牧C	垫料原料D	新鲜牛粪E
3	热杆菌科分类地位未定的1属	0.0093	0.9803	0.1266	0.0070	0.0017
3	海水杆菌属	0.2011	0.4167	0.4026	0.0774	0.0099
3	瘤胃球菌科未分类的1属	0.2245	0.0685	0.5163	0.0022	0.2874
3	解纤维素菌属	0.0342	0.0333	0.1044	0.0181	0.8728
3	黄单胞菌目未分类的1属	0.0038	0.0233	0.0173	1.0170	0.0012
3	中生根瘤菌属	0.7289	0.2835	0.0091	0.0356	0.0023
3	浮霉菌属	0.1184	0.8451	0.0510	0.0219	0.0017
3	属RB41	0.0000	1.0300	0.0000	0.0000	0.0000
3	埃希氏菌-志贺氏菌属	0.6093	0.0774	0.0029	0.1531	0.1773
3	普雷沃氏菌科UCG-001群的1属	0.0000	0.0000	0.0000	0.0000	1.0200
3	海洋小杆菌属	0.7847	0.1820	0.0320	0.0142	0.0034
	第3组66个样本平均值	0.6297	0.4560	0.3934	0.5671	0.2652

（2）细菌属系统发育　从系统发育分析可以看到不同牧场发酵床细菌属菌群分类与数量分布（图6-43），在新鲜牛粪中分布较多是厚壁菌门厌氧菌的细菌属，如消化链球菌科未分类的1属、狭义梭菌属1、类梭菌属、瘤胃球菌科 UCG-005 群的1属、甲烷短杆菌属、苏黎世杆菌属、毛螺菌科 NK3A20 群的1属；在发酵垫料中分布较多的是变形菌门、放线菌门、拟杆菌门等的好氧菌的细菌属，如盐单胞菌属、科 ML635J-40 水生群分类地位未定的1属、棒杆菌属、特吕珀菌属、间孢囊菌科未分类的1属、vadinBC27 污水淤泥群的1属。

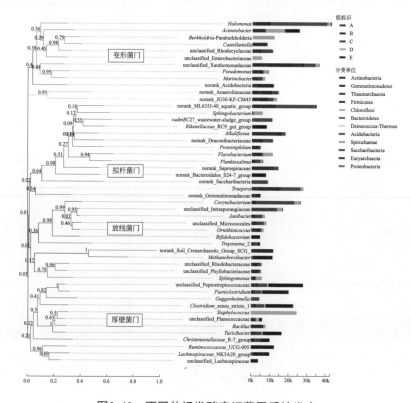

图6-43　不同牧场发酵床细菌属系统发育

六、养牛发酵床细菌种菌群异质性

1．不同牧场细菌种组成

（1）细菌种组成　从三个牧场养牛发酵床中共检测到 1675 个细菌种，九牧发酵床检测到 1000 个细菌种，三牧发酵床检测到 1241 个细菌种，十四牧发酵床检测到 788 个细菌种，垫料原料检测到 748 个细菌种，新鲜牛粪检测到 590 个细菌种（图 6-44）；总体含量最高的 10 个细菌种（表 6-37）为：盐单胞菌属未分类的 1 种（19.2087%）＞黄单胞菌科未分类属的 1 种（18.1856%）＞ ML635J-40 水生群的 1 科分类地位未定属的 1 种（15.8676%）＞消化链球菌科未分类的 1 种（14.8415%）＞类梭菌属未分类的 1 种（10.7824%）＞葡萄球菌属未分类的 1 种（10.6928%）＞棒杆菌属未分类的 1 种（10.5284%）＞狭义梭菌属 1 未分类的 1 种（10.2124%）＞苏黎世杆菌属 1 未分类的 1 种（8.5656%）＞不动杆菌 CIP53.82（7.9981%）。

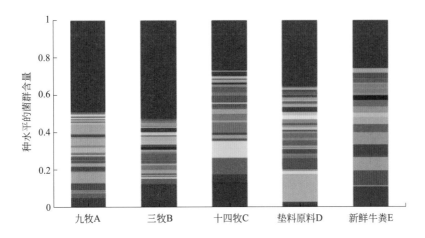

图6-44　不同牧场养牛发酵床细菌种菌群结构

表6-37　不同牧场养牛发酵床总体含量最高的10个细菌种

物　种　名　称	不同牧场养牛发酵床细菌种含量 / %					
	九牧A	三牧B	十四牧C	垫料原料D	新鲜牛粪E	合计
【1】盐单胞菌属未分类的1种	0.7538	3.9150	13.3600	0.8835	0.2964	19.2087
【2】黄单胞菌科未分类属的1种	4.3930	9.0400	3.4760	1.2190	0.0576	18.1856
【3】科ML635J-40水生群分类地位未定属的1种	3.0100	3.7410	8.5080	0.0666	0.5420	15.8676
【4】消化链球菌科未分类的1种	1.2820	0.7896	1.8510	0.3489	10.5700	14.8415
【5】类梭菌属未分类的1种	0.7496	0.5203	1.2370	0.2045	8.0710	10.7824
【6】葡萄球菌属未分类的1种	0.0117	0.0009	0.0449	10.6300	0.0053	10.6928
【7】棒杆菌属未分类的1种	0.2798	0.8047	7.9240	1.3460	0.1739	10.5284
【8】狭义梭菌属1未分类的1种	0.5357	0.7228	1.6090	0.2979	7.0470	10.2124
【9】苏黎世杆菌属未分类的1种	0.6735	0.5511	1.3180	0.3040	5.7190	8.5656
【10】不动杆菌CIP 53.82	2.3920	0.1497	0.1104	4.3440	1.0020	7.9981

（2）细菌种菌群结构 不同牧场发酵床细菌种菌群结构差异显著（图6-45），不同牧场养牛发酵床有其特征细菌优势种，九牧 A 养牛发酵床优势种为碱弯菌属未培养的 1 种 (4.8470%)，三牧 B 优势种为黄单胞菌科未分类属的 1 种 (9.0400%)，十四牧 C 优势种为盐单胞菌属未分类的 1 种 (13.3600%)，垫料原料 D 优势种为葡萄球菌属未分类的 1 种 (10.6300%)，新鲜牛粪 E 优势种为消化链球菌科未分类的 1 种 (10.5700%)；各生境前 5 个高含量细菌优势菌群形成各自特征，优势菌群在三个牧场发酵床中相互生存，垫料原料和新鲜牛粪的优势菌群仅分布在自身的生境，而较少地分布于发酵床生境。

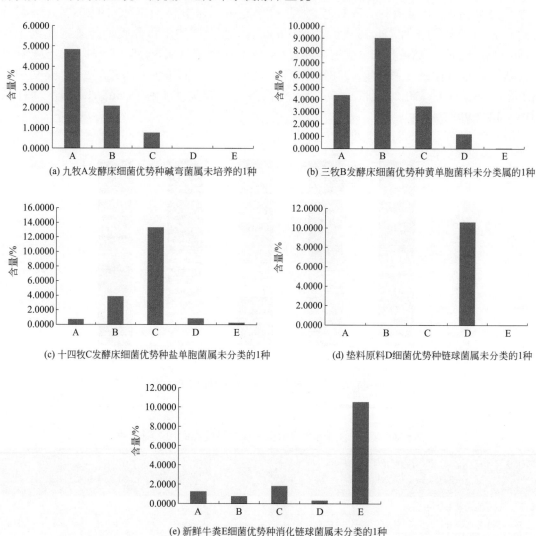

(a) 九牧A发酵床细菌优势种碱弯菌属未培养的1种

(b) 三牧B发酵床细菌优势种黄单胞菌科未分类属的1种

(c) 十四牧C发酵床细菌优势种盐单胞菌属未分类的1种

(d) 垫料原料D细菌优势种链球菌属未分类的1种

(e) 新鲜牛粪E细菌优势种消化链球菌属未分类的1种

图6-45 不同牧场发酵床细菌优势种的差异

（3）细菌种热图分析 不同牧场发酵床细菌种热图分析见图6-46。从不同牧场聚类看，可将样本分为两大类，第一类为九牧、三牧、十四牧、垫料原料聚为一类，第二类新鲜牛粪独立成为一类，表明从细菌种菌群分布可以将发酵床与垫料原料、新鲜牛粪分离开。从细菌种菌群聚类看，高含量前 20 个细菌种分为 2 类，第 1 类细菌种在新鲜牛粪中高含量，而在发酵垫料中含量，包括了 7 个细菌种，即消化链球菌科未分类的 1 属、类梭菌属未分类的 1

种、狭义梭菌属 1 未分类的 1 种、瘤胃球菌科 UCG-005 群的 1 属未分类的 1 种、苏黎世杆菌属未分类的 1 种、毛螺菌科 NK3A20 群的 1 属未分类的 1 种、不动杆菌属未分类的 1 种；第 2 类细菌种在新鲜牛粪含量低，在发酵垫料中含量高，包括了 13 个细菌种，即棒杆菌属未分类的 1 种、间孢囊菌科未分类属的 1 种、盐单胞菌属未分类的 1 种、科 ML635J-40 水生群分类地位未定属的 1 种、黄单胞菌科未分类的 1 种、葡萄球菌属未分类的 1 种、碱弯菌属未培养的 1 种、厌氧绳菌科分类地位未定属未分类的 1 种、瘤胃球菌科 UCG-005 群的 1 属未分类的 1 种、狭义梭菌属 1 未分类的 1 种、苏黎世杆菌属未分类的 1 种、不动杆菌 CIP 53.82、特吕珀菌属未分类的 1 种、红环菌科未分类的 1 属、苯矿菌群 SB-1 的 1 种、伯克氏菌属 - 副伯克氏菌属未分类的 1 种、毛螺菌科 NK3A20 群的 1 属未分类的 1 种、腐螺旋菌科分类地位未定属未分类的 1 种、黄杆菌 M1 I3。

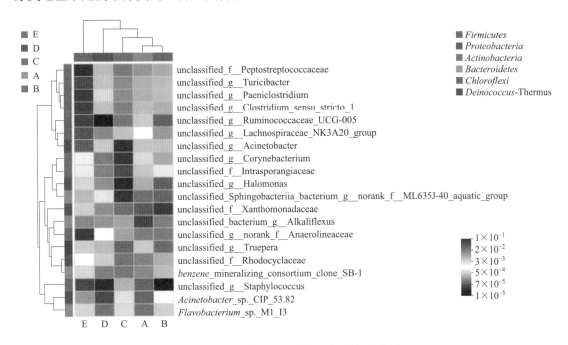

图6-46 不同牧场发酵床细菌种热图分析

（4）细菌种共有种类和独有种类 不同牧场发酵床细菌种纹图分析结果见图 6-47。九牧、三牧、十四牧、垫料原料、新鲜牛粪的细菌目个数分别为 1000 个、1241 个、788 个、748 个、590 个，三个牧场的发酵床菌群种类多于垫料原料和新鲜牛粪。它们共有细菌种种类为 286 个；九牧、三牧、十四牧、垫料原料、新鲜牛粪的独有细菌种分别为 69 个、258 个、42 个、82 个、69 个，三牧发酵床独有细菌种最多，新鲜牛粪独有细菌种较少。

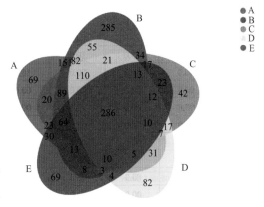

图6-47 不同牧场发酵床细菌种纹图分析

2．不同牧场细菌种相关性与多样性

（1）细菌种菌群相关性　利用表6-37构建矩阵，以细菌种为样本、牧场发酵床为指标，进行相关系数分析，统计结果见表6-38。分析结果表明，垫料原料与新鲜牛粪细菌种菌群之间相关性不显著($P= 0.1433 > 0.05$)，其余因子间相关性极显著($P < 0.01$)；垫料原料与新鲜牛粪细菌种菌群不相关，牧场发酵床通过垫料＋牛粪进行发酵，将两者菌群混合培养，产生的结果在三个不同牧场发酵床细菌种菌群高度相关，表明发酵床菌群主要来源于垫料原料和新鲜牛粪。

表6-38　不同牧场发酵床、垫料原料、新鲜牛粪细菌种相关系数

因　子	不同牧场养牛发酵床细菌种相关系数				
	九牧A	三牧B	十四牧C	垫料原料D	新鲜牛粪E
九牧A		0.0000	0.0000	0.0000	0.0000
三牧B	0.5593		0.0000	0.0000	0.0012
十四牧C	0.3640	0.5628		0.0000	0.0000
垫料原料D	0.1524	0.1050	0.1196		0.1433
新鲜牛粪E	0.1394	0.0789	0.1474	0.0357	

注：左下角是相关系数r，右上角是P值。

（2）细菌种菌群多样性　利用表6-37构建矩阵，以养牛发酵床为样本、细菌种菌群为指标，计算多样性指数，分析结果见表6-39。从物种丰富度看，发酵床细菌种丰富度(46.1972 ~ 51.3951)高于垫料原料(47.2560)和新鲜牛粪(42.5677)；牧场发酵床和垫料原料的多样性指数差异不大，高于新鲜牛粪的多样性指数，表明垫料＋牛粪发酵，提升了细菌的多样性指数。

表6-39　三个牧场发酵床、垫料原料、新鲜牛粪细菌种多样性指数

项　目		不同牧场养牛发酵床细菌种多样性指数				
		九牧A	三牧B	十四牧C	垫料原料D	新鲜牛粪E
物种数		225	225	209	211	192
累计占比/%		85.7786	78.1317	90.2369	85.1046	88.8521
丰富度		50.3171	51.3951	46.1972	47.2560	42.5677
辛普森指数(D)	值	0.9925	0.9837	0.9585	0.9783	0.9602
	95%置信区间	0.9886	0.9715	0.9404	0.9644	0.9461
		0.9963	0.9959	0.9766	0.9923	0.9743
香农指数(H)	值	4.4379	4.2698	3.6890	4.0894	3.4663
	95%置信区间	4.2962	4.0238	3.4136	3.8350	3.2496
		4.5795	4.5159	3.9644	4.3439	3.6830
均匀度指数	值	0.8194	0.7884	0.6905	0.7641	0.6593
	95%置信区间	0.7942	0.7435	0.6395	0.7173	0.6193
		0.8446	0.8333	0.7415	0.8110	0.6993

续表

项　目		不同牧场养牛发酵床细菌种多样性指数				
		九牧A	三牧B	十四牧C	垫料原料D	新鲜牛粪E
Brillouin指数	值	4.8750	4.5502	4.1713	4.5135	4.1123
	95%置信区间	4.7291	4.2929	3.8780	4.2076	3.8804
		5.0209	4.8076	4.4646	4.8195	4.3442
McIntosh指数 (D_{mc})	值	0.9661	0.9360	0.8625	0.9173	0.8670
	95%置信区间	0.9506	0.8947	0.8172	0.8733	0.8325
		0.9817	0.9773	0.9078	0.9613	0.9014

3．不同牧场细菌种优势菌群差异性

（1）细菌种优势菌群差异性　三个牧场发酵床前15个高含量细菌种之间总体差异不显著（$P > 0.05$）。盐单胞菌属未分类的1种、黄单胞菌科未分类属的1种、ML635J-40水生群的1科分类地位未定属的1种、消化链球菌科未分类的1种、类梭菌属未分类的1种、葡萄球菌属未分类的1种6个细菌种为优势菌群，不同的环境下，优势菌群分布特征不同（图6-48）。盐单胞菌属未分类的1种分布：十四牧C(13.3600%)＞三牧B(3.9150%)＞垫料原料D(0.8835%)＞九牧A(0.7538 %)＞新鲜牛粪E(0.2964%)，好氧生长，高碳氮比[图6-48(a)]；黄单胞菌科未分类属的1种分布：三牧B(9.0400%)＞九牧A(4.3930%)＞十四牧C(3.4760%)＞垫料原料D(1.2190%)＞新鲜牛粪E(0.0576%)，好氧生长，高碳氮比[图6-48(b)]；ML635J-40水生群的1科分类地位未定属的1种分布：十四牧C(8.5080%)＞三牧B(3.7410%)＞九牧A(3.0100%)＞新鲜牛粪E(0.5420%)＞垫料原料D(0.0666%)，好氧发酵，适当碳氮比[图6-48(c)]；消化链球菌科未分类的1种分布：新鲜牛粪E(10.5700%)＞十四

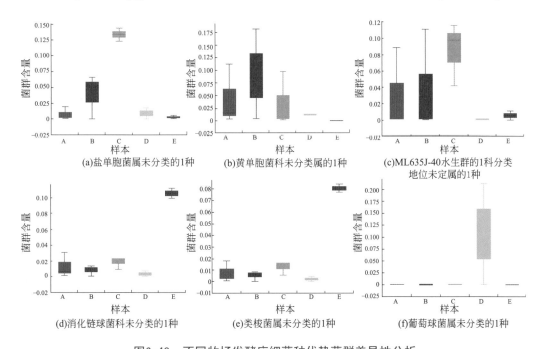

图6-48　不同牧场发酵床细菌种优势菌群差异性分析

牧 C(1.8510%) ＞九牧 A(1.2820%) ＞三牧 B(0.7896%) ＞垫料原料 D(0.3489%)，动物病原，好氧发酵，适当碳氮比 [图 6-48(d)]；类梭菌属未分类的 1 种分布：新鲜牛粪 E(8.0710%) ＞十四牧 C(1.2370%) ＞九牧 A(0.7496%) ＞三牧 B(0.5203%) ＞垫料原料 D(0.2045%)，厌氧发酵，低碳氮比 [图 6-48(e)]；葡萄球菌属未分类的 1 种分布：垫料原料 D(10.6300%) ＞十四牧 C(0.0449%) ＞九牧 A(0.0117%) ＞新鲜牛粪 E(0.0053%) ＞三牧 B(0.0009%)，动物病原，好氧发酵，高碳氮比 [图 6-48(f)]。

（2）细菌种牧场样本相似性与偏最小二乘法判别分析　不同牧场细菌种相似性分析(ANOSIM) 见表 6-40，以欧式距离为统计，结果表明不同牧场细菌种组间的相似性值为 0.5337(P ＜ 0.01)，相似性差异显著；三个牧场发酵床细菌种菌群含量差异不显著，而与垫料原料和新鲜牛粪差异显著 (图 6-49)。偏最小二乘法判别分析 (PLS-DA) 结果表明 (图 6-50)，可将采集样本的不同区域判别区分，三个牧场发酵床细菌种菌群有点交错，但总体仍可区分；新鲜牛粪形成自身独立区域，牧场发酵床、垫料原料、新鲜牛粪细菌种菌群间存在显著差异。

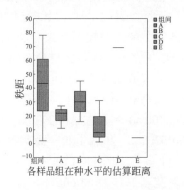
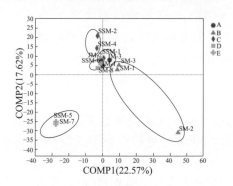

图6-49　不同牧场细菌种相似性分析(ANOSIM)　　图6-50　不同牧场细菌种偏最小二乘法判别分析(PLS-DA)

表6-40　三个牧场发酵床细菌种菌群相似性分析(ANOSIM)

项目	自由度D_f	平方和	均方	F值	相似性R^2	P值
组间	4	$1.49×10^9$	$3.73×10^8$	2.28945	0.53374	0.001
残差	8	$1.3×10^9$	$1.63×10^8$	—	0.46626	—
总体	12	$2.8×10^9$	—	—	1	—

4. 不同牧场细菌种聚类分析

（1）细菌种菌群聚类分析　将养牛发酵床生境细菌种占比总和＞ 0.8% 的 100 个菌群构建矩阵，以菌群为样本、垫料为指标、欧氏距离为尺度，可变类平均法进行系统聚类，分析结果见表 6-41、图 6-51。聚类结果可将细菌种菌群分为 3 组，第 1 组为垫料分布特性组 (高含量组)，包括了 7 个菌群，即盐单胞菌属未分类的 1 种、黄单胞菌科未分类属的 1 种、科ML635J-40 水生群分类地位未定属的 1 种、葡萄球菌属未分类的 1 种、棒杆菌属未分类的1 种、特吕珀菌属未分类的 1 种、间孢囊菌科未分类的 1 种等，在三牧 A、九牧 B、十四牧C、垫料原料 D、新鲜牛粪 E 中占比平均值分别为 1.3291%、2.9993%、6.0276%、2.2458%、0.1905%；该组菌群具有好氧特性，主要分布于发酵垫料和垫料原料，在新鲜牛粪中分布较少；作为垫料的主要菌群对整个牛发酵床的发酵过程起到重要作用。第 2 组为牛粪分布特性

组 (中含量组)，包括了 6 个菌群，即消化链球菌科未分类的 1 种、类梭菌属未分类的 1 种、狭义梭菌属 1 未分类的 1 种、苏黎世杆菌属未分类的 1 种、瘤胃球菌科 UCG-005 群的 1 属未分类的 1 种、毛螺菌科 NK3A20 的 1 属未分类的 1 种，在三牧 A、九牧 B、十四牧 C、垫料原料 D、新鲜牛粪 E 中占比平均值分别为 0.5786%、0.4369%、1.0603%、0.1950%、7.0120%，该组菌群大多为动物病原菌，营厌氧生长，主要分布在新鲜牛粪中，在发酵垫料和垫料原料中分布较少，作为垫料的次要菌群对牛发酵床的发酵起到辅助作用。第 3 组为混合分布特性组 (低含量组)，包括了其余的 87 个细菌种，如不动杆菌 CIP 53.82、种 QTYC46b、苯矿菌群 SB-1 的 1 种、多食伯克氏菌、巴尼姆梭菌、黄杆菌 M1I3、瘤胃甲烷短杆菌、热带副伯克氏菌、墨国大副伯克氏菌、易弯假单胞菌等，在发酵垫料和新鲜牛粪都有分布，菌群占比平均含量为 0.3612% ～ 0.6196%，为偶见菌群，属于弱势菌群。

表6-41　不同牧场养牛发酵床细菌种菌群聚类分析

组别	物　种　名　称	不同牧场养牛发酵床细菌种含量 / %				
		九牧A	三牧B	十四牧C	垫料原料D	新鲜牛粪E
1	盐单胞菌属未分类的1种	0.7538	3.9150	13.3600	0.8835	0.2964
1	黄单胞菌科未分类属的1种	4.3930	9.0400	3.4760	1.2190	0.0576
1	科ML635J-40水生群分类地位未定属的1种	3.0100	3.7410	8.5080	0.0666	0.5420
1	葡萄球菌属未分类的1种	0.0117	0.0009	0.0449	10.6300	0.0053
1	棒杆菌属未分类的1种	0.2798	0.8047	7.9240	1.3460	0.1739
1	特吕珀菌属未分类的1种	0.4177	3.2820	3.6910	0.3576	0.0571
1	间孢囊菌科未分类的1种	0.4375	0.2115	5.1890	1.2180	0.2016
	第1组7个样本平均值	1.3291	2.9993	6.0276	2.2458	0.1905
2	消化链球菌科未分类的1种	1.2820	0.7896	1.8510	0.3489	10.5700
2	类梭菌属未分类的1种	0.7496	0.5203	1.2370	0.2045	8.0710
2	狭义梭菌属1未分类的1种	0.5357	0.7228	1.6090	0.2979	7.0470
2	苏黎世杆菌属未分类的1种	0.6735	0.5511	1.3180	0.3040	5.7190
2	瘤胃球菌科UCG-005群的1属未分类的1种	0.0663	0.0108	0.0129	0.0009	6.2740
2	毛螺菌科NK3A20群的1属未分类的1种	0.1645	0.0269	0.3339	0.0141	4.3910
	第2组6个样本平均值	0.5786	0.4369	1.0603	0.1950	7.0120
3	不动杆菌CIP 53.82	2.3920	0.1497	0.1104	4.3440	1.0020
3	碱弯菌属未培养的1种	4.8470	2.0760	0.7618	0.0163	0.0183
3	厌氧绳菌科分类地位未定属未分类的1种	2.1520	2.2330	0.9879	0.0972	0.0047
3	红环菌科未分类属的1种	1.8400	0.7613	2.2430	0.0614	0.1420
3	伯克氏菌属-副伯克氏菌属未分类的1种	0.0004	0.0007	0.0003	5.0070	0.0000
3	苯矿菌群SB-1的1种	1.7100	0.5869	2.4760	0.0114	0.0690
3	腐螺旋菌科分类地位未定属未分类的1种	4.2320	0.0274	0.0000	0.0000	0.0000
3	黄杆菌M1 I3	2.0930	0.0586	0.0988	1.8100	0.0657
3	腐螺旋菌科分类地位未定属未培养的1种	2.4990	0.1742	1.1800	0.0198	0.0053
3	不动杆菌属未分类的1种	0.0415	0.0516	0.0050	0.2566	3.4320
3	里斯滕森菌科R-7群的1属未分类的1种	0.9393	0.0129	0.5657	0.0062	2.2460
3	理研菌科DTU002群的1种	0.3495	0.0127	3.3710	0.0000	0.0248
3	微球菌目未分类的1科	0.3948	0.9604	1.7060	0.4472	0.0823
3	特吕珀菌属未培养的1种	0.5784	1.6640	1.1240	0.1240	0.0076

组别	物 种 名 称	不同牧场养牛发酵床细菌种含量／%				
		九牧A	三牧B	十四牧C	垫料原料D	新鲜牛粪E
3	海杆菌属未分类的1种	1.1350	0.3564	1.4560	0.5057	0.0331
3	瘤胃甲烷短杆菌	0.0075	0.0230	0.1497	0.0229	3.1860
3	拟杆菌目S24-7群分类地位未定属未分类的1种	0.0085	0.0009	0.0006	0.0000	3.2620
3	未分类的细菌门的1种	0.0817	0.1754	0.0327	2.9390	0.0017
3	肠杆菌科未分类属的1种	0.0011	0.0003	0.0059	3.2200	0.0012
3	酸杆菌纲分类地位未定属未分类的1种	0.5167	2.6540	0.0000	0.0047	0.0000
3	鸟氨酸球菌属未培养的1种	1.1200	1.2440	0.3095	0.4369	0.0204
3	假单胞菌属未分类的1种	0.7091	0.4708	0.2653	1.5390	0.0300
3	鞘氨醇单胞菌属未分类的1种	0.3351	0.4722	0.0003	2.2060	0.0000
3	甲烷短杆菌属未分类的1种	0.0373	0.0168	0.0756	0.0136	2.7750
3	热带副伯克氏菌	0.0075	0.0000	0.0000	2.8700	0.0006
3	糖杆菌门分类地位未定属未分类的1种	0.2758	0.0619	2.3490	0.0602	0.0831
3	芽胞杆菌属未分类的1种	2.1270	0.2974	0.0228	0.3377	0.0293
3	理研菌科RC9肠道群的1属未培养的1种	0.0335	0.0017	0.0034	0.0004	2.7590
3	动球菌科未分类属的1种	1.0400	0.1351	0.0216	0.6750	0.8945
3	两面神杆菌属未分类的1种	1.0260	0.2209	1.0160	0.4412	0.0506
3	双歧杆菌属未分类的1种	0.0010	0.0092	0.0107	0.0084	2.6990
3	红杆菌科未分类属的1种	0.4733	1.2320	0.7455	0.2209	0.0347
3	种QTYC46b	1.0240	0.4168	0.7962	0.4159	0.0201
3	特吕珀菌属未培养的1种	0.8702	1.0290	0.5698	0.1002	0.0047
3	新鞘氨醇菌属未分类的1种	0.0224	0.0320	0.0078	2.4770	0.0006
3	叶杆菌科未分类属的1种	0.4824	1.5350	0.3698	0.1064	0.0138
3	卡斯泰拉尼菌属未分类的1种	2.3790	0.0070	0.0033	0.0209	0.0006
3	嗜蛋白菌属未培养的1种	1.0340	0.9026	0.3415	0.0062	0.0171
3	毛螺菌科未分类属的1种	0.0362	0.0094	0.0093	0.0022	2.2310
3	墨国大副伯克氏菌	0.0004	0.0000	0.0003	2.2070	0.0000
3	红螺菌科未分类属的1种	0.9986	0.3973	0.1245	0.5640	0.0035
3	纲SCG分类地位未定属未培养的1种	0.0203	1.9820	0.0000	0.0000	0.0000
3	古根海姆氏菌属未培养的1种	0.3148	0.1125	1.4470	0.0762	0.0435
3	密螺旋体属2未分类的1种	1.1330	0.0103	0.6847	0.0000	0.0597
3	短杆菌属未分类的1种	0.1860	0.1214	0.1183	1.3830	0.0062
3	鞘氨醇杆菌属未分类的1种	0.2600	0.0355	0.0233	1.4690	0.0062
3	慢生根瘤菌属未分类的1种	0.0598	0.1634	0.0038	1.5580	0.0006
3	目JG30-KF-CM45分类地位未定属未培养的1种	0.8725	0.3317	0.2690	0.2871	0.0047
3	盐湖浮游菌属未培养的1种	0.0876	0.1192	0.9331	0.4678	0.1237
3	类诺卡氏菌属未分类的1种	0.1663	0.4135	0.0134	1.1210	0.0029
3	变形菌门未分类纲的1种	0.0004	0.0005	0.0000	1.7030	0.0000
3	纲SCG分类地位未定属未分类的1种	0.0344	1.6660	0.0000	0.0000	0.0000
3	石单胞菌属未分类的1种	0.7425	0.4628	0.3927	0.0303	0.0195
3	链霉菌属未分类的1种	1.1350	0.3655	0.0168	0.0975	0.0046
3	根瘤菌目未分类属的1种	0.5871	0.4455	0.0161	0.5640	0.0006
3	巴尼姆梭菌	0.0110	0.0344	0.0515	0.0031	1.4720

组别	物 种 名 称	不同牧场养牛发酵床细菌种含量 / %				
		九牧A	三牧B	十四牧C	垫料原料D	新鲜牛粪E
3	解腈菌科未分类属的1种	0.0012	1.4500	0.0874	0.0128	0.0085
3	纲LNR A2-18分类地位未定属未培养的1种	1.0370	0.4072	0.1114	0.0004	0.0006
3	理研菌科RC9肠道群的1属未分类的1种	0.0180	0.0009	0.0019	0.0000	1.5170
3	糖霉菌科未分类属的1种	0.0000	1.5100	0.0003	0.0000	0.0011
3	赤杆菌科未分类属的1种	1.0470	0.2946	0.1332	0.0313	0.0012
3	甲烷球形菌属未分类的1种	0.0012	0.0092	0.0716	0.0145	1.3210
3	微杆菌属未分类的1种	0.2261	0.0938	0.0170	1.0440	0.0034
3	魏斯氏菌属未分类的1种	0.0015	0.0000	0.0058	1.2860	0.0011
3	目JG30-KF-CM45分类地位未定属未分类的1种	0.0117	0.8399	0.2503	0.1478	0.0029
3	易弯假单胞菌	0.8134	0.2195	0.0427	0.0631	0.0855
3	多食伯克氏菌	0.0000	0.0000	0.0000	1.2120	0.0000
3	寡养单胞菌属未分类的1种	0.5600	0.0614	0.0185	0.4514	0.1194
3	肠球菌属未分类的1种	0.0084	0.0004	0.0761	1.0980	0.0075
3	产粪甾醇优杆菌群的1属未分类的1种	0.0099	0.0050	0.0400	0.0013	1.1070
3	热杆菌科分类地位未定属未分类的1种	0.0093	0.9784	0.1260	0.0070	0.0017
3	海水杆菌属未培养的1种	0.2011	0.4167	0.4026	0.0774	0.0099
3	瘤胃球菌科未分类属的1种	0.2245	0.0685	0.5163	0.0022	0.2874
3	瘤胃球菌科UCG-014群的1属未分类的1种	0.0029	0.0024	0.7267	0.0026	0.3606
3	盐湖浮游菌属未分类的1种	0.9496	0.0314	0.0907	0.0211	0.0018
3	黄单胞菌目未分类属的1种	0.0038	0.0233	0.0173	1.0170	0.0012
3	中生根瘤菌属未分类的1种	0.7289	0.2835	0.0091	0.0356	0.0023
3	埃希氏菌-志贺氏菌属未分类的1种	0.6093	0.0774	0.0029	0.1531	0.1773
3	属RB41未分类的1种	0.0000	0.9809	0.0000	0.0000	0.0000
3	藤黄色单胞菌属未分类的1种	0.3347	0.4429	0.1417	0.0383	0.0069
3	交汇杆菌属未培养的1种	0.9235	0.0004	0.0013	0.0000	0.0000
3	应微所菌属未培养的1种	0.1812	0.3433	0.2966	0.0840	0.0181
3	刘志恒菌属未分类的1种	0.0410	0.0054	0.0144	0.8548	0.0006
3	拟诺卡氏菌属未分类的1种	0.0234	0.6706	0.0605	0.1521	0.0034
3	迪茨氏菌属未分类的1种	0.4136	0.2311	0.1214	0.1046	0.0262
3	放线菌纲未分类的1种	0.0110	0.4032	0.3636	0.1025	0.0088
3	棒杆菌属1未分类的1种	0.0508	0.0452	0.3864	0.3557	0.0443
	第3组87个样本平均值	0.6196	0.4210	0.3612	0.5831	0.3692

（2）细菌种系统发育 从系统发育分析可以看到不同牧场发酵床细菌种菌群分类与数量分布（图6-52），在新鲜牛粪中分布较多的是厚壁菌门厌氧菌的细菌种，如消化链球菌科未分类的1种、狭义梭菌属1未分类的1种、类梭菌属未分类的1种、瘤胃球菌科UCG-005群的1属未分类的1种、甲烷短杆菌属未分类的1种、苏黎世杆菌属未分类的1种、毛螺菌科NK3A20群的1属未分类的1种；在发酵垫料中分布较多的是变形菌门、放线菌门、拟杆菌门等好氧菌的细菌种，如科ML635J-40水生群分类地位未定属的1种、棒杆菌属未分类的1种、特吕珀菌属未分类的1种、间孢囊菌科未分类的1种等。

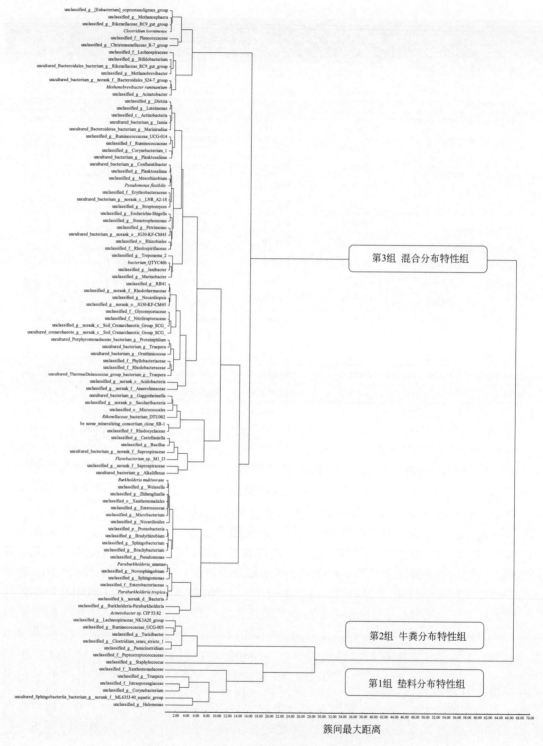

图6-51　不同牧场养牛发酵床细菌种菌群聚类分析

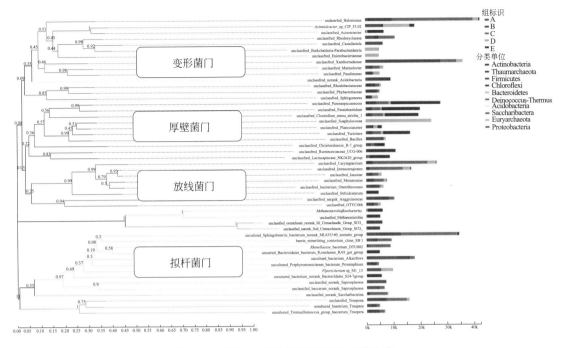

图6-52　不同牧场发酵床细菌种系统发育

七、讨论

不同养牛发酵床垫料细菌微生物组异质性的研究未见报道。从三个牧场养牛发酵床共分离到细菌门 (phylum)44 个，细菌纲 (class)105 个，细菌目 (order)219 个，细菌科 (family)443 个，细菌属 (genus)973 个，细菌种 (species)1675 个，细菌分类单元 (OTU)3676 个；表明养牛发酵床存在着丰富的细菌微生物组。不同牧场细菌分类阶元种类含量差异显著，如九牧发酵床检测到 29 个细菌门，三牧发酵床检测到 35 个细菌门，十四牧发酵床检测到 33 个细菌门；九牧发酵床检测到 158 个细菌目，三牧发酵床检测到 189 个细菌目，十四牧发酵床检测到 145 个细菌目；细菌种类的差异与牧场地理位置、垫料管理、养殖管理等有关，管理较好的牧场，垫料细菌菌群更丰富，如细菌种丰富度指数三牧 (51.3951) >九牧 (50.3171) >十四牧 (46.1972)，三牧发酵床管理较好，其垫料细菌菌群丰富度高于其他两个牧场。

从系统发育分析可以看到不同牧场发酵床细菌门菌群分类与数量分布，三个牧场发酵床垫料的细菌优势菌群都为变形菌门、厚壁菌门、拟杆菌门、放线菌门；另一些细菌如异常球菌 - 栖热菌门、芽单胞菌门、糖杆菌门、绿弯菌门、柔膜菌门等含量很低，在养牛发酵床垫料发酵过程中起到辅助作用。不同牧场发酵床细菌优势菌群组成比例存在差异；变形菌门的分布比例九牧 (32.19%) >三牧 (31.25%) >十四牧 (26.94%)；厚壁菌门的分布比例十四牧 (14.95%) >九牧 (13.24%) >三牧 (5.87%)；拟杆菌门的分布比例九牧 (28.34%) >十四牧 (21.64%) >三牧 (12.58%)；放线菌门的分布比例三牧 (20.57%) >十四牧 (19.91%) >九牧 (12.65%)；这与牧场垫料管理、养殖和发酵进程关系密切，不同的发酵环境选择了细菌优势种。同样的规律存在于不同牧场细菌分类阶元中。

第四节
养牛发酵床细菌微生物组垂直分布异质性

一、概述

养牛微生物发酵床一般垫料厚度为 40～80cm，不同深度垫料由于发酵条件的变化，如湿度、温度、通气量等，引起不同深度垫料微生物组的差异，产生不同的发酵效果。微生物菌群是随着生存条件选择生境，了解垫料不同深度的微生物分布，对于养牛发酵床垫料发酵控制具有重要意义。养牛发酵床不同深度垫料、垫料原料、新鲜牛粪形成的环境条件和营养条件差异，选择不同的微生物组生长。为了解养牛发酵床细菌微生物组垂直分布特征，以细菌属含量为依据，分析微生物组在养牛发酵床垫料中的垂直分布特征。现将结果小结如下。

二、不同垫料深度细菌菌群统计

细菌分类阶元种类数统计：养牛发酵床不同深度垫料共检测到细菌门 (phylum)44 个、细菌纲 (class)105 个、细菌目 (order)219 个、细菌科 (family)443 个、细菌属 (genus)973 个、细菌种 (species)1675 个、分类单元 (OTU)3676 个。养牛发酵床细菌分类阶元数量中层垫料 (G) ＞底层垫料 (H) ＞表层垫料 (F) ＞垫料原料 (I) ＞新鲜牛粪 (J)；如细菌属数量中层垫料 (790 个) ＞底层垫料 (699 个) ＞表层垫料 (570 个) ＞垫料原料 (532 个) ＞新鲜牛粪 (402 个)。细菌菌群的共有种类在高分类阶元占比较高，在低分类阶元占比较低，如细菌门占比 40.09%、细菌纲占比 31.42%、细菌目占比 38.35%、细菌科占比 35.58%、细菌属占比 27.18%、细菌种占比 18.01%。细菌菌群的独有种类在中层垫料中含量最多，表层垫料中含量最少；如细菌属独有种类在垫料中层 97 个，在垫料表层仅有 2 个 (图 6-53)。

三、不同垫料深度细菌菌群结构

养牛发酵床不同深度垫料细菌不同阶元菌群数量结构差异显著 (图 6-54)。从细菌门菌群考察，表层垫料细菌门前 3 个高含量的优势菌群为变形菌门 (39.90%) ＞放线菌门 (22.76%) ＞拟杆菌门 (13.63%)；中层垫料细菌门前 3 个高含量的优势菌群为拟杆菌门 (25.30%) ＞变形菌门 (19.82%) ＞放线菌门 (16.60%)；底层垫料细菌门前 3 个高含量的优势菌群为变形菌门 (30.66%) ＞拟杆菌门 (23.63%) ＞厚壁菌门 (15.76%)；垫料原料细菌门前 3 个高含量的优势菌群为变形菌门 (51.77%) ＞厚壁菌门 (19.21%) ＞放线菌门 (13.24%)；新鲜牛粪细菌门前 3 个高含量的优势菌群为厚壁菌门 (63.12%) ＞拟杆菌门 (16.37%) ＞广古菌门 (7.41%)。

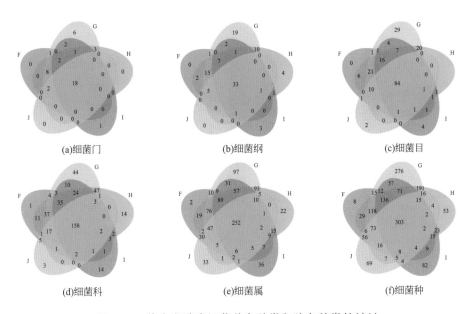

图6-53　养牛发酵床细菌共有种类和独有种类的统计

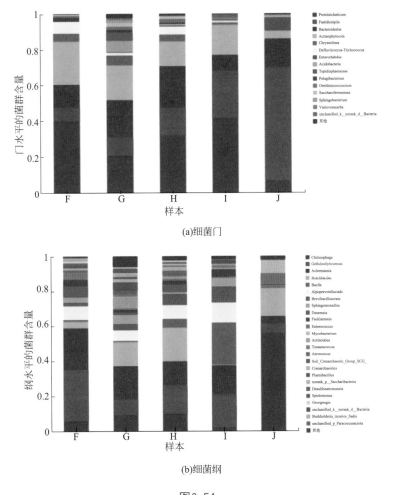

图6-54

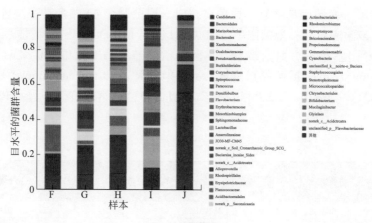

(c)细菌目

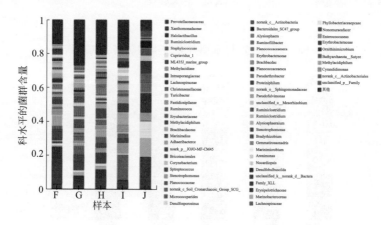

(d)细菌科

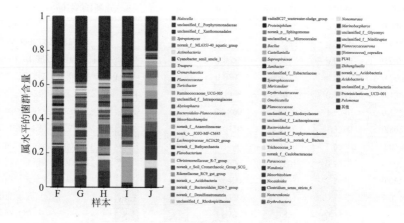

(e)细菌属

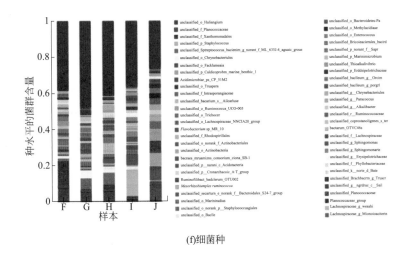

(f)细菌种

图6-54　养牛发酵床不同深度垫料细菌不同阶元菌群数量结构

从细菌属菌群考察，表层垫料细菌属前3个高含量的优势菌群为盐单胞菌属(13.0400%)＞黄单胞菌科未分类的1属(7.6080%)＞科 ML635J-40 水牛群的1属(6.9290%)；中层垫料细菌属前3个高含量的优势菌群为腐螺旋菌科分类地位未定的1属(6.3870%)＞科 ML635J-40 水生群的1属(6.2220%)＞黄单胞菌科未分类的1属(4.2060%)；底层垫料细菌属前3个高含量的优势菌群为间孢囊菌科未分类的1属(7.5600%)＞黄单胞菌科未分类的1属(6.2120%)＞变形菌门未分类纲的1属(5.5340%)；垫料原料细菌属前3个高含量的优势菌群为红微菌属(11.3000%)＞根微菌属(10.6300%)＞鸟氨酸球菌属(4.6010%)；新鲜牛粪细菌属前3个高含量的优势菌群为葡萄球菌属(10.5700%)＞红环菌科未分类的1属(8.4180%)＞黄杆菌属(8.0710%)。

垫料原料优势菌伯克氏菌属-副伯克氏菌属和葡萄球菌属都是病原菌，新鲜牛粪优势菌狭义梭菌属1和类梭菌属都是病原菌，经过垫料+牛粪发酵，在发酵床表层、中层、底层这些病原菌含量大幅度下降或消失，展示了发酵床对动物病原菌的抑制作用。

四、细菌属垂直分布优势种

养牛发酵床不同深度垫料共鉴定出细菌属973个，不同深度垫料细菌属占比总和＞1%的有89个属（表6-42）；细菌属数量中层垫料(790个)＞底层垫料(699个)＞表层垫料(570个)＞垫料原料(532个)＞新鲜牛粪(402个)；不同深度垫料优势属分布差异显著，垫料表层优势属为盐单胞菌属(13.0400%)＞黄单胞菌科未分类的1属(7.6080%)＞科 ML635J-40 水生群的1属(6.9290%)＞消化链球菌科未分类的1属(3.1650%)＞特吕珀菌属(2.4950%)＞狭义梭菌属1(1.9260%)，中层垫料优势属为腐螺旋菌科分类地位未定的1属(6.3870%)＞间孢囊菌科分类的1属(6.2220%)＞黄单胞菌科未分类的1数(4.2060%)＞科 TM146 分类地位未定的1属(3.8550%)＞甲烷短杆菌属(3.7840%)，底层垫料优势属为间孢囊菌科未分类的1属(7.5600%)＞黄单胞菌科未分类的1属(6.2120%)＞变形菌门未分类纲的1属(5.5340%)＞科 ML635J-40 水群的1属(4.9070%)＞甲烷短杆菌属(3.8640%)，垫料原料优势属为红微菌属(11.3000%)＞根微菌属(10.6300%)＞鸟氨酸球菌属(4.6010%)＞盐乳杆菌属(3.2200%)＞目

C0119 分类地位未定的 1 属 (3.0990%), 新鲜牛粪优势属为葡萄球菌属 (10.5700%) ＞红环菌科未分类的 1 属 (8.4180%) ＞黄杆菌属 (8.0710%) ＞红螺菌目未分类的 1 属 (7.0820%) ＞假深黄单胞菌属 (5.9610%)。

表6-42 养牛发酵床不同深度垫料细菌属占比总和＞1%的细菌属种类

物 种 名 称	养牛发酵床不同深度垫料细菌属含量/%					合计/%
	表层垫料	中层垫料	底层垫料	垫料原料	新鲜牛粪	
【1】 黄单胞菌科未分类的1属	7.6080	4.2060	6.2120	0.8835	0.2964	19.2059
【2】 盐单胞菌属	13.0400	0.8707	3.0010	1.2190	0.0576	18.1883
【3】 间孢囊菌科未分类的1属	1.4840	6.2220	7.5600	0.0666	0.5431	15.8757
【4】 葡萄球菌属	1.7470	1.0010	1.1750	0.3489	10.5700	14.8419
【5】 科ML635J-40水生群的1属	6.9290	1.3890	4.9070	0.5818	0.0694	13.8762
【6】 红环菌科未分类的1属	1.1260	0.8045	1.1930	0.3212	8.4180	11.8627
【7】 鸟氨酸球菌属	0.6577	0.0091	2.0830	4.6010	4.4340	11.7848
【8】 红微菌属	0.0000	0.0019	0.0076	11.3000	0.0006	11.3101
【9】 黄杆菌属	1.0510	0.6601	0.7962	0.2045	8.0710	10.7828
【10】 根微菌属	0.0436	0.0092	0.0048	10.6300	0.0053	10.6928
【11】 甲烷短杆菌属	1.3600	3.7840	3.8640	1.3460	0.1739	10.5279
【12】 理研菌科RC9肠道菌群的1属	0.9559	0.6485	0.9377	0.3040	5.7190	8.5651
【13】 腐螺旋菌科分类地位未定的1属	1.6100	6.3870	0.1932	0.0202	0.0065	8.2169
【14】 变形菌门未分类纲的1属	0.3581	1.7930	5.5340	0.0163	0.0183	7.7197
【15】 伯克氏菌属-副伯克氏菌属	1.8350	1.9950	2.0070	1.2180	0.2016	7.2566
【16】 红螺菌目未分类的1属	0.0808	0.0080	0.0082	0.0009	7.0820	7.1798
【17】 vadinBC27污水淤泥群的1属	1.0150	3.1190	2.8300	0.1360	0.0112	7.1112
【18】 假深黄单胞菌属	0.0973	0.1375	0.0752	0.0365	5.9610	6.3075
【19】 消化链球菌科未分类的1属	3.1650	1.2450	0.9405	0.8657	0.0289	6.2451
【20】 棒杆菌属	1.6660	2.5280	1.5060	0.0150	0.0725	5.7875
【21】 酸杆菌属	0.1020	0.2732	0.1963	0.0154	4.9000	5.4869
【22】 迪茨氏菌属	0.1320	1.9220	0.4868	0.0092	2.7580	5.3080
【23】 厌氧绳菌科分类地位未定的1属	1.3750	1.6090	1.8600	0.0614	0.1420	5.0474
【24】 微球菌目未分类科的1属	0.8222	0.0660	1.5790	2.0710	0.1294	4.6676
【25】 苏黎世杆菌属	1.6410	0.3546	0.7896	1.6430	0.1268	4.5550
【26】 纲OPB35土壤菌群的1属	0.0505	1.8320	2.5980	0.0000	0.0313	4.5118
【27】 中温球形菌科的1属	0.0617	0.0009	0.0009	0.0004	4.3950	4.4589
【28】 脱硫叶菌属	0.0118	0.0000	0.0004	0.0000	4.4050	4.4172
【29】 目C0119分类地位未定的1属	0.0000	0.5161	0.3530	3.0990	0.0000	3.9681
【30】 科TM146分类地位未定的1属	0.0000	3.8550	0.0547	0.0000	0.0000	3.9097
【31】 科JTB255海底菌群分类地位未定的1属	0.0145	3.3490	0.5370	0.0056	0.0000	3.9061
【32】 狭义梭菌属1	1.9260	0.5002	0.6348	0.4472	0.0823	3.5905
【33】 目JG30-KF-CM45分类地位未定的1属	1.3530	1.1480	0.4465	0.5057	0.0331	3.4863
【34】 不动杆菌属	1.8490	0.4769	0.4818	0.5231	0.0636	3.3944
【35】 亚硝化单胞菌科分类地位未定的1属	0.0360	0.1658	0.0880	2.9390	0.0017	3.2304
【36】 盐乳杆菌属	0.0000	0.0053	0.0021	3.2200	0.0012	3.2285

物　种　名　称	养牛发酵床不同深度垫料细菌属含量/%					合计/%
	表层垫料	中层垫料	底层垫料	垫料原料	新鲜牛粪	
【37】假节杆菌属	0.1252	1.7960	1.0550	0.0777	0.0913	3.1453
【38】特吕珀菌属	2.4950	0.0635	0.1140	0.4369	0.0204	3.1298
【39】藤黄色单胞菌属	0.1518	0.2350	2.1010	0.4120	0.0310	2.9308
【40】泉古菌SCG群未分类的1属	0.0067	0.0680	2.8220	0.0209	0.0006	2.9181
【41】瘤胃球菌科UCG-005群的1属	1.4700	0.5728	0.1683	0.4889	0.1255	2.8255
【42】嗜蛋白菌属	0.4501	0.0726	0.6743	0.6750	0.8945	2.7665
【43】热泉细杆菌属	0.0118	0.0061	0.0028	0.0084	2.7200	2.7491
【44】毛螺菌科NK3A20群的1属	1.3080	0.2271	0.9154	0.2209	0.0347	2.7061
【45】草酸杆菌科未分类的1属	0.0091	0.0306	0.0226	2.5320	0.0006	2.5948
【46】红螺菌科未分类的1属	0.4349	0.0102	0.0522	2.0280	0.0062	2.5315
【47】根瘤菌目未分类的1属	0.3221	1.3740	0.1587	0.0000	0.6741	2.5289
【48】类梭菌属	1.7540	0.1957	0.4379	0.1064	0.0138	2.5078
【49】α-变形菌纲未分类目的1属	0.0695	1.0750	1.1930	0.0066	0.0183	2.3624
【50】黄单胞菌目未分类的1属	0.1654	0.4161	0.0353	1.7150	0.0029	2.3348
【51】海源菌属	0.0144	0.0069	0.0336	0.0022	2.2310	2.2881
【52】鞘氨醇单胞菌属	0.8914	0.0724	0.5567	0.5640	0.0035	2.0880
【53】拟诺卡氏菌属	0.3090	0.7022	0.8628	0.0762	0.0435	1.9937
【54】石单胞菌属	0.3868	0.0115	0.0273	1.3830	0.0062	1.8148
【55】解纤维素菌属	0.1730	0.7504	0.8148	0.0356	0.0206	1.7945
【56】泥单胞菌属	0.0069	0.1602	0.0599	1.5580	0.0006	1.7856
【57】中温球形菌属	0.0000	0.0000	0.0009	1.7030	0.0000	1.7039
【58】未分类的细菌门的1属	0.7187	0.3776	0.4593	0.1002	0.0046	1.6604
【59】毛螺菌科AC2044群的1属	0.0000	0.9976	0.6415	0.0000	0.0000	1.6391
【60】棒杆菌属1	0.1510	0.5698	0.3279	0.5640	0.0006	1.6133
【61】龙杆菌科分类地位未定的1属	1.3410	0.0277	0.0418	0.1864	0.0056	1.6025
【62】纤维微菌属	0.0260	0.0200	0.0510	0.0031	1.4720	1.5720
【63】里斯滕森菌科R-7群的1属	1.1360	0.0098	0.3929	0.0128	0.0085	1.5600
【64】生孢产氢菌属	0.0148	1.0740	0.4660	0.0004	0.0006	1.5558
【65】碱弯菌属	1.5050	0.0003	0.0055	0.0000	0.0011	1.5119
【66】假单胞菌属	1.0270	0.1201	0.3283	0.0313	0.0012	1.5079
【67】东氏菌属	0.0069	0.0603	0.0005	1.4200	0.0000	1.4877
【68】酸微菌科分类地位未定的1属	0.0118	0.0310	0.0391	0.0145	1.3210	1.4174
【69】中生根瘤菌属	0.1649	0.0752	0.0968	1.0440	0.0034	1.3843
【70】两面神杆菌属	0.7253	0.0920	0.4552	0.0923	0.0082	1.3730
【71】拟杆菌目RF16群分类地位未定的1属	0.0142	0.2597	0.4708	0.0026	0.5739	1.3213
【72】盐水球菌属	0.0013	0.0031	0.0029	1.2860	0.0011	1.2944
【73】毛螺菌科未分类的1属	0.4450	0.2815	0.4912	0.0542	0.0106	1.2825
【74】盐湖浮游菌属	0.5804	0.2784	0.2531	0.1042	0.0205	1.2366
【75】运动杆菌属	0.0127	0.0132	0.0405	0.0013	1.1640	1.2317
【76】芽胞杆菌属	0.6146	0.0003	0.0250	0.4514	0.1194	1.2107

物 种 名 称		养牛发酵床不同深度垫料细菌属含量/%					合计/%
		表层垫料	中层垫料	底层垫料	垫料原料	新鲜牛粪	
【77】	脱硫苏打菌属	0.0059	0.0725	0.0064	1.0980	0.0075	1.1904
【78】	瘤胃球菌科UCG-014群的1属	0.2284	0.2754	0.5883	0.0302	0.0106	1.1329
【79】	酸杆菌纲分类地位未定的1属	0.8361	0.0225	0.2576	0.0070	0.0017	1.1249
【80】	拟杆菌目S24-7群的1属	0.8950	0.0441	0.0813	0.0774	0.0099	1.1077
【81】	德沃斯氏菌属	0.0425	0.4370	0.3298	0.0022	0.2874	1.0989
【82】	鞘氨醇单胞菌科未分类的1属	0.0593	0.0540	0.0586	0.0181	0.8728	1.0628
【83】	柄杆菌科未分类的1属	0.0088	0.0136	0.0221	1.0170	0.0012	1.0627
【84】	新鞘氨醇菌属	0.5584	0.3163	0.1468	0.0356	0.0023	1.0594
【85】	泉古菌SCG群分类地位未定的1属	0.8440	0.1180	0.0524	0.0219	0.0017	1.0380
【86】	科I-10分类地位未定的1属	0.0000	1.0300	0.0000	0.0000	0.0000	1.0300
【87】	脱硫生孢弯菌属	0.0000	0.0000	0.0000	0.0000	1.0200	1.0200
【88】	肠杆菌科未分类的1属	0.6860	0.0012	0.0023	0.1531	0.1773	1.0200
【89】	动球菌科未分类的1属	0.5761	0.2915	0.1312	0.0142	0.0034	1.0163

五、基于细菌属垂直分布的垫料生境相关性

以养牛发酵床细菌属垂直分布为矩阵、细菌属为样本、垫料分布为指标，进行相关分析，结果见表6-43。表层垫料、中层垫料、底层垫料之间的相关性极显著 ($P < 0.01$)，说明不同深度垫料之间细菌属的分布生境存在极显著相关。垫料原料与中层垫料之间以及与新鲜牛粪之间细菌属分布生境相关性不显著 ($P > 0.05$)，说明垫料原料与新鲜牛粪细菌属分布的生境差异显著，各自有自己的细菌菌群。

表6-43　养牛发酵床垫料细菌属垂直分布生境相关系数

因 子	养牛发酵床垫料细菌属相关系数				
	表层垫料	中层垫料	底层垫料	垫料原料	新鲜牛粪
表层垫料		0.0000	0.0000	0.0001	0.0005
中层垫料	0.3903		0.0000	0.0882	0.0008
底层垫料	0.5869	0.6817		0.0002	0.0000
垫料原料	0.1275	0.0547	0.1199		0.0728
新鲜牛粪	0.1105	0.1076	0.1413	0.0575	

注：左下角是相关系数 r，右上角是 P 值。

六、基于细菌属垂直分布的垫料生境多样性

以养牛发酵床细菌属占比总和 $> 0.2581\%$ 的 255 个细菌属垫料垂直分布为矩阵，以垫料分布为样本、细菌属为指标，进行多样性指数分析，结果见表 6-44。结果表明，占比总和 $> 0.2581\%$ 条件下，垫料生境细菌属数量有 185 ～ 234 个，占比总和在 87.33% ～ 94.49% 之间，包含了细菌属的主要种类。从物种丰富度上看，生境丰富度中层垫料 (52.13) ＞底层垫料

(50.38)＞垫料原料 (46.78)＞表层垫料 (45.95)＞新鲜牛粪 (40.46)；从多样性指数上看，表层、中层、底层垫料生境香农指数为 4.04～4.25，高于垫料原料 (3.97) 和新鲜牛粪 (3.35)，表明垫料不同深度生境，经过细菌属的发酵生境多样性指数高于垫料原料和新鲜牛粪。

表6-44　养牛发酵床细菌属占比总和＞0.2581%的255个细菌属垫料垂直分布生境多样性指数

项目	物种数量 /个	占比总和 /%	丰富度	辛普森指数 (D)	香农指数 (H)	均匀度指数	Brillouin 指数	McIntosh指数 (D_mc)
表层垫料	210	94.49	45.95	0.97	4.04	0.75	4.56	0.89
中层垫料	234	87.33	52.13	0.99	4.25	0.78	4.64	0.94
底层垫料	228	90.54	50.38	0.98	4.19	0.77	4.59	0.93
垫料原料	212	90.96	46.78	0.97	3.97	0.74	4.44	0.89
新鲜牛粪	185	94.41	40.46	0.96	3.35	0.64	4.02	0.86

七、基于细菌属垂直分布的垫料生境生态位宽度

养牛发酵床不同深度垫料生境，分布着个同的细菌属，构成了不同生境的生态位宽度，生态位宽的生境，表明其细菌属利用生境资源的能力强；反之，利用生境资源的能力弱。以养牛发酵床细菌属占比总和＞0.2581% 的 255 个细菌属垫料垂直分布为矩阵，以垫料分布为样本、细菌属为指标，以 Levins 生态位宽度指数为测度，进行垫料垂直分布生境生态位宽度分析，结果见表 6-45。结果表明细菌属分布生境的生态位宽度中层垫料 (38.3071) ＞底层垫料 (34.3898) ＞表层垫料 (25.3190) ＞垫料原料 (24.0698) ＞新鲜牛粪 (18.4337)。中层垫料细菌属分布生境生态位宽度最宽，主要由 8 个细菌属种群构成，即 S1= 黄单胞菌科未分类的 1 属 (占比4.82%)，S3= 间孢囊菌科未分类的 1 属 (7.12%)，S11= 甲烷短杆菌属 (4.33%)，S13= 腐螺旋菌科分类地位未定的 1 属 (7.31%)，S17=vadinBC27 污水淤泥群的 1 属 (3.57%)，S20= 棒杆菌属 (2.89%)，S29= 科 TM146 分类地位未定的 1 属 (4.41%)，S30= 科 JTB255 海底菌群分类地位未定的 1 属 (3.83%)；新鲜牛粪细菌属分布生境生态位宽度最窄，主要由 12 个细菌属种群构成，即 S4= 葡萄球菌属 (11.20%)，S6= 红环菌科未分类的 1 属 (8.92%)，S7= 鸟氨酸球菌属 (4.70%)，S9= 黄杆菌属 (8.55%)，S12= 理研菌科 RC9 肠道菌群的 1 属 (6.06%)，S16= 红螺菌目未分类的 1 属 (7.50%)，S18= 假深黄单胞菌属 (6.31%)，S21= 酸杆菌属 (5.19%)，S22= 迪茨氏菌属 (2.92%)，S27= 中温球形菌科的 1 属 (4.66%)，S28= 脱硫叶菌属 (4.67%)，S40= 热泉细杆菌属 (2.88%)；垫料垂直分布的各个生境细菌属资源构成差异较大，每一种生境生态位宽度由不同的细菌属构成，几乎不重复，一种细菌属支撑一个生境的生态位宽度，另一种细菌属支撑着另一个生境生态位宽度。

表6-45　养牛发酵床细菌属垫料垂直分布生境生态位宽度

项目	表层垫料	中层垫料	底层垫料	垫料原料	新鲜牛粪
生态位宽度(Levins)	25.3190	38.3071	34.3898	24.0698	18.4337
频数	5	8	9	7	12
截断比例	0.03	0.02	0.02	0.03	0.03

续表

项目	表层垫料	中层垫料	底层垫料	垫料原料	新鲜牛粪
常用资源种类	S1=8.05%	S1=4.82%	S1=6.86%	S7=5.06%	S4=11.20%
	S2=13.80%	S3=7.12%	S2=3.31%	S8=12.42%	S6=8.92%
	S5=7.33%	S11=4.33%	S3=8.35%	S10=11.69%	S7=4.70%
	S18=3.35%	S13=7.31%	S5=5.42%	S27=3.41%	S9=8.55%
	S34=2.64%	S17=3.57%	S11=4.27%	S32=3.23%	S12=6.06%
		S20=2.89%	S14=6.11%	S33=3.54%	S16=7.50%
		S29=4.41%	S17=3.13%	S42=2.78%	S18=6.31%
		S30=3.83%	S26=2.87%		S21=5.19%
			S40=3.12%		S22=2.92%
					S27=4.66%
					S28=4.67%
					S40=2.88%

八、基于细菌优势属垂直分布的垫料生境生态位重叠

养牛发酵床不同深度垫料生境，分布着许多的细菌属，有的细菌属只选择特定的生境生存，有的细菌属可以在两个以上不同生境生存；同一个生境生存着不同的细菌属，形成生态位重叠；不同的生境生存着不同的细菌属，形成生态位不重叠（互补）；以养牛发酵床垫料细菌优势属占比总和＞10%的11个细菌属垫料垂直分布为矩阵，以垫料垂直分布（表层垫料、中层垫料、底层垫料、垫料原料、新鲜牛粪）为指标、11个细菌优势属[黄单胞菌科未分类的1属(19.2059%)、盐单胞菌属(18.1883%)、间孢囊菌科未分类的1属(15.8757%)、葡萄球菌属(14.8419%)、科ML635J-40水生群的1属(13.8762%)、红环菌科未分类的1属(11.8627%)、鸟氨酸球菌属(11.7848%)、红微菌属(11.3101%)、黄杆菌属(10.7828%)、根微菌属(10.6928%)、甲烷短杆菌属(10.5279%)]为样本，以Pianka生态位重叠指数为测度，分析垫料垂直分布生境细菌优势属生态位重叠，结果见表6-46。分析结果表明，可以将生态位重叠分为3组，第1组，生态位重叠值＞0.80，为高生态位重叠组，如黄单胞菌科未分类的1属与盐单胞菌属(0.85)、与科ML635J-40水生群的1属(0.97)等；第2组，生态位重叠值在0.40～0.80之间，为中生态位重叠组，如盐单胞菌属与甲烷短杆菌属(0.44)、间孢囊菌科未分类的1属与科ML635J-40水生群的1属(0.66)等；第3组，生态位重叠值＜0.40，为低生态位重叠组，盐单胞菌属与红微菌属(0.09)、葡萄球菌属与红微菌属(0.03)等。细菌属在生态位重叠高的生境可以共享资源、形成竞争，细菌属在生态位重叠低的生境互不干扰、形成互补。如，红微菌属与根微菌属(1.00)生态位完全重叠，它们同时能很好地生存在垫料原料中，共享垫料原料资源，形成竞争。间孢囊菌科未分类的1属与红微菌属(0.01)几乎不重叠，葡萄球菌属能很好地生存在新鲜牛粪中，而红微菌属则能很好地生存在垫料原料中，互不干扰，对资源的利用形成互补。有的细菌属可以同多个其他细菌属之间有较高的生态位重叠，如黄单胞菌科未分类的1属可以和盐单胞菌属(0.85)、间孢囊菌科未分类的1属(0.80)、科ML635J-40水生群的1属(0.97)、甲烷短杆菌属(0.84)，共存于相似的生态位；有的细菌属与大多数的其他细菌属生态位几乎不重叠，如红微菌属与黄单胞菌科未分类的1属(0.08)、盐单胞菌属(0.09)、间孢囊菌科未分类的1属(0.01)、葡萄球菌属(0.03)、科ML635J-40水生

群的 1 属 (0.07)、红环菌科未分类的 1 属 (0.04)，红微菌属能够在垫料原料 (占比 11.3%) 中很好地生存，而在其他生境则不能，如表层垫料 (0.0000%)、中层垫料 (0.0019%)、底层垫料 (0.0076%)、新鲜牛粪 (0.0006%)。

表6-46　垫料垂直分布生境细菌优势属生态位重叠

| 物　种　名　称 | 不同深度垫料细菌优势属生态位重叠(Pianka测度) | | | | | | | | | | |
	【1】	【2】	【3】	【4】	【5】	【6】	【7】	【8】	【9】	【10】	【11】
【1】　黄单胞菌科未分类的1属	1.00										
【2】　盐单胞菌属	0.85	1.00									
【3】　间孢囊菌科未分类的1属	0.80	0.36	1.00								
【4】　葡萄球菌属	0.24	0.19	0.22	1.00							
【5】　科ML635J-40水生群的1属	0.97	0.92	0.66	0.22	1.00						
【6】　红环菌科未分类的1属	0.24	0.17	0.24	1.00	0.21	1.00					
【7】　鸟氨酸球菌属	0.32	0.23	0.29	0.71	0.31	0.72	1.00				
【8】　红微菌属	0.08	0.09	0.01	0.03	0.07	0.04	0.68	1.00			
【9】　黄杆菌属	0.21	0.16	0.20	1.00	0.18	1.00	0.71	0.03	1.00		
【10】　根微菌属	0.09	0.09	0.03	0.03	0.07	0.04	0.68	1.00	0.03	1.00	
【11】　甲烷短杆菌属	0.84	0.44	0.97	0.21	0.70	0.22	0.41	0.24	0.18	0.24	1.00

九、养牛发酵床垂直分布垫料生境细菌属亚群落分化

以养牛发酵床细菌属占比总和＞ 0.2581% 的 255 个细菌属垫料垂直分布为矩阵，以垫料分布为指标、细菌属为样本、欧式距离为尺度，利用可变类平均法进行系统聚类，结果见表 6-47、图 6-55。分析结果可将细菌属微生物组聚为 3 组亚群落。

表6-47　养牛发酵床垫料垂直分布细菌属亚群落分化聚类分析

| 组别 | 物　种　名　称 | 养牛发酵床垫料垂直分布细菌属含量/% | | | | |
		表层垫料	中层垫料	底层垫料	垫料原料	新鲜牛粪
1	黄单胞菌科未分类的1属	7.61	4.21	6.21	0.88	0.30
1	盐单胞菌属	13.04	0.87	3.00	1.22	0.06
1	间孢囊菌科未分类的1属	1.48	6.22	7.56	0.07	0.54
1	科ML635J-40水生群的1属	6.93	1.39	4.91	0.58	0.07
1	红微菌属	0.00	0.00	0.01	11.30	0.00
1	根微菌属	0.04	0.01	0.00	10.63	0.01
	第1组6个样本平均值	4.85	2.12	3.62	4.11	0.16
2	葡萄球菌属	1.75	1.00	1.18	0.35	10.57
2	红环菌科未分类的1属	1.13	0.80	1.19	0.32	8.42
2	鸟氨酸球菌属	0.66	0.01	2.08	4.60	4.43
2	黄杆菌属	1.05	0.66	0.80	0.20	8.07
2	理研菌科RC9肠道菌群的1属	0.96	0.65	0.94	0.30	5.72
2	红螺菌目未分类的1属	0.08	0.01	0.01	0.00	7.08
2	假深黄单胞菌属	0.10	0.14	0.08	0.04	5.96

组别	物 种 名 称	养牛发酵床垫料垂直分布细菌属含量/%				
		表层垫料	中层垫料	底层垫料	垫料原料	新鲜牛粪
2	酸杆菌属	0.10	0.27	0.20	0.02	4.90
2	迪茨氏菌属	0.13	1.92	0.49	0.01	2.76
2	中温球形菌科的1属	0.06	0.00	0.00	0.00	4.40
2	脱硫叶菌属	0.01	0.00	0.00	0.00	4.41
2	热泉细杆菌属	0.01	0.01	0.00	0.01	2.72
2	海源菌属	0.01	0.01	0.03	0.00	2.23
	第2组13个样本平均值	0.47	0.42	0.54	0.45	5.51
3	甲烷短杆菌属	1.36	3.78	3.86	1.35	0.17
3	腐螺旋菌科分类地位未定的1属	1.61	6.39	0.19	0.02	0.01
3	变形菌门未分类纲的1属	0.36	1.79	5.53	0.02	0.02
3	伯克氏菌属-副伯克氏菌属	1.84	2.00	2.01	1.22	0.20
3	vadinBC27污水淤泥群的1属	1.02	3.12	2.83	0.14	0.01
3	消化链球菌科未分类的1属	3.17	1.25	0.94	0.87	0.03
3	棒杆菌属	1.67	2.53	1.51	0.01	0.07
3	厌氧绳菌科分类地位未定的1属	1.38	1.61	1.86	0.06	0.14
3	微球菌目未分类科的1属	0.82	0.07	1.58	2.07	0.13
3	苏黎世杆菌属	1.64	0.35	0.79	1.64	0.13
3	纲OPB35土壤菌群的1属	0.05	1.83	2.60	0.00	0.03
3	目C0119分类地位未定的1属	0.00	0.52	0.35	3.10	0.00
3	科TM146分类地位未定的1属	0.00	3.86	0.05	0.00	0.00
3	科JTB255海底菌群分类地位未定的1属	0.01	3.35	0.54	0.01	0.00
3	狭义梭菌属1	1.93	0.50	0.63	0.45	0.08
3	目JG30-KF-CM45分类地位未定的1属	1.35	1.15	0.45	0.51	0.03
3	不动杆菌属	1.85	0.48	0.48	0.52	0.06
3	亚硝化单胞菌科分类地位未定的1属	0.04	0.17	0.09	2.94	0.00
3	盐乳杆菌属	0.00	0.01	0.00	3.22	0.00
3	假节杆菌属	0.13	1.80	1.06	0.08	0.09
3	特吕珀菌属	2.50	0.06	0.11	0.44	0.02
3	藤黄色单胞菌属	0.15	0.24	2.10	0.41	0.03
3	泉古菌SCG群未分类的1属	0.01	0.01	2.82	0.02	0.00
3	瘤胃球菌科UCG-005群的1属	1.47	0.57	0.17	0.49	0.13
3	嗜蛋白菌属	0.45	0.07	0.67	0.68	0.89
3	毛螺菌科NK3A20群的1属	1.31	0.23	0.92	0.22	0.03
3	草酸杆菌科未分类的1属	0.01	0.03	0.02	2.53	0.00
3	红螺菌科未分类的1属	0.43	0.01	0.05	2.03	0.01
3	根瘤菌目未分类的1属	0.32	1.37	0.16	0.00	0.67
3	类梭菌属	1.75	0.20	0.44	0.11	0.01
3	α-变形菌纲未分类目的1属	0.07	1.08	1.19	0.01	0.02
3	黄单胞菌目未分类的1属	0.17	0.42	0.04	1.72	0.00
3	鞘氨醇单胞菌属	0.89	0.07	0.56	0.56	0.00
3	拟诺卡氏菌属	0.31	0.70	0.86	0.08	0.04

组别	物　种　名　称	养牛发酵床垫料垂直分布细菌属含量/%				
		表层垫料	中层垫料	底层垫料	垫料原料	新鲜牛粪
3	石单胞菌属	0.39	0.01	0.03	1.38	0.01
3	解纤维素菌属	0.17	0.75	0.81	0.04	0.02
3	泥单胞菌属	0.01	0.16	0.06	1.56	0.00
3	中温球形菌属	0.00	0.00	0.00	1.70	0.00
3	未分类的细菌门的1属	0.72	0.38	0.46	0.10	0.00
3	毛螺菌科AC2044群的1属	0.00	1.00	0.64	0.00	0.00
3	棒杆菌属1	0.15	0.57	0.33	0.56	0.00
3	龙杆菌科分类地位未定的1属	1.34	0.03	0.04	0.19	0.01
3	纤维微菌属	0.03	0.02	0.05	0.00	1.47
3	里斯滕森菌科R-7群的1属	1.14	0.01	0.39	0.01	0.01
3	生孢产氢菌属	0.01	1.07	0.47	0.00	0.00
3	碱弯菌属	1.51	0.00	0.01	0.00	0.00
3	假单胞菌属	1.03	0.12	0.33	0.03	0.00
3	东氏菌属	0.01	0.06	0.00	1.42	0.00
3	酸微菌科分类地位未定的1属	0.01	0.03	0.04	0.01	1.32
3	中生根瘤菌属	0.16	0.08	0.10	1.04	0.00
3	两面神杆菌属	0.73	0.09	0.46	0.09	0.01
3	拟杆菌目RF16群分类地位未定的1属	0.01	0.26	0.47	0.00	0.57
3	盐水球菌属	0.00	0.00	0.00	1.29	0.00
3	毛螺菌科未分类的1属	0.45	0.28	0.49	0.05	0.01
3	盐湖浮游菌属	0.58	0.28	0.25	0.10	0.02
3	运动杆菌属	0.01	0.01	0.04	0.00	1.16
3	芽胞杆菌属	0.61	0.00	0.02	0.45	0.12
3	脱硫苏打菌属	0.01	0.07	0.01	1.10	0.01
3	瘤胃球菌科UCG-014群的1属	0.23	0.28	0.59	0.03	0.01
3	酸杆菌纲分类地位未定的1属	0.84	0.02	0.26	0.01	0.00
3	拟杆菌目S24-7群的1属	0.90	0.04	0.08	0.08	0.00
3	德沃斯氏菌属	0.04	0.44	0.33	0.00	0.29
3	鞘氨醇单胞菌科未分类的1属	0.06	0.05	0.06	0.02	0.87
3	柄杆菌科未分类的1属	0.01	0.01	0.02	1.02	0.00
3	新鞘氨醇菌属	0.56	0.32	0.15	0.04	0.00
3	泉古菌SCG群分类地位未定的1属	0.84	0.12	0.05	0.02	0.00
3	科I-10分类地位未定的1属	0.00	1.03	0.00	0.00	0.00
3	脱硫生孢弯菌属	0.00	0.00	0.00	0.00	1.02
3	肠杆菌科未分类的1属	0.69	0.00	0.00	0.15	0.18
3	动球菌科未分类的1属	0.58	0.29	0.13	0.01	0.00
3	慢生根瘤菌属	0.39	0.13	0.40	0.04	0.01
3	居白蚁菌属	0.09	0.25	0.15	0.41	0.05
3	土微菌属	0.02	0.91	0.00	0.00	0.00
3	噬几丁质菌属	0.00	0.91	0.00	0.00	0.00
3	长孢菌属	0.04	0.01	0.01	0.85	0.00

续表

组别	物 种 名 称	养牛发酵床垫料垂直分布细菌属含量/%				
		表层垫料	中层垫料	底层垫料	垫料原料	新鲜牛粪
3	叶杆菌科未分类的1属	0.47	0.01	0.01	0.42	0.01
3	奥尔森氏菌属	0.02	0.03	0.02	0.00	0.84
3	瘤胃球菌科未分类的1属	0.18	0.38	0.29	0.01	0.05
3	卡斯泰拉尼菌属	0.60	0.06	0.10	0.10	0.03
3	甲烷球形菌属	0.24	0.30	0.24	0.10	0.01
3	黄杆菌科未分类的1属	0.12	0.10	0.21	0.46	0.01
3	绿弯菌门未分类纲的1属	0.00	0.00	0.00	0.86	0.00
3	欧研会菌属	0.01	0.80	0.03	0.01	0.00
3	优杆菌科未分类的1属	0.00	0.00	0.00	0.00	0.85
3	海水杆菌属	0.18	0.15	0.40	0.11	0.00
3	农科所菌属	0.00	0.00	0.00	0.83	0.00
3	放线菌纲分类地位未定的1属	0.15	0.02	0.01	0.28	0.35
3	短杆菌属	0.40	0.06	0.10	0.23	0.00
3	红杆菌科未分类的1属	0.57	0.05	0.09	0.07	0.02
3	海杆菌属	0.73	0.00	0.05	0.00	0.00
3	盐胞菌属	0.08	0.08	0.49	0.12	0.00
3	丛毛单胞菌科未分类的1属	0.08	0.28	0.36	0.03	0.02
3	酸杆菌纲未分类的1属	0.00	0.01	0.00	0.76	0.00
3	红假单胞菌属	0.01	0.03	0.05	0.00	0.68
3	寡养单胞菌属	0.21	0.37	0.14	0.05	0.00
3	兼性芽胞杆菌属	0.00	0.00	0.00	0.76	0.00
3	中温无形菌属	0.00	0.72	0.04	0.00	0.00
3	鞘氨醇杆菌属	0.50	0.00	0.02	0.21	0.00
3	蓝细菌纲分类地位未定的1属	0.00	0.15	0.56	0.03	0.00
3	类诺卡氏菌属	0.45	0.17	0.08	0.03	0.00
3	多雷氏菌属	0.01	0.02	0.02	0.00	0.67
3	解腈菌科未分类的1属	0.30	0.13	0.26	0.02	0.02
3	糖霉菌科未分类的1属	0.28	0.00	0.02	0.41	0.00
3	糖杆菌门分类地位未定的1属	0.67	0.00	0.02	0.01	0.00
3	乳杆菌属	0.01	0.01	0.00	0.68	0.00
3	芽单胞菌科分类地位未定的1属	0.33	0.01	0.32	0.01	0.00
3	双歧杆菌属	0.58	0.06	0.03	0.01	0.00
3	海洋微菌属	0.01	0.13	0.52	0.00	0.00
3	微球菌科未分类的1属	0.12	0.19	0.22	0.13	0.00
3	赤杆菌科未分类的1属	0.27	0.09	0.24	0.05	0.01
3	长微菌科分类地位未定的1属	0.23	0.29	0.11	0.02	0.00
3	土壤红色杆菌目未分类的1属	0.04	0.04	0.00	0.00	0.56
3	线单胞菌属	0.00	0.16	0.00	0.47	0.00
3	海小杆菌属	0.01	0.01	0.08	0.54	0.00
3	戴氏菌属	0.01	0.01	0.01	0.00	0.61
3	瘤胃梭菌属6	0.00	0.38	0.25	0.00	0.00

续表

组别	物 种 名 称	养牛发酵床垫料垂直分布细菌属含量/%				
		表层垫料	中层垫料	底层垫料	垫料原料	新鲜牛粪
3	刘志恒菌属	0.14	0.38	0.10	0.00	0.00
3	类芽胞杆菌属	0.00	0.60	0.00	0.00	0.00
3	气球菌属	0.11	0.01	0.45	0.03	0.00
3	微丝菌属	0.00	0.14	0.02	0.43	0.00
3	黄色杆菌属	0.05	0.07	0.11	0.37	0.00
3	考拉杆菌属	0.00	0.00	0.00	0.00	0.60
3	微杆菌属	0.23	0.18	0.14	0.03	0.00
3	沙单胞菌属	0.00	0.51	0.07	0.00	0.00
3	深古菌门分类地位未定的1属	0.00	0.00	0.00	0.00	0.58
3	科Elev-16S-1332分类地位未定的1属	0.08	0.21	0.06	0.22	0.00
3	属C1-B045	0.05	0.14	0.02	0.36	0.00
3	海管菌属	0.01	0.01	0.08	0.47	0.00
3	甲基嗜酸菌属	0.11	0.01	0.01	0.43	0.00
3	纲Gitt-GS-136分类地位未定的1属	0.02	0.51	0.03	0.00	0.00
3	密螺旋体属2	0.50	0.03	0.01	0.01	0.00
3	球链菌属	0.09	0.15	0.24	0.04	0.02
3	海洋玫瑰色菌属	0.10	0.30	0.11	0.02	0.01
3	假黄单胞菌属	0.27	0.09	0.12	0.03	0.03
3	Urania-1B-19海洋沉积菌群的1属	0.00	0.20	0.00	0.32	0.00
3	赫希氏菌属	0.00	0.11	0.00	0.42	0.00
3	放线杆菌属	0.04	0.32	0.15	0.01	0.00
3	柄杆菌属	0.00	0.17	0.34	0.00	0.00
3	解蛋白菌属	0.05	0.01	0.43	0.02	0.00
3	不粘柄菌属	0.02	0.40	0.08	0.00	0.00
3	红色杆菌属	0.01	0.00	0.00	0.00	0.49
3	硝酸矛形菌属	0.01	0.07	0.33	0.09	0.00
3	海洋小杆菌属	0.16	0.02	0.15	0.17	0.00
3	湖杆菌属	0.21	0.09	0.15	0.04	0.01
3	宝石玫瑰菌属	0.00	0.00	0.11	0.38	0.00
3	丹毒丝菌科分类地位未定的1属	0.00	0.01	0.47	0.00	0.00
3	拟杆菌门vadinHA17的1属	0.04	0.26	0.16	0.01	0.00
3	贪铜菌属	0.01	0.40	0.05	0.00	0.00
3	肠杆状菌属	0.00	0.00	0.00	0.46	0.00
3	斯克尔曼氏菌属	0.00	0.00	0.41	0.04	0.00
3	古根海姆氏菌属	0.40	0.00	0.03	0.02	0.00
3	丛毛单胞菌属	0.12	0.17	0.15	0.01	0.00
3	目NB1-n分类地位未定的1属	0.00	0.13	0.32	0.00	0.00
3	瘤胃线杆菌属	0.03	0.32	0.09	0.01	0.00
3	芽胞杆菌目未分类的1属	0.11	0.05	0.12	0.18	0.00
3	密螺旋体属	0.08	0.15	0.01	0.17	0.05
3	紫单胞菌科未分类的1属	0.00	0.00	0.00	0.02	0.43

组别	物 种 名 称	养牛发酵床垫料垂直分布细菌属含量/%				
		表层垫料	中层垫料	底层垫料	垫料原料	新鲜牛粪
3	粒状胞菌属	0.00	0.40	0.05	0.00	0.00
3	涅斯捷连科氏菌属	0.14	0.27	0.03	0.00	0.00
3	目EMP-G18分类地位未定的1属	0.00	0.41	0.02	0.00	0.00
3	分枝杆菌属	0.12	0.25	0.05	0.00	0.00
3	鸟氨酸微菌属	0.09	0.12	0.17	0.04	0.00
3	互养球菌属	0.00	0.00	0.00	0.42	0.00
3	阿克曼斯氏菌属	0.00	0.01	0.00	0.00	0.41
3	狭义梭菌属6	0.31	0.05	0.04	0.02	0.00
3	根瘤菌目分类地位未定的1属	0.00	0.01	0.11	0.30	0.00
3	链球菌属	0.00	0.14	0.27	0.00	0.00
3	科0319-6M6分类地位未定的1属	0.00	0.00	0.00	0.00	0.41
3	罗氏菌属	0.00	0.06	0.35	0.00	0.00
3	毛螺菌科UCG-002群的1属	0.00	0.00	0.01	0.39	0.00
3	拟普雷沃氏菌属	0.04	0.10	0.22	0.05	0.00
3	产粪甾醇优杆菌群的1属	0.21	0.07	0.11	0.00	0.01
3	黄单胞菌目分类地位未定的1属	0.22	0.07	0.07	0.03	0.00
3	链霉菌属	0.35	0.01	0.04	0.00	0.00
3	甲基海洋杆菌属	0.00	0.00	0.00	0.39	0.00
3	诺卡氏菌属	0.00	0.00	0.00	0.00	0.39
3	法氏菌属	0.01	0.02	0.01	0.34	0.01
3	柔膜菌纲目RF9分类地位未定的1属	0.11	0.10	0.14	0.03	0.01
3	伯克氏菌目未分类的1属	0.02	0.09	0.01	0.28	0.00
3	慢食菌属	0.00	0.00	0.00	0.00	0.38
3	贪食菌属	0.01	0.06	0.30	0.00	0.00
3	金色线菌属	0.00	0.01	0.03	0.35	0.00
3	纲LNR_A2-18分类地位未定的1属	0.29	0.01	0.01	0.07	0.00
3	科288-2分类地位未定的1属	0.00	0.01	0.02	0.00	0.34
3	噬几丁质菌科分类地位未定的1属	0.07	0.15	0.15	0.01	0.00
3	野野村菌属	0.01	0.20	0.16	0.00	0.00
3	漩涡菌属	0.00	0.00	0.01	0.36	0.00
3	属RB41	0.16	0.03	0.17	0.00	0.00
3	极小单胞菌属	0.04	0.11	0.20	0.00	0.01
3	苛求球菌属	0.11	0.12	0.12	0.00	0.00
3	候选属Alysiosphaera	0.00	0.31	0.05	0.00	0.00
3	应微所菌属	0.22	0.02	0.03	0.09	0.00
3	拟杆菌属	0.08	0.00	0.24	0.03	0.00
3	魏斯氏菌属	0.23	0.07	0.04	0.01	0.00
3	鼠尾菌属	0.00	0.00	0.00	0.34	0.00
3	污水球菌属	0.00	0.34	0.00	0.00	0.00
3	地嗜皮菌属	0.00	0.12	0.00	0.22	0.00
3	糖发酵菌属	0.13	0.13	0.07	0.01	0.00

组别	物 种 名 称	养牛发酵床垫料垂直分布细菌属含量/%				
		表层垫料	中层垫料	底层垫料	垫料原料	新鲜牛粪
3	压缩杆菌属	0.00	0.00	0.00	0.00	0.34
3	黏液杆菌属	0.13	0.01	0.19	0.01	0.00
3	候选糖单胞菌属	0.08	0.05	0.09	0.10	0.00
3	科SM2D12分类地位未定的1属	0.00	0.12	0.20	0.00	0.00
3	谷氨酸杆菌属	0.07	0.02	0.22	0.00	0.00
3	白单胞菌属	0.00	0.31	0.01	0.00	0.00
3	黏结杆菌属	0.00	0.00	0.00	0.31	0.00
3	肠球菌属	0.21	0.05	0.03	0.02	0.00
3	拟杆菌目UCG-001群分类地位未定的1属	0.01	0.02	0.01	0.00	0.29
3	莞岛菌属	0.00	0.00	0.31	0.00	0.00
3	瘤胃球菌科NK4A214群的1属	0.00	0.25	0.02	0.03	0.00
3	副球菌属	0.08	0.08	0.13	0.01	0.01
3	热粪杆菌属	0.09	0.01	0.20	0.00	0.01
3	四联球菌属	0.00	0.00	0.25	0.00	0.00
3	碱杆菌属	0.00	0.00	0.00	0.30	0.00
3	明串珠菌属	0.00	0.03	0.27	0.00	0.00
3	植物内生放线菌属	0.00	0.00	0.00	0.30	0.00
3	短芽胞杆菌属	0.00	0.00	0.03	0.26	0.00
3	毛螺菌科NK4A136群的1属	0.00	0.02	0.01	0.00	0.26
3	CL500-29海洋菌群的1属	0.00	0.13	0.00	0.15	0.00
3	硫杆菌属	0.00	0.25	0.04	0.00	0.00
3	普雷沃氏菌科Ga6A1群的1属	0.00	0.00	0.29	0.00	0.00
3	食烃菌属	0.00	0.00	0.00	0.00	0.29
3	消化球菌科分类地位未定的1属	0.00	0.11	0.17	0.00	0.00
3	科XIV分类地位未定的1属	0.00	0.01	0.00	0.27	0.00
3	乔治菌属	0.02	0.13	0.12	0.00	0.01
3	普雷沃氏菌属1	0.07	0.02	0.19	0.00	0.00
3	科KF-JG30-B3分类地位未定的1属	0.00	0.28	0.00	0.00	0.00
3	硫碱弧菌属	0.03	0.00	0.00	0.24	0.00
3	交替单胞菌目未分类的1属	0.01	0.00	0.00	0.00	0.27
3	德库菌属	0.01	0.01	0.01	0.00	0.24
3	丹毒丝菌科未分类的1属	0.00	0.00	0.00	0.00	0.27
3	目III分类地位未定的1属	0.11	0.01	0.06	0.05	0.03
3	奥德赛菌属	0.01	0.00	0.00	0.00	0.26
3	亚硝酸球形菌属	0.00	0.00	0.00	0.00	0.26
3	瘤胃梭菌属5	0.00	0.03	0.00	0.24	0.00
3	目AKYG1722分类地位未定的1属	0.08	0.03	0.03	0.12	0.00
3	候选纲OM190分类地位未定目的1属	0.00	0.04	0.00	0.22	0.00
	第3组236个样本平均值	0.25	0.29	0.26	0.26	0.09

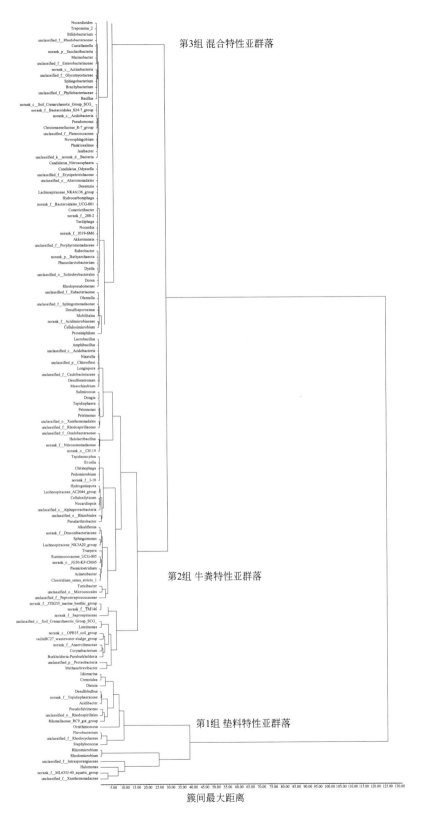

图6-55　养牛发酵床垫料垂直分布细菌属亚群落分化聚类分析

　　第 1 组为垫料特性亚群落，细菌属含量较高，包含了 6 个细菌属，即黄单胞菌科未分类的 1 属、盐单胞菌属、间孢囊菌科未分类的 1 属、科 ML635J-40 水生群的 1 属、红微菌属、根微菌属，主要分布在垫料原料及其垂直分布垫料中，在表层垫料、中层垫料、底层垫料、垫料原料、新鲜牛粪中的占比平均值分别为 4.85%、2.12%、3.62%、4.11%、0.16%。

　　第 2 组为牛粪特性亚群落，细菌属含量中等，包含了 13 个细菌属，即葡萄球菌属、红环菌科未分类的 1 属、鸟氨酸球菌属、黄杆菌属、理研菌科 RC9 肠道菌群的 1 属、红螺菌目未分类的 1 属、假深黄单胞菌属、酸杆菌属、迪茨氏菌属、中温球形菌科的 1 属、脱硫叶菌属、热泉细杆菌属、海源菌属，含有较多的病原菌和牛肠道微生物，主要分布在新鲜牛粪中，在表层垫料、中层垫料、底层垫料、垫料原料、新鲜牛粪中的占比平均值分别为 0.47%、0.42%、0.54%、0.45%、5.51%。

　　第 3 组为混合特性亚群落，细菌属含量较低，包含了其余的 236 个细菌属，如刘志恒菌属 (Zhihengliuella)、硫杆菌属、类芽胞杆菌属、乳杆菌属、盐乳杆菌属、短芽胞杆菌属、芽胞杆菌属、兼性芽胞杆菌属、狭义梭菌属 6、狭义梭菌属 1、伯克氏菌属 - 副伯克氏菌属、慢生根瘤菌属 (Bradyrhizobium)、短杆菌属、双歧杆菌属 (Bifidobacterium)、拟杆菌属、魏斯氏菌属、莞岛菌属 (Wandonia)、漩涡菌属 (Verticia)、贪食菌属 (Variovorax) 等，主要分布在垫料原料 + 新鲜牛粪混合发酵过程的物料中，在表层垫料、中层垫料、底层垫料、垫料原料、新鲜牛粪中的占比平均值分别为 0.25%、0.29%、0.26%、0.26%、0.09%。

十、讨论

　　养牛微生物发酵床细菌微生物组多样性的研究未见报道，而在养猪发酵床细菌微生物组多样性有过许多研究。陈倩倩等 (2019) 报道了养猪微生物发酵床不同深度垫料的细菌群落多样性，结果表明，微生物发酵床不同深度垫料的细菌群落有所差异，在表层垫料中，变形菌门 (25.9%) 和放线菌门 (10.2%) 相对含量高；中层垫料中拟杆菌门 (27.8%)、变形菌门 (25.1%) 和厚壁菌门 (17.0%) 相对含量高。随着垫料深度增加，拟杆菌门 (33.3%) 和螺旋体门 (9.2%) 含量升高，厌氧菌如螺旋体门的螺旋体科、拟杆菌门的腐螺旋菌科在深层垫料中达到峰值。表层垫料中微生物含量最高、代谢最为活跃，是主要的有机质降解层；深层垫料厌氧菌含量高。潘麒嫣等 (2019) 报道了发酵床微生物群落构成及其对圈养绿狒狒的影响，结果显示，从发酵床上共检测到 41 个细菌门。表层的细菌群落结构最为复杂，OTU 数量、Chao1 指数和 Shannon 指数都高于其他 3 个深度。在绿狒狒挖掘最大深度范围内，共检测到 13 个细菌属的有益菌，总相对丰度为 42.26%；潜在致病菌有 4 个细菌属，总相对丰度为 11.08%。宦海琳等 (2018) 报道了养猪发酵床垫料不同时期碳氮和微生物群落结构变化，结果表明，微生物发酵床优势菌为拟杆菌门、厚壁菌门、变形菌门和放线菌门。漠河杆菌属和梭菌属是垫料中相对丰度最高的物种。随着养殖时间的延长，在门水平上，放线菌门、绿弯菌门的细菌相对丰度显著增加，由 21.3%、1.64% 分别提高到 28.4% 和 4.34%；在属水平上，甲基暖菌属、甲基杆菌属、马杜拉放线菌属、分枝杆菌属、红球菌属、副球菌属等 11 个物种相对丰度显著增加，甲基暖菌属、马杜拉放线菌属的相对丰度由 0.405%、0.570% 分别提高到 2.862%、2.190%；假单胞菌属、嗜冷杆菌属、鞘氨醇杆菌属、黄杆菌属等 7 个物种相对丰度显著降低，假单孢菌属、嗜冷杆菌属的相对丰度由 2.51%、2.13% 分别下降到 0.93%、0.18%。垫料纤维素是影响微生物发酵床细菌群落的重要因素。陈倩倩等 (2018a) 报道了养猪微生物发酵床垫料细菌多样性，结果表明，发酵床垫料细菌多样性与发酵等级相关。其中度发酵垫料细菌数量最多，深度发酵垫料细菌种类最多。拟杆菌门、变形菌门、放线菌门和厚壁菌门是优势菌群。随着发酵等级的增加，垫料中的葡萄球菌科和皮杆菌科细菌含量减少，说明发酵床可以抑制致病菌，保护养殖健康。在 3 个发酵阶段，微生物发酵床中起主要降解作用的细菌不同：在轻度发酵时期，黄单胞杆菌科和间孢囊菌科细菌是主要的降解菌群；在中度发酵时期，变形菌门的腐螺旋菌科、拟杆菌门的黄杆菌科、放线菌门的棒杆菌科和异常球菌 - 栖热菌门的特吕珀菌科起主要降解作用；在深度发酵时期，厚壁菌门梭菌目瘤胃球菌科、拟杆菌门的紫单胞杆菌科、变形菌门的产碱菌科和假单胞菌科起降解作用。随着垫料等级的增加，粪便中的指示菌——瘤胃菌含量增加，可作为垫料更换的信号。

陈倩倩等 (2018b) 报道了基于宏基因组方法分析养猪发酵床微生物组季节性变化，结果表明，夏季和冬季的细菌群落结构不同，前者有更为丰富的细菌类群。两个季节的微生物发酵床优势菌为拟杆菌门、厚壁菌门、变形菌门和放线菌门。在门水平，夏季样本中的放线菌门和异常球菌 - 栖热菌门的含量高于冬季样本；后者的拟杆菌门和变形菌门含量高于前者。夏季有机物降解菌主要为特吕珀菌属和漠河菌属，冬季主要为假单胞菌属和硫假单胞菌属，分别适应高温和低温环境。宦海琳等 (2014) 报道了不同垫料组成对猪用发酵床细菌群落的影响，结果表明，垫料样品的细菌多样性指数、丰富度均有所不同，酒糟垫料组细菌多样性指数最高，稻草垫料组细菌多样性指数最低。全锯木屑与 50% 稻壳相似性较高而聚为一类，与 50% 菌糠次之，与 50% 稻草的相似性最低。在垫料基质中检测到的菌群主要是节杆菌属、下水道球菌属 (Amaricoccu)、马杜拉放线菌属、芽胞杆菌属、梭菌属、肠杆菌属、微杆菌属、假单胞菌属、红球菌属、葡萄球菌属，以及一些未知的菌群。垫料组成是影响发酵床垫料微生物构成的重要因素，稻壳、菌糠作为垫料可部分替代锯木屑，而对发酵床垫料的微生物区系影响较小。

养猪发酵床垫料不同深度、发酵程度、季节气候条件等对垫料细菌菌群有显著影响，同样，在养牛发酵床中存在同样影响。养牛发酵床不同深度的垫料细菌菌群差异显著，细菌属数量中层垫料 (790 个) ＞底层垫料 (699 个) ＞表层垫料 (570 个) ＞垫料原料 (532 个) ＞新鲜牛粪 (402 个)；不同深度垫料优势属分布差异显著，表层垫料优势属为盐单胞菌属 (13.0400%)，中层垫料优势属为腐螺旋菌科分类地位未定的 1 属 (6.3870%)，底层垫料优势属为间孢囊菌科未分类的 1 属 (7.5600%)，垫料原料优势属为红微菌属 (11.3000%)，新鲜牛粪优势属为葡萄球菌属 (10.5700%)。

养牛发酵床细菌菌群从垫料原料和新鲜牛粪为起源，不同的发酵环境 (垫料深度) 造就了不同的发酵条件，选择了细菌菌群；垫料表层、中层、底层相互衔接，垫料生境形成梯度。基于细菌属菌群的养牛发酵床表层垫料、中层垫料、底层垫料之间的相关性极显著 ($P ＜ 0.01$)，说明发酵生境差异性选择了细菌菌群，各自有自己的细菌菌群，从物种丰富度上看，基于细菌属生境丰富度中层垫料 (52.13) ＞底层垫料 (50.38) ＞表层垫料 (45.95)。养牛发酵床垫料生境生态位宽度预示着细菌属在生境中资源利用水平，生态位宽度大的生境，能容纳更多不同生理特性的细菌属，反之亦然；基于细菌属分布的生境的生态位宽度中层垫料 (38.3071) ＞底层垫料 (34.3898) ＞表层垫料 (25.3190)；表明能有更多的细菌属可以选择中层垫料生境，更少的细菌属生存于表层垫料；也可看出表层垫料好氧性能强，适应生长的细菌属种类少于中层好氧性能弱的生境，推理出兼性好氧细菌的作用大于专性好氧细菌。不同养牛发酵床垫料深度梯度生境差异引起细菌属菌群亚群落的分化，细菌属微生物组亚群落分化研究结果表明，可将其分为 3 组，第 1 组为垫料特性亚群落，细菌属含量较高，主要垂直分布垫料的不同深度中；第 2 组为牛粪特性亚群落，细菌属含量中等，主要分布在新鲜牛粪中；第 3 组为混合特性亚群落，主要分布在垫料原料 + 新鲜牛粪混合发酵过程的物料中，不同的细菌亚群落在发酵过程中改变环境的同时改变着自身的生长。

第五节
养牛发酵床垫料芽胞杆菌垂直分布异质性

一、概述

　　肉牛产业在促进农民增收、脱贫攻坚中发挥了重要作用。但随之而来的是农村养殖环境污染问题日趋严重，农村生态环境整治迫在眉睫。利用微生物发酵床养牛，微生物处理养牛污染治理取得了成功。岑瑜 (2017) 和马建明等 (2020) 示范微生物发酵床养牛技术，就地解决了牛粪便产生的臭气污染、氮磷污染、有害病原微生物污染及重金属元素污染等问题，效果明显。江宇等 (2012a) 利用微生物发酵床养殖犊牛，充分利用当地秸秆，用秸秆代替部分稻壳和锯末制作发酵床。罗良俊和张卫平 (2011) 利用微生物发酵床在冬季养殖犊牛，不仅较好地解决了环境污染问题、实现"零排放"，同时，节省了劳动成本、提高了管理效率、节省了饲料、减少了疾病的发生。

　　养牛微生物发酵床中含有丰富的微生物，尽管芽胞杆菌种类和数量在整个微生物群落中不显优势，但是由于芽胞杆菌的环境适应性和强的生物活性物质分泌功能，在微生物发酵床垫料中起到重要的作用，它因具有抗菌、防病、益生、除臭、降污等多种生物学活性，被广泛应用于微生物发酵床养殖 (刘波等，2016b)。养牛发酵床芽胞杆菌的研究未见报道，但关于芽胞杆菌在养猪污染治理中的研究有过许多的报道：郭鹏等 (2016) 综述了芽胞杆菌在畜禽废弃物污染治理中的研究进展；孙碧玉等 (2014) 从猪场生物发酵床中分离得到 1 株蜡状芽胞杆菌，能使养猪污水中 COD 和氨氮分别降低 47.1% 和 54.4%；王晓静等 (2013) 筛选了芽胞杆菌作为养猪微生物发酵床的菌种；刘国红等 (2017) 分析了养猪微生物发酵床芽胞杆菌空间分布特征。然而，有关养牛发酵床垫料垂直分布特征的研究未见报道，本节的研究通过对三个养牛微生物发酵床不同深度垫料采样，利用宏基因组高通量测序，鉴定芽胞杆菌种类，分析芽胞杆菌在养牛发酵床垫料中垂直分布特征 (包括组成结构、分布比例、多样性指数、生态位特征等)，为微生物发酵床养牛提供科学依据。

二、芽胞杆菌种类鉴定

　　三个养牛微生物发酵床牧场垫料采样宏基因组检测结果见表 6-48，鉴定出 38 种芽胞杆菌，分属于芽胞杆菌目的 3 个科，即芽胞杆菌科、脂环酸杆菌科、类芽胞杆菌科；12 个属，即膨胀芽胞杆菌属、兼性芽胞杆菌属、芽胞杆菌属、纤细芽胞杆菌属、盐乳杆菌属、大洋芽胞杆菌属、火山芽胞杆菌属、解硫胺素芽胞杆菌属、短芽胞杆菌属、脱硫芽胞杆菌属、类芽胞杆菌属、热芽胞杆菌属；38 个种 (图 6-56)。垫料不同深度芽胞杆菌种类数量差异显著，表层垫料含有 20 种芽胞杆菌，中层垫料 24 种，底层垫料 33 种，垫料原料 16 种，新鲜牛粪 24 种 (表 6-48)。

表6-48　养牛微生物发酵床不同深度垫料芽胞杆菌种类

物　种　名　称		养牛发酵床生境芽胞杆菌含量 (OTU)					
		表层垫料	中层垫料	底层垫料	垫料原料	新鲜牛粪	总计
【1】	芽胞杆菌属种8	43.33	65.67	422.00	0.00	10.00	541.00
【2】	芽胞杆菌属种11	17.00	32.33	474.67	0.00	2.00	526.00
【3】	芽胞杆菌属种2	5.67	1.33	51.67	1.00	34.50	94.17
【4】	芽胞杆菌属种10	2.00	2.00	76.33	0.50	3.00	83.83
【5】	大洋芽胞杆菌属种5	8.33	0.67	63.00	1.50	8.00	81.50
【6】	芽胞杆菌属种4	1.67	0.00	1.00	5.50	66.00	74.17
【7】	大洋芽胞杆菌属种2	23.00	0.67	17.33	0.50	1.00	42.50
【8】	芽胞杆菌属种3	2.00	3.67	21.67	2.00	9.50	38.83
【9】	芽胞杆菌属种6	1.67	7.33	9.33	0.00	18.50	36.83
【10】	短芽胞杆菌属的1种	0.00	0.33	0.00	0.50	34.00	34.83
【11】	大洋芽胞杆菌属种4	3.33	0.00	30.33	0.00	0.00	33.67
【12】	芽胞杆菌属种5	0.67	2.67	4.67	4.00	18.50	30.50
【13】	蚯蚓纤细芽胞杆菌	3.33	0.33	0.33	0.00	24.50	28.50
【14】	热乳芽胞杆菌	1.33	3.33	0.67	0.50	22.50	28.33
【15】	木聚糖兼性芽胞杆菌	2.00	0.00	0.33	0.00	22.50	24.83
【16】	热噬淀粉芽胞杆菌	0.00	2.33	5.00	0.50	14.50	22.33
【17】	芽胞杆菌属种7	0.00	0.33	18.67	0.00	1.00	20.00
【18】	嗜盐盐乳杆菌	2.00	6.67	1.33	0.50	8.50	19.00
【19】	大洋芽胞杆菌属种1	1.67	0.00	14.33	0.00	1.00	17.00
【20】	大洋芽胞杆菌属种3	5.33	0.00	0.67	0.00	7.00	13.00
【21】	嗜热嗜气解硫胺素芽胞杆菌	0.00	0.00	0.00	9.00	0.00	9.00
【22】	芽胞杆菌属种1	0.00	0.00	0.33	0.00	8.00	8.33
【23】	火山芽胞杆菌属种6	0.33	2.33	5.33	0.00	0.00	8.00
【24】	草芽胞杆菌	0.00	0.33	4.00	0.00	3.50	7.83
【25】	芽胞杆菌属种9	0.33	0.67	1.00	0.50	4.50	7.00
【26】	栗树类芽胞杆菌	0.00	6.67	0.00	0.00	0.00	6.67
【27】	泰门类芽胞杆菌	0.00	0.67	1.33	1.00	3.50	6.50
【28】	类芽胞杆菌属种6	0.00	3.33	2.33	0.00	0.00	5.67
【29】	类芽胞杆菌属种7	0.00	5.67	0.00	0.00	0.00	5.67
【30】	脱色芽胞杆菌	1.67	0.00	3.00	0.00	0.00	4.67
【31】	堆肥热芽胞杆菌	0.00	0.33	0.67	1.00	1.00	3.00
【32】	类芽胞杆菌属种2	0.00	0.00	2.67	0.00	0.00	2.67

续表

物 种 名 称	养牛发酵床生境芽胞杆菌含量(OTU)					
	表层垫料	中层垫料	底层垫料	垫料原料	新鲜牛粪	总计
【33】 类芽胞杆菌属种1	0.00	0.00	2.33	0.00	0.00	2.33
【34】 类芽胞杆菌属种4	0.00	0.00	1.33	0.00	0.00	1.33
【35】 类芽胞杆菌属种5	0.00	0.00	1.00	0.00	0.00	1.00
【36】 类芽胞杆菌属种3	0.00	0.00	0.33	0.50	0.00	0.83
【37】 膨胀芽胞杆菌属的1种	0.00	0.00	0.67	0.00	0.00	0.67
【38】 脱硫芽胞杆菌属的1种	0.00	0.67	0.00	0.00	0.00	0.67
合计	126.66	150.33	1239.65	29.00	327.00	

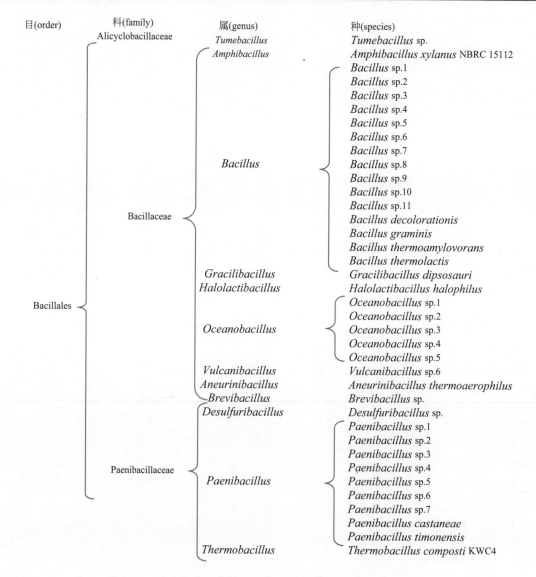

图6-56　养牛微生物发酵床垫料芽胞杆菌采样菌株系统发育

三、芽胞杆菌种群结构

养牛微生物发酵床不同深度垫料芽胞杆菌菌群结构差异显著 (图 6-57)；从芽胞杆菌总量 (OTU) 看，底层垫料 (1239.67) ＞新鲜牛粪 (327.00) ＞中层垫料 (150.33) ＞表层垫料 (126.67) ＞垫料原料 (29.00)，底层垫料含量最高，垫料原料含量最低。从芽胞杆菌优势种看，分布在样本中前 5 个高含量 (OTU) 的优势种为芽胞杆菌属种 8(541.00)、芽胞杆菌属种 11(526.00)、芽胞杆菌属种 2(94.17)、芽胞杆菌属种 10(83.83)、大洋芽胞杆菌属种 5(81.50)。从芽胞杆菌分布看，前 3 种高含量 (OTU) 芽胞杆菌优势种在表层垫料为芽胞杆菌属种 8(43.33)、大洋芽胞杆菌属种 2(23.00)、芽胞杆菌属种 11(17.00)，在中层垫料为芽胞杆菌属种 8(65.67)、芽胞杆菌属种 11(32.33)、芽胞杆菌属种 6(7.33)，在底层垫料为芽胞杆菌属种 11(474.67)、芽胞杆菌属种 8(422.00)、芽胞杆菌属种 10(76.33)，在垫料原料为嗜热嗜气解硫胺素芽胞杆菌 (9.00)、芽胞杆菌属种 4(5.50)、芽胞杆菌属种 5(4.00)，在新鲜牛粪为芽胞杆菌属种 4(66.00)、芽胞杆菌属种 2(34.50)、短芽胞杆菌属的 1 种 (34.00)，不同深度垫料芽胞杆菌优势种结构与垫料原料和新鲜牛粪的差异显著。

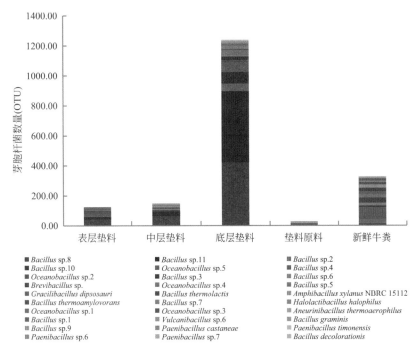

图6-57　养牛微生物发酵床不同深度垫料芽胞杆菌菌群结构

四、基于芽胞杆菌的养牛发酵床垫料生境的相关性

基于芽胞杆菌菌群的不同深度垫料相关性分析结果见表 6-49。结果显示，不同深度发酵垫料生境 (表层垫料、中层垫料、底层垫料) 存在极显著相关 ($P ＜ 0.01$)，发酵垫料与新鲜牛粪之间不相关 ($P ＞ 0.05$)，垫料原料与新鲜牛粪之间也不相关 ($P ＞ 0.05$)；表明由垫料原

料和新鲜牛粪带来的芽胞杆菌菌群，经过不同深度垫料的发酵，发酵垫料芽胞杆菌菌群结构与原料垫料的发生显著变化。

表6-49　基于芽胞杆菌菌群的养牛微生物发酵床生境相关系数

因 子	发酵垫料			垫料原料	新鲜牛粪
	表层垫料	中层垫料	底层垫料		
表层垫料		0.0000	0.0000	0.5261	0.9210
中层垫料	0.8482		0.0000	0.5095	0.8296
底层垫料	0.7829	0.8898		0.5435	0.7176
垫料原料	−0.1019	−0.1060	−0.0977		0.5284
新鲜牛粪	−0.0160	−0.0347	−0.0582	0.1013	

注：左下角是相关系数 r，右上角是 P 值。

五、基于芽胞杆菌的养牛发酵床垫料生境的多样性

基于芽胞杆菌菌群的养牛微生物发酵床生境多样性指数分析结果见表 6-50。结果显示，芽胞杆菌在不同生境中的丰富度相近 (4.12 ～ 4.98)；优势度辛普森指数表明了菌群集中程度，新鲜牛粪最高 (0.92)，底层垫料最低 (0.73)；香农指数表明了物种含量及其分布均匀性的综合特性，菌群含量越高分布越均匀，香农指数越大，反之亦然，底层垫料香农指数最小 (1.77)，新鲜牛粪香农指数最大 (2.76)；均匀度指数表明了物种在含量分布的均匀性，分布越均匀，指数越大，底层垫料菌群均匀度最小 (0.50)，新鲜牛粪菌群均匀度最大 (0.84)；Brillouin 指数和 McIntosh(D_{mc}) 指数与香农指数相关；分析结果表明新鲜牛粪生境多样性最高，垫料底层最低。

表6-50　基于芽胞杆菌菌群的养牛微生物发酵床生境多样性指数

项目	物种数	含量(OTU)	丰富度	辛普森指数(D)	香农指数(H)	均匀度指数	Brillouin指数	McIntosh指数(D_{mc})
表层垫料	20	126.66	4.12	0.83	2.22	0.73	2.90	0.64
中层垫料	24	150.33	4.98	0.76	2.02	0.62	2.65	0.55
底层垫料	33	1239.65	4.63	0.73	1.77	0.50	2.49	0.49
垫料原料	16	29.00	4.47	0.83	2.12	0.73	2.53	0.67
新鲜牛粪	24	327.00	4.35	0.92	2.76	0.84	3.81	0.74

六、芽胞杆菌种群生态位宽度

分析结果见表 6-51。生态位宽度表明了芽胞杆菌菌群利用发酵床环境资源的能力，生态位宽度越大，利用相应资源的能力越强，反之亦然。养牛微生物发酵床不同样本分布生态位宽度较大的种类有堆肥热芽胞杆菌 (*Thermobacillus composti*)(生态位宽度 3.5217)、嗜盐盐乳芽胞杆菌 (*Halolactibacillus halophilus*)(2.9416)、芽胞杆菌属种 6(2.7920)、泰门类芽胞杆菌 (*Paenibacillus timonensis*)(2.7307)、芽胞杆菌 3(芽胞杆菌属种 3)(2.5950)；有 26 种芽胞杆菌生态位宽度较小 (＜ 2.0000)。堆肥热芽胞杆菌生态位宽度最大，其常用的资源

为 S2=22.22%、S3=33.33%、S4=33.33%，也即在中层垫料分布为 22.22%，底层垫料分布为 33.33%，垫料原料分布为 33.33%；芽胞杆菌属种 9(生态位宽度 =2.2217)、芽胞杆菌属种 5(生态位宽度 =2.4001)，具有较高的生态位宽度，常用的资源为新鲜牛粪，菌群在新鲜牛粪中的占比分别为 64.29%、60.66%。

表6-51　养牛微生物发酵床不同深度垫料生境芽胞杆菌种群生态位宽度

物　种　名　称	生态位宽度 （Levins测度）	频数	截断比例	常用资源种类		
【1】　堆肥热芽胞杆菌	3.5217	3	0.18	S2=22.22%	S3=33.33%	S4=33.33%
【2】　嗜盐盐乳杆菌	2.9416	2	0.16	S2=35.09%	S5=44.74%	
【3】　芽胞杆菌属种6	2.7920	3	0.18	S2=19.91%	S3=25.34%	S4=50.23%
【4】　泰门类芽胞杆菌	2.7307	2	0.18	S2=20.51%	S4=53.85%	
【5】　芽胞杆菌属种3	2.5950	2	0.16	S3=55.79%	S5=24.46%	
【6】　芽胞杆菌属种5	2.4001	1	0.16	S5=60.66%		
【7】　芽胞杆菌属种2	2.2768	2	0.16	S3=54.87%	S5=36.64%	
【8】　芽胞杆菌属种9	2.2217	1	0.16	S5=64.29%		
【9】　大洋芽胞杆菌属种2	2.1732	2	0.16	S1=54.12%	S3=40.78%	
【10】　大洋芽胞杆菌属种3	2.1698	2	0.2	S1=41.03%	S3=53.85%	
【11】　草芽胞杆菌	2.1636	2	0.2	S2=51.06%	S3=44.68%	
【12】　热噬淀粉芽胞杆菌	2.0701	2	0.18	S2=22.39%	S4=64.93%	
【13】　类芽胞杆菌属种6	1.9396	2	0.2	S1=58.82%	S2=41.18%	
【14】　类芽胞杆菌属种3	1.9231	2	0.2	S1=40.00%	S2=60.00%	
【15】　火山芽胞杆菌属种6	1.8824	2	0.2	S2=29.17%	S3=66.67%	
【16】　脱色芽胞杆菌	1.8491	2	0.2	S1=35.71%	S2=64.29%	
【17】　大洋芽胞杆菌属种5	1.6180	1	0.16	S3=77.30%		
【18】　芽胞杆菌属种8	1.5874	1	0.18	S3=78.00%		
【19】　热乳芽胞杆菌	1.5443	1	0.16	S5=79.41%		
【20】　大洋芽胞杆菌属种1	1.3813	1	0.2	S2=84.31%		
【21】　蜥蜴纤细芽胞杆菌	1.3281	1	0.2	S4=85.96%		
【22】　芽胞杆菌属种4	1.2530	1	0.18	S4=88.99%		
【23】　芽胞杆菌属种11	1.2207	1	0.18	S3=90.24%		
【24】　大洋芽胞杆菌属种4	1.2172	1	0.2	S2=90.10%		
【25】　木聚糖兼性芽胞杆菌	1.2083	1	0.2	S3=90.60%		
【26】　芽胞杆菌属种10	1.2026	1	0.16	S3=91.05%		
【27】　芽胞杆菌属种7	1.1443	1	0.2	S2=93.33%		
【28】　芽胞杆菌属种1	1.0832	1	0.2	S2=96.00%		
【29】　短芽胞杆菌属的1种	1.0493	1	0.2	S3=97.61%		
【30】　嗜热嗜气解硫胺素芽胞杆菌	1.0000	1	0.2	S1=100.00%		
【31】　栗树类芽胞杆菌	1.0000	1	0.2	S1=100.00%		
【32】　类芽胞杆菌属种7	1.0000	1	0.2	S1=100.00%		
【33】　类芽胞杆菌属种2	1.0000	1	0.2	S1=100.00%		
【34】　类芽胞杆菌属种1	1.0000	1	0.2	S1=100.00%		

物 种 名 称	生态位宽度 (Levins测度)	频数	截断比例	常用资源种类
【35】 类芽胞杆菌属种4	1.0000	1	0.2	S1=100.00%
【36】 类芽胞杆菌属种5	1.0000	1	0.2	S1=100.00%
【37】 膨胀芽胞杆菌属的1种	1.0000	1	0.2	S1=100.00%
【38】 脱硫芽胞杆菌属的1种	1.0000	1	0.2	S1=100.00%

七、芽胞杆菌种群生态位重叠

（1）表层垫料芽胞杆菌优势种群生态位重叠（表6-52） 以表层垫料前5个高含量芽胞杆菌为基础分析生态位重叠，结果表明，垫料表层高含量种群芽胞杆菌属种8、大洋芽胞杆菌属种2、芽胞杆菌属种11、大洋芽胞杆菌属种5、芽胞杆菌属种2之间的生态位重叠值较高，在0.5901～0.9940之间，表明表层垫料优势芽胞杆菌种群利用资源(垫料深度、垫料原料、新鲜牛粪)能力相近。

表6-52　表层垫料芽胞杆菌优势种群生态位重叠

物 种 名 称	【1】	【2】	【3】	【4】	【5】
【1】 芽胞杆菌属种8	1				
【2】 大洋芽胞杆菌属种2	0.6757	1			
【3】 芽胞杆菌属种11	0.9940	0.6296	1		
【4】 大洋芽胞杆菌属种5	0.9840	0.6998	0.9863	1	
【5】 芽胞杆菌属种2	0.8390	0.5901	0.8325	0.8955	1

（2）中层垫料芽胞杆菌优势种群生态位重叠（表6-53） 以中层垫料前5个高含量芽胞杆菌为基础分析生态位重叠，结果表明，中层垫料高含量种群芽胞杆菌属种8、芽胞杆菌属种11、芽胞杆菌属种6、嗜盐盐乳杆菌、栗树类芽胞杆菌之间的生态位重叠值差异很大，芽胞杆菌属种8与芽胞杆菌属种11、嗜盐盐乳杆菌与芽胞杆菌属种6生态位重叠值大于0.9，表明中层垫料这4种芽胞杆菌优势种群利用资源(垫料深度、垫料原料、新鲜牛粪)能力相近。其余芽胞杆菌优势种之间生态位重叠值较小，在0.0679～0.6020之间，表明它们之间在资源利用上部分重叠或互补。

表6-53　中层垫料芽胞杆菌优势种群生态位重叠

物 种 名 称	【1】	【2】	【3】	【4】	【5】
【1】 芽胞杆菌属种8	1				
【2】 芽胞杆菌属种11	0.9940	1			
【3】 芽胞杆菌属种6	0.4941	0.4509	1		
【4】 嗜盐盐乳杆菌	0.2461	0.1702	0.9086	1	
【5】 栗树类芽胞杆菌	0.1529	0.0679	0.3326	0.6020	1

（3）底层垫料芽胞杆菌优势种群生态位重叠（表6-54） 以底层垫料前5个高含量芽胞杆菌为基础分析生态位重叠，结果表明，底层垫料优势种群芽胞杆菌属种11、芽胞杆菌属种

8、芽胞杆菌属种 10、大洋芽胞杆菌属种 5、芽胞杆菌属种 2 之间的生态位重叠值较高，在 0.8325 ～ 0.9984 之间，表明底层垫料芽胞杆菌优势种群利用资源 (垫料深度、垫料原料、新鲜牛粪) 能力相近。

表6-54　底层垫料芽胞杆菌优势种群生态位重叠

物　种　名　称	【1】	【2】	【3】	【4】	【5】
【1】　芽胞杆菌属种11	1				
【2】　芽胞杆菌属种8	0.9940	1			
【3】　芽胞杆菌属种10	0.9984	0.9889	1		
【4】　大洋芽胞杆菌属种5	0.9863	0.9840	0.9906	1	
【5】　芽胞杆菌属种2	0.8325	0.8390	0.8514	0.8955	1

（4）垫料原料芽胞杆菌优势种群生态位重叠 (表 6-55)　以垫料原料前 5 个高含量芽胞杆菌为基础分析生态位重叠，结果表明，垫料原料高含量种群嗜热嗜气解硫胺素芽胞杆菌、芽胞杆菌属种 4、芽胞杆菌属种 5，芽胞杆菌属种 3、大洋芽胞杆菌属种 5 之间的生态位重叠值差异很大，芽胞杆菌属种 4 与芽胞杆菌属种 5、芽胞杆菌属种 3 与大洋芽胞杆菌属种 5 生态位重叠值大于 0.9，表明垫料原料中这 2 对芽胞杆菌优势种群利用资源 (垫料深度、垫料原料、新鲜牛粪) 能力相近。其余芽胞杆菌优势种之间生态位重叠值中等偏低，在 0.0234 ～ 0.6237 之间，如嗜热嗜气解硫胺素芽胞杆菌与芽胞杆菌属种 4、芽胞杆菌属种 3、大洋芽胞杆菌属种 5 之间生态位重叠不大于 0.0830，它们之间在资源的利用上产生互补。

表6-55　垫料原料芽胞杆菌优势种群生态位重叠

物　种　名　称	【1】	【2】	【3】	【4】	【5】
【1】　嗜热嗜气解硫胺素芽胞杆菌	1				
【2】　芽胞杆菌属种4	0.0830	1			
【3】　芽胞杆菌属种5	0.2032	0.9573	1		
【4】　芽胞杆菌属种3	0.0830	0.4150	0.6237	1	
【5】　大洋芽胞杆菌属种5	0.0234	0.1444	0.3612	0.9473	1

（5）新鲜牛粪芽胞杆菌优势种群生态位重叠 (表 6-56)　以新鲜牛粪前 5 个高含量芽胞杆菌为基础分析生态位重叠，结果表明，新鲜牛粪优势种群芽胞杆菌属种 4、芽胞杆菌属种 2、短芽胞杆菌属的 1 种、蜥蜴纤细芽胞杆菌、热乳芽胞杆菌之间的生态位重叠值中等偏高，在 0.5532 ～ 0.9972 之间，表明新鲜牛粪中芽胞杆菌优势种群利用资源 (垫料深度、垫料原料、新鲜牛粪) 能力相近或部分互补。

表6-56　新鲜牛粪芽胞杆菌优势种群生态位重叠

物　种　名　称	【1】	【2】	【3】	【4】	【5】
【1】　芽胞杆菌属种4	1				
【2】　芽胞杆菌属种2	0.5668	1			
【3】　短芽胞杆菌属的1种	0.9972	0.5532	1		
【4】　蜥蜴纤细芽胞杆菌	0.9905	0.5712	0.9907	1	
【5】　热乳芽胞杆菌	0.9868	0.5786	0.9885	0.9879	1

八、芽胞杆菌亚群落分化

以表6-48为矩阵、芽胞杆菌菌群为样本、垫料状态为指标、马氏距离为尺度，利用可变类平均法进行系统聚类，结果见表6-57、图6-58。分析结果可将芽胞杆菌聚为3组亚群落。

表6-57　养牛微生物发酵床不同深度垫料生境芽胞杆菌亚群落分化群聚类分析

组别	物　种　名　称	养牛发酵床生境芽胞杆菌含量(OTU)				
		表层垫料	中层垫料	底层垫料	垫料原料	新鲜牛粪
1	芽胞杆菌属种8	43.33	65.67	422.00	0.00	10.00
1	芽胞杆菌属种11	17.00	32.33	474.67	0.00	2.00
1	芽胞杆菌属种2	5.67	1.33	51.67	1.00	34.50
1	芽胞杆菌属种10	2.00	2.00	76.33	0.50	3.00
1	大洋芽胞杆菌属种5	8.33	0.67	63.00	1.50	8.00
1	大洋芽胞杆菌属种2	23.00	0.67	17.33	0.50	1.00
1	芽胞杆菌属种3	2.00	3.67	21.67	2.00	9.50
1	大洋芽胞杆菌属种4	3.33	0.00	30.33	0.00	0.00
	第1组8个样本平均值	13.08	13.29	144.62	0.69	8.50
2	芽胞杆菌属种4	1.67	0.00	1.00	5.50	66.00
2	芽胞杆菌属种6	1.67	7.33	9.33	0.00	18.50
2	短芽胞杆菌属的1种	0.00	0.33	0.00	0.50	34.00
2	芽胞杆菌属种5	0.67	2.67	4.67	4.00	18.50
2	蜥蜴纤细芽胞杆菌	3.33	0.33	0.33	0.00	24.50
2	热乳芽胞杆菌	1.33	3.33	0.67	0.50	22.50
2	木聚糖兼性芽胞杆菌	2.00	0.00	0.33	0.00	22.50
2	热噬淀粉芽胞杆菌	0.00	2.33	5.00	0.50	14.50
2	大洋芽胞杆菌属种3	5.33	0.00	0.67	0.00	7.00
	第2组9个样本平均值	1.78	1.81	2.44	1.22	25.33
3	芽胞杆菌属种7	0.00	0.33	18.67	0.00	1.00
3	嗜盐盐乳杆菌	2.00	6.67	1.33	0.50	8.50
3	大洋芽胞杆菌属种1	1.67	0.00	14.33	0.00	1.00
3	嗜热嗜气解硫胺素芽胞杆菌	0.00	0.00	0.00	9.00	0.00
3	芽胞杆菌属种1	0.00	0.00	0.33	0.00	8.00
3	火山芽胞杆菌属种6	0.33	2.33	5.33	0.00	1.00
3	草芽胞杆菌	0.00	0.33	4.00	0.00	3.50
3	芽胞杆菌属种9	0.33	0.67	1.00	0.50	4.50
3	栗树类芽胞杆菌	0.00	6.67	0.00	0.00	0.00
3	泰门类芽胞杆菌	0.00	0.67	1.33	1.00	3.50
3	类芽胞杆菌属种6	0.00	3.33	2.33	0.00	0.00
3	类芽胞杆菌属种7	0.00	5.67	0.00	0.00	0.00
3	脱色芽胞杆菌	1.67	0.00	3.00	0.00	0.00
3	堆肥热芽胞杆菌	0.00	0.33	0.67	1.00	1.00

续表

组别	物　种　名　称	养牛发酵床生境芽胞杆菌含量(OTU)				
		表层垫料	中层垫料	底层垫料	垫料原料	新鲜牛粪
3	类芽胞杆菌属种2	0.00	0.00	2.67	0.00	0.00
3	类芽胞杆菌属种1	0.00	0.00	2.33	0.00	0.00
3	类芽胞杆菌属种4	0.00	0.00	1.33	0.00	0.00
3	类芽胞杆菌属种5	0.00	0.00	1.00	0.00	0.00
3	类芽胞杆菌属种3	0.00	0.00	0.33	0.50	0.00
3	膨胀芽胞杆菌属的1种	0.00	0.00	0.67	0.00	0.00
3	脱硫芽胞杆菌属的1种	0.00	0.67	0.00	0.00	0.00
	第3组21个样本平均值	0.29	1.32	2.89	0.60	1.48

图6-58　养牛微生物发酵床不同深度垫料生境芽胞杆菌亚群落分化聚类分析

第 1 组高含量亚群落，包含了 8 种芽胞杆菌，即芽胞杆菌属种 8、芽胞杆菌属种 11、芽胞杆菌属种 2、芽胞杆菌属种 10、大洋芽胞杆菌属种 5、大洋芽胞杆菌属种 2、芽胞杆菌属种 3、大洋芽胞杆菌属种 4，在表层垫料、中层垫料、底层垫料、垫料原料、新鲜牛粪中的平均值 (OTU) 分别为 13.08、13.29、144.62、0.69、8.50，主要分布在养牛微生物发酵床垫料的底层。

第 2 组中含量亚群落，包含了 9 种芽胞杆菌，芽胞杆菌属种 4、芽胞杆菌属种 6、短芽胞杆菌属的 1 种、芽胞杆菌属种 5、蜥蜴纤细芽胞杆菌、热乳芽胞杆菌、木聚糖兼性芽胞杆菌、热噬淀粉芽胞杆菌、大洋芽胞杆菌属种 3，在表层垫料、中层垫料、底层垫料、垫料原料、新鲜牛粪中的平均值 (OTU) 分别为 1.78、1.81、2.44、1.22、25.33，主要分布在新鲜牛粪中。

第 3 组低含量亚群落，包括了其余的 21 种芽胞杆菌，在表层垫料、中层垫料、底层垫料、垫料原料、新鲜牛粪中的平均值 (OTU) 分别为 0.29、1.32、2.89、0.60、1.48，全程分布在垫料不同深度、垫料原料和新鲜牛粪。

九、讨论

养牛发酵床含有丰富的芽胞杆菌资源，从垫料生境中鉴定出 38 种芽胞杆菌，分属于芽胞杆菌目的 3 个科，即芽胞杆菌科、脂环酸杆菌科、类芽胞杆菌科；12 个属，即膨胀芽胞杆菌属、兼性芽胞杆菌属、芽胞杆菌属、纤细芽胞杆菌属、盐乳杆菌属、大洋芽胞杆菌属、火山芽胞杆菌属、解硫胺素芽胞杆菌属、短芽胞杆菌属、脱硫芽胞杆菌属、类芽胞杆菌属、热芽胞杆菌属；38 个种。垫料不同深度芽胞杆菌种类数量差异显著，表层垫料含有 20 种芽胞杆菌，中层垫料 24 种，底层垫料 33 种，垫料原料 16 种，新鲜牛粪 24 种。芽胞杆菌在养牛过程中有许多功能，郭德义等 (2013) 利用发酵床养猪的垫料转化为牛的粗饲料，养猪发酵床垫料中有许多的芽胞杆菌益生菌，进行育肥牛喂饲试验，收到良好的效果，这为反刍动物饲养开辟了新的饲料来源。

张强等 (2020) 比较了发酵床牛舍与散放式牛舍对荷斯坦牛泌乳性能的影响，结果表明，发酵床牛舍和散放式牛舍对荷斯坦牛日产奶量、乳脂率、蛋白率和体细胞数均有一定的影响。其中，发酵床牛舍荷斯坦牛日均产奶量极显著高于散放式牛舍 ($P < 0.01$)；散放式牛舍荷斯坦牛乳脂率极显著高于发酵床牛舍 ($P < 0.01$)；发酵床牛舍荷斯坦第 1 胎乳蛋白率极显著高于散放式牛舍 ($P < 0.05$)，泌乳后期乳蛋白率极显著高于散放式牛舍 ($P < 0.01$)；发酵床牛舍荷斯坦牛 3 胎体细胞数显著低于散放式牛舍 ($P < 0.05$)。研究表明，使用发酵床牛舍可以提高荷斯坦牛日产奶量和乳蛋白率，降低牛奶中体细胞数和乳脂率。甄永康等 (2018) 比较了夏季发酵床牛舍与拴系式牛舍环境指标的差异，结果表明，发酵床牛舍的可培养细菌密度为 0.10×10^4 CFU/m³，极显著低于拴系式牛舍的 2.33×10^4 CFU/m³($P < 0.01$)；氨气浓度为 3.92mg/m³，也极显著低于拴系式牛舍的 9.68mg/m³($P < 0.01$)；噪声强度为 57.6dB，极显著低于拴系式牛舍的 65.3dB($P < 0.01$)；但温湿度、温湿度指数以及其他指标在两种牛舍间没有显著的差异。发酵床牛舍的环境细菌浓度、噪声强度与氨气浓度较低，能够在一定程度上改善奶牛的舒适度。张晓慧等 (2017) 研究了应用微生物发酵床养殖泌乳牛群，结果表明，发酵床含水量逐渐升高，由初期的 55% 左右上升至 40d 的 70% 左右；发酵床温度先逐渐上

升，40d 后基本稳定在 34℃左右。与普通牛舍相比，发酵床牛舍氨气含量降低，牛肢蹄病有明显好转，但乳房健康状况不稳定，平均日产奶量无显著影响，发酵床养牛过程垫料中的芽胞杆菌起到重要作用。张秋萍 (2017) 研究了大温差地区发酵床养牛技术，结果表明，春季与夏季发酵过程可在自然条件下顺利经历升温期、高温期，结束时含水率接近 50%；秋天与冬天低环境温度 (−20 ～ 15℃) 对发酵床升温影响较大；通过翻耕、补菌，能有效加快升温并缩短发酵周期。通过 PCR-DGGE 检测，养牛发酵床的优势菌群为梭菌属、芽胞杆菌属以及黄杆菌属。对整个发酵周期进行致病菌检测，结果发现沙门氏菌和志贺氏菌存在于发酵初期和升温期，高温期和结束时未检出；金黄色葡萄球菌全程未检出；致病性大肠杆菌直至高温期仍然存在，但发酵结束时未检出。邓兵 (2017) 研究了犊牛养殖微生物发酵床垫料细菌多样性，对现场试验垫料细菌多样性分析表明，从门的水平上看，变形菌门为优势菌群，含量达 35% 以上，其次是拟杆菌门，含量为 27% ～ 41.7%；垫料中的优势菌属包括了类芽胞杆菌属、陶厄氏菌属、纤维弧菌属、假单胞菌属等。

养牛微生物发酵床垫料芽胞杆菌垂直分布特征研究未见报道。但是发酵床养猪过程芽胞杆菌的垂直分布有过报道，刘国红等 (2017) 报道了养猪微生物发酵床芽胞杆菌空间分布多样性，结果表明，从养猪发酵床中分离获得芽胞杆菌纲的 2 科、8 属，即芽胞杆菌属、赖氨酸芽胞杆菌属、类芽胞杆菌属、短芽胞杆菌属、鸟氨酸芽胞杆菌属、大洋芽胞杆菌属、少盐芽胞杆菌属和纤细芽胞杆菌属。笔者从养牛发酵床分离到芽胞杆菌纲的 3 科、12 属，其中脂环酸杆菌科未在养猪发酵床中分离到；与养猪发酵床分离到相同的属有 5 种，即芽胞杆菌属、纤细芽胞杆菌属、大洋芽胞杆菌属、短芽胞杆菌属、类芽胞杆菌属；从养牛发酵床分离到独有的属有 7 种，即膨胀芽胞杆菌属、兼性芽胞杆菌属、盐乳杆菌属、火山芽胞杆菌属、解硫胺素芽胞杆菌属、脱硫芽胞杆菌属、热芽胞杆菌属；养猪发酵床独有的属有 3 种，即赖氨酸芽胞杆菌属、鸟氨酸芽胞杆菌属、少盐芽胞杆菌属；养牛发酵床中芽胞杆菌属的种类更为丰富。

养牛微生物发酵床芽胞杆菌总量最多的是在垫料底层，次之是在新鲜牛粪中，最少的是在垫料原料中，这与刘波等 (2019) 报道的养猪微生物发酵床上层垫料芽胞杆菌总量与下层相比无显著差异 ($P > 0.05$) 结果不同，在养牛发酵床底层垫料中芽胞杆菌总量高于表层垫料。相关性分析揭示了不同深度垫料芽胞杆菌种群之间存在极显著相关 ($P < 0.01$)，而与垫料原料、新鲜牛粪不相关 ($P > 0.05$)，垫料原料和新鲜牛粪之间也不相关 ($P > 0.05$)；表明微生物发酵床接受垫料原料和新鲜牛粪 (牛肠道) 来源的芽胞杆菌，经过混合发酵，发酵床营养条件和环境条件变化选择了芽胞杆菌种类，形成了不同于发酵原料的芽胞杆菌群体。前人有过许多的报道，在制作微生物发酵床过程中，使用大量的芽胞杆菌为接种体，如钟仁方和吴祖芳 (2014) 研究了枯草芽胞杆菌配伍的复合菌种接种养猪发酵床垫料；秦竹等 (2012) 认为发酵床芽胞杆菌菌种是发酵床生猪养殖技术的首要问题；李珊珊 (2012a) 报道了发酵床功能芽胞杆菌菌株的筛选及应用效果等。笔者的研究表明微生物发酵床含有大量的芽胞杆菌，其来源于垫料原料和动物粪便，以及发酵过程环境芽胞杆菌的侵入；从外源接入芽胞杆菌菌种，其种类和数量远远不能满足微生物发酵床的要求，微生物发酵床垫料发酵过程，营养条件和环境条件的变化选择着芽胞杆菌，调整好垫料碳氮比和发酵环境如温度、湿度、pH 值等，能够自然培养许多芽胞杆菌种类和数量；微生物发酵床的接种体芽胞杆菌菌种需求的必要性值得商榷。

在养牛微生物发酵床中，不同深度垫料芽胞杆菌优势种群为芽胞杆菌属种8(43.33 ～ 422.00，

OTU) 和芽胞杆菌属种 11(17.00 ～ 474.67，OTU)，在垫料原料中优势种群为嗜热嗜气解硫胺素芽胞杆菌 (9.00，OTU)，在新鲜牛粪中优势种群为芽胞杆菌属种 4(66.00，OTU)。亚群落聚类分析结果将芽胞杆菌分为 3 组，高含量亚群落包含了 8 种芽胞杆菌，即芽胞杆菌属种 8、芽胞杆菌属种 11、芽胞杆菌属种 2、芽胞杆菌属种 10、大洋芽胞杆菌属种 5、大洋芽胞杆菌属种 2、芽胞杆菌属种 3、大洋芽胞杆菌属种 4，主要分布在养牛微生物发酵床垫料的表层、中层和底层；中含量亚群落包含了 9 种芽胞杆菌，即芽胞杆菌属种 4、芽胞杆菌属种 6、短芽胞杆菌属的 1 种、芽胞杆菌属种 5、蜥蜴纤细芽胞杆菌、热乳芽胞杆菌、木聚糖兼性芽胞杆菌、热噬淀粉芽胞杆菌、大洋芽胞杆菌属种 3，主要分布在新鲜牛粪中；低含量亚群落包含了其余的 21 种芽胞杆菌，分布在发酵床的不同环境中，如垫料不同深度、垫料原料和新鲜牛粪。香农指数表明了物种含量及其分布均匀性的综合特性，菌群含量越高分布越均匀，香浓指数越大，反之亦然；底层垫料香农指数最小 (1.77)，芽胞杆菌数量分布较为不均匀；新鲜牛粪香农指数最大 (2.76)，芽胞杆菌数量分布较为均匀；相关研究未见报道。

　　芽胞杆菌生态位宽度与种群含量和分布均匀度有关，种群高含量集中在一种生境中，其生态位宽度可以比较小；反之，低密度种群均匀地分散在环境中，其生态位宽度可以比较大。研究表明堆肥热芽胞杆菌生态位宽度最大，为 3.5217，较为均匀地分布在中层垫料 (S2=22.22%)、底层垫料 (S3=33.33%)、垫料原料 (S4=33.33%)，充分利用发酵过程的不同状态；生态位宽度较小的蜥蜴纤细芽胞杆菌，生态位宽度仅为 1.3281，仅分布于垫料原料中 (S4=85.96%)；芽胞杆菌属种 5 的生态位宽度为 2.4001，集中地分布在新鲜猪粪中 (S5=60.66%)。刘波等 (2019) 报道了养猪微生物发酵床芽胞杆菌属空间生态位宽度，空间生态位宽度 (Levins 测度) 范围为 10.5159(芽胞杆菌) ～ 1.3178(肿块芽胞杆菌属)，然而关于养牛微生物发酵床垫料垂直分布芽胞杆菌种类生态位宽度的研究未见报道。生态位宽度反映了物种利用资源的能力，生态位宽度越宽，利用资源的能力越强。

第六节
养牛发酵床垫料湿度对细菌微生物组的影响

一、概述

　　选择福建长富乳业集团股份有限公司第三牧场养牛发酵床进行试验，垫料原料采用锯糠 50% + 谷壳 50% 配比成垫料，铺垫 60cm 深度垫料，牛养其上，粪便排在垫料上，与垫料混合进行发酵。试验控制垫料湿度，一组采用适宜的湿度，控制含水量 50% 左右进行发酵，该组称为宜湿垫料组；另一组采用高湿垫料，含水量控制在 70% 左右进行发酵，该组称为高湿垫料组。发酵 8 个月进行采样分析，采样时随机采集养牛发酵床不同湿度垫料的表层、中层、底层各 10 个样本，按不同层次混合出不同湿度的垫料表层、中层、底层样本 6 个，同时采集垫料原料、新鲜牛粪样本为参照,进行宏基因组测定。测定结果统计不同湿度的垫料表层、中层、底层细菌群落平均值,形成宜湿垫料、高湿垫料细菌微生物组,与垫料原料和新鲜牛粪细菌微生物组一并进行分析。宜湿垫料(50% 含水量)牛粪与垫料原料混合发酵8 个月,它的湿度适宜,通气量平衡,碳和氮的比例逐渐趋于有利于微生物生长的状况;高湿垫料与宜湿垫料比较,除了湿度较高,其他条件相近;垫料原料湿度低、含氮量低,新鲜牛粪湿度高、含氮量高。分析宜湿垫料、高湿垫料、垫料原料、新鲜牛粪细菌微生物组的差异,揭示垫料湿度控制和发酵进程对微生物组的影响。现将结果小结如下。

二、不同湿度垫料细菌微生物组共有种类统计

不同湿度养牛发酵床垫料细菌微生物组共有种类和独有种类纹图分析统计结果见图6-59。不同湿度垫料发酵细菌微生物组存在显著差异,从细菌门考察,宜湿垫料(K)、高湿垫料(L)、垫料原料(M) 和新鲜牛粪(N) 共有细菌门 11 个,宜湿垫料独有细菌门 5 个,高湿垫料独有细菌门 3 个,垫料原料和新鲜牛粪没有独有细菌门,表明垫料发酵的细菌微生物组主要来源于垫料原料和新鲜牛粪;宜湿垫料发酵水平较高,独有细菌门较高湿垫料多 2 个。从细菌分类阶元的细分,细菌共有种类产生变化,细菌门<细菌纲<细菌目<细菌科<细菌属(>细菌种),共有种类逐步增加,到细菌种共有种类减少;相应的独有种类也逐渐增加。从细菌种考察,4 个样本共有种类 54 个,低于细菌属共有种类 61 个,表明在细菌种的水平上,对生长环境选择依赖性增强。宜湿垫料独有细菌种 449 个,高于高湿垫料的 86 个,表明宜湿垫料更适合于细菌的生长;垫料原料独有种类 104 个,表明这些种类仅适合于垫料原料中生存,而不适应于宜湿垫料和高湿垫料生境的生存,可以推断垫料原料中含氮营养较低、含碳营养较高,这些独有细菌适合于高碳生存,而不适合于高氮生存;同样,新鲜牛粪独有种类 70 个,这些细菌适合高氮生存,不适合于高碳生存。宜湿垫料与高湿垫料之间共有种类404 个,表明这两种生境具有较高的同质性;高湿垫料(含水量 70%)与垫料原料(含水量30%) 共有种类 5 个,高湿垫料(含水量 70%)与新鲜牛粪(含水量 90%) 共有种类 66 个,说明垫料原料的许多种类无法在高湿垫料中生存,而新鲜牛粪的许多种类可以在高湿垫料中生存。高湿垫料与垫料原料的通气环境差异较大,前者较厌氧,后者较好氧,隔离了许多细菌种的互相生存;高湿垫料与新鲜牛粪都较为厌氧,使得两者共有种类增加。通气条件的选择作用超过营养条件。

三、不同湿度垫料细菌菌群结构

养牛发酵床不同生境鉴定出细菌门 (phylum)38 个、细菌纲 (class)93 个、细菌目 (order)202个、细菌科 (family)416 个、细菌属 (genus)911 个、细菌种 (species)1550 个、分类单元(OTU)3338 个,鉴定中未确定分类单元的有 1788 个,表明养牛发酵床中细菌微生物组极其丰富(图 6-60)。

从细菌门水平看,总体鉴定出 38 个,宜湿垫料有 35 个细菌门,含量最高的为变形菌门 (31.25%),最低的为深古菌门 (Bathyarchaeota)(0.0008%),其中与高湿垫料生境比较,其独有的细菌门有奇古菌门 (4.1730%)、装甲菌门 (0.0979%)、乳胶杆菌门 (0.0255%)、门

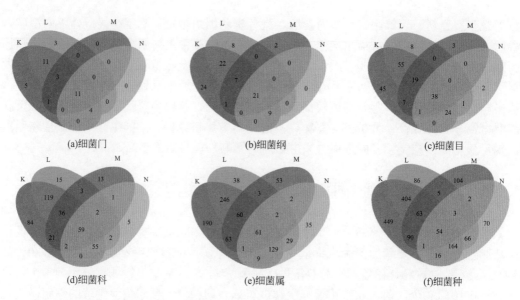

图6-59　养牛发酵床垫料生境及其新鲜牛粪细菌微生物组共有种类和独有种类的统计

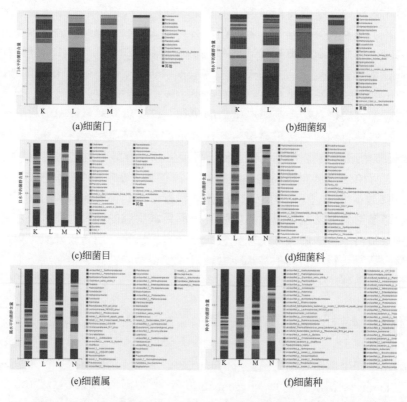

图6-60　养牛发酵床垫料生境及其新鲜牛粪细菌微生物组结构

WS2(0.0050%)、门 GAL15(0.0044%)、候选门 Tectomicrobia(0.0030%)。高湿垫料有 32 个细菌门，含量最高的为变形菌门 (37.72%)，最低的为深古菌门 (0.0003%)，其中与宜湿垫料生境比较，其独有的细菌门有黏胶球形菌门 (0.0047%)、门 WSA2(0.0016%)、纤细杆菌门 (0.0005%)，独有细菌门少于宜湿垫料生境。垫料原料有 24 个细菌门，含量最高的为变形菌

门 (51.77%)，最低的为黑杆菌门 (Atribacteria)(0.0004%)；与宜湿垫料和高湿垫料生境比较，垫料原料缺少的细菌门有奇古菌门、硝化螺菌门、螺旋体门、乳胶杆菌门、产氢菌门、绿菌门、门 WS2、门 GAL15、候选门 Tectomicrobia、门 WS1、候选门 Parcubacteria、深古菌门、黏胶球形菌门、门 WSA2、纤细杆菌门。新鲜牛粪有 20 个细菌门，即厚壁菌门、拟杆菌门、广古菌门、变形菌门、放线菌门、柔膜菌门、糖杆菌门、螺旋体门、疣微菌门、异常球菌 - 栖热菌门、绿弯菌门、芽单胞菌门、浮霉菌门、蓝细菌门、互养菌门、黑杆菌门、未分类的细菌门、产氢菌门、门 BRC1、阴沟单胞菌门，大部分为兼性厌氧菌，在宜湿垫料、高湿垫料、垫料原料中都存在，含量最高的为厚壁菌门 (63.12%)，最低的为阴沟单胞菌门 (0.0006%)；在养牛发酵床垫料中鉴定到的黑杆菌门，为美国能源部科学用户设施办公室的研究人员在内的团队提供了令人信服的证据证明两个未经培养的细菌群实际上属于一个名为"黑杆菌门"的候选门。这些微生物被发现全球分布在"低能量"生态系统中，其中营养素和氧气供不应求，与其他物种共生代谢同步是一种可行的生存策略。一个新的古菌门——"深古菌"门 (Bathyarchaeota) 由王风平教授首次发现并命名，他成功解析了"深古菌"部分类群的独特代谢形式，证实"深古菌"是海洋沉积物中木质素降解的重要参与者，从新的角度认识了木质素在自然界中的循环过程和机制，为深入理解海洋碳循环机制做出了贡献。纤细杆菌门 (纤细菌门) 的发现，源于研究人员发现这种细菌"重新编码"了称为蛋白石 (opal) 终止密码子的 UGA。在几乎所有其他生物体中，这一核苷酸序列代表的是终止将 RNA 翻译为蛋白质。然而在这一生物体中，它告知细胞生成了甘氨酸。研究人员提出将这一细菌置于称作为纤细杆菌门的一个新的细菌门，该成果发表在 2020 年 7 月 14 号的《自然》(Nature) 杂志上。

从细菌属水平看，宜湿垫料和高湿垫料前 10 个高含量细菌属比较相近，即特吕珀菌属、黄单胞菌科未分类的 1 属、红环菌科未分类的 1 属、棒杆菌属、盐单胞菌属、间孢囊菌科未分类的 1 属、科 ML635J-40 水生群分类地位未定的 1 属、红杆菌科未分类的 1 属、海杆菌属 (Marinobacter)、碱弯菌属，含量在 0.2% ~ 9.0% 之间，对氮素要求较高；垫料原料前 10 个高含量细菌属与发酵垫料完全不同，包括了伯克氏菌属 - 副伯克氏菌属、不动杆菌属、肠杆菌科未分类的 1 属、鞘氨醇单胞菌属、新鞘氨醇菌属、黄杆菌属、鞘氨醇杆菌属、类诺卡氏菌属，对好氧要求较高；新鲜牛粪前 10 个高含量细菌属与垫料生境 (宜湿、高湿、原料) 大不相同，包括了消化链球菌科未分类的 1 属、狭义梭菌属 1、类梭菌属、瘤胃球菌科 UCG-005 群的 1 属、甲烷短杆菌属、苏黎世杆菌属、毛螺菌科 NK3A20 群的 1 属、不动杆菌属等，含有大量的动物病原属和厌氧菌。

四、不同湿度垫料优势细菌菌群

1．细菌门水平

养牛发酵床垫料生境及其新鲜牛粪细菌门优势菌群差异显著 (图 6-61)，宜湿垫料和高湿垫料优势菌群相似，细菌门前 3 个高含量的优势菌群在宜湿垫料生境和在高湿垫料生境中变形菌门分别为 30.53%、37.71%，放线菌门分别为 21.47%、15.29%，拟杆菌门分别为 11.11%、15.29%；垫料原料细菌门优势菌群分别为变形菌门 79.22%、反硝化细菌的未分类门 5.88%、放线菌门 4.59%；新鲜牛粪细菌门优势菌群分别为厚壁菌门 63.98%、拟杆菌门 10.84%、变形菌门 10.52%。垫料原料与发酵垫料通过变形菌门和放线菌门联系，垫料原料与新鲜牛粪通过厚壁菌门联系，发酵垫料与新鲜牛粪通过拟杆菌门联系；垫料原料＋新鲜牛粪经过混合发酵，不同的湿度和营养条件选择了细菌菌群形成生境群落。

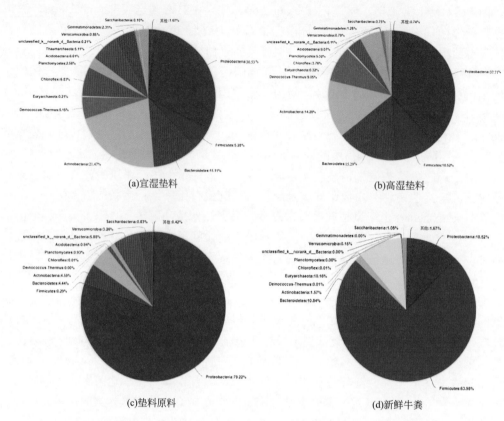

图6-61　养牛发酵床垫料生境及其新鲜牛粪细菌门优势菌群相对比例

2. 细菌纲水平

养牛发酵床垫料生境及其新鲜牛粪细菌纲优势菌群差异显著（图 6-62），宜湿垫料生境细菌纲优势菌群分别为放线菌纲 (20.57%)、γ- 变形菌纲 (18.25%)、α- 变形菌纲 (8.776%)，高湿垫料生境细菌纲优势菌群分别为 γ- 变形菌纲 (22.16%)、放线菌纲 (15.41%)、梭菌纲 (9.536%)，垫料原料生境细菌纲优势菌群分别为 γ- 变形菌纲 (18.24%)、芽胞杆菌纲 (17.76%)、α- 变形菌纲 (16.99%)，新鲜牛粪生境细菌纲优势菌群分别为梭菌纲 (55.57%)、拟杆菌纲 (16.05%)、甲烷杆菌纲 (7.289%)。梭菌纲为动物病原纲，喜欢厌氧环境生存，在新鲜牛粪生境和高湿垫料生境都成为优势菌群，表明发酵床湿度控制，对于调节垫料发酵、控制病原起着至关重要的作用。

3. 细菌目水平

养牛发酵床垫料生境及其新鲜牛粪细菌目优势菌群差异显著（图 6-63），宜湿垫料生境细菌目优势菌群分别为黄单胞菌目 (11.41%)、拟杆菌目 (7.531%)、微球菌目 (6.004%)。高湿垫料生境细菌目优势菌群分别为黄单胞菌目 (11.27%)；梭菌目 (9.086%)，为大多数动物病原菌所在目，喜欢厌氧环境，是动物肠道菌群；异常球菌目 (8.696%)，喜欢厌氧环境，是动物

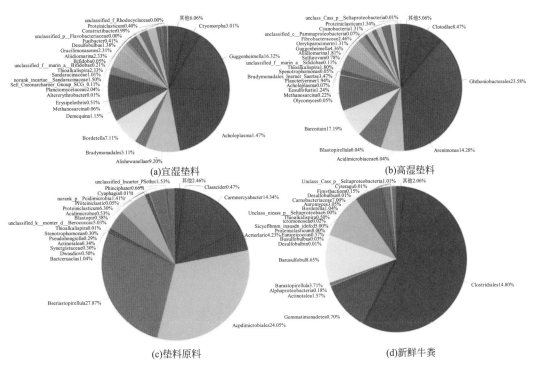

图6-62　养牛发酵床垫料生境及其新鲜牛粪细菌纲优势菌群相对比例

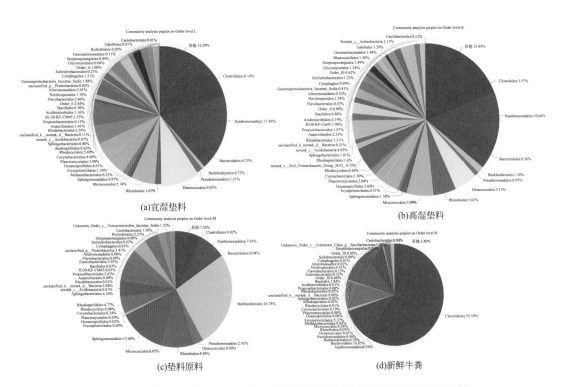

图6-63　养牛发酵床垫料生境及其新鲜牛粪细菌目优势菌群相对比例

肠道菌群。垫料原料生境细菌目优势菌群分别为伯克氏菌目 (13.87%)，专性需氧，对营养要求不高，是植物的病原菌，大部分菌种的最适生长温度为 30 ～ 37℃，少数菌种能在 42℃ 生存；芽胞杆菌目 (12.92%)，好氧生长，分泌物对许多菌群有抑制作用；微球菌目 (7.929%)，肠道微生物，兼性好氧生长。新鲜牛粪生境细菌目优势菌群分别为梭菌目 (55.56%)，厌氧生长，动物病原菌，肠道微生物；拟杆菌目 (15.97%)，肠道微生物，兼性厌氧，具有基因簇防御功能，可以中和外源性毒素；甲烷杆菌目 (7.289%)，肠道微生物，厌氧生长。湿度过高的环境有利于动物病原菌如梭菌目的生长，在新鲜牛粪和高湿垫料生境中梭菌目成为优势种；湿度较低的环境如宜湿垫料和垫料原料环境，病原菌含量低、有益菌含量高。

4．细菌科水平

养牛发酵床垫料生境及其新鲜牛粪细菌科优势菌群差异显著 (图 6-64)，宜湿垫料生境细菌科优势菌群分别为黄单胞菌科 (10.03%)、特吕珀菌科 (5.975%)、盐单胞菌科 (3.915%)，这些优势菌群具有较强的分解能力，有报道特吕珀菌科作为堆肥过程的标志性微生物，盐单胞菌科经常存在于水底沉积物中。高湿垫料生境细菌科优势菌群分别为黄单胞菌科 (10.48%)、特吕珀菌科 (8.696%)、红环菌科 (6.905%)，高湿发酵环境，使得优势菌群有些变化，有报道将红环菌科的菌种用于污水处理和五氯酚钠农药降解。垫料原料生境细菌科优势菌群分别为伯克氏菌科 (11.49%)、葡萄球菌科 (10.72%)、鞘氨醇单胞菌科 (6.475%)，垫料原料含氮量不高、营养条件不良、水分含量低、通气性好，这里存在的优势菌群营好氧生长；伯克氏菌科专性需氧，对营养要求不高，是植物的病原菌，大部分菌种的最适生长温度为 30 ～ 37℃，少数菌种能在 42℃ 生存；许多动物条件病原菌属于葡萄球菌科。葡萄球菌病主要是由金黄色葡萄球菌引起的一种家禽急性或慢性传染病，在临床上常表现多种类型，如关节炎、腱鞘炎、脚垫肿、脐炎和葡萄球菌性败血症等，给养禽业造成较大的损失。病原典型的葡萄球菌为圆形或卵圆形，呈葡萄状排列，革兰氏染色阳性，无鞭毛，无荚膜，不产生芽胞，在普通培养基上生长良好。葡萄球菌在自然界中分布很广，健康禽类的皮肤、羽毛、眼睑、黏膜、肠道等都有葡萄球菌存在，同时该菌还是家禽孵化、饲养、加工环境中的常见微生物。袁军等 (2020) 报道了镰刀菌枯萎病发病时土壤鞘氨醇单胞菌科含量较高，成为生物标记物，垫料原料带有许多的动物病原菌和植物病原菌，经过发酵这些菌群逐渐消失。新鲜牛粪生境细菌科优势菌群分别为消化链球菌科 (18.75%)、毛螺菌科 (11.42%)、瘤胃球菌科 (10.93%)，与发酵垫料和垫料原料的优势菌群完全不同，新鲜牛粪优势菌群都属于肠道微生物，专性厌氧菌。厌氧链球菌科和厌氧消化链球菌科是同一个范畴，只不过厌氧链球菌科是在胃里，而厌氧消化链球菌科是在肠道中与肠一起担负吸收养料的功能。有报道对比胖瘦小鼠的肠道菌群，发现肥胖与有益的双歧杆菌缺失、消化链球菌科和消化球菌科中的促炎菌种增多相关；肥胖相关的肠道菌群失调，消化链球菌科的菌群增加，伴随巨噬细胞向膝关节滑膜迁移，加剧创伤性膝骨关节炎；给肥胖小鼠补充低聚果糖 (OF) 虽无法缓解高脂饮食诱导的肥胖，但可改善小鼠肠道菌群，尤其增加假长双歧杆菌；OF 改善肠道菌群，减少消化链球菌科菌群，与肥胖小鼠的结肠、循环和膝关节的炎症减轻相关，抑制肥胖症关节损伤中的分子、细胞和关节结构改变。有报道瘤胃球菌科丰度改变可以影响体内短链脂肪酸浓度，进而影响机体炎症症状，患者的膳食情况也影响肠道菌群的组成；研究人员对治疗前的转移性黑色素瘤患者取样，收集他们的口腔菌和肠道菌，随后患者接受 PD-1 抗体治疗，根据治疗的结果把患者分成治疗有效和治疗无效两组，结果发现这两组患者的肠道菌群明显不一样！治疗有效的患者的肠道菌有两个特点：一是菌群丰富；二是瘤胃球菌科细菌更多。

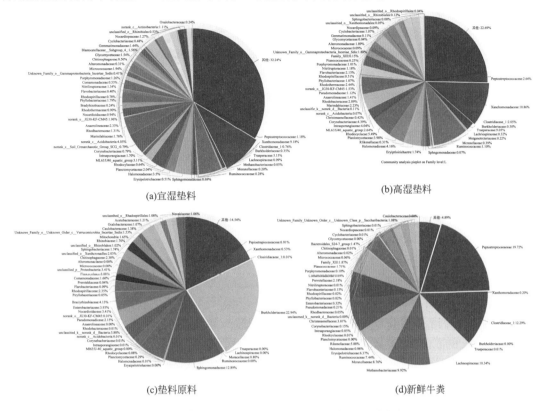

(a)宜湿垫料

(b)高湿垫料

(c)垫料原料

(d)新鲜牛粪

图6-64　养牛发酵床垫料生境及其新鲜牛粪细菌科优势菌群相对比例

原料垫料带有好氧病原菌群，新鲜牛粪带有厌氧病原菌群，两者混合发酵后，病原菌群消失，取而代之是具有分解有机质的菌群，宜湿发酵条件与高湿发酵条件有效降低动植物病原菌含量，提升有益菌含量。

5．细菌属水平

养牛发酵床垫料生境及其新鲜牛粪细菌属优势菌群差异显著（图6-65），宜湿垫料生境细菌属优势菌群分别为黄单胞菌科未分类的1属（9.0400%）、特吕珀菌属（5.9750%）、盐单胞菌属（3.9150%）；高湿垫料生境细菌属优势菌群分别为特吕珀菌属（8.6960%）、黄单胞菌科未分类的1属（7.7620%）、红环菌科未分类的1属（6.9050%）；垫料原料生境细菌属优势菌群分别为伯克氏菌属-副伯克氏菌属（11.3%）、葡萄

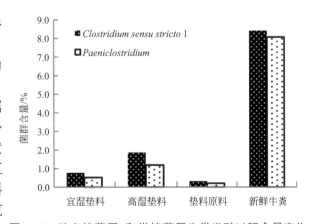

图6-65　狭义梭菌属1和类梭菌属牛粪发酵过程含量变化

球菌属 (10.63%)、不动杆菌属 (4.6010%)；新鲜牛粪生境细菌属优势菌群分别为消化链球菌科未分类的 1 属 (10.5700%)、狭义梭菌属 1(8.4180%)、类梭菌属 (8.0710%)。陈磊等 (2019) 报道狭义梭菌属 1 为猎豹、狞猫肠道优势菌群；张君胜等 (2020) 报道了苏姜猪健康仔猪盲肠中狭义梭菌属 1 高于弱仔猪。类梭菌属中有许多动物病原菌，如索氏类梭菌 (*Paeniclostridium sordellii*，以前称为 *Clostridium sordellii*) 是一种厌氧孢子生成菌，其毒力菌株可在人和动物中引起致命性感染，在人类中可导致水肿、坏疽、低血压和全身中毒性休克，死亡率约为 70%。妇女因妇科手术、分娩、流产等感染风险最高，宫内感染的死亡率接近 100%。索氏梭菌的主要毒力因子是两种外毒素，致死毒素 TcsL(约 2.7×10^5) 和出血性毒素 TcsH(约 3.0×10^5)，其中以 TcsL 更为重要。这两种毒素均属于大型梭菌毒素 (Large Clostridial Toxin, LCT) 家族，其他还包括艰难梭菌 (*Clostridium difficile*) 毒素 TcdA、TcdB 及产气荚膜梭菌毒素 TpeL 和诺维氏梭菌 (*Clostridium novyi*) 毒素 Tcna。在所有 LCT 中，TcsL 的致死率最高。数据表明肺血管内皮细胞是 TcsL 在体内的主要病理靶点。通常细胞受体决定了毒素的细胞和组织特异性，目前是否存在 TcsL 的特异性受体尚不清楚。

新鲜牛粪中狭义梭菌属 1 和类梭菌属含量范围为 8.0% ～ 8.4%，在垫料原料中这两个细菌属含量为 0.2% ～ 0.3%，垫料原料与新鲜牛粪混合发酵，在宜湿垫料中发酵，含量仅为 0.5% ～ 0.8%，在高湿垫料中发酵含量为 1.2% ～ 1.9%，表明在适宜湿度的条件下，发酵后这两个细菌属含量下降幅度达到 93.7% ～ 96.4%，在湿度较高的垫料中发酵两个细菌属下降幅度为 77.3% ～ 85.0%；宜湿垫料中发酵能使得两个细菌属下降幅度更大 (图 6-66)。

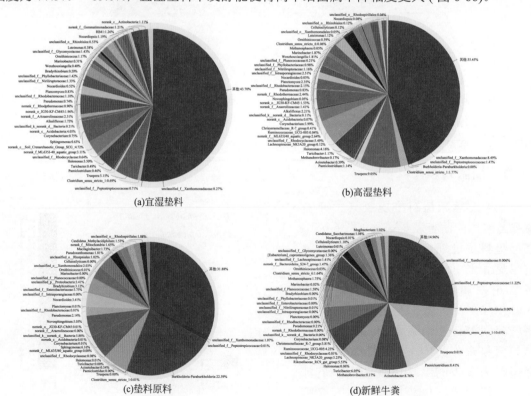

图6-66　养牛发酵床垫料生境及其新鲜牛粪细菌属优势菌群相对比例

6．细菌种水平

养牛发酵床垫料生境及其新鲜牛粪细菌种优势菌群差异显著 (图 6-67)，宜湿垫料生境细菌种优势菌群分别为黄单胞菌科未分类属的 1 种 (9.04%)、盐单胞菌属未分类的 1 种 (3.915%)、科 ML635J-40 水生群未分类属的 1 种 (3.741%)；高湿垫料生境细菌种优势菌群分别为黄单胞菌科未分类属的 1 种 (7.762%)、红环菌科未分类属的 1 种 (6.905%)、特吕珀菌属未分类的 1 种 (5.191%)；垫料原料生境细菌种优势菌群分别为葡萄球菌属未分类的 1 种 (10.63%)、伯克氏菌属 - 副伯克氏菌属未分类的 1 种 (5.007%)、不动杆菌 CIP53.82(4.344%)；新鲜牛粪生境细菌种优势菌群分别为消化链球菌科未分类属的 1 种 (10.57%)、类梭菌属未分类的 1 种 (8.071%)、狭义梭菌属 1 未分类的 1 种 (7.047%)。垫料原料含氮量低、湿度低、通气性好，选择适合生长的菌群，区别于新鲜牛粪含氮量高、湿度大、厌氧条件的菌群。

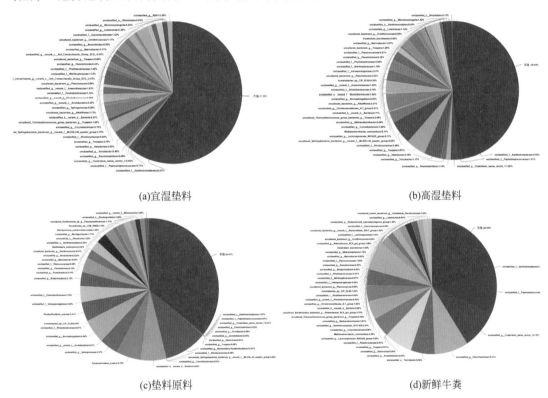

(a)宜湿垫料　　　　　　　　　　　　　　(b)高湿垫料

(c)垫料原料　　　　　　　　　　　　　　(d)新鲜牛粪

图6-67　养牛发酵床垫料生境及其新鲜牛粪细菌种优势菌群相对比例

五、不同湿度细菌属亚群落分布

1．不同湿度垫料生境细菌属相关性

以养牛发酵床垫料生境及其新鲜牛粪中 937 个细菌属为矩阵、垫料生境为指标、细菌属为样本，进行相关系数分析，统计结果见表 6-58。在细菌属水平上，宜湿垫料、高湿垫料、垫料原料等生境存在极显著相关性 ($P < 0.01$)，表明垫料因湿度、发酵、牛粪含量引起的细菌属的差异不显著；也即垫料 + 牛粪发酵，更多地抑制了新鲜牛粪中的细菌属菌群，发扬了

垫料原料中的菌群；牛粪中的病原菌，经过发酵床的发酵，得到了极大的抑制。新鲜牛粪生境与宜湿垫料和垫料原料的生境相关性不显著 ($P > 0.05$)，表明新鲜牛粪生境的细菌属与宜湿垫料的发酵和垫料原料中的细菌属无关，各自生境保持着自身的菌群特性。新鲜牛粪与高湿垫料生境具有显著相关性 ($P < 0.01$)，表明新鲜牛粪如果在高湿条件下发酵，其所带的细菌属能大量的保持生长，也即新鲜牛粪中的病原菌在高湿的条件下，尽管营养条件发生变化但仍能够保持生存；高湿垫料对发酵床是有害的。

表6-58　基于细菌属的养牛发酵床不同湿度垫料及其新鲜牛粪生境的相关系数

项目	宜湿垫料	高湿垫料	垫料原料	新鲜牛粪
宜湿垫料		0.0000	0.0095	0.0739
高湿垫料	0.7404		0.0012	0.0000
垫料原料	0.0847	0.1058		0.0836
新鲜牛粪	0.0584	0.1395	0.0566	

注：左下角是相关系数 r，右上角是 P 值。

2．不同湿度垫料生境细菌属多样性

以养牛发酵床垫料生境及其新鲜牛粪细菌属占比总和 > 0.2% 的 255 个细菌属为矩阵、垫料生境为样本、细菌属为指标，进行多样性分析，结果见表6-59。含量 > 0.2% 的条件下，宜湿垫料细菌属种类最多，新鲜牛粪最少；宜湿垫料含有 232 个细菌属，含量总和为 88.05%；高湿垫料含有 213 个细菌属，含量总和为 93.26%；垫料原料含有 216 个细菌属，含量总和为 92.16%；新鲜牛粪含有 185 个细菌属，含量总和为 95.26%。从丰富度看，宜湿垫料丰富指数最高，新鲜牛粪最低；同样，优势度辛普森 (Simpson) 指数、香农 (Shannon) 指数、均匀度指数宜湿垫料生境最高，新鲜牛粪最低。

表6-59　养牛发酵床不同湿度垫料及其新鲜牛粪生境细菌属多样性指数

项目	细菌属数量	细菌含量/%	丰富度	Simpson指数(D)	Shannon指数(H)	均匀度指数
宜湿垫料	232	88.05	51.59	0.9827	4.2808	0.7859
高湿垫料	213	93.26	46.74	0.9770	4.0551	0.7564
垫料原料	216	92.16	47.53	0.9700	4.0156	0.7471
新鲜牛粪	185	95.26	40.38	0.9567	3.3870	0.6488

3．不同湿度垫料生境细菌属生态位宽度

以养牛发酵床垫料生境及其新鲜牛粪细菌属占比总和 > 0.2% 的 255 个细菌属为矩阵、垫料生境为样本、细菌属为指标，进行生态位宽度分析，结果见表6-60。养牛发酵床不同生境的生态位宽度代表了生境能容纳的细菌属的量，生态位越宽的生境，能容纳的细菌属越多；结果表明宜湿垫料生境生态位宽度 (35.1189) > 高湿垫料 (29.8474) > 垫料原料 (24.6921) > 新鲜牛粪 (18.7582)。不同生境细菌属常用资源差异显著，宜湿垫料、高湿垫料、垫料原料生境分布的细菌属常用资源都为 7 个，种类组成存在差异，如宜湿垫料生境细菌属的组成分别为：S1= 黄单胞菌科未分类的 1 属 (10.27%)、S2= 特吕珀菌属 (6.79%)、S9= 盐单胞菌属 (4.45%)、S12= 科 ML635J-40 水生群分类地位未定的 1 属 (4.25%)、S22= 酸杆菌纲分

类地位未定的 1 属 (2.98%)、S23= 厌氧绳菌科分类地位未定的 1 属 (4.38%)、S27= 碱弯菌属 (3.76%)；新鲜牛粪生境分布的细菌属常用资源有 11 个，如 S3= 消化链球菌科未分类的 1 属 (11.10%)、S4= 狭义梭菌属 1(8.84%)、S7= 类梭菌属 (8.47%)、S8= 瘤胃球菌科 UCG-005 群的 1 属 (4.65%)、S11= 甲烷短杆菌属 (6.00%)、S14= 苏黎世杆菌属 (7.43%)、S15= 毛螺菌科 NK3A20 群的 1 属 (6.26%)、S16= 不动杆菌属 (5.14%)、S18= 克里斯滕森菌科 R-7 群的 1 属 (4.62%)、S19= 双歧杆菌属 (4.61%)、S25= 狭义梭菌属 6(2.90%)、S30= 甲烷球形菌属 (2.86%)。

表6-60　养牛发酵床不同湿度垫料及其新鲜牛粪生境细菌属生态位宽度

项　　目	宜湿垫料	高湿垫料	垫料原料	新鲜牛粪
生态位宽度(Levins测度)	35.1189	29.8474	24.6921	18.7582
频数	7	7	7	12
截断比例	0.02	0.03	0.03	0.03
常用资源种类	S1=10.27%	S1=8.32%	S5=12.26%	S3=11.10%
	S2=6.79%	S2=9.32%	S6=11.53%	S4=8.84%
	S9=4.45%	S9=3.88%	S8=4.99%	S7=8.47%
	S12=4.25%	S10=7.40%	S23=3.36%	S8=4.65%
	S22=2.98%	S12=3.25%	S28=3.49%	S11=6.00%
	S23=4.38%	S13=5.23%	S29=3.19%	S14=7.43%
	S27=3.76%	S17=3.31%	S33=2.75%	S15=6.26%
				S16=5.14%
				S18=4.62%
				S19=4.61%
				S25=2.90%
				S30=2.86%

4. 不同湿度垫料生境细菌属生态位重叠

养牛发酵床垫料和新鲜牛粪生境，分布着许多的细菌属，有的细菌属只选择特定的生境生存，有的细菌属可以在两个以上不同生境生存；同一个生境生存着不同的细菌属，形成生态位重叠；不同的生境生存着不同的细菌属，形成生态位不重叠 (互补)。以养牛发酵床垫料细菌优势属占比总和＞ 7% 的 12 个细菌属在宜湿垫料、高湿垫料、垫料原料、新鲜牛粪分布为例 (表 6-61)，计算 12 个属的生态位重叠，分析结果见表 6-62。

表6-61　养牛发酵床垫料优势细菌属占比总和＞7%的12个细菌属含量

物　种　名　称	细菌属占比/%				合计/%
	宜湿垫料	高湿垫料	垫料原料	新鲜牛粪	
【1】黄单胞菌科未分类的1属	9.0400	7.7620	1.2190	0.0576	18.0786
【2】特吕珀菌属	5.9750	8.6960	0.5818	0.0694	15.3222
【3】消化链球菌科未分类的1属	0.7896	1.4910	0.3489	10.5700	13.1995
【4】狭义梭菌属1	0.7739	1.8590	0.3212	8.4180	11.3721
【5】类梭菌属	0.5203	1.1810	0.2045	8.0710	9.9768

物 种 名 称	细菌属占比/%				合计/%
	宜湿垫料	高湿垫料	垫料原料	新鲜牛粪	
【6】 不动杆菌属	0.2014	0.4592	4.6010	4.4340	9.6956
【7】 盐单胞菌属	3.9150	3.6160	0.8835	0.2964	8.7109
【8】 红环菌科未分类的1属	0.7613	6.9050	0.0614	0.1420	7.8697
【9】 苏黎世杆菌属	0.5511	1.1520	0.3040	5.7190	7.7261
【10】 科ML635J-40水生群分类地位未定的1属	3.7450	3.0300	0.0666	0.5431	7.3847
【11】 棒杆菌属	0.8047	4.8800	1.3460	0.1739	7.2046
【12】 瘤胃球菌科UCG-005群的1属	0.0117	0.0523	0.0009	7.0820	7.1469

表6-62　养牛发酵床垫料优势细菌属占比总和＞7%的12个细菌属的生态位重叠（Pianka测度）

物 种 名 称	【1】	【2】	【3】	【4】	【5】	【6】	【7】	【8】	【9】	【10】	【11】	【12】
【1】 黄单胞菌科未分类的1属	1.00											
【2】 特吕珀菌属	0.99	1.00										
【3】 消化链球菌科未分类的1属	0.70	0.70	1.00									
【4】 狭义梭菌属1	0.74	0.74	1.00	1.00								
【5】 类梭菌属	0.70	0.70	1.00	1.00	1.00							
【6】 不动杆菌属	0.74	0.72	0.90	0.90	0.89	1.00						
【7】 盐单胞菌属	1.00	0.99	0.73	0.76	0.72	0.77	1.00					
【8】 红环菌科未分类的1属	0.89	0.95	0.65	0.69	0.65	0.66	0.90	1.00				
【9】 苏黎世杆菌属	0.73	0.73	1.00	1.00	1.00	0.91	0.76	0.69	1.00			
【10】 科ML635J-40水生群分类地位未定的1属	1.00	0.99	0.74	0.77	0.73	0.74	1.00	0.88	0.77	1.00		
【11】 棒杆菌属	0.92	0.96	0.70	0.74	0.70	0.77	0.94	0.98	0.74	0.91	1.00	
【12】 瘤胃球菌科UCG-005群的1属	0.60	0.59	0.99	0.98	0.99	0.86	0.63	0.55	0.98	0.64	0.60	1.00

生态位重叠值＞0.80划分为高生态位重叠，生态位重叠值0.40～0.80为中生态位重叠，生态位重叠值＜0.40为低生态位重叠。测定的12个细菌属在宜湿垫料、高湿垫料、垫料原料、新鲜牛粪的生态位重叠存在显著差异，如黄单胞菌科未分类的1属与盐单胞菌属、科ML635J-40水生群分类地位未定的1属、特吕珀菌属、棒杆菌属、红环菌科未分类的1属，生态位重叠值在0.89～1.00，属于高重叠生态位，这些细菌属具相对好氧性，对氮素要求不高，表明这些细菌属之间具有利用相同资源的能力，生存竞争比较激烈；黄单胞菌科未分类的1属与不动杆菌属、狭义梭菌属1、苏黎世杆菌属、消化链球菌科未分类的1属、类梭菌属、瘤胃球菌科UCG-005群的1属，这些细菌属营厌氧生存，对氮素要求较高，生态位重叠值在0.60～0.74之间，属于中生态位重叠，表明这些细菌属之间有部分资源利用能力相近，生存竞争不那么激烈。

5．不同湿度垫料生境细菌属亚群落分化

以养牛发酵床垫料生境及其新鲜牛粪细菌属占比总和＞0.2%的255个细菌属为矩阵、垫料生境为指标、细菌属为样本、欧氏距离为尺度，利用可变类平均法进行系统聚类，结果见表6-63、图6-68。分析结果可将主要细菌属聚为3组亚群落。

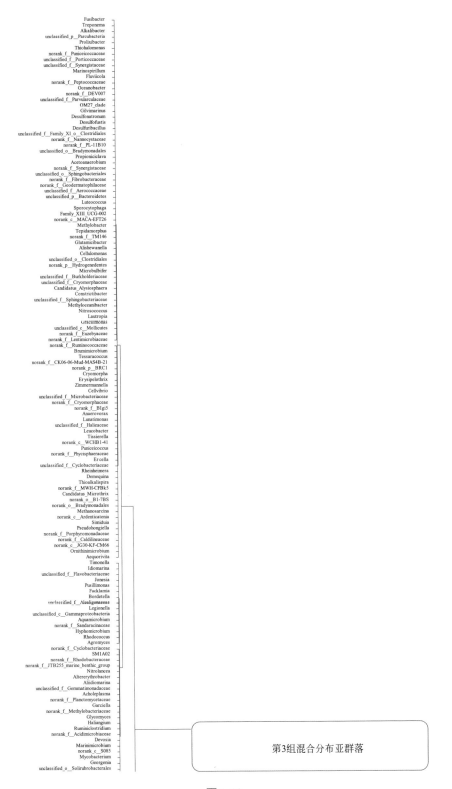

图6-68

第3组混合分布亚群落

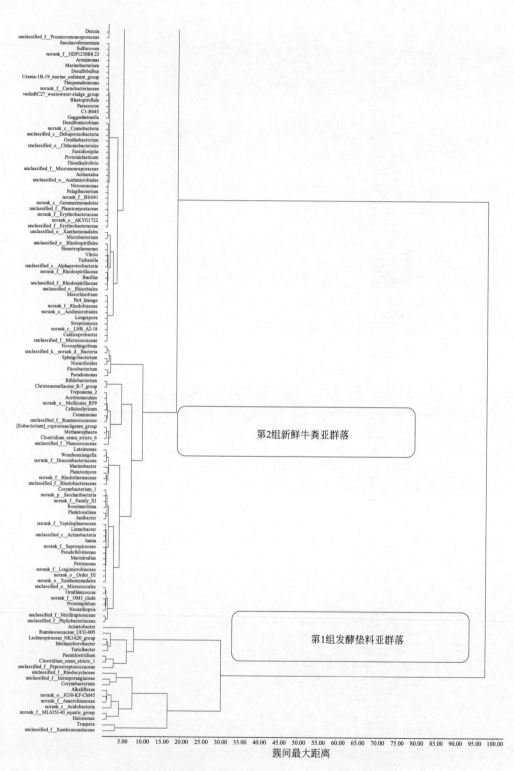

图6-68　养牛微生物发酵床不同湿度垫料生境主要细菌属菌群聚类分析

表6-63 养牛发酵床垫料生境及其新鲜牛粪细菌属亚群落聚类分析

组别	物 种 名 称	垫料生境细菌属占比/%			
		宜湿垫料	高湿垫料	垫料原料	新鲜牛粪
1	黄单胞菌科未分类的1属	9.0400	7.7620	1.2190	0.0576
1	特吕珀菌属	5.9750	8.6960	0.5818	0.0694
1	盐单胞菌属	3.9150	3.6160	0.8835	0.2964
1	科ML635J-40水生群分类地位未定的1属	3.7450	3.0300	0.0666	0.5431
1	酸杆菌纲分类地位未定的1属	3.3140	0.0575	0.0056	0.0000
1	厌氧绳菌科分类地位未定的1属	2.6240	1.1500	0.1360	0.0112
1	碱弯菌属	2.0760	2.0840	0.0163	0.0183
1	目JG30-KF-CM45分类地位未定的1属	1.9710	1.3720	0.8657	0.0289
1	棒杆菌属	0.8047	4.8800	1.3460	0.1739
1	红环菌科未分类的1属	0.7613	6.9050	0.0614	0.1420
1	间孢囊菌科未分类的1属	0.2115	3.0830	1.2180	0.2016
	第1组11个样本平均值	3.1307	3.8760	0.5818	0.1402
2	消化链球菌科未分类的1属	0.7896	1.4910	0.3489	10.5700
2	狭义梭菌属1	0.7739	1.8590	0.3212	8.4180
2	苏黎世杆菌属	0.5511	1.1520	0.3040	5.7190
2	类梭菌属	0.5203	1.1810	0.2045	8.0710
2	不动杆菌属	0.2014	0.4592	4.6010	4.4340
2	甲烷短杆菌属	0.0398	0.1998	0.0365	5.9610
2	毛螺菌科NK3A20群的1属	0.0288	0.1486	0.0154	4.9000
2	瘤胃球菌科UCG-005群的1属	0.0117	0.0523	0.0009	7.0820
	第2组8个样本平均值	0.3646	0.8179	0.7290	6.8944
3	叶杆菌科未分类的1属	1.5350	0.7942	0.1064	0.0138
3	解腈菌科未分类的1属	1.4500	0.8237	0.0128	0.0085
3	拟诺卡氏菌属	1.2640	0.0683	0.1864	0.0056
3	鸟氨酸球菌属	1.2440	0.5941	0.4369	0.0204
3	红杆菌科未分类的1属	1.2320	2.2120	0.2209	0.0347
3	热杆菌科分类地位未定的1属	0.9803	1.7180	0.0070	0.0017
3	微球菌目未分类的1科	0.9604	0.5401	0.4472	0.0823
3	龙杆菌科分类地位未定的1属	0.9180	1.1270	0.0150	0.0725
3	嗜蛋白菌属	0.9080	0.3409	0.0066	0.0183
3	浮霉菌属	0.8451	1.6480	0.0219	0.0017
3	假单胞菌属	0.7856	0.8253	1.6430	0.1268
3	黄单胞菌目分类地位未定的1属	0.7207	0.6209	0.0542	0.0106
3	长微菌科分类地位未定的1属	0.6619	0.7443	0.0923	0.0082
3	OM1进化枝的1科分类地位未定的1属	0.6372	0.2737	0.0475	0.0023
3	目Ⅲ分类地位未定的1属	0.6251	0.6468	0.0040	0.0017
3	微球菌科未分类的1属	0.5421	0.0668	0.0668	0.0182
3	石单胞菌属	0.5288	0.7038	0.0356	0.0206
3	应微所菌属	0.4830	0.4117	0.1042	0.0205
3	向文洲菌属	0.4653	1.3020	0.0141	0.0041

组别	物 种 名 称	垫料生境细菌属占比/%			
		宜湿垫料	高湿垫料	垫料原料	新鲜牛粪
3	根瘤菌目未分类的1属	0.4455	0.0916	0.5640	0.0006
3	藤黄色单胞菌属	0.4429	1.4100	0.0383	0.0069
3	热粪杆菌属	0.4365	0.0311	0.0004	0.0000
3	类诺卡氏菌属	0.4313	0.0397	1.7150	0.0029
3	长孢菌属	0.4183	0.1951	0.0224	0.0012
3	海水杆菌属	0.4167	0.6569	0.0774	0.0099
3	纲LNR A2-18分类地位未定的1属	0.4072	0.0201	0.0004	0.0006
3	放线菌纲未分类目的1属	0.4032	0.3766	0.1025	0.0088
3	链霉菌属	0.4024	0.0276	0.1002	0.0046
3	红螺菌科未分类的1属	0.3973	0.3168	0.5640	0.0035
3	假深黄单胞菌属	0.3630	0.8185	0.0237	0.0171
3	酸微菌目分类地位未定科的1属	0.3566	0.0674	0.0242	0.0064
3	海杆菌属	0.3564	2.0990	0.5057	0.0331
3	湖杆菌属	0.3438	0.4626	0.0302	0.0106
3	红菌科分类地位未定的1属	0.3400	0.0546	0.0057	0.0018
3	属Pir4 lineage	0.3111	0.0667	0.0075	0.0012
3	芽胞杆菌属	0.3075	0.0657	0.4120	0.0310
3	赤杆菌科未分类的1属	0.2946	0.3634	0.0313	0.0012
3	中生根瘤菌属	0.2835	0.0654	0.0356	0.0023
3	原小单孢菌科未分类的1属	0.2797	0.0496	0.2146	0.0011
3	中温球形菌科分类地位未定的1属	0.2695	0.3745	0.2184	0.0000
3	芽单胞菌纲分类地位未定目的1属	0.2691	0.2033	0.0136	0.0018
3	目AKYG1722分类地位未定的1属	0.2662	0.2981	0.0453	0.0053
3	两面神杆菌属	0.2614	0.9691	0.5231	0.0636
3	腐螺旋菌科分类地位未定的1属	0.2415	0.6591	0.0202	0.0065
3	迪茨氏菌属	0.2311	0.1301	0.1046	0.0262
3	红螺菌科分类地位未定的1属	0.2292	0.0648	0.4550	0.0091
3	赤杆菌科分类地位未定的1属	0.2104	0.3219	0.0126	0.0018
3	科BIrii41分类地位未定的1属	0.2098	0.1860	0.0075	0.0000
3	土壤红色杆菌目未分类的1属	0.2019	0.1442	0.1664	0.0006
3	乔治菌属	0.2012	0.0440	0.0879	0.0034
3	浮霉菌科未分类的1属	0.1995	0.2908	0.0349	0.0012
3	纲S085分类地位未定目的1属	0.1980	0.0366	0.0035	0.0000
3	分枝杆菌属	0.1896	0.0473	0.1089	0.0023
3	海洋小杆菌属	0.1820	0.1668	0.0142	0.0034
3	海洋微菌属	0.1810	0.0341	0.0000	0.0000
3	未分类的细菌门的1属	0.1754	0.0938	2.9390	0.0017
3	亚硝化单胞菌属	0.1705	0.2382	0.0018	0.0029
3	德沃斯氏菌属	0.1704	0.0205	0.0114	0.0000

组别	物 种 名 称	垫料生境细菌属占比/%			
		宜湿垫料	高湿垫料	垫料原料	新鲜牛粪
3	浮霉菌科分类地位未定的1属	0.1690	0.0854	0.0055	0.0000
3	无胆甾原体属	0.1593	0.0949	0.0013	0.0053
3	别样海源菌属	0.1554	0.0985	0.0339	0.0011
3	酸微菌目未分类科的1属	0.1547	0.1975	0.0347	0.0059
3	盐湖浮游菌属	0.1506	1.0410	0.4889	0.1255
3	芽单胞菌科未分类的1属	0.1494	0.0983	0.0044	0.0012
3	酸微菌科分类地位未定的1属	0.1455	0.0279	0.0040	0.0024
3	瘤胃梭菌属	0.1372	0.0213	0.0000	0.0012
3	动球菌科未分类的1属	0.1351	0.2332	0.6750	0.8945
3	交替赤杆菌属	0.1321	0.0953	0.0270	0.0000
3	硝酸矛形菌属	0.1308	0.1141	0.0013	0.0011
3	红杆菌科分类地位未定的1属	0.1294	0.1202	0.0514	0.0301
3	海管菌属	0.1241	0.0635	0.0004	0.0000
3	科JTB255海底菌群分类地位未定的1属	0.1166	0.1129	0.0035	0.0000
3	古根海姆氏菌属	0.1125	0.5155	0.0762	0.0435
3	糖霉菌属	0.1105	0.0278	0.0255	0.0006
3	放线杆菌属	0.1044	0.2402	0.0361	0.0077
3	属C1-B045	0.0982	0.3235	0.0321	0.0253
3	黄杆菌属	0.0981	0.9454	2.0710	0.1294
3	甲基杆菌科分类地位未定的1属	0.0973	0.0302	0.0026	0.0000
3	海洋玫瑰色菌属	0.0955	0.7105	0.0330	0.0024
3	微单胞菌科未分类的1属	0.0940	0.1968	0.0044	0.0006
3	微杆菌属	0.0938	0.0550	1.0440	0.0034
3	海面菌属	0.0930	0.0797	0.0022	0.0006
3	糖杆菌门分类地位未定的1属	0.0927	0.8686	0.0777	0.0913
3	副球菌属	0.0893	0.3547	0.0215	0.0047
3	鸟氨酸微菌属	0.0884	0.0748	0.0106	0.0023
3	壤霉菌属	0.0883	0.0494	0.0482	0.0035
3	属SM1A02	0.0837	0.1474	0.0302	0.0000
3	加西亚氏菌属	0.0830	0.0234	0.0009	0.0000
3	候选纲JG30-KF-CM66分类地位未定目的1属	0.0771	0.0868	0.0084	0.0006
3	红球菌属	0.0751	0.0495	0.0538	0.0069
3	生丝微菌属	0.0746	0.0321	0.0943	0.0000
3	芽殖小梨形菌属	0.0723	0.3939	0.0128	0.0006
3	α-变形菌纲未分类目的1属	0.0714	0.0791	0.3688	0.0012
3	橙色胞菌科分类地位未定的1属	0.0710	0.0208	0.0630	0.0000
3	圆杆菌科分类地位未定的1属	0.0709	0.1373	0.0303	0.0017
3	极小单胞菌属	0.0697	0.1487	0.1754	0.0035
3	暖绳菌科分类地位未定的1属	0.0690	0.0534	0.0097	0.0006

组别	物 种 名 称	垫料生境细菌属占比/%			
		宜湿垫料	高湿垫料	垫料原料	新鲜牛粪
3	假洪氏菌属	0.0688	0.0954	0.0158	0.0024
3	瘤胃球菌科未分类的1属	0.0685	0.2471	0.0022	0.2874
3	热链菌纲分类地位未定目的1属	0.0657	0.0934	0.0431	0.0000
3	硫碱弧菌属	0.0646	0.2281	0.0044	0.0124
3	寡养单胞菌属	0.0614	0.0490	0.4514	0.1194
3	紫单胞菌科分类地位未定的1属	0.0614	0.0642	0.0000	0.0268
3	慢生微菌科分类地位未定的1属	0.0564	0.0382	0.0000	0.0024
3	清水氏菌属	0.0556	0.0946	0.0202	0.0029
3	甲烷八叠球菌属	0.0528	0.1089	0.0044	0.0018
3	黄杆菌科未分类的1属	0.0524	0.0570	0.2348	0.0006
3	尤泽比氏菌科分类地位未定的1属	0.0463	0.0292	0.0035	0.0000
3	棒杆菌属1	0.0461	0.5138	0.4129	0.0490
3	微丝菌属	0.0457	0.0871	0.0075	0.0024
3	硫碱螺菌属	0.0438	0.0684	0.0009	0.0059
3	vadinBC27污水淤泥群的1属	0.0419	0.3676	0.0000	0.0313
3	柔膜菌纲未分类的1属	0.0406	0.0202	0.0000	0.0000
3	肉杆菌科分类地位未定的1属	0.0398	0.4214	0.0413	0.0047
3	目B1-7BS分类地位未定科的1属	0.0389	0.1129	0.0013	0.0177
3	水微菌属	0.0384	0.0413	0.0973	0.0006
3	丛毛单胞菌属	0.0382	0.0311	0.2754	0.3485
3	慢生单胞菌目分类地位未定科的1属	0.0370	0.1065	0.0000	0.0006
3	Urania-1B-19海洋沉积菌群的1属	0.0362	0.2953	0.0004	0.0000
3	鞘氨醇杆菌属	0.0360	0.0546	2.0280	0.0062
3	科MWH-CFBk5分类地位未定的1属	0.0348	0.0843	0.0026	0.0000
3	狭义梭菌属6	0.0344	0.0656	0.0031	1.4720
3	科XI分类地位未定的1属	0.0344	0.7534	0.0088	0.0053
3	解纤维素菌属	0.0333	0.1292	0.0181	0.8728
3	纤细单胞菌属	0.0333	0.0211	0.0004	0.0000
3	解蛋白菌属	0.0325	0.2497	0.0396	0.0218
3	新鞘氨醇菌属	0.0320	0.0462	2.5320	0.0006
3	苛求球菌属	0.0308	0.2582	0.0291	0.0212
3	鞘氨醇杆菌科未分类的1属	0.0300	0.0350	0.0211	0.0011
3	候选属Alysiosphaera	0.0295	0.0517	0.0040	0.0006
3	去甲基甲萘醌菌属	0.0293	0.1358	0.0369	0.0006
3	劳氏菌属	0.0286	0.0213	0.0023	0.0000
3	欧研会菌属	0.0281	0.1393	0.0035	0.0083
3	γ-变形菌纲未分类目的1属	0.0269	0.0730	0.1172	0.0012
3	亚硝化球菌属	0.0268	0.0218	0.0000	0.0000
3	微杆菌科未分类的1属	0.0266	0.0651	0.0176	0.0024

续表

组别	物　种　名　称	垫料生境细菌属占比/%			
		宜湿垫料	高湿垫料	垫料原料	新鲜牛粪
3	冷形菌科未分类的1属	0.0261	0.0460	0.0004	0.0024
3	军团菌属	0.0256	0.0376	0.1341	0.0041
3	产碱菌科未分类的1属	0.0249	0.0199	0.0666	0.0018
3	甲基海洋杆菌属	0.0249	0.0265	0.0000	0.0000
3	沙单胞菌属	0.0244	0.4446	0.0013	0.0006
3	纤维弧菌属	0.0239	0.0788	0.0154	0.0012
3	莱茵海默氏菌属	0.0235	0.1051	0.0471	0.0017
3	黄单胞菌目未分类的1属	0.0233	0.0451	1.0170	0.0012
3	伯克氏菌科未分类的1属	0.0229	0.0373	0.0035	0.0029
3	鸟杆菌属	0.0228	0.2134	0.0317	0.0035
3	瘤胃球菌科分类地位未定的1属	0.0211	0.0753	0.0018	0.0579
3	δ-变形菌纲未分类目的1属	0.0209	0.2333	0.0176	0.0053
3	压缩杆菌属	0.0206	0.0379	0.0134	0.0012
3	里斯滕森菌科R-7群的1属	0.0201	0.5166	0.0092	2.7580
3	海草球形菌科分类地位未定的1属	0.0198	0.1229	0.0004	0.0000
3	柔膜菌纲目RF9分类地位未定的1属	0.0192	0.0321	0.0009	0.6795
3	蒂西耶氏菌属	0.0191	0.1062	0.0053	0.0000
3	微球茎菌属	0.0189	0.0399	0.0013	0.0012
3	四联球菌属	0.0187	0.0615	0.0317	0.0035
3	红螺菌目未分类的1属	0.0184	0.0364	0.5414	0.0000
3	产氢菌门分类地位未定纲的1属	0.0172	0.0397	0.0000	0.0012
3	白色杆菌属	0.0164	0.1041	0.0097	0.0023
3	圆杆菌科未分类的1属	0.0159	0.1012	0.0558	0.0012
3	梭菌目未分类的1属	0.0158	0.0231	0.0004	0.0214
3	冷形菌属	0.0157	0.0766	0.0000	0.0012
3	黄海菌属	0.0150	0.0523	0.0035	0.0000
3	硫假单胞菌属	0.0149	0.3859	0.0202	0.0000
3	齐默尔曼氏菌属	0.0147	0.0896	0.0224	0.0047
3	短小盒菌科未分类的1属	0.0143	0.0568	0.0009	0.0000
3	海妖菌科未分类的1属	0.0141	0.0952	0.0035	0.0047
3	科TM146分类地位未定的1属	0.0135	0.0231	0.0013	0.0000
3	蓝细菌纲分类地位未定的1属	0.0132	0.1873	0.0165	0.0012
3	中温无形菌属	0.0132	0.0259	0.0000	0.0000
3	太白山菌属	0.0129	0.0262	0.3391	0.0087
3	琼斯氏菌属	0.0126	0.2009	0.1737	0.0452
3	冬微菌属	0.0120	0.0541	0.0462	0.0029
3	土源杆菌目未分类科的1属	0.0119	0.2709	0.0958	0.0000
3	OM27进化枝的1属	0.0119	0.0550	0.0048	0.0012
3	纲MACA-EFT26分类地位未定目的1属	0.0113	0.0198	0.0000	0.0000

组别	物 种 名 称	垫料生境细菌属占比/%			
		宜湿垫料	高湿垫料	垫料原料	新鲜牛粪
3	科DEV007分类地位未定的1属	0.0109	0.0500	0.0000	0.0000
3	密螺旋体属2	0.0103	0.0739	0.0000	0.6741
3	甲基杆菌属	0.0100	0.0239	0.0018	0.0000
3	脱硫微菌属	0.0098	0.2005	0.0004	0.0012
3	科XⅢUCG-002群的1属	0.0094	0.0292	0.0000	0.0000
3	双歧杆菌属	0.0092	0.0216	0.0084	2.7200
3	甲烷球形菌属	0.0092	0.0471	0.0145	1.3210
3	纤维单胞菌属	0.0083	0.0195	0.0158	0.0006
3	候选门BRC1分类地位未定纲的1属	0.0082	0.0714	0.0079	0.0006
3	生孢噬胞菌属	0.0080	0.0305	0.0000	0.0000
3	海洋杆菌属	0.0079	0.0571	0.0053	0.0006
3	居河菌属	0.0078	0.0382	0.0009	0.0000
3	黄球菌属	0.0077	0.0310	0.0106	0.0041
3	醋香肠菌属	0.0077	0.0298	0.0009	0.6717
3	气球菌科未分类的1属	0.0075	0.0254	0.0066	0.0012
3	紫红球菌属	0.0074	0.1439	0.0000	0.0035
3	地嗜皮菌科分类地位未定的1属	0.0072	0.0212	0.0044	0.0058
3	丹毒丝菌属	0.0071	0.0825	0.0150	0.0227
3	谷氨酸杆菌属	0.0069	0.0301	0.0321	0.0011
3	纲WCHB1-41分类地位未定目的1属	0.0064	0.1397	0.0004	0.0006
3	消化球菌科分类地位未定的1属	0.0064	0.0574	0.0009	0.0070
3	半月形单胞菌属	0.0062	0.0968	0.0048	0.0017
3	海螺菌属	0.0061	0.0384	0.0004	0.0000
3	脱硫叶菌属	0.0059	0.3160	0.0031	0.0070
3	产粪甾醇优杆菌群的1属	0.0054	0.0298	0.0013	1.1640
3	硫盐单胞菌属	0.0052	0.0471	0.0000	0.0000
3	科ODP1230B8.23分类地位未定的1属	0.0051	0.4282	0.0018	0.0018
3	纤维杆菌科分类地位未定的1属	0.0044	0.0262	0.0000	0.0000
3	海源菌属	0.0044	0.0197	0.2405	0.0012
3	博德特氏菌属	0.0040	0.0216	0.0889	0.0018
3	厌氧贪食菌属	0.0040	0.1103	0.0004	0.0047
3	互养菌科未分类的1属	0.0038	0.0323	0.0009	0.0029
3	碱杆菌属	0.0037	0.0425	0.0000	0.0012
3	硫卵形菌属	0.0034	0.4293	0.0000	0.0000
3	拟杆菌门未分类纲的1属	0.0027	0.0286	0.0053	0.0046
3	侏囊菌科分类地位未定的1属	0.0027	0.0195	0.0004	0.0000
3	鞘氨醇杆菌目未分类的1属	0.0023	0.0279	0.0000	0.0000
3	密螺旋体属	0.0020	0.0438	0.0000	0.0000
3	互养菌科分类地位未定的1属	0.0020	0.0234	0.0000	0.0000

组别	物　种　名　称	垫料生境细菌属占比/%			
		宜湿垫料	高湿垫料	垫料原料	新鲜牛粪
3	科BIgi5分类地位未定的1属	0.0019	0.1024	0.0004	0.0006
3	海小杆菌属	0.0018	0.3464	0.0054	0.0159
3	脱硫棒菌属	0.0015	0.0214	0.0004	0.0059
3	泰门菌属	0.0014	0.0267	0.1908	0.0047
3	门Parcubacteria未分类纲的1属	0.0014	0.0548	0.0000	0.0000
3	法氏菌属	0.0014	0.0306	0.1170	0.0047
3	厌氧醋菌属	0.0014	0.0263	0.0000	0.0018
3	冷形菌科分类地位未定的1属	0.0013	0.1054	0.0000	0.0018
3	长杆菌属	0.0010	0.0493	0.0000	0.0024
3	科CK06-06-Mud-MAS4B-21分类地位未定的1属	0.0010	0.0788	0.0000	0.0000
3	港口球菌科未分类的1属	0.0010	0.0370	0.0004	0.0000
3	弧菌属	0.0009	0.0537	0.3636	0.0000
3	紫红球菌科分类地位未定的1属	0.0009	0.0342	0.0000	0.0000
3	糖发酵菌属	0.0005	0.4838	0.0092	0.0460
3	脱硫苏打菌属	0.0005	0.0236	0.0009	0.0088
3	梭菌目科XI未分类的1属	0.0004	0.0210	0.0009	0.0018
3	丙酸棒菌属	0.0004	0.0253	0.0018	0.0012
3	拟希瓦氏菌属	0.0004	0.0205	0.0180	0.0006
3	纺锤杆菌属	0.0004	0.0416	0.0000	0.0000
3	慢生单胞菌目未分类的1属	0.0000	0.0284	0.0000	0.0024
3	科PL-11B10分类地位未定的1属	0.0000	0.0291	0.0000	0.0000
3	脱硫芽胞杆菌属	0.0000	0.0208	0.0000	0.0000
	第3组236个样本平均值	0.1485	0.2091	0.1222	0.0670

第 1 组为发酵垫料亚群落，包括了 11 个细菌属，即黄单胞菌科未分类的 1 属、特吕珀菌属、盐单胞菌属、科 ML635J-40 水生群分类地位未定的 1 属、酸杆菌纲分类地位未定的 1 属、厌氧绳菌科分类地位未定的 1 属、碱弯菌属、目 JG30-KF-CM45 分类地位未定的 1 属、棒杆菌属、红环菌科未分类的 1 属、间孢囊菌科未分类的 1 属，主要集中在宜湿垫料和高湿垫料发酵生境中，在宜湿垫料、高湿垫料、垫料原料、新鲜牛粪中的占比平均值分别为 3.1307%、3.8760%、0.5818%、0.1402%。

第 2 组为新鲜牛粪亚群落，包括了 8 个细菌属，即消化链球菌科未分类的 1 属、狭义梭菌属 1、苏黎世杆菌属、类梭菌属、不动杆菌属、甲烷短杆菌属、毛螺菌科 NK3A20 群的 1 属、瘤胃球菌科 UCG-005 群的 1 属，主要属于肠道微生物，存在于新鲜牛粪中，在宜湿垫料、高湿垫料、垫料原料、新鲜牛粪中的占比平均值分别为 0.3646%、0.8179%、0.7290%、6.8944%。

第 3 组为混合分布亚群落，包括了其余的 236 个细菌属，如密螺旋体属 2、密螺旋体属、蒂西耶氏菌属、泰门菌属、硫假单胞菌属、硫盐单胞菌属、硫碱弧菌属、硫碱螺菌属、四联球菌属、中温无形菌属、太白山菌属、硫卵形菌属、链霉菌属、寡养单胞菌属、生孢噬胞菌属、鞘氨醇杆菌属，主要属于兼性好氧细菌属，分布在发酵床生境中，在宜湿垫料、高湿垫料、垫料原料、新鲜牛粪中的占比平均值分别为 0.1485%、0.2091%、0.1222%、0.0670%。

六、讨论

垫料湿度对养牛发酵床细菌菌群影响研究未见报道。养牛发酵床垫料可分为宜湿垫料(湿度 50% ~ 60%)、高湿垫料 (70% ~ 80%)、垫料原料 (30% ~ 40%) 等生境，垫料原料使用初期湿度比较低，吸纳新鲜牛粪进行发酵后，湿度逐渐提供，湿度达到 50% ~ 60% 时，最适合微生物的发酵，称为宜湿垫料，随着养殖时间的推移，新鲜牛粪不断增加，垫料的湿度逐渐升高，如果没有很好的翻耕补料处理，垫料湿度就会过湿，形成高湿垫料，影响到细菌的生长。不同湿度垫料容纳的微生物菌群的总量差异不大，干点的垫料吸纳的好氧菌多点，湿点的垫料吸纳的厌氧菌多点，故不同生境的细菌生理特性和优势种分布比较存在极显著差异。

养牛发酵床垫料生境生态位宽度研究表明，宜湿垫料生境生态位宽度 (35.1189) ＞高湿垫料 (29.8474)，说明宜湿垫料生境能适合于更多的细菌菌群的生存。养牛发酵床优势菌群从细菌门水看，变形菌门在宜湿垫料和高湿垫料分别为 30.53%、37.71%，差异不大；放线菌门分别为 21.47、15.29%，差异不大；拟杆菌门分别为 11.11%、15.29%，差异不大。从细菌属水平看，宜湿垫料生境细菌属优势菌群分别为黄单胞菌科未分类的 1 属 (9.040%)、特吕珀菌属 (5.975%)、盐单胞菌属 (3.915%)；高湿垫料生境细菌属优势菌群分别为特吕珀菌属 (8.696%)、黄单胞菌科未分类的 1 属 (7.762%)、红环菌科未分类的 1 属 (6.905%)，在属水平上，宜湿垫料和高湿垫料的细菌菌群在种类和数量上存在较大差异，这种差异来源于垫料环境形成的细菌生长选择。

垫料生境亚群落分化表明，不同生境分化出特性不一的细菌菌群，可将细菌菌群分为 3 组，第 1 组为发酵垫料亚群落，包括了 11 个细菌属，即黄单胞菌科未分类的 1 属、特吕珀菌属、盐单胞菌属、ML635J-40 水生群的 1 科分类地位未定的 1 属、酸杆菌纲分类地位未定的 1 属、厌氧绳菌科分类地位未定的 1 属、碱弯菌属、目 JG30-KF-CM45 分类地位未定的 1 属、棒杆菌属、红环菌科未分类的 1 属、间孢囊菌科未分类的 1 属，主要集中在宜湿垫料和高湿垫料发酵生境发酵垫料中；第 2 组为新鲜牛粪亚群落，包括了 8 个细菌属，即消化链球菌科未分类的 1 属、狭义梭菌属 1、苏黎世杆菌属、类梭菌属、不动杆菌属、甲烷短杆菌属、毛螺菌科 NK3A20 群的 1 属、瘤胃球菌科 UCG-005 群的 1 属，主要属于肠道微生物和病原微生物，主要存在于新鲜牛粪中，这个亚群落经过发酵在垫料中生存的概率较小。第 3 组为混合分布亚群落，包括了其余的 236 种细菌属，如密螺旋体属 2、密螺旋体属、蒂西耶氏菌属、泰门菌属、硫假单胞菌属、硫盐单胞菌属、硫碱弧菌属、硫碱螺菌属、四联球菌属、中温无形菌属、太白山菌属、硫卵形菌属、链霉菌属、寡养单胞菌属、生孢噬胞菌属、鞘氨醇杆菌属，主要属于兼性好氧细菌属，分布在发酵床生境中。

第七章

养羊原位发酵床
微生物组多样性

第一节

概述

一、养羊原位发酵床除臭技术

自 20 世纪 90 年代以来，绵羊养殖业已逐渐转向大规模和集约化生产。养羊场的粪便不仅会严重污染地下水和地表水，而且，羊粪臭味极重，严重污染空气，影响人体健康。因此，对养羊场的粪便进行管理和使用是一项系统工程。在绵羊产业中，加强羊粪臭味控制和生态肥料发酵对防治污染至关重要（戴成杰，2020）。查翠平（2018）报道了羊养殖的环境污染及防控措施，随着养羊业的集约化发展，羊只数量和养殖密度的增大，使单位土地面积上粪污的排泄量急剧增多，对土地、空气、河流等宝贵资源造成破坏，给环境保护带来了巨大的压力，尤其是在夏季，羊排泄物的气味会更加明显，严重影响了人们的日常生活。河北省羊产业创新团队环控岗位（2020）报道了着力推进薄层叠铺免维护臭气治理模式，探索唐县养殖臭气治理措施是体系年度重点任务，也是从根本上解决严重制约唐县羊产业可持续、健康发展扼颈环节重要工作之一。为解决这个老大难问题，羊产业创新团队业务骨干到省内多地走访调研，并多方请教，结合一年多试验情况，逐渐理清了思路，提出薄层叠铺免维护发酵床防治臭气的模式。即采取发酵床分步铺设模式，而不再一步到位铺设 30 ~ 40cm。首先铺设 5 ~ 8cm（未清理粪污的铺设 10cm），后期根据粪污堆积程度及垫料污浊腐化情况再铺设一层（5 ~ 8cm），如此反复。目前，使用时间最长的薄层叠铺发酵床已近两年未清粪，并且除臭效果明显。2020 年 9 月 14 日，羊产业创新团队岗位专家走访了不同臭气治理模式养殖场，同养殖企业、主管部门和业内专业人士进行了技术交流，对薄层叠铺免维护发酵床除臭模式进行了讲解和沟通，得到当地政府领导与主管部门的认可。专家组协助唐县政府制定了综合试验方案，即顶部喷洒微生物菌剂、底部铺设 5 ~ 8cm 薄层发酵垫料，同时结合饲喂发酵饲料提高消化率、降低粪污 N 含量，提升肠道健康水平及加强粪污末端处理利用的综合措施，施行综合治理。目前，试验点微生物菌剂喷洒管路已开始铺设，下步就臭气、粪污等检测方式、预算费用等具体问题加快与政府及相关部门协调，争取尽快探索出一套臭气污染根本性治理途径。

二、养羊原位发酵床的技术优势

不管养殖什么牲畜，最头疼的事情就是清理粪便，养羊也一样，粪便若不能及时处理，不但污染环境，还不利于羊的健康生长。运用发酵床养羊技术，有利于改变这一状况。冬天采用发酵床养羊，具有保暖、舒适、提升生育率的优势。冬天天气寒冷，地面温度偏低潮湿，孕育羊羔的种羊长时间肚子接触地面，受冷空气的侵袭，容易造成流产或死胎；刚生的小羊羔体质弱，如果没有及时得到照顾，长时间待在简陋的圈舍里，可能导致小羊羔冻伤或冻死，发酵床能大大提高小羊的存活率。单慧等（2013）报道了利用微生物发酵床养羊的试验，为拓宽微生物发酵床应用范围、减少养殖业污染、促进畜牧业可持续发展，作者在推广微生物发酵床养猪的基础上，在昌图县安宁牧业肉羊养殖场进行了微生物发酵床养羊试验，进行了冬季育肥羊对比试验，育肥羊的饲养管理试验选用 386 只断奶小尾寒羊的羔羊，采取随机分组的方式，发酵床舍和普通舍饲养比较，取得理想效果。江宇等（2012b）报道了秸秆制作发酵床在养羊业中的应用研究，试验从提高舍内温度和增加经济效益出发，用秸秆代替锯末、稻壳制作发酵床进行研究。结果表明，发酵床模式比传统模式的发病率降低 7.5%，死亡率降低 7%，整体经济效益提高了 11491.5 元。因此，发酵床在养羊业上也是值得推广的。

严光礼和徐猛（2012）报道了微生态发酵床养羊与传统养羊效果的对比分析，微生态发酵床养羊是根据微生态理论，利用生物发酵技术，在羊舍内铺设锯末、谷壳等有机垫料，添加微生物菌制剂降解羊粪。该技术以发酵床为载体，排出的粪尿吸附在垫料上并经微生物迅速发酵降解，达到免冲洗羊栏、"零排放"、无臭味，从源头上实现环保和无公害养殖目的，提高羊的生产性能。付艳芳和杨丹（2019）报道了发酵床养羊的制作方式及注意事项，发酵床养殖是结合现代微生物发酵处理技术提出的一种生态养殖方法，该养殖方式遵循低成本、高产出、无污染的原则，是集养殖学、营养学、环境卫生学、生物学、土壤肥料学等学科为一体的环保、安全、有效的生态养殖法，在生产中实现无污染、无臭气，彻底解决规模养殖的粪污污染问题。

胡奔（2016）报道了采用发酵床养羊技术的好处：一是除臭节能省粮，发酵床养羊的粪尿在微生物功能菌的作用下，被分解转化，一部分降解为无臭气体被排放掉，另一部分转化为粗蛋白、菌体蛋白和维生素等营养物质。圈舍内无臭味、免冲洗、零排放。发酵床的表层温度常年保持在 20℃ 以上，冬天保暖，夏季通风凉爽，1 只羊 1 年能节省 20% 以上的精饲料，不用清粪便，可省九成以上的水。二是灭害抗病促生长，羊圈卫生干净、空气好，而且羊增重率提高。赵立君（2015）报道了发酵床养羊的优点及其工作原理，优点在发酵床上，一般只需 3d，羊的粪便就会被微生物分解，微生物通过获取粪便提供的丰富营养，促使不断繁殖有益菌，形成菌体蛋白，羊食入这些菌体蛋白既可以补充营养，还能提高免疫力。另外，由于羊的饲料和饮水中也配套添加微生物菌制剂，大量有益菌存在于胃肠道内，这些有益菌含有的一些纤维素酶、半纤维素酶类能够分解秸秆中的纤维素、半纤维素等，通过这种方法饲养，可以提高粗饲料的比例，降低精料的用量，从而降低饲料成本。

三、养羊异位发酵床技术进展

发酵床养羊技术选址要求：由于山羊生性喜清洁，要求饲料和饮水洁净新鲜，对圈舍要求干燥通风，低洼潮湿和空气污浊的环境容易导致寄生虫病和蹄病，所以圈舍尽量选择干燥平坦背风向阳、土壤透气透水的沙土地最好。如果圈舍周围地势较低，可将地面处理成有漏缝地板的"吊脚楼"，下面留 10～20cm 空间避免多余水分浸泡垫料。近年来，异位微生物发酵床技术发展迅速，在畜禽养殖的粪污处理方面具有诸多优点，得到了广泛应用，但运用异位发酵床技术处理畜禽屠宰企业固体粪污的报道很少。李进春等（2019）报道了异位发酵床技术在青海牛羊屠宰企业粪污处理上的探索与实践。详细介绍了青海裕泰畜产品有限公司建设的异位微生物发酵床，从原理、工艺、床体建设、垫料制作、使用维护等方面进行了分析，开发了一种牛羊屠宰企业建设异位微生物发酵床的新模式，建成占地面积 260m² 的异位微生物发酵床，用于对牛羊屠宰产生的肠粪和废水中的固体残渣等污染物进行环保处理。该发酵床正常运行后垫料上层温度稳定在 62～74℃，中层温度稳定在 53～63℃，使用过程中无臭气排放，实现了牛羊屠宰企业粪污的无害化排放，对推动青海屠宰行业的健康发展具有指导意义。

第二节
养羊原位发酵床细菌种群宏基因组检测

一、概述

羊群的圈养成为养羊业发展的趋势，养羊原位发酵床技术解决了羊群粪便的微生物发酵处理，使粪便转换成有机肥，利用微生物除臭，提高了羊圈环境质量，促进了羊的健康生长，具有重要意义。笔者利用农业废弃物锯末、菌糠、谷壳等，按1∶1∶1配制成羊圈垫料，在羊圈中铺设80cm的垫料，养殖羊群，采用周期翻耕、点状补料技术，可以使得垫料长期使用，彻底解决羊粪处理和臭味消除等问题；同时，微生物发酵将羊粪转化为优质有机肥，供农业生产使用。发酵床垫料降解羊粪过程的微生物组变化研究未见报道，本研究以养羊发酵床为载体，取养羊发酵床垫料原料样本和使用8个月后的垫料样本，进行细菌微生物组的比较，以揭示微生物在发酵床垫料中的变化，为养羊原位发酵床技术提供科技支撑。

二、发酵床细菌分类阶元数量

发酵床养羊0～8个月的垫料，共分析到细菌门（phylum）27个、细菌纲（class）52个、细菌目（order）117个、细菌科（family）243个、细菌属（genus）559个、细菌种（species）871个，细菌分类单元（OTU）共1391个，已知的OTU871个，剩余的520个尚未确定，表明了养羊发酵床中细菌的丰富程度。垫料原料的细菌分类单元（OTU）总和为94760个序列（read），发酵原料为100920个序列（read），两者总数相差不大，细菌种类的分布不同。

第三节
养羊原位发酵床垫料细菌门菌群异质性

一、发酵床细菌门组成

从养羊发酵床中共分离到27个细菌门（表7-1），其中垫料原料中分离到22个细菌门，含量最高的前5个细菌门为变形菌门（37381）、放线菌门（25131）、拟杆菌门（20142）、厚壁菌门（8250）、糖杆菌门（1455）；发酵垫料中分离到24个细菌门，含量最高的前5个细菌门为拟杆菌门（46527）、变形菌门（31604）、异常球菌-栖热菌门（6923）、厚壁菌门（5862）、放线菌门（4221）。

表7-1　养羊发酵床细菌门组成

细菌门	养羊发酵床细菌门含量（read）		
	垫料原料（s0）	发酵垫料（s1）	合计
【1】变形菌门	37381	31604	68985
【2】拟杆菌门	20142	46527	66669
【3】放线菌门	25131	4221	29352
【4】厚壁菌门	8250	5862	14112
【5】异常球菌-栖热菌门	245	6923	7168
【6】芽单胞菌门	124	2215	2339
【7】糖杆菌门	1455	442	1897
【8】绿弯菌门	235	1217	1452
【9】柔膜菌门	3	1096	1099
【10】疣微菌门	564	240	804
【11】酸杆菌纲	453	3	456
【12】产氢菌门	400	29	429
【13】浮霉菌门	186	171	357
【14】门SHA-109	0	239	239
【15】未分类的1门	112	9	121
【16】纤维杆菌门	13	51	64
【17】门SR1	1	45	46
【18】蓝细菌门	16	7	23
【19】装甲菌门	17	2	19
【20】门TM6	14	0	14
【21】衣原体门	11	0	11
【22】螺旋体门	0	7	7
【23】梭杆菌门	6	1	7
【24】候选门Microgenomates	0	5	5
【25】候选门Parcubacteria	0	2	2
【26】门TA06	0	2	2
【27】绿菌门	1	0	1

羊粪经过8个月发酵床的发酵，细菌门的优势菌群发生了显著变化，糖杆菌门退出了发酵垫料的细菌门优势菌群，异常球菌-栖热菌门增加为优势菌群（图7-1）。

养羊发酵床细菌门组成热图分析见图7-2。结果表明第1组包含变形菌门、拟杆菌门、放线菌门、厚壁菌门、异常球菌-栖热菌门，在垫料原料（s0）和发酵垫料（s1）中含量较高；第2组包含未分类的1门、纤维杆菌门、门SR1、蓝细菌门、装甲菌门、门TM6，在垫料原料（s0）和发酵垫料（s1）中含量较低；第3组包含了芽单胞菌门、糖杆菌门（糖杆菌科）、绿弯菌门、柔膜菌门、疣微菌门、酸杆菌门、产氢菌门、浮霉菌门、门SHA-109等，在垫料原料（s0）和发酵垫料（s1）中含量中等。

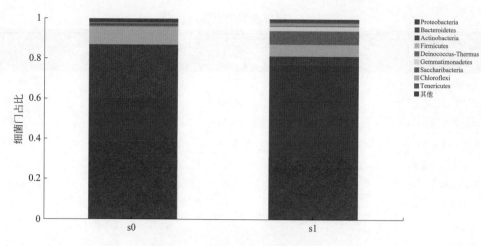

图7-1 养羊发酵床细菌门组成

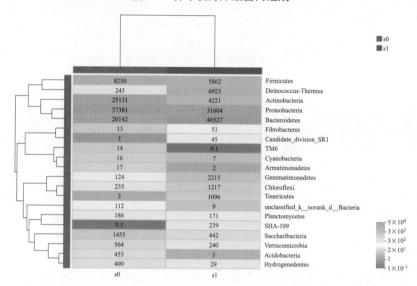

图7-2 养羊发酵床细菌门组成热图分析

二、发酵床细菌门共有种类和独有种类

纹图分析结果见图 7-3。垫料原料（s0）与发酵垫料（s1）细菌门共有种类和独有种类存在差异，细菌门共有种类 19 个，垫料原料（s0）独有种类 3 个，分别为门 TM6、衣原体门、绿菌门；发酵垫料（s1）独有种类 5 个，门 SHA-109、螺旋体门、候选门 Microgenomates、候选门 Parcubacteria、门 TA06；垫料原料与发酵垫料两者细菌门的相关系数为 0.7663，相关性极显著（$P < 0.01$），发酵垫料主要细菌类群来自垫料原

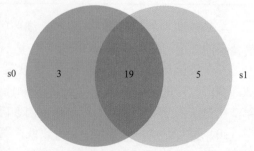

图7-3 养羊发酵床垫料原料与发酵垫料细菌门共有种类和独有种类

料，衣原体门作为重要的动物病原菌，经过发酵垫料中的衣原体门消失。

三、发酵床细菌门优势菌群差异性

发酵床垫料原料中的细菌门优势菌变形菌门占比 39%，拟杆菌门占比 21%，放线菌门占比 27%，厚壁菌门占比 8.7%，异常球菌 - 栖热菌门占比 0.26%；经过 8 个月的发酵，优势菌群占比变化为 31%、46%、4.2%、5.8%、6.9%（图 7-4）；优势菌群占比变化差异极显著（图 7-5），其中变形菌门、放线菌门、厚壁菌门在垫料原料中的含量大于发酵垫料，拟杆菌门和异常球菌 - 栖热菌门在垫料原料中的含量小于发酵垫料，对于羊粪的发酵起着重要作用。

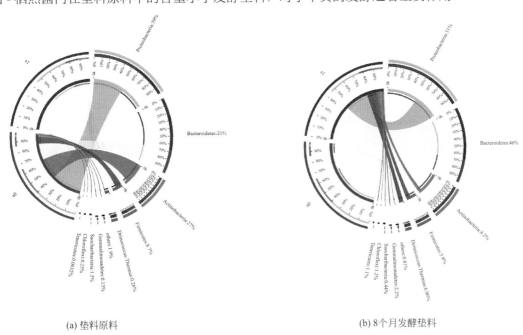

(a) 垫料原料　　　　　　　　　　　　　　(b) 8个月发酵垫料

图7-4　发酵床垫料原料与发酵垫料细菌门优势菌群占比变化

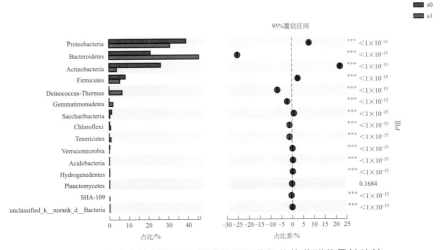

图7-5　发酵床垫料原料与发酵垫料细菌门优势菌群差异性比较

四、发酵床细菌门菌群聚类分析

根据表7-1，以菌群为样本、垫料为指标、欧氏距离为尺度，可变类平均法进行系统聚类，分析结果见表7-2、图7-6、图7-7。

表7-2 垫料原料与发酵垫料细菌门菌群聚类分析

组别	物种名称	羊发酵床细菌门数量（read）	
		垫料原料（s0）	发酵垫料（s1）
1	拟杆菌门	20142.00	46527.00
1	变形菌门	37381.00	31604.00
	第1组2个样本平均值	28761.50	39065.50
2	异常球菌-栖热菌门	245.00	6923.00
2	厚壁菌门	8250.00	5862.00
2	放线菌门	25131.00	4221.00
	第2组3个样本平均值	11208.67	5668.67
3	芽单胞菌门	124.00	2215.00
3	绿弯菌门	235.00	1217.00
3	柔膜菌门	3.00	1096.00
3	糖杆菌门	1455.00	442.00
3	疣微菌门	564.00	240.00
3	门SHA-109	0.00	239.00
3	浮霉菌门	186.00	171.00
3	纤维杆菌门	13.00	51.00
3	门SR1	1.00	45.00
3	产氢菌门	400.00	29.00
3	未分类的1门	112.00	9.00
3	蓝细菌门	16.00	7.00
3	螺旋体门	0.00	7.00
3	候选门Microgenomates	0.00	5.00
3	酸杆菌门	453.00	3.00
3	装甲菌门	17.00	2.00
3	候选门Parcubacteria	0.00	2.00
3	门TA06	0.00	2.00
3	梭杆菌门	6.00	1.00
3	门TM6	14.00	0.00
3	衣原体门	11.00	0.00
3	绿菌门	1.00	0.00
	第3组22个样本平均值	164.14	262.86

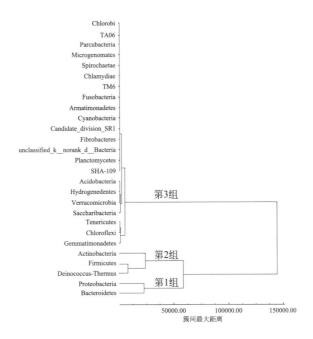

图7-6　垫料原料与发酵垫料细菌门菌群聚类分析

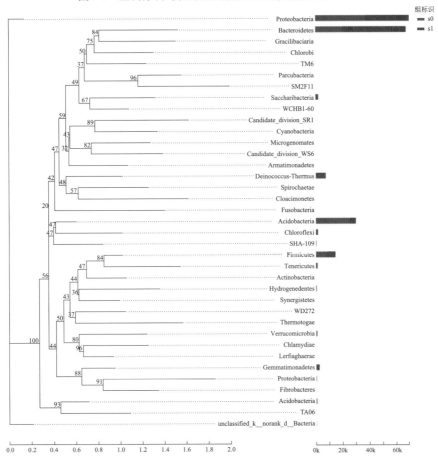

图7-7　垫料原料与发酵垫料细菌门菌群系统发育分析

结果表明，可将细菌门菌群分为 3 组，第 1 组为高含量组，包括了拟杆菌门和变形菌门，前者在垫料原料中的含量低于发酵垫料，后者在垫料原料中的含量高于发酵垫料；第 2 组为中含量组，包括了异常球菌 - 栖热菌门、厚壁菌门、放线菌门，异常球菌 - 栖热菌门在垫料原料中的含量远远低于发酵垫料，厚壁菌门、放线菌门在垫料原料中的含量高于发酵垫料；第 3 组为低含量组，包括了其余的 22 个细菌门，在垫料原料中的平均含量为 164.14，在发酵垫料中的平均含量为 262.86。

从系统发育分析可以看到细菌门菌群分类与数量分布（图 7-7），垫料发酵前后含量较高的细菌门包括了拟杆菌门、变形菌门、厚壁菌门、放线菌门；这些细菌在垫料原料含量高于发酵垫料，也即垫料原料与羊粪混合发酵后，拟杆菌门、变形菌门、厚壁菌门、放线菌门的细菌数量下降。另一些细菌如异常球菌 - 栖热菌门、芽单胞菌门、糖杆菌门、绿弯菌门、柔膜菌门等在垫料原料中含量很低，在发酵垫料中含量较高，表明羊粪与垫料混合发酵后，这些细菌起到重要的分解作用。

第四节
养羊原位发酵床垫料细菌纲菌群异质性

一、发酵床细菌纲组成

从养羊发酵床中共分离到 52 个细菌纲（表 7-3），其中垫料原料（s0）中分离到 45 个细菌纲，使用 8 个月的发酵垫料（s1）分类到 43 个细菌纲。垫料原料前 5 个高含量的细菌纲为放线菌纲（25131）、α- 变形菌纲（20045）、γ- 变形菌纲（12890）、鞘氨醇菌纲（9809）、芽胞杆菌纲（8226）、发酵垫料前 5 个高含量的细菌纲为黄杆菌纲（26408）、γ- 变形菌纲 (19652)、鞘氨醇菌纲（8783）、α- 变形菌纲（7468）、异常球菌纲（6923）；发酵垫料的优势菌群中增加了黄杆菌纲和异常球菌纲，消失了放线菌纲和芽胞杆菌纲。细菌纲主要菌群的结构组成见图 7-8。

表7-3　养羊发酵床细菌纲组成

物种名称		s0	s1	总和
【1】	黄杆菌纲	7193	26408	33601
【2】	γ-变形菌纲	12890	19652	32542
【3】	放线菌纲	25131	4221	29352
【4】	α-变形菌纲	20045	7468	27513
【5】	鞘氨醇杆菌纲	9809	8783	18592
【6】	芽胞杆菌纲	8226	1383	9609
【7】	纤维粘网菌纲	2977	5299	8276
【8】	异常球菌纲	245	6923	7168

物种名称	s0	s1	总和
【9】　β-变形菌纲	3741	2568	6309
【10】　拟杆菌纲	7	5920	5927
【11】　梭菌纲	22	4009	4031
【12】　δ-变形菌纲	570	1909	2479
【13】　芽单胞菌纲	124	2215	2339
【14】　糖杆菌门分类地位未定的1纲	1455	387	1842
【15】　热微菌纲	197	1160	1357
【16】　柔膜菌纲	3	1096	1099
【17】　酸杆菌纲	453	3	456
【18】　产氢菌门分类地位未定的1纲	400	29	429
【19】　丰佑菌纲	127	222	349
【20】　海草球形菌纲	159	171	330
【21】　丹毒丝菌纲	0	318	318
【22】　门SHA-109分类地位未定的1纲	0	239	239
【23】　播撒菌纲	231	8	239
【24】　疣微菌纲	204	10	214
【25】　拟杆菌门未分类的1纲	37	116	153
【26】　纲OPB54	1	148	149
【27】　未分类的1纲	112	9	121
【28】　拟杆菌门VC2.1 Bac22的1纲	119	1	120
【29】　变形菌门未分类的1纲	94	0	94
【30】　纤维杆菌纲	13	51	64
【31】　未知的1纲	0	55	55
【32】　纲JG30-KF-CM66	4	48	52
【33】　纲TA18	41	7	48
【34】　门SR1分类地位未定的1纲	1	45	46
【35】　浮霉菌纲	24	0	24
【36】　蓝细菌纲	16	7	23
【37】　厌氧绳菌纲	19	0	19
【38】　装甲菌门分类地位未定的1纲	17	2	19
【39】　纲TK10	12	2	14
【40】　门TM6分类地位未定的1纲	14	0	14
【41】　衣原体纲	11	0	11
【42】　纲S085	2	7	9
【43】　候选纲Fusobacteriia	6	1	7
【44】　螺旋体纲	0	7	7
【45】　候选门Microgenomates分类地位未定的1纲	0	5	5
【46】　阴壁菌纲	1	4	5
【47】　纲BD7-11	3	0	3
【48】　OPB35土壤菌群的1纲	2	0	2
【49】　候选门Parcubacteria分类地位未定的1纲	0	2	2
【50】　门TA06分类地位未定的1纲	0	2	2
【51】　纲KD4-96	1	0	1
【52】　绿菌纲	1	0	1
合计	94760	100920	

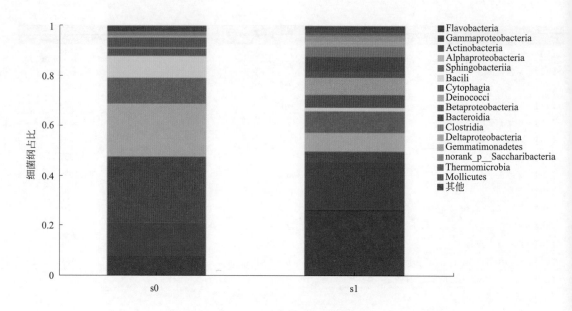

图7-8 养羊发酵床细菌纲组成

养羊发酵床细菌纲组成热图分析见图7-9。结果表明分为3组，第1组包含糖杆菌门分类地位未定的1纲、丰佑菌纲、产氢菌门分类地位未定的1纲、放线菌纲、海草球形菌纲，在垫料原料（s0）中含量中等，在发酵垫料（s1）中含量较低；第2组包含黄杆菌纲、γ-变形菌纲、芽胞杆菌纲、α-变形菌纲、酸杆菌纲、鞘氨醇杆菌纲，在垫料原料（s0）和发酵垫料（s1）中含量较高；第3组包含了纤维粘网菌纲、异常球菌纲、β-变形菌纲、拟杆菌纲、梭菌纲、δ-变形菌纲、芽单胞菌纲、热微菌纲、柔膜菌纲等，在垫料原料（s0）含量较低，在发酵垫料（s1）中含量较高。

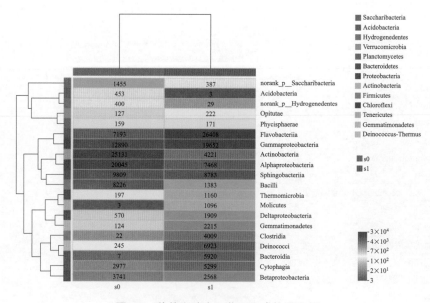

图7-9 养羊发酵床细菌纲组成热图分析

二、发酵床细菌纲共有种类和独有种类

纹图分析结果见图 7-10。垫料原料（s0）与发酵垫料（s1）细菌纲共有种类和独有种类存在差异，整个发酵床细菌纲共有种类 36 个，垫料原料（s0）独有细菌纲 9 个，分别为变形菌门未分类的 1 纲、浮霉菌纲、厌氧蝇菌纲、门 TM6 分类地位未定的 1 纲、衣原体纲、纲 BD7-11、OPB35 土壤菌群的 1 纲、纲 KD4-96、绿菌纲；发酵垫料（s1）独有细菌纲 7 个，分别为毒丹丝菌纲、门 SHA-109 分类地位未定的 1 纲、未知的 1 纲、螺旋体纲、候选门 Microgenomates 分类地位未定的 1 纲、候选门 Parcubacteria 分类地位

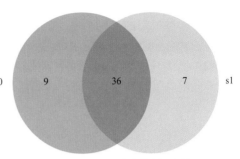

图7-10 养羊发酵床垫料原料与
发酵垫料细菌纲共有种类和独有种类

未定的 1 纲、门 TA06 分类地位未定的 1 纲；垫料原料与发酵垫料两者细菌纲的相关系数为 0.5236，相关性极显著（$P < 0.01$），发酵垫料主要细菌类群来自于垫料原料，衣原体纲作为重要的动物病原菌，经过发酵垫料中的衣原体纲消失。

三、发酵床垫料发酵细菌纲多样性指数变化

分析结果见表 7-4。养羊发酵床垫料原料的细菌纲数量 45 个，发酵垫料（8 个月）细菌纲数量略少，为 43 个，总含量略有增加；垫料原料的丰富度略高于发酵垫料，而优势度辛普森指数、香农指数、均匀度指数等低于发酵垫料，表明垫料原料与羊粪混合，经过 8 个月发酵，发酵垫料多样性指数增加。

表7-4 发酵床垫料发酵细菌纲多样性指数变化

项目		发酵床细菌纲多样性指数	
		垫料原料（s0）	发酵垫料（s1）
细菌纲数量/个		45	43
总含量（read）		94760	100920
丰富度		3.8397	3.6452
辛普森指数(D)	值	0.8395	0.8644
	95%置信区间	0.7469	0.8058
		0.9322	0.9229
香农指数(H)	值	2.1054	2.3721
	95%置信区间	1.6911	2.0145
		2.5196	2.7298
均匀度指数	值	0.5531	0.6307
	95%置信区间	0.4462	0.5386
		0.6599	0.7228
Brillouin指数	值	3.0354	3.4203
	95%置信区间	2.4379	2.9045
		3.6330	3.9361
McIntosh指数(D_{mc})	值	0.6013	0.6337
	95%置信区间	0.4961	0.5549
		0.7066	0.7125

四、发酵床细菌纲优势菌群差异性

发酵床垫料原料中的细菌纲优势菌黄杆菌纲占比 7.6%，γ- 变形菌纲占比 14%，放线菌纲占比 27%，α- 变形菌纲占比 21%，鞘氨醇菌纲占比 10%；经过 8 个月的发酵，优势菌群占比变化为 26%、19%、4.2%、7.4%、8.7%（图 7-11）；优势菌群占比变化差异极显著（$P < 0.01$）（图 7-12），其中垫料原料中黄杆菌纲、γ- 变形菌纲含量小于发酵垫料，放线菌纲、α- 变形菌纲、鞘氨醇菌纲含量大于发酵垫料，表明黄杆菌纲、γ- 变形菌纲对于羊粪的发酵起着重要作用。

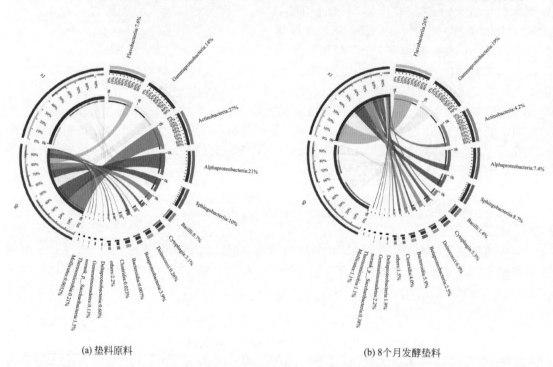

(a) 垫料原料   (b) 8个月发酵垫料

图7-11 发酵床垫料原料与发酵垫料细菌纲优势菌群占比变化

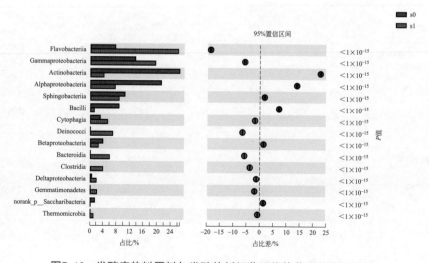

图7-12 发酵床垫料原料与发酵垫料细菌纲优势菌群差异性比较

五、发酵床细菌纲菌群聚类分析

根据表7-3，以菌群为样本、垫料为指标、欧氏距离为尺度，可变类平均法进行系统聚类，分析结果见表7-5、图7-13。结果表明，可将细菌纲菌群分为3组，第1组为高含量组，包括了4个菌群，即黄杆菌纲、γ-变形菌纲、放线菌纲、α-变形菌纲，在垫料原料和发酵垫料中的含量平均值分别为16314.75、14437.25，在整个羊粪发酵过程中起到重要作用；第2组为中含量组，包括了7个菌群，即鞘氨醇杆菌纲、芽胞杆菌纲、纤维粘网菌纲、异常球菌纲、β-变形菌纲、拟杆菌纲、梭菌纲，在垫料原料和发酵垫料中的含量平均值分别为3575.29、4983.57，其中纤维粘网菌纲、异常球菌纲、梭菌纲、拟杆菌纲在发酵垫料中含量高于垫料原料中含量，表明这几个菌群在羊粪发酵中起到主要作用。第3组为低含量组，包括了其余的41个细菌纲，在垫料原料中的平均含量为109.12，在发酵垫料中的平均含量为202.10，属于羊粪发酵的弱势菌。

表7-5　发酵床细菌纲菌群聚类分析

组别	物种名称	羊发酵床细菌纲数量（read）	
		垫料原料（s0）	发酵垫料（s1）
1	黄杆菌纲	7193.00	26408.00
1	γ-变形菌纲	12890.00	19652.00
1	放线菌纲	25131.00	4221.00
1	α-变形菌纲	20045.00	7468.00
	第1组4个样本平均值	16314.75	14437.25
2	鞘氨醇杆菌纲	9809.00	8783.00
2	芽胞杆菌纲	8226.00	1383.00
2	纤维粘网菌纲	2977.00	5299.00
2	异常球菌纲	245.00	6923.00
2	β-变形菌纲	3741.00	2568.00
2	拟杆菌纲	7.00	5920.00
2	梭菌纲	22.00	4009.00
	第2组7个样本平均值	3575.29	4983.57
3	δ-变形菌纲	570.00	1909.00
3	芽单胞菌纲	124.00	2215.00
3	糖杆菌门分类地位未定的1纲	1455.00	387.00
3	热微菌纲	197.00	1160.00
3	柔膜菌纲	3.00	1096.00
3	酸杆菌纲	453.00	3.00
3	产氢菌门分类地位未定的1纲	400.00	29.00
3	丰佑菌纲	127.00	222.00
3	海草球形菌纲	159.00	171.00
3	丹毒丝菌纲	0.00	318.00
3	播撒菌纲	231.00	8.00

续表

组别	物种名称	羊发酵床细菌纲数量（read）	
		垫料原料（s0）	发酵垫料（s1）
3	门SHA-109分类地位未定的1纲	0.00	239.00
3	疣微菌纲	204.00	10.00
3	拟杆菌门未分类的1纲	37.00	116.00
3	纲OPB54	1.00	148.00
3	未分类的1纲	112.00	9.00
3	拟杆菌门VC2.1 Bac22的1纲	119.00	1.00
3	变形菌门分类地位未定的1纲	94.00	0.00
3	纤维杆菌纲	13.00	51.00
3	未知的1纲	0.00	55.00
3	纲JG30-KF-CM66	4.00	48.00
3	纲TA18	41.00	7.00
3	门SR1分类地位未定的1纲	1.00	45.00
3	浮霉菌纲	24.00	0.00
3	蓝细菌纲	16.00	7.00
3	厌氧绳菌纲	19.00	0.00
3	装甲菌门分类地位未定的1纲	17.00	2.00
3	门TM6分类地位未定的1纲	14.00	0.00
3	纲TK10	12.00	2.00
3	衣原体纲	11.00	0.00
3	纲S085	2.00	7.00
3	候选纲Fusobacteriia	6.00	1.00
3	螺旋体纲	0.00	7.00
3	阴壁菌纲	1.00	4.00
3	候选门Microgenomates分类地位未定的1纲	0.00	5.00
3	纲BD7-11	3.00	0.00
3	OPB35土壤菌群的1纲	2.00	0.00
3	候选门Parcubacteria分类地位未定的1纲	0.00	2.00
3	门TA06分类地位未定的1纲	0.00	2.00
3	纲KD4-96	1.00	0.00
3	绿菌纲	1.00	0.00
	第3组41个样本平均值	109.12	202.10

从系统发育分析可以看到细菌纲菌群分类与数量分布（图7-14），可以看出垫料＋羊粪发酵过程细菌纲分为主要的4个类群，主要菌群来源于1变形菌纲＞3放线菌纲＞4螺旋菌纲＞2芽胞杆菌纲。变形菌纲发酵垫料中含量高于垫料原料，放线菌纲发酵垫料中含量低于垫料原料，螺旋菌纲发酵垫料中含量与垫料原料相近，芽胞杆菌纲发酵垫料中含量远低于垫料原料。

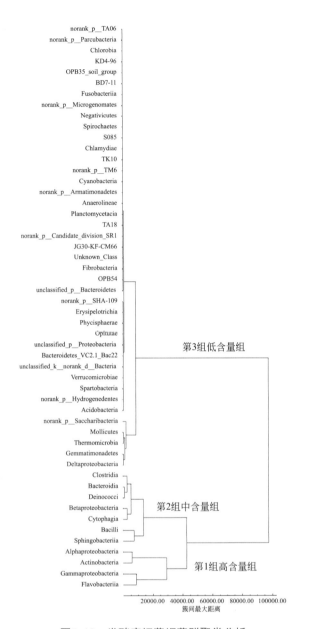

图7-13　发酵床细菌纲菌群聚类分析

　　这与垫料通气量和氮素等环境因子变化有关，条件选择微生物；发酵前后菌群变化差异显著，黄杆菌纲和芽单胞菌纲、γ- 变形菌纲、纤维粘网菌纲等细菌发酵后含量高于发酵前，这些细菌纲细菌随着发酵过程数量增加，对羊粪的发酵起到重要作用；α- 变形菌纲、放线菌纲、芽胞杆菌纲等细菌发酵后含量下降，表明这些细菌纲细菌随着发酵逐渐退出；异常球菌纲、梭菌纲、拟杆菌纲等，在垫料原料中含量很低，随着发酵进程含量大幅度提高。一般认为芽胞杆菌纲耐高温，可能在发酵羊粪过程中起着重要作用，经过发酵芽胞杆菌纲数量下降显著。

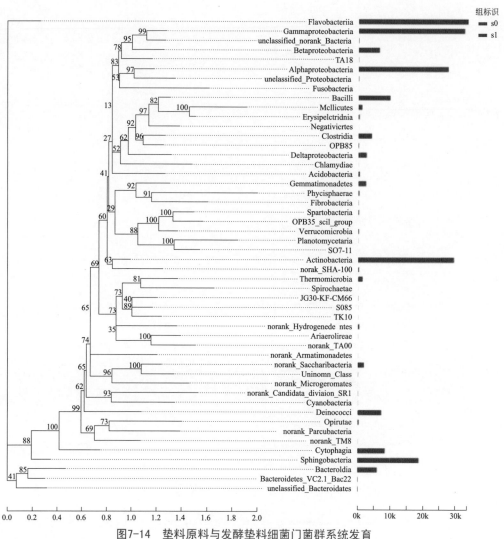

图7-14 垫料原料与发酵垫料细菌门菌群系统发育

第五节
养羊原位发酵床垫料细菌目菌群异质性

一、发酵床细菌目组成

从养羊发酵床中共分离到 117 个细菌目（表 7-6），其中垫料原料中分离到 93 个细菌目，使用 8 个月的发酵垫料分离到 104 个细菌目。垫料原料前 5 个高含量的细菌目为根瘤菌目（13704）、鞘氨醇杆菌目（9809）、黄杆菌目（7193）、纤维弧菌目（7179）、芽胞杆菌目（6895）；发酵垫料前 5 个高含量的细菌目为黄杆菌目（26408）、鞘氨醇杆菌目（8783）、异常球菌目（6923）、拟杆菌目（5896）、海洋螺菌目（5475）；发酵垫料与垫料原料的优势菌群差异显著，发酵垫料新增加了异常球菌目、拟杆菌目、海洋螺菌目，根瘤菌目、纤维弧菌目、芽胞杆菌目消失了（图 7-15）。

表7-6　养羊发酵床细菌目组成

物种名称	养羊发酵床细菌目数量（read）		
	垫料原料（s0）	发酵垫料（s1）	合计
【1】黄杆菌目	7193	26408	33601
【2】鞘氨醇杆菌目	9809	8783	18592
【3】根瘤菌目	13704	3303	17007
【4】纤维弧菌目	7179	3406	10585
【5】微球菌目	5793	2242	8035
【6】芽胞杆菌目	6895	1036	7931
【7】黄单胞菌目	2335	4844	7179
【8】异常球菌目	245	6923	7168
【9】海洋螺菌目	659	5475	6134
【10】链霉菌目	5957	101	6058
【11】拟杆菌目	7	5896	5903
【12】伯克氏菌目	3461	2361	5822
【13】噬纤维菌目	2977	1860	4837
【14】假诺卡氏菌目	4345	68	4413
【15】假单胞菌目	1312	2953	4265
【16】鞘氨醇单胞菌目	3503	753	4256
【17】梭菌目	22	4005	4027
【18】丙酸杆菌目	2847	301	3148
【19】红螺菌目	374	2617	2991
【20】糖霉菌目	2830	99	2929
【21】交替单胞菌目	838	1722	2560
【22】陆生菌群AT425-EubC11的1目	16	2081	2097
【23】糖杆菌门分类地位未定的1目	1455	387	1842
【24】目Ⅱ	0	1738	1738
【25】目Ⅲ	0	1701	1701
【26】乳杆菌目	1331	347	1678
【27】柄杆菌目	1490	24	1514
【28】棒杆菌目	1089	125	1214
【29】酸微菌目	725	443	1168
【30】γ-变形菌纲分类地位未定的1目	0	1119	1119
【31】黏球菌目	171	836	1007
【32】微单胞菌目	558	399	957
【33】无胆甾原体目	3	926	929
【34】链孢囊菌目	721	179	900

物种名称	养羊发酵床细菌目数量（read）		
	垫料原料（s0）	发酵垫料（s1）	合计
【35】 蛭弧菌目	265	630	895
【36】 红杆菌目	247	563	810
【37】 目JG30-KF-CM45	197	480	677
【38】 目AKYG1722	0	658	658
【39】 脱硫单胞菌目	96	438	534
【40】 α-变形菌纲未分类的1目	361	112	473
【41】 产氢菌门分类地位未定的1目	400	29	429
【42】 海草球形菌目	159	171	330
【43】 丹毒丝菌目	0	318	318
【44】 肠杆菌目	266	19	285
【45】 目DB1-14	249	15	264
【46】 门SHA-109分类地位未定的1目	0	239	239
【47】 土源杆菌目	231	8	239
【48】 疣微菌目	204	10	214
【49】 硫发菌目	179	29	208
【50】 嗜甲基菌目	204	0	204
【51】 紫红球菌目	46	155	201
【52】 亚群3的1目	196	1	197
【53】 土壤红色杆菌目	160	36	196
【54】 解腈菌目	2	190	192
【55】 拟杆菌门未分类的1目	37	116	153
【56】 红环菌目	18	134	152
【57】 亚群6的1目	150	1	151
【58】 纲OPB54分类地位未定的1目	1	148	149
【59】 亚硝化单胞菌目	58	72	130
【60】 目NB1-n	0	129	129
【61】 未分类的1目	112	9	121
【62】 拟杆菌门VC2.1 Bac22的1纲分类地位未定的1目	119	1	120
【63】 陆生菌群BD2-11的1目	5	101	106
【64】 弗兰克氏菌目	76	30	106
【65】 芽单胞菌目	103	2	105
【66】 立克次氏体目	59	44	103
【67】 变形菌门未分类的1目	94	0	94
【68】 γ-变形菌纲未分类的1目	64	16	80
【69】 亚群4的1目	71	1	72
【70】 丰佑菌目	68	0	68

续表

物种名称	养羊发酵床细菌目数量（read）		
	垫料原料（s0）	发酵垫料（s1）	合计
【71】 纤维杆菌目	13	51	64
【72】 OCS116进化枝的1目	38	21	59
【73】 未知的1目	0	55	55
【74】 目NKB5	1	53	54
【75】 纲JG30-KF-CM66分类地位未定的1目	4	48	52
【76】 着色菌目	39	12	51
【77】 纲TA18分类地位未定的1目	41	7	48
【78】 门SR1分类地位未定的1目	1	45	46
【79】 丰佑菌纲未分类的1目	8	34	42
【80】 寡养弯菌目	38	4	42
【81】 柔膜菌纲RF9的1目	0	41	41
【82】 目BC-COM435	5	33	38
【83】 斯尼思氏菌目	20	16	36
【84】 酸杆菌目	36	0	36
【85】 芽单胞菌纲分类地位未定的1目	0	31	31
【86】 拟杆菌纲分类地位未定的1目	0	24	24
【87】 浮霉菌目	24	0	24
【88】 蓝细菌纲分类地位未定的1目	16	7	23
【89】 球形杆菌目	0	22	22
【90】 装甲菌门分类地位未定的1目	17	2	19
【91】 军团菌目	18	1	19
【92】 厌氧绳菌目	19	0	19
【93】 纲TK10分类地位未定的1目	12	2	14
【94】 门TM6分类地位未定的1目	14	0	14
【95】 放线菌纲未分类的1目	12	1	13
【96】 衣原体目	11	0	11
【97】 纲S085分类地位未定的1目	2	7	9
【98】 动孢菌目	9	0	9
【99】 盖亚菌目	7	1	8
【100】 螺旋体目	0	7	7
【101】 梭杆菌目	6	1	7
【102】 候选门Microgenomates分类地位未定的1目	0	5	5
【103】 月形单胞菌目	1	4	5
【104】 盐厌氧菌目	0	4	4

续表

物种名称	养羊发酵床细菌目数量（read）		
	垫料原料（s0）	发酵垫料（s1）	合计
【105】放线菌目	0	3	3
【106】纲BD7-11分类地位未定的1目	3	0	3
【107】候选门Parcubacteria分类地位未定的1目	0	2	2
【108】甲基球菌目	0	2	2
【109】双歧杆菌目	0	2	2
【110】门TA06分类地位未定的1目	0	2	2
【111】纲OPB35分类地位未定的1目	2	0	2
【112】尤泽比氏菌目	0	1	1
【113】目1013-28-CG33	0	1	1
【114】目B1-7BS	0	1	1
【115】δ-变形菌纲未分类的1目	0	1	1
【116】绿菌目	1	0	1
【117】纲KD4-96分类地位未定的1目	1	0	1

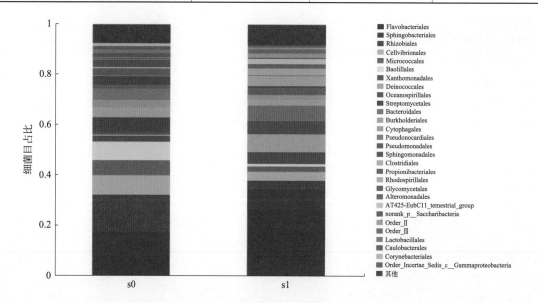

图7-15　养羊发酵床细菌目组成

养羊发酵床细菌目组成热图分析见图7-16。结果表明分为3组，第1组包含假单胞菌目为代表的7个菌群，在垫料原料（s0）中含量较低，在发酵垫料（s1）中含量较高；第2组包含芽胞杆菌目为代表的10个菌群，在垫料原料（s0）中含量高，在发酵垫料（s1）中含量较低；第3组包含了黄杆菌目等3个菌群，在垫料原料（s0）中含量较高，在发酵垫料（s1）中含量也较高。

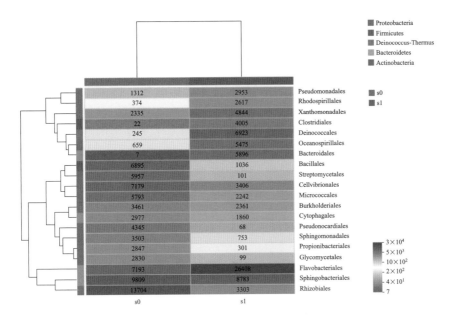

图7-16   养羊发酵床细菌目组成热图分析

二、发酵床细菌目共有种类和独有种类

纹图分析结果见图 7-17。垫料原料（s0）与发酵垫料（s1）细菌目共有种类和独有种类存在差异，整个发酵床细菌目共有种类 80 个，垫料原料（s0）独有种类 13 个，分别为嗜甲基菌目（204，read）、变形菌门未分类的 1 目（94）、丰佑菌目（68）、酸杆菌目（36）、浮霉菌目（24）、厌氧绳菌目（19）、门 TM6 分类地位未定的 1 目（14）、衣原体目（11）、动孢菌目（9）、纲 BD7-11 分类地位未定的 1 目（3）、纲 OPB35 分类地位未定的 1 目（2）、绿菌目（1）、纲 KD4-96 分类地位未定的 1 目（1）；发酵垫料（s1）独有种类 24 个，分别为目Ⅱ（1738）、目Ⅲ（1701）、γ- 变形菌纲分类地位未定的 1 目（1119）、目 AKYG1722（658）、丹毒丝菌目（318）、门 SHA-109 分类地位未定的 1 目（239）、目 NB1-n（129）、未知的 1 目（55）、柔膜菌纲 RF9 的 1 目（41）、芽单胞菌纲分类地位未定的 1 目（31）、拟杆菌纲分类地位未定的 1 目（24）、球形杆菌目（22）、螺旋体目（7）、候选门 Microgenomates 分类地位未定的 1 目（5）、盐厌氧菌目（4）、放线菌目（3）、候选门 Parcubacteria 分类地位未定的 1 目（2）、甲基球菌目（2）、双歧杆菌目（2）、门 TA06 分类地位未定的 1 目（2）、尤泽比氏菌目（1）、目 1013-28-CG33（1）、目 B1-7BS（1）、δ- 变形菌纲未分类的 1 目（1）。垫料原料和发酵垫料的独有种类含量都比较低，除了发酵垫料的目Ⅱ（1738）、目Ⅲ（1701）和 γ- 变形菌纲分类地位未定的 1 目（1119）外，其余种类数量（read）都低于 1000。

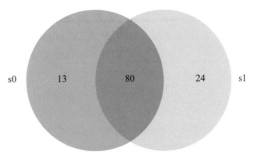

图7-17   养羊发酵床垫料原料与发酵垫料细菌目共有种类和独有种类

三、垫料发酵过程细菌目优势菌群的变化

垫料原料和发酵垫料细菌目的优势菌群差异显著，以垫料原料中的细菌目含量排序 [图 7-18（a）]，可以看到垫料原料细菌目前 24 个菌群含量，按大小排列如根瘤菌目＞鞘氨醇杆菌目＞黄杆菌目＞纤维弧菌目＞芽胞杆菌目＞链霉菌目＞微球菌目＞假诺卡氏菌目等。经过发酵，垫料原料内的细菌目到了发酵垫料中发生了许多的变化，数量明显增加的菌群有黄杆菌目（7193 → 26408）、异常球菌目（245 → 6923）、海洋螺菌目（659 → 5475）、黄单胞菌目（2335 → 4844）；数量明细减少的菌群有未分类的 1 目（112 → 9）、土源杆菌目（231 → 8）、芽单胞菌目（103 → 2）、亚群 3 的 1 目（196 → 1）、亚群 6 的 1 目（150 → 1）、拟杆菌门 VC2.1 Bac22 的 1 纲分类地位未定的 1 目（119 → 1）、嗜甲基菌目（204 → 0）。

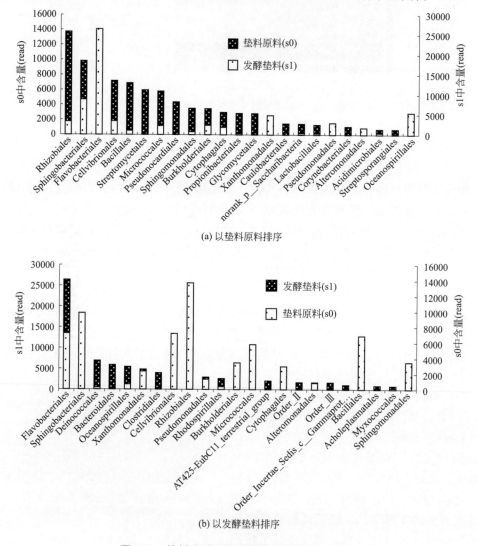

(a) 以垫料原料排序

(b) 以发酵垫料排序

图7-18　垫料发酵过程细菌目优势菌群的变化

以发酵垫料中的细菌目含量排序 [图 7-18（b）]，可以看到发酵垫料中细菌目前 24 个

菌群含量，按大小排列如黄杆菌目＞鞘氨醇杆菌目＞异常球菌目＞拟杆菌目＞海洋螺菌目＞黄单胞菌目＞梭菌目等，垫料混合羊粪发酵 8 个月后，发酵垫料中有些从垫料原料带来的菌群在发酵垫料中含量增加了，如黄杆菌目（26408 ← 7193）、黄单胞菌目（4844 ← 2335）、异常球菌目（6923 ← 245）、海洋螺菌目（5475 ← 659）、拟杆菌目（5896 ← 7）、假单胞菌目（2953 ← 1312）、梭菌目（4005 ← 22）、红螺菌菌目（2617 ← 374）、交替单胞菌目（1722 ← 838）、陆生菌群 AT425-EubC11 的 1 目（2081 ← 16）等；有些菌群是减少的，如鞘氨醇杆菌目（8783 ← 9809）、根瘤菌目（3303 ← 13704）、微球菌目（2242 ← 5793）、芽胞杆菌目（1036 ← 6895）、链霉菌目（101 ← 5957）、伯克氏菌目（2361 ← 3461）。

四、发酵床细菌目优势菌群差异性

发酵床垫料原料和发酵垫料中的细菌目优势菌群差异显著（表 7-7），含量前 10 的优势种群中，垫料原料细菌目含量小于发酵垫料的种类有 4 个：即黄杆菌目，垫料原料含量 7.5910%，发酵垫料含量 26.1700%；异常球菌目，垫料原料含量 0.2585%，发酵垫料含量 6.8600%；海洋螺菌目，垫料原料含量 0.6954%，发酵垫料含量 5.4250%；黄单胞菌目，垫料原料含量 2.4640%，发酵垫料含量 4.8000%。垫料原料细菌目大丁发酵垫料的种类有 6 个，即鞘氨醇杆菌目、微球菌目、纤维弧菌目、链霉菌目、芽胞杆菌目、根瘤菌目。前者表明垫料原料中的细菌目经过发酵在发酵垫料中得到增长，后者表明垫料原料中的细菌目经过发酵在发酵垫料中数量下降（图 7-19）。

表7-7　发酵床垫料原料与发酵垫料细菌目差异性统计检验

物种名称		细菌目占比/%		P值	差值/%
		垫料原料	发酵垫料		
【1】	黄杆菌目	7.5910	26.1700	0.0000	−18.5790
【2】	鞘氨醇杆菌目	10.3500	8.7030	0.0000	1.6470
【3】	根瘤菌目	14.4600	3.2730	0.0000	11.1870
【4】	纤维弧菌目	7.5760	3.3750	0.0000	4.2010
【5】	微球菌目	6.1130	2.2220	0.0000	3.8910
【6】	芽胞杆菌目	7.2760	1.0270	0.0000	6.2490
【7】	黄单胞菌目	2.4640	4.8000	0.0000	−2.3360
【8】	异常球菌目	0.2585	6.8600	0.0000	−6.6015
【9】	链霉菌目	6.2860	0.1001	0.0000	6.1859
【10】	海洋螺菌目	0.6954	5.4250	0.0000	−4.7296
【11】	伯克氏菌目	3.6520	2.3390	0.0000	1.3130
【12】	拟杆菌目	0.0074	5.8420	0.0000	−5.8346
【13】	噬纤维菌目	3.1420	1.8430	0.0000	1.2990
【14】	假诺卡氏菌目	4.5850	0.0674	0.0000	4.5176
【15】	鞘氨醇单胞菌目	3.6970	0.7461	0.0000	2.9509
【16】	假单胞菌目	1.3850	2.9260	0.0000	−1.5410
【17】	梭菌目	0.0232	3.9680	0.0000	−3.9448
【18】	丙酸杆菌目	3.0040	0.2983	0.0000	2.7057
【19】	糖霉菌目	2.9860	0.0981	0.0000	2.8879
【20】	红螺菌目	0.3947	2.5930	0.0000	−2.1983

续表

物种名称		细菌目占比/%		P值	差值/%
		垫料原料	发酵垫料		
【21】	交替单胞菌目	0.8843	1.7060	0.0000	−0.8217
【22】	陆生菌群AT425-EubC11的1目	0.0169	2.0620	0.0000	−2.0451
【23】	糖杆菌门分类地位未定的1目	1.5350	0.3835	0.0000	1.1515
【24】	乳杆菌目	1.4050	0.3438	0.0000	1.0612
【25】	目Ⅱ	0.0000	1.7220	0.0000	−1.7220
【26】	目Ⅲ	0.0000	1.6850	0.0000	−1.6850
【27】	柄杆菌目	1.5720	0.0238	0.0000	1.5482
【28】	棒杆菌目	1.1490	0.1239	0.0000	1.0251
【29】	酸微菌目	0.7651	0.4390	0.0000	0.3261
【30】	γ-变形菌纲分类地位未定的1目	0.0000	1.1090	0.0000	−1.1090
【31】	黏球菌目	0.1805	0.8284	0.0000	−0.6479
【32】	微单胞菌目	0.5889	0.3954	0.0000	0.1935
【33】	链孢囊菌目	0.7609	0.1774	0.0000	0.5835
【34】	无胆甾原体目	0.0032	0.9176	0.0000	−0.9144
【35】	蛭弧菌目	0.2797	0.6243	0.0000	−0.3446
【36】	红杆菌目	0.2607	0.5579	0.0000	−0.2972
【37】	目JG30-KF-CM45	0.2079	0.4756	0.0000	−0.2677
【38】	目AKYG1722	0.0000	0.6520	0.0000	−0.6520
【39】	脱硫单胞菌目	0.1013	0.4340	0.0000	−0.3327
【40】	α-变形菌纲未分类的1目	0.3810	0.1110	0.0000	0.2700
【41】	产氢菌门分类地位未定的1目	0.4221	0.0287	0.0000	0.3934
【42】	海草球形菌目	0.1678	0.1694	0.9561	−0.0016
【43】	丹毒丝菌目	0.0000	0.3151	0.0000	−0.3151
【44】	肠杆菌目	0.2807	0.0188	0.0000	0.2619
【45】	目DB1-14	0.2628	0.0149	0.0000	0.2479
【46】	土源杆菌目	0.2438	0.0079	0.0000	0.2359
【47】	门SHA-109分类地位未定的1目	0.0000	0.2368	0.0000	−0.2368
【48】	疣微菌目	0.2153	0.0099	0.0000	0.2054
【49】	硫发菌目	0.1889	0.0287	0.0000	0.1602
【50】	嗜甲基菌目	0.2153	0.0000	0.0000	0.2153
【51】	亚群3的1目	0.2068	0.0010	0.0000	0.2058
【52】	土壤红色杆菌目	0.1688	0.0357	0.0000	0.1331
【53】	紫红球菌目	0.0485	0.1536	0.0000	−0.1051
【54】	解腈菌目	0.0021	0.1883	0.0000	−0.1862
【55】	亚群6的1目	0.1583	0.0010	0.0000	0.1573
【56】	拟杆菌门未分类的1目	0.0391	0.1149	0.0000	−0.0758
【57】	红环菌目	0.0190	0.1328	0.0000	−0.1138
【58】	纲OPB54分类地位未定的1目	0.0011	0.1467	0.0000	−0.1456
【59】	亚硝化单胞菌目	0.0612	0.0713	0.4297	−0.0101
【60】	目NB1-n	0.0000	0.1278	0.0000	−0.1278
【61】	未分类的1目	0.1182	0.0089	0.0000	0.1093

物种名称	细菌目占比/%		P值	差值/%
	垫料原料	发酵垫料		
【62】拟杆菌门VC2.1 Bac22的1纲分类地位未定的1目	0.1256	0.0010	0.0000	0.1246
【63】芽单胞菌目	0.1087	0.0020	0.0000	0.1067
【64】弗兰克氏菌目	0.0802	0.0297	0.0000	0.0505
【65】立克次氏体目	0.0623	0.0436	0.0762	0.0187
【66】陆生菌群BD2-11的1目	0.0053	0.1001	0.0000	−0.0948
【67】变形菌门未分类的1目	0.0992	0.0000	0.0000	0.0992
【68】γ-变形菌纲未分类的1目	0.0675	0.0159	0.0000	0.0516
【69】亚群4的1目	0.0749	0.0010	0.0000	0.0739
【70】丰佑菌目	0.0718	0.0000	0.0000	0.0718
【71】纤维杆菌目	0.0137	0.0505	0.0000	−0.0368
【72】OCS116进化枝的1目	0.0401	0.0208	0.0183	0.0193
【73】未知的1目	0.0000	0.0545	0.0000	−0.0545
【74】目NKB5	0.0011	0.0525	0.0000	−0.0514
【75】着色菌目	0.0412	0.0119	0.0001	0.0293
【76】纲JG30-KF-CM66分类地位未定的1目	0.0042	0.0476	0.0000	−0.0434
【77】纲TA18分类地位未定的1目	0.0433	0.0069	0.0000	0.0364
【78】门SR1分类地位未定的1目	0.0011	0.0446	0.0000	−0.0435
【79】寡养弯菌目	0.0401	0.0040	0.0000	0.0361
【80】丰佑菌纲未分类的1目	0.0084	0.0337	0.0001	−0.0253
【81】柔膜菌纲RF9的1目	0.0000	0.0406	0.0000	−0.0406
【82】酸杆菌目	0.0380	0.0000	0.0000	0.0380
【83】目BC-COM435	0.0053	0.0327	0.0000	−0.0274
【84】斯尼思氏菌目	0.0211	0.0159	0.4093	0.0052
【85】芽单胞菌纲分类地位未定的1目	0.0000	0.0307	0.0000	−0.0307
【86】浮霉菌目	0.0253	0.0000	0.0000	0.0253
【87】蓝细菌纲分类地位未定的1目	0.0169	0.0069	0.0585	0.0100
【88】拟杆菌纲分类地位未定的1目	0.0000	0.0238	0.0000	−0.0238
【89】球形杆菌目	0.0000	0.0218	0.0000	−0.0218
【90】厌氧绳菌目	0.0201	0.0000	0.0000	0.0201
【91】军团菌目	0.0190	0.0010	0.0000	0.0180
【92】装甲菌门分类地位未定的1目	0.0179	0.0020	0.0003	0.0159
【93】门TM6分类地位未定的1目	0.0148	0.0000	0.0000	0.0148
【94】纲TK10分类地位未定的1目	0.0127	0.0020	0.0060	0.0107
【95】放线菌纲未分类的1目	0.0127	0.0010	0.0014	0.0117
【96】衣原体目	0.0116	0.0000	0.0003	0.0116
【97】动孢菌目	0.0095	0.0000	0.0015	0.0095
【98】纲S085分类地位未定的1目	0.0021	0.0069	0.1816	−0.0048
【99】盖亚菌目	0.0074	0.0010	0.0338	0.0064
【100】梭杆菌目	0.0063	0.0010	0.0625	0.0053
【101】螺旋体目	0.0000	0.0069	0.0160	−0.0069
【102】月形单胞菌目	0.0011	0.0040	0.3762	−0.0029
【103】候选门Microgenomates分类地位未定的1目	0.0000	0.0050	0.0631	−0.0050

物种名称	细菌目占比/%		P值	差值/%
	垫料原料	发酵垫料		
【104】 盐厌氧菌目	0.0000	0.0040	0.1257	−0.0040
【105】 纲BD7-11分类地位未定的1目	0.0032	0.0000	0.1136	0.0032
【106】 放线菌目	0.0000	0.0030	0.2507	−0.0030
【107】 纲OPB35分类地位未定的1目	0.0021	0.0000	0.2345	0.0021
【108】 候选门Parcubacteria分类地位未定的1目	0.0000	0.0020	0.5005	−0.0020
【109】 甲基球菌目	0.0000	0.0020	0.5005	−0.0020
【110】 门TA06分类地位未定的1目	0.0000	0.0020	0.5005	−0.0020
【111】 双歧杆菌目	0.0000	0.0020	0.5005	−0.0020
【112】 绿菌目	0.0011	0.0000	0.4843	0.0011
【113】 纲KD4-96分类地位未定的1目	0.0011	0.0000	0.4843	0.0011
【114】 目1013-28-CG33	0.0000	0.0010	1.0000	−0.0010
【115】 尤泽比氏菌目	0.0000	0.0010	1.0000	−0.0010
【116】 δ-变形菌纲未分类的1目	0.0000	0.0010	1.0000	−0.0010
【117】 目B1-7BS	0.0000	0.0010	1.0000	−0.0010

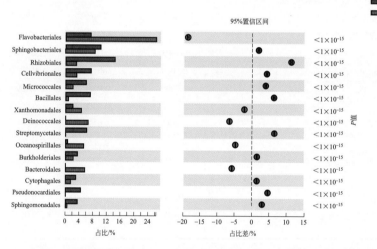

图7-19　发酵床垫料原料与发酵垫料细菌目优势菌群差异性比较

五、发酵床细菌目菌群聚类分析

根据表7-6，以菌群为样本、垫料为指标、马氏距离为尺度，可变类平均法进行系统聚类，分析结果见表7-8、图7-20。结果表明，可将细菌目菌群分为3组，第1组为高含量组，包括了21个菌群，即黄杆菌目、鞘氨醇杆菌目、异常球菌目、拟杆菌目、海洋螺菌目、黄单胞菌目、梭菌目、纤维弧菌目、根瘤菌目、假单胞菌目、红螺菌目、伯克氏菌目、微球菌目、陆生菌群AT425-EubC11的1目、噬纤维菌目、目Ⅱ、交替单胞菌目、目Ⅲ、芽胞杆菌目、鞘氨醇单胞菌目、链霉菌目；在垫料原料和发酵垫料中的细菌目数量（read）平均值分别为3441.86、4295.62，在整个羊粪发酵过程中起到重要作用。第2组为中含量组，包括了17个菌群，即γ-变形菌纲分类地位未定的1目、无胆甾原体目、黏球菌目、目AKYG1722、蛭弧菌目、红杆菌目、目JG30-KF-CM45、酸微菌目、脱硫单胞菌目、微单孢菌目、糖杆菌门分类地位未定的 1 目、乳杆菌目、丙酸杆菌目、棒杆菌目、糖霉菌目、假诺卡氏菌目、柄杆菌目，在垫料原料和发酵垫料中的细菌目数量（read）平均值分别为 1038.18、461.35，表明这些菌群在羊粪发酵中起到主要作用。第 3 组为低含量组，包括了其余的 79 个细菌目，即丹毒丝菌目、门 SHA-109 分类地位未定的 1 目、解腈菌目、链孢囊菌目、海草球形菌目、紫红球菌目、纲 OPB54 分类地位未定的 1 目、红环菌目、目 NB1-n、拟杆菌门未分类的 1 目、α- 变形菌纲未分类的 1 目、陆生菌群 BD2-11 的 1 目、亚硝化单胞菌目等；在垫料原料和发酵垫料中的细菌目数量（read）平均值分别为 61.16 和 36.32，属于羊粪发酵的弱势菌。

表7-8　发酵床细菌目菌群聚类分析

组别	物种名称	细菌目数量（read）	
		s0	s1
1	黄杆菌目	7193.00	26408.00
1	鞘氨醇杆菌目	9809.00	8783.00
1	异常球菌目	245.00	6923.00
1	拟杆菌目	7.00	5896.00
1	海洋螺菌目	659.00	5475.00
1	黄单胞菌目	2335.00	4844.00
1	梭菌目	22.00	4005.00
1	纤维弧菌目	7179.00	3406.00
1	根瘤菌目	13704.00	3303.00
1	假单胞菌目	1312.00	2953.00
1	红螺菌目	374.00	2617.00
1	伯克氏菌目	3461.00	2361.00
1	微球菌目	5793.00	2242.00
1	陆生菌群AT425-EubC11的1目	16.00	2081.00
1	噬纤维菌目	2977.00	1860.00
1	目 Ⅱ	0.00	1738.00
1	交替单胞菌目	838.00	1722.00
1	目 Ⅲ	0.00	1701.00
1	芽胞杆菌目	6895.00	1036.00
1	鞘氨醇单胞菌目	3503.00	753.00
1	链霉菌目	5957.00	101.00
	第1组21个样本平均值	3441.86	4295.62
2	γ 变形菌纲分类地位未定的1目	0.00	1119.00
2	无胆甾原体目	3.00	926.00
2	黏球菌目	171.00	836.00
2	目AKYG1722	0.00	658.00
2	蛭弧菌目	265.00	630.00
2	红杆菌目	247.00	563.00
2	目JG30-KF-CM45	197.00	480.00
2	酸微菌目	725.00	443.00
2	脱硫单胞菌目	96.00	438.00
2	微单胞菌目	558.00	399.00
2	糖杆菌门分类地位未定的1目	1455.00	387.00
2	乳杆菌目	1331.00	347.00
2	丙酸杆菌目	2847.00	301.00

续表

组别	物种名称	细菌目数量（read）	
		s0	s1
2	棒杆菌目	1089.00	125.00
2	糖霉菌目	2830.00	99.00
2	假诺卡氏菌目	4345.00	68.00
2	柄杆菌目	1490.00	24.00
	第2组17个样本平均值	1038.18	461.35
3	丹毒丝菌目	0.00	318.00
3	门SHA-109分类地位未定的1目	0.00	239.00
3	解腈菌目	2.00	190.00
3	链孢囊菌目	721.00	179.00
3	海草球形菌目	159.00	171.00
3	紫红球菌目	46.00	155.00
3	纲OPB54分类地位未定的1目	1.00	148.00
3	红环菌目	18.00	134.00
3	目NB1-n	0.00	129.00
3	拟杆菌门未分类的1目	37.00	116.00
3	α-变形菌纲未分类的1目	361.00	112.00
3	陆生菌群BD2-11的1目	5.00	101.00
3	亚硝化单胞菌目	58.00	72.00
3	未知的1目	0.00	55.00
3	目NKB5	1.00	53.00
3	纤维杆菌目	13.00	51.00
3	纲JG30-KF-CM66分类地位未定的1目	4.00	48.00
3	门SR1分类地位未定的1目	1.00	45.00
3	立克次氏体目	59.00	44.00
3	柔膜菌纲RF9的1目	0.00	41.00
3	土壤红色杆菌目	160.00	36.00
3	丰佑菌纲未分类的1目	8.00	34.00
3	目BC-COM435	5.00	33.00
3	芽单胞菌纲分类地位未定的1目	0.00	31.00
3	弗兰克氏菌目	76.00	30.00
3	产氢菌门分类地位未定的1目	400.0	29.00
3	硫发菌目	179.00	29.00
3	拟杆菌纲分类地位未定的1目	0.00	24.00
3	球形杆菌目	0.00	22.00
3	OCS116进化枝的1目	38.00	21.00
3	肠杆菌目	266.00	19.00
3	γ-变形菌纲未分类的1目	64.00	16.00
3	斯尼思氏菌目	20.00	16.00
3	目DB1-14	249.00	15.00
3	着色菌目	39.00	12.00
3	疣微菌目	204.00	10.00

续表

组别	物种名称	细菌目数量（read）	
		s0	s1
3	未分类的1目	112.00	9.00
3	土源杆菌目	231.00	8.00
3	纲TA18分类地位未定的1目	41.00	7.00
3	蓝细菌纲分类地位未定的1目	16.00	7.00
3	纲S085分类地位未定的1目	2.00	7.00
3	螺旋体目	0.00	7.00
3	候选门Microgenomates分类地位未定的1目	0.00	5.00
3	寡养弯菌目	38.00	4.00
3	月形单胞菌目	1.00	4.00
3	盐厌氧菌目	0.00	4.00
3	放线菌目	0.00	3.00
3	芽单胞菌目	103.00	2.00
3	装甲菌门分类地位未定的1目	17.00	2.00
3	纲TK10分类地位未定的1目	12.00	2.00
3	候选门Parcubacteria分类地位未定的1目	0.00	2.00
3	甲基球菌目	0.00	2.00
3	双歧杆菌目	0.00	2.00
3	门TA06分类地位未定的1目	0.00	2.00
3	亚群3的1目	196.00	1.00
3	亚群6的1目	150.00	1.00
3	拟杆菌门VC2.1 Bac22的1纲分类地位未定的1目	119.00	1.00
3	亚群4的1目	71.00	1.00
3	军团菌目	18.00	1.00
3	放线菌纲未分类的1目	12.00	1.00
3	盖亚菌目	7.00	1.00
3	梭杆菌目	6.00	1.00
3	尤泽比氏菌目	0.00	1.00
3	目1013-28-CG33	0.00	1.00
3	目B1-7BS	0.00	1.00
3	δ-变形菌纲未分类的1目	0.00	1.00
3	嗜甲基菌目	204.00	0.00
3	变形菌门未分类的1目	94.00	0.00
3	丰佑菌目	68.00	0.00
3	酸杆菌目	36.00	0.00
3	浮霉菌目	24.00	0.00
3	厌氧绳菌目	19.00	0.00
3	门TM6分类地位未定的1目	14.00	0.00
3	衣原体目	11.00	0.00
3	动孢菌目	9.00	0.00
3	纲BD7-11分类地位未定的1目	3.00	0.00
3	纲OPB35分类地位未定的1目	2.00	0.00
3	绿菌目	1.00	0.00
3	纲KD4-96分类地位未定的1目	1.00	0.00
	第3组79个样本平均值	61.16	36.32

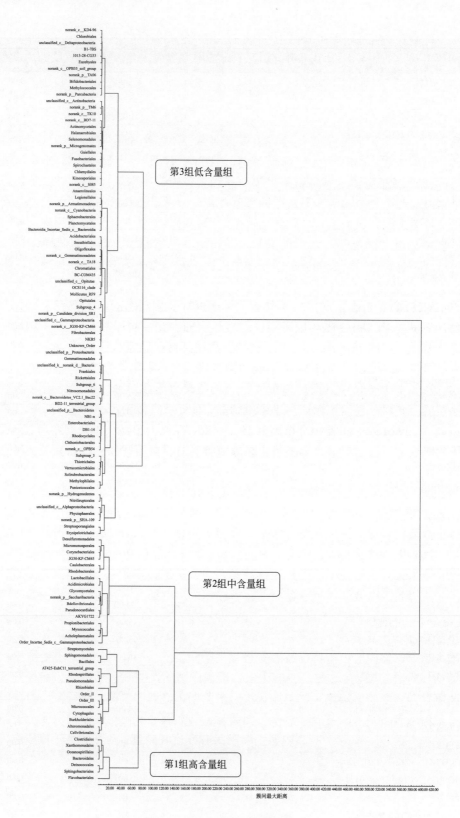

图7-20　发酵床细菌目菌群聚类分析

从细菌目系统发育可知（图7-21），与羊粪发酵有关的细菌目主要5个菌群，变形菌目为代表的菌群，假单胞菌目为代表的菌群，拟杆菌目为代表的菌群经过发酵数量显著增加；异常球菌目为代表的菌群经过发酵大量出现；假诺卡氏菌目为代表的菌群，经过发酵数量急剧减少，而这群细菌大多为动物病原菌。

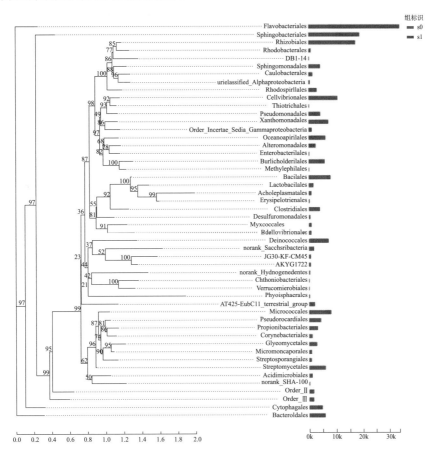

图7-21　发酵床细菌目菌群系统发育

第六节
养羊原位发酵床垫料细菌科菌群异质性

一、发酵床细菌科组成

从养羊发酵床中共分离到243个细菌科（表7-9），其中垫料原料中分离到199个细菌科，使用8个月的发酵垫料分类到196个细菌科。垫料原料前5个高含量（read）的细菌科为鞘氨醇杆菌科（8537）、纤维弧菌科（7102）、黄杆菌科（6862）、链霉菌科（5957）、芽胞杆菌科（5552）；与羊粪混合发酵垫料前5个高含量的细菌科为黄杆菌科（25235）、特吕珀菌科（6923）、腐螺旋菌科（4792）、黄单胞菌科（4638）、紫单胞菌科（4086）（图7-22）。

表7-9　养羊发酵床细菌科组成

物种名称	养羊发酵床细菌科数量（read）		
	s0	s1	合计
【1】 黄杆菌科	6862	25235	32097
【2】 鞘氨醇杆菌科	8537	3605	12142
【3】 纤维弧菌科	7102	3186	10288
【4】 特吕珀菌科	245	6923	7168
【5】 黄单胞菌科	1619	4638	6257
【6】 芽胞杆菌科	5552	699	6251
【7】 链霉菌科	5957	101	6058
【8】 生丝微菌科	3139	2717	5856
【9】 产碱菌科	3055	2253	5308
【10】 叶杆菌科	4510	460	4970
【11】 腐螺旋菌科	2	4792	4794
【12】 假诺卡氏菌科	4345	68	4413
【13】 紫单胞菌科	3	4086	4089
【14】 假单胞菌科	1146	2927	4073
【15】 盐单胞菌科	105	3230	3335
【16】 糖霉菌科	2830	99	2929
【17】 微杆菌科	2401	379	2780
【18】 红螺菌科	65	2583	2648
【19】 类诺卡氏菌科	2285	185	2470
【20】 鞘氨醇单胞菌科	2137	67	2204
【21】 圆杆菌科	1437	719	2156
【22】 陆生菌群AT425-EubC11的1科	16	2081	2097
【23】 原小单胞菌科	1352	528	1880
【24】 布氏杆菌科	1843	20	1863
【25】 糖杆菌门分类地位未定的1科	1455	387	1842
【26】 赤杆菌科	1231	542	1773
【27】 热杆菌科	0	1738	1738
【28】 海滑菌科（Marinilabiaceae）	0	1726	1726
【29】 交替单胞菌科	81	1639	1720
【30】 热粪杆菌科	0	1677	1677
【31】 噬几丁质菌科	1270	386	1656
【32】 目Ⅲ未培养的1科	0	1544	1544
【33】 火色杆菌科	373	1140	1513
【34】 冷形菌科	330	1171	1501
【35】 海洋螺菌目未分类的1科	13	1484	1497
【36】 柄杆菌科	1439	24	1463
【37】 根瘤菌科	1327	7	1334

续表

物种名称	养羊发酵床细菌科数量（read）		
	s0	s1	合计
【38】噬纤维菌科	1167	1	1168
【39】γ-变形菌纲分类地位未定的1科	0	1119	1119
【40】动球菌科	1053	61	1114
【41】短杆菌科	934	140	1074
【42】微单胞菌科	558	399	957
【43】链球菌科	899	46	945
【44】无胆甾原体科	3	926	929
【45】海源菌科	757	83	840
【46】红杆菌科	247	563	810
【47】甲基杆菌科	745	5	750
【48】海洋螺菌科	463	281	744
【49】瘤胃球菌科	1	731	732
【50】蛭弧菌科	142	574	716
【51】丙酸杆菌科	562	116	678
【52】目JG30-KF-CM45分类地位未定的1科	197	480	677
【53】拟诺卡氏菌科	522	153	675
【54】分枝杆菌科	649	10	659
【55】目AKYG1722分类地位未定的1科	0	658	658
【56】去甲基甲萘醌菌科	311	239	550
【57】科XI	5	545	550
【58】食烷菌科	78	472	550
【59】慢生根瘤菌科	540	2	542
【60】科GR-WP33-58	96	438	534
【61】橙色胞菌科	73	444	517
【62】酸微菌目未培养的1科	267	225	492
【63】α-变形菌纲未分类的1科	361	112	473
【64】诺卡氏菌科	390	45	435
【65】产氢菌门分类地位未定的1科	400	29	429
【66】皮杆菌科	308	106	414
【67】根瘤菌目未分类的1科	375	39	414
【68】橙单胞菌科（Aurantimonadaceae）	396	16	412
【69】根瘤菌目分类地位未定的1科	387	10	397
【70】科BIrii41	30	364	394
【71】黄单胞菌目分类地位未定的1科	381	6	387
【72】肉杆菌科	126	256	382
【73】间孢囊菌科	6	370	376
【74】微球菌科	288	76	364
【75】葡萄球菌科	156	200	356
【76】优杆菌科	0	336	336
【77】海草球形菌科	159	171	330

续表

物种名称	养羊发酵床细菌科数量（read）		
	s0	s1	合计
【78】 博戈里亚湖菌科	156	168	324
【79】 丛毛单胞菌科	267	51	318
【80】 丹毒丝菌科	0	318	318
【81】 港口球菌科	77	220	297
【82】 肠杆菌科	266	19	285
【83】 目DB1-14分类地位未定的1科	249	15	264
【84】 酸微菌科	223	24	247
【85】 应微所菌科	184	62	246
【86】 目SHA-109分类地位未定的1科	0	239	239
【87】 红菌科	210	14	224
【88】 红螺菌目分类地位未定的1科	184	33	217
【89】 类芽胞杆菌科	132	76	208
【90】 毛螺菌科	3	204	207
【91】 嗜甲基菌科	204	0	204
【92】 链孢囊菌科	198	5	203
【93】 紫红球菌科	46	155	201
【94】 未知的1科	196	1	197
【95】 鱼立克次氏体科	167	29	196
【96】 莫拉氏菌科	166	26	192
【97】 解腈菌科	2	190	192
【98】 疣微菌科	191	0	191
【99】 消化球菌科	0	180	180
【100】 噬菌弧菌科	123	56	179
【101】 黄单胞菌目未培养的1科	81	91	172
【102】 嗜藻菌科	67	103	170
【103】 土单胞菌科	167	0	167
【104】 阮氏菌科	2	156	158
【105】 酸微菌目未分类的1科	45	112	157
【106】 未知的1科	0	157	157
【107】 拟杆菌门未分类的1科	37	116	153
【108】 红环菌科	18	134	152
【109】 亚群6的1目分类地位未定的1科	150	1	151
【110】 纲OPB54分类地位未定的1科	1	148	149
【111】 科DSSF69	8	140	148
【112】 伯克氏菌科	90	56	146
【113】 科480-2	111	32	143
【114】 亚硝化单胞菌科	58	72	130
【115】 目NB1-n分类地位未定的1科	0	129	129
【116】 未分类的1科	112	9	121
【117】 拟杆菌门VC2.1 Bac22的1纲分类地位未定的1科	119	1	120

续表

物种名称	养羊发酵床细菌科数量（read）		
	s0	s1	合计
【118】醋酸杆菌科	119	1	120
【119】肠球菌科	112	6	118
【120】气球菌科	99	16	115
【121】陆生菌群BD2-11的1科	5	101	106
【122】芽单胞菌科	103	2	105
【123】棒杆菌科	45	58	103
【124】科LD29	94	8	102
【125】黄色杆菌科	94	7	101
【126】淡水菌群FukuN18的1科	98	0	98
【127】乳杆菌科	78	20	98
【128】变形菌门未分类的1科	94	0	94
【129】梭菌目未分类的1科	0	85	85
【130】γ-变形菌纲未分类目的1科	64	16	80
【131】鞘氨醇单胞菌目分类地位未定的1科	76	0	76
【132】未知的1科	71	1	72
【133】立克次氏体目分类地位未定的1科	27	44	71
【134】理研菌科	0	69	69
【135】丰佑菌科	68	0	68
【136】科XIII	0	65	65
【137】纤维杆菌科	13	51	64
【138】拜叶林克氏菌科	60	0	60
【139】OCS116进化枝的1目分类地位未定的1科	38	21	59
【140】梭菌科2	4	54	58
【141】地嗜皮菌科	48	10	58
【142】消化链球菌科	5	52	57
【143】鞘氨醇单胞菌目未分类的1科	51	4	55
【144】未知的1科	0	55	55
【145】目NKB5分类地位未定的1科	1	53	54
【146】候选纲JG30-KF-CM66分类地位未定目的1科	4	48	52
【147】生丝单胞菌科	51	0	51
【148】纤维单胞菌科	13	38	51
【149】纲TA18分类地位未定的1科	41	7	48
【150】门SR1分类地位未定的1科	1	45	46
【151】广布杆菌科	27	18	45
【152】根瘤菌目未培养的1科	39	6	45
【153】丰佑菌纲未分类目的1科	8	34	42
【154】克里斯滕森菌科	0	42	42
【155】柔膜菌纲RF9分类地位未定的1科	0	41	41
【156】草酸杆菌科	38	1	39
【157】目BC-COM435分类地位未定的1科	5	33	38
【158】微球菌目未分类的1科	16	22	38
【159】散生杆菌科	34	3	37

续表

物种名称	养羊发酵床细菌科数量（read）		
	s0	s1	合计
【160】斯尼思氏菌科	20	16	36
【161】酸杆菌科亚群1	36	0	36
【162】科BCf3-20	34	0	34
【163】着色菌科	33	0	33
【164】陆生菌群S0134的1科	0	31	31
【165】剑线虫杆菌科	30	0	30
【166】科SM2D12	29	0	29
【167】寡养弯菌目分类地位未定的1科	25	0	25
【168】微球菌目分类地位未定的1科	5	20	25
【169】龙杆菌科	0	24	24
【170】浮霉菌科	24	0	24
【171】蓝细菌纲分类地位未定的1科	16	7	23
【172】科DEV007	13	10	23
【173】高温单胞菌科	1	21	22
【174】球形杆菌科	0	22	22
【175】明串珠菌科	17	3	20
【176】黄单胞菌目未分类的1科	20	0	20
【177】厌氧绳菌科	19	0	19
【178】装甲菌门分类地位未定的1科	17	2	19
【179】外硫红螺旋菌科	6	12	18
【180】侏囊菌科	17	0	17
【181】中村氏菌科	0	17	17
【182】迪茨氏菌科	5	12	17
【183】军团菌科	16	1	17
【184】寡养弯菌科	13	4	17
【185】酸微菌目分类地位未定的1科	6	10	16
【186】孢鱼菌科	16	0	16
【187】束缚杆菌科	15	1	16
【188】黏球菌科（Myxococcaceae）	16	0	16
【189】互营单胞菌科	0	15	15
【190】弗兰克氏菌科	12	3	15
【191】污水淤泥菌群PL-11B8的1科	0	14	14
【192】门TM6分类地位未定的1科	14	0	14
【193】纲TK10分类地位未定目的1科	12	2	14
【194】放线菌纲未分类目的1科	12	1	13
【195】硫发菌科	12	0	12
【196】伯克氏菌目未分类的1科	11	0	11
【197】梭菌目vadinBB60群的1科	0	10	10
【198】OM1进化枝的1科	0	10	10
【199】动孢菌科	9	0	9
【200】纲S085分类地位未定目的1科	2	7	9
【201】土源杆菌科	9	0	9

物种名称	养羊发酵床细菌科数量（read）		
	s0	s1	合计
【202】 河氏菌科	0	8	8
【203】 盖亚菌目未培养的1科	7	1	8
【204】 科P3OB-42	0	7	7
【205】 黏球菌目未培养的1科	4	3	7
【206】 梭杆菌科（Fusobacteriaceae）	6	1	7
【207】 螺旋体科	0	7	7
【208】 海底菌群JTB255的1科	0	6	6
【209】 副衣原体科	6	0	6
【210】 科A0839	5	0	5
【211】 普雷沃氏菌科	4	1	5
【212】 梭菌目分类地位未定的1科	0	5	5
【213】 候选门Microgenomates分类地位未定的1科	0	5	5
【214】 韦荣氏菌科	1	4	5
【215】 梭菌科1	4	0	4
【216】 盐厌氧菌科	0	4	4
【217】 科JG37-AG-20	4	0	4
【218】 纲BD7-11分类地位未定目的1科	3	0	3
【219】 衣原体目未分类的1科	3	0	3
【220】 放线菌科	0	3	3
【221】 科XII	0	3	3
【222】 NS9海洋菌群的1科	1	2	3
【223】 豆形囊菌科	2	0	2
【224】 嗜热放线菌科	2	0	2
【225】 候选门Parcubacteria分类地位未定的1科	0	2	2
【226】 双歧杆菌科	0	2	2
【227】 科克斯体科	2	0	2
【228】 纲OPB35土壤菌群的1科	2	0	2
【229】 科cvE6	2	0	2
【230】 海管菌科	2	0	2
【231】 甲基球菌科	0	2	2
【232】 门TA06分类地位未定的1科	0	2	2
【233】 尤泽比氏菌科	0	1	1
【234】 皮生球菌科	1	0	1
【235】 科OPB56	1	0	1
【236】 科DA111	1	0	1
【237】 纲KD4-96分类地位未定目的1科	1	0	1
【238】 立克次氏体目未培养的1科	1	0	1
【239】 目1013-28-CG33分类地位未定的1科	0	1	1
【240】 科AKYH478	1	0	1
【241】 目B1-7BS分类地位未定的1科	0	1	1
【242】 纤细杆菌科	0	1	1
【243】 δ-变形菌纲未分类目的1科	0	1	1

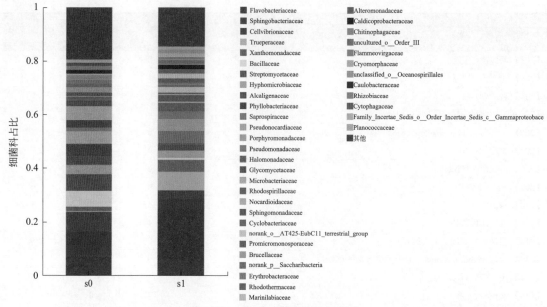

图7-22　养羊发酵床细菌科组成

养羊发酵床细菌科组成热图分析见图 7-23。结果表明可将细菌科菌群分为 2 组，第 1 组包含黄杆菌科、盐单胞菌科、红螺菌科、特吕珀菌科、黄单胞菌科、腐螺旋菌科、紫单胞菌科；第 2 组包含了鞘氨醇杆菌科、纤维弧菌科、芽胞杆菌科、链霉菌科、生丝微菌科、产碱菌科、叶杆菌科、糖霉菌科、微杆菌科、类诺卡氏菌科、鞘氨醇单胞菌科。第 1 组细菌科的菌群在垫料原料（s0）含量较低，在发酵垫料（s1）中含量较高，可以看出第 1 组细菌科菌群在发酵中起主要作用；第 2 组细菌科的菌群，在垫料原料（s0）含量高，在发酵垫料（s1）中含量较低，可以看出第 2 组细菌科菌群主要存在于垫料原料，发酵后含量逐步减少。

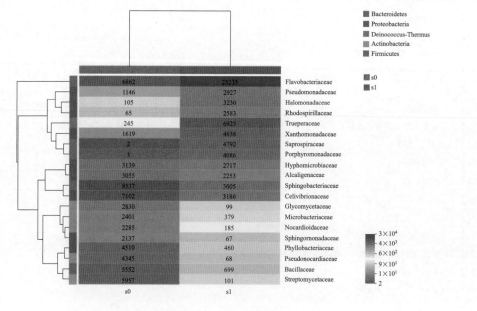

图7-23　养羊发酵床细菌科目组成热图分析

二、发酵床细菌科共有种类和独有种类

纹图分析结果见图 7-24。垫料原料（s0）与发酵垫料（s1）细菌科共有种类和独有种类存在差异，整个发酵床细菌科共有种类 154 个，垫料原料含有细菌科菌群 199 个，发酵垫料含有细菌科菌群 196 个，种类数差异不大，但是菌群组成差异显著。

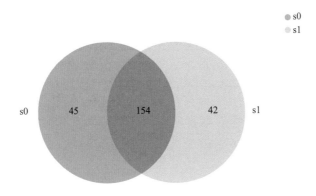

图7-24　养羊发酵床垫料原料与发酵垫料细菌科共有种类和独有种类

（1）垫料原料（s0）独有细菌科 45 个，包括的主要类群有嗜甲基菌科（204，read）、疣微菌科（191）、土单胞菌科（167）、淡水菌群 FukuN18 的 1 科（98）、变形菌门未分类的 1 科（94）、鞘氨醇单胞菌目分类地位未定的 1 科（76）、丰佑菌科（68）、拜叶林克氏菌科（60）、生丝单胞菌科（51）、酸杆菌科亚群 1（36）、科 BCf3-20（34）、着色菌科（33）、剑线虫杆菌科（30）、科 SM2D12（29）、寡养弯菌目分类地位未定的 1 科（25）、浮霉菌科（24）、黄单胞菌目未分类的 1 科（20）、厌氧绳菌科（19）、侏囊菌科（17）、孢鱼菌科（16）、黏球菌科（16）、门 TM6 分类地位未定的 1 科（14）、硫发菌科（12）、伯克氏菌目未分类的 1 科（11）等，表明这些种类仅存在于垫料原料中，经过发酵相应细菌科逐步消失。

（2）发酵垫料（s1）独有细菌科 42 个，包括了主要类群有热杆菌科（1738，read）、海滑菌科（1726）、热粪杆菌科（1677）、目Ⅲ未培养的 1 科（1544）、γ- 变形菌纲分类地位未定的 1 科（1119）、目 AKYG1722 分类地位未定的 1 科（658）、优杆菌科（336）、丹毒丝菌科（318）、目 SHA-109 分类地位未定的 1 科（239）、消化球菌科（180）、未知的 1 科（157）、目 NB1-n 分类地位未定的 1 科（129）等，表明垫料与羊粪混合发酵过程产生的细菌科菌群。垫料原料和发酵垫料的独有种类含量都比较低，种类数量（read）都在千级水平以下（＜ 2000）。

三、垫料发酵过程细菌科优势菌群的变化

发酵阶段细菌科多样性指数分析结果见表 7-10。养羊发酵床垫料原料的细菌科数量 199 个，发酵垫料（8 个月）细菌科数量略少，为 196 个，两个菌群间的相关系数为 0.4628，相关性极显著（$P ＜ 0.01$）；菌群数量（read）发酵垫料较垫料原料略有增加；垫料原料的丰富度略高于发酵垫料，而发酵垫料的优势度辛普森指数、香农指数、均匀度指数等低于垫料原料，表明垫料原料与羊粪混合，经过 8 个月发酵，发酵垫料多样性指数有所下降。

表7-10 养羊发酵床垫料发酵细菌科多样性指数变化

项目		垫料原料（s0）	发酵垫料（s1）
物种数量/个		199	196
菌群数量（read）		94760	100920
丰富度		17.3661	17.1844
辛普森指数(D)	值	0.9612	0.9176
	95%置信区间	0.9522	0.8675
		0.9701	0.9678
香农指数(H)	值	3.7766	3.4336
	95%置信区间	3.5945	2.9423
		3.9587	3.9248
均匀度指数	值	0.7128	0.6487
	95%置信区间	0.6793	0.5559
		0.7463	0.7414
Brillouin指数	值	5.4398	4.9456
	95%置信区间	5.1773	4.2374
		5.7022	5.6539
McIntosh指数(D_{mc})	值	0.8055	0.7152
	95%置信区间	0.7828	0.6164
		0.8282	0.8141

以垫料原料细菌科数量为基准进行降序排列（图7-25），观察垫料原料含量高的前20个细菌科，相对应发酵8个月后细菌科数量变化，可以看到，除了黄杆菌科和黄单胞菌科的细菌发酵后含量高于发酵前含量外，其余18个细菌科菌群包括鞘氨醇杆菌科、纤维弧菌科、链霉菌科、芽胞杆菌科、叶杆菌科、假诺卡氏菌科、生丝微菌科、产碱菌科、糖霉菌科、微杆菌科、类诺卡氏菌科、鞘氨醇单胞菌科、布氏杆菌科、糖杆菌门分类地位未定的1科、柄杆菌科、圆杆菌科、原小单胞菌科、根瘤菌科等在垫料原料中的含量远远高于发酵后的含量，也即垫料与羊粪经过发酵，原料中的菌群基本消失，替换成其他的菌群。

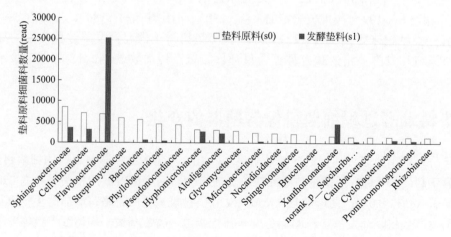

图7-25 养羊发酵床以垫料原料细菌科数量排序的发酵前后菌群变化

以发酵垫料细菌科数量为基准进行降序排序（图 7-26），观察发酵垫料含量高的前 20 个细菌科，相对应垫料原料的细菌科数量变化，可以看到，鞘氨醇杆菌科、纤维弧菌科、生丝微菌科、产碱菌科等 4 个细菌科从垫料原料带来，经过发酵后含量减少；其余 16 个细菌科，即黄杆菌科、黄单胞菌科、特吕珀菌科、假单胞菌科、冷形菌科、腐螺旋菌科、紫单胞菌科、盐单胞菌科、红螺菌科、陆生菌群 AT425-EubC11 的 1 科、热杆菌科、海滑菌科、热粪杆菌科、交替单胞菌科、目Ⅲ未培养的 1 科、海洋螺菌目未分类的 1 科，或是从垫料原料带来经发酵后数量增加，或是发酵过程新产生的菌群；也即垫料与羊粪经过发酵，原料中的菌群大部分消失，替换成其他的菌群。

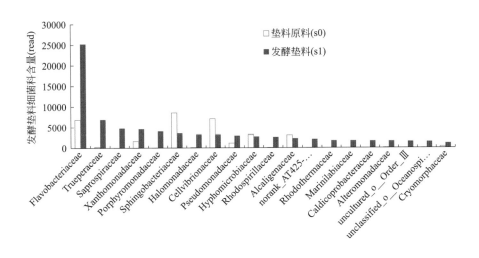

图7-26　养羊发酵床以发酵垫料细菌科数量排序的发酵前后菌群变化

四、发酵床细菌科优势菌群差异性

发酵床垫料原料和发酵垫料中的细菌科优势菌群差异显著（表 7-11），在检测的 243 个细菌科中，垫料原料到发酵垫料过程细菌科含量增加的菌群有 105 个，含量增加大的前 10 个细菌科为黄杆菌科（占比增加 17.76%）、特吕珀菌科（6.601%）、腐螺旋菌科（4.746%）、紫单胞菌科（4.046%）、盐单胞菌科（3.09%）、黄单胞菌科（2.887%）、红螺菌科（2.491%）、陆生菌群 AT425-EubC11 的 1 科（2.045%）、热杆菌科（1.722%）、海滑菌科（1.71%），也即原来在垫料原料中处于弱势菌群的，在发酵垫料中成为优势菌群。垫料原料到发酵垫料过程细菌科含量减少的菌群有 139 个，含量减少最多的前 10 个细菌科为微杆菌科（占比减少2.158%）、鞘氨醇单胞菌科（2.189%）、类诺卡氏菌科（2.228%）、糖霉菌科（2.888%）、叶杆菌科（4.304%）、纤维弧菌科（4.338%）、假诺卡氏菌科（4.518%）、芽胞杆菌科（5.166%）、鞘氨醇杆菌科（5.437%）、链霉菌科（6.186%），也即原来在垫料原料中为优势菌群的，在发酵垫料中成为弱势菌群。

表7-11 发酵床垫料原料与发酵垫料细菌科差异性统计检验

物种名称		细菌科占比/%		P值	差值/%
		垫料原料	发酵垫料		
【1】	黄杆菌科	7.2410	25.0000	0.0000	-17.7600
【2】	特吕珀菌科	0.2585	6.8600	0.0000	-6.6010
【3】	腐螺旋菌科	0.0021	4.7480	0.0000	-4.7460
【4】	紫单胞菌科	0.0032	4.0490	0.0000	-4.0460
【5】	盐单胞菌科	0.1108	3.2010	0.0000	-3.0900
【6】	黄单胞菌科	1.7090	4.5960	0.0000	-2.8870
【7】	红螺菌科	0.0686	2.5590	0.0000	-2.4910
【8】	陆生菌群AT425-EubC11的1科	0.0169	2.0620	0.0000	-2.0450
【9】	热杆菌科	0.0000	1.7220	0.0000	-1.7220
【10】	海滑菌科	0.0000	1.7100	0.0000	-1.7100
【11】	假单胞菌科	1.2090	2.9000	0.0000	-1.6910
【12】	热粪杆菌科	0.0000	1.6620	0.0000	-1.6620
【13】	交替单胞菌科	0.0855	1.6240	0.0000	-1.5390
【14】	目Ⅲ未培养的1科	0.0000	1.5300	0.0000	-1.5300
【15】	海洋螺菌目未分类的1科	0.0137	1.4700	0.0000	-1.4570
【16】	γ-变形菌纲分类地位未定的1科	0.0000	1.1090	0.0000	-1.1090
【17】	无胆甾原体科	0.0032	0.9176	0.0000	-0.9144
【18】	冷形菌科	0.3482	1.1600	0.0000	-0.8121
【19】	火色杆菌科	0.3936	1.1300	0.0000	-0.7360
【20】	瘤胃球菌科	0.0011	0.7243	0.0000	-0.7233
【21】	目AKYG1722分类地位未定的1科	0.0000	0.6520	0.0000	-0.6520
【22】	科ⅩⅠ	0.0053	0.5400	0.0000	-0.5348
【23】	蛭弧菌科	0.1499	0.5688	0.0000	-0.4189
【24】	食烷菌科	0.0823	0.4677	0.0000	-0.3854
【25】	橙色胞菌科	0.0770	0.4400	0.0000	-0.3629
【26】	间孢囊菌科	0.0063	0.3666	0.0000	-0.3603
【27】	优杆菌科	0.0000	0.3329	0.0000	-0.3329
【28】	科GR-WP33-58	0.1013	0.4340	0.0000	-0.3327
【29】	科BIrii41	0.0317	0.3607	0.0000	-0.3290
【30】	丹毒丝菌科	0.0000	0.3151	0.0000	-0.3151
【31】	红杆菌科	0.2607	0.5579	0.0000	-0.2972
【32】	目JG30-KF-CM45分类地位未定的1科	0.2079	0.4756	0.0000	-0.2667
【33】	目SHA-109分类地位未定的1科	0.0000	0.2368	0.0000	-0.2368
【34】	毛螺菌科	0.0032	0.2021	0.0000	-0.1990
【35】	解腈菌科	0.0021	0.1883	0.0000	-0.1862
【36】	消化球菌科	0.0000	0.1784	0.0000	-0.1784
【37】	未知的1科	0.0000	0.1556	0.0000	-0.1556
【38】	阮氏菌科	0.0021	0.1546	0.0000	-0.1525
【39】	纲OPB54分类地位未定的1科	0.0011	0.1467	0.0000	-0.1456
【40】	港口球菌科	0.0813	0.2180	0.0000	-0.1367

物种名称	细菌科占比/%		P值	差值/%
	垫料原料	发酵垫料		
【41】 科DSSF69	0.0084	0.1387	0.0000	−0.1303
【42】 目NB1-n分类地位未定的1科	0.0000	0.1278	0.0000	−0.1278
【43】 肉杆菌科	0.1330	0.2537	0.0000	−0.1207
【44】 红环菌科	0.0190	0.1328	0.0000	−0.1138
【45】 紫红球菌科	0.0485	0.1536	0.0000	−0.1050
【46】 陆生菌群BD2-11的1科	0.0053	0.1001	0.0000	−0.0948
【47】 梭菌目未分类的1科	0.0000	0.0842	0.0000	−0.0842
【48】 拟杆菌门未分类的1科	0.0391	0.1149	0.0000	−0.0759
【49】 理研菌科	0.0000	0.0684	0.0000	−0.0684
【50】 科XIII	0.0000	0.0644	0.0000	−0.0644
【51】 酸微菌目未分类的1科	0.0475	0.1110	0.0000	−0.0635
【52】 未知的1科	0.0000	0.0545	0.0000	−0.0545
【53】 目NKB5分类地位未定的1科	0.0011	0.0525	0.0000	−0.0515
【54】 梭菌科2	0.0042	0.0535	0.0000	−0.0493
【55】 消化链球菌科	0.0053	0.0515	0.0000	−0.0463
【56】 门SR1分类地位未定的1科	0.0011	0.0446	0.0000	−0.0435
【57】 候选纲JG30-KF-CM66分类地位未定目的1科	0.0042	0.0476	0.0000	−0.0433
【58】 克里斯滕森菌科	0.0000	0.0416	0.0000	−0.0416
【59】 柔膜菌纲RF9分类地位未定的1科	0.0000	0.0406	0.0000	−0.0406
【60】 纤维杆菌科	0.0137	0.0505	0.0000	−0.0368
【61】 葡萄球菌科	0.1646	0.1982	0.0893	−0.0336
【62】 嗜藻菌科	0.0707	0.1021	0.0210	−0.0314
【63】 陆生菌群S0134的1科	0.0000	0.0307	0.0000	−0.0307
【64】 目BC-COM435分类地位未定的1科	0.0053	0.0327	0.0000	−0.0274
【65】 丰佑菌纲未分类目的1科	0.0084	0.0337	0.0001	−0.0253
【66】 纤维单胞菌科	0.0137	0.0377	0.0011	−0.0239
【67】 龙杆菌科	0.0000	0.0238	0.0000	−0.0238
【68】 球形杆菌科	0.0000	0.0218	0.0000	−0.0218
【69】 高温单胞菌科	0.0011	0.0208	0.0000	−0.0198
【70】 中村氏菌科	0.0000	0.0169	0.0000	−0.0169
【71】 立克次氏体目分类地位未定的1科	0.0285	0.0436	0.0958	−0.0151
【72】 互营单胞菌科	0.0000	0.0149	0.0001	−0.0149
【73】 微球菌目分类地位未定的1科	0.0053	0.0198	0.0045	−0.0145
【74】 污水淤菌群PL-11B8的1科	0.0000	0.0139	0.0001	−0.0139
【75】 亚硝化单胞菌科	0.0612	0.0713	0.4297	−0.0101
【76】 棒杆菌科	0.0475	0.0575	0.3751	−0.0100
【77】 梭菌目vadinBB60群的1科	0.0000	0.0099	0.0020	−0.0099
【78】 OM1进化枝的1科	0.0000	0.0099	0.0020	−0.0099
【79】 河氏菌科	0.0000	0.0079	0.0080	−0.0079
【80】 科P3OB-42	0.0000	0.0069	0.0160	−0.0069

续表

物种名称	细菌科占比/%		P值	差值/%
	垫料原料	发酵垫料		
【81】 螺旋体科	0.0000	0.0069	0.0160	-0.0069
【82】 迪茨氏菌科	0.0053	0.0119	0.1468	-0.0066
【83】 海底菌群JTB255的1科	0.0000	0.0059	0.0317	-0.0059
【84】 外硫红螺旋菌科	0.0063	0.0119	0.2421	-0.0056
【85】 候选门Microgenomates分类地位未定的1科	0.0000	0.0050	0.0631	-0.0050
【86】 梭菌目分类地位未定的1科	0.0000	0.0050	0.0631	-0.0050
【87】 微球菌目未分类的1科	0.0169	0.0218	0.5170	-0.0049
【88】 纲S085分类地位未定目的1科	0.0021	0.0069	0.1816	-0.0048
【89】 黄单胞菌目未培养的1科	0.0855	0.0902	0.7604	-0.0047
【90】 盐厌氧菌科	0.0000	0.0040	0.1257	-0.0040
【91】 酸微菌目分类地位未定的1科	0.0063	0.0099	0.4581	-0.0036
【92】 放线菌科	0.0000	0.0030	0.2507	-0.0030
【93】 科XII	0.0000	0.0030	0.2507	-0.0030
【94】 韦荣氏菌科	0.0011	0.0040	0.3762	-0.0029
【95】 候选门Parcubacteria分类地位未定的1科	0.0000	0.0020	0.5005	-0.0020
【96】 双歧杆菌科	0.0000	0.0020	0.5005	-0.0020
【97】 甲基球菌科	0.0000	0.0020	0.5005	-0.0020
【98】 目TA06分类地位未定的1科	0.0000	0.0020	0.5005	-0.0020
【99】 博戈里亚湖菌科	0.1646	0.1665	0.9557	-0.0018
【100】 海草球形菌科	0.1678	0.1694	0.9561	-0.0016
【101】 尤泽比氏菌科	0.0000	0.0010	1.0000	-0.0010
【102】 纤细杆菌科	0.0000	0.0010	1.0000	-0.0010
【103】 目1013-28-CG33分类地位未定的1科	0.0000	0.0010	1.0000	-0.0010
【104】 目B1-7BS分类地位未定的1科	0.0000	0.0010	1.0000	-0.0010
【105】 δ-变形菌纲未分类目的1科	0.0000	0.0010	1.0000	-0.0010
【106】 NS9海洋菌群的1科	0.0011	0.0020	1.0000	-0.0009
【107】 科DA111	0.0011	0.0000	0.4843	0.0011
【108】 科OPB56	0.0011	0.0000	0.4843	0.0011
【109】 纲KD4-96分类地位未定目的1科	0.0011	0.0000	0.4843	0.0011
【110】 立克次氏体目未培养的1科	0.0011	0.0000	0.4843	0.0011
【111】 皮生球菌科	0.0011	0.0000	0.4843	0.0011
【112】 科AKYH478	0.0011	0.0000	0.4843	0.0011
【113】 黏球菌目未培养的1科	0.0042	0.0030	0.7188	0.0012
【114】 豆形囊菌科	0.0021	0.0000	0.2345	0.0021
【115】 嗜热放线菌科	0.0021	0.0000	0.2345	0.0021
【116】 科克斯体科	0.0021	0.0000	0.2345	0.0021
【117】 纲OPB35土壤菌群的1科	0.0021	0.0000	0.2345	0.0021
【118】 科cvE6	0.0021	0.0000	0.2345	0.0021
【119】 海管菌科	0.0021	0.0000	0.2345	0.0021
【120】 普雷沃氏菌科	0.0042	0.0010	0.2049	0.0032

物种名称	细菌科占比/%		P值	差值/%
	垫料原料	发酵垫料		
【121】纲BD7-11分类地位未定目的1科	0.0032	0.0000	0.1136	0.0032
【122】衣原体目未分类的1科	0.0032	0.0000	0.1136	0.0032
【123】科DEV007	0.0137	0.0099	0.5329	0.0038
【124】梭菌科1	0.0042	0.0000	0.0550	0.0042
【125】科JG37-AG-20	0.0042	0.0000	0.0550	0.0042
【126】斯尼思氏菌科	0.0211	0.0159	0.4093	0.0053
【127】梭杆菌科	0.0063	0.0010	0.0625	0.0053
【128】科A0839	0.0053	0.0000	0.0266	0.0053
【129】副衣原体科	0.0063	0.0000	0.0129	0.0063
【130】盖亚菌目未培养的1科	0.0074	0.0010	0.0338	0.0064
【131】动孢菌科	0.0095	0.0000	0.0015	0.0095
【132】土源杆菌科	0.0095	0.0000	0.0015	0.0095
【133】弗兰克氏菌科	0.0127	0.0030	0.0182	0.0097
【134】寡养弯菌科	0.0137	0.0040	0.0270	0.0098
【135】蓝细菌纲分类地位未定的1科	0.0169	0.0069	0.0585	0.0099
【136】广布杆菌科	0.0285	0.0178	0.1364	0.0107
【137】纲TK10分类地位未定目的1科	0.0127	0.0020	0.0060	0.0107
【138】伯克氏菌目未分类的1科	0.0116	0.0000	0.0003	0.0116
【139】放线菌纲未分类目的1科	0.0127	0.0010	0.0014	0.0117
【140】硫发菌科	0.0127	0.0000	0.0002	0.0127
【141】束缚杆菌科	0.0158	0.0010	0.0002	0.0148
【142】门TM6分类地位未定的1科	0.0148	0.0000	0.0000	0.0148
【143】明串珠菌科	0.0179	0.0030	0.0011	0.0150
【144】军团菌科	0.0169	0.0010	0.0001	0.0159
【145】装甲菌门分类地位未定的1科	0.0179	0.0020	0.0003	0.0160
【146】孢鱼菌科	0.0169	0.0000	0.0000	0.0169
【147】黏球菌科	0.0169	0.0000	0.0000	0.0169
【148】侏囊菌科	0.0179	0.0000	0.0000	0.0179
【149】OCS116进化枝的1目分类地位未定的1科	0.0401	0.0208	0.0183	0.0193
【150】厌氧绳菌科	0.0201	0.0000	0.0000	0.0201
【151】黄单胞菌目未分类的1科	0.0211	0.0000	0.0000	0.0211
【152】浮霉菌科	0.0253	0.0000	0.0000	0.0253
【153】寡养弯菌目分类地位未定的1科	0.0264	0.0000	0.0000	0.0264
【154】科SM2D12	0.0306	0.0000	0.0000	0.0306
【155】剑线虫杆菌科	0.0317	0.0000	0.0000	0.0317
【156】散生杆菌科	0.0359	0.0030	0.0000	0.0329
【157】着色菌科	0.0348	0.0000	0.0000	0.0348
【158】根瘤菌目未培养的1科	0.0412	0.0059	0.0000	0.0352
【159】科BCf3-20	0.0359	0.0000	0.0000	0.0359
【160】纲TA18分类地位未定的1科	0.0433	0.0069	0.0000	0.0363

续表

物种名称	细菌科占比/%		P值	差值/%
	垫料原料	发酵垫料		
【161】酸杆菌科亚群1	0.0380	0.0000	0.0000	0.0380
【162】草酸杆菌科	0.0401	0.0010	0.0000	0.0391
【163】伯克氏菌科	0.0950	0.0555	0.0016	0.0395
【164】地嗜皮菌科	0.0507	0.0099	0.0000	0.0408
【165】鞘氨醇单胞菌目未分类的1科	0.0538	0.0040	0.0000	0.0499
【166】γ-变形菌纲未分类目的1科	0.0675	0.0159	0.0000	0.0517
【167】生丝单胞菌科	0.0538	0.0000	0.0000	0.0538
【168】酸微菌目未培养的1科	0.2818	0.2229	0.0100	0.0588
【169】乳杆菌科	0.0823	0.0198	0.0000	0.0625
【170】拜叶林克氏菌科	0.0633	0.0000	0.0000	0.0633
【171】类芽胞杆菌科	0.1393	0.0753	0.0000	0.0640
【172】丰佑菌科	0.0718	0.0000	0.0000	0.0718
【173】未知的1科	0.0749	0.0010	0.0000	0.0739
【174】噬菌弧菌科	0.1298	0.0555	0.0000	0.0743
【175】鞘氨醇单胞菌目分类地位未定的1科	0.0802	0.0000	0.0000	0.0802
【176】科480-2	0.1171	0.0317	0.0000	0.0854
【177】气球菌科	0.1045	0.0159	0.0000	0.0886
【178】科LD29	0.0992	0.0079	0.0000	0.0913
【179】去甲基甲萘醌菌科	0.3282	0.2368	0.0001	0.0914
【180】黄色杆菌科	0.0992	0.0069	0.0000	0.0923
【181】变形菌门未分类的1科	0.0992	0.0000	0.0000	0.0992
【182】淡水菌群FukuN18的1科	0.1034	0.0000	0.0000	0.1034
【183】芽单胞菌科	0.1087	0.0020	0.0000	0.1067
【184】未分类的1科	0.1182	0.0089	0.0000	0.1093
【185】肠球菌科	0.1182	0.0059	0.0000	0.1122
【186】拟杆菌门VC2.1Bac22的1纲分类地位未定的1科	0.1256	0.0010	0.0000	0.1246
【187】醋酸杆菌科	0.1256	0.0010	0.0000	0.1246
【188】应微所菌科	0.1942	0.0614	0.0000	0.1327
【189】鱼立克次氏体科	0.1762	0.0287	0.0000	0.1475
【190】莫拉氏菌科	0.1752	0.0258	0.0000	0.1494
【191】亚群6的1目分类地位未定的1科	0.1583	0.0010	0.0000	0.1573
【192】红螺菌目分类地位未定的1科	0.1942	0.0327	0.0000	0.1615
【193】土单胞菌科	0.1762	0.0000	0.0000	0.1762
【194】微单胞菌科	0.5889	0.3954	0.0000	0.1935
【195】疣微菌科	0.2016	0.0000	0.0000	0.2016
【196】链孢囊菌科	0.2089	0.0050	0.0000	0.2040
【197】未知的1科	0.2068	0.0010	0.0000	0.2058
【198】红菌科	0.2216	0.0139	0.0000	0.2077
【199】海洋螺菌科	0.4886	0.2784	0.0000	0.2102
【200】酸微菌科	0.2353	0.0238	0.0000	0.2116

续表

物种名称	细菌科占比/%		P值	差值/%
	垫料原料	发酵垫料		
【201】嗜甲基菌科	0.2153	0.0000	0.0000	0.2153
【202】皮杆菌科	0.3250	0.1050	0.0000	0.2200
【203】微球菌科	0.3039	0.0753	0.0000	0.2286
【204】丛毛单胞菌科	0.2818	0.0505	0.0000	0.2312
【205】目DB1-14分类地位未定的1科	0.2628	0.0149	0.0000	0.2479
【206】肠杆菌科	0.2807	0.0188	0.0000	0.2619
【207】α-变形菌纲未分类目的1科	0.3810	0.1110	0.0000	0.2700
【208】根瘤菌目未分类的1科	0.3957	0.0386	0.0000	0.3571
【209】诺卡氏菌科	0.4116	0.0446	0.0000	0.3670
【210】产氢菌门分类地位未定的1科	0.4221	0.0287	0.0000	0.3934
【211】黄单胞菌目分类地位未定的1科	0.4021	0.0059	0.0000	0.3961
【212】根瘤菌目分类地位未定的1科	0.4084	0.0099	0.0000	0.3985
【213】拟诺卡氏菌科	0.5509	0.1516	0.0000	0.3993
【214】橙单胞菌科	0.4179	0.0159	0.0000	0.4020
【215】丙酸杆菌科	0.5931	0.1149	0.0000	0.4781
【216】慢生根瘤菌科	0.5699	0.0020	0.0000	0.5679
【217】生丝微菌科	3.3130	2.6920	0.0000	0.6203
【218】分枝杆菌科	0.6849	0.0099	0.0000	0.6750
【219】海源菌科	0.7989	0.0822	0.0000	0.7166
【220】赤杆菌科	1.2990	0.5371	0.0000	0.7620
【221】甲基杆菌科	0.7862	0.0050	0.0000	0.7812
【222】圆杆菌科	1.5160	0.7124	0.0000	0.8040
【223】短杆菌科	0.9856	0.1387	0.0000	0.8469
【224】链球菌科	0.9487	0.0456	0.0000	0.9031
【225】原小单胞菌科	1.4270	0.5232	0.0000	0.9036
【226】噬几丁质菌科	1.3400	0.3825	0.0000	0.9577
【227】产碱菌科	3.2240	2.2320	0.0000	0.9915
【228】动球菌科	1.1110	0.0604	0.0000	1.0510
【229】糖杆菌门分类地位未定的1科	1.5350	0.3835	0.0000	1.1520
【230】噬纤维菌科	1.2320	0.0010	0.0000	1.2310
【231】根瘤菌科	1.4000	0.0069	0.0000	1.3930
【232】柄杆菌科	1.5190	0.0238	0.0000	1.4950
【233】布氏杆菌科	1.9450	0.0198	0.0000	1.9250
【234】微杆菌科	2.5340	0.3755	0.0000	2.1580
【235】鞘氨醇单胞菌科	2.2550	0.0664	0.0000	2.1890
【236】类诺卡氏菌科	2.4110	0.1833	0.0000	2.2280
【237】糖霉菌科	2.9860	0.0981	0.0000	2.8880
【238】叶杆菌科	4.7590	0.4558	0.0000	4.3040
【239】纤维弧菌科	7.4950	3.1570	0.0000	4.3380
【240】假诺卡氏菌科	4.5850	0.0674	0.0000	4.5180
【241】芽胞杆菌科	5.8590	0.6926	0.0000	5.1660
【242】鞘氨醇杆菌科	9.0090	3.5720	0.0000	5.4370
【243】链霉菌科	6.2860	0.1001	0.0000	6.1860

含量前 15 个的细菌科优势种群中，垫料原料细菌科含量小于发酵垫料的种类有 7 个，即黄杆菌科、特吕珀菌科、腐螺旋菌科、紫单胞菌科、假单胞菌科、盐单胞菌科、黄单胞菌科；垫料原料细菌目大于发酵垫料的种类有 8 个，即链霉菌科、鞘氨醇杆菌科、纤维弧菌属科、芽胞杆菌科、生丝微菌科、产碱菌科、叶杆菌科、假诺卡氏菌科；前者表明垫料原料中的细菌科经过发酵在发酵垫料中得到增长，后者表明垫料原料中的细菌科经过发酵在发酵垫料中数量下降（图 7-27）。

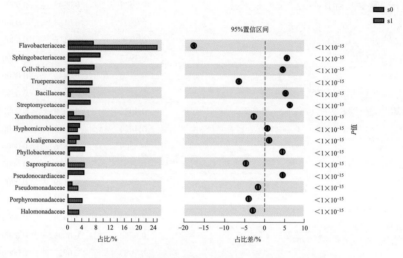

图7-27　发酵床细菌科优势菌群差异性比较

五、发酵床细菌科菌群聚类分析

根据表 7-9，以菌群为样本、垫料发酵时间为指标、马氏距离为尺度，可变类平均法进行系统聚类，分析结果见表 7-12、图 7-28。结果表明，可将细菌科菌群分为 3 组。

第 1 组为高含量组，包括了 28 个细菌科菌群，即黄杆菌科、鞘氨醇杆菌科、纤维弧菌科、特吕珀菌科、黄单胞菌科、芽胞杆菌科、链霉菌科、生丝微菌科、产碱菌科、叶杆菌科、腐螺旋菌科、假诺卡氏菌科、紫单胞菌科、假单胞菌科、盐单胞菌科、糖霉菌科、微杆菌科、红螺菌科、类诺卡氏菌科、鞘氨醇单胞菌科、圆杆菌科、原小单胞菌科、布氏杆菌科、糖杆菌门分类地位未定的 1 科、赤杆菌科、噬几丁质菌科、柄杆菌科、根瘤菌科；在主要菌群中，从垫料原料到发酵垫料过程数量（read）大幅度下降的菌群如假诺卡氏菌科（4345→68）、布氏杆菌科（1843→20）、根瘤菌科（1327→7）、鞘氨醇单胞菌科（2137→67）、柄杆菌科（1439→24）；数量大幅度上升的菌群如紫单胞菌科（3→4086）、腐螺旋菌科（2→4792）、红螺菌科（65→2583）、特吕珀菌科（245→6923）、盐单胞菌科（105→3230）；在垫料原料和发酵垫料中的数量平均值分别为 2616.11、2530.21；在整个羊粪发酵过程中起到重要作用。

第 2 组为中含量组，包括了 101 个细菌科菌群，重要菌群如陆生菌群 AT425-EubC11 的 1 科、热杆菌科、海滑菌科、热粪杆菌科、交替单胞菌科、目Ⅲ未培养的 1 科、海洋螺菌目未分类的 1 科、冷形菌科、火色杆菌科、γ- 变形菌纲分类地位未定的 1 科等，在垫料原料和发酵垫料中的数量（read）平均值分别为203.65、275.52，表明这些菌群在羊粪发酵中起到辅助作用。

第3组为低含量组，包括了其余的114个细菌科，重要菌群如消化球菌科、未知的1科、阮氏菌科、纲OPB54分类地位未定的1科、科DSSF69、目NB1-n分类地位未定的1科、陆生菌群BD2-11的1科、梭菌目未分类的1科、理研菌科、科XIII，在垫料原料和在发酵垫料中的平均数量（read）为8.19，属于羊粪发酵的弱势菌。

表7-12　发酵床细菌科菌群聚类分析

组别	物种名称	细菌科数量（read）	
		垫料原料（s0）	发酵垫料（s1）
1	黄杆菌科	6862.00	25235.00
1	鞘氨醇杆菌科	8537.00	3605.00
1	纤维弧菌科	7102.00	3186.00
1	特吕珀菌科	245.00	6923.00
1	黄单胞菌科	1619.00	4638.00
1	芽胞杆菌科	5552.00	699.00
1	链霉菌科	5957.00	101.00
1	生丝微菌科	3139.00	2717.00
1	产碱菌科	3055.00	2253.00
1	叶杆菌科	4510.00	460.00
1	腐螺旋菌科	2.00	4792.00
1	假诺卡氏菌科	4345.00	68.00
1	紫单胞菌科	3.00	4086.00
1	假单胞菌科	1146.00	2927.00
1	盐单胞菌科	105.00	3230.00
1	糖霉菌科	2830.00	99.00
1	微杆菌科	2401.00	379.00
1	红螺菌科	65.00	2583.00
1	类诺卡氏菌科	2285.00	185.00
1	鞘氨醇单胞菌科	2137.00	67.00
1	圆杆菌科	1437.00	719.00
1	原小单胞菌科	1352.00	528.00
1	布氏杆菌科	1843.00	20.00
1	糖杆菌门分类地位未定的1科	1455.00	387.00
1	赤杆菌科	1231.00	542.00
1	噬儿丁质菌科	1270.00	386.00
1	柄杆菌科	1439.00	24.00
1	根瘤菌科	1327.00	7.00
	第1组28个样本平均值	2616.11	2530.21
2	陆生菌群AT425-EubC11的1科	16.00	2081.00
2	热杆菌科	0.00	1738.00
2	海滑菌科	0.00	1726.00
2	交替单胞菌科	81.00	1639.00
2	热粪杆菌科	0.00	1677.00

续表

组别	物种名称	细菌科数量（read）	
		垫料原料（s0）	发酵垫料（s1）
2	目Ⅲ未培养的1科	0.00	1544.00
2	火色杆菌科	373.00	1140.00
2	冷形菌科	330.00	1171.00
2	海洋螺菌目未分类的1科	13.00	1484.00
2	噬纤维菌科	1167.00	1.00
2	γ-变形菌纲分类地位未定的1科	0.00	1119.00
2	动球菌科	1053.00	61.00
2	短杆菌科	934.00	140.00
2	微单胞菌科	558.00	399.00
2	链球菌科	899.00	46.00
2	无胆甾原体科	3.00	926.00
2	海源菌科	757.00	83.00
2	红杆菌科	247.00	563.00
2	甲基杆菌科	745.00	5.00
2	海洋螺菌科	463.00	281.00
2	瘤胃球菌科	1.00	731.00
2	蛭弧菌科	142.00	574.00
2	丙酸杆菌科	562.00	116.00
2	目JG30-KF-CM45分类地位未定的1科	197.00	480.00
2	拟诺卡氏菌科	522.00	153.00
2	分枝杆菌科	649.00	10.00
2	目AKYG1722分类地位未定的1科	0.00	658.00
2	去甲基甲萘醌菌科	311.00	239.00
2	科XI	5.00	545.00
2	食烷菌科	78.00	472.00
2	慢生根瘤菌科	540.00	2.00
2	科GR-WP33-58	96.00	438.00
2	橙色胞菌科	73.00	444.00
2	酸微菌目未培养的1科	267.00	225.00
2	α-变形菌纲未分类的1科	361.00	112.00
2	诺卡氏菌科	390.00	45.00
2	产氢菌门分类地位未定的1科	400.00	29.00
2	皮杆菌科	308.00	106.00
2	根瘤菌目未分类的1科	375.00	39.00
2	橙单胞菌科	396.00	16.00
2	根瘤菌目分类地位未定的1科	387.00	10.00
2	科BIrii41	30.00	364.00
2	黄单胞菌目分类地位未定的1科	381.00	6.00
2	肉杆菌科	126.00	256.00
2	间孢囊菌科	6.00	370.00

组别	物种名称	细菌科数量（read）	
		垫料原料（s0）	发酵垫料（s1）
2	微球菌科	288.00	76.00
2	葡萄球菌科	156.00	200.00
2	优杆菌科	0.00	336.00
2	海草球形菌科	159.00	171.00
2	博戈里亚湖菌科	156.00	168.00
2	丛毛单胞菌科	267.00	51.00
2	丹毒丝菌科	0.00	318.00
2	港口球菌科	77.00	220.00
2	肠杆菌科	266.00	19.00
2	目DB1-14分类地位未定的1科	249.00	15.00
2	酸微菌科	223.00	24.00
2	应微所菌科	184.00	62.00
2	目SHA-109分类地位未定的1科	0.00	239.00
2	红菌科	210.00	14.00
2	红螺菌目分类地位未定的1科	184.00	33.00
2	类芽胞杆菌科	132.00	76.00
2	毛螺菌科	3.00	204.00
2	嗜甲基菌科	204.00	0.00
2	链孢囊菌科	198.00	5.00
2	紫红球菌科	46.00	155.00
2	未知的1科	196.00	1.00
2	鱼立克次氏体科	167.00	29.00
2	莫拉氏菌科	166.00	26.00
2	解腈菌科	2.00	190.00
2	疣微菌科	191.00	0.00
2	噬菌弧菌科	123.00	56.00
2	黄单胞菌目未培养的1科	81.00	91.00
2	嗜藻菌科	67.00	103.00
2	土单胞菌科	167.00	0.00
2	酸微菌目未分类的1科	45.00	112.00
2	拟杆菌门未分类的1科	37.00	116.00
2	红环菌科	18.00	134.00
2	亚群6的1目分类地位未定的1科	150.00	1.00
2	伯克氏菌科	90.00	56.00
2	科480-2	111.00	32.00
2	亚硝化单胞菌科	58.00	72.00
2	未分类的1科	112.00	9.00
2	拟杆菌门VC2.1Bac22的1纲分类地位未定的1科	119.00	1.00
2	醋酸杆菌科	119.00	1.00
2	肠球菌科	112.00	6.00
2	气球菌科	99.00	16.00
2	芽单胞菌科	103.00	2.00
2	棒杆菌科	45.00	58.00

续表

组别	物种名称	细菌科数量（read）	
		垫料原料（s0）	发酵垫料（s1）
2	科LD29	94.00	8.00
2	黄色杆菌科	94.00	7.00
2	淡水菌群FukuN18的1科	98.00	0.00
2	乳杆菌科	78.00	20.00
2	变形菌门未分类的1科	94.00	0.00
2	γ-变形菌纲未分类目的1科	64.00	16.00
2	鞘氨醇单胞菌目分类地位未定的1科	76.00	0.00
2	未知的1科	71.00	1.00
2	丰佑菌科	68.00	0.00
2	拜叶林克氏菌科	60.00	0.00
2	地嗜皮菌科	48.00	10.00
2	鞘氨醇单胞菌目未分类的1科	51.00	4.00
2	生丝单胞菌科	51.00	0.00
	第2组101个样本平均值	203.65	275.52
3	消化球菌科	0.00	180.00
3	阮氏菌科	2.00	156.00
3	未知的1科	0.00	157.00
3	纲OPB54分类地位未定的1科	1.00	148.00
3	科DSSF69	8.00	140.00
3	目NB1-n分类地位未定的1科	0.00	129.00
3	陆生菌群BD2-11的1科	5.00	101.00
3	梭菌目未分类的1科	0.00	85.00
3	立克次氏体目分类地位未定的1科	27.00	44.00
3	理研菌科	0.00	69.00
3	科XIII	0.00	65.00
3	纤维杆菌科	13.00	51.00
3	OCS116进化枝的1目分类地位未定的1科	38.00	21.00
3	梭菌科2	4.00	54.00
3	消化链球菌科	5.00	52.00
3	未知的1科	0.00	55.00
3	目NKB5分类地位未定的1科	1.00	53.00
3	候选纲JG30-KF-CM66分类地位未定目的1科	4.00	48.00
3	纤维单胞菌科	13.00	38.00
3	纲TA18分类地位未定的1科	41.00	7.00
3	门SR1分类地位未定的1科	1.00	45.00
3	广布杆菌科	27.00	18.00
3	根瘤菌目未培养的1科	39.00	6.00
3	丰佑菌纲未分类目的1科	8.00	34.00
3	克里斯滕森菌科	0.00	42.00
3	柔膜菌纲RF9分类地位未定的1科	0.00	41.00
3	草酸杆菌科	38.00	1.00
3	目BC-COM435分类地位未定的1科	5.00	33.00
3	微球菌目未分类的1科	16.00	22.00

组别	物种名称	细菌科数量（read）	
		垫料原料（s0）	发酵垫料（s1）
3	散生杆菌科	34.00	3.00
3	斯尼思氏菌科	20.00	16.00
3	酸杆菌科亚群1	36.00	0.00
3	科BCf3-20	34.00	0.00
3	着色菌科	33.00	0.00
3	陆生菌群S0134的1科	0.00	31.00
3	剑线虫杆菌科	30.00	0.00
3	科SM2D12	29.00	0.00
3	寡养弯菌目分类地位未定的1科	25.00	0.00
3	微球菌目分类地位未定的1科	5.00	20.00
3	龙杆菌科	0.00	24.00
3	浮霉菌科	24.00	0.00
3	蓝细菌纲分类地位未定的1科	16.00	7.00
3	科DEV007	13.00	10.00
3	高温单胞菌科	1.00	21.00
3	球形杆菌科	0.00	22.00
3	明串珠菌科	17.00	3.00
3	黄单胞菌目未分类的1科	20.00	0.00
3	厌氧绳菌科	19.00	0.00
3	装甲菌门分类地位未定的1科	17.00	2.00
3	外硫红螺旋菌科	6.00	12.00
3	侏囊菌科	17.00	0.00
3	中村氏菌科	0.00	17.00
3	迪茨氏菌科	5.00	12.00
3	军团菌科	16.00	1.00
3	寡养弯菌科	13.00	4.00
3	酸微菌目分类地位未定的1科	6.00	10.00
3	孢鱼菌科	16.00	0.00
3	束缚杆菌科	15.00	1.00
3	黏球菌科	16.00	0.00
3	互营单胞菌科	0.00	15.00
3	弗兰克氏菌科	12.00	3.00
3	污水淤泥菌群PL-11B8的1科	0.00	14.00
3	门TM6分类地位未定的1科	14.00	0.00
3	纲TK10分类地位未定目的1科	12.00	2.00
3	放线菌纲未分类目的1科	12.00	1.00
3	硫发菌科	12.00	0.00
3	伯克氏菌目未分类的1科	11.00	0.00
3	梭菌目vadinBB60群的1科	0.00	10.00
3	OM1进化枝的1科	0.00	10.00
3	动孢菌科	9.00	0.00
3	纲S085分类地位未定目的1科	2.00	7.00
3	土源杆菌科	9.00	0.00

续表

组别	物种名称	细菌科数量（read）	
		垫料原料（s0）	发酵垫料（s1）
3	河氏菌科	0.00	8.00
3	盖亚菌目未培养的1科	7.00	1.00
3	科P3OB-42	0.00	7.00
3	黏球菌目未培养的1科	4.00	3.00
3	梭杆菌科	6.00	1.00
3	螺旋体科	0.00	7.00
3	海底菌群JTB255的1科	0.00	6.00
3	副衣原体科	6.00	0.00
3	科A0839	5.00	0.00
3	普雷沃氏菌科	4.00	1.00
3	梭菌目分类地位未定的1科	0.00	5.00
3	候选门Microgenomates分类地位未定的1科	0.00	5.00
3	韦荣氏菌科	1.00	4.00
3	梭菌科1	4.00	0.00
3	盐厌氧菌科	0.00	4.00
3	科JG37-AG-20	4.00	0.00
3	纲BD7-11分类地位未定目的1科	3.00	0.00
3	衣原体目未分类的1科	3.00	0.00
3	放线菌科	0.00	3.00
3	科XII	0.00	3.00
3	NS9海洋菌群的1科	1.00	2.00
3	豆形囊菌科	2.00	0.00
3	嗜热放线菌科	2.00	0.00
3	候选门Parcubacteria分类地位未定的1科	0.00	2.00
3	双歧杆菌科	0.00	2.00
3	科克斯体科	2.00	0.00
3	纲OPB35土壤菌群的1科	2.00	0.00
3	科cvE6	2.00	0.00
3	海管菌科	2.00	0.00
3	甲基球菌科	0.00	2.00
3	门TA06分类地位未定的1科	0.00	2.00
3	尤泽比氏菌科	0.00	1.00
3	皮生球菌科	1.00	0.00
3	科OPB56	1.00	0.00
3	科DA111	1.00	0.00
3	纲KD4-96分类地位未定目的1科	1.00	0.00
3	立克次氏体目未培养的1科	1.00	0.00
3	目1013-28-CG33分类地位未定的1科	0.00	1.00
3	科AKYH478	1.00	0.00
3	目B1-7BS分类地位未定的1科	0.00	1.00
3	纤细杆菌科	0.00	1.00
3	δ-变形菌纲未分类目的1科	0.00	1.00
	第3组114个样本平均值	8.17	19.53

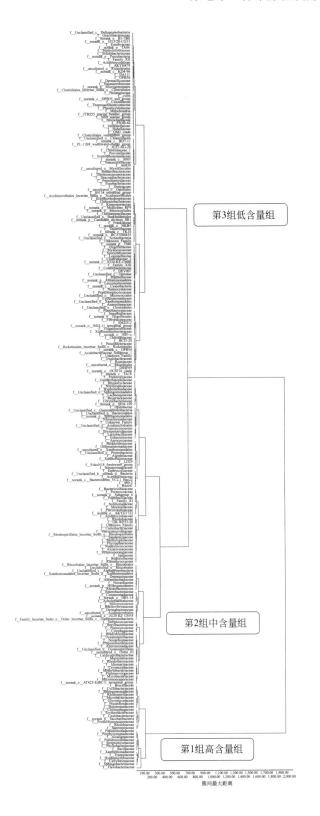

图7-28　发酵床细菌科菌群聚类分析

从细菌科系统发育可知（图 7-29），与羊粪发酵有关的细菌科主要分为 3 类菌群，第 1 类特征为垫料原料和发酵垫料中都存在的菌群，如黄杆菌科、鞘氨醇杆菌科等为代表；第 2 类特征为仅在垫料原料中大量存在的菌群，到了发酵垫料中基本消失，如假诺卡氏菌科、诺卡氏菌科等为代表，这类菌群多为病原菌，经过发酵基本消失；第 3 类特征为仅在发酵垫料中大量存在的菌群，垫料原料中含量很低，如热杆菌科、冷形菌科等为代表。

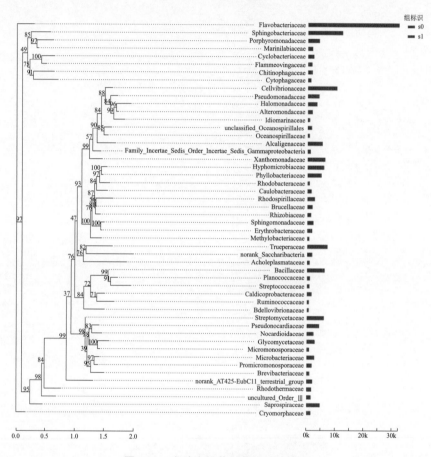

图7-29 发酵床细菌科菌群系统发育

第七节
养羊原位发酵床垫料细菌属菌群异质性

一、发酵床细菌属组成

从养羊发酵床中共分离到细菌属 559 个（表 7-13），其中垫料原料中分离到 429 个，使用 8 个月的发酵垫料分类到 402 个。垫料原料前 5 个高含量（read）的细菌属为链霉菌属

（5637）、清水氏菌属（*Simiduia*）（5014）、芽胞杆菌属（4667）、叶杆菌科未分类的1属（3915）、鞘氨醇杆菌属（3034）；与羊粪混合发酵垫料前5个高含量（read）的细菌属为黄杆菌科未分类的1属（16723）、特吕珀菌属（6923）、腐螺旋菌科未培养的1属（4792）、黄色杆菌属（4143）、黄单胞菌科未分类的1属（3535）。

表7-13　养羊发酵床细菌属组成

物种名称	养羊发酵床细菌属数量（read）		
	垫料原料（s0）	发酵垫料（s1）	合计
【1】　黄杆菌科未分类的1属	2017	16723	18740
【2】　特吕珀菌属	245	6923	7168
【3】　清水氏菌属	5014	1439	6453
【4】　链霉菌属	5637	96	5733
【5】　芽胞杆菌属	4667	458	5125
【6】　腐螺旋菌科未培养的1属	2	4792	4794
【7】　叶杆菌科未分类的1属	3915	443	4358
【8】　黄色杆菌属	2	4143	4145
【9】　假单胞菌属	1146	2927	4073
【10】　黄单胞菌科未分类的1属	275	3535	3810
【11】　海洋小杆菌属	1080	2636	3716
【12】　鞘氨醇杆菌属	3034	660	3694
【13】　漠河杆菌属	1288	2130	3418
【14】　盐单胞菌属	105	3230	3335
【15】　石单胞菌属	1	3291	3292
【16】　糖霉菌属	2830	99	2929
【17】　副地杆菌属	1610	1305	2915
【18】　橄榄杆菌属	2587	216	2803
【19】　假诺卡氏菌属	2704	52	2756
【20】　极小单胞菌属	1225	1469	2694
【21】　黄杆菌属	2369	227	2596
【22】　红螺菌科未培养的1属	35	2528	2563
【23】　纤维弧菌属	1967	374	2341
【24】　陆生菌群AT425-EubC11的1科分类地位未定的1属	16	2081	2097
【25】　糖杆菌门分类地位未定的1属	1455	387	1842
【26】　热杆菌科未培养的1属	0	1738	1738
【27】　海滑菌科分类地位未定的1属	0	1724	1724
【28】　海杆菌属	81	1639	1720
【29】　热粪杆菌属	0	1677	1677
【30】　德沃斯氏菌属	1607	58	1665
【31】　布氏杆菌属（*Brucella*）	1587	14	1601
【32】　目Ⅲ未培养的1属	0	1544	1544
【33】　圆杆菌科未培养的1属	1370	157	1527
【34】　橙色杆状菌属（*Luteivirga*）	373	1137	1510
【35】　海洋螺菌目未分类的1属	13	1484	1497

物种名称	养羊发酵床细菌属数量（read）		
	垫料原料（s0）	发酵垫料（s1）	合计
【36】 韩国生工菌属	1476	5	1481
【37】 原小单胞菌属	1340	14	1354
【38】 藤黄色单胞菌属	1004	310	1314
【39】 糖单胞菌属	1256	10	1266
【40】 鞘氨醇杆菌科未分类的1属	1004	247	1251
【41】 紫杆菌属（Porphyrobacter）	825	421	1246
【42】 海面菌属	64	1173	1237
【43】 微杆菌属	1085	56	1141
【44】 海洋胞菌属	0	1119	1119
【45】 微杆菌科未分类的1属	829	260	1089
【46】 短波单胞菌属	1066	22	1088
【47】 短杆菌属	934	140	1074
【48】 根瘤菌属	1060	5	1065
【49】 土杆菌属	192	827	1019
【50】 芽胞束菌属（Sporosarcina）	1001	3	1004
【51】 纤维弧菌科未分类的1属	66	902	968
【52】 太白山菌属	597	356	953
【53】 无胆甾原体属	3	926	929
【54】 乳球菌属	820	40	860
【55】 冬微菌属	0	831	831
【56】 别样海源菌属	757	64	821
【57】 噬纤维菌科分类地位未定的1属	787	0	787
【58】 嗜蛋白菌属	0	769	769
【59】 斯塔克布兰特氏菌属	555	205	760
【60】 济州岛菌（Tamlana）	736	0	736
【61】 陌生菌属	690	24	714
【62】 甲基杆菌属	702	4	706
【63】 科JG30-KF-CM45分类地位未定的1属	197	480	677
【64】 分枝杆菌属	649	10	659
【65】 鞘氨醇菌属	653	6	659
【66】 科AKYG1722分类地位未定的1属	0	658	658
【67】 蛭弧菌属	141	496	637
【68】 鞘氨醇单胞菌属	625	4	629
【69】 氨基杆菌属（Aminobacter）	594	17	611
【70】 拟诺卡氏菌属（Nocardiopsis）	447	151	598
【71】 芽胞杆菌科未培养的1属	588	2	590
【72】 假螺菌属（Pseudospirillum）	463	99	562
【73】 食烷菌属	78	472	550
【74】 鞘氨醇盒菌属	519	26	545
【75】 去甲基甲萘醌菌属	311	230	541

续表

物种名称	养羊发酵床细菌属数量（read）		
	垫料原料（s0）	发酵垫料（s1）	合计
【76】 科GR-WP33-58分类地位未定的1属	96	438	534
【77】 海洋微菌属	55	468	523
【78】 海水杆菌属	5	504	509
【79】 石纯杆菌属（Ulvibacter）	0	505	505
【80】 产丝菌属	0	502	502
【81】 酸微菌目未培养的1属	267	225	492
【82】 赤杆菌科未分类的1属	395	89	484
【83】 假深黄单胞菌属	8	466	474
【84】 α-变形菌纲未分类目的1属	361	112	473
【85】 噬几丁质菌属	469	0	469
【86】 小月菌属	385	81	466
【87】 博德特氏菌属	451	11	462
【88】 副球菌属（Paracocccus）	218	235	453
【89】 类诺卡氏菌属	305	126	431
【90】 产氢菌门分类地位未定的1属	400	29	429
【91】 气微菌属	394	28	422
【92】 鞘氨醇杆菌科未培养的1属	65	350	415
【93】 根瘤菌目未分类的1属	375	39	414
【94】 短杆菌属	308	106	414
【95】 诺卡氏菌属	376	37	413
【96】 金色单胞菌属（Aureimonas）	396	16	412
【97】 香味菌属	371	24	395
【98】 科BIrii41分类地位未定的1属	30	364	394
【99】 类固醇杆菌属	364	6	370
【100】 卡斯泰拉尼菌属	19	323	342
【101】 加西亚氏菌属	0	336	336
【102】 居河菌属	330	3	333
【103】 新鞘氨醇菌属	310	22	332
【104】 大洋芽胞杆菌属	158	167	325
【105】 链霉菌科未分类的1属	320	5	325
【106】 乔治菌属	156	168	324
【107】 橙色胞菌科未培养的1属	52	266	318
【108】 丹毒丝菌属	0	315	315
【109】 属C1-B045	77	220	297
【110】 奇异杆菌属	49	241	290
【111】 生丝微菌属	267	19	286
【112】 产碱菌科未分类的1属	36	249	285
【113】 蒂西耶氏菌属	4	281	285
【114】 柄杆菌科未分类的1属	283	1	284
【115】 赖氏菌属	245	33	278

畜禽养殖发酵床微生物组多样性

物种名称	养羊发酵床细菌属数量（read）		
	垫料原料（s0）	发酵垫料（s1）	合计
【116】科DB1-14分类地位未定的1属	249	15	264
【117】副产碱菌属	207	56	263
【118】白色杆菌属	239	23	262
【119】苍白杆菌属	256	6	262
【120】沙单胞菌属	0	254	254
【121】欧文威克斯菌属（Owenweeksia）	0	252	252
【122】应微所菌属	184	62	246
【123】糖多孢菌属	244	0	244
【124】科SHA-109分类地位未定的1属	0	239	239
【125】微球菌科分类地位未定的1属	207	18	225
【126】瘤胃球菌科未分类的1属	0	221	221
【127】慢生根瘤菌属	218	2	220
【128】淡红微菌属	0	220	220
【129】盐微菌属（Salinimicrobium）	10	204	214
【130】小棒杆菌属	197	13	210
【131】野野村菌属	197	5	202
【132】根微菌属	199	1	200
【133】橙色胞菌属	21	178	199
【134】长孢菌属	0	194	194
【135】解腈菌属（Nitriliruptor）	2	190	192
【136】紫红球菌科未培养的1属	43	149	192
【137】苔藓杆菌属	190	1	191
【138】噬甲基菌属	167	16	183
【139】嗜甲基菌科未培养的1属	183	0	183
【140】莱朗菌属	180	0	180
【141】居姬松茸菌属	171	9	180
【142】葡萄球菌属	152	26	178
【143】鸟氨酸球菌属	2	176	178
【144】盐多孢放线菌属（Haloactinopolyspora）	164	13	177
【145】黄单胞菌目未培养的1属	81	91	172
【146】嗜海藻菌属	67	103	170
【147】土单胞菌科未分类的1属	165	0	165
【148】寡养单胞菌属	165	0	165
【149】海洋杆菌属	0	164	164
【150】沉积杆菌属	0	162	162
【151】莫拉氏菌科未培养的1属	135	26	161
【152】阮氏菌属（Ruania）	2	156	158
【153】酸微菌目未分类的1属	45	112	157
【154】申氏菌属	155	2	157
【155】拟杆菌门未分类的1属	37	116	153

续表

物种名称	养羊发酵床细菌属数量（read）		
	垫料原料（s0）	发酵垫料（s1）	合计
【156】利德贝特氏菌属	152	0	152
【157】苛求球菌属	0	152	152
【158】亚群6的1目分类地位未定的1属	150	1	151
【159】纲OPB54分类地位未定的1属	1	148	149
【160】科DSSF69分类地位未定的1属	8	140	148
【161】科480-2分类地位未定的1属	111	32	143
【162】噬氢菌属	111	26	137
【163】博赛氏菌属	136	0	136
【164】四球菌属	3	133	136
【165】类诺卡氏菌科未分类的1属	110	26	136
【166】纤细单胞菌属	0	135	135
【167】贪食杆菌属	79	56	135
【168】海水杆菌属	134	0	134
【169】属SM1A02	117	13	130
【170】固氮弓菌属	8	122	130
【171】目NB1-n分类地位未定的1属	0	129	129
【172】寡源杆菌属	54	74	128
【173】无色杆菌属	97	29	126
【174】酸微菌科未培养的1属	117	8	125
【175】肠放线球菌属	67	55	122
【176】未分类的细菌门的1属	112	9	121
【177】圆杆菌科未分类的1属	62	58	120
【178】拟杆菌门VC2.1 Bac22的1纲分类地位未定的1属	119	1	120
【179】肠球菌属	112	6	118
【180】副极小单胞菌属	99	14	113
【181】慢生根瘤菌科未分类的1属	113	0	113
【182】厄特沃什氏菌属（Eoetvoesia）	107	3	110
【183】海草球形菌科未培养的1属	41	68	109
【184】瘤胃梭菌属	0	108	108
【185】沉积物杆菌属（Illumatobacter）	96	12	108
【186】咸海鲜球菌属	2	106	108
【187】陆生菌群BD2-11的1科分类地位未定的1属	5	101	106
【188】类无枝酸菌属（Amycolatopsis）	101	5	106
【189】科LD29分类地位未定的1属	94	8	102
【190】溶杆菌属	39	62	101
【191】粉色单胞菌属	99	1	100
【192】乳杆菌属	78	20	98
【193】淡水菌群FukuN18的1科分类地位未定的1属	98	0	98
【194】运动杆菌属	0	98	98
【195】鸟杆菌属	0	97	97

物种名称	养羊发酵床细菌属数量（read）		
	垫料原料（s0）	发酵垫料（s1）	合计
【196】赖氨酸芽胞杆菌属	40	55	95
【197】亚硝化单胞菌属	24	71	95
【198】变形菌门未分类的1属	94	0	94
【199】海草球形菌科分类地位未定的1属	1	90	91
【200】湖杆菌属	36	55	91
【201】链球菌属	79	6	85
【202】韩高科院菌属（Kaistia）	85	0	85
【203】梭菌目未分类的1属	0	85	85
【204】噬几丁质菌科未培养的1属	67	16	83
【205】拉恩氏菌属（Rahnella）	77	5	82
【206】毛螺菌科NK3A20群的1属	1	79	80
【207】γ-变形菌纲未分类目的1属	64	16	80
【208】OM27进化枝的1属	1	78	79
【209】气球菌科未分类的1属	77	2	79
【210】类芽胞杆菌科未分类的1属	24	55	79
【211】芽单胞菌科未培养的1属	76	2	78
【212】壁拟诺卡氏菌属（Murinocardiopsis）	75	2	77
【213】脱硫棒菌属	0	76	76
【214】沙土杆菌属（Ramlibacter）	75	1	76
【215】鞘氨醇单胞菌目分类地位未定的1属	76	0	76
【216】双生杆菌属	75	0	75
【217】慢生根瘤菌科未培养的1属	73	0	73
【218】噬几丁质菌科未分类的1属	61	12	73
【219】出芽小链菌属	71	1	72
【220】冷形菌属	0	71	71
【221】压缩杆菌属	27	44	71
【222】vadinBC27污水淤泥群的1属	0	69	69
【223】丰佑菌属	68	0	68
【224】红杆菌科未培养的1属	20	47	67
【225】红游动菌属	65	1	66
【226】土微菌属	66	0	66
【227】纤维杆菌科未培养的1属	13	51	64
【228】肠杆菌属	59	4	63
【229】鸟氨酸微菌属	1	61	62
【230】类芽胞杆菌属	45	15	60
【231】OCS116进化枝分类地位未定的1属	38	21	59
【232】丛毛单胞菌科未分类的1属	35	24	59
【233】肠杆菌科未分类的1属	57	2	59
【234】少盐芽胞杆菌属	49	10	59
【235】瘤胃球菌科UCG-013群的1属	0	58	58

续表

物种名称	养羊发酵床细菌属数量（read）		
	垫料原料（s0）	发酵垫料（s1）	合计
【236】地嗜皮菌科未培养的1属	48	10	58
【237】科XI分类地位未定的1属	1	57	58
【238】浅黄色杆菌属	57	0	57
【239】别样球菌属	1	56	57
【240】线微菌属（Filomicrobium）	54	3	57
【241】无毛螺旋体属（Spirosoma）	56	0	56
【242】鞘氨醇单胞菌目未分类的1属	51	4	55
【243】消化球菌科未分类的1属	0	55	55
【244】候选糖单胞菌属	0	55	55
【245】科NKB5分类地位未定的1属	1	53	54
【246】候选纲JG30-KF-CM66分类地位未定目的1属	4	48	52
【247】棒杆菌属1（Coryne1）	30	22	52
【248】放线杆菌属	13	38	51
【249】多变杆菌属	44	7	51
【250】独岛菌属	43	7	50
【251】类芽胞杆菌科未培养的1属	46	3	49
【252】纲TA18分类地位未定的1属	41	7	48
【253】门SR1分类地位未定的1属	1	45	46
【254】食肉杆菌属（Carnobacterium）	44	2	46
【255】广布杆菌属	27	18	45
【256】根瘤菌目未培养的1属	39	6	45
【257】交替赤杆菌属	11	32	43
【258】丰佑菌纲未分类目的1属	8	34	42
【259】伯克氏菌属（Burkholderia）	40	1	41
【260】柔膜菌纲RF9分类地位未定的1属	0	41	41
【261】甲基杆菌科未培养的1属	40	1	41
【262】鞘氨醇单胞菌科未分类的1属	30	9	39
【263】黏液杆菌属	39	0	39
【264】副土生杆菌属（Parasegetibacter）	39	0	39
【265】红螺菌科未分类的1属	0	39	39
【266】科BC-COM435分类地位未定的1属	5	33	38
【267】骆驼单胞菌属	38	0	38
【268】赫希氏菌属	38	0	38
【269】微球菌目未分类的1属	16	22	38
【270】黄色杆菌科未分类的1属	37	0	37
【271】埃希氏菌-志贺氏菌属	35	2	37
【272】散生杆菌属	34	3	37
【273】斯尼思氏菌属	20	16	36
【274】苯基杆菌属	36	0	36
【275】产碱菌属	35	1	36

续表

物种名称	养羊发酵床细菌属数量（read）		
	垫料原料（s0）	发酵垫料（s1）	合计
【276】泛菌属	32	4	36
【277】候选属*Alysiosphaera*	3	33	36
【278】海橄榄形菌属（*Pontibaca*）	0	36	36
【279】噬染料菌属	35	0	35
【280】科BCf3-20分类地位未定的1属	34	0	34
【281】土壤杆状菌属	33	0	33
【282】莱茵海默氏菌属	33	0	33
【283】瘤胃梭菌属5	0	33	33
【284】草酸杆菌属（*Oxalicibacterium*）	33	0	33
【285】亚硝化螺菌属（*Nitrosospira*）	31	1	32
【286】噬纤维菌科未分类的1属	32	0	32
【287】纤毛菌属（*Leptothrix*）	31	0	31
【288】嗜碱菌属	4	27	31
【289】陆生菌群S0134的1科分类地位未定的1属	0	31	31
【290】土生孢杆菌属	2	29	31
【291】丙酸杆菌科未分类的1属	13	17	30
【292】剑线虫杆菌属	30	0	30
【293】棒杆菌属	4	26	30
【294】不动杆菌属	30	0	30
【295】产粪甾醇优杆菌群的1属	0	30	30
【296】消化球菌科未培养的1属	0	30	30
【297】候选属*Sciscionella*	29	1	30
【298】法氏菌属	18	11	29
【299】科SM2D12分类地位未定的1属	29	0	29
【300】兼性芽胞杆菌属	0	28	28
【301】芽胞杆菌科未分类的1属	25	3	28
【302】根瘤菌科未分类的1属	27	0	27
【303】瘤胃球菌属2	0	27	27
【304】芽单胞菌属	27	0	27
【305】消化链球菌科未分类的1属	3	23	26
【306】产乳酸菌属（*Lacticigenium*）	21	5	26
【307】罗纳杆菌属	24	2	26
【308】地芽胞杆菌属	25	0	25
【309】寡养弯菌目分类地位未定的1属	25	0	25
【310】纤细芽胞杆菌属	19	6	25
【311】微球菌目分类地位未定的1属	5	20	25
【312】假黄单胞菌属	23	1	24
【313】难养小杆菌属	0	24	24
【314】科XI未分类的1属	0	24	24
【315】蓝细菌纲分类地位未定的1属	16	7	23

续表

物种名称	养羊发酵床细菌菌属数量（read）		
	垫料原料（s0）	发酵垫料（s1）	合计
【316】盐噬菌弧菌属（Halobacteriovorax）	23	0	23
【317】尿素芽胞杆菌属	0	23	23
【318】瘤胃球菌科未培养的1属	0	23	23
【319】科DEV007分类地位未定的1属	13	10	23
【320】纤维微菌属	12	11	23
【321】木杆菌属	22	1	23
【322】柄杆菌属	22	1	23
【323】红杆菌科未分类的1属	1	21	22
【324】硝酸矛形菌属	0	22	22
【325】柄杆菌科未培养的1属	22	0	22
【326】里斯滕森菌科R-7群的1属	0	22	22
【327】马杜拉放线菌属	1	20	21
【328】噬菌弧菌科未培养的1属	21	0	21
【329】棒杆菌科未分类的1属	11	10	21
【330】紫单胞菌科未培养的1属	0	21	21
【331】黄单胞菌目未分类的1属	20	0	20
【332】瘤胃球菌科UCG-012群的1属	0	20	20
【333】嗜甲基菌属	20	0	20
【334】克里斯滕森菌科未培养的1属	0	20	20
【335】科XⅢ AD3011群的1属	0	19	19
【336】厌氧绳菌科未培养的1属	19	0	19
【337】戈登氏菌属	14	5	19
【338】龙杆菌科未培养的1属	0	19	19
【339】装甲菌门分类地位未定的1属	17	2	19
【340】海源菌属	0	19	19
【341】明串珠菌属	16	3	19
【342】脱硫线杆菌属	0	18	18
【343】硫碱螺菌属	6	12	18
【344】侏囊菌属	17	0	17
【345】寡养弯菌科分类地位未定的1属	13	4	17
【346】等球形菌属	17	0	17
【347】军团菌属	16	1	17
【348】梭菌科2未分类的1属	0	17	17
【349】鸟氨酸芽胞杆菌属	16	1	17
【350】迪茨氏菌属	5	12	17
【351】鲍尔德氏菌属	17	0	17
【352】酸杆菌属	17	0	17
【353】节杆菌属	14	3	17
【354】中村氏菌属	0	17	17
【355】黏球菌属（Myxococcus）	16	0	16

续表

物种名称	养羊发酵床细菌属数量（read）		
	垫料原料（s0）	发酵垫料（s1）	合计
【356】束缚杆菌属	15	1	16
【357】海螺菌属	0	16	16
【358】暖微菌属	0	16	16
【359】微丝菌属	6	10	16
【360】孢鱼菌属（Sporichthya）	16	0	16
【361】瘤胃梭菌属1	0	15	15
【362】弗兰克氏菌属	12	3	15
【363】蒂斯特尔氏菌属	0	15	15
【364】污水淤泥菌群PL-11B8分类地位未定的1属	0	14	14
【365】桃色杆菌属	13	1	14
【366】科XⅢ UCG-002群的1属	0	14	14
【367】冷形菌科未分类的1属	0	14	14
【368】金色线菌属	14	0	14
【369】门TM6分类地位未定的1属	14	0	14
【370】纲TK10分类地位未定目的1属	12	2	14
【371】酸微菌科未分类的1属	10	4	14
【372】生孢噬胞菌属	13	0	13
【373】土壤单胞菌属	11	2	13
【374】双头菌属	13	0	13
【375】未知科未培养的1属	0	13	13
【376】红球形菌属（Rhodopila）	13	0	13
【377】放线菌纲未分类目的1属	12	1	13
【378】硫碱微菌属	0	13	13
【379】瘤胃球菌科UCG-005群的1属	0	13	13
【380】甲基盐单胞菌属	12	0	12
【381】生丝单胞菌科未培养的1属	12	0	12
【382】盐水球菌属	0	12	12
【383】红环菌科未分类的1属	0	12	12
【384】瘤胃球菌科UCG-014群的1属	0	11	11
【385】污水球菌属	10	1	11
【386】伯克氏菌目未分类的1属	11	0	11
【387】嗜外源物菌属	11	0	11
【388】螯合球菌属	11	0	11
【389】类芽胞杆菌科分类地位未定的1属	10	0	10
【390】不粘柄菌属	10	0	10
【391】脱硫杆菌属	0	10	10
【392】金黄微菌属（Chryseomicrobium）	10	0	10
【393】劳氏菌属	10	0	10
【394】梭菌目vadinBB60群的1科分类地位未定的1属	0	10	10
【395】固氮螺菌属（Azospira）	10	0	10

续表

物种名称	养羊发酵床细菌属数量（read）		
	垫料原料（s0）	发酵垫料（s1）	合计
【396】居苏打菌属（*Natronincola*）	0	10	10
【397】拉尔金氏菌属（*Larkinella*）	10	0	10
【398】OM1进化枝的1科分类地位未定的1属	0	10	10
【399】浅粉色球菌属	3	6	9
【400】凸腹优杆菌群的1属（*Eubacteriumventriosum*）	0	9	9
【401】动孢菌科未培养的1属	9	0	9
【402】毛螺菌科未分类的1属	0	9	9
【403】纲S085分类地位未定目的1属	2	7	9
【404】班努斯菌属（*Balneola*）	0	9	9
【405】土源杆菌属	9	0	9
【406】噬几丁质菌科分类地位未定的1属	9	0	9
【407】铁弧菌属	9	0	9
【408】红菌科分类地位未定的1属	9	0	9
【409】赖氨酸微菌属（*Lysinimicrobium*）	0	9	9
【410】居东海菌属（*Donghicola*）	5	4	9
【411】盖亚菌目未培养的1属	7	1	8
【412】德库菌属	8	0	8
【413】河氏菌属（*Hahella*）	0	8	8
【414】甲基胞菌属（*Methylocella*）	8	0	8
【415】假棒形杆菌属	1	7	8
【416】线单胞菌属	8	0	8
【417】假诺卡氏菌科未分类的1属	7	0	7
【418】星状菌属（*Stella*）	7	0	7
【419】球胞发菌属	0	7	7
【420】碱小杆菌属（*Alkalibacterium*）	1	6	7
【421】黏球菌目未培养的1属	4	3	7
【422】藤黄色杆菌属	7	0	7
【423】东氏菌属	7	0	7
【424】科P3OB-42分类地位未定的1属	0	7	7
【425】单球形菌属	7	0	7
【426】海底菌群JTB255分类地位未定的1属	0	6	6
【427】噬纤维菌科未培养的1属	6	0	6
【428】土壤杆菌属	6	0	6
【429】农研所菌属（*Niabella*）	6	0	6
【430】副衣原体科未分类的1属	5	0	5
【431】戴阿利斯特杆菌属	1	4	5
【432】瘤胃球菌科NK4A214群的1属	0	5	5
【433】梭杆菌属	5	0	5
【434】鼠尾菌属	0	5	5
【435】科A0839分类地位未定的1属	5	0	5

续表

物种名称	养羊发酵床细菌属数量（read）		
	垫料原料（s0）	发酵垫料（s1）	合计
【436】粪杆菌属	1	4	5
【437】科恩氏菌属	5	0	5
【438】互营单胞菌属	0	5	5
【439】红寡食菌属（*Rhodoligotrophos*）	4	1	5
【440】日大生资菌属（*Nubsella*）	5	0	5
【441】伊格纳茨席纳菌属	5	0	5
【442】紫单胞菌科未分类的1属	0	5	5
【443】乳突杆菌属	0	5	5
【444】龙杆菌科分类地位未定的1属	0	5	5
【445】四联球菌属	0	5	5
【446】科XI未培养的1属	0	5	5
【447】候选门Microgenomates分类地位未定的1属	0	5	5
【448】噬纤维菌属（*Cytophaga*）	5	0	5
【449】食蛋白菌属	0	5	5
【450】科JG37-AG-20分类地位未定的1属	4	0	4
【451】樱桃样芽胞杆菌属（*Cerasibacillus*）	4	0	4
【452】盐胞菌属	0	4	4
【453】普劳泽氏菌属	4	0	4
【454】毛螺菌科分类地位未定的1属	0	4	4
【455】普罗维登斯菌属（*Providencia*）	2	2	4
【456】臧红杆菌属（*Croceibacter*）	0	4	4
【457】科XIII未分类的1属	0	4	4
【458】普雷沃氏菌属9	3	1	4
【459】沙雷氏菌属	4	0	4
【460】草酸杆菌科未分类的1属	3	1	4
【461】贪铜菌属	4	0	4
【462】红球菌属	0	3	3
【463】气球菌属	2	1	3
【464】纲BD7-11分类地位未定目的1属	3	0	3
【465】瘤胃球菌属1	0	3	3
【466】红杆菌属	3	0	3
【467】食甲基杆菌属（*Methyloferula*）	3	0	3
【468】动球菌属(*Planococcus*)	1	2	3
【469】微枝形菌属	3	0	3
【470】海棒杆菌属（*Thalassobaculum*）	3	0	3
【471】衣原体目未分类的1属	3	0	3
【472】赖兴巴赫氏菌属（*Reichenbachiella*）	0	3	3
【473】粪球菌属3	0	3	3
【474】解硫胺素芽胞杆菌属	0	3	3
【475】纤维弧菌科未培养的1属	0	3	3
【476】热单胞菌属	3	0	3
【477】黄色弯曲菌属	0	3	3

续表

物种名称	养羊发酵床细菌属数量（read）		
	垫料原料（s0）	发酵垫料（s1）	合计
【478】古根海姆氏菌属	0	3	3
【479】狭义梭菌属1	3	0	3
【480】金黄杆菌属	3	0	3
【481】NS9海洋菌群的1科分类地位未定的1属	1	2	3
【482】链孢放线菌属（Actinocatenispora）	3	0	3
【483】明串珠菌属	3	0	3
【484】亚硝化单胞菌科未培养的1属	3	0	3
【485】海管菌属	2	0	2
【486】懒惰粒菌属（Ignavigranum）	0	2	2
【487】海小杆菌属	0	2	2
【488】科cvE6分类地位未定的1属	2	0	2
【489】嗜热放线菌属	2	0	2
【490】水胞菌属	2	0	2
【491】吴泰光菌属	2	0	2
【492】黄色杆状菌属	2	0	2
【493】丛毛单胞菌属	2	0	2
【494】菜豆形孢囊菌属	2	0	2
【495】壤霉菌属	2	0	2
【496】肉杆菌科未培养的1属	0	2	2
【497】科TA06分类地位未定的1属	0	2	2
【498】土壤单胞菌属	2	0	2
【499】土块菌属	2	0	2
【500】厌氧贪食菌属	0	2	2
【501】伊丽莎白金菌属	2	0	2
【502】甲基杆菌属	0	2	2
【503】球链菌属	2	0	2
【504】海滑菌科未培养的1属	0	2	2
【505】双歧杆菌属	0	2	2
【506】候选门Parcubacteria分类地位未定的1属	0	2	2
【507】鲸杆菌属（Cetobacterium）	1	1	2
【508】苏黎世杆菌属	0	2	2
【509】缠结优杆菌群的1属	0	2	2
【510】管道杆菌属（Siphonobacter）	2	0	2
【511】毛螺菌科未培养的1属	2	0	2
【512】纲OPB35土壤菌群的1属	2	0	2
【513】卟啉单胞菌属（Porphyromonas）	2	0	2
【514】瘤胃球菌科UCG-010群的1属	0	1	1
【515】厄泽比氏菌属（Euzebya）	0	1	1
【516】居白蚁菌属	0	1	1
【517】原衣原体属（Protochlamydia）	1	0	1
【518】巨型球菌属	1	0	1
【519】马赛菌属	1	0	1
【520】甲基杆形菌属（Methylobacillus）	1	0	1

物种名称	养羊发酵床细菌属数量（read）		
	垫料原料（s0）	发酵垫料（s1）	合计
【521】施莱格尔氏菌属（*Schlegelella*）	1	0	1
【522】魏斯氏菌属	1	0	1
【523】嗜冷杆菌属	1	0	1
【524】纲KD4-96分类地位未定目的1属	1	0	1
【525】中华芽胞杆菌属	1	0	1
【526】科AKYH478分类地位未定的1属	1	0	1
【527】代尔夫特菌属	1	0	1
【528】小双孢菌属	1	0	1
【529】双球菌属	1	0	1
【530】普雷沃氏菌科NK3B31群的1属	1	0	1
【531】热芽胞杆菌属	1	0	1
【532】皮生球菌科未分类的1属	1	0	1
【533】北极杆菌属（*Arcticibacter*）	1	0	1
【534】立克次氏体目未培养的1属	1	0	1
【535】寡食单胞菌属（*Paucimonas*）	1	0	1
【536】霍氏真杆菌群的1属	0	1	1
【537】科DA111分类地位未定的1属	1	0	1
【538】热双孢菌属（*Thermobispora*）	0	1	1
【539】淤泥生孢菌属	0	1	1
【540】科OPB56分类地位未定的1属	1	0	1
【541】慢生芽胞杆菌属（*Lentibacillus*）	0	1	1
【542】库特氏菌属	0	1	1
【543】沼泽杆菌属（*Telmatobacter*）	1	0	1
【544】脱盐杆菌属	0	1	1
【545】动球菌科未分类的1属	1	0	1
【546】泉单胞菌属（*Silanimonas*）	1	0	1
【547】科1013-28-CG33分类地位未定的1属	0	1	1
【548】狭义梭菌属13	1	0	1
【549】丹毒丝菌科UCG-004群的1属	0	1	1
【550】嗜热卵形菌属（*Thermovum*）	1	0	1
【551】瘤胃球菌科UCG-009群的1属	0	1	1
【552】瘤胃球菌科UCG-002群的1属	0	1	1
【553】生丝单胞菌科未分类的1属	1	0	1
【554】假丁酸弧菌属	0	1	1
【555】固氮螺菌属（*Azospirillum*）	1	0	1
【556】短芽胞杆菌属	1	0	1
【557】副线单胞菌属	1	0	1
【558】科B1-7BS分类地位未定的1属	0	1	1
【559】δ-变形菌纲未分类目的1属	0	1	1

养羊发酵床垫料发酵过程细菌微生物组成结构差异显著（图7-30）。垫料原料细菌属前

5个高含量属为链霉菌属（5.95%）、清水氏菌属（5.29%）、芽胞杆菌属（4.93%）、叶杆菌科未分类的1属（4.13%）、鞘氨醇杆菌属（3.20%）（图7-31）；发酵垫料细菌属前5个高含量属为黄杆菌科未分类的1属（16.57%）、特吕珀菌属（6.86%）、腐螺旋菌科未培养的1属（4.75%）、黄色杆菌属（4.11%）、黄单胞菌科未分类的1属（3.50%）（图7-32），垫料原料经过发酵后细菌属组成结构完全转变为发酵垫料细菌属结构。

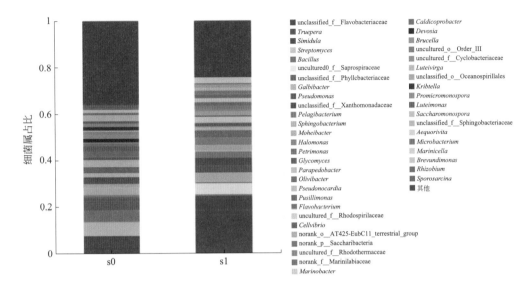

图7-30　养羊发酵床细菌属组成

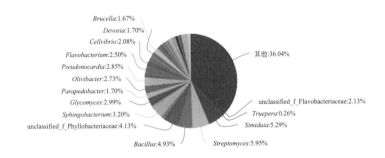

图7-31　养羊发酵床垫料原料细菌属主要菌群的组成

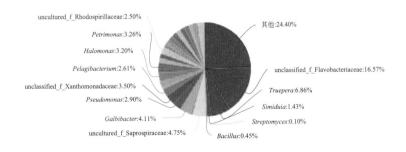

图7-32　养羊发酵床发酵垫料细菌属主要菌群的组成

养羊发酵床细菌属组成热图分析见图7-33。结果表明可将细菌属菌群分为3组，第1组包含了鞘氨醇杆菌属、假诺卡氏菌属、链霉菌属、芽胞杆菌属、橄榄杆菌属、糖霉菌属、叶杆菌科未分类的 1 属，在垫料原料中含量较高，经过发酵在发酵垫料中数量下降；第 2 组包含了腐螺旋菌科未培养的 1 属、假单胞菌属、黄单胞菌科未分类的 1 属、海洋小杆菌属、漠河杆菌属、盐单胞菌属、副地杆菌属、极小单胞菌属、黄杆菌科未分类的 1 属、特吕珀菌属、清水氏菌属等，在垫料原料和发酵垫料中含量保持中等水平，表明这些细菌属在原料和经过发酵的垫料中都存在，整个发酵过程起辅助作用；第 3 组包含了石单胞菌属、黄色杆菌属，它们在垫料原料中含量很低，经过发酵在发酵垫料中含量很高，对垫料发酵起重要作用。

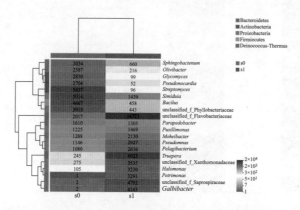

图7-33　养羊发酵床细菌属组成热图分析

养羊发酵床中共分离到芽胞杆菌同类属 17 个（表 7-14），其中垫料原料中分离到 13 个，发酵垫料中分离到 12 个；利用马氏距离可变类平均法聚类分析，可将芽胞杆菌属分为 3 组（表 7-15），第 1 组高含量组，包含了 2 个属，即芽胞杆菌属和大洋芽胞杆菌属，在垫料原料中的平均值为 2412，在发酵垫料中的平均值为 312，且垫料原料中的含量高于发酵垫料中的含量，随着羊粪发酵该组芽胞杆菌数量下降。第 2 组中含量组，包含了 5 个属，赖氨酸芽胞杆菌属、兼性芽胞杆菌属、尿素芽胞杆菌属、乳杆菌属、类芽胞杆菌属，在垫料原料中的平均值为 33，在发酵垫料中的平均值为 28，且总体上发酵垫料中的含量与垫料原料中的含量相当，该组芽胞杆菌在羊粪发酵中起到一定的作用。第 3 组低含量组，包括了 10 个属，即少盐芽胞杆菌属、纤细芽胞杆菌属、解硫胺素芽胞杆菌属、鸟氨酸芽胞杆菌属、慢生芽胞杆菌属、地芽胞杆菌属、樱桃样芽胞杆菌属、中华芽胞杆菌属、热芽胞杆菌属、短芽胞杆菌属，在垫料原料中的平均值为 11，在发酵垫料中的平均值为 2，且总体上垫料原料中的含量高于发酵垫料中的含量，该组芽胞杆菌属经过发酵后种群基本消失（图 7-34）。

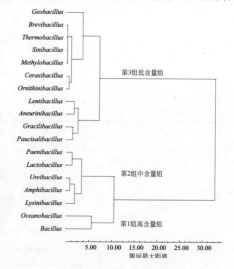

图7-34　养羊发酵床芽胞杆菌属聚类分析

表7-14　养羊发酵床芽胞杆菌属组成

物种名称	芽胞杆菌属数量（read）		
	垫料原料（s0）	发酵垫料（s1）	合计
【1】 芽胞杆菌属	4667	458	5125
【2】 大洋芽胞杆菌属	158	167	325
【3】 赖氨酸芽胞杆菌属	40	55	95
【4】 兼性芽胞杆菌属	0	28	28
【5】 尿素芽胞杆菌属	0	23	23
【6】 乳杆菌属	78	20	98
【7】 类芽胞杆菌属	45	15	60
【8】 少盐芽胞杆菌属	49	10	59
【9】 纤细芽胞杆菌属	19	6	25
【10】 解硫胺素芽胞杆菌属	0	3	3
【11】 鸟氨酸芽胞杆菌属	16	1	17
【12】 慢生芽胞杆菌属	0	1	1
【13】 地芽胞杆菌属	25	0	25
【14】 樱桃样芽胞杆菌属	4	0	4
【15】 中华芽胞杆菌属	1	0	1
【16】 热芽胞杆菌属	1	0	1
【17】 短芽胞杆菌属	1	0	1

表7-15　养羊发酵床芽胞杆菌属聚类分析

组别	物种名称	养羊发酵床细菌属数量（read）	
		垫料原料（s0）	发酵垫料（s1）
1	芽胞杆菌属	4667	458
1	大洋芽胞杆菌属	158	167
第1组2个样本平均值		2412	312
2	赖氨酸芽胞杆菌属	40	55
2	兼性芽胞杆菌属	0	28
2	尿素芽胞杆菌属	0	23
2	乳杆菌属	78	20
2	类芽胞杆菌属	45	15
第2组5个样本平均值		33	28
3	少盐芽胞杆菌属	49	10
3	纤细芽胞杆菌属	19	6
3	解硫胺素芽胞杆菌属	0	3
3	鸟氨酸芽胞杆菌属	16	1
3	慢生芽胞杆菌属	0	1
3	地芽胞杆菌属	25	0
3	樱桃样芽胞杆菌属	4	0
3	中华芽胞杆菌属	1	0
3	热芽胞杆菌属	1	0
3	短芽胞杆菌属	1	0
第3组10个样本平均值		11	2

二、发酵床细菌属共有种类和独有种类

纹图分析结果见图 7-35。垫料原料（s0）与发酵垫料（s1）细菌属共有种类和独有种类存在差异，整个发酵床细菌属共有种类 560 个，垫料原料含有细菌属菌群 429 个，发酵垫料含有细菌属菌群 402 个，种类数差异不大，但是菌群组成差异显著。

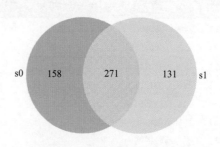

图7-35　养羊发酵床垫料原料与
发酵垫料细菌属共有种类和独有种类

垫料原料（s0）独有细菌属 158 个，包括的主要类群有链霉菌属（5637 → 96）、清水氏菌属（5014 → 1439）、芽胞杆菌属（4667 → 458）、叶杆菌科未分类的 1 属（3915 → 443）、鞘氨醇杆菌属（3034 → 660）、（糖霉菌属）（2830 → 99）、假诺卡氏菌属（2704 → 52）、橄榄杆菌属（2587 → 216）、黄杆菌属（2369 → 227）等，出发状态含量较高，经过发酵相应细菌属菌群含量下降。

发酵垫料（s1）独有细菌属 131 个，包括的主要类群有黄杆菌科未分类的 1 属（2017 → 16723）、特吕珀菌属（245 → 6923）、腐螺旋菌科未培养的 1 属（2 → 4792）、黄色杆菌属（2 → 4143）、黄单胞菌科未分类的 1 属（275 → 3535）、岩石单胞菌属（1 → 3291）、盐单胞菌属（105 → 3230）、红螺菌科未培养的 1 属（35 → 2528）等，出发状态相对含量较低，经过发酵相应细菌属菌群含量上升。

三、垫料发酵过程细菌属优势菌群的变化

发酵阶段细菌属多样性指数分析结果见表 7-16。两个菌群间的相关系数为 0.1952，相关性极显著（$P < 0.01$），表明发酵垫料细菌属主要来自垫料原料；垫料原料的丰富度略高于发酵垫料，而发酵垫料的优势度辛普森指数、香农指数、均匀度指数等低于垫料原料，表明垫料原料与羊粪混合，经过 8 个月发酵，发酵垫料多样性指数有所下降。

表7-16　养羊发酵床垫料发酵阶段细菌属多样性指数变化

项目		垫料原料（s0）	发酵垫料（s1）
丰富度		22.1822	17.8221
辛普森指数(D)	值	0.9794	0.9109
	95%置信区间	0.9755	0.8627
		0.9834	0.9590
香农指数(H)	值	4.4630	3.3094
	95%置信区间	4.3254	2.8478
		4.6007	3.7710
均匀度指数	值	0.8054	0.6252
	95%置信区间	0.7806	0.5390
		0.8303	0.7114

续表

项目		垫料原料（s0）	发酵垫料（s1）
Brillouin指数	值	6.4260	4.7634
	95%置信区间	6.2277	4.0982
		6.6244	5.4285
McIntosh指数(D_{mc})	值	0.8594	0.7041
	95%置信区间	0.8453	0.6148
		0.8734	0.7935

以垫料原料细菌属含量为基准进行降序排列（图7-36），观察垫料原料含量高的前20个细菌属，相对应发酵8个月后细菌属数量变化，可以看到，除了黄杆菌科未分类的1属和漠河杆菌属的细菌发酵后含量高于发酵前含量外，其余18个细菌属菌群包括链霉菌属、清水氏菌属、芽胞杆菌属、叶杆菌科未分类的1属、鞘氨醇杆菌属、糖霉菌属、假诺卡氏菌属、橄榄杆菌属、黄杆菌属、纤维弧菌属、副地杆菌属、德沃斯氏菌属、布氏杆菌属、韩国生工菌属、糖杆菌门分类地位未定的1属、圆杆菌科未培养的1属、原小单胞菌属、糖单胞菌属等在垫料原料中的含量远远高于发酵后的含量，也即垫料与羊粪经过发酵，原料中的菌群基本消失，替换成其他的菌群。

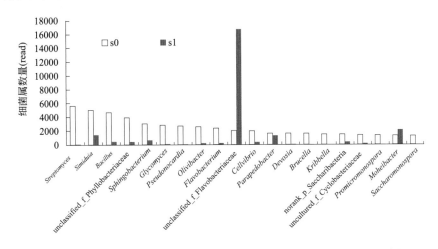

图7-36　养羊发酵床以垫料原料细菌属菌群数量排序的发酵前后菌群变化

以发酵垫料细菌属数量为基准进行降序排列（图7-37），观察发酵垫料含量高的前20个细菌属，相对应垫料原料的细菌属数量变化，可以看到，除了清水氏菌属细菌从垫料原料带来，经过发酵后含量降低；其余19个菌群，即黄杆菌科未分类的1属、特吕珀菌属、腐螺旋菌科未培养的1属、黄色杆菌属、黄单胞菌科未分类的1属、石单胞菌属、盐单胞菌属、假单胞菌属、海洋小杆菌属、红螺菌科未培养的1属、漠河杆菌属、陆生菌群AT425-EubC11的1科分类地位未定的1属、热杆菌科未培养的1属、海滑菌科分类地位未定的1属、热粪杆菌属、海杆菌属、目Ⅲ未培养的1属、海洋螺菌目未分类的1属、极小单胞菌属等，或是从垫料原料中带来经发酵后数量增加，或是发酵过程新产生的菌群；也即垫料与羊粪经过发酵，原料中的菌群大部分下降和消失，形成新的菌群结构。

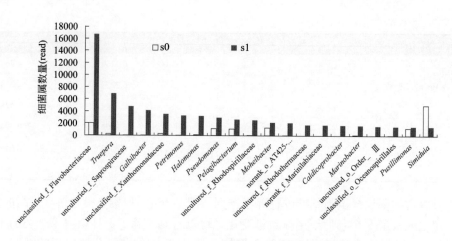

图7-37　养羊发酵床以发酵垫料细菌属菌群数量排序的发酵前后菌群变化

四、发酵床细菌属优势菌群差异性

发酵床垫料原料和发酵垫料中的细菌属优势菌群差异显著（表7-17、图7-38），在检测的559个细菌属中，垫料原料到发酵垫料过程中细菌属含量增加的有228个，含量增加显著的前10个细菌属为：黄杆菌科未分类的1属（2.1290%→16.5700%）、特吕珀菌属（0.2585%→6.8600%）、腐螺旋菌科未培养的1属（0.0021%→4.7480%）、黄色杆菌属（0.0021%→4.1050%）、石单胞菌属（0.0011%→3.2610%）、黄单胞菌科未分类的1属（0.2902%→3.5030%）、盐单胞菌属（0.1108%→3.2010%）、红螺菌科未培养的1属（0.0369%→2.5050%）、陆生菌群AT425-EubC11的1科分类地位未定的1属（0.0169%→2.062%）、热杆菌科未培养的1属（0.0000%→1.722%），表明这些细菌属经过垫料＋羊粪发酵后，含量大幅度提高。

垫料原料到发酵垫料过程细菌属含量下降的有330个，含量下降显著的前10个细菌属为：纤维弧菌属（2.0760%→0.3706%）、黄杆菌属（2.5000%→0.2249%）、橄榄杆菌属（2.7300%→0.2140%）、鞘氨醇杆菌属（3.2020%→0.6540%）、假诺卡氏菌属（2.8540%→0.0515%）、糖霉菌属（2.9860%→0.0981%）、叶杆菌科未分类的1属（4.1310%→0.4390%）、清水氏菌属（5.2910%→1.4260%）、芽胞杆菌属（4.9250%→0.4538%）、链霉菌属（5.9490%→0.0951%），表明这些细菌属随着发酵过程含量急剧下降，原来在垫料原料中为优势菌群的，在发酵垫料中成为弱势菌群。

表7-17　发酵床垫料原料与发酵垫料细菌属差异性统计检验

物种名称	养羊发酵床细菌属占比/%		P值	差值/%
	垫料原料（s0）	发酵垫料（s1）		
【1】黄杆菌科未分类的1属	2.1290	16.5700	0.0000	−14.4400
【2】特吕珀菌属	0.2585	6.8600	0.0000	−6.6010
【3】腐螺旋菌科未培养的1属	0.0021	4.7480	0.0000	−4.7460
【4】黄色杆菌属	0.0021	4.1050	0.0000	−4.1030
【5】石单胞菌属	0.0011	3.2610	0.0000	−3.2600

续表

物种名称	养羊发酵床细菌属占比/%		P值	差值/%
	垫料原料（s0）	发酵垫料（s1）		
【6】 黄单胞菌科未分类的1属	0.2902	3.5030	0.0000	−3.2130
【7】 盐单胞菌属	0.1108	3.2010	0.0000	−3.0900
【8】 红螺菌科未培养的1属	0.0369	2.5050	0.0000	−2.4680
【9】 陆生菌群AT425-EubC11的1科分类地位未定的1属	0.0169	2.0620	0.0000	−2.0450
【10】 热杆菌科未培养的1属	0.0000	1.7220	0.0000	−1.7220
【11】 海滑菌科分类地位未定的1属	0.0000	1.7080	0.0000	−1.7080
【12】 假单胞菌属	1.2090	2.9000	0.0000	−1.6910
【13】 热粪杆菌属	0.0000	1.6620	0.0000	−1.6620
【14】 海杆菌属	0.0855	1.6240	0.0000	−1.5390
【15】 目Ⅲ未培养的1属	0.0000	1.5300	0.0000	−1.5300
【16】 海洋小杆菌属	1.1400	2.6120	0.0000	−1.4720
【17】 海洋螺菌目未分类的1属	0.0137	1.4700	0.0000	−1.4570
【18】 海洋胞菌属	0.0000	1.1090	0.0000	−1.1090
【19】 海面菌属	0.0675	1.1620	0.0000	−1.0950
【20】 无胆甾原体属	0.0032	0.9176	0.0000	−0.9144
【21】 纤维弧菌科未分类的1属	0.0697	0.8938	0.0000	−0.8241
【22】 冬微菌属	0.0000	0.8234	0.0000	−0.8234
【23】 嗜蛋白菌属	0.0000	0.7620	0.0000	−0.7620
【24】 漠河杆菌属	1.3590	2.1110	0.0000	−0.7514
【25】 橙色杆状菌属	0.3936	1.1270	0.0000	−0.7330
【26】 科AKYG1722分类地位未定的1属	0.0000	0.6520	0.0000	−0.6520
【27】 土杆菌属	0.2026	0.8195	0.0000	−0.6168
【28】 石纯杆菌属	0.0000	0.5004	0.0000	−0.5004
【29】 产丝菌属	0.0000	0.4974	0.0000	−0.4974
【30】 海水杆菌属	0.0053	0.4994	0.0000	−0.4941
【31】 假深黄单胞菌属	0.0084	0.4618	0.0000	−0.4533
【32】 海洋微菌属	0.0580	0.4637	0.0000	−0.4057
【33】 食烷菌属	0.0823	0.4677	0.0000	−0.3854
【34】 蛭弧菌属	0.1488	0.4915	0.0000	−0.3427
【35】 加西亚氏菌属	0.0000	0.3329	0.0000	−0.3329
【36】 科GR-WP33-58分类地位未定的1属	0.1013	0.4340	0.0000	−0.3327
【37】 科BIrii41分类地位未定的1属	0.0317	0.3607	0.0000	−0.3290
【38】 丹毒丝菌属	0.0000	0.3121	0.0000	−0.3121
【39】 卡斯泰拉尼菌属	0.0201	0.3201	0.0000	−0.3000
【40】 鞘氨醇杆菌科未培养的1属	0.0686	0.3468	0.0000	−0.2782
【41】 蒂西耶氏菌属	0.0042	0.2784	0.0000	−0.2742
【42】 科JG30-KF-CM45分类地位未定的1属	0.2079	0.4756	0.0000	−0.2677
【43】 沙单胞菌属	0.0000	0.2517	0.0000	−0.2517
【44】 欧文威克斯菌属	0.0000	0.2497	0.0000	−0.2497
【45】 科SHA-109分类地位未定的1属	0.0000	0.2368	0.0000	−0.2368

续表

物种名称	养羊发酵床细菌属占比/%		P值	差值/%
	垫料原料（s0）	发酵垫料（s1）		
【46】 瘤胃球菌科未分类的1属	0.0000	0.2190	0.0000	−0.2190
【47】 淡红微菌属	0.0000	0.2180	0.0000	−0.2180
【48】 橙色胞菌科未培养的1属	0.0549	0.2636	0.0000	−0.2087
【49】 产碱菌科未分类的1属	0.0380	0.2467	0.0000	−0.2087
【50】 长孢菌属	0.0000	0.1922	0.0000	−0.1922
【51】 盐微菌属	0.0106	0.2021	0.0000	−0.1916
【52】 奇异杆菌属	0.0517	0.2388	0.0000	−0.1871
【53】 解腈菌属	0.0021	0.1883	0.0000	−0.1862
【54】 鸟氨酸球菌属	0.0021	0.1744	0.0000	−0.1723
【55】 极小单胞菌属	1.2930	1.4560	0.0020	−0.1629
【56】 海洋杆菌属	0.0000	0.1625	0.0000	−0.1625
【57】 沉积杆菌属	0.0000	0.1605	0.0000	−0.1605
【58】 橙色胞菌属	0.0222	0.1764	0.0000	−0.1542
【59】 阮氏菌属	0.0021	0.1546	0.0000	−0.1525
【60】 苛求球菌属	0.0000	0.1506	0.0000	−0.1506
【61】 纲OPB54分类地位未定的1属	0.0011	0.1467	0.0000	−0.1456
【62】 属C1-B045	0.0813	0.2180	0.0000	−0.1367
【63】 纤细单胞菌属	0.0000	0.1338	0.0000	−0.1338
【64】 科DSSF69分类地位未定的1属	0.0084	0.1387	0.0000	−0.1303
【65】 四球菌属	0.0032	0.1318	0.0000	−0.1286
【66】 目NB1-n分类地位未定的1属	0.0000	0.1278	0.0000	−0.1278
【67】 固氮弓菌属	0.0084	0.1209	0.0000	−0.1124
【68】 瘤胃梭菌属	0.0000	0.1070	0.0000	−0.1070
【69】 咸海鲜球菌属	0.0021	0.1050	0.0000	−0.1029
【70】 紫红球菌科未培养的1属	0.0454	0.1476	0.0000	−0.1023
【71】 运动杆菌属	0.0000	0.0971	0.0000	−0.0971
【72】 鸟杆菌属	0.0000	0.0961	0.0000	−0.0961
【73】 陆生菌群BD2-11的1科分类地位未定的1属	0.0053	0.1001	0.0000	−0.0948
【74】 海草球形菌科分类地位未定的1属	0.0011	0.0892	0.0000	−0.0881
【75】 梭菌目未分类的1属	0.0000	0.0842	0.0000	−0.0842
【76】 毛螺菌科NK3A20群的1属	0.0011	0.0783	0.0000	−0.0772
【77】 OM27进化枝的1属	0.0011	0.0773	0.0000	−0.0762
【78】 拟杆菌门未分类的1属	0.0391	0.1149	0.0000	−0.0759
【79】 脱硫棒菌属	0.0000	0.0753	0.0000	−0.0753
【80】 冷形菌属	0.0000	0.0704	0.0000	−0.0704
【81】 vadinBC27污水淤泥群的1属	0.0000	0.0684	0.0000	−0.0684
【82】 酸微菌目未分类的1属	0.0475	0.1110	0.0000	−0.0635
【83】 鸟氨酸微菌属	0.0011	0.0604	0.0000	−0.0594
【84】 瘤胃球菌科UCG-013群的1属	0.0000	0.0575	0.0000	−0.0575
【85】 科XI分类地位未定的1属	0.0011	0.0565	0.0000	−0.0554

物种名称	养羊发酵床细菌属占比/%		P值	差值/%
	垫料原料（s0）	发酵垫料（s1）		
【86】消化球菌科未分类的1属	0.0000	0.0545	0.0000	-0.0545
【87】候选糖单胞菌属	0.0000	0.0545	0.0000	-0.0545
【88】别样球菌属	0.0011	0.0555	0.0000	-0.0544
【89】科NKB5分类地位未定的1属	0.0011	0.0525	0.0000	-0.0515
【90】亚硝化单胞菌属	0.0253	0.0704	0.0000	-0.0450
【91】门SR1分类地位未定的1属	0.0011	0.0446	0.0000	-0.0435
【92】候选纲JG30-KF-CM66分类地位未定目的1属	0.0042	0.0476	0.0000	-0.0433
【93】柔膜菌纲RF9分类地位未定的1属	0.0000	0.0406	0.0000	-0.0406
【94】红螺菌科未分类的1属	0.0000	0.0386	0.0000	-0.0386
【95】纤维杆菌科未培养的1属	0.0137	0.0505	0.0000	-0.0368
【96】海橄榄形菌属	0.0000	0.0357	0.0000	-0.0357
【97】瘤胃梭菌属5	0.0000	0.0327	0.0000	-0.0327
【98】嗜海藻菌属	0.0707	0.1021	0.0210	-0.0314
【99】陆生菌群S0134的1科分类地位未定的1属	0.0000	0.0307	0.0000	-0.0307
【100】产粪甾醇优杆菌群的1属	0.0000	0.0297	0.0000	-0.0297
【101】消化球菌科未培养的1属	0.0000	0.0297	0.0000	-0.0297
【102】候选属Alysiosphaera	0.0032	0.0327	0.0000	-0.0295
【103】类芽胞杆菌科未分类的1属	0.0253	0.0545	0.0015	-0.0292
【104】兼性芽胞杆菌属	0.0000	0.0277	0.0000	-0.0277
【105】科BC-COM435分类地位未定的1属	0.0053	0.0327	0.0000	-0.0274
【106】瘤胃球菌属2	0.0000	0.0268	0.0000	-0.0268
【107】土生孢杆菌属	0.0021	0.0287	0.0000	-0.0266
【108】红杆菌科未培养的1属	0.0211	0.0466	0.0030	-0.0255
【109】丰佑菌纲未分类目的1属	0.0084	0.0337	0.0001	-0.0253
【110】海草球形菌科未培养的1属	0.0433	0.0674	0.0271	-0.0241
【111】放线杆菌属	0.0137	0.0377	0.0011	-0.0239
【112】难养小杆菌属	0.0000	0.0238	0.0000	-0.0238
【113】科XI未分类的1属	0.0000	0.0238	0.0000	-0.0238
【114】尿素芽胞杆菌属	0.0000	0.0228	0.0000	-0.0228
【115】瘤胃球菌科未培养的1属	0.0000	0.0228	0.0000	-0.0228
【116】嗜碱菌属	0.0042	0.0268	0.0000	-0.0225
【117】硝酸矛形菌属	0.0000	0.0218	0.0000	-0.0218
【118】里斯滕森菌科R-7群的1属	0.0000	0.0218	0.0000	-0.0218
【119】棒杆菌属	0.0042	0.0258	0.0001	-0.0215
【120】紫单胞菌科未培养的1属	0.0000	0.0208	0.0000	-0.0208
【121】溶杆菌属	0.0412	0.0614	0.0580	-0.0203
【122】交替赤杆菌属	0.0116	0.0317	0.0033	-0.0201
【123】红杆菌科未分类的1属	0.0011	0.0208	0.0000	-0.0198
【124】瘤胃球菌科UCG-012群的1属	0.0000	0.0198	0.0000	-0.0198
【125】克里斯滕森菌科未培养的1属	0.0000	0.0198	0.0000	-0.0198

物种名称	养羊发酵床细菌属占比/%		P值	差值/%
	垫料原料（s0）	发酵垫料（s1）		
【126】消化链球菌科未分类的1属	0.0032	0.0228	0.0001	-0.0196
【127】马杜拉放线菌属	0.0011	0.0198	0.0000	-0.0188
【128】科XIII AD3011群的1属	0.0000	0.0188	0.0000	-0.0188
【129】龙杆菌科未培养的1属	0.0000	0.0188	0.0000	-0.0188
【130】海源菌属	0.0000	0.0188	0.0000	-0.0188
【131】脱硫线杆菌属	0.0000	0.0178	0.0000	-0.0178
【132】梭菌科2未分类的1属	0.0000	0.0169	0.0000	-0.0169
【133】中村氏菌属	0.0000	0.0169	0.0000	-0.0169
【134】湖杆菌属	0.0380	0.0545	0.0941	-0.0165
【135】寡源杆菌属	0.0570	0.0733	0.1843	-0.0163
【136】海螺菌属	0.0000	0.0159	0.0000	-0.0159
【137】暖微菌属	0.0000	0.0159	0.0000	-0.0159
【138】压缩杆菌属	0.0285	0.0436	0.0958	-0.0151
【139】瘤胃梭菌属1	0.0000	0.0149	0.0001	-0.0149
【140】蒂斯特尔氏菌属	0.0000	0.0149	0.0001	-0.0149
【141】微球菌目分类地位未定的1属	0.0053	0.0198	0.0045	-0.0145
【142】污水淤泥菌群PL-11B8分类地位未定的1属	0.0000	0.0139	0.0001	-0.0139
【143】科XIII UCG-002群的1属	0.0000	0.0139	0.0001	-0.0139
【144】冷形菌科未分类的1属	0.0000	0.0139	0.0001	-0.0139
【145】未知科未培养的1属	0.0000	0.0129	0.0003	-0.0129
【146】硫碱微菌属	0.0000	0.0129	0.0003	-0.0129
【147】瘤胃球菌科UCG-005群的1属	0.0000	0.0129	0.0003	-0.0129
【148】赖氨酸芽胞杆菌属	0.0422	0.0545	0.2586	-0.0123
【149】盐水球菌属	0.0000	0.0119	0.0005	-0.0119
【150】红环菌科未分类的1属	0.0000	0.0119	0.0005	-0.0119
【151】瘤胃球菌科UCG-014群的1属	0.0000	0.0109	0.0010	-0.0109
【152】脱硫杆菌属	0.0000	0.0099	0.0020	-0.0099
【153】梭菌目vadinBB60群的1科分类地位未定的1属	0.0000	0.0099	0.0020	-0.0099
【154】居苏打菌属	0.0000	0.0099	0.0020	-0.0099
【155】OM1进化枝的1科分类地位未定的1属	0.0000	0.0099	0.0020	-0.0099
【156】凸腹优杆菌群的1属	0.0000	0.0089	0.0040	-0.0089
【157】毛螺菌科未分类的1属	0.0000	0.0089	0.0040	-0.0089
【158】班努斯菌属	0.0000	0.0089	0.0040	-0.0089
【159】赖氨酸微菌属	0.0000	0.0089	0.0040	-0.0089
【160】河氏菌属	0.0000	0.0079	0.0080	-0.0079
【161】球胞发菌属	0.0000	0.0069	0.0160	-0.0069
【162】科P3OB-42分类地位未定的1属	0.0000	0.0069	0.0160	-0.0069
【163】迪茨氏菌属	0.0053	0.0119	0.1468	-0.0066
【164】假棒形杆菌属	0.0011	0.0069	0.0714	-0.0059
【165】海底菌群JTB255分类地位未定的1属	0.0000	0.0059	0.0317	-0.0059

物种名称	养羊发酵床细菌属占比/%		P值	差值/%
	垫料原料（s0）	发酵垫料（s1）		
【166】硫碱螺菌属	0.0063	0.0119	0.2421	−0.0056
【167】瘤胃球菌科NK4A214群的1属	0.0000	0.0050	0.0631	−0.0050
【168】鼠尾菌属	0.0000	0.0050	0.0631	−0.0050
【169】互营单胞菌属	0.0000	0.0050	0.0631	−0.0050
【170】紫单胞菌科未分类的1属	0.0000	0.0050	0.0631	−0.0050
【171】乳突杆菌属	0.0000	0.0050	0.0631	−0.0050
【172】龙杆菌科分类地位未定的1属	0.0000	0.0050	0.0631	−0.0050
【173】候选门Microgenomates分类地位未定的1属	0.0000	0.0050	0.0631	−0.0050
【174】科XI未培养的1属	0.0000	0.0050	0.0631	−0.0050
【175】四联球菌属	0.0000	0.0050	0.0631	−0.0050
【176】食蛋白菌属	0.0000	0.0050	0.0631	−0.0050
【177】微球菌目未分类的1属	0.0169	0.0218	0.5170	−0.0049
【178】碱小杆菌属	0.0011	0.0059	0.1263	−0.0049
【179】纲S085分类地位未定日的1属	0.0021	0.0069	0.1816	−0.0048
【180】黄单胞菌目未培养的1属	0.0855	0.0902	0.7604	−0.0047
【181】盐胞菌属	0.0000	0.0040	0.1257	−0.0040
【182】臧红杆菌属	0.0000	0.0040	0.1257	−0.0040
【183】科XIII未分类的1属	0.0000	0.0040	0.1257	−0.0040
【184】毛螺菌科分类地位未定的1属	0.0000	0.0040	0.1257	−0.0040
【185】微丝菌属	0.0063	0.0099	0.4581	−0.0036
【186】丙酸杆菌科未分类的1属	0.0137	0.0169	0.5902	−0.0031
【187】红球菌属	0.0000	0.0030	0.2507	−0.0030
【188】瘤胃球菌属1	0.0000	0.0030	0.2507	−0.0030
【189】赖兴巴赫氏菌属	0.0000	0.0030	0.2507	−0.0030
【190】纤维弧菌科未培养的1属	0.0000	0.0030	0.2507	−0.0030
【191】粪球菌属3	0.0000	0.0030	0.2507	−0.0030
【192】解硫胺素芽胞杆菌属	0.0000	0.0030	0.2507	−0.0030
【193】黄色弯曲菌属	0.0000	0.0030	0.2507	−0.0030
【194】占根海姆氏菌属	0.0000	0.0030	0.2507	−0.0030
【195】戴阿利斯特杆菌属	0.0011	0.0040	0.3762	−0.0029
【196】粪杆菌属	0.0011	0.0040	0.3762	−0.0029
【197】副球菌属	0.2301	0.2329	0.9250	−0.0028
【198】浅粉色球菌属	0.0032	0.0059	0.5098	−0.0028
【199】海小杆菌属	0.0000	0.0020	0.5005	−0.0020
【200】科TA06分类地位未定的1属	0.0000	0.0020	0.5005	−0.0020
【201】肉杆菌科未培养的1属	0.0000	0.0020	0.5005	−0.0020
【202】懒惰粒菌属	0.0000	0.0020	0.5005	−0.0020
【203】厌氧贪食菌属	0.0000	0.0020	0.5005	−0.0020
【204】甲基杆菌属	0.0000	0.0020	0.5005	−0.0020
【205】双歧杆菌属	0.0000	0.0020	0.5005	−0.0020

物种名称	养羊发酵床细菌属占比/%		P值	差值/%
	垫料原料（s0）	发酵垫料（s1）		
【206】苏黎世杆菌属	0.0000	0.0020	0.5005	−0.0020
【207】海滑菌科未培养的1属	0.0000	0.0020	0.5005	−0.0020
【208】候选门Parcubacteria分类地位未定的1属	0.0000	0.0020	0.5005	−0.0020
【209】缠结优杆菌群的1属	0.0000	0.0020	0.5005	−0.0020
【210】乔治菌属	0.1646	0.1665	0.9557	−0.0018
【211】厄泽比氏菌属	0.0000	0.0010	1.0000	−0.0010
【212】瘤胃球菌科UCG-010群的1属	0.0000	0.0010	1.0000	−0.0010
【213】居白蚁菌属	0.0000	0.0010	1.0000	−0.0010
【214】δ-变形菌纲未分类目的1属	0.0000	0.0010	1.0000	−0.0010
【215】库特氏菌属	0.0000	0.0010	1.0000	−0.0010
【216】霍氏真杆菌群的1属	0.0000	0.0010	1.0000	−0.0010
【217】热双孢菌属	0.0000	0.0010	1.0000	−0.0010
【218】淤泥生孢菌属	0.0000	0.0010	1.0000	−0.0010
【219】慢生芽胞杆菌属	0.0000	0.0010	1.0000	−0.0010
【220】丹毒丝菌科UCG-004群的1属	0.0000	0.0010	1.0000	−0.0010
【221】瘤胃球菌科UCG-009群的1属	0.0000	0.0010	1.0000	−0.0010
【222】瘤胃球菌科UCG-002群的1属	0.0000	0.0010	1.0000	−0.0010
【223】脱盐杆菌属	0.0000	0.0010	1.0000	−0.0010
【224】科1013-28-CG33分类地位未定的1属	0.0000	0.0010	1.0000	−0.0010
【225】假丁酸弧菌属	0.0000	0.0010	1.0000	−0.0010
【226】科B1-7BS分类地位未定的1属	0.0000	0.0010	1.0000	−0.0010
【227】NS9海洋菌群的1科分类地位未定的1属	0.0011	0.0020	1.0000	−0.0009
【228】动球菌属	0.0011	0.0020	1.0000	−0.0009
【229】普罗维登斯菌属	0.0021	0.0020	1.0000	0.0001
【230】鲸杆菌属	0.0011	0.0010	1.0000	0.0001
【231】气球菌属	0.0021	0.0010	0.6136	0.0011
【232】马赛菌属	0.0011	0.0000	0.4843	0.0011
【233】原衣原体属	0.0011	0.0000	0.4843	0.0011
【234】寡食单胞菌属	0.0011	0.0000	0.4843	0.0011
【235】立克次氏体目未培养的1属	0.0011	0.0000	0.4843	0.0011
【236】甲基杆形菌属	0.0011	0.0000	0.4843	0.0011
【237】巨型球菌属	0.0011	0.0000	0.4843	0.0011
【238】纲KD4-96分类地位未定目的1属	0.0011	0.0000	0.4843	0.0011
【239】施莱格尔氏菌属	0.0011	0.0000	0.4843	0.0011
【240】中华芽胞杆菌属	0.0011	0.0000	0.4843	0.0011
【241】代尔夫特菌属	0.0011	0.0000	0.4843	0.0011
【242】双球菌属	0.0011	0.0000	0.4843	0.0011
【243】普雷沃氏菌科NK3B31群的1属	0.0011	0.0000	0.4843	0.0011
【244】生丝单胞菌科未分类的1属	0.0011	0.0000	0.4843	0.0011
【245】皮生球菌科未分类的1属	0.0011	0.0000	0.4843	0.0011

物种名称	养羊发酵床细菌属占比/%		P值	差值/%
	垫料原料（s0）	发酵垫料（s1）		
【246】科AKYH478分类地位未定的1属	0.0011	0.0000	0.4843	0.0011
【247】北极杆菌属	0.0011	0.0000	0.4843	0.0011
【248】小双孢菌属	0.0011	0.0000	0.4843	0.0011
【249】热芽胞杆菌属	0.0011	0.0000	0.4843	0.0011
【250】科OPB56分类地位未定的1属	0.0011	0.0000	0.4843	0.0011
【251】科DA111分类地位未定的1属	0.0011	0.0000	0.4843	0.0011
【252】沼泽杆菌属	0.0011	0.0000	0.4843	0.0011
【253】狭义梭菌属13	0.0011	0.0000	0.4843	0.0011
【254】泉单胞菌属	0.0011	0.0000	0.4843	0.0011
【255】嗜热卵形菌属	0.0011	0.0000	0.4843	0.0011
【256】动球菌科未分类的1属	0.0011	0.0000	0.4843	0.0011
【257】嗜冷杆菌属	0.0011	0.0000	0.4843	0.0011
【258】固氮螺菌属	0.0011	0.0000	0.4843	0.0011
【259】魏斯氏菌属	0.0011	0.0000	0.4843	0.0011
【260】短芽胞杆菌属	0.0011	0.0000	0.4843	0.0011
【261】副线单胞菌属	0.0011	0.0000	0.4843	0.0011
【262】黏球菌目未培养的1属	0.0042	0.0030	0.7188	0.0012
【263】大洋芽胞杆菌属	0.1667	0.1655	0.9558	0.0013
【264】居东海菌属	0.0053	0.0040	0.7472	0.0013
【265】棒杆菌科未分类的1属	0.0116	0.0099	0.8282	0.0017
【266】纤维微菌属	0.0127	0.0109	0.8355	0.0018
【267】海管菌属	0.0021	0.0000	0.2345	0.0021
【268】科cvE6分类地位未定的1属	0.0021	0.0000	0.2345	0.0021
【269】嗜热放线菌属	0.0021	0.0000	0.2345	0.0021
【270】水胞菌属	0.0021	0.0000	0.2345	0.0021
【271】吴泰光菌属	0.0021	0.0000	0.2345	0.0021
【272】黄色杆状菌属	0.0021	0.0000	0.2345	0.0021
【273】壤霉菌属	0.0021	0.0000	0.2345	0.0021
【274】丛毛单胞菌属	0.0021	0.0000	0.2345	0.0021
【275】菜豆形孢囊菌属	0.0021	0.0000	0.2345	0.0021
【276】管道杆菌属	0.0021	0.0000	0.2345	0.0021
【277】土壤单胞菌属	0.0021	0.0000	0.2345	0.0021
【278】土块菌属	0.0021	0.0000	0.2345	0.0021
【279】伊丽莎白金菌属	0.0021	0.0000	0.2345	0.0021
【280】纲OPB35土壤菌群的1属	0.0021	0.0000	0.2345	0.0021
【281】毛螺菌科未培养的1属	0.0021	0.0000	0.2345	0.0021
【282】卟啉单胞菌属	0.0021	0.0000	0.2345	0.0021
【283】球链菌属	0.0021	0.0000	0.2345	0.0021
【284】草酸杆菌科未分类的1属	0.0032	0.0010	0.3600	0.0022
【285】普雷沃氏菌属9	0.0032	0.0010	0.3600	0.0022

续表

物种名称	养羊发酵床细菌属占比/%		P值	差值/%
	垫料原料（s0）	发酵垫料（s1）		
【286】红寡食菌属	0.0042	0.0010	0.2049	0.0032
【287】红杆菌属	0.0032	0.0000	0.1136	0.0032
【288】狭义梭菌属1	0.0032	0.0000	0.1136	0.0032
【289】食甲基杆菌属	0.0032	0.0000	0.1136	0.0032
【290】纲BD7-11分类地位未定目的1属	0.0032	0.0000	0.1136	0.0032
【291】微枝形菌属	0.0032	0.0000	0.1136	0.0032
【292】衣原体目未分类的1属	0.0032	0.0000	0.1136	0.0032
【293】海棒杆菌属	0.0032	0.0000	0.1136	0.0032
【294】热单胞菌属	0.0032	0.0000	0.1136	0.0032
【295】链孢放线菌属	0.0032	0.0000	0.1136	0.0032
【296】金黄杆菌属	0.0032	0.0000	0.1136	0.0032
【297】亚硝化单胞菌科未培养的1属	0.0032	0.0000	0.1136	0.0032
【298】明串珠菌属	0.0032	0.0000	0.1136	0.0032
【299】科DEV007分类地位未定的1属	0.0137	0.0099	0.5329	0.0038
【300】科JG37-AG-20分类地位未定的1属	0.0042	0.0000	0.0550	0.0042
【301】樱桃样芽胞杆菌属	0.0042	0.0000	0.0550	0.0042
【302】普劳泽氏菌属	0.0042	0.0000	0.0550	0.0042
【303】沙雷氏菌属	0.0042	0.0000	0.0550	0.0042
【304】贪铜菌属	0.0042	0.0000	0.0550	0.0042
【305】斯尼思氏菌属	0.0211	0.0159	0.4093	0.0053
【306】副衣原体科未分类的1属	0.0053	0.0000	0.0266	0.0053
【307】梭杆菌属	0.0053	0.0000	0.0266	0.0053
【308】科A0839分类地位未定的1属	0.0053	0.0000	0.0266	0.0053
【309】科恩氏菌属	0.0053	0.0000	0.0266	0.0053
【310】日大生资菌属	0.0053	0.0000	0.0266	0.0053
【311】伊格纳茨席纳菌属	0.0053	0.0000	0.0266	0.0053
【312】噬纤维菌属	0.0053	0.0000	0.0266	0.0053
【313】噬纤维菌科未培养的1属	0.0063	0.0000	0.0129	0.0063
【314】土壤杆菌属	0.0063	0.0000	0.0129	0.0063
【315】农研所菌属	0.0063	0.0000	0.0129	0.0063
【316】盖亚菌目未培养的1属	0.0074	0.0010	0.0338	0.0064
【317】酸微菌科未分类的1属	0.0106	0.0040	0.1093	0.0066
【318】假诺卡氏菌科未分类的1属	0.0074	0.0000	0.0062	0.0074
【319】星状菌属	0.0074	0.0000	0.0062	0.0074
【320】藤黄色杆菌属	0.0074	0.0000	0.0062	0.0074
【321】东氏菌属	0.0074	0.0000	0.0062	0.0074
【322】单球形菌属	0.0074	0.0000	0.0062	0.0074
【323】圆杆菌科未分类的1属	0.0654	0.0575	0.5227	0.0080
【324】法氏菌属	0.0190	0.0109	0.1926	0.0081
【325】德库菌属	0.0084	0.0000	0.0030	0.0084

续表

物种名称	养羊发酵床细菌属占比/%		P值	差值/%
	垫料原料（s0）	发酵垫料（s1）		
【326】甲基胞菌属	0.0084	0.0000	0.0030	0.0084
【327】线单胞菌属	0.0084	0.0000	0.0030	0.0084
【328】动孢菌科未培养的1属	0.0095	0.0000	0.0015	0.0095
【329】土源杆菌属	0.0095	0.0000	0.0015	0.0095
【330】噬几丁质菌科分类地位未定的1属	0.0095	0.0000	0.0015	0.0095
【331】红菌科分类地位未定的1属	0.0095	0.0000	0.0015	0.0095
【332】铁弧菌属	0.0095	0.0000	0.0015	0.0095
【333】土壤单胞菌属	0.0116	0.0020	0.0107	0.0096
【334】污水球菌属	0.0106	0.0010	0.0051	0.0096
【335】弗兰克氏菌属	0.0127	0.0030	0.0182	0.0097
【336】戈登氏菌属	0.0148	0.0050	0.0369	0.0098
【337】寡养弯菌科分类地位未定的1属	0.0137	0.0040	0.0270	0.0098
【338】棒杆菌属1	0.0317	0.0218	0.2118	0.0099
【339】蓝细菌纲分类地位未定的1属	0.0169	0.0069	0.0585	0.0099
【340】类芽胞杆菌科分类地位未定的1属	0.0106	0.0000	0.0007	0.0106
【341】金黄微菌属	0.0106	0.0000	0.0007	0.0106
【342】劳氏菌属	0.0106	0.0000	0.0007	0.0106
【343】不粘柄菌属	0.0106	0.0000	0.0007	0.0106
【344】固氮螺菌属	0.0106	0.0000	0.0007	0.0106
【345】拉尔金氏菌属	0.0106	0.0000	0.0007	0.0106
【346】广布杆菌属	0.0285	0.0178	0.1364	0.0107
【347】纲TK10分类地位未定目的1属	0.0127	0.0020	0.0060	0.0107
【348】伯克氏菌目未分类的1属	0.0116	0.0000	0.0003	0.0116
【349】嗜外源物菌属	0.0116	0.0000	0.0003	0.0116
【350】螯合球菌属	0.0116	0.0000	0.0003	0.0116
【351】放线菌纲未分类目的1属	0.0127	0.0010	0.0014	0.0117
【352】节杆菌属	0.0148	0.0030	0.0062	0.0118
【353】桃色杆菌属	0.0137	0.0010	0.0007	0.0127
【354】甲基盐单胞菌属	0.0127	0.0000	0.0002	0.0127
【355】生丝单胞菌科未培养的1属	0.0127	0.0000	0.0002	0.0127
【356】丛毛单胞菌未分类的1属	0.0369	0.0238	0.1173	0.0132
【357】生孢噬胞菌属	0.0137	0.0000	0.0001	0.0137
【358】双头菌属	0.0137	0.0000	0.0001	0.0137
【359】红球形菌属	0.0137	0.0000	0.0001	0.0137
【360】明串珠菌属	0.0169	0.0030	0.0020	0.0139
【361】纤细芽胞杆菌属	0.0201	0.0059	0.0080	0.0141
【362】束缚杆菌属	0.0158	0.0010	0.0002	0.0148
【363】金色线菌属	0.0148	0.0000	0.0000	0.0148
【364】门TM6分类地位未定的1属	0.0148	0.0000	0.0000	0.0148
【365】军团菌属	0.0169	0.0010	0.0001	0.0159

物种名称	养羊发酵床细菌属占比/%		P值	差值/%
	垫料原料（s0）	发酵垫料（s1）		
【366】鸟氨酸芽胞杆菌属	0.0169	0.0010	0.0001	0.0159
【367】装甲菌门分类地位未定的1属	0.0179	0.0020	0.0003	0.0160
【368】肠放线球菌属	0.0707	0.0545	0.1739	0.0162
【369】黏球菌属	0.0169	0.0000	0.0000	0.0169
【370】孢鱼菌属	0.0169	0.0000	0.0000	0.0169
【371】产乳酸菌属	0.0222	0.0050	0.0012	0.0172
【372】侏囊菌属	0.0179	0.0000	0.0000	0.0179
【373】等球形菌属	0.0179	0.0000	0.0000	0.0179
【374】鲍尔德氏菌属	0.0179	0.0000	0.0000	0.0179
【375】酸杆菌属	0.0179	0.0000	0.0000	0.0179
【376】OCS116进化枝分类地位未定的1属	0.0401	0.0208	0.0183	0.0193
【377】厌氧绳菌科未培养的1属	0.0201	0.0000	0.0000	0.0201
【378】黄单胞菌目未分类的1属	0.0211	0.0000	0.0000	0.0211
【379】嗜甲基菌属	0.0211	0.0000	0.0000	0.0211
【380】木杆菌属	0.0232	0.0010	0.0000	0.0222
【381】柄杆菌属	0.0232	0.0010	0.0000	0.0222
【382】噬菌弧菌科未培养的1属	0.0222	0.0000	0.0000	0.0222
【383】鞘氨醇单胞菌科未分类的1属	0.0317	0.0089	0.0003	0.0227
【384】柄杆菌科未培养的1属	0.0232	0.0000	0.0000	0.0232
【385】假黄单胞菌属	0.0243	0.0010	0.0000	0.0233
【386】芽胞杆菌科未分类的1属	0.0264	0.0030	0.0000	0.0234
【387】罗纳杆菌属	0.0253	0.0020	0.0000	0.0234
【388】盐噬菌弧菌属	0.0243	0.0000	0.0000	0.0243
【389】寡养弯菌目分类地位未定的1属	0.0264	0.0000	0.0000	0.0264
【390】地芽胞杆菌属	0.0264	0.0000	0.0000	0.0264
【391】贪食杆菌属	0.0834	0.0555	0.0200	0.0279
【392】根瘤菌科未分类的1属	0.0285	0.0000	0.0000	0.0285
【393】芽单胞菌属	0.0285	0.0000	0.0000	0.0285
【394】候选属Sciscionella	0.0306	0.0010	0.0000	0.0296
【395】泛菌属	0.0338	0.0040	0.0000	0.0298
【396】科SM2D12分类地位未定的1属	0.0306	0.0000	0.0000	0.0306
【397】亚硝化螺菌属	0.0327	0.0010	0.0000	0.0317
【398】剑线虫杆菌属	0.0317	0.0000	0.0000	0.0317
【399】不动杆菌属	0.0317	0.0000	0.0000	0.0317
【400】类芽胞杆菌属	0.0475	0.0149	0.0000	0.0326
【401】纤毛菌属	0.0327	0.0000	0.0000	0.0327
【402】散生杆菌属	0.0359	0.0030	0.0000	0.0329
【403】噬纤维菌科未分类的1属	0.0338	0.0000	0.0000	0.0338
【404】土壤杆状菌属	0.0348	0.0000	0.0000	0.0348
【405】莱茵海默氏菌属	0.0348	0.0000	0.0000	0.0348

续表

物种名称	养羊发酵床细菌属占比/%		P值	差值/%
	垫料原料（s0）	发酵垫料（s1）		
【406】草酸杆菌属	0.0348	0.0000	0.0000	0.0348
【407】埃希氏菌-志贺氏菌属	0.0369	0.0020	0.0000	0.0350
【408】根瘤菌目未培养的1属	0.0412	0.0059	0.0000	0.0352
【409】产碱菌属	0.0369	0.0010	0.0000	0.0359
【410】科BCf3-20分类地位未定的1属	0.0359	0.0000	0.0000	0.0359
【411】纲TA18分类地位未定的1属	0.0433	0.0069	0.0000	0.0363
【412】噬染料菌属	0.0369	0.0000	0.0000	0.0369
【413】苯基杆菌属	0.0380	0.0000	0.0000	0.0380
【414】独岛菌属	0.0454	0.0069	0.0000	0.0384
【415】黄色杆菌科未分类的1属	0.0391	0.0000	0.0000	0.0391
【416】多变杆菌属	0.0464	0.0069	0.0000	0.0395
【417】骆驼单胞菌属	0.0401	0.0000	0.0000	0.0401
【418】赫希氏菌属	0.0401	0.0000	0.0000	0.0401
【419】地嗜皮菌科未培养的1属	0.0507	0.0099	0.0000	0.0408
【420】伯克氏菌属	0.0422	0.0010	0.0000	0.0412
【421】甲基杆菌科未培养的1属	0.0422	0.0010	0.0000	0.0412
【422】副土生杆菌属	0.0412	0.0000	0.0000	0.0412
【423】黏液杆菌属	0.0412	0.0000	0.0000	0.0412
【424】少盐芽胞杆菌属	0.0517	0.0099	0.0000	0.0418
【425】食肉杆菌属	0.0464	0.0020	0.0000	0.0445
【426】类芽胞杆菌科未培养的1属	0.0485	0.0030	0.0000	0.0456
【427】鞘氨醇单胞菌目未分类的1属	0.0538	0.0040	0.0000	0.0499
【428】γ-变形菌纲未分类目的1属	0.0675	0.0159	0.0000	0.0517
【429】噬几丁质菌科未分类的1属	0.0644	0.0119	0.0000	0.0525
【430】线微菌属	0.0570	0.0030	0.0000	0.0540
【431】噬几丁质菌科未培养的1属	0.0707	0.0159	0.0000	0.0549
【432】肠杆菌科未分类的1属	0.0602	0.0020	0.0000	0.0582
【433】肠杆菌属	0.0623	0.0040	0.0000	0.0583
【434】酸微菌目未培养的1属	0.2818	0.2229	0.0100	0.0588
【435】无毛螺旋体属	0.0591	0.0000	0.0000	0.0591
【436】浅黄色杆菌属	0.0602	0.0000	0.0000	0.0602
【437】乳杆菌属	0.0823	0.0198	0.0000	0.0625
【438】红游动菌属	0.0686	0.0010	0.0000	0.0676
【439】土微菌属	0.0697	0.0000	0.0000	0.0697
【440】丰佑菌属	0.0718	0.0000	0.0000	0.0718
【441】无色杆菌属	0.1024	0.0287	0.0000	0.0736
【442】出芽小链菌属	0.0749	0.0010	0.0000	0.0739
【443】拉恩氏菌属	0.0813	0.0050	0.0000	0.0763
【444】慢生根瘤菌科未培养的1属	0.0770	0.0000	0.0000	0.0770
【445】壁拟诺卡氏菌属	0.0792	0.0020	0.0000	0.0772

续表

物种名称	养羊发酵床细菌属占比/%		P值	差值/%
	垫料原料（s0）	发酵垫料（s1）		
【446】链球菌属	0.0834	0.0059	0.0000	0.0774
【447】芽单胞菌科未培养的1属	0.0802	0.0020	0.0000	0.0782
【448】沙土杆菌属	0.0792	0.0010	0.0000	0.0782
【449】双生杆菌属	0.0792	0.0000	0.0000	0.0792
【450】气球菌科未分类的1属	0.0813	0.0020	0.0000	0.0793
【451】鞘氨醇单胞菌目分类地位未定的1属	0.0802	0.0000	0.0000	0.0802
【452】科480-2分类地位未定的1属	0.1171	0.0317	0.0000	0.0854
【453】沉积物杆菌属	0.1013	0.0119	0.0000	0.0894
【454】韩高科院菌属	0.0897	0.0000	0.0000	0.0897
【455】类诺卡氏菌科未分类的1属	0.1161	0.0258	0.0000	0.0903
【456】副极小单胞菌属	0.1045	0.0139	0.0000	0.0906
【457】科LD29分类地位未定的1属	0.0992	0.0079	0.0000	0.0913
【458】噬氢菌属	0.1171	0.0258	0.0000	0.0914
【459】变形菌门未分类的1属	0.0992	0.0000	0.0000	0.0992
【460】去甲基甲萘醌菌属	0.3282	0.2279	0.0000	0.1003
【461】类无枝酸菌属	0.1066	0.0050	0.0000	0.1016
【462】淡水菌群FukuN18的1科分类地位未定的1属	0.1034	0.0000	0.0000	0.1034
【463】粉色单胞菌属	0.1045	0.0010	0.0000	0.1035
【464】未分类细菌门的1属	0.1182	0.0089	0.0000	0.1093
【465】厄特沃什氏菌属	0.1129	0.0030	0.0000	0.1099
【466】属SM1A02	0.1235	0.0129	0.0000	0.1106
【467】肠球菌属	0.1182	0.0059	0.0000	0.1122
【468】酸微菌科未培养的1属	0.1235	0.0079	0.0000	0.1155
【469】莫拉氏菌科未培养的1属	0.1425	0.0258	0.0000	0.1167
【470】慢生根瘤菌科未分类的1属	0.1192	0.0000	0.0000	0.1192
【471】拟杆菌门VC2.1 Bac22的1纲分类地位未定的1属	0.1256	0.0010	0.0000	0.1246
【472】应微所菌属	0.1942	0.0614	0.0000	0.1327
【473】葡萄球菌属	0.1604	0.0258	0.0000	0.1346
【474】海水杆菌属	0.1414	0.0000	0.0000	0.1414
【475】博赛氏菌属	0.1435	0.0000	0.0000	0.1435
【476】亚群6的1目分类地位未定的1属	0.1583	0.0010	0.0000	0.1573
【477】盐多孢放线菌属	0.1731	0.0129	0.0000	0.1602
【478】噬甲基菌属	0.1762	0.0159	0.0000	0.1604
【479】利德贝特氏菌属	0.1604	0.0000	0.0000	0.1604
【480】申氏菌属	0.1636	0.0020	0.0000	0.1616
【481】副产碱菌属	0.2184	0.0555	0.0000	0.1630
【482】居姬松茸菌属	0.1805	0.0089	0.0000	0.1715
【483】土单胞菌科未分类的1属	0.1741	0.0000	0.0000	0.1741
【484】寡养单胞菌属	0.1741	0.0000	0.0000	0.1741
【485】莱朗菌属	0.1900	0.0000	0.0000	0.1900

续表

物种名称	养羊发酵床细菌属占比/%		P值	差值/%
	垫料原料（s0）	发酵垫料（s1）		
【486】嗜甲基菌科未培养的1属	0.1931	0.0000	0.0000	0.1931
【487】小棒杆菌属	0.2079	0.0129	0.0000	0.1950
【488】类诺卡氏菌属	0.3219	0.1249	0.0000	0.1970
【489】苔藓杆菌属	0.2005	0.0010	0.0000	0.1995
【490】微球菌科分类地位未定的1属	0.2184	0.0178	0.0000	0.2006
【491】野野村菌属	0.2079	0.0050	0.0000	0.2029
【492】根微菌属	0.2100	0.0010	0.0000	0.2090
【493】短杆菌属	0.3250	0.1050	0.0000	0.2200
【494】赖氏菌属	0.2585	0.0327	0.0000	0.2258
【495】慢生根瘤菌属	0.2301	0.0020	0.0000	0.2281
【496】白色杆菌属	0.2522	0.0228	0.0000	0.2294
【497】科DB1-14分类地位未定的1属	0.2628	0.0149	0.0000	0.2479
【498】糖多孢菌属	0.2575	0.0000	0.0000	0.2575
【499】生丝微菌属	0.2818	0.0188	0.0000	0.2629
【500】苍白杆菌属	0.2702	0.0059	0.0000	0.2642
【501】α-变形菌纲未分类目的1属	0.3810	0.1110	0.0000	0.2700
【502】太白山菌属	0.6300	0.3528	0.0000	0.2773
【503】柄杆菌科未分类的1属	0.2986	0.0010	0.0000	0.2977
【504】新鞘氨醇菌属	0.3271	0.0218	0.0000	0.3053
【505】拟诺卡氏菌属	0.4717	0.1496	0.0000	0.3221
【506】小月菌属	0.4063	0.0803	0.0000	0.3260
【507】赤杆菌科未分类的1属	0.4168	0.0882	0.0000	0.3287
【508】链霉菌科未分类的1属	0.3377	0.0050	0.0000	0.3327
【509】居河菌属	0.3482	0.0030	0.0000	0.3453
【510】根瘤菌目未分类的1属	0.3957	0.0386	0.0000	0.3571
【511】诺卡氏菌属	0.3968	0.0367	0.0000	0.3601
【512】香味菌属	0.3915	0.0238	0.0000	0.3677
【513】类固醇杆菌属	0.3841	0.0059	0.0000	0.3782
【514】斯塔克布兰特氏菌属	0.5857	0.2031	0.0000	0.3826
【515】气微菌属	0.4158	0.0277	0.0000	0.3880
【516】假螺菌属	0.4886	0.0981	0.0000	0.3905
【517】产氢菌门分类地位未定的1属	0.4221	0.0287	0.0000	0.3934
【518】金色单胞菌属	0.4179	0.0159	0.0000	0.4020
【519】副地杆菌属	1.6990	1.2930	0.0000	0.4059
【520】紫杆菌属	0.8706	0.4172	0.0000	0.4535
【521】博德特氏菌属	0.4759	0.0109	0.0000	0.4650
【522】噬几丁质菌属	0.4949	0.0000	0.0000	0.4949
【523】鞘氨醇盒菌属	0.5477	0.0258	0.0000	0.5219
【524】氨基杆菌属	0.6268	0.0169	0.0000	0.6100
【525】微杆菌科未分类的1属	0.8748	0.2576	0.0000	0.6172

物种名称	养羊发酵床细菌属占比/%		P值	差值/%
	垫料原料（s0）	发酵垫料（s1）		
【526】芽胞杆菌科未培养的1属	0.6205	0.0020	0.0000	0.6185
【527】鞘氨醇单胞菌属	0.6596	0.0040	0.0000	0.6556
【528】分枝杆菌属	0.6849	0.0099	0.0000	0.6750
【529】鞘氨醇菌属	0.6891	0.0059	0.0000	0.6832
【530】陌生菌属	0.7282	0.0238	0.0000	0.7044
【531】别样海源菌属	0.7989	0.0634	0.0000	0.7354
【532】甲基杆菌属	0.7408	0.0040	0.0000	0.7369
【533】藤黄色单胞菌属	1.0600	0.3072	0.0000	0.7523
【534】济州岛菌属	0.7767	0.0000	0.0000	0.7767
【535】鞘氨醇杆菌科未分类的1属	1.0600	0.2447	0.0000	0.8148
【536】乳球菌属	0.8653	0.0396	0.0000	0.8257
【537】噬纤维菌科分类地位未定的1属	0.8305	0.0000	0.0000	0.8305
【538】短杆菌属	0.9856	0.1387	0.0000	0.8469
【539】芽胞束菌属	1.0560	0.0030	0.0000	1.0530
【540】微杆菌属	1.1450	0.0555	0.0000	1.0900
【541】短波单胞菌属	1.1250	0.0218	0.0000	1.1030
【542】根瘤菌属	1.1190	0.0050	0.0000	1.1140
【543】糖杆菌门分类地位未定的1属	1.5350	0.3835	0.0000	1.1520
【544】圆杆菌科未培养的1属	1.4460	0.1556	0.0000	1.2900
【545】糖单胞菌属	1.3250	0.0099	0.0000	1.3160
【546】原小单胞菌属	1.4140	0.0139	0.0000	1.4000
【547】韩国生工菌属	1.5580	0.0050	0.0000	1.5530
【548】德沃斯氏菌属	1.6960	0.0575	0.0000	1.6380
【549】布氏杆菌属	1.6750	0.0139	0.0000	1.6610
【550】纤维弧菌属	2.0760	0.3706	0.0000	1.7050
【551】黄杆菌属	2.5000	0.2249	0.0000	2.2750
【552】橄榄杆菌属	2.7300	0.2140	0.0000	2.5160
【553】鞘氨醇杆菌属	3.2020	0.6540	0.0000	2.5480
【554】假诺卡氏菌属	2.8540	0.0515	0.0000	2.8020
【555】糖霉菌属	2.9860	0.0981	0.0000	2.8880
【556】叶杆菌科未分类的1属	4.1310	0.4390	0.0000	3.6930
【557】清水氏菌属	5.2910	1.4260	0.0000	3.8650
【558】芽胞杆菌属	4.9250	0.4538	0.0000	4.4710
【559】链霉菌属	5.9490	0.0951	0.0000	5.8540

注：由于计算机精度原因，表中部分差值与前两者实际差值有异，但在误差有效范围内，余同。

含量前 15 个的细菌属优势种群中，养羊发酵床发酵前后的细菌属含量差异极显著，发酵后含量增加最多的为黄杆菌科未分类的 1 属（2.1290% → 16.5700%），含量下降最多的为链霉菌属（5.9490% → 0.0951%），前者表明垫料原料中的细菌经过发酵在发酵垫料中得到增长，后者表明垫料原料中的细菌经过发酵在发酵垫料中数量受到抑制（图 7-38）。

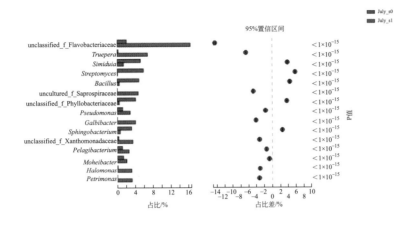

图7-38　发酵床细菌属优势菌群差异性比较

五、发酵床细菌属菌群聚类分析

根据表 7-13，将养羊发酵床垫料原料和发酵垫料细菌属数量（read）总和 ≥ 100 的 191 个菌群构建矩阵，以菌群为样本、垫料发酵时间为指标、马氏距离为尺度，可变类平均法进行系统聚类，分析结果见表 7-18、图 7-39。结果表明，可将细菌属菌群分为 3 组。

表7-18　发酵床细菌属菌群聚类分析

组别	物种名称	细菌属数量（read）	
		垫料原料（s0）	发酵垫料（s1）
1	黄杆菌科未分类的1属	2017.00	16723.00
1	特吕珀菌属	245.00	6923.00
1	清水氏菌属	5014.00	1439.00
1	链霉菌属	5637.00	96.00
1	芽胞杆菌属	4667.00	458.00
1	腐螺旋菌科未培养的1属	2.00	4792.00
1	叶杆菌科未分类的1属	3915.00	443.00
1	黄色杆菌属	2.00	4143.00
1	假单胞菌属	1146.00	2927.00
1	黄单胞菌科未分类的1属	275.00	3535.00
1	海洋小杆菌属	1080.00	2636.00
1	鞘氨醇杆菌属	3034.00	660.00
1	漠河杆菌属	1288.00	2130.00
1	盐单胞菌属	105.00	3230.00
1	石单胞菌属	1.00	3291.00
1	糖霉菌属	2830.00	99.00
1	副地杆菌属	1610.00	1305.00
1	橄榄杆菌属	2587.00	216.00
1	假诺卡氏菌属	2704.00	52.00
1	极小单胞菌属	1225.00	1469.00
1	黄杆菌属	2369.00	227.00
1	红螺菌科未培养的1属	35.00	2528.00

组别	物种名称	细菌属数量（read）	
		垫料原料（s0）	发酵垫料（s1）
1	纤维弧菌属	1967.00	374.00
1	陆生菌群AT425-EubC11的1科分类地位未定的1属	16.00	2081.00
	第1组24个样本平均值	1823.79	2574.04
2	糖杆菌门分类地位未定的1属	1455.00	387.00
2	热杆菌科未培养的1属	0.00	1738.00
2	海滑菌科分类地位未定的1属	0.00	1724.00
2	海杆菌属	81.00	1639.00
2	热粪杆菌属	0.00	1677.00
2	德沃斯氏菌属	1607.00	58.00
2	布氏杆菌属	1587.00	14.00
2	目Ⅲ未培养的1属	0.00	1544.00
2	圆杆菌科未培养的1属	1370.00	157.00
2	橙色杆状菌属	373.00	1137.00
2	海洋螺菌目未分类的1属	13.00	1484.00
2	韩国生工菌属	1476.00	5.00
2	原小单胞菌属	1340.00	14.00
2	藤黄色单胞菌属	1004.00	310.00
2	糖单胞菌属	1256.00	10.00
2	鞘氨醇杆菌科未分类的1属	1004.00	247.00
2	紫杆菌属	825.00	421.00
2	海面菌属	64.00	1173.00
2	微杆菌属	1085.00	56.00
2	海洋胞菌属	0.00	1119.00
2	微杆菌科未分类的1属	829.00	260.00
2	短波单胞菌属	1066.00	22.00
2	短杆菌属	934.00	140.00
2	根瘤菌属	1060.00	5.00
2	土杆菌属	192.00	827.00
2	芽胞束菌属	1001.00	3.00
2	纤维弧菌科未分类的1属	66.00	902.00
2	太白山菌属	597.00	356.00
2	无胆甾原体属	3.00	926.00
2	乳球菌属	820.00	40.00
2	冬微菌属	0.00	831.00
2	别样海源菌属	757.00	64.00
2	噬纤维菌科分类地位未定的1属	787.00	0.00
2	嗜蛋白菌属	0.00	769.00
2	斯塔克布兰特氏菌属	555.00	205.00
2	济州岛菌属	736.00	0.00
2	陌生菌属	690.00	24.00
2	甲基杆菌属	702.00	4.00
2	科JG30-KF-CM45分类地位未定的1属	197.00	480.00
2	分枝杆菌属	649.00	10.00
2	鞘氨醇菌属	653.00	6.00
2	科AKYG1722分类地位未定的1属	0.00	658.00
2	蛭弧菌属	141.00	496.00

续表

组别	物种名称	细菌属数量（read）	
		垫料原料（s0）	发酵垫料（s1）
2	鞘氨醇单胞菌属	625.00	4.00
2	氨基杆菌属	594.00	17.00
2	拟诺卡氏菌属	447.00	151.00
2	芽胞杆菌科未培养的1属	588.00	2.00
2	假螺菌属	463.00	99.00
2	食烷菌属	78.00	472.00
2	鞘氨醇盒菌属	519.00	26.00
2	去甲基甲萘醌菌属	311.00	230.00
2	科GR-WP33-58分类地位未定的1属	96.00	438.00
2	海洋微菌属	55.00	468.00
2	酸微菌目未培养的1属	267.00	225.00
2	赤杆菌科未分类的1属	395.00	89.00
2	α-变形菌纲未分类目的1属	361.00	112.00
2	噬几丁质菌属	469.00	0.00
2	小月菌属	385.00	81.00
2	博德特氏菌属	451.00	11.00
2	副球菌属	218.00	235.00
2	类诺卡氏菌属	305.00	126.00
2	产氢菌门分类地位未定的1属	400.00	29.00
2	气微菌属	394.00	28.00
2	短杆菌属	308.00	106.00
2	根瘤菌目未分类的1属	375.00	39.00
2	诺卡氏菌属	376.00	37.00
2	金色单胞菌属	396.00	16.00
2	香味菌属	371.00	24.00
2	类固醇杆菌属	364.00	6.00
2	居河菌属	330.00	3.00
2	新鞘氨醇菌属	310.00	22.00
2	链霉菌科未分类的1属	320.00	5.00
2	生丝微菌属	267.00	19.00
2	柄杆菌科未分类的1属	283.00	1.00
	第2组74个样本平均值	514.81	338.69
3	海水杆菌属	5.00	504.00
3	石纯杆菌属	0.00	505.00
3	产丝菌属	0.00	502.00
3	假深黄单胞菌属	8.00	466.00
3	鞘氨醇杆菌科未培养的1属	65.00	350.00
3	科BIrii41分类地位未定的1属	30.00	364.00
3	卡斯泰拉尼菌属	19.00	323.00
3	加西亚氏菌属	0.00	336.00
3	大洋芽胞杆菌属	158.00	167.00
3	乔治菌属	156.00	168.00
3	橙色胞菌科未培养的1属	52.00	266.00

组别	物种名称	细菌属数量（read）	
		垫料原料（s0）	发酵垫料（s1）
3	丹毒丝菌属	0.00	315.00
3	属C1-B045	77.00	220.00
3	奇异杆菌属	49.00	241.00
3	蒂西耶氏菌属	4.00	281.00
3	产碱菌科未分类的1属	36.00	249.00
3	赖氏菌属	245.00	33.00
3	科DB1-14分类地位未定的1属	249.00	15.00
3	副产碱菌属	207.00	56.00
3	白色杆菌属	239.00	23.00
3	苍白杆菌属	256.00	6.00
3	沙单胞菌属	0.00	254.00
3	欧文威克斯菌属	0.00	252.00
3	应微所菌属	184.00	62.00
3	糖多孢菌属	244.00	0.00
3	科SHA-109分类地位未定的1属	0.00	239.00
3	微球菌科分类地位未定的1属	207.00	18.00
3	瘤胃球菌科未分类的1属	0.00	221.00
3	淡红微菌属	0.00	220.00
3	慢生根瘤菌属	218.00	2.00
3	盐微菌属	10.00	204.00
3	小棒杆菌属	197.00	13.00
3	野野村菌属	197.00	5.00
3	根微菌属	199.00	1.00
3	橙色胞菌属	21.00	178.00
3	长孢菌属	0.00	194.00
3	解腈菌属	2.00	190.00
3	紫红球菌科未培养的1属	43.00	149.00
3	苔藓杆菌属	190.00	1.00
3	噬甲基菌属	167.00	16.00
3	嗜甲基菌科未培养的1属	183.00	0.00
3	居姬松茸菌属	171.00	9.00
3	莱朗菌属	180.00	0.00
3	鸟氨酸球菌属	2.00	176.00
3	葡萄球菌属	152.00	26.00
3	盐多孢放线菌属	164.00	13.00
3	黄单胞菌目未培养的1属	81.00	91.00
3	嗜海藻菌属	67.00	103.00
3	土单胞菌科未分类的1属	165.00	0.00
3	寡养单胞菌属	165.00	0.00
3	海洋杆菌属	0.00	164.00
3	沉积杆菌属	0.00	162.00
3	莫拉氏菌科未培养的1属	135.00	26.00
3	阮氏菌属	2.00	156.00

组别	物种名称	细菌属数量（read）	
		垫料原料（s0）	发酵垫料（s1）
3	酸微菌目未分类的1属	45.00	112.00
3	申氏菌属	155.00	2.00
3	拟杆菌门未分类的1属	37.00	116.00
3	苛求球菌属	0.00	152.00
3	利德贝特氏菌属	152.00	0.00
3	亚群6的1目分类地位未定的1属	150.00	1.00
3	纲OPB54分类地位未定的1属	1.00	148.00
3	科DSSF69分类地位未定的1属	8.00	140.00
3	科480-2分类地位未定的1属	111.00	32.00
3	噬氢菌属	111.00	26.00
3	四球菌属	3.00	133.00
3	类诺卡氏菌科未分类的1属	110.00	26.00
3	博赛氏菌属	136.00	0.00
3	纤细单胞菌属	0.00	135.00
3	贪食杆菌属	79.00	56.00
3	海水杆菌属	134.00	0.00
3	固氮弓菌属	8.00	122.00
3	属SM1A02	117.00	13.00
3	目NB1-n分类地位未定的1属	0.00	129.00
3	寡源杆菌属	54.00	74.00
3	无色杆菌属	97.00	29.00
3	酸微菌科未培养的1属	117.00	8.00
3	肠放线球菌属	67.00	55.00
3	未分类的细菌门的1属	112.00	9.00
3	圆杆菌科未分类的1属	62.00	58.00
3	拟杆菌门VC2.1 Bac22的1纲分类地位未定的1属	119.00	1.00
3	肠球菌属	112.00	6.00
3	副极小单胞菌属	99.00	14.00
3	慢生根瘤菌科未分类的1属	113.00	0.00
3	厄特沃什氏菌属	107.00	3.00
3	海草球形菌科未培养的1属	41.00	68.00
3	瘤胃梭菌属	0.00	108.00
3	咸海鲜球菌属	2.00	106.00
3	沉积物杆菌属	96.00	12.00
3	陆生菌群BD2-11的1科分类地位未定的1属	5.00	101.00
3	类无枝酸菌属	101.00	5.00
3	科LD29分类地位未定的1属	94.00	8.00
3	溶杆菌属	39.00	62.00
3	粉色单胞菌属	99.00	1.00
	第3组93个样本平均值	87.03	114.04

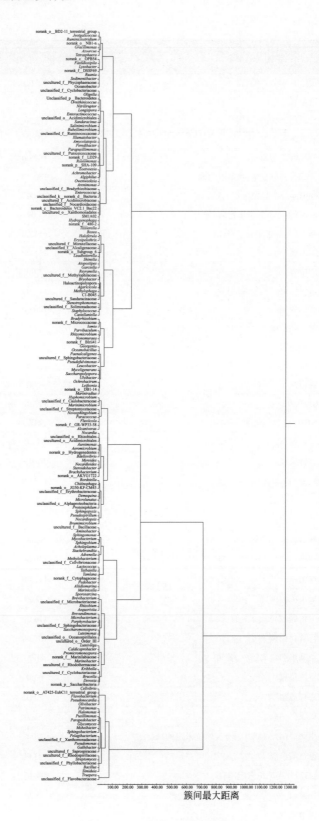

图7-39　发酵床细菌属菌群聚类分析

第 1 组为高含量组，包括了 24 个细菌属菌群，在垫料原料和发酵垫料中的数量（read）平均值分别为 1823.79、2574.04；在整个羊粪发酵过程中起到重要作用。从垫料原料到发酵垫料过程中含量大幅度增加的菌群有：黄杆菌科未分类的 1 属（2017 → 16723）、特吕珀菌属（245 → 6923）、腐螺旋菌科未培养的 1 属（2 → 4792）、黄色杆菌属（2 → 4143）、黄单胞菌科未分类的 1 属（275 → 3535）、石单胞菌属（1 → 3291）、盐单胞菌属（105 → 3230）、假单胞菌属（1146 → 2927）、海洋小杆菌属（1080 → 2636）、红螺菌科未培养的 1 属（35 → 2528）、漠河杆菌属（1288 → 2130）、陆生菌群 AT425-EubC11 的 1 科分类地位未定的 1 属（16 → 2081）、极小单胞菌属（1225 → 1469）；从垫料原料到发酵垫料过程中含量大幅度减少的菌群有：清水氏菌属（5014 → 1439）、副地杆菌属（1610 → 1305）、鞘氨醇杆菌属（3034 → 660）、芽胞杆菌属（4667 → 458）、叶杆菌科未分类的 1 属（3915 → 443）、纤维弧菌属（1967 → 374）、黄杆菌属（2369 → 227）、橄榄杆菌属（2587 → 216）、糖霉菌属（2830 → 99）、链霉菌属（5637 → 96）、假诺卡氏菌属（2704 → 52）。

第 2 组为中含量组，包括了 74 个细菌属菌群，在垫料原料和发酵垫料中的数量（read）平均值分别为 514.81、338.69，表明这些菌群在羊粪发酵中起到辅助作用。从垫料原料到发酵垫料过程中含量大幅度增加的菌群有热杆菌科未培养的 1 属（0 → 1738）、海滑菌科分类地位未定的 1 属（0 → 1724）、热粪杆菌属（0 → 1677）、海杆菌属（81 → 1639）、目Ⅲ未培养的 1 属（0 → 1544）、海洋螺菌目未分类的 1 属（13 → 1484）、海面菌属（64 → 1173）、橙色杆状菌属（373 → 1137）、海洋胞菌属（0 → 1119）、无胆甾原体属（3 → 926）、纤维弧菌科未分类的 1 属（66 → 902）、冬微菌属（0 → 831）、土杆菌属（192 → 827）、嗜蛋白菌属（0 → 769）、科 AKYG1722 分类地位未定的 1 属（0 → 658）、蛭弧菌属（141 → 496）、科 JG30-KF-CM45 分类地位未定的 1 属（197 → 480）、食烷菌属（78 → 472）、海洋微菌属（55 → 468）、科 GR-WP33-58 分类地位未定的 1 属（96 → 438）；从垫料原料到发酵垫料过程中含量大幅度减少的菌群有紫杆菌属（825 → 421）、糖杆菌门分类地位未定的 1 属（1455 → 387）、太白山菌属（597 → 356）、藤黄色单胞菌属（1004 → 310）、微杆菌科未分类的 1 属（829 → 260）、鞘氨醇杆菌科未分类的 1 属（1004 → 247）、去甲基甲萘醌菌属（311 → 230）、酸微菌目未培养的 1 属（267 → 225）、斯塔克布兰特氏菌属（555 → 205）、圆杆菌科未培养的 1 属（1370 → 157）、拟诺卡氏菌属（447 → 151）、短杆菌属（934 → 140）、类诺卡氏菌属（305 → 126）、α- 变形菌纲未分类的 1 属（361 → 112）、短杆菌属（308 → 106）、假螺菌属（463 → 99）、赤杆菌科未分类的 1 属（395 → 89）、小月菌属（385 → 81）、别样海源菌属（757 → 64）、德沃斯氏菌属（1607 → 58）、微杆菌属（1085 → 56）、乳球菌属（820 → 40）、根瘤菌目未分类的 1 属（375 → 39）、诺卡氏菌属（376 → 37）、产氢菌门分类地位未定的 1 属（400 → 29）、气微菌属（394 → 28）、鞘氨醇盒菌属（519 → 26）、陌生菌属（690 → 24）、香味菌属（371 → 24）、短波单胞菌属（1066 → 22）、新鞘氨醇菌属（310 → 22）、生丝微菌属（267 → 19）、氨基杆菌属（594 → 17）、金色单胞菌属（396 → 16）、布氏杆菌属（1587 → 14）、原小单胞菌属（1340 → 14）、博德特氏菌属（451 → 11）、糖单胞菌属（1256 → 10）、分枝杆菌属（649 → 10）、鞘氨醇菌属（653 → 6）、类固醇杆菌属（364 → 6）、韩国生工菌属（1476 → 5）、根瘤菌属（1060 → 5）、链霉菌科未分类的 1 属（320 → 5）、甲基杆菌属（702 → 4）、鞘氨醇单胞菌属（625 → 4）、芽胞束菌属（1001 → 3）、居河菌属（330 → 3）、芽胞杆菌科未培养的 1 属（588 → 2）、柄杆菌科未分类的 1 属（283 → 1）、噬纤维菌科分类地位未定的 1 属（787 → 0）、济州岛菌属（736 → 0）、噬几丁质菌属（469 → 0）。

第 3 组为低含量组，包括了其余的 93 个细菌属，在垫料原料中的平均数量（read）为87.03，在发酵垫料中的平均数量（read）为 114.04，属于羊粪发酵的弱势菌。该组中，从垫料原料到发酵垫料过程中含量大幅度增加的前 10 个菌群有石纯杆菌属（0 → 505）、海水杆菌属（5 → 504）、产丝菌属（0 → 502）、假深黄单胞菌属（8 → 466）、科 BIrii41 分类地位未定的 1 属（30 → 364）、鞘氨醇杆菌科未培养的 1 属（65 → 350）、加西亚氏菌属（0 → 336）、卡斯泰拉尼菌属（19 → 323）、丹毒丝菌属（0 → 315）、蒂西耶氏菌属（4 → 281）等；从垫料原料到发酵垫料过程中含量大幅度减少的前 10 个菌群有粉色单胞菌属（99 → 1）、糖多孢菌属（244 → 0）、嗜甲基菌科未培养的 1 属（183 → 0）、莱朗菌属（180 → 0）、土单胞菌科未分类的 1 属（165 → 0）、寡养单胞菌属（165 → 0）、利德贝特氏菌属（152 → 0）、博赛氏菌属（136 → 0）、海水杆菌属（134 → 0）、慢生根瘤菌科未分类的 1 属（113 → 0）。

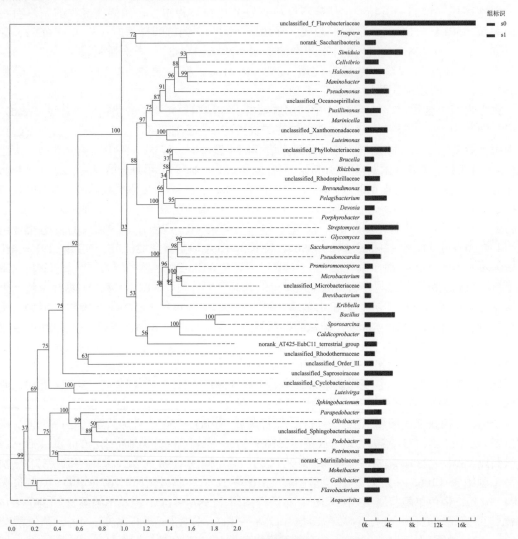

图7-40　发酵床细菌属菌群系统发育

从细菌属系统发育可知（图 7-40），与羊粪发酵有关的细菌属主要分为 3 类菌群，第 1 类特征为垫料原料和发酵垫料中都存在的菌群，如黄杆菌科未分类的 1 属、特吕珀菌属、假单胞菌属、极小单胞菌属、盐单胞菌属、清水氏菌属、纤维弧菌属等。第 2 类特征为仅在垫料原料中大量存在的菌群，到了发酵垫料中基本消失，如链霉菌属、芽胞杆菌属、假诺卡氏菌属、糖霉菌属、叶杆菌科未分类的 1 属等为代表，这类菌群多为病原菌，经过发酵基本消失。第 3 类特征为仅在发酵垫料中大量存在的菌群，垫料原料中含量很低，如黄色杆菌属、石单胞菌属、腐螺旋菌科未培养的 1 属、红螺菌科未培养的 1 属等为代表。

第八节
养羊原位发酵床垫料细菌种菌群异质性

一、发酵床细菌种组成

（1）细菌种检测 从养羊发酵床中共检测到 871 个细菌种（表 7-19 列出了前 17 个），其中垫料原料中检测到 643 个细菌种，使用 8 个月的发酵垫料检测到 587 个细菌种。垫料原料前 5 个高含量（read）的细菌种为链霉菌属未分类的 1 种（5599）、清水氏菌属未分类的 1 种（4580）、芽胞杆菌属未分类的 1 种（4067）、叶杆菌科未分类的 1 属（3915）、糖霉菌属未分类的 1 种（2338）；与羊粪混合发酵垫料前 5 个高含量（read）的细菌种为黄杆菌科未分类属的 1 种（16723）、特吕珀菌属未培养的 1 种（5266）、腐螺旋菌科未培养属的 1 种（4753）、海洋黄色杆菌（4143）、黄单胞菌科未分类属的 1 种（3535）。

表7-19　养羊发酵床细菌种组成（前17个）

物种名称	养羊发酵床细菌种数量（read）		
	垫料原料（s0）	发酵垫料（s1）	合计
【1】　黄杆菌科未分类属的1种	2017	16723	18740
【2】　链霉菌属未分类的1种	5599	95	5694
【3】　特吕珀菌属未培养的1种	241	5266	5507
【4】　腐螺旋菌科未培养属的1种	2	4753	4755
【5】　清水氏菌属未分类的1种	4580	0	4580
【6】　叶杆菌科未分类属的1种	3915	443	4358
【7】　芽胞杆菌属未分类的1种	4067	263	4330
【8】　海洋黄色杆菌（Galbibacter marinus）	2	4143	4145
【9】　黄单胞菌科未分类属的1种	275	3535	3810
【10】　盐单胞菌属未分类的1种	105	3230	3335
【11】　石单胞菌属未分类的1种	1	3263	3264
【12】　海洋小杆菌属未培养的1种	600	2416	3016
【13】　副地杆菌属未培养的1种	1289	1298	2587
【14】　鞘氨醇杆菌属未分类的1种	2156	429	2585
【15】　红螺菌科未培养属未分类的1种	33	2528	2561
【16】　假单胞菌属未培养的1种	35	2363	2398
【17】　糖霉菌属未分类的1种	2338	51	2389

（2）细菌种主要菌群结构 养羊发酵床垫料发酵过程中细菌微生物组成结构差异显著（图 7-41）。垫料原料细菌种前 5 个高含量占比种为链霉菌属未分类的 1 种（5.91%）、清水氏菌属未分类的 1 种（4.83%）、芽胞杆菌属未分类的 1 种（4.29%）、叶杆菌科未分类属的 1 种（4.13%）、糖霉菌属未分类的 1 种（2.47%）[图 7-42（a）]；发酵垫料细菌种前 5 个高含量占比种为黄杆菌科未分类的 1 种（16.57%）、特吕珀菌属未培养的 1 种（5.22%）、腐

螺旋菌科未培养的 1 种（4.71%）、海洋黄色杆菌（4.11%）、黄单胞菌科未分类的 1 属（3.50%）；垫料原料经过发酵使细菌种组成结构完全转变为发酵垫料细菌种结构［图 7-42（b）］。

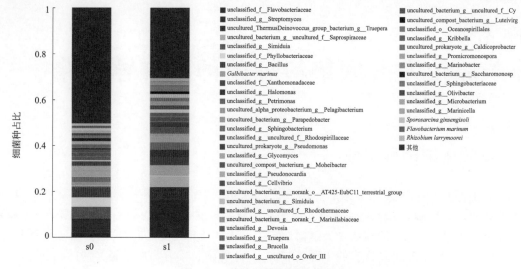

图7-41　养羊发酵床细菌种组成

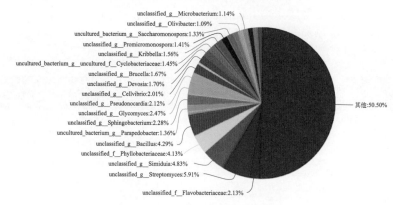

(a) 垫料原料主要细菌种

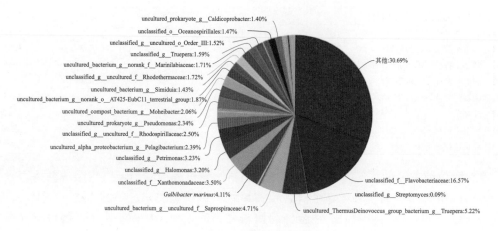

(b) 发酵垫料主要细菌种

图7-42　养羊发酵床垫料细菌种主要菌群的组成

（3）细菌种组成热图分析　养羊发酵床细菌种组成热图分析见图 7-43。结果表明可将细菌种菌群分为 3 组，第 1 组在垫料原料和发酵垫料中含量都很高，包括了 2 个种，黄杆菌科未分类的 1 种、副地杆菌属未培养的 1 种；第 2 组在垫料原料中含量高、在发酵垫料中含量低的种类，包括了链霉菌属未分类的 1 种、清水氏菌属未分类的 1 种、芽胞杆菌属未分类的 1 种、叶杆菌科未分类的 1 种、糖霉菌属未分类的 1 种、鞘氨醇杆菌属未分类的 1 种、假诺卡氏菌属未分类的 1 种、纤维弧菌属未分类的 1 种；第 3 组在垫料原料中含量低、在发酵垫料中含量高的种类，包括了黄杆菌科未分类的 1 种、特吕珀菌属未培养的 1 种、腐螺旋菌科未培养属的 1 种、海洋黄色杆菌、黄单胞菌科未分类属的 1 种、石单胞菌属未分类的 1 种、盐单胞菌属未分类的 1 种、红螺菌科未培养属未分类的 1 种、海洋小杆菌属未培养的 1 种、假单胞菌属未培养的 1 种。

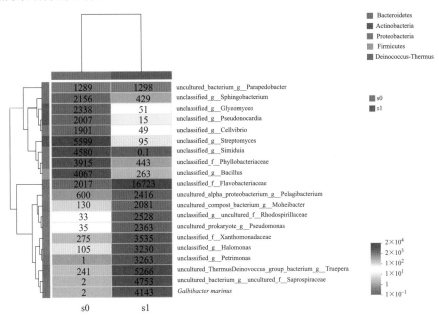

图7-43　养羊发酵床发酵垫料重要细菌种组成热图分析

（4）芽胞杆菌种类组成分析　羊发酵床中共分离到芽胞杆菌同类种 33 个（表 7-20），其中垫料原料中分离到 29 种，发酵垫料中分离到 23 种；耐盐纤细芽胞杆菌、加利福尼亚鸟氨酸芽胞杆菌、食粒类芽胞杆菌、流水短芽胞杆菌首次在羊发酵床中检测到，未见国内相关研究的报道。

表7-20　养羊发酵床芽胞杆菌种组成

物种名称	芽胞杆菌种数量（read）		
	垫料原料（s0）	发酵垫料（s1）	合计
【1】　芽胞杆菌属未分类的1种	4067	263	4330
【2】　食苯芽胞杆菌	572	143	715
【3】　大洋芽胞杆菌属未培养的1种	122	133	255
【4】　耐酸乳杆菌	54	16	70

续表

物种名称	芽胞杆菌种数量（read）		
	垫料原料（s0）	发酵垫料（s1）	合计
【5】 赖氨酸芽胞杆菌属未培养的1种	36	32	68
【6】 少盐芽胞杆菌属未培养的1种	49	10	59
【7】 解纤维素芽胞杆菌	0	49	49
【8】 类芽胞杆菌属未分类的1种	23	12	35
【9】 鸟氨酸芽胞杆菌GIESS003	7	24	31
【10】 大洋芽胞杆菌属未分类的1种	21	9	30
【11】 木聚糖兼性芽胞杆菌	0	28	28
【12】 赖氨酸芽胞杆菌属未分类的1种	4	23	27
【13】 乳杆菌属未分类的1种	22	4	26
【14】 热脱氮地芽胞杆菌	25	0	25
【15】 尿素芽胞杆菌属未培养的1种	0	23	23
【16】 耐盐纤细芽胞杆菌	17	6	23
【17】 芽胞杆菌属未培养的1种	18	1	19
【18】 加利福尼亚鸟氨酸芽胞杆菌	16	1	17
【19】 草芽胞杆菌	10	2	12
【20】 食粒类芽胞杆菌	9	0	9
【21】 芽胞杆菌属的1种	8	1	9
【22】 类芽胞杆菌属未培养的1种	9	0	9
【23】 樱桃样芽胞杆菌属未培养的1种	4	0	4
【24】 解硫胺素芽胞杆菌属未培养的1种	0	3	3
【25】 类芽胞杆菌属未培养的1种	1	2	3
【26】 食淀粉乳杆菌	2	0	2
【27】 坟墓类芽胞杆菌	2	0	2
【28】 类芽胞杆菌FSLR7-0273	1	1	2
【29】 蜥蜴纤细芽胞杆菌	2	0	2
【30】 慢生芽胞杆菌属未培养的1种	0	1	1
【31】 流水短芽胞杆菌	1	0	1
【32】 热芽胞杆菌属未培养的1种	1	0	1
【33】 鸟氨酸芽胞杆菌GD05	1	0	1

利用马氏距离可变类平均法进行聚类分析，可将芽胞杆菌分为3组（图7-44、表7-21）。第1组高含量组，包含了6个，即芽胞杆菌属未分类的1种、食苯芽胞杆菌、大洋芽胞杆菌属未培养的1种、耐酸乳杆菌、赖氨酸芽胞杆菌属未培养的1种、解纤维素芽胞杆菌，在垫料原料中的平均值为808.5，在发酵垫料中的平均值为106.0，且垫料原料中的含量高于发酵垫料中的含量，随着羊粪发酵该组芽胞杆菌数量下降。

表7-21　养羊发酵床芽胞杆菌聚类分析

组别	物种名称	芽胞杆菌种数量（read）	
		垫料原料（s0）	发酵垫料（s1）
1	芽胞杆菌属未分类的1种	4067	263
1	食苯芽胞杆菌	572	143
1	大洋芽胞杆菌属未培养的1种	122	133
1	耐酸乳杆菌	54	16
1	赖氨酸芽胞杆菌属未培养的1种	36	32
1	解纤维素芽胞杆菌	0	49
第1组6个样本平均值		808.5	106.0
2	少盐芽胞杆菌属未培养的1种	49	10
2	类芽胞杆菌属未分类的1种	23	12
2	鸟氨酸芽胞杆菌GIESS003	7	24
2	大洋芽胞杆菌属未分类的1种	21	9
2	木聚糖兼性芽胞杆菌	0	28
2	赖氨酸芽胞杆菌属未分类的1种	4	23
2	尿素芽胞杆菌属未培养的1种	0	23
2	耐盐纤细芽胞杆菌	17	6
第2组8个样本平均值		15.1	16.9
3	乳杆菌属未分类的1种	22	4
3	热脱氮地芽胞杆菌	25	0
3	芽胞杆菌属未培养的1种	18	1
3	加利福尼亚鸟氨酸芽胞杆菌	16	1
3	草芽胞杆菌	10	2
3	食粒类芽胞杆菌	9	0
3	芽胞杆菌属的1种	8	1
3	类芽胞杆菌属未培养的1种	9	0
3	樱桃样芽胞杆菌属未培养的1种	4	0
3	解硫胺素芽胞杆菌属未培养的1种	0	3
3	类芽胞杆菌属未培养的1种	1	2
3	食淀粉乳杆菌	2	0
3	坟墓类芽胞杆菌	2	0
3	类芽胞杆菌FSLR7-0273	1	1
3	蜥蜴纤细芽胞杆菌	2	0
3	慢生芽胞杆菌属未培养的1种	0	1
3	流水短芽胞杆菌	1	0
3	热芽胞杆菌属未培养的1种	1	0
3	鸟氨酸芽胞杆菌GD05	1	0
第3组19个样本平均值		6.6	0.8

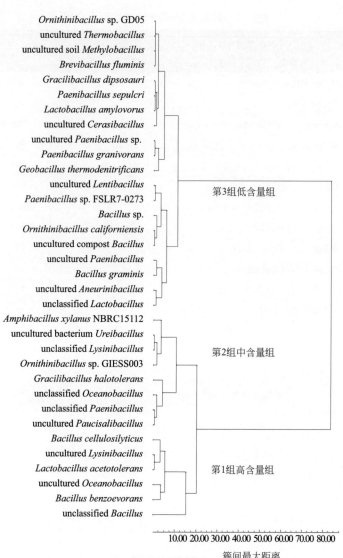

图7-44　养羊发酵床芽胞杆菌聚类分析

　　第 2 组中含量组，包含了 8 个，即少盐芽胞杆菌属未培养的 1 种、类芽胞杆菌属未分类的 1 种、鸟氨酸芽胞杆菌 GIESS003、大洋芽胞杆菌属未分类的 1 种、木聚糖兼性芽胞杆菌、赖氨酸芽胞杆菌属未分类的 1 种、尿素芽胞杆菌属未培养的 1 种、耐盐纤细芽胞杆菌，在垫料原料中的平均值为 15.1，在发酵垫料中的平均值为 16.9，且总体上发酵垫料中的含量略高于垫料原料中的含量，该组芽胞杆菌在羊粪发酵中起到一定的作用。

　　第 3 组低含量组，包括了 19 个，如食粒类芽胞杆菌、草芽胞杆菌、类芽胞杆菌 FSLR7-0273、热脱氮地芽胞杆菌、加利福尼亚鸟氨酸芽胞杆菌、食淀粉乳杆菌、坟墓类芽胞杆菌、蜥蜴纤细芽胞杆菌、流水短芽胞杆菌等，在垫料原料中的平均值为 6.6，在发酵垫料中的平均值为 0.8，且总体上垫料原料中的含量高于发酵垫料中的含量，该组芽胞杆菌经过发酵后种群基本消失。

二、发酵床细菌种共有种类和独有种类

垫料原料（s0）与发酵垫料（s1）细菌种共有种类和独有种类存在差异（图7-45），整个发酵床细菌种共有种类359个，垫料原料含有细菌种菌群643个，共有种类占比55.8%，独有种类284个；发酵垫料含有细菌种菌群587个，共有种类占比61.2%，独有种类228个；种类数差异显著，垫料原料菌群种类多于发酵垫料。

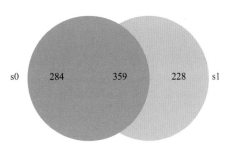

图7-45　养羊发酵床垫料原料与发酵垫料细菌种共有种类和独有种类

垫料原料（s0）独有种类284个，主要类群有清水氏菌属未分类的1种（4580）、噬纤维菌科分类地位未定属未培养的1种（787）、济州岛菌属未培养的1种（736）、产氢菌门分类地位未定属未分类的1种（354）、居河菌属未分类的1种（330）、噬几丁质菌属未分类的1种（228）、糖多孢菌属未分类的1种（213）、噬几丁质菌T58-2（200）、人参土壤橄榄杆菌（189）、嗜甲基菌科未培养属未培养的1种（183）、莱朗菌属未分类的1种（173）、土单胞菌科未分类属的1种（165）、利德贝特氏菌属未培养的1种（152）、假螺菌属未培养的1种（142）、博赛氏菌属未分类的1种（136）、海水杆菌属未培养的1种（118）、拟杆菌门VC2.1 Bac22的1纲分类地位未定属未培养的1种（117）、苔藓杆菌属未分类的1种（115）、慢生根瘤菌科未分类属的1种（113）、酸微菌科未培养属未培养的1种（104）、类诺卡氏菌属未培养的1种（103）、根瘤菌属未分类的1种（101）等，出发状态含量较高，经过发酵相应细菌属菌群含量几乎消失。

发酵垫料（s1）独有种类228个，主要类群有热杆菌科未培养属未分类的1种（1732，read）、海滑菌科分类地位未定属未培养的1种（1724）、目Ⅲ未培养属未分类的1种（1531）、热粪杆菌属未培养的1种（1413）、海洋胞菌属未分类的1种（1119）、嗜蛋白菌属未培养的1种（630）、科AKYG1722分类地位未定属未培养的1种（628）、冬微菌属未培养的1种（581）、石纯杆菌属未培养的1种（505）、希里沟产丝菌（502）、加西亚氏菌属未培养的1种（332）、沙单胞菌属未分类的1种（254）、冬微菌属未培养的1种（250）、科SHA-109分类地位未定属未培养的1种（238）、瘤胃球菌科未分类属的1种（221）、淡红微菌属未培养的1种（220）、属FA350的1种（217）、长孢菌属未培养的1种（194）、陆生菌群AT425-EubC11的1科分类地位未定属未分类的1种（191）、鸟氨酸球菌属未培养的1种（175）、海洋杆菌属未培养的1种（164）、海面菌属未分类的1种（158）、丹毒丝菌属未培养的1种（156）、丹毒丝菌属未分类的1种（155）、热粪杆菌属未培养的1种（154）、欧文威克斯菌属未分类的1种（146）、纤细单胞菌属未培养的1种（135）、目NB1-n分类地位未定属未培养的1种（129）、嗜蛋白菌属未培养的1种（123）、无胆甾原体属未培养的1种（122）、属Chibacore1500的1种（106）、沉积杆菌属未培养的1种（105），出发状态含量较低，经过发酵相应细菌种菌群含量上升。

三、垫料发酵过程细菌种优势菌群的变化

（1）多样性指数　发酵阶段多样性指数分析结果见表7-22。两个菌群间的相关系数为

0.3196，相关性显著（$P < 0.05$），表明发酵垫料细菌种主要来自垫料原料；垫料原料经过发酵后，细菌种数增加、细菌含量增加、丰富度相近；而发酵垫料的优势度辛普森指数、香农指数、均匀度指数等低于垫料原料，表明垫料原料与羊粪混合，经过 8 个月发酵，发酵垫料多样性指数有所下降。

表7-22 养羊发酵床垫料发酵阶段细菌种多样性指数变化

项目		垫料原料（s0）	发酵垫料（s1）
细菌种类（n）		197	207
细菌数量（read）		86587	95472
丰富度		17.2400	17.9652
辛普森指数(D)	值	0.9806	0.9518
	95%置信区间	0.9762	0.9252
		0.9850	0.9784
香农指数(H)	值	4.4934	3.9204
	95%置信区间	4.3421	3.5526
		4.6446	4.2882
均匀度指数	值	0.8505	0.7352
	95%置信区间	0.8231	0.6664
		0.8779	0.8039
Brillouin指数	值	6.4714	5.6462
	95%置信区间	6.2535	5.1160
		6.6892	6.1764
McIntosh指数(D_{mc})	值	0.8635	0.7829
	95%置信区间	0.8474	0.7178
		0.8797	0.8481

（2）细菌菌群转换 养羊发酵床垫料原料与发酵垫料细菌种的数量（read）总和≥1004 的 46 个菌群作为主要菌群，以垫料原料细菌种含量为基准进行降序排列，结果见表 7-23。

表7-23 基于垫料原料排序的养羊发酵床细菌种菌群的转换

物种名称		细菌种数量（read）	
		垫料原料（s0）	发酵垫料（s1）
【1】	链霉菌属未分类的1种	5599	95
【2】	清水氏菌属未分类的1种	4580	0
【3】	芽胞杆菌属未分类的1种	4067	263
【4】	叶杆菌科未分类属的1种	3915	443
【5】	糖霉菌属未分类的1种	2338	51
【6】	鞘氨醇杆菌属未分类的1种	2156	429
【7】	黄杆菌科未分类属的1种	2017	16723
【8】	假诺卡氏菌属未分类的1种	2007	15
【9】	纤维弧菌属未分类的1种	1901	49
【10】	德沃斯氏菌属未分类的1种	1607	58

物种名称	细菌种数量（read）	
	垫料原料（s0）	发酵垫料（s1）
【11】布氏杆菌属未分类的1种	1587	14
【12】韩国生工菌属未分类的1种	1476	5
【13】圆杆菌科未培养属的1种	1370	157
【14】原小单胞菌属未分类的1种	1340	14
【15】副地杆菌属未培养的1种	1289	1298
【16】糖单胞菌属未培养的1种	1256	9
【17】微杆菌属未分类的1种	1085	56
【18】橄榄杆菌属未分类的1种	1033	155
【19】鞘氨醇杆菌科未分类的1种	1004	247
【20】人参土壤芽胞束菌	1001	3
【21】微杆菌科未分类属的1种	829	260
【22】紫杆菌属未分类的1种	825	421
【23】海洋小杆菌属未培养的1种	600	2416
【24】极小单胞菌属未培养的1种堆肥细菌	560	868
【25】清水氏菌属未培养的1种	434	1439
【26】橙色杆状菌属未培养的1种堆肥细菌	373	1137
【27】黄单胞菌科未分类属的1种	275	3535
【28】特吕珀菌属未培养的1种	241	5266
【29】土杆菌属未分类的1种	191	827
【30】漠河杆菌属未培养的1种堆肥细菌	130	2081
【31】盐单胞菌属未分类的1种	105	3230
【32】海杆菌属未分类的1种	80	1192
【33】海面菌属未培养的1种	64	987
【34】假单胞菌属未培养的1种	35	2363
【35】红螺菌科未培养属未分类的1种	33	2528
【36】陆生菌群AT425-EubC11的1科分类地位未定属未培养的1种	16	1890
【37】海洋螺菌目未分类属的1种	13	1484
【38】特吕珀菌属未分类的1种	3	1609
【39】腐螺旋菌科未培养属的1种	2	4753
【40】海洋黄色杆菌	2	4143
【41】石单胞菌属未分类的1种	1	3263
【42】热杆菌科未培养属未分类的1种	0	1732
【43】海滑菌科分类地位未定属未培养的1种	0	1724
【44】目Ⅲ未培养属未分类的1种	0	1531
【45】热粪杆菌属未培养的1种	0	1413
【46】海洋胞菌属未分类的1种	0	1119

按垫料原料和发酵垫料细菌种菌群排序可以看出（图7-46），菌群从垫料原料出发，发酵后的变化分为3个类型，第1类型在垫料原料中菌群含量很高，发酵后进入发酵垫料菌

(a) 基于垫料原料细菌种的排序　　　　　(b) 基于发酵垫料细菌种的排序

图7-46　养羊发酵床垫料发酵过程细菌种菌群的转换

群含量大幅度下降，如链霉菌属未分类的 1 种（5599 → 95）、清水氏菌属未分类的 1 种（4580 → 0）、芽胞杆菌属未分类的 1 种（4067 → 263）、叶杆菌科未分类属的 1 种（3915 → 443）等，这个类型的菌群在发酵前期发挥作用，在发酵后期不起作用；第 2 类型在垫料原料和发酵垫料中菌群维持一定的数量，如微杆菌科未分类属的 1 种（829 → 260）、紫杆菌属未分类的 1 种（825 → 421）、海洋小杆菌属未培养的 1 种（600 → 2416）、极小单胞菌属未培养的 1 种堆肥细菌（560 → 868）等，这个类型的菌群在发酵初期和后期都起到一定作用，但作用不大；第 3 类型在垫料原料中含量很低，到了发酵后期的发酵垫料中含量很高，如海滑菌科分类地位未定属未培养的 1 种（0 → 1724）、目Ⅲ未培养属未分类的 1 种（0 → 1531）、热粪杆菌属未培养的 1 种（0 → 1413）、海洋胞菌属未分类的 1 种（0 → 1119）等，这个类型的菌群在发酵进程中发挥着重要作用。菌群中黄杆菌科未分类属的 1 种很特殊，在垫料原料中有一定的含量（2017），经过发酵在发酵垫料中菌群数量激增（16723）。

将黄杆菌科未分类属的 1 种取出，剩余的 45 个细菌种为矩阵，以马氏距离为尺度，可变类平均法进行系统聚类，结果见表 7-24、图 7-47。结果可将细菌菌群分为 4 组，第 1 组为菌群急剧下降型，包含了 15 个细菌种，在垫料原料中菌群含量高，到了发酵垫料菌群中含量急剧下降，如链霉菌属未分类的 1 种、清水氏菌属未分类的 1 种、芽胞杆菌属未分类的 1 种、叶杆菌科未分类的 1 种等；第 2 组为菌群缓和下降型，包含了 8 个细菌种，垫料原料中菌群含量较高，到了发酵垫料菌群含量下降，如微杆菌属未分类的 1 种、橄榄杆菌属未分类的 1 种、鞘氨醇杆菌科未分类的 1 种、微杆菌科未分类的 1 种等；第 3 组为菌群缓和上升型，包含了 18 个细菌种，垫料原料中菌群含量较低，到了发酵垫料菌群含量增加，如黄单胞菌科未分类属的 1 种、土杆菌属未分类的 1 种、漠河杆菌属未培养的 1 种堆肥细菌、盐单胞菌属未分类的 1 种等；第 4 组为菌群急剧上升型，包含了 4 个细菌种，垫料原料中菌群含量较低，到了发酵垫料菌群含量急剧上升，如特吕珀菌属未培养的 1 种、腐螺旋菌科未培养的 1 种、海洋黄色杆菌、石单胞菌属未分类的 1 种。

表7-24　养羊发酵床发酵过程垫料菌群变化聚类分析

组别	物种名称	细菌种数量（read）	
		垫料原料（s0）	发酵垫料（s1）
1	链霉菌属未分类的1种	5599	95
1	清水氏菌属未分类的1种	4580	0
1	芽胞杆菌属未分类的1种	4067	263
1	叶杆菌科未分类属的1种	3915	443
1	糖霉菌属未分类的1种	2338	51
1	鞘氨醇杆菌属未分类的1种	2156	429
1	假诺卡氏菌属未分类的1种	2007	15
1	纤维弧菌属未分类的1种	1901	49
1	德沃斯氏菌属未分类的1种	1607	58
1	布氏杆菌属未分类的1种	1587	14
1	韩国生工菌属未分类的1种	1476	5
1	圆杆菌科未培养属的1种	1370	157
1	原小单胞菌属未分类的1种	1340	14

续表

组别	物种名称	细菌种数量（read）	
		垫料原料（s0）	发酵垫料（s1）
1	副地杆菌属未培养的1种	1289	1298
1	糖单胞菌属未培养的1种	1256	9
第1组15个样本平均值		2432.53	193.33
2	微杆菌属未分类的1种	1085	56
2	橄榄杆菌属未分类的1种	1033	155
2	鞘氨醇杆菌科未分类的1种	1004	247
2	人参土壤芽胞束菌	1001	3
2	微杆菌科未分类属的1种	829	260
2	紫杆菌属未分类的1种	825	421
2	极小单胞菌属未培养的1种堆肥细菌	560	868
2	清水氏菌属未培养的1种	434	1439
第2组8个样本平均值		846.37	431.12
3	海洋小杆菌属未培养的1种	600	2416
3	橙色杆状菌属未培养的1种堆肥细菌	373	1137
3	黄单胞菌科未分类属的1种	275	3535
3	土杆菌属未分类的1种	191	827
3	漠河杆菌属未培养的1种堆肥细菌	130	2081
3	盐单胞菌属未分类的1种	105	3230
3	海杆菌属未分类的1种	80	1192
3	海面菌属未培养的1种	64	987
3	假单胞菌属未培养的1种	35	2363
3	红螺菌科未培养属未分类的1种	33	2528
3	陆生菌群AT425-EubC11的1科分类地位未定属未培养的1种	16	1890
3	海洋螺菌目未分类属的1种	13	1484
3	特吕珀菌属未分类的1种	3	1609
3	热杆菌科未培养属未分类的1种	0	1732
3	海滑菌科分类地位未定属未培养的1种	0	1724
3	目Ⅲ未培养属未分类的1种	0	1531
3	热粪杆菌属未培养的1种	0	1413
3	海洋胞菌属未分类的1种	0	1119
第3组18个样本平均值		106.56	1822.11
4	特吕珀菌属未培养的1种	241	5266
4	腐螺旋菌科未培养属的1种	2	4753
4	海洋黄色杆菌	2	4143
4	石单胞菌属未分类的1种	1	3263
第4组4个样本平均值		61.50	4356.25

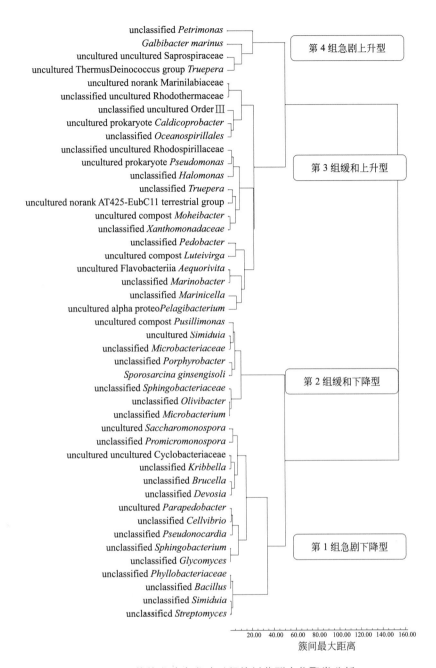

图7-47 养羊发酵床发酵过程垫料菌群变化聚类分析

四、发酵床细菌种优势菌群差异性

发酵床垫料原料和发酵垫料中的细菌种优势菌群差异显著（图7-48），在检测的871个细菌种中，垫料原料到发酵垫料过程中细菌种含量增加的菌群有353个，含量增加显著的前10个细菌种（表7-25）为：黄杆菌科未分类属的1种（2.1290% → 16.5700%）、特吕珀菌属未培养的1种（0.2543% → 5.2180%）、腐螺旋菌科未培养属的1种（0.0021% → 4.7100%）、海洋黄色杆菌（0.0021% → 4.1050%）、石单胞菌属未分类的1种（0.0011% → 3.2330%）、黄单胞菌科未分类属的 1 种（0.2902% → 3.5030%）、盐单胞菌属未分类的 1 种（0.1108% → 3.2010%）、红螺菌科未培养属未分类的 1 种（0.0348% → 2.5050%）、假单胞菌属未培养的 1 种（0.0369% → 2.3410%）、漠河杆菌属未培养的 1 种堆肥细菌（0.1372% → 2.0620%）；表明这些细菌种经过垫料＋羊粪发酵后，含量大幅度提高。

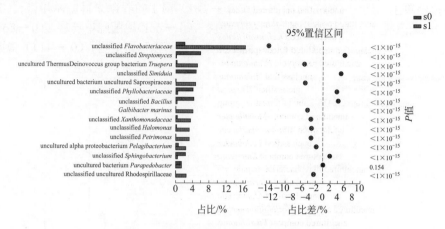

图7-48　发酵床细菌种优势菌群差异性比较

垫料原料到发酵垫料过程中细菌种含量下降的菌群有 517 个，含量下降显著的前 10 个细菌种为：德沃斯氏菌属未分类的 1 种（1.6960% → 0.0575%）、布氏杆菌属未分类的 1 种（1.6750% → 0.0139%）、鞘氨醇杆菌属未分类的 1 种（2.2750% → 0.4251%）、纤维弧菌属未分类的 1 种（2.0060% → 0.0486%）、假诺卡氏菌属未分类的 1 种（2.1180% → 0.0149%）、糖霉菌属未分类的 1 种（2.4670% → 0.0505%）、叶杆菌科未分类属的 1 种（4.1310% → 0.4390%）、芽胞杆菌属未分类的 1 种（4.2920% → 0.2606%）、清水氏菌属未分类的 1 种（4.8330% → 0.0000%）、链霉菌属未分类的 1 种（5.9090% → 0.0941%）；表明这些细菌种随着发酵过程含量急剧下降，原来在垫料原料中为优势菌群的，在发酵垫料中成为弱势菌群。

表7-25　发酵床垫料原料与发酵垫料含量增加与下降的前10个细菌种差异性统计检验

	物种名称	细菌种占比/%		P值
		垫料原料（s0）	发酵垫料（s1）	
增加	【1】黄杆菌科未分类属的1种	2.1290	16.5700	0.0000
	【2】特吕珀菌属未培养的1种	0.2543	5.2180	0.0000
	【3】腐螺旋菌科未培养属的1种	0.0021	4.7100	0.0000
	【4】海洋黄色杆菌	0.0021	4.1050	0.0000
	【5】石单胞菌属未分类的1种	0.0011	3.2330	0.0000
	【6】黄单胞菌科未分类属的1种	0.2902	3.5030	0.0000
	【7】盐单胞菌属未分类的1种	0.1108	3.2010	0.0000
	【8】红螺菌科未培养属未分类的1种	0.0348	2.5050	0.0000
	【9】假单胞菌属未培养的1种	0.0369	2.3410	0.0000
	【10】漠河杆菌属未培养的1种堆肥细菌	0.1372	2.0620	0.0000
下降	【1】德沃斯氏菌属未分类的1种	1.6960	0.0575	0.0000
	【2】布氏杆菌属未分类的1种	1.6750	0.0139	0.0000

续表

物种名称		细菌种占比/%		P值
		垫料原料（s0）	发酵垫料（s1）	
下降	【3】 鞘氨醇杆菌属未分类的1种	2.2750	0.4251	0.0000
	【4】 纤维弧菌属未分类的1种	2.0060	0.0486	0.0000
	【5】 假诺卡氏菌属未分类的1种	2.1180	0.0149	0.0000
	【6】 糖霉菌属未分类的1种	2.4670	0.0505	0.0000
	【7】 叶杆菌科未分类属的1种	4.1310	0.4390	0.0000
	【8】 芽胞杆菌属未分类的1种	4.2920	0.2606	0.0000
	【9】 清水氏菌属未分类的1种	4.8330	0.0000	0.0000
	【10】 链霉菌属未分类的1种	5.9090	0.0941	0.0000

含量前 15 个细菌种优势菌群中，养羊发酵床发酵前后的细菌种含量差异极显著，发酵后含量增加最多的为黄杆菌科未分类属的 1 种（2.1290% → 16.5700%），含量下降最多的为链霉菌属未分类的 1 种（5.9090% → 0.0941%），前者表明垫料原料中的细菌经过发酵在发酵垫料中得到增长，后者表明垫料原料中的细菌经过发酵在发酵垫料中数量受到抑制（图 7-48）。

五、发酵床细菌种菌群聚类分析

根据表 7-19，将养羊发酵床垫料原料和发酵垫料细菌种数量总和（read）> 100 的 229 个菌群构建矩阵，以菌群为样本、垫料发酵时间为指标、马氏距离为尺度，可变类平均法进行系统聚类，分析结果见表 7-26、图 7-49。结果表明，可将细菌种菌群分为 3 组。

表7-26　发酵床细菌种菌群聚类分析

组别	物种名称	细菌种数量（read）	
		垫料原料（s0）	发酵垫料（s1）
1	黄杆菌科未分类属的1种	2017	16723
1	链霉菌属未分类的1种	5599	95
1	特吕珀菌属未培养的1种	241	5266
1	腐螺旋菌科未培养属的1种	2	4753
1	清水氏菌属未分类的1种	4580	0
1	叶杆菌科未分类属的1种	3915	443
1	芽胞杆菌属未分类的1种	4067	263
1	海洋黄色杆菌	2	4143
1	黄单胞菌科未分类属的1种	275	3535
1	盐单胞菌属未分类的1种	105	3230
1	石单胞菌属未分类的1种	1	3263
1	海洋小杆菌属未培养的1种	600	2416
1	副地杆菌属未培养的1种	1289	1298
1	鞘氨醇杆菌属未分类的1种	2156	429
1	红螺菌科未培养属未分类的1种	33	2528
1	假单胞菌属未培养的1种	35	2363
1	糖霉菌属未分类的1种	2338	51
1	漠河杆菌属未培养的1种堆肥细菌	130	2081

组别	物种名称	细菌种数量（read）	
		垫料原料（s0）	发酵垫料（s1）
1	假诺卡氏菌属未分类的1种	2007	15
1	纤维弧菌属未分类的1种	1901	49
1	陆生菌群AT425-EubC11的1科分类地位未定属未培养的1种	16	1890
1	清水氏菌属未培养的1种	434	1439
1	热杆菌科未培养属未分类的1种	0	1732
1	海滑菌科分类地位未定属未培养的1种	0	1724
1	德沃斯氏菌属未分类的1种	1607	58
1	特吕珀菌属未分类的1种	3	1609
1	布氏杆菌属未分类的1种	1587	14
1	目Ⅲ未培养属未分类的1种	0	1531
1	圆杆菌科未培养的1种	1370	157
1	橙色杆状菌属未培养的1种堆肥细菌	373	1137
1	海洋螺菌目未分类属的1种	13	1484
1	韩国生工菌属未分类的1种	1476	5
1	极小单胞菌属未培养的1种堆肥细菌	560	868
1	热粪杆菌属未培养的1种	0	1413
1	原小单胞菌属未分类的1种	1340	14
1	海杆菌属未分类的1种	80	1192
1	糖单胞菌属未培养的1种	1256	9
1	鞘氨醇杆菌科未分类属的1种	1004	247
1	紫杆菌属未分类的1种	825	421
1	橄榄杆菌属未分类的1种	1033	155
1	微杆菌属未分类的1种	1085	56
1	海洋胞菌属未分类的1种	0	1119
1	微杆菌科未分类属的1种	829	260
1	海面菌属未培养的1种	64	987
1	土杆菌属未分类的1种	191	827
1	人参土壤芽胞束菌	1001	3
1	候选属Breviavium的1种	868	121
1	鞘氨醇杆菌属未培养的1种	757	229
1	黄色海洋菌属（Flavomarinum）的1种	977	8
1	纤维弧菌科未分类属的1种	66	902
1	拉里摩尔根瘤菌	959	5
1	糖杆菌门分类地位未定属未培养的1种	616	342
1	假单胞菌属未分类的1种	821	123
1	油短波单胞菌	915	19
1	藤黄色单胞菌属未分类的1种	916	3
1	糖杆菌门分类地位未定属未分类的1种	828	44
1	漠河杆菌属未培养的1种	812	15
1	别样海源菌属未培养的1种	757	53
1	黄杆菌属未培养的1种	622	173
1	噬纤维菌科分类地位未定属未培养的1种	787	0

组别	物种名称	细菌种数量（read）	
		垫料原料（s0）	发酵垫料（s1）
1	鱼乳球菌	749	37
1	济州岛菌属未培养的1种	736	0
1	食苯芽胞杆菌	572	143
1	陌生菌属未分类的1种	683	22
1	海洋小杆菌属未培养的1种	480	220
1	斯塔克布兰特氏菌属未培养的1种	462	198
1	橄榄杆菌属未培养的1种	607	6
1	氨基杆菌属未分类的1种	594	17
1	芽胞杆菌科未培养属未分类的1种	588	2
1	土壤橄榄杆菌	586	2
1	鞘氨醇菌属未分类的1种	582	4
1	黄杆菌属未分类的1种	548	31
第1组72个样本平均值		907.33	1055.75
2	穿孔素假单胞菌	201	438
2	嗜蛋白菌属未培养的1种	0	630
2	科AKYG1722分类地位未定属未培养的1种	0	628
2	豚鼠外阴无胆甾原体	1	617
2	蛭弧菌属未分类的1种	108	484
2	冬微菌属未培养的1种	0	581
2	极小单胞菌属未培养的1种	234	338
2	食烷菌属未分类的1种	78	472
2	去甲基甲萘醌菌属未分类的1种	311	230
2	科JG30-KF-CM45分类地位未定属未分类的1种	180	333
2	极小单胞菌属未分类的1种	344	166
2	海水杆菌属未培养的1种	5	504
2	海洋微菌属未培养的1种	55	451
2	石纯杆菌属未培养的1种	0	505
2	希里沟产丝菌	0	502
2	分枝杆菌属未分类的1种	489	6
2	太白山菌属未培养的1种	372	120
2	赤杆菌科未分类属的1种	395	89
2	α-变形菌纲未分类目的1种	361	112
2	小月菌属未分类的1种	385	81
2	博德特氏菌属未分类的1种	451	11
2	太白山菌属未分类的1种	225	236
2	人参土壤鞘氨醇盒菌	447	7
2	堆肥拟诺卡氏菌	345	84
2	哈尔滨糖霉菌	424	1
2	气微菌属未培养的1种	394	28
2	根瘤菌目未分类属的1种	375	39
2	金色单胞菌属未分类的1种	396	16
2	副团块短杆菌	300	103

组别	物种名称	细菌种数量（read）	
		垫料原料（s0）	发酵垫料（s1）
2	甲基杆菌属未分类的1种	397	2
2	诺卡氏菌属未分类的1种	359	36
2	酸微菌目未培养属未培养的1种	226	164
2	漠河杆菌属未分类的1种	346	34
2	产氢菌门分类地位未定属未分类的1种	354	0
2	少动鞘氨醇单胞菌	345	2
2	食一氧化碳假诺卡氏菌	316	30
2	居河菌属未分类的1种	330	0
2	链霉菌科未分类属的1种	320	5
2	新鞘氨醇菌属未培养的1种	294	19
2	类固醇杆菌属未培养的1种	284	5
2	柄杆菌科未分类属的1种	283	1
2	紫金山假诺卡氏菌	278	6
2	副地杆菌属未分类的1种	272	7
2	赖氏菌属未分类的1种	245	33
2	水稻苍白杆菌	256	6
2	香味菌UKS3	259	2
	第2组46个样本平均值	261.74	177.48
3	假深黄单胞菌属未培养的1种	8	466
3	近海海杆菌	1	447
3	科BIrii41分类地位未定属未培养的1种	30	364
3	纤维弧菌属未培养的1种	66	325
3	藤黄色单胞菌属未培养的1种	87	298
3	卡斯泰拉尼菌属未分类的1种	19	323
3	加西亚氏菌属未培养的1种	0	332
3	乔治菌属未分类的1种	156	168
3	属C1-B045未培养的1种	77	220
3	产碱菌科未分类属的1种	36	249
3	鞘氨醇杆菌科未培养属未分类的1种	4	270
3	橙色胞菌科未培养属未培养的1种	3	266
3	大洋芽胞杆菌属未培养的1种	122	133
3	沙单胞菌属未分类的1种	0	254
3	冬微菌属未培养的1种堆肥细菌	0	250
3	科GR-WP33-58分类地位未定属未分类的1种	96	152
3	应微所菌属未分类的1种	184	62
3	科SHA-109分类地位未定属未培养的1种深海细菌	0	238
3	蒂西耶氏菌属未分类的1种	4	232
3	白色杆菌属未分类的1种	210	22
3	噬几丁质菌属未分类的1种	228	0
3	肠放线球菌YIM101632	207	18
3	瘤胃球菌科未分类属的1种	0	221
3	淡红微菌属未培养的1种	0	220

组别	物种名称	细菌种数量（read）	
		垫料原料（s0）	发酵垫料（s1）
3	假螺菌属未分类的1种	130	90
3	慢生根瘤菌属未分类的1种	218	2
3	奇异杆菌属未培养的1种	48	170
3	属FA350的1种	0	217
3	叶际鞘氨醇单胞菌	214	1
3	盐微菌属未培养的1种	10	204
3	糖多孢菌属未分类的1种	213	0
3	水生甲基杆菌	210	1
3	科DB1-14分类地位未定属未培养的1种	193	15
3	小棒杆菌属未培养的1种	195	13
3	副球菌属未分类的1种	115	89
3	黄杆菌属的1种	201	3
3	噬几丁质菌T58-2	200	0
3	根微菌属未分类的1种	199	1
3	假螺菌属未培养的1种	191	9
3	副产碱菌属未分类的1种	178	18
3	橙色胞菌属未分类的1种	17	178
3	长孢菌属未培养的1种	0	194
3	陆生菌群AT425-EubC11的1科分类地位未定属未分类的1种	0	191
3	人参土壤橄榄杆菌	189	0
3	极小单胞菌属未培养的1种	87	97
3	噬甲基菌RS-MM3	167	16
3	嗜甲基菌科未培养属的1种	183	0
3	盐多孢放线菌属未培养的1种	164	13
3	橄榄杆菌属未培养的1种堆肥细菌	125	51
3	鸟氨酸球菌属未培养的1种	0	175
3	库氏野野村菌	169	5
3	莱朗菌属未分类的1种	173	0
3	黄单胞菌目未培养属未分类的1种	81	91
3	嗜海藻菌属未分类的1种	67	103
3	拟诺卡氏菌属未分类的1种	102	67
3	土单胞菌科未分类属的1种	165	0
3	抗热分枝杆菌	160	4
3	海洋杆菌属未培养的1种	0	164
3	食溶剂副球菌	94	67
3	葡萄球菌属未分类的1种	140	21
3	阮氏菌属未培养的1种	2	156
3	海面菌属未分类的1种	0	158
3	酸微菌目未分类属的1种	45	112
3	申氏菌属未培养的1种	155	2
3	丹毒丝菌属未培养的1种	0	156
3	丹毒丝菌属未分类的1种	0	155
3	科JG30-KF-CM45分类地位未定属未培养的1种	10	144

续表

组别	物种名称	细菌种数量（read）	
		垫料原料（s0）	发酵垫料（s1）
3	热粪杆菌属未培养的1种	0	154
3	莫拉氏菌科未培养属未分类的1种	127	26
3	拟杆菌门未分类属的1种	37	116
3	无胆甾原体Harris TD3	2	151
3	利德贝特氏菌属未培养的1种	152	0
3	科DSSF69分类地位未定属未培养的1种	8	140
3	纲OPB54分类地位未定属未培养的1种	1	146
3	欧文威克斯菌属未分类的1种	0	146
3	假螺菌属未培养的1种	142	0
3	噬氢菌属未分类的1种	111	26
3	博赛氏菌属未分类的1种	136	0
3	四球菌属未分类的1种	3	133
3	类诺卡氏菌科未分类属的1种	110	26
3	纤细单胞菌属未培养的1种	0	135
3	生丝微菌属未分类的1种	123	9
3	固氮弓菌属未分类的1种	8	122
3	目NB1-n分类地位未定属未培养的1种	0	129
3	嗜蛋白菌属未培养的1种	0	123
3	类诺卡氏菌属未分类的1种	93	29
3	无胆甾原体属未培养的1种	0	122
3	肠放线球菌属未培养的1种	67	55
3	紫红球菌科未培养属未分类的1种	4	117
3	未分类的细菌门的1种	112	9
3	圆杆菌科未分类属的1种	62	58
3	肠球菌属未分类的1种	112	6
3	海水杆菌属未培养的1种	118	0
3	拟杆菌门VC2.1 Bac22的1纲分类地位未定属未培养的1种	117	0
3	可疑类诺卡氏菌	31	86
3	居姬松茸菌属未培养的1种	108	8
3	苔藓杆菌属未分类的1种	115	0
3	糖霉菌old-30-2-6	68	47
3	慢生根瘤菌科未分类属的1种	113	0
3	副极小单胞菌属未分类的1种	99	14
3	鞘氨醇杆菌科未培养属未培养的1种	39	73
3	生丝微菌属未培养的1种	109	1
3	香味菌属未培养的1种堆肥细菌	88	22
3	厄特沃什氏菌属未培养的1种	107	3
3	咸海鲜球菌属未分类的1种	2	106
3	属Chibacore1500的1种	0	106
3	沉积杆菌属未培养的1种	0	105
3	酸微菌科未培养属未培养的1种	104	0

组别	物种名称	细菌种数量（read）	
		垫料原料（s0）	发酵垫料（s1）
3	类诺卡氏菌属未培养的1种	103	0
3	流出溶杆菌	39	62
3	根瘤菌属未分类的1种	101	0
第3组111个样本平均值		83.05	101.75

第 1 组为高含量组，包括了 72 个细菌种菌群，在垫料原料和发酵垫料中的含量平均值（read）分别为 907.33、1055.75；在整个羊粪发酵过程中起到重要作用。从垫料原料到发酵垫料过程中含量大幅度增加的前 10 个菌群有：黄杆菌科未分类属的 1 种（2017 → 16723）、特吕珀菌属未培养的 1 种（241 → 5266）、腐螺旋菌科未培养属的 1 种（2 → 4753）、海洋黄色杆菌（2 → 4143）、黄单胞菌科未分类属的 1 种（275 → 3535）、石单胞菌属未分类的 1 种（1 → 3263）、盐单胞菌属未分类的 1 种（105 → 3230）、红螺菌科未培养属未分类的 1 种（33 → 2528）、海洋小杆菌属未培养的 1 种（600 → 2416）、假单胞菌属未培养的 1 种（35 → 2363）；从垫料原料到发酵垫料过程中含量大幅度减少的前 10 个菌群有：链霉菌属未分类的 1 种（5599 → 95）、清水氏菌属未分类的 1 种（4580 → 0）、芽胞杆菌属未分类的 1 种（4067 → 263）、叶杆菌科未分类属的 1 种（3915 → 443）、糖霉菌属未分类的 1 种（2338 → 51）、鞘氨醇杆菌属未分类的 1 种（2156 → 429）、假诺卡氏菌属未分类的 1 种（2007 → 15）、纤维弧菌属未分类的 1 种（1901 → 49）、德沃斯氏菌属未分类的 1 种（1607 → 58）、布氏杆菌属未分类的 1 种（1587 → 14），假诺卡氏菌属未分类的 1 种、德沃斯氏菌属未分类的 1 种、布氏杆菌属未分类的 1 种等皆为重要的人畜共患病的病原菌，经过发酵数量大幅度下降。

第 2 组为中含量组，包括了 46 个细菌种菌群，在垫料原料和发酵垫料中的含量平均值（read）分别为 261.74、177.48（read），表明这些菌群在羊粪发酵中起到辅助作用。从垫料原料到发酵垫料过程中含量大幅度增加的前 10 个菌群有：嗜蛋白菌属未培养的 1 种、科 AKYG1722 分类地位未定属未培养的 1 种、豚鼠外阴无胆甾原体、冬微菌属未培养的 1 种、石纯杆菌属未培养的 1 种、海水杆菌属未培养的 1 种、希里沟产丝菌、蛭弧菌属未分类的 1 种、食烷菌属未分类的 1 种、海洋微菌属未培养的 1 种；从垫料原料到发酵垫料过程中含量大幅度减少的前 10 个菌群有：分枝杆菌属未分类的 1 种、博德特氏菌属未分类的 1 种、人参土壤鞘氨醇盒菌、哈尔滨糖霉菌、甲基杆菌属未分类的 1 种、金色单胞菌属未分类的 1 种、赤杆菌科未分类属的 1 种、气微菌属未培养的 1 种、小月菌属未分类的 1 种。

第 3 组为低含量组，包括了其余的 111 个细菌种，在垫料原料中的平均含量（read）为 83.05，在发酵垫料中的平均含量（read）为 101.75，属于羊粪发酵的弱势菌。

从细菌种菌群系统发育可知（图 7-50），与羊粪发酵有关的细菌种主要分为 2 类菌群，第 1 类菌群其特征为在垫料原料中含量很高，在发酵垫料中含量较低，如链霉菌属未分类的 1 种、清水氏菌属未分类的 1 种、芽胞杆菌属未分类的 1 种、叶杆菌科未分类的 1 种、糖霉菌属未分类的 1 种等为代表；第 2 类菌群其特征为在垫料原料中含量较低，到了发酵垫料中含量较高，如黄杆菌科未分类属的 1 种、特吕珀菌属未培养的 1 种、腐螺旋菌科未培养属的 1 种、海洋黄色杆菌、黄单胞菌科未分类属的 1 种等为代表。

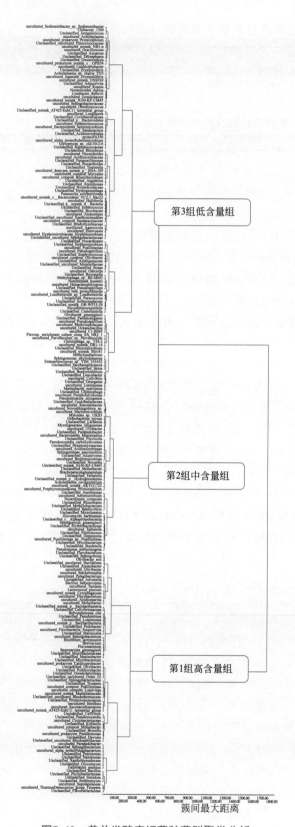

图7-49　养羊发酵床细菌种菌群聚类分析

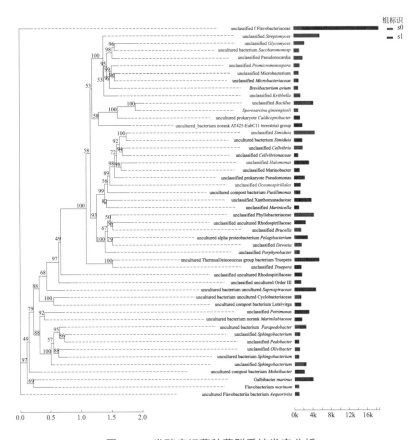

图7-50　发酵床细菌种菌群系统发育分析

第八章

异位发酵床微生物组
多样性

第一节
异位发酵床微生物组研究

一、样本采集与数据分析

1. 样本采集

在福建省宁德市屏南县百惠猪场，建设规模 1000 头母猪场，设计处理能力 60t/d，建设面积 1600m²，投资 150 万元。由福建省农业科学院主办，福建省农业厅畜牧总站协办，福建省农科农业发展有限公司承办的异位微生物发酵床现场会期间进行取样。对垫料原料（AUG_CK）、浅发酵垫料（AUG_L，发酵 3d 左右）、深发酵垫料（AUG_H，发酵 30d 左右）、未发酵猪粪（AUG_PM，未进入垫料混合）进行取样；取样时，每个处理 5 点取样，各点取样量 500g，然后混合，带回实验室保存于低温冰箱，从冰箱样本中取出分析样本，送样分析。异位微生物发酵床的结构如图 8-1 所示。

图8-1　异位微生物发酵床结构

理化参数测定结果见表 8-1。样本处理：总 DNA 的提取，按土壤 DNA 提取试剂盒 FastDNA SPIN Kit for Soil 的操作指南，分别提取各垫料样本的总 DNA，于 –80°C 冰箱冻存备用。

表8-1 异位微生物发酵床不同处理组物料理化参数测定结果

处理编号	代号	粗蛋白质/%	粗纤维/%	钙 /（mg/100g）	粗灰分/%	盐/%	氮/%	碳/%
AUG-CK	N162133	0.53	34.0	12.51	0.81	0.19	0.09	42.8
AUG-H	N162135	1.46	16.6	99.47	3.07	0.16	0.23	12.8
AUG-L	N162136	1.48	22.3	86.37	4.50	0.16	0.24	23.1
AUG-PM	N162134	1.30	25.0	75.84	4.41	0.47	0.21	26.8

2．宏基因组测定

（1）高通量测序 使用 Illumina MiSeq 测序平台，采用 PE300 测序策略，每个样本至少获得 10 万条读序（read）。

① 原始数据样品区分与统计：根据索引（index）序列区分各个样本的数据，提取出的数据以 fastq 格式保存，MP 或 PE 数据每个样本有 fq1 和 fq2 两个文件，里面为测序两端的读序，序列按顺序一一对应。Fastq：Fastq 是 Solexa 测序技术中一种反映测序序列的碱基质量的文件格式。每条读序包含 4 行信息，其中第 1 行和第 3 行由文件识别标志和读段名（ID）组成（第 1 行以"@"开头，第 3 行以"+"开头；第 3 行中 ID 可以省但"+"不能省略），第 2 行为碱基序列，而第 4 行是第 2 行中的序列内容每个碱基所对应的测序质量值。为方便保存和共享各实验室产生的高通量测序数据，NCBI 数据中心建立了高容量的数据库 SRA（Sequence Read Archive，http://www. ncbi. nlm. nih. gov/Traces/sra）来存放共享的原始测序数据。如下所示：

@HWI- ST531R: 144:D11RDACXX: 4:1101: 1212: 19461: N:0:ATTCCT

ATNATGACTCAAGCGCTTCCTCA GTTTAATGAAG CTAAC TT CAATG CTGAGATC GTTGACGACATCGAATGGG

+ HWI- ST531R: 144:D11RD ACXX: 4:1101:1212:1946 1:N:0:ATT CCT

?A#AFFDF FHGFFHJJGIJJJIICHIII IJJG GH IIJJII JIIJIHGI@ FEHIIJB FFHGJJI IHHHDFFFFDCCCCEDDCDDCDEACC

② 数据优化与统计：Illumina MiSeq 测序平台得到的是双末端序列数据，首先根据双末端测序读序（PE read）之间的重叠（overlap）关系，将成对的读序拼接（merge）成一条序列，同时对读序的质量和拼接的效果进行质控过滤，根据序列首尾两端的条形码标签（barcode）和引物序列区分样品得到有效序列，并校正序列方向。

③ 数据去杂方法和参数：过滤读序尾部分子量值 20 以下的碱基，设置 50bp 的窗口，如果窗口内的平均分子量值低于 20，从窗口开始截去后端碱基，过滤质控后 50bp 以下的读序；根据 PE read 之间的重叠关系，将成对读序拼接（merge）成一条序列，最小重叠长度为 10bp；拼接序列的重叠区允许的最大错配比率为 0.2，筛选不符合序列；根据序列首尾两端的标签和引物序列区分样品，并调整序列方向，标签允许的错配数为 0，最大引物错配数为 2。

（2）16S rDNA 和 ITS 测序文库的构建 采用扩增原核生物 16S rDNA 的 V3～V4 区的通用引物 U341F 和 U785R 对各垫料样本的总 DNA 进行 PCR 扩增，并连接上测序接头，从而构建成各垫料样本的真细菌和古菌 16S rDNA V3～V4 区测序文库。采用扩增真菌 5.8S 和 28S rDNA 之间的转录区间的通用引物 ITS-F1-12 和 ITS-R1-12 对各垫料样本的总 DNA 进行 PCR 扩增，并连接上测序接头，从而构建成各垫料样本的真菌 ITS 测序文库。

（3）宏基因组测序数据质控 通过 PADNAseq 软件（Masella et al., 2012）利用重叠关系将双末端测序得到的成对短序列（read）拼接成一条序列，得到高变区的长读序。然后使用撰写的程序对拼接后的读序进行处理而获取短去杂序列（clean read）：去除平均分子量值低于 20 的读序；去除读序含 N 的碱基数超过 3 个的读序；读序长度范围为 250～500nt。

3．数据分析

（1）OTU 聚类 OTU（operational taxonomic units，分类阶元）是在系统发生学或群体遗传学研究中，为了便于进行分析，人为给某一个分类单元（品系、属、种、分组等）设置的同一标志。要了解一个样品测序结果中的菌种、菌属等数目信息，就需要对序列进行归类操作（cluster）。通过归类操作，将序列按照彼此的相似性分归为许多小组，一个小组就是一个 OTU。可根据不同的相似度，对所有序列进行 OTU 划分，通常在 97% 的相似下的 OTU 进行生物信息统计分析。软件平台，Usearch（vsesion 7.1 http://drive5.com/uparse/）。分析方法，对优化序列提取非重复序列，便于降低分析中间过程冗余计算量（http://drive5.com/usearch/manual/dereplication.html），去除没有重复的单序列（http://drive5.com/usearch/manual/singletons.html）。按照 97% 相似性对非重复序列（不含单序列）进行 OTU 聚类，在聚类过程中去除嵌合体，得到 OTU 的代表序列。将所有优化序列匹配（map）至 OTU 代表序列，选出与 OTU 代表序列相似性在 97% 以上的序列，生成 OTU 表格。

（2）结果目录（OTUs-Taxa/）

otu_table.xls：各样品 OTU 中序列数统计表。OTU 聚类得到每个样品中各个 OTU 的丰度，结果形式为每行是一个 OTU 在不同样品中的序列数，每列对应一个样品。

otu_reps.fasta：fasta 格式的 OTU 代表序列。

otu_seqids.txt：每个 OTU 中包含的序列编号列表。

otu_table.biom：biom 格式的 OTU 表。biom（biological observation matrix，生物观测矩阵）格式是生物学样品中观察列联表的一种通用格式，具体信息参考 http://biom-format.org/。

4．稀释曲线

稀释曲线（rarefaction curve）是从样本中随机抽取一定数量的个体，统计这些个体所代表的物种数目，并以个体数与物种数来构建曲线。它可以用来比较测序数据量不同的样本中物种的丰富度，也可以用来说明样本的测序数据量是否合理。采用对序列进行随机抽样的方法，以抽到的序列数与它们所能代表 OTU 的数目构建稀释曲线，当曲线趋向平坦时，说明测序数据量合理，更多的数据量只会产生少量新的 OTU，反之则表明继续测序还可能产生较多新的 OTU。因此，通过作稀释曲线，可得出样本的测序深度情况。软件：使用 97% 相似度的 OTU，利用 mothur 做 rarefaction 分析，利用 R 语言工具制作曲线图。结果目录：

Rarefactions/meta.*.rarefaction.xls，每个样本在不同取样值的 OTU 数目表；Numsampled，随机取样数（预设为从 1 开始每增加 100 计算一次直到本次该样品取样数）；Lci\hci，统计学中的下限和上限值。

5．多样性指数

群落生态学中研究微生物多样性，通过单样品的多样性分析（Alpha 多样性）可以反映微生物群落的丰度和多样性，包括用一系列统计学分析指数估计环境群落的物种丰度和多样性。计算菌群丰度（community richness）的指数有：Chao——the Chao1 estimator（http://www. mothur. org/wiki/ Chao）；ACE——the ACE estimator（http://www.mothur. org/ wiki/Ace）。计算菌群多样性（community diversity）的指数有：Shannon——the Shannon index（香农指数）（http://www.mothur.org/wiki/Shannon）；Simpson——the Simpson index（辛普森指数）（http://www. mothur. org/wiki/Simpson）。测序深度指数有：Coverage——the Good's coverage（http://www.mothur. org/wiki/Coverage）。

各指数算法如下：Chao——是用 Chao1 算法估计样品中所含 OTU 数目的指数，Chao1 在生态学中常用来估计物种总数，由 Chao（1984）最早提出。Ace——用来估计群落中 OTU 数目的指数，由 Chao 提出，是生态学中估计物种总数的常用指数之一，与 Chao1 的算法不同。Simpson——用来估算样品中微生物多样性指数之一，由 Edward Hugh Simpson（1949）提出，在生态学中常用来定量描述一个区域的生物多样性。辛普森指数值越大，说明群落多样性越低。Shannon——用来估算样品中微生物多样性指数之一。它与辛普森指数常用于反映多样性。Shannon 值越大，说明群落多样性越高。Coverage——各样库的覆盖率，其数值越高，则样本中序列被测出的概率越高，而没有被测出的概率越低。该指数反映本次测序结果是否代表了样本中微生物的真实情况。分析软件为 mothur version v.1.30.1（http://www.mothur. org/wiki/ Schloss_SOP# Alpha_diversity）指数分析，用于指数评估的 OTU 相似 97%（0.97）。结果目录为 Estimators/meta. *.summary.xls，每个样品的指数值。其中，label，0.97 即相似；ace\chao\ simpson\ simpson，分别代表各个指数；*_lci*_hci，分别表示统计学中的下限和上限值（Schloss et al., 2011）。

6．分类学分析

为了得到每个 OTU 对应的物种分类信息，采用 RDP classifier 贝叶斯算法对 97% 相似的 OTU 代表序列进行分类学分析，并在各个领域（界、门、纲、目、科、属、种）统计每个样品的群落组成。

（1）数据库选择 16S 细菌和古菌核糖体数据库（没有指定的情况下默认使用 Silva 数据库）：Silva（Release123，http://www.arb-silva.de），RDP（Release 11.3，http://rdp. cme.msu.edu/），Greengene（Release 13.5，http://greengenes.secondgenome.com/）（Quast et al., 2013; Cole et al., 2009; Desantis et al., 2006）。ITS 真菌数据库：Unite（Release 7.0，http://unite.ut.ee/index.php）。功能基因数据库：FGR，RDP 整理来源于 GeneBank（Release7.3，http://fungene.cme.msu.edu/）的功能基因数据库。

（2）软件及算法 Qiime 平台（http://qiime.org/scripts/assign_taxonomy.html）；RDP Classifier（http:// sourceforge.net /projects/rdp-classifier/），置信度阈值为 0.7（Kõljalg et al., 2013; Fish et al.,

2013; Wang et al., 2007）。

（3）结果目录 OTUs-Taxa/otu_taxa_table.xls：OTU 分类学综合信息表，将 OTU 分析结果分类学信息结合得到的综合表。OTUs ID 为 OTU 编号；第二列至分类信息（taxonomy）列的前一列为各样本的序列在各个 OTU 中的分布情况。taxonomy 列拉开可查看分类学系谱信息。各级分类以 "；" 隔开，分类学名称前的单个字母为分类等级的首字母缩写，以 "_" 隔开。tax_summary_a/：各分类学样品序列数统计表。tax_summary_r/：各分类学样品序列数相对丰度百分比统计表；otu_taxa_table. biom ： biom 格式 OTU 物种分类表。biom 格式是生物学样品中观察列联表的一种通用格式，具体信息参考 http://biom-format.org/.otu_summary/otu.taxa.table.xls ：类似于 otu_taxa_table.xls 形式，不同的是表格中列出的是 OTU 是否出现，1 表示有，0 表示无。otu_summary/tax.otu.a/ ：各分类学样本 OTU 数统计表。otu_summary/tax.otu.r/ ：各分类学样本 OTU 相对丰度统计表。注：分类学数据库中会出现一些分类学谱系中的中间等级没有科学名称，以 norank 作为标记。分类学比对后根据置信度阈值的筛选，会有某些分类谱系在某一分类级别分值较低，在统计时以 Unclassified 标记。

7. Shannon-Wiener曲线

Shannon-Wiener 是反映样本中微生物多样性的指数，利用各样本的测序量在不同测序深度时的微生物多样性指数构建曲线，以此反映各样本在不同测序数量时的微生物多样性。当曲线趋向平坦时，说明测序数据量足够大，可以反映样本中绝大多数的微生物信息。

（1）软件 使用 97% 相似度的 OTU，利用 mothur 计算不同随机抽样下的 Shannon 值，利用 R 语言工具制作曲线图。

（2）结果目录 Shannon_rarefac/meta.*.shannon.xls：每个样本在不同取样值的 Shannon 指数表；shannon.All.pdf：Shannon 曲线图。Shannon-Wiener 文库数据：338F_806R。

8. OTU分布Venn图

Venn 图可用于统计多个样本中所共有和独有的 OTU 数目，可以比较直观地表现环境样本的 OTU 数目组成相似性及重叠情况（Fouts et al., 2012）。通常情况下，分析时选用相似为 97% 的 OTU 样本表。软件：R 语言工具统计和作图。结果目录：Venn/venn.otu_table.xls.pdf ，文氏图；venn.sets.otu_table.xls，文氏图中各部分的 OTU 名称。文库数据：338F_806R。注：不同的颜色代表不同的样本，如果两个不同颜色圆圈重叠的区域标注有数字 100，说明这两个样本均有序列被划分入相同的 OTU 中，且这样的 OTU 有 100 个。图中的样本数量一般为 2 ～ 5 个。

9. 群落热图

可以用颜色变化来反映二维矩阵或表格中的数据信息，它可以直观地将数据值的大小以定义的颜色深浅表示出来（Jami et al., 2013）。常根据需要将数据进行物种或样本间丰度相似性聚类，将聚类后数据表示在热图（heatmap）上，可将高丰度和低丰度的物种分块聚集，通过颜色梯度及相似程度来反映多个样本在各分类群落组成的相似性和差异性，结果可有彩虹色和黑红色两种选择。软件及算法：R 语言 vegan 包，vegdist 和 hclust 进行距离计算和聚类分析；距离算法，Bray-Curtis；聚类方法，complete。图中颜色梯度可自定为两种或两种以上颜色渐变色。样本间和物种间聚类树枝可自定是否画出。结果目录：Heatmap/heatmap.*.pdf，热图。热图文库数据：338F_806R。

10. 群落结构组分图

根据分类学分析结果，可以得知一个或多个样本在各分类的分类学比对情况。在结果中，包含了 2 个信息：① 样本中含有何种微生物；②样本中各微生物的序列数，即各微生物的相对丰度。因此，可以使用统计学的分析方法，观测样本不同分类的群落结构。将多个样本的群落结构分析放在一起对比时，还可以观测其变化情况。根据研究对象是单个或多个样本，结果可能会以不同方式展示。通常使用较直观的饼图或柱状图等形式呈现（Oberauner et al., 2013）。群落结构的分析可在任一分类进行。软件：基于 tax_summary_a 文件夹中的数据表，利用 R 语言工具作图或在 Excel 中编辑作图。结果目录：Community/bar.tax.phylum.pdf，多样本柱状图；sample.pie.pdf，单样本饼图。文库数据：338F_806R。

注：1. 多样本柱状图，为使视图效果最佳，作图时可将丰度低于 1% 的部分合并为"其他"在图中显示。

2. 高丰度物种门、属对应图，选取所有样品丰度最高的一些物种（属）绘制柱状图并显示该物种对应的门分类信息，同一颜色物种表示来源于同一门类。

11. 单样本多级物种组成图

单样品多级物种组成图通过多个同心圆由内向外直观地展现出单个样品在域、门、纲、目、科等分类学的物种比例和分布。结果目录：分类阶元 _pie/*.krona.html，单样品多级物种组成图。

注：从最里圈往外圈看，依次是域、门、纲、目、科的物种组成。

12. 分类学系统组成树

根据每个样本或者多个样本与 Silva 或者 RDP 数据库的分类学比对结果，选出优势物种（丰度前 N 或所占百分比大于指定 P）的分类，与此同时画出其所包含的门纲目科，以树枝状呈现。单个样本图中圆圈大小代表该物种在该分类中所占的相对百分比，圆圈下的数字，第一个数字表示只比对到该物种（不能比对到该级以下的物种）的序列数，第二个数字表示共有多少序列比对到该物种。多样本比较图中的饼图表示每个样本在该分类所占的相对百分比，圆圈下的数字，第一个表示只比对到该分类（不能比对到该分类等级以下的分类）的序列数，第二个数字表示共有多少序列比对到该分类。软件：python 语言编写。结果目录：分类阶元 _tree/otu_taxa_table.xls，用于作图的 OUT 分类表；sample.pdf：分类系统组成树状图。文库数据：338F_806R。

13. PCA

PCA(principal component analysis)，即主成分分析，是一种对数据进行简化分析的技术，这种方法可以有效地找出数据中最"主要"的元素和结构，去除噪声和冗余，将原有的复杂数据降维，揭示隐藏在复杂数据背后的简单结构（Yu and Sandercock, 2012）。其优点是简单且无参数限制。通过分析不同样本 OTU（97% 相似性）组成可以反映样本间的差异和距离，PCA 运用方差分解，将多组数据的差异反映在二维坐标图上，坐标轴取能够最大反映方差值的两个特征值。如样本组成越相似，反映在 PCA 图中的距离越近。不同环境间的样本可能表现出分散和聚集的分布情况，PCA 结果中对样本差异性解释度最高的两个或三个成分可以用于对假设因素进行验证。软件：R 语言，PCA 统计分析和作图。结果目录：PCA/pca.sites.xls，记录了样本在各个维度上的位置，其中 PC1 为 x 轴、PC2 为 y 轴，依此类推；pca_rotation.xls，记录了每个 OTU 对各主成分的贡献度；pca_importance.xls，记录了各维度解释结果的百分比。如果 PC1 值为 50%，则表示 x 轴的差异可以解释全面分析结果的 50%。文库数据：338F_806R。

注：结果文件中的 PC1-2、PC1-3、PC2-3 分别是用前 3 个主要成分两两组合，分别进行了作图。不同颜色或形状的点代表不同环境或条件下的样本组，横、纵坐标轴的刻度是相对距离，无实际意义。PC1、PC2 分别代表对于两组样本微生物组成发生偏移的疑似影响因素，需要结合样本特征信息归纳总结，例如 A 组（红色）和 B 组（蓝色）样本在 PC1 轴的方向上分离开来，则可分析为 PC1 是导致 A 组和 B 组分开（可以是两个地点或酸碱不同）的主要因素，同时验证了这个因素有较高的可能性影响了样本的组成。

14．PCoA

PCoA（principal co-ordinates analysis），即主坐标分析，也是一种非约束性的数据降维分析方法，可用来研究样本群落组成的相似性或差异性，与 PCA 类似；主要区别在于，PCA 基于欧氏距离，PCoA 基于除欧氏距离以外的其他距离，通过降维找出影响样本群落组成差异的潜在主成分。PCoA，首先对一系列的特征值和特征向量进行排序，然后选择排在前几位的最主要特征值，并将其表现在坐标系里，结果相当于是距离矩阵的一个旋转，它没有改变样本点之间的相互位置关系，只是改变了坐标系统。软件：R 语言，工具统计和作图。结果目录：PCoA/pcoa_*otu_table.txt_sites，记录了样本在各个维度上的位置，其中 PCo1 为 x 轴、PCo2 为 y 轴，依此类推；pcoa_*otu_table.txt_rotation，记录了每个 OTU 对各主成分的贡献度；pcoa_*otu_table.txt_importance，记录了各维度解释结果的百分比。如果 PC1 值为 50%，则表示 x 轴的差异可以解释全面分析结果的 50%。文库数据：338F_806R。

注：同"13.PCA"。

15．基于 Beta 多样性距离的非度量多维尺度分析（NMDS）

非度量多维尺度法是一种将多维空间的研究对象（样本或变量）简化到低维空间进行定位、分析和归类，同时又保留对象间原始关系的数据分析方法（Rivas et al., 2013）。适用于无法获得研究对象间精确的相似性或相异性数据，仅能得到它们之间等级关系数据的情形。其基本特征是将对象间的相似性或相异性数据看成点间距离的单调函数，在保持原始数据次序关系的基础上，用新的相同次序的数据列替换原始数据进行度量型多维尺度分析。换句话说，当资料不适合直接进行变量型多维尺度分析时，对其进行变量变换，再采用变量型多维尺度分析，对原始资料而言，就称为非度量多维尺度分析。其特点是根据样本中包含的物种信息，以点的形式反映在多维空间上，而对不同样本间的差异程度，则是通过点与点间的距离体现的，最终获得样本的空间定位点图。软件：Qiime 计算 Beta 多样性距离矩阵，R 语言

vegan 软件包进行 NMDS 和作图。结果目录：NMDS/nmds_bray_cruist_sites.xls，记录了样本在坐标空间中各个维度上的位置。文库数据：338F_806R。

注：不同颜色或形状的点代表不同环境或条件下的样本组。

16．多样本相似度树状图

利用树枝结构描述和比较多个样本间的相似性和差异关系。首先使用描述群落组成关系和结构的算法计算样本间的距离，即根据 Beta 多样性距离矩阵进行层次聚类（Hierarchical clustering）分析（Jiang et al., 2013），使用非加权组平均法（Unweighted pair group method with arithmetic mean，UPGMA）算法构建树状结构，得到树状关系形式用于可视化分析。软件：Qiime 计算 Beta 多样性距离矩阵，计算距离矩阵的算法为 bray curtis。结果目录：Hcluster_tree/hcluster_ tree_bray_cruist_average.tre，newick-formatted 树文件，newick 是一种树状的标准格式文件，可被多种建树软件识别，例如 PHYLIP、TREEVIEW、ARB；hcluster_tree_bray_cruist_average.pdf，多样本相似度树状图。文库数据：338F_806R。

注：树枝长度代表样本间的距离，样本可按预先的分组以不同颜色区分。

17．基于UniFrac的PCoA

UniFrac 分析得到的距离矩阵可用于多种分析方法，可通过多变量统计学方法 PCoA，直观显示不同环境样本中微生物进化上的相似性及差异性。PCoA 是一种研究数据相似性或差异性的可视化方法，通过一系列的特征值和特征向量进行排序后，选择主要排在前几位的特征值，PCoA 可以找到距离矩阵中最主要的坐标，结果是数据矩阵的一个旋转，它没有改变样本点之间的相互位置关系，只是改变了坐标系统（Jiang et al., 2013）。Unifrac PCoA 基于进化距离，在进化挖掘影响样品群落组成差异的潜在主成分。软件：R 语言进行 PCoA 和作 PCoA 图。结果目录：Unifrac_PCoA/pcoa_*weighted_unifrac_dm.txt_sites，记录了样本在各个维度上的位置，其中 PCo1 为 x 轴，PCo2 为 y 轴，依此类推；pcoa_（un）weighted_unifrac_ dm.txt_rotation，记录了每个 OTU 对各主成分的贡献度；pcoa_（un）weighted_unifrac_ dm.txt_ importance，记录了各维度解释结果的百分比。如果 PC1 值为 50%，则表示 x 轴的差异可以解释全面分析结果的 50%。文库数据：338F_806R。

注：同 "13.PCA"。

18．基于UniFrac的聚类树分析

UniFrac 分析得到的距离矩阵可用于多种分析方法，通过层次聚类（hierarchical clustering）中的非加权组平均法（UPGMA）构建进化树等图形可视化处理，可以直观显示不同环境样本中微生物进化上的相似性及差异性（Noval et al., 2013）。UPGMA（unweighted pair group method with arithmetic mean）假设在进化过程中所有核苷酸 / 氨基酸都有相同的变异率，即存在着一个分子钟。通过树枝的距离和聚类的远近可以观察样本间的进化距离。软件：R 语言 vegan 包进行 UPGMA 分析和作进化树。结果目录：Unifrac_Hcluster/unifrac.tree.pdf，样本进化树分析图。文库数据：338F_806R。

注：树枝颜色为预先定义的不同分组标注。

二、微生物种类多样性分析

1．细菌种类多样性分析

分析结果见表8-2。检测到异位发酵床不同处理组细菌序列（read）数量达93475。细菌种类（OTU）范围为329（AUG_H）～817（AUG_PM），物种特性指数ACE指数和Chao指数的范围为353（AUG_H）～883（AUG_PM），表明不同处理细菌种类数量差异显著；不同处理组香农（Shannon）指数差异显著，垫料原料（AUG_CK）为3.95、深发酵垫料（AUG_H）为4.29、浅发酵垫料（AUG_L）为3.96、未发酵猪粪（AUG_PM）为5.00。表明AUG_CK细菌种类多样性最低，AUG_PM最高；不同处理组优势度辛普森（Simpson）指数差异显著，垫料原料（AUG_CK）为0.0871，深发酵垫料（AUG_H）为0.0255，浅发酵垫料（AUG_L）为0.0619，未发酵猪粪（AUG_PM）为0.0176，优势度指数越高，表明细菌种类的集中度越高，分析结果表明，AUG_CK的细菌种类集中度最高，是集中度最低的AUG_PM的4.95倍。细菌种类测序深度指数（coverage）为0.99，说明测序深度已经基本覆盖到样本中所有的物种。

表8-2　异位发酵床细菌种类多样性分析

样本	序列（read）数	相似性系数0.97					测序深度指数
		OTU	ACE指数	Chao1指数	香农指数	辛普森指数	
垫料原料（AUG_CK）	93475	728	764	786	3.95	0.0871	0.999273
			(750，788)	(760，836)	(3.94，3.97)	(0.0857，0.0886)	
深发酵垫料（AUG_H）	93475	329	353	356	4.29	0.0255	0.999668
			(341，379)	(340，395)	(4.28，4.29)	(0.0253，0.0258)	
浅发酵垫料（AUG_L）	93475	711	825	838	3.96	0.0619	0.998566
			(792，873)	(793，909)	(3.95，3.98)	(0.061，0.0627)	
未发酵猪粪（AUG_PM）	93475	817	862	883	5.00	0.0176	0.999133
			(846，888)	(855，933)	(4.99，5.01)	(0.0173，0.0179)	

注：（）内数字表示每组处理有2个平行样本，如垫料原料ACE值，两个样本分别是750和788，取两者均值为764。

2．真菌种类多样性分析

分析结果见表8-3。检测到异位发酵床不同处理组真菌序列（read）数量达100371，比细菌的高，因为真菌样本检测中包含了其他真核生物的种类。真菌种类范围为26（AUG_H）～114（AUG_CK），物种特性指数ACE指数和Chao指数的范围为49（AUG_H）～114（AUG_CK），表明真菌种类数量比细菌少得多，不同处理真菌种类数量差异显著；不同处理组真菌香农（Shannon）指数差异显著，垫料原料（AUG_CK）为2.5、深发酵垫料（AUG_H）为1.07、浅发酵垫料（AUG_L）为2.75、未发酵猪粪（AUG_PM）为1.26，表明AUG_H真菌种类多样性最低、AUG_L最高，相差1.4倍；不同处理组真菌优势度辛普森（Simpson）指数差异显著，垫料原料（AUG_CK）为0.1489、深发酵垫料（AUG_H）为0.4093、浅发酵垫料（AUG_L）为0.1209、未发酵猪粪（AUG_PM）为0.5897，优势度指数越高，表明真菌种类的集中度越高，分析结果表明，AUG_PM真菌种类集中度最高，是集中度最低的

AUG_L 组 4.8 倍。真菌种类测序深度指数（Coverage）约为 0.9999，说明测序深度已经基本覆盖到样本中所有的物种。

表8-3　异位发酵床真菌种类多样性

| 样本 | 序列（read）数 | OTU | 相似性系数0.97 | | | | 测序深度指数 |
			ACE指数	Chao1指数	香农指数	辛普森指数	
垫料原料（AUG_CK）	100371	114	114	114	2.5	0.1489	0.999980
			(114, 118)	(114, 120)	(2.49, 2.51)	(0.1474, 0.1504)	
深发酵垫料（AUG_H）	100371	26	49	54	1.07	0.4093	0.999920
			(36, 83)	(33, 132)	(1.07, 1.08)	(0.4076, 0.411)	
浅发酵垫料（AUG_L）	100371	98	100	99	2.75	0.1209	0.999970
			(98, 107)	(98, 104)	(2.74, 2.76)	(0.1198, 0.1221)	
未发酵猪粪（AUG_PM）	100371	102	106	108	1.26	0.5897	0.999920
			(103, 116)	(103, 129)	(1.25, 1.28)	(0.5858, 0.5936)	

三、微生物种类稀释曲线分析

1. 细菌种类稀释曲线分析

微生物多样性分析中需要验证测序数据量是否足以反映样本中的物种多样性，稀释曲线（丰富度曲线）可以用来检验这一指标，评价测序量是否足以覆盖所有类群，并间接反映样本中物种的丰富程度。稀释曲线是利用已测得 16S rDNA 序列中已知的各种 OTU 的相对比例，来计算抽取 n 个（n 小于测得的读序序列总数）读序时出现 OTU 数量和香农指数的期望值，然后根据一组 n 值（一般为一组小于总序列数的等差数列，如 0、$2×10^4$、$4×10^4$、$6×10^4$、$8×10^4$ 等）与其相对应的 OTU 数量和香农指数的期望值做出曲线来。当曲线趋于平缓或者达到平台期时，也就可以认为测序深度已经基本覆盖到样本中所有的物种；反之，则表示样本中物种多样性较高，还存在较多未被测序检测到的物种。当取样 $8×10^4$ 时，OTU 数量（图 8-2）和香农指数（图 8-3）曲线趋于平缓达到平台期，表明测序深度已经基本覆盖

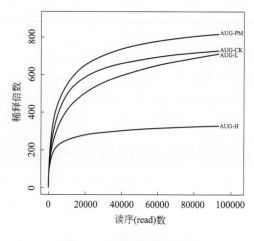

图8-2　细菌种类稀释曲线

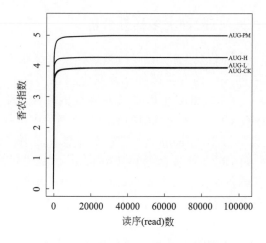

图8-3　细菌种类香农指数稀释曲线

到样本中所有的细菌物种。

2. 真菌种类稀释曲线分析

微生物多样性分析中需要验证测序数据量是否足以反映样本中的物种多样性，稀释曲线（丰富度曲线）可以用来检验这一指标，评价测序量是否足以覆盖所有类群，并间接反映样本中物种的丰富程度。稀释曲线是利用已测得 ITS 序列中已知的各种 OTU 的相对比例，来计算抽取 n 个（n 小于测得的读序序列总数）读序时出现 OTU 数量和香农指数的期望值，然后根据一组 n 值（一般为一组小于总序列数的等差数列，如 0、2×10^4、4×10^4、6×10^4、8×10^4 等）与其相对应的 OTU 数量和香农指数的期望值做出曲线来。当曲线趋于平缓或者达到平台期时，也就可以认为测序深度已经基本覆盖到样本中所有的物种；反之，则表示样本中物种多样性较高，还存在较多未被测序检测到的物种。当取样 8×10^4 时，OTU 数量（图 8-4）和香农指数（图 8-5）曲线趋于平缓达到平台期，表明测序深度已经基本覆盖到样本中所有的真菌物种。

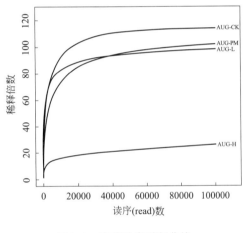

图8-4　真菌种类稀释曲线

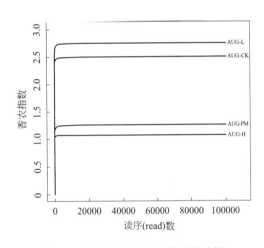

图8-5　细菌种类香农指数稀释曲线

四、微生物种类热图分析

1. 细菌种类热图分析

（1）细菌门热图　异位发酵床细菌门种类丰度比例结构见表 8-4，建立热图（heatmap）见图 8-6。以不同处理组为指标分类，可将细菌门分为 5 类，第 1 类具有高含量属性，细菌门分别为酸杆菌门、放线菌门、拟杆菌门、绿弯菌门、厚壁菌门、变形菌门、糖杆菌门，在垫料原料组（AUG_CK）、深发酵垫料组（AUG_H）、浅发酵垫料组（AUG_L）、未发酵猪粪组（AUG_PM）分布的丰度超过 94%。其余 4 类皆为低含量属性，在不同处理组中的分布不超过 1%。

表8-4　异位发酵床细菌门种类丰度比例结构

组别	物种名称	不同发酵程度垫料细菌门丰度			
		AUG_CK	AUG_H	AUG_L	AUG_PM
第1类	酸杆菌门（Acidobacteria）	0.0031	0.0000	0.0034	0.0528
	放线菌门（Actinobacteria）	0.0432	0.1631	0.0089	0.0629
	拟杆菌门（Bacteroidetes）	0.3124	0.3095	0.6081	0.1287
	绿弯菌门（Chloroflexi）	0.0139	0.0000	0.0041	0.1758
	厚壁菌门（Firmicutes）	0.0329	0.2293	0.0215	0.1116
	变形菌门（Proteobacteria）	0.5810	0.2723	0.3200	0.3661
	糖杆菌门（Saccharibacteria）	0.0066	0.0000	0.0234	0.0454
	小计	0.9931	0.9742	0.9894	0.9433
第2类	螺旋体门（Spirochaetae）	0.0000	0.0009	0.0002	0.0000
	互养菌门（Synergistetes）	0.0000	0.0001	0.0001	0.0000
	柔膜菌门（Tenericutes）	0.0000	0.0010	0.0013	0.0000
	小计	0.0	0.002	0.0016	0.0
第3类	装甲菌门（Armatimonadetes）	0.0009	0.0000	0.0005	0.0021
	未分类的细菌门（Bacteria unclassified）	0.0002	0.0000	0.0001	0.0003
	衣原体门（Chlamydiae）	0.0003	0.0000	0.0000	0.0004
	绿菌门（Chlorobi）	0.0006	0.0000	0.0004	0.0012
	纤维杆菌门（Fibrobacteres）	0.0000	0.0000	0.0000	0.0002
	产氢菌门（Hydrogenedentes）	0.0001	0.0000	0.0001	0.0015
	候选门Microgenomates	0.0005	0.0000	0.0001	0.0004
	候选门Parcubacteria	0.0000	0.0000	0.0000	0.0001
	候选门SM2F11	0.0000	0.0000	0.0002	0.0008
	候选门TM6	0.0002	0.0000	0.0001	0.0007
	小计	0.0028	0.0	0.0015	0.0077
第4类	候选门WS6	0.0008	0.0000	0.0007	0.0188
	蓝细菌门（Cyanobacteria）	0.0002	0.0000	0.0022	0.0056
	异常球菌-栖热菌门Deinococcus-Thermus	0.0004	0.0230	0.0023	0.0081
	芽单胞菌门（Gemmatimonadetes）	0.0004	0.0008	0.0004	0.0094
	浮霉菌门（Planctomycetes）	0.0003	0.0000	0.0002	0.0041
	疣微菌门（Verrucomicrobia）	0.0014	0.0000	0.0016	0.0028
	小计	0.0035	0.0238	0.0074	0.0488
第5类	候选门SHA-109	0.0002	0.0000	0.0000	0.0000
	候选门TA06	0.0001	0.0000	0.0000	0.0000
	候选门WCHB1-60	0.0001	0.0000	0.0000	0.0000
	候选门WD272	0.0004	0.0000	0.0000	0.0000
	小计	0.0008	0.0	0.0	0.0

　　从纵向看，第4类细菌门：候选门WS6、蓝细菌门、异常球菌-栖热菌门、芽单胞菌门、浮霉菌门、疣微菌门在未发酵猪粪（AUG_PM）中分布含量较高，合计可达4.88%。

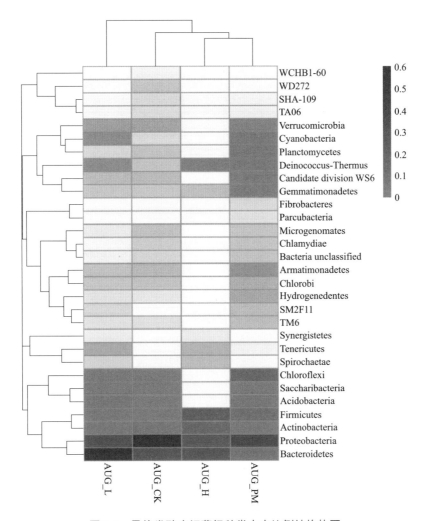

图8-6 异位发酵床细菌门种类丰度比例结构热图

（2）细菌属热图 异位发酵床细菌属种类丰度比例结构见表8-5，建立热图（heatmap）见图8-7。以不同处理组为指标分类，可将细菌门分为4类。第1类含有9个细菌属，包括肠杆菌属、伯克氏菌属、噬几丁质菌属、妖杆菌属、苍白杆菌属、假黄单胞菌属、根瘤菌属、鞘氨醇杆菌属、链霉菌属，主要分布在垫料原料（AUG_CK）。第2类含有16个细菌属，即不动杆菌属、厌氧线菌科未培养的1属、芽胞杆菌属、出芽链菌属、门WS6分类地位未定的1属、卡斯泰拉尼氏菌属、金色线菌属、德沃斯氏菌属、藤黄色单胞菌属、类芽胞杆菌属、假单胞菌属、罗纳杆菌属、玫瑰弯菌属、糖杆菌门分类地位未定的1属、亚群6分类地位未定的1属、太白山菌属，芽胞杆菌属、放线菌属、假单胞菌属主要在这里，分布主要在未发酵猪粪（AUG_PM）。第3类含有9个细菌属，即金黄杆菌属、丛毛单胞菌科未分类的1属、DSSF69分类地位未定的1属、黄杆菌科未分类的1属、黄杆菌属、漠河杆菌属、寡养单胞菌属、热单胞菌属、噬几丁质菌科未培养的1属，主要分布在浅发酵垫料（AUG_L）。第4类含有16个细菌属，即食烷菌属、芽胞杆菌科未培养的1属、短杆菌属、狭义梭菌属1、棒杆菌属1、橙色杆状菌属、海洋微菌属、橄榄杆菌属、目Ⅲ未培养的 1 属、少盐芽胞杆菌属、极小单胞菌属、鞘氨醇杆菌科未培养的 1 属、土生孢杆菌属、特吕珀菌属、石纯杆菌属、黄单胞菌科未分类的 1 属，主要分布在深发酵垫料（AUG_H）。

表8-5　异位发酵床细菌属种类丰度比例结构

类别	物种名称	不同发酵程度垫料细菌属丰度			
		AUG_CK	AUG_H	AUG_L	AUG_PM
第1类	【1】 肠杆菌属（Enterobacter）	0.3626	0.0008	0.0000	0.0260
	【2】 伯克氏菌属（Burkholderia）	0.0212	0.0000	0.0001	0.0052
	【3】 噬几丁质菌属（Chitinophaga）	0.0603	0.0000	0.0000	0.0002
	【4】 克洛诺菌属（Cronobacter）	0.0489	0.0001	0.0000	0.0018
	【5】 苍白杆菌属（Ochrobactrum）	0.0156	0.0000	0.0026	0.0048
	【6】 假黄单胞菌属（Pseudoxanthomonas）	0.0176	0.0000	0.0076	0.0024
	【7】 根瘤菌属（Rhizobium）	0.0206	0.0000	0.0007	0.0007
	【8】 鞘氨醇杆菌属（Sphingobacterium）	0.1710	0.0061	0.0714	0.0004
	【9】 链霉菌属（Streptomyces）	0.0241	0.0001	0.0001	0.0171
	小计	0.7419	0.0071	0.0825	0.0586
第2类	【1】 不动杆菌属（Acinetobacter）	0.0331	0.0060	0.0495	0.0370
	【2】 厌氧绳菌科未培养的1属	0.0123	0.0000	0.0025	0.2208
	【3】 芽胞杆菌属（Bacillus）	0.0026	0.0000	0.0039	0.0779
	【4】 出芽链菌属（Blastocatella）	0.0005	0.0000	0.0029	0.0331
	【5】 门WS6分类地位未定的1属	0.0010	0.0000	0.0009	0.0289
	【6】 卡斯泰拉尼氏菌属（Castellaniella）	0.0005	0.0000	0.0054	0.0342
	【7】 金色线菌属（Chryseolinea）	0.0007	0.0000	0.0018	0.0312
	【8】 德沃斯氏菌属（Devosia）	0.0032	0.0000	0.0026	0.0216
	【9】 藤黄色单胞菌属（Luteimonas）	0.0028	0.0000	0.0109	0.0467
	【10】 类芽胞杆菌属（Paenibacillus）	0.0100	0.0000	0.0001	0.0247
	【11】 假单胞菌属（Pseudomonas）	0.0300	0.0595	0.0138	0.0292
	【12】 罗纳杆菌属（Rhodanobacter）	0.0007	0.0000	0.0011	0.0446
	【13】 玫瑰弯菌属（Roseiflexus）	0.0019	0.0000	0.0014	0.0239
	【14】 糖杆菌门分类地位未定的1属	0.0084	0.0000	0.0289	0.0698
	【15】 亚群6分类地位未定的1属	0.0013	0.0000	0.0009	0.0417
	【16】 太白山菌属（Taibaiella）	0.0093	0.0004	0.0821	0.0848
	小计	0.1183	0.0659	0.2087	0.8501
第3类	【1】 金黄杆菌属（Chryseobacterium）	0.0156	0.0000	0.2170	0.0176
	【2】 丛毛单胞菌科未分类的1属	0.0035	0.0000	0.0330	0.0051
	【3】 DSSF69分类地位未定的1属	0.0001	0.0000	0.0294	0.0067
	【4】 黄杆菌科未分类的1属	0.0000	0.0078	0.0150	0.0000

续表

类别	物种名称		不同发酵程度垫料细菌属丰度			
			AUG_CK	AUG_H	AUG_L	AUG_PM
第3类	【5】	黄杆菌属（*Flavobacterium*）	0.0108	0.0000	0.0340	0.0007
	【6】	漠河杆菌属（*Moheibacter*）	0.0069	0.0153	0.1886	0.0030
	【7】	寡养单胞菌属（*Stenotrophomonas*）	0.0100	0.0000	0.0689	0.0011
	【8】	热单胞菌属（*Thermomonas*）	0.0014	0.0000	0.0232	0.0135
	【9】	噬几丁质菌科未培养的1属	0.0017	0.0000	0.0870	0.0119
	小计		0.05	0.0231	0.6961	0.0596
第4类	【1】	食烷菌属（*Alcanivorax*）	0.0000	0.0791	0.0000	0.0007
	【2】	芽胞杆菌科未培养的1属	0.0000	0.0296	0.0000	0.0000
	【3】	短状杆菌属（*Brachybacterium*）	0.0001	0.1089	0.0000	0.0000
	【4】	狭义梭菌属1	0.0064	0.1019	0.0051	0.0146
	【5】	棒杆菌属1（*Corynebacterium*1）	0.0000	0.0262	0.0001	0.0001
	【6】	橙色杆状菌属（*Luteivirga*）	0.0000	0.0312	0.0000	0.0001
	【7】	海洋微菌属（*Marinimicrobium*）	0.0000	0.0256	0.0000	0.0000
	【8】	橄榄杆菌属（*Olivibacter*）	0.0826	0.1225	0.0004	0.0001
	【9】	目Ⅲ未培养的1属	0.0000	0.0503	0.0000	0.0000
	【10】	少盐芽胞杆菌属（*Paucisalibacillus*）	0.0000	0.0289	0.0000	0.0000
	【11】	极小单胞菌属（*Pusillimonas*）	0.0001	0.0239	0.0029	0.0012
	【12】	鞘氨醇杆菌科未培养的1属	0.0000	0.0289	0.0000	0.0000
	【13】	土生孢杆菌属（*Terrisporobacter*）	0.0001	0.0374	0.0005	0.0018
	【14】	特吕珀菌属（*Truepera*）	0.0005	0.0328	0.0028	0.0124
	【15】	石纯杆菌属（*Ulvibacter*）	0.0000	0.0664	0.0000	0.0000
	【16】	黄单胞菌科未分类的1属	0.0001	0.0581	0.0008	0.0003
	小计		0.0899	0.9039	0.0126	0.0313

2. 真菌种类热图分析

（1）真菌门热图　异位发酵床真菌门种类丰度比例结构见表8-6，建立热图（heatmap）见图8-8。以不同处理组为指标分类，可将真菌门分为5类，第1类4个原核生物门，包括无根虫门、纤毛虫门、线虫门、Nucleariidae and Fonticula group，主要是线虫等原生动物类，主要分布在浅发酵垫料（AUG_L）；第2类3个真菌门，变形虫门、顶复门、多孔动物门，主要是原生生物类，分布量较小，在浅发酵垫料（AUG_L）少量分布；第3类6个真菌门，子囊菌门、担子菌门、来自环境样品的真菌门等，在不同处理组分布量最多；第4类9个原核生物门，主要是原生生物和原始真菌种类，包括丝足虫门、绿藻门、壶菌门等，在不同处理组中分布量很少。

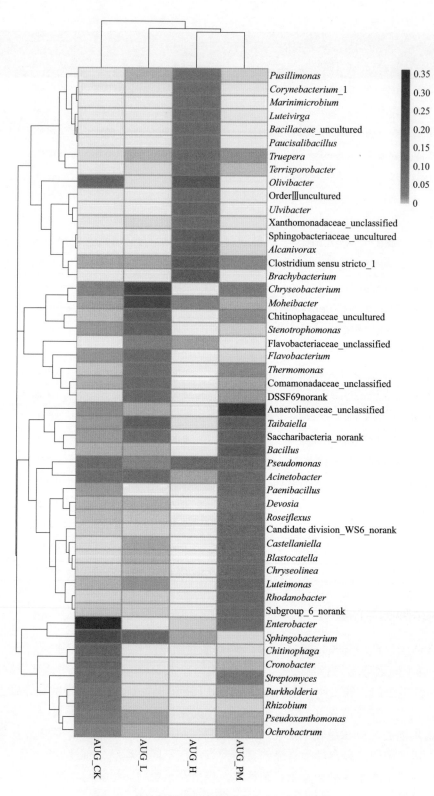

图8-7 异位发酵床细菌属种类丰度比例结构热图

表8-6 异位发酵床真菌门种类丰度比例结构

类别	物种名称	不同发酵程度垫料真菌门丰度			
		AUG_CK	AUG_H	AUG_L	AUG_PM
第1类	【1】无根虫门（Apusozoa）	0.0000	0.0000	0.0018	0.0008
	【2】纤毛虫门（Ciliophora）	0.0026	0.0001	0.0073	0.0005
	【3】线虫门（Nematoda）	0.0000	0.0000	0.0107	0.0000
	【4】Nucleariidae和Fonticula群	0.0018	0.0000	0.0046	0.0025
	小计	0.0044	0.0001	0.0244	0.0038
第2类	【1】变形虫门（Amoebozoa）	0.0000	0.0000	0.0001	0.0000
	【2】顶复门（Apicomplexa）	0.0000	0.0000	0.0003	0.0000
	【3】多孔动物门（Porifera）	0.0000	0.0000	0.0002	0.0000
	小计	0.0	0.0	0.0006	0.0
第3类	【1】子囊菌门（Ascomycota）	0.5130	0.0811	0.0533	0.0181
	【2】担子菌门（Basidiomycota）	0.0058	0.9105	0.0741	0.0139
	【3】米自环境样品的真菌门	0.0226	0.0001	0.0913	0.0354
	【4】来自环境样品的分类地位未定的真菌门	0.2854	0.0067	0.7143	0.9061
	【5】分类地位未定的真菌门（Fungi incertae sedis）	0.1659	0.0006	0.0065	0.0057
	【6】未分类真菌门	0.0005	0.0009	0.0347	0.0157
	小计	0.9932	0.9999	0.9742	0.9949
第4类	【1】丝足虫门（Cercozoa）	0.0002	0.0000	0.0000	0.0000
	【2】绿藻门（Chlorophyta）	0.0000	0.0000	0.0000	0.0000
	【3】壶菌门（Chytridiomycota）	0.0001	0.0000	0.0000	0.0001
	【4】Discosea	0.0011	0.0000	0.0000	0.0001
	【5】未分类真核生物（Eukaryota norank）	0.0001	0.0000	0.0000	0.0000
	【6】球囊菌门（Glomeromycota）	0.0000	0.0000	0.0000	0.0000
	【7】未定阶元后鞭毛生物（Opisthokonta incertae sedis）	0.0002	0.0000	0.0001	0.0000
	【8】未明确茸鞭生物界生物（Stramenopiles norank）	0.0004	0.0000	0.0006	0.0006
	【9】变形虫门（Tubulinea）	0.0002	0.0000	0.0001	0.0003
	小计	0.0023	0.0	0.0008	0.0011

（2）真菌属热图 异位发酵床真菌属种类丰度比例结构见表8-7，建立热图（heatmap）见图8-9。以不同处理组为指标分类，可将真菌属分为8类（从热图的下方往上算）。第1类的曲霉属、假丝酵母属、小坎宁安霉属等真菌属主要分布在垫料原料（AUG_CK）；第4类的囊环粪盘属、毛霉属、头梗霉属和第5类的丝孢酵母属、支顶孢属、长西氏霉属、红酵母属等真菌属主要分布在深发酵垫料（AUG_H）；第8类的无色喙球菌属、芹菜丝菌属等来自环境样品的1属等真菌属主要分布在浅发酵垫料（AUG_L）和未发酵猪粪（AUG_PM）中。

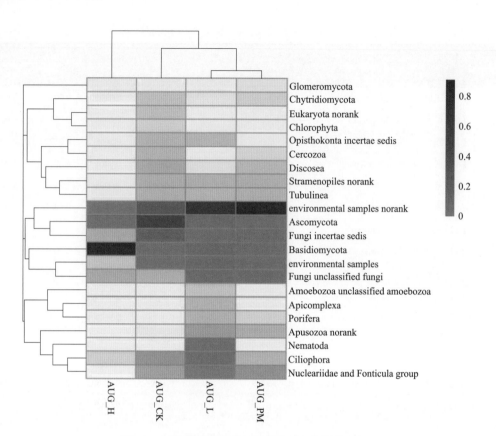

图8-8 异位发酵床真菌门种类丰度比例结构热图

表8-7 异位发酵床真菌属种类丰度比例结构

类别	物种名称	不同发酵程度垫料真菌属丰度			
		AUG_CK	AUG_H	AUG_L	AUG_PM
第1类	【1】曲霉属（Aspergillus）	0.3153	0.0000	0.0076	0.0091
	【2】假丝酵母属（Candida）	0.0230	0.0000	0.0002	0.0000
	【3】小坎宁安霉属（Cunninghamella）	0.1130	0.0000	0.0000	0.0000
	【4】塞伯林德纳氏酵母属（Cyberlindnera）	0.1026	0.0000	0.0001	0.0000
	【5】生丝毕赤酵母属（Hyphopichia）	0.0335	0.0000	0.0000	0.0000
	【6】横梗霉属（Lichtheimia）	0.0321	0.0001	0.0000	0.0001
	【7】梅氏酵母属（Meyerozyma）	0.0316	0.0000	0.0000	0.0006
	【8】根霉属（Rhizopus）	0.0164	0.0000	0.0003	0.0000
	小计	0.6675	0.0001	0.0082	0.0098
第2类	来自环境样品分类地位未定的1属（environmental samples norank）	0.3083	0.0068	0.8057	0.9419
	小计	0.3083	0.0068	0.8057	0.9419
第3类	【1】犁头霉属（Absidia）	0.0016	0.0000	0.0000	0.0001
	【2】拟囊霉属（Alloascoidea）	0.0006	0.0000	0.0000	0.0000

续表

类别	物种名称	不同发酵程度垫料真菌属丰度			
		AUG_CK	AUG_H	AUG_L	AUG_PM
第3类	【3】 *Cavernomonas*	0.0002	0.0000	0.0000	0.0000
	【4】 双珠霉属（*Dimargaris*）	0.0007	0.0000	0.0000	0.0000
	【5】 苗圃霉属(*Gaertneriomyces*)	0.0001	0.0000	0.0000	0.0000
	【6】 建云霉属（*Jianyunia*）	0.0010	0.0000	0.0000	0.0000
	【7】 根毛霉属（*Rhizomucor*）	0.0008	0.0000	0.0000	0.0000
	【8】 舍费尔霉属（*Scheffersomyces*）	0.0002	0.0000	0.0000	0.0000
	【9】 齿梗孢属（*Scolecobasidium*）	0.0014	0.0000	0.0000	0.0000
	【10】 螺霉属（*Spiromyces*）	0.0006	0.0000	0.0000	0.0000
	【11】 对称孢属（*Symmetrospora*）	0.0001	0.0000	0.0000	0.0000
	【12】 麦轴梗霉属（*Tritirachium*）	0.0003	0.0000	0.0000	0.0000
	【13】 节担菌属（*Wallemia*）	0.0001	0.0000	0.0000	0.0000
	小计	0.0088	0.0000	0.0000	0.0001
第4类	【1】 囊环类盘属（*Ascozonus*）	0.0005	0.0013	0.0006	0.0000
	【2】 毛霉属（*Mucor*）	0.0000	0.0005	0.0000	0.0000
	【3】 头梗霉属（*Cephaliophora*）	0.0001	0.0006	0.0007	0.0000
	小计	0.0006	0.0024	0.0013	0.0000
第5类	【1】 丝孢酵母属（*Trichosporon*）	0.0009	0.5115	0.0625	0.0123
	【2】 支顶孢属（*Acremonium*）	0.0001	0.0792	0.0000	0.0000
	【3】 长西氏霉属（*Naganishia*）	0.0003	0.3756	0.0002	0.0001
	【4】 红酵母属（*Rhodotorula*）	0.0021	0.0192	0.0000	0.0001
	小计	0.0034	0.9855	0.0627	0.0125
第6类	粪黏菌属（*Copromyxa*）	0.0000	0.0000	0.0000	0.0003
	小计	0.0000	0.0000	0.0000	0.0003
第7类	【1】 卷孢菌属（*Capsaspora*）	0.0002	0.0000	0.0001	0.0000
	【2】 粉座菌属（*Graphiola*）	0.0002	0.0000	0.0007	0.0000
	【3】 赭球藻属（*Ochromonas*）	0.0002	0.0000	0.0005	0.0005
	【4】 副圆齿菌属（*Paragyrodon*）	0.0000	0.0000	0.0008	0.0000
	【5】 银耳属（*Tremella*）	0.0003	0.0002	0.0003	0.0000
	【6】 寻常海绵纲分类地位未定属（Demospongiae norank）	0.0000	0.0000	0.0002	0.0000
	【7】 粗糙孔菌属（*Trechispora*）	0.0000	0.0000	0.0002	0.0000
	小计	0.0011	0.0002	0.0047	0.0013
第8类	【1】 无色喙球菌属（*Achroceratosphaeria*）	0.0020	0.0000	0.0084	0.0008
	【2】 芹菜丝菌属（*Apiotrichum*)	0.0004	0.0039	0.0094	0.0011
	【3】 来自环境样品的1属	0.0045	0.0000	0.0116	0.0085
	【4】 分类地位未定真菌属（Fungi norank）	0.0005	0.0009	0.0347	0.0157
	【5】 地霉属（*Geotrichum*）	0.0000	0.0000	0.0353	0.0070
	小计	0.0099	0.0048	0.1174	0.0336

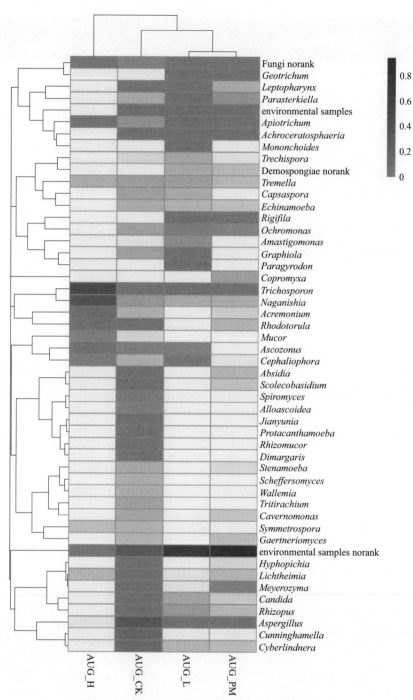

图8-9 异位发酵床真菌属种类丰度比例结构热图

五、微生物种类成分分析

1. 微生物种类主成分分析（PCA）

（1）主成分分析原理 主成分分析（principal component analysis，PCA）是一种分析和

简化数据集的技术。主成分分析经常用于减少数据集的维数，保持数据集中的对方差贡献最大的特征。通过保留低阶主成分，忽略高阶主成分而做到的。保留的低阶成分往往能够最大限度地保留数据的重要特征。PCA运用降维的思想，通过分析不同样本OTU（97%相似性）组成可以反映样本的差异和距离，将多维数据的差异反映在二维坐标图上，坐标轴取值采用对方差贡献最大的前两个特征值。如果两个样本距离越近，则表示这两个样本的组成越相似。不同处理或不同环境间的样本，可表现出分散和聚集的分布情况，从而可以判断相同条件的样本组成是否具有相似性。

（2）细菌群落Q型主成分分析　以异位发酵床不同处理组细菌种类建立数据矩阵，如表8-8。计算的Q型数据相关系数见表8-9、规格化特征向量见表8-10，特征值见表8-11，主成分分析图见图8-10。异位发酵床不同处理细菌种类共1334个，不同处理间相关性极低，相关系数低于0.1188。前3个主成分特征值累计达78.1015%，表明能很好地反映总体信息（表8-11）。从格式化特征向量可知：因子1影响作用最大的是未发酵猪粪（0.7028），因子2影响作用最大的是浅发酵垫料（–0.7207），并且与第一因子成反比；因子3影响作用最大的是深发酵垫料（0.7590），与因子1成正比。主成分分析结果表明，大部分的细菌集中在一个区域，聚集性很高。

表8-8　异位发酵床不同处理组细菌种类数据矩阵

分类单元	不同发酵程度垫料细菌含量（read）				分类单元	不同发酵程度垫料细菌含量（read）			
	AUG_CK	AUG_H	AUG_L	AUG_PM		AUG_CK	AUG_H	AUG_L	AUG_PM
OTU1	0	0	42	1275	OTU25	25	0	354	29
OTU2	3	0	10	132	OTU26	0	1	42	56
OTU3	63	0	1	2	OTU27	42	0	0	0
OTU4	0	1	40	81	OTU28	25	0	0	0
OTU5	2	275	9	2	OTU29	4	0	10	32
OTU6	17	0	0	0	OTU30	97	0	18	13
OTU7	2	0	18	13	OTU31	0	0	0	5
OTU8	1	0	4	15	OTU32	0	44	0	0
OTU9	0	0	1	11	OTU33	0	13	1	0
OTU10	0	647	1	0	OTU34	0	307	0	0
OTU11	0	0	9	0	OTU35	0	0	109	962
OTU12	0	0	0	124	OTU36	0	0	6	127
OTU13	0	21	0	0	OTU37	9	0	0	0
OTU14	0	5	0	0	OTU38	11	0	0	0
OTU15	49	0	2	1	OTU39	0	0	63	1027
OTU16	0	0	5	0	OTU40	34	0	0	0
OTU17	0	0	0	12	OTU41	0	0	0	20
OTU18	77	0	0	0	OTU42	0	0	4	7
OTU19	0	124	5	0	OTU43	9	0	0	0
OTU20	0	0	12	9	OTU44	39	0	6	1
OTU21	2	0	16	1	OTU45	0	0	0	4
OTU22	8	0	45	3	OTU46	3	0	117	30
OTU23	0	0	2	4	OTU47	0	736	0	0
OTU24	8	0	0	0	OTU48	0	131	11	0

分类单元	不同发酵程度垫料细菌含量（read）				分类单元	不同发酵程度垫料细菌含量（read）			
	AUG_CK	AUG_H	AUG_L	AUG_PM		AUG_CK	AUG_H	AUG_L	AUG_PM
OTU49	76	0	470	3	OTU89	0	0	1	12
OTU50	10	0	0	0	OTU90	12	0	1	0
OTU51	0	1	53	8732	OTU91	0	4	33	2
OTU52	13	0	100	14	OTU92	0	2032	0	0
OTU53	0	0	32	843	OTU93	9	0	0	0
OTU54	0	53	0	0	OTU94	5	0	0	0
OTU55	1	0	62	1169	OTU95	203	0	827	2831
OTU56	0	2022	0	0	OTU96	0	0	62	0
OTU57	23	0	0	0	OTU97	33	0	12	30
OTU58	0	0	57	713	OTU98	2	0	1	37
OTU59	0	0	4	269	OTU99	7	0	0	7
OTU60	0	0	134	1895	OTU100	0	12	0	0
OTU61	64	0	0	0	OTU101	2	0	4	40
OTU62	0	0	3	10	OTU102	14	0	2	22
OTU63	0	0	1	17	OTU103	12	0	0	0
OTU64	1	0	10	7	OTU104	0	0	3	11
OTU65	1	0	0	25	OTU105	1	0	30	0
OTU66	3	0	0	0	OTU106	13	0	16	87
OTU67	26	0	0	0	OTU107	0	116	0	0
OTU68	28	1	2	3	OTU108	0	0	2	1702
OTU69	37	0	96	230	OTU109	0	14	0	0
OTU70	0	440	0	0	OTU110	144	0	0	2
OTU71	7	0	24	162	OTU111	0	0	2	139
OTU72	28	0	4	27	OTU112	0	13	0	0
OTU73	14	0	0	0	OTU113	17	0	139	886
OTU74	1	0	5	155	OTU114	144	0	0	9
OTU75	0	6	0	0	OTU115	6	0	3	3
OTU76	14	0	2	158	OTU116	0	0	31	0
OTU77	5	0	0	0	OTU117	15	0	0	0
OTU78	18	0	1	44	OTU118	0	497	12	7
OTU79	6	0	13	44	OTU119	0	151	0	0
OTU80	0	36	0	0	OTU120	22	0	0	12
OTU81	0	0	19	0	OTU121	14	0	0	0
OTU82	0	0	0	6	OTU122	7	0	0	0
OTU83	13	0	0	0	OTU123	42	0	2	1
OTU84	0	4	0	0	OTU124	0	0	4662	58
OTU85	15	0	0	10	OTU125	7	0	1	1
OTU86	15	0	2	0	OTU126	25	0	0	6
OTU87	55	0	0	1	OTU127	0	0	25	0
OTU88	0	0	3	4	OTU128	0	0	0	36

分类单元	不同发酵程度垫料细菌含量（read）				分类单元	不同发酵程度垫料细菌含量（read）			
	AUG_CK	AUG_H	AUG_L	AUG_PM		AUG_CK	AUG_H	AUG_L	AUG_PM
OTU129	15	0	0	0	OTU169	0	21	0	4
OTU130	0	0	155	59	OTU170	2	0	0	1
OTU131	0	40	0	0	OTU171	0	85	0	0
OTU132	52	0	0	0	OTU172	38	0	0	0
OTU133	36	121	20	3	OTU173	88	2	291	122
OTU134	0	0	37	0	OTU174	0	102	0	0
OTU135	17	0	1	2	OTU175	0	0	0	8
OTU136	1	0	13	117	OTU176	0	0	0	9
OTU137	53	0	11	1	OTU177	2	0	0	4
OTU138	0	1825	0	1	OTU178	0	0	55	0
OTU139	0	0	13	221	OTU179	96	0	73	13
OTU140	0	0	0	24	OTU180	0	0	1	158
OTU141	0	0	0	9	OTU181	0	0	0	104
OTU142	0	8	20	0	OTU182	150	0	1	4
OTU143	0	0	4	4	OTU183	216	1	775	998
OTU144	0	24	0	0	OTU184	70	1	120	12
OTU145	13	0	0	6	OTU185	0	33	2	2
OTU146	0	249	0	0	OTU186	0	36	0	0
OTU147	1	0	8	103	OTU187	0	91	0	0
OTU148	0	15	0	0	OTU188	25	0	0	0
OTU149	0	82	0	0	OTU189	3	0	1	11
OTU150	0	0	55	0	OTU190	4	0	70	0
OTU151	0	0	34	0	OTU191	21	0	0	4
OTU152	3	0	1	8	OTU192	0	0	5	1
OTU153	0	532	0	0	OTU193	4	332	5	53
OTU154	23	1	25	7	OTU194	0	77	0	0
OTU155	15	0	11	130	OTU195	0	0	1	15
OTU156	3	0	0	8	OTU196	6	0	3	0
OTU157	8	0	88	1	OTU197	13	0	1	0
OTU158	3	12	0	0	OTU198	0	9	0	0
OTU159	0	0	0	17	OTU199	25	0	21	1
OTU160	0	0	32	3	OTU200	1071	26	1	4
OTU161	0	40	0	7	OTU201	0	0	29	0
OTU162	36	0	0	0	OTU202	17	0	0	0
OTU163	0	1593	0	0	OTU203	0	106	10	5
OTU164	28	0	2	9	OTU204	0	4132	0	1
OTU165	76	0	22	71	OTU205	2	0	3	12
OTU166	0	45	0	0	OTU206	1	0	1	47
OTU167	0	0	0	4	OTU207	0	2341	0	0
OTU168	340	0	8	273	OTU208	167	0	0	12

分类单元	不同发酵程度垫料细菌含量（read）				分类单元	不同发酵程度垫料细菌含量（read）			
	AUG_CK	AUG_H	AUG_L	AUG_PM		AUG_CK	AUG_H	AUG_L	AUG_PM
OTU209	0	0	2	40	OTU249	62	0	0	0
OTU210	0	2	783	782	OTU250	4	0	0	2
OTU211	32	0	0	0	OTU251	8	0	0	0
OTU212	3	0	2	276	OTU252	0	3307	0	0
OTU213	26	0	0	2	OTU253	8	0	4	4
OTU214	19	0	2	8	OTU254	77	0	0	0
OTU215	53	0	0	0	OTU255	0	0	0	18
OTU216	71	0	20	127	OTU256	0	0	2	11
OTU217	0	0	7	38	OTU257	0	0	3	55
OTU218	101	2	119	19	OTU258	13	0	0	2
OTU219	4	0	13	33	OTU259	137	0	2	23
OTU220	5	0	1	0	OTU260	0	0	1	11
OTU221	1	0	0	16	OTU261	35	0	1	8
OTU222	20	0	0	0	OTU262	2	165	4	9
OTU223	0	3	0	0	OTU263	142	2	0	1
OTU224	6	0	0	0	OTU264	3	0	4	2
OTU225	0	533	0	0	OTU265	0	0	0	5
OTU226	0	27	0	0	OTU266	12	0	0	0
OTU227	9	0	50	12	OTU267	0	0	4	21
OTU228	126	0	2	3	OTU268	0	102	0	0
OTU229	3634	0	0	1	OTU269	53	0	1	0
OTU230	258	0	0	5	OTU270	0	170	0	0
OTU231	0	0	0	13	OTU271	0	0	1	43
OTU232	36	0	75	67	OTU272	8	76	0	22
OTU233	34	0	16	191	OTU273	0	0	4	16
OTU234	210	0	70	25	OTU274	0	65	0	0
OTU235	0	0	0	46	OTU275	7	0	0	0
OTU236	44	0	0	0	OTU276	0	0	8	2
OTU237	0	7	4	0	OTU277	5	0	3	15
OTU238	20	0	0	0	OTU278	3	0	460	289
OTU239	0	0	66	1759	OTU279	0	0	15	3
OTU240	27	0	0	0	OTU280	80	0	0	0
OTU241	7	0	54	0	OTU281	0	1	8	0
OTU242	0	0	1	33	OTU282	10	0	0	0
OTU243	13	0	0	0	OTU283	4	22	121	24
OTU244	8	0	2	1	OTU284	52	0	0	0
OTU245	18	0	30	5	OTU285	130	0	1	0
OTU246	15	0	0	0	OTU286	0	0	0	14
OTU247	0	0	16	226	OTU287	0	0	0	105
OTU248	11	0	1	43	OTU288	0	58	0	0

续表

分类单元	不同发酵程度垫料细菌含量（read）				分类单元	不同发酵程度垫料细菌含量（read）			
	AUG_CK	AUG_H	AUG_L	AUG_PM		AUG_CK	AUG_H	AUG_L	AUG_PM
OTU289	0	0	0	8	OTU330	3	1	0	0
OTU290	61	0	2	0	OTU331	1370	3	91	59
OTU291	0	0	0	3	OTU332	0	0	0	6
OTU292	0	0	0	10	OTU333	46	0	0	0
OTU293	119	0	0	0	OTU334	2	0	2	58
OTU294	0	14	0	0	OTU335	0	0	0	11
OTU295	36	0	1	0	OTU336	0	0	11	15
OTU296	1	0	0	3	OTU337	199	0	85	6
OTU297	24	0	15567	11	OTU338	12	0	0	79
OTU298	0	0	2	63	OTU339	44	0	0	0
OTU299	10	0	0	1	OTU340	1	0	318	4
OTU300	9	0	45	1	OTU341	2	0	60	12
OTU301	10	0	0	0	OTU342	29	0	1	1
OTU302	0	68	0	0	OTU343	16	2	1	3
OTU303	1	0	1	140	OTU344	0	0	1	6
OTU304	1	0	0	8	OTU345	0	61	0	0
OTU305	4	0	0	49	OTU346	0	0	162	264
OTU306	217	0	222	1151	OTU347	8	0	0	2
OTU307	1	0	1	75	OTU348	0	0	80	318
OTU308	0	6	0	0	OTU349	0	38	0	0
OTU309	14	0	7	11	OTU350	25	2	0	0
OTU310	0	0	7	0	OTU351	0	0	0	4
OTU311	26	0	0	5	OTU352	258	0	43	135
OTU312	4	0	4	9	OTU353	8	0	8	45
OTU313	3	0	0	0	OTU354	22	0	0	0
OTU314	0	1681	0	0	OTU355	3	0	2016	270
OTU315	0	0	0	73	OTU356	9	0	0	0
OTU316	18	0	65	2	OTU357	16	0	700	4
OTU317	44	0	21	14	OTU358	0	13	0	0
OTU318	0	9	0	0	OTU359	0	15	0	0
OTU319	4	7153	0	0	OTU360	1	0	110	77
OTU320	3	0	75	9	OTU361	0	0	1	12
OTU321	0	0	4	8	OTU362	0	0	1	2
OTU322	206	0	0	0	OTU363	95	0	0	0
OTU323	0	0	0	5	OTU364	0	86	0	0
OTU324	7	0	0	0	OTU365	0	4	0	0
OTU325	0	44	0	0	OTU366	1	0	3	36
OTU326	0	443	0	0	OTU367	297	0	0	1
OTU327	25	2	117	333	OTU368	20	0	0	0
OTU328	0	0	4	16	OTU369	0	0	0	70
OTU329	0	0	4	82	OTU370	48	0	12	288

续表

分类单元	不同发酵程度垫料细菌含量（read）				分类单元	不同发酵程度垫料细菌含量（read）			
	AUG_CK	AUG_H	AUG_L	AUG_PM		AUG_CK	AUG_H	AUG_L	AUG_PM
OTU371	0	14	0	0	OTU412	0	53	0	0
OTU372	1	34	0	0	OTU413	0	0	32	0
OTU373	4	0	1	11	OTU414	0	0	21	497
OTU374	51	0	25	0	OTU415	20	0	200	113
OTU375	0	0	8	438	OTU416	1	0	1	7
OTU376	29	0	34	243	OTU417	0	0	6	38
OTU377	3	0	3	3	OTU418	0	0	1	3
OTU378	9	0	0	0	OTU419	3602	0	20	4
OTU379	12	0	2	9	OTU420	23	0	0	0
OTU380	0	0	0	10	OTU421	58	0	0	0
OTU381	0	35	1	1	OTU422	3	0	0	0
OTU382	4	2	192	4	OTU423	0	21	0	0
OTU383	40	1	7	1	OTU424	0	0	2	0
OTU384	8	0	0	0	OTU425	104	15	3	38
OTU385	0	32	0	0	OTU426	128	0	122	357
OTU386	3	0	5	4	OTU427	12	0	103	313
OTU387	0	0	0	24	OTU428	1	0	0	3
OTU388	0	0	16	8	OTU429	0	0	19	1
OTU389	24	0	225	0	OTU430	5072	0	1	1
OTU390	230	4	67	66	OTU431	0	0	1	5
OTU391	0	0	1	32	OTU432	0	0	0	16
OTU392	4	0	0	1	OTU433	0	0	38	0
OTU393	0	200	0	0	OTU434	18	0	1	0
OTU394	0	434	0	0	OTU435	56	0	0	0
OTU395	60	0	0	263	OTU436	33	0	0	0
OTU396	66	0	9	5	OTU437	0	0	77	0
OTU397	20	0	7	2	OTU438	12	5753	300	675
OTU398	121	320	55	143	OTU439	3	0	1	13
OTU399	5	0	5	5	OTU440	0	0	0	11
OTU400	0	0	85	123	OTU441	0	0	6	0
OTU401	38	1	410	2080	OTU442	0	0	22	3
OTU402	3	0	5	22	OTU443	86	0	10	13
OTU403	34	0	2	26	OTU444	0	161	0	0
OTU404	6	0	35	9	OTU445	0	0	20	0
OTU405	0	27	0	0	OTU446	0	0	3	8
OTU406	0	9	0	0	OTU447	53	0	0	0
OTU407	30	0	2	57	OTU448	0	0	0	13
OTU408	2	9	1	0	OTU449	0	11	0	0
OTU409	0	64	1	0	OTU450	17	0	0	0
OTU410	0	354	1	0	OTU451	246	1	434	26
OTU411	18	0	0	0	OTU452	0	0	1	33

分类单元	不同发酵程度垫料细菌含量（read）				分类单元	不同发酵程度垫料细菌含量（read）			
	AUG_CK	AUG_H	AUG_L	AUG_PM		AUG_CK	AUG_H	AUG_L	AUG_PM
OTU453	0	0	25	2007	OTU493	0	9	3	0
OTU454	0	0	7	40	OTU494	0	19	0	0
OTU455	7	0	3	1	OTU495	0	5	1	1
OTU456	11	0	1477	8	OTU496	156	3	285	1709
OTU457	5	0	0	0	OTU497	211	0	0	0
OTU458	523	0	0	15	OTU498	0	8	0	0
OTU459	0	0	0	7	OTU499	107	0	0	1
OTU460	2	0	1	11	OTU500	23	0	0	0
OTU461	93	8	698	34	OTU501	22	0	0	0
OTU462	0	0	3	10	OTU502	0	7	0	0
OTU463	7	0	0	0	OTU503	41	0	323	52
OTU464	5	0	1	2	OTU504	0	27	0	0
OTU465	78	0	0	0	OTU505	0	85	18	2
OTU466	2	2	13783	2	OTU506	29	0	0	0
OTU467	0	0	0	4	OTU507	17	0	60	3
OTU468	0	0	13	0	OTU508	0	0	1	4
OTU469	4	0	0	0	OTU509	4	0	27	1
OTU470	3	0	0	10	OTU510	0	0	2	2
OTU471	201	0	0	0	OTU511	1	0	4	28
OTU472	16	0	0	0	OTU512	26	0	4	8
OTU473	6	0	8	110	OTU513	0	0	1	5
OTU474	0	0	1	9	OTU514	3	0	2	10
OTU475	0	716	0	0	OTU515	3	0	0	5
OTU476	40	0	212	0	OTU516	95	0	0	0
OTU477	0	0	7	1	OTU517	1	0	1	12
OTU478	47	0	18	1	OTU518	0	0	84	5
OTU479	0	459	0	0	OTU519	37	0	0	3
OTU480	0	187	0	0	OTU520	7	16	0	1
OTU481	38	0	6	23	OTU521	0	0	11	18
OTU482	63	0	0	0	OTU522	40	0	0	2
OTU483	0	69	0	0	OTU523	1117	0	47	275
OTU484	95	0	0	1	OTU524	132	0	3001	2
OTU485	23	0	315	0	OTU525	0	0	0	6
OTU486	0	3	0	0	OTU526	0	1193	0	0
OTU487	19	0	0	3	OTU527	124	0	1	1
OTU488	0	0	0	44	OTU528	0	0	1	37
OTU489	7	0	5	15	OTU529	0	0	4	2
OTU490	0	0	20	1	OTU530	6	0	19	29
OTU491	11	0	0	0	OTU531	20	0	0	1
OTU492	16	0	3	6	OTU532	0	0	1	48

分类单元	不同发酵程度垫料细菌含量（read）				分类单元	不同发酵程度垫料细菌含量（read）			
	AUG_CK	AUG_H	AUG_L	AUG_PM		AUG_CK	AUG_H	AUG_L	AUG_PM
OTU533	0	64	0	0	OTU573	0	0	14	0
OTU534	53	0	96	73	OTU574	0	0	0	13
OTU535	39	0	0	911	OTU575	13	0	19	52
OTU536	3	0	0	0	OTU576	52	0	0	2
OTU537	17	0	0	0	OTU577	5	0	0	0
OTU538	0	0	1	73	OTU578	0	0	0	5
OTU539	0	0	1136	0	OTU579	1	0	6	0
OTU540	36	0	194	44	OTU580	3	0	3	42
OTU541	0	0	0	7	OTU581	10	0	0	0
OTU542	34	0	0	4	OTU582	163	0	81	592
OTU543	0	0	3	51	OTU583	0	0	0	15
OTU544	0	0	20	79	OTU584	2	0	58	1
OTU545	0	143	0	0	OTU585	2	0	6	35
OTU546	0	0	0	36	OTU586	140	0	1	3
OTU547	0	0	3	4	OTU587	34	0	0	0
OTU548	0	0	0	10	OTU588	0	1	1	4
OTU549	0	1	8	154	OTU589	6	0	0	4
OTU550	0	24	0	0	OTU590	11	0	0	0
OTU551	0	0	0	4	OTU591	0	2	0	0
OTU552	40	0	14	10	OTU592	0	87	0	0
OTU553	0	41	0	0	OTU593	0	30	0	0
OTU554	0	0	0	8	OTU594	28	0	0	0
OTU555	0	0	0	3	OTU595	1147	1	195	294
OTU556	0	66	0	0	OTU596	2	0	0	4
OTU557	15	0	0	0	OTU597	15	0	750	11
OTU558	0	0	0	65	OTU598	0	0	23	457
OTU559	0	0	2	10	OTU599	138	0	29	0
OTU560	6	0	51	146	OTU600	3	0	0	5
OTU561	0	0	166	9	OTU601	200	0	8	0
OTU562	17	0	6	5	OTU602	28	0	0	0
OTU563	1	0	1	7	OTU603	0	0	14	121
OTU564	0	0	15	3	OTU604	0	26	0	0
OTU565	1	0	12	303	OTU605	3	0	0	0
OTU566	55	0	70	102	OTU606	0	0	86	71
OTU567	0	69	0	0	OTU607	126	0	105	1296
OTU568	12	0	0	0	OTU608	0	179	0	0
OTU569	0	0	23	0	OTU609	4	0	0	0
OTU570	0	12	0	0	OTU610	37	0	0	0
OTU571	0	483	0	0	OTU611	0	111	9	0
OTU572	0	37	0	0	OTU612	0	0	68	0

续表

分类单元	不同发酵程度垫料细菌含量（read）				分类单元	不同发酵程度垫料细菌含量（read）			
	AUG_CK	AUG_H	AUG_L	AUG_PM		AUG_CK	AUG_H	AUG_L	AUG_PM
OTU613	0	1445	0	0	OTU653	7	0	9	35
OTU614	0	0	15	0	OTU654	0	0	2	8
OTU615	0	4	0	0	OTU655	70	0	3	22
OTU616	11	0	0	0	OTU656	23	0	0	0
OTU617	0	0	2	20	OTU657	5	1	0	25
OTU618	17	0	0	0	OTU658	21	0	137	108
OTU619	78	6	1186	224	OTU659	0	18	0	0
OTU620	1	0	0	6	OTU660	0	0	4	4
OTU621	0	0	2	4	OTU661	0	229	0	0
OTU622	51	0	51	11	OTU662	5	0	0	0
OTU623	1	0	1	12	OTU663	11	0	20	194
OTU624	0	0	0	29	OTU664	59	0	1	3
OTU625	4	0	1	22	OTU665	0	0	0	108
OTU626	51	0	0	0	OTU666	2197	0	0	2
OTU627	4	89	35	40	OTU667	0	0	16	0
OTU628	1	0	65	16	OTU668	16	0	0	0
OTU629	32	0	0	0	OTU669	0	24	0	0
OTU630	1	0	1	17	OTU670	9	0	0	0
OTU631	0	8	1	0	OTU671	0	0	0	1
OTU632	11	0	2	21	OTU672	1	0	0	6
OTU633	0	0	12	0	OTU673	0	0	21	399
OTU634	55	0	0	23	OTU674	35	1	451	188
OTU635	0	3818	3	0	OTU675	2	0	23	935
OTU636	5	0	0	0	OTU676	0	45	0	0
OTU637	0	23	0	0	OTU677	0	0	0	145
OTU638	0	0	55	0	OTU678	0	0	2	29
OTU639	14	0	0	0	OTU679	0	8	0	5
OTU640	0	0	17	257	OTU680	0	0	3	26
OTU641	0	0	35	0	OTU681	0	6	0	0
OTU642	15	0	0	60	OTU682	0	154	0	0
OTU643	0	615	0	0	OTU683	281	0	1	1
OTU644	0	0	19	150	OTU684	0	0	0	4
OTU645	0	17	0	0	OTU685	15	0	0	0
OTU646	0	131	0	0	OTU686	39	0	1	198
OTU647	0	0	0	2	OTU687	3	0	2	127
OTU648	9	0	1	6	OTU688	0	0	0	12
OTU649	0	0	0	9	OTU689	0	1	22	774
OTU650	0	0	7	25	OTU690	51	1	506	12
OTU651	26	0	0	88	OTU691	3	0	1	4
OTU652	0	0	0	11	OTU692	16	0	0	0

续表

分类单元	不同发酵程度垫料细菌含量（read）				分类单元	不同发酵程度垫料细菌含量（read）			
	AUG_CK	AUG_H	AUG_L	AUG_PM		AUG_CK	AUG_H	AUG_L	AUG_PM
OTU693	0	0	0	14	OTU733	13	0	0	0
OTU694	0	339	11	0	OTU734	0	20	0	0
OTU695	152	0	0	47	OTU735	5889	0	0	0
OTU696	96	0	14	0	OTU736	244	0	0	0
OTU697	1	0	13	1	OTU737	14	0	0	1
OTU698	10	0	0	0	OTU738	1	0	5	4
OTU699	0	0	4	1	OTU739	49	0	4	59
OTU700	0	0	0	34	OTU740	0	0	13	3
OTU701	0	0	35	2	OTU741	0	0	7	186
OTU702	2	0	2168	2	OTU742	385	0	0	1
OTU703	0	0	0	6	OTU743	0	481	0	0
OTU704	251	0	0	8	OTU744	0	103	0	0
OTU705	0	0	0	10	OTU745	13	0	0	0
OTU706	21	0	0	0	OTU746	3	0	4	0
OTU707	43	0	0	0	OTU747	0	0	14	0
OTU708	4	0	8	1	OTU748	0	15	0	0
OTU709	0	54	0	0	OTU749	0	0	0	7
OTU710	27	0	59	1025	OTU750	0	0	0	8
OTU711	0	499	0	0	OTU751	23	0	0	0
OTU712	123	0	95	382	OTU752	1	0	2	18
OTU713	0	0	4	0	OTU753	10	0	1	0
OTU714	6	0	874	0	OTU754	3	0	1	0
OTU715	41	0	0	0	OTU755	16	0	7	67
OTU716	67	0	13	0	OTU756	97	0	0	0
OTU717	0	55	0	0	OTU757	0	0	9	83
OTU718	0	0	0	26	OTU758	42	0	2	0
OTU719	948	0	0	1	OTU759	6	0	3	0
OTU720	31	0	0	0	OTU760	0	0	93	14
OTU721	1	0	9	0	OTU761	0	0	1	5
OTU722	0	0	3	9	OTU762	2	0	1	15
OTU723	0	421	1	0	OTU763	32	0	37	3
OTU724	0	88	0	0	OTU764	21	0	10	105
OTU725	1	0	0	200	OTU765	5	0	4	7
OTU726	0	0	18	3	OTU766	0	0	35	1
OTU727	0	0	0	8	OTU767	0	571	0	0
OTU728	23	0	2	12	OTU768	0	0	4	30
OTU729	0	0	144	0	OTU769	5	0	0	0
OTU730	141	0	35	5	OTU770	3	0	51	43
OTU731	0	1058	0	0	OTU771	8	0	53	11
OTU732	0	26	0	0	OTU772	21	0	0	0

分类单元	不同发酵程度垫料细菌含量（read）				分类单元	不同发酵程度垫料细菌含量（read）			
	AUG_CK	AUG_H	AUG_L	AUG_PM		AUG_CK	AUG_H	AUG_L	AUG_PM
OTU773	2	0	11	2	OTU813	653	221	1891	585
OTU774	73	94	0	3	OTU814	0	0	0	34
OTU775	0	38	0	0	OTU815	6	0	8	92
OTU776	0	0	7	36	OTU816	0	0	1	5
OTU777	0	87	0	0	OTU817	38	0	0	1
OTU778	31	0	40	27	OTU818	0	15	0	0
OTU779	0	0	4	67	OTU819	0	0	4	36
OTU780	0	70	2	3	OTU820	0	15	1	9
OTU781	0	19	0	0	OTU821	18	0	0	0
OTU782	0	14	0	0	OTU822	0	0	7	0
OTU783	0	0	258	7	OTU823	4	0	0	0
OTU784	6	9	11	0	OTU824	0	0	80	1
OTU785	0	388	0	0	OTU825	0	0	9	98
OTU786	0	38	12	34	OTU826	299	54	0	1
OTU787	17	0	12	119	OTU827	0	17	0	0
OTU788	0	176	0	0	OTU828	0	217	0	0
OTU789	0	394	0	0	OTU829	0	16	0	0
OTU790	3	0	15	0	OTU830	25100	53	0	1578
OTU791	0	70	0	0	OTU831	36	0	72	19
OTU792	1	0	0	7	OTU832	2	90	3	28
OTU793	0	0	11	0	OTU833	38	0	0	471
OTU794	39	0	0	0	OTU834	0	962	0	0
OTU795	0	0	117	2	OTU835	24	0	0	0
OTU796	0	7	0	0	OTU836	0	529	0	0
OTU797	0	13	0	0	OTU837	1	0	2	22
OTU798	1	0	5	10	OTU838	2	0	7	132
OTU799	2	0	14	27	OTU839	0	296	0	0
OTU800	0	16	0	0	OTU840	32	0	20	0
OTU801	10	0	0	0	OTU841	40	0	1	13
OTU802	0	73	0	0	OTU842	10	0	0	0
OTU803	0	4	0	0	OTU843	0	0	14	9
OTU804	0	0	1	202	OTU844	10	0	8	469
OTU805	5	0	0	12	OTU845	0	0	1	32
OTU806	0	0	13	325	OTU846	3604	4	1	111
OTU807	26	0	0	0	OTU847	0	124	19	1
OTU808	511	0	21	7	OTU848	58	0	7	56
OTU809	0	665	0	0	OTU849	0	305	0	0
OTU810	0	195	0	0	OTU850	0	260	0	0
OTU811	0	20	0	1	OTU851	0	0	0	3
OTU812	3	0	86	1312	OTU852	0	0	2	11

分类单元	不同发酵程度垫料细菌含量（read）				分类单元	不同发酵程度垫料细菌含量（read）			
	AUG_CK	AUG_H	AUG_L	AUG_PM		AUG_CK	AUG_H	AUG_L	AUG_PM
OTU853	0	0	0	34	OTU893	94	0	0	0
OTU854	0	16	0	1	OTU894	12	0	0	0
OTU855	0	0	8	0	OTU895	0	0	7	2
OTU856	0	28	0	0	OTU896	5	0	1	1
OTU857	106	0	360	4	OTU897	0	0	1	18
OTU858	1	73	57	7	OTU898	3	0	77	2
OTU859	143	0	1	9	OTU899	0	400	2	0
OTU860	0	22	0	0	OTU900	0	0	1	14
OTU861	0	0	0	4	OTU901	0	0	0	3
OTU862	37	0	0	3	OTU902	726	0	0	3
OTU863	0	0	2	18	OTU903	76	0	584	1
OTU864	0	44	0	0	OTU904	0	11	0	0
OTU865	0	0	2	80	OTU905	17	0	0	0
OTU866	7	0	23	421	OTU906	1	0	0	16
OTU867	5	2457	37	111	OTU907	4	0	2	6
OTU868	1	0	1	6	OTU908	0	0	0	10
OTU869	38	0	1	0	OTU909	250	0	0	0
OTU870	16	0	5	16	OTU910	0	0	18	106
OTU871	1	0	5	350	OTU911	25	0	0	0
OTU872	0	81	0	0	OTU912	0	0	0	6
OTU873	0	0	1	17	OTU913	0	119	0	0
OTU874	51	0	1	8	OTU914	0	0	0	85
OTU875	0	0	1	136	OTU915	0	0	0	9
OTU876	97	0	11	3	OTU916	26	0	1	0
OTU877	0	0	18	0	OTU917	0	0	1	8
OTU878	24	0	644	13	OTU918	0	2	5	0
OTU879	9	0	0	0	OTU919	0	0	12	37
OTU880	1	0	57	86	OTU920	170	0	8	0
OTU881	19	0	0	8	OTU921	8	0	0	0
OTU882	0	0	42	0	OTU922	2	0	2	21
OTU883	51	0	28	531	OTU923	119	0	0	22
OTU884	2	0	0	0	OTU924	13	0	0	2
OTU885	48	1	19	129	OTU925	2	0	1	24
OTU886	21	0	8	1	OTU926	152	0	0	3
OTU887	0	27	0	0	OTU927	34	0	0	111
OTU888	285	0	0	1	OTU928	0	3371	1	0
OTU889	1	1	470	0	OTU929	7	0	0	0
OTU890	4	0	9	12	OTU930	4	0	7	77
OTU891	0	11	1	0	OTU931	28	17	27	807
OTU892	49	0	15	4	OTU932	0	0	1	19

续表

分类单元	不同发酵程度垫料细菌含量（read）				分类单元	不同发酵程度垫料细菌含量（read）			
	AUG_CK	AUG_H	AUG_L	AUG_PM		AUG_CK	AUG_H	AUG_L	AUG_PM
OTU933	0	0	0	14	OTU973	0	23	0	0
OTU934	0	0	29	335	OTU974	0	393	0	0
OTU935	4	0	0	0	OTU975	4	1	5	9
OTU936	48	0	0	2	OTU976	1	0	35	517
OTU937	1103	0	541	143	OTU977	0	0	10	3
OTU938	11	0	6	10	OTU978	0	0	0	8
OTU939	1	0	33	83	OTU979	4	0	7	5
OTU940	0	1009	2	64	OTU980	0	0	261	0
OTU941	61	0	0	0	OTU981	14	0	1	13
OTU942	2	0	5	24	OTU982	0	0	7	1
OTU943	24	0	0	0	OTU983	0	0	6	0
OTU944	7	0	0	3	OTU984	1	0	2	13
OTU945	6	2	5	6	OTU985	0	0	1	27
OTU946	24	0	0	0	OTU986	0	134	0	0
OTU947	3	0	0	0	OTU987	0	0	26	2
OTU948	0	32	0	0	OTU988	5	0	5	60
OTU949	0	0	3	17	OTU989	0	123	7	9
OTU950	21	0	20	1072	OTU990	4	75	154	54
OTU951	17	0	0	0	OTU991	116	0	34	197
OTU952	68	0	0	1	OTU992	13	0	6	0
OTU953	8	0	0	0	OTU993	0	0	6	0
OTU954	0	61	1	0	OTU994	0	34	0	0
OTU955	346	0	0	0	OTU995	1	0	0	73
OTU956	0	0	4	23	OTU996	5	0	0	0
OTU957	1	119	8	10	OTU997	6	0	177	1587
OTU958	0	15	0	0	OTU998	0	0	17	0
OTU959	199	0	92	6	OTU999	0	42	0	0
OTU960	8	0	29	83	OTU1000	5	0	22	8
OTU961	0	25	8	1	OTU1001	0	0	7	17
OTU962	0	471	0	0	OTU1002	76	0	0	0
OTU963	106	6	74	142	OTU1003	12	0	0	0
OTU964	27	0	0	0	OTU1004	0	8	0	0
OTU965	0	0	0	10	OTU1005	0	0	6	0
OTU966	0	0	2	0	OTU1006	0	0	0	17
OTU967	0	1408	0	3	OTU1007	70	0	1111	34
OTU968	0	1	115	521	OTU1008	10	0	1	15
OTU969	17	8	11	3	OTU1009	88	0	21	78
OTU970	0	274	0	0	OTU1010	0	0	1	3
OTU971	0	0	22	0	OTU1011	7	0	0	0
OTU972	22	0	6	1	OTU1012	30	0	0	1

分类单元	不同发酵程度垫料细菌含量（read）				分类单元	不同发酵程度垫料细菌含量（read）			
	AUG_CK	AUG_H	AUG_L	AUG_PM		AUG_CK	AUG_H	AUG_L	AUG_PM
OTU1013	8	0	1	6	OTU1053	628	0	0	19
OTU1014	30	0	15	43	OTU1054	0	35	0	0
OTU1015	0	0	2218	410	OTU1055	19	0	42	6
OTU1016	0	0	7	44	OTU1056	187	1	0	15
OTU1017	12	0	12	283	OTU1057	0	0	8	286
OTU1018	51	0	0	1	OTU1058	9	0	4	4
OTU1019	0	0	117	0	OTU1059	0	1	6173	299
OTU1020	1	0	0	8	OTU1060	0	0	1	5
OTU1021	2	0	1	3	OTU1061	0	768	0	0
OTU1022	0	0	9	2	OTU1062	960	0	0	3
OTU1023	0	5	5	0	OTU1063	1	0	0	1
OTU1024	0	0	4	0	OTU1064	0	0	0	4
OTU1025	0	357	31	2	OTU1065	2	0	0	0
OTU1026	1	0	4	7	OTU1066	0	85	2	10
OTU1027	0	6	0	0	OTU1067	2	24	2	6
OTU1028	3	0	0	0	OTU1068	10	0	0	0
OTU1029	26	0	7	2589	OTU1069	0	3758	0	1
OTU1030	0	3	0	2	OTU1070	0	0	10	606
OTU1031	9	0	1	2	OTU1071	0	0	2	148
OTU1032	0	510	0	0	OTU1072	18	0	0	0
OTU1033	3	0	215	142	OTU1073	17	0	1	4
OTU1034	0	0	0	12	OTU1074	22	0	0	2
OTU1035	0	1867	0	1	OTU1075	0	3558	0	0
OTU1036	0	24	0	0	OTU1076	4	0	8	114
OTU1037	0	6	0	0	OTU1077	0	0	0	5
OTU1038	0	0	1	2	OTU1078	17	0	18	26
OTU1039	39	0	0	0	OTU1079	0	19	0	0
OTU1040	0	0	0	51	OTU1080	68	0	440	8
OTU1041	0	0	9	311	OTU1081	0	0	2	50
OTU1042	0	771	0	0	OTU1082	0	0	71	0
OTU1043	0	1003	0	0	OTU1083	0	0	2	9
OTU1044	0	22	0	0	OTU1084	9	2	14	168
OTU1045	0	54	0	0	OTU1085	4	0	0	0
OTU1046	125	0	0	1	OTU1086	0	0	46	0
OTU1047	0	0	3	0	OTU1087	0	0	0	58
OTU1048	0	41	0	0	OTU1088	26	0	1	51
OTU1049	0	0	0	81	OTU1089	0	0	0	13
OTU1050	0	0	1523	0	OTU1090	333	524	25	38
OTU1051	21	0	0	0	OTU1091	0	145	47	25
OTU1052	1489	0	49	32	OTU1092	4	0	0	0

分类单元	不同发酵程度垫料细菌含量（read）				分类单元	不同发酵程度垫料细菌含量（read）			
	AUG_CK	AUG_H	AUG_L	AUG_PM		AUG_CK	AUG_H	AUG_L	AUG_PM
OTU1093	0	35	0	0	OTU1130	0	0	3	42
OTU1094	0	0	854	152	OTU1131	21	0	0	0
OTU1095	10	0	15	183	OTU1132	1804	577	3	12
OTU1096	1	0	0	78	OTU1133	1	0	44	224
OTU1097	0	130	0	0	OTU1134	39	0	3	13
OTU1098	15	0	0	1	OTU1135	5	0	0	23
OTU1099	288	0	0	120	OTU1136	0	0	9	63
OTU1100	0	0	12	0	OTU1137	5	0	0	0
OTU1101	0	0	10	45	OTU1138	92	0	95	405
OTU1102	0	0	7	18	OTU1139	0	0	0	12
OTU1103	9	0	0	0	OTU1140	0	21	0	0
OTU1104	306	0	0	1	OTU1141	0	0	5	307
OTU1105	7	0	42	319	OTU1142	50	0	17	430
OTU1106	19	0	0	0	OTU1143	0	0	2	117
OTU1107	0	267	0	0	OTU1144	2	0	0	72
OTU1108	12	0	0	0	OTU1145	0	2047	0	8
OTU1109	18	0	2	1	OTU1146	6	0	1	2
OTU1110	0	0	1	101	OTU1147	13	0	89	520
OTU1111	34	1	439	15	OTU1148	0	0	2	1
OTU1112	0	0	1	59	OTU1149	428	0	1	4
OTU1113	0	0	0	13	OTU1150	71	0	0	0
OTU1114	29	0	144	142	OTU1151	14	0	0	2
OTU1115	0	0	4	3	OTU1152	0	0	15	0
OTU1116	134	0	39	103	OTU1153	27	0	0	0
OTU1117	0	0	3	85	OTU1154	0	0	0	6
OTU1118	21	0	0	5	OTU1155	17	0	0	0
OTU1119	0	0	52	2177	OTU1156	13	0	0	0
OTU1120	2	0	689	8	OTU1157	2	0	2	28
OTU1121	1	0	0	11	OTU1158	0	0	0	15
OTU1122	6	0	13	43	OTU1159	40	0	0	0
OTU1123	0	0	0	3	OTU1160	14	0	134	53
OTU1124	0	249	0	0	OTU1161	0	705	0	0
OTU1125	49	5	0	0	OTU1162	14	0	0	0
OTU1126	1	0	5	39	OTU1163	4	0	9	8
OTU1127	0	0	0	15	OTU1164	0	0	2	1
OTU1128	4	0	0	7	OTU1165	25	0	80	3
OTU1129	0	0	93	0	OTU1166	0	7	0	0

分类单元	不同发酵程度垫料细菌含量（read）				分类单元	不同发酵程度垫料细菌含量（read）			
	AUG_CK	AUG_H	AUG_L	AUG_PM		AUG_CK	AUG_H	AUG_L	AUG_PM
OTU1167	0	53	2	0	OTU1204	25	0	1	1
OTU1168	9	0	2	38	OTU1205	0	437	0	0
OTU1169	0	0	16	0	OTU1206	0	0	85	0
OTU1170	110	0	0	2	OTU1207	0	0	0	9
OTU1171	23	4	12	227	OTU1208	0	10	10	1
OTU1172	2	0	0	42	OTU1209	0	0	1	12
OTU1173	33	0	0	0	OTU1210	8	0	0	5
OTU1174	0	1	51	0	OTU1211	0	0	0	12
OTU1175	69	0	0	0	OTU1212	20	0	16	3
OTU1176	128	0	37	179	OTU1213	0	2	11	48
OTU1177	3	0	0	0	OTU1214	0	0	7	136
OTU1178	0	0	0	8	OTU1215	2026	0	2	1
OTU1179	0	0	1	7	OTU1216	1	0	38	182
OTU1180	6	0	0	0	OTU1217	1	0	327	1
OTU1181	0	0	3	23	OTU1218	8	0	3	12
OTU1182	0	78	0	0	OTU1219	16	0	0	0
OTU1183	0	0	0	10	OTU1220	0	28	0	0
OTU1184	1	0	0	50	OTU1221	0	19	0	0
OTU1185	0	378	1	0	OTU1222	0	0	1	11
OTU1186	1772	4	9	1031	OTU1223	10	0	2	1
OTU1187	7	0	5	0	OTU1224	7	0	23	3
OTU1188	0	8	0	0	OTU1225	74	0	730	32
OTU1189	4	0	0	0	OTU1226	17	0	0	0
OTU1190	3	0	3	28	OTU1227	0	120	0	0
OTU1191	0	0	6	6	OTU1228	159	0	13	0
OTU1192	0	0	0	10	OTU1229	21	0	0	0
OTU1193	95	1	30	2	OTU1230	11	0	0	1
OTU1194	0	0	0	2	OTU1231	21	0	0	0
OTU1195	10	0	0	0	OTU1232	281	1	6	28
OTU1196	8	0	29	0	OTU1233	0	53	0	0
OTU1197	0	1	39	0	OTU1234	1	40	1	0
OTU1198	1	0	1	17	OTU1235	13	0	0	0
OTU1199	0	0	29	113	OTU1236	41	4	0	0
OTU1200	9	0	0	0	OTU1237	11	0	0	0
OTU1201	1	0	47	4	OTU1238	2	0	0	15
OTU1202	0	0	0	3	OTU1239	9	0	0	0
OTU1203	25	0	32	651	OTU1240	7	0	1	12

续表

分类单元	不同发酵程度垫料细菌含量（read）				分类单元	不同发酵程度垫料细菌含量（read）			
	AUG_CK	AUG_H	AUG_L	AUG_PM		AUG_CK	AUG_H	AUG_L	AUG_PM
OTU1241	27	0	1	14	OTU1282	7	0	9	165
OTU1242	47	0	2	0	OTU1283	9	0	20	746
OTU1243	0	0	0	8	OTU1284	1	0	2	14
OTU1244	0	0	2	41	OTU1285	5	0	4	0
OTU1245	0	0	6	16	OTU1286	0	0	1	11
OTU1246	8	0	0	0	OTU1287	13	0	0	0
OTU1247	0	0	0	9	OTU1288	156	0	1	38
OTU1248	84	0	0	0	OTU1289	0	0	1	3
OTU1249	0	0	13	0	OTU1290	0	0	26	107
OTU1250	570	1	0	4	OTU1291	13	0	53	59
OTU1251	31	0	1	0	OTU1292	0	0	0	53
OTU1252	93	0	0	13	OTU1293	8	0	0	0
OTU1253	1	0	0	3	OTU1294	15	0	1	73
OTU1254	0	0	4	52	OTU1295	0	0	3	1
OTU1255	32	0	0	0	OTU1296	6	0	12	51
OTU1256	0	0	9	0	OTU1297	0	112	0	1
OTU1257	11	0	50	97	OTU1298	4	0	204	4
OTU1258	4	0	0	2	OTU1299	0	189	0	0
OTU1259	2	0	2	71	OTU1300	0	0	0	3
OTU1260	300	0	421	50	OTU1301	119	0	0	0
OTU1261	1	0	56	7	OTU1302	15	0	0	0
OTU1262	8	0	3	83	OTU1303	0	0	7	321
OTU1263	6	0	0	28	OTU1304	97	0	0	0
OTU1264	5	0	0	20	OTU1305	0	0	0	2
OTU1265	0	0	12	283	OTU1306	0	3	0	0
OTU1266	0	0	2	18	OTU1307	3	0	2	0
OTU1267	0	0	3	21	OTU1308	0	0	1	70
OTU1268	28	0	0	3	OTU1309	9	2	252	1234
OTU1269	0	0	2	92	OTU1310	1	0	1	70
OTU1270	0	0	1079	8	OTU1311	0	0	1	16
OTU1271	0	0	0	47	OTU1312	4	0	1	6
OTU1272	0	144	0	0	OTU1313	41	0	1	1
OTU1273	2	0	59	3	OTU1314	4	0	0	0
OTU1274	7	0	0	1	OTU1315	299	3	347	391
OTU1275	11	0	3	15	OTU1316	0	0	4	78
OTU1276	0	0	0	2	OTU1317	1	0	1	18
OTU1277	13	0	0	0	OTU1318	0	0	3	0
OTU1278	19	21	5	14	OTU1319	16	0	16	57
OTU1279	0	2	24	0	OTU1320	3	0	0	0
OTU1280	0	0	0	22	OTU1321	0	505	0	0
OTU1281	1	0	0	23	OTU1322	0	13	0	0

分类单元	不同发酵程度垫料细菌含量（read）				分类单元	不同发酵程度垫料细菌含量（read）			
	AUG_CK	AUG_H	AUG_L	AUG_PM		AUG_CK	AUG_H	AUG_L	AUG_PM
OTU1323	9	0	542	5	OTU1329	11	0	0	37
OTU1324	90	0	1006	812	OTU1330	0	0	178	0
OTU1325	6	0	95	61	OTU1331	0	103	0	0
OTU1326	3	0	1	17	OTU1332	12	0	0	0
OTU1327	0	55	0	0	OTU1333	13	0	0	0
OTU1328	0	913	0	0	OTU1334	0	63	0	0

表8-9　异位发酵床不同处理组细菌种类相关系数

样本	平均值	标准差	不同发酵程度垫料生境细菌种类相关系数			
			AUG_CK	AUG_H	AUG_L	AUG_PM
AUG_CK	70.0712	752.5854	1.0000	−0.0089	−0.0023	0.1188
AUG_H	70.0712	403.1764	−0.0089	1.0000	−0.0122	−0.0107
AUG_L	70.0712	633.1149	−0.0023	−0.0122	1.0000	0.0334
AUG_PM	70.0712	332.3014	0.1188	−0.0107	0.0334	1.0000

注：相关系数临界值，$a=0.05$ 时，$r=0.0537$；$a=0.01$ 时，$r=0.0705$。

表8-10　异位发酵床不同处理组细菌种类规格化特征向量

样本	因子1	因子2	因子3	因子4
AUG_CK	0.6744	0.2643	−0.1167	0.6795
AUG_H	−0.1269	0.6386	0.7590	0.0079
AUG_L	0.1877	−0.7207	0.6357	0.2032
AUG_PM	0.7028	0.0542	0.0793	−0.7049

表8-11　异位发酵床不同处理组细菌种类特征值

序号	特征值	百分数/%	累计百分数/%	Chi-Square	df	P值
1	1.1249	28.1218	28.1218	20.8825	9.0000	0.0132
2	1.0091	25.2278	53.3497	7.7388	5.0000	0.1712
3	0.9901	24.7518	78.1015	4.9878	2.0000	0.0826
4	0.8759	21.8985	100.0000	0.0000	0.0000	1.0000

（3）细菌群落 R 型主成分分析　以细菌种类为指标、不同处理为样本，主成分特征值见表 8-12，主成分得分见表 8-13，主成分分析见图 8-11。分析结果表明，原料垫料（AUG_CK）分布于图形的左上方，独立于其他处理，表明细菌种类与其他处理相差较大，其发挥原始菌种带入作用；浅发酵垫料（AUG_L）分布于图形的右上方，细菌群落区别于其他处理，即原料垫料加入猪粪后开始发酵，微生物群落发生较大变化；深发酵垫料（AUG_H）和未发酵猪粪（AUG_PM）分布于图形下方，两者比较靠近，表明猪粪深发酵后与未发酵猪粪的细菌群落相比于其他处理更为接近。

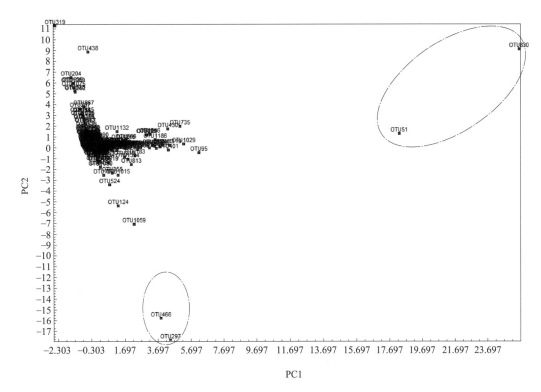

图8-10 异位发酵床不同处理组细菌种类Q型主成分分析图

表8-12 异位发酵床不同处理组细菌种类主成分分析特征值

序号	特征值	百分数/%	累计百分数/%	Chi-Square	df	P值
1	143.2985	41.4157	41.4157	0.0000	60030.0000	0.9999
2	128.0310	37.0032	78.4189	0.0000	59684.0000	0.9999
3	74.6705	21.5811	100.0000	0.0000	59339.0000	0.9999

表8-13 异位发酵床不同处理组细菌种类主成分得分

样本	$Y(i, 1)$	$Y(i, 2)$	$Y(i, 3)$
AUG_CK	−12.9071	11.4112	2.2923
AUG_H	−3.9860	−14.5277	6.0529
AUG_L	1.2103	−2.7987	−12.7545
AUG_PM	15.6828	5.9152	4.4093

（4）真菌群落 Q 型主成分分析 以异位发酵床不同处理组真菌种类建立数据矩阵，如表 8-14。计算的 Q 型数据相关系数见表 8-15，规格化特征向量见表 8-16，特征值见表 8-17，主成分分析图见图 8-12。异位发酵床不同处理真菌种类共 164 个，不同处理间相关性极低，相关系数低于 0.2932。前 3 个主成分特征值累计达 83.0002%，表明能很好地反映总体信息（表 8-17）。从格式化特征向量可知：因子 1 影响作用最大的是未发酵猪粪（0.6558）和浅发酵垫料（0.6753），因子 2 影响作用最大的是深发酵垫料（0.7413）；因子 3 影响作用最大的是原料垫料（0.7379）。主成分分析结果表明，大部分的真菌集中在一个区域，聚集性很高。

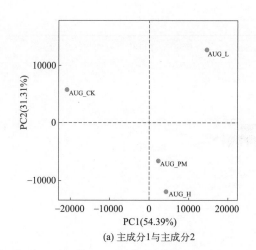

(a) 主成分1与主成分2

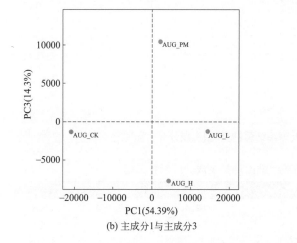

(b) 主成分1与主成分3

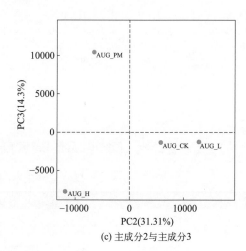

(c) 主成分2与主成分3

图8-11 异位发酵床细菌种类R型主成分分析图

表8-14 异位发酵床不同处理组真菌种类

分类单元	不同发酵程度垫料真菌含量（read）				分类单元	不同发酵程度垫料真菌含量（read）			
	AUG_CK	AUG_H	AUG_L	AUG_PM		AUG_CK	AUG_H	AUG_L	AUG_PM
OTU1	63	0	0	0	OTU13	12	0	0	0
OTU2	3	0	0	0	OTU14	0	0	2	0
OTU3	0	0	0	2	OTU15	211	0	42	48
OTU4	53	132	58	0	OTU16	24	0	14	0
OTU5	100	0	0	0	OTU17	3	0	2	0
OTU6	4	0	0	0	OTU18	34	0	0	0
OTU7	1789	0	21	3	OTU19	8	0	0	5
OTU8	11	63	73	1	OTU20	0	6	0	0
OTU9	5	0	0	0	OTU21	93	0	0	0
OTU10	8	0	0	0	OTU22	25	0	75	0
OTU11	18	0	8	4	OTU23	25	0	55	50
OTU12	0	0	0	8	OTU24	0	0	29	0

续表

分类单元	不同发酵程度垫料真菌含量（read）				分类单元	不同发酵程度垫料真菌含量（read）			
	AUG_CK	AUG_H	AUG_L	AUG_PM		AUG_CK	AUG_H	AUG_L	AUG_PM
OTU25	0	1	52	0	OTU66	6	0	0	0
OTU26	6	0	0	0	OTU67	19	0	4	8
OTU27	6	0	0	0	OTU68	51	0	1725	959
OTU28	7	0	0	0	OTU69	0	0	7	0
OTU29	0	0	41	0	OTU70	14	0	479	6
OTU30	7	0	3	0	OTU71	56	0	0	0
OTU31	1	0	40	0	OTU72	9	7947	0	3
OTU32	39	1	5438	1848	OTU73	0	1	0	0
OTU33	248	0	123	8	OTU74	5	0	0	0
OTU34	2	0	19	1	OTU75	4	0	0	0
OTU35	7	0	0	0	OTU76	0	0	16	5
OTU36	5	0	0	0	OTU77	18	6	20	240
OTU37	0	0	31	395	OTU78	0	0	1810	56
OTU38	23	0	0	4	OTU79	0	0	10	0
OTU39	15	0	0	0	OTU80	34	37702	17	15
OTU40	1890	0	8	43	OTU81	30	17	26	5
OTU41	0	0	0	2	OTU82	89	51330	6270	1234
OTU42	17	0	0	2	OTU83	0	8	0	0
OTU43	0	0	1070	0	OTU84	36	394	946	114
OTU44	75	0	0	0	OTU85	1641	0	31	5
OTU45	171	0	462	254	OTU86	0	0	0	19
OTU46	0	0	84	0	OTU87	2	55	0	0
OTU47	201	0	845	82	OTU88	63	0	41	4
OTU48	0	0	0	9	OTU89	145	0	0	4
OTU49	0	0	2	1	OTU90	11341	0	0	0
OTU50	0	0	0	30	OTU91	9	5	0	0
OTU51	483	0	0	0	OTU92	3205	9	1	7
OTU52	9	0	0	0	OTU93	17	0	0	0
OTU53	242	0	278	13	OTU94	14	0	0	0
OTU54	28	0	0	0	OTU95	7	0	0	0
OTU55	85	0	0	0	OTU96	0	0	51	0
OTU56	0	1	160	28	OTU97	619	0	0	7
OTU57	5	0	0	0	OTU98	1995	594	194	33
OTU58	157	0	0	11	OTU99	0	0	252	78
OTU59	16	0	0	0	OTU100	16	0	4	24
OTU60	21	0	6	1	OTU101	9	0	0	0
OTU61	0	0	143	84	OTU102	60	1	124	62
OTU62	10298	0	9	5	OTU103	5149	1	68	16
OTU63	3366	0	0	2	OTU104	6	0	0	11
OTU64	60	0	625	526	OTU105	27	0	420	4
OTU65	0	0	0	19	OTU106	24	0	207	3

续表

分类单元	不同发酵程度垫料真菌含量（read）				分类单元	不同发酵程度垫料真菌含量（read）			
	AUG_CK	AUG_H	AUG_L	AUG_PM		AUG_CK	AUG_H	AUG_L	AUG_PM
OTU107	135	0	399	48	OTU136	13323	12	1936	2183
OTU108	0	0	0	3	OTU137	388	0	0	0
OTU109	48	0	0	14	OTU138	68	0	120	53
OTU110	5	0	0	0	OTU139	19	0	0	0
OTU111	0	0	37	295	OTU140	0	0	0	7
OTU112	12	0	152	132	OTU141	0	0	0	22
OTU113	0	0	255	415	OTU142	1	0	288	1
OTU114	0	0	104	9	OTU143	265	0	719	19
OTU115	116	0	2	1	OTU144	0	64	0	0
OTU116	65	1	23991	130	OTU145	0	0	1610	2277
OTU117	0	0	10	0	OTU146	78	0	97	38
OTU118	0	0	77	0	OTU147	6	0	50	10
OTU119	0	0	17	0	OTU148	943	1	20236	853
OTU120	0	0	32	1	OTU149	0	0	198	3306
OTU121	30	0	134	120	OTU150	0	0	11	0
OTU122	3702	0	9844	76826	OTU151	0	0	0	24
OTU123	0	0	2	34	OTU152	0	0	0	10
OTU124	6	0	0	0	OTU153	0	0	74	11
OTU125	5	0	113	140	OTU154	26	0	539	739
OTU126	0	0	3	43	OTU155	69	0	1248	16
OTU127	145	0	701	84	OTU156	212	0	70	80
OTU128	22	0	8	1	OTU157	23	0	0	0
OTU129	0	0	412	134	OTU158	0	0	1	17
OTU130	7	0	3	0	OTU159	14	0	450	38
OTU131	0	0	240	13	OTU160	3167	0	1	57
OTU132	172	0	0	8	OTU161	213	1930	0	9
OTU133	0	0	1213	22	OTU162	0	0	3546	699
OTU134	413	0	4497	2496	OTU163	54	89	3484	1578
OTU135	293	0	148	30	OTU164	31627	1	758	914

表8-15 异位发酵床真菌种类不同处理组相关系数

样本	平均值	标准差	不同发酵程度垫料真菌生境相关系数			
			AUG_CK	AUG_H	AUG_L	AUG_PM
AUG_CK	612.0183	2971.0709	1.0000	−0.0222	0.0390	0.0976
AUG_H	612.0183	4992.1446	−0.0222	1.0000	0.1208	0.0006
AUG_L	612.0183	2664.0879	0.0390	0.1208	1.0000	0.2932
AUG_PM	612.0183	6006.0527	0.0976	0.0006	0.2932	1.0000

注：相关系数临界值，$a=0.05$ 时，$r=0.1533$；$a=0.01$ 时，$r=0.2006$。

表8-16　异位发酵床真菌种类不同处理组规格化特征向量

样本	因子1	因子2	因子3	因子4
AUG_CK	0.2513	−0.6182	0.7379	−0.1011
AUG_H	0.2250	0.7413	0.5792	0.2538
AUG_L	0.6753	0.1732	−0.1799	−0.6939
AUG_PM	0.6558	−0.1958	−0.2962	0.6662

表8-17　异位发酵床真菌种类不同处理组特征值

序号	特征值	百分数/%	累计百分数/%	Chi-Square	df	P值
1	1.3395	33.4877	33.4877	18.6907	9.0000	0.0280
2	1.0466	26.1650	59.6527	7.7538	5.0000	0.1703
3	0.9339	23.3476	83.0002	4.0312	2.0000	0.1332
4	0.6800	16.9998	100.0000	0.0000	0.0000	1.0000

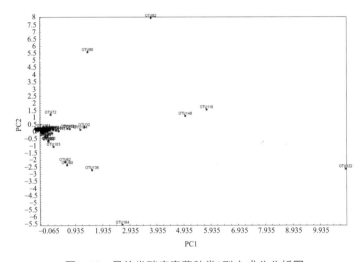

图8-12　异位发酵床真菌种类Q型主成分分析图

（5）真菌群落 R 型主成分分析　以真菌种类为指标、不同处理为样本，主成分特征值见表 8-18，主成分得分见表 8-19，坐标值见表 8-20，主成分分析见图 8-13。分析结果表明，原料垫料（AUG_CK）分布于图形的下方，独立于其他处理，表明真菌种类与其他处理相差较大，其发挥原始菌种带入作用；浅发酵垫料（AUG_L）分布于图形的中部，真菌群落区别于其他处理，即原料垫料加入猪粪后开始发酵，微生物群落发生较大变化；深发酵垫料（AUG_H）和未发酵猪粪（AUG_PM）分布于图形右上方和左上方，表明猪粪深发酵后与未发酵猪粪的真菌群落相比其他处理差异显著。

表8-18　异位发酵床真菌种类不同处理组特征值

序号	特征值	百分数/%	累计百分数/%	Chi-Square	df	P值
1	81.5674	49.7362	49.7362	0.0000	13529.0000	0.9999
2	52.0184	31.7185	81.4548	0.0000	13365.0000	0.9999
3	30.4141	18.5452	100.0000	0.0000	13202.0000	0.9999

表8-19 异位发酵床真菌种类不同处理组主成分得分

样本	$Y(i, 1)$	$Y(i, 2)$	$Y(i, 3)$
AUG_CK	13.0098	2.8087	0.8419
AUG_H	−1.4298	−6.2280	−6.7075
AUG_L	−7.5724	8.9045	−0.8315
AUG_PM	−4.0076	−5.4852	6.6971

表8-20 异位发酵床真菌种类不同处理组坐标值

样本	PC1	PC2	PC3	PC4
AUG_CK	6870.16	−33685.86	18563.37	$−6.82×10^{-13}$
AUG_H	44497.32	29531.76	4560.06	$−3.33×10^{-11}$
AUG_L	3253.06	−14786.68	−27533.42	$1.93×10^{-11}$
AUG_PM	−54620.53	18940.77	4409.99	$1.49×10^{-11}$

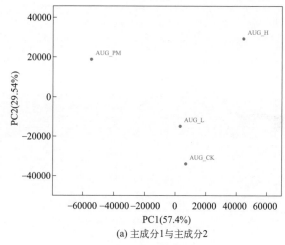

(a) 主成分1与主成分2

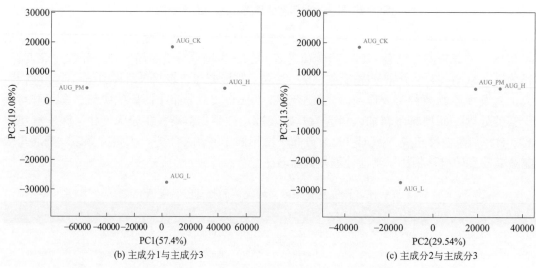

(b) 主成分1与主成分3

(c) 主成分2与主成分3

图8-13 异位发酵床真菌种类主成分分析图

2．微生物种类主坐标分析（PCoA）

（1）主坐标分析原理　PCoA 即主坐标分析（principal co-ordinates analysis），也是一种非约束性的数据降维分析方法，可用来研究样本群落组成的相似性或差异性，与 PCA 分析类似；主要区别在于，PCA 基于欧氏距离，PCoA 基于除欧氏距离以外的其他距离，通过降维找出影响样本群落组成差异的潜在主成分。首先对一系列的特征值和特征向量进行排序，然后选择排在前几位的最主要特征值，并将其表现在坐标系里，结果相当于是距离矩阵的一个旋转，它没有改变样本点之间的相互位置关系，只是改变了坐标系统。

（2）细菌群落 R 型主坐标分析　图 8-14，异位发酵床细菌群落不同处理组的主坐标分析与主成分分析存在差异，未发酵猪粪更靠近浅发酵垫料。

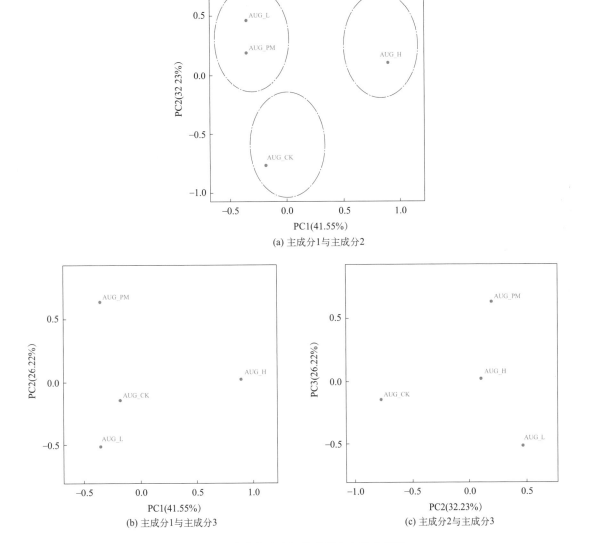

(a) 主成分1与主成分2

(b) 主成分1与主成分3

(c) 主成分2与主成分3

图8-14　异位发酵床细菌种类主坐标分析图

（3）真菌群落 R 型主坐标分析　结果见图 8-15。异位发酵床真菌群落不同处理组的主坐标分析与主成分分析存在差异，浅发酵垫料更靠近未发酵猪粪。

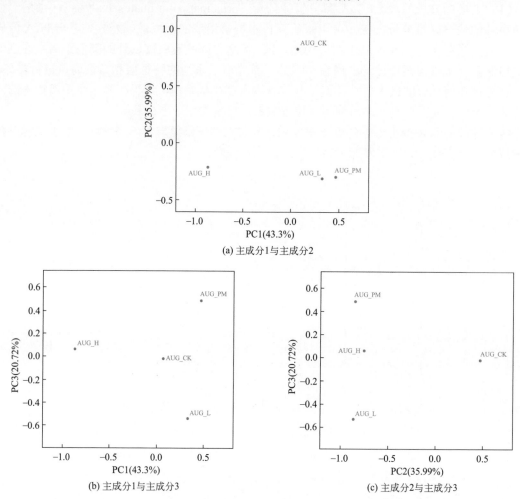

(a) 主成分1与主成分2

(b) 主成分1与主成分3　　　　(c) 主成分2与主成分3

图8-15　异位发酵床真菌种类主坐标分析图

3. 基于Beta多样性距离的非度量多维尺度分析（NMDS）

非度量多维尺度法是一种将多维空间的研究对象（样本或变量）简化到低维空间进行定位、分析和归类，同时又保留对象间原始关系的数据分析方法。适用于无法获得研究对象间精确的相似性或相异性数据，仅能得到它们之间等级关系数据的情形。其基本特征是将对象间的相似性或相异性数据看成点间距离的单调函数，在保持原始数据次序关系的基础上，用新的相同次序的数据列替换原始数据进行度量型多维尺度分析。换句话说，当资料不适合直接进行变量型多维尺度分析时，对其进行变量变换，再采用变量型多维尺度分析，对原始资料而言，就称为非度量多维尺度分析。其特点是根据样本中包含的物种信息，以点的形式反映在多维空间上，而对不同样本间的差异程度，则是通过点与点间的距离体现的，最终获得样本的空间定位点图，异位发酵床细菌种类非度量多维尺度分析（NMDS）见图 8-16，异位发酵床真菌种类非度量多维尺度分析（NMDS）见图 8-17。

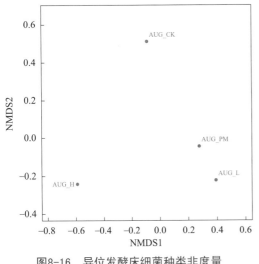

图8-16　异位发酵床细菌种类非度量
多维尺度分析图

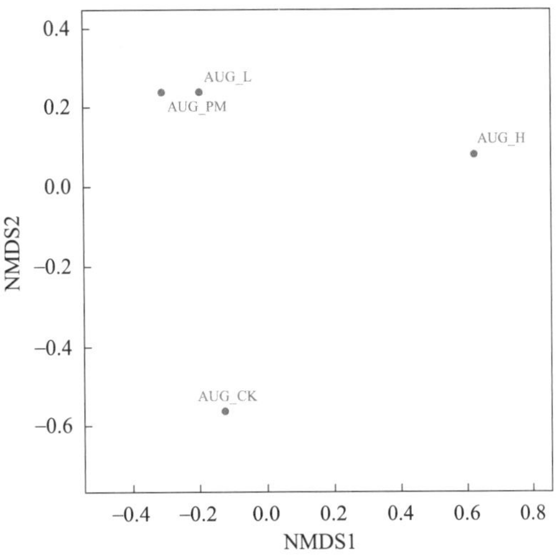

图8-17　异位发酵床真菌种类非度量多维
尺度分析图

六、异位发酵床细菌丰度结构

分析结果见表8-21。异位发酵床不同处理细菌分类阶元的丰度差异显著。在细菌门中，原料垫料的变形菌门丰度最高（0.1450），深发酵垫料以拟杆菌门丰度最高（0.0410），浅发酵垫料以拟杆菌门丰度最高（0.1520），未发酵猪粪以变形菌门丰度最高（0.0920）（图8-18）。

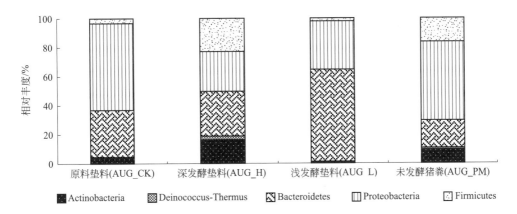

图8-18　异位发酵床细菌门种类丰度分布

表8-21　异位发酵床不同处理组细菌分类阶元丰度

	物种名称	原料垫料（AUG_CK）	深发酵垫料（AUG_H）	浅发酵垫料（AUG_L）	未发酵猪粪（AUG_PM）
细菌门	放线菌门（Actinobacteria）	0.0110	0.0410	0.0020	0.0160
	异常球菌-栖热菌门（Deinococcus-Thermus）	0.0000	0.0060	0.0010	0.0020
	拟杆菌门（Bacteroidetes）	0.0780	0.0770	0.1520	0.0320
	变形菌门（Proteobacteria）	0.1450	0.0680	0.0800	0.0920
	厚壁菌门（Firmicutes）	0.0080	0.0570	0.0050	0.0280

续表

物种名称		原料垫料（AUG_CK）	深发酵垫料（AUG_H）	浅发酵垫料（AUG_L）	未发酵猪粪（AUG_PM）
细菌纲	黄杆菌纲（Flavobacteriia）	0.0960	0.0040	0.0070	0.0180
	γ-变形菌纲（Gamma-proteobacteria）	0.0450	0.0470	0.1150	0.0550
	异常球菌纲（Deinococci）	0.0010	0.0020	0.0000	0.0060
	芽胞杆菌纲（Bacilli）	0.0030	0.0240	0.0050	0.0250
	鞘氨醇杆菌纲（Sphingobacteriia）	0.0530	0.0220	0.0690	0.0390
	梭菌纲（Clostridia）	0.0020	0.0040	0.0030	0.0300
	放线菌纲（Actinobacteria）	0.0020	0.0160	0.0110	0.0410
细菌目	黄杆菌目（Flavobacteriales）	0.0960	0.0040	0.0070	0.0180
	异常球菌目（Deinococcales）	0.0010	0.0020	0.0000	0.0060
	微球菌目（Micrococcales）	0.0010	0.0020	0.0010	0.0340
	梭菌目（Clostridiales）	0.0020	0.0030	0.0030	0.0300
	肠杆菌目（Enterobacteriales）	0.0000	0.0050	0.0910	0.0000
	黄单胞菌目（Xanthomonadales）	0.0270	0.0300	0.0100	0.0150
	海洋螺菌目（Oceanospirillales）	0.0010	0.0000	0.0000	0.0160
	芽胞杆菌目（Bacillales）	0.0030	0.0240	0.0050	0.0190
	鞘氨醇杆菌目（Sphingobacteriales）	0.0530	0.0220	0.0690	0.0390
	假单胞菌目（Pseudomonadales）	0.0130	0.0110	0.0130	0.0120
细菌科	黄单胞菌科（Xanthomonadaceae）	0.0260	0.0220	0.0080	0.0150
	芽胞杆菌科（Bacillaceae）	0.0010	0.0130	0.0010	0.0120
	肠杆菌科（Enterobacteriaceae）	0.0000	0.0050	0.0910	0.0000
	莫拉菌科（Moraxellaceae）	0.0100	0.0060	0.0070	0.0010
	黄杆菌科（Flavobacteriaceae）	0.0940	0.0040	0.0070	0.0170
	鞘氨醇杆菌科（Sphingobacteriaceae）	0.0150	0.0010	0.0520	0.0370
	梭菌科1（Clostridiaceae 1）	0.0010	0.0030	0.0030	0.0180
	特吕珀菌科（Trueperaceae）	0.0010	0.0020	0.0000	0.0060
	烷烃降解菌科（Alcanivoracaceae）	0.0000	0.0000	0.0000	0.0140
	假单胞菌科（Pseudomonadaceae）	0.0030	0.0050	0.0060	0.0100
	皮杆菌科（Dermabacteraceae）	0.0000	0.0000	0.0000	0.0190
	噬几丁质菌科（Chitinophagaceae）	0.0370	0.0220	0.0170	0.0000
细菌属	橄榄杆菌属（Olivibacter）	0.0000	0.0000	0.0160	0.0220
	短杆菌属（Brachybacterium）	0.0000	0.0000	0.0000	0.0190
	狭义梭菌属1（Clostridium1）	0.0010	0.0020	0.0010	0.0180
	食碱菌属（Alcanivorax）	0.0000	0.0000	0.0000	0.0140
	石莼杆菌属（Ulvibacter）	0.0000	0.0000	0.0000	0.0120
	假单胞菌属（Pseudomonas）	0.0030	0.0050	0.0060	0.0100
	特吕珀菌属（Truepera）	0.0010	0.0020	0.0000	0.0060
	漠河菌属（Moheibacter）	0.0380	0.0000	0.0010	0.0030
	鞘氨醇杆菌属（Sphingobacterium）	0.0140	0.0000	0.0340	0.0010
	不动杆菌属（Acinetobacter）	0.0100	0.0060	0.0070	0.0010
	肠杆菌属（Enterobacter）	0.0000	0.0040	0.0710	0.0000
	噬几丁质菌属（Chitinophaga）	0.0000	0.0000	0.0120	0.0000
	克洛诺菌属（Cronobacter）	0.0000	0.0000	0.0100	0.0000
	金黄杆菌属（Chryseobacterium）	0.0440	0.0030	0.0030	0.0000
	太白山菌属（Taibaiella）	0.0170	0.0140	0.0020	0.0000

续表

	物种名称	原料垫料（AUG_CK）	深发酵垫料（AUG_H）	浅发酵垫料（AUG_L）	未发酵猪粪（AUG_PM）
细菌属	寡养单胞菌属（Stenotrophomonas）	0.0140	0.0000	0.0020	0.0000
	黄杆菌属（Flavobacterium）	0.0070	0.0000	0.0020	0.0000
	芽胞杆菌属（Bacillus）	0.0010	0.0130	0.0010	0.0000
	藤黄色单胞菌属（Luteimonas）	0.0020	0.0080	0.0010	0.0000
	罗纳小杆菌属（Rhodanobacter）	0.0000	0.0070	0.0000	0.0000

在细菌纲中，原料垫料的黄杆菌纲丰度最高（0.0960），深发酵垫料以 γ- 变形菌纲丰度最高（0.0470），浅发酵垫料以 γ- 变形菌纲丰度最高（0.1150），未发酵猪粪以 γ- 变形菌纲丰度最高（0.0550）（图 8-19）。

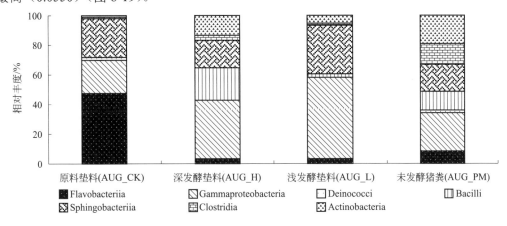

图8-19　异位发酵床细菌纲种类丰度分布

在细菌目中，原料垫料的黄杆菌目丰度最高（0.0960），深发酵垫料以黄单胞菌目丰度最高（0.0300），浅发酵垫料以肠杆菌目丰度最高（0.0910），未发酵猪粪以鞘氨醇杆菌目丰度最高（0.0390）（图 8-20）。

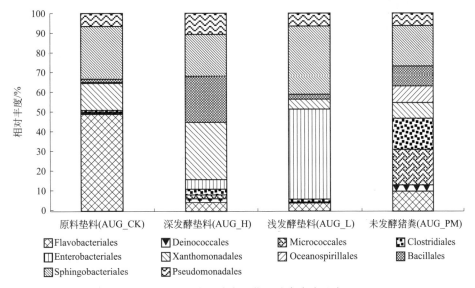

图8-20　异位发酵床细菌目种类丰度分布

在细菌科中，原料垫料的黄杆菌科丰度最高（0.0940），深发酵垫料以噬几丁质菌科丰度最高（0.0200），浅发酵垫料以肠杆菌科丰度最高（0.0910），未发酵猪粪以鞘氨醇杆菌科丰度最高（0.0731）（图8-21）。

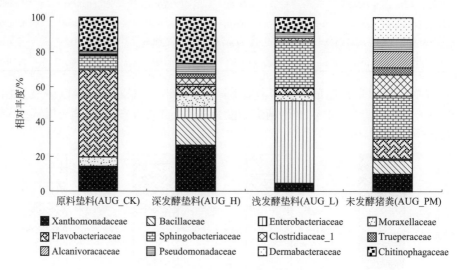

图8-21　异位发酵床细菌科种类丰度分布

在细菌属中，原料垫料的金黄杆菌属丰度最高（0.0440），深发酵垫料以太白山菌属丰度最高（0.0140），浅发酵垫料以肠杆菌属丰度最高（0.0710），未发酵猪粪以橄榄杆菌属丰度最高（0.0220）（图8-22）。

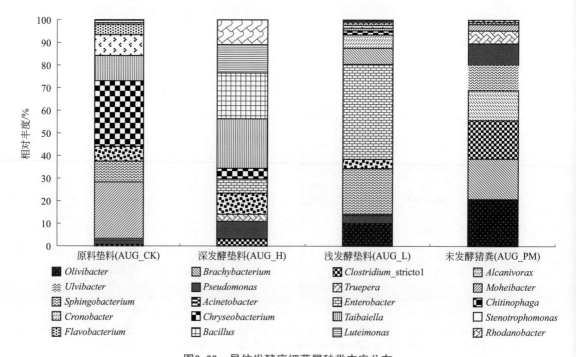

图8-22　异位发酵床细菌属种类丰度分布

七、微生物种类韦恩图分析

1．细菌种类韦恩图数据采集

（1）数据采集 韦恩（Venn）图可用于统计多个样本中所共有和独有的 OTU 数目，可以比较直观地表现环境样本的 OTU 数目组成相似性及重叠情况。通常情况下，分析时选用相似度为 97% 的 OTU 样本表述。异位发酵床不同处理组细菌种类见表 8-22。细菌种类共有 1334 种。

表8-22 异位发酵床不同处理组细菌种类采集

分类单元	AUG_CK	AUG_H	AUG_L	AUG_PM	分类单元	AUG_CK	AUG_H	AUG_L	AUG_PM
OTU1	0	0	42	1275	OTU33	0	13	1	0
OTU2	3	0	10	132	OTU34	0	307	0	0
OTU3	63	0	1	2	OTU35	0	0	109	962
OTU4	0	1	40	81	OTU36	0	0	6	127
OTU5	2	275	9	2	OTU37	9	0	0	0
OTU6	17	0	0	0	OTU38	11	0	0	0
OTU7	2	0	18	13	OTU39	0	0	63	1027
OTU8	1	0	4	15	OTU40	34	0	0	0
OTU9	0	0	1	11	OTU41	0	0	0	20
OTU10	0	647	1	0	OTU42	0	0	4	7
OTU11	0	0	9	0	OTU43	9	0	0	0
OTU12	0	0	0	124	OTU44	39	0	6	1
OTU13	0	21	0	0	OTU45	0	0	0	4
OTU14	0	5	0	0	OTU46	3	0	117	30
OTU15	49	0	2	1	OTU47	0	736	0	0
OTU16	0	0	5	0	OTU48	0	131	11	0
OTU17	0	0	0	12	OTU49	76	0	470	3
OTU18	77	0	0	0	OTU50	10	0	0	0
OTU19	0	124	5	0	OTU51	0	1	53	8732
OTU20	0	0	12	9	OTU52	13	0	100	14
OTU21	2	0	16	1	OTU53	0	0	32	843
OTU22	8	0	45	3	OTU54	0	53	0	0
OTU23	0	0	2	4	OTU55	1	0	62	1169
OTU24	8	0	0	0	OTU56	0	2022	0	0
OTU25	25	0	354	29	OTU57	23	0	0	0
OTU26	0	1	42	56	OTU58	0	0	57	713
OTU27	42	0	0	0	OTU59	0	0	4	269
OTU28	25	0	0	0	OTU60	0	0	134	1895
OTU29	4	0	10	32	OTU61	64	0	0	0
OTU30	97	0	18	13	OTU62	0	0	3	10
OTU31	0	0	0	5	OTU63	0	0	1	17
OTU32	0	44	0	0	OTU64	1	0	10	7

分类单元	AUG_CK	AUG_H	AUG_L	AUG_PM	分类单元	AUG_CK	AUG_H	AUG_L	AUG_PM
OTU65	1	0	0	25	OTU107	0	116	0	0
OTU66	3	0	0	0	OTU108	0	0	2	1702
OTU67	26	0	0	0	OTU109	0	14	0	0
OTU68	28	1	2	3	OTU110	144	0	0	2
OTU69	37	0	96	230	OTU111	0	0	2	139
OTU70	0	440	0	0	OTU112	0	13	0	0
OTU71	7	0	24	162	OTU113	17	0	139	886
OTU72	28	0	4	27	OTU114	144	0	0	9
OTU73	14	0	0	0	OTU115	6	0	3	3
OTU74	1	0	5	155	OTU116	0	0	31	0
OTU75	0	6	0	0	OTU117	15	0	0	0
OTU76	14	0	2	158	OTU118	0	497	12	7
OTU77	5	0	0	0	OTU119	0	151	0	0
OTU78	18	0	1	44	OTU120	22	0	0	12
OTU79	6	0	13	44	OTU121	14	0	0	0
OTU80	0	36	0	0	OTU122	7	0	0	0
OTU81	0	0	19	0	OTU123	42	0	2	1
OTU82	0	0	0	6	OTU124	0	0	4662	58
OTU83	13	0	0	0	OTU125	7	0	1	1
OTU84	0	4	0	0	OTU126	25	0	0	6
OTU85	15	0	0	10	OTU127	0	0	25	0
OTU86	15	0	2	0	OTU128	0	0	0	36
OTU87	55	0	0	1	OTU129	15	0	0	0
OTU88	0	0	3	4	OTU130	0	0	155	59
OTU89	0	0	1	12	OTU131	0	40	0	0
OTU90	12	0	1	0	OTU132	52	0	0	0
OTU91	0	4	33	2	OTU133	36	121	20	3
OTU92	0	2032	0	0	OTU134	0	0	37	0
OTU93	9	0	0	0	OTU135	17	0	1	2
OTU94	5	0	0	0	OTU136	1	0	13	117
OTU95	203	0	827	2831	OTU137	53	0	11	1
OTU96	0	0	62	0	OTU138	0	1825	0	1
OTU97	33	0	12	30	OTU139	0	0	13	221
OTU98	2	0	1	37	OTU140	0	0	0	24
OTU99	7	0	0	7	OTU141	0	0	0	9
OTU100	0	12	0	0	OTU142	0	8	20	0
OTU101	2	0	4	40	OTU143	0	0	4	4
OTU102	14	0	2	22	OTU144	0	24	0	0
OTU103	12	0	0	0	OTU145	13	0	0	6
OTU104	0	0	3	11	OTU146	0	249	0	0
OTU105	1	0	30	0	OTU147	1	0	8	103
OTU106	13	0	16	87	OTU148	0	15	0	0

续表

分类单元	AUG_CK	AUG_H	AUG_L	AUG_PM	分类单元	AUG_CK	AUG_H	AUG_L	AUG_PM
OTU149	0	82	0	0	OTU191	21	0	0	4
OTU150	0	0	55	0	OTU192	0	0	5	1
OTU151	0	0	34	0	OTU193	4	332	5	53
OTU152	3	0	1	8	OTU194	0	77	0	0
OTU153	0	532	0	0	OTU195	0	0	1	15
OTU154	23	1	25	7	OTU196	6	0	3	0
OTU155	15	0	11	130	OTU197	13	0	1	0
OTU156	3	0	0	8	OTU198	0	9	0	0
OTU157	8	0	88	1	OTU199	25	0	21	1
OTU158	3	12	0	0	OTU200	1071	26	1	4
OTU159	0	0	0	17	OTU201	0	0	29	0
OTU160	0	0	32	3	OTU202	17	0	0	0
OTU161	0	0	0	7	OTU203	0	106	10	5
OTU162	36	0	0	0	OTU204	0	4132	0	1
OTU163	0	1593	0	0	OTU205	2	0	3	12
OTU164	28	0	2	9	OTU206	1	0	1	47
OTU165	76	0	22	71	OTU207	0	2341	0	0
OTU166	0	45	0	0	OTU208	167	0	0	12
OTU167	0	0	0	4	OTU209	0	0	2	40
OTU168	340	0	8	273	OTU210	0	2	783	782
OTU169	0	21	0	4	OTU211	32	0	0	0
OTU170	2	0	0	1	OTU212	3	0	2	276
OTU171	0	85	0	0	OTU213	26	0	0	2
OTU172	38	0	0	0	OTU214	19	0	2	8
OTU173	88	2	291	122	OTU215	53	0	0	0
OTU174	0	102	0	0	OTU216	71	0	20	127
OTU175	0	0	0	8	OTU217	0	0	7	38
OTU176	0	0	0	9	OTU218	101	2	119	19
OTU177	2	0	0	4	OTU219	4	0	13	33
OTU178	0	0	55	0	OTU220	5	0	1	0
OTU179	96	0	73	13	OTU221	1	0	0	16
OTU180	0	0	1	158	OTU222	20	0	0	0
OTU181	0	0	0	104	OTU223	0	3	0	0
OTU182	150	0	1	4	OTU224	6	0	0	0
OTU183	216	1	775	998	OTU225	0	533	0	0
OTU184	70	1	120	12	OTU226	0	27	0	0
OTU185	0	33	2	2	OTU227	9	0	50	12
OTU186	0	36	0	0	OTU228	126	0	2	3
OTU187	0	91	0	0	OTU229	3634	0	0	1
OTU188	25	0	0	0	OTU230	258	0	0	5
OTU189	3	0	1	11	OTU231	0	0	0	13
OTU190	4	0	70	0	OTU232	36	0	75	67

畜禽养殖发酵床微生物组多样性

分类单元	AUG_CK	AUG_H	AUG_L	AUG_PM	分类单元	AUG_CK	AUG_H	AUG_L	AUG_PM
OTU233	34	0	16	191	OTU275	7	0	0	0
OTU234	210	0	70	25	OTU276	0	0	8	2
OTU235	0	0	0	46	OTU277	5	0	3	15
OTU236	44	0	0	0	OTU278	3	0	460	289
OTU237	0	7	4	0	OTU279	0	0	15	3
OTU238	20	0	0	0	OTU280	80	0	0	0
OTU239	0	0	66	1759	OTU281	0	1	8	0
OTU240	27	0	0	0	OTU282	10	0	0	0
OTU241	7	0	54	0	OTU283	4	22	121	24
OTU242	0	0	1	33	OTU284	52	0	0	0
OTU243	13	0	0	0	OTU285	130	0	1	0
OTU244	8	0	2	1	OTU286	0	0	0	14
OTU245	18	0	30	5	OTU287	0	0	0	105
OTU246	15	0	0	0	OTU288	0	58	0	0
OTU247	0	0	16	226	OTU289	0	0	0	8
OTU248	11	0	1	43	OTU290	61	0	2	0
OTU249	62	0	0	0	OTU291	0	0	0	3
OTU250	4	0	0	2	OTU292	0	0	0	10
OTU251	8	0	0	0	OTU293	119	0	0	0
OTU252	0	3307	0	0	OTU294	0	14	0	0
OTU253	8	0	4	4	OTU295	36	0	1	0
OTU254	77	0	0	0	OTU296	1	0	0	3
OTU255	0	0	0	18	OTU297	24	0	15567	11
OTU256	0	0	2	11	OTU298	0	0	2	63
OTU257	0	0	3	55	OTU299	10	0	0	1
OTU258	13	0	0	2	OTU300	9	0	45	1
OTU259	137	0	2	23	OTU301	10	0	0	0
OTU260	0	0	1	11	OTU302	0	68	0	0
OTU261	35	0	1	8	OTU303	1	0	1	140
OTU262	2	165	4	9	OTU304	1	0	0	8
OTU263	142	2	0	1	OTU305	4	0	0	49
OTU264	3	0	4	2	OTU306	217	0	222	1151
OTU265	0	0	0	5	OTU307	1	0	1	75
OTU266	12	0	0	0	OTU308	0	6	0	0
OTU267	0	0	4	21	OTU309	14	0	7	11
OTU268	0	102	0	0	OTU310	0	0	7	0
OTU269	53	0	1	0	OTU311	26	0	0	5
OTU270	0	170	0	0	OTU312	4	0	4	9
OTU271	0	0	1	43	OTU313	3	0	0	0
OTU272	8	76	0	22	OTU314	0	1681	0	0
OTU273	0	0	4	16	OTU315	0	0	0	73
OTU274	0	65	0	0	OTU316	18	0	65	2

畜禽养殖发酵床微生物组多样性

分类单元	AUG_CK	AUG_H	AUG_L	AUG_PM	分类单元	AUG_CK	AUG_H	AUG_L	AUG_PM
OTU317	44	0	21	14	OTU359	0	15	0	0
OTU318	0	9	0	0	OTU360	1	0	110	77
OTU319	4	7153	0	0	OTU361	0	0	1	12
OTU320	3	0	75	9	OTU362	0	0	1	2
OTU321	0	0	4	8	OTU363	95	0	0	0
OTU322	206	0	0	0	OTU364	0	86	0	0
OTU323	0	0	0	5	OTU365	0	4	0	0
OTU324	7	0	0	0	OTU366	1	0	3	36
OTU325	0	44	0	0	OTU367	297	0	0	1
OTU326	0	443	0	0	OTU368	20	0	0	0
OTU327	25	2	117	333	OTU369	0	0	0	70
OTU328	0	0	4	16	OTU370	48	0	12	288
OTU329	0	0	4	82	OTU371	0	14	0	0
OTU330	3	1	0	0	OTU372	1	34	0	0
OTU331	1370	3	91	59	OTU373	4	0	1	11
OTU332	0	0	0	6	OTU374	51	0	25	0
OTU333	46	0	0	0	OTU375	0	0	8	438
OTU334	2	0	2	58	OTU376	29	0	34	243
OTU335	0	0	0	11	OTU377	3	0	3	3
OTU336	0	0	11	15	OTU378	9	0	0	0
OTU337	199	0	85	6	OTU379	12	0	2	9
OTU338	12	0	0	79	OTU380	0	0	0	10
OTU339	44	0	0	0	OTU381	0	35	1	1
OTU340	1	0	318	4	OTU382	4	2	192	4
OTU341	2	0	60	12	OTU383	40	1	7	1
OTU342	29	0	1	1	OTU384	8	0	0	0
OTU343	16	2	1	3	OTU385	0	32	0	0
OTU344	0	0	1	6	OTU386	3	0	5	4
OTU345	0	61	0	0	OTU387	0	0	0	24
OTU346	0	0	162	264	OTU388	0	0	16	8
OTU347	8	0	0	2	OTU389	24	0	225	0
OTU348	0	0	80	318	OTU390	230	4	67	66
OTU349	0	38	0	0	OTU391	0	0	1	32
OTU350	25	2	0	0	OTU392	4	0	0	1
OTU351	0	0	0	4	OTU393	0	200	0	0
OTU352	258	0	43	135	OTU394	0	434	0	0
OTU353	8	0	8	45	OTU395	60	0	0	263
OTU354	22	0	0	0	OTU396	66	0	9	5
OTU355	3	0	2016	270	OTU397	20	0	7	2
OTU356	9	0	0	0	OTU398	121	320	55	143
OTU357	16	0	700	4	OTU399	5	0	5	5
OTU358	0	13	0	0	OTU400	0	0	85	123

分类单元	AUG_CK	AUG_H	AUG_L	AUG_PM	分类单元	AUG_CK	AUG_H	AUG_L	AUG_PM
OTU401	38	1	410	2080	OTU443	86	0	10	13
OTU402	3	0	5	22	OTU444	0	161	0	0
OTU403	34	0	2	26	OTU445	0	0	20	0
OTU404	6	0	35	9	OTU446	0	0	3	8
OTU405	0	27	0	0	OTU447	53	0	0	0
OTU406	0	9	0	0	OTU448	0	0	0	13
OTU407	30	0	2	57	OTU449	0	11	0	0
OTU408	2	9	1	0	OTU450	17	0	0	0
OTU409	0	64	1	0	OTU451	246	1	434	26
OTU410	0	354	1	0	OTU452	0	0	1	33
OTU411	18	0	0	0	OTU453	0	0	25	2007
OTU412	0	53	0	0	OTU454	0	0	7	40
OTU413	0	0	32	0	OTU455	7	0	3	1
OTU414	0	0	21	497	OTU456	11	0	1477	8
OTU415	20	0	200	113	OTU457	5	0	0	0
OTU416	1	0	1	7	OTU458	523	0	0	15
OTU417	0	0	6	38	OTU459	0	0	0	7
OTU418	0	0	1	3	OTU460	2	0	1	11
OTU419	3602	0	20	4	OTU461	93	8	698	34
OTU420	23	0	0	0	OTU462	0	0	3	10
OTU421	58	0	0	0	OTU463	7	0	0	0
OTU422	3	0	0	0	OTU464	5	0	1	2
OTU423	0	21	0	0	OTU465	78	0	0	0
OTU424	0	0	2	0	OTU466	2	2	13783	2
OTU425	104	15	3	38	OTU467	0	0	0	4
OTU426	128	0	122	357	OTU468	0	0	13	0
OTU427	12	0	103	313	OTU469	4	0	0	0
OTU428	1	0	0	3	OTU470	3	0	0	10
OTU429	0	0	19	1	OTU471	201	0	0	0
OTU430	5072	0	1	1	OTU472	16	0	0	0
OTU431	0	0	1	5	OTU473	6	0	8	110
OTU432	0	0	0	16	OTU474	0	0	1	9
OTU433	0	0	38	0	OTU475	0	716	0	0
OTU434	18	0	1	0	OTU476	40	0	212	0
OTU435	56	0	0	0	OTU477	0	0	7	1
OTU436	33	0	0	0	OTU478	47	0	18	1
OTU437	0	0	77	0	OTU479	0	459	0	0
OTU438	12	5753	300	675	OTU480	0	187	0	0
OTU439	3	0	1	13	OTU481	38	0	6	23
OTU440	0	0	0	11	OTU482	63	0	0	0
OTU441	0	0	6	0	OTU483	0	69	0	0
OTU442	0	0	22	3	OTU484	95	0	0	1

续表

分类单元	AUG_CK	AUG_H	AUG_L	AUG_PM	分类单元	AUG_CK	AUG_H	AUG_L	AUG_PM
OTU485	23	0	315	0	OTU527	124	0	1	1
OTU486	0	3	0	0	OTU528	0	0	1	37
OTU487	19	0	0	3	OTU529	0	0	4	2
OTU488	0	0	0	44	OTU530	6	0	19	29
OTU489	7	0	5	15	OTU531	20	0	0	1
OTU490	0	0	20	1	OTU532	0	0	1	48
OTU491	11	0	0	0	OTU533	0	64	0	0
OTU492	16	0	3	6	OTU534	53	0	96	73
OTU493	0	9	3	0	OTU535	39	0	0	911
OTU494	0	19	0	0	OTU536	3	0	0	0
OTU495	0	5	1	1	OTU537	17	0	0	0
OTU496	156	3	285	1709	OTU538	0	0	1	73
OTU497	211	0	0	0	OTU539	0	0	1136	0
OTU498	0	8	0	0	OTU540	36	0	194	44
OTU499	107	0	0	1	OTU541	0	0	0	7
OTU500	23	0	0	0	OTU542	34	0	0	4
OTU501	22	0	0	0	OTU543	0	0	3	51
OTU502	0	7	0	0	OTU544	0	0	20	79
OTU503	41	0	323	52	OTU545	0	143	0	0
OTU504	0	27	0	0	OTU546	0	0	0	36
OTU505	0	85	18	2	OTU547	0	0	3	4
OTU506	29	0	0	0	OTU548	0	0	0	10
OTU507	17	0	60	3	OTU549	0	1	8	154
OTU508	0	0	1	4	OTU550	0	24	0	0
OTU509	4	0	27	1	OTU551	0	0	0	4
OTU510	0	0	2	2	OTU552	40	0	14	10
OTU511	1	0	4	28	OTU553	0	41	0	0
OTU512	26	0	4	8	OTU554	0	0	0	8
OTU513	0	0	1	5	OTU555	0	0	0	3
OTU514	3	0	2	10	OTU556	0	66	0	0
OTU515	3	0	0	5	OTU557	15	0	0	0
OTU516	95	0	0	0	OTU558	0	0	0	65
OTU517	1	0	1	12	OTU559	0	0	2	10
OTU518	0	0	84	5	OTU560	6	0	51	146
OTU519	37	0	0	3	OTU561	0	0	166	9
OTU520	7	16	0	1	OTU562	17	0	6	5
OTU521	0	0	11	18	OTU563	1	0	1	7
OTU522	40	0	0	2	OTU564	0	0	15	3
OTU523	1117	0	47	275	OTU565	1	0	12	303
OTU524	132	0	3001	2	OTU566	55	0	70	102
OTU525	0	0	0	6	OTU567	0	69	0	0
OTU526	0	1193	0	0	OTU568	12	0	0	0

分类单元	AUG_CK	AUG_H	AUG_L	AUG_PM	分类单元	AUG_CK	AUG_H	AUG_L	AUG_PM
OTU569	0	0	23	0	OTU611	0	111	9	0
OTU570	0	12	0	0	OTU612	0	0	68	0
OTU571	0	483	0	0	OTU613	0	1445	0	0
OTU572	0	37	0	0	OTU614	0	0	15	0
OTU573	0	0	14	0	OTU615	0	4	0	0
OTU574	0	0	0	13	OTU616	11	0	0	0
OTU575	13	0	19	52	OTU617	0	0	2	20
OTU576	52	0	0	2	OTU618	17	0	0	0
OTU577	5	0	0	0	OTU619	78	6	1186	224
OTU578	0	0	0	5	OTU620	1	0	0	6
OTU579	1	0	6	0	OTU621	0	0	2	4
OTU580	3	0	3	42	OTU622	51	0	51	11
OTU581	10	0	0	0	OTU623	1	0	1	12
OTU582	163	0	81	592	OTU624	0	0	0	29
OTU583	0	0	0	15	OTU625	4	0	1	22
OTU584	2	0	58	1	OTU626	51	0	0	0
OTU585	2	0	6	35	OTU627	4	89	35	40
OTU586	140	0	1	3	OTU628	1	0	65	16
OTU587	34	0	0	0	OTU629	32	0	0	0
OTU588	0	1	1	4	OTU630	1	0	1	17
OTU589	6	0	0	4	OTU631	0	8	1	0
OTU590	11	0	0	0	OTU632	11	0	2	21
OTU591	0	2	0	0	OTU633	0	0	12	0
OTU592	0	87	0	0	OTU634	55	0	0	23
OTU593	0	30	0	0	OTU635	0	3818	3	0
OTU594	28	0	0	0	OTU636	5	0	0	0
OTU595	1147	1	195	294	OTU637	0	23	0	0
OTU596	2	0	0	4	OTU638	0	0	55	0
OTU597	15	0	750	11	OTU639	14	0	0	0
OTU598	0	0	23	457	OTU640	0	0	17	257
OTU599	138	0	29	0	OTU641	0	0	35	0
OTU600	3	0	0	5	OTU642	15	0	0	60
OTU601	200	0	8	0	OTU643	0	615	0	0
OTU602	28	0	0	0	OTU644	0	0	19	150
OTU603	0	0	14	121	OTU645	0	17	0	0
OTU604	0	26	0	0	OTU646	0	131	0	0
OTU605	3	0	0	0	OTU647	0	0	0	2
OTU606	0	0	86	71	OTU648	9	0	1	6
OTU607	126	0	105	1296	OTU649	0	0	0	9
OTU608	0	179	0	0	OTU650	0	0	7	25
OTU609	4	0	0	0	OTU651	26	0	0	88
OTU610	37	0	0	0	OTU652	0	0	0	11

分类单元	AUG_CK	AUG_H	AUG_L	AUG_PM	分类单元	AUG_CK	AUG_H	AUG_L	AUG_PM
OTU653	7	0	9	35	OTU695	152	0	0	47
OTU654	0	0	2	8	OTU696	96	0	14	0
OTU655	70	0	3	22	OTU697	1	0	13	1
OTU656	23	0	0	0	OTU698	10	0	0	0
OTU657	5	1	0	25	OTU699	0	0	4	1
OTU658	21	0	137	108	OTU700	0	0	0	34
OTU659	0	18	0	0	OTU701	0	0	35	2
OTU660	0	0	4	4	OTU702	2	0	2168	2
OTU661	0	229	0	0	OTU703	0	0	0	6
OTU662	5	0	0	0	OTU704	251	0	0	8
OTU663	11	0	20	194	OTU705	0	0	0	10
OTU664	59	0	1	3	OTU706	21	0	0	0
OTU665	0	0	0	108	OTU707	43	0	0	0
OTU666	2197	0	0	2	OTU708	4	0	8	1
OTU667	0	0	16	0	OTU709	0	54	0	0
OTU668	16	0	0	0	OTU710	27	0	59	1025
OTU669	0	24	0	0	OTU711	0	499	0	0
OTU670	9	0	0	0	OTU712	123	0	95	382
OTU671	0	0	0	1	OTU713	0	0	4	0
OTU672	1	0	0	6	OTU714	6	0	874	0
OTU673	0	0	21	399	OTU715	41	0	0	0
OTU674	35	1	451	188	OTU716	67	0	13	0
OTU675	2	0	23	935	OTU717	0	55	0	0
OTU676	0	45	0	0	OTU718	0	0	0	26
OTU677	0	0	0	145	OTU719	948	0	0	1
OTU678	0	0	2	29	OTU720	31	0	0	0
OTU679	0	8	0	5	OTU721	1	0	9	0
OTU680	0	0	3	26	OTU722	0	0	3	9
OTU681	0	6	0	0	OTU723	0	421	1	0
OTU682	0	154	0	0	OTU724	0	88	0	0
OTU683	281	0	1	1	OTU725	1	0	0	200
OTU684	0	0	0	4	OTU726	0	0	18	3
OTU685	15	0	0	0	OTU727	0	0	0	8
OTU686	39	0	1	198	OTU728	23	0	2	12
OTU687	3	0	2	127	OTU729	0	0	144	0
OTU688	0	0	0	12	OTU730	141	0	35	5
OTU689	0	1	22	774	OTU731	0	1058	0	0
OTU690	51	1	506	12	OTU732	0	26	0	0
OTU691	3	0	1	4	OTU733	13	0	0	0
OTU692	16	0	0	0	OTU734	0	20	0	0
OTU693	0	0	0	14	OTU735	5889	0	0	0
OTU694	0	339	11	0	OTU736	244	0	0	0

分类单元	AUG_CK	AUG_H	AUG_L	AUG_PM	分类单元	AUG_CK	AUG_H	AUG_L	AUG_PM
OTU737	14	0	0	1	OTU779	0	0	4	67
OTU738	1	0	5	4	OTU780	0	70	2	3
OTU739	49	0	4	59	OTU781	0	19	0	0
OTU740	0	0	13	3	OTU782	0	14	0	0
OTU741	0	0	7	186	OTU783	0	0	258	7
OTU742	385	0	0	1	OTU784	6	9	11	0
OTU743	0	481	0	0	OTU785	0	388	0	0
OTU744	0	103	0	0	OTU786	0	38	12	34
OTU745	13	0	0	0	OTU787	17	0	12	119
OTU746	3	0	4	0	OTU788	0	176	0	0
OTU747	0	0	14	0	OTU789	0	394	0	0
OTU748	0	15	0	0	OTU790	3	0	15	0
OTU749	0	0	0	7	OTU791	0	70	0	0
OTU750	0	0	0	8	OTU792	1	0	0	7
OTU751	23	0	0	0	OTU793	0	0	11	0
OTU752	1	0	2	18	OTU794	39	0	0	0
OTU753	10	0	1	0	OTU795	0	0	117	2
OTU754	3	0	1	0	OTU796	0	7	0	0
OTU755	16	0	7	67	OTU797	0	13	0	0
OTU756	97	0	0	0	OTU798	1	0	5	10
OTU757	0	0	9	83	OTU799	2	0	14	27
OTU758	42	0	2	0	OTU800	0	16	0	0
OTU759	6	0	3	0	OTU801	10	0	0	0
OTU760	0	0	93	14	OTU802	0	73	0	0
OTU761	0	0	1	5	OTU803	0	4	0	0
OTU762	2	0	1	15	OTU804	0	0	1	202
OTU763	32	0	37	3	OTU805	5	0	0	12
OTU764	21	0	10	105	OTU806	0	0	13	325
OTU765	5	0	4	7	OTU807	26	0	0	0
OTU766	0	0	35	1	OTU808	511	0	21	7
OTU767	0	571	0	0	OTU809	0	665	0	0
OTU768	0	0	4	30	OTU810	0	195	0	0
OTU769	5	0	0	0	OTU811	0	20	0	1
OTU770	3	0	51	43	OTU812	3	0	86	1312
OTU771	8	0	53	11	OTU813	653	221	1891	585
OTU772	21	0	0	0	OTU814	0	0	0	34
OTU773	2	0	11	2	OTU815	6	0	8	92
OTU774	73	94	0	3	OTU816	0	0	1	5
OTU775	0	38	0	0	OTU817	38	0	0	1
OTU776	0	0	7	36	OTU818	0	15	0	0
OTU777	0	87	0	0	OTU819	0	0	4	36
OTU778	31	0	40	27	OTU820	0	15	1	9

分类单元	AUG_CK	AUG_H	AUG_L	AUG_PM	分类单元	AUG_CK	AUG_H	AUG_L	AUG_PM
OTU821	18	0	0	0	OTU866	7	0	23	421
OTU822	0	0	7	0	OTU867	5	2457	37	111
OTU823	4	0	0	0	OTU868	1	0	1	6
OTU824	0	0	80	1	OTU869	38	0	1	0
OTU825	0	0	9	98	OTU870	16	0	5	16
OTU826	299	54	0	1	OTU871	1	0	5	350
OTU827	0	17	0	0	OTU872	0	81	0	0
OTU828	0	217	0	0	OTU873	0	0	1	17
OTU829	0	16	0	0	OTU874	51	0	1	8
OTU830	25100	53	0	1578	OTU875	0	0	1	136
OTU831	36	0	72	19	OTU876	97	0	11	3
OTU832	2	90	3	28	OTU877	0	0	18	0
OTU833	38	0	0	471	OTU878	24	0	644	13
OTU834	0	962	0	0	OTU879	9	0	0	0
OTU835	24	0	0	0	OTU880	1	0	57	86
OTU836	0	529	0	0	OTU881	19	0	0	8
OTU837	1	0	2	22	OTU882	0	0	42	0
OTU838	2	0	7	132	OTU883	51	0	28	531
OTU839	0	296	0	0	OTU884	2	0	0	0
OTU840	32	0	20	0	OTU885	48	1	19	129
OTU841	40	0	1	13	OTU886	21	0	8	1
OTU842	10	0	0	0	OTU887	0	27	0	0
OTU843	0	0	14	9	OTU888	285	0	0	1
OTU844	10	0	8	469	OTU889	1	1	470	0
OTU845	0	0	1	32	OTU890	4	0	9	12
OTU846	3604	4	1	111	OTU891	0	11	1	0
OTU847	0	124	19	1	OTU892	49	0	15	4
OTU848	58	0	7	56	OTU893	94	0	0	0
OTU849	0	305	0	0	OTU894	12	0	0	0
OTU850	0	260	0	0	OTU895	0	0	7	2
OTU851	0	0	0	3	OTU896	5	0	1	1
OTU852	0	0	2	11	OTU897	0	0	1	18
OTU853	0	0	0	34	OTU898	3	0	77	2
OTU854	0	16	0	1	OTU899	0	400	2	0
OTU855	0	0	8	0	OTU900	0	0	1	14
OTU856	0	28	0	0	OTU901	0	0	0	3
OTU857	106	0	360	4	OTU902	726	0	0	3
OTU858	1	73	57	7	OTU903	76	0	584	1
OTU859	143	0	1	9	OTU904	0	11	0	0
OTU860	0	22	0	0	OTU905	17	0	0	0
OTU861	0	0	0	4	OTU906	1	0	0	16
OTU862	37	0	0	3	OTU907	4	0	2	6
OTU863	0	0	2	18	OTU908	0	0	0	10
OTU864	0	44	0	0	OTU909	250	0	0	0
OTU865	0	0	2	80	OTU910	0	0	18	106

分类单元	AUG_CK	AUG_H	AUG_L	AUG_PM	分类单元	AUG_CK	AUG_H	AUG_L	AUG_PM
OTU911	25	0	0	0	OTU953	8	0	0	0
OTU912	0	0	0	6	OTU954	0	61	1	0
OTU913	0	119	0	0	OTU955	346	0	0	0
OTU914	0	0	0	85	OTU956	0	0	4	23
OTU915	0	0	0	9	OTU957	1	119	8	10
OTU916	26	0	1	0	OTU958	0	15	0	0
OTU917	0	0	1	8	OTU959	199	0	92	6
OTU918	0	2	5	0	OTU960	8	0	29	83
OTU919	0	0	12	37	OTU961	0	25	8	1
OTU920	170	0	8	0	OTU962	0	471	0	0
OTU921	8	0	0	0	OTU963	106	6	74	142
OTU922	2	0	2	21	OTU964	27	0	0	0
OTU923	119	0	0	22	OTU965	0	0	0	10
OTU924	13	0	0	2	OTU966	0	0	2	0
OTU925	2	0	1	24	OTU967	0	1408	0	3
OTU926	152	0	0	3	OTU968	0	1	115	521
OTU927	34	0	0	111	OTU969	17	8	11	3
OTU928	0	3371	1	0	OTU970	0	274	0	0
OTU929	7	0	0	0	OTU971	0	0	22	0
OTU930	4	0	7	77	OTU972	22	0	6	1
OTU931	28	17	27	807	OTU973	0	23	0	0
OTU932	0	0	1	19	OTU974	0	393	0	0
OTU933	0	0	0	14	OTU975	4	1	5	9
OTU934	0	0	29	335	OTU976	1	0	35	517
OTU935	4	0	0	0	OTU977	0	0	10	3
OTU936	48	0	0	2	OTU978	0	0	0	8
OTU937	1103	0	541	143	OTU979	4	0	7	5
OTU938	11	0	6	10	OTU980	0	0	261	0
OTU939	1	0	33	83	OTU981	14	0	1	13
OTU940	0	1009	2	64	OTU982	0	0	7	1
OTU941	61	0	0	0	OTU983	0	0	6	0
OTU942	2	0	5	24	OTU984	1	0	2	13
OTU943	24	0	0	0	OTU985	0	0	1	27
OTU944	7	0	0	3	OTU986	0	134	0	0
OTU945	6	2	5	6	OTU987	0	0	26	2
OTU946	24	0	0	0	OTU988	5	0	5	60
OTU947	3	0	0	0	OTU989	0	123	7	9
OTU948	0	32	0	0	OTU990	4	75	154	54
OTU949	0	0	3	17	OTU991	116	0	34	197
OTU950	21	0	20	1072	OTU992	13	0	6	0
OTU951	17	0	0	0	OTU993	0	0	6	0
OTU952	68	0	0	1	OTU994	0	34	0	0

分类单元	AUG_CK	AUG_H	AUG_L	AUG_PM	分类单元	AUG_CK	AUG_H	AUG_L	AUG_PM
OTU995	1	0	0	73	OTU1037	0	6	0	0
OTU996	5	0	0	0	OTU1038	0	0	1	2
OTU997	6	0	177	1587	OTU1039	39	0	0	0
OTU998	0	0	17	0	OTU1040	0	0	0	51
OTU999	0	42	0	0	OTU1041	0	0	9	311
OTU1000	5	0	22	8	OTU1042	0	771	0	0
OTU1001	0	0	7	17	OTU1043	0	1003	0	0
OTU1002	76	0	0	0	OTU1044	0	22	0	0
OTU1003	12	0	0	0	OTU1045	0	54	0	0
OTU1004	0	8	0	0	OTU1046	125	0	0	1
OTU1005	0	0	6	0	OTU1047	0	0	3	0
OTU1006	0	0	0	17	OTU1048	0	41	0	0
OTU1007	70	0	1111	34	OTU1049	0	0	0	81
OTU1008	10	0	1	15	OTU1050	0	0	1523	0
OTU1009	88	0	21	78	OTU1051	21	0	0	0
OTU1010	0	0	1	3	OTU1052	1489	0	49	32
OTU1011	7	0	0	0	OTU1053	628	0	0	19
OTU1012	30	0	0	1	OTU1054	0	35	0	0
OTU1013	8	0	1	6	OTU1055	19	0	42	6
OTU1014	30	0	15	43	OTU1056	187	1	0	15
OTU1015	0	0	2218	410	OTU1057	0	0	8	286
OTU1016	0	0	7	44	OTU1058	9	0	4	4
OTU1017	12	0	12	283	OTU1059	0	1	6173	299
OTU1018	51	0	0	1	OTU1060	0	0	1	5
OTU1019	0	0	117	0	OTU1061	0	768	0	0
OTU1020	1	0	0	8	OTU1062	960	0	0	3
OTU1021	2	0	1	3	OTU1063	1	0	0	1
OTU1022	0	0	9	2	OTU1064	0	0	0	4
OTU1023	0	5	5	0	OTU1065	2	0	0	0
OTU1024	0	0	4	0	OTU1066	0	85	2	10
OTU1025	0	357	31	2	OTU1067	2	24	2	6
OTU1026	1	0	4	7	OTU1068	10	0	0	0
OTU1027	0	6	0	0	OTU1069	0	3758	0	1
OTU1028	3	0	0	0	OTU1070	0	0	10	606
OTU1029	26	0	7	2589	OTU1071	0	0	2	148
OTU1030	0	3	0	2	OTU1072	18	0	0	0
OTU1031	9	0	1	2	OTU1073	17	0	1	4
OTU1032	0	510	0	0	OTU1074	22	0	0	2
OTU1033	3	0	215	142	OTU1075	0	3558	0	0
OTU1034	0	0	0	12	OTU1076	4	0	8	114
OTU1035	0	1867	0	1	OTU1077	0	0	0	5
OTU1036	0	24	0	0	OTU1078	17	0	18	26

畜禽养殖发酵床微生物组多样性

分类单元	AUG_CK	AUG_H	AUG_L	AUG_PM	分类单元	AUG_CK	AUG_H	AUG_L	AUG_PM
OTU1079	0	19	0	0	OTU1123	0	0	0	3
OTU1080	68	0	440	8	OTU1124	0	249	0	0
OTU1081	0	0	2	50	OTU1125	49	5	0	0
OTU1082	0	0	71	0	OTU1126	1	0	5	39
OTU1083	0	0	2	9	OTU1127	0	0	0	15
OTU1084	9	2	14	168	OTU1128	4	0	0	7
OTU1085	4	0	0	0	OTU1129	0	0	93	0
OTU1086	0	0	46	0	OTU1130	0	0	3	42
OTU1087	0	0	0	58	OTU1131	21	0	0	0
OTU1088	26	0	1	51	OTU1132	1804	577	3	12
OTU1089	0	0	0	13	OTU1133	1	0	44	224
OTU1090	333	524	25	38	OTU1134	39	0	3	13
OTU1091	0	145	47	25	OTU1135	5	0	0	23
OTU1092	4	0	0	0	OTU1136	0	0	9	63
OTU1093	0	35	0	0	OTU1137	5	0	0	0
OTU1094	0	0	854	152	OTU1138	92	0	95	405
OTU1095	10	0	15	183	OTU1139	0	0	0	12
OTU1096	1	0	0	78	OTU1140	0	21	0	0
OTU1097	0	130	0	0	OTU1141	0	0	5	307
OTU1098	15	0	0	1	OTU1142	50	0	17	430
OTU1099	288	0	0	120	OTU1143	0	0	2	117
OTU1100	0	0	12	0	OTU1144	2	0	0	72
OTU1101	0	0	10	45	OTU1145	0	2047	0	8
OTU1102	0	0	7	18	OTU1146	6	0	1	2
OTU1103	9	0	0	0	OTU1147	13	0	89	520
OTU1104	306	0	0	1	OTU1148	0	0	2	1
OTU1105	7	0	42	319	OTU1149	428	0	1	4
OTU1106	19	0	0	0	OTU1150	71	0	0	0
OTU1107	0	267	0	0	OTU1151	14	0	0	2
OTU1108	12	0	0	0	OTU1152	0	0	15	0
OTU1109	18	0	2	1	OTU1153	27	0	0	0
OTU1110	0	0	1	101	OTU1154	0	0	0	6
OTU1111	34	1	439	15	OTU1155	17	0	0	0
OTU1112	0	0	1	59	OTU1156	13	0	0	0
OTU1113	0	0	0	13	OTU1157	2	0	2	28
OTU1114	29	0	144	142	OTU1158	0	0	0	15
OTU1115	0	0	4	3	OTU1159	40	0	0	0
OTU1116	134	0	39	103	OTU1160	14	0	134	53
OTU1117	0	0	3	85	OTU1161	0	705	0	0
OTU1118	21	0	0	5	OTU1162	14	0	0	0
OTU1119	0	0	52	2177	OTU1163	4	0	9	8
OTU1120	2	0	689	8	OTU1164	0	0	2	1
OTU1121	1	0	0	11	OTU1165	25	0	80	3
OTU1122	6	0	13	43	OTU1166	0	7	0	0

分类单元	AUG_CK	AUG_H	AUG_L	AUG_PM	分类单元	AUG_CK	AUG_H	AUG_L	AUG_PM
OTU1167	0	53	2	0	OTU1212	20	0	16	3
OTU1168	9	0	2	38	OTU1213	0	2	11	48
OTU1169	0	0	16	0	OTU1214	0	0	7	136
OTU1170	110	0	0	2	OTU1215	2026	0	2	1
OTU1171	23	4	12	227	OTU1216	1	0	38	182
OTU1172	2	0	0	42	OTU1217	1	0	327	1
OTU1173	33	0	0	0	OTU1218	8	0	3	12
OTU1174	0	1	51	0	OTU1219	16	0	0	0
OTU1175	69	0	0	0	OTU1220	0	28	0	0
OTU1176	128	0	37	179	OTU1221	0	19	0	0
OTU1177	3	0	0	0	OTU1222	0	0	1	11
OTU1178	0	0	0	8	OTU1223	10	0	2	1
OTU1179	0	0	1	7	OTU1224	7	0	23	3
OTU1180	6	0	0	0	OTU1225	74	0	730	32
OTU1181	0	0	3	23	OTU1226	17	0	0	0
OTU1182	0	78	0	0	OTU1227	0	120	0	0
OTU1183	0	0	0	10	OTU1228	159	0	13	0
OTU1184	1	0	0	50	OTU1229	21	0	0	0
OTU1185	0	378	1	0	OTU1230	11	0	0	1
OTU1186	1772	4	9	1031	OTU1231	21	0	0	0
OTU1187	7	0	5	0	OTU1232	281	1	6	28
OTU1188	0	8	0	0	OTU1233	0	53	0	0
OTU1189	4	0	0	0	OTU1234	1	40	1	0
OTU1190	3	0	3	28	OTU1235	13	0	0	0
OTU1191	0	0	6	6	OTU1236	41	4	0	0
OTU1192	0	0	0	10	OTU1237	11	0	0	0
OTU1193	95	1	30	2	OTU1238	2	0	0	15
OTU1194	0	0	0	2	OTU1239	9	0	0	0
OTU1195	10	0	0	0	OTU1240	7	0	1	12
OTU1196	8	0	29	0	OTU1241	27	0	1	14
OTU1197	0	1	39	0	OTU1242	47	0	2	0
OTU1198	1	0	1	17	OTU1243	0	0	0	8
OTU1199	0	0	29	113	OTU1244	0	0	2	41
OTU1200	9	0	0	0	OTU1245	0	0	6	16
OTU1201	1	0	47	4	OTU1246	8	0	0	0
OTU1202	0	0	0	3	OTU1247	0	0	0	9
OTU1203	25	0	32	651	OTU1248	84	0	0	0
OTU1204	25	0	1	1	OTU1249	0	0	13	0
OTU1205	0	437	0	0	OTU1250	570	1	0	4
OTU1206	0	0	85	0	OTU1251	31	0	1	0
OTU1207	0	0	0	9	OTU1252	93	0	0	13
OTU1208	0	10	10	1	OTU1253	1	0	0	3
OTU1209	0	0	1	12	OTU1254	0	0	4	52
OTU1210	8	0	0	5	OTU1255	32	0	0	0
OTU1211	0	0	0	12	OTU1256	0	0	9	0

分类单元	AUG_CK	AUG_H	AUG_L	AUG_PM	分类单元	AUG_CK	AUG_H	AUG_L	AUG_PM
OTU1257	11	0	50	97	OTU1296	6	0	12	51
OTU1258	4	0	0	2	OTU1297	0	112	0	1
OTU1259	2	0	2	71	OTU1298	4	0	204	4
OTU1260	300	0	421	50	OTU1299	0	189	0	0
OTU1261	1	0	56	7	OTU1300	0	0	0	3
OTU1262	8	0	3	83	OTU1301	119	0	0	0
OTU1263	6	0	0	28	OTU1302	15	0	0	0
OTU1264	5	0	0	20	OTU1303	0	0	7	321
OTU1265	0	0	12	283	OTU1304	97	0	0	0
OTU1266	0	0	2	18	OTU1305	0	0	0	2
OTU1267	0	0	3	21	OTU1306	0	3	0	0
OTU1268	28	0	0	3	OTU1307	3	0	2	0
OTU1269	0	0	2	92	OTU1308	0	0	1	70
OTU1270	0	0	1079	8	OTU1309	9	2	252	1234
OTU1271	0	0	0	47	OTU1310	1	0	1	70
OTU1272	0	144	0	0	OTU1311	0	0	1	16
OTU1273	2	0	59	3	OTU1312	4	0	1	6
OTU1274	7	0	0	1	OTU1313	41	0	1	1
OTU1275	11	0	3	15	OTU1314	4	0	0	0
OTU1276	0	0	0	2	OTU1315	299	3	347	391
OTU1277	13	0	0	0	OTU1316	0	0	4	78
OTU1278	19	21	5	14	OTU1317	1	0	1	18
OTU1279	0	2	24	0	OTU1318	0	0	3	0
OTU1280	0	0	0	22	OTU1319	16	0	16	57
OTU1281	1	0	0	23	OTU1320	3	0	0	0
OTU1282	7	0	9	165	OTU1321	0	505	0	0
OTU1283	9	0	20	746	OTU1322	0	13	0	0
OTU1284	1	0	2	14	OTU1323	9	0	542	5
OTU1285	5	0	4	0	OTU1324	90	0	1006	812
OTU1286	0	0	1	11	OTU1325	6	0	95	61
OTU1287	13	0	0	0	OTU1326	3	0	1	17
OTU1288	156	0	1	38	OTU1327	0	55	0	0
OTU1289	0	0	1	3	OTU1328	0	913	0	0
OTU1290	0	0	26	107	OTU1329	11	0	0	37
OTU1291	13	0	53	59	OTU1330	0	0	178	0
OTU1292	0	0	0	53	OTU1331	0	103	0	0
OTU1293	8	0	0	0	OTU1332	12	0	0	0
OTU1294	15	0	1	73	OTU1333	13	0	0	0
OTU1295	0	0	3	1	OTU1334	0	63	0	0

（2）共有种类整理　进行异位发酵床不同处理组细菌共有种类的整理，将不同处理组编码：1（AUG_CK）、2（AUG_H）、3（AUG_L）、4（AUG_PM），组合不同处理组，如1-2-3-4、1-2-3 等，分析共有种类，结果见表 8-23。

表8-23 异位发酵床不同处理组细菌组种类采集

序号	1	2	3	4	5	6	7	8	9	10	11	12	13	14	15
组合	1-2-3-4	1-2-3	1-2-4	1-3-4	2-3-4	1-2	1-3	1-4	2-3	2-4	3-4	1	2	3	4
1	OTU5	OTU5	OTU5	OTU2	OTU4	OTU5	OTU2	OTU2	OTU4	OTU4	OTU1	OTU6	OTU13	OTU11	OTU12
2	OTU68	OTU68	OTU68	OTU3	OTU5	OTU68	OTU3	OTU3	OTU5	OTU5	OTU2	OTU18	OTU14	OTU16	OTU17
3	OTU133	OTU133	OTU133	OTU5	OTU26	OTU133	OTU5	OTU5	OTU10	OTU26	OTU3	OTU24	OTU32	OTU81	OTU31
4	OTU154	OTU154	OTU154	OTU7	OTU51	OTU154	OTU7	OTU7	OTU19	OTU51	OTU4	OTU27	OTU34	OTU96	OTU41
5	OTU173	OTU173	OTU173	OTU8	OTU68	OTU158	OTU8	OTU8	OTU26	OTU68	OTU5	OTU28	OTU47	OTU116	OTU45
6	OTU183	OTU183	OTU183	OTU15	OTU91	OTU173	OTU15	OTU15	OTU33	OTU91	OTU7	OTU37	OTU54	OTU127	OTU82
7	OTU184	OTU184	OTU184	OTU21	OTU118	OTU183	OTU21	OTU21	OTU48	OTU118	OTU8	OTU38	OTU56	OTU134	OTU128
8	OTU193	OTU193	OTU193	OTU22	OTU133	OTU184	OTU22	OTU22	OTU51	OTU133	OTU9	OTU40	OTU70	OTU150	OTU140
9	OTU200	OTU200	OTU200	OTU25	OTU154	OTU193	OTU25	OTU25	OTU68	OTU138	OTU15	OTU43	OTU75	OTU151	OTU141
10	OTU218	OTU218	OTU218	OTU29	OTU173	OTU200	OTU29	OTU29	OTU91	OTU154	OTU20	OTU50	OTU80	OTU178	OTU159
11	OTU262	OTU262	OTU262	OTU30	OTU183	OTU218	OTU30	OTU30	OTU118	OTU169	OTU21	OTU57	OTU84	OTU201	OTU161
12	OTU283	OTU283	OTU263	OTU44	OTU184	OTU262	OTU44	OTU44	OTU133	OTU173	OTU22	OTU61	OTU92	OTU310	OTU167
13	OTU327	OTU327	OTU272	OTU46	OTU185	OTU263	OTU46	OTU46	OTU142	OTU183	OTU23	OTU66	OTU100	OTU413	OTU175
14	OTU331	OTU331	OTU283	OTU49	OTU193	OTU272	OTU49	OTU49	OTU154	OTU184	OTU25	OTU67	OTU107	OTU424	OTU176
15	OTU343	OTU343	OTU327	OTU52	OTU200	OTU283	OTU52	OTU52	OTU173	OTU185	OTU26	OTU73	OTU109	OTU433	OTU181
16	OTU382	OTU382	OTU331	OTU55	OTU203	OTU319	OTU55	OTU55	OTU183	OTU193	OTU29	OTU77	OTU112	OTU437	OTU231
17	OTU383	OTU383	OTU343	OTU64	OTU210	OTU327	OTU64	OTU64	OTU184	OTU200	OTU30	OTU83	OTU119	OTU441	OTU235
18	OTU390	OTU390	OTU382	OTU68	OTU218	OTU330	OTU68	OTU65	OTU185	OTU203	OTU35	OTU93	OTU131	OTU445	OTU255
19	OTU398	OTU398	OTU383	OTU69	OTU262	OTU331	OTU69	OTU68	OTU193	OTU204	OTU36	OTU94	OTU144	OTU468	OTU265
20	OTU401	OTU401	OTU390	OTU71	OTU283	OTU343	OTU71	OTU69	OTU200	OTU210	OTU39	OTU103	OTU146	OTU539	OTU286
21	OTU425	OTU408	OTU398	OTU72	OTU327	OTU350	OTU72	OTU71	OTU203	OTU218	OTU42	OTU117	OTU148	OTU569	OTU287
22	OTU438	OTU425	OTU401	OTU74	OTU331	OTU372	OTU74	OTU72	OTU210	OTU262	OTU44	OTU121	OTU149	OTU573	OTU289
23	OTU451	OTU438	OTU425	OTU76	OTU343	OTU382	OTU76	OTU74	OTU218	OTU263	OTU46	OTU122	OTU153	OTU612	OTU291
24	OTU461	OTU451	OTU438	OTU78	OTU381	OTU383	OTU78	OTU76	OTU237	OTU272	OTU49	OTU129	OTU163	OTU614	OTU292

续表

序号	1	2	3	4	5	6	7	8	9	10	11	12	13	14	15
25	OTU466	OTU461	OTU451	OTU79	OTU382	OTU390	OTU79	OTU78	OTU262	OTU283	OTU51	OTU132	OTU166	OTU633	OTU315
26	OTU496	OTU466	OTU461	OTU95	OTU383	OTU398	OTU86	OTU79	OTU281	OTU327	OTU52	OTU162	OTU171	OTU638	OTU323
27	OTU595	OTU496	OTU466	OTU97	OTU390	OTU401	OTU90	OTU85	OTU283	OTU331	OTU53	OTU172	OTU174	OTU641	OTU332
28	OTU619	OTU595	OTU496	OTU98	OTU398	OTU408	OTU95	OTU87	OTU327	OTU343	OTU55	OTU188	OTU186	OTU667	OTU335
29	OTU627	OTU619	OTU520	OTU101	OTU401	OTU425	OTU97	OTU95	OTU331	OTU381	OTU58	OTU202	OTU187	OTU713	OTU351
30	OTU674	OTU627	OTU595	OTU102	OTU425	OTU438	OTU98	OTU97	OTU343	OTU382	OTU59	OTU211	OTU194	OTU729	OTU369
31	OTU690	OTU674	OTU619	OTU106	OTU438	OTU451	OTU101	OTU98	OTU381	OTU383	OTU60	OTU215	OTU198	OTU747	OTU380
32	OTU813	OTU690	OTU627	OTU113	OTU451	OTU461	OTU102	OTU99	OTU382	OTU390	OTU62	OTU222	OTU207	OTU793	OTU387
33	OTU832	OTU784	OTU657	OTU115	OTU461	OTU466	OTU105	OTU101	OTU383	OTU398	OTU63	OTU224	OTU223	OTU822	OTU432
34	OTU846	OTU813	OTU674	OTU123	OTU466	OTU496	OTU106	OTU102	OTU390	OTU401	OTU64	OTU236	OTU225	OTU855	OTU440
35	OTU858	OTU832	OTU690	OTU125	OTU495	OTU520	OTU113	OTU106	OTU398	OTU425	OTU68	OTU238	OTU226	OTU877	OTU448
36	OTU867	OTU846	OTU774	OTU133	OTU496	OTU595	OTU115	OTU110	OTU401	OTU438	OTU69	OTU240	OTU252	OTU882	OTU459
37	OTU885	OTU858	OTU813	OTU135	OTU505	OTU619	OTU123	OTU113	OTU408	OTU451	OTU71	OTU243	OTU268	OTU966	OTU467
38	OTU931	OTU867	OTU826	OTU136	OTU549	OTU627	OTU125	OTU114	OTU409	OTU461	OTU72	OTU246	OTU270	OTU971	OTU488
39	OTU945	OTU885	OTU830	OTU137	OTU588	OTU657	OTU133	OTU115	OTU410	OTU466	OTU74	OTU249	OTU274	OTU980	OTU525
40	OTU957	OTU889	OTU832	OTU147	OTU595	OTU674	OTU135	OTU120	OTU425	OTU495	OTU76	OTU251	OTU288	OTU983	OTU541
41	OTU963	OTU931	OTU846	OTU152	OTU619	OTU690	OTU136	OTU123	OTU438	OTU496	OTU78	OTU254	OTU294	OTU993	OTU546
42	OTU969	OTU945	OTU858	OTU154	OTU627	OTU774	OTU137	OTU125	OTU451	OTU505	OTU79	OTU266	OTU302	OTU998	OTU548
43	OTU975	OTU957	OTU867	OTU155	OTU674	OTU784	OTU147	OTU126	OTU461	OTU520	OTU88	OTU275	OTU308	OTU1005	OTU551
44	OTU990	OTU963	OTU885	OTU157	OTU689	OTU813	OTU152	OTU133	OTU466	OTU549	OTU89	OTU280	OTU314	OTU1019	OTU554
45	OTU1067	OTU969	OTU931	OTU164	OTU690	OTU826	OTU154	OTU135	OTU493	OTU588	OTU91	OTU282	OTU318	OTU1024	OTU555
46	OTU1084	OTU975	OTU945	OTU165	OTU780	OTU830	OTU155	OTU136	OTU495	OTU595	OTU95	OTU284	OTU325	OTU1047	OTU558
47	OTU1090	OTU990	OTU957	OTU168	OTU786	OTU832	OTU157	OTU137	OTU496	OTU619	OTU97	OTU293	OTU326	OTU1050	OTU574
48	OTU1111	OTU1067	OTU963	OTU173	OTU813	OTU846	OTU164	OTU145	OTU505	OTU627	OTU98	OTU301	OTU345	OTU1082	OTU578
49	OTU1132	OTU1084	OTU969	OTU179	OTU820	OTU858	OTU165	OTU147	OTU549	OTU657	OTU101	OTU313	OTU349	OTU1086	OTU583
50	OTU1171	OTU1090	OTU975	OTU182	OTU832	OTU867	OTU168	OTU152	OTU588	OTU674	OTU102	OTU322	OTU358	OTU1100	OTU624
51	OTU1186	OTU1111	OTU990	OTU183	OTU846	OTU885	OTU173	OTU154	OTU595	OTU679	OTU104	OTU324	OTU359	OTU1129	OTU647

续表

序号	1	2	3	4	5	6	7	8	9	10	11	12	13	14	15
52	OTU1193	OTU1132	OTU1056	OTU184	OTU847	OTU889	OTU179	OTU155	OTU611	OTU689	OTU106	OTU333	OTU364	OTU1152	OTU649
53	OTU1232	OTU1171	OTU1067	OTU189	OTU858	OTU931	OTU182	OTU156	OTU619	OTU690	OTU108	OTU339	OTU365	OTU1169	OTU652
54	OTU1278	OTU1186	OTU1084	OTU193	OTU867	OTU945	OTU183	OTU157	OTU627	OTU774	OTU111	OTU354	OTU371	OTU1206	OTU665
55	OTU1309	OTU1193	OTU1090	OTU199	OTU885	OTU957	OTU184	OTU164	OTU631	OTU780	OTU113	OTU356	OTU385	OTU1249	OTU671
56	OTU1315	OTU1232	OTU1111	OTU200	OTU931	OTU963	OTU189	OTU165	OTU635	OTU786	OTU115	OTU363	OTU393	OTU1256	OTU677
57		OTU1234	OTU1132	OTU205	OTU940	OTU969	OTU190	OTU168	OTU674	OTU811	OTU118	OTU368	OTU394	OTU1318	OTU684
58		OTU1278	OTU1171	OTU206	OTU945	OTU975	OTU193	OTU170	OTU689	OTU813	OTU123	OTU378	OTU405	OTU1330	OTU688
59		OTU1309	OTU1186	OTU212	OTU957	OTU990	OTU196	OTU173	OTU690	OTU820	OTU124	OTU384	OTU406		OTU693
60		OTU1315	OTU1193	OTU214	OTU961	OTU1056	OTU197	OTU177	OTU694	OTU826	OTU125	OTU411	OTU412		OTU700
61			OTU1232	OTU216	OTU963	OTU1067	OTU199	OTU179	OTU723	OTU830	OTU130	OTU420	OTU423		OTU703
62			OTU1250	OTU218	OTU968	OTU1084	OTU200	OTU182	OTU780	OTU832	OTU133	OTU421	OTU444		OTU705
63			OTU1278	OTU219	OTU969	OTU1090	OTU205	OTU183	OTU784	OTU846	OTU135	OTU422	OTU449		OTU718
64			OTU1309	OTU227	OTU975	OTU1111	OTU206	OTU184	OTU786	OTU847	OTU136	OTU435	OTU475		OTU727
65			OTU1315	OTU228	OTU989	OTU1125	OTU212	OTU189	OTU813	OTU854	OTU137	OTU436	OTU479		OTU749
66				OTU232	OTU990	OTU1132	OTU214	OTU191	OTU820	OTU858	OTU139	OTU447	OTU480		OTU750
67				OTU233	OTU1025	OTU1171	OTU216	OTU193	OTU832	OTU867	OTU143	OTU450	OTU483		OTU814
68				OTU234	OTU1059	OTU1186	OTU218	OTU199	OTU846	OTU885	OTU147	OTU457	OTU486		OTU851
69				OTU244	OTU1066	OTU1193	OTU219	OTU200	OTU847	OTU931	OTU152	OTU463	OTU494		OTU853
70				OTU245	OTU1067	OTU1232	OTU220	OTU205	OTU858	OTU940	OTU154	OTU465	OTU498		OTU861
71				OTU248	OTU1084	OTU1234	OTU227	OTU206	OTU867	OTU945	OTU155	OTU469	OTU502		OTU901
72				OTU253	OTU1090	OTU1236	OTU228	OTU208	OTU885	OTU957	OTU157	OTU471	OTU504		OTU908
73				OTU259	OTU1091	OTU1250	OTU232	OTU212	OTU889	OTU961	OTU160	OTU472	OTU526		OTU912
74				OTU261	OTU1111	OTU1278	OTU233	OTU213	OTU891	OTU963	OTU164	OTU482	OTU533		OTU914
75				OTU262	OTU1132	OTU1309	OTU234	OTU214	OTU899	OTU967	OTU165	OTU491	OTU545		OTU915
76				OTU264	OTU1171	OTU1315	OTU241	OTU216	OTU918	OTU968	OTU168	OTU497	OTU550		OTU933
77				OTU277	OTU1186		OTU244	OTU218	OTU928	OTU969	OTU173	OTU500	OTU553		OTU965

续表

序号	1	2	3	4	5	6	7	8	9	10	11	12	13	14	15
78				OTU278	OTU1193		OTU245	OTU219	OTU931	OTU975	OTU179	OTU501	OTU556		OTU978
79				OTU283	OTU1208		OTU248	OTU221	OTU940	OTU989	OTU180	OTU506	OTU567		OTU1006
80				OTU297	OTU1213		OTU253	OTU227	OTU945	OTU990	OTU182	OTU516	OTU570		OTU1034
81				OTU300	OTU1232		OTU259	OTU228	OTU954	OTU1025	OTU183	OTU536	OTU571		OTU1040
82				OTU303	OTU1278		OTU261	OTU229	OTU957	OTU1030	OTU184	OTU537	OTU572		OTU1049
83				OTU306	OTU1309		OTU262	OTU230	OTU961	OTU1035	OTU185	OTU557	OTU591		OTU1064
84				OTU307	OTU1315		OTU264	OTU232	OTU963	OTU1056	OTU189	OTU568	OTU592		OTU1077
85				OTU309			OTU269	OTU233	OTU968	OTU1059	OTU192	OTU577	OTU593		OTU1087
86				OTU312			OTU277	OTU234	OTU969	OTU1066	OTU193	OTU581	OTU604		OTU1089
87				OTU316			OTU278	OTU244	OTU975	OTU1067	OTU195	OTU587	OTU608		OTU1113
88				OTU317			OTU283	OTU245	OTU989	OTU1069	OTU199	OTU590	OTU613		OTU1123
89				OTU320			OTU285	OTU248	OTU990	OTU1084	OTU200	OTU594	OTU615		OTU1127
90				OTU327			OTU290	OTU250	OTU1023	OTU1090	OTU203	OTU602	OTU637		OTU1139
91				OTU331			OTU295	OTU253	OTU1025	OTU1091	OTU205	OTU605	OTU643		OTU1154
92				OTU334			OTU297	OTU258	OTU1059	OTU1111	OTU206	OTU609	OTU645		OTU1158
93				OTU337			OTU300	OTU259	OTU1066	OTU1132	OTU209	OTU610	OTU646		OTU1178
94				OTU340			OTU303	OTU261	OTU1067	OTU1145	OTU210	OTU616	OTU659		OTU1183
95				OTU341			OTU306	OTU262	OTU1084	OTU1171	OTU212	OTU618	OTU661		OTU1192
96				OTU342			OTU307	OTU263	OTU1090	OTU1186	OTU214	OTU626	OTU669		OTU1194
97				OTU343			OTU309	OTU264	OTU1091	OTU1193	OTU216	OTU629	OTU676		OTU1202
98				OTU352			OTU312	OTU272	OTU1111	OTU1208	OTU217	OTU636	OTU681		OTU1207
99				OTU353			OTU316	OTU277	OTU1132	OTU1213	OTU218	OTU639	OTU682		OTU1211
100				OTU355			OTU317	OTU278	OTU1167	OTU1232	OTU219	OTU656	OTU709		OTU1243
101				OTU357			OTU320	OTU283	OTU1171	OTU1250	OTU227	OTU662	OTU711		OTU1247
102				OTU360			OTU327	OTU296	OTU1174	OTU1278	OTU228	OTU668	OTU717		OTU1271
103				OTU366			OTU331	OTU297	OTU1185	OTU1297	OTU232	OTU670	OTU724		OTU1276

续表

序号	1	2	3	4	5	6	7	8	9	10	11	12	13	14	15
104				OTU370			OTU334	OTU299	OTU1186	OTU1309	OTU233	OTU685	OTU731		OTU1280
105				OTU373			OTU337	OTU300	OTU1193	OTU1315	OTU234	OTU692	OTU732		OTU1292
106				OTU376			OTU340	OTU303	OTU1197		OTU239	OTU698	OTU734		OTU1300
107				OTU377			OTU341	OTU304	OTU1208		OTU242	OTU706	OTU743		OTU1305
108				OTU379			OTU342	OTU305	OTU1213		OTU244	OTU707	OTU744		
109				OTU382			OTU343	OTU306	OTU1232		OTU245	OTU715	OTU748		
110				OTU383			OTU352	OTU307	OTU1234		OTU247	OTU720	OTU767		
111				OTU386			OTU353	OTU309	OTU1278		OTU248	OTU733	OTU775		
112				OTU390			OTU355	OTU311	OTU1279		OTU253	OTU735	OTU777		
113				OTU396			OTU357	OTU312	OTU1309		OTU256	OTU736	OTU781		
114				OTU397			OTU360	OTU316	OTU1315		OTU257	OTU745	OTU782		
115				OTU398			OTU366	OTU317			OTU259	OTU751	OTU785		
116				OTU399			OTU370	OTU320			OTU260	OTU756	OTU788		
117				OTU401			OTU373	OTU327			OTU261	OTU769	OTU789		
118				OTU402			OTU374	OTU331			OTU262	OTU772	OTU791		
119				OTU403			OTU376	OTU334			OTU264	OTU794	OTU796		
120				OTU404			OTU377	OTU337			OTU267	OTU801	OTU797		
121				OTU407			OTU379	OTU338			OTU271	OTU807	OTU800		
122				OTU415			OTU382	OTU340			OTU273	OTU821	OTU802		
123				OTU416			OTU383	OTU341			OTU276	OTU823	OTU803		
124				OTU419			OTU386	OTU342			OTU277	OTU835	OTU809		
125				OTU425			OTU389	OTU343			OTU278	OTU842	OTU810		
126				OTU426			OTU390	OTU347			OTU279	OTU879	OTU818		
127				OTU427			OTU396	OTU352			OTU283	OTU884	OTU827		
128				OTU430			OTU397	OTU353			OTU297	OTU893	OTU828		
129				OTU438			OTU398	OTU355			OTU298	OTU894	OTU829		

续表

序号	1	2	3	4	5	6	7	8	9	10	11	12	13	14	15
130				OTU439			OTU399	OTU357			OTU300	OTU905	OTU834		
131				OTU443			OTU401	OTU360			OTU303	OTU909	OTU836		
132				OTU451			OTU402	OTU366			OTU306	OTU911	OTU839		
133				OTU455			OTU403	OTU367			OTU307	OTU921	OTU849		
134				OTU456			OTU404	OTU370			OTU309	OTU929	OTU850		
135				OTU460			OTU407	OTU373			OTU312	OTU935	OTU856		
136				OTU461			OTU408	OTU376			OTU316	OTU941	OTU860		
137				OTU464			OTU415	OTU377			OTU317	OTU943	OTU864		
138				OTU466			OTU416	OTU379			OTU320	OTU946	OTU872		
139				OTU473			OTU419	OTU382			OTU321	OTU947	OTU887		
140				OTU478			OTU425	OTU383			OTU327	OTU951	OTU904		
141				OTU481			OTU426	OTU386			OTU328	OTU953	OTU913		
142				OTU489			OTU427	OTU390			OTU329	OTU955	OTU948		
143				OTU492			OTU430	OTU392			OTU331	OTU964	OTU958		
144				OTU496			OTU434	OTU395			OTU334	OTU996	OTU962		
145				OTU503			OTU438	OTU396			OTU336	OTU1002	OTU970		
146				OTU507			OTU439	OTU397			OTU337	OTU1003	OTU973		
147				OTU509			OTU443	OTU398			OTU340	OTU1011	OTU974		
148				OTU511			OTU451	OTU399			OTU341	OTU1028	OTU986		
149				OTU512			OTU455	OTU401			OTU342	OTU1039	OTU994		
150				OTU514			OTU456	OTU402			OTU343	OTU1051	OTU999		
151				OTU517			OTU460	OTU403			OTU344	OTU1065	OTU1004		
152				OTU523			OTU461	OTU404			OTU346	OTU1068	OTU1027		
153				OTU524			OTU464	OTU407			OTU348	OTU1072	OTU1032		
154				OTU527			OTU466	OTU415			OTU352	OTU1085	OTU1036		
155				OTU530			OTU473	OTU416			OTU353	OTU1092	OTU1037		

续表

序号	1	2	3	4	5	6	7	8	9	10	11	12	13	14	15
156				OTU534			OTU476	OTU419			OTU355	OTU1103	OTU1042		
157				OTU540			OTU478	OTU425			OTU357	OTU1106	OTU1043		
158				OTU552			OTU481	OTU426			OTU360	OTU1108	OTU1044		
159				OTU560			OTU485	OTU427			OTU361	OTU1131	OTU1045		
160				OTU562			OTU489	OTU428			OTU362	OTU1137	OTU1048		
161				OTU563			OTU492	OTU430			OTU366	OTU1150	OTU1054		
162				OTU565			OTU496	OTU438			OTU370	OTU1153	OTU1061		
163				OTU566			OTU503	OTU439			OTU373	OTU1155	OTU1075		
164				OTU575			OTU507	OTU443			OTU375	OTU1156	OTU1079		
165				OTU580			OTU509	OTU451			OTU376	OTU1159	OTU1093		
166				OTU582			OTU511	OTU455			OTU377	OTU1162	OTU1097		
167				OTU584			OTU512	OTU456			OTU379	OTU1173	OTU1107		
168				OTU585			OTU514	OTU458			OTU381	OTU1175	OTU1124		
169				OTU586			OTU517	OTU460			OTU382	OTU1177	OTU1140		
170				OTU595			OTU523	OTU461			OTU383	OTU1180	OTU1161		
171				OTU597			OTU524	OTU464			OTU386	OTU1189	OTU1166		
172				OTU607			OTU527	OTU466			OTU388	OTU1195	OTU1182		
173				OTU619			OTU530	OTU470			OTU390	OTU1200	OTU1188		
174				OTU622			OTU534	OTU473			OTU391	OTU1219	OTU1205		
175				OTU623			OTU540	OTU478			OTU396	OTU1226	OTU1220		
176				OTU625			OTU552	OTU481			OTU397	OTU1229	OTU1221		
177				OTU627			OTU560	OTU484			OTU398	OTU1231	OTU1227		
178				OTU628			OTU562	OTU487			OTU399	OTU1235	OTU1233		
179				OTU630			OTU563	OTU489			OTU400	OTU1237	OTU1272		
180				OTU632			OTU565	OTU492			OTU401	OTU1239	OTU1299		
181				OTU648			OTU566	OTU496			OTU402	OTU1246	OTU1306		

续表

序号	1	2	3	4	5	6	7	8	9	10	11	12	13	14	15
182				OTU653			OTU575	OTU499			OTU403	OTU1248	OTU1321		
183				OTU655			OTU579	OTU503			OTU404	OTU1255	OTU1322		
184				OTU658			OTU580	OTU507			OTU407	OTU1277	OTU1327		
185				OTU663			OTU582	OTU509			OTU414	OTU1287	OTU1328		
186				OTU664			OTU584	OTU511			OTU415	OTU1293	OTU1331		
187				OTU674			OTU585	OTU512			OTU416	OTU1301	OTU1334		
188				OTU675			OTU586	OTU514			OTU417	OTU1302			
189				OTU683			OTU595	OTU515			OTU418	OTU1304			
190				OTU686			OTU597	OTU517			OTU419	OTU1314			
191				OTU687			OTU599	OTU519			OTU425	OTU1320			
192				OTU690			OTU601	OTU520			OTU426	OTU1332			
193				OTU691			OTU607	OTU522			OTU427	OTU1333			
194				OTU697			OTU619	OTU523			OTU429				
195				OTU702			OTU622	OTU524			OTU430				
196				OTU708			OTU623	OTU527			OTU431				
197				OTU710			OTU625	OTU530			OTU438				
198				OTU712			OTU627	OTU531			OTU439				
199				OTU728			OTU628	OTU534			OTU442				
200				OTU730			OTU630	OTU535			OTU443				
201				OTU738			OTU632	OTU540			OTU446				
202				OTU739			OTU648	OTU542			OTU451				
203				OTU752			OTU653	OTU552			OTU452				
204				OTU755			OTU655	OTU560			OTU453				
205				OTU762			OTU658	OTU562			OTU454				
206				OTU763			OTU663	OTU563			OTU455				
207				OTU764			OTU664	OTU565			OTU456				

续表

序号	1	2	3	4	5	6	7	8	9	10	11	12	13	14	15
208				OTU765			OTU674	OTU566			OTU460				
209				OTU770			OTU675	OTU575			OTU461				
210				OTU771			OTU683	OTU576			OTU462				
211				OTU773			OTU686	OTU580			OTU464				
212				OTU778			OTU687	OTU582			OTU466				
213				OTU787			OTU690	OTU584			OTU473				
214				OTU798			OTU691	OTU585			OTU474				
215				OTU799			OTU696	OTU586			OTU477				
216				OTU808			OTU697	OTU589			OTU478				
217				OTU812			OTU702	OTU595			OTU481				
218				OTU813			OTU708	OTU596			OTU489				
219				OTU815			OTU710	OTU597			OTU490				
220				OTU831			OTU712	OTU600			OTU492				
221				OTU832			OTU714	OTU607			OTU495				
222				OTU837			OTU716	OTU619			OTU496				
223				OTJ838			OTU721	OTU620			OTU503				
224				OTJ841			OTU728	OTU622			OTU505				
225				OTU844			OTU730	OTU623			OTU507				
226				OTU846			OTU738	OTU625			OTU508				
227				OTU848			OTU739	OTU627			OTU509				
228				OTU857			OTU746	OTU628			OTU510				
229				OTU858			OTU752	OTU630			OTU511				
230				OTU859			OTU753	OTU632			OTU512				
231				OTU866			OTU754	OTU634			OTU513				
232				OTU867			OTU755	OTU642			OTU514				
233				OTU868			OTU758	OTU648			OTU517				

续表

序号	1	2	3	4	5	6	7	8	9	10	11	12	13	14	15
234				OTU870			OTU759	OTU651			OTU518				
235				OTU871			OTU762	OTU653			OTU521				
236				OTU874			OTU763	OTU655			OTU523				
237				OTU876			OTU764	OTU657			OTU524				
238				OTU878			OTU765	OTU658			OTU527				
239				OTU880			OTU770	OTU663			OTU528				
240				OTU883			OTU771	OTU664			OTU529				
241				OTU885			OTU773	OTU666			OTU530				
242				OTU886			OTU778	OTU672			OTU532				
243				OTU890			OTU784	OTU674			OTU534				
244				OTU892			OTU787	OTU675			OTU538				
245				OTU896			OTU790	OTU683			OTU540				
246				OTU898			OTU798	OTU686			OTU543				
247				OTU903			OTU799	OTU687			OTU544				
248				OTU907			OTU808	OTU690			OTU547				
249				OTU922			OTU812	OTU691			OTU549				
250				OTU925			OTU813	OTU695			OTU552				
251				OTU930			OTU815	OTU697			OTU559				
252				OTU931			OTU831	OTU702			OTU560				
253				OTU937			OTU832	OTU704			OTU561				
254				OTU938			OTU837	OTU708			OTU562				
255				OTU939			OTU838	OTU710			OTU563				
256				OTU942			OTU840	OTU712			OTU564				
257				OTU945			OTU841	OTU719			OTU565				
258				OTU950			OTU844	OTU725			OTU566				
259				OTU957			OTU846	OTU728			OTU575				

续表

序号	1	2	3	4	5	6	7	8	9	10	11	12	13	14	15
260				OTU959			OTU848	OTU730			OTU580				
261				OTU960			OTU857	OTU737			OTU582				
262				OTU963			OTU858	OTU738			OTU584				
263				OTU969			OTU859	OTU739			OTU585				
264				OTU972			OTU866	OTU742			OTU586				
265				OTU975			OTU867	OTU752			OTU588				
266				OTU976			OTU868	OTU755			OTU595				
267				OTU979			OTU869	OTU762			OTU597				
268				OTU981			OTU870	OTU763			OTU598				
269				OTU984			OTU871	OTU764			OTU603				
270				OTU988			OTU874	OTU765			OTU606				
271				OTU990			OTU876	OTU770			OTU607				
272				OTU991			OTU878	OTU771			OTU617				
273				OTU997			OTU880	OTU773			OTU619				
274				OTU1000			OTU883	OTU774			OTU621				
275				OTU1007			OTU885	OTU778			OTU622				
276				OTU1008			OTU886	OTU787			OTU623				
277				OTU1009			OTU889	OTU792			OTU625				
278				OTU1013			OTU890	OTU798			OTU627				
279				OTU1014			OTU892	OTU799			OTU628				
280				OTU1017			OTU896	OTU805			OTU630				
281				OTU1021			OTU898	OTU808			OTU632				
282				OTU1026			OTU903	OTU812			OTU640				
283				OTU1029			OTU907	OTU813			OTU644				
284				OTU1031			OTU916	OTU815			OTU648				
285				OTU1033			OTU920	OTU817			OTU650				

续表

序号	1	2	3	4	5	6	7	8	9	10	11	12	13	14	15
286				OTU1052			OTU922	OTU826			OTU653				
287				OTU1055			OTU925	OTU830			OTU654				
288				OTU1058			OTU930	OTU831			OTU655				
289				OTU1067			OTU931	OTU832			OTU658				
290				OTU1073			OTU937	OTU833			OTU660				
291				OTU1076			OTU938	OTU837			OTU663				
292				OTU1078			OTU939	OTU838			OTU664				
293				OTU1080			OTU942	OTU841			OTU673				
294				OTU1084			OTU945	OTU844			OTU674				
295				OTU1088			OTU950	OTU846			OTU675				
296				OTU1090			OTU957	OTU848			OTU678				
297				OTU1095			OTU959	OTU857			OTU680				
298				OTU1105			OTU960	OTU858			OTU683				
299				OTU1109			OTU963	OTU859			OTU686				
300				OTU1111			OTU969	OTU862			OTU687				
301				OTU1114			OTU972	OTU866			OTU689				
302				OTU1116			OTU975	OTU867			OTU690				
303				OTU1120			OTU976	OTU868			OTU691				
304				OTU1122			OTU979	OTU870			OTU697				
305				OTU1126			OTU981	OTU871			OTU699				
306				OTU1132			OTU984	OTU874			OTU701				
307				OTU1133			OTU988	OTU876			OTU702				
308				OTU1134			OTU990	OTU878			OTU708				
309				OTU1138			OTU991	OTU880			OTU710				
310				OTU1142			OTU992	OTU881			OTU712				
311				OTU1146			OTU997	OTU883			OTU722				

续表

序号	1	2	3	4	5	6	7	8	9	10	11	12	13	14	15
312				OTU1147			OTU1000	OTU885			OTU726				
313				OTU1149			OTU1007	OTU886			OTU728				
314				OTU1157			OTU1008	OTU888			OTU730				
315				OTU1160			OTU1009	OTU890			OTU738				
316				OTU1163			OTU1013	OTU892			OTU739				
317				OTU1165			OTU1014	OTU896			OTU740				
318				OTU1168			OTU1017	OTU898			OTU741				
319				OTU1171			OTU1021	OTU902			OTU752				
320				OTU1176			OTU1026	OTU903			OTU755				
321				OTU1186			OTU1029	OTU906			OTU757				
322				OTU1190			OTU1031	OTU907			OTU760				
323				OTU1193			OTU1033	OTU922			OTU761				
324				OTU1198			OTU1052	OTU923			OTU762				
325				OTU1201			OTU1055	OTU924			OTU763				
326				OTU1203			OTU1058	OTU925			OTU764				
327				OTU1204			OTU1067	OTU926			OTU765				
328				OTU1212			OTU1073	OTU927			OTU766				
329				OTU1215			OTU1076	OTU930			OTU768				
330				OTU1216			OTU1078	OTU931			OTU770				
331				OTU1217			OTU1080	OTU936			OTU771				
332				OTU1218			OTU1084	OTU937			OTU773				
333				OTU1223			OTU1088	OTU938			OTU776				
334				OTU1224			OTU1090	OTU939			OTU778				
335				OTU1225			OTU1095	OTU942			OTU779				
336				OTU1232			OTU1105	OTU944			OTU780				
337				OTU1240			OTU1109	OTU945			OTU783				

续表

序号	1	2	3	4	5	6	7	8	9	10	11	12	13	14	15
338				OTU1241			OTU1111	OTU950			OTU786				
339				OTU1257			OTU1114	OTU952			OTU787				
340				OTU1259			OTU1116	OTU957			OTU795				
341				OTU1260			OTU1120	OTU959			OTU798				
342				OTU1261			OTU1122	OTU960			OTU799				
343				OTU1262			OTU1126	OTU963			OTU804				
344				OTU1273			OTU1132	OTU969			OTU806				
345				OTU1275			OTU1133	OTU972			OTU808				
346				OTU1278			OTU1134	OTU975			OTU812				
347				OTU1282			OTU1138	OTU976			OTU813				
348				OTU1283			OTU1142	OTU979			OTU815				
349				OTU1284			OTU1146	OTU981			OTU816				
350				OTU1288			OTU1147	OTU984			OTU819				
351				OTU1291			OTU1149	OTU988			OTU820				
352				OTU1294			OTU1157	OTU990			OTU824				
353				OTU1296			OTU1160	OTU991			OTU825				
354				OTU1298			OTU1163	OTU995			OTU831				
355				OTU1309			OTU1165	OTU997			OTU832				
356				OTU1310			OTU1168	OTU1000			OTU837				
357				OTU1312			OTU1171	OTU1007			OTU838				
358				OTU1313			OTU1176	OTU1008			OTU841				
359				OTU1315			OTU1186	OTU1009			OTU843				
360				OTU1317			OTU1187	OTU1012			OTU844				
361				OTU1319			OTU1190	OTU1013			OTU845				
362				OTU1323			OTU1193	OTU1014			OTU846				
363				OTU1324			OTU1196	OTU1017			OTU847				

续表

序号	1	2	3	4	5	6	7	8	9	10	11	12	13	14	15
364				OTU1325			OTU1198	OTU1018			OTU848				
365				OTU1326			OTU1201	OTU1020			OTU852				
366							OTU1203	OTU1021			OTU857				
367							OTU1204	OTU1026			OTU858				
368							OTU1212	OTU1029			OTU859				
369							OTU1215	OTU1031			OTU863				
370							OTU1216	OTU1033			OTU865				
371							OTU1217	OTU1046			OTU866				
372							OTU1218	OTU1052			OTU867				
373							OTU1223	OTU1053			OTU868				
374							OTU1224	OTU1055			OTU870				
375							OTU1225	OTU1056			OTU871				
376							OTU1228	OTU1058			OTU873				
377							OTU1232	OTU1062			OTU874				
378							OTU1234	OTU1063			OTU875				
379							OTU1240	OTU1067			OTU876				
380							OTU1241	OTU1073			OTU878				
381							OTU1242	OTU1074			OTU880				
382							OTU1251	OTU1076			OTU883				
383							OTU1257	OTU1078			OTU885				
384							OTU1259	OTU1080			OTU886				
385							OTU1260	OTU1084			OTU890				
386							OTU1261	OTU1088			OTU892				
387							OTU1262	OTU1090			OTU895				
388							OTU1273	OTU1095			OTU896				
389							OTU1275	OTU1096			OTU897				

续表

序号	1	2	3	4	5	6	7	8	9	10	11	12	13	14	15
390							OTU1278	OTU1098			OTU898				
391							OTU1282	OTU1099			OTU900				
392							OTU1283	OTU1104			OTU903				
393							OTU1284	OTU1105			OTU907				
394							OTU1285	OTU1109			OTU910				
395							OTU1288	OTU1111			OTU917				
396							OTU1291	OTU1114			OTU919				
397							OTU1294	OTU1116			OTU922				
398							OTU1296	OTU1118			OTU925				
399							OTU1298	OTU1120			OTU930				
400							OTU1307	OTU1121			OTU931				
401							OTU1309	OTU1122			OTU932				
402							OTU1310	OTU1126			OTU934				
403							OTU1312	OTU1128			OTU937				
404							OTU1313	OTU1132			OTU938				
405							OTU1315	OTU1133			OTU939				
406							OTU1317	OTU1134			OTU940				
407							OTU1319	OTU1135			OTU942				
408							OTU1323	OTU1138			OTU945				
409							OTU1324	OTU1142			OTU949				
410							OTU1325	OTU1144			OTU950				
411							OTU1326	OTU1146			OTU956				
412								OTU1147			OTU957				
413								OTU1149			OTU959				
414								OTU1151			OTU960				
415								OTU1157			OTU961				

续表

序号	1	2	3	4	5	6	7	8	9	10	11	12	13	14	15
416								OTU1160			OTU963				
417								OTU1163			OTU968				
418								OTU1165			OTU969				
419								OTU1168			OTU972				
420								OTU1170			OTU975				
421								OTU1171			OTU976				
422								OTU1172			OTU977				
423								OTU1176			OTU979				
424								OTU1184			OTU981				
425								OTU1186			OTU982				
426								OTU1190			OTU984				
427								OTU1193			OTU985				
428								OTU1198			OTU987				
429								OTU1201			OTU988				
430								OTU1203			OTU989				
431								OTU1204			OTU990				
432								OTU1210			OTU991				
433								OTU1212			OTU997				
434								OTU1215			OTU1000				
435								OTU1216			OTU1001				
436								OTU1217			OTU1007				
437								OTU1218			OTU1008				
438								OTU1223			OTU1009				
439								OTU1224			OTU1010				
440								OTU1225			OTU1013				
441								OTU1230			OTU1014				

序号	1	2	3	4	5	6	7	8	9	10	11	12	13	14	15
442								OTU1232			OTU1015				
443								OTU1238			OTU1016				
444								OTU1240			OTU1017				
445								OTU1241			OTU1021				
446								OTU1250			OTU1022				
447								OTU1252			OTU1025				
448								OTU1253			OTU1026				
449								OTU1257			OTU1029				
450								OTU1258			OTU1031				
451								OTU1259			OTU1033				
452								OTU1260			OTU1038				
453								OTU1261			OTU1041				
454								OTU1262			OTU1052				
455								OTU1263			OTU1055				
456								OTU1264			OTU1057				
457								OTU1268			OTU1058				
458								OTU1273			OTU1059				
459								OTU1274			OTU1060				
460								OTU1275			OTU1066				
461								OTU1278			OTU1067				
462								OTU1281			OTU1070				
463								OTU1282			OTU1071				
464								OTU1283			OTU1073				
465								OTU1284			OTU1076				
466								OTU1288			OTU1078				
467								OTU1291			OTU1080				
468								OTU1294			OTU1081				

续表

序号	1	2	3	4	5	6	7	8	9	10	11	12	13	14	15
469								OTU1296			OTU1083				
470								OTU1298			OTU1084				
471								OTU1309			OTU1088				
472								OTU1310			OTU1090				
473								OTU1312			OTU1091				
474								OTU1313			OTU1094				
475								OTU1315			OTU1095				
476								OTU1317			OTU1101				
477								OTU1319			OTU1102				
478								OTU1323			OTU1105				
479								OTU1324			OTU1109				
480								OTU1325			OTU1110				
481								OTU1326			OTU1111				
482								OTU1329			OTU1112				
483											OTU1114				
484											OTU1115				
485											OTU1116				
486											OTU1117				
487											OTU1119				
488											OTU1120				
489											OTU1122				
490											OTU1126				
491											OTU1130				
492											OTU1132				
493											OTU1133				
494											OTU1134				
495											OTU1136				
496											OTU1138				
497											OTU1141				

续表

序号	1	2	3	4	5	6	7	8	9	10	11	12	13	14	15
498											OTU1142				
499											OTU1143				
500											OTU1146				
501											OTU1147				
502											OTU1148				
503											OTU1149				
504											OTU1157				
505											OTU1160				
506											OTU1163				
507											OTU1164				
508											OTU1165				
509											OTU1168				
510											OTU1171				
511											OTU1176				
512											OTU1179				
513											OTU1181				
514											OTU1186				
515											OTU1190				
516											OTU1191				
517											OTU1193				
518											OTU1198				
519											OTU1199				
520											OTU1201				
521											OTU1203				
522											OTU1204				
523											OTU1208				
524											OTU1209				
525											OTU1212				
526											OTU1213				

续表

序号	1	2	3	4	5	6	7	8	9	10	11	12	13	14	15
527											OTU1214				
528											OTU1215				
529											OTU1216				
530											OTU1217				
531											OTU1218				
532											OTU1222				
533											OTU1223				
534											OTU1224				
535											OTU1225				
536											OTU1232				
537											OTU1240				
538											OTU1241				
539											OTU1244				
540											OTU1245				
541											OTU1254				
542											OTU1257				
543											OTU1259				
544											OTU1260				
545											OTU1261				
546											OTU1262				
547											OTU1265				
548											OTU1266				
549											OTU1267				
550											OTU1269				
551											OTU1270				
552											OTU1273				
553											OTU1275				
554											OTU1278				
555											OTU1282				

续表

序号	1	2	3	4	5	6	7	8	9	10	11	12	13	14	15
556											OTU1283				
557											OTU1284				
558											OTU1286				
559											OTU1288				
560											OTU1289				
561											OTU1290				
562											OTU1291				
563											OTU1294				
564											OTU1295				
565											OTU1296				
566											OTU1298				
567											OTU1303				
568											OTU1308				
569											OTU1309				
570											OTU1310				
571											OTU1311				
572											OTU1312				
573											OTU1313				
574											OTU1315				
575											OTU1316				
576											OTU1317				
577											OTU1319				
578											OTU1323				
579											OTU1324				
580											OTU1325				
581											OTU1326				
数量/种	56	60	64	65	365	84	76	482	114	105	581	193	187	58	107

（3）细菌种类 Venn 图分析　分析结果见表 8-23 和图 8-23。从结果中可知，异位发酵床 4 种处理组共有细菌的种类为 56 种，在垫料原料（AUG_CK）、深发酵垫料（AUG_H）、浅发酵垫料（AUG_L）、未发酵猪粪（AUG_PM）中独有的种类分别为 193 种、187 种、58 种、107 种。共有种类最多的为 309 种，存在于浅发酵垫料组（AUG_L）和未发酵猪粪组（AUG_PM）之中，共有种类最少的为 4 种，存在于垫料原料组（AUG_CK）和浅发酵垫料组（AUG_L）之中。将异位发酵床不同处理组编码，1（AUG_CK）、2（AUG_H）、3（AUG_L）、4（AUG_PM），不同组合的组，即 1-2-3-4、1-2-3、1-2-4、1-3-4、2-3-4、1-2、1-3、1-4、2-3、2-4、3-4、1、2、3、4，共有细菌的种类分别为 56 种、60 种、84 种、365 种、84 种、114 种、411 种、482 种、114 种、105 种、581 种、193 种、187 种、58 种、107 种。

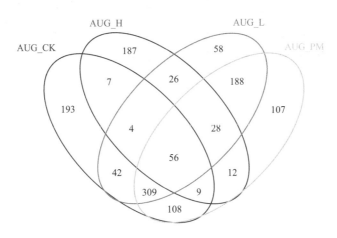

图8-23　异位发酵床细菌Venn图分析

2. 真菌种类Venn图数据采集

（1）数据采集　Venn 图可用于统计多个样本中所共有和独有的 OTU 数目，可以比较直观地表现环境样本的 OTU 数目组成相似性及重叠情况。通常情况下，分析时选用相似度为 97% 的 OTU 样本表述。异位发酵床不同处理真菌种类见表 8-24。

表8-24　异位发酵床不同处理组真菌种类采集

分类单元	AUG_CK	AUG_H	AUG_L	AUG_PM	分类单元	AUG_CK	AUG_H	AUG_L	AUG_PM
OTU1	63	0	0	0	OTU10	8	0	0	0
OTU2	3	0	0	0	OTU11	18	0	8	4
OTU3	0	0	0	2	OTU12	0	0	0	8
OTU4	53	132	58	0	OTU13	12	0	0	0
OTU5	100	0	0	0	OTU14	0	0	2	0
OTU6	4	0	0	0	OTU15	211	0	42	48
OTU7	1789	0	21	3	OTU16	24	0	14	0
OTU8	11	63	73	1	OTU17	3	0	2	0
OTU9	5	0	0	0	OTU18	34	0	0	0

分类单元	AUG_CK	AUG_H	AUG_L	AUG_PM	分类单元	AUG_CK	AUG_H	AUG_L	AUG_PM
OTU19	8	0	0	5	OTU55	85	0	0	0
OTU20	0	6	0	0	OTU56	0	0	160	28
OTU21	93	0	0	0	OTU57	5	0	0	0
OTU22	25	0	75	0	OTU58	157	0	0	11
OTU23	25	0	55	50	OTU59	16	0	0	0
OTU24	0	0	29	0	OTU60	21	0	6	1
OTU25	0	1	52	0	OTU61	0	0	143	84
OTU26	6	0	0	0	OTU62	10298	0	9	5
OTU27	6	0	0	0	OTU63	3366	0	0	2
OTU28	7	0	0	0	OTU64	60	0	625	526
OTU29	0	0	41	0	OTU65	0	0	0	19
OTU30	7	0	3	0	OTU66	6	0	0	0
OTU31	1	0	40	0	OTU67	19	0	4	8
OTU32	39	1	5438	1848	OTU68	51	0	1725	959
OTU33	248	0	123	8	OTU69	0	0	7	0
OTU34	2	0	19	1	OTU70	14	0	479	6
OTU35	7	0	0	0	OTU71	56	0	0	0
OTU36	5	0	0	0	OTU72	9	7947	0	3
OTU37	0	0	31	395	OTU73	0	1	0	0
OTU38	23	0	0	4	OTU74	5	0	0	0
OTU39	15	0	0	0	OTU75	4	0	0	0
OTU40	1890	0	8	43	OTU76	0	0	16	5
OTU41	0	0	0	2	OTU77	18	6	20	240
OTU42	17	0	0	2	OTU78	0	0	1810	56
OTU43	0	0	1070	0	OTU79	0	0	10	0
OTU44	75	0	0	0	OTU80	34	37702	17	15
OTU45	171	0	462	254	OTU81	30	17	26	5
OTU46	0	0	84	0	OTU82	89	51330	6270	1234
OTU47	201	0	845	82	OTU83	0	8	0	0
OTU48	0	0	0	9	OTU84	36	394	946	114
OTU49	0	0	2	1	OTU85	1641	0	31	5
OTU50	0	0	0	30	OTU86	0	0	0	19
OTU51	483	0	0	0	OTU87	2	55	0	0
OTU52	9	0	0	0	OTU88	63	0	41	4
OTU53	242	0	278	13	OTU89	145	0	0	4
OTU54	28	0	0	0	OTU90	11341	0	0	0

分类单元	AUG_CK	AUG_H	AUG_L	AUG_PM	分类单元	AUG_CK	AUG_H	AUG_L	AUG_PM
OTU91	9	5	0	0	OTU128	22	0	8	1
OTU92	3205	9	1	7	OTU129	0	0	412	134
OTU93	17	0	0	0	OTU130	7	0	3	0
OTU94	14	0	0	0	OTU131	0	0	240	13
OTU95	7	0	0	0	OTU132	172	0	0	8
OTU96	0	0	51	0	OTU133	0	0	1213	22
OTU97	619	0	0	7	OTU134	413	0	4497	2496
OTU98	1995	594	194	33	OTU135	293	0	148	30
OTU99	0	0	252	78	OTU136	13323	12	1936	2183
OTU100	16	0	4	24	OTU137	388	0	0	0
OTU101	9	0	0	0	OTU138	68	0	120	53
OTU102	60	1	124	62	OTU139	19	0	0	0
OTU103	5149	1	68	16	OTU140	0	0	0	7
OTU104	6	0	0	11	OTU141	0	0	0	22
OTU105	27	0	420	4	OTU142	1	0	288	1
OTU106	24	0	207	3	OTU143	265	0	719	19
OTU107	135	0	399	48	OTU144	0	64	0	0
OTU108	0	0	0	3	OTU145	0	0	1610	2277
OTU109	48	0	0	14	OTU146	78	0	97	38
OTU110	5	0	0	0	OTU147	6	0	50	10
OTU111	0	0	37	295	OTU148	943	1	20236	853
OTU112	12	0	152	132	OTU149	0	0	198	3306
OTU113	0	0	255	415	OTU150	0	0	11	0
OTU114	0	0	104	9	OTU151	0	0	0	24
OTU115	116	0	2	1	OTU152	0	0	0	10
OTU116	65	1	23991	130	OTU153	0	0	74	11
OTU117	0	0	10	0	OTU154	26	0	539	739
OTU118	0	0	77	0	OTU155	69	0	1248	16
OTU119	0	0	17	0	OTU156	212	0	70	80
OTU120	0	0	32	1	OTU157	23	0	0	0
OTU121	30	0	134	120	OTU158	0	0	1	17
OTU122	3702	0	9844	76826	OTU159	14	0	450	38
OTU123	0	0	2	34	OTU160	3167	0	1	57
OTU124	6	0	0	0	OTU161	213	1930	0	9
OTU125	5	0	113	140	OTU162	0	0	3546	699
OTU126	0	0	3	43	OTU163	54	89	3484	1578
OTU127	145	0	701	84	OTU164	31627	1	758	914

（2）共有种类的整理　进行异位发酵床不同处理组真菌共有种类的整理，将不同处理组编码：1（AUG_CK）、2（AUG_H）、3（AUG_L）、4（AUG_PM），组合不同处理组，如1-2-3-4、1-2-3、1-2-4、1-3-4、2-3-4、1-2、1-3、1-4、2-3、2-4、3-4、1、2、3、4，分析共有种类，结果见表8-25。

表8-25 异位发酵床不同处理组真菌组种类采集

序号\组合	1 1-2-3-4	2 1-2-3	3 1-2-4	4 1-3-4	5 2-3-4	6 1-2	7 1-3	8 1-4	9 2-3	10 2-4	11 3-4	12 1	13 2	14 3	15 4
1	OTU8	OTU4	OTU4	OTU7	OTU8	OTU4	OTU4	OTU7	OTU4	OTU8	OTU7	OTU1	OTU20	OTU14	OTU3
2	OTU32	OTU8	OTU8	OTU8	OTU32	OTU8	OTU7	OTU8	OTU8	OTU32	OTU8	OTU2	OTU73	OTU24	OTU12
3	OTU77	OTU32	OTU32	OTU11	OTU77	OTU32	OTU8	OTU11	OTU25	OTU72	OTU11	OTU5	OTU83	OTU29	OTU41
4	OTU80	OTU77	OTU72	OTU15	OTU80	OTU72	OTU11	OTU15	OTU32	OTU77	OTU15	OTU6	OTU144	OTU43	OTU48
5	OTU81	OTU80	OTU77	OTU23	OTU81	OTU77	OTU15	OTU19	OTU77	OTU80	OTU23	OTU9		OTU46	OTU50
6	OTU82	OTU81	OTU80	OTU32	OTU82	OTU80	OTU16	OTU23	OTU80	OTU81	OTU32	OTU10		OTU69	OTU65
7	OTU84	OTU82	OTU81	OTU33	OTU84	OTU81	OTU17	OTU32	OTU81	OTU82	OTU33	OTU13		OTU79	OTU86
8	OTU92	OTU84	OTU82	OTU34	OTU92	OTU82	OTU22	OTU33	OTU82	OTU84	OTU34	OTU18		OTU96	OTU108
9	OTU98	OTU92	OTU84	OTU40	OTU98	OTU84	OTU23	OTU34	OTU84	OTU92	OTU37	OTU21		OTU117	OTU140
10	OTU102	OTU98	OTU92	OTU45	OTU102	OTU87	OTU30	OTU38	OTU92	OTU98	OTU40	OTU26		OTU118	OTU141
11	OTU103	OTU102	OTU98	OTU47	OTU103	OTU91	OTU31	OTU40	OTU98	OTU102	OTU45	OTU27		OTU119	OTU151
12	OTU116	OTU103	OTU102	OTU53	OTU116	OTU92	OTU32	OTU42	OTU102	OTU103	OTU47	OTU28		OTU150	OTU152
13	OTU136	OTU116	OTU103	OTU60	OTU136	OTU98	OTU33	OTU45	OTU103	OTU116	OTU49	OTU35			
14	OTU148	OTU136	OTU116	OTU62	OTU148	OTU102	OTU34	OTU47	OTU116	OTU136	OTU53	OTU36			
15	OTU163	OTU148	OTU136	OTU64	OTU163	OTU103	OTU40	OTU53	OTU136	OTU148	OTU56	OTU39			
16	OTU164	OTU163	OTU148	OTU67	OTU164	OTU116	OTU45	OTU58	OTU148	OTU161	OTU60	OTU44			
17		OTU164	OTU161	OTU68		OTU136	OTU47	OTU60	OTU163	OTU163	OTU61	OTU51			
18			OTU163	OTU70		OTU148	OTU53	OTU62	OTU164	OTU164	OTU62	OTU52			
19			OTU164	OTU77		OTU161	OTU60	OTU63			OTU64	OTU54			
20				OTU80		OTU163	OTU62	OTU64			OTU67	OTU55			
21				OTU81		OTU164	OTU64	OTU67			OTU68	OTU57			
22				OTU82			OTU67	OTU68			OTU70	OTU59			
23				OTU84			OTU68	OTU70			OTU76	OTU66			
24				OTU85			OTU70	OTU72			OTU77	OTU71			
25				OTU88			OTU77	OTU77			OTU78	OTU74			

续表

序号	1	2	3	4	5	6	7	8	9	10	11	12	13	14	15
26				OTU92			OTU80	OTU80			OTU80	OTU75			
27				OTU98			OTU81	OTU81			OTU81	OTU90			
28				OTU100			OTU82	OTU82			OTU82	OTU93			
29				OTU102			OTU84	OTU84			OTU84	OTU94			
30				OTU103			OTU85	OTU85			OTU85	OTU95			
31				OTU105			OTU88	OTU88			OTU88	OTU101			
32				OTU106			OTU92	OTU89			OTU92	OTU110			
33				OTU107			OTU98	OTU92			OTU98	OTU124			
34				OTU112			OTU100	OTU97			OTU99	OTU137			
35				OTU115			OTU102	OTU98			OTU100	OTU139			
36				OTU116			OTU103	OTU100			OTU102	OTU157			
37				OTU121			OTU105	OTU102			OTU103				
38				OTU122			OTU106	OTU103			OTU105				
39				OTU125			OTU107	OTU104			OTU106				
40				OTU127			OTU112	OTU105			OTU107				
41				OTU128			OTU115	OTU106			OTU111				
42				OTU134			OTU116	OTU107			OTU112				
43				OTU135			OTU121	OTU109			OTU113				
44				OTU136			OTU122	OTU112			OTU114				
45				OTU138			OTU125	OTU115			OTU115				
46				OTU142			OTU127	OTU116			OTU116				
47				OTU143			OTU128	OTU121			OTU120				
48				OTU146			OTU130	OTU122			OTU121				
49				OTU147			OTU134	OTU125			OTU122				
50				OTU148			OTU135	OTU127			OTU123				
51				OTU154			OTU136	OTU128			OTU125				
52				OTU155			OTU138	OTU132			OTU126				

续表

序号	1	2	3	4	5	6	7	8	9	10	11	12	13	14	15
53				OTU156			OTU142	OTU134			OTU127				
54				OTU159			OTU143	OTU135			OTU128				
55				OTU160			OTU146	OTU136			OTU129				
56				OTU163			OTU147	OTU138			OTU131				
57				OTU164			OTU148	OTU142			OTU133				
58							OTU154	OTU143			OTU134				
59							OTU155	OTU146			OTU135				
60							OTU156	OTU147			OTU136				
61							OTU159	OTU148			OTU138				
62							OTU160	OTU154			OTU142				
63							OTU163	OTU155			OTU143				
64							OTU164	OTU156			OTU145				
65								OTU159			OTU146				
66								OTU160			OTU147				
67								OTU161			OTU148				
68								OTU163			OTU149				
69								OTU164			OTU153				
70											OTU154				
71											OTU155				
72											OTU156				
73											OTU158				
74											OTU159				
75											OTU160				
76											OTU162				
77											OTU163				
78											OTU164				
数量/种	16	17	18	57	16	21	64	69	18	18	78	36	4	12	12

（3）真菌种类 Venn 图分析　分析结果见表 8-25 和图 8-24。从结果中可知，异位发酵床 4 种处理组共有真菌的种类为 16 种，在垫料原料（AUG_CK）、深发酵垫料（AUG_H）、浅发酵垫料（AUG_L）、未发酵猪粪（AUG_PM）中独有的种类分别为 36 种、4 种、12 种、12 种。共有种类最多的为 41 种，存在于浅发酵垫料（AUG_L）和未发酵猪粪（AUG_PM）之中；共有种类最少的为 1 种，存在于垫料原料（AUG_CK）和浅发酵垫料（AUG_L）之中。将异位发酵床不同处理组编码，1（AUG_CK）、2（AUG_H）、3（AUG_L）、4（AUG_PM），不同组合的组，即 1-2-3-4、1-2-3、1-2-4、1-3-4、2-3-4、1-2、1-3、1-4、2-3、2-4、3-4、1、2、3、4，共有细菌的种类分别为 16 种、17 种、18 种、57 种、16 种、21 种、64 种、69 种、18 种、18 种、78 种、36 种、4 种、12 种、12 种。

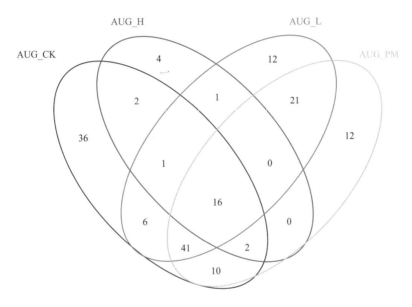

图8-24　异位发酵床真菌Venn图分析

第二节
异位发酵床细菌群落多样性

一、细菌群落数量（read）分布多样性

1. 细菌门数量（read）分布结构

（1）细菌门宏基因组检测　分析结果见表 8-26。异位发酵床不同处理组共检测到 30 个细菌门，不同处理细菌门的序列数量（read）结构差异显著。序列数量最大的是浅发酵垫料的拟杆菌门（59564），最小的是深发酵垫料的绿弯菌门（1）。

表8-26　异位微生物发酵床不同处理组细菌门群落数量

物种名称		不同发酵程度垫料细菌门数量（read）			
		AUG_CK	AUG_H	AUG_L	AUG_PM
【1】	变形菌门（Proteobacteria）	59159	25457	31376	38625
【2】	绿弯菌门（Chloroflexi）	1422	1	396	18738
【3】	拟杆菌门（Bacteroidetes）	31967	28932	59564	13693
【4】	厚壁菌门（Firmicutes）	3350	21433	2109	11872
【5】	放线菌门（Actinobacteria）	4396	15247	870	6655
【6】	酸杆菌门（Acidobacteria）	315	1	346	5571
【7】	糖杆菌门（Saccharibacteria）	682	1	2284	4817
【8】	芽单胞菌门（Gemmatimonadetes）	39	71	46	997
【9】	异常球菌-栖热菌门（Deinococcus-Thermus）	45	2153	228	855
【10】	蓝细菌门（Cyanobacteria）	18	0	216	588
【11】	浮霉菌门（Planctomycetes）	39	1	18	437
【12】	疣微菌门（Verrucomicrobia）	138	0	159	295
【13】	装甲菌门（Armatimonadetes）	91	0	48	223
【14】	产氢菌门（Hydrogenedentes）	14	0	12	158
【15】	绿菌门（Chlorobi）	62	0	38	128
【16】	候选门WS6	79	0	66	2014
【17】	衣原体门（Chlamydiae）	27	0	2	49
【18】	候选门Microgenomates	55	0	11	48
【19】	纤维杆菌门（Fibrobacteres）	1	0	1	17
【20】	候选门Parcubacteria	0	0	0	15
【21】	柔膜菌门（Tenericutes）	1	90	128	4
【22】	螺旋菌门（Spirochaetae）	0	80	21	1
【23】	互养菌门（Synergistetes）	0	8	6	0
【24】	候选门SM2F11	0	0	21	84
【25】	候选门TM6	17	0	13	68
【26】	未分类的细菌门（Bacteria unclassified）	21	0	5	36
【27】	候选门SHA-109	22	0	1	2
【28】	候选门TA06	14	0	0	2
【29】	候选门WCHB1-60	6	0	0	0
【30】	候选门WD272	37	0	0	0

（2）前5个含量最高的细菌门数量比较　不同处理组前5个（TOP5）含量最高细菌门见图8-25，不同发酵组细菌门数量结构分布差异显著，垫料原料（AUG_CK）细菌门前3个数量最多的门为变形菌门（59159）、拟杆菌门（31967）、放线菌门（4396）；深发酵垫料（AUG_H）为拟杆菌门（28932）、变形菌门（25457）、厚壁菌门（21433）；浅发酵垫料（AUG_L）为拟杆菌门（59564）、变形菌门（31376）、糖杆菌门（2284）；未发酵猪粪（AUG_PM）为变形菌门（38625）、绿弯菌门（18738）、拟杆菌门（13693）。

（3）细菌门主要种类在异位发酵床不同处理组中的作用　分析结果见图8-26。从细菌门的角度考虑，原料垫料（AUG_CK）和未发酵猪粪（AUG_PM）提供细菌门的来源，作为发酵初始阶段的细菌来源，主要的细菌门有变形菌门、拟杆菌门、厚壁菌门；经过浅发酵阶段（AUG_L），猪粪垫料开始发酵转化，拟杆菌门发挥主要作用，数量较原料垫料和未发酵猪粪增加0.94～3.72倍，而不适合变形菌门生长，数量下降至55.25%～87.72%，厚壁菌门数量也下降19.26%～65.45%；经过深发酵阶段

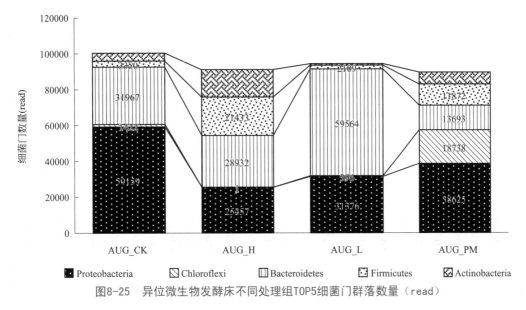

图8-25　异位微生物发酵床不同处理组TOP5细菌门群落数量（read）

（AUG_H），猪粪垫料的碳氮比下降，拟杆菌门和变形菌门有所下降，而厚壁菌门数量大幅度增加。发酵终点，细菌门主要群落结构为：变形菌门在原料垫料（AUG_CK）中为54307，在未发酵猪粪（AUG_PM）中为34221，在浅发酵垫料（AUG_L）中为29912，在深发酵垫料（AUG_H）中为25457；拟杆菌门在相关处理组的数量分别为29200、12029、56843、28932；厚壁菌门在相关处理组中的数量分别为3071、10435、2010、21433；酸杆菌门在相关处理组中的数量分别为4035、5880、833、15247。研究结果表明猪粪垫料发酵系统菌种来源于垫料和猪粪，浅发酵阶段是拟杆菌门起主要作用，深发酵阶段是厚壁菌门起主要作用。

2. 细菌纲数量（read）分布结构

（1）细菌纲宏基因组检测　分析结果按不同处理组的平均值排序，见表8-27。异位发酵床不同处理组共分析检测到 61 个细菌纲，不同处理组的细菌纲种类差异显著，垫料原料（AUG_CK）含有 48 个细菌纲，数量最多的是 γ- 变形菌纲（46718）；深发酵垫料（AUG_H）含有 22 个细菌纲，数量最多的是 γ- 变形菌纲（20512）；浅发酵垫料（AUG_L）含有 51 个细菌纲，数量最多的是黄杆菌纲（37657）；未发酵猪粪（AUG_PM）含有 54 个细菌纲，数量最多的是 γ- 变形菌纲（19912）。

表8-27　异位微生物发酵床不同处理组细菌纲群落数量

物种名称		不同发酵程度垫料细菌纲数量（read）				
		AUG_CK	AUG_H	AUG_L	AUG_PM	平均值
【1】	γ-变形菌纲（Gammaproteobacteria）	46718	20512	17696	19912	26209.50
【2】	鞘氨醇杆菌纲（Sphingobacteriia）	28431	14467	20662	9472	18258.00
【3】	黄杆菌纲（Flavobacteriia）	2812	6769	37657	1537	12193.75
【4】	放线菌纲（Actinobacteria）	4396	15247	870	6655	6792.00
【5】	α-变形菌纲（Alphaproteobacteria）	6828	618	5773	12510	6432.25
【6】	芽胞杆菌纲（Bacilli）	1896	9392	1373	10276	5734.25
【7】	β-变形菌纲（Betaproteobacteria）	5154	3338	7066	4396	4988.50

续表

物种名称	不同发酵程度垫料细菌纲数量（read）				
	AUG_CK	AUG_H	AUG_L	AUG_PM	平均值
【8】 厌氧绳菌纲（Anaerolineae）	991	1	198	15304	4123.50
【9】 梭菌纲（Clostridia）	1366	11243	698	1490	3699.25
【10】 纤维粘网菌纲（Cytophagia）	677	6820	871	2674	2760.50
【11】 糖杆菌门分类地位未定的1纲	682	1	2284	4817	1946.00
【12】 酸杆菌纲（Acidobacteria）	315	1	346	5571	1558.25
【13】 δ-变形菌纲（Deltaproteobacteria）	351	989	841	1806	996.75
【14】 异常球菌纲（Deinococci）	45	2153	228	855	820.25
【15】 门WS6分类地位未定的1纲	79	0	66	2014	539.75
【16】 绿弯菌纲（Chloroflexia）	286	0	109	1712	526.75
【17】 芽单胞菌纲（Gemmatimonadetes）	39	71	46	997	288.25
【18】 拟杆菌纲（Bacteroidia）	0	876	263	10	287.25
【19】 热微菌纲（Thermomicrobia）	45	0	35	792	218.00
【20】 丹毒丝菌纲（Erysipelotrichia）	4	741	19	68	208.00
【21】 蓝细菌纲（Cyanobacteria）	18	0	216	588	205.50
【22】 装甲菌门分类地位未定的1纲	91	0	48	223	90.50
【23】 纲TK10	4	0	9	309	80.50
【24】 海草球形菌纲（Phycisphaerae）	34	0	5	262	75.25
【25】 热链菌纲（Ardenticatenia）	0	0	16	253	67.25
【26】 暖绳菌纲（Caldilineae）	54	0	22	168	61.00
【27】 疣微菌纲（Verrucomicrobiae）	84	0	128	16	57.00
【28】 柔膜菌纲（Mollicutes）	1	90	128	4	55.75
【29】 产氢菌门分类地位未定的1纲	14	0	12	158	46.00
【30】 浮霉菌纲（Planctomycetacia）	5	1	13	159	44.50
【31】 播撒菌纲（Spartobacteria）	38	0	26	113	44.25
【32】 纲S085	38	0	4	125	41.75
【33】 纲OPB35	11	0	2	148	40.25
【34】 懒惰菌纲（Ignavibacteria）	0	0	27	126	38.25
【35】 门Microgenomates分类地位未定的1纲	55	0	11	48	28.50
【36】 阴壁菌纲（Negativicutes）	84	0	19	6	27.25
【37】 门SM2F11分类地位未定的1纲	0	0	21	84	26.25
【38】 螺旋体纲（Spirochaetes）	0	80	21	1	25.50
【39】 纲TA18	100	0	0	1	25.25
【40】 门TM6分类地位未定的1纲	17	0	13	68	24.50
【41】 拟杆菌门VC2.1 Bac22的1纲	14	0	84	0	24.50
【42】 纲OPB54	0	57	0	32	22.25
【43】 衣原体纲（Chlamydiae）	27	0	2	49	19.50
【44】 绿菌纲（Chlorobia）	62	0	11	2	18.75
【45】 未分类的1纲（Bacteria unclassified）	21	0	5	36	15.50
【46】 拟杆菌门未分类的1纲	33	0	27	0	15.00
【47】 绿弯菌门未分类的1纲	0	0	1	42	10.75
【48】 门WD272分类地位未定的1纲	37	0	0	0	9.25
【49】 丰佑菌纲（Opitutae）	5	0	3	18	6.50
【50】 门SHA-109分类地位未定的1纲	22	0	1	2	6.25
【51】 纲JG30-KF-CM66	0	0	1	22	5.75
【52】 线杆菌纲（Fibrobacteria）	1	0	1	17	4.75
【53】 纲OM190	0	0	0	16	4.00
【54】 门TA06分类地位未定的1纲	14	0	0	2	4.00

物种名称	不同发酵程度垫料细菌纲数量（read）				
	AUG_CK	AUG_H	AUG_L	AUG_PM	平均值
【55】门Parcubacteria分类地位未定的1纲	0	0	0	15	3.75
【56】互养菌纲（Synergistia）	0	8	6	0	3.50
【57】纤线杆菌纲（Ktedonobacteria）	0	0	1	7	2.00
【58】变形菌门未分类的1纲	8	0	0	0	2.00
【59】门WCHB1-60分类地位未定的1纲	6	0	0	0	1.50
【60】纲KD4-96	0	0	0	4	1.00
【61】绿弯菌门未培养的1纲	4	0	0	0	1.00

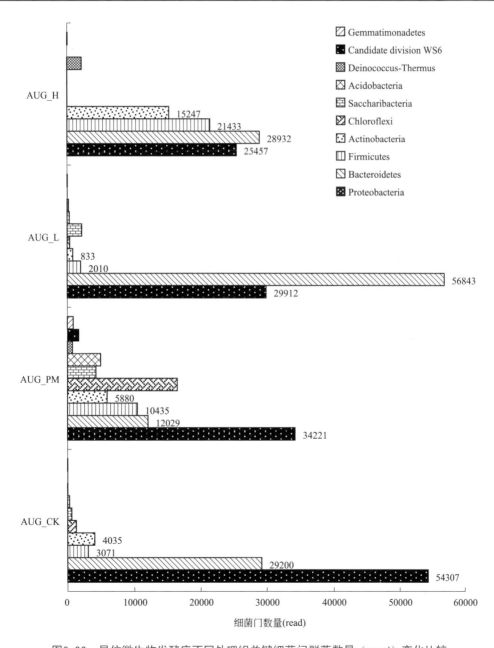

图8-26　异位微生物发酵床不同处理组关键细菌门群落数量（read）变化比较

（2）前 10 个含量最高（TOP10）的细菌纲数量比较　异位发酵床不同处理组 TOP10 细菌纲数量（read）分布见图 8-27，从图 8-27 可知不同处理组细菌纲数量结构差异显著，垫料原料（AUG_CK）前 3 个数量最多的细菌纲分别为 γ- 变形菌纲（46718）、鞘氨醇杆菌纲（28431）、α- 变形菌纲（6828）；深发酵垫料（AUG_H）前 3 个数量最多的细菌纲分别为 γ- 变形菌纲（20512）、放线菌纲（15247）、鞘氨醇杆菌纲（14467）；浅发酵垫料（AUG_L）前 3 个数量最多的细菌纲分别为黄杆菌纲（37657）、鞘氨醇杆菌纲（20662）、γ- 变形菌纲（17696）；未发酵猪粪（AUG_PM）前 3 个数量最多的细菌纲分别为 γ- 变形菌纲（19912）、厌氧绳菌纲（15304）、α- 变形菌纲（12510）。

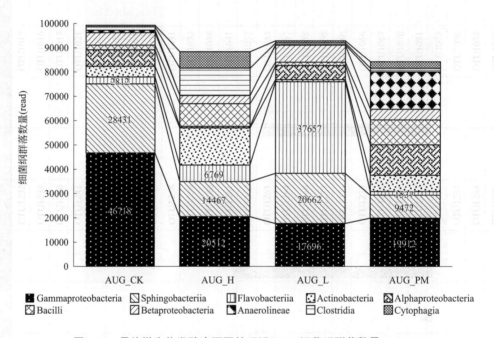

图8-27　异位微生物发酵床不同处理组TOP10细菌纲群落数量（read）

（3）细菌纲主要种类在异位发酵床不同处理组中的作用　分析结果见图 8-28。从细菌纲的角度考虑，原料垫料（AUG_CK）和未发酵猪粪（AUG_PM）提供细菌纲的来源，作为发酵初始阶段的细菌来源，主要的细菌纲为 γ- 变形菌纲、鞘氨醇杆菌纲、黄杆菌纲、放线菌纲、α- 变形菌纲、芽胞杆菌纲、β- 变形菌纲、厌氧绳菌纲、梭菌纲、纤维粘网菌纲；经过浅发酵阶段（AUG_L），猪粪垫料开始发酵转化，黄杆菌纲发挥主要作用，数量较垫料猪粪组初始阶段增加了 13.01 ～ 25.48 倍；经过深发酵阶段（AUG_H），猪粪垫料的碳氮比下降，黄杆菌纲数量有所下降。发酵终点，细菌纲主要群落结构为 γ- 变形菌纲（20512）、放线菌纲（15247）、鞘氨醇杆菌纲（14467）、梭菌纲（11243）、芽胞杆菌纲（9392）。研究结果表明猪粪垫料发酵系统菌种来源于垫料和猪粪，浅发酵阶段主要是黄杆菌纲起主要作用；深发酵阶段主要是放线菌纲和芽胞杆菌纲起主要作用，前者数量从发酵初始增加 1.59 ～ 2.77 倍，后者数量增加 0.04 ～ 4.38 倍。

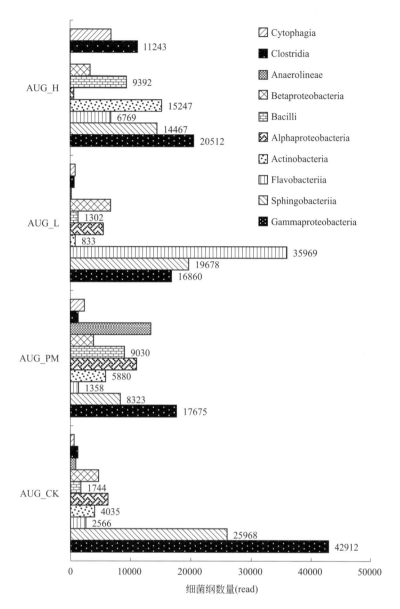

图8-28 异位微生物发酵床不同处理组关键细菌纲群落数量（read）变化比较

3. 细菌目数量（read）分布结构

（1）细菌目宏基因组测定 分析结果按不同处理组的平均值排序，见表 8-28。异位发酵床不同处理组共分析检测到 130 个细菌目，不同处理组的细菌目种类差异显著，垫料原料（AUG_CK）含有 92 个细菌目，数量最多的是肠杆菌目（37013）；深发酵垫料（AUG_H）含有 52 个细菌目，数量最多的是鞘氨醇杆菌目（14467）；浅发酵垫料（AUG_L）含有 102 个细菌目，数量最多的是黄杆菌目（37657）；未发酵猪粪（AUG_PM）含有 109 细菌目，数量最多的是厌氧绳菌目（15304）。

表8-28 异位微生物发酵床不同处理组细菌目群落数量（read）

物种名称	不同发酵程度垫料细菌目数量（read）				
	AUG_CK	AUG_H	AUG_L	AUG_PM	平均值
【1】 鞘氨醇杆菌目（Sphingobacteriales）	28431	14467	20662	9472	18258.00
【2】 黄杆菌目（Flavobacteriales）	2812	6769	37657	1537	12193.75
【3】 肠杆菌目（Enterobacteriales）	37013	102	3	1943	9765.25
【4】 黄单胞菌目（Xanthomonadales）	3905	5700	10719	12742	8266.50
【5】 芽胞杆菌目（Bacillales）	1853	7012	1332	10274	5117.75
【6】 伯克氏菌目（Burkholderiales）	5027	3293	7033	4174	4881.75
【7】 假单胞菌目（Pseudomonadales）	5131	4423	5042	4564	4790.00
【8】 厌氧绳菌目（Anaerolineales）	991	1	198	15304	4123.50
【9】 梭菌目（Clostridiales）	1366	11190	698	1474	3682.00
【10】 微球菌目（Micrococcales）	506	12541	223	686	3489.00
【11】 根瘤菌目（Rhizobiales）	4482	420	1593	7086	3395.25
【12】 糖杆菌门分类地位未定的1目	682	1	2284	4817	1946.00
【13】 噬纤维菌目（Cytophagales）	677	3513	833	2499	1880.50
【14】 鞘氨醇单胞菌目（Sphingomonadales）	1052	21	3079	2526	1669.50
【15】 海洋螺菌目（Oceanospirillales）	194	6111	222	148	1668.75
【16】 链霉菌目（Streptomycetales）	2243	4	9	1302	889.50
【17】 目Ⅲ	0	3307	0	0	826.75
【18】 棒杆菌目（Corynebacteriales）	95	2333	293	573	823.50
【19】 异常球菌目（Deinococcales）	45	2153	228	855	820.25
【20】 亚群6的1目	100	1	73	2850	756.00
【21】 纤维弧菌目（Cellvibrionales）	167	2137	535	12	712.75
【22】 亚群4的1目	41	0	243	2341	656.25
【23】 乳杆菌目（Lactobacillales）	43	2380	41	2	616.50
【24】 酸微菌目（Acidimicrobiales）	50	40	96	2219	601.25
【25】 红螺菌目（Rhodospirillales）	655	69	163	1492	594.75
【26】 门WS6分类地位未定的1目	79	0	66	2014	539.75
【27】 绿弯菌目（Chloroflexales）	250	0	109	1712	517.75
【28】 柄杆菌目（Caulobacterales）	461	8	849	538	464.00
【29】 交替单胞菌目（Alteromonadales）	0	1751	0	0	437.75
【30】 黏球菌目（Myxococcales）	197	591	69	550	351.75
【31】 γ-变形菌纲未分类的1目	27	78	1134	54	323.25
【32】 链孢囊菌目（Streptosporangiales）	345	313	20	509	296.75
【33】 拟杆菌目（Bacteroidales）	0	876	263	10	287.25
【34】 假单胞菌目（Pseudonocardiales）	858	1	1	51	227.75
【35】 丙酸杆菌目（Propionibacteriales）	207	3	167	515	223.00
【36】 丹毒丝菌目（Erysipelotrichales）	4	741	19	68	208.00
【37】 目GR-WP33-30	111	0	51	582	186.00
【38】 蛭弧菌目（Bdellovibrionales）	36	23	642	42	185.75
【39】 蓝细菌纲分类地位未定的1目	5	0	212	463	170.00
【40】 目Sh765B-TzT-29	0	0	24	525	137.25
【41】 芽单胞菌门分类地位未定的1目	0	0	11	499	127.50
【42】 立克次氏体目（Rickettsiales）	23	0	27	459	127.25

续表

物种名称		不同发酵程度垫料细菌目数量（read）				
		AUG_CK	AUG_H	AUG_L	AUG_PM	平均值
【43】	球形杆菌目（Sphaerobacterales）	1	0	15	476	123.00
【44】	亚群3的1目	118	0	29	327	118.50
【45】	土壤红杆菌目（Solirubrobacterales）	27	0	41	317	96.25
【46】	芽单胞菌目（Gemmatimonadales）	39	0	28	302	92.25
【47】	δ-变形菌纲未分类的1目	0	365	0	0	91.25
【48】	目DB1-14	0	0	7	357	91.00
【49】	装甲菌门分类地位未定的1目	91	0	48	223	90.50
【50】	纲TK10分类地位未定的1目	4	0	9	309	80.50
【51】	海草球形菌目（Phycisphaerales）	34	0	5	262	75.25
【52】	红细菌目（Rhodobacterales）	145	100	47	8	75.00
【53】	军团菌目（Legionellales）	216	0	6	55	69.25
【54】	热链菌目（Ardenticatenales）	0	0	16	253	67.25
【55】	目AT425-EubC11陆生菌群	0	45	7	196	62.00
【56】	暖绳菌目（Caldilineales）	54	0	22	168	61.00
【57】	疣微菌目（Verrucomicrobiales）	84	0	128	16	57.00
【58】	着色菌目（Chromatiales）	1	37	1	181	55.00
【59】	目JG30-KF-CM45	43	0	7	167	54.25
【60】	目Ⅱ	0	0	38	175	53.25
【61】	目NKB5	7	0	24	163	48.50
【62】	动孢菌目（Kineosporiales）	14	0	0	173	46.75
【63】	产氢菌纲分类地位未定的1目	14	0	12	158	46.00
【64】	浮霉菌目（Planctomycetales）	5	1	13	159	44.50
【65】	土源杆菌目（Chthoniobacterales）	38	0	26	113	44.25
【66】	纲S085分类地位未定的1目	38	0	4	125	41.75
【67】	目AKYG1722	1	0	13	149	40.75
【68】	纲OPB35土壤菌群分类地位未定的1目	11	0	2	148	40.25
【69】	无胆甾原体目（Acholeplasmatales）	1	72	88	0	40.25
【70】	弗兰克氏菌目（Frankiales）	17	0	11	131	39.75
【71】	懒惰菌目（Ignavibacteriales）	0	0	27	126	38.25
【72】	亚硝化单胞菌目（Nitrosomonadales）	24	0	15	90	32.25
【73】	蝙蝠弧菌目（Vampirovibrionales）	12	0	0	109	30.25
【74】	硫发菌目（Thiotrichales）	0	119	0	0	29.75
【75】	门Microgenomates分类地位未定的1目	55	0	11	48	28.50
【76】	寡养弯菌目（Oligoflexales）	7	0	6	100	28.25
【77】	月形单胞菌目（Selenomonadales）	84	0	19	6	27.25
【78】	纲SM2F11分类地位未定的1目	0	0	21	84	26.25
【79】	螺旋体目（Spirochaetales）	0	80	21	1	25.50
【80】	门TA18分类地位未定的1目	100	0	0	1	25.25
【81】	门TM6分类地位未定的1目	17	0	13	68	24.50
【82】	拟杆菌门（Bacteroidetes）VC2.1 Bac22分类地位未定的1目	14	0	84	0	24.50
【83】	酸杆菌目（Acidobacteriales）	45	0	1	51	24.25
【84】	盖亚菌目(Gaiellales)	4	0	3	84	22.75
【85】	门OPB54分类地位未定的1目	0	57	0	32	22.25
【86】	目B1-7BS	0	0	9	71	20.00

物种名称	不同发酵程度垫料细菌目数量（read）				
	AUG_CK	AUG_H	AUG_L	AUG_PM	平均值
【87】 衣原体目（Chlamydiales）	27	0	2	49	19.50
【88】 嗜甲基菌目（Methylophilales）	77	1	0	0	19.50
【89】 绿菌目（Chlorobiales）	62	0	11	2	18.75
【90】 红环菌目（Rhodocyclales）	3	44	6	14	16.75
【91】 小单胞菌目（Micromonosporales）	30	0	3	33	16.50
【92】 未分类的1目	21	0	5	36	15.50
【93】 柔膜菌纲（Mollicutes）RF9的1目	0	18	40	4	15.50
【94】 甲基球菌目（Methylococcales）	0	0	10	50	15.00
【95】 拟杆菌门未分类的1目	33	0	27	0	15.00
【96】 气单胞菌目（Aeromonadales）	57	0	0	0	14.25
【97】 分类地位未定的1目	0	54	0	0	13.50
【98】 放线菌纲未分类的1目	0	0	1	52	13.25
【99】 嗜热厌氧菌目（Thermoanaerobacterales）	0	53	0	0	13.25
【100】 α-变形菌纲未分类的1目	10	0	4	34	12.00
【101】 绿弯菌门未分类的1目	0	0	1	42	10.75
【102】 目SC-I-84	22	0	1	17	10.00
【103】 纲WD272分类地位未定的1目	37	0	0	0	9.25
【104】 爬管菌目（Herpetosiphonales）	36	0	0	0	9.00
【105】 除硫单胞菌目（Desulfuromonadales）	0	0	35	0	8.75
【106】 目TRA3-20	1	0	2	30	8.25
【107】 丰佑菌目（Opitutales）	5	0	3	18	6.50
【108】 目BD2-11陆生菌群	0	26	0	0	6.50
【109】 门SHA-109分类地位未定的1目	22	0	1	2	6.25
【110】 脱硫弧菌目（Desulfovibrionales）	0	10	14	1	6.25
【111】 纲JG30-KF-CM66分类地位未定的1目	0	0	1	22	5.75
【112】 蓝细菌纲未分类的1目	1	0	4	16	5.25
【113】 纤维杆菌目（Fibrobacterales）	1	0	1	17	4.75
【114】 梭菌纲未分类的1目	0	0	0	16	4.00
【115】 纲OM190分类地位未定的1目	0	0	0	16	4.00
【116】 门TA06分类地位未定的1目	14	0	0	2	4.00
【117】 门Parcubacteria分类地位未定的1目	0	0	0	15	3.75
【118】 目OCS116_clade	0	0	4	10	3.50
【119】 互养菌目（Synergistales）	0	8	6	0	3.50
【120】 红蝽菌目（Coriobacteriales）	0	3	2	6	2.75
【121】 亚群10的1目	11	0	0	0	2.75
【122】 放线菌目（Actinomycetales）	0	9	0	0	2.25
【123】 纤线杆菌目（Ktedonobacterales）	0	0	1	7	2.00
【124】 变形菌门未分类的1目	8	0	0	0	2.00
【125】 目43F-1404R	0	0	0	6	1.50
【126】 门WCHB1-60分类地位未定的1目	6	0	0	0	1.50
【127】 纲KD4-96分类地位未定的1目	0	0	0	4	1.00
【128】 红色杆菌目（Rubrobacterales）	0	0	0	4	1.00
【129】 绿弯菌门未培养的1目	4	0	0	0	1.00
【130】 亚群18的1目	0	0	0	2	0.50

（2）前 10 个含量最高（TOP10）的细菌目数量比较　异位发酵床不同处理组 TOP10 细菌目数量（read）分布见图 8-29，从图 8-29 可知不同处理组细菌目数量结构差异显著，垫料原料组（AUG_CK）前 3 个数量最多的细菌目分别为肠杆菌目（37013）、鞘氨醇杆菌目（28431）、假单胞菌目（5131）；深发酵垫料组（AUG_H）前 3 个数量最多的细菌目分别为鞘氨醇杆菌目（14467）、微球菌目（12541）、梭菌目（11190）；浅发酵垫料（AUG_L）前 3 个数量最多的细菌目分别为黄杆菌目（37657）、鞘氨醇杆菌目（20662）、黄单胞菌目（10719）；未发酵猪粪（AUG_PM）前 3 个数量最多的细菌目分别为厌氧绳菌目（15304）、黄单胞菌目（12742）、芽胞杆菌目（10274）。

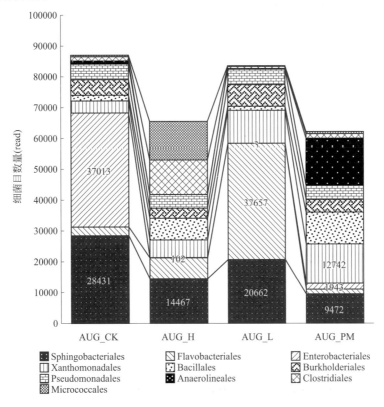

图8-29　异位微生物发酵床不同处理组TOP10细菌目群落数量（read）

（3）细菌目主要种类在异位发酵床不同处理组中的作用　分析结果见图 8-30。从细菌目的角度考虑，原料垫料（AUG_CK）和未发酵猪粪（AUG_PM）提供细菌目群落的来源，作为发酵初始阶段的细菌菌种，前者主要的细菌目有肠杆菌目（34018）、鞘氨醇杆菌目（25968）、假单胞杆菌目（4708）、伯克氏菌目（4593）、根瘤菌目（4114），后者主要的细菌目有厌氧绳菌目（13440）、黄单胞菌目（11272）、芽胞杆菌目（9028）、鞘氨醇杆菌目（8323）。

经过浅发酵阶段（AUG_L），猪粪垫料开始发酵转化，黄杆菌目发挥主要作用，数量较原料垫料初始阶段增加 13.01 ～ 25.48 倍，其他细菌目数量相对下降；经过深发酵阶段（AUG_H），猪粪垫料的碳氮比下降，4 个细菌目起到主要作用，即鞘氨醇杆菌目（14467）、微球菌目（12541）、梭菌目（11190）、芽胞杆菌目（7012）。研究结果表明，猪粪垫料发酵系统菌种来源于垫料和猪粪，猪粪以黄单胞菌目为主，垫料以鞘氨醇杆菌目为主；浅发酵阶段是黄杆菌目起主要作用，深发酵阶段是鞘氨醇杆菌目（14467）、微球菌目（12541）起主要作用。

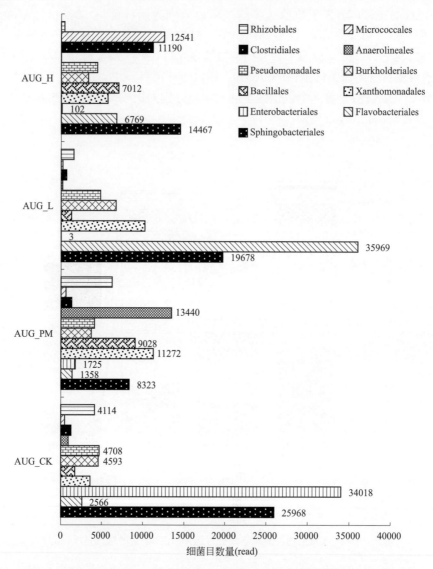

图8-30　异位微生物发酵床不同处理组关键细菌目群落数量（read）变化比较

4. 细菌科数量（read）分布结构

（1）细菌科宏基因组检测　分析结果按不同处理组的平均值排序，见表 8-29。异位发酵床不同处理组共分析检测到 264 个细菌科，不同处理组的细菌科种类差异显著，垫料原料（AUG_CK）含有 172 个细菌科，数量最多的是肠杆菌科（37013）；深发酵垫料（AUG_H）含有 104 个细菌科，数量最多的是鞘氨醇杆菌科（13907）；浅发酵垫料（AUG_L）含有 191 个细菌科，数量最多的是黄杆菌科（36871）；未发酵猪粪组（AUG_PM）含有 207 个细菌科，数量最多的是厌氧绳菌科（15304）。

表8-29　异位微生物发酵床不同处理组细菌科群落数量（read）

物种名称	不同发酵程度垫料细菌科数量（read）				
	AUG_CK	AUG_H	AUG_L	AUG_PM	平均值
【1】黄杆菌科（Flavobacteriaceae）	2757	6520	36871	1486	11908.50
【2】鞘氨醇杆菌科（Sphingobacteriaceae）	21275	13907	5982	230	10348.50
【3】肠杆菌科（Enterobacteriaceae）	37013	102	3	1943	9765.25
【4】噬几丁质菌科（Chitinophagaceae）	6885	25	14578	9240	7682.00
【5】黄单胞菌科（Xanthomonadaceae）	3362	5700	10210	9447	7179.75
【6】厌氧蝇菌科（Anaerolineaceae）	991	1	198	15304	4123.50
【7】芽胞杆菌科（Bacillaceae）	212	4549	309	5393	2615.75
【8】莫拉菌科（Moraxellaceae）	2744	516	3943	2564	2441.75
【9】梭菌科（Clostridiaceae 1）	1208	6819	414	1071	2378.00
【10】假单胞菌科（Pseudomonadaceae）	2387	3907	1099	2000	2348.25
【11】产碱菌科（Alcaligenaceae）	1593	3273	1007	2907	2195.00
【12】丛毛单胞菌科（Comamonadaceae）	1272	4	5893	747	1979.00
【13】糖杆菌门（Saccharibacteria）分类地位未定的1科	682	1	2284	4817	1946.00
【14】皮杆菌科（Dermabacteraceae）	4	7153	0	0	1789.25
【15】烷烃降解菌科（Alcanivoracaceae）	0	5196	1	51	1312.00
【16】动球菌科（Planococcaceae）	28	1514	992	1717	1062.75
【17】类芽胞杆菌科（Paenibacillaceae）	1185	0	28	2931	1036.00
【18】噬纤维菌科（Cytophagaceae）	677	0	829	2459	991.25
【19】链霉菌科（Streptomycetaceae）	2243	4	9	1302	889.50
【20】目Ⅲ_uncultured	0	3307	0	0	826.75
【21】特吕珀菌科（Trueperaceae）	45	2153	228	855	820.25
【22】Subgroup_6_norank	100	1	73	2850	756.00
【23】unknown_Family	75	0	269	2604	737.00
【24】消化链球菌科（Peptostreptococcaceae）	7	2602	44	290	735.75
【25】DSSF69	13	0	2344	463	705.00
【26】生丝微菌科（Hyphomicrobiaceae）	355	19	255	2077	676.50
【27】细球菌科（Micrococcaceae）	0	2540	2	74	654.00
【28】Xanthomonadales_Incertae_Sedis	336	0	64	2213	653.25
【29】伯克氏菌科（Burkholderiaceae）	1931	15	21	454	605.25
【30】Cellvibrionaceae	167	1682	534	0	595.75
【31】Candidate_division_WS6_norank	79	0	66	2014	539.75
【32】布鲁氏菌科（Brucellaceae）	1250	276	215	322	515.75
【33】火色杆菌科（Flammeovirgaceae）	0	2047	0	10	514.25
【34】Roseiflexaceae	148	0	109	1680	484.25
【35】黄色杆菌科（Xanthobacteraceae）	29	0	114	1759	475.50
【36】棒杆菌科（Corynebacteriaceae）	0	1793	12	14	454.75
【37】柄杆菌科（Caulobacteraceae）	435	8	847	469	439.75
【38】根瘤菌科（Rhizobiaceae）	1659	0	52	48	439.75
【39】源洋菌科（Idiomarinaceae）	0	1620	0	0	405.00
【40】赤杆菌科（Erythrobacteraceae）	354	17	79	1071	380.25
【41】圆杆菌科（Cyclobacteriaceae）	0	1466	4	30	375.00
【42】根瘤菌目（Rhizobiales）_unclassified	319	3	386	698	351.50
【43】根瘤菌目（Rhizobiales）_Incertae_Sedis	149	0	124	1090	340.75
【44】葡萄球菌科（Staphylococcaceae）	406	949	0	6	340.25

物种名称		不同发酵程度垫料细菌科数量（read）				
		AUG_CK	AUG_H	AUG_L	AUG_PM	平均值
【45】	鞘氨醇单胞菌科（Sphingomonadaceae）	486	2	563	308	339.75
【46】	OM1_clade	0	0	36	1283	329.75
【47】	Gammaproteobacteria_unclassified	27	78	1134	54	323.25
【48】	肉杆菌科（Carnobacteriaceae）	0	1286	0	0	321.50
【49】	Family_XI	1	1189	43	5	309.50
【50】	微杆菌科（Microbacteriaceae）	395	176	191	335	274.25
【51】	红螺菌科（Rhodospirillaceae）	188	69	75	732	266.00
【52】	Micrococcales_unclassified	0	1052	0	0	263.00
【53】	Sphingomonadales_unclassified	199	2	93	684	244.50
【54】	博戈里亚湖菌科（Bogoriellaceae）	0	927	0	0	231.75
【55】	假诺卡氏科（Pseudonocardiaceae）	858	1	1	51	227.75
【56】	类诺卡氏菌科（Nocardioidaceae）	194	3	167	515	219.75
【57】	甲基杆菌科（Methylobacteriaceae）	317	0	171	344	208.00
【58】	丹毒丝菌科（Erysipelotrichaceae）	4	741	19	68	208.00
【59】	紫单胞菌科（Porphyromonadaceae）	0	685	127	8	205.00
【60】	腐螺旋菌科（Saprospiraceae）	255	535	0	0	197.50
【61】	Cryomorphaceae	6	249	490	33	194.50
【62】	GR-WP33-30_norank	111	0	51	582	186.00
【63】	链孢囊菌科（Streptosporangiaceae）	340	5	20	374	184.75
【64】	Solimonadaceae	73	0	412	246	182.75
【65】	海洋螺菌科（Oceanospirillaceae）	161	402	163	0	181.50
【66】	Sandaracinaceae	91	590	3	12	174.00
【67】	乳酸杆菌科（Lactobacillaceae）	0	682	5	0	171.75
【68】	蓝细菌纲（Cyanobacteria）_norank	5	0	212	463	170.00
【69】	短杆菌科（Brevibacteriaceae）	8	647	0	23	169.50
【70】	Xanthomonadales_uncultured	117	0	20	517	163.50
【71】	叶杆菌科（Phyllobacteriaceae）	76	122	173	246	154.25
【72】	醋杆菌科（Acetobacteraceae）	391	0	40	125	139.00
【73】	盐单胞菌科（Halomonadaceae）	32	512	2	6	138.00
【74】	Sh765B-TzT-29_norank	0	0	24	525	137.25
【75】	迪茨氏菌科（Dietziaceae）	0	497	12	8	129.25
【76】	S0134_terrestrial_group	0	0	11	499	127.50
【77】	Acidimicrobiales_uncultured	16	0	32	451	124.75
【78】	球形杆菌科（Sphaerobacteraceae）	1	0	15	476	123.00
【79】	噬菌弧菌科（Bacteriovoracaceae）	7	0	467	7	120.25
【80】	Ruminococcaceae	0	382	83	9	118.50
【81】	Porticoccaceae	0	455	1	12	117.00
【82】	分枝杆菌科（Mycobacteriaceae）	58	1	31	375	116.25
【83】	诺卡菌科（Nocardiaceae）	37	1	238	176	113.00
【84】	慢生根瘤菌科（Bradyrhizobiaceae）	173	0	41	216	107.50
【85】	Rickettsiales_Incertae_Sedis	11	0	21	382	103.50
【86】	Iamiaceae	12	40	12	337	100.25
【87】	链球菌科（Streptococcaceae）	0	357	36	2	98.75
【88】	芽单胞菌科（Gemmatimonadaceae）	39	0	28	302	92.25

续表

物种名称	不同发酵程度垫料细菌科数量（read）				
	AUG_CK	AUG_H	AUG_L	AUG_PM	平均值
【89】拟诺卡氏菌科（Nocardiopsaceae）	1	308	0	56	91.25
【90】δ-变形菌纲（Deltaproteobacteria）_unclassified	0	365	0	0	91.25
【91】DB1-14_norank	0	0	7	357	91.00
【92】NS9_marine_group	49	0	296	18	90.75
【93】装甲菌门（Armatimonadetes）_norank	91	0	48	223	90.50
【94】科480-2	20	0	37	279	84.00
【95】Xanthomonadales_unclassified	0	0	13	319	83.00
【96】草酸杆菌科（Oxalobacteraceae）	221	1	51	55	82.00
【97】TK10_norank	4	0	9	309	80.50
【98】Phycisphaeraceae	34	0	5	262	75.25
【99】红杆菌科（Rhodobacteraceae）	145	100	47	8	75.00
【100】毛螺旋菌科（Lachnospiraceae）	135	137	1	0	68.25
【101】Ardenticatenales_norank	0	0	16	253	67.25
【102】柯克斯体科（Coxiellaceae）	216	0	5	41	65.50
【103】蛭弧菌科（Bdellovibrionaceae）	29	23	175	35	65.50
【104】BIrii41	70	0	9	176	63.75
【105】AT425-EubC11_terrestrial_group_norank	0	45	7	196	62.00
【106】Caldilineaceae	54	0	22	168	61.00
【107】Bacteroidaceae	0	162	80	1	60.75
【108】Verrucomicrobiaceae	84	0	128	16	57.00
【109】JG30-KF-CM45_norank	43	0	7	167	54.25
【110】KCM-B-15	0	0	8	207	53.75
【111】Rhodothermaceae	0	0	38	175	53.25
【112】DA111	0	0	22	175	49.25
【113】Haliangiaceae	15	0	2	177	48.50
【114】NKB5_norank	7	0	24	163	48.50
【115】Kineosporiaceae	14	0	0	173	46.75
【116】Hydrogenedentes_norank	14	0	12	158	46.00
【117】Ectothiorhodospiraceae	1	0	1	181	45.75
【118】Planctomycetaceae	5	1	13	159	44.50
【119】Intrasporangiaceae	0	1	8	168	44.25
【120】Sporolactobacillaceae	0	0	0	167	41.75
【121】S085_norank	38	0	4	125	41.75
【122】Rhodobiaceae	23	0	21	122	41.50
【123】AKYG1722_norank	1	0	13	149	40.75
【124】BCf3-20	18	0	12	132	40.50
【125】OPB35_soil_group_norank	11	0	2	148	40.25
【126】Acholeplasmataceae	1	72	88	0	40.25
【127】Beijerinckiaceae	98	0	29	32	39.75
【128】Ignavibacteriales_norank	0	0	27	126	38.25
【129】JG37-AG-20	0	0	1	151	38.00
【130】Hahellaceae	1	1	56	91	37.25
【131】Cystobacteraceae	0	1	51	88	35.00
【132】Demequinaceae	28	21	18	71	34.50

物种名称	不同发酵程度垫料细菌科数量（read）				
	AUG_CK	AUG_H	AUG_L	AUG_PM	平均值
【133】 LD29	8	0	20	105	33.25
【134】 Alteromonadaceae	0	131	0	0	32.75
【135】 Nitrosomonadaceae	24	0	15	90	32.25
【136】 Acidimicrobiales_Incertae_Sedis	12	0	16	99	31.75
【137】 Vampirovibrionales_norank	12	0	0	109	30.25
【138】 Piscirickettsiaceae	0	119	0	0	29.75
【139】 FFCH7168	101	0	0	15	29.00
【140】 Microgenomates_norank	55	0	11	48	28.50
【141】 SM2F11_norank	0	0	21	84	26.25
【142】 Spirochaetaceae	0	80	21	1	25.50
【143】 TA18_norank	100	0	0	1	25.25
【144】 TM6_norank	17	0	13	68	24.50
【145】 拟杆菌门（Bacteroidetes）_VC2.1_Bac22_norank	14	0	84	0	24.50
【146】 Hyphomonadaceae	26	0	2	69	24.25
【147】 Acidobacteriaceae_Subgroup_1	45	0	1	51	24.25
【148】 Family_XIII	0	34	54	9	24.25
【149】 Nakamurellaceae	5	0	8	82	23.75
【150】 Veillonellaceae	84	0	4	2	22.50
【151】 OPB54_norank	0	57	0	32	22.25
【152】 Thermomonosporaceae	4	0	0	79	20.75
【153】 红螺菌目（Rhodospirillales）_Incertae_Sedis	69	0	0	13	20.50
【154】 伯克氏菌目（Burkholderiales）_unclassified	10	0	61	11	20.50
【155】 Gaiellales_uncultured	4	0	2	74	20.00
【156】 B1-7BS_norank	0	0	9	71	20.00
【157】 Phaselicystidaceae	2	0	3	74	19.75
【158】 嗜甲基菌科（Methylophilaceae）	77	1	0	0	19.50
【159】 OPB56	62	0	11	2	18.75
【160】 红环菌科（Rhodocyclaceae）	3	44	6	14	16.75
【161】 Oligoflexales_norank	1	0	3	62	16.50
【162】 微单胞菌科（Micromonosporaceae）	30	0	3	33	16.50
【163】 环脂酸芽胞杆菌科（Alicyclobacillaceae）	0	0	3	60	15.75
【164】 Family_XVIII	0	0	0	62	15.50
【165】 Bacteria_unclassified	21	0	5	36	15.50
【166】 Mollicutes_RF9_norank	0	18	40	4	15.50
【167】 Christensenellaceae	1	6	55	0	15.50
【168】 甲基球菌科（Methylococcaceae）	0	0	10	50	15.00
【169】 拟杆菌门（Bacteroidetes）_unclassified	33	0	27	0	15.00
【170】 酸微菌科（Acidimicrobiaceae）	10	0	0	49	14.75
【171】 气单胞菌科（Aeromonadaceae）	57	0	0	0	14.25
【172】 原小单胞菌科（Promicromonosporaceae）	56	0	0	0	14.00
【173】 弗兰克氏菌科（Frankiaceae）	3	0	3	49	13.75
【174】 理研菌科（Rikenellaceae）	0	9	44	1	13.50
【175】 Family_Incertae_Sedis	0	54	0	0	13.50
【176】 Actinobacteria_unclassified	0	0	1	52	13.25

续表

物种名称	不同发酵程度垫料细菌科数量（read）				
	AUG_CK	AUG_H	AUG_L	AUG_PM	平均值
【177】 t-42698	0	0	20	51	17.75
【178】 Thermoanaerobacteraceae	0	53	0	0	13.25
【179】 气球菌科（Aerococcaceae）	0	51	0	0	12.75
【180】 Rickettsiales_uncultured	10	0	1	37	12.00
【181】 α-变形菌纲（Alphaproteobacteria）_unclassified	10	0	4	34	12.00
【182】 AKYH478	1	0	5	41	11.75
【183】 Oligoflexaceae	6	0	3	38	11.75
【184】 肠球菌科（Enterococcaceae）	43	4	0	0	11.75
【185】 NS11-12_marine_group	2	0	42	1	11.25
【186】 Subgroup_3_norank	44	0	0	0	11.00
【187】 绿弯菌门（Chloroflexi）_unclassified	0	0	1	42	10.75
【188】 副衣原体科（Parachlamydiaceae）	19	0	1	22	10.50
【189】 SJA-149	40	0	1	0	10.25
【190】 Corynebacteriales_unclassified	0	41	0	0	10.25
【191】 SC-I-84_norank	22	0	1	17	10.00
【192】 Patulibacteraceae	7	0	3	29	9.75
【193】 WD272_norank	37	0	0	0	9.25
【194】 盐硫杆状菌科（Halothiobacillaceae）	0	37	0	0	9.25
【195】 立克次体科（Rickettsiaceae）	2	0	5	29	9.00
【196】 爬管菌科（Herpetosiphonaceae）	36	0	0	0	9.00
【197】 GR-WP33-58	0	0	35	0	8.75
【198】 Micrococcales_norank	2	24	2	6	8.50
【199】 LiUU-11-161	5	0	28	1	8.50
【200】 TRA3-20_norank	1	0	2	30	8.25
【201】 鞘氨醇杆菌目（Sphingobacteriales）_unclassified	0	0	32	0	8.00
【202】 丰佑菌科（Opitutaceae）	5	0	3	18	6.50
【203】 BD2-11_terrestrial_group_norank	0	26	0	0	6.50
【204】 cvE6	8	0	1	16	6.25
【205】 SHA-109_norank	22	0	1	2	6.25
【206】 脱硫弧菌科（Desulfovibrionaceae）	0	10	14	1	6.25
【207】 血杆菌科（Sanguibacteraceae）	13	0	2	9	6.00
【208】 JG30-KF-CM66_norank	0	0	1	22	5.75
【209】 Xiphinematobacteraceae	18	0	1	4	5.75
【210】 Family_XⅡ	22	0	0	0	5.50
【211】 蓝细菌（Cyanobacteria）_unclassified	1	0	4	16	5.25
【212】 红螺菌目（Rhodospirillales）_unclassified	0	0	4	16	5.00
【213】 纤维杆菌科（Fibrobacteraceae）	1	0	1	17	4.75
【214】 氨基酸球菌科（Acidaminococcaceae）	0	0	15	4	4.75
【215】 绿弯菌科（Chloroflexaceae）	1	0	0	17	4.50
【216】 CCU22	5	0	4	8	4.25
【217】 涅瓦河菌科（Nevskiaceae）	17	0	0	0	4.25
【218】 Clostridia_unclassified	0	0	0	16	4.00
【219】 OM190_norank	0	0	0	16	4.00
【220】 多囊菌科（Polyangiaceae）	0	0	0	16	4.00

物种名称	不同发酵程度垫料细菌科数量（read）				
	AUG_CK	AUG_H	AUG_L	AUG_PM	平均值
【221】 TA06_norank	14	0	0	2	4.00
【222】 A0839	16	0	0	0	4.00
【223】 Parcubacteria_norank	0	0	0	15	3.75
【224】 军团菌科（Legionellaceae）	0	0	1	14	3.75
【225】 ML80	1	0	2	12	3.75
【226】 I-10	0	0	2	12	3.50
【227】 OCS116_clade_norank	0	0	4	10	3.50
【228】 Gracilibacteraceae	14	0	0	0	3.50
【229】 Synergistaceae	0	8	6	0	3.50
【230】 Bacteroidales_UCG-001	0	13	1	0	3.50
【231】 Family_XIV	0	0	0	13	3.25
【232】 丙酸杆菌科（Propionibacteriaceae）	13	0	0	0	3.25
【233】 Caldicoprobacteraceae	0	12	0	0	3.00
【234】 SM2D12	0	0	0	11	2.75
【235】 华诊体科（Waddliaceae）	0	0	0	11	2.75
【236】 Gaiellaceae	0	0	1	10	2.75
【237】 红蝽菌科（Coriobacteriaceae）	0	3	2	6	2.75
【238】 CA002	11	0	0	0	2.75
【239】 Chthoniobacterales_unclassified	11	0	0	0	2.75
【240】 Clostridiales_Incertae_Sedis	0	0	0	10	2.50
【241】 Elev-16S-1332	0	0	1	9	2.50
【242】 Chthoniobacteraceae	1	0	5	4	2.50
【243】 P3OB-42	10	0	0	0	2.50
【244】 Myxococcales_unclassified	9	0	0	0	2.25
【245】 孢鱼菌科（Sporichthyaceae）	9	0	0	0	2.25
【246】 env.OPS_17	9	0	0	0	2.25
【247】 普雷沃氏菌科（Prevotellaceae）	0	0	9	0	2.25
【248】 放线菌科（Actinomycetaceae）	0	9	0	0	2.25
【249】 Thermosporotrichaceae	0	0	1	7	2.00
【250】 Vulgatibacteraceae	0	0	1	7	2.00
【251】 变形菌门（Proteobacteria）_unclassified	8	0	0	0	2.00
【252】 Marinilabiaceae	0	7	0	0	1.75
【253】 43F-1404R_norank	0	0	0	6	1.50
【254】 AKIW659	0	0	0	6	1.50
【255】 优杆菌科（Eubacteriaceae）	0	0	4	2	1.50
【256】 WCHB1-60_norank	6	0	0	0	1.50
【257】 Family_XIV	0	5	0	0	1.25
【258】 KD4-96_norank	0	0	0	4	1.00
【259】 Rubrobacteriaceae	0	0	0	4	1.00
【260】 绿弯菌门（Chloroflexi）_uncultured	4	0	0	0	1.00
【261】 Clostridiales_vadinBB60_group	0	4	0	0	1.00
【262】 消化球菌科（Peptococcaceae）	0	0	0	3	0.75
【263】 Subgroup_18_norank	0	0	0	2	0.50
【264】 Bacteroidales_unclassified	0	0	2	0	0.50

（2）前 10 个含量最高的细菌科数量比较　异位发酵床不同处理组 TOP10 细菌科数量（read）分布见图 8-31，从图 8-31 可知不同处理组细菌科数量结构差异显著，垫料原料（AUG_CK）前 3 个数量最多的细菌科分别为 Enterobacteriaceae（37013）、鞘氨醇杆菌科（21275）、噬几丁质菌科（6885）；深发酵垫料（AUG_H）前 3 个数量最多的细菌科分别为鞘氨醇杆菌科（13907）、皮杆菌科（7153）、梭菌科（6819）；浅发酵垫料（AUG_L）前 3 个数量最多的细菌科分别为黄杆菌科（36871）、噬几丁质菌科（14578）、黄单胞菌科（10210）；未发酵猪粪（AUG_PM）前 3 个数量最多的细菌科分别为厌氧绳菌科（15304）、黄单胞菌科（9447）、噬几丁质菌科（9240）。

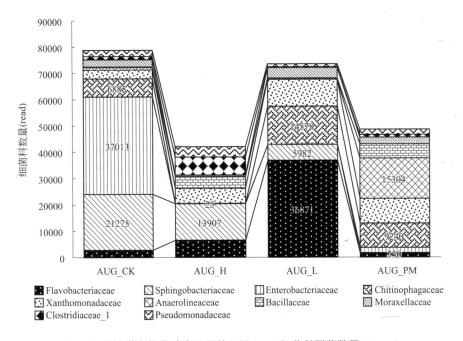

图8-31　异位微生物发酵床不同处理组TOP10细菌科群落数量（read）

（3）细菌科主要种类在异位发酵床不同处理组中的作用　分析结果见图 8-32。从细菌科的角度考虑，原料垫料（AUG_CK）和未发酵猪粪（AUG_PM）提供细菌科群落的来源，作为发酵初始阶段的细菌菌种，前者主要的细菌科有肠杆菌科（37013）、鞘氨醇杆菌科（21275）、噬几丁质杆菌科（6885），后者主要的细菌科有厌氧绳菌科（15304）、黄单孢菌科（9447）、噬几丁质杆菌科（9240）；经过浅发酵阶段（AUG_L），猪粪垫料开始发酵转化，噬几丁质杆菌科和黄单孢菌科发挥主要作用，前者数量较原料垫料组初始阶段增加 0.71～1.20 倍，后者增加 0.16～2.16 倍，其他细菌科数量相对下降；经过深发酵阶段（AUG_H），猪粪垫料的碳氮比下降，7 个细菌科起到主要作用，即鞘氨醇杆菌科（13907）、皮杆菌科（7153）、梭菌科（6819）、黄杆菌科（6520）、黄单孢杆菌科（5700）、食烷菌科（5196）、芽胞杆菌科（4549）。研究结果表明，猪粪垫料发酵系统菌种来源于垫料和猪粪，猪粪以厌氧绳菌科为主，垫料以肠杆菌科为主；浅发酵阶段是噬几丁质菌科起主要作用，深发酵阶段主要是鞘氨醇杆菌目起主要作用。

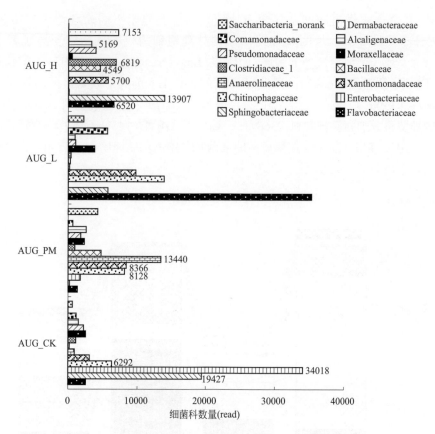

图8-32　异位微生物发酵床不同处理组关键细菌科群落数量（read）变化比较

5．细菌属数量（read）分布结构

（1）细菌属宏基因组检测　分析结果按不同处理组的平均值排序，见表8-30。异位发酵床不同处理组共分析检测到566个细菌属，不同处理组的细菌属种类差异显著，垫料原料（AUG_CK）含有357个细菌属，数量最多的是肠杆菌属（29110）；深发酵垫料（AUG_H）含有197个细菌属，数量最多的是橄榄形菌属（8051）；浅发酵垫料（AUG_L）含有356个细菌属，数量最多的是金黄杆菌属（17154）；未发酵猪粪组（AUG_PM）含有395个细菌属，数量最多的是 Anaerolineaceae_uncultured（15280）。

表8-30　异位微生物发酵床不同处理组细菌属群落数量（read）

物种名称		不同发酵程度垫料细菌属数量（read）				
		AUG_CK	AUG_H	AUG_L	AUG_PM	平均值
【1】	肠杆菌属（*Enterobacter*）	29110	53	0	1784	7736.75
【2】	鞘氨醇杆菌属（*Sphingobacteriu*）	13790	402	5658	27	4969.25
【3】	金黄杆菌属（*Chryseobacterium*）	1264	1	17154	1220	4909.75
【4】	漠河菌属（*Moheibacter*）	559	1005	14920	207	4172.75
【5】	厌氧绳菌科（*Anaerolineaceae*）的1属	991	1	195	15280	4116.75
【6】	橄榄形菌属（*Olivibacter*）	6677	8051	31	5	3691.00
【7】	太白山菌属（*Taibaiella*）	746	24	6504	5873	3286.75
【8】	不动杆菌属（*Acinetobacter*）	2673	397	3917	2510	2374.25

物种名称	不同发酵程度垫料细菌属数量（read）				
	AUG_CK	AUG_H	AUG_L	AUG_PM	平均值
【9】 假单胞菌属（Pseudomonas）	2387	3907	1099	2000	2348.25
【10】 梭菌属-1（Clostridium_sensu_stricto_1）	522	6695	400	999	2154.00
【11】 Chitinophagaceae_uncultured	137	1	6919	835	1973.00
【12】 糖杆菌门未定属（Saccharibacteria norank）	682	1	2284	4817	1946.00
【13】 短状杆菌属（Brachybacterium）	4	7153	0	0	1789.25
【14】 嗜麦芽寡食单胞菌属（Stenotrophomonas）	809	0	5453	78	1585.00
【15】 芽胞杆菌属（Bacillus）	212	2	309	5392	1478.75
【16】 Sphingobacteriaceae_uncultured	0	5329	0	0	1332.25
【17】 食碱菌属（Alcanivorax）	0	5196	1	51	1312.00
【18】 噬几丁质菌属（Chitinophaga）	4868	0	2	16	1221.50
【19】 石纯球菌属（Ulvibacter）	0	4363	0	0	1090.75
【20】 藤黄单胞菌属（Luteimonas）	221	0	873	3215	1077.25
【21】 克洛诺菌属（Cronobacter）	3887	4	1	121	1003.25
【22】 Xanthomonadaceae_unclassified	12	3818	61	17	977.00
【23】 黄杆菌属（Flavobacterium）	862	0	2698	47	901.75
【24】 Order_Ⅲ_uncultured	0	3307	0	0	826.75
【25】 特吕珀菌属（Truepera）	45	2153	228	855	820.25
【26】 Comamonadaceae_unclassified	279	1	2626	352	814.50
【27】 罗思河小杆菌属（Rhodanobacter）	58	0	88	3053	799.75
【28】 放线菌属（Streptomyces）	1916	4	9	1168	774.25
【29】 Subgroup_6_norank	100	1	73	2850	756.00
【30】 热单胞菌属（Thermomonas）	115	0	1856	934	726.25
【31】 Castellaniella	40	1	445	2372	714.50
【32】 DSSF69_norank	13	0	2344	463	705.00
【33】 Terrisporobacter	6	2457	38	125	656.50
【34】 Blastocatella	41	0	241	2283	641.25
【35】 类芽胞杆菌属（Paenibacillus）	804	0	4	1698	626.50
【36】 金色单胞菌属（Chryseolinea）	55	0	141	2160	589.00
【37】 假黄色单胞菌属（Pseudoxanthomonas）	1419	0	601	168	547.00
【38】 Candidate_division_WS6_norank	79	0	66	2014	539.75
【39】 伯克氏菌属（Burkholderia）	1716	0	9	364	522.25
【40】 Luteivirga	0	2047	0	10	514.25
【41】 德沃斯氏菌属（Devosia）	267	0	205	1484	489.00
【42】 Bacillaceae_uncultured	0	1944	0	1	486.25
【43】 光合玫瑰菌属（Roseiflexus）	148	0	109	1680	484.25
【44】 少盐芽胞杆菌属（Paucisalibacillus）	0	1902	0	0	475.50
【45】 极小单胞菌属（Pusillimonas）	6	1567	231	77	470.25
【46】 苍白杆菌属（Ochrobactrum）	1248	1	206	320	443.75
【47】 根瘤菌属（Rhizobium）	1659	0	52	48	439.75
【48】 棒杆菌属-1（Corynebacterium_1）	0	1723	10	10	435.75
【49】 库特氏菌属（Kurthia）	0	2	825	885	428.00
【50】 Flavobacteriaceae_unclassified	0	510	1191	0	425.25
【51】 Marinimicrobium	0	1681	0	0	420.25
【52】 丛毛单胞菌属（Comamonas）	310	2	1157	181	412.50

物种名称	不同发酵程度垫料细菌属数量（read）				
	AUG_CK	AUG_H	AUG_L	AUG_PM	平均值
【53】 Enterobacteriaceae_unclassified	1633	1	0	5	409.75
【54】 Idiomarina	0	1593	0	0	398.25
【55】 Chitinophagaceae_unclassified	171	0	673	722	391.50
【56】 博德特氏菌属（Bordetella）	1212	0	50	303	391.25
【57】 Ignatzschineria	0	1456	1	0	364.25
【58】 Erythrobacteraceae_unclassified	304	17	75	1060	364.00
【59】 Yaniella	0	1445	0	0	361.25
【60】 Cyclobacteriaceae_uncultured	0	1408	0	3	352.75
【61】 根瘤菌目（Rhizobiales）_unclassified	319	3	386	698	351.50
【62】 Xanthobacteraceae_unclassified	1	0	64	1319	346.00
【63】 OM1_clade_norank	0	0	36	1283	329.75
【64】 Dyella	77	0	24	1199	325.00
【65】 Gammaproteobacteria_unclassified	27	78	1134	54	323.25
【66】 沙雷氏菌属（Serratia）	1259	26	1	5	322.75
【67】 Acidibacter	115	0	29	1093	309.25
【68】 Arenimonas	196	4	1027	8	308.75
【69】 Rhizomicrobium	110	0	120	992	305.50
【70】 芽胞八叠球菌属（Sporosarcina）	0	1102	0	0	275.50
【71】 节杆菌属（Arthrobacter）	0	1009	2	74	271.25
【72】 Micrococcales_unclassified	0	1052	0	0	263.00
【73】 Paenalcaligenes	0	1020	0	0	255.00
【74】 Sphingomonadales_unclassified	199	2	93	684	244.50
【75】 短波单胞菌属（Brevundimonas）	186	8	729	39	240.50
【76】 Dokdonella	170	0	35	733	234.50
【77】 乔治菌属（Georgenia）	0	913	0	0	228.25
【78】 Hylemonella	6	0	904	0	227.50
【79】 Alicycliphilus	337	1	494	57	222.25
【80】 Atopostipes	0	884	0	0	221.00
【81】 Cohnella	83	0	3	795	220.25
【82】 Crenotalea	2	0	25	814	210.25
【83】 Steroidobacter	211	0	26	586	205.75
【84】 Saprospiraceae_uncultured	255	535	0	0	197.50
【85】 Jeotgalicoccus	0	768	0	0	192.00
【86】 GR-WP33-30_norank	111	0	51	582	186.00
【87】 稳杆菌属（Empedobacter）	3	0	718	9	182.50
【88】 Filimonas	160	0	127	422	177.25
【89】 果胶杆菌属（Pectobacterium）	686	0	0	23	177.25
【90】 Solimonas	39	0	412	246	174.25
【91】 乳杆菌属（Lactobacillus）	0	682	5	0	171.75
【92】 Sandaracinaceae_uncultured	83	584	3	12	170.50
【93】 蓝细菌纲（Cyanobacteria）_norank	5	0	212	463	170.00
【94】 短杆菌属（Brevibacterium）	8	647	0	23	169.50
【95】 纤维弧菌属（Cellvibrio）	154	1	517	0	168.00
【96】 Xanthomonadales_uncultured	117	0	20	517	163.50

物种名称	不同发酵程度垫料细菌属数量（read）				
	AUG_CK	AUG_H	AUG_L	AUG_PM	平均值
【97】新鞘氨醇菌属（Novosphingobium）	134	2	333	149	154.50
【98】unclassified	0	189	32	391	153.00
【99】生丝微菌属（Hyphomicrobium）	76	0	36	452	141.00
【100】葡萄球菌属（Staphylococcus）	406	148	0	5	139.75
【101】类诺卡氏属（Nocardioides）	123	0	126	306	138.75
【102】Xanthomonadales_Incertae_Sedis_norank	10	0	9	534	138.25
【103】Sh765B-TzT-29_norank	0	0	24	525	137.25
【104】寡源杆菌属（Oligella）	0	546	0	1	136.75
【105】Sphingobacteriaceae_unclassified	372	103	51	18	136.00
【106】Leadbetterella	72	0	459	9	135.00
【107】赖氨酸芽孢杆菌属（Lysinibacillus）	28	2	121	388	134.75
【108】盐单胞菌属（Halomonas）	1	512	2	6	130.25
【109】Parafilimonas	123	0	54	342	129.75
【110】迪茨氏菌属（Dietzia）	0	497	12	8	129.25
【111】S0134_terrestrial_group_norank	0	0	11	499	127.50
【112】Bacillaceae_unclassified	0	506	0	0	126.50
【113】Proteiniphilum	0	425	77	2	126.00
【114】Acidimicrobiales_uncultured	16	0	32	451	124.75
【115】Fluviicola	6	0	454	33	123.25
【116】吞菌弧菌属（Peredibacter）	7	0	467	7	120.25
【117】Phyllobacteriaceae_unclassified	65	121	159	130	118.75
【118】C1-B045	0	455	1	12	117.00
【119】分枝杆菌属（Mycobacterium）	58	1	31	375	116.25
【120】Streptomycetaceae_unclassified	327	0	0	134	115.25
【121】海洋杆菌属（Oceanobacter）	0	307	152	0	114.75
【122】Methylobacteriaceae_uncultured	132	0	34	278	111.00
【123】糖多孢菌属（Saccharopolyspora）	388	1	1	45	108.75
【124】Dongia	13	0	12	405	107.50
【125】微杆菌属（Microbacterium）	253	20	73	80	106.50
【126】泛菌属（Pantoea）	421	0	0	1	105.50
【127】Variibacter	10	0	43	363	104.00
【128】红球菌属（Rhodococcus）	7	0	236	173	104.00
【129】Fastidiosipila	0	371	40	2	103.25
【130】Turicibacter	4	332	5	64	101.25
【131】Iamia	12	40	12	337	100.25
【132】慢生根瘤菌属（Bradyrhizobium）	146	0	40	215	100.25
【133】Pseudofulvimonas	0	388	8	3	99.75
【134】链球菌属（Streptococcus）	0	357	36	2	98.75
【135】德库菌属（Desemzia）	0	394	0	0	98.50
【136】丹毒菌属（Erysipelothrix）	0	391	1	1	98.25
【137】类香味菌属（Myroides）	0	393	0	0	98.25
【138】Candidatus_Odyssella	0	0	14	376	97.50
【139】Bryobacter	30	0	24	319	93.25
【140】Cytophagaceae_uncultured	313	0	6	49	92.00

物种名称	不同发酵程度垫料细菌属数量（read）				
	AUG_CK	AUG_H	AUG_L	AUG_PM	平均值
【141】δ-变形菌纲（Deltaproteobacteria）_unclassified	0	365	0	0	91.25
【142】DB1-14_norank	0	0	7	357	91.00
【143】NS9_marine_group_norank	49	0	296	18	90.75
【144】装甲菌门（Armatimonadetes）_norank	91	0	48	223	90.50
【145】赖氏菌属（Leifsonia）	115	6	78	161	90.00
【146】Nitrolancea	1	0	13	344	89.50
【147】野村菌属（Nonomuraea）	315	1	7	34	89.25
【148】极胞菌属（Polaromonas）	1	0	345	1	86.75
【149】Alcaligenaceae_unclassified	59	130	124	31	86.00
【150】拟无枝菌酸菌属（Amycolatopsis）	331	0	0	6	84.25
【151】480-2_norank	20	0	37	279	84.00
【152】Xanthomonadales_unclassified	0	0	13	319	83.00
【153】TK10_norank	4	0	9	309	80.50
【154】Clostridium_sensu_stricto_3	319	0	0	1	80.00
【155】Persicitalea	10	0	216	93	79.75
【156】拟诺卡氏菌属（Nocardiopsis）	1	308	0	0	77.25
【157】Ramlibacter	148	0	40	115	75.75
【158】短芽胞杆菌属（Brevibacillus）	253	0	2	46	75.25
【159】Petrimonas	0	245	50	6	75.25
【160】Parapedobacter	282	9	9	0	75.00
【161】小双孢菌属（Microbispora）	23	4	13	258	74.50
【162】鞘氨醇单胞菌属（Sphingopyxis）	111	0	154	25	72.50
【163】Ferrovibrio	45	0	50	193	72.00
【164】Brucellaceae_unclassified	2	275	9	2	72.00
【165】土地杆菌属（Pedobacter）	90	13	168	5	69.00
【166】Ardenticatenales_norank	0	0	16	253	67.25
【167】泰氏菌属（Tissierella）	0	265	1	1	66.75
【168】假螺菌属（Pseudospirillum）	161	91	11	0	65.75
【169】Aquicella	216	0	5	41	65.50
【170】BIrii41_norank	70	0	9	176	63.75
【171】Paenibacillaceae_unclassified	27	0	0	222	62.25
【172】鞘氨醇单胞菌属（Sphingomonas）	182	0	18	49	62.25
【173】Brumimicrobium	0	249	0	0	62.25
【174】AT425-EubC11_terrestrial_group_norank	0	45	7	196	62.00
【175】Aequorivita	0	247	0	0	61.75
【176】苯基杆菌属（Phenylobacterium）	58	0	72	116	61.50
【177】拟杆菌属（Bacteroides）	0	162	80	1	60.75
【178】芽单胞菌属（Gemmatimonas）	28	0	19	192	59.75
【179】蛭弧菌属（Bdellovibrio）	29	0	175	35	59.75
【180】Ferruginibacter	121	0	60	51	58.00
【181】Sphingobacteriaceae_norank	6	0	51	172	57.25
【182】Marmoricola	11	2	15	193	55.25
【183】木杆菌属（Xylella）	212	0	8	0	55.00
【184】微枝形杆菌属（Microvirga）	16	0	137	65	54.50

物种名称	不同发酵程度垫料细菌属数量（read）				
	AUG_CK	AUG_H	AUG_L	AUG_PM	平均值
【185】JG30-KF-CM45_norank	43	0	7	167	54.25
【186】Advenella	77	1	127	12	54.25
【187】动性杆菌属（Planomicrobium）	0	217	0	0	54.25
【188】Clostridium_sensu_stricto_5	216	0	0	0	54.00
【189】KCM-B-15_norank	0	0	8	207	53.75
【190】SM1A02	22	0	2	190	53.50
【191】Rhodothermaceae_uncultured	0	0	38	175	53.25
【192】Rhodobacteraceae_unclassified	127	45	36	4	53.00
【193】Massilia	167	0	30	12	52.25
【194】噬氢菌属（Hydrogenophaga）	17	0	177	14	52.00
【195】Peptoniphilus	0	200	0	0	50.00
【196】DA111_norank	0	0	22	175	49.25
【197】Caldilineaceae_uncultured	9	0	21	167	49.25
【198】海洋芽胞杆菌属（Oceanobacillus）	0	195	0	0	48.75
【199】Haliangium	15	0	2	177	48.50
【200】NKB5_norank	7	0	24	163	48.50
【201】Silanimonas	0	0	175	10	46.25
【202】Hydrogenedentes_norank	14	0	12	158	46.00
【203】Niabella	126	0	51	6	45.75
【204】Leucobacter	4	89	37	49	44.75
【205】Intrasporangiaceae_unclassified	0	1	8	168	44.25
【206】Caulobacteraceae_uncultured	52	0	21	99	43.00
【207】Acidiferrobacter	0	0	1	170	42.75
【208】甲基杆菌属（Methylobacterium）	169	0	0	1	42.50
【209】Anaerosalibacter	0	170	0	0	42.50
【210】Pigmentiphaga	153	0	1	14	42.00
【211】芽胞乳杆菌属（Sporolactobacillus）	0	0	0	167	41.75
【212】S085_norank	38	0	4	125	41.75
【213】伯克氏菌属（Pandoraea）	108	15	3	40	41.50
【214】不粘柄菌属（Asticcacaulis）	2	0	9	154	41.25
【215】Intestinibacter	1	0	1	161	40.75
【216】AKYG1722_norank	1	0	13	149	40.75
【217】BCf3-20_norank	18	0	12	132	40.50
【218】OPB35_soil_group_norank	11	0	2	148	40.25
【219】无胆甾原体属（Acholeplasma）	1	72	88	0	40.25
【220】Flavitalea	65	0	7	82	38.50
【221】Ignavibacteriales_norank	0	0	27	126	38.25
【222】JG37-AG-20_norank	0	0	1	151	38.00
【223】解硫胺素杆菌属（Aneurinibacillus）	0	0	6	145	37.75
【224】Family_XI_uncultured	0	122	25	3	37.50
【225】河氏菌属（Hahella）	1	1	56	91	37.25
【226】生孢噬胞菌属（Sporocytophaga）	0	0	3	143	36.50

物种名称	不同发酵程度垫料细菌属数量（read）				
	AUG_CK	AUG_H	AUG_L	AUG_PM	平均值
【227】 *Flavihumibacter*	112	0	18	14	36.00
【228】 *Flavisolibacter*	45	0	54	44	35.75
【229】 *Craurococcus*	1	0	36	104	35.25
【230】 *Endobacter*	137	0	0	1	34.50
【231】 Sphingomonadaceae_unclassified	14	0	55	68	34.25
【232】 *Schlegelella*	39	0	77	21	34.25
【233】 *Sphaerobacter*	0	0	2	132	33.50
【234】 Chitinophagaceae_norank	105	0	29	0	33.50
【235】 LD29_norank	8	0	20	105	33.25
【236】 Moraxellaceae_uncultured	70	0	25	37	33.00
【237】 *Marinobacter*	0	131	0	0	32.75
【238】 *Verrucomicrobium*	7	0	123	0	32.50
【239】 Caulobacteraceae_norank	66	0	7	56	32.25
【240】 *Ohtaekwangia*	120	0	4	5	32.25
【241】 *Peptostreptococcus*	0	124	5	0	32.25
【242】 Candidatus_*Microthrix*	12	0	16	99	31.75
【243】 *Parvibaculum*	15	0	16	95	31.50
【244】 Flavobacteriaceae_norank	0	0	124	2	31.50
【245】 Family_XI_unclassified	0	123	0	0	30.75
【246】 Vampirovibrionales_norank	12	0	0	109	30.25
【247】 Gemmatimonadaceae_uncultured	11	0	9	99	29.75
【248】 *Anaerococcus*	0	110	8	1	29.75
【249】 *Methylophaga*	0	119	0	0	29.75
【250】 *Psychrobacter*	0	119	0	0	29.75
【251】 Rhodospirillaceae_uncultured	15	69	6	27	29.25
【252】 *Tepidimicrobium*	0	117	0	0	29.25
【253】 FFCH7168_norank	101	0	0	15	29.00
【254】 Nitrosomonadaceae_uncultured	24	0	12	78	28.50
【255】 Cystobacteraceae_unclassified	0	1	47	66	28.50
【256】 Microgenomates_norank	55	0	11	48	28.50
【257】 *Bauldia*	20	0	4	85	27.25
【258】 SM2F11_norank	0	0	21	84	26.25
【259】 *Leptothrix*	92	0	11	2	26.25
【260】 Kineosporiaceae_unclassified	13	0	0	90	25.75
【261】 *Defluviicoccus*	6	0	6	90	25.50
【262】 *Pseudolabrys*	18	0	7	77	25.50
【263】 Phyllobacteriaceae_uncultured	1	0	3	97	25.25
【264】 TA18_norank	100	0	0	1	25.25
【265】 TM6_norank	17	0	13	68	24.50
【266】 拟杆菌门（Bacteroidetes）_VC2.1_Bac22_norank	14	0	84	0	24.50
【267】 *Singulisphaera*	2	0	4	90	24.00
【268】 *Nakamurella*	5	0	8	82	23.75

续表

物种名称	不同发酵程度垫料细菌属数量（read）				
	AUG_CK	AUG_H	AUG_L	AUG_PM	平均值
【269】 *Roseomonas*	92	0	3	0	23.75
【270】 *Clostridium_sensu_stricto_6*	0	38	13	40	22.75
【271】 *Sphaerochaeta*	0	76	14	0	22.50
【272】 OPB54_norank	0	57	0	32	22.25
【273】 Micrococcaceae_norank	0	86	0	0	21.50
【274】 *Oxalicibacterium*	49	0	21	15	21.25
【275】 *Caulobacter*	71	0	9	5	21.25
【276】 *Rivibacter*	20	0	62	3	21.25
【277】 *Angustibacter*	1	0	0	83	21.00
【278】 *Thermopolyspora*	2	0	0	82	21.00
【279】 *Sporomusa*	84	0	0	0	21.00
【280】 *Prauserella*	83	0	0	0	20.75
【281】 伯克氏菌目（Burkholderiales）_unclassified	10	0	61	11	20.50
【282】 Gaiellales_uncultured	4	0	2	74	20.00
【283】 B1-7BS_norank	0	0	9	71	20.00
【284】 *Azospirillum*	75	0	0	5	20.00
【285】 *Phaselicystis*	2	0	3	74	19.75
【286】 *Mobilitalea*	0	78	0	0	19.50
【287】 *Prosthecobacter*	76	0	1	0	19.25
【288】 *Demequina*	8	0	12	56	19.00
【289】 *Achromobacter*	45	0	6	25	19.00
【290】 棒杆菌属（Corynebacterium）	0	70	2	4	19.00
【291】 OPB56_norank	62	0	11	2	18.75
【292】 *Sediminibacterium*	53	0	16	5	18.50
【293】 *Terrimonas*	20	0	39	13	18.00
【294】 *Cupriavidus*	59	0	1	10	17.50
【295】 *Acidocella*	70	0	0	0	17.50
【296】 *Rummeliibacillus*	0	2	14	53	17.25
【297】 *Methylophilus*	69	0	0	0	17.25
【298】 *Rhodomicrobium*	0	0	2	66	17.00
【299】 *Methyloferula*	68	0	0	0	17.00
【300】 Clostridiaceae_1_norank	0	68	0	0	17.00
【301】 Oligoflexales_norank	1	0	3	62	16.50
【302】 *Eoetvoesia*	0	0	3	62	16.25
【303】 *Rhodoplanes*	8	0	8	49	16.25
【304】 *Sphingobium*	45	0	3	17	16.25
【305】 *Altererythrobacter*	50	0	4	11	16.25
【306】 *Tumebacillus*	0	0	3	60	15.75
【307】 Bacteria_unclassified	21	0	5	36	15.50
【308】 Demequinaceae_unclassified	20	21	6	15	15.50
【309】 Mollicutes_RF9_norank	0	18	40	4	15.50
【310】 *Clostridium_sensu_stricto_10*	61	0	0	1	15.50
【311】 Christensenellaceae_R-7_group	1	6	55	0	15.50
【312】 *Actinomadura*	4	0	0	57	15.25

续表

物种名称	不同发酵程度垫料细菌属数量（read）				
	AUG_CK	AUG_H	AUG_L	AUG_PM	平均值
【313】 Acetobacteraceae_unclassified	47	0	1	13	15.25
【314】 Lachnospiraceae_unclassified	56	5	0	0	15.25
【315】 Microbacteriaceae_unclassified	0	61	0	0	15.25
【316】 11-24_norank	0	0	2	58	15.00
【317】 Methylococcaceae_uncultured	0	0	10	50	15.00
【318】 Chelatococcus	19	0	22	19	15.00
【319】 拟杆菌门（Bacteroidetes）_unclassified	33	0	27	0	15.00
【320】 Soonwooa	0	0	58	0	14.50
【321】 Mariniradius	0	58	0	0	14.50
【322】 Isosphaera	3	1	5	48	14.25
【323】 Aeromicrobium	23	1	25	8	14.25
【324】 Aeromonas	57	0	0	0	14.25
【325】 Thermobifida	0	0	0	56	14.00
【326】 Promicromonospora	56	0	0	0	14.00
【327】 Jatrophihabitans	3	0	3	49	13.75
【328】 SC-I-8	12	0	2	41	13.75
【329】 Marinicella	0	54	0	0	13.50
【330】 Actinobacteria_unclassified	0	0	1	52	13.25
【331】 Syntrophaceticus	0	53	0	0	13.25
【332】 Hyphomonadaceae_uncultured	1	0	1	50	13.00
【333】 Elizabethkingia	41	1	7	1	12.50
【334】 Family_XVIII_unclassified	0	0	0	49	12.25
【335】 Rickettsiales_uncultured	10	0	1	37	12.00
【336】 α-变形菌纲（Alphaproteobacteria）_unclassified	10	0	4	34	12.00
【337】 AKYH478_norank	1	0	5	41	11.75
【338】 Oligoflexaceae_norank	6	0	3	38	11.75
【339】 Litorilinea	45	0	1	1	11.75
【340】 Enterococcus	43	4	0	0	11.75
【341】 Kribbella	37	0	1	8	11.50
【342】 NS11-12_marine_group_norank	2	0	42	1	11.25
【343】 Subgroup_3_norank	44	0	0	0	11.00
【344】 Azoarcus	0	44	0	0	11.00
【345】 绿弯菌门（Chloroflexi）_unclassified	0	0	1	42	10.75
【346】 Acidimicrobiaceae_uncultured	3	0	0	40	10.75
【347】 Sciscionella	43	0	0	0	10.75
【348】 Lachnospiraceae_UCG-007	2	40	1	0	10.75
【349】 Rikenellaceae_RC9_gut_group	0	0	41	1	10.50
【350】 Paracocccus	18	8	11	4	10.25
【351】 Clostridium_sensu_stricto_13	39	0	0	2	10.25
【352】 SJA-149_norank	40	0	1	0	10.25
【353】 Corynebacteriales_unclassified	0	41	0	0	10.25
【354】 SC-I-84_norank	22	0	1	17	10.00

续表

物种名称	不同发酵程度垫料细菌属数量（read）				
	AUG_CK	AUG_H	AUG_L	AUG_PM	平均值
【355】 *Lachnoclostridium*	40	0	0	0	10.00
【356】 *Patulibacter*	7	0	3	29	9.75
【357】 WD272_norank	37	0	0	0	9.25
【358】 *Halothiobacillus*	0	37	0	0	9.25
【359】 Rickettsiaceae_unclassified	2	0	5	29	9.00
【360】 *Reyranella*	23	0	0	13	9.00
【361】 *Gordonia*	30	1	2	3	9.00
【362】 *Arcticibacter*	19	0	14	3	9.00
【363】 *Herpetosiphon*	36	0	0	0	9.00
【364】 Cryomorphaceae_unclassified	0	0	36	0	9.00
【365】 *Gallicola*	0	36	0	0	9.00
【366】 GR-WP33-58_norank	0	0	35	0	8.75
【367】 Oxalobacteraceae_uncultured	5	1	0	28	8.50
【368】 *Limnobacter*	0	0	7	27	8.50
【369】 Micrococcales_norank	2	24	2	6	8.50
【370】 LiUU-11-161_norank	5	0	28	1	8.50
【371】 *Salinicoccus*	0	33	0	1	8.50
【372】 Candidatus_*Alysiosphaera*	34	0	0	0	8.50
【373】 Cytophagaceae_unclassified	34	0	0	0	8.50
【374】 Solimonadaceae_unclassified	34	0	0	0	8.50
【375】 Ruminococcaceae_UCG-014	0	8	26	0	8.50
【376】 *Koukoulia*	0	34	0	0	8.50
【377】 TRA3-20_norank	1	0	2	30	8.25
【378】 Phycisphaeraceae_uncultured	0	0	1	31	8.00
【379】 *Pedomicrobium*	4	0	3	25	8.00
【380】 Candidatus_*Protochlamydia*	11	0	1	20	8.00
【381】 *Clostridium*_sensu_stricto_8	25	0	0	7	8.00
【382】 *Niastella*	31	0	0	1	8.00
【383】 *Dyadobacter*	32	0	0	0	8.00
【384】 Xanthomonadaceae_uncultured	32	0	0	0	8.00
【385】 鞘氨醇杆菌目（Sphingobacteriales）_unclassified	0	0	32	0	8.00
【386】 *Helcococcus*	0	32	0	0	8.00
【387】 Cyclobacteriaceae_unclassified	0	0	4	27	7.75
【388】 *Pseudoclavibacter*	4	0	1	26	7.75
【389】 *Camelimonas*	11	0	7	13	7.75
【390】 *Carnimonas*	31	0	0	0	7.75
【391】 *Lachnoclostridium*_5	29	2	0	0	7.75
【392】 *Mizugakiibacter*	0	0	0	29	7.25
【393】 *Agromyces*	19	0	2	8	7.25
【394】 Family_XIII_unclassified	0	0	26	3	7.25
【395】 *Actinocatenispora*	28	0	0	1	7.25
【396】 *Bosea*	27	0	1	1	7.25

物种名称	不同发酵程度垫料细菌属数量（read）				
	AUG_CK	AUG_H	AUG_L	AUG_PM	平均值
【397】 *Cloacibacterium*	28	0	1	0	7.25
【398】 *Acidisoma*	28	0	0	0	7.00
【399】 *Alcaligenes*	0	8	20	0	7.00
【400】 *Facklamia*	0	28	0	0	7.00
【401】 *Anaerolinea*	0	0	3	24	6.75
【402】 Paenibacillaceae_uncultured	1	0	11	15	6.75
【403】 ［Eubacterium］_nodatum_group	0	0	24	3	6.75
【404】 *Rudaea*	27	0	0	0	6.75
【405】 *Aliidiomarina*	0	27	0	0	6.75
【406】 *Anaeromyxobacter*	0	0	4	22	6.50
【407】 *Opitutus*	5	0	3	18	6.50
【408】 *Mogibacterium*	0	19	4	3	6.50
【409】 *Nubsella*	26	0	0	0	6.50
【410】 BD2-11_terrestrial_group_norank	0	26	0	0	6.50
【411】 *Fonticella*	3	0	1	21	6.25
【412】 cvE6_norank	8	0	1	16	6.25
【413】 Peptostreptococcaceae_unclassified	0	21	0	4	6.25
【414】 SHA-109_norank	22	0	1	2	6.25
【415】 *Desulfovibrio*	0	10	14	1	6.25
【416】 *Ralstonia*	25	0	0	0	6.25
【417】 *Acidobacterium*	1	0	1	22	6.00
【418】 *Sanguibacter*	13	0	2	9	6.00
【419】 Escherichia-Shigella	17	2	1	4	6.00
【420】 JG30-KF-CM66_norank	0	0	1	22	5.75
【421】 Rhodobiaceae_norank	0	0	1	22	5.75
【422】 *Nitratireductor*	4	1	5	13	5.75
【423】 Rhodospirillaceae_unclassified	10	0	1	12	5.75
【424】 Candidatus_*Xiphinematobacter*	18	0	1	4	5.75
【425】 *Clostridium*_sensu_stricto_12	23	0	0	0	5.75
【426】 OM27_clade	0	23	0	0	5.75
【427】 Acidobacteriaceae_Subgroup_1_uncultured	0	0	0	22	5.50
【428】 *Thermomonospora*	0	0	0	22	5.50
【429】 *Lautropia*	9	0	0	13	5.50
【430】 *Hirschia*	19	0	0	3	5.50
【431】 *Exiguobacterium*	22	0	0	0	5.50
【432】 *Skermanella*	22	0	0	0	5.50
【433】 蓝细菌门（Cyanobacteria）_unclassified	1	0	4	16	5.25
【434】 Hyphomicrobiaceae_unclassified	0	19	1	1	5.25
【435】 *Siphonobacter*	21	0	0	0	5.25
【436】 *Rubellimicrobium*	0	21	0	0	5.25
【437】 红螺菌目（Rhodospirillales）_unclassified	0	0	4	16	5.00
【438】 *Terriglobus*	13	0	0	7	5.00

续表

物种名称	不同发酵程度垫料细菌属数量（read）				
	AUG_CK	AUG_H	AUG_L	AUG_PM	平均值
【439】 Fibrobacteraceae_uncultured	1	0	1	17	4.75
【440】 *Perlucidibaca*	1	0	1	17	4.75
【441】 *Micromonospora*	2	0	3	14	4.75
【442】 *Acidaminococcus*	0	0	15	4	4.75
【443】 *Phreatobacter*	19	0	0	0	4.75
【444】 Micromonosporaceae_unclassified	0	0	0	18	4.50
【445】 Candidatus_*Chloroploca*	1	0	0	17	4.50
【446】 *Thermovum*	6	0	6	6	4.50
【447】 Erysipelotrichaceae_UCG-004	0	12	6	0	4.50
【448】 *Clostridium_sensu_stricto_15*	0	18	0	0	4.50
【449】 Planctomycetaceae_uncultured	0	0	4	13	4.25
【450】 CCU22_norank	5	0	4	8	4.25
【451】 *Rhodoligotrophos*	8	0	4	5	4.25
【452】 *Hydrocarboniphaga*	17	0	0	0	4.25
【453】 *Saccharibacillus*	17	0	0	0	4.25
【454】 *Pseudomaricurvus*	0	0	17	0	4.25
【455】 *Byssovorax*	0	0	0	16	4.00
【456】 Clostridia_unclassified	0	0	0	16	4.00
【457】 OM190_norank	0	0	0	16	4.00
【458】 Verrucomicrobiaceae_uncultured	1	0	4	11	4.00
【459】 Acidimicrobiaceae_unclassified	7	0	0	9	4.00
【460】 TA06_norank	14	0	0	2	4.00
【461】 A0839_norank	16	0	0	0	4.00
【462】 *Edaphobacter*	16	0	0	0	4.00
【463】 *Providencia*	0	16	0	0	4.00
【464】 Hyphomonadaceae_unclassified	0	0	0	15	3.75
【465】 Parcubacteria_norank	0	0	0	15	3.75
【466】 *Legionella*	0	0	1	14	3.75
【467】 ML80_norank	1	0	2	12	3.75
【468】 *Nitrosospira*	0	0	3	12	3.75
【469】 Comamonadaceae_norank	14	0	0	1	3.75
【470】 *Emticicia*	15	0	0	0	3.75
【471】 *Telmatobacter*	15	0	0	0	3.75
【472】 Burkholderiaceae_unclassified	14	0	1	0	3.75
【473】 *Anaerosporobacter*	3	12	0	0	3.75
【474】 *Aerococcus*	0	15	0	0	3.75
【475】 Family_Ⅷ_AD3011_group	0	15	0	0	3.75
【476】 Porphyromonadaceae_uncultured	0	15	0	0	3.75
【477】 I-10_norank	0	0	2	12	3.50
【478】 Rhodocyclaceae_unclassified	0	0	3	11	3.50
【479】 OCS116_clade_norank	0	0	4	10	3.50
【480】 *Lutispora*	14	0	0	0	3.50

物种名称	不同发酵程度垫料细菌属数量（read）				
	AUG_CK	AUG_H	AUG_L	AUG_PM	平均值
【481】 *Lysobacter*	14	0	0	0	3.50
【482】 *Roseococcus*	14	0	0	0	3.50
【483】 *Sandaracinus*	8	6	0	0	3.50
【484】 *Anaerotruncus*	0	0	14	0	3.50
【485】 Bacteroidales_UCG-001_norank	0	13	1	0	3.50
【486】 *Bogoriella*	0	14	0	0	3.50
【487】 *Murdochiella*	0	14	0	0	3.50
【488】 Rhodobacteraceae_uncultured	0	14	0	0	3.50
【489】 *Agaricicola*	0	0	0	13	3.25
【490】 *Sulfobacillus*	0	0	0	13	3.25
【491】 *Symbiobacterium*	0	0	0	13	3.25
【492】 Candidatus_Captivus	0	0	7	6	3.25
【493】 *Microlunatus*	13	0	0	0	3.25
【494】 *Mucilaginibacter*	13	0	0	0	3.25
【495】 *Simiduia*	13	0	0	0	3.25
【496】 *Thermocrispum*	13	0	0	0	3.25
【497】 *Thioalkalispira*	1	0	0	11	3.00
【498】 *Treponema_2*	0	4	7	1	3.00
【499】 *Geminicoccus*	12	0	0	0	3.00
【500】 vadinBC27_wastewater-sludge_group	0	9	3	0	3.00
【501】 *Caldicoprobacter*	0	12	0	0	3.00
【502】 *Roseovarius*	0	12	0	0	3.00
【503】 Gemmatimonadaceae_unclassified	0	0	0	11	2.75
【504】 *Gryllotalpicola*	0	0	0	11	2.75
【505】 SM2D12_norank	0	0	0	11	2.75
【506】 *Waddlia*	0	0	0	11	2.75
【507】 Alcaligenaceae_uncultured	1	0	0	10	2.75
【508】 *Gaiella*	0	0	1	10	2.75
【509】 CA002_norank	11	0	0	0	2.75
【510】 Chthoniobacterales_unclassified	11	0	0	0	2.75
【511】 *Constrictibacter*	11	0	0	0	2.75
【512】 *Proteiniborus*	0	0	0	10	2.50
【513】 Elev-16S-1332_norank	0	0	1	9	2.50
【514】 *Chthoniobacter*	1	0	5	4	2.50
【515】 ［*Anaerorhabdus*］_furcosa_group	0	0	7	3	2.50
【516】 Parachlamydiaceae_unclassified	8	0	0	2	2.50
【517】 Candidatus_*Solibacter*	4	0	4	2	2.50
【518】 P3OB-42_norank	10	0	0	0	2.50
【519】 *Sedimentibacter*	1	0	9	0	2.50
【520】 *Stella*	2	0	0	7	2.25
【521】 *Thauera*	3	0	3	3	2.25
【522】 *Delftia*	9	0	0	0	2.25

续表

物种名称	不同发酵程度垫料细菌属数量（read）				
	AUG_CK	AUG_H	AUG_L	AUG_PM	平均值
【523】 Myxococcales_unclassified	9	0	0	0	2.25
【524】 *Sporichthya*	9	0	0	0	2.25
【525】 env.OPS_17_norank	9	0	0	0	2.25
【526】 *Prevotella_1*	0	0	9	0	2.25
【527】 *Flaviflexus*	0	9	0	0	2.25
【528】 Planctomycetaceae_unclassified	0	0	0	8	2.00
【529】 Thermosporotrichaceae_uncultured	0	0	1	7	2.00
【530】 *Vulgatibacter*	0	0	1	7	2.00
【531】 *Woodsholea*	6	0	1	1	2.00
【532】 变形菌门（Proteobacteria）_unclassified	8	0	0	0	2.00
【533】 *Aminobacterium*	0	8	0	0	2.00
【534】 *Ignavigranum*	0	8	0	0	2.00
【535】 *Trichococcus*	0	8	0	0	2.00
【536】 Marinilabiaceae_uncultured	0	7	0	0	1.75
【537】 43F-1404R_norank	0	0	0	6	1.50
【538】 AKIW659_norank	0	0	0	6	1.50
【539】 *Thermobacillus*	0	0	0	6	1.50
【540】 Coriobacteriaceae_uncultured	0	0	2	4	1.50
【541】 *Oxalophagus*	0	0	2	4	1.50
【542】 *Anaerofustis*	0	0	4	2	1.50
【543】 *Schwartzia*	0	0	4	2	1.50
【544】 WCHB1-60_norank	6	0	0	0	1.50
【545】 Synergistaceae_unclassified	0	0	6	0	1.50
【546】 Erysipelotrichaceae_uncultured	0	6	0	0	1.50
【547】 *Acetivibrio*	0	0	0	5	1.25
【548】 Verrucomicrobiaceae_unclassified	0	0	0	5	1.25
【549】 *Collinsella*	0	3	0	2	1.25
【550】 Methylophilaceae_uncultured	5	0	0	0	1.25
【551】 *Runella*	5	0	0	0	1.25
【552】 *Tyzzerella*	5	0	0	0	1.25
【553】 Family_XIV_norank	0	5	0	0	1.25
【554】 KD4-96_norank	0	0	0	4	1.00
【555】 *Rubrobacter*	0	0	0	4	1.00
【556】 绿弯菌门（Chloroflexi）_uncultured	4	0	0	0	1.00
【557】 *Methylobacillus*	3	1	0	0	1.00
【558】 Clostridiales_vadinBB60_group_norank	0	4	0	0	1.00
【559】 *Marinospirillum*	0	4	0	0	1.00
【560】 *Desulfitobacterium*	0	0	0	3	0.75
【561】 Ruminococcaceae_NK4A214_group	0	0	3	0	0.75
【562】 *Ruminiclostridium_5*	0	3	0	0	0.75
【563】 *Ruminiclostridium*	0	0	0	2	0.50
【564】 Subgroup_18_norank	0	0	0	2	0.50
【565】 *Telmatospirillum*	2	0	0	0	0.50
【566】 Bacteroidales_unclassified	0	0	2	0	0.50

（2）前10个含量最高的细菌属数量比较　异位发酵床不同处理组TOP10细菌属数量（read）分布见图8-33，从图8-33可知不同处理组细菌属数量结构差异显著，垫料原料组（AUG_CK）前3个数量最多的细菌属分别为肠杆菌属（29110）、鞘氨醇杆菌属（13790）、橄榄形菌属（6677）；深发酵垫料（AUG_H）前3个数量最多的细菌属分别为橄榄形菌属（8051）、短状杆菌属（7153）、*Clostridium*_sensu_stricto_1（6695）；浅发酵垫料（AUG_L）前3个数量最多的细菌属分别为金黄杆菌属（17154）、漠河菌属（14920）、Chitinophagaceae_uncultured（6919）；未发酵猪粪（AUG_PM）前3个数量最多的细菌属分别为Anaerolineaceae_uncultured（15280）、太白山菌属（5873）、芽胞杆菌属（5392）。

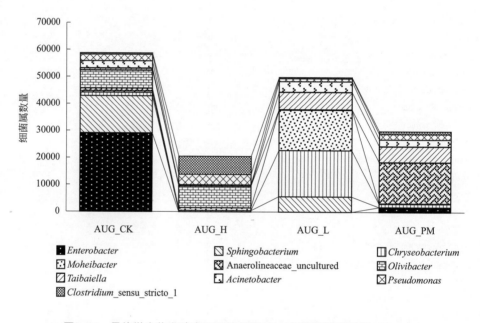

图8-33　异位微生物发酵床不同处理组TOP10细菌属群落数量（read）

（3）细菌属主要种类在异位发酵床不同处理组中的作用　分析结果见图8-34。从细菌属的角度考虑，原料垫料（AUG_CK）和未发酵猪粪（AUG_PM）提供细菌属群落的来源，作为发酵初始阶段的细菌菌种，前者主要的细菌属有肠杆菌属（26712）、鞘氨醇杆菌属（12598）、橄榄形菌属（6088），后者主要的细菌属有厌氧绳菌属（13419）、太白菌属（5153）、芽胞杆菌属（4736）、Saccharibacteria_norank（未定地位，4242）；经过浅发酵阶段（AUG_L），猪粪垫料开始发酵转化，金黄杆菌属（16393）、漠河菌属（14250）发挥主要作用；经过深发酵阶段（AUG_H），猪粪垫料的碳氮比下降，7个细菌属起到主要作用，即橄榄形菌属（8051）、短状杆菌属（7153）、*Clostridium*_sensu_stricto_1（6695）、Sphingobacteriaceae_uncultured（5329）、食碱菌属（5196）。研究结果表明，猪粪垫料发酵系统菌种来源于垫料和猪粪，猪粪以厌氧绳菌属为主，垫料以肠杆菌属为主；浅发酵阶段是金黄杆菌属起主要作用，深发酵阶段主要是Olivibacter起主要作用。

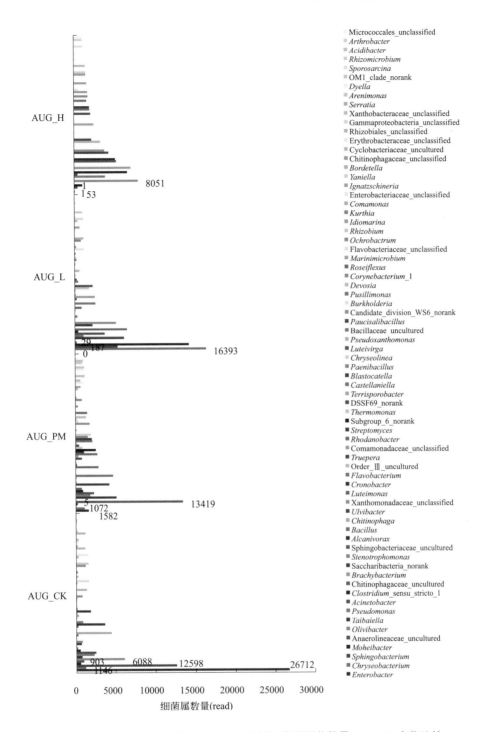

图8-34　异位微生物发酵床不同处理组关键细菌属群落数量（read）变化比较

6．细菌种数量（read）分布结构

（1）细菌种宏基因组检测　分析结果按不同处理组的平均值排序，见表8-31。异位发酵床不同处理组共分析检测到838个细菌种，不同处理组的细菌种种类差异显著，垫料原料

（AUG_CK）含有 508 个细菌种，数量最多的是 *Enterobacter* sp.（27347）；深发酵垫料（AUG_H）含有 248 个细菌种，数量最多的是 *Brachybacterium* sp.（7153）；浅发酵垫料（AUG_L）含有 508 个细菌种，数量最多的是 *Chryseobacterium* sp.（16324）；未发酵猪粪（AUG_PM）含有 565 个细菌种，数量最多的是 *Anaerolineaceae* sp.（12183）。

表8-31　异位微生物发酵床不同处理组细菌种群落数量（read）

物种名称	不同发酵程度垫料细菌种数量（read）				
	AUG_CK	AUG_H	AUG_L	AUG_PM	平均值
【1】 *Enterobacter* sp.	27347	53	0	1780	7295.00
【2】 *Chryseobacterium* sp.	1012	0	16324	25	4340.25
【3】 *Moheibacter* sp.	559	2	14759	141	3865.25
【4】 *Sphingobacterium* sp.	13544	400	108	9	3515.25
【5】 *Anaerolineaceae* sp.	788	1	110	12183	3270.50
【6】 *Taibaiella* sp.	423	0	5846	2885	2288.50
【7】 *Brachybacterium* sp.	4	7153	0	0	1789.25
【8】 *Chitinophagaceae* sp.	0	1	6496	346	1710.75
【9】 *Clostridium_sensu_stricto_1* sp.	13	5753	314	762	1710.50
【10】 *Sphingobacterium* sp. 21	6466	0	0	0	1616.50
【11】 *Alcanivorax* sp.	0	5196	1	1	1299.50
【12】 *Pseudomonas* sp.	2271	610	304	1937	1280.50
【13】 *Stenotrophomonas* sp.	0	0	4887	69	1239.00
【14】 *Ulvibacter* sp.	0	4363	0	0	1090.75
【15】 *Sphingobacteriaceae* sp.	0	4329	0	0	1082.25
【16】 *Luteimonas* sp.	220	0	873	3208	1075.25
【17】 *Olivibacter* sp.	54	4132	31	1	1054.50
【18】 *Bacillus* sp.	202	0	45	3891	1034.50
【19】 *Sphingobacterium* sp.	229	0	3798	5	1008.00
【20】 *Cronobacter* sp.	3887	4	1	121	1003.25
【21】 *Xanthomonadaceae* sp.	44	3818	61	17	985.00
【22】 *Saccharibacteria* sp.	252	1	1202	2372	956.75
【23】 *Olivibacter* sp.	0	3758	0	1	939.75
【24】 *Acinetobacter_sp._NIPH_2171*	706	221	1977	657	890.25
【25】 *Acinetobacter* sp.	1594	174	1341	320	857.25
【26】 Order_Ⅲ sp.	0	3307	0	0	826.75
【27】 *Comamonadaceae* sp.	279	1	2626	352	814.50
【28】 *Rhodanobacter* sp.	58	0	88	3053	799.75
【29】 *Streptomyces* sp.	1916	4	9	1168	774.25
【30】 *Flavobacterium* sp.	599	0	2363	45	751.75
【31】 *Saccharibacteria* sp.	318	0	810	1794	730.50
【32】 *Castellaniella* sp.	40	1	445	2372	714.50
【33】 DSSF69 sp.	13	0	2344	463	705.00
【34】 Subgroup_6 sp.	58	1	67	2610	684.00
【35】 *Taibaiella* sp.	236	9	500	1984	682.25

续表

物种名称	不同发酵程度垫料细菌种数量（read）				
	AUG_CK	AUG_H	AUG_L	AUG_PM	平均值
【36】 *Terrisporobacter* sp.	6	2457	38	125	656.50
【37】 *Pseudomonas* sp.	0	2542	0	0	635.50
【38】 *Chitinophaga jiangningensis*	2407	0	0	2	602.25
【39】 *Bacillaceae* sp.	0	2373	0	1	593.50
【40】 *Chryseolinea* sp.	55	0	141	2160	589.00
【41】 *Blastocatella* sp.	40	0	241	2058	584.75
【42】 anaerobic_bacterium_MO-CFX2	0	0	25	2285	577.50
【43】 *Chitinophaga terrae*	2222	0	2	1	556.25
【44】 *Chryseobacterium defluvii*	237	1	811	1139	547.00
【45】 Candidate_division_WS6 sp.	76	0	66	2014	539.00
【46】 *Thermomonas brevis*	100	0	1056	922	519.50
【47】 *Luteivirga* sp.	0	2047	0	10	514.25
【48】 *Chitinophagaceae* sp.	267	0	975	800	510.50
【49】 *Pseudoxanthomonas* sp.	1270	0	565	163	499.50
【50】 *Paucisalibacillus* sp.	0	1902	0	0	475.50
【51】 *Devosia* sp.	238	0	120	1479	459.25
【52】 *Ochrobactrum intermedium*	1248	1	206	320	443.75
【53】 *Acinetobacter kookii*	241	0	232	1280	438.25
【54】 *Truepera* sp.	0	1731	2	2	433.75
【55】 *Rhizobium larrymoorei*	1630	0	50	37	429.25
【56】 *Kurthia* sp.	0	2	825	885	428.00
【57】 *Flavobacteriaceae* sp.	0	510	1191	0	425.25
【58】 *Bacillus asahii*	9	2	264	1416	422.75
【59】 *Marinimicrobium* sp.	0	1681	0	0	420.25
【60】 *Enterobacteriaceae* sp.	1633	1	0	5	409.75
【61】 *Idiomarina indica*	0	1593	0	0	398.25
【62】 *bacterium_CC-YY411*	13	0	1551	9	393.25
【63】 *Bordetella* sp.	1212	0	50	303	391.25
【64】 *Erythrobacteraceae* sp.	304	17	75	1060	364.00
【65】 *Yaniella* sp.	0	1445	0	0	361.25
【66】 *Cyclobacteriaceae* sp.	0	1408	0	3	352.75
【67】 *Rhizobiales* sp.	319	3	386	698	351.50
【68】 *Xanthobacteraceae* sp.	1	0	64	1319	346.00
【69】 *Roseiflexus* sp.	105	0	64	1192	340.25
【70】 *Dyella* sp.	77	0	24	1199	325.00
【71】 *Gammaproteobacteria* sp.	27	78	1134	54	323.25
【72】 *Serratia rubidaea*	1259	26	1	5	322.75
【73】 *Arenimonas* sp.	196	4	1027	8	308.75
【74】 *Rhizomicrobium* sp.	107	0	119	983	302.25
【75】 *Corynebacterium maris_DSM_45190*	0	1193	0	0	298.25

物种名称	不同发酵程度垫料细菌种数量（read）				
	AUG_CK	AUG_H	AUG_L	AUG_PM	平均值
【76】 *Flavisolibacter_sp._B32*	19	0	145	1004	292.00
【77】 *Truepera* sp.	45	1	225	853	281.00
【78】 *Acidibacter* sp.	2	0	25	1070	274.25
【79】 *Arthrobacter creatinolyticus*	0	1009	2	74	271.25
【80】 *Paenibacillus glycanilyticus*	45	0	0	1031	269.00
【81】 *Micrococcales* sp.	0	1052	0	0	263.00
【82】 *Enterobacter massiliensis_JC163*	1039	0	0	3	260.50
【83】 *Moheibacter* sp.	0	1003	0	0	250.75
【84】 *Sphingobacteriaceae* sp.	0	1000	0	0	250.00
【85】 OM1_clade sp.	0	0	32	965	249.25
【86】 *Sphingomonadales* sp.	199	2	93	684	244.50
【87】 *Clostridium butyricum*	371	524	27	44	241.50
【88】 *Xanthomonadales* sp.	113	0	20	792	231.25
【89】 *Georgenia* sp.	0	913	0	0	228.25
【90】 *Comamonas granuli*	6	0	904	0	227.50
【91】 *Pusillimonas* sp.	5	653	172	70	225.00
【92】 *Paenibacillus* sp.	453	0	3	439	223.75
【93】 *Atopostipes* sp.	0	884	0	0	221.00
【94】 *Brevundimonas diminuta*	107	8	726	38	219.75
【95】 *Anaerolineaceae* sp.	0	0	59	810	217.25
【96】 *Cohnella* sp.	81	0	1	756	209.50
【97】 *Alicycliphilus denitrificans*	337	0	440	57	208.50
【98】 *Thermomonas fusca*	15	0	800	12	206.75
【99】 *Ignatzschineria* sp.	0	809	0	0	202.25
【100】 *Clostridium_sensu_stricto_1* sp.	138	418	59	193	202.00
【101】 ［*Pseudomonas*］_geniculata	797	0	0	3	200.00
【102】 *Dokdonella* sp.	33	0	34	732	199.75
【103】 *Jeotgalicoccus* sp.	0	768	0	0	192.00
【104】 *Empedobacter* sp.	3	0	718	9	182.50
【105】 *Pseudomonas* sp.	30	0	677	14	180.25
【106】 GR-WP33-30 sp.	110	0	47	553	177.50
【107】 *Pantoea cypripedii*	686	0	0	23	177.25
【108】 *Burkholderia multivorans*	368	0	8	307	170.75
【109】 *Filimonas* sp.	146	0	125	399	167.50
【110】 *Ignatzschineria* sp.	0	647	1	0	162.00
【111】 *Steroidobacter* sp.	61	0	24	561	161.50
【112】 *Planococcaceae* sp.	0	189	32	391	153.00
【113】 *Comamonas* sp.	55	1	533	14	150.75
【114】 *Sporosarcina* sp.	0	597	0	0	149.25
【115】 *Sandaracinaceae* sp.	0	584	2	10	149.00

续表

物种名称	不同发酵程度垫料细菌种数量（read）				
	AUG_CK	AUG_H	AUG_L	AUG_PM	平均值
【116】 *Burkholderia xenovorans*_LB400	576	0	0	19	148.75
【117】 *Stenotrophomonas* sp. PL35a2_S1	12	0	566	6	146.00
【118】 *Crenotalea* sp.	2	0	11	565	144.50
【119】 *Phyllobacteriaceae* sp.	66	121	162	227	144.00
【120】 *Pusillimonas* sp.	0	574	0	0	143.50
【121】 *Brevibacterium senegalense*	0	571	0	0	142.75
【122】 *Xanthomonadales incertae*_Sedis sp.	10	0	9	534	138.25
【123】 Sh765B-TzT-29 sp.	0	0	24	525	137.25
【124】 *Sphingobacteriaceae* sp.	372	103	51	18	136.00
【125】 *Acinetobacter* sp._NIPH_758	98	2	305	139	136.00
【126】 *Leadbetterella byssophila*_DSM_17132	72	0	459	9	135.00
【127】 *Lysinibacillus* sp.	28	2	121	388	134.75
【128】 *Saprospiraceae* sp.	0	535	0	0	133.75
【129】 *Pseudomonas* sp._108Z1	0	533	0	0	133.25
【130】 *Lactobacillus amylophilus*	0	532	0	0	133.00
【131】 *Hyphomicrobium* sp.	64	0	34	429	131.75
【132】 *Halomonas* sp.	1	512	2	6	130.25
【133】 *Parafilimonas* sp.	123	0	54	342	129.75
【134】 *Nocardioides* sp.	86	0	126	306	129.50
【135】 *Dietzia maris*	0	497	12	8	129.25
【136】 *Comamonas testosteroni*	37	1	450	17	126.25
【137】 *Sporosarcina* sp. Con12	0	505	0	0	126.25
【138】 *Cellvibrio* sp.	1	1	486	0	122.00
【139】 *Cyanobacteria* sp.	4	0	98	380	120.50
【140】 *Roseiflexus* sp.	0	0	23	459	120.50
【141】 *Peredibacter* sp.	7	0	467	7	120.25
【142】 *Paenalcaligenes* sp.	0	481	0	0	120.25
【143】 *Fluviicola* sp.	4	0	441	31	119.00
【144】 *Saccharibacteria* sp. sbr2096	13	0	108	354	118.75
【145】 *Burkholderia* sp.	445	0	1	24	117.50
【146】 C1-B045 sp.	0	455	1	12	117.00
【147】 *Streptomycetaceae* sp.	327	0	0	134	115.25
【148】 *Oceanobacter* sp.	0	307	152	0	114.75
【149】 *Methylobacteriaceae* sp.	132	0	34	278	111.00
【150】 *Alcaligenes faecalis*	0	437	0	0	109.25
【151】 *Oligella* sp.	0	434	0	0	108.50
【152】 *Solimonas* sp.	28	0	370	33	107.75
【153】 *Microbacterium* sp.	253	20	73	80	106.50
【154】 *Pantoea* sp. PSNIH2	421	0	0	1	105.50
【155】 *Truepera* sp.	0	421	1	0	105.50

续表

物种名称	不同发酵程度垫料细菌种数量（read）				
	AUG_CK	AUG_H	AUG_L	AUG_PM	平均值
【156】 *Variibacter* sp.	10	0	43	363	104.00
【157】 *Pusillimonas* sp.	1	340	59	7	101.75
【158】 *Turicibacter* sp.	4	332	5	64	101.25
【159】 *Bradyrhizobium* sp.	146	0	40	215	100.25
【160】 *Streptococcus* sp.	0	357	36	2	98.75
【161】 *Dongia* sp.	1	0	5	388	98.50
【162】 *Desemzia* sp.	0	394	0	0	98.50
【163】 *Myroides* sp.	0	393	0	0	98.25
【164】 *Rhodococcus* sp.	3	0	227	160	97.50
【165】 *Candidatus* sp.	0	0	14	376	97.50
【166】 *Erwinia*	388	0	0	0	97.00
【167】 *Pseudofulvimonas* sp.	0	388	0	0	97.00
【168】 *Staphylococcus succinus*	330	54	0	2	96.50
【169】 *Iamia* sp.	12	40	12	320	96.00
【170】 *Cytophagaceae* sp.	330	0	0	42	93.00
【171】 *Deltaproteobacteria* sp.	0	365	0	0	91.25
【172】 DB1-14 sp.	0	0	7	357	91.00
【173】 *Leifsonia* sp.	115	6	78	161	90.00
【174】 *Nitrolancea* sp.	1	0	13	344	89.50
【175】 *Nonomuraea kuesteri*	315	1	7	34	89.25
【176】 *Corynebacterium stationis*	0	354	1	0	88.75
【177】 *Novosphingobium* sp.	21	0	205	125	87.75
【178】 *Proteiniphilum* sp.	0	339	11	0	87.50
【179】 *Flavobacterium ummariense*	25	0	323	0	87.00
【180】 *Polaromonas* sp.	1	0	345	1	86.75
【181】 *Acidimicrobiales* sp.	14	0	27	305	86.50
【182】 *Alcaligenaceae* sp.	59	130	124	31	86.00
【183】 S0134_terrestrial_group sp.	0	0	5	336	85.25
【184】 *Cronobacter pulveris*	336	0	0	1	84.25
【185】 OM1_clade sp.	0	0	4	318	80.50
【186】 Oliivibacter sp.	157	161	0	3	80.25
【187】 *Clostridium*_sensu_stricto_3 sp.	319	0	0	1	80.00
【188】 *Comamonas aquatica*	217	0	87	7	77.75
【189】 *Ramlibacter* sp.	148	0	40	115	75.75
【190】 *Mycobacterium* sp.	54	1	20	227	75.50
【191】 *Bryobacter* sp.	0	0	18	284	75.50
【192】 TK10 sp.	4	0	9	287	75.00
【193】 *Microbispora* sp.	23	4	13	258	74.50
【194】 *Burkholderia tropica*	281	0	0	12	73.25
【195】 *Brucellaceae* sp.	2	275	9	2	72.00

续表

物种名称	不同发酵程度垫料细菌种数量（read）				
	AUG_CK	AUG_H	AUG_L	AUG_PM	平均值
【196】 *Armatimonadetes* sp.	90	0	47	145	70.50
【197】 *Paenibacillaceae* sp.	28	0	11	237	69.00
【198】 *Nocardiopsis* sp. A45NRDEM	0	274	0	0	68.50
【199】 *Ardenticatenales* sp.	0	0	16	253	67.25
【200】 *Novosphingobium resinovorum*	113	2	128	24	66.75
【201】 *Chitinophagaceae bacterium*_NYFB	0	0	14	249	65.75
【202】 *Persicitalea* sp.	9	0	159	86	63.50
【203】 *Chitinophaga* sp.	239	0	0	13	63.00
【204】 *Brumimicrobium* sp.	0	249	0	0	62.25
【205】 NS9_marine_group sp.	4	0	228	15	61.75
【206】 *Phenylobacterium* sp.	58	0	72	116	61.50
【207】 *BIrii*41 sp.	63	0	5	176	61.00
【208】 *Solimonas* sp.	11	0	20	212	60.75
【209】 *Saprospiraceae* sp._mk04	241	0	0	0	60.25
【210】 *Comamonas* unidentified	1	0	87	143	57.75
【211】 *Pedobacter* sp. BS03	6	0	51	172	57.25
【212】 *Moheibacter* sp.	0	0	161	66	56.75
【213】 *Rhodobacteraceae* sp.	127	59	36	4	56.50
【214】 *Blastocatella* sp.	1	0	0	225	56.50
【215】 *Saccharibacteria* sp.	37	0	5	182	56.00
【216】 *Pseudomonas formosensis*	0	145	48	31	56.00
【217】 *Erysipelothrix* sp.	0	222	0	1	55.75
【218】 *Saccharopolyspora hordei*	199	1	0	21	55.25
【219】 *Marmoricola* sp.	11	2	15	193	55.25
【220】 *Chitinophagaceae* sp.	9	0	25	187	55.25
【221】 ［*Pseudomonas*］ *boreopolis*	212	0	8	0	55.00
【222】 *Cyanobacteria* sp.	2	0	118	99	54.75
【223】 *Microvirga* sp.	16	0	137	65	54.50
【224】 *Advenella* sp.	77	1	127	12	54.25
【225】 *Planomicrobium* sp. ES2	0	217	0	0	54.25
【226】 *Clostridium*_sensu_stricto_5 sp.	216	0	0	0	54.00
【227】 KCM-B-15 sp.	0	0	8	207	53.75
【228】 *Brevibacillus parabrevis*	170	0	1	43	53.50
【229】 *Sphingobacterium mizutaii*	4	2	201	4	52.75
【230】 *Massilia* sp.	167	0	30	12	52.25
【231】 *Ferrovibrio* sp.	8	0	9	189	51.50
【232】 *Gemmatimonas* sp.	12	0	17	175	51.00
【233】 *Saccharibacteria* sp.	42	0	61	98	50.25
【234】 *Peptoniphilus stercorisuis*	0	200	0	0	50.00
【235】 *Sphingopyxis macrogoltabida*	108	0	76	15	49.75

续表

物种名称	不同发酵程度垫料细菌种数量（read）				
	AUG_CK	AUG_H	AUG_L	AUG_PM	平均值
【236】 *Paenibacillus barengoltzii*	183	0	0	14	49.25
【237】 *Saccharopolyspora* sp.	171	0	1	24	49.00
【238】 *Flavobacterium* sp. D-2	187	0	8	0	48.75
【239】 *Corynebacterium_1* sp.	0	176	9	10	48.75
【240】 *Oceanobacillus* sp.	0	195	0	0	48.75
【241】 *Chitinophagaceae* sp.	123	0	35	36	48.50
【242】 *Haliangium* sp.	15	0	2	177	48.50
【243】 *Pseudoxanthomonas mexicana*	149	0	36	5	47.50
【244】 *Silanimonas* sp.	0	0	175	10	46.25
【245】 *Cellvibrio* sp.	153	0	31	0	46.00
【246】 DA111 sp.	0	0	19	161	45.00
【247】 *Leucobacter* sp.	4	89	37	49	44.75
【248】 *Caldilineaceae* sp.	1	0	16	162	44.75
【249】 *Acinetobacter venetianus_RAG-1_=_CIP_110063*	11	0	54	113	44.50
【250】 *Steroidobacter* sp.	150	0	2	25	44.25
【251】 *Intrasporangiaceae* sp.	0	1	8	168	44.25
【252】 480-2_uncultured_rubrobacteraceae_bacterium	15	0	13	146	43.50
【253】 *Staphylococcus lentus*	76	94	0	3	43.25
【254】 *Acidiferrobacter* sp.	0	0	1	170	42.75
【255】 *Amycolatopsis* sp.	166	0	0	4	42.50
【256】 *Anaerosalibacter* sp.	0	170	0	0	42.50
【257】 *Pigmentiphaga* sp. Zn-d-2	153	0	1	14	42.00
【258】 *Amycolatopsis methanolica_239*	165	0	0	2	41.75
【259】 AT425-EubC11_terrestrial_group sp.	0	0	4	163	41.75
【260】 *Sporolactobacillus* sp.	0	0	0	167	41.75
【261】 *Pandoraea* sp.	108	15	3	40	41.50
【262】 *Asticcacaulis* sp.	2	0	9	154	41.25
【263】 *Chitinophagaceae_uncultured_terrimonas_sp.*	0	0	7	157	41.00
【264】 *Mycobacterium hassiacum* DSM 44199	4	0	11	148	40.75
【265】 *Clostridium_sp._6-69*	1	0	1	161	40.75
【266】 BCf3-20 sp.	18	0	12	132	40.50
【267】 Subgroup_6 sp.	29	0	2	130	40.25
【268】 AKYG1722_uncultured_chloroflexi_bacterium	1	0	13	147	40.25
【269】 *Paenibacillus curdlanolyticus_YK9*	36	0	0	122	39.50
【270】 *Rhodothermaceae* sp.	0	0	31	126	39.25
【271】 *Lactobacillus* sp.	0	150	5	0	38.75
【272】 *Flavitalea* sp.	65	0	7	82	38.50
【273】 *Ignavibacteriales* sp.	0	0	27	126	38.25
【274】 JG37-AG-20 sp.	0	0	1	151	38.00
【275】 *Pedobacter* sp.	73	13	64	1	37.75

物种名称	不同发酵程度垫料细菌种数量（read）				
	AUG_CK	AUG_H	AUG_L	AUG_PM	平均值
【276】 *Aneurinibacillus* sp.	0	0	6	145	37.75
【277】 *Bacteroides* sp.	0	151	0	0	37.75
【278】 *Hahella* sp.	1	1	56	91	37.25
【279】 wastewater_metagenome	142	0	1	2	36.25
【280】 *Fastidiosiosipila*_uncultured_clostridiales_bacterium	0	124	19	2	36.25
【281】 *Flavihumibacter* sp.	112	0	18	14	36.00
【282】 480-2 sp.	2	0	24	118	36.00
【283】 *Flavisolibacter* sp.	45	0	54	44	35.75
【284】 *Petrimonas* sp.	0	131	12	0	35.75
【285】 *Sphingomonas paucimobilis*	137	0	2	3	35.50
【286】 *Craurococcus* sp.	1	0	36	104	35.25
【287】 *Acidibacter* sp.	113	0	4	23	35.00
【288】 *Dokdonella ginsengisoli*	137	0	1	1	34.75
【289】 *Sporocytophaga* sp.	0	0	0	139	34.75
【290】 *Endobacter* sp.	137	0	0	1	34.50
【291】 *Bdellovibrio bacteriovorus*	8	0	127	3	34.50
【292】 S0134_terrestrial_group sp.	0	0	3	135	34.50
【293】 *Erysipelothrix* sp.	0	137	1	0	34.50
【294】 *Niabella* sp.	83	0	49	5	34.25
【295】 *Schlegelella* sp.	39	0	77	21	34.25
【296】 *Sphingomonadaceae* sp.	14	0	55	68	34.25
【297】 *Sphaerobacter thermophilus* DSM_20745	0	0	2	132	33.50
【298】 LD29 sp.	8	0	20	105	33.25
【299】 *Pseudospirillum* sp.	132	0	0	0	33.00
【300】 *Fastidiosipila* sp.	0	111	21	0	33.00
【301】 *Tissierella* sp.	0	129	1	1	32.75
【302】 *Marinobacter* sp.	0	131	0	0	32.75
【303】 *Hydrogenophaga* sp.	13	0	103	14	32.50
【304】 *Verrucomicrobium* sp.	7	0	123	0	32.50
【305】 *Aquicella* sp.	105	0	4	20	32.25
【306】 *Caulobacteraceae* sp.	66	0	7	56	32.25
【307】 *Peptostreptococcus russellii*	0	124	5	0	32.25
【308】 *Fastidiosipila* sp.	0	129	0	0	32.25
【309】 *Tissierella* sp.	0	129	0	0	32.25
【310】 *Parvibaculum* sp.	15	0	16	95	31.50
【311】 *Wautersiella* sp. MBG55	0	0	124	2	31.50
【312】 *Ferruginibacter* sp.	60	0	54	11	31.25
【313】 NKB5 sp.	1	0	9	115	31.25
【314】 *Aquicella*_uncultured_aquicella_sp.	106	0	1	17	31.00
【315】 *Petrimonas* sp.	0	106	11	6	30.75

物种名称	不同发酵程度垫料细菌种数量（read）				
	AUG_CK	AUG_H	AUG_L	AUG_PM	平均值
【316】 Family_XI sp.	0	123	0	0	30.75
【317】 Flavobacterium marinum	118	0	0	2	30.00
【318】 Aequorivita sp.	0	120	0	0	30.00
【319】 Moraxellaceae sp.	63	0	22	34	29.75
【320】 Devosia riboflavina	29	0	85	5	29.75
【321】 Rhodospirillaceae sp.	22	69	2	26	29.75
【322】 Anaerococcus sp.	0	110	8	1	29.75
【323】 Methylophaga sp.	0	119	0	0	29.75
【324】 Tepidimicrobium sp.	0	117	0	0	29.25
【325】 FFCH7168 sp.	101	0	0	15	29.00
【326】 NS9_marine_group sp.	45	0	68	3	29.00
【327】 JG30-KF-CM45 sp.	19	0	2	95	29.00
【328】 Microgenomates_uncultured_Candidate_division_WS6_bacterium	55	0	11	48	28.50
【329】 Cystobacteraceae sp.	0	1	47	66	28.50
【330】 SM1A02 sp.	22	0	1	90	28.25
【331】 Oligella ureolytica	0	112	0	1	28.25
【332】 Saccharibacteria sp._sbr2013	0	0	96	16	28.00
【333】 Pseudospirillum sp.	6	91	11	0	27.00
【334】 Brevibacterium epidermidis	8	76	0	23	26.75
【335】 Aequorivita_uncultured_bacteroidetes_bacterium	0	106	0	0	26.50
【336】 SM2F11 sp.	0	0	21	84	26.25
【337】 Proteiniphilum sp.	0	85	18	2	26.25
【338】 Kineosporiaceae sp.	13	0	0	90	25.75
【339】 Pseudolabrys sp.	18	0	7	77	25.50
【340】 Vampirovibrionales sp.	1	0	0	101	25.50
【341】 Paenalcaligenes sp.	0	102	0	0	25.50
【342】 Psychrobacter faecalis	0	102	0	0	25.50
【343】 TA18 sp.	100	0	0	1	25.25
【344】 JG30-KF-CM45 sp.	24	0	5	72	25.25
【345】 SM1A02 sp.	0	0	1	100	25.25
【346】 S085 sp.	32	0	2	66	25.00
【347】 Flavobacterium_uncultured_myroides_sp.	99	0	0	0	24.75
【348】 Ohtaekwangia sp.	90	0	4	5	24.75
【349】 Methylobacterium aquaticum	98	0	0	0	24.50
【350】 Caulobacteraceae sp.	19	0	16	63	24.50
【351】 TM6 sp.	17	0	13	68	24.50
【352】 Nakamurella sp.	5	0	8	82	23.75
【353】 Acidimicrobiales_uncultured_ferrimicrobium_sp.	0	0	4	90	23.50
【354】 Sphingomonas wittichii	31	0	16	46	23.25
【355】 Singulisphaera sp.	0	0	4	89	23.25

续表

物种名称	不同发酵程度垫料细菌种数量（read）				
	AUG_CK	AUG_H	AUG_L	AUG_PM	平均值
【356】 *Hydrogenedentes* sp. sjp-3	0	0	3	89	23.00
【357】 *Sphingopyxis* sp.	3	0	78	10	22.75
【358】 *Clostridium* sp. M2/40	0	38	13	40	22.75
【359】 *Chryseobacterium* sp.	15	0	19	56	22.50
【360】 OPB35_soil_group sp.	6	0	1	83	22.50
【361】 *Acholeplasma*_sp._N93	1	0	88	0	22.25
【362】 *Pseudomonas tuomuerensis*	1	0	70	18	22.25
【363】 OPB54 sp.	0	57	0	32	22.25
【364】 *Bacillus oleronius*	1	0	0	85	21.50
【365】 *Enteractinococcus* sp. YIM_101632	0	86	0	0	21.50
【366】 *Pseudomonas psychrotolerans*	85	0	0	0	21.25
【367】 *Roseomonas* sp.	85	0	0	0	21.25
【368】 *Caulobacter* sp.	71	0	9	5	21.25
【369】 *Oxalicibacterium* sp.	49	0	21	15	21.25
【370】 *Rivibacter* sp.	20	0	62	3	21.25
【371】 *Sporomusa* sp.	84	0	0	0	21.00
【372】 *Paenibacillus cookii*	59	0	0	25	21.00
【373】 *Thermopolyspora* sp.	2	0	0	82	21.00
【374】 *Angustibacter* sp.	1	0	0	83	21.00
【375】 *Prauserella rugosa*	83	0	0	0	20.75
【376】 *Bacteroidetes*_VC2.1_Bac22 sp.	14	0	69	0	20.75
【377】 *Paenibacillus favisporus*	15	0	0	67	20.50
【378】 *Burkholderiales* sp.	10	0	61	11	20.50
【379】 *Sphingobacteriales bacterium*_ZH1	68	0	13	0	20.25
【380】 *Armatimonadetes*_uncultured_carnobacterium_sp.	1	0	1	78	20.00
【381】 B1-7BS sp.	0	0	9	71	20.00
【382】 *Phaselicystis* sp.	2	0	3	74	19.75
【383】 Family_XI sp.	0	79	0	0	19.75
【384】 Candidatus *Microthrix* sp.	10	0	12	56	19.50
【385】 *Hydrogenophaga intermedia*	4	0	74	0	19.50
【386】 *Prosthecobacter* sp.	76	0	1	0	19.25
【387】 *Parapedobacter* sp.	67	9	1	0	19.25
【388】 *Bacillaceae* sp.	0	77	0	0	19.25
【389】 *Achromobacter* sp.	45	0	6	25	19.00
【390】 *Ferrovibrio* sp.	33	0	39	4	19.00
【391】 *Demequina* sp.	8	0	12	56	19.00
【392】 *Corynebacterium humireducens*_NBRC_106098_=_DSM_45392	0	70	2	4	19.00
【393】 *Brevibacillus fluminis*	70	0	1	3	18.50
【394】 *Sediminibacterium* sp.	53	0	16	5	18.50
【395】 *Sphaerochaeta* sp.	0	73	0	0	18.25

物种名称	不同发酵程度垫料细菌种数量（read）				
	AUG_CK	AUG_H	AUG_L	AUG_PM	平均值
【396】 *Methylobacterium* sp.	71	0	0	1	18.00
【397】 OPB35_soil_group sp.	5	0	1	65	17.75
【398】 *Acidocella*_uncultured_acidocella_sp.	70	0	0	0	17.50
【399】 *Cupriavidus* sp.	59	0	1	10	17.50
【400】 *Roseiflexus* sp.	43	0	15	12	17.50
【401】 *Methylophilus* sp.	69	0	0	0	17.25
【402】 NKB5 sp.	6	0	15	48	17.25
【403】 *Pedobacter saltans*_DSM_12145	2	0	63	4	17.25
【404】 *Rummeliibacillus stabekisii*	0	2	14	53	17.25
【405】 *Methyloferula* sp.	68	0	0	0	17.00
【406】 *Gemmatimonadaceae* sp.	9	0	6	53	17.00
【407】 *Bacteroides* sp.	0	11	57	0	17.00
【408】 *Rhodomicrobium* sp.	0	0	2	66	17.00
【409】 *Clostridiaceae*_1 sp.	0	68	0	0	17.00
【410】 S085 sp.	6	0	2	59	16.75
【411】 *Bauldia* sp.	19	0	1	46	16.50
【412】 Subgroup_6_unidentified	2	0	3	61	16.50
【413】 *Altererythrobacter* sp.	50	0	4	11	16.25
【414】 *Sphingobium* sp.	45	0	3	17	16.25
【415】 *Caulobacteraceae*_uncultured_caulobacter_sp.	29	0	4	32	16.25
【416】 *Rhodoplanes* sp.	8	0	8	49	16.25
【417】 *Cytophagaceae bacterium*_N010	1	0	57	7	16.25
【418】 *Eoetvoesia* sp.	0	0	3	62	16.25
【419】 *Sandaracinaceae* sp.	64	0	0	0	16.00
【420】 *Chitinophagaceae* sp.	0	0	64	0	16.00
【421】 *Tumebacillus* sp.	0	0	3	60	15.75
【422】 *Clostridium*_sensu_stricto_10 sp.	61	0	0	1	15.50
【423】 *Bacteria* sp.	21	0	5	36	15.50
【424】 *Demequinaceae* sp.	20	21	6	15	15.50
【425】 *Lachnospiraceae* sp.	56	5	0	0	15.25
【426】 *Acetobacteraceae* sp.	47	0	1	13	15.25
【427】 Subgroup_6_uncultured_holophagae_bacterium	11	0	1	49	15.25
【428】 *Actinomadura keratinilytica*	4	0	0	57	15.25
【429】 *Microbacteriaceae* sp.	0	61	0	0	15.25
【430】 *Bacteroidetes* sp.	33	0	27	0	15.00
【431】 *Methylococcaceae* sp.	0	0	10	50	15.00
【432】 11-24 sp.	0	0	2	58	15.00
【433】 *Ferruginibacter* sp.	59	0	0	0	14.75
【434】 *Acidimicrobiaceae* sp.	10	0	0	49	14.75
【435】 *Chitinophagaceae*_uncultured_sphingobacteria_bacterium	8	0	19	31	14.50

物种名称	不同发酵程度垫料细菌种数量（read）				
	AUG_CK	AUG_H	AUG_L	AUG_PM	平均值
【436】 *Soonwooa* sp.	0	0	58	0	14.50
【437】 *Mariniradius*_uncultured_bacteroidetes_bacterium	0	58	0	0	14.50
【438】 *Aeromonas* sp.	57	0	0	0	14.25
【439】 *Aeromicrobium* sp.	23	1	25	8	14.25
【440】 *Terrimonas* sp.	9	0	37	11	14.25
【441】 *Isosphaera* sp.	3	1	5	48	14.25
【442】 *Promicromonospora* sp.	56	0	0	0	14.00
【443】 *Leptothrix* sp.	45	0	9	2	14.00
【444】 *Rhodothermaceae* sp.	0	0	7	49	14.00
【445】 *Thermobifida fusca*	0	0	0	56	14.00
【446】 *Bryobacter* sp.	17	0	4	34	13.75
【447】 SC-I-8 sp.	12	0	2	41	13.75
【448】 *Jatrophihabitans* sp.	3	0	3	49	13.75
【449】 *Alicycliphilus*_uncultured_beta_proteobacterium	0	1	54	0	13.75
【450】 *Pseudomonas pertucinogena*	0	55	0	0	13.75
【451】 *Xanthomonadales* sp.	4	0	13	37	13.50
【452】 *Marinicella*_uncultured_chromatiales_bacterium	0	54	0	0	13.50
【453】 *Hydrogenedentes*_uncultured_fusobacteria_bacterium	0	0	7	46	13.25
【454】 *Actinobacteria* sp.	0	0	1	52	13.25
【455】 *Syntrophaceticus* sp.	0	53	0	0	13.25
【456】 *Brevundimonas vesicularis*	50	0	2	0	13.00
【457】 *Hyphomonadaceae* sp.	1	0	1	50	13.00
【458】 *Mollicutes*_RF9 sp.	0	18	31	3	13.00
【459】 *Defluviicoccus* sp.	0	0	3	48	12.75
【460】 *Elizabethkingia meningoseptica*	41	1	7	1	12.50
【461】 AT425-EubC11_terrestrial_group sp.	0	45	0	5	12.50
【462】 *Alcanivorax* sp.	0	0	0	50	12.50
【463】 *Leptothrix* sp.	47	0	2	0	12.25
【464】 Candidatus *Microthrix* sp.	2	0	4	43	12.25
【465】 *Gemmatimonas*_sp._WX54	1	0	2	46	12.25
【466】 *Acholeplasma* sp.	0	49	0	0	12.25
【467】 Family_XVIII sp.	0	0	0	49	12.25
【468】 *Burkholderia rhizoxinica*	46	0	0	2	12.00
【469】 *Alphaproteobacteria* sp.	10	0	4	34	12.00
【470】 *Ferruginibacter*_uncultured_sphingobacteria_bacterium	2	0	6	40	12.00
【471】 *Nitrosomonadaceae* sp.	0	0	8	40	12.00
【472】 *Litorilinea* sp.	45	0	1	1	11.75
【473】 *Enterococcus* sp.	43	4	0	0	11.75
【474】 *Chloroflexi* sp.	4	0	1	42	11.75
【475】 AKYH478_uncultured_alpha_proteobacterium	1	0	5	41	11.75

物种名称	不同发酵程度垫料细菌种数量（read）				
	AUG_CK	AUG_H	AUG_L	AUG_PM	平均值
【476】 *Anaerolineaceae*_uncultured_anaerolineaceae_bacterium	46	0	0	0	11.50
【477】 *Niabella* sp.	43	0	2	1	11.50
【478】 *Kribbella* sp.	37	0	1	8	11.50
【479】 *Bdellovibrio*_uncultured_bdellovibrio_sp.	0	0	45	0	11.25
【480】 Subgroup_3 sp.	44	0	0	0	11.00
【481】 *Azoarcus* sp.	0	44	0	0	11.00
【482】 *Sciscionella*_marina	43	0	0	0	10.75
【483】 *Lachnospiraceae*_UCG-007 sp.	2	40	1	0	10.75
【484】 *Bauldia* sp.	1	0	3	39	10.75
【485】 *Mobilitalea* sp.	0	43	0	0	10.75
【486】 *Rhizobium* sp.	29	0	2	11	10.50
【487】 *Rikenellaceae*_RC9_gut_group sp.	0	0	41	1	10.50
【488】 SJA-149 sp.	40	0	1	0	10.25
【489】 *Clostridium*_sensu_stricto_13 sp.	39	0	0	2	10.25
【490】 *Paracoccus solventivorans*	18	8	11	4	10.25
【491】 *Proteiniphilum*_uncultured_porphyromonadaceae_bacterium	0	1	40	0	10.25
【492】 *Corynebacteriales* sp.	0	41	0	0	10.25
【493】 *Clostridium* sp. KNHs205	40	0	0	0	10.00
【494】 *Azospirillum zeae*	36	0	0	4	10.00
【495】 *Chelatococcus* sp.	16	0	5	19	10.00
【496】 *Oligoflexaceae* sp.	6	0	0	34	10.00
【497】 *Gaiellales* sp.	0	0	0	40	10.00
【498】 *Filimonas*_uncultured_terrimonas_sp.	14	0	2	23	9.75
【499】 *Oligoflexales*_uncultured_roseobacter_sp.	0	0	1	38	9.75
【500】 *Rickettsiales* sp.	0	0	1	37	9.50
【501】 Family_Ⅺ_uncultured_clostridia_bacterium	0	38	0	0	9.50
【502】 *Nocardioides albus*	37	0	0	0	9.25
【503】 OPB56 sp.	29	0	6	2	9.25
【504】 *Hyphomicrobium*_uncultured_hyphomicrobiaceae_bacterium	12	0	2	23	9.25
【505】 *Halothiobacillus* sp.	0	37	0	0	9.25
【506】 *Herpetosiphon* sp.	36	0	0	0	9.00
【507】 *Gordonia* sp.	30	1	2	3	9.00
【508】 *Reyranella* sp.	23	0	0	13	9.00
【509】 *Patulibacter* sp.	4	0	3	29	9.00
【510】 *Rickettsiaceae* sp.	2	0	5	29	9.00
【511】 *Cryomorphaceae* sp.	0	0	36	0	9.00
【512】 *Gallicola* sp.	0	36	0	0	9.00
【513】 *Nocardiopsis* sp.	1	34	0	0	8.75
【514】 GR-WP33-58 sp.	0	0	35	0	8.75
【515】 *Pedobacter* sp.	0	0	35	0	8.75

续表

物种名称	不同发酵程度垫料细菌种数量（read）				
	AUG_CK	AUG_H	AUG_L	AUG_PM	平均值
【516】 *Christensenellaceae_R-7_group* sp.	0	6	29	0	8.75
【517】 *Petrimonas*_uncultured_bacteroidetes_bacterium	0	8	27	0	8.75
【518】 *Mobilitalea*_uncultured_lachnospiraceae_bacterium	0	35	0	0	8.75
【519】 Candidatus *Alysiosphaera* sp.	34	0	0	0	8.50
【520】 *Solimonadaceae* sp.	34	0	0	0	8.50
【521】 LiUU-11-161 sp.	5	0	28	1	8.50
【522】 *Oxalobacteraceae*_uncultured_herbaspirillum_sp.	5	1	0	28	8.50
【523】 *Micrococcales* sp.	2	24	2	6	8.50
【524】 Delta_proteobacterium_WX152	1	0	4	29	8.50
【525】 *Limnobacter* sp.	0	0	7	27	8.50
【526】 *Koukoulia* sp.	0	34	0	0	8.50
【527】 *Salinicoccus* sp.	0	33	0	1	8.50
【528】 TRA3-20 sp.	1	0	2	30	8.25
【529】 *Azospirillum* sp.	31	0	0	1	8.00
【530】 *Niastella* sp.	31	0	0	1	8.00
【531】 *Clostridium*_sensu_stricto_8 sp.	25	0	0	7	8.00
【532】 *Acinetobacter tandoii*	23	0	8	1	8.00
【533】 *Bdellovibrio* sp.	12	0	3	17	8.00
【534】 Candidatus *Protochlamydia* sp.	11	0	1	20	8.00
【535】 *Sphingobacteriales* sp.	0	0	32	0	8.00
【536】 *Phycisphaeraceae* sp.	0	0	1	31	8.00
【537】 *Erysipelothrix* sp.	0	32	0	0	8.00
【538】 *Helcococcus* sp.	0	32	0	0	8.00
【539】 *Brevundimonas* sp.	29	0	1	1	7.75
【540】 [*Clostridium*] *xylanolyticum*	29	2	0	0	7.75
【541】 *Gemmatimonas* sp.	16	0	1	14	7.75
【542】 *Camelimonas lactis*	11	0	7	13	7.75
【543】 *Pseudoclavibacter* sp.	4	0	1	26	7.75
【544】 *Cyclobacteriaceae* sp.	0	0	4	27	7.75
【545】 AT425-EubC11_terrestrial_group sp.	0	0	3	28	7.75
【546】 S0134_terrestrial_group sp.	0	0	3	28	7.75
【547】 *Ohtaekwangia* sp.	30	0	0	0	7.50
【548】 *Cytophagaceae* sp.	17	0	6	7	7.50
【549】 *Acidimicrobiales* sp.	0	0	0	30	7.50
【550】 *Cloacibacterium* sp.	28	0	1	0	7.25
【551】 *Actinocatenispora* sp.	28	0	0	1	7.25
【552】 *Bosea* sp.	27	0	1	1	7.25
【553】 *Agromyces* sp.	19	0	2	8	7.25
【554】 Family_XⅢ sp.	0	0	26	3	7.25
【555】 *Mizugakiibacter sediminis*	0	0	0	29	7.25
【556】 *Acidisoma* sp.	28	0	0	0	7.00
【557】 *Parapedobacter*_uncultured_sphingobacteriaceae_bacterium	28	0	0	0	7.00

续表

物种名称	不同发酵程度垫料细菌种数量（read）				
	AUG_CK	AUG_H	AUG_L	AUG_PM	平均值
【558】 *Ruminococcaceae*_UCG-014 sp.	0	2	26	0	7.00
【559】 *Alcaligenes* sp.	0	8	20	0	7.00
【560】 *Facklamia* sp.	0	28	0	0	7.00
【561】 *Rudaea* sp.	27	0	0	0	6.75
【562】 SC-I-84 sp.	22	0	0	5	6.75
【563】 [*Eubacterium*]_nodatum_group sp.	0	0	24	3	6.75
【564】 *Anaerolinea* sp.	0	0	3	24	6.75
【565】 *Aliidiomarina* sp.	0	27	0	0	6.75
【566】 *Nubsella* sp.	26	0	0	0	6.50
【567】 *Nitrosomonadaceae*_uncultured_nitrosomonadaceae_bacterium	24	0	0	2	6.50
【568】 *Rhodococcus equi*	4	0	9	13	6.50
【569】 *Cohnella* sp.	1	0	0	25	6.50
【570】 *Anaeromyxobacter* sp.	0	0	4	22	6.50
【571】 BD2-11_terrestrial_group sp.	0	26	0	0	6.50
【572】 OPB56 sp.	25	0	0	0	6.25
【573】 *Ralstonia mannitolilytica*	25	0	0	0	6.25
【574】 SHA-109_uncultured_alpha_proteobacterium	22	0	1	2	6.25
【575】 cvE6 sp.	8	0	1	16	6.25
【576】 *Fonticella* sp.	3	0	1	21	6.25
【577】 NS11-12_marine_group sp.	0	0	25	0	6.25
【578】 *Peptostreptococcaceae* sp.	0	21	0	4	6.25
【579】 *Escherichia-Shigella* sp.	17	2	1	4	6.00
【580】 *Sanguibacter* sp.	13	0	2	9	6.00
【581】 *Bdellovibrio* sp.	9	0	0	15	6.00
【582】 *Acidobacterium* sp.	1	0	1	22	6.00
【583】 *Roseiflexus*_uncultured_chloroflexi_bacterium	0	0	7	17	6.00
【584】 *Hydrogenedentes*_uncultured_telmatobacter_sp.	0	0	2	22	6.00
【585】 *Clostridium carboxidivorans*_P7	23	0	0	0	5.75
【586】 *Pseudospirillum*_uncultured_beta_proteobacterium	23	0	0	0	5.75
【587】 *Saccharibacteria*_uncultured_gamma_proteobacterium	20	0	2	1	5.75
【588】 Candidatus *Xiphinematobacter* sp.	18	0	1	4	5.75
【589】 *Nitratireductor* sp.	4	1	5	13	5.75
【590】 *Solimonas*_uncultured_gamma_proteobacterium	0	0	22	1	5.75
【591】 rumen_bacterium_NC-34	0	0	20	3	5.75
【592】 *Rhodobiaceae* sp.	0	0	1	22	5.75
【593】 *Acholeplasma cavigenitalium*	0	23	0	0	5.75
【594】 OM27_clade sp.	0	23	0	0	5.75
【595】 *Exiguobacterium* sp.	22	0	0	0	5.50
【596】 *Skermanella* sp.	22	0	0	0	5.50
【597】 WD272 sp.	22	0	0	0	5.50

物种名称	不同发酵程度垫料细菌种数量（read）				
	AUG_CK	AUG_H	AUG_L	AUG_PM	平均值
【598】 *Sandaracinaceae* sp.	19	0	1	2	5.50
【599】 *Hirschia* sp.	19	0	0	3	5.50
【600】 *Pseudomonas*_sp._12M76_air	0	22	0	0	5.50
【601】 *Acidobacteriaceae*_Subgroup_1 sp.	0	0	0	22	5.50
【602】 *Flavobacterium caeni*	21	0	0	0	5.25
【603】 *Siphonobacter* sp.	21	0	0	0	5.25
【604】 *Sphingobacterium*_sp._HC-6155	15	0	6	0	5.25
【605】 *Rhodospirillaceae* sp.	3	0	5	13	5.25
【606】 *bacterium*_endosymbiont_of_Onthophagus_Taurus	0	10	10	1	5.25
【607】 *Planctomycetaceae* sp.	0	0	2	19	5.25
【608】 *Hyphomicrobiaceae* sp.	0	19	1	1	5.25
【609】 *Aequorivita*_uncultured_flavobacteriia_bacterium	0	21	0	0	5.25
【610】 *Rubellimicrobium*_uncultured_alpha_proteobacterium	0	21	0	0	5.25
【611】 *Terriglobus* sp.	13	0	0	7	5.00
【612】 *Chelatococcus* sp.	3	0	17	0	5.00
【613】 NS11-12_marine_group_uncultured_sphingobacterium_sp.	2	0	17	1	5.00
【614】 *Defluviicoccus*_uncultured_acetobacteraceae_bacterium	2	0	0	18	5.00
【615】 *Bacteroides paurosaccharolyticus*_JCM_15092	0	0	19	1	5.00
【616】 *Rhodospirillales* sp.	0	0	4	16	5.00
【617】 *Nitrosomonadaceae*_uncultured_burkholderiaceae_bacterium	0	0	3	17	5.00
【618】 *Nitrosomonadaceae*_uncultured_delta_proteobacterium	0	0	1	19	5.00
【619】 *Arcticibacter* sp.	19	0	0	0	4.75
【620】 *Phreatobacter*_uncultured_bradyrhizobiaceae_bacterium	19	0	0	0	4.75
【621】 *Dongia*_uncultured_alpha_proteobacterium	11	0	2	6	4.75
【622】 *Opitutus* sp.	3	0	2	14	4.75
【623】 *Micromonospora* sp.	2	0	3	14	4.75
【624】 *Fibrobacteraceae* sp.	1	0	1	17	4.75
【625】 *Perlucidibaca* sp.	1	0	1	17	4.75
【626】 *Acidaminococcus* sp.	0	0	15	4	4.75
【627】 *Mogibacterium* sp.	0	19	0	0	4.75
【628】 *Saccharopolyspora* sp.	18	0	0	0	4.50
【629】 *Caldilineaceae* sp.	8	0	5	5	4.50
【630】 *Thermovum* sp.	6	0	6	6	4.50
【631】 480-2 sp.	3	0	0	15	4.50
【632】 *Verrucomicrobiaceae* sp.	1	0	4	13	4.50
【633】 compost_metagenome	1	0	0	17	4.50
【634】 *Christensenellaceae*_R-7_group sp.	0	0	18	0	4.50
【635】 *Oligoflexales* sp.	0	0	2	16	4.50
【636】 *Clostridium tetani*_E88	0	18	0	0	4.50
【637】 *Micromonosporaceae* sp.	0	0	0	18	4.50
【638】 *Carnimonas* sp.	17	0	0	0	4.25
【639】 *Dyadobacter* sp.	17	0	0	0	4.25

物种名称	不同发酵程度垫料细菌种数量（read）				
	AUG_CK	AUG_H	AUG_L	AUG_PM	平均值
【640】 *Hydrocarboniphaga* sp.	17	0	0	0	4.25
【641】 *Saccharibacillus* sp.	17	0	0	0	4.25
【642】 *Rhodoligotrophos* sp.	8	0	4	5	4.25
【643】 CCU22 sp.	5	0	4	8	4.25
【644】 *Fluviicola* sp.	2	0	13	2	4.25
【645】 *Dongia*_uncultured_rhodospirillaceae_bacterium	1	0	5	11	4.25
【646】 *Cohnella*_fontinalis	1	0	2	14	4.25
【647】 *Pedomicrobium* sp.	1	0	2	14	4.25
【648】 *Pseudomaricurvus* sp.	0	0	17	0	4.25
【649】 *Sphaerochaeta* sp.	0	3	14	0	4.25
【650】 *Arcticibacter* sp.	0	0	14	3	4.25
【651】 *Psychrobacter* sp.	0	17	0	0	4.25
【652】 *Gaiellales*_uncultured_conexibacter_sp.	0	0	0	17	4.25
【653】 *Iamia* sp.	0	0	0	17	4.25
【654】 *Edaphobacter* sp.	16	0	0	0	4.00
【655】 Alpha_proteobacterium_A0839	16	0	0	0	4.00
【656】 TA06_uncultured_gamma_proteobacterium	14	0	0	2	4.00
【657】 *Acidimicrobiales*_uncultured_acidimicrobiales_bacterium	2	0	1	13	4.00
【658】 *Defluviicoccus*_uncultured_roseospira_sp.	0	0	1	15	4.00
【659】 *Providencia alcalifaciens*	0	16	0	0	4.00
【660】 *Byssovorax* sp.	0	0	0	16	4.00
【661】 *Clostridia* sp.	0	0	0	16	4.00
【662】 OM190 sp.	0	0	0	16	4.00
【663】 *Anaerolineaceae*_uncultured_caldilineaceae_bacterium	15	0	0	0	3.75
【664】 *Dyadobacter* sp.	15	0	0	0	3.75
【665】 *Emticicia* sp.	15	0	0	0	3.75
【666】 *Telmatobacter* sp.	15	0	0	0	3.75
【667】 WD272_uncultured_cyanobacterium	15	0	0	0	3.75
【668】 *Burkholderiaceae* sp.	14	0	1	0	3.75
【669】 *Comamonadaceae*_unidentified	14	0	0	1	3.75
【670】 *Hydrogenedentes* sp.	14	0	0	1	3.75
【671】 *Terrimonas* sp.	11	0	2	2	3.75
【672】 *Defluviicoccus* sp.	4	0	2	9	3.75
【673】 *Pedomicrobium* sp.	3	0	1	11	3.75
【674】 *Anaerosporobacter* sp.	3	12	0	0	3.75
【675】 ML80 sp.	1	0	2	12	3.75
【676】 *Bacteroidetes*_VC2.1_Bac22_uncultured_flavobacteriales_bacterium	0	0	15	0	3.75
【677】 *Nitrosospira* sp.	0	0	3	12	3.75
【678】 *Legionella* sp.	0	0	1	14	3.75
【679】 *Aerococcus viridans*	0	15	0	0	3.75
【680】 Family_XIII_AD3011_group sp.	0	15	0	0	3.75

续表

物种名称	不同发酵程度垫料细菌种数量（read）				
	AUG_CK	AUG_H	AUG_L	AUG_PM	平均值
【681】 *Porphyromonadaceae* sp.	0	15	0	0	3.75
【682】 *Taibaiella*_uncultured_sphingobacteria_bacterium	0	15	0	0	3.75
【683】 *Hyphomonadaceae* sp.	0	0	0	15	3.75
【684】 *Parcubacteria* sp.	0	0	0	15	3.75
【685】 *Carnimonas* sp.	14	0	0	0	3.50
【686】 *Lutispora* sp.	14	0	0	0	3.50
【687】 *Lysobacter xinjiangensis*	14	0	0	0	3.50
【688】 *Roseococcus* sp.	14	0	0	0	3.50
【689】 *Sphingomonas polyaromaticivorans*	14	0	0	0	3.50
【690】 filamentous_bacterium_Plant1_Iso8	14	0	0	0	3.50
【691】 *Paenibacillus granivorans*	13	0	1	0	3.50
【692】 OCS116_clade sp.	0	0	4	10	3.50
【693】 *Rhodocyclaceae* sp.	0	0	3	11	3.50
【694】 I-10 sp.	0	0	2	12	3.50
【695】 *Bacteroidales*_UCG-001 sp	0	13	1	0	3.50
【696】 *Bogoriella* sp.	0	14	0	0	3.50
【697】 *Murdochiella* sp.	0	14	0	0	3.50
【698】 TK10_uncultured_chloroflexi_bacterium	0	0	0	14	3.50
【699】 *Brevibacillus* sp.	13	0	0	0	3.25
【700】 *Microlunatus* sp.	13	0	0	0	3.25
【701】 *Mucilaginibacter* sp.	13	0	0	0	3.25
【702】 *Simiduia* sp.	13	0	0	0	3.25
【703】 *Thermocrispum municipale*	13	0	0	0	3.25
【704】 OPB56 sp.__0319-6e22	8	0	5	0	3.25
【705】 *Moraxellaceae*_uncultured_gamma_proteobacterium	7	0	3	3	3.25
【706】 *Rhizomicrobium* sp.	3	0	1	9	3.25
【707】 Candidatus *Captivus* sp.	0	0	7	6	3.25
【708】 DA111_uncultured_alpha_proteobacterium	0	0	3	10	3.25
【709】 SC-I-84 sp.	0	0	1	12	3.25
【710】 *Acidimicrobiales*_uncultured_aciditerrimonas_sp.	0	0	0	13	3.25
【711】 *Agaricicola* sp.	0	0	0	13	3.25
【712】 *Sulfobacillus* sp.	0	0	0	13	3.25
【713】 *Symbiobacterium* sp.	0	0	0	13	3.25
【714】 *Thermomonospora curvata*_DSM_43183	0	0	0	13	3.25
【715】 *Geminicoccus* sp.	12	0	0	0	3.00
【716】 *Thioalkalispira*_uncultured_thiorhodospira_sp.	1	0	0	11	3.00
【717】 *Flavobacterium* sp.	0	0	12	0	3.00
【718】 vadinBC27_wastewater-sludge_group sp.	0	9	3	0	3.00
【719】 *Gaiellales* sp.	0	0	1	11	3.00
【720】 *Erysipelotrichaceae*_UCG-004 sp.	0	12	0	0	3.00
【721】 *Roseovarius* sp. SS16.20	0	12	0	0	3.00
【722】 CA002 sp.	11	0	0	0	2.75

物种名称	不同发酵程度垫料细菌种数量（read）				
	AUG_CK	AUG_H	AUG_L	AUG_PM	平均值
【723】 *Chthoniobacterales* sp.	11	0	0	0	2.75
【724】 *Constrictibacter* sp.	11	0	0	0	2.75
【725】 *Vampirovibrionales* sp.	11	0	0	0	2.75
【726】 *Lautropia*_uncultured_beta_proteobacterium	9	0	0	2	2.75
【727】 *Bryobacter*_uncultured_acidobacteriaceae_bacterium	8	0	2	1	2.75
【728】 BIrii41 sp.	7	0	4	0	2.75
【729】 *Gaiella*_sp._EBR4-R2	4	0	1	6	2.75
【730】 *Alcaligenaceae*_uncultured_beta_proteobacterium	1	0	0	10	2.75
【731】 *Pseudofulvimonas* sp.	0	0	8	3	2.75
【732】 *Gaiella* sp.	0	0	1	10	2.75
【733】 *Gryllotalpicola* sp.	0	0	0	11	2.75
【734】 *Lautropia* sp.	0	0	0	11	2.75
【735】 SM2D12 sp.	0	0	0	11	2.75
【736】 *Waddlia* sp.	0	0	0	11	2.75
【737】 P3OB-42_uncultured_cystobacteraceae_bacterium	10	0	0	0	2.50
【738】 *Rickettsiales*_uncultured_acanthamoeba	10	0	0	0	2.50
【739】 *Parachlamydiaceae* sp.	8	0	0	2	2.50
【740】 *Roseomonas*_uncultured_methylobacteriaceae_bacterium	7	0	3	0	2.50
【741】 Candidatus *Solibacter* sp.	4	0	4	2	2.50
【742】 *Sedimentibacter*_uncultured_sedimentibacter_sp.	1	0	9	0	2.50
【743】 *Chthoniobacter* sp.	1	0	5	4	2.50
【744】 *Mollicutes*_RF9 sp.	0	0	9	1	2.50
【745】 [*Anaerorhabdus*]_furcosa_group sp.	0	0	7	3	2.50
【746】 Family_XI_uncultured_clostridiales_bacterium	0	5	5	0	2.50
【747】 Elev-16S-1332 sp.	0	0	1	9	2.50
【748】 *Proteiniborus* sp.	0	0	0	10	2.50
【749】 *Delftia* sp.	9	0	0	0	2.25
【750】 *Myxococcales* sp.	9	0	0	0	2.25
【751】 *Sporichthya* sp.	9	0	0	0	2.25
【752】 env.OPS_17 sp.	9	0	0	0	2.25
【753】 *Aquicella* sp.	5	0	0	4	2.25
【754】 *Caulobacteraceae*_uncultured_rhizobiales_bacterium	4	0	1	4	2.25
【755】 *Thauera*_uncultured_anaerobic_bacterium	3	0	3	3	2.25
【756】 *Stella* sp.	2	0	0	7	2.25
【757】 *Clostridium*_sp._enrichment_culture_clone_VanCtr97	1	0	8	0	2.25
【758】 *Gemmatimonadetes*_bacterium_WY71	1	0	1	7	2.25
【759】 *Oligoflexales* sp.	1	0	0	8	2.25
【760】 *Prevotella*_1 sp.	0	0	9	0	2.25
【761】 *Caldicoprobacter* sp.	0	9	0	0	2.25
【762】 *Flaviflexus* sp.	0	9	0	0	2.25
【763】 JG30-KF-CM66 sp.	0	0	0	9	2.25

物种名称	不同发酵程度垫料细菌种数量（read）				
	AUG_CK	AUG_H	AUG_L	AUG_PM	平均值
【764】 *Thermomonospora* sp.	0	0	0	9	2.25
【765】 *Azospirillum brasilense*	8	0	0	0	2.00
【766】 *Proteobacteria* sp.	8	0	0	0	2.00
【767】 *Sandaracinus* sp.	8	0	0	0	2.00
【768】 *Woodsholea* sp.	6	0	1	1	2.00
【769】 *Luteimonas* sp.	1	0	0	7	2.00
【770】 *Proteiniphilum*_uncultured_ruminobacillus_sp.	0	0	8	0	2.00
【771】 *Treponema parvum*	0	0	7	1	2.00
【772】 *Thermosporotrichaceae* sp.	0	0	1	7	2.00
【773】 *Aminobacterium* sp.	0	8	0	0	2.00
【774】 *Ignavigranum* sp.	0	8	0	0	2.00
【775】 *Trichococcus* sp.	0	8	0	0	2.00
【776】 TK10 sp.	0	0	0	8	2.00
【777】 *Vampirovibrionales*_uncultured_cyanobacterium	0	0	0	8	2.00
【778】 *Opitutus* sp.	2	0	1	4	1.75
【779】 *Anaerotruncus* sp.	0	0	7	0	1.75
【780】 *Anaerotruncus*_uncultured_clostridiales_bacterium	0	0	7	0	1.75
【781】 *Mogibacterium* sp.	0	0	4	3	1.75
【782】 *Oligoflexaceae* sp.	0	0	3	4	1.75
【783】 *Sporocytophaga* sp.	0	0	3	4	1.75
【784】 JG30-KF-CM66 sp.	0	0	1	6	1.75
【785】 *Fastidiosipila*_uncultured_clostridium_sp.	0	7	0	0	1.75
【786】 *Marinilabiaceae* sp.	0	7	0	0	1.75
【787】 *Tissierella*_uncultured_clostridium_sp.	0	7	0	0	1.75
【788】 JG30-KF-CM66_uncultured_chloroflexi_bacterium	0	0	0	7	1.75
【789】 *Xanthomonadales*_uncultured_sludge_bacterium	0	0	0	7	1.75
【790】 *Flavobacterium*-like_sp._oral_clone_AZ105	6	0	0	0	1.50
【791】 WCHB1-60_uncultured_candidatus_saccharibacteria_bacterium	6	0	0	0	1.50
【792】 *Alpha*_proteobacterium_OR-84	4	0	2	0	1.50
【793】 *Erysipelotrichaceae*_UCG-004 sp.	0	0	6	0	1.50
【794】 *Synergistaceae* sp.	0	0	6	0	1.50
【795】 *Anaerofustis* sp.	0	0	4	2	1.50
【796】 *Schwartzia* sp.	0	0	4	2	1.50
【797】 *Coriobacteriaceae* sp.	0	0	2	4	1.50
【798】 *Oxalophagus* sp.	0	0	2	4	1.50
【799】 *Erysipelotrichaceae* sp.	0	6	0	0	1.50
【800】 *Ruminococcaceae*_UCG-014 sp.	0	6	0	0	1.50
【801】 *Sandaracinus* sp.	0	6	0	0	1.50
【802】 43F-1404R_uncultured_desulfuromonadales_bacterium	0	0	0	6	1.50
【803】 AKIW659 sp.	0	0	0	6	1.50
【804】 *Thermobacillus* sp.	0	0	0	6	1.50
【805】 *Bryobacter* sp.	5	0	0	0	1.25

物种名称	不同发酵程度垫料细菌种数量（read）				
	AUG_CK	AUG_H	AUG_L	AUG_PM	平均值
【806】 *Methylophilaceae* sp.	5	0	0	0	1.25
【807】 *Runella* sp.	5	0	0	0	1.25
【808】 [*Clostridium*] *propionicum*	5	0	0	0	1.25
【809】 Family_ⅩⅣ sp.	0	5	0	0	1.25
【810】 *Collinsella* sp.	0	3	0	2	1.25
【811】 *Acetivibrio cellulolyticus*	0	0	0	5	1.25
【812】 *Methylobacillus* sp.	3	1	0	0	1.00
【813】 *Bacteroides cellulosilyticus*_DSM_14838	0	0	4	0	1.00
【814】 *Desulfovibrio* sp.	0	0	4	0	1.00
【815】 *Planctomycetaceae*_uncultured_singulisphaera_sp.	0	0	2	2	1.00
【816】 *Gemmatimonas*_uncultured_gemmatimonadetes_bacterium	0	0	1	3	1.00
【817】 *Vulgatibacter* sp.	0	0	1	3	1.00
【818】 *Clostridiales*_vadinBB60_group sp.	0	4	0	0	1.00
【819】 *Marinospirillum minutulum*	0	4	0	0	1.00
【820】 *Treponema*_2 sp.	0	4	0	0	1.00
【821】 DA111 sp.	0	0	0	4	1.00
【822】 *Gemmatimonadaceae* sp.	0	0	0	4	1.00
【823】 KD4-96_uncultured_anaerolineaceae_bacterium	0	0	0	4	1.00
【824】 *Rubrobacter* sp.	0	0	0	4	1.00
【825】 *Vulgatibacter* sp.	0	0	0	4	1.00
【826】 Candidate *Division*_WS6 sp.	3	0	0	0	0.75
【827】 *Patulibacter minatonensis*	3	0	0	0	0.75
【828】 *Singulisphaera*_uncultured_singulisphaera_sp.	2	0	0	1	0.75
【829】 *Ruminococcaceae*_NK4A214_group sp.	0	0	3	0	0.75
【830】 *Caldicoprobacter* sp.	0	3	0	0	0.75
【831】 *Ruminiclostridium*_5 sp.	0	3	0	0	0.75
【832】 *Desulfitobacterium* sp.	0	0	0	3	0.75
【833】 *Verrucomicrobiaceae* sp.	0	0	0	3	0.75
【834】 *bacterium*_K-5b5	2	0	0	0	0.50
【835】 *Bacteroidales* sp.	0	0	2	0	0.50
【836】 AKYG1722 sp.	0	0	0	2	0.50
【837】 *Ruminiclostridium* sp.	0	0	0	2	0.50
【838】 Subgroup_18 sp.	0	0	0	2	0.50

（2）高含量的细菌种数量比较　进行异位发酵床不同处理组平均值排序，TOP16 细菌种数量（read）分布见图 8-35，从图 8-35 可知不同处理组细菌种数量结构差异显著。垫料原料（AUG_CK）以 *Enterobacter* sp. 数量为最多，深发酵垫料（AUG_H）以 *Brachybacterium*_unclassified 数量为最多，浅发酵垫料（AUG_L）以 *Chryseobacterium*_unclassified 数量为最多，未发酵猪粪（AUG_PM）以 *Anaerolineaceae*_unclassified 数量为最多。

以垫料原料（AUG_CK）细菌种大小排序，垫料原料（AUG_CK）前 3 个数量最大的细菌种分别为 *Enterobacter* sp.（27347）、*Sphingobacterium*_unclassified（13544）、*Sphingobacterium* sp. 21（6466），这些种在其他 3 个处理组中数量极低。

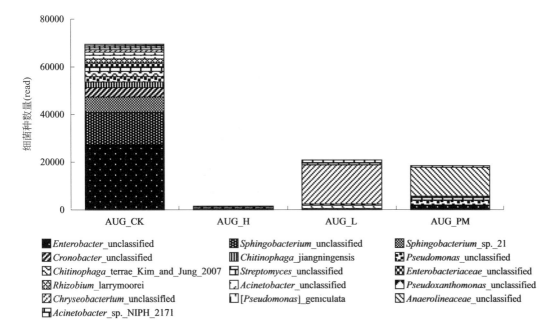

图8-35　以垫料原料（AUG_CK）排序异位微生物发酵床不同处理组TOP16细菌种群落数量（read）

以深发酵垫料（AUG_H）细菌种大小排序，深发酵垫料（AUG_H）前 3 个数量最大的细菌种分别为 *Brachybacterium*_unclassified（7153）、*Clostridium*_sensu_ stricto_1_ uncultured_bacterium（5753）、*Alcanivorax*_unclassified（5196），这些种在其他 3 个处理组数量极低（图 8-36）。

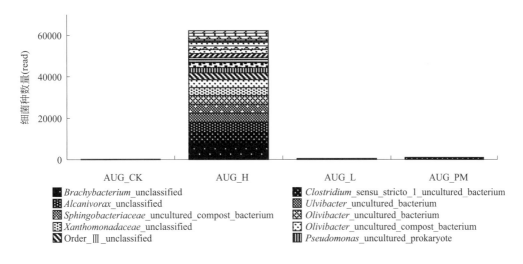

图8-36　以深发酵垫料（AUG_H）排序异位微生物发酵床不同处理组TOP10细菌种群落数量（read）

以浅发酵垫料（AUG_L）细菌种大小排序，浅发酵垫料（AUG_L）前 3 个数量最大的细菌种分别为 *Chryseobacterium*_unclassified（16324）、*Moheibacter* sp.（14759）、*Chitinophagaceae* sp.（6496），这些种在其他 3 个处理组数量极低（图 8-37）。

以未发酵猪粪（AUG_PM）细菌种大小排序，未发酵猪粪（AUG_PM）前 3 个数量最大的细菌种分别为 *Anaerolineaceae*_unclassified（12183）、*Bacillus*_unclassified（3891）、*Luteimonas*_unclassified（3208），这些种在其他 3 个处理组数量极低（图 8-38）。

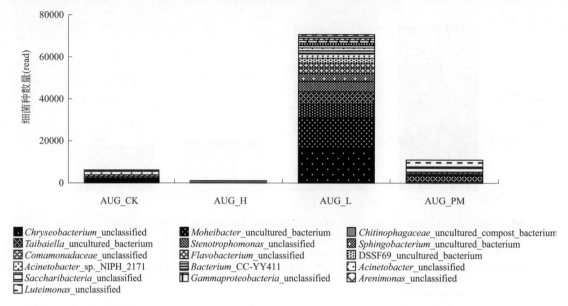

图8-37　以浅发酵垫料（AUG_L）排序异位微生物发酵床不同处理组TOP16细菌种群落数量（read）

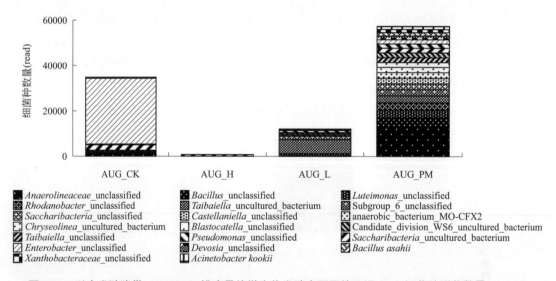

图8-38　以未发酵猪粪（AUG_PM）排序异位微生物发酵床不同处理组TOP20细菌种群落数量（read）

（3）细菌种主要种类在异位发酵床不同处理组中的作用　分析结果见图 8-39。从细菌种的角度考虑，原料垫料（AUG_CK）和未发酵猪粪（AUG_PM）提供细菌种群落的来源，作为发酵初始阶段的细菌菌种，前者主要的细菌种有 *Enterobacter*_unclassified（27347）、*Sphingobacterium*_unclassified（13544），后者主要的细菌种 *Anaerolineaceae*_unclassified（12183）；经过浅发酵阶段（AUG_L），猪粪垫料开始发酵转化，*Chryseobacterium*_unclassified（金黄杆菌属，16324）、*Moheibacter* sp.（漠河杆属，14759）发挥主要作用；经过深发酵阶段（AUG_H），猪粪垫料的碳氮比下降，3 个细菌种起到主要作用，即

*Brachybacterium*_unclassified（7153）、*Clostridium*_sensu_stricto_1（5753）、*Alcanivorax*_unclassified（5196）；研究结果表明，猪粪垫料发酵系统菌种来源于垫料和猪粪，猪粪以 *Anaerolinea* sp. 厌氧绳菌）为主，垫料以 *Enterobacterium* sp.（肠杆菌）为主；浅发酵阶段主要是 *Chryseobacterium* sp.（金黄杆菌）起主要作用，深发酵阶段主要是 *Brachybacterium* sp.（短状杆菌）起主要作用。

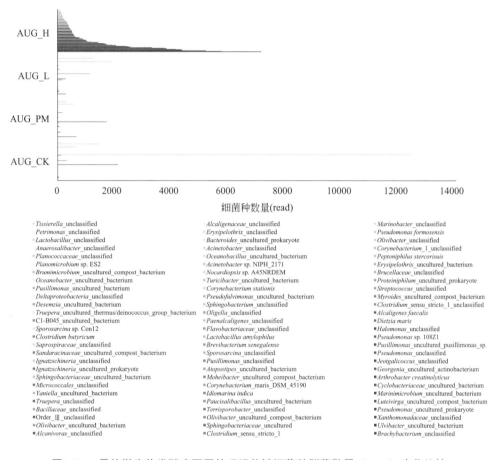

图8-39　异位微生物发酵床不同处理组关键细菌种群落数量（read）变化比较

二、细菌群落种类（OTU）分布多样性

1. 细菌门种类分布结构

异位微生物发酵床细菌门种类多样性分析结果见表 8-32。分析结果表明，不同处理组共检测到 30 个细菌门。不同处理组细菌门的种类组成差异显著，垫料原料（AUG_CK）变形菌门所含有的种类最多达 294 个，深发酵垫料（AUG_H）细菌门种类最多的是厚壁菌门达 114 个，浅发酵垫料（AUG_L）细菌门种类最多的是变形菌门达 264 个，未发酵猪粪（AUG_PM）细菌门种类最多的是变形菌门达 298 个。

表8-32　异位微生物发酵床细菌门所含种类

物种名称	不同发酵程度垫料细菌门种类数（OTU）			
	AUG_CK	AUG_H	AUG_L	AUG_PM
【1】 变形菌门（Proteobacteria）	294	104	264	298
【2】 拟杆菌门（Bacteroidetes）	157	51	165	123
【3】 放线菌门（Actinobacteria）	69	39	60	93
【4】 厚壁菌门（Firmicutes）	59	114	59	87
【5】 糖杆菌门（Saccharibacteria）	36	1	31	33
【6】 绿弯菌门（Chloroflexi）	35	1	34	54
【7】 酸杆菌门（Acidobacteria）	24	1	20	30
【8】 疣微菌门（Verrucomicrobia）	16	0	12	17
【9】 芽单胞菌门（Gemmatimonadetes）	6	2	18	23
【10】 浮霉菌门（Planctomycetes）	6	1	10	16
【11】 装甲菌门（Armatimonadetes）	5	0	5	6
【12】 蓝细菌门（Cyanobacteria）	5	0	5	11
【13】 衣原体门（Chlamydiae）	3	0	2	4
【14】 绿菌门（Chlorobi）	3	0	3	2
【15】 候选门（Microgenomates）	3	0	1	3
【16】 异常球菌-栖热菌门（Deinococcus-Thermus）	1	5	4	3
【17】 纤维杆菌门（Fibrobacteres）	1	0	1	1
【18】 产氢菌门（Hydrogenedentes）	1	0	4	5
【19】 柔膜菌门（Tenericutes）	1	5	5	3
【20】 候选门（Parcubacteria）	0	0	0	2
【21】 螺旋菌门（Spirochaetae）	0	4	3	1
【22】 互养菌门（Synergistetes）	0	1	1	0
【23】 未分类的细菌门（Bacteria unclassified）	2	0	2	2
【24】 候选门WS6	4	0	1	1
【25】 候选门TM6	2	0	2	3
【26】 候选门WD272	2	0	0	0
【27】 候选门SHA-109	1	0	1	1
【28】 候选门TA06	1	0	0	1
【29】 候选门WCHB1-60	1	0	0	0
【30】 候选门SM2F11	0	0	1	1

　　不同处理组前3个含量最高的细菌门的组成不同（图8-40），垫料原料（AUG_CK）的细菌门组成为变形菌门（294，OTU）、拟杆菌门（157）、放线菌门（69）；深发酵垫料（AUG_H）的细菌门组成为厚壁菌门（114）、变形菌门（104）、拟杆菌门（51）；浅发酵垫料（AUG_L）的细菌门组成为变形菌门（264）、拟杆菌门（165）、放线菌门（60）；未发酵猪粪（AUG_PM）的细菌门组成为变形菌门（298）、拟杆菌门（123）、放线菌门（93）。

2．细菌纲种类分布结构

　　异位微生物发酵床不同处理组共检测到61个细菌纲（表8-33）。不同处理组细菌纲种类组成差异显著，垫料原料（AUG_CK）含有 48 个细菌纲，深发酵垫料（AUG_H）含有 22 个细菌纲，浅发酵垫料（AUG_L）含有 51 个细菌纲，未发酵猪粪（AUG_L）含有 54 个细菌纲。

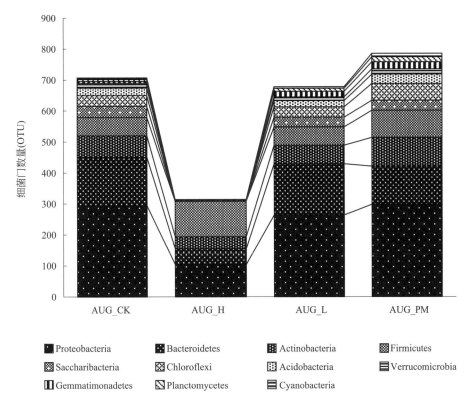

图8-40 异位微生物发酵床细菌门种类多样性

表8-33 异位微生物发酵床细菌纲所含种类

| 物种名称 | 不同发酵程度垫料细菌纲种类数（OTU） | | | |
	AUG_CK	AUG_H	AUG_L	AUG_PM
【1】 α-变形菌纲（Alphaproteobacteria）	120	18	110	121
【2】 鞘氨醇杆菌纲（Sphingobacteriia）	100	18	93	77
【3】 γ-变形菌纲（Gammaproteobacteria）	94	51	76	92
【4】 放线菌纲（Actinobacteria）	69	39	60	93
【5】 β-变形菌纲（Betaproteobacteria）	58	27	50	56
【6】 黄杆菌纲（Flavobacteriia）	36	16	39	27
【7】 糖杆菌门分类地位未定的1纲	36	1	31	33
【8】 芽胞杆菌纲（Bacilli）	35	39	23	49
【9】 酸杆菌纲（Acidobacteria）	24	1	20	30
【10】 梭菌纲（Clostridia）	22	58	30	31
【11】 δ-变形菌纲（Deltaproteobacteria）	20	8	28	28
【12】 纤维粘网菌纲（Cytophagia）	19	4	11	15
【13】 厌氧绳菌纲（Anaerolineae）	14	1	12	13

续表

物种名称	不同发酵程度垫料细菌纲种类数（OTU）			
	AUG_CK	AUG_H	AUG_L	AUG_PM
【14】 热微菌纲（Thermomicrobia）	8	0	6	14
【15】 芽单胞菌纲（Gemmatimonadetes）	6	2	18	23
【16】 播撒菌纲（Spartobacteria）	6	0	5	6
【17】 装甲菌门分类地位未定的1纲（Armatimonadetes_norank）	5	0	5	6
【18】 绿弯菌纲（Chloroflexia）	5	0	4	6
【19】 蓝细菌纲（Cyanobacteria）	5	0	5	11
【20】 暖绳菌纲（Caldilineae）	4	0	4	5
【21】 门WS6分类地位未定的1纲	4	0	1	1
【22】 纲OPB35	4	0	2	6
【23】 疣微菌纲（Verrucomicrobiae）	4	0	3	3
【24】 衣原体纲（Chlamydiae）	3	0	2	4
【25】 绿菌纲（Chlorobia）	3	0	2	1
【26】 门Microgenomates分类地位未定的1纲	3	0	1	3
【27】 海草球形菌纲（Phycisphaerae）	3	0	4	6
【28】 浮霉菌纲（Planctomycetacia）	3	1	6	9
【29】 未分类的1纲（Bacteria unclassified）	2	0	2	2
【30】 丰佑菌纲（Opitutae）	2	0	2	2
【31】 纲S085	2	0	2	3
【32】 门TM6分类地位未定的1纲	2	0	2	3
【33】 门WD272分类地位未定的1纲	2	0	0	0
【34】 拟杆菌门（Bacteroidetes）VC2.1 Bac22的1纲	1	0	2	0
【35】 拟杆菌门（Bacteroidetes）未分类的1纲	1	0	2	0
【36】 绿弯菌门（Chloroflexi）未培养的1纲	1	0	0	0
【37】 异常球菌纲（Deinococci）	1	5	4	3
【38】 丹毒丝菌纲（Erysipelotrichia）	1	15	4	3
【39】 线杆菌纲（Fibrobacteria）	1	0	1	1
【40】 产氢菌门分类地位未定的1纲	1	0	4	5
【41】 柔膜菌纲（Mollicutes）	1	5	5	3
【42】 阴壁菌纲（Negativicutes）	1	0	2	2
【43】 变形菌门（Proteobacteria）未分类的1纲	1	0	0	0
【44】 门SHA-109分类地位未定的1纲	1	0	1	1
【45】 门TA06分类地位未定的1纲	1	0	0	1
【46】 纲TA18	1	0	0	1
【47】 纲TK10	1	0	2	5
【48】 门WCHB1-60分类地位未定的1纲	1	0	0	0
【49】 热链菌纲（Ardenticatenia）	0	0	1	1
【50】 拟杆菌纲（Bacteroidia）	0	13	18	4
【51】 绿变菌门（Chloroflexi）未分类的1纲	0	0	1	1
【52】 懒惰菌纲（Ignavibacteria）	0	0	1	1
【53】 纲JG30-KF-CM66	0	0	1	4

续表

物种名称	不同发酵程度垫料细菌纲种类数（OTU）			
	AUG_CK	AUG_H	AUG_L	AUG_PM
【54】纲KD4-96	0	0	0	1
【55】纤线杆菌纲（Ktedonobacteria）	0	0	1	1
【56】纲OM190	0	0	0	1
【57】纲OPB54	0	2	0	2
【58】门Parcubacteria分类地位未定的1纲	0	0	0	2
【59】门SM2F11分类地位未定的1纲	0	0	1	1
【60】螺旋体纲（Spirochaetes）	0	4	3	1
【61】互养菌纲（Synergistia）	0	1	1	0

不同处理组细菌纲种类组成差异显著（图8-41），垫料原料（AUG_CK）前3个含量最高的细菌纲为α-变形菌纲（120，OTU）、鞘氨醇菌纲（100）、γ-变形菌纲（94）；深发酵垫料（AUG_H）前3个含量最高的细菌纲为梭菌纲（58）、γ-变形菌纲（51）、放线菌纲（39）；浅发酵垫料（AUG_L）前3个含量最高的细菌纲为α-变形菌纲（110）、鞘氨醇菌纲（93）、γ-变形菌纲（76）；未发酵猪粪（AUG_PM）前3个含量最高的细菌纲为α-变形菌纲（121）、放线菌纲（93）、γ-变形菌纲（92）。

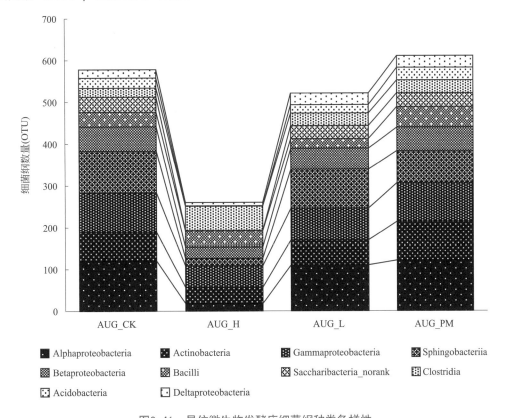

图8-41　异位微生物发酵床细菌纲种类多样性

3. 细菌目种类分布结构

异位微生物发酵床不同处理组共检测到130个细菌目（表8-34）。不同处理组细菌目种类组成差异显著，垫料原料（AUG_CK）含有92个细菌目，深发酵垫料（AUG_H）含有52个细菌目，浅发酵垫料（AUG_L）含有102个细菌目，未发酵猪粪组（AUG_PM）含有109个细菌目。

表8-34　异位微生物发酵床细菌目含种类

物种名称	不同发酵程度垫料细菌目种类数（OTU）			
	AUG_CK	AUG_H	AUG_L	AUG_PM
【1】 鞘氨醇杆菌目（Sphingobacteriales）	100	18	93	77
【2】 伯克氏菌目（Burkholderiales）	50	25	41	44
【3】 根瘤菌目（Rhizobiales）	47	7	46	48
【4】 黄单胞菌目（Xanthomonadales）	38	7	36	41
【5】 黄杆菌目（Flavobacteriales）	36	16	39	27
【6】 糖杆菌门分类地位未定的1目	36	1	31	33
【7】 红螺菌目（Rhodospirillales）	35	1	26	33
【8】 芽胞杆菌目（Bacillales）	34	27	21	48
【9】 梭菌目（Clostridiales）	22	57	30	30
【10】 假单胞菌目（Pseudomonadales）	20	17	17	20
【11】 噬纤维菌目（Cytophagales）	19	3	9	13
【12】 鞘氨醇单胞菌目（Sphingomonadales）	17	3	15	14
【13】 厌氧绳菌目（Anaerolineales）	14	1	12	13
【14】 柄杆菌目（Caulobacterales）	13	1	12	13
【15】 微球菌目（Micrococcales）	13	19	11	14
【16】 肠杆菌目（Enterobacteriales）	12	6	3	10
【17】 黏球菌目（Myxococcales）	11	4	10	11
【18】 酸微菌目（Acidimicrobiales）	10	1	11	17
【19】 丙酸杆菌目（Propionibacteriales）	10	2	10	12
【20】 假单胞菌目（Pseudonocardiales）	10	1	1	7
【21】 军团菌目（Legionellales）	9	0	3	6
【22】 亚群6的1目	9	1	10	16
【23】 海洋螺菌目（Oceanospirillales）	7	9	7	5
【24】 土源杆菌目（Chthoniobacterales）	6	0	5	6
【25】 芽单胞菌目（Gemmatimonadales）	6	0	10	12
【26】 目JG30-KF-CM45	6	0	2	8
【27】 亚群3的1目	6	0	5	6
【28】 装甲菌门（Armatimonadetes）分类地位未定的1目	5	0	5	6
【29】 棒杆菌目（Corynebacteriales）	5	9	11	9
【30】 土壤红杆菌目（Solirubrobacterales）	5	0	5	6
【31】 链孢囊菌目（Streptosporangiales）	5	4	2	7
【32】 酸杆菌目（Acidobacteriales）	4	0	1	3
【33】 蛭弧菌目（Bdellovibrionales）	4	1	8	4

续表

物种名称	不同发酵程度垫料细菌目种类数（OTU）			
	AUG_CK	AUG_H	AUG_L	AUG_PM
【34】 暖绳菌目（Caldilineales）	4	0	4	5
【35】 门WS6分类地位未定的1目	4	0	1	1
【36】 绿弯菌目（Chloroflexales）	4	0	4	6
【37】 纲OPB35土壤菌群分类地位未定的1目	4	0	2	6
【38】 亚群4的1目	4	0	4	4
【39】 疣微菌目（Verrucomicrobiales）	4	0	3	3
【40】 纤维弧菌目（Cellvibrionales）	3	4	4	1
【41】 衣原体目（Chlamydiales）	3	0	2	4
【42】 绿菌目（Chlorobiales）	3	0	2	1
【43】 弗兰克氏菌目（Frankiales）	3	0	2	2
【44】 目GR-WP33-30	3	0	3	3
【45】 嗜甲基菌目（Methylophilales）	3	1	0	0
【46】 门Microgenomates分类地位未定的1目	3	0	1	3
【47】 海草球形菌目（Phycisphacralcs）	3	0	4	6
【48】 浮霉菌目（Planctomycetales）	3	1	6	9
【49】 红细菌目（Rhodobacterales）	3	6	3	3
【50】 立克次氏体目（Rickettsiales）	3	0	4	5
【51】 链霉菌目（Streptomycetales）	3	1	1	3
【52】 α-变形菌纲（Alphaproteobacteria）未分类的1目	2	0	2	3
【53】 未分类的1目	2	0	2	2
【54】 蓝细菌纲（Cyanobacteria）分类地位未定的1目	2	0	4	5
【55】 动孢菌目（Kineosporiales）	2	0	0	2
【56】 小单胞菌目（Micromonosporales）	2	0	1	3
【57】 目NKB5	2	0	2	2
【58】 寡养弯菌目（Oligoflexales）	2	0	3	7
【59】 丰佑菌目（Opitutales）	2	0	2	2
【60】 纲S085分类地位未定的1目	2	0	2	3
【61】 目SC-I-84	2	0	1	2
【62】 门TM6分类地位未定的1目	2	0	2	3
【63】 蝙蝠弧菌目（Vampirovibrionales）	2	0	0	5
【64】 纲WD272分类地位未定的1目	2	0	0	0
【65】 目AKYG1722	1	0	2	4
【66】 无胆甾原体目（Acholeplasmatales）	1	3	1	0
【67】 气单胞菌目（Aeromonadales）	1	0	0	0
【68】 拟杆菌门（Bacteroidetes）VC2.1 Bac22分类地位未定的1目	1	0	2	0
【69】 拟杆菌门（Bacteroidetes）未分类的1目	1	0	2	0
【70】 绿弯菌门未培养的1目	1	0	0	0
【71】 着色菌目（Chromatiales）	1	1	1	2
【72】 蓝细菌纲（Cyanobacteria）未分类的1目	1	0	1	1
【73】 异常球菌目（Deinococcales）	1	5	4	3

续表

物种名称	不同发酵程度垫料细菌目种类数（OTU）			
	AUG_CK	AUG_H	AUG_L	AUG_PM
【74】 丹毒丝菌目（Erysipelotrichales）	1	15	4	3
【75】 纤维杆菌目（Fibrobacterales）	1	0	1	1
【76】 盖亚菌目（Gaiellales）	1	0	3	6
【77】 γ-变形菌纲未分类的1目	1	2	2	4
【78】 爬管菌目（Herpetosiphonales）	1	0	0	0
【79】 产氢菌纲分类地位未定的1目	1	0	4	5
【80】 乳杆菌目（Lactobacillales）	1	12	2	1
【81】 亚硝化单胞菌目（Nitrosomonadales）	1	0	4	5
【82】 变形菌门（Proteobacteria）未分类的1目	1	0	0	0
【83】 红环菌目（Rhodocyclales）	1	1	2	2
【84】 门SHA-109分类地位未定的1目	1	0	1	1
【85】 月形单胞菌目（Selenomonadales）	1	0	2	2
【86】 球形杆菌目（Sphaerobacterales）	1	0	2	2
【87】 亚群10的1目	1	0	0	0
【88】 门TA06分类地位未定的1目	1	0	0	1
【89】 门TA18分类地位未定的1目	1	0	0	1
【90】 纲TK10分类地位未定的1目	1	0	2	5
【91】 目TRA3-20	1	0	1	2
【92】 门WCHB1-60分类地位未定的1目	1	0	0	0
【93】 目43F-1404R	0	0	0	1
【94】 目AT425-EubC11陆生菌群	0	1	2	3
【95】 放线菌纲未分类的1目	0	0	1	2
【96】 放线菌目（Actinomycetales）	0	1	0	0
【97】 交替单胞菌目（Alteromonadales）	0	3	0	0
【98】 热链菌目（Ardenticatenales）	0	0	1	1
【99】 目B1-7BS	0	0	1	1
【100】 目BD2-11陆生菌群	0	1	0	0
【101】 拟杆菌目（Bacteroidales）	0	13	18	4
【102】 绿弯菌门未分类的1目	0	0	1	1
【103】 梭菌纲未分类的1目	0	0	0	1
【104】 红蝽菌目（Coriobacteriales）	0	1	1	2
【105】 目DB1-14	0	0	1	1
【106】 δ-变形菌纲（Deltaproteobacteria）未分类的1目	0	2	0	0
【107】 脱硫弧菌目（Desulfovibrionales）	0	1	2	1
【108】 除硫单胞菌目（Desulfuromonadales）	0	0	1	0
【109】 芽单胞菌门（Gemmatimonadetes）分类地位未定的1目	0	0	6	8
【110】 懒惰菌目（Ignavibacteriales）	0	0	1	1
【111】 纲JG30-KF-CM66分类地位未定的1目	0	0	1	4
【112】 纲KD4-96分类地位未定的1目	0	0	0	1
【113】 纤线杆菌目（Ktedonobacterales）	0	0	1	1

续表

物种名称	不同发酵程度垫料细菌目种类数（OTU）			
	AUG_CK	AUG_H	AUG_L	AUG_PM
【114】甲基球菌目（Methylococcales）	0	0	1	1
【115】柔膜菌纲（Mollicutes）RF9的1目	0	2	4	3
【116】目OCS116_clade	0	0	1	1
【117】纲OM190分类地位未定的1目	0	0	0	1
【118】门OPB54分类地位未定的1目	0	2	0	2
【119】目Ⅱ	0	0	2	2
【120】目Ⅲ	0	1	0	0
【121】分类地位未定的1目	0	1	0	0
【122】门Parcubacteria分类地位未定的1目	0	0	0	2
【123】红色杆菌目（Rubrobacterales）	0	0	0	1
【124】纲SM2F11分类地位未定的1目	0	0	1	1
【125】目Sh765B-TzT-29	0	0	1	1
【126】螺旋体目（Spirochaetales）	0	4	3	1
【127】亚群18的1目	0	0	0	1
【128】互养菌目（Synergistales）	0	1	1	0
【129】嗜热厌氧菌目（Thermoanaerobacterales）	0	1	0	0
【130】硫发菌目（Thiotrichales）	0	1	0	0

　　不同处理组细菌目种类组成差异显著（图8-42），垫料原料（AUG_CK）前3个种类数量最高的细菌目为鞘氨醇杆菌目（100）、伯克氏菌目（50）、根瘤菌目（47）；深发酵垫料（AUG_H）前3个含量最高的细菌目为梭菌目（57）、芽胞杆菌目（27）、伯克氏菌目（25）；浅发酵垫料（AUG_L）前5个含量最高的细菌目为鞘氨醇杆菌目（93）、根瘤菌目（46）、伯克氏菌目（41）；未发酵猪粪（AUG_PM）前3个含量最高的细菌目为鞘氨醇杆菌目（77）、根瘤菌目（48）、伯克氏菌目（44）。

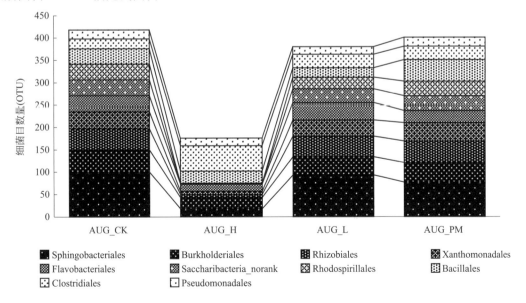

图8-42　异位微生物发酵床细菌目种类多样性

4. 细菌科种类分布结构

异位微生物发酵床不同处理组共检测到264个细菌科（表8-35）。不同处理组细菌科种类组成差异显著，垫料原料（AUG_CK）含有172个细菌科，深发酵垫料（AUG_H）含有104个细菌科，浅发酵垫料（AUG_L）含有192个细菌科，未发酵猪粪（AUG_PM）含有207个细菌科。

表8-35 异位微生物发酵床细菌科所含种类

物种名称	不同发酵程度垫料细菌科种类数（OTU）			
	AUG_CK	AUG_H	AUG_L	AUG_PM
【1】 噬几丁质菌科（Chitinophagaceae）	61	3	66	56
【2】 糖杆菌门（Saccharibacteria）分类地位未定的1科	36	1	31	33
【3】 鞘氨醇杆菌科（Sphingobacteriaceae）	33	12	23	19
【4】 黄杆菌科（Flavobacteriaceae）	30	15	28	22
【5】 类芽胞杆菌科（Paenibacillaceae）	24	0	12	32
【6】 黄单胞菌科（Xanthomonadaceae）	21	7	22	23
【7】 丛毛单胞菌科（Comamonadaceae）	20	4	19	16
【8】 噬纤维菌科（Cytophagaceae）	19	0	8	10
【9】 红螺菌科（Rhodospirillaceae）	18	1	13	16
【10】 厌氧蝇菌科（Anaerolineaceae）	14	1	12	13
【11】 莫拉菌科（Moraxellaceae）	13	7	12	13
【12】 产碱菌科（Alcaligenaceae）	12	19	11	12
【13】 肠杆菌科（Enterobacteriaceae）	12	6	3	10
【14】 醋杆菌科（Acetobacteraceae）	11	0	4	6
【15】 伯克氏菌科（Burkholderiaceae）	11	1	6	11
【16】 梭菌科（Clostridiaceae 1）	11	8	6	11
【17】 柄杆菌科（Caulobacteraceae）	10	1	10	9
【18】 生丝微菌科（Hyphomicrobiaceae）	10	2	12	12
【19】 假诺卡氏科（Pseudonocardiaceae）	10	1	1	7
【20】 柯克斯体科（Coxiellaceae）	9	0	2	5
【21】 类诺卡氏菌科（Nocardioidaceae）	9	2	10	12
【22】 鞘氨醇单胞菌科（Sphingomonadaceae）	9	1	8	8
【23】 Subgroup_6_norank	9	1	10	16
【24】 根瘤菌目（Rhizobiales）_Incertae_Sedis	8	0	7	8
【25】 unknown_Family	8	0	7	8
【26】 Xanthomonadales_Incertae_Sedis	8	0	7	6
【27】 假单胞菌科（Pseudomonadaceae）	7	10	5	7
【28】 芽胞杆菌科（Bacillaceae）	6	14	4	7
【29】 芽单胞菌科（Gemmatimonadaceae）	6	0	10	12
【30】 JG30-KF-CM45_norank	6	0	2	8
【31】 毛螺旋菌科（Lachnospiraceae）	6	7	1	0
【32】 微杆菌科（Microbacteriaceae）	6	5	5	7
【33】 草酸杆菌科（Oxalobacteraceae）	6	1	3	4
【34】 装甲菌门（Armatimonadetes）_norank	5	0	5	6
【35】 甲基杆菌科（Methylobacteriaceae）	5	0	2	4
【36】 叶杆菌科（Phyllobacteriaceae）	5	2	5	5
【37】 Xanthomonadales_uncultured	5	0	3	8

续表

物种名称	不同发酵程度垫料细菌科种类数（OTU）			
	AUG_CK	AUG_H	AUG_L	AUG_PM
【38】 Acidimicrobiales_uncultured	4	0	5	8
【39】 Acidobacteriaceae_Subgroup_1	4	0	1	3
【40】 Beijerinckiaceae	4	0	3	2
【41】 Caldilineaceae	4	0	4	5
【42】 Candidate_division_WS6_norank	4	0	1	1
【43】 赤杆菌科（Erythrobacteraceae）	4	1	3	3
【44】 OPB35_soil_group_norank	4	0	2	6
【45】 Sandaracinaceae	4	3	2	2
【46】 Verrucomicrobiaceae	4	0	3	3
【47】 科480-2	3	0	3	4
【48】 Acidimicrobiales_Incertae_Sedis	3	0	3	3
【49】 BIrii41	3	0	3	2
【50】 蛭弧菌科（Bdellovibrionaceae）	3	1	4	3
【51】 Cellvibrionaceae	3	2	3	0
【52】 Cryomorphaceae	3	1	7	2
【53】 GR-WP33-30_norank	3	0	3	3
【54】 盐单胞菌科（Halomonadaceae）	3	2	2	1
【55】 Hyphomonadaceae	3	0	2	4
【56】 LD29	3	0	3	4
【57】 嗜甲基菌科（Methylophilaceae）	3	1	0	0
【58】 Microgenomates_norank	3	0	1	3
【59】 NS9_marine_group	3	0	4	3
【60】 诺卡菌科（Nocardiaceae）	3	1	3	3
【61】 OPB56	3	0	2	1
【62】 海洋螺菌科（Oceanospirillaceae）	3	4	2	0
【63】 Phycisphaeraceae	3	0	4	6
【64】 Planctomycetaceae	3	1	6	9
【65】 红杆菌科（Rhodobacteraceae）	3	6	3	3
【66】 红螺菌目（Rhodospirillales）_Incertae_Sedis	3	0	0	1
【67】 腐螺旋菌科（Saprospiraceae）	3	3	0	0
【68】 Solimonadaceae	3	0	3	3
【69】 Sphingomonadales_unclassified	3	1	2	2
【70】 链霉菌科（Streptomycetaceae）	3	1	1	3
【71】 链孢囊菌科（Streptosporangiaceae）	3	2	2	3
【72】 黄色杆菌科（Xanthobacteraceae）	3	0	3	3
【73】 酸微菌科（Acidimicrobiaceae）	2	0	0	2
【74】 α-变形菌纲（Alphaproteobacteria）_unclassified	2	0	2	3
【75】 Bacteria_unclassified	2	0	2	2
【76】 慢生根瘤菌科（Bradyrhizobiaceae）	2	0	2	2
【77】 布鲁氏菌科（Brucellaceae）	2	2	2	2
【78】 蓝细菌门（Cyanobacteria）_norank	2	0	4	5
【79】 Demequinaceae	2	1	2	2

物种名称	不同发酵程度垫料细菌科种类数（OTU）			
	AUG_CK	AUG_H	AUG_L	AUG_PM
【80】 Kineosporiaceae	2	0	0	2
【81】 微单孢菌科（Micromonosporaceae）	2	0	1	3
【82】 分枝杆菌科（Mycobacteriaceae）	2	1	3	3
【83】 NKB5_norank	2	0	2	2
【84】 丰佑菌科（Opitutaceae）	2	0	2	2
【85】 副衣原体科（Parachlamydiaceae）	2	0	1	2
【86】 Patulibacteraceae	2	0	1	1
【87】 消化链球菌科（Peptostreptococcaceae）	2	3	3	3
【88】 根瘤菌科（Rhizobiaceae）	2	0	2	2
【89】 根瘤菌目（Rhizobiales）_unclassified	2	1	4	4
【90】 Rhodobiaceae	2	0	3	3
【91】 Roseiflexaceae	2	0	4	4
【92】 S085_norank	2	0	2	3
【93】 SC-I-84_norank	2	0	1	2
【94】 葡萄球菌科（Staphylococcaceae）	2	5	0	3
【95】 TM6_norank	2	0	2	3
【96】 Vampirovibrionales_norank	2	0	0	5
【97】 WD272_norank	2	0	0	0
【98】 A0839	1	0	0	0
【99】 AKYG1722_norank	1	0	2	4
【100】 AKYH478	1	0	1	1
【101】 Acholeplasmataceae	1	3	1	0
【102】 Aeromonadaceae	1	0	0	0
【103】 BCf3-20	1	0	1	1
【104】 噬菌弧菌科（Bacteriovoracaceae）	1	0	4	1
【105】 拟杆菌门（Bacteroidetes）_VC2.1_Bac22_norank	1	0	2	0
【106】 拟杆菌门（Bacteroidetes）_unclassified	1	0	2	0
【107】 短杆菌科（Brevibacteriaceae）	1	2	0	1
【108】 伯克氏菌目（Burkholderiales）_unclassified	1	0	2	1
【109】 CA002	1	0	0	0
【110】 CCU22	1	0	1	1
【111】 绿弯菌科（Chloroflexaceae）	1	0	0	1
【112】 Chloroflexi_uncultured	1	0	0	0
【113】 Christensenellaceae	1	1	4	0
【114】 Chthoniobacteraceae	1	0	1	1
【115】 Chthoniobacterales_unclassified	1	0	0	0
【116】 蓝细菌门（Cyanobacteria）_unclassified	1	0	1	1
【117】 DSSF69	1	0	2	1
【118】 皮杆菌科（Dermabacteraceae）	1	1	0	0
【119】 Ectothiorhodospiraceae	1	0	1	2
【120】 肠球菌科（Enterococcaceae）	1	1	0	0
【121】 丹毒丝菌科（Erysipelotrichaceae）	1	15	4	3
【122】 FFCH7168	1	0	0	1
【123】 Family_Ⅺ	1	24	5	3
【124】 Family_Ⅻ	1	0	0	0

续表

物种名称	不同发酵程度垫料细菌科种类数（OTU）			
	AUG_CK	AUG_H	AUG_L	AUG_PM
【125】纤维杆菌科（Fibrobacteraceae）	1	0	1	1
【126】Frankiaceae	1	0	1	1
【127】Gaiellales_uncultured	1	0	2	5
【128】Gammaproteobacteria_unclassified	1	2	2	4
【129】Gracilibacteraceae	1	0	0	0
【130】Hahellaceae	1	1	2	2
【131】Haliangiaceae	1	0	1	1
【132】爬管菌科（Herpetosiphonaceae）	1	0	0	0
【133】Hydrogenedentes_norank	1	0	4	5
【134】Iamiaceae	1	1	1	2
【135】LiUU-11-161	1	0	1	1
【136】ML80	1	0	1	1
【137】Micrococcales_norank	1	1	1	1
【138】Myxococcales_unclassified	1	0	0	0
【139】NS11-12_marinc_group	1	0	2	1
【140】Nakamurellaceae	1	0	1	1
【141】涅瓦河菌科（Nevskiaceae）	1	0	0	0
【142】Nitrosomonadaceae	1	0	4	5
【143】拟诺卡氏菌科（Nocardiopsaceae）	1	2	0	1
【144】Oligoflexaceae	1	0	1	3
【145】Oligoflexales_norank	1	0	2	4
【146】P3OB-42	1	0	0	0
【147】Phaselicystidaceae	1	0	1	1
【148】动球菌科（Planococcaceae）	1	8	4	4
【149】Promicromonosporaceae	1	0	0	0
【150】丙酸杆菌科（Propionibacteriaceae）	1	0	0	0
【151】变形菌门（Proteobacteria）_unclassified	1	0	0	0
【152】Rhodocyclaceae	1	1	2	2
【153】立克次体科（Rickettsiaceae）	1	0	1	1
【154】Rickettsiales_Incertae_Sedis	1	0	2	2
【155】Rickettsiales_uncultured	1	0	1	1
【156】SHA-109_norank	1	0	1	1
【157】SJA-149	1	0	1	0
【158】血杆菌科（Sanguibacteraceae）	1	0	1	1
【159】球形杆菌科（Sphaerobacteraceae）	1	0	2	2
【160】孢鱼菌科（Sporichthyaceae）	1	0	0	0
【161】Subgroup_3_norank	1	0	0	0
【162】TA06_norank	1	0	0	1
【163】TA18_norank	1	0	0	1
【164】TK10_norank	1	0	2	5
【165】TRA3-20_norank	1	0	1	2
【166】Thermomonosporaceae	1	0	0	3

物种名称	不同发酵程度垫料细菌科种类数（OTU）			
	AUG_CK	AUG_H	AUG_L	AUG_PM
【167】特吕珀菌科（Trueperaceae）	1	5	4	3
【168】Veillonellaceae	1	0	1	1
【169】WCHB1-60_norank	1	0	0	0
【170】Xiphinematobacteraceae	1	0	1	1
【171】cvE6	1	0	1	1
【172】env.OPS_17	1	0	0	0
【173】11-24	0	0	1	1
【174】43F-1404R_norank	0	0	0	1
【175】AKIW659	0	0	0	1
【176】AT425-EubC11_terrestrial_group_norank	0	1	2	3
【177】氨基酸球菌科（Acidaminococcaceae）	0	0	1	1
【178】Actinobacteria_unclassified	0	0	1	2
【179】放线菌科（Actinomycetaceae）	0	1	0	0
【180】气球菌科（Aerococcaceae）	0	3	0	0
【181】烷烃降解菌科（Alcanivoracaceae）	0	2	1	2
【182】环脂酸芽胞杆菌科（Alicyclobacillaceae）	0	0	1	1
【183】Alteromonadaceae	0	1	0	0
【184】Ardenticatenales_norank	0	0	1	1
【185】B1-7BS_norank	0	0	1	1
【186】BD2-11_terrestrial_group_norank	0	1	0	0
【187】Bacteroidaceae	0	3	4	1
【188】Bacteroidales_UCG-001	0	1	1	0
【189】Bacteroidales_unclassified	0	0	1	0
【190】博戈里亚湖菌科（Bogoriellaceae）	0	2	0	0
【191】Caldicoprobacteraceae	0	2	0	0
【192】肉杆菌科（Carnobacteriaceae）	0	4	0	0
【193】Chloroflexi_unclassified	0	0	1	1
【194】Clostridia_unclassified	0	0	0	1
【195】Clostridiales_Incertae_Sedis	0	0	0	1
【196】Clostridiales_vadinBB60_group	0	1	0	0
【197】红蝽菌科（Coriobacteriaceae）	0	1	1	2
【198】棒杆菌科（Corynebacteriaceae）	0	5	4	2
【199】Corynebacteriales_unclassified	0	1	0	0
【200】圆杆菌科（Cyclobacteriaceae）	0	2	1	2
【201】Cystobacteraceae	0	1	2	2
【202】DA111	0	0	2	3
【203】DB1-14_norank	0	0	1	1
【204】δ-变形菌纲（Deltaproteobacteria）_unclassified	0	2	0	0
【205】脱硫弧菌科（Desulfovibrionaceae）	0	1	2	1
【206】迪茨氏菌科（Dietziaceae）	0	1	1	1
【207】Elev-16S-1332	0	0	1	1
【208】优杆菌科（Eubacteriaceae）	0	0	1	1

物种名称	不同发酵程度垫料细菌科种类数（OTU）			
	AUG_CK	AUG_H	AUG_L	AUG_PM
【209】Family_Incertae_Sedis	0	1	0	0
【210】Family_XⅢ	0	2	3	3
【211】Family_XⅣ	0	1	0	0
【212】Family_XⅧ	0	0	0	1
【213】Family_XⅧ	0	0	0	3
【214】火色杆菌科（Flammeovirgaceae）	0	1	0	1
【215】GR-WP33-58	0	0	1	0
【216】Gaiellaceae	0	0	1	1
【217】盐硫杆状菌科（Halothiobacillaceae）	0	1	0	0
【218】I-10	0	0	1	1
【219】源洋菌科（Idiomarinaceae）	0	2	0	0
【220】Ignavibacteriales_norank	0	0	1	1
【221】Intrasporangiaceae	0	1	1	1
【222】JG30-KF-CM66_norank	0	0	1	4
【223】JG37-AG-20	0	0	1	1
【224】KCM-B-15	0	0	1	1
【225】KD4-96_norank	0	0	0	1
【226】乳酸杆菌科（Lactobacillaceae）	0	3	1	0
【227】军团菌科（Legionellaceae）	0	0	1	1
【228】Marinilabiaceae	0	1	0	0
【229】甲基球菌科（Methylococcaceae）	0	0	1	1
【230】细球菌科（Micrococcaceae）	0	3	1	1
【231】Micrococcales_unclassified	0	3	0	0
【232】Mollicutes_RF9_norank	0	2	4	3
【233】OCS116_clade_norank	0	0	1	1
【234】OM190_norank	0	0	0	1
【235】OM1_clade	0	0	2	2
【236】OPB54_norank	0	2	0	2
【237】Order_Ⅲ_uncultured	0	1	0	0
【238】Parcubacteria_norank	0	0	0	2
【239】Peptococcaceae	0	0	0	1
【240】Piscirickettsiaceae	0	1	0	0
【241】多囊菌科（Polyangiaceae）	0	0	0	1
【242】紫单胞菌科（Porphyromonadaceae）	0	7	8	2
【243】Porticoccaceae	0	2	1	1
【244】普雷沃氏菌科（Prevotellaceae）	0	0	1	0
【245】红螺菌目（Rhodospirillales）_unclassified	0	0	1	1
【246】Rhodothermaceae	0	0	2	2
【247】理研菌科（Rikenellaceae）	0	1	3	1
【248】Rubrobacteriaceae	0	0	0	1
【249】Ruminococcaceae	0	8	7	3
【250】S0134_terrestrial_group	0	0	6	8

续表

物种名称	不同发酵程度垫料细菌科种类数（OTU）			
	AUG_CK	AUG_H	AUG_L	AUG_PM
【251】SM2D12	0	0	0	1
【252】SM2F11_norank	0	0	1	1
【253】Sh765B-TzT-29_norank	0	0	1	1
【254】鞘氨醇杆菌目（Sphingobacteriales）_unclassified	0	0	1	0
【255】Spirochaetaceae	0	4	3	1
【256】Sporolactobacillaceae	0	0	0	1
【257】链球菌科（Streptococcaceae）	0	1	1	1
【258】Subgroup_18_norank	0	0	0	1
【259】Synergistaceae	0	1	1	0
【260】Thermoanaerobacteraceae	0	1	0	0
【261】Thermosporotrichaceae	0	0	1	1
【262】Vulgatibacteraceae	0	0	1	2
【263】华诊体科（Waddliaceae）	0	0	0	1
【264】Xanthomonadales_unclassified	0	0	1	1

不同处理组细菌科种类组成差异显著（图8-43），垫料原料（AUG_CK）前3个种类数量最高的细菌科为噬几丁质科（61）、糖杆菌门分类地位未定的1科（36）、鞘氨醇杆菌科（33）；深发酵垫料（AUG_H）前3个含量最高的细菌科为 Family_ XI（24）、产碱菌科（19）、黄杆菌科（15）；浅发酵垫料（AUG_L）前3个含量最高的细菌科为噬几丁质科（66）、糖杆菌门分类地位未定的1科（31）、黄杆菌科（28）；未发酵猪粪（AUG_PM）前3个含量最高的细菌科为噬几丁质科（56）、糖杆菌门分类地位未定的1科（33）、类芽胞杆菌科（32）。

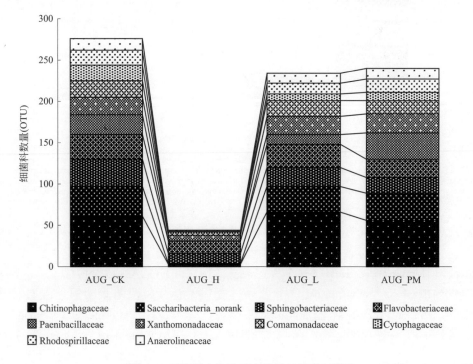

图8-43　异位微生物发酵床细菌科种类多样性

5．细菌属种类分布结构

异位微生物发酵床不同处理细菌属的种类共检测到 566 个（表 8-36），其中垫料原料（AUG_CK）357 个，深发酵垫料（AUG_H）197 个，浅发酵垫料（AUG_L）356 个，未发酵猪粪（AUG_PM）395 个。深发酵垫料的细菌属数量（OTU）仅为其余 3 个组的 50%，说明经过发酵，垫料中的微生物种类大幅度下降。

表8-36 异位微生物发酵床细菌属所含种类

物种名称	不同发酵程度垫料细菌属种类数（OTU）			
	AUG_CK	AUG_H	AUG_L	AUG_PM
【1】糖杆菌门未定属（Saccharibacteria norank）	36	1	31	33
【2】黄杆菌属（Flavobacterium）	15	0	11	7
【3】厌氧绳菌（Anaerolineaceae）	14	1	11	12
【4】类芽胞杆菌属（Paenibacillus）	14	0	4	18
【5】太白山菌属（Taibaiella）	14	2	18	12
【6】Chitinophagaceae	12	1	15	11
【7】Aquicella	9	0	2	5
【8】鞘氨醇杆菌属（Sphingobacterium）	9	2	11	8
【9】Subgroup_6_norank	9	1	10	16
【10】Acinetobacter	8	5	8	8
【11】Chitinophagaceae	7	0	10	9
【12】假单胞菌属（Pseudomonas）	7	10	5	7
【13】芽胞杆菌属（Bacillus）	6	1	4	6
【14】伯克氏菌属（Burkholderia）	6	0	2	6
【15】Chryseobacterium	6	1	5	6
【16】JG30-KF-CM45_norank	6	0	2	8
【17】漠河菌属（Moheibacter）	6	2	5	6
【18】类诺卡氏属（Nocardioides）	6	0	7	9
【19】土地杆菌属（Pedobacter）	6	1	5	2
【20】装甲菌门（Armatimonadetes）_norank	5	0	5	6
【21】Ferruginibacter	5	0	2	2
【22】橄榄形菌属（Olivibacter）	5	3	1	4
【23】Rhizomicrobium	5	0	5	5
【24】糖多孢菌属（Saccharopolyspora）	5	1	1	5
【25】Xanthomonadales	5	0	3	8
【26】Acidibacter	4	0	3	2
【27】Acidimicrobiales	4	0	5	8
【28】Blastocatella	4	0	3	3
【29】Candidate_division_WS6_norank	4	0	1	1
【30】噬几丁质菌属（Chitinophaga）	4	0	1	3
【31】狭义梭菌属Clostridium_sensu_stricto_1	4	5	4	5
【32】Cohnella	4	0	2	4
【33】Comamonadaceae	4	1	4	4

物种名称	不同发酵程度垫料细菌属种类数（OTU）			
	AUG_CK	AUG_H	AUG_L	AUG_PM
【34】 丛毛单胞菌属（Comamonas）	4	2	4	4
【35】 Cytophagaceae	4	0	1	2
【36】 肠杆菌属（Enterobacter）	4	1	0	3
【37】 生丝微菌属（Hyphomicrobium）	4	0	4	4
【38】 Massilia	4	0	2	2
【39】 Moraxellaceae	4	0	3	4
【40】 OPB35_soil_group_norank	4	0	2	6
【41】 Parapedobacter	4	1	2	0
【42】 Sphingobacteriaceae	4	1	2	3
【43】 480-2_norank	3	0	3	4
【44】 Acetobacteraceae	3	0	1	2
【45】 Alcaligenaceae	3	4	1	1
【46】 Azospirillum	3	0	0	2
【47】 BIrii41_norank	3	0	3	2
【48】 蛭弧菌属（Bdellovibrio）	3	0	4	3
【49】 短芽胞杆菌属（Brevibacillus）	3	0	2	2
【50】 短波单胞菌属（Brevundimonas）	3	1	3	2
【51】 Bryobacter	3	0	3	4
【52】 Caldilineaceae	3	0	3	4
【53】 Candidatus Microthrix	3	0	3	3
【54】 Caulobacteraceae	3	0	3	3
【55】 德沃斯氏菌（Devosia）	3	0	3	3
【56】 Dongia	3	0	3	3
【57】 Ferrovibrio	3	0	3	2
【58】 Fluviicola	3	0	6	2
【59】 GR-WP33-30_norank	3	0	3	3
【60】 Gemmatimonadaceae	3	0	5	7
【61】 芽单胞菌属（Gemmatimonas）	3	0	5	4
【62】 LD29_norank	3	0	3	4
【63】 Microgenomates_norank	3	0	1	3
【64】 NS9_marine_group_norank	3	0	4	3
【65】 Niabella	3	0	4	4
【66】 OPB56_norank	3	0	2	1
【67】 Ohtaekwangia	3	0	1	1
【68】 Persicitalea	3	0	3	3
【69】 假螺菌属（Pseudospirillum）	3	2	1	0
【70】 假黄色单胞菌属（Pseudoxanthomonas）	3	0	2	2
【71】 极小单胞菌属（Pusillimonas）	3	7	3	3
【72】 Rhodospirillaceae	3	1	3	4
【73】 Sandaracinaceae	3	2	2	2

续表

物种名称		不同发酵程度垫料细菌属种类数（OTU）			
		AUG_CK	AUG_H	AUG_L	AUG_PM
【74】	Saprospiraceae	3	3	0	0
【75】	Sphingomonadales	3	1	2	2
【76】	Sphingomonas（鞘氨醇单胞菌属）	3	0	2	2
【77】	Steroidobacter	3	0	3	3
【78】	Terrimonas	3	0	2	2
【79】	α-变形菌属（Alphaproteobacteria）	2	0	2	3
【80】	Altererythrobacter	2	0	1	1
【81】	Amycolatopsis	2	0	0	2
【82】	Arcticibacter	2	0	1	1
【83】	Arenimonas	2	1	3	3
【84】	Bacteria	2	0	2	2
【85】	Bauldia	2	0	2	2
【86】	Carnimonas	2	0	0	0
【87】	纤维弧菌属（Cellvibrio）	2	1	2	0
【88】	Chelatococcus	2	0	2	1
【89】	蓝细菌纲（Cyanobacteria）_norank	2	0	4	5
【90】	Cytophagaceae	2	0	0	0
【91】	Defluviicoccus	2	0	3	4
【92】	Dokdonella	2	0	2	2
【93】	Dyadobacter	2	0	0	0
【94】	Dyella	2	0	1	2
【95】	Enterobacteriaceae	2	1	0	2
【96】	Erythrobacteraceae	2	1	2	2
【97】	Filimonas	2	0	2	2
【98】	Flavisolibacter	2	0	1	1
【99】	Flavitalea	2	0	2	2
【100】	噬氢菌属（Hydrogenophaga）	2	0	2	1
【101】	Isosphaera	2	1	3	4
【102】	Leptothrix	2	0	2	1
【103】	Luteimonas	2	0	1	2
【104】	Methylobacteriaceae	2	0	1	2
【105】	甲基杆菌属（Methylobacterium）	2	0	0	1
【106】	微杆菌属（Microbacterium）	2	2	1	2
【107】	分枝杆菌属（Mycobacterium）	2	1	3	3
【108】	NKB5_norank	2	0	2	2
【109】	Niastella	2	0	0	1
【110】	新鞘氨醇菌属（Novosphingobium）	2	1	2	2
【111】	Opitutus	2	0	2	2
【112】	Patulibacter	2	0	1	1
【113】	Pedomicrobium	2	0	2	2

物种名称	不同发酵程度垫料细菌属种类数（OTU）			
	AUG_CK	AUG_H	AUG_L	AUG_PM
【114】 *Phyllobacteriaceae*	2	1	2	2
【115】 *Prosthecobacter*	2	0	1	0
【116】 根瘤菌目（Rhizobiales）unclassified	2	1	4	4
【117】 根瘤菌属（*Rhizobium*）	2	0	2	2
【118】 *Rhodobacteraceae*	2	2	2	2
【119】 红球菌属（*Rhodococcus*）	2	0	2	2
【120】 *Rhodospirillaceae*	2	0	1	1
【121】 光合玫瑰菌属（*Roseiflexus*）	2	0	4	4
【122】 *Roseomonas*	2	0	1	0
【123】 S085_norank	2	0	2	3
【124】 SC-I-84_norank	2	0	1	2
【125】 SM1A02	2	0	2	3
【126】 沙雷氏菌属（*Serratia*）	2	1	1	1
【127】 *Solimonas*	2	0	3	3
【128】 鞘氨醇单胞菌属（*Sphingopyxis*）	2	0	2	2
【129】 葡萄球菌属（*Staphylococcus*）	2	2	0	2
【130】 *Stenotrophomonas*	2	0	2	3
【131】 放线菌属（*Streptomyces*）	2	1	1	2
【132】 TM6_norank	2	0	2	3
【133】 热单胞菌属（*Thermomonas*）	2	0	2	2
【134】 Vampirovibrionales_norank	2	0	0	5
【135】 WD272_norank	2	0	0	0
【136】 A0839_norank	1	0	0	0
【137】 AKYG1722_norank	1	0	2	4
【138】 AKYH478_norank	1	0	1	1
【139】 无胆甾原体属（*Acholeplasma*）	1	3	1	0
【140】 *Achromobacter*	1	0	1	1
【141】 *Acidimicrobiaceae*	1	0	0	1
【142】 *Acidimicrobiaceae*	1	0	0	1
【143】 *Acidisoma*	1	0	0	0
【144】 *Acidobacterium*	1	0	1	1
【145】 *Acidocella*	1	0	0	0
【146】 *Actinocatenispora*	1	0	0	1
【147】 *Actinomadura*	1	0	0	1
【148】 *Advenella*	1	1	1	1
【149】 *Aeromicrobium*	1	1	1	1
【150】 *Aeromonas*	1	0	0	0
【151】 *Agromyces*	1	0	1	1
【152】 *Alcaligenaceae*	1	0	0	1
【153】 *Alicycliphilus*	1	1	2	1

续表

物种名称	不同发酵程度垫料细菌属种类数（OTU）			
	AUG_CK	AUG_H	AUG_L	AUG_PM
【154】 *Anaerosporobacter*	1	1	0	0
【155】 *Angustibacter*	1	0	0	1
【156】 不粘柄菌属（*Asticcacaulis*）	1	0	1	1
【157】 BCf3-20_norank	1	0	1	1
【158】 拟杆菌门（Bacteroidetes）_VC2.1_Bac22_norank	1	0	2	0
【159】 拟杆菌门（Bacteroidetes）unclassified	1	0	2	0
【160】 博德特氏菌属（*Bordetella*）	1	0	1	1
【161】 Bosea	1	0	1	1
【162】 短状杆菌属（*Brachybacterium*）	1	1	0	0
【163】 *Bradyrhizobium*	1	0	1	1
【164】 短杆菌属（*Brevibacterium*）	1	2	0	1
【165】 *Brucellaceae*	1	1	1	1
【166】 *Burkholderiaceae*	1	0	1	0
【167】 伯克氏菌目（Burkholderiales）unclassified	1	0	2	1
【168】 CA002_norank	1	0	0	0
【169】 CCU22_norank	1	0	1	1
【170】 *Camelimonas*	1	0	1	1
【171】 Candidatus *Alysiosphaera*	1	0	0	0
【172】 Candidatus *Chloroploca*	1	0	0	1
【173】 Candidatus *Protochlamydia*	1	0	1	1
【174】 Candidatus *Solibacter*	1	0	1	1
【175】 Candidatus *Xiphinematobacter*	1	0	1	1
【176】 *Castellaniella*	1	1	1	1
【177】 *Caulobacter*	1	0	1	1
【178】 Caulobacteraceae_norank	1	0	1	1
【179】 Chitinophagaceae_norank	1	0	2	0
【180】 *Chloroflexi*	1	0	0	0
【181】 Christensenellaceae_R-7_group	1	1	4	0
【182】 金色单胞菌属（*Chryseolinea*）	1	0	1	1
【183】 *Chthoniobacter*	1	0	1	1
【184】 *Chthoniobacterales*	1	0	0	0
【185】 *Cloacibacterium*	1	0	1	0
【186】 *Clostridium*_sensu_stricto_10	1	0	0	1
【187】 *Clostridium*_sensu_stricto_12	1	0	0	0
【188】 *Clostridium*_sensu_stricto_13	1	0	0	1
【189】 *Clostridium*_sensu_stricto_3	1	0	0	1
【190】 *Clostridium*_sensu_stricto_5	1	0	0	0
【191】 *Clostridium*_sensu_stricto_8	1	0	0	1
【192】 Comamonadaceae_norank	1	0	0	1
【193】 *Constrictibacter*	1	0	0	0

续表

物种名称	不同发酵程度垫料细菌属种类数（OTU）			
	AUG_CK	AUG_H	AUG_L	AUG_PM
【194】 *Craurococcus*	1	0	2	2
【195】 *Crenotalea*	1	0	3	3
【196】 *Cronobacter*	1	1	1	1
【197】 *Cupriavidus*	1	0	1	1
【198】 蓝细菌门（Cyanobacteria）_norank	1	0	1	1
【199】 DSSF69_norank	1	0	2	1
【200】 *Delftia*	1	0	0	0
【201】 *Demequina*	1	0	1	1
【202】 *Demequinaceae*	1	1	1	1
【203】 *Edaphobacter*	1	0	0	0
【204】 *Elizabethkingia*	1	1	1	1
【205】 稳杆菌属（*Empedobacter*）	1	0	1	1
【206】 *Emticicia*	1	0	0	0
【207】 *Endobacter*	1	0	0	1
【208】 *Enterococcus*	1	1	0	0
【209】 *Escherichia*-Shigella	1	1	1	1
【210】 *Exiguobacterium*	1	0	0	0
【211】 FFCH7168_norank	1	0	0	1
【212】 *Fibrobacteraceae*	1	0	1	1
【213】 *Flavihumibacter*	1	0	1	1
【214】 *Fonticella*	1	0	1	1
【215】 *Gaiellales*	1	0	2	5
【216】 *Gammaproteobacteria*	1	2	2	4
【217】 *Geminicoccus*	1	0	0	0
【218】 *Gordonia*	1	1	1	1
【219】 河氏菌属（*Hahella*）	1	1	2	2
【220】 *Haliangium*	1	0	1	1
【221】 盐单胞菌属（*Halomonas*）	1	2	2	1
【222】 *Herpetosiphon*	1	0	0	0
【223】 *Hirschia*	1	0	0	1
【224】 *Hydrocarboniphaga*	1	0	0	0
【225】 *Hydrogenedentes*_norank	1	0	4	5
【226】 *Hylemonella*	1	0	1	0
【227】 *Hyphomonadaceae*	1	0	1	1
【228】 SC-I-8	1	0	1	1
【229】 *Iamia*	1	1	1	2
【230】 *Intestinibacter*	1	0	1	1
【231】 *Jatrophihabitans*	1	0	1	1
【232】 *Kineosporiaceae*	1	0	0	1
【233】 *Kribbella*	1	0	1	1

续表

物种名称	不同发酵程度垫料细菌属种类数（OTU）			
	AUG_CK	AUG_H	AUG_L	AUG_PM
【234】 *Lachnoclostridium*	1	0	0	0
【235】 *Lachnoclostridium_5*	1	1	0	0
【236】 *Lachnospiraceae_UCG-007*	1	1	1	0
【237】 *Lachnospiraceae*	1	1	0	0
【238】 *Lautropia*	1	0	0	2
【239】 *Leadbetterella*	1	0	1	1
【240】 赖氏菌属（*Leifsonia*）	1	1	1	1
【241】 *Leucobacter*	1	1	1	1
【242】 LiUU-11-161_norank	1	0	1	1
【243】 *Litorilinea*	1	0	1	1
【244】 *Lutispora*	1	0	0	0
【245】 赖氨酸芽胞杆菌属（*Lysinibacillus*）	1	1	1	1
【246】 *Lysobacter*	1	0	0	0
【247】 ML80_norank	1	0	1	1
【248】 *Marmoricola*	1	1	1	1
【249】 *Methylobacillus*	1	1	0	0
【250】 *Methyloferula*	1	0	0	0
【251】 *Methylophilaceae*	1	0	0	0
【252】 *Methylophilus*	1	0	0	0
【253】 小双胞菌属（*Microbispora*）	1	1	1	1
【254】 Micrococcales_norank	1	1	1	1
【255】 *Microlunatus*	1	0	0	0
【256】 *Micromonospora*	1	0	1	1
【257】 微枝形杆菌属（*Microvirga*）	1	0	1	1
【258】 *Mucilaginibacter*	1	0	0	0
【259】 *Myxococcales*	1	0	0	0
【260】 NS11-12_marine_group_norank	1	0	2	1
【261】 *Nakamurella*	1	0	1	1
【262】 *Nitratireductor*	1	1	1	1
【263】 *Nitrolancea*	1	0	1	1
【264】 *Nitrosomonadaceae*	1	0	3	4
【265】 拟诺卡氏菌属（*Nocardiopsis*）	1	2	0	0
【266】 野村菌属（*Nonomuraea*）	1	1	1	1
【267】 *Nubsella*	1	0	0	0
【268】 苍白杆菌属（*Ochrobactrum*）	1	1	1	1
【269】 Oligoflexaceae_norank	1	0	1	3
【270】 Oligoflexales_norank	1	0	2	4
【271】 *Oxalicibacterium*	1	0	1	1
【272】 *Oxalobacteraceae*	1	1	0	1
【273】 P3OB-42_norank	1	0	0	0

物种名称	不同发酵程度垫料细菌属种类数（OTU）			
	AUG_CK	AUG_H	AUG_L	AUG_PM
【274】 Paenibacillaceae	1	0	0	3
【275】 Paenibacillaceae	1	0	2	2
【276】 伯克氏菌属（Pandoraea）	1	1	1	1
【277】 Pantoea	1	0	0	1
【278】 Parachlamydiaceae	1	0	0	1
【279】 Paracocccus	1	1	1	1
【280】 Parafilimonas	1	0	2	2
【281】 Parvibaculum	1	0	1	1
【282】 果胶杆菌属（Pectobacterium）	1	0	0	1
【283】 吞菌弧菌属（Peredibacter）	1	0	4	1
【284】 Perlucidibaca	1	0	1	1
【285】 Phaselicystis	1	0	1	1
【286】 苯基杆菌属（Phenylobacterium）	1	0	1	1
【287】 Phreatobacter	1	0	0	0
【288】 Phyllobacteriaceae	1	0	1	1
【289】 Pigmentiphaga	1	0	1	1
【290】 极胞菌属（Polaromonas）	1	0	1	1
【291】 Prauserella	1	0	0	0
【292】 Promicromonospora	1	0	0	0
【293】 变形菌门（Proteobacteria）_norank	1	0	0	0
【294】 Pseudoclavibacter	1	0	1	1
【295】 Pseudolabrys	1	0	1	1
【296】 Ralstonia	1	0	0	0
【297】 Ramlibacter	1	0	1	1
【298】 Reyranella	1	0	0	1
【299】 Rhodanobacter	1	0	2	2
【300】 Rhodoligotrophos	1	0	1	1
【301】 Rhodoplanes	1	0	1	1
【302】 Rickettsiaceae	1	0	1	1
【303】 Rickettsiales	1	0	1	1
【304】 Rivibacter	1	0	1	1
【305】 Roseococcus	1	0	0	0
【306】 Rudaea	1	0	0	0
【307】 Runella	1	0	0	0
【308】 SHA-109_norank	1	0	1	1
【309】 SJA-149_norank	1	0	1	0
【310】 Saccharibacillus	1	0	0	0
【311】 Sandaracinus	1	1	0	0
【312】 Sanguibacter	1	0	1	1
【313】 Schlegelella	1	0	1	1

物种名称	不同发酵程度垫料细菌属种类数（OTU）			
	AUG_CK	AUG_H	AUG_L	AUG_PM
【314】 *Sciscionella*	1	0	0	0
【315】 *Sedimentibacter*	1	0	1	0
【316】 *Sediminibacterium*	1	0	1	1
【317】 *Simiduia*	1	0	0	0
【318】 *Singulisphaera*	1	0	1	2
【319】 *Siphonobacter*	1	0	0	0
【320】 *Skermanella*	1	0	0	0
【321】 *Solimonadaceae*	1	0	0	0
【322】 Sphingobacteriaceae_norank	1	0	1	1
【323】 *Sphingobium*	1	0	1	1
【324】 *Sphingomonadaceae*	1	0	1	1
【325】 *Sporichthya*	1	0	0	0
【326】 *Sporomusa*	1	0	0	0
【327】 *Stella*	1	0	0	1
【328】 *Streptomycetaceae*	1	0	0	1
【329】 Subgroup_3_norank	1	0	0	0
【330】 TA06_norank	1	0	0	1
【331】 TA18_norank	1	0	0	1
【332】 TK10_norank	1	0	2	5
【333】 TRA3-20_norank	1	0	1	2
【334】 *Telmatobacter*	1	0	0	0
【335】 *Telmatospirillum*	1	0	0	0
【336】 *Terriglobus*	1	0	0	1
【337】 *Terrisporobacter*	1	1	1	1
【338】 *Thauera*	1	0	1	1
【339】 *Thermocrispum*	1	0	0	0
【340】 *Thermopolyspora*	1	0	0	1
【341】 *Thermovum*	1	0	1	1
【342】 *Thioalkalispira*	1	0	0	1
【343】 特吕珀菌属（*Truepera*）	1	5	4	3
【344】 *Turicibacter*	1	1	1	1
【345】 *Tyzzerella*	1	0	0	0
【346】 *Variibacter*	1	0	1	1
【347】 *Verrucomicrobiaceae*	1	0	1	2
【348】 *Verrucomicrobium*	1	0	1	0
【349】 WCHB1-60_norank	1	0	0	0
【350】 *Woodsholea*	1	0	1	1
【351】 *Xanthobacteraceae*	1	0	1	1
【352】 *Xanthomonadaceae*	1	1	3	2
【353】 *Xanthomonadaceae*	1	0	0	0

物种名称	不同发酵程度垫料细菌属种类数（OTU）			
	AUG_CK	AUG_H	AUG_L	AUG_PM
【354】 *Xanthomonadales*_Incertae_Sedis_norank	1	0	1	1
【355】 木杆菌属（*Xylella*）	1	0	1	0
【356】 cvE6_norank	1	0	1	1
【357】 env.OPS_17_norank	1	0	0	0
【358】 11-24_norank	0	0	1	1
【359】 43F-1404R_norank	0	0	0	1
【360】 AKIW659_norank	0	0	0	1
【361】 AT425-EubC11_terrestrial_group_norank	0	1	2	3
【362】 *Acetivibrio*	0	0	0	1
【363】 *Acidaminococcus*	0	0	1	1
【364】 *Acidiferrobacter*	0	0	1	1
【365】 *Acidobacteriaceae*_Subgroup_1	0	0	0	1
【366】 *Actinobacteria*	0	0	1	2
【367】 *Aequorivita*	0	4	0	0
【368】 *Aerococcus*	0	1	0	0
【369】 *Agaricicola*	0	0	0	1
【370】 *Alcaligenes*	0	1	1	0
【371】 食碱菌属（*Alcanivorax*）	0	2	1	2
【372】 *Aliidiomarina*	0	1	0	0
【373】 *Aminobacterium*	0	1	0	0
【374】 *Anaerococcus*	0	2	1	1
【375】 *Anaerofustis*	0	0	1	1
【376】 *Anaerolinea*	0	0	1	1
【377】 *Anaeromyxobacter*	0	0	1	1
【378】 *Anaerosalibacter*	0	1	0	0
【379】 *Anaerotruncus*	0	0	2	0
【380】 解硫胺素杆菌属（*Aneurinibacillus*）	0	0	1	1
【381】 Ardenticatenales_norank	0	0	1	1
【382】 节杆菌属（*Arthrobacter*）	0	1	1	1
【383】 *Atopostipes*	0	2	0	0
【384】 *Azoarcus*	0	1	0	0
【385】 B1-7BS_norank	0	0	1	1
【386】 BD2-11_terrestrial_group_norank	0	1	0	0
【387】 *Bacillaceae*	0	7	0	0
【388】 *Bacillaceae*	0	2	0	1
【389】 *Bacteroidales*_UCG-001_norank	0	1	1	0
【390】 *Bacteroidales*	0	0	1	0
【391】 拟杆菌属（*Bacteroides*）	0	3	4	1
【392】 *Bogoriella*	0	1	0	0
【393】 *Brumimicrobium*	0	1	0	0

物种名称	不同发酵程度垫料细菌属种类数（OTU）			
	AUG_CK	AUG_H	AUG_L	AUG_PM
【394】 *Byssovorax*	0	0	0	1
【395】 C1-B045	0	2	1	1
【396】 *Caldicoprobacter*	0	2	0	0
【397】 Candidatus *Captivus*	0	0	1	1
【398】 Candidatus *Odyssella*	0	0	1	1
【399】 *Chloroflexi*	0	0	1	1
【400】 *Clostridia*	0	0	0	1
【401】 *Clostridiaceae*_1_norank	0	1	0	0
【402】 *Clostridiales*_vadinBB60_group_norank	0	1	0	0
【403】 *Clostridium*_sensu_stricto_15	0	1	0	0
【404】 *Clostridium*_sensu_stricto_6	0	1	1	1
【405】 *Collinsella*	0	1	0	1
【406】 *Coriobacteriaceae*	0	0	1	1
【407】 *Corynebacteriales*	0	1	0	0
【408】 棒杆菌属（*Corynebacterium*）	0	1	1	1
【409】 棒杆菌属-1（*Corynebacterium*_1）	0	4	3	1
【410】 *Cryomorphaceae*	0	0	1	0
【411】 *Cyclobacteriaceae*	0	0	1	0
【412】 *Cyclobacteriaceae*	0	1	0	1
【413】 *Cystobacteraceae*	0	1	1	1
【414】 DA111_norank	0	0	2	3
【415】 DB1-14_norank	0	0	1	1
【416】 δ-变形菌纲（Deltaproteobacteria）_norank	0	2	0	0
【417】 *Desemzia*	0	1	0	0
【418】 *Desulfitobacterium*	0	0	0	1
【419】 *Desulfovibrio*	0	1	2	1
【420】 迪茨氏菌属（*Dietzia*）	0	1	1	1
【421】 Elev-16S-1332_norank	0	0	1	1
【422】 *Eoetvoesia*	0	0	1	1
【423】 *Erysipelothrix*	0	12	1	1
【424】 *Erysipelotrichaceae*_UCG-004	0	1	1	0
【425】 *Erysipelotrichaceae*	0	1	0	0
【426】 *Facklamia*	0	1	0	0
【427】 Family_XIII_AD3011_group	0	1	0	0
【428】 Family_XIII	0	0	1	1
【429】 Family_XIV_norank	0	1	0	0
【430】 Family_XI	0	2	0	0
【431】 Family_XI	0	4	2	1
【432】 Family_XVIII	0	0	0	2
【433】 *Fastidiosipila*	0	5	3	1

物种名称	不同发酵程度垫料细菌属种类数（OTU）			
	AUG_CK	AUG_H	AUG_L	AUG_PM
【434】 *Flaviflexus*	0	1	0	0
【435】 Flavobacteriaceae_norank	0	0	1	1
【436】 *Flavobacteriaceae*	0	4	2	0
【437】 GR-WP33-58_norank	0	0	1	0
【438】 *Gaiella*	0	0	1	1
【439】 *Gallicola*	0	1	0	0
【440】 *Gemmatimonadaceae*	0	0	0	1
【441】 乔治菌属（*Georgenia*）	0	1	0	0
【442】 *Gryllotalpicola*	0	0	0	1
【443】 *Halothiobacillus*	0	1	0	0
【444】 *Helcococcus*	0	1	0	0
【445】 *Hyphomicrobiaceae*	0	2	1	1
【446】 *Hyphomonadaceae*	0	0	0	1
【447】 I-10_norank	0	0	1	1
【448】 *Idiomarina*	0	1	0	0
【449】 *Ignatzschineria*	0	3	1	0
【450】 Ignavibacteriales_norank	0	0	1	1
【451】 *Ignavigranum*	0	1	0	0
【452】 *Intrasporangiaceae*	0	1	1	1
【453】 JG30-KF-CM66_norank	0	0	1	4
【454】 JG37-AG-20_norank	0	0	1	1
【455】 *Jeotgalicoccus*	0	1	0	0
【456】 KCM-B-15_norank	0	0	1	1
【457】 KD4-96_norank	0	0	0	1
【458】 *Koukoulia*	0	1	0	0
【459】 库特氏菌属（*Kurthia*）	0	1	1	1
【460】 乳杆菌属（*Lactobacillus*）	0	3	1	0
【461】 *Legionella*	0	0	1	1
【462】 *Limnobacter*	0	0	1	1
【463】 *Luteivirga*	0	1	0	1
【464】 *Marinicella*	0	1	0	0
【465】 *Marinilabiaceae*	0	1	0	0
【466】 *Marinimicrobium*	0	1	0	0
【467】 *Mariniradius*	0	1	0	0
【468】 *Marinobacter*	0	1	0	0
【469】 *Marinospirillum*	0	1	0	0
【470】 *Methylococcaceae*	0	0	1	1
【471】 *Methylophaga*	0	1	0	0
【472】 *Microbacteriaceae*	0	1	0	0
【473】 Micrococcaceae_norank	0	1	0	0

物种名称	不同发酵程度垫料细菌属种类数（OTU）			
	AUG_CK	AUG_H	AUG_L	AUG_PM
【474】 *Micrococcales*	0	3	0	0
【475】 *Micromonosporaceae*	0	0	0	1
【476】 *Mizugakiibacter*	0	0	0	1
【477】 *Mobilitalea*	0	3	0	0
【478】 *Mogibacterium*	0	1	1	1
【479】 Mollicutes_RF9_norank	0	2	4	3
【480】 *Murdochiella*	0	1	0	0
【481】 类香味菌属（*Myroides*）	0	1	0	0
【482】 *Nitrosospira*	0	0	1	1
【483】 OCS116_clade_norank	0	0	1	1
【484】 OM190_norank	0	0	0	1
【485】 OM1_clade_norank	0	0	2	2
【486】 OM27_clade	0	1	0	0
【487】 OPB54_norank	0	2	0	2
【488】 海洋芽胞杆菌属（*Oceanobacillus*）	0	1	0	0
【489】 海洋杆菌属（*Oceanobacter*）	0	1	1	0
【490】 寡源杆菌属（*Oligella*）	0	2	0	1
【491】 Order_Ⅲ	0	1	0	0
【492】 *Oxalophagus*	0	0	1	1
【493】 *Paenalcaligenes*	0	3	0	0
【494】 Parcubacteria_norank	0	0	0	2
【495】 少盐芽胞杆菌属（*Paucisalibacillus*）	0	3	0	0
【496】 *Peptoniphilus*	0	1	0	0
【497】 *Peptostreptococcaceae*	0	1	0	1
【498】 *Peptostreptococcus*	0	1	1	0
【499】 *Petrimonas*	0	3	4	1
【500】 *Phycisphaeraceae*	0	0	1	2
【501】 *Planctomycetaceae*	0	0	0	1
【502】 *Planctomycetaceae*	0	0	2	2
【503】 *Planococcaceae*	0	1	1	1
【504】 动性杆菌属（*Planomicrobium*）	0	1	0	0
【505】 *Porphyromonadaceae*	0	1	0	0
【506】 *Prevotella_1*	0	0	1	0
【507】 *Proteiniborus*	0	0	0	1
【508】 *Proteiniphilum*	0	3	4	1
【509】 *Providencia*	0	1	0	0
【510】 *Pseudofulvimonas*	0	1	1	1
【511】 *Pseudomaricurvus*	0	0	1	0
【512】 *Psychrobacter*	0	2	0	0
【513】 *Rhodobacteraceae*	0	1	0	0

物种名称	不同发酵程度垫料细菌属种类数（OTU）			
	AUG_CK	AUG_H	AUG_L	AUG_PM
【514】 *Rhodobiaceae*_norank	0	0	1	1
【515】 *Rhodocyclaceae*	0	0	1	1
【516】 *Rhodomicrobium*	0	0	1	1
【517】 红螺菌目（Rhodospirillales）_norank	0	0	1	1
【518】 *Rhodothermaceae*	0	0	2	2
【519】 *Rikenellaceae_RC9_gut_group*	0	0	2	1
【520】 *Roseovarius*	0	1	0	0
【521】 *Rubellimicrobium*	0	1	0	0
【522】 *Rubrobacter*	0	0	0	1
【523】 *Ruminiclostridium*	0	0	0	1
【524】 *Ruminiclostridium_5*	0	1	0	0
【525】 *Ruminococcaceae_NK4A214_group*	0	0	1	0
【526】 *Ruminococcaceae_UCG-014*	0	2	1	0
【527】 *Rummeliibacillus*	0	1	1	1
【528】 S0134_terrestrial_group_norank	0	0	6	8
【529】 SM2D12_norank	0	0	0	1
【530】 SM2F11_norank	0	0	1	1
【531】 *Salinicoccus*	0	2	0	1
【532】 *Schwartzia*	0	0	1	1
【533】 Sh765B-TzT-29_norank	0	0	1	1
【534】 *Silanimonas*	0	0	1	1
【535】 *Soonwooa*	0	0	1	0
【536】 *Sphaerobacter*	0	0	1	1
【537】 *Sphaerochaeta*	0	3	2	0
【538】 *Sphingobacteriaceae*	0	4	0	0
【539】 鞘氨醇杆菌目（Sphingobacteriales）_norank	0	0	1	0
【540】 生孢噬胞菌属（Sporocytophaga）	0	0	1	2
【541】 芽胞乳杆菌属（Sporolactobacillus）	0	0	0	1
【542】 芽胞八叠球菌属（Sporosarcina）	0	3	0	0
【543】 *Streptococcus*	0	1	1	1
【544】 Subgroup_18_norank	0	0	0	1
【545】 *Sulfobacillus*	0	0	0	1
【546】 *Symbiobacterium*	0	0	0	1
【547】 *Synergistaceae*	0	0	1	0
【548】 *Syntrophaceticus*	0	1	0	0
【549】 *Tepidimicrobium*	0	3	0	0
【550】 *Thermobacillus*	0	0	0	1
【551】 *Thermobifida*	0	0	0	1
【552】 *Thermomonospora*	0	0	0	2
【553】 *Thermosporotrichaceae*	0	0	1	1

续表

物种名称	不同发酵程度垫料细菌属种类数（OTU）			
	AUG_CK	AUG_H	AUG_L	AUG_PM
【554】泰氏菌属（*Tissierella*）	0	8	1	1
【555】*Treponema_2*	0	1	1	1
【556】*Trichococcus*	0	1	0	0
【557】*Tumebacillus*	0	0	1	1
【558】*Ulvibacter*	0	2	0	0
【559】*Verrucomicrobiaceae*	0	0	0	1
【560】*Vulgatibacter*	0	0	1	2
【561】*Waddlia*	0	0	0	1
【562】*Xanthomonadales*	0	0	1	1
【563】*Yaniella*	0	1	0	0
【564】[*Anaerorhabdus*]_furcosa_group	0	0	1	1
【565】[*Eubacterium*]_nodatum_group	0	0	1	1
【566】vadinBC27_wastewater-sludge_group	0	1	1	0

不同处理组细菌属种类组成差异显著（图 8-44），垫料原料（AUG_CK）前 3 个种类数量最高的细菌属为糖杆菌门未定属（36）、黄杆菌属（15）、类芽胞杆菌属（14）；深发酵垫料（AUG_H）前 3 个含量最高的细菌属为丹毒丝菌属（12）、假单胞菌属（10）、泰氏菌属（8）；浅发酵垫料（AUG_L）前 3 个含量最高的细菌属为糖杆菌门未定属（31）、太白山菌属（18）、噬几丁质菌科的 1 属（15）；未发酵猪粪（AUG_PM）前 3 个含量最高的细菌属为糖杆菌门未定属（33）、类芽胞杆菌属（18）、Subgroup_6_norank（16）。

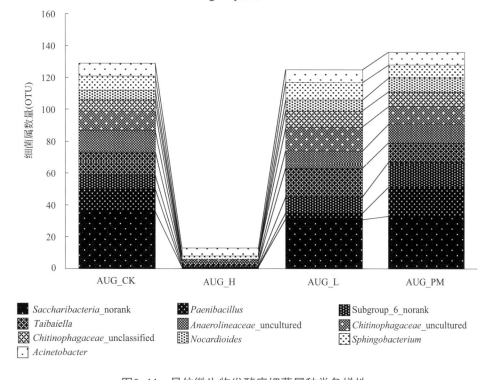

图8-44　异位微生物发酵床细菌属种类多样性

不同处理组芽胞杆菌分布见表8-37。利用宏基因组检测到异位微生物发酵床不同处理组共16个属的芽胞杆菌，其中含量最高的为类芽胞杆菌属（*Paenibacillus*），在AUG_CK和AUG_PM处理中的种类分别为14和18，芽胞杆菌属次之，在上述处理中的种类均为6，乳杆菌属（*Lactobacillus*）在深发酵垫料中种类较多为3，短芽胞杆菌属（*Brevibacillus*）分布较广，在AUG_CK、AUG_H、AUG_L、AUG_PM中的种类分别为3、0、2、2。

表8-37 异位微生物发酵床芽胞杆菌种类分布

物种名称		不同发酵程度垫料芽胞杆菌种类数（OTU）			
		AUG_CK	AUG_H	AUG_L	AUG_PM
【1】	类芽胞杆菌属（*Paenibacillus*）	14	0	4	18
【2】	芽胞杆菌属（*Bacillus*）	6	1	4	6
【3】	短芽胞杆菌属（*Brevibacillus*）	3	0	2	2
【4】	赖氨酸芽胞杆菌属（*Lysinibacillus*）	1	1	1	1
【5】	甲基小杆菌属（*Methylobacillus*）	1	1	0	0
【6】	*Saccharibacillus*	1	0	0	0
【7】	解硫胺素杆菌属（*Aneurinibacillus*）	0	0	1	1
【8】	盐硫杆状菌属（*Halothiobacillus*）	0	1	0	0
【9】	乳杆菌属（*Lactobacillus*）	0	3	1	0
【10】	海洋芽胞杆菌属（*Oceanobacillus*）	0	1	0	0
【11】	*Paucisalibacillus*	0	3	0	0
【12】	*Rummeliibacillus*	0	1	1	1
【13】	芽胞乳杆菌（*Sporolactobacillus*）	0	0	0	1
【14】	硫化芽胞杆菌属（*Sulfobacillus*）	0	0	0	1
【15】	热杆菌属（*Thermobacillus*）	0	0	0	1
【16】	*Tumebacillus*	0	0	1	1

6．细菌种种类分布结构

异位微生物发酵床不同处理中细菌种的种类共检测到838个（表8-38），其中垫料原料（AUG_CK）508个，深发酵垫料（AUG_H）248个，浅发酵垫料（AUG_L）508个，未发酵猪粪（AUG_PM）565个。深发酵垫料组的细菌种数量（OTU）仅为其余3个组的50%，说明经过发酵，垫料中的微生物种类大幅度下降。

表8-38 异位微生物发酵床细菌种数量

物种名称		不同发酵程度垫料细菌种种类数（OTU）			
		AUG_CK	AUG_H	AUG_L	AUG_PM
【1】	*Chitinophagaceae* sp.	14	0	17	14
【2】	*Saccharibacteria* sp.	14	0	11	11
【3】	*Saccharibacteria* sp.	12	1	14	16
【4】	*Flavobacterium* sp.	11	0	9	6
【5】	*Anaerolineaceae* sp.	10	1	8	8
【6】	*Paenibacillus* sp.	8	0	3	13
【7】	*Taibaiella* sp.	8	0	10	7

物种名称	不同发酵程度垫料细菌种种类数（OTU）			
	AUG_CK	AUG_H	AUG_L	AUG_PM
【8】 Subgroup_6 sp.	6	1	5	10
【9】 Moheibacter sp.	6	1	4	5
【10】 Nocardioides sp.	5	0	7	9
【11】 JG30-KF-CM45 sp.	5	0	1	6
【12】 Sphingobacterium sp.	5	1	5	4
【13】 Aquicella sp.	5	0	1	2
【14】 Cytophagaceae sp.	5	0	0	1
【15】 Xanthomonadales sp.	4	0	3	7
【16】 Armatimonadetes sp.	4	0	4	5
【17】 Taibaiella sp.	4	1	6	4
【18】 Comamonadaceae sp.	4	1	4	4
【19】 Rhizomicrobium sp.	4	0	4	4
【20】 Bacillus sp.	4	0	3	4
【21】 Chryseobacterium sp.	4	0	3	4
【22】 Pseudomonas sp.	4	4	2	4
【23】 Rhodospirillaceae sp.	4	1	2	4
【24】 Sphingobacteriaceae sp.	4	1	2	3
【25】 Massilia sp.	4	0	2	2
【26】 Saccharibacteria sp.	4	0	2	2
【27】 Pedobacter sp.	4	1	2	1
【28】 Saccharibacteria_uncultured_soil_bacterium	4	0	1	1
【29】 Acidimicrobiales sp.	3	0	3	4
【30】 LD29 sp.	3	0	3	4
【31】 Saccharopolyspora sp.	3	0	1	4
【32】 Acinetobacter sp.	3	3	3	3
【33】 Phyllobacteriaceae sp.	3	1	3	3
【34】 Hyphomicrobium sp.	3	0	3	3
【35】 Moraxellaceae sp.	3	0	2	3
【36】 Microgenomates_Candidate_WS6_bacterium	3	0	1	3
【37】 Chitinophagaceae sp.	3	0	4	2
【38】 Blastocatella sp.	3	0	3	2
【39】 Sphingomonadales sp.	3	1	2	2
【40】 Acetobacteraceae sp.	3	0	1	2
【41】 Aquicella sp.	3	0	1	2
【42】 Acidibacter sp.	3	0	2	1
【43】 Alcaligenaceae sp.	3	4	1	1
【44】 Candidate_division_WS6 sp.	3	0	1	1
【45】 Paenibacillaceae sp.	2	0	2	5
【46】 Rhizobiales sp.	2	1	4	4
【47】 Isosphaera sp.	2	1	3	4

续表

物种名称		不同发酵程度垫料细菌种种类数（OTU）			
		AUG_CK	AUG_H	AUG_L	AUG_PM
【48】	*Arenimonas* sp.	2	1	3	3
【49】	*Niabella* sp.	2	0	3	3
【50】	*Clostridium*_sensu_stricto_1 sp.	2	3	2	3
【51】	*Alphaproteobacteria* sp.	2	0	2	3
【52】	TM6 sp.	2	0	2	3
【53】	OPB35_soil_group sp.	2	0	1	3
【54】	OPB35_soil_group sp.	2	0	1	3
【55】	*Sphingobacterium* sp.	2	0	4	2
【56】	*Xanthomonadaceae* sp.	2	1	3	2
【57】	*Gemmatimonas* sp.	2	0	3	2
【58】	*Pusillimonas* sp.	2	3	2	2
【59】	*Rhodobacteraceae* sp.	2	3	2	2
【60】	*Erythrobacteraceae* sp.	2	1	2	2
【61】	BIrii41 sp.	2	0	2	2
【62】	*Bacteria* sp.	2	0	2	2
【63】	Candidatus_*Microthrix* sp.	2	0	2	2
【64】	*Cyanobacteria* sp.	2	0	2	2
【65】	*Devosia* sp.	2	0	2	2
【66】	*Flavitalea* sp.	2	0	2	2
【67】	GR-WP33-30 sp.	2	0	2	2
【68】	*Persicitalea* sp.	2	0	2	2
【69】	*Steroidobacter* sp.	2	0	2	2
【70】	*Microbacterium* sp.	2	2	1	2
【71】	*Streptomyces* sp.	2	1	1	2
【72】	*Burkholderia* sp.	2	0	1	2
【73】	*Cohnella* sp.	2	0	1	2
【74】	*Dyella* sp.	2	0	1	2
【75】	*Methylobacteriaceae* sp.	2	0	1	2
【76】	*Enterobacteriaceae* sp.	2	1	0	2
【77】	*Olivibacter* sp.	2	1	0	2
【78】	*Acidimicrobiaceae* sp.	2	0	0	2
【79】	*Fluviicola* sp.	2	0	4	1
【80】	NS9_marine_group sp.	2	0	2	1
【81】	*Olivibacter* sp.	2	1	1	1
【82】	*Serratia rubidaea*	2	1	1	1
【83】	*Altererythrobacter* sp.	2	0	1	1
【84】	*Caldilineaceae* sp.	2	0	1	1
【85】	*Ferruginibacter* sp.	2	0	1	1
【86】	*Flavisolibacter* sp.	2	0	1	1
【87】	*Ohtaekwangia* sp.	2	0	1	1

续表

物种名称	不同发酵程度垫料细菌种种类数（OTU）			
	AUG_CK	AUG_H	AUG_L	AUG_PM
【88】 *Pseudoxanthomonas* sp.	2	0	1	1
【89】 SM1A02 sp.	2	0	1	1
【90】 *Sandaracinaceae* sp.	2	0	1	1
【91】 *Terrimonas* sp.	2	0	1	1
【92】 wastewater metagenome	2	0	1	1
【93】 *Chitinophaga* sp.	2	0	0	1
【94】 *Niastella* sp.	2	0	0	1
【95】 SC-I-84 sp.	2	0	0	1
【96】 *Parapedobacter* sp.	2	1	1	0
【97】 *Prosthecobacter* sp.	2	0	1	0
【98】 *Arcticibacter* sp.	2	0	0	0
【99】 *Ferruginibacter* sp.	2	0	0	0
【100】 *Saprospiraceae* sp. mk04	2	0	0	0
【101】 *Gemmatimonadaceae* sp.	1	0	3	5
【102】 *Cyanobacteria*_uncultured_bacillales_bacterium	1	0	3	4
【103】 *Gammaproteobacteria* sp.	1	2	2	4
【104】 *Vampirovibrionales* sp.	1	0	0	4
【105】 AKYG1722_uncultured_chloroflexi_bacterium	1	0	2	3
【106】 *Caldilineaceae* sp.	1	0	2	3
【107】 Subgroup_6 sp.	1	0	2	3
【108】 TK10 sp.	1	0	2	3
【109】 *Hahella* sp.	1	1	2	2
【110】 *Mycobacterium* sp.	1	1	2	2
【111】 *Truepera* sp.	1	1	2	2
【112】 480-2 sp.	1	0	2	2
【113】 *Craurococcus* sp.	1	0	2	2
【114】 *Crenotalea* sp.	1	0	2	2
【115】 NS9_marine_group sp.	1	0	2	2
【116】 *Parafilimonas* sp.	1	0	2	2
【117】 *Rhodanobacter* sp.	1	0	2	2
【118】 Subgroup_6_unidentified	1	0	2	2
【119】 *Bryobacter* sp.	1	0	1	2
【120】 JG30-KF-CM45 sp.	1	0	1	2
【121】 S085 sp.	1	0	1	2
【122】 TRA3-20 sp.	1	0	1	2
【123】 *Verrucomicrobiaceae* sp.	1	0	1	2
【124】 *Oligoflexaceae* sp.	1	0	0	2
【125】 *Peredibacter* sp.	1	0	4	1
【126】 *Halomonas* sp.	1	2	2	1
【127】 *Bdellovibrio bacteriovorus*	1	0	2	1

物种名称	不同发酵程度垫料细菌种种类数（OTU）			
	AUG_CK	AUG_H	AUG_L	AUG_PM
【128】 *Burkholderiales* sp.	1	0	2	1
【129】 DSSF69 sp.	1	0	2	1
【130】 *Fluviicola* sp.	1	0	2	1
【131】 *Rhodospirillaceae*_uncultured_soil_bacterium	1	0	2	1
【132】 *Pusillimonas* sp.	1	2	1	1
【133】 *Acinetobacter* sp. NIPH_2171	1	1	1	1
【134】 *Acinetobacter* sp. NIPH_758	1	1	1	1
【135】 *Advenella* sp.	1	1	1	1
【136】 *Aeromicrobium* sp.	1	1	1	1
【137】 *Bacillus asahii*	1	1	1	1
【138】 *Brevundimonas diminuta*	1	1	1	1
【139】 *Brucellaceae* sp.	1	1	1	1
【140】 *Castellaniella* sp.	1	1	1	1
【141】 *Chryseobacterium defluvii*	1	1	1	1
【142】 *Clostridium butyricum*	1	1	1	1
【143】 *Clostridium_sensu_stricto_1* sp.	1	1	1	1
【144】 *Comamonas testosteroni*	1	1	1	1
【145】 *Comamonas* sp.	1	1	1	1
【146】 *Cronobacter* sp.	1	1	1	1
【147】 *Demequinaceae* sp.	1	1	1	1
【148】 *Elizabethkingia meningoseptica*	1	1	1	1
【149】 *Escherichia-Shigella* sp.	1	1	1	1
【150】 *Gordonia* sp.	1	1	1	1
【151】 *Iamia* sp.	1	1	1	1
【152】 *Leifsonia* sp.	1	1	1	1
【153】 *Leucobacter* sp.	1	1	1	1
【154】 *Lysinibacillus* sp.	1	1	1	1
【155】 *Marmoricola* sp.	1	1	1	1
【156】 *Microbispora* sp.	1	1	1	1
【157】 *Micrococcales* sp.	1	1	1	1
【158】 *Nitratireductor* sp.	1	1	1	1
【159】 *Nonomuraea kuesteri*	1	1	1	1
【160】 *Novosphingobium resinovorum*	1	1	1	1
【161】 *Ochrobactrum intermedium*	1	1	1	1
【162】 *Pandoraea* sp.	1	1	1	1
【163】 *Paracoccus solventivorans*	1	1	1	1
【164】 *Sphingobacterium mizutaii*	1	1	1	1
【165】 *Terrisporobacter* sp.	1	1	1	1
【166】 *Turicibacter* sp.	1	1	1	1
【167】 480-2_uncultured_rubrobacteraceae_bacterium	1	0	1	1

续表

物种名称	不同发酵程度垫料细菌种种类数（OTU）			
	AUG_CK	AUG_H	AUG_L	AUG_PM
【168】 AKYH478_uncultured_alpha_proteobacterium	1	0	1	1
【169】 *Achromobacter* sp.	1	0	1	1
【170】 *Acidibacter* sp.	1	0	1	1
【171】 *Acidimicrobiales* sp.	1	0	1	1
【172】 *Acidobacterium* sp.	1	0	1	1
【173】 *Acinetobacter kookii*	1	0	1	1
【174】 *Acinetobacter tandoii*	1	0	1	1
【175】 *Acinetobacter venetianus*_RAG-1_=_CIP_110063	1	0	1	1
【176】 *Agromyces* sp.	1	0	1	1
【177】 *Alicycliphilus denitrificans*	1	0	1	1
【178】 *Armatimonadetes*_uncultured_carnobacterium_sp.	1	0	1	1
【179】 *Asticcacaulis* sp.	1	0	1	1
【180】 BCf3-20 sp.	1	0	1	1
【181】 *Bauldia* sp.	1	0	1	1
【182】 *Bauldia* sp.	1	0	1	1
【183】 *Bdellovibrio* sp.	1	0	1	1
【184】 *Bordetella* sp.	1	0	1	1
【185】 *Bosea* sp.	1	0	1	1
【186】 *Bradyrhizobium* sp.	1	0	1	1
【187】 *Brevibacillus fluminis*	1	0	1	1
【188】 *Brevibacillus parabrevis*	1	0	1	1
【189】 *Brevundimonas* sp.	1	0	1	1
【190】 *Bryobacter*_uncultured_acidobacteriaceae_bacterium	1	0	1	1
【191】 *Burkholderia_multivorans*	1	0	1	1
【192】 CCU22 sp.	1	0	1	1
【193】 *Camelimonas lactis*	1	0	1	1
【194】 Candidatus *Microthrix* sp.	1	0	1	1
【195】 Candidatus *Protochlamydia*_uncultured_soil_bacterium	1	0	1	1
【196】 Candidatus *Solibacter* sp.	1	0	1	1
【197】 Candidatus *Xiphinematobacter* sp.	1	0	1	1
【198】 *Caulobacter* sp.	1	0	1	1
【199】 *Caulobacteraceae* sp.	1	0	1	1
【200】 *Caulobacteraceae* sp.	1	0	1	1
【201】 *Caulobacteraceae*_uncultured_caulobacter_sp.	1	0	1	1
【202】 *Caulobacteraceae*_uncultured_rhizobiales_bacterium	1	0	1	1
【203】 *Chelatococcus* sp.	1	0	1	1
【204】 *Chitinophaga*_terrae_Kim_and_Jung_2007	1	0	1	1
【205】 *Chitinophagaceae*_uncultured_sphingobacteria_bacterium	1	0	1	1
【206】 *Chitinophagaceae*_uncultured_sphingobacteriales_bacterium	1	0	1	1
【207】 *Chloroflexi* sp.	1	0	1	1

续表

物种名称	不同发酵程度垫料细菌种种类数（OTU）			
	AUG_CK	AUG_H	AUG_L	AUG_PM
【208】 *Chryseobacterium* sp.	1	0	1	1
【209】 *Chryseolinea* sp.	1	0	1	1
【210】 *Chthoniobacter* sp.	1	0	1	1
【211】 *Clostridium* sp.6-69	1	0	1	1
【212】 *Cohnella fontinalis*	1	0	1	1
【213】 *Comamonas aquatica*	1	0	1	1
【214】 *Comamonas*_unidentified	1	0	1	1
【215】 *Cupriavidus* sp.	1	0	1	1
【216】 *Cytophagaceae bacterium*_N010	1	0	1	1
【217】 *Cytophagaceae* sp.	1	0	1	1
【218】 *Defluviicoccus*_uncultured_soil_bacterium	1	0	1	1
【219】 *Demequina* sp.	1	0	1	1
【220】 *Devosia riboflavina*	1	0	1	1
【221】 *Dokdonella ginsengisoli*	1	0	1	1
【222】 *Dokdonella* sp.	1	0	1	1
【223】 *Dongia*_uncultured_alpha_proteobacterium	1	0	1	1
【224】 *Dongia* sp.	1	0	1	1
【225】 *Dongia*_uncultured_rhodospirillaceae_bacterium	1	0	1	1
【226】 *Empedobacter* sp.	1	0	1	1
【227】 *Ferrovibrio* sp.	1	0	1	1
【228】 *Ferrovibrio* sp.	1	0	1	1
【229】 *Ferruginibacter*_uncultured_sphingobacteria_bacterium	1	0	1	1
【230】 *Fibrobacteraceae* sp.	1	0	1	1
【231】 *Filimonas* sp.	1	0	1	1
【232】 *Filimonas*_uncultured_terrimonas_sp.	1	0	1	1
【233】 *Flavihumibacter* sp.	1	0	1	1
【234】 *Flavisolibacter* sp.B32	1	0	1	1
【235】 *Fonticella* sp.	1	0	1	1
【236】 *Gaiella* sp.EBR4-R2	1	0	1	1
【237】 *Gemmatimonadetes bacterium* WY71	1	0	1	1
【238】 *Gemmatimonas* sp.WX54	1	0	1	1
【239】 *Gemmatimonas* sp.	1	0	1	1
【240】 *Haliangium* sp.	1	0	1	1
【241】 *Hydrogenophaga* sp.	1	0	1	1
【242】 *Hyphomicrobium*_uncultured_hyphomicrobiaceae_bacterium	1	0	1	1
【243】 *Hyphomonadaceae* sp.	1	0	1	1
【244】 SC-I-8 sp.	1	0	1	1
【245】 *Jatrophihabitans* sp.	1	0	1	1
【246】 *Kribbella* sp.	1	0	1	1
【247】 *Leadbetterella byssophila*_DSM_17132	1	0	1	1

物种名称	不同发酵程度垫料细菌种种类数（OTU）			
	AUG_CK	AUG_H	AUG_L	AUG_PM
【248】 *Leptothrix* sp.	1	0	1	1
【249】 LiUU-11-161 sp.	1	0	1	1
【250】 *Litorilinea* sp.	1	0	1	1
【251】 *Luteimonas* sp.	1	0	1	1
【252】 ML80 sp.	1	0	1	1
【253】 *Micromonospora* sp.	1	0	1	1
【254】 *Microvirga*_uncultured_balneimonas_sp.	1	0	1	1
【255】 *Moraxellaceae*_uncultured_gamma_proteobacterium	1	0	1	1
【256】 Mycobacterium_hassiacum_DSM_44199	1	0	1	1
【257】 NKB5 sp.	1	0	1	1
【258】 NKB5_uncultured_soil_bacterium	1	0	1	1
【259】 NS11-12_marine_group_uncultured_sphingobacterium_sp.	1	0	1	1
【260】 *Nakamurella* sp.	1	0	1	1
【261】 *Niabella* sp.	1	0	1	1
【262】 *Nitrolancea* sp.	1	0	1	1
【263】 *Novosphingobium* sp.	1	0	1	1
【264】 OPB56 sp.	1	0	1	1
【265】 *Opitutus* sp.	1	0	1	1
【266】 *Opitutus* sp.	1	0	1	1
【267】 *Oxalicibacterium* sp.	1	0	1	1
【268】 *Parvibaculum* sp.	1	0	1	1
【269】 *Patulibacter* sp.	1	0	1	1
【270】 *Pedobacter saltans* DSM_12145	1	0	1	1
【271】 *Pedobacter* sp.BS03	1	0	1	1
【272】 *Pedomicrobium* sp.	1	0	1	1
【273】 *Pedomicrobium* sp.	1	0	1	1
【274】 *Perlucidibaca* sp.	1	0	1	1
【275】 *Phaselicystis* sp.	1	0	1	1
【276】 *Phenylobacterium*_uncultured_organism	1	0	1	1
【277】 *Pigmentiphaga* sp.Zn-d-2	1	0	1	1
【278】 *Polaromonas*_uncultured_comamonas_sp.	1	0	1	1
【279】 *Pseudoclavibacter*_uncultured_soil_bacterium	1	0	1	1
【280】 *Pseudolabrys* sp.	1	0	1	1
【281】 *Pseudomonas tuomuerensis*	1	0	1	1
【282】 *Pseudomonas*_uncultured_compost_bacterium	1	0	1	1
【283】 *Pseudoxanthomonas mexicana*	1	0	1	1
【284】 *Ramlibacter* sp.	1	0	1	1
【285】 *Rhizobium larrymoorei*	1	0	1	1
【286】 *Rhizobium* sp.	1	0	1	1
【287】 *Rhizomicrobium* sp.	1	0	1	1

续表

物种名称	不同发酵程度垫料细菌种种类数（OTU）			
	AUG_CK	AUG_H	AUG_L	AUG_PM
【288】 *Rhodococcus equi*	1	0	1	1
【289】 *Rhodococcus* sp.	1	0	1	1
【290】 *Rhodoligotrophos* sp.	1	0	1	1
【291】 *Rhodoplanes* sp.	1	0	1	1
【292】 *Rickettsiaceae* sp.	1	0	1	1
【293】 *Rivibacter* sp.	1	0	1	1
【294】 *Roseiflexus* sp.	1	0	1	1
【295】 *Roseiflexus*_uncultured_compost_bacterium	1	0	1	1
【296】 S085_uncultured_soil_bacterium	1	0	1	1
【297】 SHA-109_uncultured_alpha_proteobacterium	1	0	1	1
【298】 *Saccharibacteria* sp.sbr2096	1	0	1	1
【299】 *Saccharibacteria*_uncultured_gamma_proteobacterium	1	0	1	1
【300】 *Sanguibacter* sp.	1	0	1	1
【301】 *Schlegelella* sp.	1	0	1	1
【302】 *Sediminibacterium* sp.	1	0	1	1
【303】 *Solimonas* sp.	1	0	1	1
【304】 *Solimonas* sp.	1	0	1	1
【305】 *Sphingobium* sp.	1	0	1	1
【306】 *Sphingomonadaceae* sp.	1	0	1	1
【307】 *Sphingomonas paucimobilis*	1	0	1	1
【308】 *Sphingomonas wittichii*	1	0	1	1
【309】 *Sphingopyxis macrogoltabida*	1	0	1	1
【310】 *Sphingopyxis* sp.	1	0	1	1
【311】 *Stenotrophomonas* sp.PL35a2_S1	1	0	1	1
【312】 *Steroidobacter* sp.	1	0	1	1
【313】 Subgroup_6_uncultured_holophagae_bacterium	1	0	1	1
【314】 *Terrimonas* sp.	1	0	1	1
【315】 *Thauera*_uncultured_anaerobic_bacterium	1	0	1	1
【316】 *Thermomonas brevis*	1	0	1	1
【317】 *Thermomonas fusca*	1	0	1	1
【318】 *Thermovum* sp.	1	0	1	1
【319】 *Variibacter* sp.	1	0	1	1
【320】 *Woodsholea* sp.	1	0	1	1
【321】 *Xanthobacteraceae* sp.	1	0	1	1
【322】 *Xanthomonadales*_Incertae_Sedis sp.	1	0	1	1
【323】 *Xanthomonadales*_uncultured_compost_bacterium	1	0	1	1
【324】 bacterium_CC-YY411	1	0	1	1
【325】 cvE6 sp.	1	0	1	1
【326】 delta_proteobacterium_WX152	1	0	1	1
【327】 *Brevibacterium epidermidis*	1	1	0	1

物种名称	不同发酵程度垫料细菌种种类数（OTU）			
	AUG_CK	AUG_H	AUG_L	AUG_PM
【328】 *Enterobacter* sp.	1	1	0	1
【329】 *Oxalobacteraceae*_uncultured_herbaspirillum_sp.	1	1	0	1
【330】 *Saccharopolyspora*_hordei	1	1	0	1
【331】 *Staphylococcus lentus*	1	1	0	1
【332】 *Staphylococcus succinus*	1	1	0	1
【333】 480-2 sp.	1	0	0	1
【334】 *Actinocatenispora* sp.	1	0	0	1
【335】 *Actinomadura keratinilytica*	1	0	0	1
【336】 *Alcaligenaceae*_uncultured_beta_proteobacterium	1	0	0	1
【337】 *Amycolatopsis*_methanolica_239	1	0	0	1
【338】 *Amycolatopsis* sp.	1	0	0	1
【339】 *Angustibacter* sp.	1	0	0	1
【340】 *Aquicella* sp.	1	0	0	1
【341】 *Azospirillum* sp.	1	0	0	1
【342】 *Azospirillum zeae*	1	0	0	1
【343】 *Bacillus oleronius*	1	0	0	1
【344】 *Bdellovibrio* sp.	1	0	0	1
【345】 *Blastocatella* sp.	1	0	0	1
【346】 *Burkholderia rhizoxinica*	1	0	0	1
【347】 *Burkholderia tropica*	1	0	0	1
【348】 *Burkholderia xenovorans*_LB400	1	0	0	1
【349】 *Chitinophaga jiangningensis*	1	0	0	1
【350】 *Clostridium*_sensu_stricto_10 sp.	1	0	0	1
【351】 *Clostridium*_sensu_stricto_13 sp.	1	0	0	1
【352】 *Clostridium*_sensu_stricto_3 sp.	1	0	0	1
【353】 *Clostridium*_sensu_stricto_8 sp.	1	0	0	1
【354】 *Cohnella* sp.	1	0	0	1
【355】 *Comamonadaceae*_unidentified	1	0	0	1
【356】 *Cronobacter pulveris*	1	0	0	1
【357】 *Defluviicoccus*_uncultured_acetobacteraceae_bacterium	1	0	0	1
【358】 *Endobacter* sp.	1	0	0	1
【359】 *Enterobacter massiliensis*_JC163	1	0	0	1
【360】 FFCH7168_uncultured_compost_bacterium	1	0	0	1
【361】 *Flavobacterium marinum*	1	0	0	1
【362】 *Hirschia* sp.	1	0	0	1
【363】 *Hydrogenedentes* sp.	1	0	0	1
【364】 *Kineosporiaceae* sp.	1	0	0	1
【365】 *Lautropia*_uncultured_beta_proteobacterium	1	0	0	1
【366】 *Luteimonas*_uncultured_compost_bacterium	1	0	0	1
【367】 *Methylobacterium* sp.	1	0	0	1

物种名称	不同发酵程度垫料细菌种种类数（OTU）			
	AUG_CK	AUG_H	AUG_L	AUG_PM
【368】 *Nitrosomonadaceae*_uncultured_nitrosomonadaceae_bacterium	1	0	0	1
【369】 *Oligoflexales* sp.	1	0	0	1
【370】 *Paenibacillus barengoltzii*	1	0	0	1
【371】 *Paenibacillus cookii*	1	0	0	1
【372】 *Paenibacillus curdlanolyticus*_YK9	1	0	0	1
【373】 *Paenibacillus favisporus*	1	0	0	1
【374】 *Paenibacillus glycanilyticus*	1	0	0	1
【375】 *Pantoea cypripedii*	1	0	0	1
【376】 *Pantoea* sp.PSNIH2	1	0	0	1
【377】 *Parachlamydiaceae* sp.	1	0	0	1
【378】 *Reyranella* sp.	1	0	0	1
【379】 *Singulisphaera*_uncultured_singulisphaera_sp.	1	0	0	1
【380】 *Stella* sp.	1	0	0	1
【381】 *Streptomycetaceae* sp.	1	0	0	1
【382】 TA06_uncultured_gamma_proteobacterium	1	0	0	1
【383】 TA18 sp.	1	0	0	1
【384】 *Terriglobus* sp.	1	0	0	1
【385】 *Thermopolyspora*_uncultured_compost_bacterium	1	0	0	1
【386】 *Thioalkalispira*_uncultured_thiorhodospira sp.	1	0	0	1
【387】 ［*Pseudomonas*］ *geniculata*	1	0	0	1
【388】 compost metagenome	1	0	0	1
【389】 *Bacteroidetes* sp.	1	0	2	0
【390】 *Pseudospirillum* sp.	1	2	1	0
【391】 *Cellvibrio* sp.	1	1	1	0
【392】 *Lachnospiraceae*_UCG-007 sp.	1	1	1	0
【393】 *Acholeplasma* sp.N93	1	0	1	0
【394】 BIrii41 sp.	1	0	1	0
【395】 *Bacteroidetes*_VC2.1_Bac22 sp.	1	0	1	0
【396】 *Brevundimonas vesicularis*	1	0	1	0
【397】 *Burkholderiaceae* sp.	1	0	1	0
【398】 *Cellvibrio* sp.	1	0	1	0
【399】 *Chelatococcus* sp.	1	0	1	0
【400】 *Cloacibacterium* sp.	1	0	1	0
【401】 *Clostridium* sp.enrichment_culture_clone_VanCtr97	1	0	1	0
【402】 *Comamonas granuli*	1	0	1	0
【403】 *Flavobacterium* sp.D-2	1	0	1	0
【404】 *Flavobacterium*_ummariense	1	0	1	0
【405】 *Hydrogenophaga*_intermedia	1	0	1	0
【406】 *Leptothrix* sp.	1	0	1	0
【407】 OPB56 sp.0319-6e22	1	0	1	0

续表

物种名称	不同发酵程度垫料细菌种种类数（OTU）			
	AUG_CK	AUG_H	AUG_L	AUG_PM
【408】 *Paenibacillus granivorans*	1	0	1	0
【409】 *Roseomonas*_uncultured_methylobacteriaceae_bacterium	1	0	1	0
【410】 SJA-149 sp.	1	0	1	0
【411】 *Sedimentibacter*_uncultured_sedimentibacter sp.	1	0	1	0
【412】 *Sphingobacteriales bacterium*_ZH1	1	0	1	0
【413】 *Sphingobacterium* sp.HC-6155	1	0	1	0
【414】 *Verrucomicrobium* sp.	1	0	1	0
【415】 [*Pseudomonas*] *boreopolis*	1	0	1	0
【416】 alpha_proteobacterium_OR-84	1	0	1	0
【417】 *Anaerosporobacter* sp.	1	1	0	0
【418】 *Brachybacterium* sp.	1	1	0	0
【419】 *Enterococcus* sp.	1	1	0	0
【420】 *Lachnospiraceae* sp.	1	1	0	0
【421】 *Methylobacillus*_uncultured_soil_bacterium	1	1	0	0
【422】 *Nocardiopsis* sp.	1	1	0	0
【423】 [*Clostridium*] *xylanolyticum*	1	1	0	0
【424】 *Acidisoma* sp.	1	0	0	0
【425】 *Acidocella*_uncultured_acidocella sp.	1	0	0	0
【426】 *Aeromonas* sp.	1	0	0	0
【427】 *Anaerolineaceae*_uncultured_anaerolineaceae_bacterium	1	0	0	0
【428】 *Anaerolineaceae*_uncultured_caldilineaceae_bacterium	1	0	0	0
【429】 *Azospirillum brasilense*	1	0	0	0
【430】 *Brevibacillus* sp.	1	0	0	0
【431】 *Bryobacter* sp.	1	0	0	0
【432】 CA002 sp.	1	0	0	0
【433】 Candidate_division_WS6 sp.	1	0	0	0
【434】 Candidatus_Alysiosphaera sp.	1	0	0	0
【435】 *Carnimonas* sp.	1	0	0	0
【436】 *Carnimonas* sp.	1	0	0	0
【437】 *Chthoniobacterales* sp.	1	0	0	0
【438】 *Clostridium carboxidivorans*_P7	1	0	0	0
【439】 *Clostridium*_sensu_stricto_5 sp.	1	0	0	0
【440】 *Clostridium* sp.KNHs205	1	0	0	0
【441】 *Constrictibacter* sp.	1	0	0	0
【442】 *Delftia* sp.	1	0	0	0
【443】 *Dyadobacter* sp.	1	0	0	0
【444】 *Dyadobacter* sp.	1	0	0	0
【445】 *Edaphobacter* sp.	1	0	0	0
【446】 *Emticicia* sp.	1	0	0	0
【447】 *Erwinia* sp.	1	0	0	0

续表

物种名称	不同发酵程度垫料细菌种种类数（OTU）			
	AUG_CK	AUG_H	AUG_L	AUG_PM
【448】 *Exiguobacterium* sp.	1	0	0	0
【449】 *Flavobacterium-like* sp.oral_clone_AZ105	1	0	0	0
【450】 *Flavobacterium caeni*	1	0	0	0
【451】 *Flavobacterium_uncultured_myroides_sp.*	1	0	0	0
【452】 *Geminicoccus* sp.	1	0	0	0
【453】 *Herpetosiphon* sp.	1	0	0	0
【454】 *Hydrocarboniphaga* sp.	1	0	0	0
【455】 *Lutispora* sp.	1	0	0	0
【456】 *Lysobacter xinjiangensis*	1	0	0	0
【457】 *Methylobacterium aquaticum*	1	0	0	0
【458】 *Methyloferula* sp.	1	0	0	0
【459】 *Methylophilaceae* sp.	1	0	0	0
【460】 *Methylophilus* sp.	1	0	0	0
【461】 *Microlunatus* sp.	1	0	0	0
【462】 *Mucilaginibacter* sp.	1	0	0	0
【463】 *Myxococcales* sp.	1	0	0	0
【464】 *Nocardioides albus*	1	0	0	0
【465】 *Nubsella* sp.	1	0	0	0
【466】 OPB56 sp.	1	0	0	0
【467】 *Ohtaekwangia* sp.	1	0	0	0
【468】 P3OB-42_uncultured_cystobacteraceae_bacterium	1	0	0	0
【469】 *Parapedobacter*_uncultured_sphingobacteriaceae_bacterium	1	0	0	0
【470】 *Patulibacter minatonensis*	1	0	0	0
【471】 *Phreatobacter*_uncultured_bradyrhizobiaceae_bacterium	1	0	0	0
【472】 *Prauserella rugosa*	1	0	0	0
【473】 *Promicromonospora* sp.	1	0	0	0
【474】 *Proteobacteria* sp.	1	0	0	0
【475】 *Pseudomonas psychrotolerans*	1	0	0	0
【476】 *Pseudospirillum* sp.	1	0	0	0
【477】 *Pseudospirillum*_uncultured_beta_proteobacterium	1	0	0	0
【478】 *Ralstonia mannitolilytica*	1	0	0	0
【479】 *Rickettsiales*_uncultured_acanthamoeba	1	0	0	0
【480】 *Roseococcus* sp.	1	0	0	0
【481】 *Roseomonas* sp.	1	0	0	0
【482】 *Rudaea* sp.	1	0	0	0
【483】 *Runella* sp.	1	0	0	0
【484】 *Saccharibacillus* sp.	1	0	0	0
【485】 *Saccharopolyspora* sp.	1	0	0	0
【486】 *Sandaracinaceae*_uncultured_soil_bacterium	1	0	0	0
【487】 *Sandaracinus* sp.	1	0	0	0

物种名称	不同发酵程度垫料细菌种种类数（OTU）			
	AUG_CK	AUG_H	AUG_L	AUG_PM
【488】 *Sciscionella marina*	1	0	0	0
【489】 *Simiduia* sp.	1	0	0	0
【490】 *Siphonobacter* sp.	1	0	0	0
【491】 *Skermanella* sp.	1	0	0	0
【492】 *Solimonadaceae* sp.	1	0	0	0
【493】 *Sphingobacterium* sp.21	1	0	0	0
【494】 *Sphingomonas polyaromaticivorans*	1	0	0	0
【495】 *Sporichthya* sp.	1	0	0	0
【496】 *Sporomusa* sp.	1	0	0	0
【497】 Subgroup_3 sp.	1	0	0	0
【498】 *Telmatobacter* sp.	1	0	0	0
【499】 *Thermocrispum municipale*	1	0	0	0
【500】 *Vampirovibrionales* sp.	1	0	0	0
【501】 WCHB1-60_uncultured_candidatus_saccharibacteria_bacterium	1	0	0	0
【502】 WD272 sp.	1	0	0	0
【503】 WD272_uncultured_cyanobacterium	1	0	0	0
【504】 [*Clostridium*] *propionicum*	1	0	0	0
【505】 alpha_proteobacterium_A0839	1	0	0	0
【506】 bacterium_K-5b5	1	0	0	0
【507】 env.OPS_17 sp.	1	0	0	0
【508】 filamentous bacterium_Plant1_Iso8	1	0	0	0
【509】 S0134_terrestrial_group sp.	0	0	3	4
【510】 S0134_terrestrial_group sp.	0	0	2	3
【511】 Mollicutes_RF9 sp.	0	2	3	2
【512】 *Hydrogenedentes* sp.sjp-3	0	0	2	2
【513】 *Actinobacteria* sp.	0	0	1	2
【514】 *Oligoflexales* sp.	0	0	1	2
【515】 *Phycisphaeraceae* sp.	0	0	1	2
【516】 *Planctomycetaceae* sp.	0	0	1	2
【517】 SM1A02 sp.	0	0	1	2
【518】 anaerobic bacterium_MO-CFX2	0	0	1	2
【519】 OPB54 sp.	0	2	0	2
【520】 Family_XVⅢsp.	0	0	0	2
【521】 *Gaiellales* sp.	0	0	0	2
【522】 JG30-KF-CM66_uncultured_chloroflexi_bacterium	0	0	0	2
【523】 *Parcubacteria* sp.	0	0	0	2
【524】 *Corynebacterium*_1 sp.	0	2	2	1
【525】 *Rikenellaceae*_RC9_gut_group sp.	0	0	2	1
【526】 *Tissierella* sp.	0	4	1	1
【527】 *Truepera* sp.	0	3	1	1

物种名称	不同发酵程度垫料细菌种种类数（OTU）			
	AUG_CK	AUG_H	AUG_L	AUG_PM
【528】 *Alcanivorax* sp.	0	2	1	1
【529】 *Anaerococcus* sp.	0	2	1	1
【530】 C1-B045 sp.	0	2	1	1
【531】 *Hyphomicrobiaceae* sp.	0	2	1	1
【532】 *Sandaracinaceae*_uncultured_compost_bacterium	0	2	1	1
【533】 *Arthrobacter creatinolyticus*	0	1	1	1
【534】 *Chitinophagaceae*_uncultured_compost_bacterium	0	1	1	1
【535】 *Clostridium* sp.M2/40	0	1	1	1
【536】 *Corynebacterium humireducens*_NBRC_106098_=_DSM_45392	0	1	1	1
【537】 *Cystobacteraceae* sp.	0	1	1	1
【538】 *Dietzia maris*	0	1	1	1
【539】 *Fastidiosipila*_uncultured_clostridiales_bacterium	0	1	1	1
【540】 *Intrasporangiaceae* sp.	0	1	1	1
【541】 *Kurthia* sp.	0	1	1	1
【542】 *Petrimonas*_uncultured_prokaryote	0	1	1	1
【543】 *Planococcaceae* sp.	0	1	1	1
【544】 *Proteiniphilum* sp.	0	1	1	1
【545】 *Pseudomonas formosensis*	0	1	1	1
【546】 *Rummeliibacillus stabekisii*	0	1	1	1
【547】 *Streptococcus* sp.	0	1	1	1
【548】 bacterium endosymbiont of *Onthophagus taurus*	0	1	1	1
【549】 II-24 sp.	0	0	1	1
【550】 AT425-EubC11_terrestrial_group sp.	0	0	1	1
【551】 AT425-EubC11_terrestrial_group_uncultured_compost_bacterium	0	0	1	1
【552】 *Acidaminococcus* sp.	0	0	1	1
【553】 *Acidiferrobacter* sp.	0	0	1	1
【554】 *Acidimicrobiales*_uncultured_ferrimicrobium sp.	0	0	1	1
【555】 *Anaerofustis* sp.	0	0	1	1
【556】 *Anaerolinea* sp.	0	0	1	1
【557】 *Anaerolineaceae*_uncultured_compost_bacterium	0	0	1	1
【558】 *Anaeromyxobacter* sp.	0	0	1	1
【559】 *Aneurinibacillus* sp.	0	0	1	1
【560】 *Arcticibacter* sp.	0	0	1	1
【561】 *Ardenticatenales* sp.	0	0	1	1
【562】 B1-7BS sp.	0	0	1	1
【563】 *Bacteroides*_paurosaccharolyticus_JCM_15092	0	0	1	1
【564】 *Bryobacter*_uncultured_acidobacteria_bacterium	0	0	1	1
【565】 Candidatus *Captivus* sp.	0	0	1	1
【566】 Candidatus *Odyssella*_uncultured_alpha_proteobacterium	0	0	1	1
【567】 *Chitinophagaceae bacterium*_NYFB	0	0	1	1

续表

物种名称	不同发酵程度垫料细菌种种类数（OTU）			
	AUG_CK	AUG_H	AUG_L	AUG_PM
【568】 *Chitinophagaceae*_uncultured_terrimonas_sp.	0	0	1	1
【569】 *Coriobacteriaceae* sp.	0	0	1	1
【570】 *Cyclobacteriaceae* sp.	0	0	1	1
【571】 DA111 sp.	0	0	1	1
【572】 DA111_uncultured_alpha_proteobacterium	0	0	1	1
【573】 DB1-14 sp.	0	0	1	1
【574】 *Defluviicoccus* sp.	0	0	1	1
【575】 *Defluviicoccus*_uncultured_roseospira_sp.	0	0	1	1
【576】 Elev-16S-1332 sp.	0	0	1	1
【577】 *Eoetvoesia* sp.	0	0	1	1
【578】 Family_XIII sp.	0	0	1	1
【579】 *Gaiella* sp.	0	0	1	1
【580】 *Gaiellales* sp.	0	0	1	1
【581】 *Gemmatimonas*_uncultured_gemmatimonadetes_bacterium	0	0	1	1
【582】 *Hydrogenedentes*_uncultured_fusobacteria_bacterium	0	0	1	1
【583】 *Hydrogenedentes*_uncultured_telmatobacter_sp.	0	0	1	1
【584】 I-10 sp.	0	0	1	1
【585】 *Ignavibacteriales* sp.	0	0	1	1
【586】 JG30-KF-CM66 sp.	0	0	1	1
【587】 JG37-AG-20 sp.	0	0	1	1
【588】 KCM-B-15 sp.	0	0	1	1
【589】 *Legionella* sp.	0	0	1	1
【590】 *Limnobacter* sp.	0	0	1	1
【591】 *Methylococcaceae*_uncultured_compost_bacterium	0	0	1	1
【592】 *Mogibacterium* sp.	0	0	1	1
【593】 *Moheibacter*_uncultured_bacteroidetes_bacterium	0	0	1	1
【594】 *Mollicutes*_RF9 sp.	0	0	1	1
【595】 *Nitrosomonadaceae* sp.	0	0	1	1
【596】 *Nitrosomonadaceae*_uncultured_burkholderiaceae_bacterium	0	0	1	1
【597】 *Nitrosomonadaceae*_uncultured_delta_proteobacterium	0	0	1	1
【598】 *Nitrosospira* sp.	0	0	1	1
【599】 OCS116_clade sp.	0	0	1	1
【600】 OM1_clade sp.	0	0	1	1
【601】 OM1_clade_uncultured_compost_bacterium	0	0	1	1
【602】 *Oligoflexaceae* sp.	0	0	1	1
【603】 *Oligoflexales*_uncultured_roseobacter_sp.	0	0	1	1
【604】 *Oxalophagus* sp.	0	0	1	1
【605】 *Planctomycetaceae*_uncultured_singulisphaera_sp.	0	0	1	1
【606】 *Pseudofulvimonas*_uncultured_compost_bacterium	0	0	1	1
【607】 *Rhodobiaceae* sp.	0	0	1	1

续表

物种名称	不同发酵程度垫料细菌种种类数（OTU）			
	AUG_CK	AUG_H	AUG_L	AUG_PM
【608】 *Rhodocyclaceae* sp.	0	0	1	1
【609】 *Rhodomicrobium* sp.	0	0	1	1
【610】 *Rhodospirillales* sp.	0	0	1	1
【611】 *Rhodothermaceae* sp.	0	0	1	1
【612】 *Rhodothermaceae*_uncultured_soil_bacterium	0	0	1	1
【613】 *Rickettsiales* sp.	0	0	1	1
【614】 *Roseiflexus* sp.	0	0	1	1
【615】 *Roseiflexus*_uncultured_chloroflexi_bacterium	0	0	1	1
【616】 S0134_terrestrial_group_uncultured_compost_bacterium	0	0	1	1
【617】 SC-I-84 sp.	0	0	1	1
【618】 SM2F11 sp.	0	0	1	1
【619】 *Saccharibacteria* sp. sbr2013	0	0	1	1
【620】 *Schwartzia* sp.	0	0	1	1
【621】 Sh765B-TzT-29 sp.	0	0	1	1
【622】 *Silanimonas*_uncultured_luteimonas_sp.	0	0	1	1
【623】 *Singulisphaera* sp.	0	0	1	1
【624】 *Solimonas*_uncultured_gamma_proteobacterium	0	0	1	1
【625】 *Sphaerobacter*_thermophilus_DSM_20745	0	0	1	1
【626】 *Sporocytophaga* sp.	0	0	1	1
【627】 *Stenotrophomonas* sp.	0	0	1	1
【628】 *Thermosporotrichaceae* sp.	0	0	1	1
【629】 *Treponema parvum*	0	0	1	1
【630】 *Tumebacillus* sp.	0	0	1	1
【631】 *Vulgatibacter* sp.	0	0	1	1
【632】 *Wautersiella* sp. MBG55	0	0	1	1
【633】 [*Anaerorhabdus*]_furcosa_group sp.	0	0	1	1
【634】 [*Eubacterium*]_nodatum_group sp.	0	0	1	1
【635】 rumen_bacterium_NC-34	0	0	1	1
【636】 *Bacillaceae* sp.	0	8	0	1
【637】 *Erysipelothrix* sp.	0	7	0	1
【638】 *Salinicoccus* sp.	0	2	0	1
【639】 AT425-EubC11_terrestrial_group sp.	0	1	0	1
【640】 *Collinsella* sp.	0	1	0	1
【641】 *Cyclobacteriaceae* sp.	0	1	0	1
【642】 *Luteivirga*_uncultured_compost_bacterium	0	1	0	1
【643】 *Oligella*_ureolytica	0	1	0	1
【644】 *Olivibacter*_uncultured_compost_bacterium	0	1	0	1
【645】 *Peptostreptococcaceae* sp.	0	1	0	1
【646】 43F-1404R_uncultured_desulfuromonadales_bacterium	0	0	0	1
【647】 AKIW659 sp.	0	0	0	1

物种名称	不同发酵程度垫料细菌种种类数（OTU）			
	AUG_CK	AUG_H	AUG_L	AUG_PM
【648】AKYG1722 sp.	0	0	0	1
【649】Acetivibrio cellulolyticus	0	0	0	1
【650】Acidimicrobiales_uncultured_aciditerrimonas_sp.	0	0	0	1
【651】Acidimicrobiales_uncultured_soil_bacterium	0	0	0	1
【652】Acidobacteriaceae_Subgroup_1 sp.	0	0	0	1
【653】Agaricicola sp.	0	0	0	1
【654】Alcanivorax sp.	0	0	0	1
【655】Byssovorax sp.	0	0	0	1
【656】Clostridia sp.	0	0	0	1
【657】DA111 sp.	0	0	0	1
【658】Desulfitobacterium sp.	0	0	0	1
【659】Gaiellales_uncultured_conexibacter_sp.	0	0	0	1
【660】Gemmatimonadaceae sp.	0	0	0	1
【661】Gryllotalpicola sp.	0	0	0	1
【662】Hyphomonadaceae sp.	0	0	0	1
【663】Iamia sp.	0	0	0	1
【664】JG30-KF-CM66 sp.	0	0	0	1
【665】KD4-96_uncultured_anaerolineaceae_bacterium	0	0	0	1
【666】Lautropia sp.	0	0	0	1
【667】Micromonosporaceae sp.	0	0	0	1
【668】Mizugakiibacter sediminis	0	0	0	1
【669】OM190 sp.	0	0	0	1
【670】Proteiniborus sp.	0	0	0	1
【671】Rubrobacter sp.	0	0	0	1
【672】Ruminiclostridium sp.	0	0	0	1
【673】SM2D12 sp.	0	0	0	1
【674】Sporocytophaga sp.	0	0	0	1
【675】Sporolactobacillus_uncultured_soil_bacterium	0	0	0	1
【676】Subgroup_18 sp.	0	0	0	1
【677】Sulfobacillus sp.	0	0	0	1
【678】Symbiobacterium sp.	0	0	0	1
【679】TK10 sp.	0	0	0	1
【680】TK10_uncultured_chloroflexi_bacterium	0	0	0	1
【681】Thermobacillus_uncultured_compost_bacterium	0	0	0	1
【682】Thermobifida_fusca	0	0	0	1
【683】Thermomonospora_curvata_DSM_43183	0	0	0	1
【684】Thermomonospora sp.	0	0	0	1
【685】Vampirovibrionales_uncultured_cyanobacterium	0	0	0	1
【686】Verrucomicrobiaceae sp.	0	0	0	1
【687】Vulgatibacter_uncultured_compost_bacterium	0	0	0	1

物种名称	不同发酵程度垫料细菌种种类数（OTU）			
	AUG_CK	AUG_H	AUG_L	AUG_PM
【688】 *Waddlia* sp.	0	0	0	1
【689】 *Xanthomonadales*_uncultured_sludge_bacterium	0	0	0	1
【690】 *Flavobacteriaceae* sp.	0	4	2	0
【691】 *Sphaerochaeta* sp.	0	2	2	0
【692】 *Bacteroides* sp.	0	1	2	0
【693】 *Christensenellaceae*_R-7_group sp.	0	1	2	0
【694】 *Fastidiosipila*_uncultured_prokaryote	0	1	2	0
【695】 *Petrimonas*_uncultured_bacteroidetes_bacterium	0	1	2	0
【696】 *Chitinophagaceae*_uncultured_prokaryote	0	0	2	0
【697】 *Erysipelothrix* sp.	0	4	1	0
【698】 *Lactobacillus* sp.	0	2	1	0
【699】 *Alcaligenes* sp.	0	1	1	0
【700】 *Alicycliphilus*_uncultured_beta_proteobacterium	0	1	1	0
【701】 *Bacteroidales*_UCG-001 sp.	0	1	1	0
【702】 *Corynebacterium stationis*	0	1	1	0
【703】 Family_XI_uncultured_clostridiales_bacterium	0	1	1	0
【704】 *Ignatzschineria* sp.	0	1	1	0
【705】 *Oceanobacter* sp.	0	1	1	0
【706】 *Peptostreptococcus russellii*	0	1	1	0
【707】 *Petrimonas* sp.	0	1	1	0
【708】 *Proteiniphilum*_uncultured_porphyromonadaceae_bacterium	0	1	1	0
【709】 *Proteiniphilum*_uncultured_prokaryote	0	1	1	0
【710】 *Ruminococcaceae*_UCG-014 sp.	0	1	1	0
【711】 *Truepera*_uncultured_thermus/deinococcus_group_bacterium	0	1	1	0
【712】 *vadin*BC27_wastewater-sludge_group sp.	0	1	1	0
【713】 *Anaerotruncus* sp.	0	0	1	0
【714】 *Anaerotruncus*_uncultured_clostridiales_bacterium	0	0	1	0
【715】 *Bacteroidales* sp.	0	0	1	0
【716】 *Bacteroides cellulosilyticus*_DSM_14838	0	0	1	0
【717】 *Bacteroidetes*_VC2.1_Bac22_uncultured_flavobacteriales_bacterium	0	0	1	0
【718】 *Bdellovibrio*_uncultured_bdellovibrio_sp.	0	0	1	0
【719】 *Christensenellaceae*_R-7_group sp.	0	0	1	0
【720】 *Cryomorphaceae* sp.	0	0	1	0
【721】 *Desulfovibrio* sp.	0	0	1	0
【722】 *Erysipelotrichaceae*_UCG-004 sp.	0	0	1	0
【723】 *Flavobacterium* sp.	0	0	1	0
【724】 GR-WP33-58 sp.	0	0	1	0
【725】 NS11-12_marine_group sp.	0	0	1	0
【726】 *Pedobacter* sp.	0	0	1	0
【727】 *Prevotella*_1 sp.	0	0	1	0

续表

物种名称	不同发酵程度垫料细菌种种类数（OTU）			
	AUG_CK	AUG_H	AUG_L	AUG_PM
【728】 *Proteiniphilum*_uncultured_ruminobacillus_sp.	0	0	1	0
【729】 *Pseudomaricurvus* sp.	0	0	1	0
【730】 *Ruminococcaceae*_NK4A214_group sp.	0	0	1	0
【731】 *Soonwooa* sp.	0	0	1	0
【732】 *Sphingobacteriales* sp.	0	0	1	0
【733】 *Synergistaceae* sp.	0	0	1	0
【734】 *Micrococcales* sp.	0	3	0	0
【735】 *Paucisalibacillus* sp.	0	3	0	0
【736】 *Saprospiraceae* sp.	0	3	0	0
【737】 *Tepidimicrobium* sp.	0	3	0	0
【738】 *Tissierella* sp.	0	3	0	0
【739】 *Acholeplasma* sp.	0	2	0	0
【740】 *Aequorivita*_uncultured_bacteroidetes_bacterium	0	2	0	0
【741】 *Atopostipes* sp.	0	2	0	0
【742】 *Bacteroides*_uncultured_prokaryote	0	2	0	0
【743】 *Deltaproteobacteria* sp.	0	2	0	0
【744】 Family_Ⅺ sp.	0	2	0	0
【745】 Family_Ⅺ_uncultured_prokaryote	0	2	0	0
【746】 *Fastidiosipila* sp.	0	2	0	0
【747】 *Ignatzschineria*_uncultured_prokaryote	0	2	0	0
【748】 *Mobilitalea* sp.	0	2	0	0
【749】 *Pseudomonas*_uncultured_prokaryote	0	2	0	0
【750】 *Pusillimonas*_uncultured_pusillimonas_sp.	0	2	0	0
【751】 *Sphingobacteriaceae* sp.	0	2	0	0
【752】 *Sphingobacteriaceae*_uncultured_compost_bacterium	0	2	0	0
【753】 *Sporosarcina* sp.	0	2	0	0
【754】 *Ulvibacter* sp.	0	2	0	0
【755】 *Acholeplasma cavigenitalium*	0	1	0	0
【756】 *Aequorivita* sp.	0	1	0	0
【757】 *Aequorivita*_uncultured_flavobacteriia_bacterium	0	1	0	0
【758】 *Aerococcus viridans*	0	1	0	0
【759】 *Alcaligenes faecalis*	0	1	0	0
【760】 *Aliidiomarina* sp.	0	1	0	0
【761】 *Aminobacterium* sp.	0	1	0	0
【762】 *Anaerosalibacter* sp.	0	1	0	0
【763】 *Azoarcus* sp.	0	1	0	0
【764】 BD2-11_terrestrial_group sp.	0	1	0	0
【765】 *Bacillaceae* sp.	0	1	0	0
【766】 *Bogoriella* sp.	0	1	0	0
【767】 *Brevibacterium senegalense*	0	1	0	0

续表

物种名称	不同发酵程度垫料细菌种种类数（OTU）			
	AUG_CK	AUG_H	AUG_L	AUG_PM
【768】 *Brumimicrobium*_uncultured_compost_bacterium	0	1	0	0
【769】 *Caldicoprobacter* sp.	0	1	0	0
【770】 *Caldicoprobacter*_uncultured_prokaryote	0	1	0	0
【771】 *Clostridiaceae*_1 sp.	0	1	0	0
【772】 *Clostridiales*_vadinBB60_group sp.	0	1	0	0
【773】 *Clostridium*_tetani_E88	0	1	0	0
【774】 *Corynebacteriales* sp.	0	1	0	0
【775】 *Corynebacterium*_maris_DSM_45190	0	1	0	0
【776】 *Desemzia* sp.	0	1	0	0
【777】 *Enteractinococcus* sp. YIM_101632	0	1	0	0
【778】 *Erysipelothrix*_uncultured_organism	0	1	0	0
【779】 *Erysipelotrichaceae*_UCG-004 sp.	0	1	0	0
【780】 *Erysipelotrichaceae* sp.	0	1	0	0
【781】 *Facklamia* sp.	0	1	0	0
【782】 Family_XIII_AD3011_group sp.	0	1	0	0
【783】 Family_XIV sp.	0	1	0	0
【784】 Family_XI_uncultured_clostridia_bacterium	0	1	0	0
【785】 *Fastidiosipila*_uncultured_clostridium_sp.	0	1	0	0
【786】 *Flaviflexus* sp.	0	1	0	0
【787】 *Gallicola* sp.	0	1	0	0
【788】 *Georgenia*_uncultured_actinobacterium	0	1	0	0
【789】 *Halothiobacillus* sp.	0	1	0	0
【790】 *Helcococcus* sp.	0	1	0	0
【791】 *Idiomarina indica*	0	1	0	0
【792】 *Ignavigranum* sp.	0	1	0	0
【793】 *Jeotgalicoccus* sp.	0	1	0	0
【794】 *Koukoulia* sp.	0	1	0	0
【795】 *Lactobacillus amylophilus*	0	1	0	0
【796】 *Marinicella*_uncultured_chromatiales_bacterium	0	1	0	0
【797】 *Marinilabiaceae* sp.	0	1	0	0
【798】 *Marinimicrobium* sp.	0	1	0	0
【799】 *Mariniradius*_uncultured_bacteroidetes_bacterium	0	1	0	0
【800】 *Marinobacter* sp.	0	1	0	0
【801】 *Marinospirillum minutulum*	0	1	0	0
【802】 *Methylophaga* sp.	0	1	0	0
【803】 *Microbacteriaceae* sp.	0	1	0	0
【804】 *Mobilitalea*_uncultured_lachnospiraceae_bacterium	0	1	0	0
【805】 *Mogibacterium* sp.	0	1	0	0
【806】 *Moheibacter*_uncultured_compost_bacterium	0	1	0	0
【807】 *Murdochiella* sp.	0	1	0	0

物种名称	不同发酵程度垫料细菌种种类数（OTU）			
	AUG_CK	AUG_H	AUG_L	AUG_PM
【808】 *Myroides*_uncultured_compost_bacterium	0	1	0	0
【809】 *Nocardiopsis* sp. A45NRDEM	0	1	0	0
【810】 OM27_clade sp.	0	1	0	0
【811】 *Oceanobacillus* sp.	0	1	0	0
【812】 *Oligella* sp.	0	1	0	0
【813】 Order_Ⅲ sp.	0	1	0	0
【814】 *Paenalcaligenes* sp.	0	1	0	0
【815】 *Paenalcaligenes* sp.	0	1	0	0
【816】 *Peptoniphilus stercorisuis*	0	1	0	0
【817】 *Planomicrobium* sp.ES2	0	1	0	0
【818】 *Porphyromonadaceae*_uncultured_soil_bacterium	0	1	0	0
【819】 *Providencia alcalifaciens*	0	1	0	0
【820】 *Pseudofulvimonas* sp.	0	1	0	0
【821】 *Pseudomonas pertucinogena*	0	1	0	0
【822】 *Pseudomonas* sp.108Z1	0	1	0	0
【823】 *Pseudomonas* sp.12M76_air	0	1	0	0
【824】 *Psychrobacter faecalis*	0	1	0	0
【825】 *Psychrobacter* sp.	0	1	0	0
【826】 *Roseovarius* sp.SS16.20	0	1	0	0
【827】 *Rubellimicrobium*_uncultured_alpha_proteobacterium	0	1	0	0
【828】 *Ruminiclostridium*_5 sp.	0	1	0	0
【829】 *Ruminococcaceae*_UCG-014 sp.	0	1	0	0
【830】 *Sandaracinus* sp.	0	1	0	0
【831】 *Sphaerochaeta* sp.	0	1	0	0
【832】 *Sporosarcina* sp.Con12	0	1	0	0
【833】 *Syntrophaceticus* sp.	0	1	0	0
【834】 *Taibaiella*_uncultured_sphingobacteria_bacterium	0	1	0	0
【835】 *Tissierella*_uncultured_clostridium_sp.	0	1	0	0
【836】 *Treponema*_2 sp.	0	1	0	0
【837】 *Trichococcus* sp.	0	1	0	0
【838】 *Yaniella* sp.	0	1	0	0

以垫料原料（AUG_CK）中 OTU 数量按大小排序，结果列于图 8-45。在细菌种的前 10 个数量最大种类为 *Chitinophagaceae* sp.（14）、*Saccharibacteria*_uncultured（14）、*Saccharibacteria* sp.（12）、*Flavobacterium* sp.（11）、*Anaerolineaceae* sp.（10）、*Taibaiella*_uncultured（8）、*Paenibacillus* sp.（8）、Subgroup_6 sp.（6）、*Moheibacter* sp.（6）、*Sphingobacterium* sp.（5）。不同处理组相比，这 10 种在深发酵垫料（AUG_H）中的 OTU 分布量很小，范围在 0 ～ 1 之间；而在其他两个处理组中的分布与垫料原料（AUG_CK）趋势相同，在浅发酵垫料（AUG_L）中 OTU 分布范围为 3 ～ 17，在未发酵猪粪（AUG_PM）中 OTU 分布范围为 4 ～ 21。

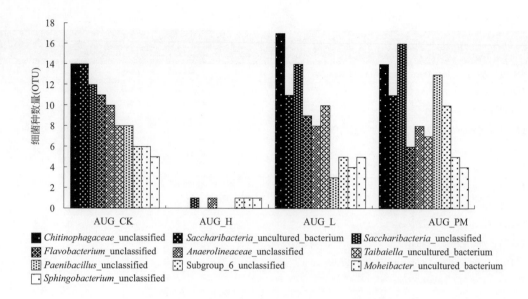

图8-45　异位微生物发酵床垫料原料TOP10细菌种分布

以深发酵垫料（AUG_H）中OTU数量按大小排序，结果列于图8-46。在细菌种的前10个数量最大种类为 *Bacillaceae* sp.（8）、*Erysipelothrix*_uncultured（7）、*Pseudomonas* sp.（4）、*Alcaligenaceae* sp.（4）、*Flavobacteriaceae* sp.（4）、*Erysipelothrix* sp.（4）、*Tissierella* sp.（4）、*Acinetobacter* sp.（3）、*Clostridium*_sensu_stricto_1 sp.（3）、*Pusillimonas* sp.（3）。不同处理组相比，这10种在其他3个处理组的OTU分布差异极显著，在垫料原料（AUG_CK）中OTU分布范围为0～4；在浅发酵垫料（AUG_L）中OTU分布范围为0～3，在未发酵猪粪（AUG_PM）中OTU分布范围为0～4。

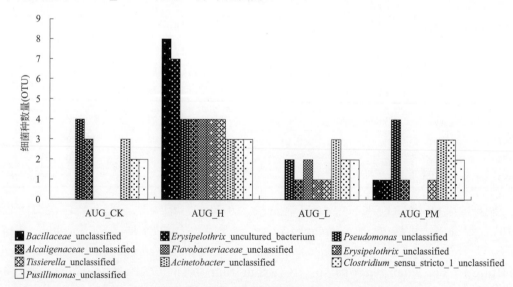

图8-46　异位微生物发酵床深发酵垫料组TOP10细菌种分布

以浅发酵垫料（AUG_L）中OTU数量按大小排序，结果列于图8-47。在细菌种的前10个数量最大种类为 *Chitinophagaceae* sp.（17）、*Saccharibacteria* sp.（14）、*Saccharibacteria*_uncultured（11）、*Taibaiella*_uncultured（10）、*Flavobacterium* sp.（9）、*Anaerolineaceae* sp.（8）、*Nocardioides* sp.（7）、*Taibaiella* sp.（6）、Subgroup_6 sp.（5）、*Sphingobacterium* sp.（5）。不同处理组相比，该处理组的这10种与垫料原料（AUG_CK）和未发酵猪粪（AUG_PM）中的分布趋势相似，而与深发酵垫料（AUG_H）差异显著；这10个细菌种在垫料原料（AUG_CK）中OTU分布范围为4～14；在深发酵垫料（AUG_H）中OTU分布范围为0～1，在未发酵猪粪（AUG_PM）中OTU分布范围为4～16。

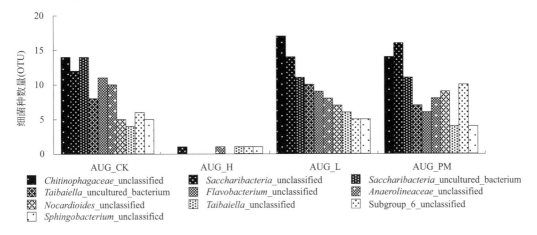

图8-47 异位微生物发酵床浅发酵垫料组TOP10细菌种分布

以未发酵猪粪（AUG_PM）中OTU数量按大小排序，结果列于图8-48。在细菌种的前10个数量最大种类为*Saccharibacteria* sp.（16）、*Chitinophagaceae* sp.（14）、*Paenibacillus* sp.（13）、*Saccharibacteria*_uncultured（11）、Subgroup_6 sp.（10）、*Nocardioides* sp.（9）、*Anaerolineaceae* sp.（8）、*Taibaiella*_uncultured（7）、*Xanthomonadales* sp.（7）、*Flavobacterium* sp.（6）。不同处理组相比，该处理组的这10种与垫料原料（AUG_CK）和浅发酵垫料（AUG_L）中的分布趋势相似，而与深发酵垫料（AUG_H）中差异显著；这10个细菌种在垫料原料（AUG_CK）中OTU分布范围为4～14；在深发酵垫料（AUG_H）中OTU分布范围为0～1，在浅发酵垫料（AUG_L）中OTU分布范围为4～17。

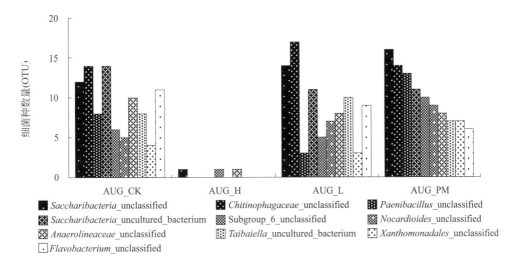

图8-48 异位微生物发酵床未发酵猪粪组TOP10细菌种分布

三、细菌相对丰度分布多样性

1.细菌门相对丰度分布结构

（1）细菌门相对丰度检测　如表8-39所示，在异位微生物发酵床不同处理组中共检测到30个细菌门，不同处理组细菌门的丰度差异显著，丰度最高的是浅发酵垫料（AUG_L）的拟杆菌门（60.79%）、其次是垫料原料（AUG_CK）的变形菌门（57.99%）、再次是未发酵猪粪（AUG_PM）的变形菌门（36.44%）。不同处理组平均值超过1%的门有6个，分布为变形菌门（38.49%）、拟杆菌门（33.97%）、厚壁菌门（9.88%）、放线菌门（6.95%）、绿弯菌门（4.85%）、酸杆菌门（1.49%）。变形菌门在垫料原料（AUG_CK）和未发酵猪粪（AUG_PM）中含量最高，分别达57.99%、36.44%；拟杆菌门在深发酵垫料（AUG_H）和浅发酵垫料（AUG_L）中含量最高，分布达30.95%、60.79%。放线菌门主要分布在深发酵垫料（AUG_H）中，绿弯菌门和酸杆菌门主要分布在未发酵猪粪（AUG_PM）中。其他细菌门含量低于1%。

表8-39　异位微生物发酵床细菌门相对丰度分布多样性

物种名称		不同发酵程度垫料细菌门相对丰度			
		AUG_CK	AUG_H	AUG_L	AUG_PM
【1】	变形菌门（Proteobacteria）	0.579894	0.272340	0.320212	0.364414
【2】	拟杆菌门（Bacteroidetes）	0.313350	0.309516	0.607889	0.129189
【3】	放线菌门（Actinobacteria）	0.043091	0.163113	0.008879	0.062788
【4】	厚壁菌门（Firmicutes）	0.032838	0.229291	0.021524	0.112008
【5】	绿弯菌门（Chloroflexi）	0.013939	0.000011	0.004041	0.176787
【6】	糖杆菌门（Saccharibacteria）	0.006685	0.000011	0.023310	0.045447
【7】	酸杆菌门（Acidobacteria）	0.003088	0.000011	0.003531	0.052561
【8】	疣微菌门（Verrucomicrobia）	0.001353	0.000000	0.001623	0.002783
【9】	装甲菌门（Armatimonadetes）	0.000892	0.000000	0.000490	0.002104
【10】	异常球菌-栖热菌门（Deinococcus-Thermus）	0.000441	0.023033	0.002327	0.008067
【11】	候选门WS6	0.000774	0.000000	0.000674	0.019001
【12】	绿菌门（Chlorobi）	0.000608	0.000000	0.000388	0.001208
【13】	候选门Microgenomates	0.000539	0.000000	0.000112	0.000453
【14】	芽单胞菌门（Gemmatimonadetes）	0.000382	0.000760	0.000469	0.009406
【15】	浮霉菌门（Planctomycetes）	0.000382	0.000011	0.000184	0.004123
【16】	候选门WD272	0.000363	0.000000	0.000000	0.000000
【17】	衣原体门（Chlamydiae）	0.000265	0.000000	0.000020	0.000462
【18】	候选门SHA-109	0.000216	0.000000	0.000010	0.000019
【19】	未分类的细菌门（Bacteria unclassified）	0.000206	0.000000	0.000051	0.000340
【20】	蓝细菌门（Cyanobacteria）	0.000176	0.000000	0.002204	0.005548
【21】	候选门TM6	0.000167	0.000000	0.000133	0.000642
【22】	产氢菌门（Hydrogenedentes）	0.000137	0.000000	0.000122	0.001491

续表

物种名称	不同发酵程度垫料细菌门相对丰度			
	AUG_CK	AUG_H	AUG_L	AUG_PM
【23】 候选门TA06	0.000137	0.000000	0.000000	0.000019
【24】 候选门WCHB1-60	0.000059	0.000000	0.000000	0.000000
【25】 纤维杆菌门（Fibrobacteres）	0.000010	0.000000	0.000010	0.000160
【26】 柔膜菌门（Tenericutes）	0.000010	0.000963	0.001306	0.000038
【27】 候选门Parcubacteria	0.000000	0.000000	0.000000	0.000142
【28】 候选门SM2F11	0.000000	0.000000	0.000214	0.000793
【29】 螺旋菌门（Spirochaetae）	0.000000	0.000856	0.000214	0.000009
【30】 互养菌门（Synergistetes）	0.000000	0.000086	0.000061	0.000000

（2）细菌门相对丰度比较　不同处理组细菌门 TOP10 细菌丰度（%）分布见图 8-49，各处理组间 TOP10 细菌门丰度分布差异显著。垫料原料（AUG_CK）中前 3 个最大丰度分布的细菌门为变形菌门（57.98%）、拟杆菌门（31.33%）、放线菌门（4.31%）；深发酵垫料（AUG_H）中为拟杆菌门（30.95%）、变形菌门（27.23%）、厚壁菌门（22.93%）；浅发酵垫料（AUG_L）中为拟杆菌门（60.79%）、变形菌门（32.02%）、糖杆菌门（2.33%）；未发酵猪粪（AUG_PM）中为变形菌门（36.44%）、绿弯菌门（17.68%）、拟杆菌门（12.92%）。

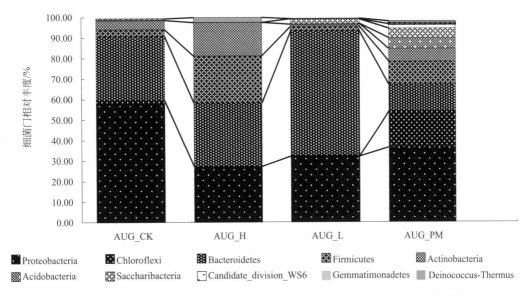

图8-49　异位微生物发酵床不同处理组细菌门TOP10细菌相对丰度分布多样性

（3）细菌门相对丰度相关性　基于细菌门相对丰度的不同处理组的相关系数见表 8-40。从表 8-40 可知，不同处理组细菌门相对丰度的平均值相近，而标准差差异显著，其中浅发酵垫料（AUG_L）标准差值最大（0.1232），未发酵猪粪（AUG_PM）最小（0.0764），表明前者变化性高于后者。各处理间的相关系数范围 0.6115 ～ 0.8707，都表现出相关的显著性或极显著性，表明不同处理细菌门相对丰度在不同发酵阶段的传递性，细菌门丰度差异源于发酵过程物料变化产生的选择差异。

表8-40　基于细菌门相对丰度的异位微生物发酵床不同处理组相关系数

处理组	相对丰度		不同发酵程度垫料细菌门生境相关系数			
	平均值	标准差	AUG_CK	AUG_H	AUG_L	AUG_PM
AUG_CK	0.0333	0.1181	1.0000	0.7985	0.8161	0.8707
AUG_H	0.0333	0.0864	0.7985	1.0000	0.8054	0.7420
AUG_L	0.0333	0.1232	0.8161	0.8054	1.0000	0.6115
AUG_PM	0.0333	0.0764	0.8707	0.7420	0.6115	1.0000

基于不同处理组 TOP10 细菌门相关丰度的相关系数见表 8-41。细菌门丰度之间依不同处理组的相关性差异显著。细菌门之间丰度显著正相关的有：绿弯菌门与酸杆菌门（1.00）、糖杆菌门（0.87）、候选门 WS6（1.00）、芽单胞菌门（0.99）；厚壁菌门与放线菌门（0.97）、异常球菌 - 栖热菌门（0.99）；酸杆菌门与糖杆菌门（0.90）、候选门 WS6（1.00）、芽单胞菌门（1.00）；糖杆菌门与候选门 WS6（0.89）、芽单胞菌门（0.87）。细菌门之间丰度显著负相关的有：绿弯菌门与拟杆菌门（-0.72）；拟杆菌门与酸杆菌门（-0.68）、候选门 WS6（-0.70）、芽单胞菌门（-0.72）；异常球菌 - 栖热菌门与变形菌门（-0.67）；其余细菌门之间丰度无相关性。

表8-41　不同处理组TOP10细菌门相关丰度的相关系数

物种名称	【1】	【2】	【3】	【4】	【5】	【6】	【7】	【8】	【9】	【10】
【1】 变形菌门	1.0000	-0.1830	-0.5850	-0.4307	-0.0296	-0.1315	-0.0646	-0.6713	-0.0710	-0.1253
【2】 拟杆菌门	-0.1830	1.0000	-0.4513	-0.4307	-0.7183	-0.2918	-0.6812	-0.2942	-0.6980	-0.7165
【3】 厚壁菌门	-0.5850	-0.4513	1.0000	0.9741	0.0440	-0.2834	0.0293	0.9855	0.0546	0.1260
【4】 放线菌门	-0.4307	-0.4307	0.9741	1.0000	-0.1053	-0.4697	-0.1287	0.9580	-0.1021	-0.0342
【5】 绿弯菌门	-0.0296	-0.7183	0.0440	-0.1053	1.0000	0.8746	0.9984	-0.0788	0.9990	0.9949
【6】 糖杆菌门	-0.1315	-0.2918	-0.2834	-0.4697	0.8746	1.0000	0.8974	-0.3454	0.8860	0.8649
【7】 酸杆菌门	-0.0646	-0.6812	0.0293	-0.1287	0.9984	0.8974	1.0000	-0.0869	0.9996	0.9953
【8】 异常球菌-栖热菌门	-0.6713	-0.2942	0.9855	0.9580	-0.0788	-0.3454	-0.0869	1.0000	-0.0631	0.0100
【9】 候选门WS6	-0.0710	-0.6980	0.0546	-0.1021	0.9990	0.8860	0.9996	-0.0631	1.0000	0.9973
【10】 芽单胞菌门	-0.1253	-0.7165	0.1260	-0.0342	0.9949	0.8649	0.9953	0.0100	0.9973	1.0000

（4）细菌门相对丰度主成分分析

① 基于细菌门相对丰度处理组 R 型主成分分析

Ⅰ. 主成分特征值。基于细菌门相对丰度的不同处理组主成分分析特征值见表 8-42。从表 8-42 可以看出，前 2 个主成分的特征值累计占比达 88.84%，能很好地反映数据主要信息。随着发酵程度的不同，各处理组细菌门丰度发生较大变化。未发酵猪粪（AUG_PM）远离发酵不同程度的各组，表明其有完全不同的细菌门丰度组成和结构。

表8-42　异位微生物发酵床基于细菌门丰度的处理组主成分特定值（细菌门）

主成分（PCA）	特征值	占比/%	累计占比/%	Chi-Square	df	P值
1	18.1162	60.3873	60.3873	0	464	0.9999
2	8.5348	28.4493	88.8366	0	434	0.9999
3	3.3490	11.1634	100.0000	0	405	0.9999

Ⅱ．主成分得分值。检测结果见表8-43。从表8-43可以看出发酵过程细菌门丰度变化路径，发酵从底部的垫料原料（AUG_CK）开始，PCA1得分由 –0.3007 减少到 –1.7918 的浅发酵垫料（AUG_L），进一步减少到 –3.8963 的深发酵垫料（AUG_H），同样PCA2得分由 –4.2433（AUG_CK）增加到 0.5109（AUG_L），继而达到 2.2977（AUG_H）。

表8-43　异位微生物发酵床基于细菌门丰度的处理组主成分得分值（细菌门）

处理组	$Y(i, 1)$	$Y(i, 2)$	$Y(i, 3)$
AUG_CK	–0.3007	–4.2433	0.6733
AUG_L	–1.7918	0.5109	–2.6152
AUG_H	–3.8963	2.2977	1.6301
AUG_PM	5.9888	1.4347	0.3119

Ⅲ．主成分作图。基于细菌门丰度的垫料发酵不同处理组 R 型主成分分析结果见图 8-50。从图 8-50 可以看出，基于细菌门丰度的垫料发酵不同处理组可以分为两类，第 1 类包括了垫料原料（AUG_CK）、浅发酵垫料（AUG_L）和深发酵垫料（AUG_H），其特征为 PCA1 范围在 –3 ～ –0.3 之间，PCA2 范围在 –4 ～ 2.3 之间；第 2 类包括未发酵猪粪（AUG_PM），特征为 PCA1 为 5.6，PCA2 为 1.4；第 1 类远离第 2 类，表明两类的细菌门组成和丰度差异显著。

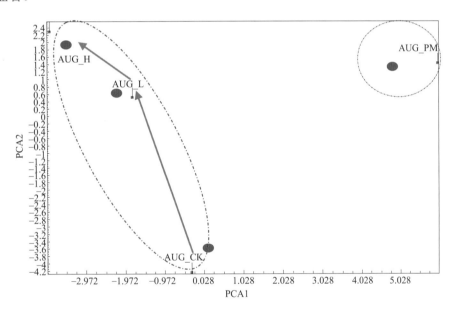

图8-50　异位微生物发酵床不同处理组R型主成分分析图（细菌门）

② 基于处理组细菌门相对丰度 Q 型主成分分析

Ⅰ．主成分特征值。基于细菌门丰度的不同处理组主成分分析特征值见表 8-44。从表 8-44 可以看出，前 2 个主成分的特征值累计占比达 93.30%，能很好地反映数据主要信息。随着发酵程度的不同，各处理细菌门丰度发生较大变化。未发酵猪粪（AUG_PM）远离发酵不同程度的各组，表明其有完全不同的细菌门丰度组成和结构。

表8-44　异位微生物发酵床基于处理组的细菌门丰度主成分特征值（细菌门）

序号	特征值	占比/%	累计占比/%	Chi-Square	df	P值
1	3.3256	83.1389	83.1389	108.0444	9.0000	0.0000
2	0.4065	10.1615	93.3004	20.1440	5.0000	0.0012
3	0.2030	5.0743	98.3747	8.2625	2.0000	0.0161
4	0.0650	1.6253	100.0000	0.0000	0.0000	1.0000

Ⅱ．主成分得分值。检测结果见表 8-45。从表 8-45 可以看出发酵过程细菌门丰度变化路径，第一主成分主要影响细菌为变形菌门（7.06），第二主成分为拟杆菌门（2.48），第三主成分为厚壁菌门（1.90）。

表8-45　异位微生物发酵床基于处理组的细菌门丰度主成分得分值（细菌门）

物种名称	$Y(i, 1)$	$Y(i, 2)$	$Y(i, 3)$	$Y(i, 4)$
变形菌门（Proteobacteria）	7.0551	−1.6989	−0.5971	−0.5179
拟杆菌门（Bacteroidetes）	5.7293	2.4766	−0.2243	0.4217
厚壁菌门（Firmicutes）	1.5922	−0.2586	1.8996	0.0794
放线菌门（Actinobacteria）	0.8899	−0.0659	1.2677	−0.2215
绿弯菌门（Chloroflexi）	0.5144	−1.5336	−0.1150	1.0618
糖杆菌门（Saccharibacteria）	−0.2753	−0.2141	−0.1803	0.2782
酸杆菌门（Acidobacteria）	−0.3242	−0.3785	−0.1030	0.2781
异常球菌-栖热菌门（Deinococcus-Thermus）	−0.4889	0.0898	0.1163	−0.0628
候选门WS6（Candidate division WS6）	−0.5588	−0.0818	−0.0936	0.0531
芽单胞菌门（Gemmatimonadetes）	−0.6178	0.0080	−0.0867	−0.0123
蓝细菌（Cyanobacteria）	−0.6408	0.0508	−0.0994	−0.0296
疣微菌门（Verrucomicrobia）	−0.6554	0.0714	−0.1026	−0.0576
浮霉菌门（Planctomycetes）	−0.6568	0.0530	−0.0941	−0.0478
装甲菌门（Armatimonadetes）	−0.6662	0.0724	−0.0975	−0.0635
柔膜菌门（Tenericutes）	−0.6744	0.0996	−0.0883	−0.0715
绿菌门（Chlorobi）	−0.6735	0.0805	−0.0964	−0.0683
产氢菌门（Hydrogenedentes）	−0.6749	0.0772	−0.0937	−0.0645
候选门Microgenomates	−0.6797	0.0861	−0.0954	−0.0740
螺旋菌门（Spirochaetae）	−0.6796	0.0938	−0.0858	−0.0752

Ⅲ．主成分作图。基于细菌门丰度（%）的垫料发酵不同处理组 Q 型主成分分析结果见图 8-51。从图 8-51 可以看出，基于细菌门丰度（%）的垫料发酵不同处理组可以分为 2 类，第 1 类包括了垫料原料组（AUG_CK）、浅发酵垫料组（AUG_L）和深发酵垫料组（AUG_H），其特征为 PCA1 范围在 −3～−0.3 之间，PCA2 范围在 −4～2.3 之间；第 2 类包括未发酵猪粪组（AUG_PM），特征为 PCA1 为 5.6，PCA2 为 1.4；第 1 类远离第 2 类，表明两类的细菌门组成和丰度（%）差异显著。

2．细菌纲种类相对丰度分布多样性

（1）细菌纲相对丰度检测　实验结果按处理组平均值排序见表 8-46。在异位微生物发酵床不同处理组细菌纲检测到 61 个，不同处理组细菌纲的丰度差异显著，丰度最高的是垫

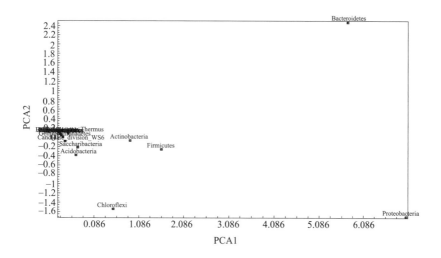

图8-51　异位微生物发酵床不同处理组Q型主成分分析图（细菌门）

料原料（AUG_CK）的γ-变形菌纲（45.79%）、其次是浅发酵垫料（AUG-L）的黄杆菌纲（38.43%）、再次是垫料原料（AUG_CK）的鞘氨醇杆菌纲（27.87%）。

表8-46　异位微生物发酵床细菌纲相对丰度分布多样性

物种名称	不同发酵程度垫料细菌纲相对丰度				
	AUG_CK	AUG_H	AUG_L	AUG_PM	平均值
【1】 γ-变形菌纲（Gammaproteobacteria）	0.457943	0.219438	0.180599	0.187863	0.261461
【2】 鞘氨醇杆菌纲（Sphingobacteriia）	0.278689	0.154769	0.210869	0.089365	0.183423
【3】 黄杆菌纲（Flavobacteriia）	0.027564	0.072415	0.384314	0.014501	0.124699
【4】 放线菌纲（Actinobacteria）	0.043091	0.163113	0.008879	0.062788	0.069468
【5】 α-变形菌纲（Alphaproteobacteria）	0.066930	0.006611	0.058917	0.118028	0.062622
【6】 芽胞杆菌纲（Bacilli）	0.018585	0.100476	0.014012	0.096951	0.057506
【7】 β-变形菌纲（Betaproteobacteria）	0.050521	0.035710	0.072113	0.041475	0.049955
【8】 厌氧绳菌纲（Anaerolineae）	0.009714	0.000011	0.002021	0.144388	0.039033
【9】 梭菌纲（Clostridia）	0.013390	0.120278	0.007124	0.014058	0.038712
【10】 纤维粘网菌纲（Cytophagia）	0.006636	0.072961	0.008889	0.025228	0.028429
【11】 糖杆菌门（Saccharibacteria）分类地位未定的1纲	0.006685	0.000011	0.023310	0.045447	0.018863
【12】 酸杆菌纲（Acidobacteria）	0.003088	0.000011	0.003531	0.052561	0.014798
【13】 δ-变形菌纲（Deltaproteobacteria）	0.003441	0.010580	0.008583	0.017039	0.009911
【14】 异常球菌纲（Deinococci）	0.000441	0.023033	0.002327	0.008067	0.008467
【15】 门WS6分类地位未定的1纲	0.000774	0.000000	0.000674	0.019001	0.005112
【16】 绿弯菌纲（Chloroflexia）	0.002803	0.000000	0.001112	0.016152	0.005017
【17】 拟杆菌纲（Bacteroidia）	0.000000	0.009371	0.002684	0.000094	0.003037
【18】 芽单胞菌纲（Gemmatimonadetes）	0.000382	0.000760	0.000469	0.009406	0.002754
【19】 丹毒丝菌纲（Erysipelotrichia）	0.000039	0.007927	0.000194	0.000642	0.002200
【20】 热微菌纲（Thermomicrobia）	0.000441	0.000000	0.000357	0.007472	0.002068
【21】 蓝细菌纲（Cyanobacteria）	0.000176	0.000000	0.002204	0.005548	0.001982

物种名称	不同发酵程度垫料细菌纲相对丰度				
	AUG_CK	AUG_H	AUG_L	AUG_PM	平均值
【22】 装甲菌门（Armatimonadetes）分类地位未定的1纲	0.000892	0.000000	0.000490	0.002104	0.000871
【23】 纲TK10	0.000039	0.000000	0.000092	0.002915	0.000762
【24】 海草球形菌纲（Phycisphaerae）	0.000333	0.000000	0.000051	0.002472	0.000714
【25】 热链菌纲（Ardenticatenia）	0.000000	0.000000	0.000163	0.002387	0.000638
【26】 暖绳菌纲（Caldilineae）	0.000529	0.000000	0.000225	0.001585	0.000585
【27】 柔膜菌纲（Mollicutes）	0.000010	0.000963	0.001306	0.000038	0.000579
【28】 疣微菌纲（Verrucomicrobiae）	0.000823	0.000000	0.001306	0.000151	0.000570
【29】 产氢菌门（Hydrogenedentes)分类地位未定的1纲	0.000137	0.000000	0.000122	0.001491	0.000438
【30】 播撒菌纲（Spartobacteria）	0.000372	0.000000	0.000265	0.001066	0.000426
【31】 浮霉菌纲（Planctomycetacia）	0.000049	0.000011	0.000133	0.001500	0.000423
【32】 纲S085	0.000372	0.000000	0.000041	0.001179	0.000398
【33】 纲OPB35	0.000108	0.000000	0.000020	0.001396	0.000381
【34】 懒惰菌纲（Ignavibacteria）	0.000000	0.000000	0.000276	0.001189	0.000366
【35】 门Microgenomates分类地位未定的1纲	0.000539	0.000000	0.000112	0.000453	0.000276
【36】 螺旋体纲（Spirochaetes）	0.000000	0.000856	0.000214	0.000000	0.000270
【37】 阴壁菌纲（Negativicutes）	0.000823	0.000000	0.000194	0.000057	0.000268
【38】 门SM2F11分类地位未定的1纲	0.000000	0.000000	0.000214	0.000793	0.000252
【39】 拟杆菌门（Bacteroidetes）VC2.1 Bac22的1纲	0.000137	0.000000	0.000857	0.000000	0.000249
【40】 纲TA18	0.000980	0.000000	0.000000	0.000009	0.000247
【41】 门TM6分类地位未定的1纲	0.000167	0.000000	0.000133	0.000642	0.000235
【42】 纲OPB54	0.000000	0.000610	0.000000	0.000302	0.000228
【43】 衣原体纲（Chlamydiae）	0.000265	0.000000	0.000020	0.000462	0.000187
【44】 绿菌纲（Chlorobia）	0.000608	0.000000	0.000112	0.000019	0.000185
【45】 拟杆菌门（Bacteroidetes）未分类的1纲	0.000323	0.000000	0.000276	0.000000	0.000150
【46】 未分类的1纲（Bacteria unclassified）	0.000206	0.000000	0.000051	0.000340	0.000149
【47】 绿弯菌门（Chloroflexi）未分类的1纲	0.000000	0.000000	0.000010	0.000396	0.000102
【48】 门WD272分类地位未定的1纲	0.000363	0.000000	0.000000	0.000000	0.000091
【49】 丰佑菌纲（Opitutae）	0.000049	0.000000	0.000031	0.000170	0.000062
【50】 门SHA-109分类地位未定的1纲	0.000216	0.000000	0.000010	0.000019	0.000061
【51】 纲JG30-KF-CM66	0.000000	0.000000	0.000010	0.000208	0.000054
【52】 线杆菌纲（Fibrobacteria）	0.000010	0.000000	0.000010	0.000160	0.000045
【53】 门TA06分类地位未定的1纲	0.000137	0.000000	0.000000	0.000019	0.000039
【54】 纲OM190	0.000000	0.000000	0.000000	0.000151	0.000038
【55】 互养菌纲（Synergistia）	0.000000	0.000086	0.000061	0.000000	0.000037
【56】 门Parcubacteria分类地位未定的1纲	0.000000	0.000000	0.000000	0.000142	0.000035
【57】 变形菌门（Proteobacteria）未分类的1纲	0.000078	0.000000	0.000000	0.000000	0.000020
【58】 纤线杆菌纲（Ktedonobacteria）	0.000000	0.000000	0.000010	0.000066	0.000019
【59】 门WCHB1-60分类地位未定的1纲	0.000059	0.000000	0.000000	0.000000	0.000015
【60】 绿弯菌门（Chloroflexi）未培养的1纲	0.000039	0.000000	0.000000	0.000000	0.000010
【61】 纲KD4-96	0.000000	0.000000	0.000000	0.000038	0.000009

（2）细菌纲相对丰度比较　不同处理组细菌纲 TOP10 细菌相对丰度分布见图 8-52，各处理组间细菌纲丰度分布差异显著。前 3 个最大丰度分布的细菌纲垫料原料（AUG_CK）为 γ-变形菌纲（45.79%）、鞘氨醇杆菌纲（27.87%）、α- 变形菌纲（6.69%）；深发酵垫料（AUG_H）为 γ- 变形菌纲（21.94%）、放线菌纲（16.31%）、鞘氨醇杆菌纲（15.48%）；浅发酵垫料（AUG_L）为黄杆菌纲（38.43%）、鞘氨醇杆菌纲（21.09%）、γ- 变形菌纲（18.06%）；未发酵猪粪（AUG_PM）为 γ- 变形菌纲（18.79%）、厌氧绳菌纲（14.44%）、α- 变形菌纲（11.80%）；不同处理组特征性细菌纲明显，AUG_CK 以 γ- 变形菌纲为主，AUG_H 以 γ- 变形菌纲为主，AUG_L以黄杆菌纲为主，AUG_PM 以 γ- 变形菌纲为主。

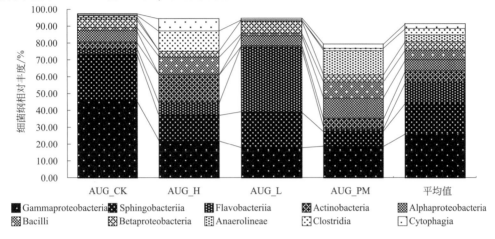

图8-52　异位微生物发酵床不同处理组细菌纲TOP10细菌相对丰度分布多样性

（3）细菌纲相对丰度相关性　基于细菌纲相对丰度不同处理组的相关系数见表 8-47。从表 8-47 可知，不同处理组细菌纲相对丰度的平均值相近，而标准差差异显著，其中垫料原料（AUG_CK）标准差值最大（0.0685），未发酵猪粪（AUG_PM）标准差最小（0.0374），表明前者变化性高于后者。各处理间的相关系数范围 0.4134 ～ 0.7770，都表现出相关的显著性或极显著性，表明不同处理细菌纲相对丰度在不同发酵阶段的传递性，细菌纲丰度差异源于发酵过程物料变化产生的选择差异。

表8-47　基于细菌纲相对丰度的异位微生物发酵床不同处理组相关系数

处理组	相对丰度		不同发酵程度垫料细菌纲生境相关系数			
	平均值	标准差	AUG_CK	AUG_H	AUG_L	AUG_PM
AUG_CK	0.0164	0.0685	1.0000	0.7770	0.5824	0.7281
AUG_H	0.0164	0.0446	0.7770	1.0000	0.5648	0.6581
AUG_L	0.0164	0.0603	0.5824	0.5648	1.0000	0.4134
AUG_PM	0.0164	0.0374	0.7281	0.6581	0.4134	1.0000

不同处理组 TOP10 细菌纲相对丰度的相关系数见表 8-48。细菌纲丰度之间依不同处理组的相关性差异显著。细菌纲之间丰度显著正相关系数大于 0.8 的有：β- 变形菌纲与黄杆菌纲（0.88）、梭菌纲与放线菌纲（0.96）、纤维粘网菌纲与放线菌纲（0.97）、厌氧绳菌纲与 α-变形菌纲（0.83）、纤维粘网菌纲与梭菌纲（0.97），相关性高的细菌纲之间具有相互促进的作用；细菌纲之间负相关系数最大的为 β- 变形菌纲与芽孢杆菌纲（−0.85），负相关性高的细

菌纲之间存在抑制作用。

表8-48　不同处理组TOP10细菌纲相对丰度的相关系数

物种名称	【1】	【2】	【3】	【4】	【5】	【6】	【7】	【8】	【9】	【10】
【1】　γ-变形菌纲（Gammaproteobacteria）	1.00	0.77	-0.43	-0.14	-0.03	-0.47	-0.07	-0.32	-0.19	-0.36
【2】　鞘氨醇杆菌纲（Sphingobacteriia）	0.77	1.00	0.23	-0.39	-0.30	-0.85	0.48	-0.74	-0.25	-0.48
【3】　黄杆菌纲（Flavobacteriia）	-0.43	0.23	1.00	-0.50	-0.19	-0.56	0.88	-0.44	-0.26	-0.31
【4】　放线菌纲（Actinobacteria）	-0.14	-0.39	-0.50	1.00	-0.61	0.78	-0.83	-0.10	0.96	0.97
【5】　α-变形菌纲（Alphaproteobacteria）	-0.03	-0.30	-0.19	-0.61	1.00	-0.03	0.11	0.83	-0.80	-0.64
【6】　芽胞杆菌纲（Bacilli）	-0.47	-0.85	-0.56	0.78	-0.03	1.00	-0.85	0.52	0.63	0.79
【7】　β-变形菌纲（Betaproteobacteria）	-0.07	0.48	0.88	-0.83	0.11	-0.85	1.00	-0.35	-0.64	-0.71
【8】　厌氧绳菌纲（Anaerolineae）	-0.32	-0.74	-0.44	-0.10	0.83	0.52	-0.35	1.00	-0.34	-0.11
【9】　梭菌纲（Clostridia）	-0.19	-0.25	-0.26	0.96	-0.80	0.63	-0.64	-0.34	1.00	0.97
【10】纤维粘网菌纲（Cytophagia）	-0.36	-0.48	-0.31	0.97	-0.64	0.79	-0.71	-0.11	0.97	1.00

（4）细菌纲相对丰度主成分分析

① 基于细菌纲相对丰度的处理组 R 型主成分分析

Ⅰ.主成分特征值。基于细菌纲相对丰度的不同处理组主成分分析特征值见表 8-49。从表 8-49 可以看出，前 2 个主成分的特征值累计占比达87.09%，能很好地反映数据主要信息。随着发酵程度的不同，各处理细菌纲丰度发生较大变化。未发酵猪粪（AUG_PM）远离发酵不同程度的各组，表明其有完全不同的细菌纲丰度组成和结构。

表8-49　异位微生物发酵床不同处理组R型主成分特征值（细菌纲）

序号	特征值	占比/%	累计占比/%	Chi-Square	df	P值
1	2.8788	71.9690	71.9690	127.0152	9.0000	0.0000
2	0.6048	15.1211	87.0901	17.4109	5.0000	0.0038
3	0.3110	7.7753	94.8654	2.4719	2.0000	0.2906
4	0.2054	5.1346	100.0000	0.0000	0.0000	1.0000

Ⅱ.主成分得分值。检测结果见表 8-50。从表 8-50 可以看出发酵过程细菌纲丰度变化路径，发酵从底部的垫料原料（AUG_CK）开始，PCA1 得分由 -2.5764 减少到 -2.5614 的浅发酵垫料（AUG_L），进一步减少到 -3.7130 的深发酵垫料（AUG_H）；同样 PCA2 得分由5.4326（AUG_CK）减少到 -0.0539（AUG_L），继而达到 -4.8922（AUG_H）。

表8-50　异位微生物发酵床不同处理组R型主成分得分值（细菌纲）

处理组	$Y(i, 1)$	$Y(i, 2)$	$Y(i, 3)$
AUG_CK	-2.5764	5.4326	1.8147
AUG_H	-3.7130	-4.8922	2.0392
AUG_L	-2.5614	-0.0539	-4.0620
AUG_PM	8.8507	-0.4865	0.2082

Ⅲ.主成分作图。基于细菌纲相对丰度的垫料发酵不同处理组主成分分析结果见图 8-53。从图 8-53 可以看出，基于细菌纲相对丰度的垫料发酵不同处理组可以分为两类，第 1 类包括了垫料原料（AUG_CK）、浅发酵垫料（AUG_L）和深发酵垫料（AUG_H），其特征

为 PCA1 范围在 −3.606 ～ −2.506 之间，PCA2 范围在 −5 ～ 5.5 之间；第 2 类包括未发酵猪粪（AUG_PM），特征为 PCA1 为 8.694，PCA2 为 −0.25；第 1 类远离第 2 类，表明两类的细菌纲组成和丰度差异显著。

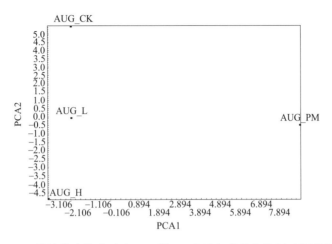

图8-53　异位微生物发酵床不同处理组R型主成分分析图（细菌纲）

② 基于处理组的细菌纲相对丰度 Q 型主成分分析

Ⅰ . 主成分特征值。基于细菌纲相对丰度的不同处理组 Q 型主成分分析特征值见表 8-51。从表 8-51 可以看出，前 2 个主成分的特征值累计占比达 86.89%，能很好地反映数据主要信息。随着发酵程度的不同，各处理细菌纲丰度发生较大变化。未发酵猪粪（AUG_PM）远离发酵不同程度的各组，表明其有完全不同的细菌纲丰度组成和结构。

表8-51　异位微生物发酵床不同处理组Q型主成分特征值（细菌纲）

序号	特征值	占比/%	累计占比/%	Chi-Square	df	P值
1	35.1065	57.5516	57.5516	0.0000	1890.0000	0.9999
2	17.8952	29.3364	86.8880	0.0000	1829.0000	0.9999
3	7.9983	13.1120	100.0000	0.0000	1769.0000	0.9999

Ⅱ . 主成分得分值。检测结果见表 8-52。从表 8-52 可以看出发酵过程细菌纲丰度变化路径，第一主成分主要影响细菌为 γ- 变形菌纲（9.32），第二主成分为黄杆菌纲（5.03），第三主成分为厌氧绳菌纲（2.34）。

表8-52　异位微生物发酵床不同处理组Q型主成分得分值（细菌纲）

物种名称	$Y(i, 1)$	$Y(i, 2)$	$Y(i, 3)$	$Y(i, 4)$
γ-变形菌纲（Gammaproteobacteria）	9.3226	−1.2712	−0.3469	−1.4444
鞘氨醇杆菌纲（Sphingobacteriia）	6.0666	0.9711	−0.4613	−0.7325
黄杆菌纲（Flavobacteriia）	3.3739	5.0290	0.9916	1.0873
放线菌纲（Actinobacteria）	2.4961	−1.0350	−1.6169	1.6109
α-变形菌纲（Alphaproteobacteria）	1.9241	−0.9220	1.9753	0.1818

续表

物种名称	$Y(i, 1)$	$Y(i, 2)$	$Y(i, 3)$	$Y(i, 4)$
芽胞杆菌纲（Bacilli）	2.0484	−1.3035	0.0136	1.5172
β-变形菌纲（Betaproteobacteria）	1.2283	0.3268	0.3395	0.0967
厌氧绳菌纲（Anaerolineae）	1.3291	−1.9677	2.3383	0.9089
梭菌纲（Clostridia）	1.1040	−0.2507	−1.7103	1.1128
纤维粘网菌纲（Cytophagia）	0.6517	−0.2981	−0.7585	0.7801
糖杆菌纲（Saccharibacteria）	0.1608	−0.2705	0.7991	0.1864
酸杆菌纲（Acidobacteria）	0.0832	−0.6389	0.8221	0.2524
δ-变形菌纲（Deltaproteobacteria）	−0.2189	−0.0846	0.0873	0.0844

Ⅲ. 主成分作图。基于细菌纲丰度（%）的垫料发酵不同处理组 Q 型主成分分析结果作图 8-54。从图 8-54 可以看出，基于细菌纲丰度（%）的垫料发酵不同处理组可以分为两类，第 1 类包括了垫料原料组（AUG_CK）、浅发酵垫料组（AUG_L）和深发酵垫料组（AUG_H），其特征为 PCA1 范围在 −3 ～ −0.3 之间，PCA2 范围在 −4 ～ 2.3 之间；第 2 类包括未发酵猪粪组（AUG_PM），特征为 PCA1 为 5.6，PCA2 为 1.4；第 1 类远离第 2 类，表明两类的细菌纲组成和丰度（%）差异显著。

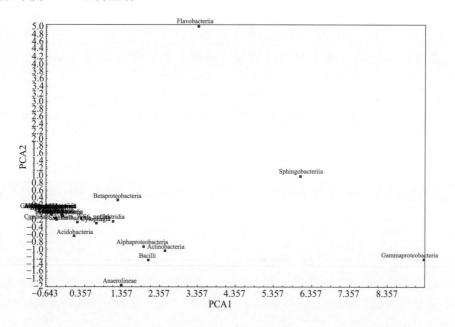

图8-54　异位微生物发酵床不同处理组Q型主成分分析图（细菌纲）

3. 细菌目种类相对丰度分布多样性

（1）细菌目相对丰度检测　实验结果按处理组平均值排序见表 8-53。在异位微生物发酵床不同处理组细菌目检测到 130 个，不同处理组细菌目的相对丰度差异显著，相对丰度最高的是浅发酵垫料（AUG_L）的黄杆菌目（38.43%）、其次是垫料原料（AUG_CK）的肠杆菌目（36.28%）、再次是垫料原料（AUG_CK）的鞘氨醇菌目（27.87%）。

表8-53　异位微生物发酵床细菌目相对丰度分布多样性

物种名称	不同发酵程度垫料细菌目相对丰度				
	AUG_CK	AUG_H	AUG_L	AUG_PM	平均值
【1】 鞘氨醇杆菌目（Sphingobacteriales）	0.278689	0.154769	0.210869	0.089365	0.183423
【2】 黄杆菌目（Flavobacteriales）	0.027564	0.072415	0.384314	0.014501	0.124699
【3】 肠杆菌目（Enterobacteriales）	0.362812	0.001091	0.000031	0.018332	0.095566
【4】 黄单胞菌目（Xanthomonadales）	0.038278	0.060979	0.109394	0.120217	0.082217
【5】 芽胞杆菌目（Bacillales）	0.018164	0.075015	0.013594	0.096932	0.050926
【6】 伯克氏菌目（Burkholderiales）	0.049276	0.035229	0.071776	0.039380	0.048915
【7】 假单胞菌目（Pseudomonadales）	0.050296	0.047317	0.051457	0.043060	0.048032
【8】 厌氧绳菌目（Anaerolineales）	0.009714	0.000011	0.002021	0.144388	0.039033
【9】 梭菌目（Clostridiales）	0.013390	0.119711	0.007124	0.013907	0.038533
【10】 微球菌目（Micrococcales）	0.004960	0.134164	0.002276	0.006472	0.036968
【11】 根瘤菌目（Rhizobiales）	0.043934	0.004493	0.016258	0.066854	0.032885
【12】 噬纤维菌目（Cytophagales）	0.006636	0.037582	0.008501	0.023577	0.019074
【13】 糖杆菌门（Saccharibacteria）分类地位未定的1目	0.006685	0.000011	0.023310	0.045447	0.018863
【14】 海洋螺菌目（Oceanospirillales）	0.001902	0.065376	0.002266	0.001396	0.017735
【15】 鞘氨醇单胞菌目（Sphingomonadales）	0.010312	0.000225	0.031423	0.023832	0.016448
【16】 目Ⅲ	0.000000	0.035378	0.000000	0.000000	0.008845
【17】 链霉菌目（Streptomycetales）	0.021987	0.000043	0.000092	0.012284	0.008601
【18】 棒杆菌目（Corynebacteriales）	0.000931	0.024959	0.002990	0.005406	0.008572
【19】 异常球菌目（Deinococcales）	0.000441	0.023033	0.002327	0.008067	0.008467
【20】 纤维弧菌目（Cellvibrionales）	0.001637	0.022862	0.005460	0.000113	0.007518
【21】 亚群6的1目	0.000980	0.000011	0.000745	0.026889	0.007156
【22】 乳杆菌目（Lactobacillales）	0.000421	0.025461	0.000418	0.000019	0.006580
【23】 亚群4的1目	0.000402	0.000000	0.002480	0.022087	0.006242
【24】 红螺菌目（Rhodospirillales）	0.006420	0.000738	0.001664	0.014077	0.005725
【25】 酸微菌目（Acidimicrobiales）	0.000490	0.000428	0.000980	0.020936	0.005708
【26】 门WS6分类地位未定的1目	0.000774	0.000000	0.000674	0.019001	0.005112
【27】 绿弯菌目（Chloroflexales）	0.002451	0.000000	0.001112	0.016152	0.004929
【28】 交替单胞菌目（Alteromonadales）	0.000000	0.018732	0.000000	0.000000	0.004683
【29】 柄杆菌目（Caulobacterales）	0.004519	0.000086	0.008665	0.005076	0.004586
【30】 黏球菌目（Myxococcales）	0.001931	0.006323	0.000704	0.005189	0.003537
【31】 γ-变形菌纲未分类的1目	0.000265	0.000834	0.011573	0.000509	0.003295
【32】 拟杆菌目（Bacteroidales）	0.000000	0.009371	0.002684	0.000094	0.003037
【33】 链孢囊菌目（Streptosporangiales）	0.003382	0.003348	0.000204	0.004802	0.002934
【34】 假单胞菌目（Pseudonocardiales）	0.008410	0.000011	0.000010	0.000481	0.002228
【35】 丹毒丝菌目（Erysipelotrichales）	0.000039	0.007927	0.000194	0.000642	0.002200
【36】 丙酸杆菌目（Propionibacteriales）	0.002029	0.000032	0.001704	0.004859	0.002156
【37】 蛭弧菌目（Bdellovibrionales）	0.000353	0.000246	0.006552	0.000396	0.001887
【38】 目GR-WP33-30	0.001088	0.000000	0.000520	0.005491	0.001775
【39】 蓝细菌纲（Cyanobacteria）分类地位未定的1目	0.000049	0.000000	0.002164	0.004368	0.001645
【40】 目Sh765B-TzT-29	0.000000	0.000000	0.000245	0.004953	0.001300

物种名称	不同发酵程度垫料细菌菌目相对丰度				
	AUG_CK	AUG_H	AUG_L	AUG_PM	平均值
【41】 立克次氏体目（Rickettsiales）	0.000225	0.000000	0.000276	0.004331	0.001208
【42】 芽单胞菌目（Gemmatimonadetes）	0.000000	0.000000	0.000112	0.004708	0.001205
【43】 球形杆菌目（Sphaerobacterales）	0.000010	0.000000	0.000153	0.004491	0.001163
【44】 亚群3的1目	0.001157	0.000000	0.000296	0.003085	0.001134
【45】 δ-变形菌纲（Deltaproteobacteria）未分类的1目	0.000000	0.003905	0.000000	0.000000	0.000976
【46】 土壤红杆菌目（Solirubrobacterales）	0.000265	0.000000	0.000418	0.002991	0.000918
【47】 芽单胞菌目（Gemmatimonadales）	0.000382	0.000000	0.000286	0.002849	0.000879
【48】 装甲菌门（Armatimonadetes）分类地位未定的1目	0.000892	0.000000	0.000490	0.002104	0.000871
【49】 目DB1-14	0.000000	0.000000	0.000071	0.003368	0.000860
【50】 纲TK10分类地位未定的1目	0.000039	0.000000	0.000092	0.002915	0.000762
【51】 红细菌目（Rhodobacterales）	0.001421	0.001070	0.000480	0.000075	0.000762
【52】 海草球形菌目（Phycisphaerales）	0.000333	0.000000	0.000051	0.002472	0.000714
【53】 军团菌目（Legionellales）	0.002117	0.000000	0.000061	0.000519	0.000674
【54】 热链菌目（Ardenticatenales）	0.000000	0.000000	0.000163	0.002387	0.000638
【55】 目AT425-EubC11陆生菌群	0.000000	0.000481	0.000071	0.001849	0.000601
【56】 暖绳菌目（Caldilineales）	0.000529	0.000000	0.000225	0.001585	0.000585
【57】 疣微菌目（Verrucomicrobiales）	0.000823	0.000000	0.001306	0.000151	0.000570
【58】 着色菌目（Chromatiales）	0.000010	0.000396	0.000010	0.001708	0.000531
【59】 目JG30-KF-CM45	0.000421	0.000000	0.000071	0.001576	0.000517
【60】 目Ⅱ	0.000000	0.000000	0.000388	0.001651	0.000510
【61】 目NKB5	0.000069	0.000000	0.000245	0.001538	0.000463
【62】 动孢菌目（Kineosporiales）	0.000137	0.000000	0.000000	0.001632	0.000442
【63】 产氢菌纲（Hydrogenedentes）分类地位未定的1目	0.000137	0.000000	0.000122	0.001491	0.000438
【64】 土源杆菌目（Chthoniobacterales）	0.000372	0.000000	0.000265	0.001066	0.000426
【65】 浮霉菌目（Planctomycetales）	0.000049	0.000011	0.000133	0.001500	0.000423
【66】 无胆甾原体目（Acholeplasmatales）	0.000010	0.000770	0.000898	0.000000	0.000420
【67】 纲S085分类地位未定的1目	0.000372	0.000000	0.000041	0.001179	0.000398
【68】 目AKYG1722	0.000010	0.000000	0.000133	0.001406	0.000387
【69】 纲OPB35土壤菌群分类地位未定的1目	0.000108	0.000000	0.000020	0.001396	0.000381
【70】 弗兰克氏菌目（Frankiales）	0.000167	0.000000	0.000112	0.001236	0.000379
【71】 懒惰菌目（Ignavibacteriales）	0.000000	0.000000	0.000276	0.001189	0.000366
【72】 硫发菌目（Thiotrichales）	0.000000	0.001273	0.000000	0.000000	0.000318
【73】 亚硝化单胞菌目（Nitrosomonadales）	0.000235	0.000000	0.000153	0.000849	0.000309
【74】 蝙蝠弧菌目（Vampirovibrionales）	0.000118	0.000000	0.000000	0.001028	0.000287
【75】 门Microgenomates分类地位未定的1目	0.000539	0.000000	0.000112	0.000453	0.000276
【76】 螺旋体目（Spirochaetales）	0.000000	0.000856	0.000214	0.000009	0.000270
【77】 月形单胞菌目（Selenomonadales）	0.000823	0.000000	0.000194	0.000057	0.000268
【78】 寡养弯菌目（Oligoflexales）	0.000069	0.000000	0.000061	0.000943	0.000268
【79】 纲SM2F11分类地位未定的1目	0.000000	0.000000	0.000214	0.000793	0.000252
【80】 拟杆菌门（Bacteroidetes）VC2.1 Bac22分类地位未定的1目	0.000137	0.000000	0.000857	0.000000	0.000249

续表

物种名称	不同发酵程度垫料细菌目相对丰度				
	AUG_CK	AUG_H	AUG_L	AUG_PM	平均值
【81】 门TA18分类地位未定的1目	0.000980	0.000000	0.000000	0.000009	0.000247
【82】 门TM6分类地位未定的1目	0.000167	0.000000	0.000133	0.000642	0.000235
【83】 酸杆菌目（Acidobacteriales）	0.000441	0.000000	0.000010	0.000481	0.000233
【84】 门OPB54分类地位未定的1目	0.000000	0.000610	0.000000	0.000302	0.000228
【85】 盖亚菌目（Gaiellales）	0.000039	0.000000	0.000031	0.000793	0.000216
【86】 嗜甲基菌目（Methylophilales）	0.000755	0.000011	0.000000	0.000000	0.000191
【87】 目B1-7BS	0.000000	0.000000	0.000092	0.000670	0.000190
【88】 衣原体目（Chlamydiales）	0.000265	0.000000	0.000020	0.000462	0.000187
【89】 绿菌目（Chlorobiales）	0.000608	0.000000	0.000112	0.000019	0.000185
【90】 红环菌目（Rhodocyclales）	0.000029	0.000471	0.000061	0.000132	0.000173
【91】 柔膜菌纲（Mollicutes）RF9的1目	0.000000	0.000193	0.000408	0.000038	0.000160
【92】 小单胞菌目（Micromonosporales）	0.000294	0.000000	0.000031	0.000311	0.000159
【93】 拟杆菌门（Bacteroidetes）未分类的1目	0.000323	0.000000	0.000276	0.000000	0.000150
【94】 未分类的1目	0.000206	0.000000	0.000051	0.000340	0.000149
【95】 分类地位未定的1目	0.000000	0.000578	0.000000	0.000000	0.000144
【96】 甲基球菌目（Methylococcales）	0.000000	0.000000	0.000102	0.000472	0.000143
【97】 嗜热厌氧菌目（Thermoanaerobacterales）	0.000000	0.000567	0.000000	0.000000	0.000142
【98】 气单胞菌目（Aeromonadales）	0.000559	0.000000	0.000000	0.000000	0.000140
【99】 放线菌纲未分类的1目	0.000000	0.000000	0.000010	0.000491	0.000125
【100】 α-变形菌纲（Alphaproteobacteria）未分类的1目	0.000098	0.000000	0.000041	0.000321	0.000115
【101】 绿弯菌门（Chloroflexi）未分类的1目	0.000000	0.000000	0.000010	0.000396	0.000102
【102】 目SC-I-84	0.000216	0.000000	0.000010	0.000160	0.000097
【103】 纲WD272分类地位未定的1目	0.000363	0.000000	0.000000	0.000000	0.000091
【104】 除硫单胞菌目（Desulfuromonadales）	0.000000	0.000000	0.000357	0.000000	0.000089
【105】 爬管菌目（Herpetosiphonales）	0.000353	0.000000	0.000000	0.000000	0.000088
【106】 目TRA3-20	0.000010	0.000000	0.000020	0.000283	0.000078
【107】 目BD2-11陆生菌群	0.000000	0.000278	0.000000	0.000000	0.000070
【108】 脱硫弧菌目（Desulfovibrionales）	0.000000	0.000107	0.000143	0.000009	0.000065
【109】 丰佑菌目（Opitutales）	0.000049	0.000000	0.000031	0.000170	0.000062
【110】 门SHA-109分类地位未定的1目	0.000216	0.000000	0.000010	0.000019	0.000061
【111】 纲JG30-KF-CM66分类地位未定的1目	0.000000	0.000000	0.000010	0.000208	0.000054
【112】 蓝细菌纲（Cyanobacteria）未分类的1目	0.000010	0.000000	0.000041	0.000151	0.000050
【113】 纤维杆菌目（Fibrobacterales）	0.000010	0.000000	0.000010	0.000160	0.000045
【114】 纲TA06分类地位未定的1目	0.000137	0.000000	0.000000	0.000019	0.000039
【115】 梭菌纲（Clostridia）未分类的1目	0.000000	0.000000	0.000000	0.000151	0.000038
【116】 纲OM190分类地位未定的1目	0.000000	0.000000	0.000000	0.000151	0.000038
【117】 互养菌目（Synergistales）	0.000000	0.000086	0.000061	0.000000	0.000037
【118】 门Parcubacteria分类地位未定的1目	0.000000	0.000000	0.000000	0.000142	0.000035
【119】 目OCS116_clade	0.000000	0.000000	0.000041	0.000094	0.000034
【120】 红蝽菌目（Coriobacteriales）	0.000000	0.000032	0.000020	0.000057	0.000027

续表

物种名称	不同发酵程度垫料细菌目相对丰度				
	AUG_CK	AUG_H	AUG_L	AUG_PM	平均值
【121】亚群10的1目	0.000108	0.000000	0.000000	0.000000	0.000027
【122】放线菌目（Actinomycetales）	0.000000	0.000096	0.000000	0.000000	0.000024
【123】变形菌门（Proteobacteria）未分类的1目	0.000078	0.000000	0.000000	0.000000	0.000020
【124】纤线杆菌门（Ktedonobacterales）	0.000000	0.000000	0.000010	0.000066	0.000019
【125】门WCHB1-60分类地位未定的1目	0.000059	0.000000	0.000000	0.000000	0.000015
【126】目43F-1404R	0.000000	0.000000	0.000000	0.000057	0.000014
【127】绿弯菌门（Chloroflexi）未培养的1目	0.000039	0.000000	0.000000	0.000000	0.000010
【128】纲KD4-96分类地位未定的1目	0.000000	0.000000	0.000000	0.000038	0.000009
【129】红色杆菌目（Rubrobacterales）	0.000000	0.000000	0.000000	0.000038	0.000009
【130】亚群18的1目	0.000000	0.000000	0.000000	0.000019	0.000005

（2）细菌目相对丰度比较　不同处理组细菌目TOP10细菌相对丰度分布见图8-55。处理组间细菌目丰度分布差异显著。前3个最大丰度分布的细菌目垫料原料（AUG_CK）为肠杆菌目（36.28%）、鞘氨醇杆菌目（27.87%）、假单胞菌目（5.03%）；深发酵垫料（AUG_H）为鞘氨醇杆菌目（15.48%）、微球菌目（13.42%）、梭菌目（11.97%）；浅发酵垫料（AUG_L）为黄杆菌目（38.43%）、鞘氨醇杆菌目（21.09%）、黄单胞菌目（10.94%）；未发酵猪粪（AUG_PM）为厌氧绳菌目（14.44%）、黄单胞菌目（12.02%）、芽胞杆菌目（9.69%）；不同处理组特征性细菌目明显，AUG_CK组以肠杆菌目为主，AUG_H组以鞘氨醇杆菌目为主，AUG_L组产黄杆菌目为主，AUG_PM组以厌氧绳菌目主。

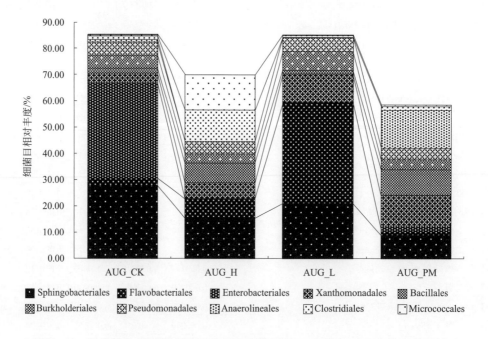

图8-55　异位微生物发酵床不同处理组细菌目TOP10细菌相对丰度分布多样性

（3）细菌目相对丰度相关性　基于细菌目相对丰度不同处理组的相关系数见表8-54。从

表 8-54 可知，各处理组间的相关系数范围 0.3597～0.5363，都表现出相关的显著性或极显著性，表明不同处理组细菌目丰度在不同发酵阶段的传递性，细菌目丰度差异源于发酵过程物料变化产生的选择差异。

表8-54　基于细菌目相对丰度的异位微生物发酵床不同处理组相关系数

处理组	AUG_CK	AUG_H	AUG_L	AUG_PM
AUG_CK	1.0000	0.3814	0.3519	0.3597
AUG_H	0.3814	1.0000	0.5363	0.4351
AUG_L	0.3519	0.5363	1.0000	0.3597
AUG_PM	0.3597	0.4351	0.3597	1.0000

不同处理组 TOP10 细菌目相对丰度的相关系数见表 8-55。细菌目丰度之间依不同处理组的相关性差异显著。

表8-55　不同处理组TOP10细菌目相对丰度的相关系数

物种名称	【1】	【2】	【3】	【4】	【5】	【6】	【7】	【8】	【9】	【10】
【1】 肠杆菌目	1.0000									
【2】 鞘氨醇杆菌目	0.7606	1.0000								
【3】 假单胞菌目	0.3639	0.8807	1.0000							
【4】 伯克氏菌目	−0.0066	0.4937	0.7424	1.0000						
【5】 根瘤菌目	0.3066	−0.2633	−0.5731	−0.2266	1.0000					
【6】 黄单胞菌	−0.7315	−0.6790	−0.4110	0.2792	0.2915	1.0000				
【7】 黄杆菌目	−0.3988	0.2302	0.6386	0.8945	−0.5201	0.4031	1.0000			
【8】 链霉菌目	0.8647	0.3661	−0.0925	−0.2068	0.7359	−0.4005	−0.6225	1.0000		
【9】 芽胞杆菌	−0.4963	−0.9132	−0.9609	−0.8033	0.3260	0.3423	−0.5900	−0.1192	1.0000	
【10】 梭菌目	−0.3270	−0.2492	−0.1643	−0.6034	−0.6353	−0.3797	−0.2547	−0.4949	0.4178	1.0000

（4）细菌目相对丰度主成分分析

① 基于细菌目相对丰度的处理组 R 型主成分分析

Ⅰ. 主成分特征值。基于细菌目相对丰度的不同处理组 R 型主成分分析特征值见表 8-56。从表 8-56 可以看出，前 2 个主成分的特征值累计占比达 84.7940%，能很好地反映数据主要信息。

表8-56　异位微生物发酵床不同处理组R型主成分特征值（细菌目）

序号	特征值	占比/%	累计占比/%	Chi-Square	df	P值
1	75.4462	58.0356	58.0356	0	8514	0.9999
2	34.7860	26.7584	84.7940	0	8384	0.9999
3	19.7678	15.2060	100.0000	0	8255	0.9999

Ⅱ. 主成分得分值。不同处理组 TOP10 细菌目 R 型主成分得分值检测结果见表 8-57。从表 8-57 可以看出，第一主成分主要影响细菌为鞘氨醇杆菌目（10.77），第二主成分为肠杆菌目（6.65），第三主成分为厌氧绳菌目（−5.15）。

表8-57　异位微生物发酵床不同处理组R型主成分得分值（细菌目）

物种名称		$Y(i, 1)$	$Y(i, 2)$	$Y(i, 3)$	$Y(i, 4)$
【1】	鞘氨醇杆菌目（Sphingobacteriales）	10.7741	1.0393	1.8952	−0.6999
【2】	黄杆菌目（Flavobacteriales）	6.6478	−5.5000	2.6542	3.8005
【3】	肠杆菌目（Enterobacteriales）	4.0196	6.6476	4.0749	0.2497
【4】	黄单胞菌目（Xanthomonadales）	5.3483	−0.1531	−3.0950	0.9364
【5】	芽孢杆菌目（Bacillales）	3.6840	0.2689	−3.1338	−1.1907
【6】	伯克氏菌目（Burkholderiales）	2.6134	−0.1079	−0.1968	0.4186
【7】	假单胞菌目（Pseudomonadales）	2.7154	0.0538	−0.4554	−0.2375
【8】	厌氧绳菌目（Anaerolineales）	2.8304	1.9465	−5.1513	1.4263
【9】	梭菌目（Clostridiales）	2.6880	−1.4183	−0.0939	−3.4658
【10】	微球菌目（Micrococcales）	2.6858	−1.8047	0.0531	−4.0642

Ⅲ．主成分作图。基于细菌目相对丰度的垫料发酵不同处理组 R 型主成分分析结果见图 8-56。

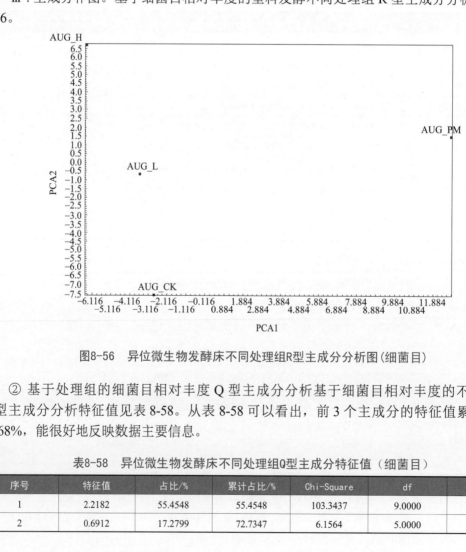

图8-56　异位微生物发酵床不同处理组R型主成分分析图（细菌目）

② 基于处理组的细菌目相对丰度 Q 型主成分分析基于细菌目相对丰度的不同处理组 Q 型主成分分析特征值见表 8-58。从表 8-58 可以看出，前 3 个主成分的特征值累计占比达 88.68%，能很好地反映数据主要信息。

表8-58　异位微生物发酵床不同处理组Q型主成分特征值（细菌目）

序号	特征值	占比/%	累计占比/%	Chi-Square	df	P值
1	2.2182	55.4548	55.4548	103.3437	9.0000	0.0000
2	0.6912	17.2799	72.7347	6.1564	5.0000	0.2913

续表

序号	特征值	占比/%	累计占比/%	Chi-Square	df	P值
3	0.6380	15.9509	88.6856	3.7217	2.0000	0.1555
4	0.4526	11.3144	100.0000	0.0000	0.0000	1.0000

细菌目鞘氨醇杆菌目、黄杆菌目、肠杆菌目，与其他细菌目分离。其他细菌目聚集在一个区域（图 8-57）。

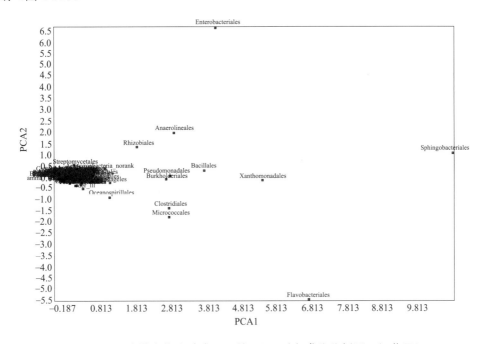

图8-57　异位微生物发酵床不同处理组Q型主成分分析图（细菌目）

4．细菌科种类相对丰度分布多样性

（1）细菌科相对丰度检测　实验结果按处理组平均值排序列表 8-59。在异位微生物发酵床不同处理组中检测到细菌科 264 个，不同处理组细菌科的相对丰度差异显著，相对丰度最高的是浅发酵垫料（AUG_L）的黄杆菌科（37.63%）、其次是垫料原料（AUG_CK）的肠杆菌科（36.28%）、再次是垫料原料（AUG_CK）的鞘氨醇杆菌科（20.85%）。

表8-59　异位微生物发酵床细菌科相对丰度分布多样性

物种名称		不同发酵程度垫料细菌科相对丰度				
		AUG_CK	AUG_H	AUG_L	AUG_PM	平均值
【1】	黄杆菌科（Flavobacteriaceae）	0.027025	0.069751	0.376292	0.014020	0.121772
【2】	鞘氨醇杆菌科（Sphingobacteriaceae）	0.208544	0.148778	0.061050	0.002170	0.105135
【3】	肠杆菌科（Enterobacteriaceae）	0.362812	0.001091	0.000031	0.018332	0.095566
【4】	噬几丁质菌科（Chitinophagaceae）	0.067489	0.000267	0.148778	0.087176	0.075928
【5】	黄单胞菌科（Xanthomonadaceae）	0.032955	0.060979	0.104200	0.089129	0.071816
【6】	厌氧蝇菌科（Anaerolineaceae）	0.009714	0.000011	0.002021	0.144388	0.039033
【7】	芽胞杆菌科（Bacillaceae）	0.002078	0.048665	0.003154	0.050881	0.026195

续表

物种名称	不同发酵程度垫料细菌科相对丰度				
	AUG_CK	AUG_H	AUG_L	AUG_PM	平均值
【8】 梭菌科（Clostridiaceae_1）	0.011841	0.072950	0.004225	0.010105	0.024780
【9】 莫拉菌科（Moraxellaceae）	0.026897	0.005520	0.040241	0.024191	0.024212
【10】 假单胞菌科（Pseudomonadaceae）	0.023398	0.041797	0.011216	0.018869	0.023820
【11】 产碱菌科（Alcaligenaceae）	0.015615	0.035015	0.010277	0.027427	0.022083
【12】 丛毛单胞菌科（Comamonadaceae）	0.012469	0.000043	0.060142	0.007048	0.019925
【13】 皮杆菌科（Dermabacteraceae）	0.000039	0.076523	0.000000	0.000000	0.019141
【14】 Saccharibacteria_norank	0.006685	0.000011	0.023310	0.045447	0.018863
【15】 烷烃降解菌科（Alcanivoracaceae）	0.000000	0.055587	0.000010	0.000481	0.014020
【16】 动球菌科（Planococcaceae）	0.000274	0.016197	0.010124	0.016199	0.010699
【17】 类芽胞杆菌科（Paenibacillaceae）	0.011616	0.000000	0.000286	0.027653	0.009889
【18】 噬纤维菌科（Cytophagaceae）	0.006636	0.000000	0.008460	0.023200	0.009574
【19】 Order_Ⅲ_uncultured	0.000000	0.035378	0.000000	0.000000	0.008845
【20】 链霉菌科（Streptomycetaceae）	0.021987	0.000043	0.000092	0.012284	0.008601
【21】 特吕珀菌科（Trueperaceae）	0.000441	0.023033	0.002327	0.008067	0.008467
【22】 消化链球菌科（Peptostreptococcaceae）	0.000069	0.027836	0.000449	0.002736	0.007773
【23】 Subgroup_6_norank	0.000980	0.000011	0.000745	0.026889	0.007156
【24】 DSSF69	0.000127	0.000000	0.023922	0.004368	0.007104
【25】 Unknown_Family	0.000735	0.000000	0.002745	0.024568	0.007012
【26】 细球菌科（Micrococcaceae）	0.000000	0.027173	0.000020	0.000698	0.006973
【27】 生丝微菌科（Hyphomicrobiaceae）	0.003480	0.000203	0.002602	0.019596	0.006470
【28】 Cellvibrionaceae	0.001637	0.017994	0.005450	0.000000	0.006270
【29】 Xanthomonadales_Incertae_Sedis	0.003294	0.000000	0.000653	0.020879	0.006206
【30】 伯克氏菌科（Burkholderiaceae）	0.018928	0.000160	0.000214	0.004283	0.005897
【31】 火色杆菌科（Flammeovirgaceae）	0.000000	0.021899	0.000000	0.000094	0.005498
【32】 Candidate_division_WS6_norank	0.000774	0.000000	0.000674	0.019001	0.005112
【33】 布鲁氏菌科（Brucellaceae）	0.012253	0.002953	0.002194	0.003038	0.005109
【34】 棒杆菌科（Corynebacteriaceae）	0.000000	0.019182	0.000122	0.000132	0.004859
【35】 Roseiflexaceae	0.001451	0.000000	0.001112	0.015850	0.004603
【36】 黄色杆菌科（Xanthobacteraceae）	0.000284	0.000000	0.001163	0.016596	0.004511
【37】 柄杆菌科（Caulobacteraceae）	0.004264	0.000086	0.008644	0.004425	0.004355
【38】 源洋菌科（Idiomarinaceae）	0.000000	0.017331	0.000000	0.000000	0.004333
【39】 根瘤菌科（Rhizobiaceae）	0.016262	0.000000	0.000531	0.000453	0.004311
【40】 圆杆菌科（Cyclobacteriaceae）	0.000000	0.015683	0.000041	0.000283	0.004002
【41】 赤杆菌科（Erythrobacteraceae）	0.003470	0.000182	0.000806	0.010105	0.003641
【42】 葡萄球菌科（Staphylococcaceae）	0.003980	0.010152	0.000000	0.000057	0.003547
【43】 肉杆菌科（Carnobacteriaceae）	0.000000	0.013758	0.000000	0.000000	0.003439
【44】 根瘤菌目（Rhizobiales）_unclassified	0.003127	0.000032	0.003939	0.006585	0.003421
【45】 鞘氨醇单胞菌科（Sphingomonadaceae）	0.004764	0.000021	0.005746	0.002906	0.003359
【46】 Family_Ⅺ	0.000010	0.012720	0.000439	0.000047	0.003304
【47】 Gammaproteobacteria_unclassified	0.000265	0.000834	0.011573	0.000509	0.003295

续表

物种名称	不同发酵程度垫料细菌科相对丰度				
	AUG_CK	AUG_H	AUG_L	AUG_PM	平均值
【48】 根瘤菌目（Rhizobiales）_Incertae_Sedis	0.001461	0.000000	0.001265	0.010284	0.003252
【49】 OM1_clade	0.000000	0.000000	0.000367	0.012105	0.003118
【50】 Micrococcales_unclassified	0.000000	0.011254	0.000000	0.000000	0.002814
【51】 微杆菌科（Microbacteriaceae）	0.003872	0.001883	0.001949	0.003161	0.002716
【52】 红螺菌科（Rhodospirillaceae）	0.001843	0.000738	0.000765	0.006906	0.002563
【53】 博戈里亚湖菌科（Bogoriellaceae）	0.000000	0.009917	0.000000	0.000000	0.002479
【54】 Sphingomonadales_unclassified	0.001951	0.000021	0.000949	0.006453	0.002344
【55】 假诺卡氏科（Pseudonocardiaceae）	0.008410	0.000011	0.000010	0.000481	0.002228
【56】 丹毒丝菌科（Erysipelotrichaceae）	0.000039	0.007927	0.000194	0.000642	0.002200
【57】 紫单胞菌科（Porphyromonadaceae）	0.000000	0.007328	0.001296	0.000075	0.002175
【58】 类诺卡氏菌科（Nocardioidaceae）	0.001902	0.000032	0.001704	0.004859	0.002124
【59】 腐螺旋菌科（Saprospiraceae）	0.002500	0.005723	0.000000	0.000000	0.002056
【60】 甲基杆菌科（Methylobacteriaceae）	0.003107	0.000000	0.001745	0.003246	0.002025
【61】 Cryomorphaceae	0.000059	0.002664	0.005001	0.000311	0.002009
【62】 海洋螺菌科（Oceanospirillaceae）	0.001578	0.004301	0.001664	0.000000	0.001886
【63】 Sandaracinaceae	0.000892	0.006312	0.000031	0.000113	0.001837
【64】 乳酸杆菌科（Lactobacillaceae）	0.000000	0.007296	0.000051	0.000000	0.001837
【65】 Solimonadaceae	0.000716	0.000000	0.004205	0.002321	0.001810
【66】 短杆菌科（Brevibacteriaceae）	0.000078	0.006922	0.000000	0.000217	0.001804
【67】 链孢囊菌科（Streptosporangiaceae）	0.003333	0.000053	0.000204	0.003529	0.001780
【68】 GR-WP33-30_norank	0.001088	0.000000	0.000520	0.005491	0.001775
【69】 蓝细菌纲（Cyanobacteria）_norank	0.000049	0.000000	0.002164	0.004368	0.001645
【70】 Xanthomonadales_uncultured	0.001147	0.000000	0.000204	0.004878	0.001557
【71】 叶杆菌科（Phyllobacteriaceae）	0.000745	0.001305	0.001766	0.002321	0.001534
【72】 盐单胞菌科（Halomonadaceae）	0.000314	0.005477	0.000020	0.000057	0.001467
【73】 迪茨氏菌科（Dietziaceae）	0.000000	0.005317	0.000122	0.000075	0.001379
【74】 醋杆菌科（Acetobacteraceae）	0.003833	0.000000	0.000408	0.001179	0.001355
【75】 Sh765B-TzT-29_norank	0.000000	0.000000	0.000245	0.004953	0.001300
【76】 Ruminococcaceae	0.000000	0.004087	0.000847	0.000085	0.001255
【77】 Porticoccaceae	0.000000	0.004868	0.000010	0.000113	0.001248
【78】 噬菌弧菌科（Bacteriovoracaceae）	0.000069	0.000000	0.004766	0.000066	0.001225
【79】 S0134_terrestrial_group	0.000000	0.000000	0.000112	0.004708	0.001205
【80】 Acidimicrobiales_uncultured	0.000157	0.000000	0.000327	0.004255	0.001185
【81】 球形杆菌科（Sphaerobacteraceae）	0.000010	0.000000	0.000153	0.004491	0.001163
【82】 诺卡菌科（Nocardiaceae）	0.000363	0.000011	0.002429	0.001661	0.001116
【83】 分枝杆菌科（Mycobacteriaceae）	0.000569	0.000011	0.000316	0.003538	0.001108
【84】 链球菌科（Streptococcaceae）	0.000000	0.003819	0.000367	0.000019	0.001051
【85】 慢生根瘤菌科（Bradyrhizobiaceae）	0.001696	0.000000	0.000418	0.002038	0.001038
【86】 Rickettsiales_Incertae_Sedis	0.000108	0.000000	0.000214	0.003604	0.000982
【87】 δ-变形菌纲（Deltaproteobacteria）_unclassified	0.000000	0.003905	0.000000	0.000000	0.000976

续表

物种名称	不同发酵程度垫料细菌科相对丰度				
	AUG_CK	AUG_H	AUG_L	AUG_PM	平均值
【88】 Iamiaceae	0.000118	0.000428	0.000122	0.003179	0.000962
【89】 拟诺卡氏菌科（Nocardiopsaceae）	0.000010	0.003295	0.000000	0.000528	0.000958
【90】 NS9_marine_group	0.000480	0.000000	0.003021	0.000170	0.000918
【91】 芽单胞菌科（Gemmatimonadaceae）	0.000382	0.000000	0.000286	0.002849	0.000879
【92】 装甲菌门（Armatimonadetes）_norank	0.000892	0.000000	0.000490	0.002104	0.000871
【93】 DB1-14_norank	0.000000	0.000000	0.000071	0.003368	0.000860
【94】 草酸杆菌科（Oxalobacteraceae）	0.002166	0.000011	0.000520	0.000519	0.000804
【95】 科480-2	0.000196	0.000000	0.000378	0.002632	0.000801
【96】 Xanthomonadales_unclassified	0.000000	0.000000	0.000133	0.003010	0.000786
【97】 TK10_norank	0.000039	0.000000	0.000092	0.002915	0.000762
【98】 红杆菌科（Rhodobacteraceae）	0.001421	0.001070	0.000480	0.000075	0.000762
【99】 Phycisphaeraceae	0.000333	0.000000	0.000051	0.002472	0.000714
【100】 毛螺旋菌科（Lachnospiraceae）	0.001323	0.001466	0.000010	0.000000	0.000700
【101】 蛭弧菌科（Bdellovibrionaceae）	0.000284	0.000246	0.001786	0.000330	0.000662
【102】 Bacteroidaceae	0.000000	0.001733	0.000816	0.000009	0.000640
【103】 柯克斯体科（Coxiellaceae）	0.002117	0.000000	0.000051	0.000387	0.000639
【104】 Ardenticatenales_norank	0.000000	0.000000	0.000163	0.002387	0.000638
【105】 BIrii41	0.000686	0.000000	0.000092	0.001661	0.000610
【106】 AT425-EubC11_terrestrial_group_norank	0.000000	0.000481	0.000071	0.001849	0.000601
【107】 Caldilineaceae	0.000529	0.000000	0.000225	0.001585	0.000585
【108】 Verrucomicrobiaceae	0.000823	0.000000	0.001306	0.000151	0.000570
【109】 JG30-KF-CM45_norank	0.000421	0.000000	0.000071	0.001576	0.000517
【110】 Rhodothermaceae	0.000000	0.000000	0.000388	0.001651	0.000510
【111】 KCM-B-15	0.000000	0.000000	0.000082	0.001953	0.000509
【112】 DA111	0.000000	0.000000	0.000225	0.001651	0.000469
【113】 NKB5_norank	0.000069	0.000000	0.000245	0.001538	0.000463
【114】 Haliangiaceae	0.000147	0.000000	0.000020	0.001670	0.000459
【115】 Kineosporiaceae	0.000137	0.000000	0.000000	0.001632	0.000442
【116】 Hydrogenedentes_norank	0.000137	0.000000	0.000122	0.001491	0.000438
【117】 Ectothiorhodospiraceae	0.000010	0.000000	0.000010	0.001708	0.000432
【118】 Planctomycetaceae	0.000049	0.000011	0.000133	0.001500	0.000423
【119】 Acholeplasmataceae	0.000010	0.000770	0.000898	0.000000	0.000420
【120】 Intrasporangiaceae	0.000000	0.000011	0.000082	0.001585	0.000419
【121】 S085_norank	0.000372	0.000000	0.000041	0.001179	0.000398
【122】 Rhodobiaceae	0.000225	0.000000	0.000214	0.001151	0.000398
【123】 Sporolactobacillaceae	0.000000	0.000000	0.000000	0.001576	0.000394
【124】 Beijerinckiaceae	0.000961	0.000000	0.000296	0.000302	0.000390
【125】 AKYG1722_norank	0.000010	0.000000	0.000133	0.001406	0.000387
【126】 BCf3-20	0.000176	0.000000	0.000122	0.001245	0.000386
【127】 OPB35_soil_group_norank	0.000108	0.000000	0.000020	0.001396	0.000381

物种名称		不同发酵程度垫料细菌科相对丰度				
		AUG_CK	AUG_H	AUG_L	AUG_PM	平均值
【128】	Ignavibacteriales_norank	0.000000	0.000000	0.000276	0.001189	0.000366
【129】	Hahellaceae	0.000010	0.000011	0.000572	0.000859	0.000363
【130】	JG37-AG-20	0.000000	0.000000	0.000010	0.001425	0.000359
【131】	Alteromonadaceae	0.000000	0.001401	0.000000	0.000000	0.000350
【132】	Cystobacteraceae	0.000000	0.000011	0.000520	0.000830	0.000340
【133】	Demequinaceae	0.000274	0.000225	0.000184	0.000670	0.000338
【134】	LD29	0.000078	0.000000	0.000204	0.000991	0.000318
【135】	Piscirickettsiaceae	0.000000	0.001273	0.000000	0.000000	0.000318
【136】	Nitrosomonadaceae	0.000235	0.000000	0.000153	0.000849	0.000309
【137】	Acidimicrobiales_Incertae_Sedis	0.000118	0.000000	0.000163	0.000934	0.000304
【138】	Vampirovibrionales_norank	0.000118	0.000000	0.000000	0.001028	0.000287
【139】	FFCH7168	0.000990	0.000000	0.000000	0.000142	0.000283
【140】	Microgenomates_norank	0.000539	0.000000	0.000112	0.000453	0.000276
【141】	Spirochaetaceae	0.000000	0.000856	0.000214	0.000009	0.000270
【142】	SM2F11_norank	0.000000	0.000000	0.000214	0.000793	0.000252
【143】	Family_XIII	0.000000	0.000364	0.000551	0.000085	0.000250
【144】	拟杆菌门（Bacteroidetes）_VC2.1_Bac22_norank	0.000137	0.000000	0.000857	0.000000	0.000249
【145】	TA18_norank	0.000980	0.000000	0.000000	0.000009	0.000247
【146】	TM6_norank	0.000167	0.000000	0.000133	0.000642	0.000235
【147】	Acidobacteriaceae_Subgroup_1	0.000441	0.000000	0.000010	0.000481	0.000233
【148】	Hyphomonadaceae	0.000255	0.000000	0.000020	0.000651	0.000232
【149】	OPB54_norank	0.000000	0.000610	0.000000	0.000302	0.000228
【150】	Nakamurellaceae	0.000049	0.000000	0.000082	0.000774	0.000226
【151】	Veillonellaceae	0.000823	0.000000	0.000041	0.000019	0.000221
【152】	伯克氏菌目（Burkholderiales）_unclassified	0.000098	0.000000	0.000623	0.000104	0.000206
【153】	红螺菌目（Rhodospirillales）_Incertae_Sedis	0.000676	0.000000	0.000000	0.000123	0.000200
【154】	Thermomonosporaceae	0.000039	0.000000	0.000000	0.000745	0.000196
【155】	嗜甲基菌科（Methylophilaceae）	0.000755	0.000011	0.000000	0.000000	0.000191
【156】	B1-7BS_norank	0.000000	0.000000	0.000092	0.000670	0.000190
【157】	Gaiellales_uncultured	0.000039	0.000000	0.000020	0.000698	0.000189
【158】	Phaselicystidaceae	0.000020	0.000000	0.000031	0.000698	0.000187
【159】	OPB56	0.000608	0.000000	0.000112	0.000019	0.000185
【160】	Rhodocyclaceae	0.000029	0.000471	0.000061	0.000132	0.000173
【161】	Mollicutes_RF9_norank	0.000000	0.000193	0.000408	0.000038	0.000160
【162】	微单胞菌科（Micromonosporaceae）	0.000294	0.000000	0.000031	0.000311	0.000159
【163】	Christensenellaceae	0.000010	0.000064	0.000561	0.000000	0.000159
【164】	Oligoflexales_norank	0.000010	0.000000	0.000031	0.000585	0.000156
【165】	拟杆菌门（Bacteroidetes）_unclassified	0.000323	0.000000	0.000276	0.000000	0.000150
【166】	环脂酸芽孢杆菌科（Alicyclobacillaceae）	0.000000	0.000000	0.000031	0.000566	0.000149
【167】	Bacteria_unclassified	0.000206	0.000000	0.000051	0.000340	0.000149

物种名称	不同发酵程度垫料细菌科相对丰度				
	AUG_CK	AUG_H	AUG_L	AUG_PM	平均值
【168】 Family_XVIII	0.000000	0.000000	0.000000	0.000585	0.000146
【169】 Family_Incertae_Sedis	0.000000	0.000578	0.000000	0.000000	0.000144
【170】 甲基球菌科（Methylococcaceae）	0.000000	0.000000	0.000102	0.000472	0.000143
【171】 t-42698	0.000000	0.000000	0.000020	0.000547	0.000142
【172】 Thermoanaerobacteraceae	0.000000	0.000567	0.000000	0.000000	0.000142
【173】 酸微菌科（Acidimicrobiaceae）	0.000098	0.000000	0.000000	0.000462	0.000140
【174】 Aeromonadaceae	0.000559	0.000000	0.000000	0.000000	0.000140
【175】 理研菌科（Rikenellaceae）	0.000000	0.000096	0.000449	0.000009	0.000139
【176】 Promicromonosporaceae	0.000549	0.000000	0.000000	0.000000	0.000137
【177】 气球菌科（Aerococcaceae）	0.000000	0.000546	0.000000	0.000000	0.000136
【178】 Frankiaceae	0.000029	0.000000	0.000031	0.000462	0.000131
【179】 Actinobacteria_unclassified	0.000000	0.000000	0.000010	0.000491	0.000125
【180】 肠球菌科（Enterococcaceae）	0.000421	0.000043	0.000000	0.000000	0.000116
【181】 α-变形菌纲（Alphaproteobacteria）_unclassified	0.000098	0.000000	0.000041	0.000321	0.000115
【182】 NS11-12_marine_group	0.000020	0.000000	0.000429	0.000009	0.000114
【183】 Rickettsiales_uncultured	0.000098	0.000000	0.000010	0.000349	0.000114
【184】 Oligoflexaceae	0.000059	0.000000	0.000031	0.000359	0.000112
【185】 AKYH478	0.000010	0.000000	0.000051	0.000387	0.000112
【186】 Corynebacteriales_unclassified	0.000000	0.000439	0.000000	0.000000	0.000110
【187】 Subgroup_3_norank	0.000431	0.000000	0.000000	0.000000	0.000108
【188】 Chloroflexi_unclassified	0.000000	0.000000	0.000010	0.000396	0.000102
【189】 副衣原体科（Parachlamydiaceae）	0.000186	0.000000	0.000010	0.000208	0.000101
【190】 SJA-149	0.000392	0.000000	0.000010	0.000000	0.000101
【191】 盐硫杆状菌科（Halothiobacillaceae）	0.000000	0.000396	0.000000	0.000000	0.000099
【192】 SC-I-84_norank	0.000216	0.000000	0.000010	0.000160	0.000097
【193】 Patulibacteraceae	0.000069	0.000000	0.000031	0.000274	0.000093
【194】 WD272_norank	0.000363	0.000000	0.000000	0.000000	0.000091
【195】 GR-WP33-58	0.000000	0.000000	0.000357	0.000000	0.000089
【196】 Micrococcales_norank	0.000020	0.000257	0.000020	0.000057	0.000088
【197】 爬管菌科（Herpetosiphonaceae）	0.000353	0.000000	0.000000	0.000000	0.000088
【198】 立克次体科（Rickettsiaceae）	0.000020	0.000000	0.000051	0.000274	0.000086
【199】 LiUU-11-161	0.000049	0.000000	0.000286	0.000009	0.000086
【200】 鞘氨醇杆菌目（Sphingobacteriales）_unclassified	0.000000	0.000000	0.000327	0.000000	0.000082
【201】 TRA3-20_norank	0.000010	0.000000	0.000020	0.000283	0.000078
【202】 BD2-11_terrestrial_group_norank	0.000000	0.000278	0.000000	0.000000	0.000070
【203】 脱硫弧菌科（Desulfovibrionaceae）	0.000000	0.000107	0.000143	0.000009	0.000065
【204】 丰佑菌科（Opitutaceae）	0.000049	0.000000	0.000031	0.000170	0.000062
【205】 SHA-109_norank	0.000216	0.000000	0.000010	0.000019	0.000061
【206】 cvE6	0.000078	0.000000	0.000010	0.000151	0.000060
【207】 血杆菌科（Sanguibacteraceae）	0.000127	0.000000	0.000020	0.000085	0.000058

物种名称		不同发酵程度垫料细菌科相对丰度				
		AUG_CK	AUG_H	AUG_L	AUG_PM	平均值
【208】	Xiphinematobacteraceae	0.000176	0.000000	0.000010	0.000038	0.000056
【209】	JG30-KF-CM66_norank	0.000000	0.000000	0.000010	0.000208	0.000054
【210】	Family_Ⅻ	0.000216	0.000000	0.000000	0.000000	0.000054
【211】	蓝细菌（Cyanobacteria）_unclassified	0.000010	0.000000	0.000041	0.000151	0.000050
【212】	红螺菌目（Rhodospirillales）_unclassified	0.000000	0.000000	0.000041	0.000151	0.000048
【213】	氨基酸球菌科（Acidaminococcaceae）	0.000000	0.000000	0.000153	0.000038	0.000048
【214】	纤维杆菌科（Fibrobacteraceae）	0.000010	0.000000	0.000010	0.000160	0.000045
【215】	绿弯菌科（Chloroflexaceae）	0.000010	0.000000	0.000000	0.000160	0.000043
【216】	涅瓦河菌科（Nevskiaceae）	0.000167	0.000000	0.000000	0.000000	0.000042
【217】	CCU22	0.000049	0.000000	0.000041	0.000075	0.000041
【218】	A0839	0.000157	0.000000	0.000000	0.000000	0.000039
【219】	TA06_norank	0.000137	0.000000	0.000000	0.000019	0.000039
【220】	Clostridia_unclassified	0.000000	0.000000	0.000000	0.000151	0.000038
【221】	OM190_norank	0.000000	0.000000	0.000000	0.000151	0.000038
【222】	多囊菌科（Polyangiaceae）	0.000000	0.000000	0.000000	0.000151	0.000038
【223】	Bacteroidales_UCG-001	0.000000	0.000139	0.000010	0.000000	0.000037
【224】	Synergistaceae	0.000000	0.000086	0.000061	0.000000	0.000037
【225】	ML80	0.000010	0.000000	0.000020	0.000113	0.000036
【226】	军团菌科（Legionellaceae）	0.000000	0.000000	0.000010	0.000132	0.000036
【227】	Parcubacteria_norank	0.000000	0.000000	0.000000	0.000142	0.000035
【228】	Gracilibacteraceae	0.000137	0.000000	0.000000	0.000000	0.000034
【229】	OCS116_clade_norank	0.000000	0.000000	0.000041	0.000094	0.000034
【230】	Ⅰ-10	0.000000	0.000000	0.000020	0.000113	0.000033
【231】	Caldicoprobacteraceae	0.000000	0.000128	0.000000	0.000000	0.000032
【232】	丙酸杆菌科（Propionibacteriaceae）	0.000127	0.000000	0.000000	0.000000	0.000032
【233】	Family_ⅩⅦ	0.000000	0.000000	0.000000	0.000123	0.000031
【234】	红蝽菌科（Coriobacteriaceae）	0.000000	0.000032	0.000020	0.000057	0.000027
【235】	CA002	0.000108	0.000000	0.000000	0.000000	0.000027
【236】	Chthoniobactcralcs_unclassified	0.000108	0.000000	0.000000	0.000000	0.000027
【237】	Gaiellaceae	0.000000	0.000000	0.000010	0.000094	0.000026
【238】	SM2D12	0.000000	0.000000	0.000000	0.000104	0.000026
【239】	华诊体科（Waddliaceae）	0.000000	0.000000	0.000000	0.000104	0.000026
【240】	Chthoniobacteraceae	0.000010	0.000000	0.000051	0.000038	0.000025
【241】	P3OB-42	0.000098	0.000000	0.000000	0.000000	0.000025
【242】	放线菌科（Actinomycetaceae）	0.000000	0.000096	0.000000	0.000000	0.000024
【243】	Elev-16S-1332	0.000000	0.000000	0.000010	0.000085	0.000024
【244】	Clostridiales_Incertae_Sedis	0.000000	0.000000	0.000000	0.000094	0.000024
【245】	普雷沃氏菌科（Prevotellaceae）	0.000000	0.000000	0.000092	0.000000	0.000023
【246】	Myxococcales_unclassified	0.000088	0.000000	0.000000	0.000000	0.000022
【247】	孢鱼菌科（Sporichthyaceae）	0.000088	0.000000	0.000000	0.000000	0.000022

物种名称		不同发酵程度垫料细菌科相对丰度				
		AUG_CK	AUG_H	AUG_L	AUG_PM	平均值
【248】	env.OPS_17	0.000088	0.000000	0.000000	0.000000	0.000022
【249】	变形菌门（Proteobacteria）_unclassified	0.000078	0.000000	0.000000	0.000000	0.000020
【250】	Thermosporotrichaceae	0.000000	0.000000	0.000010	0.000066	0.000019
【251】	Vulgatibacteraceae	0.000000	0.000000	0.000010	0.000066	0.000019
【252】	Marinilabiaceae	0.000000	0.000075	0.000000	0.000000	0.000019
【253】	优杆菌科（Eubacteriaceae）	0.000000	0.000000	0.000041	0.000019	0.000015
【254】	WCHB1-60_norank	0.000059	0.000000	0.000000	0.000000	0.000015
【255】	43F-1404R_norank	0.000000	0.000000	0.000000	0.000057	0.000014
【256】	AKIW659	0.000000	0.000000	0.000000	0.000057	0.000014
【257】	Family_XIV	0.000000	0.000053	0.000000	0.000000	0.000013
【258】	Clostridiales_vadinBB60_group	0.000000	0.000043	0.000000	0.000000	0.000011
【259】	Chloroflexi_uncultured	0.000039	0.000000	0.000000	0.000000	0.000010
【260】	KD4-96_norank	0.000000	0.000000	0.000000	0.000038	0.000009
【261】	Rubrobacteriaceae	0.000000	0.000000	0.000000	0.000038	0.000009
【262】	Peptococcaceae	0.000000	0.000000	0.000000	0.000028	0.000007
【263】	Bacteroidales_unclassified	0.000000	0.000000	0.000020	0.000000	0.000005
【264】	Subgroup_18_norank	0.000000	0.000000	0.000000	0.000019	0.000005

（2）细菌科相对丰度比较　不同处理组细菌科 TOP10 细菌相对丰度分布见图 8-58，各处理组间细菌科丰度分布差异显著。垫料原料（AUG_CK）前 3 个最大丰度分布的细菌科为肠杆菌科（Enterobacteriaceae，36.28%）、鞘氨醇杆菌科（Sphingobacteriaceae，20.85%）、噬几丁质菌科（Chitinophagaceae，6.75%）；深发酵垫料（AUG_H）为鞘氨醇杆菌科（Sphingobacteriaceae，14.88%）、皮杆菌科（Dermabacteraceae，7.65%）、梭菌科 1（Clostridiaceae_1，7.30%）；浅发酵垫料（AUG_L）为黄杆菌科（Flavobacteriaceae，37.63%）、噬几丁质菌科（Chitinophagaceae，14.88%）、黄单胞菌科（Xanthomonadaceae，10.42%）；未发酵猪粪（AUG_PM）为厌氧绳菌科（Anaerolineaceae，14.44%）、黄单胞菌科（Xanthomonadaceae，8.91%）、噬几丁质菌科（Chitinophagaceae，8.72%）；不同处理组特征性细菌科明显，AUG_CK 组以肠杆菌科（Enterobacteriaceae）为主，AUG_H 组以鞘氨醇杆菌科（Sphingobacteriaceae）为主，AUG_L 组黄杆菌科（Flavobacteriaceae）为主，AUG_PM 组以厌氧绳菌科（Anaerolineaceae）为主。

（3）细菌科相对丰度相关性　基于细菌科相对丰度不同处理组的相关系数见表 8-60。从表 8-60 可知，各处理组间相关系数的范围为 0.4134 ～ 0.7770，都表现出相关的显著性或极显著性。

表8-60　基于细菌科相对丰度的异位微生物发酵床不同处理组相关系数

处理组	AUG_CK	AUG_H	AUG_L	AUG_PM
AUG_CK	1.0000			
AUG_H	0.7770	1.0000		
AUG_L	0.5824	0.5648	1.0000	
AUG_PM	0.7281	0.6581	0.4134	1.0000

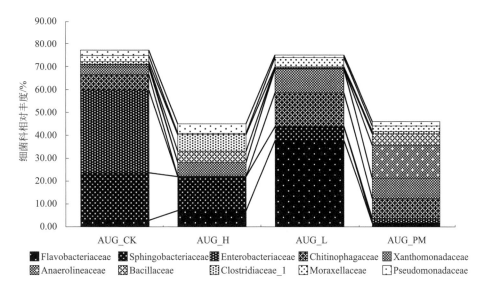

图8-58 异位微生物发酵床不同处理组细菌科TOP10细菌相对丰度分布多样性

不同处理组 TOP10 细菌科相对丰度的相关系数见表 8-61。细菌科间正相关系数大于 0.9 的有假单胞菌科和梭菌科（0.96）、莫拉菌科和噬几丁质菌科（0.97），正相关的两个细菌科具有相互促进作用；负相关系数大于 –0.9 的有假单胞菌科和噬几丁质菌科（–0.98）、莫拉菌科和梭菌科（–0.91）、假单胞菌科和莫拉菌科（–0.91），负相关的两个细菌科具有相互抑制作用。

表8-61 不同处理组TOP10细菌科相对丰度的相关系数

物种名称	【1】	【2】	【3】	【4】	【5】	【6】	【7】	【8】	【9】	【10】
【1】 黄杆菌科	1.00	–0.26	–0.40	0.70	0.66	–0.44	–0.53	–0.30	0.65	–0.53
【2】 鞘氨醇杆菌科	–0.26	1.00	0.73	–0.51	–0.89	–0.72	–0.41	0.36	–0.32	0.51
【3】 肠杆菌科	–0.40	0.73	1.00	–0.09	–0.82	–0.23	–0.57	–0.28	0.12	–0.03
【4】 噬几丁质菌科	0.70	–0.51	–0.09	1.00	0.64	0.13	–0.58	–0.88	0.97	–0.98
【5】 黄单胞菌科	0.66	–0.89	–0.82	0.64	1.00	0.33	0.15	–0.31	0.46	–0.55
【6】 厌氧蝇菌科	–0.44	–0.72	–0.23	0.13	0.33	1.00	0.57	–0.34	0.02	–0.27
【7】 芽孢杆菌科	–0.53	–0.41	–0.57	–0.58	0.15	0.57	1.00	0.57	–0.73	0.55
【8】 梭菌科	–0.30	0.36	–0.28	–0.88	–0.31	–0.34	0.57	1.00	–0.91	0.96
【9】 莫拉菌科	0.65	–0.32	0.12	0.97	0.46	0.02	–0.73	–0.91	1.00	–0.97
【10】假单胞菌科	–0.53	0.51	–0.03	–0.98	–0.55	–0.27	0.55	0.96	–0.97	1.00

（4）细菌科相关丰度主成分分析

① 基于细菌科相关丰度的处理组 R 型主成分分析

Ⅰ.主成分特征值。基于细菌科相关丰度的不同处理组 R 型主成分分析特征值见表 8-62。从表 8-62 可以看出，前 2 个主成分的特征值累计占比达 86.8880%，能很好地反映数据主要信息。

表8-62　异位微生物发酵床不同处理组R型主成分特征值（细菌科）

序号	特征值	占比/%	累计占比/%	Chi-Square	df	P值
1	35.1065	57.5516	57.5516	0.0000	1890.0000	0.9999
2	17.8952	29.3364	86.8880	0.0000	1829.0000	0.9999
3	7.9983	13.1120	100.0000	0.0000	1769.0000	0.9999

Ⅱ.主成分得分值。检测结果见表 8-63。第一主成分关键因素为 AUG_PM（8.8507），反映了猪粪带入的细菌起到主要作用；第二主成分关键因素为 AUG_CK（5.4326），反映了原料带入的细菌起到其次的作用；第三主成分关键因素为 AUG_L（-4.0620），反映了发酵过程产生的细菌群落变化，并与前两个主成分成反比。

表8-63　异位微生物发酵床不同处理组R型主成分得分值（细菌科）

处理组	$Y(i, 1)$	$Y(i, 2)$	$Y(i, 3)$
AUG_CK	-2.5764	5.4326	1.8147
AUG_H	-3.7130	-4.8922	2.0392
AUG_L	-2.5614	-0.0539	-4.0620
AUG_PM	8.8507	-0.4865	0.2082

Ⅲ.主成分作图。基于细菌科相对丰度的垫料发酵不同处理组 R 型主成分分析结果见图 8-59。

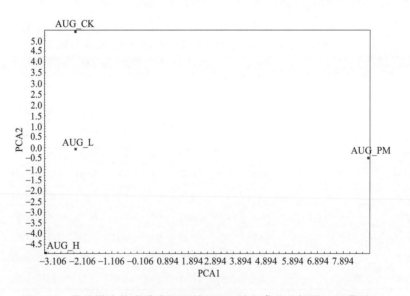

图8-59　异位微生物发酵床不同处理组R型主成分分析图（细菌科）

②基于处理组的细菌科相对丰度 Q 型主成分分析

Ⅰ.主成分特征值。基于细菌科相对丰度的不同处理组 Q 型主成分分析特征值见表 8-64。从表 8-64 可以看出，前 2 个主成分的特征值累计百分比达 87.0901%，能很好地反映数据主要信息。

表8-64 异位微生物发酵床不同处理组Q型主成分特征值（细菌科）

序号	特征值	占比/%	累计占比/%	Chi-Square	df	P值
1	2.8788	71.9690	71.9690	127.0152	9.0000	0.0000
2	0.6048	15.1211	87.0901	17.4109	5.0000	0.0038
3	0.3110	7.7753	94.8654	2.4719	2.0000	0.2906
4	0.2054	5.1346	100.0000	0.0000	0.0000	1.0000

Ⅱ.主成分得分值。检测结果见表8-65。第一主成分关键因素为放线菌纲的1科（2.4961）；第二主成分关键因素为厌氧绳菌纲的1科（−1.9677）；第三主成分关键因素也为厌氧绳菌纲的1科（2.3383）。

表8-65 异位微生物发酵床不同处理组Q型主成分得分值（细菌科）

物种名称	$Y(i, 1)$	$Y(i, 2)$	$Y(i, 3)$	$Y(i, 4)$
酸杆菌纲（Acidobacteria）的1科	0.0832	−0.6389	0.8221	0.2524
放线菌纲（Actinobacteria）的1科	2.4961	−1.0350	−1.6169	1.6109
α-变形菌纲（Alphaproteobacteria）的1科	1.9241	−0.9220	1.9753	0.1818
厌氧绳菌纲（Anaerolineae）的1科	1.3291	−1.9677	2.3383	0.9089
热链菌纲（Ardenticatenia）的1科	−0.6237	0.0279	−0.0292	−0.1201
装甲菌门（Armatimonadetes）分类地位未定的1科	−0.6180	0.0348	−0.0340	−0.1325
芽胞杆菌纲（Bacilli）的1科	2.0484	−1.3035	0.0136	1.5172
Bacteria_unclassified	−0.6498	0.0549	−0.0645	−0.1392
拟杆菌门（Bacteroidetes）_VC2.1_Bac22的1科	−0.6490	0.0710	−0.0658	−0.1397
拟杆菌门（Bacteroidetes）_unclassified	−0.6517	0.0626	−0.0692	−0.1430

Ⅲ.主成分作图。基于细菌科相对丰度的垫料发酵不同处理组主成分分析结果见图8-60。

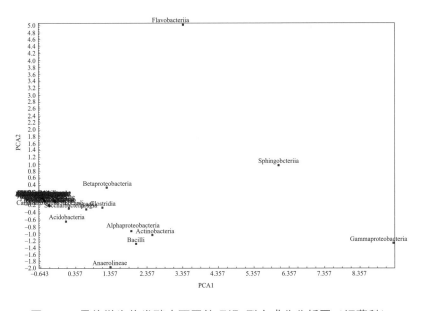

图8-60 异位微生物发酵床不同处理组Q型主成分分析图（细菌科）

5. 细菌属种类相对丰度分布多样性

（1）细菌属相对丰度检测　实验结果按处理组平均值排序见表 8-66。在异位微生物发酵床不同处理组检测到细菌属 566 个，不同处理组细菌属的相对丰度差异显著，相对丰度最高的是浅发酵垫料（AUG_L）的肠杆菌属（28.53%）。

表8-66　异位微生物发酵床细菌属相对丰度分布多样性

物种名称		不同发酵程度垫料细菌属相对丰度			
		AUG_CK	AUG_H	AUG_L	AUG_PM	平均值
【1】	肠杆菌属（*Enterobacter*）	0.285345	0.000567	0.000000	0.016831	0.075686
【2】	鞘氨醇杆菌属（*Sphingobacteriu*）	0.135174	0.004301	0.057744	0.000255	0.049368
【3】	橄榄形菌属（*Olivibacter*）	0.065450	0.086130	0.000316	0.000047	0.037986
【4】	噬几丁质菌属（*Chitinophaga*）	0.047718	0.000000	0.000020	0.000151	0.011972
【5】	克洛诺菌属（*Cronobacter*）	0.038101	0.000043	0.000010	0.001142	0.009824
【6】	不动杆菌属（*Acinetobacter*）	0.026202	0.004247	0.039976	0.023681	0.023526
【7】	假单胞菌属（*Pseudomonas*）	0.023398	0.041797	0.011216	0.018869	0.023820
【8】	放线菌属（*Streptomyces*）	0.018781	0.000043	0.000092	0.011020	0.007484
【9】	伯克氏菌属（*Burkholderi*a）	0.016821	0.000000	0.000092	0.003434	0.005087
【10】	根瘤菌属（*Rhizobium*）	0.016262	0.000000	0.000531	0.000453	0.004311
【11】	*Enterobacteriaceae*	0.016007	0.000011	0.000000	0.000047	0.004016
【12】	假黄色单胞菌属（*Pseudoxanthomonas*）	0.013909	0.000000	0.006134	0.001585	0.005407
【13】	金黄杆菌属（*Chryseobacterium*）	0.012390	0.000011	0.175068	0.011510	0.049745
【14】	沙雷氏菌属（*Serratia*）	0.012341	0.000278	0.000010	0.000047	0.003169
【15】	苍白杆菌属（*Ochrobactrum*）	0.012233	0.000011	0.002102	0.003019	0.004341
【16】	博德特氏菌（*Bordetella*）	0.011880	0.000000	0.000510	0.002859	0.003812
【17】	*Anaerolineaceae*	0.009714	0.000011	0.001990	0.144162	0.038969
【18】	*Flavobacterium*	0.008450	0.000000	0.027535	0.000443	0.009107
【19】	*Stenotrophomonas*	0.007930	0.000000	0.055651	0.000736	0.016079
【20】	类芽胞杆菌属（*Paenibacillus*）	0.007881	0.000000	0.000041	0.016020	0.005985
【21】	太白山菌属（*Taibaiella*）	0.007313	0.000257	0.066378	0.055410	0.032339
【22】	果胶杆菌属（*Pectobacterium*）	0.006724	0.000000	0.000000	0.000217	0.001735
【23】	*Saccharibacteria*_norank	0.006685	0.000011	0.023310	0.045447	0.018863
【24】	漠河菌属（*Moheibacter*）	0.005479	0.010752	0.152268	0.001953	0.042613
【25】	*Clostridium*_sensu_stricto_1	0.005117	0.071623	0.004082	0.009425	0.022562
【26】	*Pantoea*	0.004127	0.000000	0.000000	0.000009	0.001034
【27】	葡萄球菌属（*Staphylococcus*）	0.003980	0.001583	0.000000	0.000047	0.001403
【28】	糖多孢菌（*Saccharopolyspora*）	0.003803	0.000011	0.000010	0.000425	0.001062
【29】	*Sphingobacteriaceae*	0.003646	0.001102	0.000520	0.000170	0.001360
【30】	*Alicycliphilus*	0.003303	0.000011	0.005042	0.000538	0.002223
【31】	*Amycolatopsis*	0.003245	0.000000	0.000000	0.000057	0.000825
【32】	*Streptomycetaceae*	0.003205	0.000000	0.000000	0.001264	0.001117
【33】	根瘤菌属（*Rhizobiales*）	0.003127	0.000032	0.003939	0.006585	0.003421
【34】	*Clostridium*_sensu_stricto_3	0.003127	0.000000	0.000000	0.000009	0.000784

物种名称		不同发酵程度垫料细菌属相对丰度				
		AUG_CK	AUG_H	AUG_L	AUG_PM	平均值
【35】	野村菌属（*Nonomuraea*）	0.003088	0.000011	0.000071	0.000321	0.000873
【36】	*Cytophagaceae*	0.003068	0.000000	0.000061	0.000462	0.000898
【37】	丛毛单胞菌属（*Comamonas*）	0.003039	0.000021	0.011808	0.001708	0.004144
【38】	*Erythrobacteraceae*	0.002980	0.000182	0.000765	0.010001	0.003482
【39】	*Parapedobacter*	0.002764	0.000096	0.000092	0.000000	0.000738
【40】	*Comamonadaceae*	0.002735	0.000011	0.026800	0.003321	0.008217
【41】	德沃斯氏菌属（*Devosia*）	0.002617	0.000000	0.002092	0.014001	0.004678
【42】	*Saprospiraceae*	0.002500	0.005723	0.000000	0.000000	0.002056
【43】	微杆菌属（*Microbacterium*）	0.002480	0.000214	0.000745	0.000755	0.001048
【44】	短芽胞杆菌属（*Brevibacillus*）	0.002480	0.000000	0.000020	0.000434	0.000734
【45】	*Luteimonas*	0.002166	0.000000	0.008910	0.030332	0.010352
【46】	*Aquicella*	0.002117	0.000000	0.000051	0.000387	0.000639
【47】	*Clostridium_sensu_stricto_5*	0.002117	0.000000	0.000000	0.000000	0.000529
【48】	芽胞杆菌属（*Bacillus*）	0.002078	0.000021	0.003154	0.050872	0.014031
【49】	木杆菌属（*Xylella*）	0.002078	0.000000	0.000082	0.000000	0.000540
【50】	*Steroidobacter*	0.002068	0.000000	0.000265	0.005529	0.001966
【51】	*Sphingomonadales*	0.001951	0.000021	0.000949	0.006453	0.002344
【52】	*Arenimonas*	0.001921	0.000043	0.010481	0.000075	0.003130
【53】	短波单胞菌属（*Brevundimonas*）	0.001823	0.000086	0.007440	0.000368	0.002429
【54】	鞘氨醇单胞菌属（*Sphingomonas*）	0.001784	0.000000	0.000184	0.000462	0.000608
【55】	*Chitinophagaceae*	0.001676	0.000000	0.006868	0.006812	0.003839
【56】	*Dokdonella*	0.001666	0.000000	0.000357	0.006916	0.002235
【57】	甲基杆菌属（*Methylobacterium*）	0.001657	0.000000	0.000000	0.000009	0.000417
【58】	*Massilia*	0.001637	0.000000	0.000306	0.000113	0.000514
【59】	假螺菌属（*Pseudospirillum*）	0.001578	0.000974	0.000112	0.000000	0.000666
【60】	*Filimonas*	0.001568	0.000000	0.001296	0.003981	0.001711
【61】	纤维弧菌属（*Cellvibrio*）	0.001510	0.000011	0.005276	0.000000	0.001699
【62】	*Pigmentiphaga*	0.001500	0.000000	0.000010	0.000132	0.000411
【63】	光合玫瑰菌属（*Roseiflexus*）	0.001451	0.000000	0.001112	0.015850	0.004603
【64】	*Ramlibacter*	0.001451	0.000000	0.000408	0.001085	0.000736
【65】	*Bradyrhizobium*	0.001431	0.000000	0.000408	0.002028	0.000967
【66】	*Chitinophagaceae*	0.001343	0.000011	0.070613	0.007878	0.019961
【67】	*Endobacter*	0.001343	0.000000	0.000000	0.000009	0.000338
【68】	新鞘氨醇菌属（*Novosphingobium*）	0.001314	0.000021	0.003398	0.001406	0.001535
【69】	*Methylobacteriaceae*	0.001294	0.000000	0.000347	0.002623	0.001066
【70】	*Rhodobacteraceae*	0.001245	0.000481	0.000367	0.000038	0.000533
【71】	*Niabella*	0.001235	0.000000	0.000520	0.000057	0.000453
【72】	类诺卡氏属（*Nocardioides*）	0.001206	0.000000	0.001286	0.002887	0.001345
【73】	*Parafilimonas*	0.001206	0.000000	0.000551	0.003227	0.001246
【74】	*Ferruginibacter*	0.001186	0.000000	0.000612	0.000481	0.000570

续表

物种名称	不同发酵程度垫料细菌属相对丰度				
	AUG_CK	AUG_H	AUG_L	AUG_PM	平均值
【75】 Ohtaekwangia	0.001176	0.000000	0.000041	0.000047	0.000316
【76】 Xanthomonadales	0.001147	0.000000	0.000204	0.004878	0.001557
【77】 赖氏菌属（Leifsonia）	0.001127	0.000064	0.000796	0.001519	0.000877
【78】 热单胞菌属（Thermomonas）	0.001127	0.000000	0.018942	0.008812	0.007220
【79】 Acidibacter	0.001127	0.000000	0.000296	0.010312	0.002934
【80】 Flavihumibacter	0.001098	0.000000	0.000184	0.000132	0.000353
【81】 GR-WP33-30_norank	0.001088	0.000000	0.000520	0.005491	0.001775
【82】 鞘氨醇单胞菌属（Sphingopyxis）	0.001088	0.000000	0.001572	0.000236	0.000724
【83】 Rhizomicrobium	0.001078	0.000000	0.001225	0.009359	0.002916
【84】 伯克氏菌属（Pandoraea）	0.001059	0.000160	0.000031	0.000377	0.000407
【85】 Chitinophagaceae_norank	0.001029	0.000000	0.000296	0.000000	0.000331
【86】 FFCH7168_norank	0.000990	0.000000	0.000000	0.000142	0.000283
【87】 Subgroup_6_norank	0.000980	0.000011	0.000745	0.026889	0.007156
【88】 TA18_norank	0.000980	0.000000	0.000000	0.000009	0.000247
【89】 Leptothrix	0.000902	0.000000	0.000112	0.000019	0.000258
【90】 Roseomonas	0.000902	0.000000	0.000031	0.000000	0.000233
【91】 装甲菌门（Armatimonadetes）_norank	0.000892	0.000000	0.000490	0.002104	0.000871
【92】 土地杆菌属（Pedobacter）	0.000882	0.000139	0.001715	0.000047	0.000696
【93】 Sporomusa	0.000823	0.000000	0.000000	0.000000	0.000206
【94】 Sandaracinaceae	0.000814	0.006248	0.000031	0.000113	0.001801
【95】 Cohnella	0.000814	0.000000	0.000031	0.007501	0.002086
【96】 Prauserella	0.000814	0.000000	0.000000	0.000000	0.000203
【97】 Candidate_division_WS6_norank	0.000774	0.000000	0.000674	0.019001	0.005112
【98】 Advenella	0.000755	0.000011	0.001296	0.000113	0.000544
【99】 Dyella	0.000755	0.000000	0.000245	0.011312	0.003078
【100】 生丝微菌属（Hyphomicrobium）	0.000745	0.000000	0.000367	0.004264	0.001344
【101】 Prosthecobacter	0.000745	0.000000	0.000010	0.000000	0.000189
【102】 Azospirillum	0.000735	0.000000	0.000000	0.000047	0.000196
【103】 Leadbetterella	0.000706	0.000000	0.004684	0.000085	0.001369
【104】 Caulobacter	0.000696	0.000000	0.000092	0.000047	0.000209
【105】 BIrii41_norank	0.000686	0.000000	0.000092	0.001661	0.000610
【106】 Moraxellaceae	0.000686	0.000000	0.000255	0.000349	0.000323
【107】 Acidocella	0.000686	0.000000	0.000000	0.000000	0.000172
【108】 Methylophilus	0.000676	0.000000	0.000000	0.000000	0.000169
【109】 Methyloferula	0.000667	0.000000	0.000000	0.000000	0.000167
【110】 Caulobacteraceae_norank	0.000647	0.000000	0.000071	0.000528	0.000312
【111】 Phyllobacteriaceae	0.000637	0.001294	0.001623	0.001227	0.001195
【112】 Flavitalea	0.000637	0.000000	0.000071	0.000774	0.000371
【113】 OPB56_norank	0.000608	0.000000	0.000112	0.000019	0.000185
【114】 Clostridium_sensu_stricto_10	0.000598	0.000000	0.000000	0.000009	0.000152

续表

物种名称	不同发酵程度垫料细菌属相对丰度				
	AUG_CK	AUG_H	AUG_L	AUG_PM	平均值
【115】 *Alcaligenaceae*	0.000578	0.001391	0.001265	0.000292	0.000882
【116】 *Cupriavidus*	0.000578	0.000000	0.000010	0.000094	0.000171
【117】 分枝杆菌属（*Mycobacterium*）	0.000569	0.000011	0.000316	0.003538	0.001108
【118】 *Rhodanobacter*	0.000569	0.000000	0.000898	0.028804	0.007568
【119】 苯基杆菌属（*Phenylobacterium*）	0.000569	0.000000	0.000735	0.001094	0.000599
【120】 *Aeromonas*	0.000559	0.000000	0.000000	0.000000	0.000140
【121】 *Lachnospiraceae*	0.000549	0.000053	0.000000	0.000000	0.000151
【122】 *Promicromonospora*	0.000549	0.000000	0.000000	0.000000	0.000137
【123】 金色单胞菌属（*Chryseolinea*）	0.000539	0.000000	0.001439	0.020379	0.005589
【124】 *Microgenomates_norank*	0.000539	0.000000	0.000112	0.000453	0.000276
【125】 *Sediminibacterium*	0.000520	0.000000	0.000163	0.000047	0.000182
【126】 *Caulobacteraceae*	0.000510	0.000000	0.000214	0.000934	0.000415
【127】 *Altererythrobacter*	0.000490	0.000000	0.000041	0.000104	0.000159
【128】 NS9_marine_group_norank	0.000480	0.000000	0.003021	0.000170	0.000918
【129】 *Oxalicibacterium*	0.000480	0.000000	0.000214	0.000142	0.000209
【130】 *Acetobacteraceae*	0.000461	0.000000	0.000010	0.000123	0.000148
【131】 特吕珀菌属（*Truepera*）	0.000441	0.023033	0.002327	0.008067	0.008467
【132】 *Ferrovibrio*	0.000441	0.000000	0.000510	0.001821	0.000693
【133】 *Flavisolibacter*	0.000441	0.000000	0.000551	0.000415	0.000352
【134】 *Achromobacter*	0.000441	0.000000	0.000061	0.000236	0.000185
【135】 *Sphingobium*	0.000441	0.000000	0.000031	0.000160	0.000158
【136】 *Litorilinea*	0.000441	0.000000	0.000010	0.000009	0.000115
【137】 Subgroup_3_norank	0.000431	0.000000	0.000000	0.000000	0.000108
【138】 *Enterococcus*	0.000421	0.000043	0.000000	0.000000	0.000116
【139】 JG30-KF-CM45_norank	0.000421	0.000000	0.000071	0.001576	0.000517
【140】 *Sciscionella*	0.000421	0.000000	0.000000	0.000000	0.000105
【141】 *Elizabethkingia*	0.000402	0.000011	0.000071	0.000009	0.000123
【142】 *Blastocatella*	0.000402	0.000000	0.002460	0.021539	0.006100
【143】 *Castellaniella*	0.000392	0.000011	0.004542	0.022379	0.006831
【144】 SJA-149_norank	0.000392	0.000000	0.000010	0.000000	0.000101
【145】 *Lachnoclostridium*	0.000392	0.000000	0.000000	0.000000	0.000098
【146】 *Solimonas*	0.000382	0.000000	0.004205	0.002321	0.001727
【147】 *Schlegelella*	0.000382	0.000000	0.000786	0.000198	0.000342
【148】 *Clostridium_sensu_stricto_13*	0.000382	0.000000	0.000000	0.000019	0.000100
【149】 S085_norank	0.000372	0.000000	0.000041	0.001179	0.000398
【150】 *Kribbella*	0.000363	0.000000	0.000010	0.000075	0.000112
【151】 WD272_norank	0.000363	0.000000	0.000000	0.000000	0.000091
【152】 *Herpetosiphon*	0.000353	0.000000	0.000000	0.000000	0.000088
【153】 *Alysiosphaera*	0.000333	0.000000	0.000000	0.000000	0.000083
【154】 *Cytophagaceae*	0.000333	0.000000	0.000000	0.000000	0.000083

续表

物种名称	不同发酵程度垫料细菌属相对丰度				
	AUG_CK	AUG_H	AUG_L	AUG_PM	平均值
【155】 Solimonadaceae	0.000333	0.000000	0.000000	0.000000	0.000083
【156】 拟杆菌属（Bacteroidetes）	0.000323	0.000000	0.000276	0.000000	0.000150
【157】 Dyadobacter	0.000314	0.000000	0.000000	0.000000	0.000078
【158】 Xanthomonadaceae	0.000314	0.000000	0.000000	0.000000	0.000078
【159】 Niastella	0.000304	0.000000	0.000000	0.000009	0.000078
【160】 Carnimonas	0.000304	0.000000	0.000000	0.000000	0.000076
【161】 Gordonia	0.000294	0.000011	0.000020	0.000028	0.000088
【162】 Bryobacter	0.000294	0.000000	0.000245	0.003010	0.000887
【163】 Lachnoclostridium_5	0.000284	0.000021	0.000000	0.000000	0.000076
【164】 蛭弧菌属（Bdellovibrio）	0.000284	0.000000	0.001786	0.000330	0.000600
【165】 赖氨酸芽胞杆菌属（Lysinibacillus）	0.000274	0.000021	0.001235	0.003661	0.001298
【166】 芽单胞菌属（Gemmatimonas）	0.000274	0.000000	0.000194	0.001811	0.000570
【167】 Cloacibacterium	0.000274	0.000000	0.000010	0.000000	0.000071
【168】 Actinocatenispora	0.000274	0.000000	0.000000	0.000009	0.000071
【169】 Acidisoma	0.000274	0.000000	0.000000	0.000000	0.000069
【170】 Gammaproteobacteria	0.000265	0.000834	0.011573	0.000509	0.003295
【171】 Paenibacillaceae	0.000265	0.000000	0.000000	0.002094	0.000590
【172】 Bosea	0.000265	0.000000	0.000010	0.000009	0.000071
【173】 Rudaea	0.000265	0.000000	0.000000	0.000000	0.000066
【174】 Nubsella	0.000255	0.000000	0.000000	0.000000	0.000064
【175】 Clostridium_sensu_stricto_8	0.000245	0.000000	0.000000	0.000066	0.000078
【176】 Ralstonia	0.000245	0.000000	0.000000	0.000000	0.000061
【177】 Nitrosomonadaceae	0.000235	0.000000	0.000122	0.000736	0.000273
【178】 小双胞菌属（Microbispora）	0.000225	0.000043	0.000133	0.002434	0.000709
【179】 Aeromicrobium	0.000225	0.000011	0.000255	0.000075	0.000142
【180】 Reyranella	0.000225	0.000000	0.000000	0.000123	0.000087
【181】 Clostridium_sensu_stricto_12	0.000225	0.000000	0.000000	0.000000	0.000056
【182】 SM1A02	0.000216	0.000000	0.000020	0.001793	0.000507
【183】 SC-I-84_norank	0.000216	0.000000	0.000010	0.000160	0.000097
【184】 SHA-109_norank	0.000216	0.000000	0.000010	0.000019	0.000061
【185】 Exiguobacterium	0.000216	0.000000	0.000000	0.000000	0.000054
【186】 Skermanella	0.000216	0.000000	0.000000	0.000000	0.000054
【187】 Bacteria	0.000206	0.000000	0.000051	0.000340	0.000149
【188】 Siphonobacter	0.000206	0.000000	0.000000	0.000000	0.000051
【189】 Demequinaceae	0.000196	0.000225	0.000061	0.000142	0.000156
【190】 480-2_norank	0.000196	0.000000	0.000378	0.002632	0.000801
【191】 Bauldia	0.000196	0.000000	0.000041	0.000802	0.000260
【192】 Rivibacter	0.000196	0.000000	0.000633	0.000028	0.000214
【193】 Terrimonas	0.000196	0.000000	0.000398	0.000123	0.000179
【194】 Chelatococcus	0.000186	0.000000	0.000225	0.000179	0.000148

物种名称	不同发酵程度垫料细菌属相对丰度				
	AUG_CK	AUG_H	AUG_L	AUG_PM	平均值
【195】 *Arcticibacter*	0.000186	0.000000	0.000143	0.000028	0.000089
【196】 *Agromyces*	0.000186	0.000000	0.000020	0.000075	0.000071
【197】 *Hirschia*	0.000186	0.000000	0.000000	0.000028	0.000054
【198】 *Phreatobacter*	0.000186	0.000000	0.000000	0.000000	0.000047
【199】 *Paracocccus*	0.000176	0.000086	0.000112	0.000038	0.000103
【200】 BCf3-20_norank	0.000176	0.000000	0.000122	0.001245	0.000386
【201】 *Pseudolabrys*	0.000176	0.000000	0.000071	0.000726	0.000244
【202】 *Xiphinematobacter*	0.000176	0.000000	0.000010	0.000038	0.000056
【203】 *Escherichia*-Shigella	0.000167	0.000021	0.000010	0.000038	0.000059
【204】 噬氢菌属（*Hydrogenophaga*）	0.000167	0.000000	0.001806	0.000132	0.000526
【205】 TM6_norank	0.000167	0.000000	0.000133	0.000642	0.000235
【206】 *Hydrocarboniphaga*	0.000167	0.000000	0.000000	0.000000	0.000042
【207】 *Saccharibacillus*	0.000167	0.000000	0.000000	0.000000	0.000042
【208】 *Acidimicrobiales*	0.000157	0.000000	0.000327	0.004255	0.001185
【209】 微枝形杆菌属（*Microvirga*）	0.000157	0.000000	0.001398	0.000613	0.000542
【210】 A0839_norank	0.000157	0.000000	0.000000	0.000000	0.000039
【211】 *Edaphobacter*	0.000157	0.000000	0.000000	0.000000	0.000039
【212】 *Rhodospirillaceae*	0.000147	0.000738	0.000061	0.000255	0.000300
【213】 *Haliangium*	0.000147	0.000000	0.000020	0.001670	0.000459
【214】 *Parvibaculum*	0.000147	0.000000	0.000163	0.000896	0.000302
【215】 *Emticicia*	0.000147	0.000000	0.000000	0.000000	0.000037
【216】 *Telmatobacter*	0.000147	0.000000	0.000000	0.000000	0.000037
【217】 *Hydrogenedentes*_norank	0.000137	0.000000	0.000122	0.001491	0.000438
【218】 *Sphingomonadacae*	0.000137	0.000000	0.000561	0.000642	0.000335
【219】 拟杆菌门（Bacteroidetes）_VC2.1_Bac22_norank	0.000137	0.000000	0.000857	0.000000	0.000249
【220】 TA06_norank	0.000137	0.000000	0.000000	0.000019	0.000039
【221】 *Burkholderiaceae*	0.000137	0.000000	0.000010	0.000000	0.000037
【222】 *Comamonadaceae*_norank	0.000137	0.000000	0.000000	0.000009	0.000037
【223】 *Lutispora*	0.000137	0.000000	0.000000	0.000000	0.000034
【224】 *Lysobacter*	0.000137	0.000000	0.000000	0.000000	0.000034
【225】 *Roseococcus*	0.000137	0.000000	0.000000	0.000000	0.000034
【226】 DSSF69_norank	0.000127	0.000000	0.023922	0.004368	0.007104
【227】 *Dongia*	0.000127	0.000000	0.000122	0.003821	0.001018
【228】 *Kineosporiaceae*	0.000127	0.000000	0.000000	0.000849	0.000244
【229】 *Sanguibacter*	0.000127	0.000000	0.000020	0.000085	0.000058
【230】 *Terriglobus*	0.000127	0.000000	0.000000	0.000066	0.000048
【231】 *Microlunatus*	0.000127	0.000000	0.000000	0.000000	0.000032
【232】 *Mucilaginibacter*	0.000127	0.000000	0.000000	0.000000	0.000032
【233】 *Simiduia*	0.000127	0.000000	0.000000	0.000000	0.000032
【234】 *Thermocrispum*	0.000127	0.000000	0.000000	0.000000	0.000032

续表

物种名称	不同发酵程度垫料细菌属相对丰度				
	AUG_CK	AUG_H	AUG_L	AUG_PM	平均值
【235】 *Xanthomonadaceae*	0.000118	0.040845	0.000623	0.000160	0.010436
【236】 *Iamia*	0.000118	0.000428	0.000122	0.003179	0.000962
【237】 *Microthrix*	0.000118	0.000000	0.000163	0.000934	0.000304
【238】 *Vampirovibrionales_norank*	0.000118	0.000000	0.000000	0.001028	0.000287
【239】 SC-I-8	0.000118	0.000000	0.000020	0.000387	0.000131
【240】 *Geminicoccus*	0.000118	0.000000	0.000000	0.000000	0.000029
【241】 *Marmoricola*	0.000108	0.000021	0.000153	0.001821	0.000526
【242】 OPB35_soil_group_norank	0.000108	0.000000	0.000020	0.001396	0.000381
【243】 *Gemmatimonadaceae*	0.000108	0.000000	0.000092	0.000934	0.000283
【244】 *Protochlamydia*	0.000108	0.000000	0.000010	0.000189	0.000077
【245】 *Camelimonas*	0.000108	0.000000	0.000071	0.000123	0.000075
【246】 CA002_norank	0.000108	0.000000	0.000000	0.000000	0.000027
【247】 *Chthoniobacterales*	0.000108	0.000000	0.000000	0.000000	0.000027
【248】 *Constrictibacter*	0.000108	0.000000	0.000000	0.000000	0.000027
【249】 *Xanthomonadales_Incertae_Sedis_norank*	0.000098	0.000000	0.000092	0.005038	0.001307
【250】 *Variibacter*	0.000098	0.000000	0.000439	0.003425	0.000990
【251】 *Persicitalea*	0.000098	0.000000	0.002204	0.000877	0.000795
【252】 伯克氏菌目（*Burkholderiales*）	0.000098	0.000000	0.000623	0.000104	0.000206
【253】 α-变形菌纲（*Alphaproteobacteria*）	0.000098	0.000000	0.000041	0.000321	0.000115
【254】 *Rickettsiales*	0.000098	0.000000	0.000010	0.000349	0.000114
【255】 *Rhodospirillaceae*	0.000098	0.000000	0.000010	0.000113	0.000055
【256】 P3OB-42_norank	0.000098	0.000000	0.000000	0.000000	0.000025
【257】 *Caldilineaceae*	0.000088	0.000000	0.000214	0.001576	0.000470
【258】 *Lautropia*	0.000088	0.000000	0.000000	0.000123	0.000053
【259】 *Delftia*	0.000088	0.000000	0.000000	0.000000	0.000022
【260】 *Myxococcales*	0.000088	0.000000	0.000000	0.000000	0.000022
【261】 *Sporichthya*	0.000088	0.000000	0.000000	0.000000	0.000022
【262】 env.OPS_17_norank	0.000088	0.000000	0.000000	0.000000	0.000022
【263】 短杆菌属（*Brevibacterium*）	0.000078	0.006922	0.000000	0.000217	0.001804
【264】 *Sandaracinus*	0.000078	0.000064	0.000000	0.000000	0.000036
【265】 LD29_norank	0.000078	0.000000	0.000204	0.000991	0.000318
【266】 *Demequina*	0.000078	0.000000	0.000122	0.000528	0.000182
【267】 *Rhodoplanes*	0.000078	0.000000	0.000082	0.000462	0.000156
【268】 cvE6_norank	0.000078	0.000000	0.000010	0.000151	0.000060
【269】 *Rhodoligotrophos*	0.000078	0.000000	0.000041	0.000047	0.000042
【270】 *Parachlamydiaceae*	0.000078	0.000000	0.000000	0.000019	0.000024
【271】 变形菌属（*Proteobacteria*）	0.000078	0.000000	0.000000	0.000000	0.000020
【272】 吞菌弧菌属（*Peredibacter*）	0.000069	0.000000	0.004766	0.000066	0.001225
【273】 红球菌（*Rhodococcus*）	0.000069	0.000000	0.002409	0.001632	0.001027
【274】 NKB5_norank	0.000069	0.000000	0.000245	0.001538	0.000463

物种名称	不同发酵程度垫料细菌属相对丰度				
	AUG_CK	AUG_H	AUG_L	AUG_PM	平均值
【275】 *Verrucomicrobium*	0.000069	0.000000	0.001255	0.000000	0.000331
【276】 *Patulibacter*	0.000069	0.000000	0.000031	0.000274	0.000093
【277】 *Acidimicrobiaceae*	0.000069	0.000000	0.000000	0.000085	0.000038
【278】 *Terrisporobacter*	0.000059	0.026285	0.000388	0.001179	0.006978
【279】 极小单胞菌属（*Pusillimonas*）	0.000059	0.016764	0.002358	0.000726	0.004977
【280】 *Hylemonella*	0.000059	0.000000	0.009226	0.000000	0.002321
【281】 *Fluviicola*	0.000059	0.000000	0.004633	0.000311	0.001251
【282】 *Sphingobacteriaceae*_norank	0.000059	0.000000	0.000520	0.001623	0.000551
【283】 *Defluviicoccus*	0.000059	0.000000	0.000061	0.000849	0.000242
【284】 *Oligoflexaceae*_norank	0.000059	0.000000	0.000031	0.000359	0.000112
【285】 *Thermovum*	0.000059	0.000000	0.000061	0.000057	0.000044
【286】 *Woodsholea*	0.000059	0.000000	0.000010	0.000009	0.000020
【287】 WCHB1-60_norank	0.000059	0.000000	0.000000	0.000000	0.000015
【288】 *Oxalobacteraceae*	0.000049	0.000011	0.000000	0.000264	0.000081
【289】 蓝细菌纲（Cyanobacteria）_norank	0.000049	0.000000	0.002164	0.004368	0.001645
【290】 *Nakamurella*	0.000049	0.000000	0.000082	0.000774	0.000226
【291】 LiUU-11-161_norank	0.000049	0.000000	0.000286	0.000009	0.000086
【292】 *Opitutus*	0.000049	0.000000	0.000031	0.000170	0.000062
【293】 CCU22_norank	0.000049	0.000000	0.000041	0.000075	0.000041
【294】 *Methylophilaceae*	0.000049	0.000000	0.000000	0.000000	0.000012
【295】 *Runella*	0.000049	0.000000	0.000000	0.000000	0.000012
【296】 *Tyzzerella*	0.000049	0.000000	0.000000	0.000000	0.000012
【297】 短状杆菌属（*Brachybacterium*）	0.000039	0.076523	0.000000	0.000000	0.019141
【298】 *Turicibacter*	0.000039	0.003552	0.000051	0.000604	0.001061
【299】 *Leucobacter*	0.000039	0.000952	0.000378	0.000462	0.000458
【300】 *Nitratireductor*	0.000039	0.000011	0.000051	0.000123	0.000056
【301】 TK10_norank	0.000039	0.000000	0.000092	0.002915	0.000762
【302】 *Gaiellales*	0.000039	0.000000	0.000020	0.000698	0.000189
【303】 *Actinomadura*	0.000039	0.000000	0.000000	0.000538	0.000144
【304】 *Pedomicrobium*	0.000039	0.000000	0.000031	0.000236	0.000076
【305】 *Pseudoclavibacter*	0.000039	0.000000	0.000010	0.000245	0.000074
【306】 *Solibacter*	0.000039	0.000000	0.000041	0.000019	0.000025
【307】 *Chloroflexi*	0.000039	0.000000	0.000000	0.000000	0.000010
【308】 *Anaerosporobacter*	0.000029	0.000128	0.000000	0.000000	0.000039
【309】 *Isosphaera*	0.000029	0.000011	0.000051	0.000453	0.000136
【310】 *Methylobacillus*	0.000029	0.000011	0.000000	0.000000	0.000010
【311】 稳杆菌属（*Empedobacter*）	0.000029	0.000000	0.007328	0.000085	0.001860
【312】 *Jatrophihabitans*	0.000029	0.000000	0.000031	0.000462	0.000131
【313】 *Acidimicrobiaceae*	0.000029	0.000000	0.000000	0.000377	0.000102
【314】 *Fonticella*	0.000029	0.000000	0.000010	0.000198	0.000059

续表

物种名称	不同发酵程度垫料细菌属相对丰度				
	AUG_CK	AUG_H	AUG_L	AUG_PM	平均值
【315】 *Thauera*	0.000029	0.000000	0.000031	0.000028	0.000022
【316】 *Brucellaceae*	0.000020	0.002942	0.000092	0.000019	0.000768
【317】 *Lachnospiraceae_UCG-007*	0.000020	0.000428	0.000010	0.000000	0.000114
【318】 *Micrococcales_norank*	0.000020	0.000257	0.000020	0.000057	0.000088
【319】 *Crenotalea*	0.000020	0.000000	0.000255	0.007680	0.001989
【320】 不粘柄菌属（*Asticcacaulis*）	0.000020	0.000000	0.000092	0.001453	0.000391
【321】 *Singulisphaera*	0.000020	0.000000	0.000041	0.000849	0.000227
【322】 *Thermopolyspora*	0.000029	0.000000	0.000000	0.000774	0.000198
【323】 *Phaselicystis*	0.000020	0.000000	0.000031	0.000698	0.000187
【324】 NS11-12_marine_group_norank	0.000020	0.000000	0.000429	0.000009	0.000114
【325】 *Rickettsiaceae*	0.000020	0.000000	0.000051	0.000274	0.000086
【326】 *Micromonospora*	0.000020	0.000000	0.000031	0.000132	0.000046
【327】 *Stella*	0.000020	0.000000	0.000000	0.000066	0.000021
【328】 *Telmatospirillum*	0.000020	0.000000	0.000000	0.000000	0.000005
【329】 盐单胞菌属（*Halomonas*）	0.000010	0.005477	0.000020	0.000057	0.001391
【330】 拟诺卡氏菌属（*Nocardiopsis*）	0.000010	0.003295	0.000000	0.000000	0.000826
【331】 无胆甾原体属（*Acholeplasma*）	0.000010	0.000770	0.000898	0.000000	0.000420
【332】 *Christensenellaceae_R-7_group*	0.000010	0.000064	0.000561	0.000000	0.000159
【333】 河氏菌属（*Hahella*）	0.000010	0.000011	0.000572	0.000859	0.000363
【334】 *Xanthobacteraceae*	0.000010	0.000000	0.000653	0.012444	0.003277
【335】 极胞菌属（*Polaromonas*）	0.000010	0.000000	0.003521	0.000009	0.000885
【336】 *Nitrolancea*	0.000010	0.000000	0.000133	0.003246	0.000847
【337】 AKYG1722_norank	0.000010	0.000000	0.000133	0.001406	0.000387
【338】 *Intestinibacter*	0.000010	0.000000	0.000010	0.001519	0.000385
【339】 *Craurococcus*	0.000010	0.000000	0.000367	0.000981	0.000340
【340】 *Phyllobacteriaceae*	0.000010	0.000000	0.000031	0.000915	0.000239
【341】 *Angustibacter*	0.000010	0.000000	0.000000	0.000783	0.000198
【342】 *Oligoflexales_norank*	0.000010	0.000000	0.000031	0.000585	0.000156
【343】 *Hyphomonadaceae*	0.000010	0.000000	0.000010	0.000472	0.000123
【344】 AKYH478_norank	0.000010	0.000000	0.000051	0.000387	0.000112
【345】 TRA3-20_norank	0.000010	0.000000	0.000020	0.000283	0.000078
【346】 *Paenibacillaceae*	0.000010	0.000000	0.000112	0.000142	0.000066
【347】 *Acidobacterium*	0.000010	0.000000	0.000010	0.000208	0.000057
【348】 蓝细菌属（*Cyanobacteria*）	0.000010	0.000000	0.000041	0.000151	0.000050
【349】 *Fibrobacteraceae*	0.000010	0.000000	0.000010	0.000160	0.000045
【350】 *Perlucidibaca*	0.000010	0.000000	0.000010	0.000160	0.000045
【351】 *Chloroploca*	0.000010	0.000000	0.000000	0.000160	0.000043
【352】 *Verrucomicrobiaceae*	0.000010	0.000000	0.000041	0.000104	0.000039
【353】 ML80_norank	0.000010	0.000000	0.000020	0.000113	0.000036
【354】 *Thioalkalispira*	0.000010	0.000000	0.000000	0.000104	0.000028

续表

物种名称	不同发酵程度垫料细菌属相对丰度				
	AUG_CK	AUG_H	AUG_L	AUG_PM	平均值
【355】 *Alcaligenaceae*	0.000010	0.000000	0.000000	0.000094	0.000026
【356】 *Sedimentibacter*	0.000010	0.000000	0.000092	0.000000	0.000025
【357】 *Chthoniobacter*	0.000010	0.000000	0.000051	0.000038	0.000025
【358】 *Sphingobacteriaceae*	0.000000	0.057010	0.000000	0.000000	0.014252
【359】 食碱菌属（*Alcanivorax*）	0.000000	0.055587	0.000010	0.000481	0.014020
【360】 *Ulvibacter*	0.000000	0.046676	0.000000	0.000000	0.011669
【361】 Order_Ⅲ	0.000000	0.035378	0.000000	0.000000	0.008845
【362】 *Luteivirga*	0.000000	0.021899	0.000000	0.000094	0.005498
【363】 *Bacillaceae*	0.000000	0.020797	0.000000	0.000009	0.005202
【364】 少盐芽胞杆菌属（*Paucisalibacillus*）	0.000000	0.020348	0.000000	0.000000	0.005087
【365】 棒杆菌属-1	0.000000	0.018433	0.000102	0.000094	0.004657
【366】 *Marinimicrobium*	0.000000	0.017983	0.000000	0.000000	0.004496
【367】 *Idiomarina*	0.000000	0.017042	0.000000	0.000000	0.004260
【368】 *Ignatzschineria*	0.000000	0.015576	0.000010	0.000000	0.003897
【369】 *Yaniella*	0.000000	0.015459	0.000000	0.000000	0.003865
【370】 *Cyclobacteriaceae*	0.000000	0.015063	0.000000	0.000028	0.003773
【371】 芽胞八叠球菌属（*Sporosarcina*）	0.000000	0.011789	0.000000	0.000000	0.002947
【372】 *Micrococcales*	0.000000	0.011254	0.000000	0.000000	0.002814
【373】 *Paenalcaligenes*	0.000000	0.010912	0.000000	0.000000	0.002728
【374】 节杆菌属（*Arthrobacter*）	0.000000	0.010794	0.000020	0.000698	0.002878
【375】 乔治菌属（*Georgenia*）	0.000000	0.009767	0.000000	0.000000	0.002442
【376】 *Atopostipes*	0.000000	0.009457	0.000000	0.000000	0.002364
【377】 *Jeotgalicoccus*	0.000000	0.008216	0.000000	0.000000	0.002054
【378】 乳杆菌属（*Lactobacillus*）	0.000000	0.007296	0.000051	0.000000	0.001837
【379】 寡源杆菌属（*Oligella*）	0.000000	0.005841	0.000000	0.000009	0.001463
【380】 *Flavobacteriaceae*	0.000000	0.005456	0.012155	0.000000	0.004403
【381】 *Bacillaceae*	0.000000	0.005413	0.000000	0.000000	0.001353
【382】 迪茨氏菌属（*Dietzia*）	0.000000	0.005317	0.000122	0.000075	0.001379
【383】 C1-B045	0.000000	0.004868	0.000010	0.000113	0.001248
【384】 *Proteiniphilum*	0.000000	0.004547	0.000786	0.000019	0.001338
【385】 *Desemzia*	0.000000	0.004215	0.000000	0.000000	0.001054
【386】 类香味菌属（*Myroides*）	0.000000	0.004204	0.000000	0.000000	0.001051
【387】 *Erysipelothrix*	0.000000	0.004183	0.000010	0.000009	0.001051
【388】 *Pseudofulvimonas*	0.000000	0.004151	0.000082	0.000028	0.001065
【389】 *Fastidiosipila*	0.000000	0.003969	0.000408	0.000019	0.001099
【390】 δ-变形菌属（*Deltaproteobacteria*）	0.000000	0.003905	0.000000	0.000000	0.000976
【391】 *Streptococcus*	0.000000	0.003819	0.000367	0.000019	0.001051
【392】 海洋杆菌属（*Oceanobacter*）	0.000000	0.003284	0.001551	0.000000	0.001209
【393】 泰氏菌属（*Tissierella*）	0.000000	0.002835	0.000010	0.000009	0.000714

物种名称	不同发酵程度垫料细菌属相对丰度				
	AUG_CK	AUG_H	AUG_L	AUG_PM	平均值
【394】 *Brumimicrobium*	0.000000	0.002664	0.000000	0.000000	0.000666
【395】 *Aequorivita*	0.000000	0.002642	0.000000	0.000000	0.000661
【396】 *Petrimonas*	0.000000	0.002621	0.000510	0.000057	0.000797
【397】 动性杆菌属（*Planomicrobium*）	0.000000	0.002321	0.000000	0.000000	0.000580
【398】 *Peptoniphilus*	0.000000	0.002140	0.000000	0.000000	0.000535
【399】 海洋芽胞杆菌属（*Oceanobacillus*）	0.000000	0.002086	0.000000	0.000000	0.000522
【400】 *Planococcaceae*	0.000000	0.002022	0.000327	0.003689	0.001509
【401】 *Anaerosalibacter*	0.000000	0.001819	0.000000	0.000000	0.000455
【402】 拟杆菌属（*Bacteroides*）	0.000000	0.001733	0.000816	0.000009	0.000640
【403】 *Marinobacte*r	0.000000	0.001401	0.000000	0.000000	0.000350
【404】 *Peptostreptococcus*	0.000000	0.001327	0.000051	0.000000	0.000344
【405】 Family_XI	0.000000	0.001316	0.000000	0.000000	0.000329
【406】 Family_XI	0.000000	0.001305	0.000255	0.000028	0.000397
【407】 *Methylophaga*	0.000000	0.001273	0.000000	0.000000	0.000318
【408】 *Psychrobacter*	0.000000	0.001273	0.000000	0.000000	0.000318
【409】 *Tepidimicrobium*	0.000000	0.001252	0.000000	0.000000	0.000313
【410】 *Anaerococcus*	0.000000	0.001177	0.000082	0.000009	0.000317
【411】 *Micrococcaceae_norank*	0.000000	0.000920	0.000000	0.000000	0.000230
【412】 *Mobilitalea*	0.000000	0.000834	0.000000	0.000000	0.000209
【413】 *Sphaerochaeta*	0.000000	0.000813	0.000143	0.000000	0.000239
【414】 棒杆菌属（*Corynebacterium*）	0.000000	0.000749	0.000020	0.000038	0.000202
【415】 *Clostridiaceae_1_norank*	0.000000	0.000727	0.000000	0.000000	0.000182
【416】 *Microbacteriaceae*	0.000000	0.000653	0.000000	0.000000	0.000163
【417】 *Mariniradius*	0.000000	0.000620	0.000000	0.000000	0.000155
【418】 OPB54_norank	0.000000	0.000610	0.000000	0.000302	0.000228
【419】 *Marinicella*	0.000000	0.000578	0.000000	0.000000	0.000144
【420】 *Syntrophaceticus*	0.000000	0.000567	0.000000	0.000000	0.000142
【421】 AT425-EubC11_terrestrial_group_norank	0.000000	0.000481	0.000071	0.001849	0.000601
【422】 *Azoarcus*	0.000000	0.000471	0.000000	0.000000	0.000118
【423】 *Corynebacteriales*	0.000000	0.000439	0.000000	0.000000	0.000110
【424】 *Clostridium_sensu_stricto_6*	0.000000	0.000407	0.000133	0.000377	0.000229
【425】 *Halothiobacillus*	0.000000	0.000396	0.000000	0.000000	0.000099
【426】 *Gallicola*	0.000000	0.000385	0.000000	0.000000	0.000096
【427】 *Koukoulia*	0.000000	0.000364	0.000000	0.000000	0.000091
【428】 *Salinicoccus*	0.000000	0.000353	0.000000	0.000009	0.000091
【429】 *Helcococcus*	0.000000	0.000342	0.000000	0.000000	0.000086
【430】 *Facklamia*	0.000000	0.000300	0.000000	0.000000	0.000075
【431】 *Aliidiomarina*	0.000000	0.000289	0.000000	0.000000	0.000072
【432】 BD2-11_terrestrial_group_norank	0.000000	0.000278	0.000000	0.000000	0.000070
【433】 OM27_clade	0.000000	0.000246	0.000000	0.000000	0.000062

续表

物种名称	不同发酵程度垫料细菌属相对丰度				
	AUG_CK	AUG_H	AUG_L	AUG_PM	平均值
【434】 *Peptostreptococcaceae*	0.000000	0.000225	0.000000	0.000038	0.000066
【435】 *Rubellimicrobium*	0.000000	0.000225	0.000000	0.000000	0.000056
【436】 *Mogibacterium*	0.000000	0.000203	0.000041	0.000028	0.000068
【437】 *Hyphomicrobiaceae*	0.000000	0.000203	0.000010	0.000009	0.000056
【438】 *Mollicutes*_RF9_norank	0.000000	0.000193	0.000408	0.000038	0.000160
【439】 *Clostridium*_sensu_stricto_15	0.000000	0.000193	0.000000	0.000000	0.000048
【440】 *Providencia*	0.000000	0.000171	0.000000	0.000000	0.000043
【441】 *Aerococcus*	0.000000	0.000160	0.000000	0.000000	0.000040
【442】 Family_XIII_AD3011_group	0.000000	0.000160	0.000000	0.000000	0.000040
【443】 *Porphyromonadaceae*	0.000000	0.000160	0.000000	0.000000	0.000040
【444】 *Bogoriella*	0.000000	0.000150	0.000000	0.000000	0.000037
【445】 *Murdochiella*	0.000000	0.000150	0.000000	0.000000	0.000037
【446】 *Rhodobacteraceae*	0.000000	0.000150	0.000000	0.000000	0.000037
【447】 *Bacteroidales*_UCG-001_norank	0.000000	0.000139	0.000010	0.000000	0.000037
【448】 *Erysipelotrichaceae*_UCG-004	0.000000	0.000128	0.000061	0.000000	0.000047
【449】 *Caldicoprobacter*	0.000000	0.000128	0.000000	0.000000	0.000032
【450】 *Roseovarius*	0.000000	0.000128	0.000000	0.000000	0.000032
【451】 *Desulfovibrio*	0.000000	0.000107	0.000143	0.000009	0.000065
【452】 vadinBC27_wastewater-sludge_group	0.000000	0.000096	0.000031	0.000000	0.000032
【453】 *Flaviflexus*	0.000000	0.000096	0.000000	0.000000	0.000024
【454】 *Ruminococcaceae*_UCG-014	0.000000	0.000086	0.000265	0.000000	0.000088
【455】 *Alcaligenes*	0.000000	0.000086	0.000204	0.000000	0.000072
【456】 *Aminobacterium*	0.000000	0.000086	0.000000	0.000000	0.000021
【457】 *Ignavigranum*	0.000000	0.000086	0.000000	0.000000	0.000021
【458】 *Trichococcus*	0.000000	0.000086	0.000000	0.000000	0.000021
【459】 *Marinilabiaceae*	0.000000	0.000075	0.000000	0.000000	0.000019
【460】 *Erysipelotrichaceae*	0.000000	0.000064	0.000000	0.000000	0.000016
【461】 Family_XIV_norank	0.000000	0.000053	0.000000	0.000000	0.000013
【462】 *Treponema* 2	0.000000	0.000043	0.000071	0.000009	0.000031
【463】 *Clostridiales*_vadinBB60_group_norank	0.000000	0.000043	0.000000	0.000000	0.000011
【464】 *Marinospirillum*	0.000000	0.000043	0.000000	0.000000	0.000011
【465】 *Collinsella*	0.000000	0.000032	0.000000	0.000019	0.000013
【466】 *Ruminiclostridium*_5	0.000000	0.000032	0.000000	0.000000	0.000008
【467】 库特氏菌属（*Kurthia*）	0.000000	0.000021	0.008420	0.008350	0.004198
【468】 *Rummeliibacillus*	0.000000	0.000021	0.000143	0.000500	0.000166
【469】 *Intrasporangiaceae*	0.000000	0.000011	0.000082	0.001585	0.000419
【470】 *Cystobacteraceae*	0.000000	0.000011	0.000480	0.000623	0.000278
【471】 OM1_clade_norank	0.000000	0.000000	0.000367	0.012105	0.003118
【472】 Sh765B-TzT-29_norank	0.000000	0.000000	0.000245	0.004953	0.001300
【473】 S0134_terrestrial_group_norank	0.000000	0.000000	0.000112	0.004708	0.001205

物种名称	不同发酵程度垫料细菌属相对丰度				
	AUG_CK	AUG_H	AUG_L	AUG_PM	平均值
【474】 *Odyssella*	0.000000	0.000000	0.000143	0.003547	0.000923
【475】 DB1-14_norank	0.000000	0.000000	0.000071	0.003368	0.000860
【476】 *Xanthomonadales*	0.000000	0.000000	0.000133	0.003010	0.000786
【477】 *Ardenticatenales*_norank	0.000000	0.000000	0.000163	0.002387	0.000638
【478】 *Rhodothermaceae*	0.000000	0.000000	0.000388	0.001651	0.000510
【479】 KCM-B-15_norank	0.000000	0.000000	0.000082	0.001953	0.000509
【480】 *Silanimonas*	0.000000	0.000000	0.001786	0.000094	0.000470
【481】 DA111_norank	0.000000	0.000000	0.000225	0.001651	0.000469
【482】 *Acidiferrobacter*	0.000000	0.000000	0.000010	0.001604	0.000404
【483】 芽胞乳杆菌属（*Sporolactobacillus*）	0.000000	0.000000	0.000000	0.001576	0.000394
【484】 *Ignavibacteriales*_norank	0.000000	0.000000	0.000276	0.001189	0.000366
【485】 JG37-AG-20_norank	0.000000	0.000000	0.000010	0.001425	0.000359
【486】 解硫胺素杆菌属（*Aneurinibacillus*）	0.000000	0.000000	0.000061	0.001368	0.000357
【487】 生孢噬胞菌属（*Sporocytophaga*）	0.000000	0.000000	0.000031	0.001349	0.000345
【488】 *Flavobacteriaceae*_norank	0.000000	0.000000	0.001265	0.000019	0.000321
【489】 *Sphaerobacter*	0.000000	0.000000	0.000020	0.001245	0.000316
【490】 SM2F11_norank	0.000000	0.000000	0.000214	0.000793	0.000252
【491】 B1-7BS_norank	0.000000	0.000000	0.000092	0.000670	0.000190
【492】 *Rhodomicrobium*	0.000000	0.000000	0.000020	0.000623	0.000161
【493】 *Eoetvoesia*	0.000000	0.000000	0.000031	0.000585	0.000154
【494】 *Tumebacillus*	0.000000	0.000000	0.000031	0.000566	0.000149
【495】 *Soonwooa*	0.000000	0.000000	0.000592	0.000000	0.000148
【496】 *Methylococcaceae*	0.000000	0.000000	0.000102	0.000472	0.000143
【497】 11-24_norank	0.000000	0.000000	0.000020	0.000547	0.000142
【498】 *Thermobifida*	0.000000	0.000000	0.000000	0.000528	0.000132
【499】 *Actinobacteria*	0.000000	0.000000	0.000010	0.000491	0.000125
【500】 Family_XⅧ	0.000000	0.000000	0.000000	0.000462	0.000116
【501】 *Rikenellaceae*_RC9_gut_group	0.000000	0.000000	0.000418	0.000009	0.000107
【502】 *Chloroflexi*	0.000000	0.000000	0.000010	0.000396	0.000102
【503】 *Cryomorphaceae*	0.000000	0.000000	0.000367	0.000000	0.000092
【504】 GR-WP33-58_norank	0.000000	0.000000	0.000357	0.000000	0.000089
【505】 鞘氨醇杆菌属（*Sphingobacteriales*）	0.000000	0.000000	0.000327	0.000000	0.000082
【506】 *Limnobacter*	0.000000	0.000000	0.000071	0.000255	0.000082
【507】 *Phycisphaeraceae*	0.000000	0.000000	0.000010	0.000292	0.000076
【508】 *Cyclobacteriaceae*	0.000000	0.000000	0.000041	0.000255	0.000074
【509】 Family_XⅢ	0.000000	0.000000	0.000265	0.000028	0.000073
【510】 *Mizugakiibacter*	0.000000	0.000000	0.000000	0.000274	0.000068
【511】 [*Eubacterium*]_nodatum_group	0.000000	0.000000	0.000245	0.000028	0.000068
【512】 *Anaerolinea*	0.000000	0.000000	0.000031	0.000226	0.000064
【513】 *Anaeromyxobacter*	0.000000	0.000000	0.000041	0.000208	0.000062

续表

物种名称	不同发酵程度垫料细菌属相对丰度				
	AUG_CK	AUG_H	AUG_L	AUG_PM	平均值
【514】 JG30-KF-CM66_norank	0.000000	0.000000	0.000010	0.000208	0.000054
【515】 Rhodobiaceae_norank	0.000000	0.000000	0.000010	0.000208	0.000054
【516】 Acidobacteriaceae_Subgroup_1	0.000000	0.000000	0.000000	0.000208	0.000052
【517】 Thermomonospora	0.000000	0.000000	0.000000	0.000208	0.000052
【518】 红螺菌属（Rhodospirillales）	0.000000	0.000000	0.000041	0.000151	0.000048
【519】 Acidaminococcus	0.000000	0.000000	0.000153	0.000038	0.000048
【520】 Pseudomaricurvus	0.000000	0.000000	0.000173	0.000000	0.000043
【521】 Micromonosporaceae	0.000000	0.000000	0.000000	0.000170	0.000042
【522】 Planctomycetaceae	0.000000	0.000000	0.000041	0.000123	0.000041
【523】 Byssovorax	0.000000	0.000000	0.000000	0.000151	0.000038
【524】 Clostridia	0.000000	0.000000	0.000000	0.000151	0.000038
【525】 OM190_norank	0.000000	0.000000	0.000000	0.000151	0.000038
【526】 Nitrosospira	0.000000	0.000000	0.000031	0.000113	0.000036
【527】 Anaerotruncus	0.000000	0.000000	0.000143	0.000000	0.000036
【528】 Legionella	0.000000	0.000000	0.000010	0.000132	0.000036
【529】 Hyphomonadaceae	0.000000	0.000000	0.000000	0.000142	0.000035
【530】 Parcubacteria_norank	0.000000	0.000000	0.000000	0.000142	0.000035
【531】 OCS116_clade_norank	0.000000	0.000000	0.000041	0.000094	0.000034
【532】 Rhodocyclaceae	0.000000	0.000000	0.000031	0.000104	0.000034
【533】 I-10_norank	0.000000	0.000000	0.000020	0.000113	0.000033
【534】 Captivus	0.000000	0.000000	0.000071	0.000057	0.000032
【535】 Agaricicola	0.000000	0.000000	0.000000	0.000123	0.000031
【536】 Sulfobacillus	0.000000	0.000000	0.000000	0.000123	0.000031
【537】 Symbiobacterium	0.000000	0.000000	0.000000	0.000123	0.000031
【538】 Gaiella	0.000000	0.000000	0.000010	0.000094	0.000026
【539】 Gemmatimonadaceae	0.000000	0.000000	0.000000	0.000104	0.000026
【540】 Gryllotalpicola	0.000000	0.000000	0.000000	0.000104	0.000026
【541】 SM2D12_norank	0.000000	0.000000	0.000000	0.000104	0.000026
【542】 Waddlia	0.000000	0.000000	0.000000	0.000104	0.000026
【543】 [Anaerorhabdus]_furcosa_group	0.000000	0.000000	0.000071	0.000028	0.000025
【544】 Elev-16S-1332_norank	0.000000	0.000000	0.000010	0.000085	0.000024
【545】 Proteiniborus	0.000000	0.000000	0.000000	0.000094	0.000024
【546】 Prevotella_1	0.000000	0.000000	0.000092	0.000000	0.000023
【547】 Thermosporotrichaceae	0.000000	0.000000	0.000010	0.000066	0.000019
【548】 Vulgatibacter	0.000000	0.000000	0.000010	0.000066	0.000019
【549】 Planctomycetaceae	0.000000	0.000000	0.000000	0.000075	0.000019
【550】 Synergistaceae	0.000000	0.000000	0.000061	0.000000	0.000015
【551】 Anaerofustis	0.000000	0.000000	0.000041	0.000019	0.000015
【552】 Schwartzia	0.000000	0.000000	0.000041	0.000019	0.000015
【553】 Coriobacteriaceae	0.000000	0.000000	0.000020	0.000038	0.000015

续表

物种名称	不同发酵程度垫料细菌属相对丰度				
	AUG_CK	AUG_H	AUG_L	AUG_PM	平均值
【554】 *Oxalophagus*	0.000000	0.000000	0.000020	0.000038	0.000015
【555】 43F-1404R_norank	0.000000	0.000000	0.000000	0.000057	0.000014
【556】 AKIW659_norank	0.000000	0.000000	0.000000	0.000057	0.000014
【557】 *Thermobacillus*	0.000000	0.000000	0.000000	0.000057	0.000014
【558】 *Acetivibrio*	0.000000	0.000000	0.000000	0.000047	0.000012
【559】 *Verrucomicrobiaceae*	0.000000	0.000000	0.000000	0.000047	0.000012
【560】 KD4-96_norank	0.000000	0.000000	0.000000	0.000038	0.000009
【561】 *Rubrobacter*	0.000000	0.000000	0.000000	0.000038	0.000009
【562】 *Ruminococcaceae*_NK4A214_group	0.000000	0.000000	0.000031	0.000000	0.000008
【563】 *Desulfitobacterium*	0.000000	0.000000	0.000000	0.000028	0.000007
【564】 *Bacteroidales*	0.000000	0.000000	0.000020	0.000000	0.000005
【565】 *Ruminiclostridium*	0.000000	0.000000	0.000000	0.000019	0.000005
【566】 Subgroup_18_norank	0.000000	0.000000	0.000000	0.000019	0.000005

（2）细菌属相对丰度比较　不同处理组细菌属 TOP10 细菌相对丰度分布见图 8-61，各处理组间细菌属丰度分布差异显著。前 3 个最大丰度分布的细菌属垫料原料（AUG_CK）为肠杆菌属（28.53%）、鞘氨醇杆菌属（13.52%）、橄榄形菌属（6.54%）；深发酵垫料（AUG_H）为橄榄形菌属（8.61%）、短状杆菌属（7.65%）、*Clostridium*_sensu_stricto_1（7.16%）；浅发酵垫料（AUG_L）为金黄杆菌属（17.51%）、漠河菌属（15.23%）、*Chitinophagaceae*（7.06%）；未发酵猪粪（AUG_PM）为 *Anaerolineaceae*（14.42%）、太白山菌属（5.54%）、芽胞杆菌属（5.08%）。不同处理组特征性细菌属明显，AUG_CK 组以肠杆菌属为主，AUG_H 组以橄榄形菌属为主，AUG_L 组以金黄杆菌属为主，AUG_PM 组以厌氧绳菌纲（Anaerolineaceae）为主。

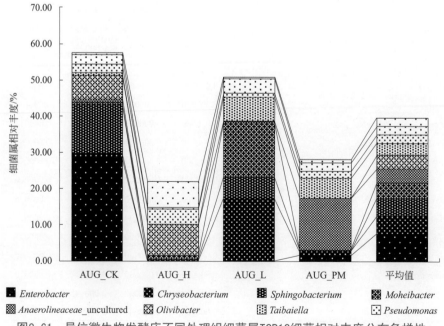

图8-61　异位微生物发酵床不同处理组细菌属TOP10细菌相对丰度分布多样性

（3）细菌属相对丰度相关性　基于细菌属相对丰度不同处理组的相关系数见表8-67。从表8-67可知，不同处理组细菌属相对丰度的平均值相近，而标准差差异显著，其中原料垫料（AUG_CK）标准差值最大（0.0232），未发酵猪粪（AUG_PM）最小（0.0128），表明前者变化性高于后者。各处理间的相关系数范围−0.0787～0.1264，都表现出不显著相关性，表明不同处理组细菌属丰度在不同发酵阶段的独立性，细菌属丰度差异源于发酵过程物料变化产生的选择差异。

表8-67　基于细菌属相对丰度的异位微生物发酵床不同处理组相关系数

处理组	相对丰度		相关系数			
	平均值	标准差	AUG_CK	AUG_H	AUG_L	AUG_PM
AUG_CK	0.0047	0.0232	1.0000			
AUG_H	0.0048	0.0129	0.0568	1.0000		
AUG_L	0.0049	0.0189	0.1079	−0.0336	1.0000	
AUG_PM	0.0046	0.0128	0.0837	−0.0787	0.1264	1.0000

不同处理组TOP10细菌属相对丰度的相关系数见表8-68。细菌属丰度之间依不同处理组的相关性差异显著。

表8-68　不同处理组TOP10细菌属相对丰度的相关系数

物种名称	【1】	【2】	【3】	【4】	【5】	【6】	【7】	【8】	【9】	【10】
【1】 肠杆菌属	1.0000									
【2】 金黄杆菌属	−0.3222	1.0000								
【3】 鞘氨醇杆菌属	0.8943	0.1242	1.0000							
【4】 漠河菌属	−0.3676	0.9936	0.0843	1.0000						
【5】 厌氧蝇菌科的1属	−0.2237	−0.3188	−0.4699	−0.3892	1.0000					
【6】 橄榄形菌属	0.3870	−0.5990	0.2067	−0.5267	−0.5631	1.0000				
【7】 太白山菌属	−0.4827	0.7049	−0.2458	0.6471	0.4475	−0.9853	1.0000			
【8】 假单胞菌属	−0.0355	−0.6948	−0.2889	−0.6090	−0.2711	0.8748	−0.8520	1.0000		
【9】 不动杆菌属	0.1222	0.7885	0.4424	0.7157	0.0261	−0.7542	0.7564	−0.9689	1.0000	
【10】 梭菌属-1	−0.3755	−0.4373	−0.5199	−0.3344	−0.3038	0.7036	−0.6299	0.9287	−0.8972	1.0000

（4）细菌属相对丰度主成分分析

① 基于细菌属相对丰度的处理组R型主成分分析

Ⅰ．主成分特征值。基于细菌属相对丰度的不同处理组R型主成分分析特征值见表8-69。从表8-69可以看出，前2个主成分的特征值累计占比达77.76%，能很好地反映数据主要信息。

表8-69　异位微生物发酵床不同处理组R型主成分特征值（细菌属）

序号	特征值	占比/%	累计占比/%	Chi-Square	df	P值
1	95.9862	47.9931	47.9931	0.0000	20099.0000	0.9999
2	59.5295	29.7647	77.7579	0.0000	19899.0000	0.9999
3	44.4843	22.2421	100.0000	0.0000	19700.0000	0.9999

Ⅱ. 主成分得分值。检测结果见表 8-70。第一主成分关键因素有 AUG_L（0.9569）和 AUG_PM（11.2066），猪粪带入的细菌属经过浅发酵形成主导群落。第二主成分关键因素有 AUG_CK（−6.9077）和 AUG_PM（7.4784），垫料带入细菌群落与猪粪带入的细菌群落成反比，形成第二关键因素。第三主成分关键因素有 AUG_CK（8.0188）和 AUG_L（−8.3100），垫料带入的细菌与浅发酵过程的形成反比。

表8-70　异位微生物发酵床不同处理组R型主成分得分值（细菌属）

处理组	$Y(i, 1)$	$Y(i, 2)$	$Y(i, 3)$
AUG_CK	0.5319	−6.9077	8.0188
AUG_H	−12.6954	5.8295	−0.0177
AUG_L	0.9569	−6.4002	−8.3100
AUG_PM	11.2066	7.4784	0.3088

Ⅲ. 主成分作图。基于细菌属相对丰度的垫料发酵不同处理组 R 型主成分分析结果见图 8-62。

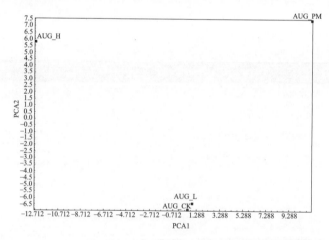

图8-62　异位微生物发酵床不同处理组R型主成分分析图（细菌属）

② 基于处理组的细菌属相对丰度 Q 型主成分分析

Ⅰ. 主成分特征值。基于细菌属相对丰度的不同处理组 Q 型主成分分析特征值见表 8-71。从表 8-71 可以看出，前 3 个主成分的特征值累计占比达 78.67%，能很好地反映数据主要信息。

表8-71　异位微生物发酵床不同处理组Q型主成分特征值（细菌属）

序号	特征值	占比/%	累计占比/%	Chi-Square	df	P值
1	1.2197	30.4917	30.4917	8.6845	9.0000	0.4669
2	1.0583	26.4571	56.9487	2.8687	5.0000	0.7202
3	0.8689	21.7224	78.6711	0.0164	2.0000	0.9918
4	0.8532	21.3289	100.0000	0.0000	0.0000	1.0000

Ⅱ. 主成分得分值。检测结果见表 8-72。第一主成分关键因素有厌氧蝇菌科不可培养的 1 属（6.63），第二主成分关键因素有橄榄形菌属（6.60），第三主成分关键因素有金黄杆菌属（-6.70）。

表8-72　异位微生物发酵床不同处理组Q型主成分得分值（细菌属）

物种名称	$Y(i, 1)$	$Y(i, 2)$	$Y(i, 3)$	$Y(i, 4)$
肠杆菌属（*Enterobacter*）	6.2994	6.0353	5.0167	-6.7838
金黄杆菌属（*Chryseobacterium*）	6.0593	0.1258	-6.7045	0.4417
鞘氨醇杆菌属（*Sphingobacterium*）	4.2193	3.1959	-0.3694	-3.3774
漠河菌属（*Moheibacter*）	4.5748	0.7607	-6.2788	0.5738
厌氧蝇菌科（*Anaerolineaceae*）不可培养的1属	6.6392	-2.6711	5.6452	6.0216
橄榄形菌属（*Olivibacter*）	-0.2680	6.6023	0.5756	1.7388
太白山菌属（*Taibaiella*）	4.4969	-0.9948	-0.5348	2.2451
假单胞菌属（*Pseudomonas*）	0.7323	2.5223	0.4071	1.7888
不动杆菌属（*Acinetobacter*）	2.4854	0.2012	-0.3930	0.4066
梭菌属-1（*Clostridium_sensu_stricto_1*）	-0.7492	4.1265	-0.0795	3.0878

Ⅲ. 主成分作图。基于细菌属相对丰度的垫料发酵不同处理组 Q 型主成分分析结果见图8-63。

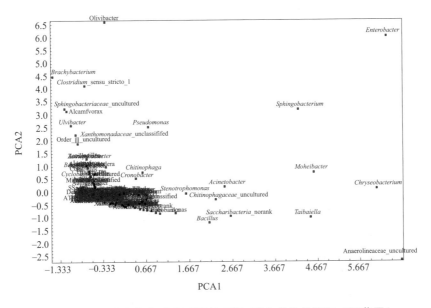

图8-63　异位微生物发酵床不同处理组Q型主成分分析图（细菌属）

6. 细菌种种类相对丰度分布多样性

（1）细菌种相对丰度检测　实验结果按处理组平均值排序，前 7 位见表 8-73。在异位微生物发酵床不同处理组检测到细菌种 838 个，不同处理组细菌种的相对丰度差异显著，垫料原料（AUG_CK）含有 508 个，丰度最高的细菌种类为 *Enterobacter*（26.81%）；深发酵垫料（AUG_H）含有 249 个，丰度最高的细菌种类为 *Brachybacterium*（7.65%）；浅发酵垫料（AUG_L）含有 508 个，丰度最高的细菌种类为 *Chryseobacterium*（16.66%）；未发酵猪粪（AUG_PM）含有 564 个，丰度最高的细菌种类为 *Anaerolineaceae*（11.49%）。

表8-73　异位微生物发酵床前7个最大细菌种相对丰度分布多样性

物种名称		不同发酵程度垫料细菌种相对丰度				
		AUG_CK	AUG_H	AUG_L	AUG_PM	平均值
【1】	*Enterobacter* sp.	0.268063	0.000567	0.000000	0.016794	0.071356
【2】	*Chryseobacterium* sp.	0.009920	0.000000	0.166597	0.000236	0.044188
【3】	*Moheibacter* sp.	0.005479	0.000021	0.150625	0.001330	0.039364
【4】	*Sphingobacterium* sp.21	0.132762	0.004279	0.001102	0.000085	0.034557
【5】	*Anaerolineaceae* sp.	0.007724	0.000011	0.001123	0.114943	0.030950
【6】	*Taibaiella* sp.	0.004146	0.000000	0.059662	0.027219	0.022757
【7】	*Brachybacterium* sp.	0.000039	0.076523	0.000000	0.000000	0.019141

（2）细菌种相对丰度比较

不同处理组细菌种 TOP10 细菌相对丰度分布见图8-64，各处理组间细菌种丰度分布差异显著。前3个最大相对丰度分布的细菌种垫料原料（AUG_CK）为 *Enterobacter* sp.（26.81%）、*Sphingobacterium* sp.（13.28%）、*Sphingobacterium* sp.21（6.33%）；深发酵垫料（AUG_H）为 *Brachybacterium* sp.（7.65%）、*Clostridium*_sensu_stricto_1 sp.（6.15%）、*Alcanivorax* sp.（5.56%）；浅发酵垫料（AUG_L）为 *Chryseobacterium* sp.（16.66%）、*Moheibacter* sp.（15.06%）、*Chitinophagaceae* sp.（6.63%）；未发酵猪粪（AUG_PM）为 *Anaerolineaceae* sp.（11.49%）、*Bacillus* sp.（3.67%）、*Luteimonas* sp.（3.03%）。

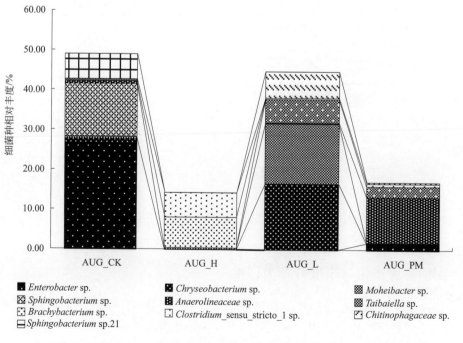

图8-64　异位微生物发酵床不同处理组细菌种TOP10细菌相对丰度分布多样性

（3）细菌种相对丰度相关性 基于细菌种相对丰度不同处理组的相关系数见表8-74。从表8-74可知，不同处理组细菌种各处理间的相关系数范围为−0.0973～0.0733，都表现出不显著的相关性，表明不同处理细菌种相对丰度在不同发酵阶段的特异性，细菌种丰度差异源于发酵过程物料变化产生的选择差异。

表8-74 基于细菌种相对丰度的异位微生物发酵床不同处理组相关系数

处理组	AUG_CK	AUG_H	AUG_L	AUG_PM
AUG_CK	1.0000			
AUG_H	−0.0632	1.0000		
AUG_L	−0.0020	−0.0973	1.0000	
AUG_PM	0.0733	−0.1447	0.0091	1.0000

不同处理组TOP10细菌种相对丰度的相关系数见表8-75。细菌种相对丰度之间依不同处理组的相关性差异显著。细菌种间的相关性举例说明，如 *Sphingobacterium* 和 *Enterobacter* 正相关（0.9968），*Taibaiella* 和 *Chryseobacterium* 正相关（0.8890）等，有8对细菌正相关，有5对细菌成显著负相关。

表8-75 不同处理组TOP10细菌种相对丰度的相关系数

	物种名称	【1】	【2】	【3】	【4】	【5】	【6】	【7】	【8】	【9】	【10】
【1】	*Enterobacter* sp.	1.0000									
【2】	*Chryseobacterium* sp.	−0.3089	1.0000								
【3】	*Moheibacter* sp.	−0.3332	0.9996	1.0000							
【4】	*Sphingobacterium* sp.	0.9968	−0.2869	−0.3119	1.0000						
【5】	*Anaerolineaceae* sp.	−0.2186	−0.3765	−0.3610	−0.2941	1.0000					
【6】	*Taibaiella* sp.	−0.4569	0.8890	0.8967	−0.4700	0.0891	1.0000				
【7】	*Brachybacterium* sp.	−0.3588	−0.3606	−0.3536	−0.3077	−0.3679	−0.5548	1.0000			
【8】	*Clostridium*_sensu_stricto_1 sp.	−0.4309	−0.3703	−0.3608	−0.3850	−0.2850	−0.5232	0.9950	1.0000		
【9】	*Chitinophagaceae* sp.	−0.3817	0.9960	0.9980	−0.3635	−0.3101	0.9186	−0.3553	−0.3561	1.0000	
【10】	*Sphingobacterium* sp.21	0.9982	−0.2795	−0.3044	0.9996	−0.2760	−0.4534	−0.3329	−0.4090	−0.3553	1.0000

（4）细菌种相对丰度主成分分析

Ⅰ.主成分特征值。基于细菌种相对丰度的不同处理组R型主成分分析特征值见表8-76。从表8-76可以看出，前2个主成分的特征值累计占比达76.83%，能很好地反映数据主要信息。

表8-76 异位微生物发酵床不同处理组R型主成分特征值（细菌种）

序号	特征值	占比/%	累计占比/%	Chi-Square	df	P值
1	95.0859	47.5429	47.5429	0.0000	20099.0000	0.9999
2	58.5739	29.2869	76.8299	0.0000	19899.0000	0.9999
3	46.3403	23.1701	100.0000	0.0000	19700.0000	0.9999

Ⅱ.主成分得分值。检测结果见表8-77。从表8-77可以看出发酵过程细菌种相对丰度变

化路径，发酵从底部的垫料原料（AUG_CK）开始，PCA1 得分由 1.0790 增加至 1.6480 的浅发酵垫料（AUG_L），进一步减少到 −13.1461 的深发酵垫料（AUG_H），同样 PCA2 得分由 −6.6334（AUG_CK）增至 5.0293（AUG_H）。

表8-77　异位微生物发酵床不同处理组R型主成分得分值（细菌种）

处理组	$Y(i, 1)$	$Y(i, 2)$	$Y(i, 3)$
AUG_CK	1.0790	−6.6334	−8.2998
AUG_H	−13.1461	5.0293	0.1746
AUG_L	1.6480	−6.4485	8.3692
AUG_PM	10.4191	8.0525	−0.2440

Ⅲ. 主成分作图。基于细菌种相对丰度的垫料发酵不同处理组 R 型主成分分析结果见图 8-65。

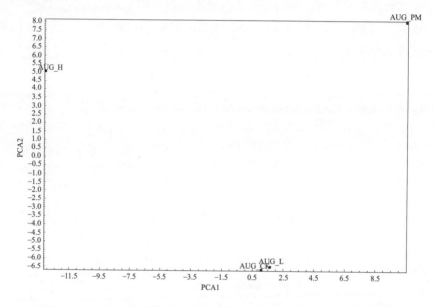

图8-65　异位微生物发酵床不同处理组R型主成分分析（细菌种）

（5）细菌种相对丰度分布因子分析　异位微生物发酵床选择不同处理的因子，垫料原料（X1）、深发酵垫料（X2）、浅发酵垫料（X3）、未发酵猪粪（X4）四个处理组，测定不同处理的微生物组成，采用因子分析方法研究各个变量之间相关关系。

DPS 操作界面见图 8-66，图中左边为特征值衰减图，右边上部是公因子提取方法选项，这里共有 5 种方法，一般情况下建议用主成分法，或样本较大，且样本数是因子数的 10 倍以上时，可用极大似然法。图的右下部中间是各个特征值及其累积占比。可供因子个数选取的参考，因子个数选取一般有以下几个原则供参考：①选择的因子个数，使得累积方差占总方差的 80% 以上；②按特征值大于等于 1 来选择因子个数；③在选择的因子能解释 75% 以后，如果还要继续选取因子，该因子的方差贡献应该大于 5%；④根据特征值衰减情况确定因子个数，在图形中，把陡降后曲线走势趋于平坦的因子舍弃不用。因子个数的确定需要根据具体情形掌握：重点是考虑提取出来的主因子是否可解释我们的"理论"因子的假设。如

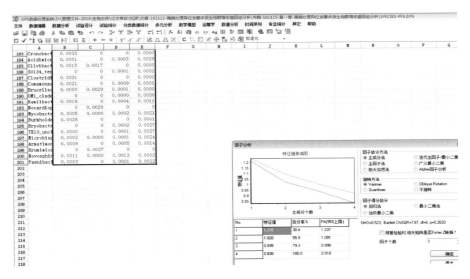

图8-66　异位微生物发酵床不同处理组因子分析

果估计的因子有实际意义，即使贡献率较小，也是可取的。反之，如果某因子的特征值较大，但从专业上不能进行解释，则可将该因子省去。

以上是输出结果的第一部分。给出了每个变量的均值、标准差及变量间的相关系数。从变量间的相关系数，结合下面输出的可以 KMO 系数（KMO=0.5227），以及 Bartlett 球形检验的卡方值，Chi-Square=7.6701，df=6 时，$P=0.2633$。因子间相关性较大，可以进行因子分析（表 8-78）。

表8-78　异位发酵床不同处理组平均值与相关系数

变量	平均值	标准差	AUG_CK	AUG_H	AUG_L	AUG_PM
AUG_CK	0.0044	0.0219	1.0000	−0.0632	−0.0020	0.0733
AUG_H	0.0046	0.0113	−0.0632	1.0000	−0.0973	−0.1447
AUG_L	0.0047	0.0177	−0.0020	−0.0973	1.0000	0.0091
AUG_PM	0.0043	0.0102	0.0733	−0.1447	0.0091	1.0000

注：相关系数临界值，$a=0.05$ 时，$r=0.1388$；$a=0.01$ 时，$r=0.1818$。Kaiser-Meyer-Olkin Measure of Sampling Adequacy（KMO）= 0.5227；Bartlett 球形检验卡方值 Chi-Square=7.6701，df=6，$P=0.2633$。

前 3 个主成分累计达 79.2561%，能很好地反映全部信息。计算初始因子估计（表 8-79）、相关矩阵和残差 R 值（表 8-80），统计因子载荷矩阵（表 8-81），结果可知，因子 1 由未发酵猪粪组成（0.6391），含有较大的厌氧发酵因素，故称为厌氧发酵因子，方程贡献率为30.37%；因子 2 由浅发酵垫料组成（−0.7942），含有厌氧发酵和耗氧发酵，故称为兼性耗氧发酵因子，方程贡献率为 25.51%；因子 3 由垫料原料组成（0.7346），主要含有耗氧发酵，故称为耗氧发酵因子，方程贡献率为 23.39%。

各因子的得分可以反映相关细菌的作用，因子 1 得分最大的是 *Anaerolineaceae*（8.3202），为厌氧菌；因子 2 得分最大的是 *Chryseobacterium*（−8.5536），为兼性菌；因子 3 得分最大的是 *Enterobacter*（12.0334），为耗氧菌。

表8-79 异位发酵床不同处理组主成分特征值

序号	特征值	占比/%	累计占比/%	Chi-Square	df	P值
1	1.2147	30.3681	30.3681	7.6701	9.0000	0.5677
2	1.0201	25.5029	55.8710	2.1038	5.0000	0.8346
3	0.9354	23.3851	79.2561	0.7064	2.0000	0.7025
4	0.8298	20.7439	100.0000	0.0000	0.0000	1.0000

表8-80 异位发酵床不同处理组初始因子估计值（主成分法）

项目	F1	F2	F3	共同度	特殊方差
AUG_CK	0.4243	0.5292	0.7346	0.9997	0.0003
AUG_H	−0.7120	0.1793	0.1790	0.5711	0.4289
AUG_L	0.3457	−0.7942	0.3607	0.8803	0.1197
AUG_PM	0.6391	0.2780	−0.4834	0.7194	0.2806
方差贡献	1.2148	1.0202	0.9355		
占比/%	30.37	25.51	23.39		
累计占比/%	30.37	55.88	79.26		

表8-81 异位发酵床不同处理组相关矩阵和残差R值

相关矩阵估计值（下三角）			
0.9997			
−0.0757	0.5711		
−0.0086	−0.3240	0.8803	
0.0632	−0.4917	−0.1742	0.7194
相关矩阵残差R（下三角）			
−0.0003			
0.01251	−0.4289		
0.00661	0.22670	−0.1197	
0.01012	0.34701	0.18336	−0.2806

RMS=0.185173

λ_{max}=5.5102

平均绝对偏差=0.131053

偏差大于0.05的相关系数有3个，占50.00%

统计检验 W=0.84838

显著性P=0.15273

拟合指数Q=0.16761

参考文献

Albuquerque L, Simões C, Nobre M F, Pino N M, Battista J R, Silva M T, Rainey F A, da Costa M S. 2005. *Truepera radiovictrix*, gen. nov. sp. nov. a new radiation resistant species and the proposal of Trueperaceae. fam. nov. [J]. FEMS Microbiol Lett, 247(2):161-169.

Al-Kindi S, Abed R. 2016. Effect of biostimulation using sewage sludge, soybean meal, and wheat straw on oil degradation and bacterial community composition in a contaminated desert soil [J]. Front Microbiol, 7:240.

Amato K R, Yeoman C J, Kent A, Righini N, Carbonero F, Estrada A, Gaskins H R, Stumpf R M, Yildirim S, Torralba M, Gillis M, Wilson B A, Nelson K E, White B A, Leigh S R. 2013. Habitat degradation impacts black howler monkey (*Alouatta pigra*) gastrointestinal microbiomes [J]. ISME J, 7(7):1344-1353.

Asano R, Otawa K, Ozutsumi Y, Yamamoto N, Abdel-Mohsein HS, Nakai Y. 2010. Development and analysis of microbial characteristics of an acidulo composting system for the treatment of garbage and cattle manure [J]. J Biosci Bioengin, 110(4):419-425.

Banat I, Makkar R S, Cameotra S. 2000. Potential commercial applications of microbial surfactants [J]. Appl Microbiol Biotechnol, 53(5):495-508.

Bang B H, Rhee M S, Chang D H, Park D S, Kim B C. 2015. *Erysipelothrix larvae* sp. nov., isolated from the larval gut of the rhinoceros beetle, *Trypoxylus dichotomus* (Coleoptera: Scarabaeidae) [J]. Antonie Van Leeuwenhoek, 107(2):443-451.

Bassiouni A, Cleland E J, Psaltis A J, Vreugde S, Wormald P J. 2015. Sinonasal microbiome sampling: a comparison of techniques [J]. PLoS One, 10(4):e0123216.

Bernardet J F, Segers P, Vancanneyt M, Berthe F, Kersters K, Vandamme P. 1996. Cutting a gordian knot: emended classification and description of the genus *Flavobacterium,* emended description of the family Flavobacteriaceae, and proposal of *Flavobacterium hydatis* nom. nov. (Basonym, *Cytophaga aquatilis* Strohl and Tait 1978)[J]. Int J Syst Bacteriol, 46(Pt 1):128-148.

Bernardet J F. 2002. International Committee on Systematics of Prokaryotes: Subcommittee on the taxonomy of *Flavobacterium* and *Cytophaga*-like bacteria [J]. Int J Syst Evol Microbiol, 52(Pt 3):1071-1073.

Bollinger A, Thies S, Katzke N, Jaeger K E. 2020. The biotechnological potential of marine bacteria in the novel lineage of *Pseudomonas pertucinogena* [J]. Microb Biotechnol, 13(1):19-31.

Bonazzi G，Navarotto P L. 1992. Wood shaving litter for growing–finishing pigs. Proceedings Workshop Deep Litter Systems for Pig Farming [M]. Rosmalen:The Netherlands:57-76.

Bowman J P, Nichols C M, Gibson J A. 2003. *Algoriphagus ratkowskyi* gen. nov. sp. nov. *Brumimicrobium glaciale* gen. nov. sp. nov. *Cryomorpha ignava* gen. nov. sp. nov. and *Crocinitomix catalasitica* gen. nov. sp. nov. novel flavobacteria isolated from various polar habitats [J]. Int J Syst Evol Microbiol, 53(Pt 5):1343-1355.

Bresciani F R, Santi L, Macedo A J, Abraham W R, Vainstein M H, Beys-da-Silva W O. 2014. Production and activity of extracellular lipase from *Luteibacter* sp.[J]. Ann Microbiol, 64(1):251-258.

Burgess J E, Parsons S A, Stuetz R M. 2001. Developments in odour control and waste gas treatment biotechnology: A review [J]. Biotechnol Adv, 19(1):35-63.

Cerro-Gálvez E, Roscales J L, Jiménez B, Sala M M, Dachs J, Vila-Costa M. 2020. Microbial responses to perfluoroalkyl substances and perfluorooctanesulfonate (PFOS) desulfurization in the Antarctic marine envi-ronment [J]. Water Res, 171:115434.

Chai L J, Xu P X, Qian W, Zhang X J, Ma J, Lu Z M, Wang S T, Shen C H, Shi J S, Xu ZH. 2019. Profiling the Clostridia with butyrate-producing potential in the mud of baijiu fermentation cellar [J]. Int J Food Microbiol, 297:41-50.

Chan D K O, Chaw D, Lo C Y. 1995. Development of an environmentally friendly and cost effective system for the treatment of waste in pig farming [J]. J Agri Engin Res, 3:11-17.

Chan D K O, Chaw D, Lo C Y Y. 1994. Management of the sawdust litter in the 'pig-on-litter' system of pig waste treatment [J]. Resour Conserv Recy, 11(1):51-72.

Chang Q, Luan Y, Sun F. 2011. Variance adjusted weighted UniFrac: a powerful beta diversity measure for comparing communities based on phylogeny [J]. BMC Bioinformatics, 12:118.

Chen Q Q, Liu B, Liu G H, Wang J P, Che J M. 2015. Draft genome sequence of *Bacillus tequilensis* strain FJAT-14262 [J]. Genome Announc, 3(6):e01317-15.

Chen S, Dong X. 2005. *Proteiniphilum acetatigenes* gen. nov. sp. nov. from a UASB reactor treating brewery wastewater [J]. Int J Syst Evol Microbiol, 55(Pt 6):2257-2261.

Chiers K, Haesebrouck F, Mateusen B, Van Overbeke I, Ducatelle R. 2001. Pathogenicity of *Actinobacillus minor*, *Actinobacillus indolicus* and *Actinobacillus porcinus* strain for gnotobiotic piglets [J]. J Vet Med B Infect Dis Vet Public Health, 48(2):127-131.

Chung W C, Huang J W, Huang H C, Jen J F. 2003. Control by *Brassica* seed pomace combined with *Pseudomonas boreopolis*, of damping-off of watermelon caused by *Pythium* sp. [J]. Can J Plant Pathol, 25(3):285-294.

Cole J R, Wang Q, Cardenas E, Fish J, Chai B, Farris R J, Kulam-Syed-Mohideen A S, McGarrell D M, Marsh T, Garrity G M, Tiedje J M. 2009. The Ribosomal Database Project: improved alignments and new tools for rRNA analysis [J]. Nucleic Acids Res, 37(Database issue):D141-145.

Collin A, van Milgen J, Duboi S, Noblet J. 2001. Effect of high temperature on feeding behavior and heat production in group-housed young pigs [J]. Br J Nutr, 86(1):63-70.

Connor M L. 1995. Update on alternative housing systems for pigs [J]. Manitoba Swine Sem Proc, 9(8):93-96.

Deininger A, Tamm M, Krause R, Sonnenberg H. 2000. Penetration resistance and water-holding capacity of differently conditioned straw for deep litter housing systems [J]. J Agri Engin Res, 77(3):335-342.

Desantis T Z, Hugenholtz P, Larsen N, Rojas M, Brodie EL, Keller K, Huber T, Dalevi D, Hu P, Andersen G L. 2006. Greengenes, a chimera-checked 16S rRNA gene database and workbench compatible with ARB [J]. Appl Environ Microbiol, 72(7):5069-5072.

Dutkiewicz T, Kończalik J, Andryszek C, Rachański D. 1994. Spatial distribution of negative health indices in ecological hazard areas in Poland [J]. Int J Occup Med Environ Health, 7(2):135-142.

Edgar R C. 2013. UPARSE: Highly accurate OTU sequences from microbial amplicon reads [J]. Nat Methods, 10(10):996-998.

Fish J A, Chai B L, Wang Q, Sun Y N, Brown C T, Tiedje J M, Cole J R. 2013. FunGene: the functional gene pipeline and repository [J]. Front Microbiol, 4:291.

Folman L, Gunnewiek P, Boddy L B W. 2008. Impact of white-rot fungi on numbers and community composition of bacteria colonizing beech wood from forest soil [J]. FEMS Microbiol Ecol, 63(2):181-191.

Fouts D E, Szpakowski S, Purushe J, Torralba M, Waterman R C, MacNeil M D, Alexander L J, Nelson K E. 2012. Next generation sequencing to define prokaryotic and fungal diversity in the bovine rumen [J]. PLoS One, 7(11):e48289.

Fukuoka K, Ozeki Y, Kanaly R A. 2015. Aerobic biotransformation of 3-methylindole to ring cleavage products by *Cupriavidus* sp. strain KK10 [J]. Biodegradation, 26(5):1-15.

Gadd J. 1993. Unnel housing of pigs in livestock environment Ⅳ, fourth international symposium [J]. American Society of Agricultural Enginneers, 1040-1048.

Gao L J, Yang H Y, Wang X F, Huang Z Y, Ishii M, Igarashi Y, Cui Z J. 2008. Rice straw fermentation using lactic acid bacteria [J]. Bioresour Technol, 99(8):2742-2748.

Gentry J, McGlone J J, Blanton J R Jr, Miller M F. 2002. Alternative housing systems for pigs: influences on growth, composition, and pork quality [J]. J Ani Sci, 80(7):1781-1790.

Gibbard J. 1943. Report of the standard methods committee for the examination of shellfish (bacteriological examination of shellfish and shellfish waters): laboratory section [J]. Am J Public Health Nations Health, 33(5):582-591.

Groenestein C M, Faassen H. 1996. Volatilization of ammonia, nitrous oxide and nitric oxide in deep-litter systems for fattening pigs [J]. J Agri Engin Res, 65(4):269-274.

Hahnke S, Striesow J, Elvert M, Mollar X P, Klocke M. 2014. *Clostridium bornimense* sp. nov., isolated from a mesophilic, two-phase, laboratory-scale biogas reactor [J]. Int J Syst Evol Microbiol, 64(Pt 8):2792-2797.

Hahnke S, Langer T, Koeck D E, Klocke M. 2016. Description of *Proteiniphilum saccharofermentans* sp. nov. *Petrimonas mucosa* sp. nov. and *Fermentimonas caenicola* gen. nov. sp. nov. isolated from mesophilic laboratory-scale biogas reactors and emended description of the genus *Proteiniphilum* [J]. Int J Syst Evol Microbiol, 66(Pt 3):1466-1475.

Hervé V, Roux X L, Uroz S, Gelhaye E, Frey-Klett P. 2013. Diversity and structure of bacterial communities associated with *Phanerochaete chrysosporium*, during wood decay [J]. Environ Microbiol, 16(7):2238-2252.

Holm-Nielsen J B, Seadi T A, Oleskowicz-Popiel P. 2009. The future of anaerobic digestion and biogas utilization [J]. Bioresour Technol, 100(22):5478-5484.

Hsieh F C, Lin T C, Meng M, Kao SS. 2008. Comparing methods for identifying Bacillus strains capable of producing the antifungal lipopeptide iturin A [J]. Curr Microbiol, 56(1):1-5.

Ivanova N, Rohde C, Munk C, Nolan M, Lucas S, Del Rio T G, Tice H, Deshpande S, Cheng J F, Tapia R, Han C, Goodwin L, Pitluck S, Liolios K, Mavromatis K, Mikhailova N, Pati A, Chen A, Palaniappan K, Land M, Hauser L, Chang Y J, Jeffries C D, Brambilla E, Rohde M, Göker M, Tindall BJ, Woyke T, Bristow J, Eisen J A, Markowitz V, Hugenholtz P, Kyrpides NC, Klenk HP, Lapidus A. 2011. Complete genome sequence of *Truepera radiovictrix* type strain (RQ-24ᵀ) [J]. Stand Genomic Sci, 4(1):91-92.

Jami E, Israel A, Kotser A, Mizrahi I. 2013. Exploring the bovine rumen bacterial community from birth to adulthood [J]. ISME J, 7(6):1069-1079.

Jasim B., Sreelakshmi K S, Mathew J, Radhakrishnan E K. 2016. Surfactin, iturin, and fengycin biosynthesis by endophytic *Bacillus* sp. from *Bacopa monnieri* [J]. Microb Ecol, 72(1):106-119.

Jensen M T, Cox R P, Jensen B B. 1995. 3-Methylindole (skatole) and indole production by mixed population of pig fecal bacteria [J]. Appl EnvironMicrobiol, 61(8):3180-3184.

Jeppsson H. 1999. Volatilization of ammonia in deep-litter systems with different bedding materials for young cattle [J]. J Agri Engin Res, 73(1):49-57.

Jiang X T, Peng X, Deng G H, Sheng H F, Wang Y, Zhou H W, Tam N F Y. 2013. Illumina sequencing of 16S rRNA tag revealed spatial variations of bacterial communities in a mangrove wetland [J]. Microb Ecol, 66(1):96-104.

Jin L, Kim K K, Im W T, Yang H C, Lee S T. 2007. *Aspromonas composti* gen. nov. sp. nov. a novel member of the family Xanthomonadaceae [J]. Int J Syst Evol Microbiol, 57(8):1876-1880.

Jo Y, Kim J, Hwang S H, Lee C S. 2015. Anaerobic treatment of rice winery wastewater in an upflow filter packed with steel slag under different hydraulic loading conditions [J]. Bioresour Technol, 193:53-61.

Juni E, Heym G A. 1986. *Psychrobacter immobilis* gen. nov. sp. nov.: genospecies composed of gram-negative, aerobic, oxidase-positive coccobacilli [J]. Int J Syst Bacteriol, 36(3):388-391.

Kang S M, Asaf S, Khan A L, Lubna, Khan A, Mun B G, Khan M A, Gul H, Lee I J. 2020. Complete genome sequence of *Pseudomonas psychrotolerans* CS51, a plant growth-promoting bacterium, under heavy metal stress conditions [J]. Microorganisms, 8(3):382.

Kao C M, Chien H Y, Surampalli R Y, Chien C C, Chen C Y. 2010. Assessing of natural attenuation and intrinsic bioremediation rates at a petroleum-hydrocarbon spill site: laboratory and field studies [J]. J Environ Engin, 136(1):54.

Kapuinen P. 2001. Structures and environment: deep litter systems for beef cattle housed in uninsulated barns [J]. J Agri Engin Res, 80(1):87-97.

Kawahara T, Itoh M, Izumikawa M, Hashimoto J, Sakata N, Tsuchida T, Shin-ya K. 2015. MBJ-0086 and MBJ-0087, new bicyclic depsipeptides, from *Sphaerisporangium* sp. 33226 [J]. J Antibiot (Tokyo), 68(1):67-70.

Kim J J, Jin H M, Lee H J, Jeon C O, Kanaya E, Koga Y, Takano K, Kanaya S. 2011. *Flavobacterium banpakuense* sp. nov. isolated from leaf-and-branch compost [J]. Int J Syst Evol Microbiol, 61(Pt 7):1595.

Kindaichi T, Yamaoka S, Uehara R, Ozaki N, Ohashi A, Albertsen M, Nielsen PH, Nielsen JL. 2016. Phylogenetic diversity and ecophysiology of Candidate phylum Saccharibacteria in activated sludge [J]. FEMS Microbiol Ecol, 92(6):78-89.

Kõljalg U, Nilsson R H, Abarenkov K, Tedersoo L, Taylor A F S, Bahram M, Bates S T, Bruns T D, Bengtsson-Palme J, Callaghan T M, Douglas B, Drenkhan T, Eberhardt U, Dueñas M, Grebenc T, Griffith G W, Hartmann M, Kirk P M, Kohout P, Larsson E, Lindahl B D, Lücking R, Martín M P, Matheny P B, Nguyen N H, Niskanen T, Oja J, Peay K G, Peintner U, Peterson M, Põldmaa K, Saag L, Saar I, Schüßler A, Scott J A, Senés C, Smith M E, Suija A, Taylor D L, Telleria M T, Weiss M, Larsson K H. 2013. Towards a unified paradigm for sequence‐based identification of fungi [J]. Mol Ecol, 22(21):5271-5277.

Kothari V, Panchal M, Srivastava N. 2013. Presence of catechol metabolizing enzymes in *Virgibacillus salaries* [J]. J

Environ Conserv Res, 1:129-136.

Laroche F, Jarne P, Perrot T, Massol F. 2016. The evolution of the competition-dispersal trade-off affects α - and β -diversity in a heterogeneous metacommunity [J]. Proc Biol Sci, 283(1829)：20160548.

Le P D, Aarnik A J A, Ogink N W M, Becker P M, Verstegen M W A. 2005. Odour from animal production facilities: its relationship to diet [J]. Nutr Res Rev, 18(1):3-30.

Leconte M C, Mazzarino M J, Satti P, Crego M P. 2011. Nitrogen and phosphorus release from poultry manure composts: the role of carbonaceous bulking agents and compost particle sizes [J]. Biol Fert Soils, 47(8):897-906.

Lee C C, Smith M, Kibblewhite-Accinelli R E, Williams T G, Wagschal K, Robertson G H, Wong D W S. 2006. Isolation and characterization of a cold-active xylanase enzyme from *Flavobacterium* sp. [J]. Curr Microbiol, 52(2):112-116.

Lee D H, Choi E K, Moon S R, Ahn S Y, Lee Y S, Jung J S, Jeon C O, Whang K S, Kahng H Y. 2010. *Wandonia haliotis* gen. nov. sp. nov. a marine bacterium of the family Cryomorphaceae, phylum Bacteroidetes [J]. Int J Syst Evol Microbiol, 60(Pt 3):510-514.

Ley R E, Hamady M, Lozupone C, Turnbaugh P J, Ramey R R, Bircher J S, Schlegel M L, Tucker T A, Schrenzel M D, Knight R, Gordon J I. 2008. Evolution of mammals and their gut microbes [J]. Science, 320(5883):1647-1651.

Li W J, Chen H H, Kim C J, Zhang Y Q, Park D J, Lee J C, Xu L H, Jiang C L. 2005. *Nesterenkonia sandarakina* sp. nov. and *Nesterenkonia lutea* sp. nov. novel actinobacteria, and emended description of the genus *Nesterenkonia* [J]. Int J Syst Evol Microbiol, 55(Pt 1):463-466.

Li X F, Bond P L, Van Nostrand J D, Zhou J Z, Huang L B. 2015. From lithotroph- to organotroph-dominant: directional shift of microbial community in sulphidic tailings during phytostabilization [J]. Sci Rep, 5:12978.

Liang B, Wang L Y, Mbadinga S M, Liu J F, Yang S Z, Gu J D, Mu B Z. 2015. Anaerolineaceae and Methanosaeta, turned to be the dominant microorganisms in alkanes-dependent methanogenic culture after long-term of incubation [J]. AMB Express, 5(1):117.

Liang B, Wang L Y, Zhou Z C, Mbadinga S M, Zhou L, Liu J F, Yang S Z, Gu J D, Mu B Z. 2016. High frequency of *Thermodesulfovibrio* spp. and Anaerolineaceae in association with *Methanoculleus* spp. in a long-term incubation of alkanes-degrading methanogenic enrichment culture [J]. Front Microbiol, 7:1431.

Lin S Y, Hameed A, Liu Y C, Hsu Y H, Lai W A, Young C C. 2013. *Pseudomonas formosensis* sp. nov., a gamma-proteobacteria isolated from food-waste compost in Taiwan [J]. Int J Syst Evol Microbiol, 63(Pt 9):3168-3174.

Lin Z, Bai J, Zhen Z, Lao S, Zhang D. 2016. Enhancing pentachlorophenol degradation by vermicomposting associated bioremediation [J]. Ecol Engin, 87(3):288-294.

Liu D Y, Zhang R F, Wu H S, Xu D B, Tang Z, Yu G H, Xu Z H, Shen Q R. 2011. Changes in biochemical and microbiological parameters during the period of rapid composting of dairy manure with rice chaff [J]. Bioresour Technol, 102(19):9040-9049.

Lozupone C A, Hamady M, Kelley S T, Knight R. 2007. Quantitative and qualitative beta diversity measures lead to different insights into factors that structure microbial communities [J]. Appl Environ Microbiol, 73(5):1576-1585.

Ma Z, Hu J. 2015. Production and characterization of surfactin-type lipopeptides as bioemulsifiers produced by a pinctada martensii-derived *Bacillus mojavensis* b0621a [J]. Appl Biochem Biotechnol, 177(7):1520-1529.

Masclaux F G, Sakwinska O, Charrière N, Semaani E, Oppliger A. 2013. Concentration of airborne *Staphylococcus aureus* (MRSA and MSSA), total bacteria, and endotoxins in pig farms [J]. Ann Occup Hyg, 57(5):550-557.

Masella A P, Bartram A K, Truszkowski J M, Brown D G, Neufeld J D. 2012. PANDAseq: paired-end assembler for illumina sequences [J]. BMC Bioinformatics, 13:31.

McDonald D, Price M N, Goodrich J, Nawrocki E P, DeSantis T Z, Probst A, Andersen G L, Knight R, Hugenholtz P. 2012. An improved Green genes taxonomy with explicit ranks for ecological and evolutionary analyses of bacteria and archaea [J]. ISME J, 6: 610-618.

Meng X, He Z F, Li H J, Zhao X. 2013. Removal of 3-methylindole by lactic acid bacteria *in vitro* [J]. Exp Ther Med, 6(4):983-988.

Mitloehner F M, Schenker M B. 2007. Environmental exposure and health effects from concentrated animal feeding operations [J]. Epidemiology, 18(3):309-311.

Morrison R S, Hemsworth P H, Cronin G M, Campbell R G. 2003. The social and feeding behaviour of growing pigs in deep-litter, large group housing systems [J]. Appl Anim Behav Sci, 82(3):173-188.

Morrison R S, Johnston L J, Hilbrands A M. 2007. A note on the effects of two versus one feeder locations on the feeding behaviour and growth performance of pigs in a deep-litter, large group housing system [J]. Appl Anim Behav Sci, 107(1-2):157-161.

Morrison R S, Johnston L J, Hilbrands A M. 2007. The behaviour, welfare, growth performance and meat quality of pigs housed in a deep-litter, large group housing system compared to a conventional confinement system [J]. Appl Anim Behav Sci, 103(1-2):12-24.

Muramatsu Y, Takahashi M, Kamakura Y, Suzuki K I, Nakagawa Y. 2012. *Salinirepens amamiensis* gen. nov. sp. nov. a member of the family Cryomorphaceae isolated from seawater, and emended descriptions of the genera *Fluviicola* and *Wandonia* [J]. Int J Syst Evol Microbiol, 62(Pt 9):2235-2240.

Nakano M, Marahiel M, Zuber P. 1988. Identification of a genetic locus required for biosynthesis of the lipopeptide antibiotic surfactin in *Bacillus subtilis* [J]. J Bacteriol, 170 (12):5662-5668.

Neumann E J, Kliebenstein J B, Johnson C D, Mabry J W, Bush E J, Seitzinger A H, Green A L, Zimmerman J J. 2015. Assessment of the economic impact of porcine reproductive and respiratory syndrome on swine production in the US [J]. J Am Veter Med Assoc, 227(3):385-392.

Nicholson W. 2002. Roles of *Bacillus* endospores in the environment [J]. Cell Mol Life Sci, 59:410-416.

Nittami T, Speirs L B M, Fukuda J, Watanabe M, Seviour R J. 2014. FISH probes targeting members of the phylum Candidatus Saccharibacteria falsely target Eikelboom type 1851 filaments and other Chloroflexi members [J]. Environ Microbiol Rep, 6(6):611-617.

Nordhoff M, Taras D, Macha M, Tedin K, Busse H J, Wieler L H. 2005. *Treponema berlinense* sp. nov. and *Treponema porcinum* sp. nov., novel spirochaetes isolated from porcine faeces [J]. Int J Syst Evol Microbiol, 55(Pt 4):1675-1680.

O'Donnell M M, Harris H M B, Jeffery I B, Claesson M J, Younge B, O'Toole P W, Ross R P. 2013. The core faecal bacterial microbiome of Irish Thoroughbred racehorse [J]. Lett Appl Microbiol, 57(6):492-501.

Oberauner L, Zachow C, Lackner S, Högenauer C, Smolle KH, Berg G. 2013. The ignored diversity: complex bacterial communities in intensive care units revealed by 16S pyrosequencing [J]. Scientific Reports, 3(3):1413.

Pacwa-Płociniczak M, Płaza G A, Piotrowska-Seget Z, Cameotra S S. 2011. Environmental applications of biosurfactants:recent advances [J]. Int J Mol Sci, 12(1):633-654.

Paster B J, Dewhirst F E, Weisburg W G, Tordoff L A, Fraser G J, Hespell R B, Stanton T B, Zablen L, Mandelco L, Woese C R. 1991. Phylogenetic analysis of the spirochetes [J]. J Bacteriol, 173(19):6101-6109.

Paul F K, Josephine Y A. 2004. Bacterial diversity in aquatic and other environments: what 16S rDNA libraries can tell us [J]. FEMS Microbiol Ecol,47(2):161-177.

Pedersen S. 2003. Thermoregulatory behavior of growing-finishing pigs in pens with access to out-door area [J].Agri Engin Int, 5: 21-25.

Philippe F X, Laitat M, Canart B, Vandenheede M, Nicks B. 2007. Comparison of ammonia and greenhouse gas emissions during the fattening of pigs, kept either on fully slatted floor or on deep litter [J]. Livest Sci, 111:144-152.

Probst M, Fritschi A, Wagner A, Insam H. 2013. Biowaste: A *Lactobacillus*, habitat and lactic acid fermentation substrate [J]. Bioresour Technol, 143(17):647-652.

Quast C, Pruesse E, Yilmaz P, Gerken J, Schweer T, Yarza P, Peplies J, Glöckner F O. 2013. The SILVA ribosomal RNA gene database project: improved data processing and web-based tools [J]. Nucleic Acids Res, 41(Database issue):590-596.

Rasmussen M A, Madsen S M, Stougaard P, Johnsen M G. 2008. *Flavobacterium* sp. strain 4221 and *Pedobacter* sp. strain 4236 beta-1,3-glucanases that are active at low temperatures [J]. Appl Environ Microbiol, 74(22):7070.

Renvoise A, Aldrovandi N, Raoult D, Roux V. 2009. *Helcobacillus massiliensis* gen. nov. sp. nov. a novel representative of the family Dermabacteraceae isolated from a patient with a cutaneous discharge [J]. Int J Syst Evol Microbiol, 59(Pt 9):2346-2351.

Rivas M N, Burton O T, Wise P, Zhang Y Q, Hobson S A, Lloret M G, Chehoud C, Kuczynski J, DeSantis T, Warrington J, Hyde E R, Petrosino J F, Gerber G K, Bry L, Oettgen H C, Mazmanian S K, Chatila T A. 2013. A microbiota signature associated with experimental food allergy promotes allergic sensitization and anaphylaxis [J]. J Allergy Clin Immunol, 131(1):201-212.

Roongsawang N, Washio K, Morikawa M. 2010. Diversity of nonribosomal peptide synthetases involved in the biosynthesis of lipopeptide biosurfactants [J]. Int J Mol Sci, 12(1):141-172.

Sakamoto M, Lan P, Benno Y. 2007. *Barnesiella viscericola* gen. nov. sp. nov. a novel member of the family Porphyromonadaceae isolated from chicken caecum [J]. Int J Syst Evol Microbiol, 57(Pt 2):342-346.

Schauss T, Busse H J, Golke J, Kämpfer P, Glaeser S P. 2016. *Moheibacter stercoris* sp. nov isolated from an input sample of a German biogas plant [J]. Int J Syst Evol Microbiol, 66(Pt 7):2585-2591.

Schloss P, Gevers D, Westcott S. 2011. Reducing the effects of PCR amplification and sequencing artifacts on 16S rRNA-based studies [J]. PloS One, 6(12):e27310.

Segata N, Izard J, Waldron L, Gevers D, Miropolsky L, Garrett W S, Huttenhower C. 2011. Metagenomic biomarker discovery and explanation [J]. Genome Biol, 12(6): R60.

Shen X, Zhou N, Liu S. 2012. Degradation and assimilation of aromatic compounds by *Corynebacterium glutamicu*m: another potential for applications for this bacterium [J]. Appl Microbiol Biotechnol, 95(1):77-89.

Shkoporov A N, Khokhlova E V, Chaplin A V, Kafarskaia L I, Nikolin A A, Polyakov V Y, Shcherbakova V A, Chernaia Z A, Efimov B A. 2013. *Coprobacter fastidiosus* gen. nov. sp. nov. a novel member of the family Porphyromonadaceae isolated from infant faeces [J]. Int J Syst Evol Microbiol, 63(Pt 11):4181-4188.

Silva M E F, Lopes A R, Cunha-Queda A C, Nunes O C. 2016. Comparison of the bacterial composition of two commercial composts with different physicochemical, stability and maturity properties [J]. Waste Manag, 50:20-30.

Tam N F Y, Tiquia S M, Vrijmoed L L P. 1996. Nutrient transformation of pig manure under pig-on-litter system [M]. The Science of Composting,Springer Netherlands:96-105.

Tam N F Y. 1995. Changes in microbiological properties during in-situ composting of pig manure [J]. Environ Technol, 16:445-456.

Tan W B, Cong H, Chen C, Liang B, Wang A J. 2016. Bioaugmentation of activated sludge with elemental sulfur producing strain *Thiopseudomonas denitrificans,* X2 against nitrate shock load [J]. Bioresour Technol, 220:647-650.

Tan W B, Jiang Z, Chen C, Yuan Y, Gao L F, Wang H F, Cheng J, Li W J, Wang A J. 2015. *Thiopseudomonas denitrificans* gen. nov. sp. nov. isolated from anaerobic activated sludge [J]. Int J Syst Evol Microbiol, 65(Pt 1):225-238.

Tiquia S M, Tam N F Y, Hodgkiss I J. 1997. Effects of turning frequency on composting of spent pig-manure sawdust litter [J]. Bioresour Technol, 62(1-2):37-42.

Turner S P, Ewen M, Rooke J A, Edwards S A. 2000. The effect of space allowance on performance, aggression and immune competence of growing pigs housed on straw deep-litter at different group sizes [J]. Livest Product Sci, 66(1):47-55.

Tuyttens F. 2005. The importance of straw for pig and cattle welfare: A review [J]. Appl Anim Behav Sci, 92(3):261-282.

Ventura M, Canchaya C, Tauch A, Chandra G, Fitzgerald G F, Chater K F, van Sinderen D. 2007. Genomics of Actinobacteria: tracing the evolutionary history of an ancient phylum [J]. Microbiol Mol Biol Rev, 71(3):495-548.

Wang H, Li H Y, Gilbert J A, Li H B, Wu L H, Liu M, Wang L L, Zhou Q S, Yuan J X, Zhang Z J. 2015. Housefly larva vermicomposting efficiently attenuates antibiotic resistance genes in swine manure, with concomitant bacterial population changes [J]. Appl Environ Microbiol, 81(22):7668-7679.

Wang L, Wang G L, Li S P, Jiang J D. 2011. *Luteibacter jiangsuensis* sp. nov.: a methamidophos-degrading bacterium isolated from a methamidophos-manufacturing factory [J]. Curr Microbiol, 62(1):289-295.

Wang Q, Garrity G M, Tiedje J M, Cole J R. 2007. Naive Bayesian classifier for rapid assignment of rRNA sequences into the new bacterial taxonomy [J]. Appl Environ Microbiol, 73(16):5261-5267.

Wang Y, Sheng H F, He Y, Wu J Y, Jiang Y X, Tam N F Y, Zhou H W. 2012. Comparison of the levels of bacterial diversity in freshwater, intertidal wetland, and marine sediments by using millions of illumina tags [J]. Appl Environ Microbiol, 78(23):8264-8671.

Willems A, Busse J, Goor M, Pot B, Falsen E, Jantzen E, Hoste B, Gillis M, Kersters K, Auling G, et al. 1989. *Hydrogenophaga*, a new genus of hydrogen-oxidizing bacteria that includes *Hydrogenophaga flava* comb. nov. (formerly Pseudomonas flava), *Hydrogenophaga palleronii* (formerly *Pseudomonas palleronii*), *Hydrogenophaga pseudoflava* (formerly *Pseudomonas pseudoflava* and "*Pseudomonas carboxydoflava*") and *Hydrogenophaga taeniospiralis* (formerly *Pseudomonas taeniospiralis*) [J]. Int J Syst Bacteriol, 39:319-333.

Xia Y, Kong Y H, Thomsen T R, Nielsen P H. 2008. Identification and ecophysiological characterization of epiphytic protein-hydrolyzing Saprospiraceae ("*Candidatus Epiflobacter*" spp.) in activated sludge [J]. Appl Environ

Microbiol, 74(7):2229-2238.

Xu A L, Niu C J, Song Z W, Lang X L, Guo M Y. 2018. Diffusion of microorganism and main pathogenic bacteria during municipal treated wastewater discharged into sea[J]. Environ Sci, 39(3):1365-1378.

Yabuuchi E, Kaneko T, Yano I, Moss C W, Miyoshi N. 1983. *Sphingobacterium* gen. nov., *Sphingobacterium spiritivorum* comb. nov., *Sphingobacterium multivorum* comb. nov., *Sphingobacterium mizutae* sp. nov., and *Flavobacterium indologenes* sp. nov.: glucose-nonfermenting gram-negative rods in CDC groups ⅡK-2 and Ⅱb [J]. Int J Syst Bacteriol, 33:580-598.

Yin B, Huang L M, Gu J D. 2006. Biodegradation of 1-methylindole and 3-methylindole by mangrove sediment enrichment cultures and a pure culture of an isolated *Pseudomonas aeruginosa* Gs [J]. Water Air Soil Poll, 176(1-4):185-199.

Yu M M, Sandercock P M.2012.Principal component analysis and analysis of variance on the effects of Entellan New on the Raman spectra of fibers [J].J Forensic Sci,57(1):70-74.

Yuan J, Wen T.Zhang H, Zhao M L,Penton C Y,Thomashow L S,Shen Q R.2020.Predicting disease occurrence with high accuracy based on soil macroecological patterns of Fusarium wilt[J].ISME J,14(12):2936-2950.

Zhang C, Li S, Yang L, Huang P, Li W, Wang S, Zhao G, Zhang M, Pang X, Yan Z, Liu Y, Zhao L. 2013. Structural modulation of gut microbiota in life-long calorie-restricted mice [J]. Nat Commun, 4:2163.

安宝聚. 2012. 发酵床养猪的猪舍设计、垫料制做与管理[J]. 养殖技术顾问，3:4.

白威涛, 李革, 陆一平. 2012. 畜禽粪便堆肥用翻堆机的研究现状与展望.农机化研究（2）:237-241.

毕泗伟, 吴祖芳, 虞耀土. 2013. 16S rDNA基因文库技术分析发酵床细菌群落的多样性[J]. 宁波大学学报(理工版), 26(1):18-22.

曹传闺, 甘叶青, 卞益, 朱冬冬, 许光明, 王勃, 陈建生. 2014. 微生物发酵床生态养猪的应用试验[J]. 上海畜牧兽医通讯（6）: 46-47.

岑瑜. 2017. 微生物发酵床在养殖"关岭牛"中的重要性[J]. 中国动物保健, 19(10):34-35.

常秦. 2012. 宏基因组数据分析中的统计方法研究[D]. 济南：山东大学.

常志州, 掌子凯. 2009. 发酵床垫料的再生与堆肥[J]. 农家致富，1:38.

陈春宏. 2011. 不同土壤环境氨氧化古菌的分布及多样性研究[D]. 哈尔滨：哈尔滨工业大学.

陈焕春. 2005. 我国动物重大传染病科学研究和技术平台建设的设想[J].中国禽业导刊, 28(6):10-12.

陈杰, 赵祥杰, 邝哲师, 林显丽. 2014. 利用微生物处理畜禽粪便的研究[J]. 安徽农业科学 (28):9910-9911.

陈亮宇, 王玉梅, 赵心清. 2013. 基因组挖掘技术在海洋放线菌天然产物研究开发中的应用及展望[J]. 微生物学通报, 40(10):1896-1908.

陈磊, 刘咪, 沙未来, 高迎, 陈佳欣, 朱静.2019.基于16S rRNA基因高通量测序研究狞猫肠道微生物多样性[J].微生物学报, 59（9）: 1685-1694.

陈林. 2014. 老年人根面龋患者和健康人牙菌斑微生物群落的宏基因组学研究[D]. 武汉：武汉大学.

陈绿素, 彭乃木, 郑秀兰, 金大春. 2010. 生物发酵舍零排放环保养殖技术的基本原理及关键技术[J]. 畜禽业生产指导, 7（255）:32-33.

陈倩倩, 刘波, 王阶平, 刘国红, 车建美, 陈峥, 唐建阳. 2016. 微生物发酵床猪舍垫料主要病原菌空间分布的研究[J]. 家畜生态学报, 37(4):68-73.

陈倩倩. 2017. 基于宏基因组分析的微生物发酵床细菌群落多样性研究[D]. 福州：福建农林大学.

陈倩倩, 刘波, 王阶平, 车建美, 朱育菁, 张海峰. 2018a. 养猪微生物发酵床垫料细菌多样性分析[J]. 环境科学学报, 38(12):4751-4759.

陈倩倩, 刘波, 王阶平, 朱育菁, 张海峰. 2018b. 基于宏基因组方法分析养猪发酵床微生物组季节性变化[J]. 农业环境科学学报, 37(6):1240-1247.

陈倩倩, 刘波, 朱育菁, 刘国红, 车建美, 王阶平, 郑雪芳, 张海峰. 2019. 微生物发酵床不同深度垫料的细菌群落多样性[J]. 农业环境科学学报, 38(10): 2412-2419.

陈伟, 季秀玲, 孙策, 魏云林. 2015. 纳帕海高原湿地土壤细菌群落多样性初步研究[J]. 中国微生态学杂志, 27(10):1117-1120.

陈伟. 2012. 天山1号冰川退缩地土壤微生物多样性研究[D]. 兰州: 兰州交通大学.

陈欣, 常志州, 袁生, 叶小梅, 费辉盈, 朱红. 2007. 畜禽粪便中人畜共患病原菌对蔬菜污染的研究[J].江苏农业科学(5):238-241.

陈雅. 2014. 利用复合铁酶促生物膜技术强化生物脱氮功能研究[D]. 青岛: 青岛理工大学.

陈志明. 2011. 微生物发酵床养猪技术[J]. 新农业 (3): 26.

陈志伟, 姜成英, 刘双江. 2004. 云南和广东部分热泉 *Alicyclobacillus* 分布及系统发育[J]. 微生物学通报, 31(3):50-54.

池跃田, 于洪斌, 金玉波, 戴奇峰, 查英. 2011. 微生物发酵床养猪不同垫料组合对生长育肥猪生长性能影响的试验[J]. 现代畜牧兽医, 3:49-50.

戴成杰. 2020. 朝阳县羊产业污染处理现状[J]. 畜牧业环境(2):22.

党秋玲, 刘驰, 席北斗, 魏自民, 李鸣晓, 杨天学, 李晔. 2011. 生活垃圾堆肥过程中细菌群落演替规律[J]. 环境科学研究, 24(2):236-242.

邓百万, 陈文强. 2006. 猪粪发酵饲料的菌种筛选[J]. 江苏农业科学(4)103-104.

邓兵. 2017. 常温秸秆复合菌系的筛选及其在犊牛生物菌床养殖中的应用[D]. 大庆: 黑龙江八一农垦大学.

邓贵清, 蒋宗平. 2011. 废弃食用菌块在生物发酵床养猪生产中的应用[J]. 湖南畜牧兽医, 3:13-14.

邓舜洲, 何庆华, 章英, 许杨. 2006. 竞争间接ELISA检测饲料中脱氧雪腐镰刀菌烯醇和玉米赤霉烯酮[J]. 江西农业大学学报, 28(2):289-292.

邓伟. 2012. 云南有色金属矿山细菌多样性的非培养分析[D]. 昆明: 昆明理工大学.

丁友真, 张书芳. 1997. 家蝇幼虫体内的粪产碱菌有抑菌能力[J]. 中国媒介生物学及控制杂志, 8(3):181-183.

董建平, 王玉海. 2012. 发酵床养猪不同垫料配合效果观察[J].甘肃畜牧兽医, 42 (1): 11-12.

杜丽琴, 庞浩, 胡媛媛, 韦宇拓, 黄日波. 2010. 蔗糖富集环境土壤微生物宏基因组分析及蔗糖水解相关酶基因克隆[J]. 应用与环境生物学报, 16(3):403-407.

端正花, 潘留明, 陈晓欧, 王秀朵, 赵乐军, 田乐琪. 2016. 低温下活性污泥膨胀的微生物群落结构研究[J]. 环境科学, 37(3):1070-1074.

方蕾, 陶韦, 石振家, 刘远, 刘长发. 2014. 用宏基因组学手段研究滨海湿地沉积物的细菌多样性[C]. "全球变化下的海洋与湖沼生态安全" 学术交流会.南京.

方如相. 2012. 生物发酵床养猪技术的操作与管理[J]. 浙江畜牧兽医, 2: 27.

付君, 张军强, 张成保, 钟波, 仪垂良, 李涛, 刘学峰, 周进, 王伟. 2011. ZF552型有机肥翻抛机电气系统的设计[J]. 农机化研究, 33 (12):75-78.

付思远, 席雨晴, 赵鹏菲, 梁永健, 宋旭, 常华瑜, 彭桂香, 谭志远. 2020. 泓森槐可培养内生固氮细菌多样性与潜在促生长特性评价[J]. 微生物学通报, 47(8):2458-2470.

付艳芳, 杨丹. 2019. 发酵床养羊的制作方式及注意事项[J]. 北方牧业 (15):20.

高金波, 牛星, 牛钟相.2012.不同垫料发酵床养猪效果研究[J].山东农业大学学报（自然科学版），43（1）: 79-83.

高微微, 康颖, 卢宏, 王秋玉. 2016. 城市森林不同林型下土壤基本理化特性及土壤真菌多样性[J]. 东北林业 大学学报（3）: 89-94,100.

高小玉, 明红霞, 陈佳莹, 李江宇, 韩俊丽, 林凤翱, 樊景凤. 2014. 大连湾石油污染沉积物中细菌群落结构 分析[J]. 海洋学报（中文版）(6):58-66.

龚钢明, 管世敏, 邵海, 吕玉涛. 2009. 降解亚硝酸盐乳酸菌的分离鉴定[J]. 食品工业 (5):12-13.

顾宪红. 1995. 猪舍漏缝地板[J].上海畜牧兽医通讯(1):14-15.

关琼, 马占山. 2014. 人类母乳微生物菌群的生态学分析[J]. 科学通报, 59（22）:2205-2212.

管福生. 2012. 厦工三重F3200型翻抛机通过省级鉴定[J]. 工程机械, 43（7）.

管业坤, 杨艳, 王荣民, 娄佑武, 吴志勇, 涂凌云. 2015. 利用16S rDNA高通量测序技术对发酵床垫料微生物区 系的分析[J]. 家畜生态学报, 36(12):72-79.

郭德义, 鄂玉洋, 王铁东, 郭庆宝, 高佩民. 2013. 发酵床养猪垫料饲喂育肥牛效果观察[J]. 黑龙江畜牧兽医, (20):77-78.

郭军蕊, 刘国华, 杨斌, 张爱华, 王月超. 2013. 畜禽养殖场除臭技术研究进展[J]. 动物营养学报, 25(8):1708- 1714.

郭鹏, 郝向举, 魏文侠, 宋云, 程言君. 2016. 芽胞杆菌在畜禽废弃物污染治理中的研究进展[J]. 饲料研究(23):25- 28, 33.

郭岩松. 2011. 非牧区发展舍饲养羊的技术要点[J]. 黑龙江畜牧兽医(16):70-72.

郭玉光, 郑贤, 陈倍技, 颜培实. 2014. 发酵床饲养方式对育肥猪生产性能的影响[C]. 南京: 第八届南京农业 大学畜牧兽医学术年会暨养猪行业风险规避与饲养全程安全研讨会:85-88.

韩玉姣. 2013. 凡口铅锌尾矿酸性废水微生物宏基因组及宏转录组研究[D]. 广州: 中山大学.

郝莘政. 2014. 寒区条垛式和槽式堆肥过程的比较[D]. 大庆: 黑龙江八一农垦大学.

郝燕妮, 林建国, 郭平, 塔娜. 2016. 一株具有石油烃降解性能的交替假单胞菌的筛选和鉴定[J]. 科学技术与工 程(5):142-146.

河北省羊产业创新团队环控岗位. 2020. 羊业团队着力推进薄层叠铺免维护臭气治理模式[N]. 河北农民报, 2020-11-05(A07).

贺纪正, 张丽梅. 2009. 氨氧化微生物生态学与氮循环研究进展[J]. 生态学报, 29（1）:406-415.

侯晓娟, 王卫卫, 李忠玲, 孙继民, 徐霞美. 2007. 一株产碱性纤维素酶放线菌的分离及酶学特性[J]. 西北大学学 报自然科学版, 37(5):781-784.

胡奔. 2016. 发酵床养羊生态高效[J]. 农业知识(15):45.

胡婷婷. 2007. 未培养细菌β-葡萄糖苷酶基因的克隆,表达及酶学性质的初步研究[D]. 南宁: 广西大学.

宦海琳, 顾洪如, 张霞, 潘孝青, 杨杰, 丁成龙, 徐小明. 2018. 养猪发酵床垫料不同时期碳氮和微生物群落结构变 化研究[J]. 农业工程学报, 34(S1):27-34.

宦海琳, 闫俊书, 周维仁, 周维仁, 白建勇, 徐小明, 冯国兴, 顾洪如. 2014. 不同垫料组成对猪用发酵床细菌 群落的影响[J]. 农业环境科学学报, 33(9):1843-1848.

黄红英，常志州，朱万宝，马艳，叶小梅，张建英. 2004. 接种微杆菌对奶牛粪便堆肥的影响[J]. 江苏农业科学 (6):143-145.

黄钦耿. 2009. 森林红壤微生物的功能生态学分析及宏基因组文库构建[D]. 福州：福建师范大学.

黄婷婷. 2006. 江西典型红壤区土壤微生物多样性分析与宏基因组文库构建[D]. 南京：南京农业大学.

黄义彬，李卿，张莉，周康，郑丽，张建宇.2011.发酵床垫料无害化处理技术研究[J].贵州畜牧兽医，35（5）：3-7.

黄玉溢，刘斌，陈桂芬，王影. 2007. 规模化养殖场猪配合饲料和粪便中重金属含量研究[J]. 广西农业科学，38（5）：544-546.

姬洪飞，王颖. 2016. 分子生物学方法在环境微生物生态学中的应用研究进展[J]. 生态学报，36(24)：1-10.

贾晓静，张维强，杨军. 2012. FP2500A型翻堆机关键零部件有限元分析[J]. 科学技术与工程，20(17):4111-4114.

贾志伟.2013.贾氏新型环保猪舍设计[J].中国猪业，9:60-61.

江夏薇. 2013. 基于嗜耐盐菌基因组分析与深海宏基因组文库的酯酶研究[D]. 杭州：浙江大学.

江宇，崔艳霞，张卫平，徐亚楠，潘晓亮.2012a.发酵床养殖技术在犊牛上的应用研究[J].北京农业(15):136，140.

江宇，崔艳霞，张卫平，徐亚楠，潘晓亮. 2012b.秸秆制作发酵床在养羊业中的应用研究[J].饲料博览(4):26-28.

姜远丽. 2014. 天山一号冰川融水及底部沉积层酵母菌系统发育研究[D]. 石河子：石河子大学.

蒋建林，周权能，车志群，邓珍琴，武波. 2008. PCR-RFLP技术分析沼气池厌氧活性污泥细菌的多样性[J]. 广西农业生物科学, 27(4):372-377.

蒋建明，闫俊书，白建勇，宦海琳，李寒梅，周维仁. 2013. 微生物发酵床养猪模式的关键技术研究与应用[J]. 江苏农业科学，41（9）：173-176.

蒋云霞. 7007. 基于红树林土壤微生物资源研发的宏基因组学平台技术的建立与应用初探[D]. 厦门：厦门大学.

蓝江林，刘波，宋泽琼，史怀，黄素芳.2012.微生物发酵床养猪技术研究进展[J]. 生物技术进展,2(6):411-416.

李聪. 2013. 不同林型对林下土壤理化性质与土壤细菌多样性的影响[D]. 哈尔滨：东北林业大学, 硕士学位论文.

李道波，吴小江.2014.高位微生物发酵床养猪技术应用研究[J].兽医导刊（7）:31-32.

李宏健，崔艳霞，刘让，徐亚楠，潘晓亮. 2012. 不同条件下以棉秆为底物制作发酵床菌种配比的研究[J]. 饲料博览，5：6-9.

李进春，雷正达，龚洋，李莉，何瑞，马晓亮. 2019. 异位发酵床技术在青海牛羊屠宰企业粪污处理上的探索与实践[J].当代畜牧(12):22-25.

李静，邓毛程，王瑶，陈维新. 2016. 共代谢基质促进铜绿假单胞菌降解三十六烷的研究[J]. 环境科技, 29(4):11-14.

李娟，石绪根，李吉进，邹国元，王海宏. 2014. 鸡发酵床不同垫料理化性质及微生物菌群变化规律的研究[J]. 中国畜牧兽医, 41(2):139-143.

李军冲，齐树亭，石玉新，焦利卫.2010.一株假单胞菌降解溶解有机氮条件探讨[J].食品研究与开发,31(5):151-153.

李珊珊. 2012a. 发酵床功能芽胞杆菌菌株的筛选及应用效果[D]. 保定：河北农业大学.

李珊珊，郭晓军，张爱民，贾慧，朱宝成. 2012b. 发酵床除臭微生物的筛选与Z-22菌株的鉴定[J]. 河北农业大学学报, 35(4):65-69.

李翔, 秦岭, 戴世鲲, 姜淑梅, 刘志恒. 2007. 海洋微生物宏基因组工程进展与展望[J]. 微生物学报, 3:548-553.

李小俊, 吴越, 张伟铭, 李静, 刘少伟, 蒋忠科, 黄大林, 孙承航. 2016. 河北九莲城淖尔可培养放线菌多样性及抗菌活性筛选[J]. 微生物学通报, 43(7):1473-1484.

李鑫. 2012. 苏打盐碱地桑树/大豆间作的土壤微生物多样性研究[D]. 哈尔滨：东北林业大学.

李长生, 王应宽. 2001. 集约化猪场粪污处理工艺的研究(英文)[J]. 农业工程学报, 17(1):86-90.

李兆龙, 刘波, 蓝江林, 史怀. 2014. 大栏微生物发酵床养猪模式对育肥猪品质的影响[J]. 福建农业学报(8):720-724.

李志杰, 郭长城, 石杰, 林匡飞, 曹国民, 崔长征. 2017. 高通量测序解析多环芳烃污染盐碱土壤翅碱蓬根际微生物群落多样[J]. 微生物学通报, 44(7): 1602-1612.

李志宇. 2012. 动物养殖发酵床中微生物变化规律的研究[D]. 大连：大连理工大学.

林营志, 刘波, 郑回勇, 等. 2015. 夏季高温季节微生物发酵床大栏猪舍环境参数变化动态[J]. 福建农业学报(7):685-692.

凌云, 路葵, 徐亚同. 2007. 禽畜粪便堆肥中优势菌株的分离及对有机物质降解能力的比较[J]. 华南农业大学学报, 28（1）:36-39.

刘波, 陈倩倩, 阮传清, 王阶平, 张海峰, 刘国红, 陈峥, 潘志针, 刘欣. 2019. 养猪微生物发酵床芽胞杆菌空间生态位特性[J]. 生态学报, 39(11):4168-4189.

刘波, 朱昌雄. 2009. 微生物发酵床零污染养猪技术的研究与应用[M]. 北京：中国农业科学技术出版社.

刘波, 蓝江林, 唐建阳, 史怀. 2014a. 微生物发酵床菜猪大栏养殖猪舍结构设计（英文）[J]. 福建农业学报, 29（9）:1521-1525.

刘波, 蓝江林, 唐建阳, 史怀. 2014b. 微生物发酵床菜猪大栏养殖猪舍结构设计[J]. 福建农业学报, 29(6):586-591.

刘波, 郑回勇, 林营志, 刘生兵, 郑鸿艺, 尤春中, 史怀, 蓝江林, 李兆龙. 2014c. 微生物发酵床大栏猪舍环境监控系统设计[J]. 福建农业学报, 29(9):913-920.

刘波, 王阶平, 陈倩倩, 刘国红, 车建美, 陈德局, 郑雪芳, 葛慈斌. 2016a. 养猪发酵床微生物宏基因组基本分析方法[J]. 福建农业学报, 31(6):630-648.

刘波, 蓝江林, 余文权, 黄勤楼, 陈倩倩, 王阶平, 陈华, 陈峥, 朱育菁, 潘志针. 2016b. 低位微生物发酵床养猪舍的设计与应用[J]. 氨基酸和生物资源, 38(3):68-72.

刘波, 陈倩倩, 陈峥, 黄勤楼, 王阶平, 余文权, 王隆柏, 陈华, 谢宝元. 2017. 饲料微生物发酵床养猪场设计与应用[J]. 家畜生态学报, 38(1):73-78.

刘波, 郑雪芳, 朱昌雄, 蓝江林, 林营志, 林斌, 叶耀辉. 2008. 脂肪酸生物标记法研究零排放猪舍基质垫层微生物群落多样性[J]. 生态学报, 28（11）：5488-5498.

刘波, 陶天生, 车建美, 朱育菁, 蓝江林, 郑雪芳, 等.2016b.芽胞杆菌:第三卷 芽胞杆菌生物学[M]. 北京：科学出版社, 826.

刘峰. 2006. 红树林可培养微生物活性评价和土壤宏基因组文库构建及生物活性筛选[D]. 海口：华南热带农业大学.

刘国红, 刘波, 王阶平, 朱育菁, 车建美, 陈倩倩, 陈峥. 2017. 养猪微生物发酵床芽胞杆菌空间分布多样性[J]. 生态学报, 37(20):6914-6932.

刘建民, 胡斌, 王保玉, 韩作颖. 2015. 利用宏基因组学技术分析煤层水中细菌多样性[J]. 基因组学与应用生物学, 34(1):165-171.

刘凯旋. 2018. 喀斯特石漠化草地高效生产机理与牛羊健康养殖技术[D]. 贵阳：贵州师范大学.

刘让, 陈少平, 张鲁安, 苏贵成, 李岩. 2010. 生态养猪发酵益生菌的分离鉴定及体外抑菌试验研究[J]. 国外畜牧学-猪与禽, 30（2）:62-64.

刘荣乐, 李书田, 王秀斌, 王敏. 2005. 我国商品有机肥料和有机废弃物中重金属的含量状况与分析[J]. 农业环境科学学报, 24（2）：392-397.

刘涛, 黄保华, 石天虹, 魏祥法, 艾武, 武彬, 李桂明, 曹顶国. 2010. 一株发酵床接种用枯草芽胞杆菌的分离鉴定[J]. 山东农业科学(11):71-73.

刘远, 张辉, 熊明华, 李峰, 张旭辉, 潘根兴, 王光利. 2016. 气候变化对土壤微生物多样性及其功能的影响[J]. 中国环境科学, 36 (12): 3793-3799.

刘云浩, 蓝江林, 刘波, 朱昌雄, 郭萍, 陈燕萍. 2011. 微生物发酵床垫料微生物总DNA提取方法的研究[J]. 福建农业学报, 26(2):153-158.

柳云帆. 2007. 复苏促进因子Rpf对淡水浮游细菌可培养性的影响[D]. 重庆：西南大学.

卢舒娴. 2011. 养猪发酵床垫料微生物群落动态及其对猪细菌病原生防作用的研究[D]. 福州：福建农林大学.

栾炳志. 2009. 厚垫料养猪模式垫料参数的研究[D]. 泰安：山东农业大学.

罗良俊, 张卫平. 2011. 发酵床养殖技术在冬季犊牛培育上的应用效果初探[J]. 新疆畜牧业, (11):34-35.

吕昌勇. 2013. 普洱茶渥堆发酵过程中微生物宏基因组学的测定与分析[D]. 昆明：昆明理工大学.

马建明, 王小平, 禹治辉, 马军. 2020. 肉牛牛舍铺设垫料实施利用与推广[J].中国畜禽种业, 16(1):134-135.

马振刚, 马淑华, 张时恒, 贾俊杰, 李田, 潘国庆, 周泽扬. 2011. 应用DGGE技术分析自然免耕土与普通耕作土细菌群落的多样性[J]. 江苏农业学报, 27(6): 1273-1278.

孟庆鹏. 2007. 可培养海绵共附生微生物PKS和SOD功能基因的筛选[D]. 上海：上海交通大学.

聂志强, 韩玥, 郑宇, 申雁冰, 王敏. 2013. 宏基因组学技术分析传统食醋发酵过程微生物多样性[J]. 食品科学, 34（15）:198-203.

宁祎, 李艳玲, 周国英, 杨路存, 徐文华. 2016.青海上北山林场野生桃儿七根部内生真菌群落组成及多样性研究[J]. 中国中药杂志, 41(7):1227-1234.

潘麒嫣, 朱迎娣, 耿广耀, 徐艳春, 王爱善, 黄晶, 杨淑慧. 2019. 发酵床微生物群落构成及其对圈养绿狒狒的影响[J]. 野生动物学报, 40(3):571-579.

彭帅. 2015. 应用宏基因组方法检测猪致病微生物及分析牛胃菌群组成[D]. 长春：吉林大学.

蒲丽. 2011. 微生物发酵床日常管理和维护需注意的问题[J]. 现代畜牧兽医, 6:59.

羌宁. 2003. 城市空气质量管理与控制[M]. 北京:科学出版社.

强慧妮, 田宝玉, 江贤章, 黄钦耿, 柯崇榕, 杨欣伟, 黄建忠. 2009. 宏基因组学在发现新基因方面的应用[J]. 生物技术, 19（4）:82-85.

乔晓梅, 赵景龙, 杜小威, 张秀红. 2015. 高通量测序法对清香大曲真菌群落结构的分析[J]. 酿酒科技, 4:28-31.

秦枫, 潘孝青, 顾洪如, 徐小波, 杨杰, 刘鎏. 2014. 发酵床不同垫料对猪生长、组织器官及血液相关指标的影响[J]. 江苏农业学报, 30(1):130-134.

秦华明, 王菊芳, 朱明军, 吴海珍, 梁世中. 2003. 假单胞菌降解含油脂废水的研究[J]. 中国油脂, 28(11):75-77.

秦田. 2011. 畜禽类无害化处理工艺中翻堆机使用效果分析[J]. 中国禽业导刊（20）:43-44.

秦瑶, 王苇, 郭秉娇, 王熙楚, 张文举, 周霞, 王晓兰.2014.2株枯草芽胞杆菌对大肠杆菌和沙门氏菌的体外抑菌试验研究[J]. 中国畜牧兽医, 41(1):207-210.

秦竹, 周忠凯, 顾洪如, 杨杰, 宦海琳, 张霞, 周晓云, 余刚. 2012. 发酵床生猪养殖中菌种与垫料的研究进展[J]. 安徽农业科学, 40(30):14771-14774,14822.

沙宗权. 2013. 微生物发酵床养猪技术的应用[J]. 现代农业科技（10）: 261-262.

单广东, 李海波, 王成达, 王芳. 2013. 夏季猪皮肤性疾病的防控措施[J].吉林畜牧兽医, 34(7):38.

单慧, 孙喜奎, 杨立军, 刘玉坤, 董汉荣, 郑平. 2013. 利用微生物发酵床养羊试验[J]. 黑龙江动物繁殖, 21(5):55-56.

盛华芳, 周宏伟. 2015. 微生物组学大数据分析方法、挑战及机遇[J]. 南方医科大学学报, 35(7): 931-934.

石磊, 边炳鑫. 2005. 城市生活垃圾卫生填埋场恶臭的防治技术进展[J]. 环境污染治理技术与设备, 6(2):6-9.

石莉娜, 刘晓峰. 2014. 真菌多样性研究方法进展[J]. 中国真菌学杂志（1）: 60-64.

宋泽琼, 蓝江林, 刘波, 林娟.2011.养猪微生物发酵床垫料发酵指数的研究[J].福建农业学报, 26（6）: 1069-1075.

苏军. 2008. 镰刀菌毒素对猪的抗营养效应及其机制研究[D]. 成都: 四川农业大学.

苏杨. 2006. 我国集约化畜禽养殖场污染问题研究[J].中国生态农业学报, 14(2):15-18.

孙碧玉, 邵继海, 秦普丰, 汤浩, 黄红丽. 2014. 养猪发酵床中净水芽胞杆菌的分离及其固体发酵研究[J]. 环境工程, 32(11):60-63.

孙碧玉. 2014. 养猪发酵床中净水芽胞杆菌的分离和鉴定及其应用研究[D]. 长沙: 湖南农业大学.

唐丹丹, 沈林辉, 曹向英, 孙文梅, 金立, 朱骏. 2013. 引起猪皮肤炎症的常见疾病诊治[J]..畜牧兽医科技信息(12):56-58.

唐婧, 苏迪, 徐小蓉, 乙引.2014.基于宏基因组学的茅台酒酒曲细菌的多样性分析[J]. 贵州农业科学(11):180-183.

唐式校. 2014. 发酵牛床健康养殖技术集成及应用[N]. 江苏省东海县动物卫生监督所, 2014-11-26.

王步英, 郎继东, 张丽娜, 方剑火, 曹晨, 郝吉明, 朱听, 田埂, 蒋靖坤. 2015. 基于16S rRNA基因测序法分析北京霾污染过程中$PM_{2.5}$和PM_{10}细菌群落特征[J]. 环境科学（8）: 2727-2734.

王步英. 2015. 北京冬季大气中细菌群落结构特征及霾污染对其影响[D]. 北京: 清华大学.

王春明, 李大平, 王春莲. 2009. 微杆菌3-28对萘、菲、蒽、芘的降解[J]. 应用与环境生物学报, 15(3):361-366.

王春香. 2010. 西双版纳热带雨林土壤微生物群落结构多样性及其木质素降解酶相关基因资源的宏基因组学研究[D]. 福州: 福建师范大学.

王迪. 2012. 猪用生物发酵床垫料中微生物群落多样性变化及芽胞杆菌分离与鉴定[D]. 武汉: 华中农业大学.

王连珠, 李奇民, 潘宗海. 2008. 微生物发酵床养猪技术研究进展[J]. 中国动物保健, 7:29-30.

王文波, 王延平, 王华田, 马雪松, 伊文慧. 2016. 杨树人工林连作与轮作对土壤氮素细菌类群和氮素代谢的影响[J]. 林业科学（5）: 45-54.

王晓静, 陈士恩, 张金宝. 2013. 生态养殖床芽胞杆菌和酵母菌筛选培育试验[J]. 西北民族大学学报(自然科学版), 34(4):10-15.

王远孝, 钱辉, 王恬. 2011. 微生物发酵床养猪技术的研究与应用[J]. 中国畜牧兽医, 38(5): 206-209.

王震, 尹红梅, 刘标, 杜东霞, 许隽, 贺月林. 2015. 发酵床垫料中优势细菌的分离鉴定及生物学特性研究[J]. 浙江农业学报, 27(1):87-91.

韦森文. 2019. 猪常见皮肤性疾病的分析和处理[J]. 中国畜禽种业, 15(11):150.

卫秀余, 何水林. 2014. 猪常见皮肤疾病的鉴别诊断和防治措施[J]. 猪业科学, 31(5):40-41.

吴林坤, 林向民, 林文雄. 2014. 根系分泌物介导下植物-土壤-微生物互作关系研究进展与展望[J]. 植物生态学报（3）: 298-310.

吴莎莎, 卢向阳, 许源, 许凤, 吴俊文, 田云, 方俊, 刘如石. 2012. 宏基因组学在胃肠道微生物研究中的应用[J]. 激光生物学报, 21(1):91-96.

武英, 盛清凯, 王诚, 周开峰. 2012. 发酵床养猪技术的创新性研究[J]. 猪业科学, 29（8）: 74-76.

夏乐乐, 何彪, 胡挺松, 张文东, 王意银, 徐琳, 李楠, 邱薇, 余静, 范泉水, 张富强, 涂长春. 2013. 云南蝙蝠轮状病毒的分离与鉴定[J]. 病毒学报, 29（6）:632-637.

肖佳华, 刘云浩, 郭萍, 朱昌雄. 2013. 蔗渣垫料在零排放发酵床养猪中的应用研究[J]. 环境科学与技术(1):48-51.

肖仁普. 2008. 应用DGGE技术分析常用消毒液对猪皮肤微生物区系的影响[D]. 重庆：西南大学.

谢红兵, 刘长忠, 陈长乐, 张峰, 王自良. 2011. 发酵床饲养对生长肥育猪生长性能与血液生化指标的影响[J]. 江苏农业科学, 39（6）: 347-348.

谢实勇, 陈余, 张鹏. 2012. 生态发酵床养殖对妊娠母猪肢蹄健康和仔猪成活率的影响研究[J]. 猪业科学, 29(9):86-87.

辛娜, 刁其玉, 张乃锋. 2011. 粪臭素对动物的作用机理及其减少排放的有效方法[J]. 中国饲料(8):7-9.

徐爱玲, 牛成洁, 宋志文, 郎秀璐, 郭明月. 2018. 城市尾水排海过程中微生物及主要致病菌扩散规律[J]. 环境科学, 39(3):1365-1378.

徐海军, 左瑞华, 张圣尧, 杨先保, 王广林. 2018. 哺乳幼獐大肠杆菌和松鼠葡萄球菌混合感染的病原鉴定及诊治初报[J]. 西北农业学报, 27(11):1578-1583.

徐杰, 许修宏. 2018. *Streptomyces griseorubens* C-5对堆肥木质纤维素降解及微生物群落代谢的影响[J]. 太阳能学报, 39(2):285-291.

徐小明, 白建勇, 宦海琳, 闫俊书, 周维仁. 2015. 地衣芽胞杆菌对发酵床饲养仔猪生长性能、消化酶活性及肠道主要菌群数量的影响[J]. 中国畜牧兽医, 42(4):923-928.

许波, 杨云娟, 李俊俊, 唐湘华, 慕跃林, 黄遵锡. 2013. 宏基因组学在人和动物胃肠道微生物研究中的应用进展[J]. 生物工程学报, 29（12）:1721-1735.

许晓毅, 苏攀, 姬宇, 叶姜瑜, 徐璇. 2015. 沉积物中2株多环芳烃降解菌的分离鉴定及其对菲、荧蒽的降解特性[J]. 环境工程学报, 9(3):1513-1520.

许修宏, 李洪涛, 张迪. 2010. 堆肥微生物学原理及双孢蘑菇栽培[M]. 北京:科学出版社.

薛纯良, 吴健桦. 2004. 猪粪经蝇蛆生态处理后粪臭素和排污量的变化[J].环境污染与防治, 26(3):218-213.

严光礼, 徐猛. 2012. 微生态发酵床养羊与传统养羊效果的对比分析[J]. 养殖技术顾问(1):234-235.

颜培实. 2009. 发酵床养猪的原理、误区与关键技术[J]. 猪业观察 (14):11-12.

杨鼎, 郝永清, 宋长绪. 2009. 猪葡萄球菌脱落毒素研究进展[J]. 动物医学进展, 30(4):60-64.

杨官品, 茅云翔. 2001. 环境细菌宏基因组研究及海洋细菌生物活性物质BAC文库筛选[J]. 青岛海洋大学学报(自然科学版), 31(5):718-722.

杨金宏, 孔卫青. 2015. 基于16S rRNA测序研究蒙桑根际细菌多样性[J]. 基因组学与应用生物学（10）: 2161-2168.

杨晓峰, 吕杰, 马媛. 2014. 植物根围微生物分子生物学研究方法进展[J]. 北方园艺, 13:202-206.

应三成，吕学斌，何志平，龚建军，陈晓晖. 2010. 不同使用时间和类型生猪发酵床垫料成分比较研究[J]. 西南农业学报, 23（4）:1279-1281.

袁小凤，彭三妹，王博林，丁志山. 2014. 利用DGGE和454测序研究不同浙贝母种源对根际土壤真菌群落的影响[J]. 中国中药杂志, 39(22): 4304-4310.

曾正清，孙振钧，Theo van Kempen，马永良，吕成海，吕振宇. 2004. 猪日粮中添加乳酸链球菌和蚯蚓粉对其生产性能及粪便中臭气化合物的影响[J]. 动物营养学报, 16(1):36-41.

查翠平. 2018. 羊养殖的环境污染及防控措施[J]. 畜牧兽医科技信息, (10):73.

张传溪，胡萃. 2000. 昆虫资源利用及其产业化的回顾与展望[J]. 应用昆虫学报, 37(2):89-96.

张冬杰，张跃灵，王文涛，刘娣. 2018. 民猪与大白猪肠道菌群的比较研究[J]. 畜牧与兽医, 50(1): 67-72.

张金龙. 2009. 猪发酵床养殖中芽胞杆菌菌株的筛选、鉴定及产蛋白酶条件的优化[D]. 成都：四川农业大学.

张居奎，尹军，桑磊. 2015. 多组分生物填料处理生活污水的细菌多样性研究[J]. 中国给水排水(15):85-88.

张君胜，徐盼，陶勇，倪黎纲，周春宝，蔡佳炜，朱淑斌.2020.不同生长性能苏姜猪保育猪肠道菌群差异分析[J].微生物学通报，47（12）：4240-4249.

张鹏，段承杰，庞浩，封毅，靳振江，许跃强，莫新春，唐纪良，冯家勋.2005.堆肥未培养细菌的宏基因组文库构建及新的木聚糖酶基因的克隆和鉴定[J]. 广西科学（4）：343-346.

张强，王家安，王洁，梁艳，王海洋，郭梦玲，杨章平，毛永江.2020. 发酵床牛舍与散放式牛舍对荷斯坦牛泌乳性能的影响[J]. 家畜生态学报 41(8):58-63.

张庆宁，胡明，朱荣生，任相全，武英，王怀忠，刘玉庆，王述柏. 2009. 生态养猪模式中发酵床优势细菌的微生物学性质及其应用研究[J]. 山东农业科学(4):99-105.

张秋萍. 2017. 大温差地区牛粪高温发酵回用牛床垫料研究[D]. 呼和浩特：内蒙古工业大学.

张全国，原玉丰，李鹏鹏，王艳锦. 2005. 猪粪污水浓度对球形红假单胞菌光合制氢的影响[J]. 太阳能学报, 2005, 26(6):806-810.

张薇，高洪文，张化永. 2008. 宏基因组技术及其在环境保护和污染修复中的应用[J]. 生态环境, 4:1696-1701.

张晓慧，张瑞华，夏青，张克春. 2017. 发酵床技术在泌乳牛群的临床应用研究[J]. 上海畜牧兽医通讯(5):14-17.

张学峰，周贤文，陈群，魏炳栋，姜海龙. 2013. 不同深度垫料对养猪土著微生物发酵床稳定期微生物菌群的影响[J]. 中国兽医学报, 33(9):1458-1462.

张宜涛，惠明，田青. 2010. 粘细菌的分离筛选方法及其应用前景[J]. 生物技术（6）: 95-98.

张玉，茆振川，陈国华，冯东昕，谢丙炎. 2009. 南方根结线虫伴生细菌宏基因组fosmid文库构建及其特征分析[J]. 植物保护学报, 36(6):545-549.

赵国华，方雅恒，陈贵. 2015. 生物发酵床养猪垫料中营养成分和微生物群落研究[J]. 安徽农业科学 (8):98-99.

赵立君. 2015. 发酵床养羊的优点及其工作原理[J]. 现代畜牧科技(2):16.

赵鑫，韩妍，梁文，李博，郭坚，沈立新. 2012. 铜绿假单胞菌生物降解特性的研究进展[J]. 基因组学与应用生物学, 31(4):406-414.

赵秀香，吴元华. 2007. 枯草芽胞杆菌SN-02代谢物的抗病毒活性、表面活性剂特性及其化学成分分析[J]. 农业生物技术学报, 15(1):124-128.

赵章锁，郝晓洁，魏聪，焦璐，刘国生，李培睿. 2012. 苯酚降解菌SW34的鉴定[J]. 安徽农业科学 (31):15372-15374.

赵志龙，方实槐，江荷美，朱惟忠，杨惠萍. 1981. 猪粪发酵饲料喂猪试验[J]. 上海农业科技(6):22-24.

赵志祥，芦小飞，陈国华，杨宇红，茆振川，刘二明，谢丙炎.2010.温室黄瓜根结线虫发生地土壤微生物宏基因组文库的构建及其一个杀线虫蛋白酶基因的筛选[J]. 微生物学报，50（8）:1072-1079.

赵志祥，罗坤，陈国华，杨宇红，茆振川，刘二明，谢丙炎. 2010. 结合宏基因组末端随机测序和16S rDNA技术分析温室黄瓜根围土壤细菌多样性[J]. 生态学报，14:3849-3857.

甄永康, 张振斌, 王珊, 冀德君, 李佩真, 王梦芝, 贡玉清. 2018. 夏季发酵床牛舍与拴系式牛舍环境指标的差异性比较[J]. 中国奶牛(9):7-10.

郑社会. 2011. 千岛湖利用生态猪场发酵床垫料废渣栽培鸡腿菇[J]. 浙江食用菌，5:46.

郑雪芳, 刘波, 蓝江林, 苏明星，卢舒娴，朱昌雄. 2011. 微生物发酵床对猪舍大肠杆菌病原生物防治作用的研究[J].中国农业科学, 44(22):4728-4739.

郑雪芳, 刘波, 林营志, 蓝江林, 刘丹莹. 2009. 利用磷脂脂肪酸生物标记分析猪舍基质垫层微生物亚群落的分化[J]. 环境科学学报, 29(11):2306-2317.

钟仁方,吴祖芳.2014. 应用混料实验设计制备生猪养殖发酵床复合菌剂[J]. 环境工程学报, 8(10):4427-4432.

周俊雄. 2015. 天然木质纤维素降解机制的宏基因组学和宏蛋白质组学分析[D]. 福州：福建师范大学.

周开锋. 2008. 垫料池的建设与垫料原料的选择[J]. 今日养猪业（3）:10-12.

朱尚雄. 1990. 漏缝地板[J]. 农村实用工程技术(1):17.

朱双红. 2012. 猪生物发酵床垫料中细菌群落结构动态变化研究[D]. 武汉：华中农业大学.